给水排水设计手册
第三版

# 第3册
# 城 镇 给 水

上海市政工程设计研究总院（集团）有限公司 主编

中国建筑工业出版社

**图书在版编目(CIP)数据**

给水排水设计手册　第3册　城镇给水/上海市政工程设计研究总院（集团）有限公司主编. —3版. —北京：中国建筑工业出版社，2016.12（2023.5重印）

ISBN 978-7-112-19597-8

Ⅰ.①给…　Ⅱ.①上…　Ⅲ.①给水工程-设计-手册②排水工程-设计-手册③城镇-给水工程-设计-手册　Ⅳ.①TU991.02-62

中国版本图书馆CIP数据核字（2016）第164369号

本书为《给水排水设计手册》第三版第3册，主要内容包括：城镇给水系统，输配水，地下水取水，地表水取水，泵房，净水工艺选择，预处理，常用药剂及投配，混合和絮凝，沉淀（澄清），过滤，消毒，臭氧氧化处理，活性炭吸附处理，除铁、除锰、除氟，排泥水处理，水厂总体设计。

本书可供给水排水专业设计人员使用，也可供相关专业技术人员及大专院校师生参考。

*　*　*

责任编辑：于　莉　田启铭
责任校对：王宇枢　赵　颖

**给水排水设计手册**
**第三版**
第3册
城镇给水
上海市政工程设计研究总院（集团）有限公司　主编

*

中国建筑工业出版社出版、发行（北京海淀三里河路9号）
各地新华书店、建筑书店经销
北京红光制版公司制版
河北鹏润印刷有限公司印刷

*

开本：787×1092毫米　1/16　印张：54¼　字数：1351千字
2017年2月第三版　2023年5月第二十次印刷
定价：**178.00**元

ISBN 978-7-112-19597-8
（29076）

# 《给水排水设计手册》第三版编委会

# 《城镇给水》第三版编写组

**主　　　　编：**王如华　郑国兴　周建平

**主要编写人员**（以姓氏笔画为序）：

王　晏　王永志　王兴勇　王如华　叶　新

邬亦俊　许　龙　许嘉炯　李钟珮　杨　红

吴国荣　沈小红　张　杰　张　健　张艳华

张晔明　周建平　郑国兴　钟俊彬　钟燕敏

魏俊杰

**主　　　　审：**戚盛豪　王如华

# 序

给水排水勘察设计是城市基础设施建设重要的前期性工作，广泛涉及项目规划、技术经济论证、水源选择、给水处理技术、污水处理技术、管网及输配、防洪减灾、固废处理等诸多内容。广大工程设计工作者，肩负着保障人民群众身体健康和环境生存质量的重任，担当着将最新科研成果转化成实际工程应用技术的重要角色。

改革开放以来，特别是近 10 年来，我国给水排水等基础设施建设事业蓬勃发展，国外先进水处理技术和工艺的引进，大批面向工程应用的科研成果在实际中的推广，使得给水排水设计从设计内容到设计理念都已发生重大变化；此间，大量的给水排水工程标准、规范进行了全面或局部的修订，在深度和广度方面拓展了给水排水设计规范的内容。同时，我国给水排水工程设计也面临着新的形势和要求，一方面，水源污染问题十分突出，而饮用水卫生标准又大幅度提升，给水处理技术作为饮用水安全的最后屏障，在相当长的时间内必须应对极其严峻的挑战；另一方面，公众对水环境质量不断提高的期望以及水环境保护及污水排放标准的日益严格，又对排水和污水处理技术提出了更高的要求。在这些背景下，原有的《给水排水设计手册》无论是设计方法还是设计内容，都需要一定程度的补充、调整与更新。为此，住房和城乡建设部与中国建筑工业出版社组织各主编单位进行了《给水排水设计手册》第三版的修订工作，以更好地满足广大工程设计者的需求。

《给水排水设计手册》第三版修订过程中，保持了整套手册原有的依据工程设计内容而划分的框架结构，重点更新书中的设计理念和设计内容，首次融入"水体污染控制与治理"科技重大专项研究成果，对已经在工程实践中有应用实例的新工艺、新技术在科学筛选的基础上，兼收并蓄，从而为今后给水排水工程设计提供先进适用和较为全面的设计资料和设计指导。相信新修订的《给水排水设计手册》，将在给水排水工程勘察、设计、施工、管理、教学、科研等各个方面发挥重要作用，成为行业内具权威性的大型工具书。

仇保兴博士

# 第三版前言

《给水排水设计手册》系由原城乡建设环境保护部设计局与中国建筑工业出版社共同策划并组织各大设计研究院编写。1986 年、2000 年分别出版了第一版和第二版，并曾于 1988 年获得全国科技图书一等奖。

《给水排水设计手册》自出版以来，深受广大读者欢迎，在给水排水工程勘察、设计、施工、管理、教学、科研等各个方面发挥了重要作用，成为行业内最具指导性和权威性的设计手册。

近年来我国给水排水行业技术发展很快，工程设计水平随之提升，作为设计人员必备的《给水排水设计手册》(第二版) 已不能满足现今给水排水工程建设和设计工作的需要，设计内容和理念急需更新。为进一步促进我国建筑工程设计事业的发展，推动建筑行业的技术进步，提高给水排水工程的设计水平，应广大读者需求，中国建筑工业出版社组织相关设计研究院对原手册第二版进行修订。

第三版修订的基本原则是：整套手册仍为 12 分册，依据最新颁布的设计规范和标准，更新设计理念和设计内容，遴选收录了已在工程实践中有应用实例的新工艺、新技术，为工程设计提供权威的和全面的设计资料和设计指导。

为了《给水排水设计手册》第三版修订工作的顺利进行，在编委会领导下，各册由主编单位负责具体修编工作。各册的主编单位为：第 1 册《常用资料》为中国市政工程西南设计研究总院有限公司；第 2 册《建筑给水排水》为中国核电工程有限公司；第 3 册《城镇给水》为上海市政工程设计研究总院（集团）有限公司；第 4 册《工业给水处理》为华东建筑设计研究院有限公司；第 5 册《城镇排水》、第 6 册《工业排水》为北京市市政工程设计研究总院有限公司；第 7 册《城镇防洪》为中国市政工程东北设计研究总院有限公司；第 8 册《电气与自控》为中国市政工程中南设计研究总院有限公司；第 9 册《专用机械》、第 10 册《技术经济》为上海市政工程设计研究总院（集团）有限公司；第 11 册《常用设备》为中国市政工程西北设计研究院有限公司；第 12 册《器材与装置》为中国市政工程华北设计研究总院有限公司和中国城镇供水排水协会设备材料工作委员会。在各主编单位的大力支持下，修订编写任务圆满完成。在修订过程中，还得到了国内有关科研、设计、大专院校和企业界的大力支持与协助，在此一并致以衷心感谢。

**《给水排水设计手册》第三版编委会**

# 编 者 的 话

《给水排水设计手册》第二版第3册《城镇给水》自2004年出版以来，得到了广大设计工作者的欢迎，对提高我国给水工程设计水平和缩小与国际先进水平的差距起到了较大作用。

本书第二版出版至今的近15年间，正值我国给水事业蓬勃发展和面临诸多挑战之际。其中水源水质的普遍下降与供水水质不断提高、突发水污染事件与社会公共安全保障、优质水资源分布不均与各地区经济发展带来的供水规模持续扩大之间的矛盾，以及城镇化不断推进和城乡差异缩小的客观需求，催生了许多法规、规范和标准的出台。同时，为满足发展需求和应对多重挑战，在国家层面组织全国各方面的力量连续开展了两个"五年计划"的饮用水安全保障技术重大课题的研究与示范应用，取得了一系列可付之应用的成果，并在一大批新建的具有代表性意义的工程中得以示范应用和推广。所有这些为本书的再次修编提供了丰富资源。

结合近十五年来给水技术发展特点和应用实践，《城镇给水》第三版在第二版的基础上，对传统技术与方法中出现的新工艺和新发展作了补充完善，对部分过时或不适用的规范、标准、技术和方法作了删除或更新。全书在章节安排上也作了一定的调整，由第二版的共15章调整到第三版的共17章。其中，新设的第7章（预处理）由第二版第8章、第11章、第12章的全部或部分内容整合完善而成；第8章（常用药剂及投配）由第二版第7章中药剂配置与投加部分的内容整合补充而成；第13章（臭氧氧化处理）和第14章（活性炭吸附处理）则是在第二版第12章的基础上拆分、调整和补充而成。

本册主编单位为上海市政工程设计研究总院（集团）有限公司。由王如华、郑国兴、周建平主编，戚盛豪、王如华主审。参加本册修编的人员共21人（详见编写组成员名单）。负责各章修编的主要人员为：第1章周建平、郑国兴；第2章许龙、郑国兴、钟俊彬；第3章杨红、魏俊杰、王永志；第4章吴国荣、邬亦均；第5章王晏、王如华、张健、张艳华、王兴勇；第6章周建平、郑国兴；第7章许嘉炯、钟燕敏、王如华；第8章周建平、郑国兴；第9章周建平、郑国兴；第10章周建平、郑国兴；第11章周建平、许嘉炯；第12章叶新、王如华；第13章沈小红、王如华；第14章李钟珮、王如华；第15章张杰、杨红；第16章周建平、许嘉炯、第17章周建平、张晔明、许嘉炯。

本手册的修编得到了中国工程院院士张杰先生的大力支持，中国市政工程东北设计研究总院有限公司的杨红、魏俊杰、王永志和河海大学的张健、张艳华以及中国水利水电科学研究院的王兴勇等也为本手册的修编提供了帮助，上海市政工程设计研究总院（集团）有限公司的杨秀华为本手册插图的绘制付出了辛苦，在此一并致谢。

# 目　录

# 1 城镇给水系统

## 1.1 用水要求

城镇给水按其用途主要可分为以下三类：

(1) 综合生活用水：包括居民生活用水（居民和工业企业内部职工的饮用、洗涤、烹饪、冲厕、洗澡等用水）以及公共建筑及设施（如娱乐场所、宾馆、浴室、商业、学校和机关办公楼）等的用水。

综合生活用水量的多少随着当地的气候、经济状况、生活习惯、房屋卫生设备条件、供水压力、收费方法等而有所不同，影响因素很多。

生活用水可分为饮用水和非饮用水两部分。生活饮用水的水质必须达到《生活饮用水卫生标准》GB 5749—2006 规定的要求，非饮用水水质要求可较饮用水低。当饮用水与非饮用水采用分系统供应时，严禁直接连接。

(2) 生产用水：指工业企业生产过程中，用于冷却、空调、制造、加工、净化、洗涤等方面的用水。

不同种类生产用水的水量、水质和水压的要求也有很大的差异，而且工艺的改革也会给水量及水质的要求带来很大变化。因此，在确定生产用水的水量和水质时，必须由工艺设计部门提供用水量、水质和所需压力的要求。

(3) 消防用水：消防用水只是在发生火警时才由给水管网供给。消防用水对水质没有特殊要求。有关消防水量、火灾次数及相应管网压力，应按照相关消防规范确定。

除了以上三种主要用水外，城镇给水还需考虑景观用水、浇洒道路和绿地用水等。

## 1.2 系统组成

给水系统是指将原水按需要加工处理并把制成水供到各用户的一系列工程的组合，一般包括天然水源的取水、处理（按水质需要）以及送水至各用户的配水设施。城镇给水系统一般由以下各部分组成（见图 1-1）：

取水构筑物——自地表水源或地下水源取水的构筑物。

输水管（渠）——将取水构筑物取集的原水送入处理构筑物的管、渠设施。

处理构筑物——对原水进行处理，以达到用户对水质要求的各种构筑物，通常把这些构筑物集中设置在水厂内。

调节及增压构筑物——储存和调节水量、保证水压的构筑物（如清水池、水塔、增压泵房等），一般设在水厂内，也可在厂内外同时设置。

配水管网——将处理好的水送至用户的管道及附属设施。

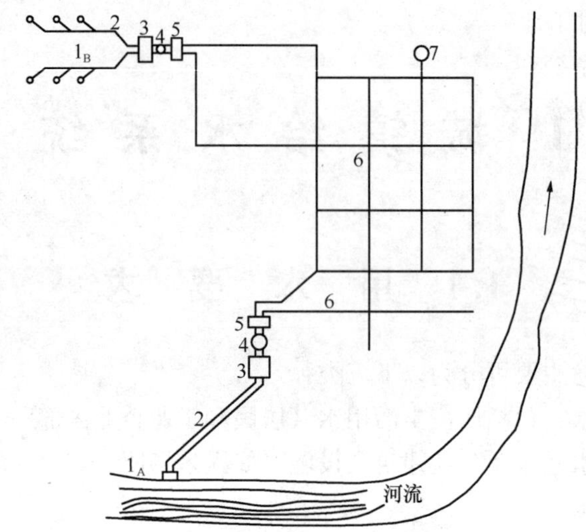


图 1-1　城镇给水系统示意

$1_A$—地面水取水构筑物；$1_B$—地下水取水构筑物；2—输水管（渠）；3—处理构筑物；4—调节构筑物（清水池）；5—送水泵房；6—配水管网；7—调节构筑物（水塔）

## 1.3　给水系统类别

城镇给水系统一般为生活、生产、消防三者合一的系统，它可分为：

（1）统一系统：该系统统一按生活饮用水水质供水，为大多数城镇所采用，见图 1-1。

（2）分质系统：根据不同用水对水质要求的不同，采用分系统供应。例如：将水质要求较低的工业用水单独设置工业用水系统，其余用水则合并为另一系统，见图 1-2；将城市污水再生后回用作为厕所便器冲洗、绿化、洗车等用水，另设生活杂用水系统；利用海水作为冲厕用水，另设海水系统等。

（3）分压系统：根据管网压力的不同要求，如城镇中某些高层建筑区，要求较高的供水压力，此时可采用不同压力的供水系统，见图 1-3。

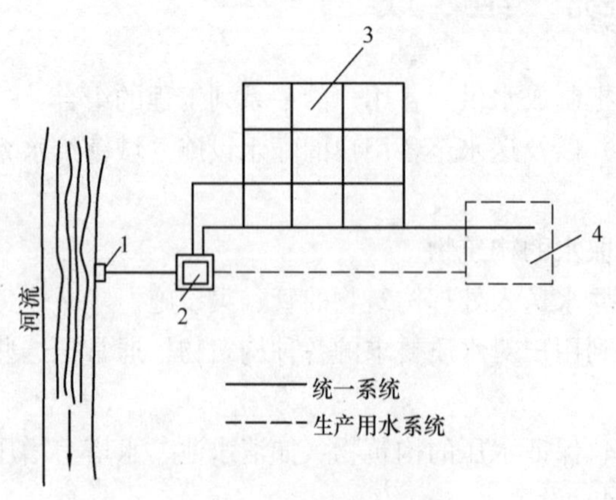


图 1-2　分质给水系统

1—取水口；2—水厂；3—城镇；4—工业区

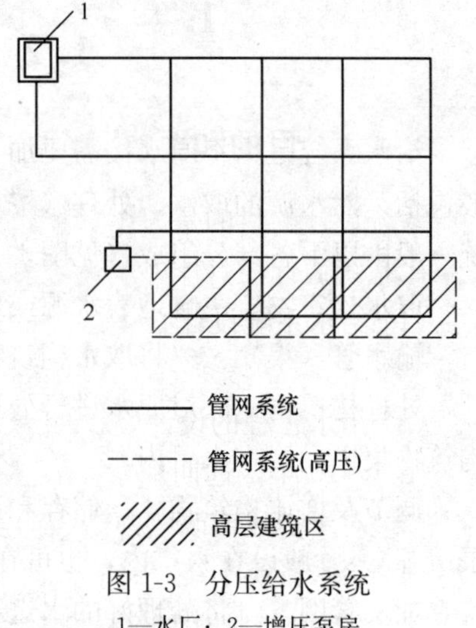


图 1-3　分压给水系统

1—水厂；2—增压泵房

（4）分区系统：对于地形起伏较大的城镇，其高、低区域采用由同一水厂分压供水的系统，称为并联分区系统；当采用增压泵房（或减压措施）从某一区域取水，向另一区域供水的系统，称为串联分区系统，见图 1-4。

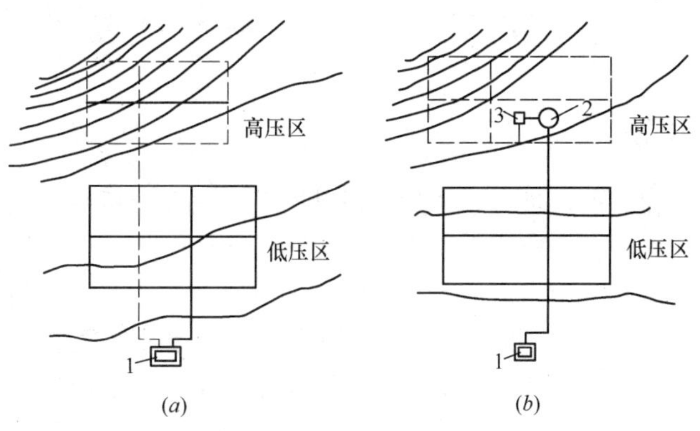


图 1-4 分区给水系统

（a）并联分区系统；（b）串联分区系统

1—水厂；2—调节水池；3—增压泵房

当城镇用水区域划分成相距较远的几部分时，由于统一供水不经济，也可采用几个独立系统分区供水，待城镇发展后逐步加以连接，成为多水源的统一系统。

（5）区域给水系统：按照水资源合理利用和管理相对集中的原则，供水区域不局限于某一城镇，而是包含了若干城镇及其周边的村镇和农村集居点，形成一个较大范围的供水区域。区域给水系统可以由单一水源和水厂供水，也可由多个水源和水厂组成。

除了以上给水系统的分类外，有时还根据系统中的水源多少，分为单水源系统和多水源系统等。

对于规模较大的城镇以及大型联合企业的给水系统，还可能同时具有几种供水系统，例如既有分质又有分区的系统等。

## 1.4 给水系统设计的目的和要求

### 1.4.1 目的和要求

系统设计的目的是为了选择以最低基建投资和最少年经营费来满足各用户用水要求的方案。系统设计的具体要求是：

（1）给水系统设计必须合理处理城镇、工业与农业用水之间的关系，正确选用供水水源。

（2）给水工程的设计应符合城市总体规划，近远期结合，以近期为主。近期设计年限宜采用 5～10 年，远期规划年限宜采用 10～20 年。

（3）对于扩建或改建的给水工程，应充分考虑原有设施的利用。

（4）给水系统中统一、分区、分质或分压的选择，应根据当地地形、水源情况，城镇和工业企业的规划、供水规模、水质、水压的要求，以及原有给水工程设施等条件，从全局出发，通过技术经济比较后综合考虑确定。

（5）工业企业生产用水系统的选择，应从全局出发考虑水资源的综合利用和水体的保护，并应采用重复利用或循环系统。

（6）给水工程系统设计应符合提高供水水质、提高供水安全可靠性、降低能耗、降低漏失水量和降低药耗的原则。

### 1.4.2　方案比较

为达到上述目的和要求，进行系统规划设计时，首先要分析系统范围内各用户在规划年限期间的用水量和水质、水压要求，把同一或相近水质、水压要求的各用户的用水量进行统计，根据水质要求低的用水可用水质要求高的供应、水压要求低的可用水压要求高的供应（在管道压力允许范围内）的原则，根据水资源条件和实施可行性，组成多种系统方案，进行技术经济比较。对于大型企业的生产用水还应结合企业内部的供水系统（如复用系统、循环系统及直流系统）进行综合比较。方案比较的一般步骤如下：

（1）根据工程建设的目标，确定在技术上可能实施的各种方案（排除在技术上或经济上明显不合理或缺乏竞争力的方案）。

（2）对各方案进行设计和计算，列出各方案的工程量和主要技术指标。

（3）进行各方案的工程投资和经常运行费用的估算。

（4）根据各方案的基建投资和年经营费用进行经济评价。评价的经济指标可采用费用现值比较法、年费用比较法或者静态差额投资回收期法进行计算。

费用现值比较法，计算各方案的费用现值（$PC$）并进行比较，以费用现值较低的方案为优。其计算式为：

$$PC=\sum_{t=1}^{n}(I+C')\frac{1}{(1+i)^{\mathrm{t}}}-(S_{\mathrm{v}}+W)\frac{1}{(1+i)^{\mathrm{n}}} \tag{1-1}$$

式中　$I$——年投资（包括固定资产投资和流动资金）；

$C'$——年经营费用；

$S_{\mathrm{v}}$——计算期末回收的固定资产余值；

$W$——计算期末回收的流动资金；

$i$——折现率；

$n$——计算期年限；

$t$——计算年份（$t=1\cdots\cdots n$）。

年费用比较法，计算各方案的等额年费用（$AC$）并进行比较，以年费用较低的方案为优。其计算式简化为

$$AC=I'\frac{(1+i)^{\mathrm{n}}i}{(1+i)^{\mathrm{n}}-1}+C' \tag{1-2}$$

式中　$I'$——工程总投资。

式（1-2）适用于工程一次建成，建设期相对于计算期较短的方案比较。

当两个方案预期达到的目标相同或基本相同时，可采用较简单的静态差额投资回收期（$P_{\mathrm{a}}$）进行比较。其计算式为：

$$P_{\mathrm{a}}=\frac{I_2-I_1}{C_1'-C_2'} \tag{1-3}$$

式中 $C'_1$、$C'_2$——两个比较方案的总经营成本；

$I_1$、$I_2$——两个比较方案的全部投资。

投资回收期短于基准回收期时，投资大的方案较为优越。

(5) 根据工程的要求和特点确定进行综合评价的项目。除了经济指标外，一般还应包括土地占用和拆迁、施工条件与建设周期、原有设施利用程度、资源和能耗、近远期结合、环境生态影响和社会影响等方面的分析和比较。

(6) 按照综合评价的项目，对各方案进行比较或评分，列出从最优至最差的次序。

(7) 根据各项评价指标，综合评价各方案的优劣，确定推荐方案。

## 1.5 影响给水系统选择的因素

### 1.5.1 城镇及工业企业规划

给水系统应根据城镇及工业区的规划进行设计：

(1) 城镇人口的发展，居住区的建筑层数和标准，规划的工业布局和规模，以及相应的水量、水质、水压资料，是给水系统选择的依据。

当地农业灌溉、航运和水利等的规划，也是水源选择的依据。

(2) 给水系统供水的安全和可靠性要求应根据城镇和工业企业的重要性决定。一般大中型城镇水厂的供水安全要求高于小城镇。

为考虑供水安全，大中城镇尽量采用多水源供水；输水管（渠）至少两条，或是一条输水管线配有足够大的事故贮备水池；厂站应有两路独立可靠的电源；配水干管应采用环状管网；重要的构筑物还可考虑提高抗震设防等级等。小型村镇给水系统的供水可靠性要求可较低，但应考虑随供水发展，逐步加以提高。

(3) 给水系统一般可按远期规划和近期设计。例如，近期先建一个水源、一条输水管以及树枝状配水管网，远期再逐步发展成多水源、多条输水管和环状配水管网；地表水取水构筑物及泵房土建可按远期规模一次建成，但其内部设备则应按近期所需进行安装，也可留出位置或者以后改换大泵等。

(4) 对于扩建工程，应充分利用原有设施，原有的水厂首先应考虑通过改造提高水质、核定生产能力；配水管网可采用适当增铺管道以扩大配水能力；随着供水区的扩大，为充分利用原有配水管网能力，可在配水管网的适当位置设置增压或调节泵站。

(5) 妥善处理好生产用水系统，对给水系统的确定具有重要意义。提高生产用水的重复使用率，对于压缩城市供水规模具有明显作用；对于用水量较大且较集中的生产用水，应进行统一供水系统和分质或分压系统的方案比较。

(6) 给水系统的供水压力应以满足大多数用户要求来考虑，而不能根据个别的高层建筑或要求水压较高的工业企业来确定。对于个别要求水压高的用户可采用自行加压以满足需要；对于成片的高层建筑，可以另建一个高压系统供水。

### 1.5.2 水源条件

水源的种类、水质条件和水源距用水区的距离都会直接影响给水系统的布置。

深层地下水一般水质洁净，有可能不需处理构筑物，只需加适量的氯进行消毒，就可供给用户，这种给水系统的基建投资和年运行费一般都较低。利用泉水和自流的深层地下水，有时还可省去提升泵房。地下水不易被污染，一般情况下宜优先采用符合卫生要求的地下水作为生活饮用水水源。但地下水的过量开采，不仅会使地下水位大幅度下降，甚至会产生地面下沉。为此，地下水的开采一定要在管理部门的统一规划之下，控制在允许的开采范围内。

地面水一般较为浑浊，易受污染，但一些大的河流流量较充沛，可以满足城镇的取水要求。利用山地和河口水库作为水源，是充分利用地面水源的一种方式。海水也是一种可供利用的天然水资源，但水的净化成本较高，仅限于淡水资源匮乏的邻海地区可考虑利用。

(1) 水量因素：为确保水源的可取水量，必须对水资源进行综合平衡，特别要综合考虑农业和航运等需要。设计时，水源水量应以当地水利部门或水文地质部门的正式文件为依据。

(2) 水质因素：根据各用户对水质要求，分析附近水源的水质是否符合要求。河流水质的分析要测定汛期和非汛期的各项水质指标，对于受潮汐影响的河流，不但要考虑涨、落潮对水质的影响，还要考虑取水后下游受污染河水可能上溯的程度。生活饮用水水源水质应符合《地表水环境质量标准》GB 3838—2002、《地下水质量标准》GB/T 14848—93和《生活饮用水水源水质标准》CJ 3020—1993的有关要求，选定的供水水源，应取得当地卫生部门正式同意。

工业企业生产用水水质要求各异，用水量大的工业企业常采用分质供水系统。对水温要求较严又有回灌地下水条件的工业企业，可采用冬灌夏用或夏灌冬用的地下水循环系统。

(3) 水位因素：利用水位高程较高的水源（如水库水、山泉水、深层自流地下水等）可降低经常的运行电耗，故应首先考虑采用。

(4) 环保因素：被确定为生活饮用水的水源必须按有关法规和标准的要求进行水源保护；在建造水厂的同时，环境保护的措施必须要同步实施。

### 1.5.3　地形条件

当供水区域辽阔，用水区分散，建造单一系统不经济而水源条件又许可时，可分别设置独立的给水系统。

当城镇只能提供一个取水点而地形又窄长时，为降低水厂供水压力和节约能源，可以设置区域性增压泵站（无调节水池）或调节泵站（有调节水池）。

当城镇位于地形高差较大的丘陵地区，应考虑采用分区（分压）给水系统。

### 1.5.4　其他因素

(1) 电源

除自流给水系统外，供水厂站都需要安全可靠的电源，重要的厂站还要求双回路供电。为减少供电线路，选择厂站位置时，应尽量靠近电源点。当水厂附近缺乏电源点而需同时兴建变电站时，兴建变电站可结合地区的发展需要一并考虑。只有在系统电网确实无法供给水厂用电，而近期电网又无法扩建的情况下，经与长距离输电比较，以自行设置电站较为合理时，才考虑水厂自设电站或选用其他动力。

(2) 占地、拆迁

占地、拆迁是建设中政策性很强的问题，给水工程系统设计往往受这方面的制约。因此，进行系统设计时，除了对方案做好技术经济比较外，必须对占地、拆迁作比较分析。

不占或少占经济价值高和拆迁量大的土地是工程建设的原则。水厂及泵站的布置应尽量紧凑，占地面积应符合《城市给水工程项目建设标准》的要求。远期的保留用地，近期不宜征用，由规划部门控制作为远期发展时用。

(3) 水厂的排水和排泥水处理

1) 水厂处理过程中，会产生5%～8%左右的排泥水，排泥水含污量大，对环境有一定影响，因此应处理达标后排放，在条件允许的情况下，可考虑回收利用，节约水资源。

2) 水厂位置选择时，应考虑排水出路，厂区雨污水应尽可能自流排出。如构筑物设计高程不允许，可设置排水泵抽送。厂址周围有城镇排水系统时，应接入该系统，无排水系统时，雨污水排入的水体应取得有关部门的许可。

## 1.6 给水系统布置示例

图1-5为某市的给水系统。该市原仅为一个水厂和树枝状管网，随着城市用水量增加和供水范围扩大，经比较确定了增建第二水厂，并把树枝状管网连成环网的方案。由于缩短了水厂供水的距离，单位水量的电耗明显降低，成本降低了一半，同时提高了供水安全度。

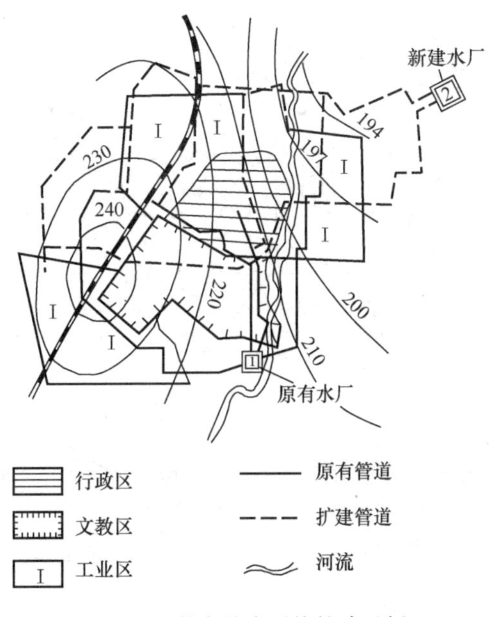


图1-5 某市给水系统扩建示例

图1-6为某丘陵城市，地面高差50余米，给水系统同时采用并联分区（一水厂）和串联分区（二水厂）的形式。并联分区的管网末端设有阀门，以便必要时由高压区补给低压区。串联分区的水厂统一按低压区的水压要求供水，高压区通过由低压区取水加压后

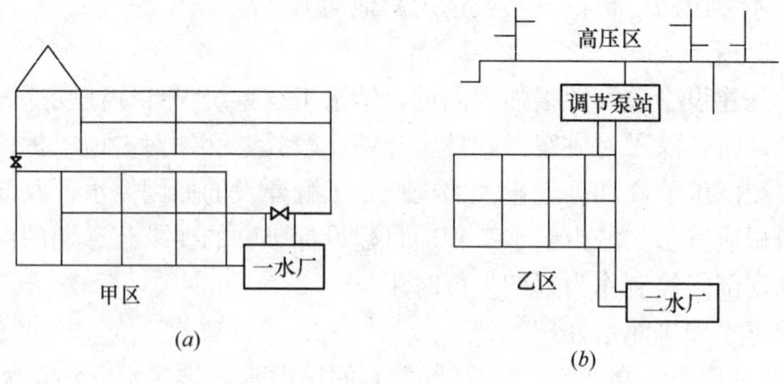


图 1-6　并联分区和串联分区的系统示例
(*a*) 并联分区；(*b*) 串联分区

供水。

图 1-7 为某市的给水系统，该市主要工业区在城市下游，全市工业用水量占总供水量的 75.4%，城西工业区各厂的水质要求相近，水压为生活用水的 1.5 倍，因此选用了工业用水与生活用水按分质、分压两个系统供给的布置。工业用水只经混凝沉淀，生活用水经混凝沉淀、过滤、消毒等处理。城北、城东两个工业区用水量不大，水质要求与生活用水接近，采用统一供水系统。对距离市区较远的居民区和工厂，分别设置区域性增压泵，并在靠近工厂的高地设置调节水池。

图 1-8 为一区域供水系统。供水范围除中心城区外，还包括 27 个镇及附近乡村。区域供水系统内共有水厂 2 座，水源分别取自江河及湖泊。根据用水安全性的不同要求及经

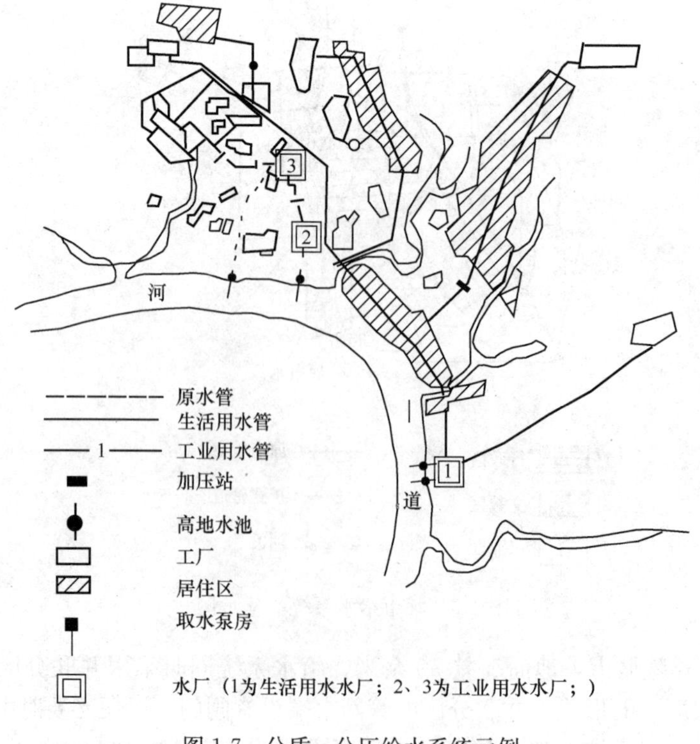


图 1-7　分质、分压给水系统示例

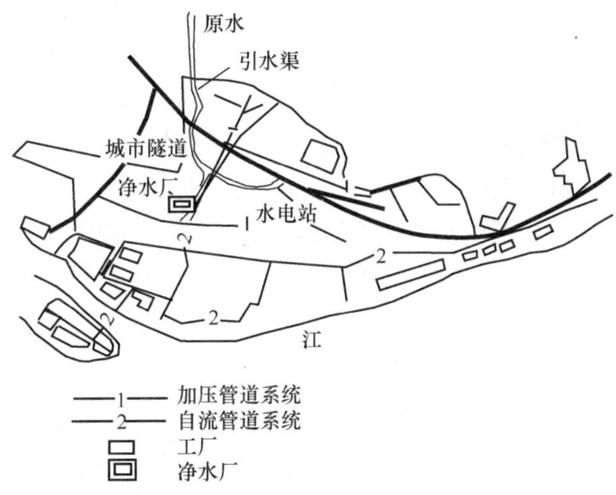


图 1-8 自流与加压结合的给水系统示例

济条件，市区管网采用环状，村镇则近期暂以树枝状考虑。根据用水压力及水量调度要求，经比较后确定设置增压泵站 1 座及水库调节增压泵站 2 座。

# 1.7 给水工程建设程序和设计阶段

## 1.7.1 工程项目建设程序

我国的工程项目建设程序见图 1-9：

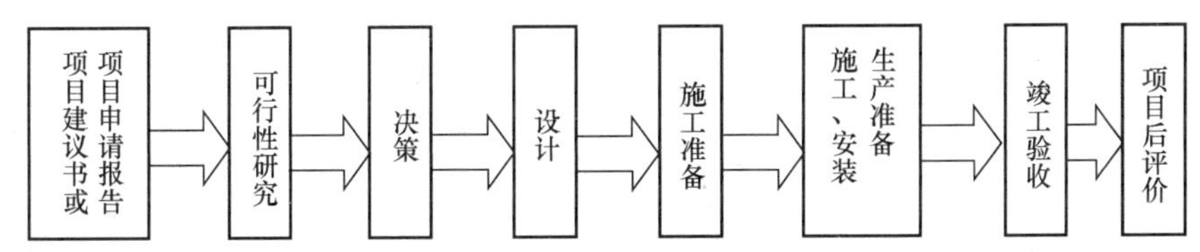


图 1-9 工程项目建设程序

项目建议书、可行性研究报告和项目决策又可称为项目前期工作。根据 2007 年 9 月国家发改委颁布的《国务院关于投资体制改革的决定》，政府投资项目和非政府投资项目分别实行审批制、核准制或备案制。

对于政府投资项目，项目建议书按要求编制完成后，应根据建设规模和限额分别报送有关部门审批。对于采用直接投资和资本金注入方式的政府投资项目，政府需要从投资决策的角度审批项目建议书和可行性研究报告（除特殊情况外不再审批开工报告），同时还要严格审批其初步设计和概算；对于采用投资补助、转贷和贷款贴息方式的政府投资项目，则只审批资金申请报告。

对于企业不使用政府资金投资建设的项目，一律不再实行审批制，区别不同情况实行核准制或登记备案制。企业投资建设《政府核准的投资项目目录》中的项目时，仅需向政府提交项目申请报告，不再经过批准项目建议书、可行性研究报告和开工报告的程序；对于《政府核准的投资项目目录》以外的企业投资项目，实行备案制，除国家另有规定外，由企业按照属地原则向地方政府投资主管部门备案。采用核准制或登记备案制的项目，企业不需要编制项目建议书而可直接编制可行性研究报告。

设计阶段包括初步设计和施工图设计。如果初步设计提出的总概算超过可行性研究报告总投资的10%，可行性研究报告需要重新审批。施工图设计成果应由建设行政主管部门委托有关审查机构，进行结构安全和强制性标准、规范执行情况等内容的审查。施工图一经审查批准，不得擅自进行修改，如遇特殊情况需要进行涉及审查主要内容的修改时，必须重新报请原审批部门，由原审批部门委托审查机构审查后再批准实施。

### 1.7.2　项目申请报告

项目申请报告是为获得项目核准机关对拟建项目的行政许可按核准要求报送的项目论证报告。项目申请报告应重点阐述项目的外部性、公共性等事项，包括维护经济安全、合理开发利用资源、保护生态环境、优化重大布局、保障公众利益、防止出现垄断等内容。编写项目申请报告时，应根据政府公共管理的要求，对拟建项目从规划布局、资源利用、征地移民、生态环境、经济和社会影响等方面进行综合论证，为有关部门对企业投资项目进行核准提供依据。至于项目的市场前景、经济效益、资金来源、产品技术方案等内容，不必在项目申请报告中进行详细分析和论证。

项目申请报告通用文本包括以下主要内容：

1）申报单位及项目概况；

2）发展规划、产业政策和行业准入分析；

3）资源开发及综合利用分析；

4）节能方案分析；

5）建设用地、征地拆迁及移民安置分析；

6）环境和生态影响分析；

7）经济影响分析；

8）社会影响分析。

### 1.7.3　项目建议书

项目建议书（又称立项申请）是项目建设单位或项目法人，根据国民经济的发展、国家和地方中长期规划、产业政策、生产力布局、国内外市场、所在地的内外部条件，提出的某一具体项目的建议文件，是对拟建项目提出的框架性的总体设想。项目建议书是项目发展周期的初始阶段，也是可行性研究的依据，涉及利用外资的项目，在项目建议书批准后，方可开展对外工作。

给水工程项目建议书一般应包括以下内容：

1）建设项目提出的必要性和依据；

2）供水规模、供水水质目标和建设地点的初步设想；

3）水资源情况、建设条件、协作关系的初步分析；

4）投资估算和资金筹措设想；

5）项目的进度安排；

6）经济效果、社会效益和环境影响等的初步估计。

### 1.7.4 可行性研究

工程可行性研究的主要任务是：在充分调查研究、评价预测和必要的勘察工作基础上，对项目建设的必要性、经济合理性、技术可行性、实施可能性进行综合性的研究和论证，对不同建设方案进行比较，提出推荐建设方案。

可行性研究的工作成果是提出可行性研究报告，批准后的可行性研究报告是编制设计任务书和进行初步设计的依据。可行性研究报告应满足设计招标及业主向主管部门送审的要求。

给水工程可行性研究一般包括以下主要内容：

1）项目背景和建设必要性；

2）需水量预测和供需平衡计划；

3）工程规模和目标；

4）工程方案和评价；

5）推荐方案的工程组成和内容；

6）环境保护、劳动保护、消防、节能；

7）项目实施计划；

8）投资估算和资金筹措；

9）财务评价和工程效益分析；

10）结论和存在问题；

11）附件、附图。

### 1.7.5 初步设计

初步设计应根据批准的可行性报告进行编制，要明确工程规模、建设目的、投资效益、设计原则和标准，深化设计方案，确定拆迁、征地范围和数量，提出设计中存在的问题、注意事项及有关建议，其深度应能控制工程投资，满足编制施工图设计、主要设备订货、招标及施工准备的要求。

给水工程初步设计文件应包括：设计说明书、设计图纸、主要工程数量、主要材料设备数量和工程概算。

### 1.7.6 施工图设计

施工图应根据批准的初步设计进行编制，其设计文件应能满足施工、安装、加工及编制施工图预算的要求。

给水工程施工图设计文件应包括：设计说明书、设计图纸、工程数量、材料设备表、修正概算或施工图预算。

施工图设计文件应满足施工招标、施工安装、材料设备订货、非标设备制作，并可以作为工程验收依据。

# 2 输 配 水

## 2.1 输配水管道布置

给水管道按其功能可分为输水管和配水管。

输水管是指从水源输送原水至净水厂或净水厂输送清水至配水厂的管道。当净水厂远离供水区时，从净水厂至配水管网间的干管也可作为输水管。

配水管是指由净水厂、配水厂或由水塔、高位水池等调节构筑物直接向用户配水的管道。配水管按其布置形式分为树枝状和环网状，配水管又可分为配水干管和配水支管。

原水输水管道可采用有压输水和无压（非满流）输水，且一般应采用全封闭方式输水；有压输水时管道一般采用圆形断面，当压力较低时（最大内水压小于0.1MPa）也可采用马鞍形或矩形断面；无压（非满流）输水时一般采用梯形、矩形或马鞍形断面，当采用梯形或矩形断面非封闭明渠输水时，应采取保护水质和减少水量损失的措施。

清水输配水管道必须采用有压且全封闭方式输水，其管道断面应采用圆形。

### 2.1.1 线路选择与布置要求

#### 2.1.1.1 输配水管道线路选择的原则

输配水管道的线路选择应考虑如下原则：

(1) 输配水管道应选择经济合理的线路。应尽量做到线路短、起伏小、土石方工程量少、减少跨（穿）越障碍次数、避免沿途重大拆迁、少占农田和不占农田。

(2) 输配水管道走向和位置应符合城市和工业企业的规划要求，并尽可能沿现有道路或规划道路敷设，以利施工和维护。城市配水干管宜尽量避开城市交通干道。

(3) 输配水管道应尽量避免穿越河谷、山脊、沼泽、重要铁路和泄洪地区，并注意避开地震断裂带、沉陷、滑坡、坍方以及易发生泥石流和高侵蚀性土壤地区。

(4) 生活饮用水输配水管道应避免穿过毒物污染及腐蚀性等地区，必须穿过时应采取防护措施。

(5) 输配水管道线路和位置的选择应考虑近远期结合和分期实施的可能。

(6) 输配水管道走向与布置应考虑与城市现状及规划的地下铁道、地下通道、人防工程等地下隐蔽性工程的协调与配合。

(7) 当地形起伏较大时，采用压力输水的输水管线的竖向高程布置，在不同工况输水条件下，原水管应尽可能位于输水水力坡降线以下，清水管应位于输水水力坡降线以下。

(8) 在输配水管道线路选择时，应尽量利用现有管道，减少工程投资，充分发挥现有设施作用。

(9) 在规划和建有城市综合管廊的区域，应优先将输配水管道纳入管廊。

#### 2.1.1.2 输配水管道布置的一般要求

(1) 无压（非满流）输水管道应根据具体情况设置检查井。检查井间距：当管径为 $DN700$ 以下时，不宜大于 200m；当管径为 $DN700$～$DN1400$ 时，不宜大于 400m。当输送含砂量较多的原水时，可参照排水管道的要求设置检查井。

(2) 当地面坡度较陡时，无压（非满流）输水管道应根据具体情况在适当位置设置跌水井、减压井或其他控制水位的措施。

(3) 有压输水管道应进行水锤计算分析，并设置水锤控制与消除措施，详见本手册5.5节。

(4) 在输配水管道隆起点和平直段的必要位置上，应装设排（进）气设施，以便及时排除管内空气，不使发生气阻，在放空管道防止管道产生负压。

(5) 在输配水管道中，于倒虹管和管桥处均需设置排（进）气设施。排气设施一般设置于倒虹管上游和在平管桥下游靠近下降段的直管段上；当管道具有双向输配水功能时，应在倒虹管和平管桥两端均设置排（进）气设施；上弓形管桥应在管道最高点设置排气阀。

(6) 在输配水管道的低凹处应设置泄水管和泄水阀。泄水阀应直接接至河沟和低洼处。当不能自流排出时，可设置集水井，用提水机具将水排出。泄水管直径一般为输水管直径的 1/3～1/5。对大型管渠，泄水管口径应根据管渠具体布置以及提水机具设备，结合排水要求计算确定。

(7) 管道上的法兰接口不宜直接埋在土中，应设置在检查井或地沟内。在特殊情况下必须埋入土中时，应采取保护措施，以免螺栓锈蚀，影响维修及缩短使用寿命。

(8) 在输配水管道布置中，应尽量采用小角度转折，并适当加大制作弯头的曲率半径，改善管道内水流状态，减少水头损失。

(9) 输配水管道布置，应减少与其他管道的交叉。当竖向位置发生矛盾时，宜按下列规定处理：

1) 压力管线让重力管线；

2) 可弯曲管线让不易弯曲管线；

3) 分支管线让干管线；

4) 小管径管线让大管径管线；

5) 一般给水管在上，废、污水管在其下部通过。

(10) 当输送水管道与铁路交叉时，应按铁路工程技术规范规定执行，并取得铁路管理部门同意。

### 2.1.2 输水管道布置

#### 2.1.2.1 输水管道根数

(1) 输水管道的根数应根据给水系统的重要性、输水规模、系统布局、分期建设的安排以及是否设置有备用供水安全设施等因素进行全面考虑确定。

(2) 不得间断供水的给水工程，输水管道一般不宜少于两条。当有安全贮水池或其他安全供水措施时，也可建设一条输水管道。

安全贮水池容积可按式（2-1）计算：

$$W = (Q_1 - Q_2)T \quad (\mathrm{m^3}) \tag{2-1}$$

式中 $Q_1$——事故时用水量（$\mathrm{m^3/h}$）；

$Q_2$——事故时其他水源最大供水量（$\mathrm{m^3/h}$）；

$T$——事故连续时间（h），应根据管道长度、选用管材、地形、气候、交通和维修力量等因素确定。

（3）对于多水源城镇供水工程，当某一水源中止供水，仍能保证整个供水区域达到事故设计供水能力时，该水源可设置一条输水管道。

（4）输水管穿过河流时，可采用管桥或河底穿越等形式。

（5）工业用水的输水管根数应根据生产安全需要，依据有关规定确定。

**2.1.2.2　连通管及检修阀门布置**

（1）两条以上的输水管一般应设连通管，连通管的根数可根据断管时满足事故用水量的要求，通过计算确定。

（2）连通管直径一般与输水管相同，或较输水管直径小20%～30%，但应考虑任何一段输水管发生事故时仍能通过事故水量：城镇为设计水量的70%，工业企业按有关规定。

当输水管负有消防给水任务时，事故水量中还应包括消防水量。

（3）设有连通管的输水管道上，应设置必要的阀门，以保证任何管段发生事故或检修阀门时的切换。

连通管直径一般与输水管直径相同，当输水管管径较大时，可通过水力计算和经济比较确定是否缩小连通管口径，但不得小于输水管直径的80%。

（4）连通管及阀门的布置一般可以参照图2-1所示的方式选用。（*a*）为常用布置形式；（*b*）布置的阀门较少，但管道需立体交叉、配件较多，故较少采用；当供水要求安全极高，包括检修任一阀门都不得中断供水时，可采用（*c*）布置，在连通管上增设阀门一只。

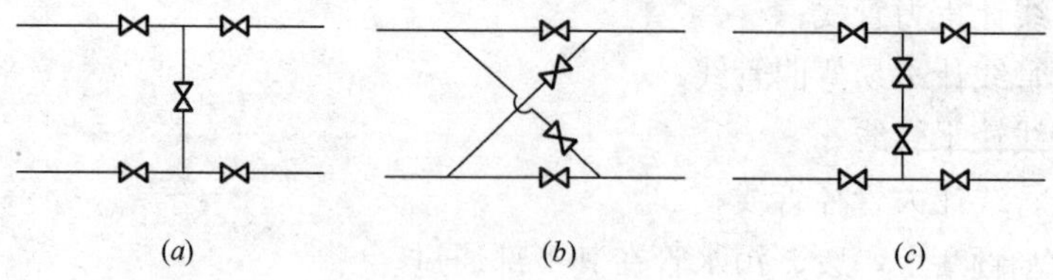


图2-1　阀门及连通管布置

（*a*）5阀布置；（*b*）4阀布置；（*c*）6阀布置

（5）输水管的检修阀门间距需根据事故抢修允许的排水时间确定。具体位置应结合地形起伏、穿越障碍及连通管位置等综合考虑而定。对于可以停役检修的输水管，根据管道竖向高程布置，也可利用管桥作为管道抢修时的隔水措施，减少检修阀门数量。

输水管阀门间距，在一般情况下，亦可参考表2-1选用。

**输水管阀门间距**　　**表2-1**

| 输水管长度（km） | ＜3 | 3～10 | 10～20及以上 |
|---|---|---|---|
| 间距（km） | 1.0～1.5 | 2.0～2.5 | 3.0～5.0 |

### 2.1.3 配水管网布置

#### 2.1.3.1 管网定线与布置

(1) 配水管网应根据用水要求合理分布于全供水区。在满足各用户对水量、水压的要求以及考虑施工维修方便的前提下，应尽可能缩短配水管线的总长度。管网一般布置成环网状，当允许间断供水也可敷设为树枝状，但应考虑将来有连成环状管网的可能。在树枝状管网的末端应设置排水阀。

工业区或企业配水管网的布置形式，应根据总平面布局和供水安全要求等因素确定。

(2) 配水管网的布置应使干管尽可能以最短距离到达主要用水地区及管网中的调节构筑物。

(3) 配水干管的位置，应尽可能布置在两侧均有较大用户的道路上，以减少配水支管的数量。

(4) 配水干管之间应在适当间距处设置连接管以形成环网。连接管间距应按供水区重要性、街坊大小、地形等条件考虑，并通过断管时满足事故用水要求的计算确定。

(5) 对于供水范围较大的配水管网或水厂远离供水区的管网，应对管网中是否设置水量调节设施的方案进行比较。

(6) 负有消防任务的配水支管，其口径一般不应小于 $DN$150。消防栓的数量及布置必须遵守有关消防规定。

(7) 城镇生活饮用水的管网严禁与非生活饮用水的管网连接。

(8) 城镇生活饮用水管网，严禁与各单位自备的生活饮用水供水系统直接连接。

#### 2.1.3.2 配水管与建（构）筑物和工程管线间距

配水管道的平面位置和高程，应符合《城市工程管线综合规划规范》GB 50289—1998 中的有关规定和要求。

(1) 配水管道与建（构）筑物和工程管线之间的最小水平净距见表 2-2。

**配水管道与建（构）筑物和工程管线的最小水平净距　　表 2-2**

| 序号 | 建(构)筑物和工程管线名称 | 最小水平净距(m) | 配水管管径 $DN$(mm) |
|---|---|---|---|
| 1 | 建(构)筑物 | 1.0 | ≤200 |
| | | 3.0 | >200 |
| 2 | 污水、雨水排水管 | 1.0 | ≤200 |
| | | 1.5 | >200 |
| 3 | 燃气管：中、低压：$p\leqslant 0.4$MPa | 0.5 | |
| | 次高压：$0.4\text{MPa}<p\leqslant 0.8$MPa | 1.0 | |
| | 高压：$0.8\text{MPa}<p\leqslant 1.6$MPa | 1.5 | |
| 4 | 热力管：直埋及地沟 | 1.5 | |
| 5 | 电力电缆：直埋及缆沟 | 0.5 | |
| 6 | 电信电缆：直埋及管道 | 1.0 | |
| 7 | 乔木(中心) | 1.5 | |
| 8 | 灌木 | 1.5 | |
| 9 | 地上杆柱：通信照明及<10kV | 0.5 | |
| | 高压铁塔基础边 | 3.0 | |
| 10 | 道路侧石边缘 | 1.5 | |
| 11 | 铁路钢轨(或坡脚) | 5.0 | |

在旧城镇中，当布置有困难时，在采取有效措施后，可适当降低上述规定要求。配水管与铁路净距应满足远期路堤要求，布置时须征得铁路管理部门同意。

（2）配水管与工程管线交叉及其最小垂直净距

1）当与工程管线交叉敷设时，自地面向下的排列顺序宜为：电力管线、热力管线、燃气管线、给水管线、雨水排水管线、污水排水管线。

2）配水管与工程管线交叉时的最小垂直净距见表 2-3。

**配水管与工程管线交叉时的最小垂直净距** **表 2-3**

| 序号 | 工程管线名称 | 最小垂直净距(m) |
|---|---|---|
| 1 | 配水管线 | 0.15 |
| 2 | 污、雨水排水管线 | 0.40 |
| 3 | 热力管线 | 0.15 |
| 4 | 燃气管线 | 0.15 |
| 5 | 电信管线：直埋 | 0.50 |
| | 管沟 | 0.15 |
| 6 | 电力管线：直埋及管沟 | 0.15 |
| 7 | 沟渠(基础底) | 0.5 |
| 8 | 涵洞(基础底) | 0.15 |
| 9 | 电车(轨底) | 1.0 |
| 10 | 铁路(轨底) | 1.0 |

在配水管网扩建过程中，配水管与已建工程管线的垂直净距及其交叉次序，可根据具体情况作适当调整，并采取必要措施。

3）生活饮用水管道与污水管道或输送毒性液体管道交叉时，给水管应敷设在上面，且不应有接口重叠；当给水管必须敷设在下面时，应采用钢管或钢套管，套管伸出交叉管的长度每边不得小于 3m，套管两端应采用防水材料封闭。

4）对于埋深大于建（构）筑物基础的配水管，若采用开挖施工，与建（构）筑物之间的最小水平距离，应按式（2-2）计算，并折算成水平净距后与规划规范相应数值比较，采用其较大值。

$$L=\frac{(H-h)}{\tan\alpha}+\frac{a}{2} \tag{2-2}$$

式中 $L$——管线中心至建（构）筑物基础边水平距离（m）；

$H$——管线敷设深度（m）；

$h$——建（构）筑物基础底砌置深度（m）；

$a$——开挖管沟宽度（m）；

$\alpha$——土壤内摩擦角（°）。

#### 2.1.3.3 综合管廊敷设

当遇以下情况时，工程管线可考虑采用综合管廊集中敷设：

（1）交通运输繁忙或工程管线较多的城市主干道以及配合轨道交通、地下道路、城市地下综合体等建设工程地段；

(2) 城市核心区、中央商务区、地下空间高强度成片集中开发区、重要广场、主要道路的交叉口、道路与铁路或河流的交叉处、过江隧道等;

(3) 道路宽度难以满足直埋敷设多种管线的路段;

(4) 重要的公共空间;

(5) 不宜开挖路面的路段。

综合管廊的设计与布置应按照《城市综合管廊工程技术规范》GB 50838—2015 的规定执行。

**2.1.3.4 阀门、消火栓布置原则**

(1) 阀门

1) 配水管网中的阀门布置,应能满足事故管段的切断需要。其位置可结合连接管以及重要供水支管的节点设置,干管上的阀门间距一般为 500~1000m。

2) 一般情况下干管上的阀门可设在连接管的下游,以使阀门关闭时,尽可能少影响支管的供水。如设置对置水塔时,则应视具体情况考虑。

3) 支管与干管相接处,一般在支管上设置阀门,以使支管的检修不影响干管供水。干管上的阀门应根据配水管网分段、分区检修的需要设置。

4) 在城市管网支、干管上的消火栓及工业企业重要水管上的消火栓,均应在消火栓前装设阀门。支、干管上阀门布置不应使相邻两阀门隔断 5 个以上的消火栓。

(2) 消火栓

1) 消火栓的间距不应大于 120m。

2) 消火栓的接管直径不小于 $DN100$。

3) 消火栓尽可能设在交叉口和醒目处。消火栓按规定应距建筑物不小于 5m,距车行道边不大于 2m,以便消防车上水,并不应妨碍交通,一般常设在人行道边。

# 2.2 水力计算

## 2.2.1 流量计算

**2.2.1.1 输水管道设计流量**

由水源至净水厂的原水输水管道设计流量 $Q$,一般按净水厂最高日平均时用水量 $Q_T$ 加上净水厂自用水量和输水管道的漏失水量计算。当负有消防给水任务时,其设计流量还应根据有无调节构筑物,分别包括消防补给流量或消防流量。

净水厂最高日平均时用水量 $Q_T$:

$$Q_T = \frac{Q_R}{24} \quad (m^3/h) \tag{2-3}$$

式中 $Q_R$——净水厂最高日用水量 ($m^3/d$),一般表达为净水厂规模。

净水厂自用水量应根据原水水质、净水厂工艺和厂内其他用途所需的水量确定,一般占净水厂规模的 5%~10%。当原水浊度和含砂量较高时,自用水量也可采用 10%~20%。

输水管道的漏失水量应根据管道的输水方式、结构形式、材质、接口方式、系统布置以及长度加以确定。

**2.2.1.2 配水管网计算流量**

(1) 配水管网设计流量：应按最高日最高时用水量计。

最高日最高时用水量 $Q_S$：

$$Q_S = K_S \frac{Q_R}{24} \quad (m^3/h) \tag{2-4}$$

式中 $K_S$——时变化系数，根据城市性质、规模、国民经济与社会发展和城市供水系统并结合现状供水曲线分析确定。在缺乏资料的情况下，可采用1.2～1.6，个别小城镇还可适当加大。

1) 当管网内无调节构筑物（如水塔、高位水池、调节泵站）时，$Q_S$应全部由净水厂供给。

2) 当管网内有调节构筑物时，$Q_S$应等于净水厂供水量和调节构筑物供水量之和。

(2) 配水管网校核流量：配水管网计算应对下列三种情况进行校核，其校核流量分别为：

1) 消防时的校核流量 $Q_{gx}$

$$Q_{gx} = Q_m + Q_x \quad (L/s) \tag{2-5}$$

式中 $Q_m$——管网设计最大秒流量（L/s），$Q_m = Q_S/3.6$；

$Q_x$——消防用水量（L/s），$Q_x = \Sigma(q_x N)$，其中 $q_x$为一次灭火用水量（L/s）；$N$为同一时间内的火灾次数，以上数值应根据城市性质，按有关消防规范执行。

2) 最大转输时的校核流量 $Q_{zs}$

$$Q_{zs} = Q_m K_{zs} + Q_{zw} \quad (L/s) \tag{2-6}$$

式中 $K_{zs}$——最大转输时用水量与最高时用水量之比，可根据城市用水量逐时变化曲线而定；

$Q_{zw}$——最大转输入调节构筑物的转输水量（L/s）。

3) 最不利管段发生事故时的校核水量 $Q_{sk}$

对于城镇

$$Q_{sk} = 70\% \times Q_m \quad (L/s) \tag{2-7}$$

对于工矿企业，则按有关规定计算。

**2.2.1.3 配水管网节点流量计算**

对于工业企业及其他大用水户（如机关、学校、医院、公共建筑等）可按其用水位置作为集中节点流量考虑。

对于城市居民用水可先计算管段用水量，然后分配到计算节点，也可直接根据用水分布情况，计算节点流量。

(1) 配水管段用水量：可按以下几种比流量方法进行计算：

1) 以单位长度管段计的比流量 $q_{cb}$：

$$q_{cb} = \frac{Q_b}{\Sigma L} \quad [m^3/(s \cdot m)] \tag{2-8}$$

式中 $Q_b$——管网输出的除工业企业及其他大用水户用水外的水量（$m^3/s$），即

$$Q_b = Q_z - \Sigma Q_i$$

其中 $Q_z$——管网输出的总水量（$m^3/s$）；

$Q_i$——工业企业及其他大用水户的用水量（$m^3/s$）；

$L$——配水管段的计算长度（m）（不配水的管段不计；只有一侧配水的管段折半计）。

根据比流量计算各管段的配水流量（$Q_y$）：

$$Q_y = q_{cb}L \quad (m^3/s) \tag{2-9}$$

用此法计算的缺点是不能反映各管段由于用水人口密度和用水标准不同而产生的配水量差别。

2）以单位面积计的比流量 $q_{mb}$：

$$q_{mb} = \frac{Q_b}{F} \quad [m^3/(s \cdot m^2)] \tag{2-10}$$

式中 $F$——管网所需配水的总面积（$m^2$）；

$Q_b$ 同式（2-8）。

根据比流量计算各管段的配水流量（$Q_y$）：

$$Q_y = q_{mb}f \quad (m^3/s) \tag{2-11}$$

式中 $f$——计算管段的配水区域面积可用街坊对角线划分。

图 2-2 中管段 $L_{1-2}$ 的配水面积为 $f_1+f_2$，此法简便，但较粗糙；另外也可用街坊等分角线划分，图 2-3 中管段 $L_{3-4}$ 的配水面积为 $f_3+f_4$，此法较麻烦，但较精确。

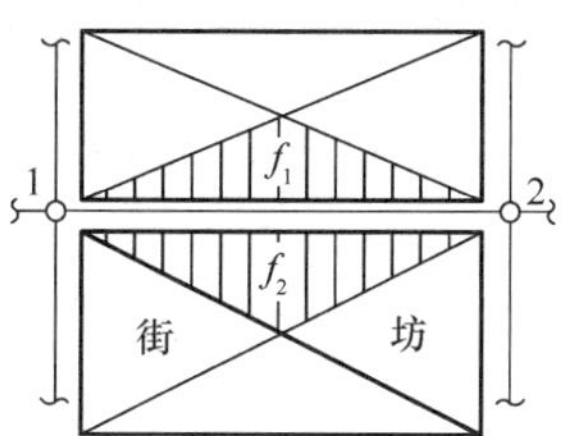

图 2-2 用街坊对角线划分的配水区域面积

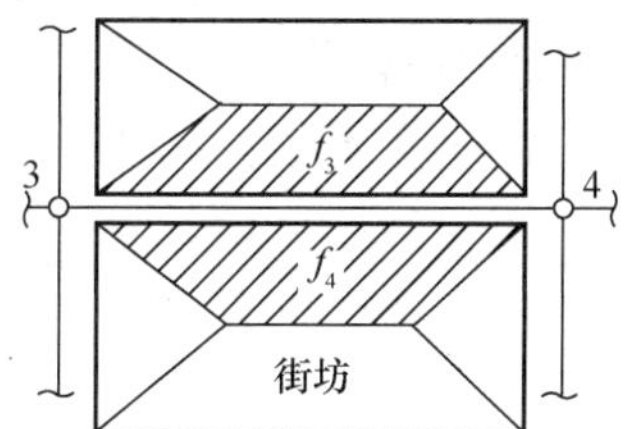

图 2-3 用街坊等分角线划分的配水区域面积

用单位面积比流量方法计算也存在不能反映由于用水人口密度和用水标准不同而产生配水量差别的缺点。

3）以小区用水人口和单位长度管段计算的比流量（$q_{Nb}$）

① 小区 $i$ 用水量 $Q_{b_i}$

$$Q_{bi} = A_iN_i\frac{Q_b}{\sum A_iN_i} \quad (m^3/s) \tag{2-12}$$

式中 $N_i$——计算小区用水人口（人）；

$A_i$——用水标准系数，即假定某一用水小区用水标准为 1，计算小区用水标准与该用水标准之比。

② 小区 $i$ 比流量 $q_{Nbi}$

$$q_{Nbi} = \frac{Q_{bi}}{\sum L_{ij}} \quad [m^3/(s \cdot m)] \tag{2-13}$$

式中 $L_{ij}$——承担计算小区 $i$ 用水的各配水管段的长度（m）。

③ 根据各小区比流量计算各管段配水流量 $Q_{yj}$

$$Q_{yj}=\sum_{i=1}^{n}q_{Nbi}\times L_j \quad (m^3/s) \tag{2-14}$$

式中　$n$——与 $L_j$ 管段有关的小区数，一般管段 $n=2$；一侧配水管段 $n=1$；见图 2-4。

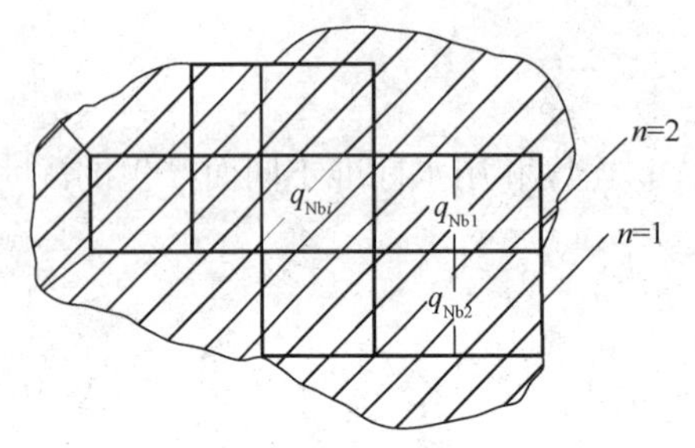


图 2-4　以小区计算示意

本方法考虑了用水人口密度和用水标准的差异因素，较以上两种方法更符合实际，也更合理（分区越多计算越正确），但计算工作量较大。

（2）节点流量

1）对于沿线用水较均匀的管段，若按比流量法算出管段用水量后，可按各 $\frac{1}{2}$ 用水量分配到连接该管段的相邻节点上，因此节点的流量 $Q_d$ 等于连接在该节点上各管段用水量总和的一半，即

$$Q_d=\frac{1}{2}\Sigma Q_{yj}\times 1000=500\Sigma Q_{yj} \quad (L/s) \tag{2-15}$$

式中　$Q_{yj}$——节点连接的管段用水量（$m^3/s$）。

2）用比流量法计算节点流量工作量较大，实际上常采用在算出小区用水量后，直接分配到有关节点的方法。小区用水量可根据用水人口和用水标准算出，对于扩建、改造的管网也可按实际用水抄表数推算。然后将计算的小区用水量，根据各节点的服务范围、以相应的比例直接分配到各有关节点。

3）当管段上有用水量不很大的集中流量时（如某工业企业用水 $Q_{wi}$，或某公共建筑用水 $Q_{bi}$），

一般可将该集中流量经折算并入管段前后两个节点。按图 2-5，其折算公式如下：

$$\alpha=-\frac{q_t}{q}+\sqrt{\left(\frac{q_t}{q}\right)^2+\left(2\frac{q_t}{q}+1\right)X} \tag{2-16}$$

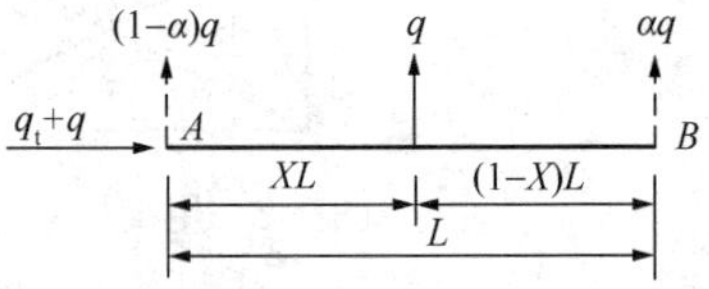

式中　$\alpha$——折算系数；

$q_t$——转输流量（L/s）；

$q$——管段中集中流量（即 $Q_{wi}$ 或 $Q_{bi}$）（L/s）；

$X$——表示集中流量的位置。

图 2-5　集中流量折算成节点流量

$\alpha$ 值将根据 $\frac{q_t}{q}$ 值及 $X$ 值而定，一般可参照表 2-4 选用。

**$\alpha$ 值**　　**表 2-4**

| $q_t/q$ | $X$ 值 | | |
|---|---|---|---|
| | 1/3 | 1/2 | 2/3 |
| 20～2 | 0.35～0.38 | 0.50～0.55 | 0.65～0.70 |
| 2～0 | 0.4～0.58 | 0.55～0.70 | 0.7～0.8 |

注：1. 本表根据流量折算公式计算归纳而得；

2. 管段位于管网中位置愈前，$\alpha$ 取上限，反之取下限；

3. 如集中流量 $q$ 值较大，应作为独立支管节点计算。

(3) 管网校核时节点流量的确定

1) 消防时节点流量 $Q_{xd}$：将消防灭火用水量加在设定着火点的节点上，其余节点仍是 $Q_d$：

① 无消防用水的节点 $Q_{xd}=Q_d$ (L/s) (2-17)

② 有消防用水的节点 $Q_{xd}=Q_d+q_x$ (L/s) (2-18)

式中 $q_x$——设定着火点的消防水量(L/s)。

2) 最大转输时节点流量($Q_{zd}$)：按最大转输时的用水量再加上输入网中调节设施的最大转输水量。如最大转输时的用水量难以确定，亦可将全部节点的最高时节点流量 $Q_d$，按折减比折算：

转输进水节点 $Q_{zd}=K_{zs}Q_d+Q_{zw}$ (L/s) (2-19)

其余节点 $Q_{zd}=K_{zs}Q_d$ (L/s) (2-20)

3) 事故时节点流量 $Q_{gd}$：城镇供水时，一般将全部节点的节点流量 $Q_d$ 按事故折减比(70%)折算：

$$Q_{gd}=70\%Q_d \quad (\text{L/s}) \tag{2-21}$$

工矿企业供水按有关规定计算。

### 2.2.2 管渠水力计算

#### 2.2.2.1 管道水力计算

(1) 输水管管径

1) 满流或压力流的输水管管径可按式(2-22)计算：

$$D=\sqrt{\frac{4Q}{\pi v_e}} \quad (\text{m}) \tag{2-22}$$

式中 $Q$——输水管计算流量($m^3/s$)；

$v_e$——管道经济流速(m/s)，根据选用管材及当地的敷管单价和动力价格，通过计算确定。不同管径，其经济流速也不相同，大直径管道的经济流速大于小直径管道。

在消防或事故时管中的流速不需要按经济流速考虑，但不应超过管道允许的最大流速。

为了求得压力输水管道的经济流速 $v_e$，可先求出各种管径的经济流量 $Q_e$，然后除以相应断面面积。

2) 压力输水管道的经济流量 $Q_e$ 为

$$Q_e=\left(\frac{D^{\alpha+\beta}}{f}\right)^{\frac{1}{m+1}} \quad (\text{L/s}) \tag{2-23}$$

式中 $D$——管道直径(m)；

$m$、$\beta$——分别为水头损失计算公式 $i=\frac{kQ^m}{D^\beta}$ 中的指数；

$f$——经济因数，$f=\frac{86\gamma Ek\beta}{(A+p)\alpha b\eta}$

其中 $\gamma$——设计年限中，供水水量的变化系数；

$E$——电费(分/kWh)；

$\eta$——水泵站总效率；

$p$——年平均维修费用的费率（%）；

$A$——资金回收系数，其值等于 $I_c(1+I_c)^t/[(1+I_c)^t-1]$，其中 $I_c$ 为基准收益率（%），$t$ 为项目计算期（a）；

$k$——水头损失计算公式 $i=\frac{kQ^m}{D^\beta}$ 中的系数；

$b$、$\alpha$——敷管单价公式 $C=a+bD^\alpha$ 中的系数和指数，用当地敷管单价在对数坐标纸中点绘求出。

对于非满流输水管的管径选择，应根据管道埋设坡度和允许的流速确定。

(2) 输配水管的水头损失计算

1) 沿程水头损失

$$h_y=il \tag{2-24}$$

式中　$h_y$——沿程水头损失（m）；

$l$——计算管段长度（m）；

$i$——管道单位长度的水头损失（水力坡降）。

《室外给水设计规范》GB 50013—2006 推荐采用的管渠沿程水头损失计算公式为：

① 塑料管：

$$h_y=\lambda\frac{l}{d_j}\frac{v^2}{2g} \tag{2-25}$$

式中　$\lambda$——沿程阻力系数；

$l$——计算管段长度（m）；

$d_j$——管道计算内径（m）；

$v$——管道断面水流平均流速（m/s）；

$g$——重力加速度（$m/s^2$）。

注：$\lambda$ 与管道的相对当量粗糙度（$\Delta/d_j$）和雷诺数（$Re$）有关，其中：$\Delta$ 为管道的当量粗糙度（mm）。

② 混凝土管（渠）及采用水泥砂浆内衬的金属管道：

$$i=\frac{h_y}{l}=\frac{v^2}{C^2R} \tag{2-26}$$

式中　$i$——管道单位长度的水头损失（水力坡降）；

$R$——水力半径（m）；

$C$——流速系数，$C=\frac{1}{n}R^y$

其中　$n$——管（渠）道的粗糙系数，一般取值为 0.012～0.013，在具体计算时，应根据内壁光滑程度确定；

$y$——可按下式（2-27）计算；

$$y=2.5\sqrt{n}-0.13-0.75\sqrt{R}(\sqrt{n}-0.1) \tag{2-27}$$

上式适用于 $0.1\leqslant R\leqslant 3.0$；$0.011\leqslant n\leqslant 0.040$。

管道计算时，$y$ 也可取 $\frac{1}{6}$，即按 $C=\frac{1}{n}R^{\frac{1}{6}}$ 计算。

③ 输配水管道、配水管网水力平差计算：

$$i=\frac{h_y}{l}=\frac{10.67q^{1.852}}{C_h{}^{1.852}d_j^{4.87}} \tag{2-28}$$

式中 $q$——设计流量（$m^3/s$）；

$C_h$——海曾—威廉系数。

2）局部水头损失：

$$h_j=\Sigma\xi\frac{v^2}{2g}\quad(m) \tag{2-29}$$

式中 $h_j$——局部水头损失（m）；

$\xi$——局部阻力系数，见《给水排水设计手册》第1册《常用资料》；

$v$——局部水头损失的计算流速。

一般对于管网的局部损失不作详细计算。鉴于局部损失与管内平均流速平方成正比，因此，在输水管渠水力计算中，尤其在取用设计流速较大时，应计算其局部损失，以免造成较大误差。

#### 2.2.2.2 输水明渠水力计算

梯形（或矩形）断面渠道的水力计算：

1）梯形断面的渠道（见图2-6），可根据已知流量、底坡、边坡、粗糙系数等，计算出渠底宽和水深。一般先假定底宽，再调整水深。有时则需根据设计条件限制的设计水深确定渠底宽。

2）在寒冷地区设计明渠时，其断面应考虑当地的最大结冰厚度，以复核输水能力。

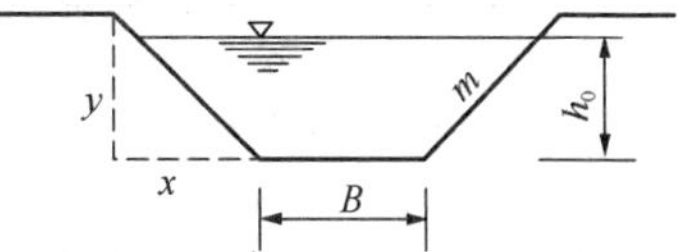


图2-6 梯形渠道断面

3）水力计算步骤如下：

① 确定水力最佳断面的$\frac{B}{h_0}$值，可根据边坡系数$m$按公式（2-30）计算或查表2-5得出。

$$\beta=\frac{B}{h_0}=2(\sqrt{1+m^2}-m) \tag{2-30}$$

式中 $B$——梯形断面的渠底宽度（m）；

$h_0$——水深（m）；

$m$——边坡系数，见图2-6。

**梯形渠道水力最佳断面的$\frac{B}{h_0}$比值** **表2-5**

| $m$ | 0 | 0.25 | 0.5 | 1.0 | 1.5 | 2.0 | 2.5 | 3.0 |
|---|---|---|---|---|---|---|---|---|
| $\frac{B}{h_0}=\beta$ | 2.00 | 1.56 | 1.24 | 0.83 | 0.61 | 0.47 | 0.385 | 0.325 |

② 确定水深：对于梯形水力最佳断面，水力半径等于水深之半。

$$h_0=\left(\frac{2^{y+0.5}nQ}{\beta+m\sqrt{i}}\right)^{\frac{1}{y+2.5}} \tag{2-31}$$

式中 $Q$——通过渠道的流量（$m^3/s$）；

$n$——粗糙系数；

$i$——渠底坡度；

$y$——与粗糙系数和水力半径有关的指数，见式（2-27）。

③ 渠底宽度：

$$B = h_0\beta \quad (\text{m}) \tag{2-32}$$

④ 过水断面：

$$F = Bh_0 + mh_0^2 \quad (\text{m}^2) \tag{2-33}$$

⑤ 底宽取整数 $B'$，修正水深 $h_0$ 为 $h'_0$，实际过水断面 $F$：

$$F = B'h'_0 + m(h'_0)^2 \quad (\text{m}^2)$$

$$h'_0 = \frac{\sqrt{(B')^2 + 4mF} - B'}{2m} \quad (\text{m}) \tag{2-34}$$

⑥ 计算渠道实际平均流速 $v_m$：

$$v_m = \frac{Q}{F} \quad (\text{m/s}) \tag{2-35}$$

并应使 $v_m < v_0$。

式中 $v_0$——渠道最大允许流速，见表 2-6。

**各类渠道最大允许平均流速** **表 2-6**

| 渠道种类 | 最大允许平均流速（m/s） | | | |
|---|---|---|---|---|
| | 平均水深（m） | | | |
| | 0.4 | 1.0 | 2.0 | 3.0 以上 |
| 中等坚实的黏土及粉质黏土渠道 | 0.7 | 0.85 | 0.95 | 1.10 |
| 20cm 大小块石单层铺砌的土渠道 | 2.5～2.9 | 3.0～3.5 | 3.5～4.0 | 3.8～4.3 |
| 20cm 大小块石双层铺砌的土渠道 | 3.1～3.6 | 3.7～4.7 | 4.3～5.0 | 4.6～5.4 |
| 水泥砂浆砖砌渠道 | 1.6 | 2.0 | 2.3 | 2.5 |
| 水泥砂浆砌软质岩石渠道 | 2.9 | 3.5 | 4.0 | 4.4 |
| 水泥砂浆砌硬质岩石渠道 | 5.8 | 7.0 | 8.1 | 8.7 |
| 用水泥或喷浆抹面，施工精细的混凝土或钢筋混凝土渠道 | 4.2～7.5 | 5.0～9.0 | 5.7～10.0 | 6.2～11.0 |

矩形断面渠道的水力计算方法与梯形断面相同，相当于梯形断面的边坡系数 $m=0$。在确定最佳断面时，除考虑水力因素外还需考虑构造的经济因素。

## 2.2.3 管网水力计算

### 2.2.3.1 管网水力计算工况

（1）管网应按最高日最高时用水量及设计水压 $H_s$ 计算：

1）生活用水管网的设计水压（最小自由水头）应根据建筑层数确定：一层为 10m，二层为 12m，二层以上每增加一层增加 4m。

2）对于供水范围内建筑层数相差较多或地形起伏较大的管网，设计水压以及控制点的选用应从总体的经济性考虑，避免为满足个别点的水压要求，而提高整个管网压力，必要时应考虑分区、分压供水，或个别区、点设置调节设施或增压泵站。

（2）根据具体情况分别用消防、最大转输、最不利管段发生故障等条件和要求进行校核。

1）消防：以消防流量 $Q_{gx}$ 进行核算：

① 高压消防系统的水压应满足直接灭火的水压要求，随建筑物层高、灭火水量而定。

② 低压消防系统，允许控制点水压降至 10m。

除较为重要的大型工业企业设置专用高压消防系统外，城镇一般都采用低压消防系统，由消防车（或消防泵）自消火栓中接水加压。

2）最大转输：以最大转输时的水量 $Q_{zs}$ 进行核算，管网须满足最大转输水量进入调蓄构筑物的水压要求。

3）事故：考虑最不利管段发生故障的条件下，以事故时流量 $Q_g$ 核算，水压仍应满足设计水压 $H_s$ 的要求。

#### 2.2.3.2 环网状管网水力计算

（1）计算公式

1）$\sum q=0$——流向任一节点的流量之和，应等于流离该节点的流量（包括节点流量）之和。

2）$\Delta h=0$——每一闭合环路中，以水流为顺时针方向的管段水头损失为正值，逆时针方向为负值，正值的和应与负值的和相等。在实际计算中闭合差可按下列要求控制：

① 小环：$\Delta h \leqslant 0.5$m。

② 大环（由管网起点至终点）：$\Delta h \leqslant 1.0 \sim 1.5$m。

（2）管网平差

计算步骤如下：

1）绘制管网平差运算图，标出各计算管段的长度和各节点的地面标高。

2）计算节点流量，见本手册第 2.2.1 节。

3）拟定水流方向和进行流量初步的分配。

4）根据初步分配的流量，按经济流速选用管网各管段的管径（水厂附近管网的流速宜略高于经济流速或采用上限，管网末端的流速宜小于经济流速或采用下限）。

5）计算各管段的水头损失，即 $h = il$。

6）计算各环闭合差 $\Delta h$，若闭合差 $\Delta h$ 不符合规定要求，用校正流量进行调整（一般先大环后小环调整），连续试算，直至各环闭合差达到上述要求为止。

校正流量一般可估算。但在闭合环路中，若各管段的直径与长度相差不大时，校正流量（$\Delta Q$，其方向与 $\Delta h$ 的方向相反）亦可按公式（2-36）近似求得：

$$\Delta Q = -\frac{q_p \Delta h}{2\sum h} \quad (\mathrm{m^3/s}) \tag{2-36}$$

式中 $q_p$——计算环路中各管段流量的平均值（$\mathrm{m^3/s}$）；

$\Delta h$——闭合差（m）；

$\sum h$——计算环路中各管段水头损失的绝对值之和（m）。

当校正流量方向与水流方向相同时，管段应加上校正流量，反之，减去相同的校正流量，此时各节点仍满足$\sum q=0$。

当各环的管段管径相差不大时，可将闭合差方向一致的小环组成一个大环进行调整（见图 2-7），这样，往往可以减少调整的次数。

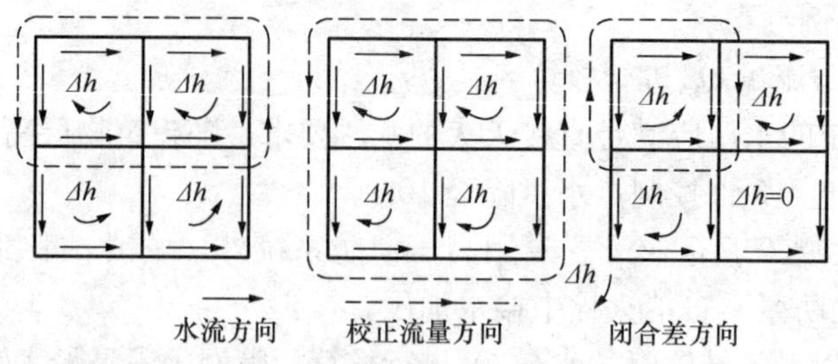


图 2-7 平差计算的流量校正

**【例 2-1】** 已知：最高日水量为 $14000m^3/d$，试进行不同情况的环网平差。

**【解】**（1）最高时：

根据用水量变化曲线最高时用水量为日用水量的 7.0%，即

$$\frac{14000 \times 7.0\% \times 1000}{3600} = 272.2\text{L/s}$$

其中水厂泵房供水 5.7%：

$$\frac{14000 \times 5.7\% \times 1000}{3600} = 221.6\text{L/s}$$

高地水池供水 1.3%：

$$\frac{14000 \times 1.3\% \times 1000}{3600} = 50.6\text{L/s}$$

平差结果见图 2-8。

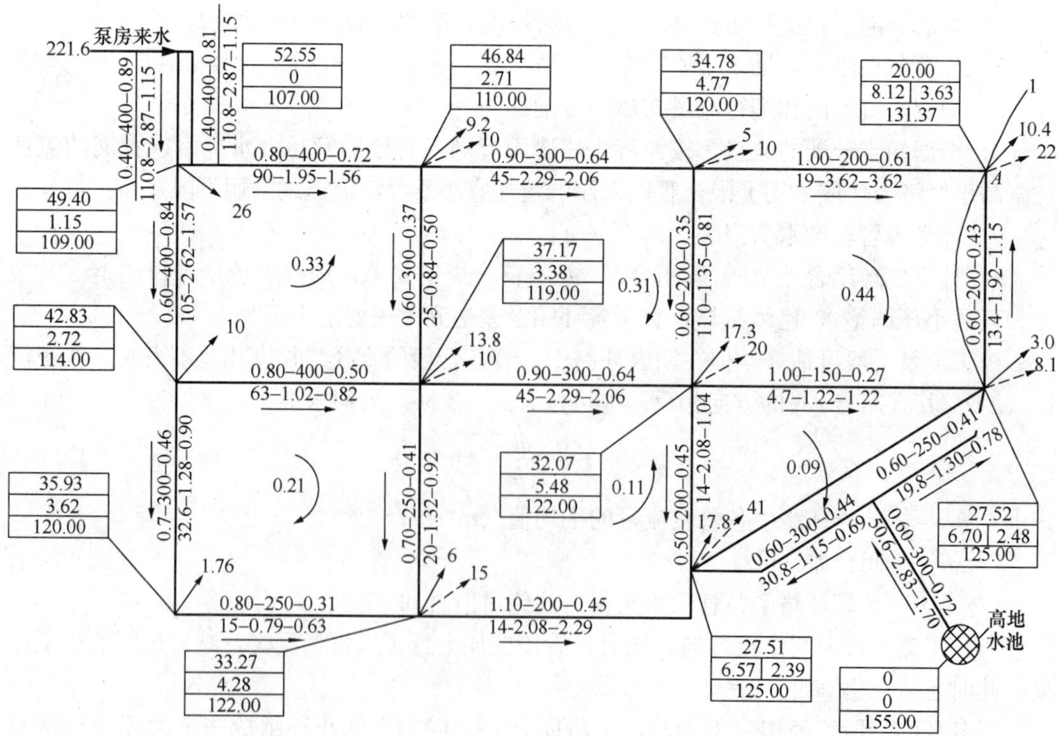


图 2-8 环网平差（最高时）

管网平差常用图例见表 2-7。

**图 例** **表 2-7**

|  |  |
|---|---|
| ―― | 长度—管径—流速<br>流量—1000$i$—损失 |
| 三格方框（上、中、下） | 自由水头<br>累计水头损失<br>地面标高 |
| ⟶ | 水流方向 |
| 双箭头 ⇉ | 消防流量 |
| - - - - - -→ | 集中用水节点流量 |
| ⟶ | 生活用水节点流量 |
| 1 ～～ 1 | 供水分界线 |
| A | 最不利点 |
| 方框（上格；中间分左右两格；下格） | 自由水头<br>以泵房为准的累计水头损失 ｜ 以高地水池为准的累计水头损失<br>地面标高 |

(2) 最高时加消防：增加两个着火点，每个着火点为 20L/s。

1) 考虑由水厂泵房供水：

$$221.6+20=241.6\text{L/s}$$

2) 高地水池送水：

$$50.6+20=70.6\text{L/s}$$

3) 平差结果见图 2-9。

(3) 最大转输：

1) 水厂泵房供水 3.5%：

$$\frac{14000\times3.5\%\times1000}{3600}=136.1\text{L/s}$$

2) 其中用水 2.0%：

$$\frac{14000\times2.0\%\times1000}{3600}=77.8\text{L/s}$$

3) 向高地水池输水 1.5%：

$$\frac{14000\times1.5\%\times1000}{3600}=58.3\text{L/s}$$

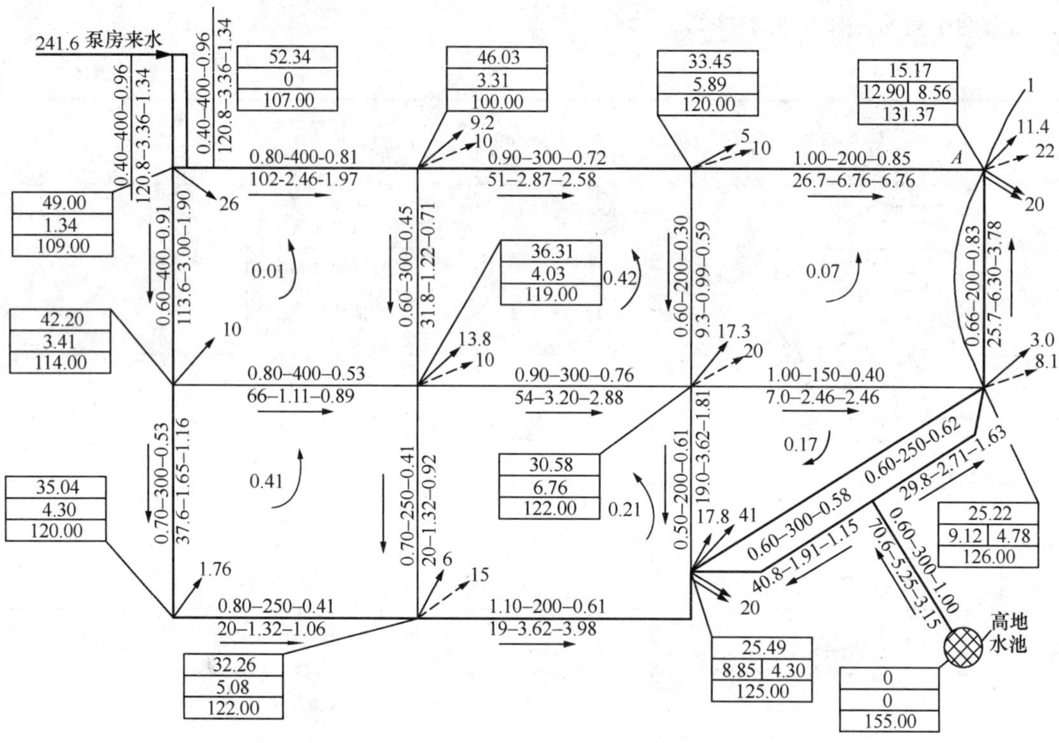


图 2-9　环网平差（最高时加消防）

4）平差结果见图 2-10。

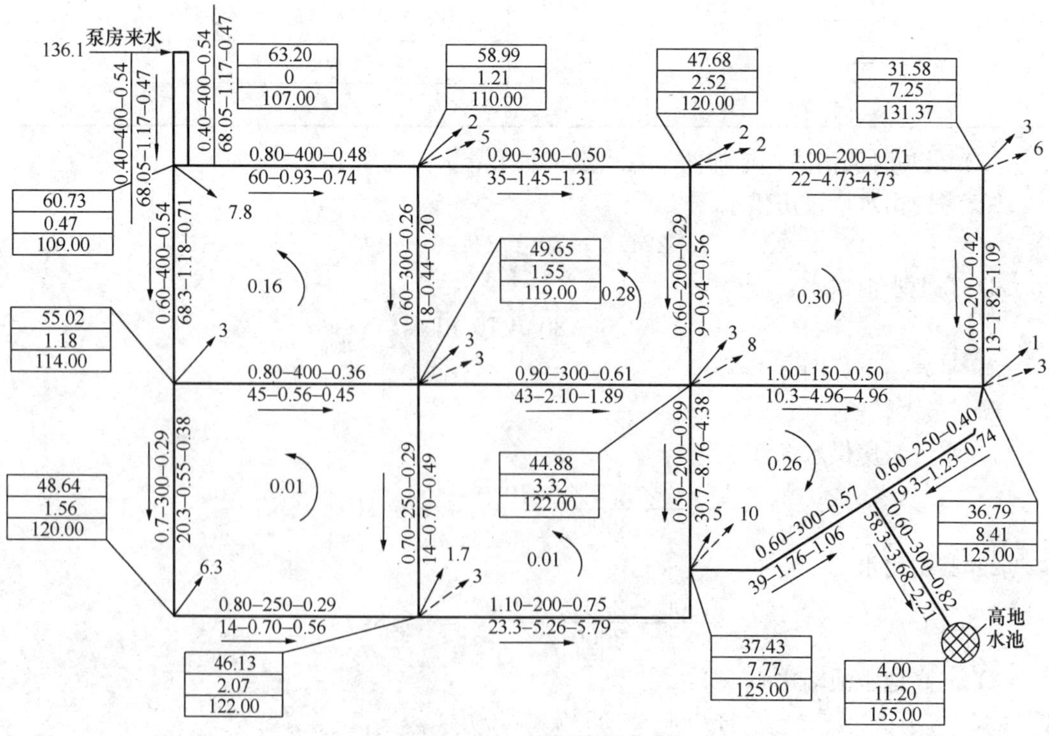


图 2-10　环网平差（最大转输）

(4) 事故：假设按设计水量的 70%计，即 190.54L/s。

1) 水厂泵房供水：155.12L/s。

2) 高地水池供水：35.42L/s。

3) 平差结果见图 2-11。

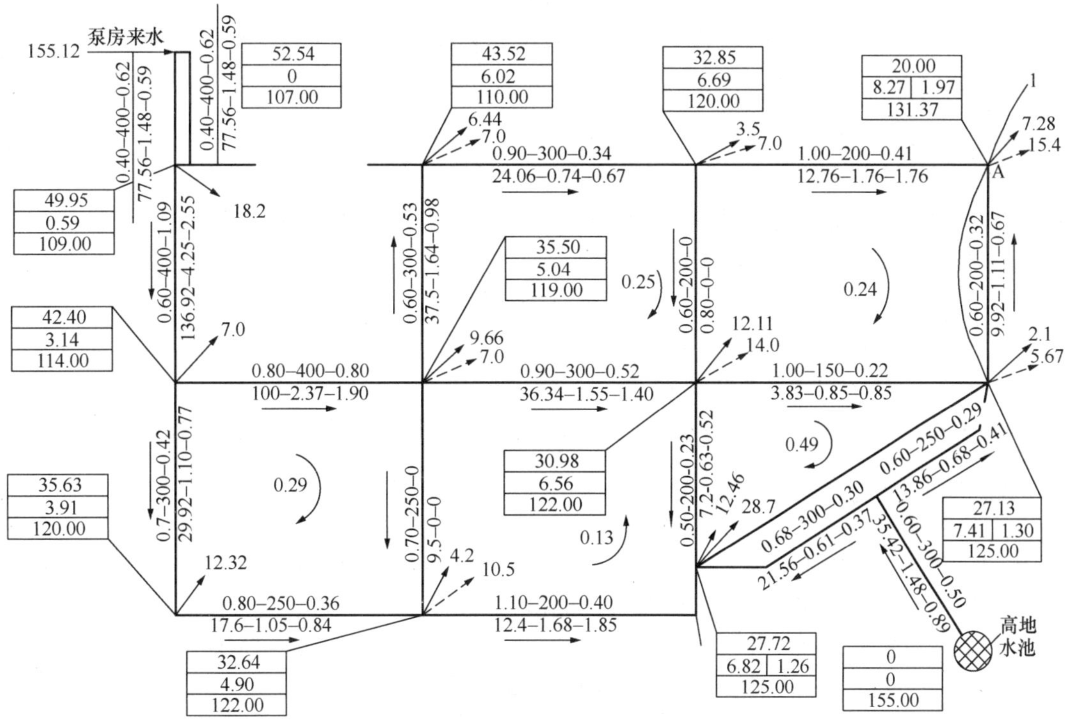


图 2-11　环网平差（事故）

最高时用水按最不利点 $A$（最高最远的节点）要求保持 20m 自由水头进行计算，起点（供水泵房）的扬程为 52.55m，高地水池池底高程为 155m。

以最高时用水加消防(低压制)复核：起点扬程为 52.34m，与最高时要求扬程基本相同。

以事故复核：起点扬程要求为 52.54m（小于最高时设计要求），最不利点自由水头亦能满足设计水压 20m。

以最大转输复核：起点扬程要求为 63.20m，高于最高时扬程，但由于供水量小于最高时水量，根据水泵特性曲线验算，基本能达到转输扬程要求。

**2.2.3.3　树枝状管网水力计算**

计算公式：每一管段的流量等于其下游各节点流量之和，即 $q=\Sigma q'$。

根据节点流量即可求得各管段的计算流量，从而可根据经济流速选用管径及计算水头损失。

**2.2.3.4　管网平差电算的一般方法及步骤**

当管网的节点和环数较多时，进行水力平差不仅计算工作量大，而且不易收敛；运用电子计算机计算，则可达到速度快、收敛好的要求。特别适用于对复杂管网进行方案比较，例如多水源管网、网内有调节水池或增压泵站的管网等。

(1) 管网电算的一般方法：按解水力方程的变量分类，管网电算主要分为：

1）环方程法：以管网中每环的校正流量为未知变量。

该方法方程阶数低，比较简单，但计算收敛速度缓慢，甚至不能收敛。

2）管段方程法：以管网中管段流量为未知变量。

该方法方程阶数最高，计算准备工作较繁。

3）节点方程法：以管网中节点压力值为未知变量。

该方法方程阶数较低，计算收敛性较好，计算准备工作较少。

(2) 用有限单元法求解节点方程的计算：

1）水力计算的数学过程：

① 将管段水头损失 $\Delta H$ 与管段流量 $q$ 的非线性关系 $\Delta H = Sq^n$ 转化为线性关系 $q = C\Delta H$，则

$$C = q/\Delta H = q/(H_i - H_j) \tag{2-37}$$

式中 $C$——计算常数；

$H_i$、$H_j$——管段两端绝对压力。

以 $\Delta H = H_i - H_j$ 代入节点方程 $Q_i + \Sigma q_{ij} = 0$，则

$$Q_i + \Sigma C\Delta H_{ij} = 0 \tag{2-38}$$

② 整理后得矩阵关系式如下：

$$[C_{ij}]H = -F \tag{2-39}$$

式中 $C_{ij}$——系数矩阵；

$H$——解答列向量（为管网各节点的压力值）；

$F$——常数项列向量［包括未知压力节点的节点流量，含已知压力节点压力值和水泵（当有网中水泵时）加压向量内容的流量项］。

然后假定各管段的初始流量（可根据管道雷诺数 $Re=2\times10^5$ 假定流量），求得 $\Delta H$ 和 $C$，形成初始系数矩阵，由公式（2-39）求解节点方程组，求出未知压力节点的绝对压力 $H_i$；再根据压力差得出管段流量，进而再次形成新的系数矩阵，进行迭代，直至前后二次迭代的管段流量之差小于允许范围时结束。

2）计算准备和步骤：

① 根据管网布置，画出包括节点和管段位置的计算简图，形式见图 2-12。

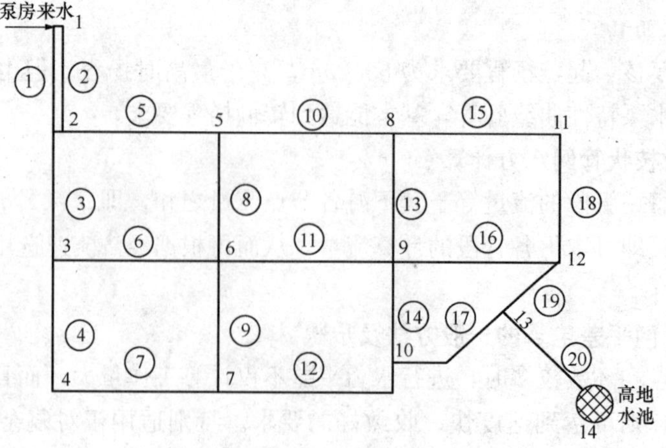


图 2-12　节点和管段编号

② 拟定计算参考点：参考点系计算管网各节点压力值的基准点，可根据计算要求选定，一般选在已建水厂或高位水池所在节点，其压力值可取水厂配水的绝对扬程或水池重力出流的绝对高程。

③ 节点和管段编码，编码原则为：

a. 每一管段有关节点的编号数应尽量接近。

b. 已知压力值的节点编于未知压力节点之后。

c. 参考点编号应编在最后。

④ 计算节点流量：节点流量计算同本手册第 2.2.1.3 节，以流离节点的流量为正，流入节点的流量为负。

⑤ 拟定初始管径：根据管网布置，拟定初始管径，待计算后再行调整。

⑥ 决定各管段的管道粗糙系数：粗糙系数可根据管道铺设年份、材质和铺设状况确定。

⑦ 标定各管段长度和各节点地形高程。

⑧ 按计算程序要求，分别输入节点流量、管段长度、管径、粗糙系数、管段起始节点编号、节点地形高程等。

3）调用计算程序上机运算。

4）整理分析输出结果，输出主要数据为：管段流量、流速、水流方向、管段水头损失、水力坡降、节点自由水头值等。如根据输出结果分析，需要修正输入数据（如初始管径等），可调整后再行计算，直至得出满意结果。

#### 2.2.3.5 给水管网水力计算模型

随着计算机硬件水平的提高和分析计算软件的不断开发，以不同侧重点为特点的给水管网计算模型得以迅速发展，并成功地应用于供水系统的规划、设计和控制中。给水管网计算机模型已涵盖管网分析中的诸多求解领域，被广泛地应用于工程实践和运行决策中。给水管网系统计算机模型，除求解管网方程的计算程序外，还可包括描述管网系统供水能力和状况的所有数据信息，强调其输入和输出功能。此外，还包括有界面系统、CAD 功能甚至 GIS 功能。

（1）管网水力计算模型分类：管网计算机模型基本上可分为稳定流状态水力模型（管网平差）、非稳定状态水力模拟模型、管径优化模型、优化控制模型等。

1）稳定流状态模型：任何给水管网模型系统的核心（除水锤分析模型外）均采用数学求解方法求解在稳定流状态下的各类方程，即为管网平差计算。供水管网的计算模型，以“节点”和“管链”来表达实际的系统构成，其中包括管线、节点出流、水泵、高位水池、各种阀门等。

稳定流状态模型是在确定水泵扬程和高位水池（水塔）水位的条件下，计算求得每一管段的流量和每一节点的供水压力，并检测减压阀和止回阀的工作状态。

在管网任意工况条件下的时间点上均可将管网系统视作稳定流状态，为此，模型最易运行，并且存在于管网的各种分析软件中。

2）非稳定状态水力模拟模型：稳定流状态模型可计算描述给水管网系统任意时间点上的水力状态，然而未能体现规划期内长期的水泵运行和水池（水塔）水位变化对管网系统的影响。非稳定状态水力模拟模型可以用来检测水池（水塔）适当的贮存量，确定水泵控制运行规律、管道输水状况、水塔和水池进水及出水的变化规律。通过对管网系统在设计期内各种可能供水工况的考察，对管网系统提出更为合理的实施方案和改扩建建议。同时，在模拟一定时间的系统运行情况的条件下，计算其运行能量费用。

3）管径优化模型：在管网管线路径确定之后，管道管径的合理取定是管网优化的决定因素之一。管径优化模型综合考虑管网最高用水时、消防时、事故时、最大转输时等多种工况供水分析，结合规划年限中可能出现的各种条件，对供水区内不同区域、不同外部约束条件进行分别处理，从而经济合理地确定管道管径、水泵扬程和水池（水塔）高度。

4）优化控制模型：在管网管道管径优化的前提下，管网的运行费用，可以通过优化水泵的运行控制加以实现。优化控制模型可以改变水泵的启动运行方式，在确定的泵组组合的情况下，计算分析管网系统在控制状态下的运行费用；也可通过优化调度方案，确定选用合适的水泵机组，使之在既定条件下保持高效运行，以降低管网运行费用。

(2）管网水力计算模型及软件的选用：管网水力计算模型及其相应软件在编制过程中各有侧重，适用条件不尽相同。在管网设计中，应根据工程的具体条件选择适合的应用软件。鉴于目前管网计算软件较多，在选用相应软件时应对软件的适用性和可靠性进行鉴别，并进行必要的计算验证，采用已经鉴定的应用软件，尽量使用高品质软件。

#### 2.2.3.6　海曾—威廉公式中 $C$ 值与粗糙系数 $n$ 值的转换

在目前应用的管网水力计算软件中，管道水头损失公式较多采用海曾—威廉公式，即式（2-28），公式中系数 $C_h$ 值相对于管道粗糙系数 $n$ 值有如下转换计算公式：

$$C_h = \frac{D^{0.248}}{q^{0.08}} \frac{1.01958}{n^{1.08}} \tag{2-40}$$

由式（2-40）可见，$C_h$ 值不仅与 $n$ 值有关，还与管径和流量值有关。

当管径 $D$ 为 1.0m，流量 $q$ 为 $1m^3/s$ 时，$C_0$ 值与 $n$ 值之间转换见表 2-8。

**$C_0$ 值与 $n$ 值转换关系**　　**表 2-8**

| $n$ | 0.010 | 0.011 | 0.012 | 0.013 | 0.014 | 0.015 | 0.016 | 0.017 | 0.018 | 0.019 | 0.020 |
|---|---|---|---|---|---|---|---|---|---|---|---|
| $C_0$ | 147.4 | 133.0 | 121.0 | 111.0 | 102.5 | 95.1 | 88.7 | 83.1 | 78.1 | 73.7 | 69.7 |

当管道设计流量在常用范围时，根据管径的不同，$C_h$ 值可近似采用校正系数 $r$ 修正：

$$C_h = rC_0 \tag{2-41}$$

式中　$C_0$ ——管径为 1m、流量为 $1m^3/s$ 时的 $C$ 值；

$r$——校正系数。

不同管径的校正系数 $r$ 值见表 2-9。

**校正系数 $r$ 值**　　**表 2-9**

| 管径 $D$ (m) | 0.30 | 0.35 | 0.40 | 0.45 | 0.50 | 0.60 | 0.70 | 0.80 | 1.00 | 1.20 | 1.40 | 1.60 | 1.80 |
|---|---|---|---|---|---|---|---|---|---|---|---|---|---|
| $r$ | 0.907 | 0.915 | 0.923 | 0.929 | 0.935 | 0.945 | 0.945 | 0.961 | 0.974 | 0.985 | 0.994 | 1.002 | 1.012 |

# 2.3 水量调节设施

## 2.3.1 水量调节设施及其选用

一般情况下，水厂的取水构筑物和净水厂规模是按最高日平均时设计的，而配水设施则需满足供水区的逐时用水量变化，为此需设置水量调节构筑物，以平衡两者的负荷变化。

调节构筑物的设置方式对配水管网的造价以及日常电费均有较大影响，故设计时应根据具体条件作多方案比较。

调节构筑物的调节容量可以设在水厂内，也可设在厂外；可以采用高位的布置形式（水塔或高位水池），也可采用低位的布置形式（调节水池和加压泵房）。各种调节设施的一般设置方式及其相应的适用条件见表 2-10。

**各种调节设施的适用条件** **表 2-10**

| 序号 | 调节方式 | 适用条件 |
|---|---|---|
| 1 | 在水厂设置清水池 | 1. 一般供水范围不很大的中小型水厂，经技术经济比较无必要在管网内设置调节水池；<br>2. 需昼夜连续供水，并可用水泵调节负荷的小型水厂 |
| 2 | 配水管网前设调节水池泵站 | 1. 净水厂与配水管网相距较远的大中型水厂；<br>2. 无合适地形或不适宜设置高位水池 |
| 3 | 设置水塔 | 1. 供水规模和供水范围较小的水厂或工业企业；<br>2. 间歇生产的小型水厂；<br>3. 无合适地形建造高位水池，而且调节容量较小 |
| 4 | 设置高位水池 | 1. 有合适的地形条件；<br>2. 调节容量较大的水厂；<br>3. 供水区的要求压力和范围变化不大 |
| 5 | 配水管网中设置调节水池泵站 | 1. 供水范围较大的水厂，经技术经济比较适宜建造调节水池泵站；<br>2. 部分地区用水压力要求较高，采用分区供水的管网；<br>3. 解决管网末端或低压区的用水 |
| 6 | 局部地区（或用户）设调节构筑物 | 1. 由城市供水的工业企业，当水压不能满足要求时；<br>2. 局部地区地形较高，供水压力不能满足要求；<br>3. 利用夜间进水以满足要求压力的居住建筑 |
| 7 | 利用水厂制水调节负荷变化 | 1. 水厂制水能力较富裕而调节容量不够时；<br>2. 当城市供水水源较多，通过经济比较，认为调度各水源的供水能力为经济时 |
| 8 | 水源井直接调节 | 1. 地下水水源井分散在配水管网中；<br>2. 通过技术经济比较设置配水厂不经济的地下水供水；<br>3. 当水源井直接供管网而能解决消毒接触要求时 |

### 2.3.2 水厂清水池

#### 2.3.2.1 容量计算

(1) 清水池有效容量 $W_c$ 一般按式 (2-42) 计算：

$$W_c = W_1 + W_2 + W_3 + W_4 \tag{2-42}$$

式中 $W_1$——调节容量 ($m^3$)，一般根据制水曲线和供水曲线求得；

$W_2$——净水构筑物冲洗用水及其他厂用水的调节水量（当滤池采用水泵冲洗并由清水池供水时可按一次冲洗的水量考虑，当滤池采用水塔冲洗时，一般可不考虑）；

$W_3$——安全贮量 ($m^3$)，为避免清水池抽空，威胁供水安全，清水池可保留一定水深的容量作为安全贮量；

$W_4$——消防贮量 ($m^3$)，

$$W_4 = T(Q_x + Q_T + Q_1) \quad (m^3) \tag{2-43}$$

式中 $T$——消防历时 (h)，一般为 3h，也有采用 2h 的，可视具体情况而定；

$Q_x$——消防用水量 ($m^3/h$)；

$Q_T$——最高日平均时生活与生产用水量之和 ($m^3/h$)；

$Q_1$——消防时一级泵房供水量 ($m^3/h$)，如消防时允许净水厂强制提高制水量，则 $Q_1 > Q_T$。

当缺乏制水曲线和供水曲线资料时，对于配水管网中无调节构筑物的清水池有效容量 $W_c$，可按最高日用水量的 10%～20%考虑。

(2) 设有网前调节水塔或高位水池的小城镇，当消防时关闭水塔和高地水池时，清水池容量 $W_c$ 同上式计算。

(3) 清水池的容量尚需复核必要的消毒接触容量（复核时可利用消防贮量和安全贮量），或设独立的消毒接触区（池）。

(4) 清水池的池数或分格数，一般不少于两个，并能单独工作和分别放空。如有特殊措施能保证供水要求时，亦可采用一个。当考虑近远期结合，近期只建一个清水池时，一般应设超越清水池的管道，以便清洗时不影响供水。

#### 2.3.2.2 配管及布置

清水池进、出水管应分设，结合导流墙布置，以保证池水能经常流动，避免死水区。

管道口径应通过计算确定，并留有余地，以适应挖潜改造时水量的增加。

(1) 进水管：管径按最高日平均时水量计算。进水管标高应考虑避免由于池中水位变化而形成进水管的气阻，可采用降低进水管标高，或进水管进池后用弯管下弯。

当清水池进水管上游设置有计量或加注化学药剂设备时，进水管应采取适当措施，保证满管出流。

(2) 出水管：管径一般按最高日最高时水量计算。当二级泵房设有吸水井时，清水池出水管（至吸水井）一般设置一根；当水泵直接从池内吸水时，出水管根数根据水泵台数确定。出水管的设置形式一般有以下几种：

1）从池底集水坑敷管出水，常用于二级泵房前设有吸水井时。

2）水泵吸水管直接弯入池底集水坑吸水。

当清水池消防贮水量必须严格确保时，池内可设置必要的水位传示、报警或控制性措施。

（3）溢水管：管径一般与进水管相同，管端为喇叭口，管上不得安装阀门。溢水管出口应设置网罩，以防爬虫等沿溢水管进入池内。当清水池溢流水位高于厂区地面时，溢流管出口不应与排水系统直接连接，应尽量溢流至地面；当溢流水位低于厂区地面甚至排水系统最高水位时，溢流管出口应采取防倒流措施或提高溢流水位标高，以避免排水系统污水倒流污染清水。

（4）排水管：在一般情况下，清水池在低水位条件下进行泄空。排水管管径可按2h内将余水泄空进行计算，但最小管径不得小于100mm。如清水池埋深大，排水有困难时，可在池外设置排水井，利用水泵抽除，也可利用潜水泵直接由清水池抽除。为便于排空池水，池底应有一定底坡，并设置排水集水坑。

（5）通气孔及检修孔：通气孔及检修孔数目根据水池大小而定。

通气孔应设置在清水池顶部并设有网罩，宜结合导流墙布置。通气孔池外高度宜参差布置，以利空气自然对流。检修孔宜设置于清水池进水管、出水管、溢流管和集水坑附近，同时宜成对角线布置。检修孔设置不宜少于两个，孔的尺寸应满足池内管配件进出要求，孔顶应设置防雨盖板。

（6）导流墙：为避免池内水的短流和满足加氯后接触时间的需要，池内应设导流墙。为清洗水池时排水方便，在导流墙底部，隔一定距离设置流水孔，流水孔的底缘应与池底相平。导流墙若砌至池顶，应在干弦范围的墙上设置通气孔，并使清水池排气畅通。

（7）池顶覆土：覆土厚度需满足清水池抗浮要求，避免池顶面直晒，并应符合保温要求。

（8）水位指示：清水池应设置水位连续测量装置，发出上、下限水位信号，供水位自动控制或水位报警之用。水位仪应具有传示功能，并有较大的传示范围。水位仪应选择投入式或与池水不接触式（如超声波液位计），便于检修。

必要时，可在清水池设置就地水位指示。

圆形钢筋混凝土清水池布置实例见图2-13。

矩形钢筋混凝土清水池布置实例见图2-14。

#### 2.3.2.3　钢筋混凝土蓄水池国家标准图

现行国家标准图有：《圆形钢筋混凝土蓄水池》04S803、《矩形钢筋混凝土蓄水池》05S804，有效容积为50～2000m$^3$。工艺设计选用可见国家标准图集《给水排水构筑物设计选用图》07S906。蓄水池的主要尺寸见表2-11。

**钢筋混凝土蓄水池国家标准图　　表2-11**

| 有效容积（m$^3$） | 圆形钢筋混凝土蓄水池 | | 方形、矩形钢筋混凝土蓄水池 | |
|---|---|---|---|---|
| | 高度（m） | 池直径（m） | 高度（m） | 长度×宽度（m） |
| 50 | 3.50 | 4.50 | 3.50 | 3.90×3.90，3.00×6.30 |
| 100 | 3.50 | 6.40 | 3.50 | 5.60×5.60，4.00×8.00 |

续表

| 有效容积（$m^3$） | 圆形钢筋混凝土蓄水池 | | 方形、矩形钢筋混凝土蓄水池 | |
|---|---|---|---|---|
| | 高度（m） | 池直径（m） | 高度（m） | 长度×宽度（m） |
| 150 | 3.50 | 7.80 | 3.50 | 6.80×6.80，5.00×9.45 |
| 200 | 3.50 | 9.00 | 3.50 | 7.80×7.80，6.30×9.60 |
| 300 | 3.50 | 11.10 | 3.50 | 9.90×9.90，6.90×13.90 |
| 400 | 3.50 | 12.60 | 3.50 | 11.40×11.40，8.00×16.00 |
| 500 | 3.50 | 14.00 | 4.00 | 11.70×11.70，8.20×16.40 |
| 600 | 4.00 | 14.10 | 4.00 | 12.90×12.90，8.00×20.00 |
| 800 | 4.00 | 16.50 | 4.00 | 14.80×14.80，11.20×18.80 |
| 1000 | 4.00 | 18.70 | 4.00 | 15.90×15.90，11.40×22.80 |
| 1500 | 4.00 | 22.20 | 4.00 | 19.80×19.80，15.00×26.40 |
| 2000 | 4.00 | 26.70 | 4.00 | 23.40×23.40，19.50×27.30 |

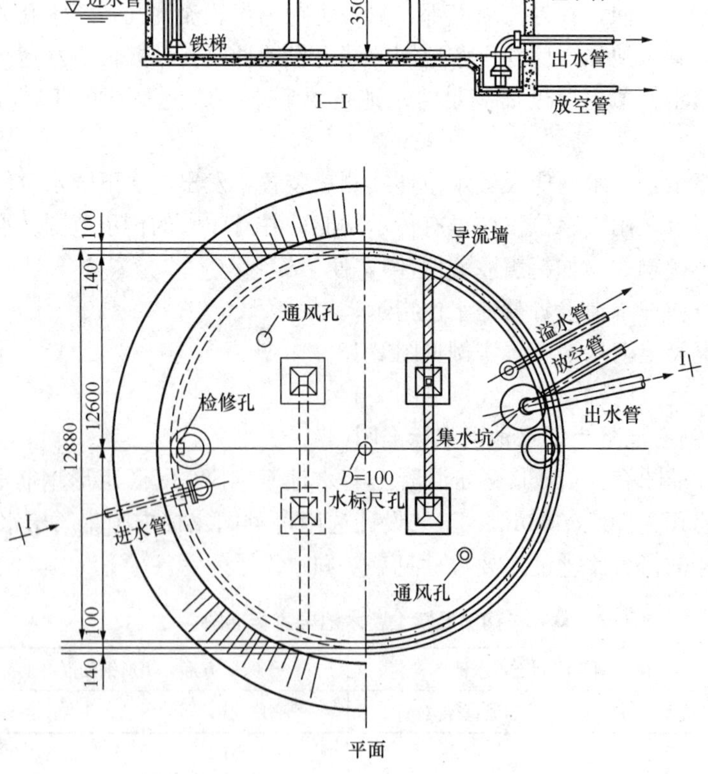


图 2-13 400m³圆形钢筋混凝土清水池

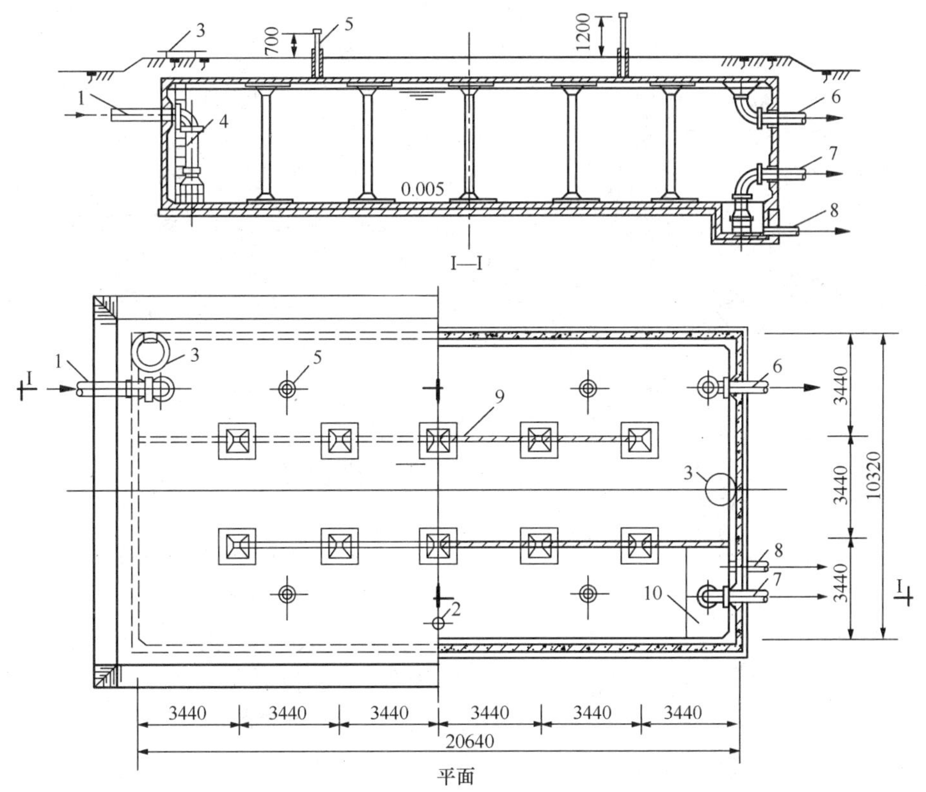


图 2-14 800m³矩形钢筋混凝土蓄水池

1—*DN*400 进水管；2—水位尺孔；3—检修孔；4—铁梯；5—通风管；6—*DN*400 溢水管；7—*DN*400 出水管；8—*DN*200 排水管；9—导流墙；10—集水坑

## 2.3.3 水塔及高位水池

### 2.3.3.1 水塔

（1）水塔容量 $W$ 计算：

$$W = W_1 + W_2 \quad (m^3) \tag{2-44}$$

式中 $W_1$——消防贮量（$m^3$），当有消防要求时，应按《建筑设计防火规范》GB 50016—2014 要求确定；

$W_2$——调节容量（$m^3$），$W_2 = KQ$

其中 $Q$——最高日用水量（$m^3/d$）；

$K$——调节容量占最高日用水量的百分率（%），其计算方法一般有下列两种：

1）根据水厂供水曲线和用水曲线推求。此法虽较合理，但实际用水情况受使用、管理影响较大，设计时要掌握可靠的用水曲线比较困难。

2）按最高日用水量的百分率求得。城镇的水塔调节水量一般可按最高日用水量的6%～8%选定；生产用水的水塔容量，按生产工艺要求选定。

（2）水塔布置形式：水塔的一般布置见图 2-15，可按水柜的容量、高度、水柜及支座结构形式、保温要求、采用材料、施工方法等因素布置成多种形式。常用的水塔构造形

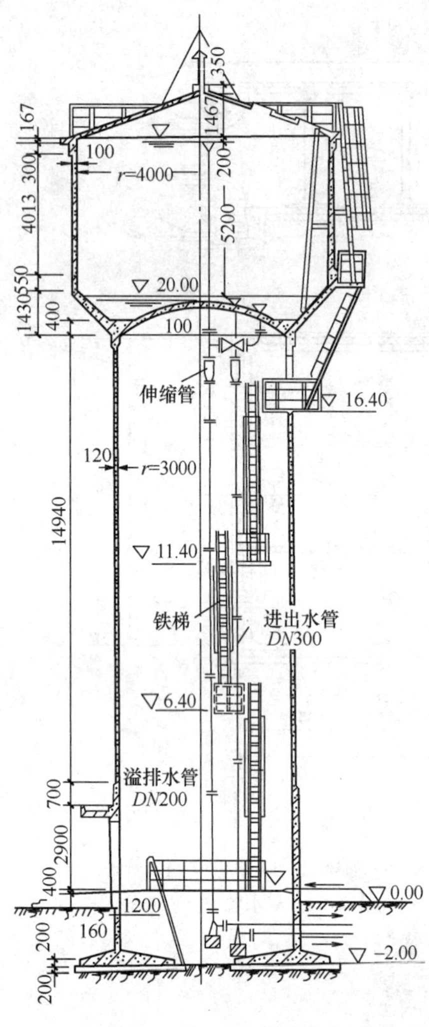

图 2-15 300m³钢筋混凝土水塔

式见表 2-12。

(3) 配管及设备

1) 进、出水管可分别设立，也可合用。竖管上需设置伸缩接头。为防止进水时水塔晃动，进水管宜设在水柜中心或适当升高。

2) 一般情况下溢水管与排水管可合并连接。其管径一般可采用与进、出水管相同，或比进、出水管缩小一个规格（管径大于 DN200 时）。溢水管上不得安装阀门。

3) 为反映水柜内水位变化，可设浮标水位尺或水位传示仪。

4) 塔顶应装避雷设施。

(4) 保温、供暖

1) 当水源为地下水，冬季供暖室外计算温度为−8～−23℃地区的水塔，可只保温不供暖。

2) 水源为地表水或地表水与地下水的混合水时，冬季供暖室外计算温度为−8～−23℃地区，以及冬季供暖室外计算温度为−24～−30℃地区，除保温外还需供暖。

(5) 水塔国家标准图：《钢筋混凝土倒锥壳保温水塔》04S801-1 和 04S801-2，公称容积为 50m³、100m³ 和 150m³、200m³、300m³；《钢筋混凝土倒锥壳不保温水塔》04S802-1 和 04S802-2，公称容积为 50m³、100m³ 和 150m³、200m³、300m³。工艺设计选用可见国家标准图集《给水排水构筑物设计选用图》07S906，选用时需注意公称容积与有效容积的差别。

**水塔国家标准图规格表** **表 2-12**

| 图号 | 水塔类型 | 公称容积 (m³) | 水箱 | | | 支筒外径 (m) | 地基承载力特性值 $f_{ak}$(kPa) | | | |
|---|---|---|---|---|---|---|---|---|---|---|
| | | | 有效高度(m) | 水平倾角 | 施工方式 | | 相应假定的压缩模量 $E_s$(MPa) | | | |
| 04S801-1、2 | 保温水塔 | 50 | 15、20、25 | 30° | 地面预制吊升定位和现场浇筑 | 2.0 | $f_{ak}$ | 100 | 150 | 200 |
| | | 100 | 20、25、30、35 | 30°、45° | 地面预制吊升定位 | 2.4 | | | | |
| | | 150 | 20、25、30、35 | 30°、45° | | 2.4 | | | | |
| | | 200 | 20、25、30、35 | 30°、45° | | 3.2 | | | | |
| | | 300 | 20、25、30、35 | 45° | | 3.2 | | | | |

续表

| 图号 | 水塔类型 | 公称容积($m^3$) | 水箱 | | | 支筒外径(m) | 地基承载力特性值 $f_{ak}$(kPa) | | | |
|---|---|---|---|---|---|---|---|---|---|---|
| | | | 有效高度(m) | 水平倾角 | 施工方式 | | 相应假定的压缩模量 $E_s$(MPa) | | | |
| 04S802-1、2 | 不保温水塔 | 50 | 15、20、25 | 30° | 支筒滑膜，水箱高空无脚手架现浇(或水箱地面预制后提升就位) | 2.0 | $f_{ak}$ | 100 | 150 | 200 |
| | | 100 | 20、25、30、35 | 30°、45° | 支筒滑膜，水箱地面预制后提升就位 | 2.4 | | | | |
| | | 150 | 20、25、30、35 | 30°、45° | | 2.4 | | | | |
| | | 200 | 20、25、30、35 | 30°、45° | | 2.4 | $E_s$ | 5.0 | 6.0 | 8.0 |
| | | 300 | 20、25、30 | 45° | | 2.4 | | | | |

不保温水塔适用于室外计算温度为−8℃以上地区，保温水塔适用于室外计算温度为−9～−40℃的寒冷地区，并分为−9～−12℃、−13～−20℃和−21～−40℃三种；选用时还需注意进、出水竖管和溢、泄水竖管的不同配管方式。国家标准图水塔的规格及特征值见表2-12，公称容积与有效容积的对照见表2-13。

**水塔国家标准图公称容积与有效容积对照表　　表 2-13**

| 公称容积($m^3$) \ 名称 | | 保温水塔 | | 不保温水塔 |
|---|---|---|---|---|
| | | $V_1$($m^3$) | $V_2$($m^3$) | $V_1$($m^3$) |
| 50 | 现浇 | 43.0 | — | 45.0 |
| | 预制 | 48.5 | 48.0 | 57.0 |
| 100(预制) | $\alpha=30°$ | 90.0 | 88.0 | 96.0 |
| | $\alpha=45°$ | 103.5 | 102.5 | 98.5 |
| 150(预制) | $\alpha=30°$ | 131.0 | 129.5 | 150.5 |
| | $\alpha=45°$ | 147.0 | 146.0 | 148.5 |
| 200(预制) | $\alpha=30°$ | 189.0 | 187.0 | 195.0 |
| | $\alpha=45°$ | 214.5 | 213.0 | 199.0 |
| 300(预制) | $\alpha=45°$ | 311.5 | 310.0 | 297.5 |

注：$V_1$为最高水位与箱底之间的容量；$V_2$为最高水位与最低水位之间的容量（均按扣除2cm抹面厚度计算）。不保温水塔的箱底为最低水位。

### 2.3.3.2 高位水池

高位水池设计，可参照清水池及水塔。

对于非生活饮用水的高位水池，若无冰冻可能，且水质要求不高时，可采用敞开式。

### 2.3.3.3 管网中水塔和高位水池的设置

水塔和高位水池是以恒水位供水为特征，当管网中设置水塔和高位水池后，其水位将成为管网压力的控制高程，因此在设置过程中应结合城市供水的特点和供水远期的发展，对其所在位置和作用进行综合比较论证，以避免在供水条件变化的情况下造成构筑物闲置或不良运行。

鉴于上述原因，在大、中型供水管网中，应尽可能采用调节泵站和地下水库，以适应城市供水范围和供水水量的变化而导致调节构筑物水压（水位）要求的改变。

### 2.3.4 调节（水池）泵站

调节（水池）泵站主要由调节水池和加压泵房组成。

（1）设置条件

1）当水厂离供水区较远，为使出厂配水干管较均匀输水，可在靠近用水区附近建造调节水池泵站。

2）对于大型配水管网，为了降低水厂出厂压力，可在管网的适当位置建造调节水池泵站，兼起调节水量和增加水压的作用。

3）对于要求供水压力相差较大，而采用分压供水的管网，也可建造调节水池泵站，由低压区进水，经调节水池并加压后供应高压区。

4）对于供水管网末端的延伸地区，如为了满足要求水压需提高水厂出厂水压时，经过经济比较也可设置调节水池泵站。

5）当城市不断扩展，为充分利用原有管网的配水能力，可在边远地区的适当位置建调节水池泵站。

（2）调节水池容量 $W_{02}$ ：调节水池容量应根据需要并结合配水管网进行计算确定。计算中必须考虑以下两种情况：

1）进水条件：晚间用水低峰时，在不影响管网要求压力条件下，允许水池进水的时间和进水量。

2）出水条件：白天高峰用水时，根据城市用水曲线，由净水厂及其他调节设施供水外，需由调节水池向管网供水的流量以及时间。

根据水池进、出水条件，即可确定水池所需的容量。调节水池的容量应是供水总调节容量的一部分，故一般应满足

$$W_{02}=W_0-W_{01}\quad (\mathrm{m}^3) \tag{2-45}$$

式中 $W_{02}$ ——调节水池的调节容量（$\mathrm{m}^3$）；

$W_0$ ——供水所需总调节容量（$\mathrm{m}^3$）；

$W_{01}$ ——水厂清水池调节容量（$\mathrm{m}^3$）。

（3）配管要求

1）水池的配管可参照清水池和高位水池布置，设有进水管、出水管、溢水管及排水管等。

2）为了避免水池进水时造成管网压力降低过大，进水阀门需根据水压情况经常调整，故一般采用电动操作。

（4）大型调节水池

1）在选择大型水池位置时，除需考虑进、出配水管道的布置合理、线路较短外，更需注意地质情况、地基承载能力、施工条件等因素，务必保证结构设计经济合理。图2-16为平面尺寸 94m×70m 的大型调节水池。

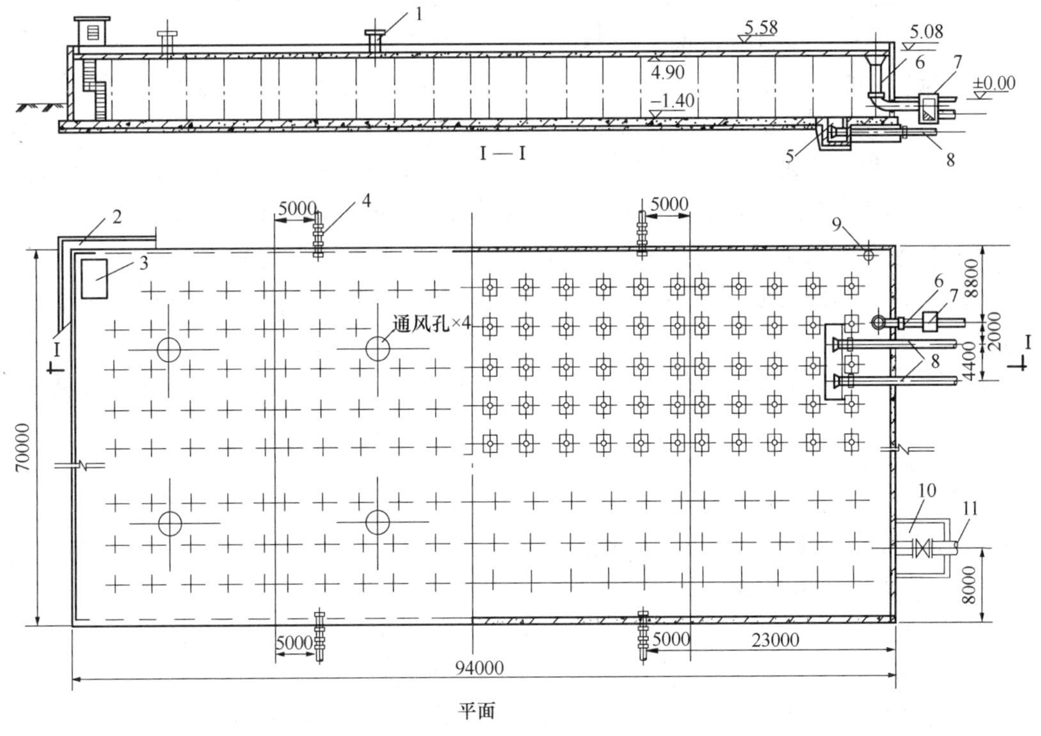


图 2-16 40000m³大型调节水池

1—通风管；2—排水沟；3—进出走道兼通风室；4—*DN*200 压力水冲洗水管；5—8400mm×2000mm ×2000mm 集水坑；6—*DN*800 溢水管；7—排水井；8—*DN*800 吸水管；9—水位显示安装部位；10—阀门井；11—*DN*800 进水管

2）一般由于进入水池前管内水流具有一定压力，故应尽可能减少水池埋深和加高池深，以节约电耗。池体高度一般可采用 5.5～6.5m。

3）为清洗方便，可隔一定间距将冲洗水管直接接至池内。冲洗水管一般采用口径为 *DN*100，并在池内设多个集水坑及排水管（如排水有困难时，可临时用潜水泵抽吸）。

4）大型水池一般设多个人孔、通风口及检修孔，以便进行清洗及检修；扶梯宜采用钢筋混凝土结构。

5）国外大型水池尚设有空气调节设施和机械清洗设备。

## 2.4 管渠材质及附属设施

### 2.4.1 管渠材质的选用

#### 2.4.1.1 输水渠道

对于大流量长距离且承压不高或无压（非满流）的原水输送，可以考虑采用暗渠输送的形式。

输水渠道应根据输水形式、渠内工作压力、外部荷载、地基情况、施工维护和供水安全要求等条件确定其断面及结构形式。

输水暗渠一般应采用钢筋混凝土结构，根据需要其断面可采用单孔或多孔形式。承压输水暗渠内压一般不宜超过 0.1MPa，在采用承压暗渠时，应采取必要的限压措施，以确保暗渠内压不超过设计要求。

输水暗渠的设计和施工必须保证其工程质量。钢筋混凝土暗渠的结构应根据渠内工作水压力、外部土荷载、活荷载及其断面形式，依据有关结构设计规范进行设计。现浇钢筋混凝土渠可采用分段浇筑施工。用于钢筋混凝土渠变形缝的弹性橡胶止水带和嵌缝密封材料应保证变形缝在规定的伸缩和不均匀沉降差的范围内无渗漏，不得影响暗渠输水功能。

输水暗渠表面粗糙系数 $n$ 值，应根据暗渠结构和表面处理情况确定，一般取值范围为 0.013～0.015。

#### 2.4.1.2 承压管道

(1) 凡工作压力大于 0.1MPa 的输配水系统，应采用承压管道。

(2) 承压管道一般应采用由车间制作的成品管及配件，尽量避免现场制作。成品管及其配件的制作应符合相关的国家标准或行业标准。

(3) 承压管道管材的选用应根据输配水系统的布置、管道口径、工作压力、埋深、地质情况以及施工条件和运输条件，结合运行维护进行技术经济综合比较后确定。在输配水管道系统布置中可以采用多种管材结合使用，做到因地制宜，合理选用。

(4) 管材的选用应保证输水安全，尽可能采用技术成熟、抗腐蚀性能强、节能的管材。

### 2.4.2 常用管道材质

#### 2.4.2.1 钢管 (SP)

钢管是目前大口径埋地管道中运用最为广泛的管材。用于城市输水管道的管径一般宜大于 $DN$800，国内最大钢管直径可达 $DN$4000。钢管钢材一般采用 Q235 碳素镇静钢。选择采用作为输水管道的钢管一般要求为成品管，其焊接形式有螺旋缝埋弧焊管和直缝埋弧焊管，后者适用于大于 $DN$2000 的钢管。钢管的壁厚应根据作用于管道上的内外荷载和埋设条件，按《给水排水工程管道结构设计规范》GB 50332—2002 和《给水排水工程埋地钢管管道结构设计规程》CECS141：2002 的规定计算确定，在选用时应根据计算厚度增加 2mm 腐蚀余量（当采用内外防腐涂层及阴极保护可不增加腐蚀余量）。

埋地钢管易受腐蚀，必须对其内、外壁作防腐涂层。一般当钢管的埋地敷设长度大于 500m 时，还需作阴极保护。正确选择钢管的内、外壁涂层并采取阴极保护，可使其使用寿命大大延长，一般能达 50 年左右或更长年限。

钢管一般在工厂制作，因受运输及装卸条件的限制，每节钢管的长度一般在 10m 左右，因此在现场敷设时钢管的接头较多。由于现场施工的接头焊接及内、外防腐涂层的施工质量较难以达到工厂制作的质量要求，往往会对钢管的安全运行及使用寿命带来影响，特别是在沿海地区，因地下水位高、土壤腐蚀性强、地质条件差，对钢管的影响更大。

#### 2.4.2.2 球墨铸铁管 (DIP)

球墨铸铁管是选用优质生铁，采用水冷金属型模离心浇注技术，并经退火处理，获得稳定均匀的金相组织，能保持较高的延伸率，故亦称可延性铸铁管。由于其具有较高的抗拉强度和延伸率，而且具有较好的韧性、耐腐蚀、抗氧化、耐高压等优良性能，故被广泛运用于输水、输气及其他液体的输送。

《水及燃气用球墨铸铁管、管件和附件》GB/T 13295—2013 对球墨铸铁管及其管件与附件的分类、规格、接口形式、壁厚等作出了相应规定。

球墨铸铁管外壁采用喷涂沥青或喷锌防腐，内壁衬水泥砂浆防腐。

由于球墨铸铁管管材延展性和防腐能力性能优于钢管，且采用柔性胶圈密封接口，施工方便，不需要在现场进行焊接及防腐操作，加上产量及口径的增加、管配件的配套供应等，目前在国内广泛应用，是配水管道的首选管材。作为输水管道管材，与钢管相比口径在 $DN1200$ 以下具有较高的性价比。

**2.4.2.3 预应力混凝土管（PCP）**

预应力混凝土管有震动挤压（一阶段）工艺制造和管芯缠丝（三阶段）工艺制造两种。

《预应力混凝土输水管》GB 5696—2006 中管径规格 $DN400$～$DN3000$；PCP 管的工作内压分成若干个等级，最大运行工作压力或静水头为 1.2MPa；最大管顶覆土深度为 10m；有效管长为 5m。

由震动挤压（一阶段）工艺制造的管道所产生的预压应力在混凝土蒸养固结过程中的应力损失达 20%～30%，且不稳定，故大多数国家已不生产和应用。在设计选材中应尽量选用管芯缠丝（三阶段）工艺管。

PCP 管均为承插式胶圈柔性接头，可敷设在未扰动的土基上，施工方便。PCP 管管材价格低廉，自 20 世纪 60 年代以来，为较多城镇给水所采用。

PCP 管若在软土地基上敷设，需做好管道基础，否则易引起管道不均匀沉降，造成管道承插口处胶圈的滑脱而引起严重漏水或停水事故。

**2.4.2.4 预应力钢筒混凝土管（PCCP）**

预应力钢筒混凝土管属于管芯缠丝预应力管，其管芯为钢筒与混凝土复合结构。按《预应力钢筒混凝土管》GB/T 19685—2005 的规定，该管有两种结构形式：一种为内衬式（PCCPL），管径规格自 $DN400$～$DN1400$，另一种为埋置式（PCCPE），管径规格自 $DN1400$～$DN4000$；管道连接均采用钢制承插口胶圈密封柔性接头，包括单胶圈和双胶圈两种形式，其中 $DN400$～$DN1400$ 内衬式采用单胶圈密封，$DN1000$～$DN1400$ 内衬式也可采用双胶圈密封；PCCP 管的工作内压分成若干个等级，最大运行工作压力或静水头均为 2.0MPa；最大管顶覆土深度为 10m；有效管长为 5m 或 6m。

PCCP 管采用承插口连接，现场敷设方便，接口的抗渗漏性能好，加上管材价格比金属管便宜，因此，已得到较多采用。但管体自重较重，选用时应考虑从制管厂到工地的运输条件及费用，还应考虑现场的地质情况及施工措施等进行技术经济比较而定。

**2.4.2.5 玻璃纤维增强塑料夹砂管（FRPM）**

玻璃纤维增强塑料夹砂管(FRPM)属于化学建材管的一种，按《玻璃纤维增强塑料夹砂管》GB/T 21238—2007 的规定，该管有离心浇铸玻璃纤维和玻璃纤维缠绕两种制管工艺。管径从 $DN100$～$DN4000$；压力等级为 0.1～2.5MPa；环刚度等级为 1250～10000N/m$^2$；介质最高温度不超过 50℃；采用承插式胶圈密封柔性接头或套筒式胶圈密封柔性接头。

FRPM 摩阻系数小，设计采用的 $n$ 值为 0.009～0.01，从而可极大地降低水头损失，节约能耗。此外，由于不需作内外防腐，重量轻，运输方便，施工快捷。

FRPM 已在国内城市输水工程中得到应用，最大口径达 *DN*3000。在选材中除考虑工作压力外，更需注重管材的刚度及做好管道的基础和回填土，减少管道不均匀沉降，防止管道变形，确保安全、正常运行。

**2.4.2.6　硬聚氯乙烯塑料管（PVC-U）**

硬聚氯乙烯塑料管（PVC-U）属于化学建材管的一种，是采用挤出成型的内外壁光滑的平壁管。按《给水用硬聚氯乙烯（PVC-U）管材》GB/T 10002.1—2006 的规定，公称外径有 *DN*20、*DN*25、*DN*32、*DN*40、*DN*50、*DN*63、*DN*75、*DN*90、*DN*110、*DN*125、*DN*140、*DN*160、*DN*180、*DN*200、*DN*225、*DN*250、*DN*280、*DN*315、*DN*355、*DN*400、*DN*450、*DN*500、*DN*560、*DN*630、*DN*710、*DN*800、*DN*900、*DN*1000 共 14 种规格。公称压力为 10.63MPa、0.8MPa、1.0MPa、1.25MPa、1.6MPa、2.0MPa、2.5MPa7 个等级。

PVC-U 管材的物理性能应符合下列规定：密度：1350～1460kg/m$^3$；维卡软化温度：不小于 80℃；纵向回缩率：小于 5%；二氯甲烷浸渍试验(15℃，15min)：表面变化不劣于 4N。

PVC-U 管材的优点是：化学稳定性好，不受环境因素和管道内输送介质成分的影响，耐腐蚀性能好；水力性能好，管道内壁光滑，阻力系数小，不易积垢；相对于金属管材，密度小，材质轻；施工安装方便，维修容易；是目前国内替代镀锌钢管和灰口铸铁管的主要管材之一。

在永久性给水管道工程中应用 PVC-U 管材时，应按照《埋地硬聚氯乙烯给水管道工程技术规程》CECS 17：2000 进行管道结构的设计计算确定采用管材规格等级，且严格按上述标准施工，确保管道质量以达到安全运行和延长使用寿命。

**2.4.2.7　聚乙烯管（PE）**

按《给水用聚乙烯(PE)管材》GB/T 13663—2000 的规定，管材等级有 PE63、PE80 和 PE100 三种。其中 PE63 公称外径从 *DN*16～*DN*1000，公称压有 0.32MPa、0.4MPa、0.6MPa、0.8MPa 和 1.0MPa；PE80 公称外径从 *DN*16～*DN*1000，公称压力有 0.4MPa、0.4MPa、0.6MPa、0.8MPa、1.0MPa 和 1.25MPa；PE100 公称外径从 *DN*32～*DN*1000，公称压力有 0.6MPa、0.8MPa、1.0MPa、1.25MPa 和 1.6MPa。PE 管的物理性能：

断裂伸长率：不小于 350%。

纵向回缩率：不大于 3%（110℃）。

PE 管的优点除具有与 PVC-U 管的优点外，该管属柔性管，对小口径管可用盘管供应，运输、敷设方便，连接时采用热熔对接，可将管道连接长达数百米进行弹性敷设。为此，可利用 PE 管的这种特性对已敷设的旧管道进行改造，也就是将 PE 管连续送入旧管道内作为旧管道的内衬。利用这种方法对旧管道进行改造，施工方便，价格低廉，且可不进行路面开挖。

**2.4.2.8　ABS 工程塑料管**

ABS 工程塑料管属于化学建材管的一种，是由丙烯腈、丁二烯、苯乙烯三种单体组成的热塑性塑料，具有优良的综合性能。

ABS 管口径一般在 *DN*15～*DN*300，工作压力分 0.4MPa、0.6MPa、0.8MPa、1.0MPa。ABS 管的物理性能为：

密度：1020kg/m$^3$。

轴向线膨胀系数：0.11mm/(m·℃)。

弹性模量：2500MPa。

拉伸强度：40MPa。

ABS管的突出优点是具有良好的机械强度和较高的抗冲击韧性，一般是PVC-U的5倍；使用温度范围广（−20～80℃），该产品除常温型外，还有耐热型、耐寒型树脂。该管一般采用承插式连接，采用溶剂型胶粘剂粘接密封，具有施工方便、固化速度快、粘接强度高的特点。

### 2.4.3 管道附属设施

#### 2.4.3.1 阀门及阀门井

（1）阀门：输配水管道上的开关阀门可采用闸阀或蝶阀，闸阀以采用暗杆为宜。阀门一般为手动操作，直径较大时也可采用电动。

用于给水工程的各类闸阀、蝶阀品种和规格较多，主要型号、规格以及各细部尺寸详见《给水排水设计手册》（第三版）第11册《常用设备》和阀门制造商的产品信息。

（2）阀门井：输配水管道上的阀门一般应设在阀门井内（直埋式阀门除外）。阀门井的尺寸应满足操作阀门及拆装管道阀件所需的最小空间要求。

阀门井应根据所在位置的地质条件、地下水位以及功能需要进行设置，可现砌、现浇或使用预制装配式。

阀门井按材料分类，分为砖砌阀门井和钢筋混凝土阀门井。砖砌阀门井一般用于地下水位较低、地质条件较好和埋深较浅的场合。

按照阀门类型分类，分为闸阀井和蝶阀井。蝶阀井按照蝶阀的安装形式还可分为立式蝶阀井和卧式蝶阀井。

阀门井形式可参见标准图《室外给水管道附属构筑物》05S502。其主要设计条件为：

1）立式闸阀井及安装

闸阀直径：*DN*50～*DN*600

结构形式：砖砌圆形井、钢筋混凝土矩形井。

闸阀开闭均为地面操作。

管顶覆土深度：$H \leqslant 3$m

2）蝶阀井及安装

蝶阀直径：*DN*100～*DN*200　*PN*=0.6MPa、1.0MPa、1.6MPa；

　　　　　*DN*250～*DN*1800　*PN*=0.6MPa、1.0MPa。

蝶阀传动方式：蜗杆、正齿轮、锥齿轮。

管顶覆土深度：$H \leqslant 3$m

蝶阀开闭均为地面操作。

蝶阀井设计原则：

① 蝶阀井分立式蝶阀井（*DN*100～*DN*200，*PN*=0.6MPa、1.0MPa、1.6MPa；*DN*250～*DN*1800，*PN*=0.6MPa、1.0MPa）和卧式蝶阀井（*DN*450～*DN*1800，*PN*=0.6MPa、1.0MPa）。阀杆向上对着人孔或操作孔，开闭采用闸钥匙或开闸机。

② 蝶阀井的尺寸按长系列法兰式蝶阀及伸缩接头计算选定。伸缩接头安装的位置可

以由设计人根据工程的需要确定，但需核定安装尺寸以确保阀杆位置与人孔兼操作孔或操作孔位置匹配。

3）阀门井构筑物主要控制尺寸

法兰面与平行法兰的井壁间垂直距离：

DN50～DN300　≥400mm；

DN350～DN1000　≥600mm；

DN1100～DN1800　≥800mm。

法兰边距垂直法兰面的井壁距离：　≥400mm；

管底距井底距离：

DN15～DN40　≥150mm；

DN50～DN300　≥300mm；

DN350～DN1000　≥400mm；

DN1100～DN1800　≥500mm；

设备顶端距盖板内顶距离：

闸阀≥300mm；蝶阀≥600mm。

4）井盖

井盖应根据设计承载条件（车行道下、非车行道下）选定重型或轻型井盖。

井盖及支座参见标准图《井盖及踏步》06MS201-6及《双层井盖》06MS201-7。

5）其他注意事项

井室设于铺装地面时，井口应与地面平；设于非铺装地面时，井口应高出地面50mm以上；设于野外或农田时，应视情况相应增加井口高度。

穿管与井壁洞口的间隙应采用柔性材料封堵；当穿管与井壁洞口的间隙采用刚性材料时，应在井壁外的刚性管道上就近设置柔性连接。

预制装配式阀门井参见标准图《混凝土模块式室外给水管道附属构筑物》12SS508。

直径等于或小于300mm的阀门，如设置在高级路面以外的地方（人行道或简易路面下），可以采用见图2-17的阀门套筒，可参见标准图《室外消火栓及消防水鹤安装》13S201，套筒盖分为上提旋转式和翻转式。在寒冷地区，由于阀杆头部常因漏水冻住，影响开启和关闭，故一般不采用套筒。

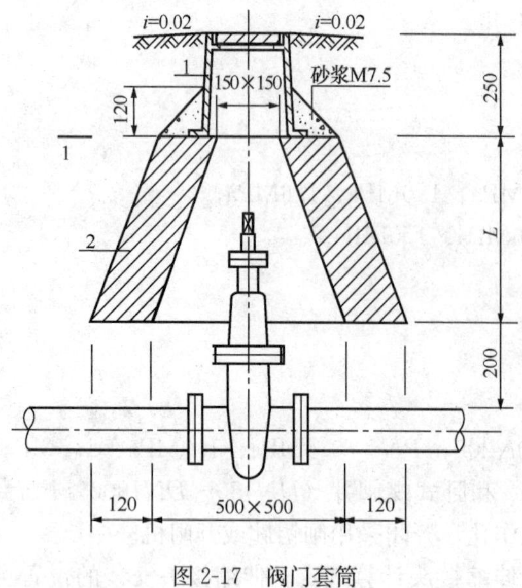

图2-17　阀门套筒

#### 2.4.3.2　空气阀及空气阀井

（1）在压力管道的隆起点上，应设置能自动进气和排气的阀门。管线竖向布置平缓时，宜间隔1000m左右设一处通气设施，用以排除管内积聚的空气，并在管道需要检修、放空时进入空气，保持排水通畅；同时，在产生水锤时可使空气自动进入，避免产生负压。

（2）空气阀的选用

1）目前用于给水工程的自动空气阀品种较多，空气阀的型号、规格及其排(进)气功能和细部构造详见《给水排水设计手册》第三版第11册《常用设备》和阀门制造商的产品信息。空气阀的类型选用应根据输配水管的具体布置和排(进)气的要求，结合空气阀的功能进行合理选择。

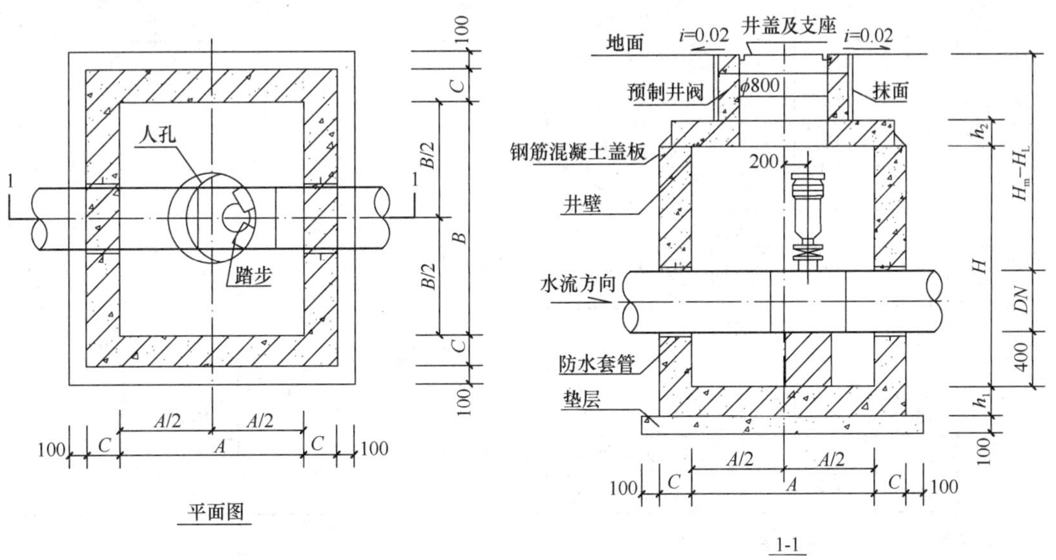


图2-18　地下管道空气阀安装井

2）空气阀适用于工作压力≤1.6MPa的工作管道。

3）一般根据主管道直径选择空气阀的直径，仅考虑排气功能的空气阀直径宜取主管道直径的1/12～1/8；兼有注气功能的空气阀则宜选用主管道直径的1/8～1/5。对于长距离输水管道空气阀的选用应通过水锤计算确定。

（3）空气阀必须设置检修阀门。根据管路布置，必要时可在空气阀前设置通气支管和阀门，以便于空气的紧急排放。

（4）空气阀必须定期检修，经常养护，使进、排气灵活，尤其是直接用浮球密封气嘴的排气阀，在长期受压条件下易使浮球顶托密封气嘴过紧，影响浮球下落。

（5）空气阀必须垂直安装，要求安装处环境清洁，以防止锈蚀，方便维修，并要考虑保温防冻。

地下管道的空气阀须设置在井内，空气阀井可以砖砌，也可采用钢筋混凝土。排气阀布置参见图2-18、表2-14和《室外给水管道附属构筑物》05S502中排气阀井标准图；过桥管道等地面上的空气阀，应根据气候条件，采取保温措施。

**排气阀井参考尺寸表**　　**表2-14**

| 管道直径 DN | 各部尺寸 A | 各部尺寸 B | 井室深 H | 管顶覆土厚度 Hm～HL | 壁厚 C | 底板厚度 $h_1$ | 底板厚度 $h_2$ | 排气阀直径DN a | 排气阀直径DN b | 排气阀直径DN c |
|---|---|---|---|---|---|---|---|---|---|---|
| 100 | 1200 | 1200 | 1500 | 1350～3000 | 150 | 200 | 150 | 50 | 25 | — |
| 150 | 1200 | 1200 | 1500 | 1300～3000 | | | | 50 | 25 | — |
| 200 | 1200 | 1200 | 1500 | 1250～3000 | | | | 65 | 25 | — |
| 250 | 1200 | 1200 | 1750 | 1450～3000 | | | | 65 | 50 | — |

续表

| 管道直径 DN | 各部尺寸 A | 各部尺寸 B | 井室深 H | 管顶覆土厚度 Hm～HL | 壁厚 C | 底板厚度 $h_1$ | 底板厚度 $h_2$ | 排气阀直径 DN a | 排气阀直径 DN b | 排气阀直径 DN c |
|---|---|---|---|---|---|---|---|---|---|---|
| 300 | 1200 | 1200 | 1750 | 1400～3000 | 150 | 200 | 150 | 80 | 50 | 80 |
| 350 | 1200 | 1200 | 1750 | 1350～3000 | | | | 80 | 50 | 80 |
| 400 | 1200 | 1200 | 1750 | 1300～3000 | | | | 80 | 50 | 80 |
| 450 | 1200 | 1200 | 1750 | 1250～3000 | | | | 80 | 80 | 80 |
| 500 | 1200 | 1200 | 2000 | 1450～3000 | | | | 80 | 80 | 80 |
| 600 | 1200 | 1200 | 2000 | 1350～3000 | | | | 80 | 80 | 80 |
| 700 | 1400 | 1400 | 2250 | 1550～3000 | 200 | 250 | 200 | 80 | 80 | 80 |
| 800 | 1400 | 1400 | 2250 | 1450～3000 | | | | 80 | 80 | 80 |
| 900 | 1400 | 1600 | 2500 | 1600～3000 | | | | 80 | 100 | 80 |
| 1000 | 1400 | 1600 | 2500 | 1500～3000 | | | | 80 | 100 | 80 |
| 1200 | 1600 | 2000 | 2750 | 1550～3000 | | | | 100 | 150 | 100 |
| 1400 | 1600 | 2000 | 3000 | 1600～3000 | | | | 150 | 200 | 150 |
| 1600 | 1600 | 2400 | 3250 | 1650～3000 | | | | 150 | 200 | 150 |
| 1800 | 1600 | 2400 | 3500 | 1700～3000 | | | | 200 | 200 | 200 |

注：表中 a、b、c 为不同厂家排气阀规格。

#### 2.4.3.3 排水管及排水井

(1) 在管道下凹处及阀门间管段的最低处，一般须设排水管和排水阀，以便排除管内沉积物或检修时放空管道。排水管应与母管底部平接并具有一定坡度。

(2) 如地形高程允许，应直接排水至河道、沟谷。如地形高程不能满足直排要求，可建湿井或集水井，再用潜水泵将水排出。排水井可根据地质条件和地下水位情况用砖砌，也可采用钢筋混凝土结构。

(3) 排水阀和排水管的直径应根据要求的放空时间由计算确定，一般情况下，排水管及排水阀的布置及安装如图 2-19 所示，也可参见标准图《室外给水管道附属构筑物》05S502。

#### 2.4.3.4 市政消火栓及消防水鹤

城镇范围内，一般设有人行道和各种市政公用设施的道路下给水管道应设置市政消火栓系统。

市政消火栓宜采用地上式室外消火栓；在严寒、寒冷等冬季结冰地区宜采用干式地上式室外消火栓，并宜增设消防水鹤。当采用地下式室外消火栓，地下消火栓井的直径不宜小于 1.5m，且当地下式消火栓的取水口在冰冻线以上时，应采取保温措施。

市政消火栓宜采用直径 *DN*150 的室外消火栓，并应符合下列要求：

① 室外地上式消火栓应有一个直径为 150mm 或 100mm 和两个直径为 65mm 的栓口；

② 室外地下室消火栓应有直径为 100mm 和 65mm 的栓口各一个。

地下式市政消火栓应有明显的永久性标志。

室外消火栓的公称压力分为 1.0MPa 和 1.6MPa 两种。按其进水口连接形式可分为承插式和法兰式。其中承插式室外消火栓公称压力为 1.0MPa，法兰式室外消火栓公称压力

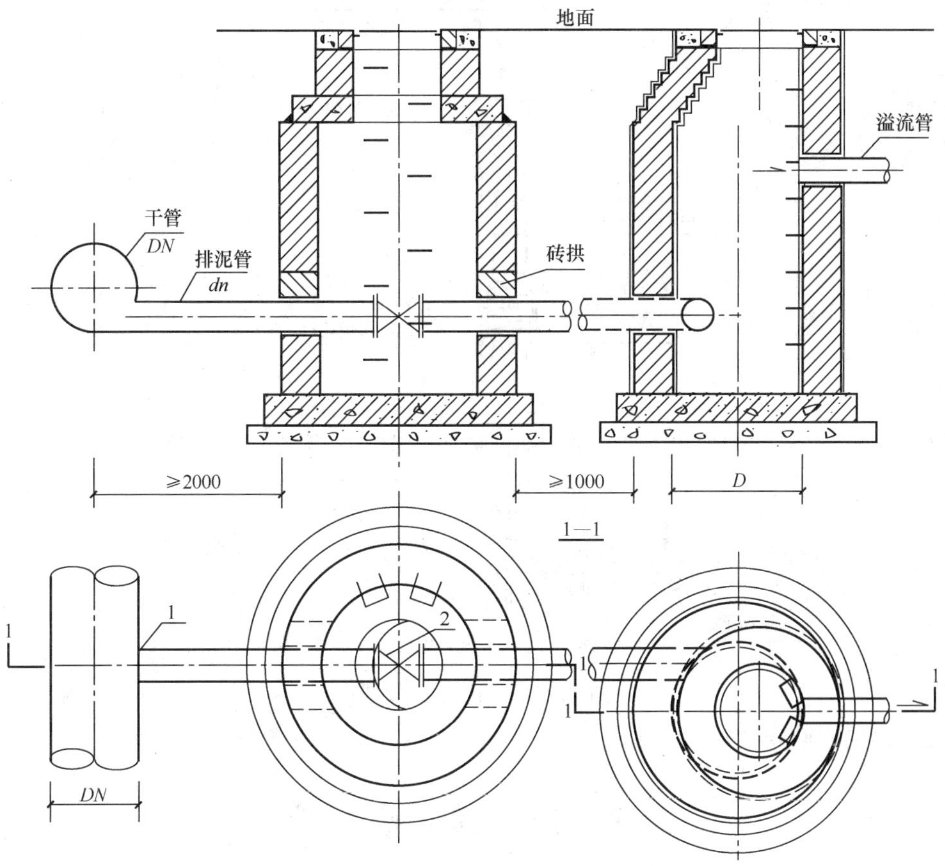


图 2-19 排水阀及排水阀井

为 1.6MPa。

室外消火栓的安装形式分为支管安装和干管安装。支管安装又分为浅装和深装。室外地上式消火栓的干管安装形式根据是否设有检修蝶阀和阀门井室分为无检修阀干管安装和有检修阀干管安装两种。

消火栓及消防水鹤的布置及安装如图 2-20、图 2-21 所示，也可参见标准图集《室外

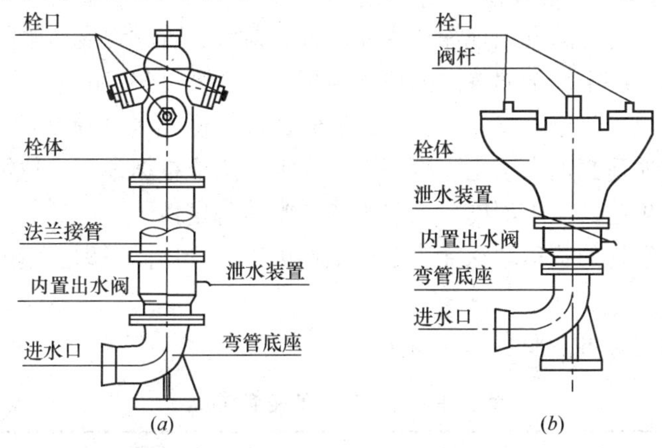


图 2-20 室外消火栓简图

(a) 室外地上式消火栓；(b) 室外地下式消火栓

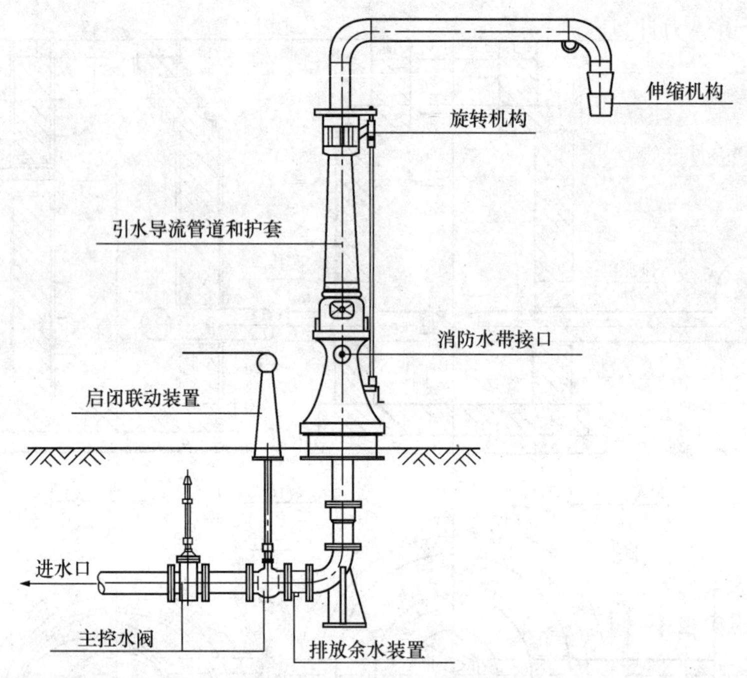


图 2-21 消防水鹤简图

消火栓及消防水鹤安装》13S201。

## 2.5 管 道 敷 设

一般情况，给水管道应尽量敷设于地下，只有在特殊需要及特殊情况下才考虑明设。在管网密集地区，也可设置在综合管廊内。基岩出露或覆盖层很浅的地区，可明设或浅沟埋设，但需考虑保温防冻和其他安全措施。

### 2.5.1 管道埋深

#### 2.5.1.1 管道埋深一般要求

(1) 非冰冻地区管道的管顶埋深，主要由外部荷载、管材强度、管材变形、管道交叉以及场地地基等因素决定。金属管道的覆土深度一般不小于 0.7m；当管道强度足够或者采取相应措施时，也可小于 0.7m；为保证非金属管管体不因动荷载的冲击而降低强度，应根据选用管材材质适当加大覆土深度。对于大型管道应根据地下水位情况进行管道放空时的抗浮计算，以确定其覆土深度，确保管道的整体稳定性。

(2) 冰冻地区管道的管顶埋深除决定于上述因素外，还需考虑土壤的冰冻深度，应通过热力计算确定。

当无实际资料时，可参照表 2-15 采用：

管底在冰冻线以下的距离（mm） 表 2-15

| 管径 | $DN \leqslant 300$ | $300 < DN \leqslant 600$ | $DN > 600$ |
|---|---|---|---|
| 管底埋深 | $DN+200$ | $0.75DN$ | $0.50DN$ |

如通过管道热力计算。能满足各种条件（如停水时的冻结时间等），可适当减少管道埋深。

### 2.5.1.2 管道埋深热力计算

管道埋深热力计算的目的是确定管内水体停止流动后水温下降至冻结的持续时间，以分析是否满足检修等所需时间。

（1）计算所需资料

1）输水管管径 $d$（m）；

2）输水量 $Q$（$m^3/s$）；

3）输水管长度 $L$（km）；

4）输水管管材；

5）原水温度 $t_0$（℃）；

6）历年平均的日平均负气温总数 $\Sigma(-t)$(℃)；

7）历年平均的最冷月气温 $t$（℃）；

8）土壤类别；

9）土壤的含水率（%），可根据当地地质勘探选用。

（2）计算公式

1）0℃渗入土壤的深度 $h$：

① 当 $\Sigma(-t)>500$℃时，

$$h=K\left(\frac{0.9\Sigma(-t)}{1000}+0.7\right)\quad(\text{m})\tag{2-46}$$

式中 $K$——由土壤种类决定的系数，按表 2-16 采用。

**K 值** **表 2-16**

| 土壤种类 | 含水率（%） | $K$ |
|---|---|---|
| 砂质粉土及粉质黏土 | 30 以上 | 0.75 |
| 砂质粉土及粉质黏土 | 30 以内 | 1 |
| 大块岩石、砾石、砾砂土、大颗粒碎屑土 | | 1.33 |

② 当 $\Sigma(-t)\leqslant 500$℃时，

$$h=0.00478\lambda\sqrt{\Sigma(-t)}\tag{2-47}$$

式中 $\lambda$——土壤导热系数（kJ/m），按表 2-17 采用。

**土壤导热系数** **表 2-17**

| 土壤类别 | 采砂场的砂 | | 粉质黏土 | | 黏土 | | 粉末状土壤 | | 碎石夹砂或黏土夹砂 | 泥灰土 |
|---|---|---|---|---|---|---|---|---|---|---|
| 含水率（以重量计）（%） | <15 | <30 | <15 | <30 | <15 | <30 | <10 | <30 | <10 | |
| $\lambda$（kJ/m） | 8.4 | 10.5 | 9.2 | 11.7 | 11.7 | 12.6 | 7.1 | 9.2 | 12.6 | 2.5 |

上述公式实际应用时，$h$ 值宜乘以 1.2 的系数。以上只适用于地面无积雪覆盖时；当

有积雪覆盖时，应将所求得之 $h$ 值减去两倍的积雪平均厚度。

2）输水管轴线的土壤温度 $t_x$：

$$t_x = t\left(1-\frac{h_x}{h}\right)^2 \quad (℃) \tag{2-48}$$

式中　$h_x$——以水管轴线计的输水管埋深，计算时可先进行假定（m）。

3）输水管末端的水温 $t_k$：

$$t_k = (t_\alpha - t_x)e^{-\varphi} + t_x \quad (℃) \tag{2-49}$$

式中　$t_a$——水的起始温度（即原水温）（℃）；

$\varphi$——温度系数，按下式计算：

$$\varphi = 6.69 \times 10^5 \times \frac{L}{RQ}$$

其中　$R$——输水管传热的直线阻力，$R = R_1 + R_2$；

$R_1$——管壁的热阻，按下式计算：

$$R_1 = \frac{d_2 - d_1}{\pi\lambda_1(d_2 + d_1)} \quad [\mathrm{m/(h \cdot ℃ \cdot kJ)}]$$

当为金属管道时，$R_1$ 可以忽略不计。

土壤的热阻 $R_2$，按下式计算：

$$R_2 = \frac{\rho}{\lambda} \quad [\mathrm{m/(h \cdot ℃ \cdot kJ)}]$$

$$\rho = \frac{\ln\left[\frac{2h_x}{d_2} + \frac{2}{N_u} + \sqrt{\left(\frac{2h_x}{d_2} + \frac{2}{N_u}\right)^2 - 1}\right]}{2\pi}$$

$$N_u = \frac{\alpha d_2}{\lambda_1}$$

式中　$d_1$——输水管内径（m）；

$d_2$——输水管外径（m）；

$\lambda_1$——管壁导热系数[kJ/(m·h·℃)]，按表 2-18 采用；

$\alpha$——系数，按表 2-19 采用。

**管壁导热系数 $\lambda_1$ 值**［kJ/（m·h·℃）］　**表 2-18**

| 钢筋混凝土 | 石棉水泥 | 钢 |
|---|---|---|
| 5.56 | 2.51～3.35 | 209.2 |

**$\alpha$ 值**　**表 2-19**

| 防风好的地区 | 一般地区 | 风寒侵袭强烈的空旷地区 |
|---|---|---|
| 62.8 | 41.8～50.2 | 33.5 |

计算时可按下列步骤：

① 根据 $\frac{h_x}{d_2}$、$N_U$ 及 $\lambda$ 等值在图 2-22 中查得 $\rho$、$R_2$ 值。

② 计算 $R$ 值。

③ 算 $e^{-\varphi}$ 值，根据 $\varphi$ 值在图 2-23 中查得 $e^{-\varphi}$ 值。

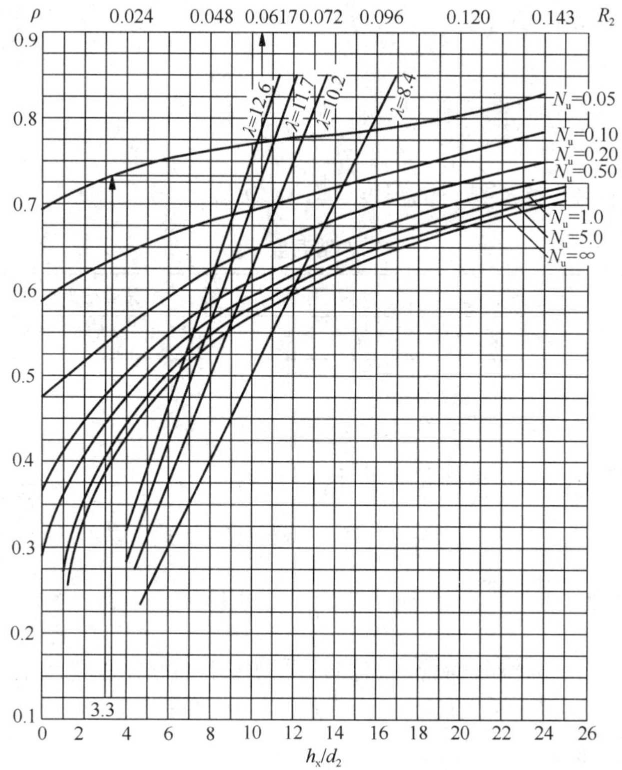


图 2-22 ρ、$R_2$值

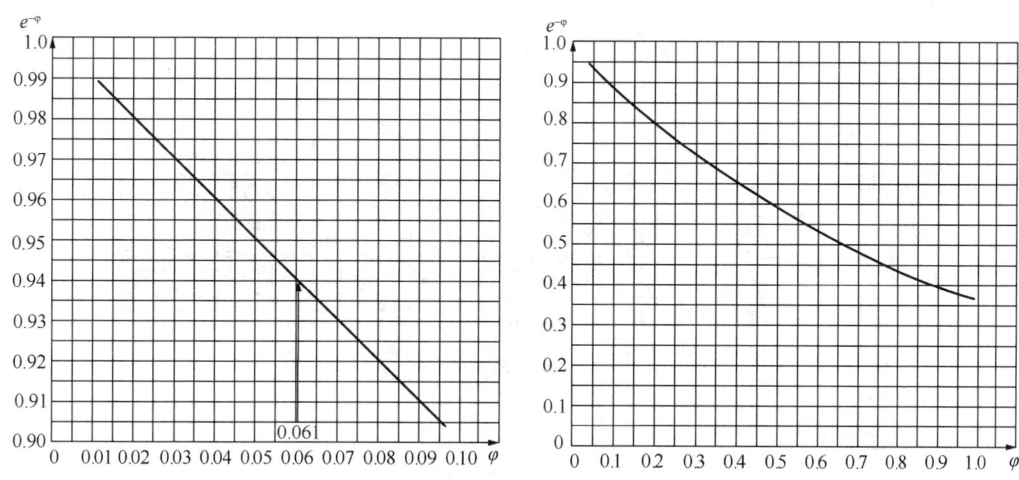


图 2-23 $e^{-\varphi}$ 值

④ 最后计算 $t_k$值。

4）水流停止后，水温下降持续时间：

$$T = 300 \times \frac{fn}{q_p}(h) \tag{2-50}$$

式中 $f$——除去输水管断面面积的融区断面面积（$m^2$），

$f=\frac{\pi}{4}\times(D^2-d_2^2)$，其中

$$D=d_2\ 10^{M}\quad(\mathrm{m})$$

$D$——融区直径（m）；$M=\frac{2.73(t_1-t_0)\lambda'}{q_p}$

$t_0$——土壤中水开始冻结时的温度（℃），按表 2-20 采用；

冻结温度　表 2-20

| 土壤类别 | 砂 | 砂质粉土 | 黏质粉土 | 粉质黏土 |
|---|---|---|---|---|
| 冻结温度（℃） | 0～−0.6 | −0.3 | −0.6 | −1.0～−1.5 |

$\lambda'$——冻结土壤的导热系数（kJ/m），为

$$\lambda'=(0.7\sim0.8)\lambda$$

$q_p$——每米管子的平均散热量，按下式计算：

$$q_p=\frac{q_a+q_k}{2}\quad[\mathrm{kJ/(m\cdot h)}]$$

$$q_a=\frac{t_1-t_x}{R};\ q_k=\frac{-t_x}{R}$$

其中　$t_1$——输水管停止工作时的管内水温，可采用水的起始温度 $t_a$ 值（℃）；

$n$——土壤吸热水分含童，占全部含水量的 25%～30%。

计算时可按下列步骤：

① 根据已知的 $R$、$t_i$、$t_x$ 值计算 $q_a$ 及 $q_k$ 值，然后算出 $q_p$ 值及 $M$ 值。

② 根据 $d_2$ 及 $M$ 从图 2-24 中查得 $D$ 值，并按公式 $f=\frac{\pi}{4}(D^2-d_2^2)$ 求出融区断面面积。

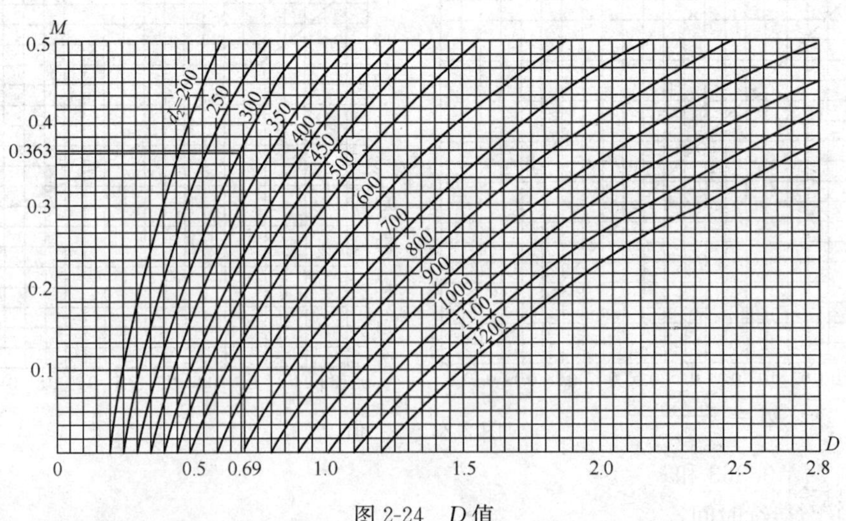


图 2-24　$D$ 值

③ 按公式（2-50）算得 $T$ 值。

如上述求得之 $T$ 值不能满足要求时，则应另行假定埋深，重新计算。计算时，也可先假定输水管末端的水温 $t_k$。反求埋设深度 $h_x$。最后复核 $T$ 值。

(3) 计算示例

**【例 2-2】** 输水钢管管径 $d_2=3\text{m}$，长度 $L=4.8\text{km}$，流量 $Q=0.085\text{m}^3/\text{s}$，埋设于湿度为 30%的粉质黏土中，该地区日平均负气温总数 $\Sigma(-t)=2950$℃，最冷月平均气温 $t=-25.2$℃。输水管路通过不避风地区，地面上没有积雪覆盖层，原水温度 $t_a=2$℃。

**【解】** 1) 0℃渗入土壤的深度：查表 2-16 和表 2-17 得系数 $K=1$，$\lambda=11.7$。

$$h=1.2K\left[\frac{0.9\Sigma(-t)}{1000}+0.7\right]=1.2\times1\times\left[\frac{0.9\times2950}{1000}+0.7\right]=4.03\text{m}$$

2) 管轴线的土壤温度：设管轴线以上埋深 $h_x=1.0\text{m}$。

$$t_x=t\left(1-\frac{h_x}{h}\right)^2=-25.2\times\left(1-\frac{1}{4.03}\right)^2=-14.2℃$$

3) 输水管末端的水温：

① 确定 $R$ 值：查表 2-19 得 $\alpha=33.5$，及表 2-18 得 $\lambda_1=209.2$

根据 $h_x/d_2=3.3$，$N_u=0.05$ 及 $\lambda=11.7$，从图 2-22 查得 $R_2=0.0167$

金属输水管 $R_1\approx0$

输水管传热的直线阻力 $R=R_1+R_2=0.0167$

② 计算 $\varphi$ 值：

$$\varphi=6.69\times10^{-5}\frac{L}{RQ}=6.69\times10^{-5}\times\frac{4.8}{0.0617\times0.085}=0.061$$

③ 确定 $e^{-\varphi}$ 值：

根据 $\varphi=0.061$，从图 2-23 查得 $e^{-\varphi}=0.94$。

④ 计算末端水温：计算时略去由水流摩擦所产生的增温。

$$t_k=(t_a-t_x)e^{-\varphi}+t_x=[2-(-14.2)]\times0.94+(-14.2)=1.03℃$$

4) 水流停止后，水温下降持续时间 $T$：

① 确定 $q_p$ 值：

$$t_1=t_a=2℃$$

$$q_a=\frac{t_1-t_x}{R}=\frac{2-(-14.2)}{0.0617}=262.6\text{kJ/(m}\cdot\text{h)}$$

$$q_k=\frac{-t_x}{R}=\frac{-(-14.2)}{0.0617}=230.1\text{kJ/(m}\cdot\text{h)}$$

$$q_p=\frac{q_a+q_k}{2}=\frac{262.6+230.1}{2}=246.4\text{kJ/(m}\cdot\text{h)}$$

② 确定 $D$ 值：查表 2-20 得土壤水分开始冻结的温度 $t_0=-1.5$℃，冻土的导热系数 $\lambda'=0.8\lambda=9.36$

$$M=\frac{2.73(t_1-t_0)\lambda'}{q_p}=\frac{2.73\times[2-(-1.5)]\times9.36}{246.4}=0.363$$

根据 $M=0.363$ 和 $d_2=0.3$，从图 2-24 中查得 $D=0.69\text{m}$。

③ 下降持续时间：

融区断面面积：$f=\frac{\pi}{4}(D^2-d_2^2)=0.785\times(0.69^2-0.3^2)=0.3\text{m}^2$

土壤吸热水分含量：$n=30\times25\%=7.5$，$T=300\frac{f_n}{q_p}=300\times\frac{0.3\times7.5}{58.9}=11.5\text{h}$

## 2.5.2 管道基础及埋设要求

敷设管道前，应充分了解沿线地段的岩土性质、地下水位的情况，考虑采取相应的管道基础。

### 2.5.2.1 一般岩土地区

管道应尽量敷设在地基承载力强度较高、未经扰动的天然地基上，施工时应采取适当排水措施，防止地基扰动。

常用的管道基础见表 2-21。

**管道基础** **表 2-21**

| 种类 | 形式 | 适用范围 |
|---|---|---|
| 天然弧形基础 | 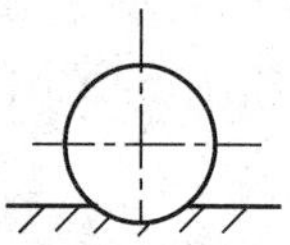 | 1. 地基承载力较高，无地下水位处（如干燥的黏土、粉质黏土等）；<br>2. 当敷设金属管道及塑料管时采用，必要时可夯实地基 |
| 砂基础 | 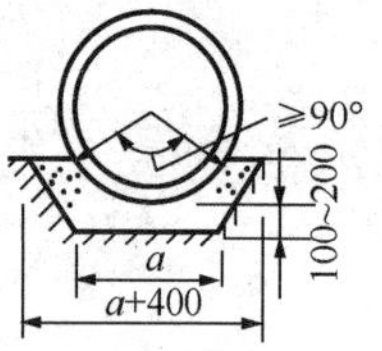 | 1. 在岩石或半岩石层地基中，须铺砂找平；对金属管及塑料管道，其厚度应不小于 100mm；对非金属管道，其厚度不小于 150～250mm；并均应夯实；<br>2. 宜采用中砂或粗砂作基础材料 |
| 混凝土基础 | 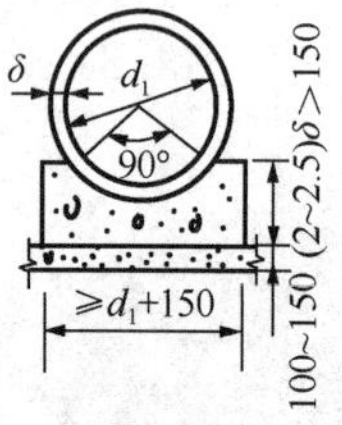 | 1. 当地基土质松软时（在遇流砂及沼泽的情况下，还应在基础下面先进行地基处理）；<br>2. 混凝土强度等级 C15 |

（1）一般情况下，铸铁管、钢管、塑料管的敷设可不作基础处理，将天然地基整平，管道铺设在未经扰动的原土上；如遇地基较差或含岩石地区埋管时，可采用砂基础。

（2）承插式钢筋混凝土管的敷设如地基良好，也可不设基础；如地基较差则需做砂基础或混凝土基础。采用混凝土基础时，一般可用垫块法施工，管子下到沟槽后用混凝土块垫起，待符合设计高程进行接口。接口安装完毕经试压合格后再浇筑整段混凝土基础。每隔一定距离在柔性接头下，留出 60～80cm 范围不浇混凝土而填以砂，以使柔性接口可以自由伸缩沉降。

（3）特殊管道基础的具体做法应根据所选择的不同管材，结合工程的实际条件，在设计时加以确定。

### 2.5.2.2 流砂及淤泥层地区

在地下水位较高的粉砂、细砂土中埋管，可能发生流砂，直接影响埋管施工的工程质量和投产后的使用。

（1）防止出现流砂现象的措施：

1）宜选择地下水位低的季节进行施工。

2）采取降低地下水位的有效排水措施，必要时采用井点降水。

3）在沟槽两侧打入板桩，使水渗流途径增长，并选用适当的排水措施，避免或减轻流砂现象。

4）用冻结法造成一定的冰冻深度，使地下水停止流动。

（2）管道基础地基加固的措施：

1）若管底淤泥层不厚，可将淤泥层挖掉而换以砂砾石、砂垫层。

2）在流砂现象不严重时，可采用填块石的方法。施工时，边挖土边将块石挤入扰动土层中，挤入深度可达0.3～0.6m，块石之间的缝隙则用砂砾石填充［见图2-25（*a*）］。另外，也可先在流砂土层上铺草包或芦苇席，其上放一层竹笆，再放大块石加固［见图2-25（*b*）］，然后再做混凝土基础。

（3）桩基础：如沟槽底遇松软土质，而且地下水位较高，采用明排水有困难时，可根据实际情况采取适当的加固处理措施。根据一些地区的施工经验，可采用各种桩基础处理（桩的计算详见有关结构设计手册）。

1）挤密砂桩：挤密砂桩不仅能将地基挤压密实，还能起到排水作用，土中挤出的水可以自邻近砂桩中溢出。因此，采用砂桩法能加速地基的固结，并可节约木材（见图2-26）。

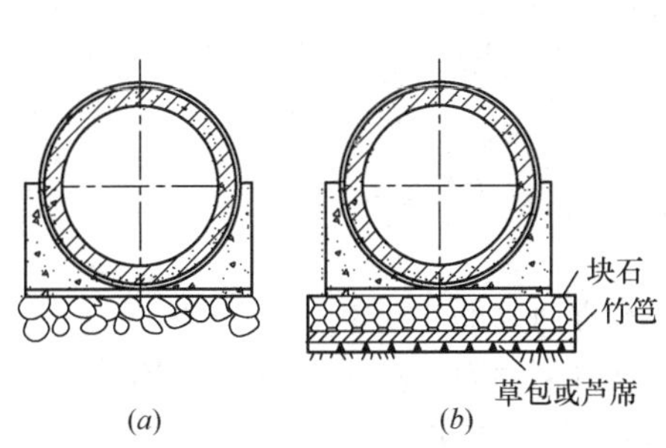


图2-25　块石基础

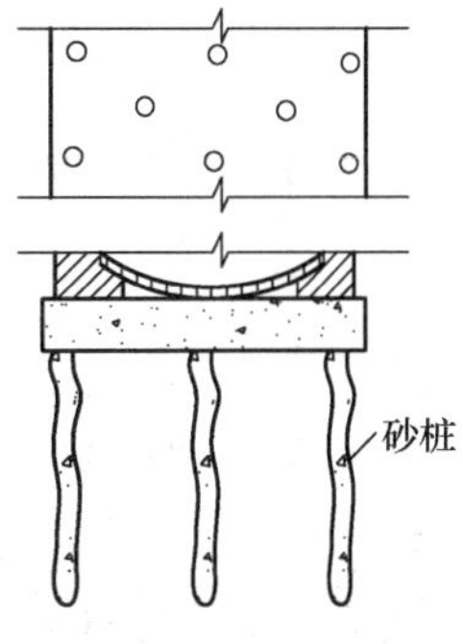


图2-26　砂桩基础

挤密砂桩的布置可按梅花形排列，如图2-26所示，间距约为0.7～1.0m。最外边一排砂桩轴线应距管道基础宽度的边沿至少20cm。

2）预制钢筋混凝土桩及木桩

① 短桩法：这种方法系将表层松软地基挤密，提高其承载能力。桩长为1.5～3m，桩径为15cm左右，桩距为0.5～0.7m，见图2-27（*a*），如桩与桩间的土壤松软，则还应在桩间挤入块石。这种处理方法用得较多，尤其对大型管道，效果较好。短桩一般

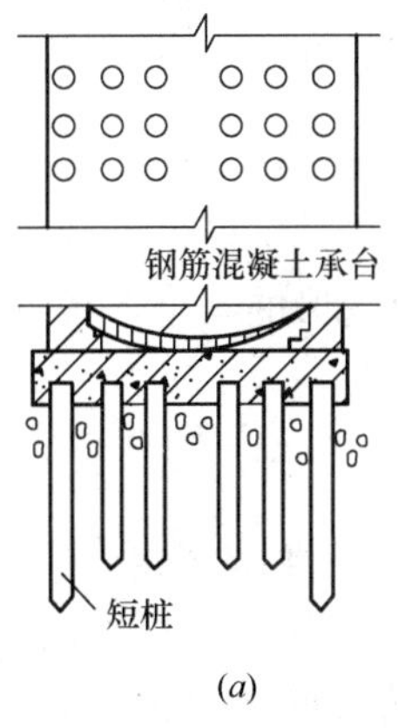


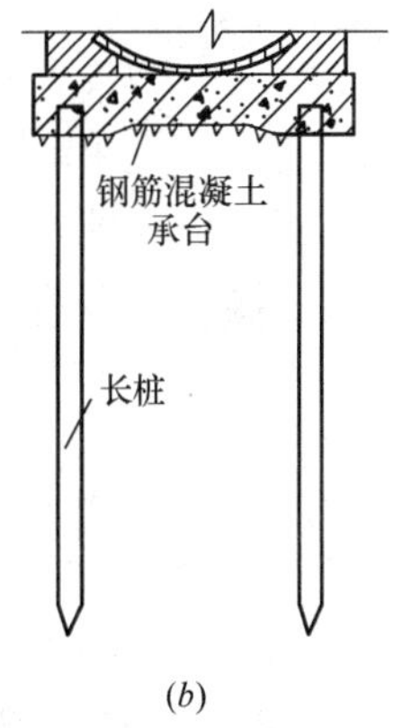


图2-27　预制桩基础

（*a*）短桩基础；（*b*）长桩基础

可采用经过防腐处理的木桩。

② 长桩法：这种方法系用桩将荷载传递到深层地基中去，一般可按摩擦桩计算。长桩法一般适用于槽底地基处理深度在 2m 以上。桩长一般在 4m 以上，每米管道上根据管径的大小、荷重及地质情况，采用 2～4 根，见图 2-27（*b*）。这种处理方法，费用较高，所以在管道工程很少采用。

**2.5.2.3 膨胀土地区**

膨胀土系由强亲水黏土矿物所组成，是一种具有吸水膨胀、失水收缩、反复胀缩变形且变形量大的黏性土。

由于给水管道接口可能产生微量渗水，加上自然降水、大气蒸发、地温梯度等周期变化的影响，促使膨胀土得失水分，管道基础胀缩变形，以致管道升、降而开裂破坏，影响安全使用。

在膨胀土地区埋管尽量采取快速施工法，以减少土壤水分的变化。膨胀土地区的埋管设计中一般采用球墨铸铁管、PCCP 管或预应力钢筋混凝土管和柔性胶圈接口，并验算接口允许变形量与膨胀土基础胀缩变形的适应情况，以确定埋管的安全性。水管尽可能深埋，避开地下水水位变化的影响。

（1）接口变形验算

1）地基变形量：膨胀土地基最大垂直变形量 $S$ 为

$$S = S_{H} + S_{L} \tag{2-51}$$

式中 $S_{H}$——地基膨胀变形量（cm），

$$S_{H} = 0.6\sum_{i=1}^{n} e_{pi}h_{i}$$

其中 $n$——自基础埋置深度至地基计算深度内所划分的土层数；

$e_{pi}$——第 $i$ 层土在压力 $p_{i}$（平均自重压力与平均附加压力之和）作用下的膨胀率；

$h_{i}$——第 $i$ 层土的计算厚度，一般可取基础宽度的 0.4 倍（cm）；

$S_{L}$——地基收缩变形量（cm），

$$S_{L} = 0.85\sum_{i=1}^{n} C_{sL}\Delta W_{i}h_{i}$$

其中 $C_{SLi}$——第 $i$ 层土的收缩系数；

$\Delta W_{i}$——地基在收缩过程中第 $i$ 层土可能产生的含水量变化（%）。

2）接口变形适应性：接口变形的安全系数 $K$ 为

$$K = \frac{L}{S + e} \tag{2-52}$$

式中 $K$——安全系数（即验算条件），要求 $K \geqslant 1$；

$L$——厂标规定的管道胶圈接口的允许偏转量（cm）；

$e$——设计中规定的管道胶圈接口垂直方向偏转量（cm）。

5m 长管段的偏转角度与偏转量的换算见图 2-28。

（2）设计要点及注意事项

1）管道应采用柔性接口。

2）尽量减少胀缩变形量，可采用砂垫层，铺砂厚度视土壤胀缩情况而定，一般采用30～50cm。

3）采取分段快速施工，施工完毕及时试压，合格后立即回填。

4）做好沟槽排水：夏季施工应防止沟槽曝晒、土壤失水；雨期施工应有防水措施，严防出现浮管和沟槽浸水。

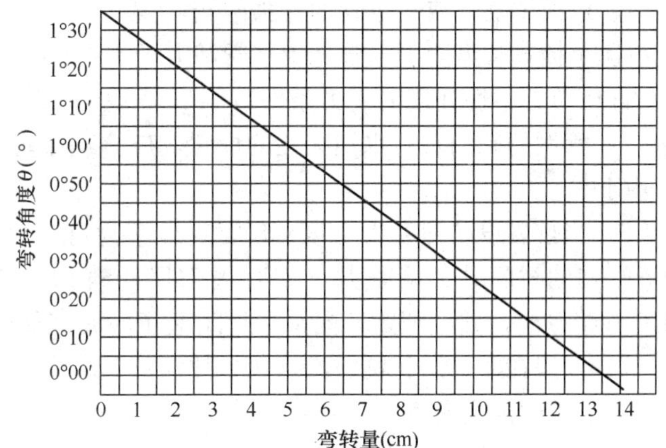

图2-28 偏转角度-偏转量换算

5）膨胀土的自然稳定坡角为9°～24°，深挖管沟施工时，应防止槽壁塌方，可采用临时支撑或槽壁封面措施或按稳定边坡开挖。

6）回填土应充分夯实，最好选用非膨胀土、弱膨胀土或掺有10%石灰的膨胀土，回填后地面不能造成低洼积水，应有散水坡排除地表积水。地表最好有混凝土面层。

7）管道外壁两侧各5m以内，不应有灌渠水沟，以免人为改变膨胀土得失水分的状况。

8）管道地面不可绿化，避免地面浇水渗入地下。

**2.5.2.4 地震区**

在地震区敷设室外给水管道，应使在出现设计烈度的地震时，震害控制在局部范围内，尽量避免造成次生灾害，并便于抢修和迅速恢复使用。

地震区的埋管设计必须遵照《室外给水排水和燃气热力工程抗震设计规范》GB 50032—2003的规定。

对抗震设防烈度高于9度或有特殊抗震要求的工程，还应进行专门研究。

（1）设计要点

1）管线走向应尽量选择对工程抗震有利的地段，避开不利地段，并不应选择在危险地段。

管道宜埋设于稳定地段，避开Ⅳ类场地，并应尽量避免直接用可液化土层作主要持力层。

2）地下管道的管材选择，应符合下列要求：

① 地下直埋管道应尽量采用延性较好或具有较好柔性接口的管材；

② 地下管道应尽量采用承插式胶圈接口；

③ 过河倒虹管和架空管、通过地震断裂带的管道、穿越铁路或其他主要交通干线以及位于地基土为可液化土地段的管道，应采用焊接钢管。

3）地下直埋承插式管道的直线管段上，当采用胶圈水泥填料的半柔性接口代替柔性接口时，应在全线采用半柔性接口。

4）地下直埋承插式管道在下列部位应采用柔性连接：

① 地基土质有突变处；

② 穿越铁路及其他重要的交通干线两端；

③ 过河倒虹管或架空管的弯头两侧；

④ 承插式管道的丁字管、十字管和大于45°弯头等配件与直线管段连接处（配件支墩的设计应符合柔性连接的受力条件）。

5）管网的阀门及给水消火栓的设置，应合理布置，并应便于养护和管理；阀门应设置阀门井。

6）当抗震设防烈度为7度、8度且地基为可液化土地段或抗震设防烈度为9度时，地下管网的阀门井、检查井（室）等附属构筑物的砖砌体，应采用不低于MU10砖、M10砂浆砌筑，并应配置环向水平封闭钢筋，每50cm高度内不宜少于2$\phi$6。

7）设置在河、湖、坑、沟（包括故河道、暗藏坑、沟等）边缘地带的构筑物和管道，应采取适当的抗震措施。

（2）地下管道的抗震验算

1）符合下列条件的管道可不进行抗震验算：

① 各种材质的埋地预制圆形管材，其连接接口均为柔性构造，且每个接口的允许轴向拉、压变位为不小于10mm。

② 抗震设防烈度为6度、7度或8度Ⅰ、Ⅱ类场地的焊接钢管和自承式架空平管。

2）埋地管道的地震作用，一般情况下可仅考虑剪切波行进时对不同材质管道产生的变位或应变；可不计算地震作用引起管道内的动水压力。

### 2.5.3 支墩

当管内水流通过承插接头的弯头、丁字支管顶端、管堵顶端等处产生的外推力大于接口所能承受的拉力时，应设置支墩，以防止接口松动脱节。

#### 2.5.3.1 设置条件

（1）采用水泥填料接口的球墨铸铁管，当管道口径≤350mm且试验压力不大于1.0MPa时，在一般土壤地区使用石棉水泥接头的弯头、三通处可不设支墩；但在松软地基中，则应根据管中试验压力和地质条件，计算确定是否需要设置支墩。

（2）采用其他形式的承插接口管道，应根据其接口允许承受的内压力和管配件形式，按试验压力进行支墩计算。

（3）在管径大于700mm的管线上选用弯管，若水平敷设，应尽量避免使用90°弯管；若垂直敷设，应尽量避免使用45°以上的弯管。

（4）支墩不应修筑在松土上；利用土体被动土压承受推力的水平支墩的后背必须为原状土，并保证支墩和土体紧密接触，如有空隙需用与支墩相同材料填实。

（5）水平支墩后背土壤的最小厚度应大于墩底在设计地面以下深度的3倍。

#### 2.5.3.2 支墩材料及形式

支墩材料一般采用C15混凝土。

主要支墩的一般布置形式有：

（1）水平弯管支墩包括11°15′、22°30′、45°、90°等弯管，见图2-29。

（2）水平叉管支墩见图2-30。

（3）水平丁字管支墩见图2-31。

（4）水平管堵头支墩见图2-32。

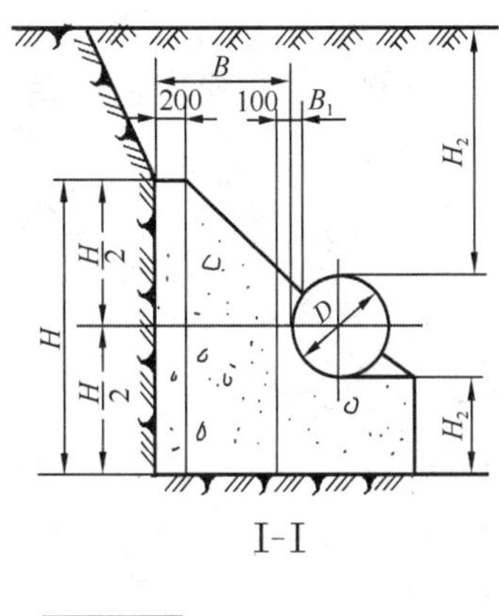


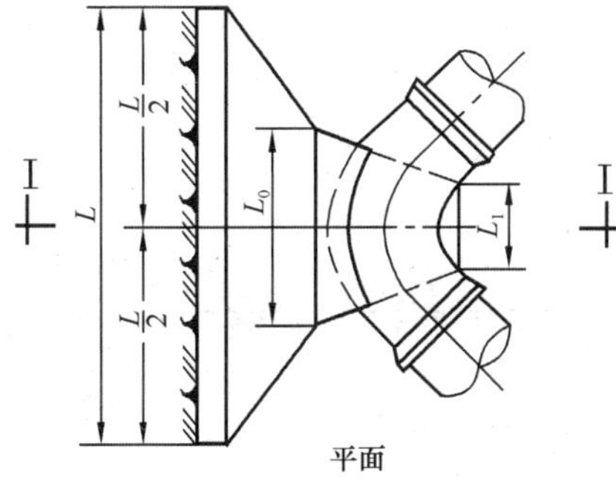


图 2-29 水平弯管支墩

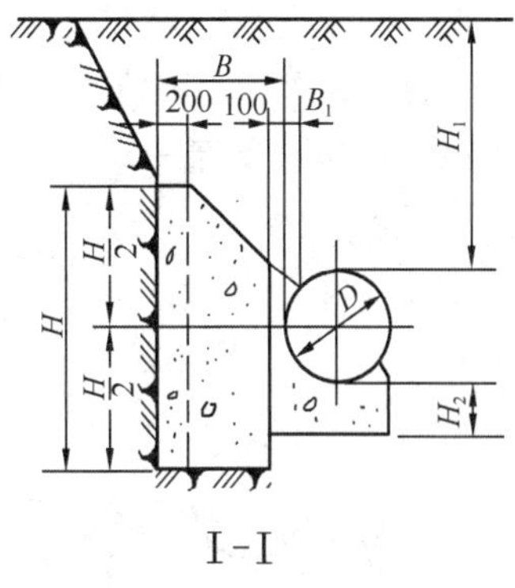


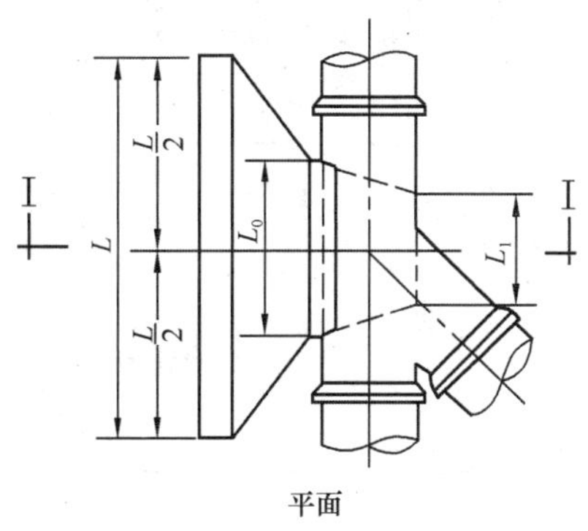


图 2-30 水平叉管支墩

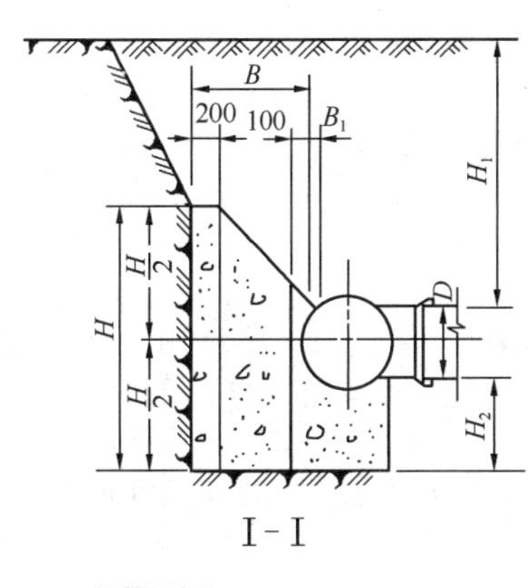


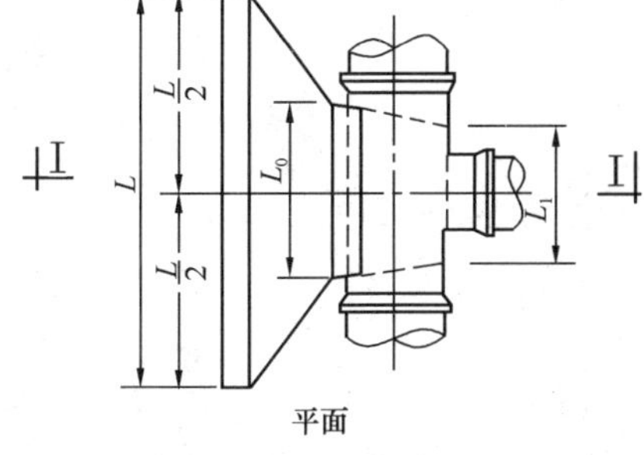


图 2-31 水平丁字管支墩

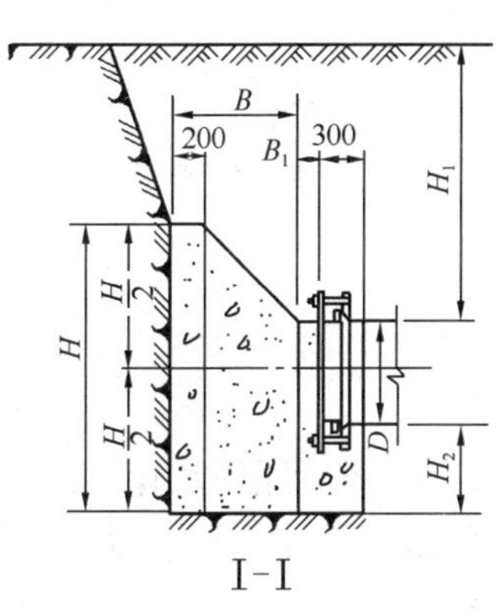


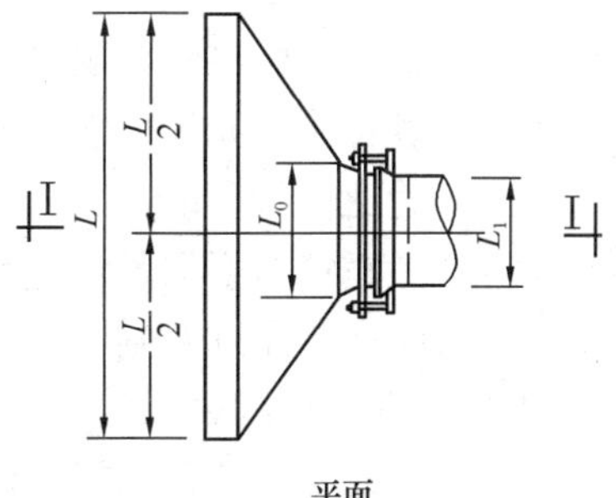


图 2-32 水平管堵头支墩

(5) 垂直向上弯管支墩见图 2-33。

(6) 垂直向下弯管支墩见图 2-34。垂直向下弯管支墩内的直管段应内包玻璃布一层缠草绳两层，再包玻璃布一层。

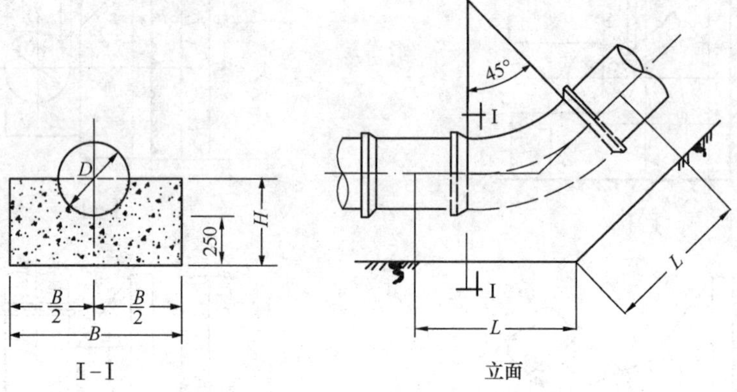


图 2-33 垂直向上弯管支墩

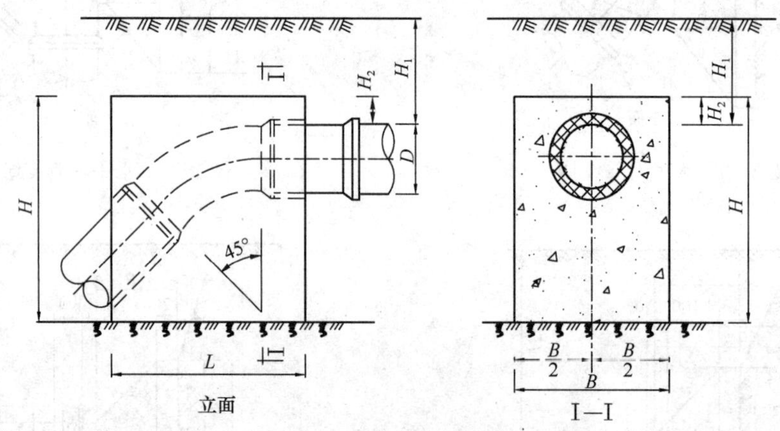


图 2-34 垂直向下弯管支墩

#### 2.5.3.3 设计原则及计算公式

(1) 管道截面计算外推力：考虑接口允许承受内水压后的管道截面计算外推力 $P$：

$$P = 0.785D^2(P_0 - kP_s) \quad (\mathrm{N}) \tag{2-53}$$

式中 $P_0$——按国家验收标准规定的试验压力（N/mm²）；

$P_s$——各种接口允许内水压力（N/mm²）；

$D$——管道内径（mm）；

$k$——考虑接口不均匀性等因素取用的设计安全系数（$k<1$）。

(2) 截面计算外推力 $P$ 对支墩产生的压力 $R$

1) 水平弯管（见图 2-35）：

$$R = 2P\sin\frac{\alpha}{2} \quad (\mathrm{N}) \tag{2-54}$$

式中 $\alpha$——弯管的角度（°）。

2) 丁字管及堵头（见图 2-36）：

$$R = P \quad (\text{N}) \tag{2-55}$$

式中符号相同。

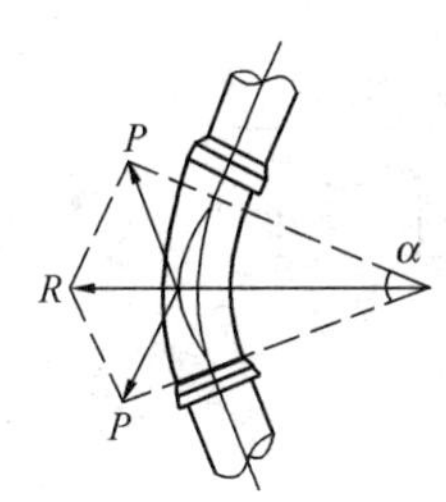


图 2-35 弯管受力示意

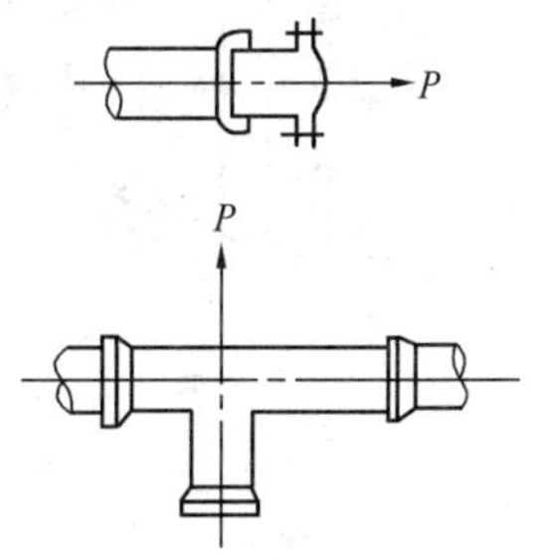


图 2-36 丁字管及堵头受力示意

3）叉管（见图 2-37）：

$$R = P\sin\alpha \quad (\text{N}) \tag{2-56}$$

式中 $\alpha$——叉管夹角（°）；

4）垂直向上（或向下）弯管（见图 2-38、图 2-39）

$$R = 2P\sin\frac{\alpha}{2} \tag{2-57}$$

式中 $\alpha$——向上（或向下）弯管的角度（°）。

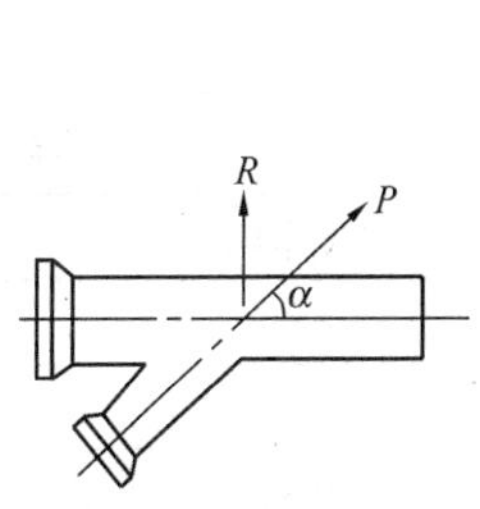


图 2-37 叉管受力示意

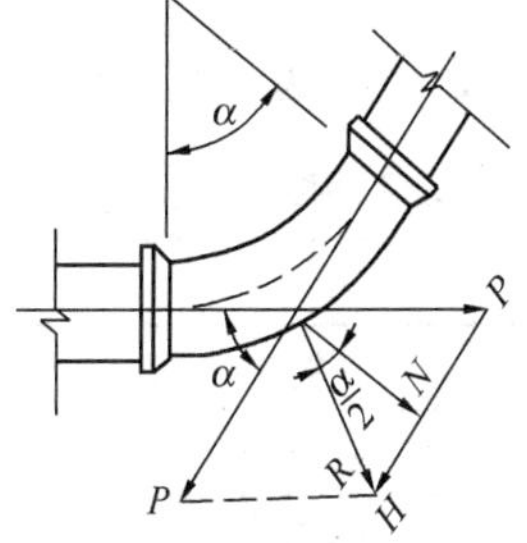


图 2-38 垂直向上弯管受力示意

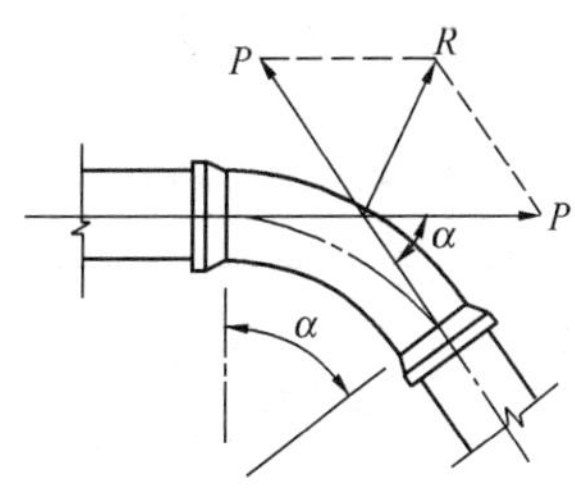


图 2-39 垂直向下弯管受力示意

$R$ 又可分解为垂直向下（或向上）的分力及沿弯管轴线方向的分力，前者由支墩承受，后者由管道接口承受。

（3）支墩设计原则及公式：支墩设计原则及公式详见《给水排水工程结构设计手册（第二版）》（中国建筑工业出版社，2007），简介如下：

1）水平弯管、丁字管、叉管、堵头等支墩：截面外推力的合力 $R$ 应小于支墩后背被动土压力与支墩底面摩擦阻力之和，见图 2-40。

$KR \leqslant$ 支墩总阻力 $T$：

$$T = T_1 + T_2 \quad (\text{N}) \tag{2-58}$$

式中 $K$——安全系数，$K \geqslant 1.5$；

$T_1$——被动土压力（N）；

$T_2$——底面摩擦力（N）。

以图 2-40 所示水平弯管支墩为例；

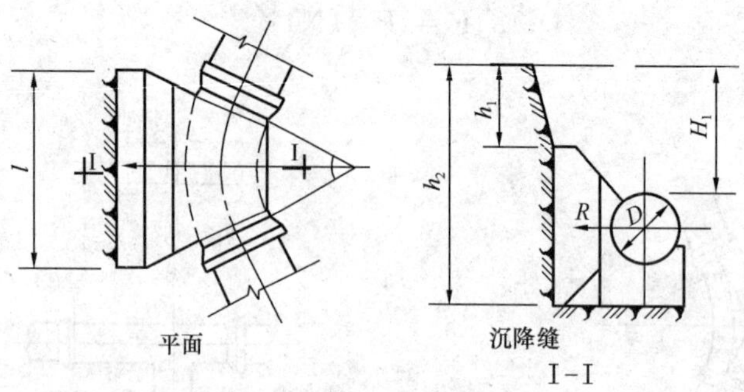


图 2-40　水平弯管支墩计算

$$T_1 = \frac{1}{2}\tan^2\left(45^\circ + \frac{\varphi}{2}\right)\gamma(h_2^2 - h_1^2)l \quad (\mathrm{N})$$

$$T_2 = Gf \quad (\mathrm{N})$$

其中　$\varphi$——土层的内摩擦角；

$\gamma$——支墩底面上的土层重力密度（$\mathrm{N/m^3}$）；

$h_1$——支墩顶在设计地面以下深度（m）

$h_2$——支墩底在设计地面以下深度（m）；

$l$——支墩长度（m）；

$G$——整个支墩的重量（N）；

$f$——支墩与土壤间的摩擦系数，可按表 2-22 采用。

**土与支墩底面摩擦系数 $f$ 值**　　**表 2-22**

| 土的类别 | | 摩擦系数 $f$ |
|---|---|---|
| 黏性土 | 可塑 | 0.25 |
| | 硬塑 | 0.25～0.30 |
| | 坚塑 | 0.30～0.40 |
| 砂土 | | 0.40 |
| 碎石土 | | 0.40～0.45 |
| 软质岩石 | | 0.40～0.60 |
| 表面粗糙的硬质岩石 | | 0.60～0.70 |

2）垂直向上弯管支墩：垂直向上弯管截面外推力合力 $R$ 的垂直分力 $N$ 及水管充水重量由墩底地基土承受，其半包支墩投影面积 $F$ 按式（2-59）计算：

$$F = \frac{N + G'}{[R] - \gamma H} \quad (\mathrm{m^2}) \tag{2-59}$$

式中　$N$——$R$ 的垂直分力（kN）；

$G'_1$——作用于支墩的弯管及充水总重（kN）；

$[R]$——地基容许承载力（kPa）；

$\gamma$——混凝土重力密度（$\mathrm{kN/m^3}$）；

$H$——墩高（m）。

3）垂直向下弯管支墩：垂直向下弯管截面外推力合力 $R$ 的竖向分力 $N$ 应小于墩体总重量；水平分力 $N_p$ 应小于管道接口允许承受的摩阻力。

当 $\alpha=11°15'$ 时，$N_p=0.02P$；

$\alpha=22°30'$ 时，$N_p=0.08P$；

$\alpha=45°$ 时，$N_p=0.414P$。

由竖向作用力计算公式可知。垂直向下弯管应尽可能选用小角度的弯管，以减少支墩的重量。

## 2.5.4 管道明设

管道明设一般指非埋地管道的敷设，包括于城市共同沟内的管道设置。

### 2.5.4.1 一般地区

(1) 在山区敷设明管时，一定要避开滚石、滑坡地带，以防止管道被砸坏及地基破坏。

(2) 当管道坡度达 15°～25°以上时，管道下面应设挡墩支承，防止因管道下滑拉坏接口。

(3) 管道在转弯处，设固定支墩。

(4) 承插式管道在接口处需设支墩。

(5) 直线管段隔 8～12m 需设一滑动支墩，另设固定支墩，设固定支墩的间距按下式计算：

$$l=\frac{\Delta_1}{\alpha\Delta t} \tag{2-60}$$

式中 $\Delta_1$——管线长度的变化范围，即伸缩器的伸缩长度（m）（见公式（2-61））；

$\alpha$——线膨胀系数（℃$^{-1}$），钢为 $1.2\times10^{-5}$℃$^{-1}$；铸铁为 $1.08\times10^{-5}$℃$^{-1}$；

$\Delta t$——温度的最大变化差值（℃）；

$$\Delta t=t\pm t_2$$

其中 $t$——管道的最高或最低计算温度（℃）；

$t_2$——管道连接或安装时的温度（℃）。

固定支墩设置的间距一般也可采用 60～70m，最大不超过 100m。

(6) 明设管道由于受温度影响较大，故需设置伸缩器，套管式伸缩器应按顺水流方向安装，见图 2-41。安装时伸缩器可伸缩长度按式（2-61）计算：

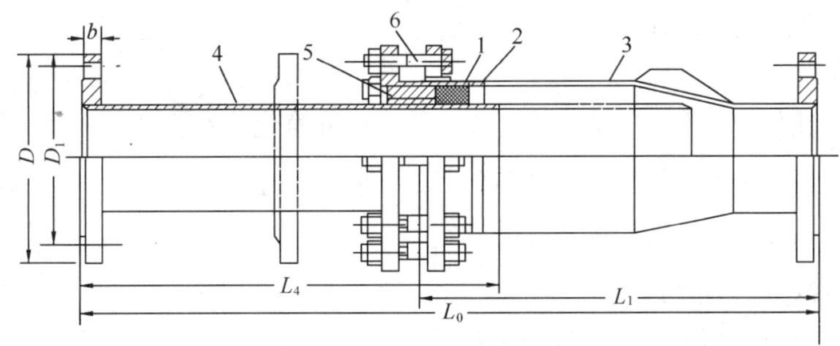


图 2-41 伸缩器

1—圆橡胶圈；2—钢挡圈；3—外筒；4—内筒；5—卡环；6—螺栓

$$\Delta = \Delta_1' \frac{t_2 - t_1}{t_3 - t_1} \quad (\text{mm}) \tag{2-61}$$

式中 $\Delta_1'$——伸缩器最大的可伸缩长度（mm）；

$t_1$——最低计算温度（℃）；

$t_2$——安装时的气温（℃）；

$t_3$——水的最高计算温度（℃）。

套管式伸缩器宜采用定型产品，具体型号、使用范围及条件详见《给水排水设计手册·材料设备（续册）第1册》。

套管式伸缩器一般适用范围及布置如下：

① 工作压力 $PN \leqslant 1.0$MPa，水温低于40℃的输水管道。

② 伸缩器的伸缩长度应符合产品允许的伸缩长度，超过时需另行设计。

③ 套管式伸缩器安装在直线管道上，管道两端必须设置滑动支座，以保证管道能自由伸缩；当套管式伸缩器敷设在地下时，应设置保护井。

④ 安装伸缩器时，管道中心与伸缩器中心应保持一致。

⑤ 伸缩器的耐压应与管道工作压力相一致，并应满足管道试验压力要求。

**2.5.4.2 寒冷地区**

在寒冷地区，经冻结计算不能满足要求时，应考虑停水时管道泄空或采取保温措施，冻结计算如下：

(1) 水管热耗量（$q_T$）：

$$q_T = \frac{\pi(t_B - t_H)}{\dfrac{1}{\alpha_B d_1} + \dfrac{1}{2\lambda_1}\ln\dfrac{d_2}{d_1} + \dfrac{1}{\alpha_H d_2}} \quad [\text{kJ/(m·h)}] \tag{2-62}$$

式中 $t_B$——管内温度（℃）；

$t_H$——管外空气温度（℃）；

$\alpha_R$——内部水向金属管壁散热系数。当水沿着金属管道流动时，可近似地采用 $\alpha_B$ = 4184kJ/(m · h · ℃)；

$\alpha_H$——管壁向外部空气的散热系数。当水沿着金属管道流动时，可近似地采用 $\alpha_H$ = 50.2kJ/(m · h · ℃)；

$\lambda_1$——管壁的导热系数[kJ/（m · h · ℃)]，按表2-18采用；

$d_1$——管道内径（m）；

$d_2$——管道外径（m）。

当内外径的比值 $d_1/d_2 > 0.5$ 时，公式（2-62）可简化为

$$q_T = \frac{\pi(t_B - t_H)d_p}{\dfrac{1}{\alpha_B} + \dfrac{\delta}{\lambda_1} + \dfrac{1}{\alpha_H}} \quad [\text{kJ/(m·h)}] \tag{2-63}$$

式中 $\delta$——管壁厚度（m）；

$d_p$——管道平均直径（m）；$d_P = (d_1 + d_2)/2$。

当管径大而管壁薄时，$d_P$可以等于管内径或通称计算管径。则公式（2-62）还可简化为：

$$q_{\mathrm{T}} = \pi d_1 \alpha_{\mathrm{H}}(t_{\mathrm{B}} - t_{\mathrm{H}}) \quad [\mathrm{kJ/(m \cdot h)}] \tag{2-64}$$

（2）管道中水流动时，由摩擦所产生的热量：

$$q_{\mathrm{T_p}} = 35270Qi \quad [\mathrm{kJ/(m \cdot h)}] \tag{2-65}$$

式中 $Q$——管中流量（$\mathrm{m^3/s}$）；

$i$——水力坡降，即单位长度的水头损失，当局部损失大时，应乘以 1.05 的系数。

（3）管子末端水的温度（$t_{\mathrm{k}}$）：

$$t_{\mathrm{k}} = t_{\mathrm{a}} - 4.184\frac{(q_{\mathrm{T}} - q_{\mathrm{T_p}})l}{Q \times 3.6 \times 10^6} \quad (℃) \tag{2-66}$$

式中 $l$——管道长度（m）；

$t_{\mathrm{a}}$——水的起始温度（℃）。

（4）水流停止以后，水冷却至 0℃时所需的时间：

$$T_1 = \frac{1046dt_{\mathrm{B}}}{\alpha_{\mathrm{H}}(t_{\mathrm{B}} - t_{\mathrm{H}})} \tag{2-67}$$

式中 $d$——管道公称直径（m）。

（5）水流停止后，水管断面 30%结冰时所需的时间：

$$T_2 = -\frac{500d}{t_{\mathrm{H}}} \quad (\mathrm{h}) \tag{2-68}$$

当 $T = T_1 + T_2$ 不能满足要求时，应考虑水管的保温或泄空措施。

**【例 2-3】** 明设管道 $DN600$ 的钢管，壁厚为 10mm，水的起始温度 $t_{\mathrm{a}}=2℃$，室外空气的温度为 $t_{\mathrm{H}}=20℃$，管长 $l=100\mathrm{m}$，流量 $Q=0.4\mathrm{m^3/s}$，水力坡降 $i=0.004$。求管中水在末端时的温度 $t_{\mathrm{k}}$，水流停止后水管不放空时，允许停留的时间 $T$。

**【解】**（1）水管热损耗：

查表 2-18，得 $\lambda_1=209.2\mathrm{kJ/(m \cdot h \cdot ℃)}$，

$$q_{\mathrm{T}} = \frac{\pi(t_{\mathrm{B}} - t_{\mathrm{H}})d_{\mathrm{p}}}{\frac{1}{\alpha_{\mathrm{B}}} + \frac{\delta}{\lambda_1} + \frac{1}{\alpha_{\mathrm{H}}}} = \frac{3.14 \times [2 - (-20)] \times 0.61}{\frac{1}{4184} + \frac{0.01}{209.2} + \frac{1}{50.2}}$$

$$= 2085\mathrm{kJ/(m \cdot h)}$$

（2）由摩擦产生的热量：

$$q_{\mathrm{T_p}} = 35270Qi = 35270 \times 0.4 \times 0.004 = 56.4\mathrm{kJ/(m \cdot h)}$$

（3）管子末端的水温：

$$t_{\mathrm{k}} = t_{\mathrm{a}} - \frac{(q_{\mathrm{T}} - q_{\mathrm{T_p}})l}{Q3.6 \times 10^6} = 2 - \frac{(2085 - 56.4) \times 100}{4.184 \times 0.4 \times 3.6 \times 10^6}$$

$$= 2 - 0.034 \approx 1.97℃$$

（4）水冷却至 0℃时所需的时间：

$$T_1 = \frac{1046dt_{\mathrm{B}}}{\alpha_{\mathrm{H}}(t_{\mathrm{B}} - t_{\mathrm{H}})} = \frac{1046 \times 0.6 \times 2}{50.2 \times [2 - (-20)]} = \frac{1255}{1104} \approx 1.1\mathrm{h}$$

(5) 水管断面30%结冰时所需时间：

$$T_2 = -\frac{500d}{t_H} = -\frac{500 \times 0.6}{-20} = -\frac{300}{-20} = 15h$$

当停水时间超过 $T=1.1+15 \approx 16h$ 时，应采取保温或水管放空措施。

此外，管道保温详见《给水排水设计手册》第1册《常用资料》。

#### 2.5.4.3 地震区

在地震区应尽量考虑将管道埋于地下。如必须进行架空明设时，除满足一般地区明设规定和地震区埋管有关设计要求外，应进行抗震核算，还必须注意以下事项：

(1) 架空管道不得架设在设防标准低于其设防烈度的建筑物上。

(2) 架空管道的支架宜采用钢筋混凝土结构。当抗震设防烈度为7度、8度且场地土为Ⅰ、Ⅱ类时，管道支线的支墩可采用砖、石砌体。

(3) 架空管道的活动支架上应设置侧向挡板。

### 2.5.5 管道穿越障碍物

#### 2.5.5.1 跨越河道

输水管道在通过河道时的跨越形式可分为河底穿越和河面跨越。

河底穿越（倒虹管）的施工方法可采取围堰，河底开挖埋置；水下挖泥，拖运，沉管敷设；顶管、水平定钻等方法。河面跨越可将管道附设于车行（人行）桥梁上或设专用的管桥架设过河。管桥形式可因地制宜选用。

(1) 跨越形式的选择

1) 选择跨越形式时，需考虑以下因素，并经过技术经济比较后确定。

① 河道特性：河床断面的宽度、深度，流量、水位、流速、冲刷变迁、地质等情况。

② 河道通航情况及施工期需要停航的可能性。

③ 过河管道的水压、管材、直径。

④ 河两岸地形、地质条件和抗震设防烈度。

⑤ 施工条件及施工机具的可能。

2) 各种跨越河道形式的一般适用条件及比较见表2-23。

**各种跨越河道形式的适用条件** **表2-23**

| 跨越形式 | | 优缺点 | 适用条件 |
|---|---|---|---|
| 河底穿越 | 倒虹管 | 优点：<br>1. 对河道宽度、地质条件、管径等适应性较大；<br>2. 不需保温措施；<br>3. 不影响河道航运；<br>缺点：<br>1. 施工较复杂；<br>2. 事故检修麻烦；<br>3. 要求较强的防腐措施 | 1. 航运繁忙，不允许或只允许短时停航的河道，可采用顶管、水平定向钻或沉管施工；允许断航，可采用围堰开挖施工或水下开槽施工；<br>2. 不允许在河道中建造支座等设施时；<br>3. 顶管法适用于大口径管道过河；<br>4. 水平定向钻适用于小口径（外径小于1m）管道过河；<br>5. 冲刷较少，非岩石的较稳定河床 |

续表

| 跨越形式 | | 优缺点 | 适用条件 |
|---|---|---|---|
| 河面跨越 | 附设在桥梁上 | 优点：<br>1. 施工较方便，不需水下施工或仅有部分水下施工；<br>2. 维修管理方便；<br>3. 仅要求一般的防腐措施；<br>4. 可利用钢管自身支承跨越；<br>缺点：<br>1. 要采用保温及伸缩、排气等措施；<br>2. 对河道通航有不同程度影响；<br>3. 桁架、拱管式等只适用于宽度不太大的河道；<br>4. 安全性较差，易遭破坏 | 1. 现有桥梁允许架设时；<br>2. 一般管径较小 |
| | 支墩式 | | 1. 施工时，河道允许停航或部分停航时；<br>2. 河床及河岸地形较平缓，稳定；<br>3. 河床及河岸的地质条件尚好 |
| | 桁架式（悬索、斜索、拱架等） | | 1. 河床陡峭，水流湍急，水下工程极为困难时；<br>2. 两岸地质条件良好、稳固；<br>3. 两岸地形复杂、施工场地较小时；<br>4. 具有良好的吊装设备 |
| | 拱管式 | | 1. 河道不允许停航，但具有架设供管条件；<br>2. 具有良好的吊装设备；<br>3. 河床不宜过宽，一般≤40～60m |

（2）水下敷设倒虹管：采用倒虹管时，应尽量避开锚地，一般敷设成两条，按一条停止工作，另一条仍能通过设计流量考虑；其位置应选在河床、河岸不受冲刷的地段；两端根据需要设置阀门井、排气阀和泄水装置，见图 2-42。设计前应勘测穿越的河床横断面、水位和工程地质资料，以确定倒虹管的弯曲角度、敷设高程、基础形式等。

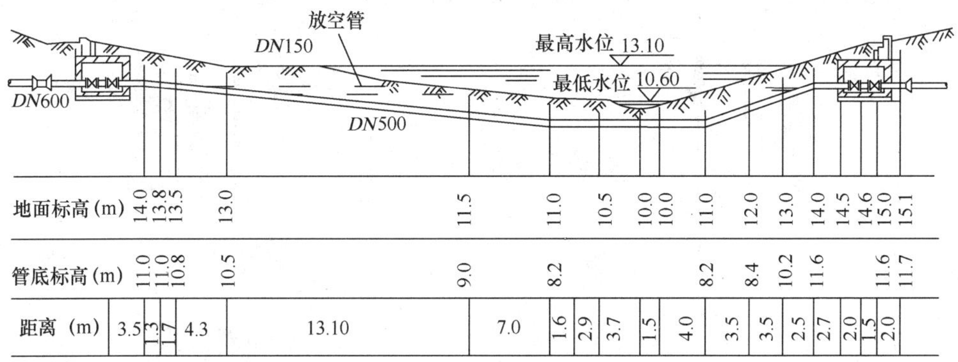


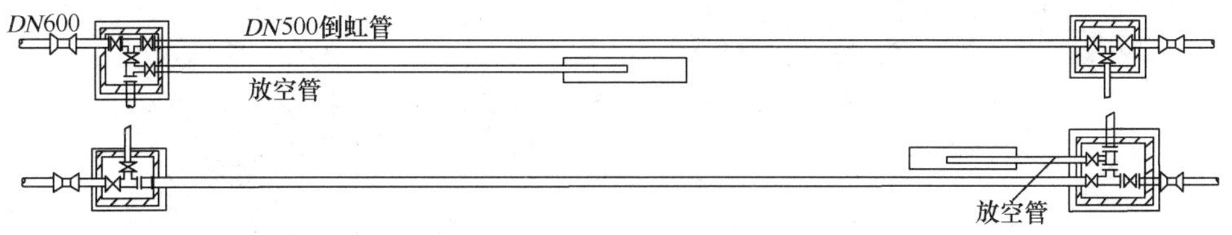


图 2-42 倒虹管

1）设计要点

① 倒虹管敷设在河床下的深度，应根据水流冲刷等情况而定，一般管顶距河床底面的距离不小于 0.5m，在航运范围内不得小于 1.0m，同时满足抗浮要求。

② 在河床下敷管需考虑防止冲刷的措施，当河床土质不良时，需做管基础，见图

2-43，遇有流砂时还需设固定桩，见图 2-44。

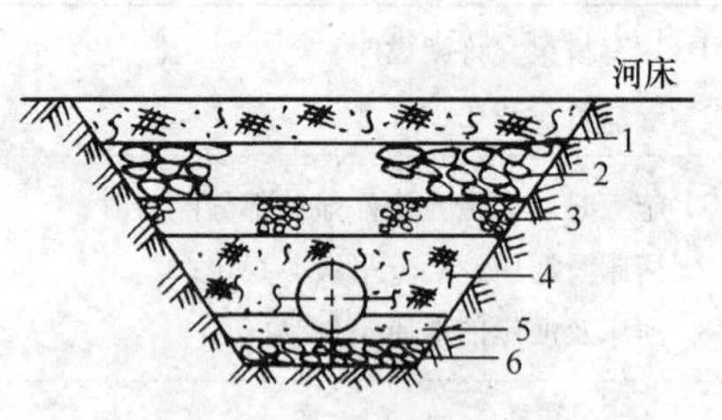


图 2-43　敷设于河床下的管道基础

1—回填土；2—大块石；3—小块石；4—回填土；5—砂；6—块石

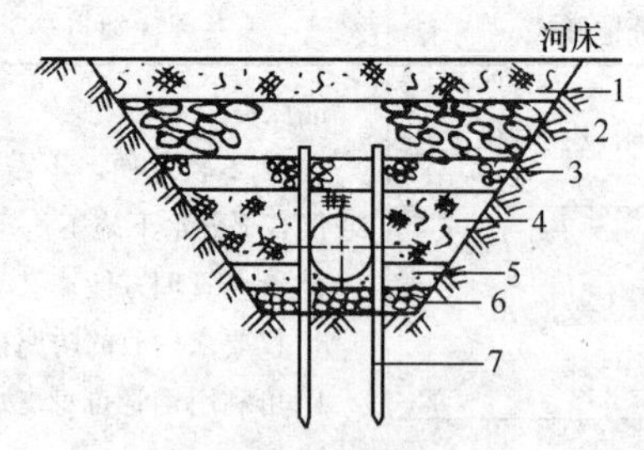


图 2-44　遇流砂时的管道基础

1—回填土；2—大块石；3—小块石；4——回填土；5—砂；6—块石；7—固定桩

③ 倒虹管管内流速应大于不淤流速。当两条管道中一条发生事故时，另一条管中流速不宜超过 2.5～3.0m/s。

④ 倒虹管一般采用钢管。小直径、短距离的倒虹管也可采用球墨铸铁管，但应用柔性接口。重力输水管线上的倒虹管可以采用钢筋混凝土管。

⑤ 水下管段应按国家内河航运的有关规定，设立标志，标明水下管线位置。

⑥ 采用钢管时，要加强防腐措施，计算钢管壁厚度时必须考虑腐蚀因素。

2）施工方式

① 顶管法施工：图 2-45 为采用钢管的压力输水倒虹管布置。

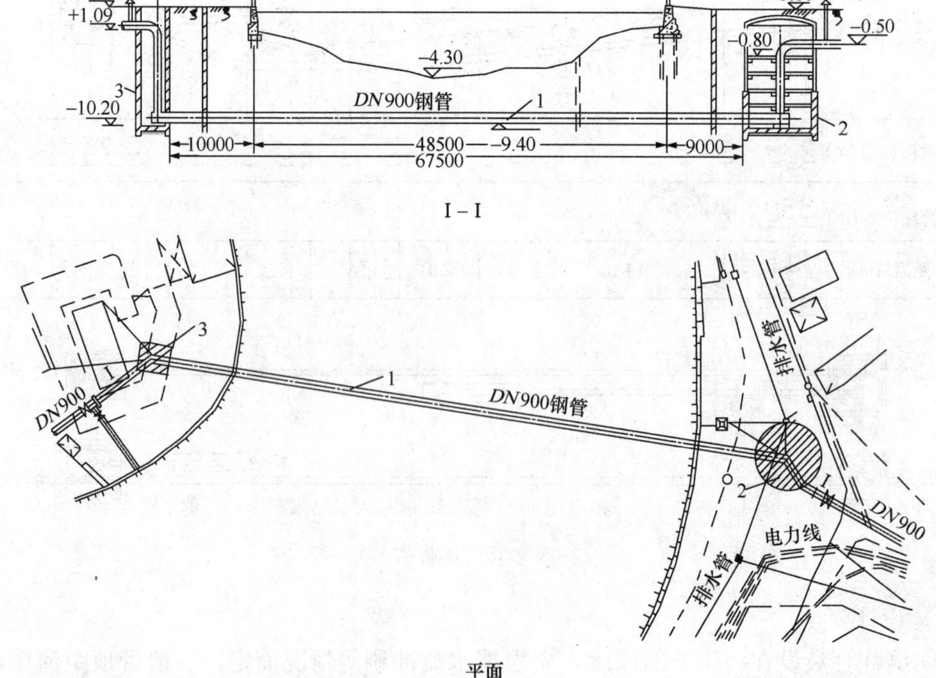


图 2-45　顶进压力输水倒虹钢管

1—*DN*900 钢管；2—顶管井；3—联结井；4—排气阀

采用顶管法施工时，管道埋深、顶管井的止水均应满足顶管施工要求；管道也应采用加强防腐。

在河床两岸设置的顶管工作井，可作为倒虹管运行时的检修井。

② 开挖埋设：如河床的地形、地质条件良好，河道允许停航时，应尽量采取开挖埋设。

开挖埋设应尽可能利用枯水季节，并采取有效的排水措施。开挖埋设施工方便，投资省，较为经济。

开挖施工时，管材除采用钢管外亦可用承插口球墨铸铁管，预应力钢筋混凝土管道等，并尽量采用胶圈柔性接口，必要时设置适当的管道基础。

③ 沉管敷设：在航运较繁忙，不允许全面停航或停航过久时，可采取预制管道水下沉放敷设，施工步骤为：

a. 水下开挖沟槽，抛石，整平基础。如地基较差则需采取局部打桩或做支墩、水下桩基承台等。

b. 预制倒虹管，下沉。一般压力输水管道采用钢管，在地面拼焊成整体，加设闷板、然后浮运至预定地点灌水下沉就位，见图 2-46。

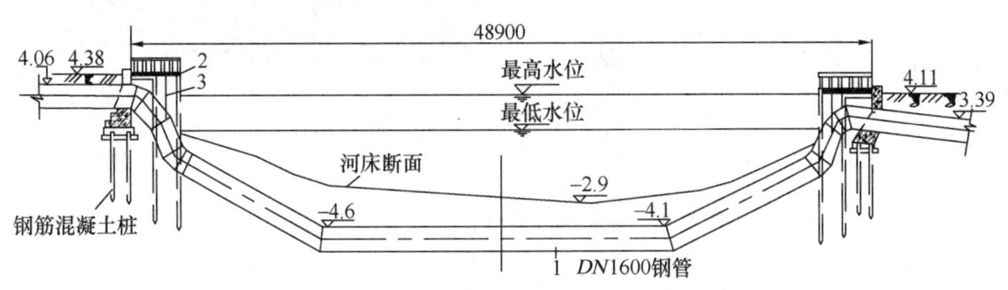


图 2-46 沉埋倒虹钢管

1—$DN$1600 钢管；2—钢筋混凝土护管吊管平台；3—钢拉杆

低压输水时亦可采用钢筋混凝土管渠，在地面分段浇捣制作，加设闷板，然后浮运、灌水下沉、就位；先作外壁水下止水连接并上压混凝土预制重块稳定管渠，再抽水，进入内割除闷板进行内部连接止水，见图 2-47。

c. 覆土：管顶覆土必须均匀，尽可能恢复原河床断面；如埋设在河床下较浅无抗浮要求时，亦可不覆土，待其自然淤没。

④ 水平定向钻施工：在管道口径小于 1m，河道不允许停航时，可采用水平定向钻技术施工。管材可选用钢管或塑料管，应具有足够的轴向抗拉强度和环刚度。

施工步骤为：

a. 在岸边设置控制井，控制井结构形式、尺寸应由设计单位确定。管道洞口处理要有密封措施，防止渗漏。

b. 管道轴线测量放样，确定定向轨迹。钻机定位后先试钻后钻进。

c. 管材分节下井，拖拉管材直至管道贯通，管道外壁注浆填充密实。

（3）河面敷设架空管：跨越河道的架空管一般采用钢管、球墨铸铁管或钢骨架（板）聚乙烯塑料复合管，亦有采用承插式预应力钢筋混凝土管。距离较长时，应设伸缩接头，并在管道高处设排气阀门。为了防止冰冻，管道要采取保温措施。河面架空敷设的方式有：

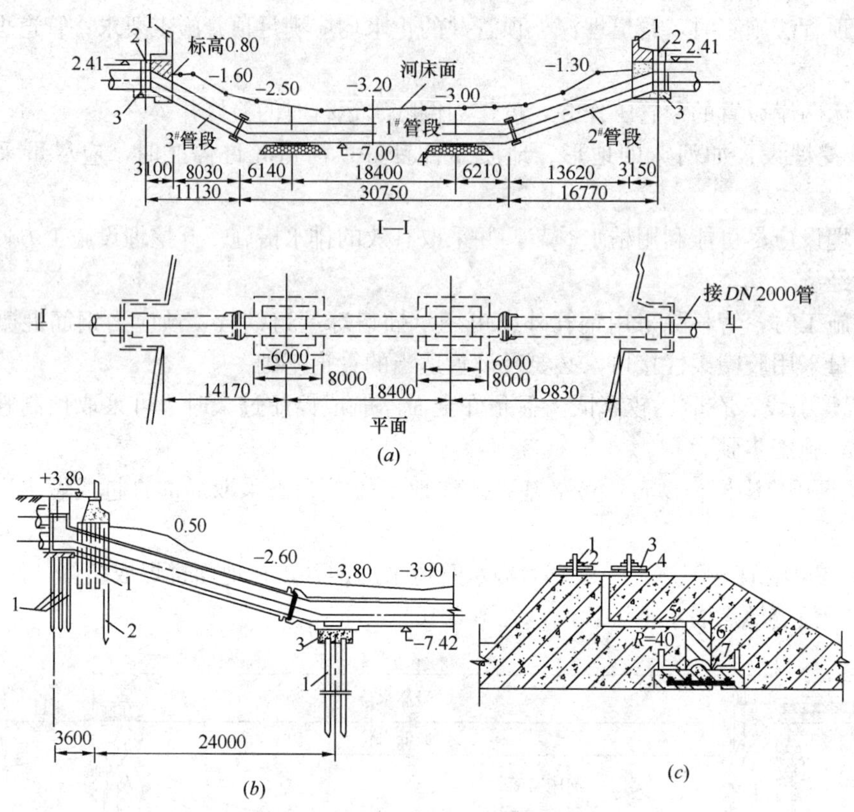


图 2-47 沉埋倒虹管低压钢筋混凝土渠道

(*a*) 支墩基础

1—防洪墙；2—检查井；3—水下混凝土基础；4—水下大石块支墩

(*b*) 水下桩基承台

1—钢筋混凝土桩；2—钢筋混凝土板桩；3—水下混凝土承台

(*c*) 管接口

1—螺母；2—垫片；3—橡皮压板；4—止水橡皮圈；5—水泥砂浆勾缝；6—沥青填料；7—止水钢片

1）附设在桥梁上：水管跨越河道应尽量利用已有或拟建的桥梁敷设。可将水管悬吊在桥下（见图 2-48（*a*）），或敷设在桥边人行道下的管沟内（见图 2-48（*b*）），或利用桥墩架设。

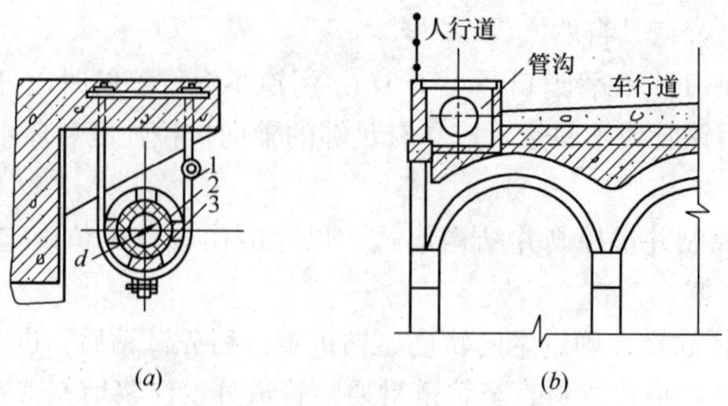


图 2-48 敷设于桥梁上的管道

（*a*）钢筋混凝土桥之水管吊架；（*b*）桥边人行道下的管沟

1—吊环；2—钢管；3—块木

2）支墩式

① 在设计过河管道支墩时，如为通航河道必须取得有关航道管理部门、航运部门以及规划部门的同意，并共同确定管底高程、支墩跨距等；对于非通航河道亦应取得有关地区农田水利规划部门同意。

② 管道应选择在河宽较窄、地质条件良好的地段。

③ 支墩可采取钢筋混凝土桥墩式、桩架式（见图 2-49）或预制支墩等（见图 2-50）。

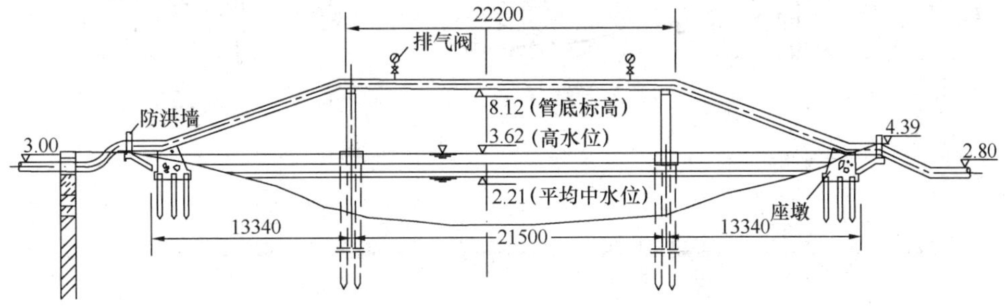


图 2-49 桩架支墩

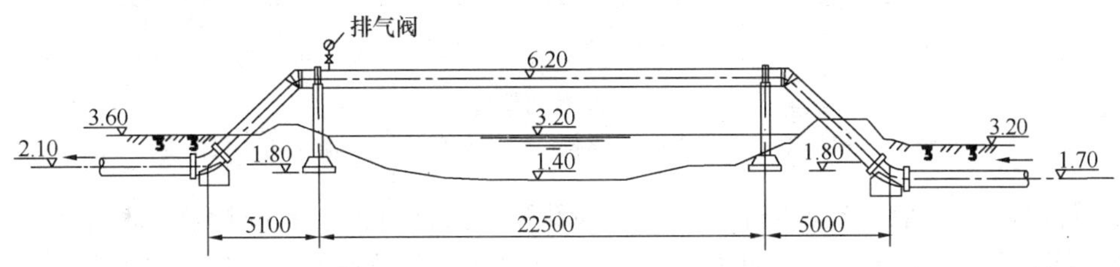


图 2-50 预制支墩

3）桁架及拉索式

① 可避免水下工程，但要求具有良好的吊装设备。

② 要求两岸地质条件良好，地形稳定。

③ 两岸先建支墩或塔架，由桁架支承或钢索吊拉管道过河。

④ 一般采用的形式如下：

a. 利用双曲拱桁架的预制构件支承：图 2-51 为两条 $DN400$ 混凝土过河管布置，拱跨 30m，全长 36m，拱宽 2m，采取柔性胶圈接口。

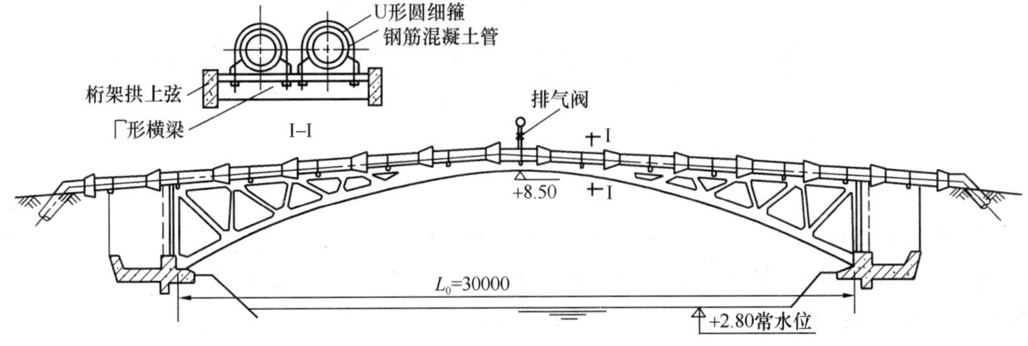


图 2-51 双曲拱桁架过河管

b. 悬索桁架：所有金属外露构件、钢索等均须采取防腐处理。悬索在使用过程中下垂要增大，安装时应将悬索按设计要求的下垂度，先予提高 1/300 跨长。

图 2-52 为建于平原地区的悬索桁架，跨距 36.9m，过河铸铁管管径 $DN$350。

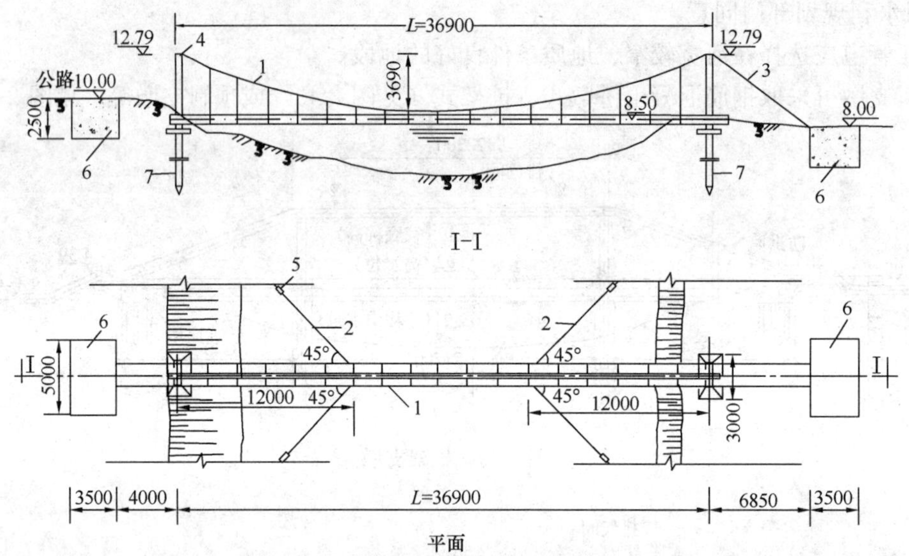


图 2-52 悬索桁架过河管

1—主缆；2—抗风缆；3—拉缆；4—索鞍；5—花篮螺丝；6—锚墩；7—混凝土桩

c. 斜拉索过河管：斜拉索过河管是一种新型的过河方式，它的特点是利用高强钢索（或粗钢筋）和钢管本身作为承重构件，可节约钢材，跨径愈大更可显示其优越性。施工安装可以利用两岸的塔架，施工安装方便，见图 2-53。

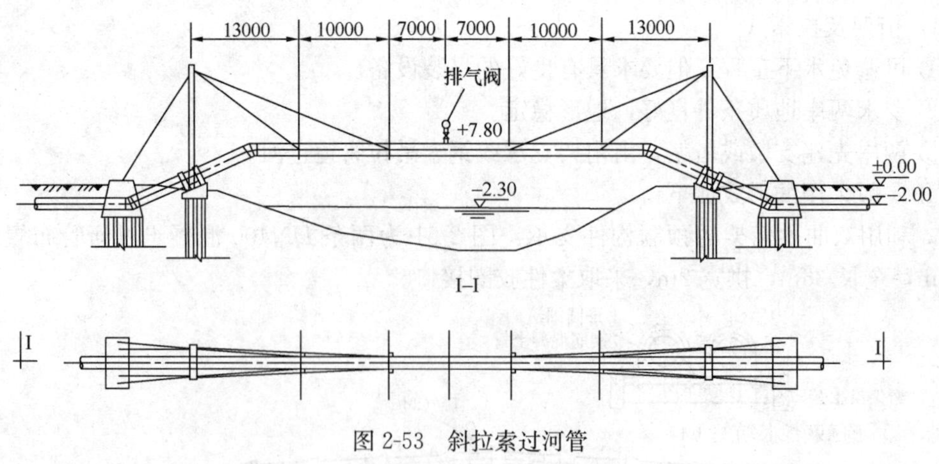


图 2-53 斜拉索过河管

4）拱管

① 拱管的特点是利用钢管本身既作输水管道又作承重结构，施工简便，节省支承材料。图 2-54 为 $DN$900 过河拱管布置，水平净跨 42m，拱管矢高 5.25m。

② 一般采用的拱管矢高比为 1/6～1/8，常用 1/8。

③ 拱管一般由若干节短管焊接而成。每节短管长度一般为 1～1.5m，各节短管准确

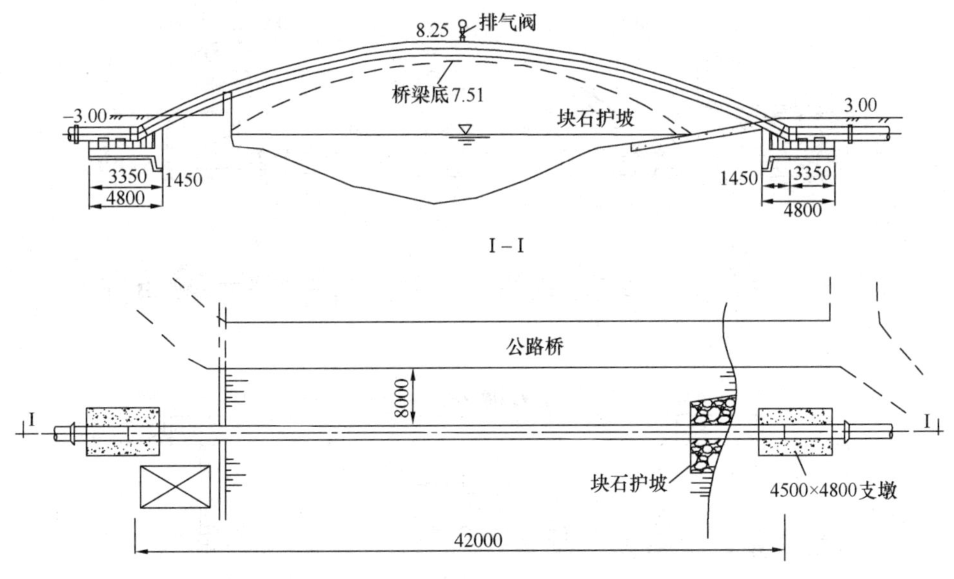


图 2-54 过河拱管

长度应通过计算确定。

④ 各节短管的焊接要求较高，应采用双面坡口焊探伤检查，以避免在吊装时出现断裂。

⑤ 吊装时为避免拱管下垂变形或开裂，可在拱管中部加设临时钢索固定。

⑥ 拱管必须与两岸支座牢固结合。支座应按受力条件进行计算。

#### 2.5.5.2 穿越铁路

确定管道穿越铁路的地点、方式和施工方法时，必须取得有关铁路部门的同意，并应遵循有关穿越铁路的技术规范。一般可按下列要求布置设计。

1）管道与铁路交叉时，一般均在路基下垂直穿越，当路堑很深时，管道可根据具体情况架空穿越，其管架底距路轨面的距离一般不少于 6～7m。

2）管道应尽量避免从站场地区穿过，当管道必须从车站咽喉区区间穿越时，应设防护套管，见图 2-55。

3）管道穿越站场范围内的正线、到发线时可采用套管（或管沟）防护。

4）管道穿越除 2)、3）情况以外的其他股道时，一般可不设套管，水管直接穿越，见图 2-56。

5）管道穿越铁路的两端应设检查井，检查井内设阀门及支墩，并根据具体情况在井内设排水管道或集水坑。

6）防护套管管顶（无防护套管时为管道管顶）至铁路轨底的深度，不得小于 1.2m；管道至路基面高度不应小于 0.7m。

### 2.5.6 管道水压试验

验收压力管道时必须对管道、接口、阀门、配件、伸缩器以及其他附属构筑物仔细进行外观检查，复测管道的纵断面，并按设计要求检查管道的放气和排水条件。管道验收还

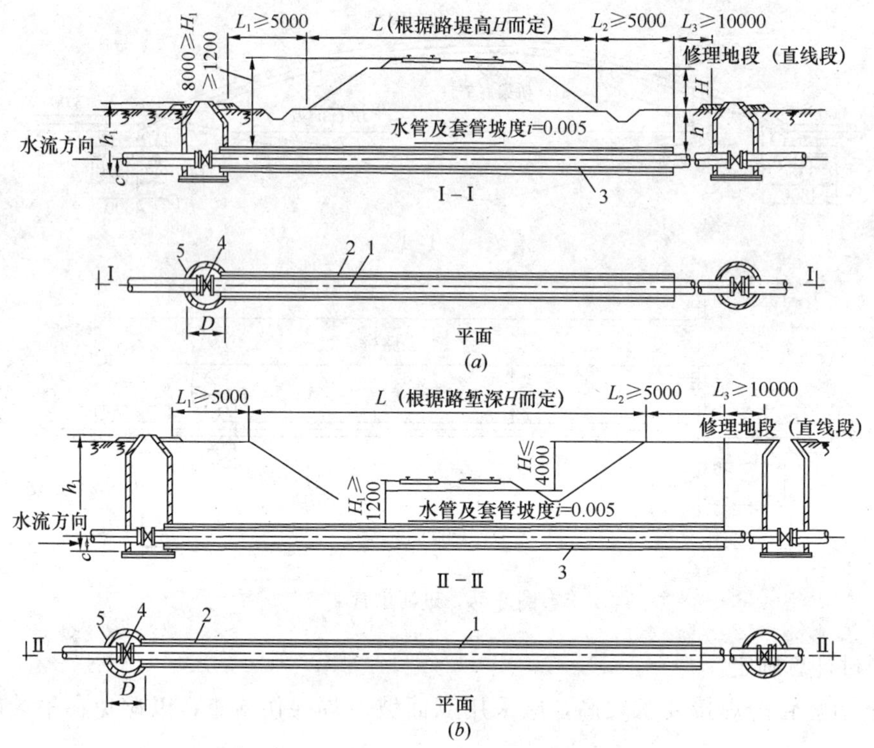


图 2-55 设有防护套管的敷设

(a) 填土路基；(b) 有路堑路基

1—钢管；2—钢筋混凝土套管；3—托架；4—阀门；5—阀门井

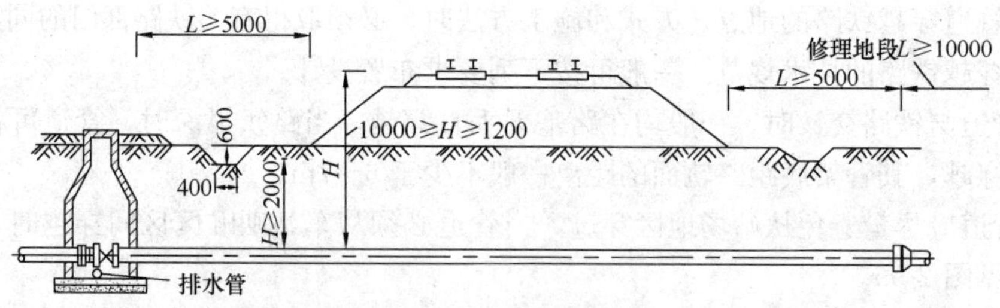


图 2-56 无套管的敷设

须对管道的强度和严密性进行试验，应符合《给水排水管道工程施工及验收规范》GB 50268—2008 的有关规定。

### 2.5.6.1 管道水压试验的一般规定

(1) 当管道工作压力大于或等于 0.1MPa 时，须进行压力管道的强度及水密性试验。当管道工作压力小于 0.1MPa 时，除设计另行规定外，还须进行无压管道的水密性试验。

(2) 在管道进行水压，闭水试验前，应做好试验水源引接以及排水疏导路线的安排。

(3) 管道试验灌水宜从下游缓慢灌入，灌水时，在试验管道的上游管端顶部以及管段中的隆起点设置排气阀，以确保管内的空气及时排除，使水充实管道。

（4）在冬季进行管道水压和闭水试验时，应采取防冻措施，试验完毕后及时排空管道内积水。

**2.5.6.2 压力管道的强度及严密性试验**

（1）压力管道在全部实施回填前应进行强度及水密性试验。管道强度及水密性试验应采用水压试验法进行试验。水压试验前，除接口外，管道两侧及管顶以上回填土高度不应小于0.5m；管径大于*DN*900的钢管道，应控制管顶的竖向变形。管道在水压试验合格后，应及时回填其余部分土。

（2）在管道水压试验前，应编制包括后背及堵板、进水管路、排气孔、加压及测压设备、排水疏导、升压分段划分、试验管段稳定和试验安全措施等在内的试验设计。

（3）管道水压试验的分段长度不宜大于1.0km，非金属压力管道的试验段长度宜更短些。

（4）试验管道在水压试验中将产生较大的管端推力，管段的后背应设在非扰动土或人工后背上；当土质松软时，应采取可靠的加固措施。后背墙面应平整，并与管道轴线相垂直。

（5）水压试验时，若采用弹簧压力计，其精度不应低于1.5级，最大量程为试验压力的1.3～1.5倍，表壳公称直径不得小于150mm，使用前须进行校正并具备符合规定的检定证书；水泵、压力计应安装在试验段下游的端部与管道轴线垂直的支管上。

（6）管道水压试验前应对管道安装进行合格性检查，管配件的支墩及锚固设施须达设计强度，未设支墩及锚固设施的管件，应采取加固措施，管渠的混凝土强度应达到设计规定，试验管段所有敞口应封堵严实，不得渗水，此外，试验管段不得采用阀门作堵板，不得有消火栓、水锤消除器及安全阀等附件。

（7）试验管段灌满水后，宜在不大于工作压力条件下，于试压前进行充分浸泡。铸铁管、球墨铸铁管和钢管浸泡时间不少于24h。预应力、自应力混凝土管及现浇钢筋混凝土管渠，管径小于或等于1000mm时，浸泡时间不少于48h；管径大于1000mm时，则不少于72h。

（8）在管道试压升压时，管道内应排除积气，升压过程中，如发现压力计显示异常，且升压较缓时，应重新排气后再行升压。试验升压应分级升压，每级升压后应及时检查后背、支墩、管身及接口，无异常后，再继续后级升压。水压试验过程中须采取必要的保护安全措施，并严禁在试压过程中对管身、焊缝和接口进行敲打或修补。修补应在管段卸压后进行。

（9）管道水压试验的试验压力应符合表2-24规定。

**管道水压试验的试验压力和允许压力降**（MPa） **表2-24**

| 管材种类 | 工作压力 $P$ | 试验压力 | 允许压力降低 |
|---|---|---|---|
| 钢管 | $P$ | $P+0.5$ 且不应小于0.9 | 0 |
| 铸铁管及球墨铸铁管 | ≤0.5 | $2P$ | 0.03 |
| | >0.5 | $P+0.5$ | |
| 预应力、自应力混凝土管 | ≤0.6 | $1.5P$ | 0.03 |
| | >0.6 | $P+0.3$ | |
| 现浇钢筋混凝土管渠 | ≥0.1 | $1.5P$ | 0.03 |
| | ≥0.1 | $1.5P$，不小于0.8 | 0.02 |

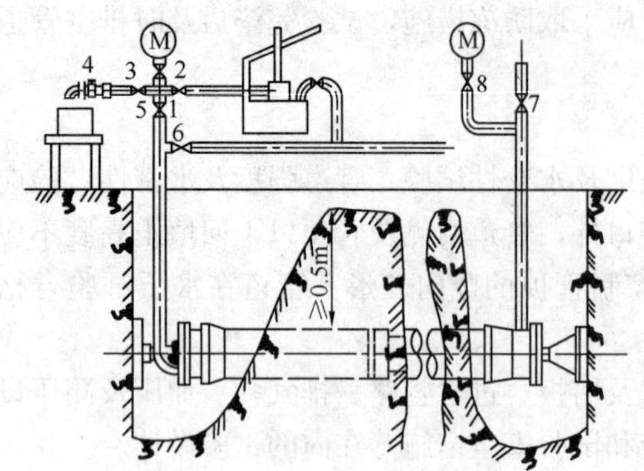


图 2-57　水压试验装置示意

注：1. 从自来水管向试验管道通水时，开放 6、7 号水门，关闭 5 号水门。
2. 用水泵加压时，开放 1、2、5、8 号水门，关闭 4、6、7 号水门。
3. 不用量水槽测渗水量时，开放 2、5、8 号水门，关闭 1、4、6、7 号水门。
4. 用量水槽测渗水量时，开放 2、4、5、8 号水门，关闭 1、6、7 号水门。
5. 用水泵调整 3 号调节阀时，开放 1、2、4 号水门、关闭 5 号水门。

压力管道水压试验装置示意见图 2-57。

**2.5.6.3　水压试验验收标准**

(1) 架空管道、明装管道以及非隐蔽的管道以水进行试验时，应先升至试验压力，观测 15min，如压力降不超过表 2-24 中所列允许压力降数值，且管道、管道配件和接口未发生破坏，则将压力降至工作压力，保持恒压 30min，进行外观检查，如无渗漏现象，认为试验合格。

(2) 地下管道以水进行试验时，应先升至试验压力，恒压不少于 30min（为保持压力允许向管内补水），检查接口及管道配件，如未发生破坏及较严重的渗水现象，即可进行渗水量试验。在进行渗水量试验时，管道未发生破坏，且实测渗水量不大于表 2-25 中的允许值，即认为试验合格。

**2.5.6.4　地下管道的渗水量试验**

管道的渗水量试验可采用注水法。

注水法试验程序为：管道水压升至试验压力后开始计时，每当压力下降，及时向管道内补水，但降压不得大于 0.03MPa，使管道试验压力始终保持恒定，延续时间不得小于 2h，并计量恒压时间内补入试验管段内的水量。

实测渗水量按式（2-69）计算：

$$q = \frac{W}{TL} \tag{2-69}$$

式中　$q$——实测水量[L/(min·m)]；

$W$——恒压时间内补入管段的水量(L)；

$T$——从开始计时至保持恒压结束的时间(min)；

$L$——试验管段的长度(m)。

**2.5.6.5　压力管道水压试验允许渗水量**

压力管道水压试验允许最大渗水量见表 2-25。

**压力管道水压试验允许最大渗水量**　　**表 2-25**

| 管径 DN (mm) | 允许渗水量[L/(min·km)] | | |
|---|---|---|---|
| | 钢管 | 铸铁管、球墨铸铁管 | 预(自)应力混凝土管 |
| 100 | 0.28 | 0.70 | 1.40 |
| 125 | 0.35 | 0.90 | 1.56 |
| 150 | 0.42 | 1.05 | 1.72 |
| 200 | 0.56 | 1.40 | 1.98 |

续表

| 管径 DN (mm) | 允许渗水量[L/(min・km)] | | |
|---|---|---|---|
| | 钢管 | 铸铁管、球墨铸铁管 | 预(自)应力混凝土管 |
| 250 | 0.70 | 1.55 | 2.22 |
| 300 | 0.85 | 1.70 | 2.42 |
| 350 | 0.90 | 1.80 | 2.62 |
| 400 | 1.00 | 1.95 | 2.8 |
| 450 | 1.05 | 2.10 | 2.96 |
| 500 | 1.10 | 2.20 | 3.14 |
| 600 | 1.20 | 2.40 | 3.44 |
| 700 | 1.30 | 2.55 | 3.70 |
| 800 | 1.35 | 2.70 | 3.96 |
| 900 | 1.45 | 2.90 | 4.20 |
| 1000 | 1.50 | 3.00 | 4.42 |
| 1100 | 1.55 | 3.10 | 4.60 |
| 1200 | 1.65 | 3.30 | 4.70 |
| 1300 | 1.70 | — | 4.90 |
| 1400 | 1.75 | — | 5.00 |

当试验管道内径大于表 2-25 规定时，实测渗水量应小于或等于由下列公式计算的允许渗水量。

钢管： $$Q=0.05\sqrt{D} \tag{2-70}$$

铸铁管、球磨铸铁管： $$Q=0.1\sqrt{D} \tag{2-71}$$

预应力、自应力混凝土管： $$Q=0.14\sqrt{D} \tag{2-72}$$

现浇钢筋混凝土灌渠： $$Q=0.014\sqrt{D} \tag{2-73}$$

式中 $Q$——允许渗水量[L/(min・km)]；

$D$——管道内径(mm)。

硬聚氯乙烯管： $Q'=3\cdot(D/25)\cdot(P/0.3\alpha)\cdot(1/1440)$

式中 $Q'$——允许渗水量[L/(min・km)]；

$D$——管道内径(mm)；

$P$——压力管道的工作压力(MPa)；

$\alpha$——温度-压力折减系数；当试验水温为 0～25℃时，$\alpha$ 取 1；25～35℃时，$\alpha$ 取 0.8；35～45℃时，$\alpha$ 取 0.63。

# 2.6 管道阴极保护

## 2.6.1 土壤腐蚀

土壤环境中金属构筑物的腐蚀属电化学腐蚀，腐蚀原电池是最基本的形式。土壤腐蚀的影响因素有：

(1) 土壤电阻率：土壤电阻率是表示土壤导电性能的指标，常用于判断和划分土壤腐蚀性的最基本参数。

影响土壤电阻率的因素有：土壤的含盐量、含水量、有机质含量、黏土矿物组成、松紧度等。土壤电阻率的变化范围很大，从小于1Ω·m到高达数百Ω·m甚至数千Ω·m。

(2) 土壤的氧化还原电位：土壤氧化还原电位是反映土壤中各种氧化还原平衡的一个多系列的无机、有机综合体系。

土壤的氧化还原电位和土壤电阻率一样是判断土壤腐蚀性的主要指标，一般认为在－200mV（SHE）以下的厌氧条件下腐蚀激烈，易受到硫酸盐还原菌的作用。

(3) pH：pH代表了土壤的酸碱度。土壤中氢离子的活度和总含量首先会影响金属的电极电位。

对于缺乏碱金属、碱土金属的酸性土壤（pH小于5）属腐蚀性土壤。

(4) 土壤含水量：在土壤的液相和气相中，通常随湿度增加，$O_2$和$CO_2$也增加，导致对金属电极电位和阴极极化产生作用。

土壤的腐蚀性随着湿度的增加而增加，直到某一临界湿度时为止，再进一步提高湿度，土壤的腐蚀性将会降低。

(5) 土壤的透气性：土壤质地及土壤松紧度和透气性直接相关。影响金属腐蚀有两个途径：土壤电阻率及氧的扩散和渗透。

### 2.6.2 土壤腐蚀分级标准

(1) 按土壤电阻率分级：按土壤电阻率划分土壤的腐蚀，各国都有各自的标准，见表2-26。

**土壤电阻率（Ω·m）与土壤腐蚀性分级　　表2-26**

| 腐蚀等级 | 中国 | 苏联 | 美国 | 日本 | 法国 | 美国 |
|---|---|---|---|---|---|---|
| 极强 | | <5 | <9 | | <5 | |
| 强 | <20 | 5～10 | 9～23 | <20 | 5～15 | <20 |
| 中等 | 20～50 | 10～20 | 23～50 | 20～45 | 15～25 | 20～45 |
| 弱 | >50 | 20～100 | 50～100 | 45～60 | >30 | 45～60 |
| 很弱 | | >100 | >100 | >60 | | 60～100 |

(2) 按土壤氧化还原电位分级：土壤中氧化还原电位可看作为土壤微生物腐蚀的指标。按土壤氧化还原电位的土壤腐蚀性分级见表2-27。

**土壤氧化还原电位（$E$）与土壤腐蚀性分级　　表2-27**

| 腐蚀等级 | $E$(mV)(pH=7，对标准氢电极) | 腐蚀等级 | $E$(mV)(pH=7，对标准氢电极) |
|---|---|---|---|
| 强 | <100 | 弱 | 200～400 |
| 中 | 100～200 | 不腐蚀 | >400 |

(3) 土壤pH与土壤腐蚀性分级见表2-28。

**土壤 pH 值与土壤腐蚀性分级** **表 2-28**

| 腐蚀性等级 | 土壤 pH 值 |
|---|---|
| 强 | <4.5 |
| 中 | 4.5～6.5 |
| 弱 | 6.5～8.5 |

（4）土壤含水量与土壤腐蚀性分级：含水量的变化将引起土壤的其他一些因素发生改变，用含水量评价土壤腐蚀对于同类土壤参考性较大。表 2-29 适用于黏土类土壤。

**土壤含水量与土壤腐蚀性** **表 2-29**

| 腐蚀速率特点 | 含水量（%） | 土壤含水量特征 |
|---|---|---|
| 没有 | 0 | 没有水分 |
| 腐蚀速率增加到最大值 | 10～12 | 含水量增加到临界值 |
| 保持最大腐蚀速率 | 12～25 | 保持临界值的含水量 |
| 腐蚀速率降低 | 25～40 | 发生连续的水层 |
| 较低的恒定的腐蚀速率 | >40 | 连续水层厚度继续增加 |

## 2.6.3 阴极保护

### 2.6.3.1 阴极保护方法

阴极保护方法有牺牲阳极法和外加电流法。

牺牲阳极法是利用一种比被保护金属电位更低的金属或合金（称阳极）与被保护金属连接，使其构成大地电池，以牺牲阳极来防止地下金属腐蚀的方法，如图 2-58 所示。

外加电流法是由外部的直流电源直接向被保护金属通以阴极电流，使之阴极极化，达到阴极保护的目的，它由辅助阳极、参比电极、直流电源和连接电缆所组成，见图 2-59。

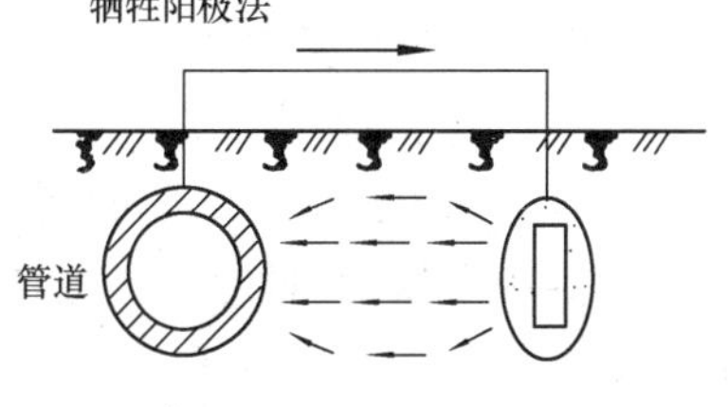


图 2-58 牺牲阳极法

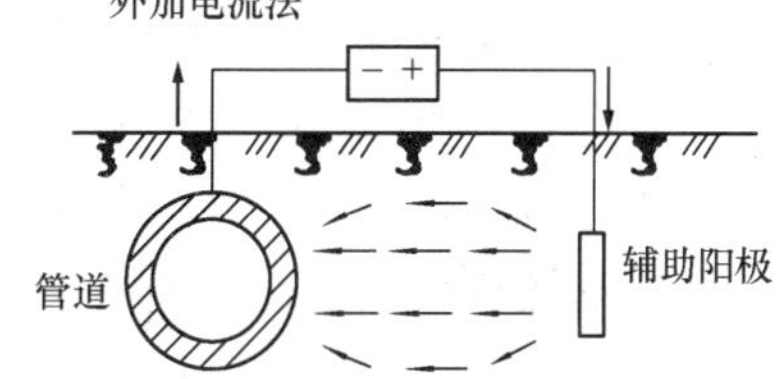


图 2-59 外加电流法

### 2.6.3.2 阴极保护方法的选择

阴极保护方法的优缺点比较见表 2-30。保护方法的选择，主要考虑因素有：对邻近金属构筑物的干扰、有无可利用的电源、金属管道外防腐涂层的质量、管道长度、经济性及环境条件等。

**阴极保护方法的优缺点比较** **表 2-30**

| 方法<br>优缺点 | 牺牲阳扱 | 外加电流 |
|---|---|---|
| 优点 | 1. 对邻近管道，电缆等干扰很小；<br>2. 不需要外部电源；<br>3. 保护电流分布均匀，利用率高；<br>4. 管理方便，施工简单；<br>5. 不需要支付经常费用 | 1. 可连续调节输出电流、电压；<br>2. 保护电流密度大；<br>3. 不受土壤电阻率限制；<br>4. 保护范围越大越经济；<br>5. 保护装置寿命较长 |

续表

| 优缺点 \ 方法 | 牺牲阳极 | 外加电流 |
| --- | --- | --- |
| 缺点 | 1. 土壤电阻率大时不宜使用；<br>2. 管道外防腐涂层质量要好；<br>3. 保护电流几乎不可调；<br>4. 保护范围大时不经济 | 1. 对邻近金属构筑物干扰大；<br>2. 需要外部电源；<br>3. 维护管理工作量大；<br>4. 需要支付日常电费 |

#### 2.6.3.3 阴极保护参数

（1）保护电位：是指阴极保护时使金属腐蚀停止时所需的电位值。

国家标准《埋地钢质管道阴极保护技术规范》GB/T 21448—2008 对埋地钢质管道的保护电位规定如下：

1）管道阴极保护电位（即管/地界面极化电位，下同）应为－850mV（铜/饱和硫酸铜参比电极）或更负。

2）阴极保护状态下管道的极限保护电位不能比－1200mV（铜/饱和硫酸铜参比电极）更负。

3）对高强度钢（最小屈服强度大于 550MPa）和耐腐蚀合金钢，如马氏体不锈钢，双相不锈钢等，极限保护电位则要根据实际析氢电位来确定，其保护电位应比－850mV（铜/饱和硫酸铜参比电极）稍正，但在－650～－750mV 的电位范围内，管道处于高 pH 值应力腐蚀开裂的敏感区，应予注意。

4）在厌氧菌或硫酸盐还原菌及其他有害菌土壤环境中，管道阴极保护电位应为－950mV（铜/饱和硫酸铜参比电极）或更负。

5）在土壤电阻率 100～1000Ω·m 环境中的管道，阴极保护电位宜负于－750mV（铜/饱和硫酸铜参比电极）；在土壤电阻率 $\rho$ 大于 1000Ω·m 的环境中的管道，阴极保护电位宜负于－650mV（铜/饱和硫酸铜参比电极）。

当以上准则难以达到时，可采用阴极极化或去极化电位差大于 100mV 的判据（在高温条件下，硫酸盐还原菌的土壤中存在杂散电流干扰及异种金属材料偶合的管道中不能采用 100mV 极化准则）。

（2）保护电流密度：是指被保护管道单位面积上所需的保护电流。影响保护电流密度的因素很多，主要有外防腐涂层种类及质量、使用环境状况等。保护电流密度较难准确选择合理的数据，在设计中应根据管道的具体环境情况，并参照同类工程的运行数据进行确定。也可做试验段进行实测，取得实际数据后进行设计。

《石油天然气工业管道输送系统的阴极保护标准-陆上管道》ISO 15589-1-2003，提出在没有经验可以借鉴时，综合考虑设计电流密度和防腐覆盖层击穿系数的影响，各种防腐覆盖层埋地钢质管道保护电流密度可采用表 2-31 中数据。

**保护电流密度** **表 2-31**

| 管道防腐覆盖层 | 设计电流密度（mA/m²） | | |
| --- | --- | --- | --- |
| | 10 年设计寿命 | 20 年设计寿命 | 30 年设计寿命 |
| 沥青、煤焦油瓷漆、冷缠胶带 | 0.4 | 0.6 | 0.8 |

续表

| 管道防腐覆盖层 | 设计电流密度（mA/m²） | | |
|---|---|---|---|
| | 10 年设计寿命 | 20 年设计寿命 | 30 年设计寿命 |
| 熔融黏结环氧粉末、液体环氧涂料 | 0.4 | 0.6 | 0.9 |
| 3 层环氧粉末/聚乙烯，3 层环氧粉末/聚丙烯 | 0.08 | 0.1 | 0.4 |

注：1. 如果设计寿命超过 30 年，相应地应采用更大的系数；
2. 假定管道施工和运行中已经采取措施使防腐层的损伤最小；
3. 对在较高温度运行的管道，操作温度在 30℃以上每升高 10℃，电流密度值就应增加 25%；
4. 可以采用其他设计电流值，只要它们是可靠的并有相应的文件支持；
5. 电流密度要求也取决于土壤中的含氧量与土壤的电阻率。

### 2.6.4 牺牲阳极保护

#### 2.6.4.1 牺牲阳极保护使用条件

牺牲阳极系统适用于敷设在电阻率较低的土壤里、水中、沼泽或湿地环境中的小口径管道或距离较短并带有优质防腐层的大口径管道。

主要的场合有：

1）无合适的可利用电源；

2）电器设备不便实施维护保养的地方；

3）临时性保护；

4）强制电流系统保护的补充；

5）永久冻土层内管道周围土壤融化带；

6）保温管道的保温层下。

#### 2.6.4.2 牺牲阳极选择

牺牲阳极种类选择可参照表 2-32。

**牺牲阳极种类的应用选择** **表 2-32**

| 阳极种类 | 土壤电阻率（Ω·m） |
|---|---|
| 镁合金牺牲阳极 | 15～150 |
| 锌合金牺牲阳极 | <15 |

对于锌合金牺牲阳极，当土壤电阻率大于 15Ω·m，应现场试验确认其有效性。

对于镁合金牺牲阳极，当土壤电阻率大于 150Ω·m，应现场试验确认其有效性。

对于高电阻率土壤环境及专门用途，可选择带状牺牲阳极。在海水或海泥中宜选择铝合金阳极。

（1）锌合金牺牲阳极

1）棒状锌阳极

锌合金牺牲阳极成分见表 2-33，锌合金牺牲阳极的电化学性能见表 2-34。

**锌合金牺牲阳极的化学成分** **表 2-33**

| 元素 | 锌合金主要化学成分的质量分数（%） | 高纯锌主要化学成分的质量分数（%） |
|---|---|---|
| Al | 0.1～0.5 | ≤0.005 |

续表

| 元素 | 锌合金主要化学成分的质量分数（%） | 高纯锌主要化学成分的质量分数（%） |
|---|---|---|
| Cd | 0.025～0.07 | ≤0.003 |
| Fe | ≤0.005 | ≤0.0014 |
| Pb | ≤0.006 | ≤0.003 |
| Cu | ≤0.005 | ≤0.002 |
| 其他杂质 | 总含量≤0.1 | — |
| Zn | 余量 | 余量 |

**棒状锌合金牺牲阳极的化学性能** **表 2-34**

| 性能 | 锌合金、高纯锌 | 备注 |
|---|---|---|
| 密度(g/cm$^3$) | 7.14 | |
| 开路电位(V) | −1.03 | 相对 SCE |
| 理论电容量(A·h/kg) | 820 | |
| 电流效率(%) | 95 | 在海水中，3mA/cm$^2$条件下 |
| 发生电容量(A·h/kg) | 780 | |
| 消耗率[kg/(A·a)] | 11.88 | |
| 电流效率(%) | ≥65 | 在土壤中，0.03mA/cm$^2$条件下 |
| 发生电容量(A·h/kg) | 530 | |
| 消耗率[kg/(A·a)] | ≤17.25 | |

2）带状锌阳极

带状锌合金牺牲阳极的电化学性能见表 2-35，带状锌合金牺牲阳极的规格及尺寸见表 2-36，截面图例见图 2-60。

**带状锌合金牺牲阳极的电化学性能** **表 2-35**

| 型号 | 开路电位 | | 理论电容量(A·h/kg) | 实际电容量(A·h/kg) | 电容效率（%） |
|---|---|---|---|---|---|
| | 相对 CSE | 相对 SCE | | | |
| 锌合金 | ≤−1.05 | ≤−0.98 | 820 | ≥780 | ≥95 |
| 高纯锌 | ≤−1.10 | ≤−1.03 | 820 | ≥740 | ≥90 |

注：实验介质为人造海水。

**带状锌合金牺牲阳极的规格及尺寸** **表 2-36**

| 阳极规格 | ZR-1 | ZR-2 | ZR-3 | ZR-4 |
|---|---|---|---|---|
| 截面尺寸 $D_1 \times D_2$(mm) | 25.40×31.75 | 15.88×22.22 | 12.70×14.28 | 8.73×10.32 |
| 阳极带线质量(kg/m) | 3.57 | 1.785 | 0.893 | 0.372 |
| 钢芯直径 $\Phi$(mm) | 4.70 | 3.43 | 3.30 | 2.92 |
| 标准卷长(m) | 30.5 | 61 | 152 | 305 |
| 标准卷内径(mm) | 900 | 600 | 300 | 300 |
| 钢芯的中心度偏差(mm) | −2～+2 | | | |

注：阳极规格中 Z 代表锌，R 代表带状，后面数字为系列号。

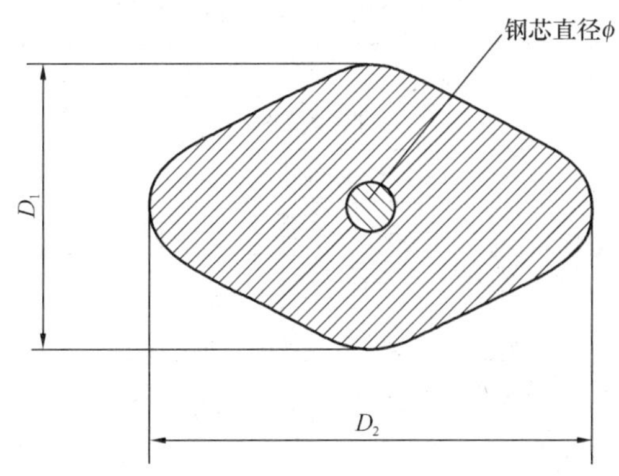


图 2-60 带状锌阳极的截面示意

(2) 镁合金牺牲阳极

1) 棒状镁阳极

镁合金牺牲阳极化学成分见表 2-37，镁合金牺牲阳极的电化学性能见表 2-38。

**镁合金牺牲阳极的化学成分** **表 2-37**

| 元素 | 标准型主要化学成分的质量分数(%) | 镁锰型主要化学成分的质量分数(%) |
|---|---|---|
| Al | 5.3～6.7 | ≤0.010 |
| Zn | 2.5～3.5 | — |
| Mn | 0.15～0.60 | 0.50～1.30 |
| Fe | ≤0.005 | ≤0.03 |
| Ni | ≤0.003 | ≤0.001 |
| Cu | ≤0.020 | ≤0.020 |
| Si | ≤0.10 | — |
| Mg | 余量 | 余量 |

**镁合金牺牲阳极的电化学性能** **表 2-38**

| 性　能 | 标准型 | 镁锰型 | 备　注 |
|---|---|---|---|
| 密度(g/cm$^3$) | 1.77 | 1.74 | |
| 开路电位(V) | −1.48 | −1.56 | 相对 SCE |
| 理论电容量(A·h/kg) | 2210 | 2200 | |
| 电流效率(%) | 55 | 50 | 在海水中，3mA/cm$^2$条件下 |
| 发生电容量(A·h/kg) | 1220 | 1100 | |
| 消耗率[kg/(A·a)] | 7.2 | 8.0 | |
| 电流效率(%) | ≥50 | 40 | 在土壤中，0.03mA/cm$^2$条件下 |
| 发生电容量(A·h/kg) | 1110 | 880 | |
| 消耗率[kg/(A·a)] | ≤7.92 | 10.0 | |

2) 带状镁阳极

镁锰合金挤压制造的带状镁合金牺牲阳极规格及性能见表 2-39。

带状镁合金牺牲阳极规格及性能 表 2-39

| 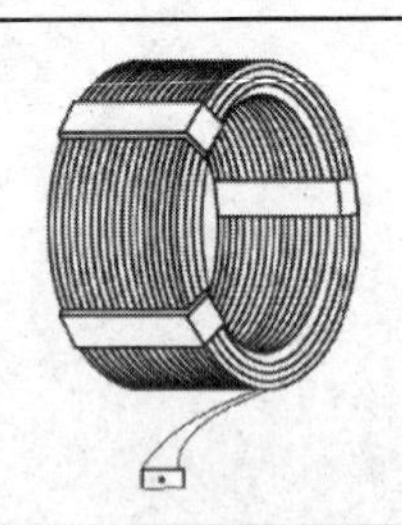 | | | |
|---|---|---|---|
| | 截面(mm) | | 9.5×19 |
| | 钢芯直径(mm) | | 3.2 |
| | 阳极带线质量(kg/m) | | 0.37 |
| | 输出电流线密度(mA/m) | 海水 | 2400 |
| | | 土壤 | 10 |
| | | 淡水 | 3 |

注：土壤条件为电阻率 50Ω·m；淡水条件为 150Ω·m。

#### 2.6.4.3 牺牲阳极填包料

牺牲阳极的填包料是由石膏粉、膨润土和工业硫酸钠组成的混合物，常规的牺牲阳极填料配方见表 2-40。

牺牲阳极填包料配方 表 2-40

| 阳极类型 | 质量分数(%) | | | 适用土壤电阻率(Ω·m) |
|---|---|---|---|---|
| | 石膏粉 | 膨润土 | 工业硫酸钠 | |
| 镁合金牺牲阳极 | 50 | 50 | — | ≤20 |
| | 75 | 20 | 5 | >20 |
| 锌合金牺牲阳极 | 50 | 45 | 5 | ≤20 |
| | 75 | 20 | 5 | >20 |

注：所选用石膏粉的分子式为 $CaSO_4 \cdot 2H_2O$。

#### 2.6.4.4 牺牲阳极计算公式

（1）保护电流

$$2I_0 = 2\pi \times D_p \times J_s \times L_p \tag{2-74}$$

式中 $I_0$——单侧管道保护电流（A）；

$D_p$——管道外径（m）；

$J_s$——保护电流密度（$A/m^2$）；

$L_p$——单侧保护管道长度（m）。

（2）牺牲阳极输出电流

$$I_g = \frac{e_c - e_a}{R} = \frac{(E_c - \Delta E_c) - (E_a + \Delta E_a)}{R_g + R_c + R_l} = \frac{\Delta E}{R} \tag{2-75}$$

式中 $I_g$——牺牲阳极输出电流（A）；

$e_c$——阴极极化电位（V）；

$e_a$——阳极极化电位（V）；

$R$——回路总电阻（Ω）；

$E_c$——阴极开路电位（V）；

$\Delta E_c$——阴极极化电位（V）；

$E_a$——阳极开路电位（V）；

$\Delta E_a$——阳极极化电位（V）；

$R_g$ ——多支组合牺牲阳极接地电阻（Ω）；
$R_c$ ——阴极过渡电阻（Ω）；
$R_l$ ——导线电阻（Ω）；
$\Delta E$ ——牺牲阳极有效电位差（V）。

（3）牺牲阳极支数

$$n=\frac{B\times I}{I_{g_0}} \tag{2-76}$$

式中 $n$ ——阳极支数；
$B$ ——备用系数，取 2～3；
$I$ ——保护电流（A）；
$I_{g_0}$ ——单支牺牲阳极输出电流（A）。

（4）单支立式牺牲阳极接地电阻

$$R_v=\frac{\rho}{2\pi l_g}\left(\ln\frac{2l_g}{D_g}+\frac{1}{2}\ln\frac{4t_g+l_g}{4t_g-l_g}+\frac{\rho_g}{\rho}\ln\frac{D_g}{d_g}\right)(l_g\gg D_g, t_g\gg l_g/4) \tag{2-77}$$

式中 $R_v$ ——立式牺牲阳极接地电阻（Ω）；
$\rho$ ——土壤电阻率（Ω·m）；
$l_g$ ——裸牺牲阳极长度（m）；
$D_g$ ——预包装牺牲阳极直径（m）；
$t_g$ ——牺牲阳极中心至地面的距离（m）；
$\rho_g$ ——填包料电阻率（Ω·m）；
$d_g$ ——裸牺牲阳极等效直径（m），$d_g=\frac{C}{\pi}$，$C$ 为周长（m）。

（5）单支水平式牺牲阳极接地电阻

$$R_h=\frac{\rho}{2\pi l_g}\left\{\ln\frac{2l_g}{D_g}\left[1+\frac{l_g/4t_g}{\ln^2(l_g/D_g)}\right]+\frac{\rho_g}{\rho}\ln\frac{D_g}{d_g}\right\}(l_g\gg d_g, t_g\gg l_g/4) \tag{2-78}$$

式中 $R_h$ ——水平式牺牲阳极接地电阻（Ω）；
$\rho$ ——土壤电阻率（Ω·m）；
$l_g$ ——裸牺牲阳极长度（m）；
$D_g$ ——预包装牺牲阳极直径（m）；
$t_g$ ——牺牲阳极中心至地面的距离（m）；
$\rho_g$ ——填包料电阻率（Ω·m）；
$d_g$ ——裸牺牲阳极等效直径（m），$d_g=\frac{C}{\pi}$，$C$ 为周长（m）。

（6）多支牺牲阳极接地电阻

$$R_g=f\frac{R_0}{n} \tag{2-79}$$

式中 $R_g$ ——多支组合牺牲阳极接地电阻（Ω）；
$f$ ——牺牲阳极电阻修正系数，可查图 2-61；
$R_0$ ——单支牺牲阳极接地电阻（Ω）；
$n$ ——阳极支数。

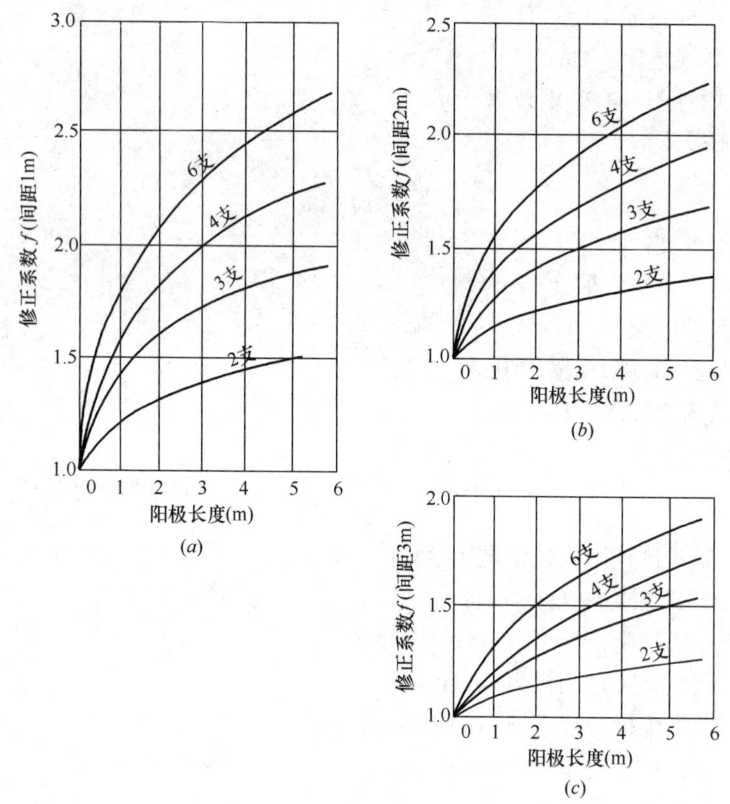


图 2-61 阳极接地电阻修正系数 $f$

（7）牺牲阳极工作寿命

$$T_g = 0.85 \frac{W_g}{\omega_g I} \tag{2-80}$$

式中 $T_g$ ——牺牲阳极工作寿命(a)；

$W_g$ ——牺牲阳极组净质量(kg)；

$\omega_g$ ——牺牲阳极的消耗率[kg/(A·a)]；

$I$ ——保护电流(A)。

#### 2.6.4.5 牺牲阳极布置

（1）棒状阳极

棒状牺牲阳极可采取单支或多支成组两种方式，同组阳极宜选用同一炉号或开路电位相近的阳极。

棒状牺牲阳极埋设方式按轴向和径向分为立式和水平式两种。一般情况下牺牲阳极距管道外壁 3～5m，最小不宜小于 0.5m，埋设深度以阳极顶部距地面不小于 1m 为宜。成组布置时，阳极间距以 2～3m 为宜。

棒状牺牲阳极应埋设在土壤冰冻线以下。在地下水位低于 3m 的干燥地带，阳极应适当加深埋设；埋设在河床中的阳极应避免洪水冲刷和河床挖泥清淤时的损坏。

在布设棒状牺牲阳极时，注意阳极与管道间不应存在金属构筑物。

（2）带状阳极

带状牺牲阳极应根据用途和需要与管道同沟敷设或缠绕敷设。

（3）特殊用途的牺牲阳极

牺牲阳极作为接地极、参比电极等特殊应用时应根据用途和需要进行布置。

#### 2.6.4.6 管道的电绝缘

为防止阴极保护的电流流到与土壤连接的非保护构筑物上，应对阴极保护系统进行电绝缘。电绝缘设置在：保护管道与非保护支管道连接处，保护管道在进、出泵站处，跨越管道的支架（礅）接触处，管道大型穿、跨越的两端，杂散电流干扰区等。

电绝缘方法一般是设置绝缘法兰。绝缘法兰是在两片法兰间垫入绝缘垫片，法兰连接螺栓用绝缘套筒套入螺栓体，并在螺母下设绝缘垫圈，将螺栓同法兰绝缘，见图 2-62、图 2-63。

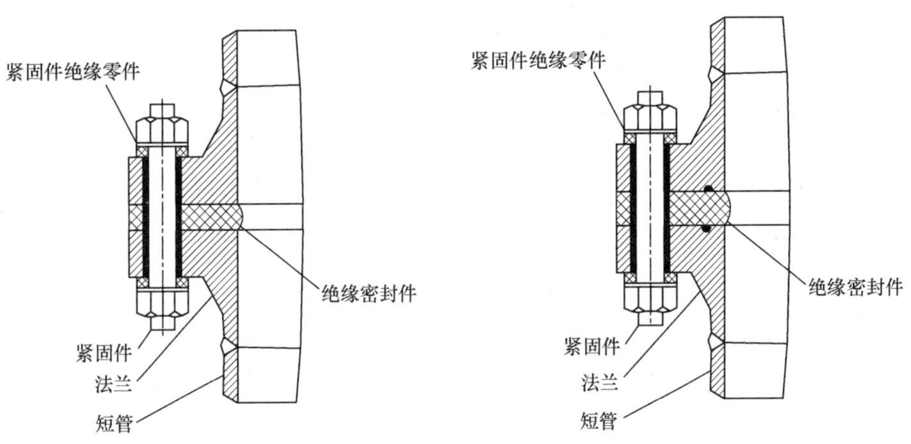


图 2-62　Ⅰ型绝缘法兰结构示意　　图 2-63　Ⅱ型绝缘法兰结构示意

绝缘法兰通常在工厂进行预组装，经检测合格后在现场与管道焊接起来。

绝缘法兰一般不直埋于土壤中，以免长期浸泡在水中影响绝缘性能，为此，近年来采取了整体型绝缘接头，见图 2-64。绝缘接头在工厂预组装，内涂环氧聚合物，可直接埋地，不用管理，寿命长。

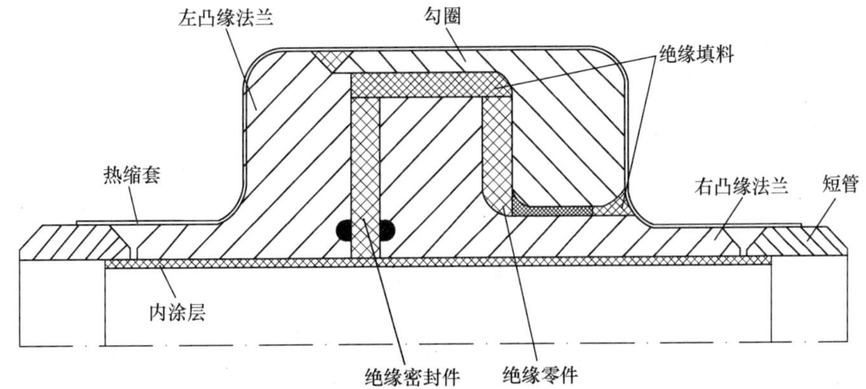


图 2-64　整体型绝缘接头结构示意

### 2.6.5　外加电流法

外加电流是通过外部的直流电源向被保护金属管道通以阴极电流使之阴极极化达到保护的方法。图2-65是埋地钢管道外加电流保护示意。

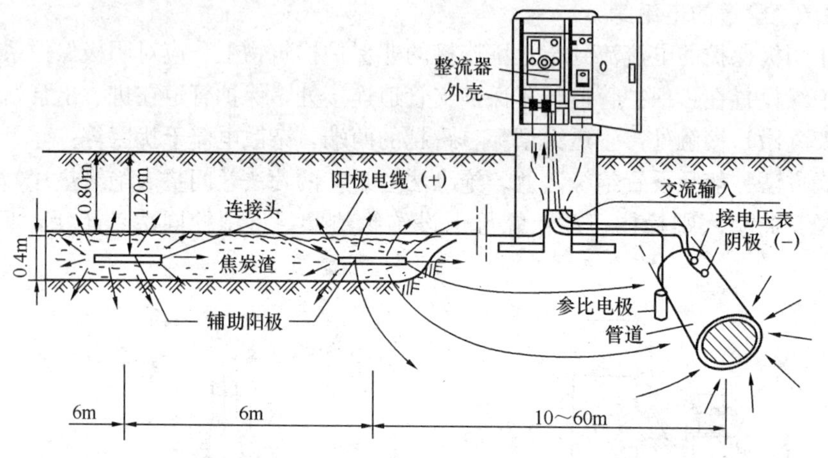


图 2-65　管道的外加电流阴极保护系统

#### 2.6.5.1　计算公式

（1）管道保护长度

可按式（2-81）、式（2-82）计算：

$$2L_p = \sqrt{\frac{8\Delta V}{\pi D_p J_s R_s}} \tag{2-81}$$

$$R_s = \frac{\rho_1}{\pi(1000D_p - \delta)\delta} \tag{2-82}$$

式中　$L_p$——单侧保护管道长度(m)；

$\Delta V$——极限保护电位与保护电位之差(V)；

$D_p$——管道外径(m)；

$J_s$——保护电流密度(A/m$^2$)；

$R_s$——管道线电阻(Ω/m)；

$\rho_1$——钢管电阻率(Ω·mm$^2$/m)；

$\delta$——管道壁厚(mm)。

（2）保护电流的计算见式（2-74）。

（3）辅助阳极接地电阻

1）单支立式辅助阳极接地电阻的计算见式（2-83）：

$$R_{v1} = \frac{\rho}{2\pi L_a}\ln\left(\frac{2L_a}{D_a}\sqrt{\frac{4t+3L_a}{4t+L_a}}\right) \quad (t \gg D_a)(D_a \ll L_a) \tag{2-83}$$

2）单支水平式辅助阳极接地电阻的计算见式（2-84）：

$$R_h = \frac{\rho}{2\pi L_a}\ln\left(\frac{L_a^2}{tD_a}\right) \quad (t \ll L_a)(D_a \ll L_a) \tag{2-84}$$

3）深井式辅助阳极接地电阻的计算见式（2-85）：

$$R_{v2}=\frac{\rho}{2\pi L_a}\ln\left(\frac{2L_a}{D_a}\right)\quad(t\gg L_a)\tag{2-85}$$

式中 $R_{v1}$——单支立式辅助阳极接地电阻(Ω)；

$R_{v2}$——深井式辅助阳极接地电阻(Ω)；

$R_h$——单支水平式辅助阳极接地电阻(Ω)；

$\rho$——土壤电阻率(Ω·m)；

$L_a$——辅助阳极长度(含填料)(m)；

$D_a$——辅助阳极直径(含填料)(m)；

$t$——辅助阳极埋深(填料顶部距地表面)(m)。

4）辅助阳极组接地电阻的计算见式（2-86）、式（2-87）：

$$R_z=F\frac{R_a}{n}\tag{2-86}$$

$$F\approx 1+\frac{\rho}{nsR_a}\ln(0.66n)\tag{2-87}$$

式中 $R_z$——辅助阳极组接地电阻(Ω)；

$F$——辅助阳极电阻修正系数，可查图 2-66；

$R_a$——单支辅助阳极接地电阻(Ω)；

$n$——阳极支数；

$\rho$——土壤电阻率(Ω·m)；

$s$——辅助阳极间距(m)。

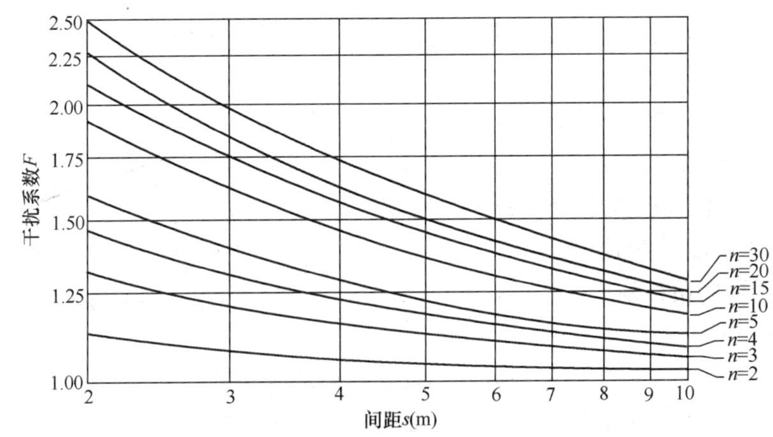


图 2-66 由 $n$ 支阳极组成的阳极地床的干扰系数 $F$

（4）辅助阳极质量

$$W_a=\frac{T_a\times\omega_a\times I}{K}\tag{2-88}$$

式中 $W_a$——辅助阳极总质量(kg)；

$T_a$——辅助阳极设计寿命(a)；

$\omega_a$——辅助阳极的消耗率[kg/(A·a)]；

$I$——保护电流(A)；

$K$——辅助阳极利用系数，取0.7～0.85。

注：当已知辅助阳极质量，也可用式（2-84）计算辅助阳极设计寿命。

（5）电源设备功率

$$P=\frac{IV}{\eta} \tag{2-89}$$

$$V=I(R_z+R_l+R_c)+V_r \tag{2-90}$$

$$R_c=\frac{\sqrt{R_t\times r_t}}{2\text{th}(\alpha L)} \tag{2-91}$$

$$\alpha=\sqrt{\frac{r_t}{R_t}} \tag{2-92}$$

$$I=2I_0 \tag{2-93}$$

式中 $P$——电源功率(W)；

$I$——保护电流(A)；

$V$——电源设备的输出电压(V)；

$\eta$——电源设备效率，一般取0.7；

$R_z$——辅助阳极组接地电阻(Ω)；

$R_l$——导线电阻(Ω)；

$R_c$——阴极过渡电阻(Ω)；

$V_r$——辅助阳极地床的反电动势(V)，当采用焦炭填充时，取$V_r=2V$；

$\alpha$——管道衰减因数($m^{-1}$)；

$L$——被保护管道长度(m)；

$r_t$——管道线电阻(Ω/m)；

$R_t$——防腐层过渡电阻率(Ω·m)；

$I_0$——单侧保护电流(A)。

**2.6.5.2 辅助阳极地床**

(1) 一般要求

1）辅助阳极地床（以下简称地床）的设计和选址应满足以下条件：

① 在最大的预期保护电流需要量时，地床的接地电阻上的电压降应小于额定输出电压的70%；

② 避免对邻近埋地构筑物造成干扰影响。

2）阳极地床有深井型和浅埋型，在选择时应考虑：

① 岩土地质特征和土壤电阻率随深度的变化；

② 地下水位；

③ 不同季节土壤条件极端变化；

④ 地形地貌特征；

⑤ 屏蔽作用；

⑥ 第三方破坏的可能性。

（2）深井阳极地床

存在下面一种或多种情况时，应考虑采用深井阳极地床：

① 深层土壤电阻率比地表的低；

② 存在邻近管道或其他埋地构筑物的屏蔽；

③ 浅埋型地床应用受到空间限制；

④ 对其他设施或系统可能产生干扰。

深井阳极地床的设计、安装、运行与维护等技术要求应符合《强制电流深阳极地床技术规范》SY/T 0096 的规定。在计算地床电阻时，应采用位于阳极段长度中点深度的土壤电阻率值，并应考虑不同层次土壤电阻率差异的影响。

（3）浅埋阳极地床

与“（2）深井阳极地床”条件相反时应采用浅埋型地床。

浅埋阳极地床有水平式和立式两种方式，应置于冻土层以下，埋深不宜小于 1m。

（4）辅助阳极

常用的辅助阳极有：高硅铸铁阳极、石墨阳极、钢铁阳极、柔性阳极、金属氧化物阳极等。

选用阳极材料和质量应按阴极保护系统设计寿命期内最大预期保护电流的 125％计算。

阳极地床通常使用冶金焦炭、石油焦炭、石墨填充料，使用时应符合下列要求：

① 石墨阳极、高硅铸铁阳极应加填充料；

② 在沼泽地、流沙层可不加填充料，钢铁阳极可不加填充料；

③ 预包覆焦炭粉的柔性阳极可直接埋设，不必采用填充料；

④ 填充料的含碳量宜大于 85％，最大粒径应不大于 15mm。

1）高硅铸铁阳极

高硅铸铁阳极的化学成分应符合表 2-41 的规定。阳极的允许电流密度为 5～80A/$m^2$，消耗率应小于 0.5kg/(A·a)。阳极引出线与阳极的接触电阻应小于 0.01Ω，拉脱力数值应大于阳极自身质量的 1.5 倍，接头密封可靠。阳极引线长度不应小于 1.5m，阳极表面应无明显缺陷。

**高硅铸铁阳极的化学成分** **表 2-41**

| 序号 | 类型 | 主要化学成分的质量分数(％) | | | | | 杂质质量分数(％) | |
|---|---|---|---|---|---|---|---|---|
| | | Si | Mn | C | Cr | Fe | P | S |
| 1 | 普通 | 14.25～15.25 | 0.5～1.5 | 0.80～1.05 | | 余量 | ≤0.25 | ≤0.1 |
| 2 | 加铬 | 14.25～15.25 | 0.5～1.5 | 0.8～1.4 | 4～5 | 余量 | ≤0.25 | ≤0.1 |

2）石墨阳极

石墨阳极的石墨化程度不应小于 81％，灰分应不大于 0.5％，阳极宜经亚麻油或石蜡浸渍处理，阳极的性能应符合表 2-42 的规定。阳极引出电缆与阳极的接触电阻应小于 0.01Ω，拉脱力数值应大于阳极自身质量的 1.5 倍，接头密封可靠。阳极电缆长度不应小于 1.5m，阳极表面应无明显缺陷。

石墨阳极的主要性能　　表 2-42

| 密度($g/cm^3$) | 电阻率($\Omega \cdot mm^2/m$) | 气孔率(%) | 消耗率[kg/(A·a)] | 允许电流密度($A/m^2$) |
|---|---|---|---|---|
| 1.7～2.2 | 9.5～11.0 | 25～30 | <0.6 | 5～10 |

3）柔性阳极

柔性阳极是由导电聚合物包覆在铜芯上构成，其性能应符合表 2-43 的规定，阳极铜芯截面积为 $16mm^2$，阳极外径为 13mm。

柔性阳极的主要性能　　表 2-43

| 最大输出线电流密度（mA/m） | | 最低施工温度（℃） | 最小弯曲半径（mm） |
|---|---|---|---|
| 无填充料 | 有填充料 | | |
| 52 | 82 | −18 | 150 |

4）钢铁阳极

钢铁阳极是指角钢、扁钢、槽钢、钢管制作的阳极或其他用作阳极的废弃钢铁构筑物，阳极的消耗率为 8～10kg/(A·a)。

5）混合金属氧化物阳极

混合金属氧化物阳极基体材料采用工业纯钛，在土壤环境中（带有填料）金属氧化物阳极的工作电流密度为 100 $A/m^2$，阳极与电缆接头的接触电阻应小于 0.01Ω。

**2.6.5.3　电源**

（1）基本要求

强制电流阴极保护对交流电源的基本要求如下：

1）长期不间断供电；

2）应优先使用市电或使用各类站场稳定可靠的交流电源；

3）当电源不可靠时，应装有备用电源或不间断供电专用设备。

强制电流阴极保护电源设备的基本要求如下：

1）可靠性高；

2）维护保养简便；

3）寿命长；

4）对环境适应性强；

5）输出电流电压可调；

6）具有抗过敏、防雷、抗干扰、故障保护等功能。

（2）电源设备选用

强制电流阴极保护电源设备，一般情况下应选用整流器或恒电位仪。当管地电位或回路电阻有经常性较大变化或电网电压变化较大时，应使用恒电位仪。

在选择电源设备时，包括下列内容：

1）与交流电源连接的匹配性；

2）整流器或恒电位仪的类型；

3）相关参数的显示；

4）冷却方式（空冷或油冷）；

5）输出控制的方式；

6）设备保护与安全要求。

# 3 地下水取水

## 3.1 概述

地下水是指埋藏于地表以下的各种形式的重力水。按地下水的埋藏条件可分为包气带水、潜水和承压水。按含水岩土中的空隙成因可分为孔隙水、裂隙水和岩溶水。其中地下水的天然露头构成了泉水。

地下水取水工程是一种最简单、最常用、最广泛的给水工程，包括水源、取水构筑物、输配水管道、水厂和水处理设施。由于地下水的性质和埋藏条件不同，相应的取水工程设施对整个给水系统的组成、布局、投资以及经济效益和安全可靠性具有重大的影响。因此，在确定取水工程之前，首先应研究给水水源及其相应的取水构筑物。给水水源方面要研究各种天然水体存在的形式、运动变化规律、作为给水水源的可能性，以及为供水目的而进行勘察、规划、调节治理与卫生防护等。取水构筑物方面主要研究各种水源的取水方式、设计计算、施工方法和运行管理。

## 3.2 地下水源的特点和水源地的选择原则

### 3.2.1 地下水源的特点

地下水是一种极其宝贵的资源，可广泛地应用于城市居民用水、工业用水和农业用水。以地下水作为供水水源，特别是作为饮用水水源具有较多优点：

(1) 地下水在地层中渗流经过自然过滤，微生物和有机质含量较低，水质透明无色，一般仅需进行消毒处理。即使设置净化和消毒设备也比地表水处理工艺简单，投资省，日常维护费用低。

(2) 地下水在渗流过程中溶解了一些矿物质，其溶解性固形物含量一般较地表水高。有些溶解性固形物对人体有益。

(3) 地下水因其埋藏于含水层中，蓄存条件较好，蒸发消耗少，不易受地面直接污染和震害的影响，卫生条件较好。

(4) 地下水水温低，常年变化不大，作生活用水使用方便，特别适合于低温冷却和恒温空调用水，耗水量少，节能效率高。

(5) 地下水蓄存条件较好，蒸发消耗少。

(6) 地下水开采后，随着地下水位的降低，还可以改良次生盐渍化或沼泽化。

以地下水作为供水水源同样也存在诸多不利因素和风险：

(1) 地下水含盐量高，硬度大，对锅炉用水影响较大。

(2) 水量不稳定，特别是潜水受季节性影响大。

（3）水源勘察时间长，对水资源的准确论述与评价相对困难。

（4）一旦污染治理难度大，治理周期长。

（5）如过量开采将会出现地下水位持续下降、水质恶化、海水咸水入侵、地面沉降与塌陷等一系列环境问题。而且有些环境问题是不可逆的。

《室外给水设计规范》GB 50013—2006 中明确规定：用地下水作为供水水源时，应有与设计阶段相对应的水文地质勘察报告，取水量必须小于允许开采量，严禁盲目开采，地下水开采后，不引起水位持续下降、水质恶化、海水咸水入侵、地面沉降与塌陷等一系列环境地质问题。在地下水开发利用过程中，要对地下水资源采取有效保护措施，我国以地下水为主要供水水源的城市大多出现了程度不同的环境地质问题。如：北京的地下水位持续下降；上海的地面沉降等。因此不建议以地下水作为大型水源的唯一水源。特别是深层地下水和承压水的水环境一旦遭到破坏较难恢复，应给予一定保护。目前全国多地采取了禁止提取地下水或控制取用地下水的措施。

### 3.2.2　水源地选择的原则

水源地选择首先要符合城市总体规划，保证安全供水，尽可能节省投资和运行管理费用。当有几个水源地可以选择时，应通过技术经济比较确定。

水源地选择应遵循下列原则：

（1）开采地下水应按以下顺序开采：①泉水；②岩溶水；③裂隙水；④潜水；⑤深层地下水和承压水。

（2）水源地应选择在水质良好、水量丰富、可靠、补给充沛和便于保护和管理的地段，并尽可能靠近主要用水地区。其水质应符合《地下水质量标准》GB/T 14848—1993 中的水质要求。

（3）水源地应选择在城市或居民区的上游，要避开污水排放口、污灌区和其他污染区。

（4）水源地应满足近期和远期发展需要的供水量。

（5）水源地应避开易发生地质灾害区、洪水淹没区和建筑物密集区。

（6）水源地应选择地形平坦、工程地质条件较好和施工、维护方便的地区。

### 3.2.3　设计资料的搜集与分析

根据《供水水文地质勘察规范》GB 50027—2001，供水水文地质勘察工作划分为地下水普查、详查、勘探和开采四个阶段。不同勘察阶段工作的成果应满足相应设计阶段的要求。不同的设计阶段也必须有相应的勘察资料作为依据，见表 3-1。

**对应于各设计阶段的勘察内容及精度**　　**表 3-1**

| 阶段 | | 工作内容 | 工作目的 | 精度 |
|---|---|---|---|---|
| 设计 | 勘察 | | | |
| 总体设计或选址 | 普查 | 概略评价区域或需水地区的水文地质条件，提出有无满足设计所需地下水水量可能性的资料。推断可能富水地段地下水允许开采量 | 为设计前期的城镇规划，建设项目的总体设计或厂址选择提供依据 | D级精度 |

续表

| 阶段 | | 工作内容 | 工作目的 | 精度 |
|---|---|---|---|---|
| 设计 | 勘察 | | | |
| 初步设计 | 详查 | 在几个可能的富水地段基本查明水文地质条件，进行水源地方案比较。初步评价地下水资源允许开采量 | 为水源地初步设计提供依据 | C级精度 |
| 施工图设计 | 勘探 | 查明拟建水源地范围的水文地质条件，提出合理开采方案，进一步评价地下水资源的允许开采量 | 为水源地施工图设计提供依据 | B级精度 |
| 改扩建设计 | 开采 | 查明水源地扩大开采的可能性，或研究水量减少，水质恶化和不良环境工程地质现象发生的原因，在开采动态或专门试验研究的基础上验证地下水允许开采量 | 为水源地的改、扩建设计提供依据 | A级精度 |

如限于条件无法提供勘察报告，对需水量不大的小型取水工程，可根据已掌握的水文地质资料，在水文地质测绘基础上，通过布置勘探生产井，取得相当于详勘阶段的勘察报告，作为设计依据。如条件合适，部分勘察孔可按生产井要求施工，竣工后即可供水。除此以上水文地质资料之外，尚需搜集其他方面的资料，一般应包括如下内容：

(1) 城市总体规划和分区规划方面的资料，包括城市近期和远期发展规划、工业区和居民区的分布、主要用水户和用水量、城市环境现状及改善环境措施。

(2) 与设计阶段要求相适应的各种比例尺地形图和工程地质资料，包括抗震设防烈度、冻土深度、泵房及管道经过地段土的物理力学性质和土地利用情况。

(3) 已有供水设施的供水量、水质和水位资料，取水构筑物、净化处理和输配水设施的运行情况，已有给水设施有否挖潜改造和扩建的可能性。

(4) 拟建水源地所在区域的气象资料，包括气温、湿度、主导风向及频率、降水量、蒸发量，以及取水地段洪水淹没情况、工程地质与环境地质条件等。

(5) 附近现有的地下水含水层和水质资料，包括含水层厚度、埋藏深度、颗粒组成、渗透系数等。定期采取水样进行物理和化学性质检验，特别是丰水期和枯水期的水样，以了解地下水的化学稳定性。

(6) 地下水的流向、补给来源，地下水位的变化幅度和规律性，以及该地区地下水的开采现状和开采动态。

(7) 当地已有地下水设施的运行情况和运行参数，现有井群的开采漏斗观测资料。通过生产井和观测孔，定期测定水位，绘制等水位线图，以明确有无扩大开采的可能和邻近水源的干扰程度等。

(8) 拟建水源地所在区域河流、沟渠的分布，地面水体的水文资料，包括流量、水位、流速、含砂量、河道淤积和变迁情况等。对傍河水源地，如靠近河流取用地下水，应重点收集枯水年、枯水期的资料，地面水和地下水的相互关系以及洪水或冰凌淹没范围、河水水质及其对地下水的影响。

(9) 长期开采地下水可能产生的污染和卫生防护措施。井群附近有污染源时，应从井群和观测孔采取水样分析，以查清污染源的影响。

（10）施工现场的周围环境、交通运输和动力条件。

## 3.3 地下水取水构筑物的种类及适用范围

### 3.3.1 地下水取水构筑物的种类

地下水取水构筑物一般分为水平的和垂直的两种类型，有时两种类型也可结合使用。常用的取水构筑物有以下几个类型和种类：

（1）垂直取水构筑物：包括管井、大口井等。按过滤器安装在含水层中的位置或揭露含水层的程度，又可分为完整井和非完整井。

（2）水平取水构筑物：包括渗渠、集水廊道等。根据渗渠在含水层埋设位置，又可分为完整式渗渠和非完整式渗渠。

（3）混合取水构筑物：包括辐射井、坎儿井和大口井与渗渠结合的取水构筑物。

（4）泉室：是收集采取泉水的构筑物。其形式因泉的流量、位置及成因的不同而不同，适用于有泉水露头、流量稳定且覆盖层小于5m的取水设计。

### 3.3.2 地下水取水构筑物的适用范围

正确选用取水构筑物类型，对提高出水量、改善水质和降低工程造价影响很大。因此，除按表3-2适用条件选用外，还应考虑设备材料供应情况、施工条件和工期长短等因素。

地下水取水构筑物适用范围　　表3-2

| 型式 | 尺寸 | 深度 | 适用范围 | | | | 出水量 |
|---|---|---|---|---|---|---|---|
| | | | 地下水类型 | 地下水埋深 | 含水层厚度，底板埋深 | 水文地质特征 | |
| 管井 | 井径50～1000mm，常用150～600mm | 井深8～1000m，常用在300m以内 | 潜水、承压水、裂隙水、岩溶水 | 200m以内，常用在70m以内 | 含水层大于4m，底板埋深大于8m | 适用于砂、砾石、卵石及含水黏性土、裂隙、岩溶含水层 | 单井出水量500～6000m³/d，最大可达2万～3万m³/d，最小小于100m³/d |
| 大口井 | 井径2～12m，常用4～8m | 井深在20m以内，常用6～15m | 潜水、承压水 | 一般在10m以内 | 一般为5～15m，底板埋深小于15m | 砂、砾石、卵石层，渗透系数最好在20m/d以上 | 单井出水量500～10000m³/d，最大可达2万～3万m³/d |
| 辐射井 | 集水井直径4～6m，辐射管直径50～300mm，常用75～150mm | 集水井井深常用3～12m | 潜水 | 埋深12m以内，辐射管距含水层应大于1m | 一般大于2m，底板埋深小于12m | 补给良好的中、粗砂、砾石层，但不可含漂石，弱透水层 | 单井出水量5000～50000m³/d，最大310000m³/d |

续表

| 型式 | 尺寸 | 深度 | 适用范围 | | | | 出水量 |
|---|---|---|---|---|---|---|---|
| | | | 地下水类型 | 地下水埋深 | 含水层厚度，底板埋深 | 水文地质特征 | |
| 渗渠 | 直径 450～1500mm，常用 600～1000mm | 埋深 10m 以内，常用 4～7m | 潜水 | 一般在 2m 以内，最大达 8m | 仅适用于含水层厚度小于 5m，渠底埋深小于 6m | 补给良好的中、粗砂、砾石、卵石层，适宜于开采河床渗透水 | 一般 $5\sim20m^3/(d\cdot m)$，最大 $50\sim100m^3/(d\cdot m)$ |
| 复合井 | 大口井井径 4～12m，管井井径 200～300mm | 井深在 40m 以内 | 潜水、承压水 | 一般在 10m 以内 | 一般为 5～15m，底板埋深小于 40m | 砂、砾石、卵石层，渗透系数最好在 20m/d 以上 | 单井出水量 $500\sim15000m^3/d$ |
| 泉室 | — | — | 泉水 | 小于 5m | 覆盖层厚度小于 5m | 有泉水露头 | — |

注：管井出水量 $500\sim6000m^3/d$，引自《城市地下水工程与管理手册》表 9-8-1；含水层厚度，底板埋深，引自《室外给水设计规范》GB 50013—2006 5.2.2。

## 3.4 水文地质参数的确定

### 3.4.1 水文地质参数的种类

水文地质参数是计算取水构筑物出水量和进行地下水资源评价所不可缺少的资料，参数的精度关系到计算与评价的准确程度。水文地质参数的计算，必须在分析勘察区水文地质条件的基础上合理地选用公式。水文地质参数种类较多，其中比较常用的有影响半径、渗透系数、导水系数、释水系数、给水度、降水入渗系数等。这些参数可以通过有关试验、地下水动态观测和物探方法取得，在精度要求不高的情况下，还可以根据经验数值确定。

(1) 影响半径 $R$：降落漏斗的周边在平面上投影的半径。影响半径的大小与含水层的透水性、抽水延续时间、水位降深等因素有关。影响半径可按抽水时各观测孔实测的水位降低值按作图法测求，亦可按不同条件下的经验公式根据抽水试验得到的参数计算求得。它是表示含水层对抽水井补给能力的水文地质参数。单位：以 m 表示。

(2) 渗数系数 $K$：是表示含水层渗透性能的水文地质参数。在达西公式中的物理意义是当水力坡等于 1 时的渗透速度，它的大小与地下水运动状态、黏滞系数及含水层颗粒大小、形状和排列有关，单位：以 m/d 表示。

(3) 释水系数 $S$：是指在承压含水层降低单位水头时，单位面积的含水层柱体，释放出水的体积（也称贮水系数或弹性给水度）。它是表示承压含水层释放出水能力的水文地质参数。单位：无量纲量。

(4) 给水度 $\mu$：是专门描述地下水系统中重力水变化的参数。它表示疏干单位体积潜水含水层所给出的重力水体积。单位：无量纲量。

(5) 导水系数 $T$：是表示含水层导水能力的水文地质参数。它等于渗透系数 $K$ 与含水层厚度 $M$ 的乘积，即 $T = KM$。单位：以 $m^2/d$ 表示。

(6) 导压系数 $a$：是表示压力传导速率的参数，又称压力传导系数或水位传导系数，

是渗透系数 $K$ 与含水层厚度 $M$ 的乘积与释水系数 $S$ 的比值。即 $a = KM/S$。

（7）越流系数（$\frac{K_1}{m_1}$、$\frac{K_2}{m_2}$）：是表示弱透水层在垂直方向上导水性能的参数。它是含水层上部或下部弱透水层的渗透系数 $K$ 与弱透水层厚度 $m$ 之比值。

（8）降水入渗系数 $\alpha$：是指降水入渗量与降水量的比值。其值取决于地表土层的岩性和结构、地形坡度、植被以及降水量大小和形式等。

（9）弥散系数 $D$：是描述进入地下水流系统中可溶的污染物质稀释时间、空间变化的参数。它的方向取决于水流的动力作用方向，而与孔隙介质的方向及几何特性无关。它分为纵向弥散系数 $D_L = a_l V$ 和横向弥散系数 $D_T = a_T V$。物理意义是单位时间污染物在纵向（或横向）弥散的面积。单位为 $m^2/d$。$a_l$、$a_T$为地下水的纵、横向弥散度，单位为 m。

### 3.4.2 水文地质参数的确定

根据给水设计的不同阶段，对水文地质参数精度要求也不同。

（1）在可行性研究阶段，水文地质参数可根据区域水文地质资料及水文地质条件，按经验值确定。

（2）在初步设计阶段，水文地质参数一般应根据野外试验数据确定。若水文地质条件简单，需水量明显小于补给量时，也可按经验值确定。

（3）在施工图设计阶段，水文地质参数应采用野外试验和地下水动态观测所取得的数据确定。

水文地质参数可选择下列方法取得：

（1）渗透系数一般采用稳定流抽水试验或非稳定流抽水试验取得，影响半径一般采用稳定流多孔抽水试验取得，缺少观测孔时也可用有关公式近似求得。

（2）导水系数、压力传导系数、越流系数一般用非稳定流多孔抽水试验获得。

（3）给水度和释水系数可用单井非稳定流抽水试验，观测孔水位下降资料计算确定。

（4）降水入渗系数，当有地下均衡场时，可直接采用均衡场的降水入渗系数的观测值或采用比拟法确定。平原地区可采用降水过程前后的地下水位观测资料计算确定。

### 3.4.3 水文地质参数的计算方法

（1）影响半径（$R$）

利用稳定流抽水试验观测孔中的水位下降值进行计算。在无界含水层中，当观测孔距抽水孔的距离小于 $0.178R$ 时，可按表 3-3 所列公式计算 $R$ 值。

**影响半径 $R$ 计算公式** **表 3-3**

| 计算公式 | | 符号说明 |
|---|---|---|
| 1. 承压水： | | $r$——抽水井半径(m)；<br>$H$——静止水位高度或潜水含水层厚度(m)；<br>$h$——抽水井内之动水位高度(m)；<br>$S$——抽水井内水位降深(m)；<br>$S_1$、$S_2$——观测孔内水位降深(m)；<br>$r_1$、$r_2$——抽水井至观测孔之间距离(m) |
| 有一个观测孔时：$\lg R = \frac{S\lg r_1 - S_1\lg r}{S - S_1}$ | (3-1) | |
| 有两个观测孔时：$\lg R = \frac{S_1\lg r_2 - S_2\lg r_1}{S_1 - S_2}$ | (3-2) | |
| 2. 潜水： | | |
| 有一个观测孔时：$\lg R = \frac{S(2H-S)\lg r_1 - S_1(2H-S_1)\lg r}{S - S_1}$ | (3-3) | |
| 有两个观测孔时：$\lg R = \frac{S_1(2H-S_1)\lg r_2 - S_1(2H-S_2)\lg r_1}{(S_1-S_2)(2H-S_1-S_2)}$ | (3-4) | |

在不能取得足够资料时，可采用经验公式计算（见表 3-4）。

**计算影响半径 R 的经验公式** **表 3-4**

| 计算公式 | 符号说明 |
|---|---|
| 1. 潜水库萨金公式：<br>$$R = 2S\sqrt{HK} \quad (3\text{-}5)$$<br>2. 承压水吉哈尔特公式：<br>$$R = 10S\sqrt{K} \quad (3\text{-}6)$$ | $R$——影响半径(m)；<br>$H$——含水层厚度(m)；<br>$S$——水位降深值(m)；<br>$K$——渗透系数(m/d) |

根据经验值估算影响半径 $R$ 值：

1）根据颗粒直径确定影响半径 $R$（见表 3-5）。

**根据颗粒直径确定影响半径 R 经验值** **表 3-5**

| 岩土名称（按岩土工程勘察规范定名） | 地层颗粒 | | 影响半径 $R$（m） |
|---|---|---|---|
| | 粒径（mm） | 占重量（%） | |
| 粉砂 | >0.075 | >50 | 25～50 |
| 细砂 | >0.075 | >85 | 50～100 |
| 中砂 | >0.25 | >50 | 100～300 |
| 粗砂 | >0.5 | >50 | 300～400 |
| 砾砂 | >2 | 25～50 | 400～500 |
| 圆砾 | >2 | >50 | 500～1200 |
| 卵石 | >20 | >50 | 1200～2000 |
| 漂石 | >200 | >50 | 2000～3000 |

2）据单位出水量确定影响半径 $R$（见表 3-6）。

**根据单位出水量确定影响半径 R 经验值** **表 3-6**

| 单位出水量 $q=\frac{Q}{S}$ | | | 影响半径 $R$(m) |
|---|---|---|---|
| $m^3/(d\cdot m)$ | $m^3/(h\cdot m)$ | $L/(s\cdot m)$ | |
| >172.8 | >7.2 | >2.0 | 300～500 |
| 172.8～86.4 | 7.2～3.6 | 2.0～1.0 | 100～300 |
| 86.4～43.2 | 3.6～1.8 | 1.0～0.5 | 50～100 |
| 43.2～28.5 | 1.8～1.2 | 0.5～0.33 | 25～50 |
| 28.5～17.3 | 1.2～0.7 | 0.33～0.2 | 10～25 |
| <17.3 | <0.7 | <0.2 | <10 |

（2）渗透系数（$K$）

1）利用稳定流抽水试验资料计算（见表3-7）。

**渗透系数$K$计算的常用公式**　　表3-7

| 类型 | 承压水 | 潜水 | 符号说明 |
|---|---|---|---|
| 完整井 | 单孔：<br>$K=0.366Q\frac{(\lg R-\lg r)}{MS}$ (3-7)<br>一个观测孔：<br>$K=0.366Q\frac{(\lg r_1-\lg r)}{M(S-S_1)}$ (3-9)<br>两个观测孔：<br>$K=0.366Q\frac{(\lg r_2-\lg r_1)}{M(S_1-S_2)}$ (3-11) | $K=0.733Q\frac{(\lg R-\lg r)}{(2H-S)S}$ (3-8)<br>$K=0.733Q\frac{(\lg r_1-\lg r)}{(2H-S-S_1)(S-S_1)}$ (3-10)<br>$K=0.733Q\frac{(\lg r_2-\lg r_1)}{(2H-S_1-S_2)(S_1-S_2)}$ (3-12) | $Q$——钻孔出水量($m^3/d$)；<br>$r_1$、$r_2$——钻孔至观测孔距离(m)；<br>$M$——承压含水层厚度(m)；<br>$H$——潜水含水层厚度(m)；<br>$K$——渗透系数(m/d)；<br>$S$——水位降深(m)；<br>$S_1$、$S_2$——观测孔水位降深(m)；<br>$R$——影响半径(m)；<br>$r$——钻孔半径(m)；<br>$l$——过滤器长度(m) |
| 非完整井 | $K=\frac{0.366Q}{lS}\lg\frac{1.6l}{r}$ (3-13)<br>适用条件：1. 过滤器上部紧接含水层顶板；<br>2. $l<0.3M$ | $K=\frac{0.73Q}{S[(l+S)/\lg(R/r)+l/\lg(0.66l/r)]}$ (3-14)<br>适用条件：1. 过滤器安装在含水层上部；<br>2. $l<0.3H$；<br>3. 含水层厚度很大 | |

2）在无抽水试验资料时，可根据表3-8估算。

**渗透系数经验数值**　　表3-8

| 岩性 | 地层颗粒 | | 渗透系数 $K$ (m/d) | 岩性 | 地层颗粒 | | 渗透系数 $K$ (m/d) |
|---|---|---|---|---|---|---|---|
| | 粒径 (mm) | 地层颗粒 (%) | | | 粒径 (mm) | 地层颗粒 (%) | |
| 黏土 | | | <0.05 | 中砂 | >0.25 | >50 | 5～20 |
| 粉质黏土 | | | 0.05～0.1 | 粗砂 | >0.5 | >50 | 20～50 |
| 粉土 | | | 0.1～0.5 | 砾砂 | >2 | 25～50 | 20～75 |
| 黄土 | | | 0.25～0.5 | 圆砾 | >2 | >50 | 50～100 |
| 粉砂 | >0.075 | >50 | 0.5～1 | 卵石 | >20 | >50 | 100～500 |
| 细砂 | >0.075 | >85 | 1～5 | 漂石 | >200 | >50 | 200～1000 |

注：按《岩土工程勘察规范》定名。

（3）导水系数、释水系数和压力传导系数：导水系数$T$、释水系数$S$和压力传导系数$a$可采用泰斯双对数法（配线法）求得。根据非稳定流多孔（带有一个观测孔）或单孔抽水验资料绘制$\lg S$-$\lg t$曲线并将其叠置在泰斯标准量板上，同时保持坐标平移，使两条曲线配合一起［见图3-1（$a$）、($b$)］，从而得到任一点$S$、$W(u)$、$t$、$\frac{1}{u}$的四个数值代入表3-9中的公式即可得到$T$、$S$、$a$值。

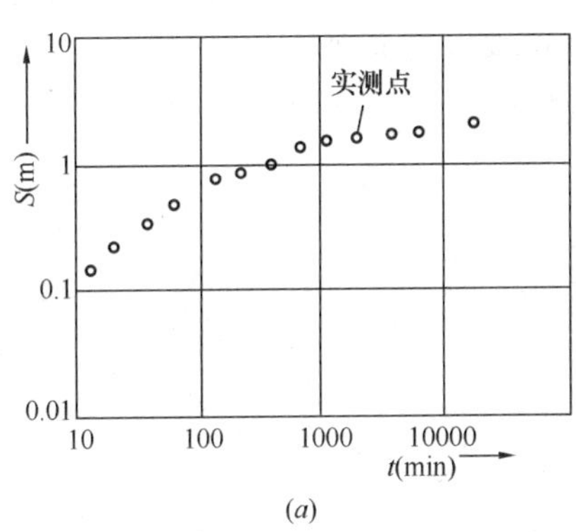

(a)

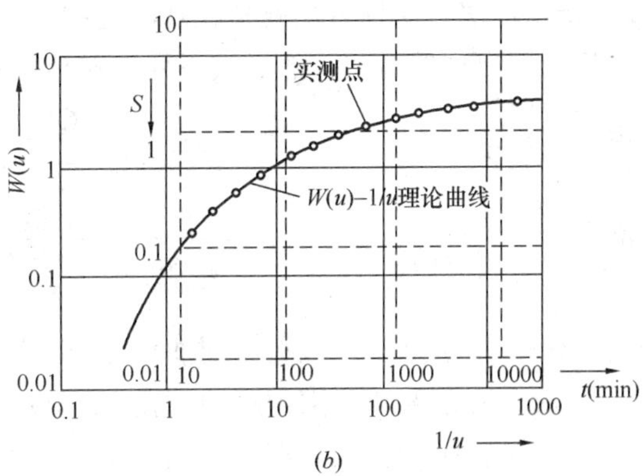

(b)

图 3-1 lgS—lgt 曲线（a）和 $W(u)-\frac{1}{u}$ 曲线（b）

**导水系数、释水系数、压力传导系数计算公式** **表 3-9**

| 计算公式 | | | 图例符号 |
|---|---|---|---|
| 导水系数： | $T=\frac{0.08Q}{S}W(u)$ | (3-15) | Q——钻孔出水量(m³/d)；<br>W(u)——井函数；<br>S——水位降深；<br>r——观测孔至主孔距离 |
| 释水系数： | $S=\frac{4Tt}{r^2\frac{1}{u}}$ | (3-16) | |
| 压力传导系数： | $a=\frac{r^2}{4t}\frac{1}{u}$ | (3-17) | |

（4）给水度（$\mu$）

1）实验室确定：对于砂土可在一定容积器皿中（如高柱仪等）倒入烘干的砂样，轻轻捣实，然后向器皿中注水，使砂完全饱和。再让砂中的重力水自由流出。以流出重力水之最大体积与烘干砂样体积之比则为给水度。对于黏性土，则需用吸水纸将土样分层隔开，加压或者用离心器使其土样完全失水，然后用失水量除以原土样的体积，即为给水度。对于裂隙岩、溶隙岩可用裂隙率、溶隙率近似代替给水度。

2）非稳定流抽水实验法：根据非稳定流抽水资料确定潜水含水层的给水度（$\mu$）可用式（3-18）计算：

$$\mu=\frac{K\bar{h}}{a} \tag{3-18}$$

式中 $K$——渗透系数（m/d）；

$a$——导压系数（$m^2$/d）。

$$\bar{h}=\frac{1}{2}(H+h)$$

当 S-lg$t$ 曲线出现拐点时可按式（3-19）计算给水度

$$\mu=\frac{2.25K\bar{h}t_i}{rR} \tag{3-19}$$

式中 $t_i$——拐点处的时间（d）；

$R$——引用影响半径（m）；

$r$——抽水井至观测井距离。

3）指示剂法：这种方法就是在观测孔中投入指示剂，从主孔中进行定量抽水，记录主孔中指示剂出现的时间，然后按下列公式计算，即可求得给水度值。

承压水：
$$\mu=\frac{Qt}{\pi(r^2-r_w^2)m} \tag{3-20}$$

潜水：
$$\mu=\frac{Qt}{\pi\sum_{i=1}^{n}\frac{Z_{i+1}+Z_i}{2}(r_{i+1}^2-r_i^2)} \tag{3-21}$$

式中　$t$——指示剂从投入孔流到抽水孔的时间；

$Z_{i+1}$、$Z_i$——降落漏斗范围内距抽水孔 $r_{i+1}$、$r_i$处的潜水层厚度；

$r$——指示剂投入孔至抽水孔距离；

$m$——承压含水层厚度；

$Q$——抽水井涌水量。

给水度的经验值：如因条件所限，精度要求不高可按表 3-10 估算。

**给水度 μ 的经验值**　　**表 3-10**

| 岩性 | 给水度 $\mu$ | 岩性 | 给水度 $\mu$ |
|---|---|---|---|
| 黏土 | 0.02～0.035 | 细砂 | 0.08～0.12 |
| 粉质黏土 | 0.03～0.045 | 中砂 | 0.10～0.15 |
| 粉土 | 0.035～0.06 | 粗砂 | 0.12～0.18 |
| 黄土状粉质黏土 | 0.02～0.05 | 砾砂 | 0.15～0.20 |
| 黄土状粉土 | 0.03～0.06 | 圆砾 | 0.18～0.22 |
| 粉砂 | 0.06～0.10 | 卵石 | 0.20～0.25 |

注：按《岩土工程勘察规范》定名。

（5）入渗系数（$a$）

1）计算法：以降水为补给的地区，在每次中雨或大雨后地下水位显著升高，随后由于排泄作用，地下水位又缓慢下降。升高的水位反映了入渗地层中的水量，而这一数量和降雨的数量均能通过观测求得，二者之比值即为渗入系数。计算公式见表 3-11。

**降水入渗系数计算公式**　　**表 3-11**

| | |
|---|---|
| 公式 | $a=\mu(h_{max}-h)/x$　(3-22)<br>或　$a=\mu(h_{max}-h+\Delta ht)/x$　(3-23) |
| 符号说明 | $a$——入渗系数；<br>$\mu$——计算段给水度；<br>$h$——降水前观测孔中水柱高度（m）；<br>$h_{max}$——降水后观测孔中水柱最大高度（m）；<br>$t$——从 $h$ 增大到 $h_{max}$的时间（d）；<br>$\Delta h$——降水前 $t_0$内水位天然平均降速（m/d）；<br>$x$——水位上升期间的降水总量（m） |

2）降水入渗系数可根据岩性按表 3-12 查取经验值。

入渗系数 $a$ 的经验数值　　表 3-12

| 岩土名称 | $a$ 值 | 岩土名称 | $a$ 值 |
|---|---|---|---|
| 黏土 | <0.01 | 坚硬岩石(裂隙极少) | 0.01～0.10 |
| 粉质黏土 | 0.01～0.02 | 半坚硬岩石(裂隙较少) | 0.10～0.15 |
| 粉土 | 0.02～0.05 | 裂隙岩石(裂隙度中等) | 0.15～0.18 |
| 粉砂 | 0.04～0.08 | 裂隙岩石(裂隙度较大) | 0.18～0.20 |
| 细砂 | 0.06～0.12 | 裂隙岩石(裂隙极深) | 0.20～0.25 |
| 中砂 | 0.10～0.18 | 岩溶化极弱的灰岩 | 0.01～0.10 |
| 粗砂 | 0.15～0.24 | 岩溶化较弱的灰岩 | 0.10～0.15 |
| 砾砂 | 0.20～0.26 | 岩溶化中等的灰岩 | 0.15～0.20 |
| 圆砾 | 0.24～0.30 | 岩溶化较强的灰岩 | 0.20～0.30 |
| 卵石 | 0.28～0.35 | 岩溶化极强的灰岩 | 0.30～0.50 |

注：按《岩土工程勘察规范》定名。

(6) 地下水流速流向

1) 在野外用电测法测定，是用食盐为指示剂投入到钻孔中，盐被地下水溶解，形成一个电解体，可看成是一个具有相同点位的良导体，随着地下水的流动，电解物质的不断补充，相应地得到等电位线中心随地下水而流动，这样就可在地表上测定等电位中心的移动方向和速度，通过计算得到地下水的流速流向，见图 3-2，计算公式见表 3-13。

地下水流速计算公式　　表 3-13

| 计算公式 | 符号说明 |
|---|---|
| $V=\Delta R/t$　　(3-24) | $t$——观测时间 (s)；<br>$\Delta R$——在水流方向上半径的增长长度 (m) |

2) 地下水位统测法

大面积开采地下水的地区，应按每年水位变化的特征期(如丰水期、平水期、枯水期等) 进行地下水位统一测量(一般应在几天之内完成)。根据水位统测资料编制地下水等水位线图、地下水埋深图等。在地下水等水位线图上垂直等水位线由高向低的方向即为地下水流向。根据等水位线图上两点的高差、距离可计算地下水的水力坡度，通过试验获得渗透系数后便可按达西定律计算地下水流速。

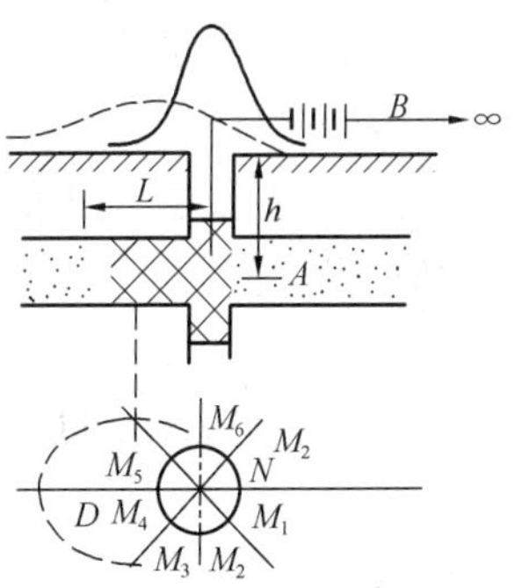

图 3-2 充电法测定地下水流速流向

(7) 弥散系数：它既可以在室内测定，也可以在野外测定。经过实际比较，野外比室内所测得的弥散系数要大 2～5 个数量级。因此在需要建立水质模型和预报区域内，选择具有代表性和避开抽水井对流场影响地段作为场地，布置投源井 (用 $I^{131}$ 或食盐作示踪剂) 并进行观测，见图 3-3、图 3-4。示踪剂投入后，通过水位观测和取样，绘制弥散曲线图，然后用二维弥散方程计算。

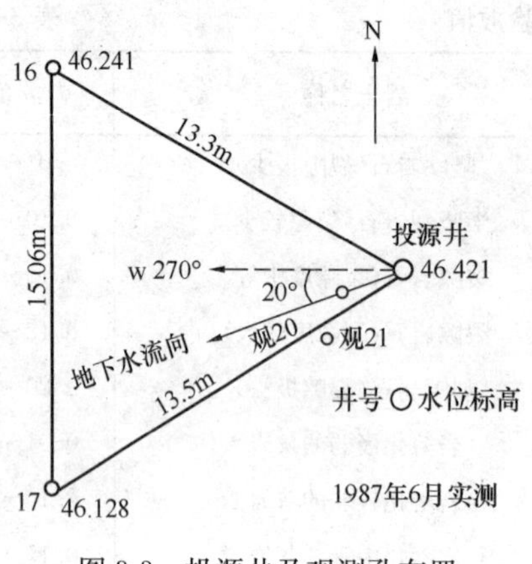


图 3-3 投源井及观测孔布置

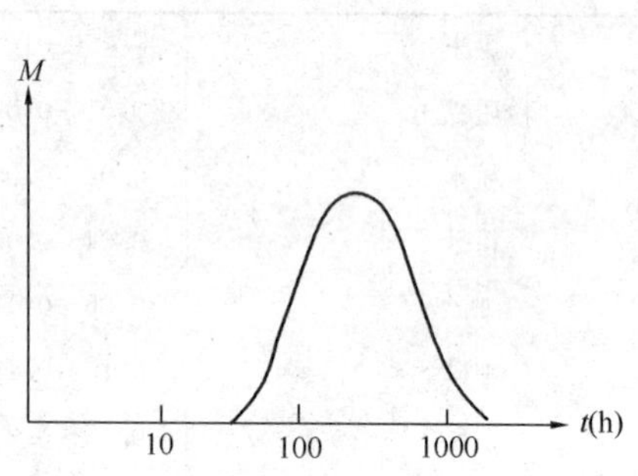


图 3-4 观测井中的示踪剂弥散曲线

# 3.5 水量评价

## 3.5.1 水量分类及评价原则

(1) 水量分类：根据《供水水文地质勘察规范》GB 50027，在进行地下水水量评价时应根据需水量、勘察阶段和勘察区水文地质条件确定评价方法。宜选择几种适合于勘察区特点的方法进行计算、分析和比较。并规定要进行地下水的补给量、储存量及允许开采量的计算。也就是说在进行水资源评价时将地下水分为补给量、储存量及允许开采量三部分。

1) 补给量：是指天然状态或开采状态下，单位时间从地下径流、大气降水、地表水、相邻含水层越流和人工补给等途径进入含水层（带）的水量。按补给的形成条件又可分为天然补给量和开采补给量。

2) 储存量：是储存于含水层内重力水体积。根据含水层埋藏条件不同，又可分为容积储存量和弹性储存量。

3) 允许开采量：是指采用技术可行、经济合理的取水构筑物，在整个开采期内动水位不超过设计值，出水量不会减少，水质水温的变化不超过允许范围，不发生危害性的环境地质现象和影响已建水原地的正常生产的条件下从含水层中取出的地下水量。

补给量、储存量和开采量之间关系：它们之间关系可用表 3-14 中所列关系式表示。

补给量、储存量和开采最之间关系　表 3-14

| 关系式 | 符号说明 |
|---|---|
| $Q_k = Q_b - Q_x \pm F\mu\Delta S/\Delta t$ (3-25) | $Q_k$——允许开采量；<br>$Q_b$——补给量；<br>$Q_x$——开采时仍存在的天然排泄量；<br>$F\mu\Delta S/\Delta t$——开采漏斗内提供的储存量；<br>$\Delta S$——开采时间为 $\Delta t$ 时的水位下降值 |

(2) 地下水量评价的原则

供水水文地质勘察的最终目的之一，在于对可开采资源进行正确评价。允许开采量是以不发生危害性工程地质、环境地质现象为前提从单元含水层中获得的最大水量。因此进行水资源评价应遵循以下原则：

1) 确保不发生由于开采地下水产生的危害性的工程地质、环境地质问题。

2) 充分运用地下水与大气降水、地表水相互转化的规律。

3) 充分考虑水量、水质和水温三方面关系以及开采后可能发生的变化。

4) 充分发挥储存量调节作用，把开采后排泄量的减少和开采量的增加因素全面考虑，达到以丰补歉，充分开发利用地下水资源的目的。

5) 要避免水源地之间相互影响，采用合理布局，优化开采方案。

### 3.5.2 水源地规模及勘察等级的划分

供水水文地质勘察工作应根据水文地质条件的复杂程度，需水量的大小，不同勘察阶段、勘察区已经进行工作的程度和拟选用的地下水资源评价方法等因素，综合考虑确定。

供水水文地质条件的复杂程度可划分为简单、中等和复杂三类。其划分原则宜符合表3-15的要求。

**供水水文地质条件复杂程度分类** **表3-15**

| 类别 | 水文地质特征 |
|---|---|
| 简单 | 基岩岩层水平或倾角很缓，构造简单，岩性稳定均一，多为低山丘陵；第四系沉积物均匀分布，河谷平原宽广；含水层埋藏浅，地下水的补给、径流和排泄条件清楚；水质类型较单一 |
| 中等 | 基岩褶皱和断裂变动明显，岩性岩相不稳定，地貌形态多样；第四系沉积物分布不均，有多级阶地且显示不清；含水层埋藏深浅不一，地下水形成条件较复杂，补给及边界条件不易查清；水质类型较复杂 |
| 复杂 | 基岩褶皱和断裂变动强烈，构造复杂，火成岩大量分布，岩相变化极大，地貌形态多且难鉴别；第四系沉积物分布错综复杂；含水层不稳定，其规模、补给和边界难以判定；水质类型复杂 |

供水水源地规模按需水量的大小可依据表3-16划分为四个等级。

**供水水源地规模划分表** **表3-16**

| 规模 | 需水量 | 规模 | 需水量 |
|---|---|---|---|
| 特大型 | 需水量≥15万$m^3/d$ | 中型 | 1万$m^3/d$≤需水量<5万$m^3/d$ |
| 大型 | 5万$m^3/d$≤需水量<15万$m^3/d$ | 小型 | 需水量≤1万$m^3/d$ |

供水水文地质勘察工作划分为地下水普查、详查、勘探和开采四个阶段。不同勘察阶段工作的成果应满足相应设计阶段的要求。各阶段的勘察任务和深度应符合下列要求：

1) 普查阶段：概略评价区域或需水地区的水文地质条件，提出有无满足设计所需地下水水量可能性的资料。推断可能富水地段的地下水允许开采量应满足D级的精度要求，为设计前期的城镇规划、建设项目的总体设计或厂址选择提供依据。

2) 详查阶段：应在几个可能的富水地段基本查明水文地质条件，初步评价地下水资源，进行水源地方案比较。地下水允许开采量评价应满足C级精度的要求，为水源地初步设计提供依据。

3）勘探阶段：查明拟建水源地范围的水文地质条件，进一步评价地下水资源，提出合理的开采方案。探明的地下水允许开采量应满足B级精度要求，为水源地施工图设计提供依据。

4）开采阶段：查明水源地扩大开采的可能性，或研究水量减少、水质恶化和不良环境工程地质现象等发生的原因。在开采动态或专门试验研究的基础上，验证的地下水允许开采量应满足A级精度的要求，为合理开采和保护地下水资源、水源地的改扩建设计提供依据。

勘察阶段除应与设计阶段相适应外，尚可根据需水量、现有资料和水文地质条件等实际情况进行简化和合并。

### 3.5.3 补给量的计算

(1) 地下径流量计算：计算补给量时应按自然状态和开采条件下两种情况进行。无论在天然条件下或开采条件下，进入含水层的地下径流量均可按表3-17所列公式计算。

**地下径流量的计算** **表3-17**

| 计算公式 | 符号说明 |
|---|---|
| $Q=IKBH$(或$M$) (3-26) | $Q$——地下径流量($m^3/d$)；<br>$K$——渗透系数(m/d)；<br>$I$——水力坡度；<br>$B$——计算断面宽度(m)；<br>$H(M)$——潜水层或承压含水层厚度(m) |

(2) 大气降水入渗量的计算：大气降水是通过包气带进入含水层的，因此要根据包气带不同岩性分别测得入渗系数。计算时，还要统计多年降水量频率，选用频率较高值。计算公式见表3-18。

**降水入渗量的计算** **表3-18**

| 计算公式 | 符号说明 |
|---|---|
| $Q=aFx/365$ (3-27) | $Q$——降水入渗量($m^3/d$)；<br>$F$——降水入渗面积($m^2$)；<br>$a$——入渗系数；<br>$x$——降水量(m) |

(3) 河水入渗量计算：当地下水与河水有密切联系时，除通过河流上下游断面测量其渗漏量外，更应注意河水转化为地下水所增加的开采量。在河水位随季节变化不大时，把河水年平均水位作为原始水位，把开采区的动水位看成是明渠水位。可按表3-19所列稳定的平面流公式近似计算。

**河水入渗量的计算** **表 3-19**

| 计算公式 | 符号说明 |
| --- | --- |
| $Q=KB(H^2-h^2)/2L$ (3-28) | $Q$——河水入渗量($m^3/d$)；<br>$K$——渗透系数(m/d)；<br>$B$——河水对供水井群的补给宽度(m)；<br>$H$——河水水位至含水层底板的高度(m)；<br>$h$——供水井群动水位至含水层底板的高度(m)；<br>$L$——井群至水边直线距离(m) |

(4) 灌溉水入渗量的计算：灌溉水入渗包括田间入渗和渠系入渗两个方面，可按表 3-20 所列公式计算。

**灌溉入渗量的计算** **表 3-20**

| 计算公式 | 符号说明 |
| --- | --- |
| $Q=\mu\Delta hA/365$ (3-29)<br>$Q=q_{cp}At/365$ (3-30) | $Q$——灌溉入渗量($m^3/d$)；<br>$\mu$——给水度；<br>$\Delta h$——灌溉引起地下水位升幅(m)；<br>$A$——灌溉面积($m^2$)；<br>$q_{cp}$——灌溉入渗强度平均值(m/d)；<br>$t$——灌溉期天数(d) |

(5) 越流补给量的计算：相邻含水层的垂直越流补给量，可按表 3-21 所列公式计算。

**越流补给量的计算** **表 3-21**

| 计算公式 | 符号说明 |
| --- | --- |
| $Q=K_1F_1(H_1-h)/M_1+K_2F_2(H_2-h)/M_2$ (3-31) | $Q$——越流补给量($m^3/d$)；<br>$K_1$、$K_2$——开采层上、下弱透水层的渗透系数(m/d)；<br>$H_1$、$H_2$——开采层上、下相邻含水层的水位(m)；<br>$M_1$、$M_2$——开采层上、下弱透水层的厚度(m)；<br>$F_1$、$F_2$——上、下含水层的越流面积($m^2$)；<br>$h$——开采含水层的水位或开采漏斗的平均水位(m) |

### 3.5.4 储存量的计算

储存量是指地下水循环过程中某时期在单元含水层中地下水的储存数量。其变化量取决于一定时期的补排关系。储存量按是否参与天然条件下地下水补排关系的水量均衡作用可分为可变储存量和不变储存量。可变储存量是指单元含水层中，历史最低水位以上的地下水的储存数量，是一个受气候因素影响具有恢复性的变量。不变储存量是指划分可变储存量界面以下，单元含水层中地下水的储存数量，是在漫长的地质年代中积累的并与近期气候影响无关的不变水量。根据地下水类型和含水层性质，储存量又可分容积储存量和弹性储存量。潜水含水层只计算容积储存量；承压含水层除计算容积储存量外，还要计算弹性储存量，计算公式见表 3-22。

储存量的计算 表 3-22

| 计算公式 | 符号说明 |
| --- | --- |
| 1. 容积储存量：$W=\mu V$ (3-32)<br>2. 弹性储存量 $W=FSh$ (3-33) | $W$——储存量($m^3$)；<br>$\mu$——给水度；<br>$V$——含水层体积($m^3$)；<br>$F$——承压含水层的计算面积($m^2$)；<br>$S$——弹性释水系数；<br>$h$——承压含水层自顶板算起的水头高度(m) |

## 3.5.5 允许开采量的计算

### 3.5.5.1 水量均衡法

水量均衡法是水量评价的基本方法。评价水量的一切方法都离不开水均衡的原理。尤其在估算区域水量时，因水文地质条件的复杂性，用其他方法评价常有困难，而采用水量均衡法则简单可行。在地下水埋藏较浅、补给和排泄条件单一的地区，如山前冲洪积平原，用水量均衡法简单实用。

对于单元含水层来说，在补给和消耗的不平衡发展过程中，任一时间的补给量和消耗量之差，应等于含水层中水体积变化量，这是水量均衡法的基本原理。根据这个原理，把未来开采量作为一种消耗量，可建立开采条件下的水量均衡方程式：

$$F\mu\frac{\Delta h}{\Delta t}=(Q_r-Q_c)+(W-Q_k) \tag{3-34}$$

式中 $F$——含水层面积或均衡区面积（$m^2$）；

$\mu$——含水层的平均给水度；

$\Delta t$——计算时间或均衡期（a）；

$\Delta h$——在 $\Delta t$ 时间内含水层水位的平均变幅（m）；

$Q_r$——含水层的侧向流入量（$m^3/a$）；

$Q_c$——含水层的侧向流出量（$m^3/a$）；

$Q_k$——预计开采量（$m^3/a$）；

$W$——在垂直方向上含水层的补给量之和（$m^3/a$）。

$$W=Q_{s1}+Q_{s2}+Q_{s3}+Q_{s4}-Z \tag{3-35}$$

式中 $Q_{s1}$——平均降水入渗量（$m^3/a$）；

$Q_{s2}$——平均地表水入渗量（$m^3/a$）；

$Q_{s3}$——平均越流补给量（$m^3/a$）；

$Q_{s4}$——灌溉水入渗量（$m^3/a$）；

$Z$——平均潜水蒸发量（$m^3/a$）。

在开采条件下 $\Delta h$ 是负值，当设定开采允许降深时便得到了允许开采量的基本公式：

$$Q_k=(Q_r-Q_c)+W+F\mu\frac{\Delta h}{\Delta t} \tag{3-36}$$

式（3-36）中，$Q_r$、$Q_c$可采用达西定律计算，$W$ 通常选择有代表性的地段设立专门均衡场测定各要素并通过计算求得。因此各项数据受影响因素较多。一般在实际生产中要将式（3-36）计算得出的允许开采量根据实际情况乘以小于1的开采系数。

**3.5.5.2 补偿疏干法**

用补偿疏干法计算允许开采量即是在整个开采期限内水量不减少，动水位变化在设计要求之内的取水量。补偿疏干法适用于地下水补给集中在雨季或受间歇性河流补给的地区。当所需开采量较大，而在枯水期无法补给或补给较小时，需要动用部分或大部分储存量，而这一部分储存量可在丰水期（年）能够得到补偿。

在定量开采条件下，当经过 $t_0$ 时段水位下降出现 $S_0$ 以后，水位便开始等速下降，下降速度等于开采量与漏斗给水面积的比值：

$$V = \frac{S_1 - S_0}{t_1 - t_0} = \frac{Q_k}{\mu F} \tag{3-37}$$

式中 $\mu$——含水层的平均给水度；

$F$——降落漏斗（疏干区）面积（$m^2$）；

$t_1$——旱季开采延续时间（d）；

$S_1$——对应 $t_1$ 时的水位下降值（m）；

$Q_k$——开采量（$m^3/d$）。

当确定旱季最长延续时间 $t_1$ 和允许最大降深 $S_1$ 后，便可计算相应条件下的开采量。

$$Q_k = \mu F \frac{S_1 - S_0}{t_1 - t_0} \tag{3-38}$$

式（3-38）计算的允许开采量是以丰水期（年）能够得到补偿为前提的，因此应对补给量进行验算。

雨季的补给量计算：设在雨季开采时，经过 $\Delta t$ 时段后水位回升 $\Delta S$，开采量为 $Q_k$，则补给量 $Q_{补}$（$m^3/d$）为：

$$Q_{补} = \mu F \frac{\Delta S}{\Delta t} + Q_k \tag{3-39}$$

全年允许开采量：如一年内地下水接受补给时间为 $t$，则总的补给量 $Q_{总补}$（$m^3$）为：

$$Q_{总补} = Q_{补} t$$

允许开采量 $Q_{允}$（$m^3/d$）为：

$$Q_{允} = Q_{总补}/365 \tag{3-40}$$

**3.5.5.3 水文地质比拟法**

在水文地质条件基本清楚而又有水源地长期开采的观测资料时，采用比拟法可以近似地解决水量评价问题。目前常用的是开采模数法，其公式为：

$$Q_0 = M_0 F \tag{3-41}$$

式中 $Q_0$——水量评价区的开采量($m^3/d$)；

$F$——评价区的面积($m^2$)；

$M_0$——开采模数[$m^3/(d \cdot km)$]，它根据实际开采量或排水量求出：

$$M_0 = Q_c / F_T \tag{3-42}$$

其中 $Q_c$——已开采地区的开采量或排水量($m^3/d$)；

$F_T$——上述开采地区降落漏斗所占面积($m^2$)。

允许开采量计算的常用方法，尚有试验推断法、降落漏斗法、井群干扰法、平均布井法等。随着科学技术的发展，在解决复杂水文地质问题上，已普遍采用数值法和电模拟法。数值法可以描述不同初始条件和边界条件下的非均质、各向异性的含水层。数值法的主要优点有：模拟在通用计算机上进行；有广泛的适用性，可以用于水量计算，水位预报以及水质、水温、地面沉降水资源管理等计算；修改模型方便；可以程序化，只要编好通用软件，对不同的具体问题只要按要求整理数据就能上机计算，并很快得到相应的结果。在水量评价中采用数值法常用的有限差分法和有限单元法。这两种方法都把刻画地下水运动规律的数学模型离散化(只是离散方法不同)，把定解问题化成代数方程组，解出区域内有限个结点数值解，从而比较真实地解决允许开采量计算与评价问题。

### 3.5.6 泉水评价开采量法

采用泉水作为水源时，通常采用泉水评价开采量法评价开采量。该方法是以泉水流量随时间变化的关系来评价开采量。就是说，当地下水丰水期来临时，由于泉水得到大气降水或地表水体补给，泉水流量随时间增加；当地下水枯水期时，地下水得不到大气降水或地表水体的补给，泉水则消耗含水层中所聚集的储存量，此时，泉水的水量随时间而逐步减少，如图 3-5 所示。

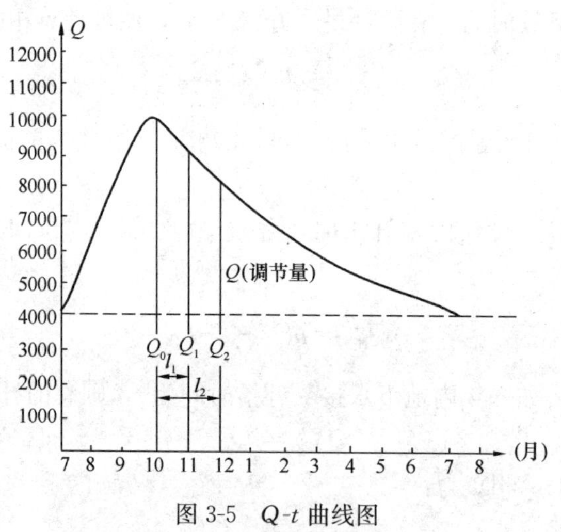


图 3-5 $Q$-$t$ 曲线图

根据含水层厚度大小可分别采用以下两种评价方法。

(1)厚含水层中的泉水评价开采量法

$$Q = Q_0 e^{-at} \tag{3-43}$$

式中 $Q$——在时间 $t$ 时，泉(地下径流)的出水量($m^3/d$)；

$T$——从枯水期开始算起的时间(d)；

$Q_0$——枯水期开始的泉水流量($m^3/d$)；

$e$——自然对数底；

$a$——消耗系数。

(2) 薄含水层中的泉水评价开采量法

$$Q = \frac{Q_0}{(1+at)^2} \tag{3-44}$$

式中　$a$——消耗系数。

$$a=\frac{5.77\mathrm{kW}}{4\mu L^{3}} \tag{3-45}$$

式中　$W$——含水层体积（$m^3$）；

其他符号同式（3-43）。

消耗系数 $a$ 除按上述公式计算外，在实际工作中，一般可按实际观溯资料反算求得，即利用一些方法求得两个时间的泉水的流量 $Q$（如实测法或达尔西法），将 $Q$ 求准，再根据当地的条件确定 $Q_0$ 值出现的时间（可根据降水及水位观测资料），用联立方程式即可求得 $a$ 值及 $Q_0$ 值（$Q_0$ 也可通过实测法，达尔西断面法求得）。

（3）泉水流量的评价

**【例 3-1】** 某地区含水层厚度不大，从观测资料得知，9 月 30 日是该年丰水期最后一次降雨，又通过实测法及达尔西断面法求得 10 月 31 日和 11 月 30 日的地下水的天然径流量分别为 $9000m^3/d$ 和 $8000m^3/d$。历史上枯水期延续时间最长为 9 个月，求 $Q_0$ 和 $a$ 及 $Q$-$t$ 关系曲线。

**【解】** 由于含水层厚度不大，故采用公式（3-44）

$$Q_1=9000\mathrm{m^3/d};\ t_1=31\mathrm{d}$$

$$Q_2=8000\mathrm{m^3/d};\ t_2=61\mathrm{d}$$

将 $Q_1$、$Q_2$ 分别代入式（3-44）联立

$$9000=Q_0\frac{1}{(1+31a)^2}$$

$$8000=Q_0\frac{1}{(1+61a)^2}$$

$$9000(1+31a)^2=8000(1+61a)^2$$

得出：$a=0.00216$

将 $a$ 值代入上述两式之一得：　$Q_0=9600m^3/d$

再用 $a$ 和 $Q_0$ 值按式（3-44）推算不同时间 $t$ 的泉水流量，并绘制 $Q$-$t$ 曲线，以预测泉的流量变化规律（略）。

# 3.6　管　　井

## 3.6.1　管井出水量计算

管井出水量计算方法通常有两种，即理论公式和经验公式。理论公式可以根据水文地质取得参数进行计算，其精度较差，适用于水源选择，供水方案编制或初步设计阶段。经验公式是在抽水试验基础上进行计算，能反映实际情况，适用于施工图设计阶段，确定井的型式、构造、井数和井群布置方式。

### 3.6.1.1　单井出水量计算

（1）稳定流单井出水量计算

1）常用理论公式及适用条件：已知含水层渗透系数和影响半径等，计算管井在不同水位下降时的出水量，可按表 3-23 所列公式计算。

稳定流单井出水量计算公式 表 3-23

| 管井型式 | 含水层类型 | 图式 | 公式 | 适用条件 |
|---|---|---|---|---|
| 完整井 | 无压水 | 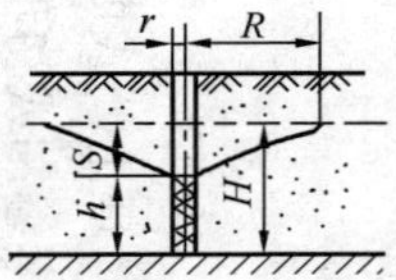 | $Q=\dfrac{1.366K(2H-S)S}{\lg\dfrac{R}{r}}$ (3-46) | 1. 层流；<br>2. $S\leqslant 1/2H$；<br>3. 远离水体或河流 |
| | | 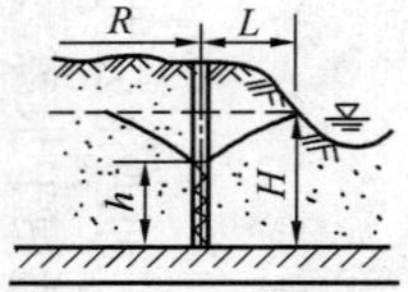 | $Q=1.366K\dfrac{H^2-h^2}{\lg\dfrac{2L}{r}}$ (3-47) | 1. 层流；<br>2. 井距河边水线 $L<0.5R$ |
| | | | $Q=6.28K\sqrt[m]{\dfrac{m-1}{m+1}(H^{m+1}-h^{m+1})r^{m-1}}$<br>$m=1.0\sim2.0$ (3-48) | 裂隙水 |

续表

| 管井型式 | 含水层类型 | 图式 | 公式 | 适用条件 |
|---|---|---|---|---|
| 完整井 | 承压水 | | $Q=\dfrac{2.73MKS}{\lg\dfrac{R}{r}}$ (3-49) | 1. 层流；<br>2. $h>M$ |
| | | | $Q=1.366K\dfrac{2MH-M^2-h^2}{\lg\dfrac{R}{r}}$ (3-50) | 1. 层流；<br>2. $h<M$ |
| | | | $Q=6.28KM\sqrt{\dfrac{(H-h)(m_0-1)}{\dfrac{1}{r^{m_0-1}}-\dfrac{1}{R^{m_0-1}}}}$<br>$m_0=\dfrac{\lg\dfrac{S_1}{S_2}}{\lg\dfrac{Q_1}{Q_2}}$ (3-51)<br>式中 $Q_1$、$Q_2$——抽水孔第一次水位降深（$S_1$）和第二次水位降深（$S_2$）的相应出水量 | 裂隙水 |

续表

<table>
<tr><th>管井型式</th><th>含水层类型</th><th>图　式</th><th colspan="11">公　式</th><th>适用条件</th></tr>
<tr><td rowspan="4">非完整井</td><td rowspan="4">承压水</td><td rowspan="4"></td><td colspan="11">$$Q=\frac{2.73KMS}{\frac{1}{2a}\left(2\lg\frac{4M}{r}-A\right)-\lg\frac{4M}{R}}$$<br>式中　$A$——取决于$a=\frac{l}{M}$　(3-52)</td><td rowspan="2">1. $l>0.3M$；<br>2. 下降水位高于过滤器；<br>3. 过滤器与不透水层顶板相连接</td></tr>
<tr><td>$a$</td><td>0.05</td><td>0.1</td><td>0.2</td><td>0.3</td><td>0.4</td><td>0.5</td><td>0.6</td><td>0.7</td><td>0.8</td><td>0.9</td><td>1.0</td></tr>
<tr><td>$A$</td><td>3.5</td><td>2.8</td><td>2.2</td><td>1.8</td><td>1.6</td><td>1.3</td><td>1.1</td><td>0.8</td><td>0.6</td><td>0.4</td><td>0.0</td><td rowspan="2">1. $l<0.3M$；<br>2. 下降水位高于过滤器；<br>3. 过滤器与不透水层顶板相连接</td></tr>
<tr><td colspan="11">$$Q=2.73K\frac{ls}{\lg(1.6l)-\lg r}$$　(3-53)</td></tr>
<tr><td>非完整井</td><td>无压水</td><td></td><td colspan="11">$$Q=1.366KS\left(\frac{l+S}{\lg\frac{R}{r}}-\frac{l}{\lg\frac{0.66l}{r}}\right)$$　(3-54)</td><td>1. 层流；<br>2. $l<0.3H$；<br>3. 远离河岸与水体；<br>4. 下降水位处在过滤器范围内</td></tr>
</table>

注：表中 $Q$——井出水量（$m^3/d$）；

$H$——无压含水层厚度或承压含水层的水头高度（m）；

$M$——承压含水层厚度（m）；

$S$——水位降深（m）；

$h$——井中的水深（m）；

$R$——影响半径（m）；

$r$——井的半径（m）；

$L$——岸边井距河边水线的距离（m）；

$l$——过滤器工作部分长度（m）；

$K$——渗透系数（m/d）。

2）经验公式

采用经验公式计算出水量，通常需要水文地质勘察提出抽水试验资料或利用近似地区的抽水试验资料。经验公式能够全面地概括井的各种复杂因素，这是理论公式所不及的。但抽水试验井的结构应尽量接近设计井，否则应进行适当修正。

在生产中常常根据抽水试验资料作出抽水井的流量 $Q$ 与降深 $S$ 之间的关系曲线，然后由该曲线通过数学方法找出 $Q$ 和 $S$ 之间的表达式，即经验公式。然后用它进行水位或流量预测。常见的 $Q$—$S$ 曲线类型有直线型、抛物线型、幂函数曲线型、对数曲线型等。确定经验公式的一般步骤如下：

① 整理抽水试验资料（表 3-24），绘制 $Q$—$S$ 曲线、$\frac{S}{Q}$—$Q$ 曲线、$\lg Q$—$\lg S$ 曲线及 $Q$—$\lg S$ 曲线；

**抽水资料整理一览表**　　**表 3-24**

| 抽水次数 | 水位下降 $S$（m） | 出水量（$m^3/d$） | $S_0=S/Q$ | $\lg S$ | $\lg Q$ |
|---|---|---|---|---|---|
| 第 1 次 | $S_1$ | $Q_1$ | $S_{01}$ | $\lg S_1$ | $\lg Q_1$ |
| 第 2 次 | $S_2$ | $Q_2$ | $S_{02}$ | $\lg S_2$ | $\lg Q_2$ |
| 第 3 次 | $S_3$ | $Q_3$ | $S_{03}$ | $\lg S_3$ | $\lg Q_3$ |
| 第 $n$ 次 | $S_n$ | $Q_n$ | $S_{0n}$ | $\lg S_n$ | $\lg Q_n$ |

② 找出最接近直线的曲线，按该曲线类型确定 $Q$—$S$ 关系；

③ 确定经验公式系数，建立经验公式。确定系数的方法主要有图解法和计算法两种。计算法通常采用最小二乘法求解。

④ 根据建立的经验公式进行流量或降深的预测。一般预测的降深不能超过抽水试验时最大降深的 1.5～2 倍。

3）各类型经验公式流量 $Q$ 与水位下降 $S$ 之间关系的曲线方程如下。

① 直线型，表示满足承压水的裘布依公式，$Q$ 和 $S$ 有如下关系

$$Q=qS \tag{3-55}$$

在普通坐标纸上作图，单位涌水量 $q$ 即为通过原点的直线斜率，如用最小二乘法确定待定系数 $q$ 可利用公式（3-56）计算：

$$q=\frac{\sum QS}{\sum S^2} \tag{3-56}$$

② 抛物线型，方程形式为

$$S=aQ+bQ^2 \tag{3-57}$$

式中 $a$、$b$ 为待定系数。将式（3-57）两边除以 $Q$，得

$$S/Q=a+bQ$$

令 $S_0=S/Q$，则有：

$$S_0=a+bQ \tag{3-58}$$

在以 $Q$ 为横坐标，$S_0$ 为纵坐标的直角坐标系中则式（3-58）为一直线。$a$ 为直线在纵轴上的截距，$b$ 为直线的斜率。如果用最小二乘法可用式（3-59）、式（3-60）计算待定系数 $a$ 和 $b$。

$$b=\frac{n\sum S-\sum S_0\sum Q}{n\sum Q^2-(\sum Q)^2} \tag{3-59}$$

$$a=\frac{\sum S_0-b\sum Q}{n} \tag{3-60}$$

上式中 $n$ 为抽水试验的落程次数。

③ 幂函数曲线型，方程形式为：

$$Q=nS^{1/m}=n\sqrt[m]{S} \tag{3-61}$$

式中 $n$、$m$ 为待定系数。对式（3-61）两边取对数得

$$\lg Q=\lg n+\frac{1}{m}\lg S \tag{3-62}$$

表明 $\lg Q$ 和 $\lg S$ 为线型关系。如果在双对数坐标纸上以 $Q$ 为横坐标，$S$ 为纵坐标作图，则 $Q$ 和 $S$ 为直线关系。直线在纵轴上的截距为 $n$，斜率为 $1/m$。因此，在双对数坐标纸上作图可求出 $n$ 和 $1/m$。如果用最小二乘法可用式（3-63）、式（3-64）计算待定系数。

$$m=\frac{n_0\sum(\lg S)^2-(\sum\lg S)^2}{n_0\sum(\lg S\lg Q)-\sum\lg S\sum\lg Q} \tag{3-63}$$

$$\lg n=\frac{\sum\lg Q}{n_0}-\frac{1}{m}\frac{\sum\lg S}{n_0} \tag{3-64}$$

上式中 $n_0$ 为抽水试验的落程次数。

此曲线类型常出现在含水层渗透性能较好，其厚度相对较大，补给来源相对较差的地区。

④ 对数型曲线，方程形式为：

$$Q=a+b\lg S \tag{3-65}$$

式中 $a$、$b$ 为待定系数。式（3-65）在单对数坐标纸上为一直线。如果在单对数坐标纸上 $Q$ 取普通坐标（纵轴），$S$ 取对数坐标（横轴），则 $a$ 为直线在纵轴上的截距，$b$ 为直线斜率。如果用最小二乘法确定待定系数，则可用式（3-66）、式（3-67）计算待定系数。

$$b=\frac{n\sum(Q\lg S)-\sum Q\sum\lg S}{n\sum(\lg S)^2-(\sum\lg S)^2} \tag{3-66}$$

$$a=\frac{\sum Q-b\sum\lg S}{n} \tag{3-67}$$

上式中 $n$ 为抽水试验的落程次数。

对数型曲线常出现在一些相对隔离的含水岩体和含水构造地区，其分布范围较大，地下水补给条件较差的地区。

以上各曲线类型可归纳为表 3-25。

各曲线类型公式及图解表　　表 3-25

| 计算流量和水位降深采用的公式和图形 | | 经过改变后的公式和图形 | |
|---|---|---|---|
| 计算公式 | Q—S 关系曲线 | 改变后的公式 | 改变后的曲线 |
| 直线<br>$Q=qS$ | 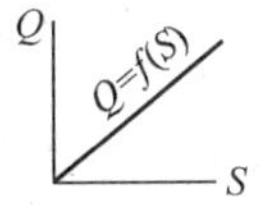 $Q=f(S)$ | | 若抽水时只进行了二次降深，则可根据连线是否通过坐标原点来判断是否存在着线性关系。<br>若该点连线没有通过原点，则为曲线关系，通过原点则为线性关系 |
| 抛物线<br>$S=aQ+bQ^2$ | 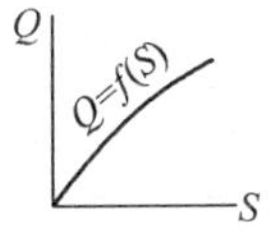 $Q=f(S)$ | 方程式两端除以 $Q$，令 $S_0=S/Q$（单位降深）得<br>$S_0=a+bQ$ | 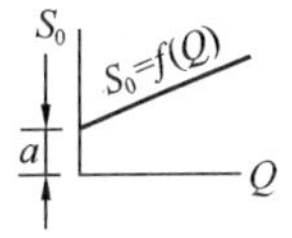 $S_0=f(Q)$ |
| 幂函数曲线<br>$Q=n\sqrt[m]{S}$ | 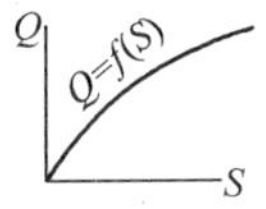 $Q=f(S)$ | 方程式两边取对数<br>$\lg Q=\lg n+\frac{1}{m}\lg S$ | 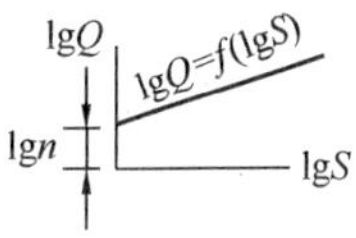 $\lg Q=f(\lg S)$ |
| 对数曲线<br>$Q=a+b\lg S$ | 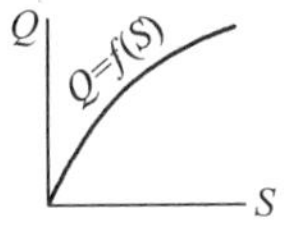 $Q=f(S)$ | 仍用原式<br>$Q=a+b\lg S$ | 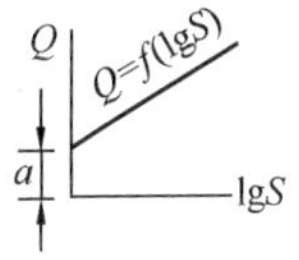 $Q=f(\lg S)$ |

（2）非稳定流单井出水量计算

在无界含水层进行抽水时，井的出水量和水位下降在不同时间是不同的，可根据非稳定流抽水试验取得参数，计算单井出水量。计算公式见表 3-26。

非稳定流单井出水量计算公式　　表 3-26

| 含水层类型 | 管井型式 | 计算公式 | | |
|---|---|---|---|---|
| | | $\frac{r^2}{4at}\leqslant 0.1$ | $0<\frac{r^2}{4at}<\infty$ | |
| 承压水 | 完整井 | $Q=\frac{4\pi KMS_w}{\ln\frac{2.25at}{r_w^2}}$ | $Q=\frac{4\pi KMS}{-E_i\left(-\frac{r^2}{4at}\right)}$ | (3-68) |
| 承压水 | 非完整井 | $Q=\frac{4\pi KMS_w}{\ln\frac{2.25at}{r_w^2}+\xi_0\left(u、\frac{M}{r}、\frac{l}{M}\right)}$ | $Q=\frac{4\pi KMS}{-E_i\left(-\frac{r^2}{4at}\right)+E_0\left(u、\frac{M}{r}、\frac{l}{M}\right)}$ | (3-69) |

续表

| 含水层类型 | 管井型式 | 计算公式 $\frac{r^2}{4at}\leqslant 0.1$ | 计算公式 $0<\frac{r^2}{4at}<\infty$ | |
|---|---|---|---|---|
| 潜水 | 完整井 | $Q=\frac{2\pi K(2H-S_w)S_w}{\ln\frac{2.25at}{r_w^2}}$ | $Q=\frac{2\pi K(2H-S)S}{-E_i\left(-\frac{r^2}{4at}\right)}$ | (3-70) |
| | 非完整井 | $Q=\frac{2\pi K(2H-S_w)S_w}{\ln\frac{2.25at}{r_w^2}+\xi_0\left(u、\frac{M}{r}、\frac{l}{M}\right)}$ | $Q=\frac{2\pi K(2H-S)S}{-E_i(-\frac{r^2}{4at})+\xi_0\left(u、\frac{H}{r}、\frac{l}{H}\right)}$ | (3-71) |
| 承压-潜水 | 完整井 | $Q=\frac{2\pi K[(2H-M)M-h_0^2]}{\ln\frac{2.25at}{r_w^2}}$ | $Q=\frac{2\pi K[(2H-M)M-h^2]}{-E_i(-\frac{r^2}{4at})}$ | (3-72) |
| | 非完整井 | $Q=\frac{2\pi K[(2H-M)M-h_0^2]}{\ln\frac{2.25at}{r_w^2}+\xi_0\left(u、\frac{M}{r}、\frac{l}{M}\right)}$ | $Q=\frac{2\pi K[(2H-M)M-h^2]}{-E_i(-\frac{r^2}{4at})+\xi_0\left(u、\frac{M}{r}、\frac{l}{M}\right)}$ | (3-73) |

注：表中 $Q$——单井出水量($m^3/d$)；
$M$——承压含水层厚度(m)；
$H$——潜水含水层厚度或承压水水头高度(m)；
$K$——渗透系数(m/d)；
$S$——任意点水位降深(m)；
$S_w$——井内水位降深(m)；
$r$——任意点至水井距离(m)；
$r_w$——井的半径(m)；
$t$——抽水延续时间(d)；
$h$——任意点含水层中动水位高度( m)；
$h_0$——含水层底板至井内动水位高度(m)；
$l$——过滤器有效长度；
$\xi_0(u、M/r、l/M)$ 或 $\xi_0(u、H/r、l/H)$——不完整井阻力系数，查表 3-28；
$-E_i\left(-\frac{r^2}{4at}\right)$——井函数，查表 3-28；
$u=\frac{r^2}{4at}$——井函数自变量。

**非稳定流非完整水流阻力系数 $\xi_0\left(u、\frac{r}{M}、\frac{l}{M}\right)$** **表 3-27**

$\frac{l}{M}=0.25$ 时 $\xi_0$ 的值

| $u$ \ $r/M$ | 0.01 | 0.03 | 0.1 | 0.2 | 0.5 | 1.0 |
|---|---|---|---|---|---|---|
| $<10^{-5}$ | 18.18 | 11.93 | 5.75 | 2.97 | 0.70 | 0.10 |
| $10^{-5}$ | 18.18 | 11.93 | 5.75 | 2.97 | 0.70 | 0.10 |
| $10^{-4}$ | 18.13 | 11.93 | 5.75 | 2.97 | 0.70 | 0.10 |
| $10^{-3}$ | 16.27 | 11.87 | 5.75 | 2.97 | 0.70 | 0.10 |
| $10^{-2}$ | 11.33 | 9.86 | 5.70 | 2.97 | 0.70 | 0.10 |
| $10^{-1}$ | 5.29 | 5.01 | 3.93 | 2.62 | 0.70 | 0.10 |
| 1 | 0.63 | 0.63 | 0.57 | 0.50 | 0.28 | 0.08 |
| 10 | 0.14 | 0.14 | 0.13 | 0.12 | 0.08 | 0.03 |

续表

| $\frac{l}{M}=0.50$ 时 $\xi_0$ 的值 | | | | | | |
|---|---|---|---|---|---|---|
| $u$ \ $r/M$ | 0.01 | 0.03 | 0.1 | 0.2 | 0.5 | 1.0 |
| $<10^{-5}$ | 6.51 | 4.40 | 2.26 | 1.23 | 0.33 | 0.05 |
| $10^{-5}$ | 6.51 | 4.40 | 2.26 | 1.23 | 0.33 | 0.05 |
| $10^{-4}$ | 6.49 | 4.40 | 2.26 | 1.23 | 0.33 | 0.05 |
| $10^{-3}$ | 6.65 | 4.37 | 2.26 | 1.23 | 0.33 | 0.05 |
| $10^{-2}$ | 3.85 | 3.42 | 2.24 | 1.23 | 0.33 | 0.05 |
| $10^{-1}$ | 1.78 | 1.71 | 1.44 | 1.06 | 0.33 | 0.05 |
| 1 | 0.22 | 0.21 | 0.20 | 0.18 | 0.12 | 0.01 |

| $\frac{l}{M}=0.75$ 时 $\xi_0$ 的值 | | | | |
|---|---|---|---|---|
| $u$ \ $r/M$ | 0.01 | 0.1 | 0.2 | 0.5 |
| $<15^{-5}$ | 2.02 | 0.64 | 0.33 | 0.08 |
| $10^{-5}$ | 2.02 | 0.64 | 0.33 | 0.08 |
| $10^{-4}$ | 2.01 | 0.64 | 0.33 | 0.08 |
| $10^{-3}$ | 1.81 | 0.64 | 0.33 | 0.08 |
| $10^{-2}$ | 1.26 | 0.64 | 0.33 | 0.08 |
| $10^{-1}$ | 0.59 | 0.44 | 0.30 | 0.08 |
| 1 | 0.07 | 0.06 | 0.05 | 0.03 |

**承压非稳定流井函数 $W(u)-u$** 　　**表 3-28**

| $u$ | $e^{u}$ | $W(u)$或$-E_i(-u)$ | $F(u)$ | $u$ | $e^{u}$ | $W(u)$或$-E_i(-u)$ | $F(u)$ |
|---|---|---|---|---|---|---|---|
| 0.00000001 | 1.0000 | 17.8435 | 7.76 | 1.40 | 4.0552 | 0.1162 | 0.205 |
| 0.00000005 | 1.0000 | 16.2340 | 7.06 | 1.60 | 4.9530 | 0.08631 | 0.186 |
| 0.0000001 | 1.0000 | 15.5409 | 6.75 | 1.80 | 6.0496 | 0.06471 | 0.170 |
| 0.0000006 | 1.0000 | 13.7491 | 5.97 | 2.00 | 7.3891 | 0.04890 | 0.157 |
| 0.000001 | 1.0000 | 13.2383 | 5.75 | 2.20 | 9.0250 | 0.03719 | 0.146 |
| 0.000005 | 1.0000 | 11.6289 | 5.06 | 2.40 | 11.0232 | 0.02844 | 0.136 |
| 0.00001 | 1.0000 | 10.9357 | 4.76 | 0.010 | 1.0101 | 4.0379 | 1.77 |
| 0.00005 | 1.0000 | 9.3263 | 4.05 | 0.025 | 1.0253 | 3.1365 | 1.40 |
| 0.0001 | 1.0001 | 8.6332 | 3.75 | 0.050 | 1.0513 | 2.4679 | 1.13 |
| 0.0005 | 1.0005 | 7.0242 | 3.06 | 0.075 | 1.0779 | 2.0867 | 0.98 |
| 0.001 | 1.0010 | 6.3315 | 2.75 | 0.100 | 1.1052 | 1.8229 | 0.876 |
| 0.005 | 1.0051 | 4.7261 | 2.06 | 0.15 | 1.1618 | 1.4645 | 0.740 |
| 0.50 | 1.6487 | 0.5598 | 0.401 | 0.20 | 1.2214 | 1.2227 | 0.650 |
| 0.60 | 1.8221 | 0.4544 | 0.360 | 0.25 | 1.2840 | 1.0443 | 0.584 |
| 0.70 | 2.0138 | 0.3738 | 0.327 | 0.30 | 1.3499 | 0.9057 | 0.532 |
| 0.80 | 2.2255 | 0.3106 | 0.301 | 0.35 | 1.4191 | 0.7942 | 0.490 |
| 0.90 | 2.4596 | 0.2602 | 0.278 | 0.40 | 1.4918 | 0.7024 | 0.456 |
| 1.00 | 2.7183 | 0.2194 | 0.259 | 0.46 | 1.5841 | 0.6114 | 0.420 |
| 1.20 | 3.3201 | 0.1584 | 0.229 | 2.60 | 13.4637 | 0.02185 | 0.128 |

续表

| $u$ | $e^u$ | $W(u)$或$-E_i(-u)$ | $F(u)$ | $u$ | $e^u$ | $W(u)$或$-E_i(-u)$ | $F(u)$ |
|---|---|---|---|---|---|---|---|
| 2.80 | 16.4446 | 0.01686 | 0.124 | 4.00 | 54.5982 | 0.003779 | 0.0900 |
| 3.00 | 20.0855 | 0.01305 | 0.114 | 4.20 | 66.6863 | 0.002969 | 0.0780 |
| 3.20 | 24.5325 | 0.01013 | 0.108 | 4.40 | 81.4509 | 0.002336 | 0.0830 |
| 3.40 | 29.9641 | 0.007891 | 0.103 | 4.60 | 99.4843 | 0.001841 | 0.0797 |
| 3.60 | 36.5982 | 0.006160 | 0.0986 | 4.80 | 121.5104 | 0.001453 | 0.0767 |
| 3.80 | 44.7012 | 0.004820 | 0.0933 | 5.00 | 148.4132 | 0.001148 | 0.0742 |

#### 3.6.1.2 井群布置与出水量计算

(1) 井群布置：当在同一地区的同一含水层中布置井群抽取地下水且各井共同工作时，由于井间距离较小，水力联系密切而相互干扰，我们把这样一些在干扰条件下工作的水井称为干扰井群。由于井群干扰影响，实际上处于井群干扰下的井流较难达到稳定状态。井群干扰程度的大小主要受含水层性质、补给条件、排泄条件、水井数量、井间距、距补给和排泄边界的距离、平面上的位置及井的结构等因素影响。

井群布置方案应根据取水地段的水文地质条件确定。若傍河取水，一般是沿河布置一排或双排的直线井群，要避开有冲刷危险的河岸并与河岸保持一定的距离。在远离河流地区，一般是沿垂直地下水流方向布置单排或多排的直线井群。若地下水丰富，也可以呈梅花形或扇形布置。井间距离通常可按影响半径的两倍计算，在个别情况，井群占地有限制时，一般可按相互干扰使单出水量减少不超过25%～30%进行计算。

(2) 群井出水量计算

采用理论公式计算出水量往往出入较大，有条件最好用生产试验资料进行校正。

沿河布置井群、完整井、岸边井群呈直线排列（见图3-6、图3-7），每个井的出水量可按（3-71）计算。

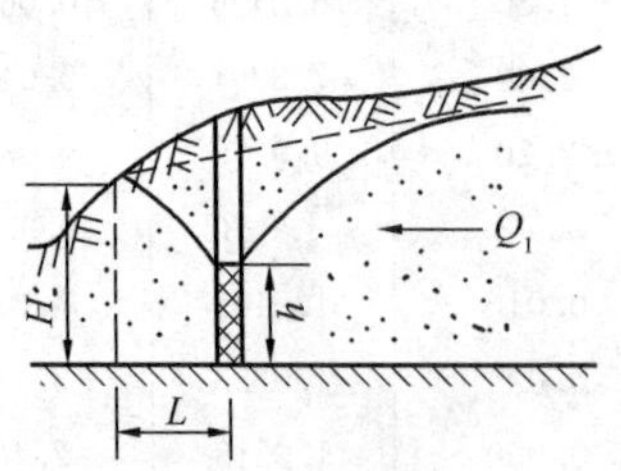


图3-6 岸边井群出水量计算

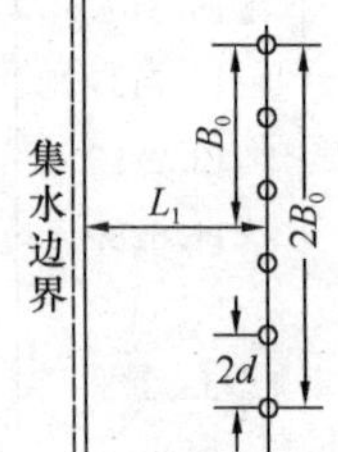


图3-7 沿河井群平面图

总出水量$Q_总$可按式（3-74）计算

$$Q_{总}=\frac{2\pi K(2H-S)S}{2\lg\frac{5.4L}{B_0}+2\beta\lg\frac{d}{\pi r}} \tag{3-74}$$

式中 $Q_总$——井群总出水量（$m^3/d$）；

$H$——潜水含水层厚度（m）；

$K$——渗透系数（m/d）；

$S$——设计水位降深（m）；

$d$——两井间距离的 1/2（m）；

$r$——井的半径（m）；

$L$——井排至供水边界距离（m）；

$B_0$——井排长度的一半（m）；

$$\beta = Q/Q_{总} = 1/n;$$

$n$——井的个数。

远离河床布置井群、完整井、井群呈直线排列，每个井的出水量可按（3-75）、式（3-76）计算：

承压水：
$$Q' = 6.28\frac{KMS}{2.3\lg\frac{d}{\pi r}+1.57\frac{R}{d}} \tag{3-75}$$

潜水：
$$Q' = 3.14\frac{K(2H-S)S}{2.3\lg\frac{d}{\pi r}+1.57\frac{R}{d}} \tag{3-76}$$

式中　$Q'$——单井出水量（$m^3/d$）；

$M$——承压含水层厚度（m）；

$H$——潜水含水层厚度（m）；

$K$——渗透系数（m/d）；

$S$——设计水位降深（m）；

$d$——两井间距离的 1/2（m）；

$r$——井的半径（m）；

经验公式：采用经验公式计算比理论公式接近实际。对承压含水层或无压含水层，整井与非完整井，井群沿河布置与远离水体布置都能适用。当有足够抽水试验资料时，应采用经验公式，互阻出水量减少系数按式（3-77）、式（3-78）计算：

$$a = \frac{Q-Q'}{Q} = 1-\frac{Q'}{Q} \tag{3-77}$$

$$Q' = Q(1-a) \tag{3-78}$$

式中　$a$——出水量减少系数；

$Q$——无互阻时的出水量（$m^3/d$）；

$Q'$——有互阻时的出水量（$m^3/d$）。

当 $Q$—$S$ 呈直线关系时，井的出水量减少系数按式（3-79）、式（3-80）计算（参见图 3-8）：

$$a_1 = \frac{t_1}{S_2+t_1} \tag{3-79}$$

$$a_2 = \frac{t_2}{S_1+t_2} \tag{3-80}$$

$$Q'_1 = Q_1(1-a_1)$$

$$Q'_2 = Q_2(1-a_2)$$

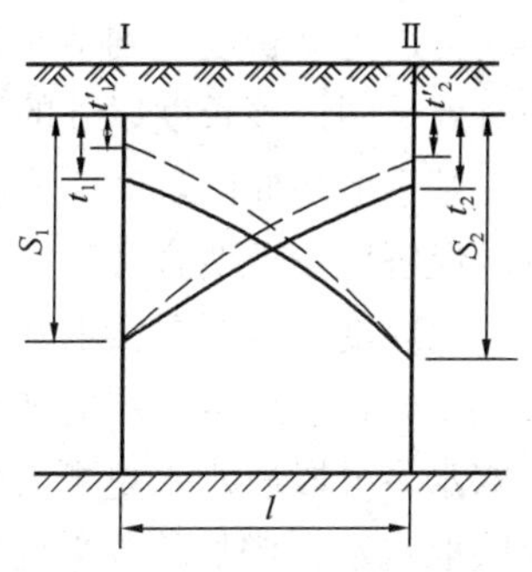


图 3-8　井群互阻计算

式中　$a_1$、$a_2$——分别为Ⅰ号与Ⅱ号井出水量减少系数；

$S_1$、$S_2$——为两井同时抽水时各井的水位降深（m）；

$t_1$、$t_2$——各井单独抽水时，使另外井的水位降深（m）；

$Q_1$、$Q'_1$——Ⅰ号井无互阻和有互阻时的出水量（$m^3/d$）；

$Q_2$、$Q'_2$——Ⅱ号井无互阻和有互阻时的出水量（$m^3/d$）；

当设计井距不等于两试验井距时，$a_x$值应按下式换算：

$$a_x = a_1 \frac{\lg \dfrac{R}{x}}{\lg \dfrac{R}{l}} \tag{3-81}$$

$$t_x = t_1 \frac{\lg \dfrac{R}{x}}{\lg \dfrac{R}{l}} \tag{3-82}$$

式中　$a_x$、$t_x$——井间距为$x$时出水量减少系数和单井抽水使另外井的水位降深（m）；

$x$——设计井的间距（m）；

$l$——试验井的间距（m）；

$a_1$、$t_1$——试验井出水量减少系数和单井抽水时使另外井的水位降深（m）。

某井处于井群互阻作用中，其出水量应按下式计算：

$$Q' = Sq'_i = Sq_i(1 - \Sigma a)$$

$$\Sigma a = a_1 + a_2 + \cdots\cdots + a_n$$

式中　$q'_i$、$q_i$——某井有互阻和无互阻时的单位下降出水量[$m^3/(d \cdot m)$]；

$S$——水位降深（m）。

当$Q$—$S$呈抛物线、幂函数曲线和对数曲线关系时，可分别按式（3-57）、式（3-61）、式（3-65）利用有互阻情况下的降深计反算出水量，即为无互阻时的出水量。再按公式（3-80）算出水量减少系数$a$。

**3.6.1.3　大厚度含水层中分段取水井组的布置原则**

试验证明，在大厚度含水层中，在一定管径与一定水位降深条件下，管井出水量随过滤器长度的增长而增加，而单位出水量则随长度的增长而减少。

当过滤器长度达到某一数值时，其增加出水量趋近于零。此长度即为该条件下过滤器的有效长度。该长度以外的过滤器对增加出水量无实际意义。

基于上述原因，对厚度超过60m的大厚度透水性能良好的含水层，经过抽水试验和技术经济比较证明合理时，可采用管井分段取水。

大厚度含水层分段取水与地下水的补给条件、水位降深、含水层透水性、管径等有直接关系。在多层含水层时如总厚度大于40m可采用分层取水。在单一含水层中可采用分段取水。分段取水水量可大幅增加，降落漏斗也会增大。在无水力联系的多层含水层中，分层取水水量增加的效果更好。

分段取水井组的布置：大厚度含水层分段取水的井组通常用2～3口井，可布置成直线或三角形（见图 3-9）。分段取水井组的布置可参照表 3-29。

**分段取水井组的布置**　　　　表 3-29

| 含水层厚度(m) | 布　置 | | | |
|---|---|---|---|---|
| | 管井数(个) | 滤水管长(m) | 水平间距 $r_x$(m) | 垂直间距 $a$(m) |
| 40～60 | 2 | 20～30 | 5～10 | ＞5 |
| 60～100 | 2～3 | 20～25 | 5～10 | ≥5 |
| ＞100 | 3 | 20～25 | 5～10 | ≥5 |

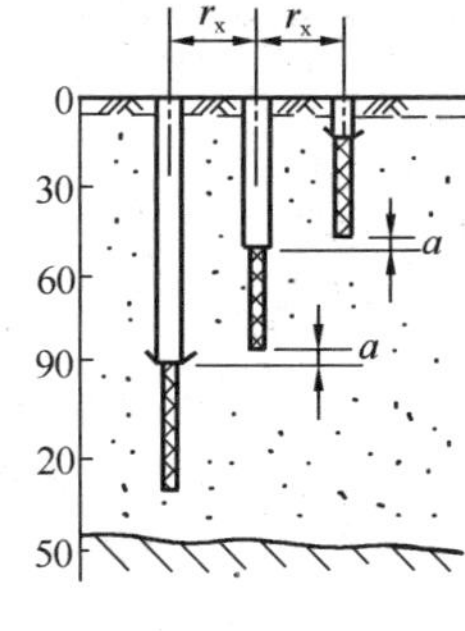

图 3-9　分段取水井组布置

井组的排列应沿地下水的流向。过滤器的设置深度应在动水位(无压水)或隔水层顶板(承压水)以下 1.5～2.0m。

出水量计算：大厚度含水层中分段取水管井的出水量计算，目前尚无较完善的方法，现有计算方法误差较大，因此没有列入。生产中以抽水试验法确定开采量比较可靠。

## 3.6.2 管井构造设计

因水文地质条件、施工方法、配套水泵和用途等不同管井的结构形式也多种多样。

一般管井主要由井口、井壁管、过滤器和沉淀管等组成，见图 3-10。井孔开凿后，是否下入井管，要根据具体情况确定。在松散层中取水，应全部设置井壁管、过滤器和沉淀管；在基岩中取水，除软质岩石和构造破碎带外，一般可直接通过井壁取水，或者只在设泵深度内下入(设置)井管。

### 3.6.2.1 井口

管井接近地表部分称为井口。井口与地面直接接触，为防止地表污水渗入井内，一般用优质黏土球或水泥浆封闭，其深度一般不小于 5m。井口周围应浇筑水泥浆地坪。井口要有足够的坚固性和稳定性，以防止因承受水泵和泵管等重量及抽水震动引起地面沉陷。井管要高出地面 300～500mm，以便安装水泵及封闭连接。在机具安装完成后要加护盖封好，以防杂物落入井中。

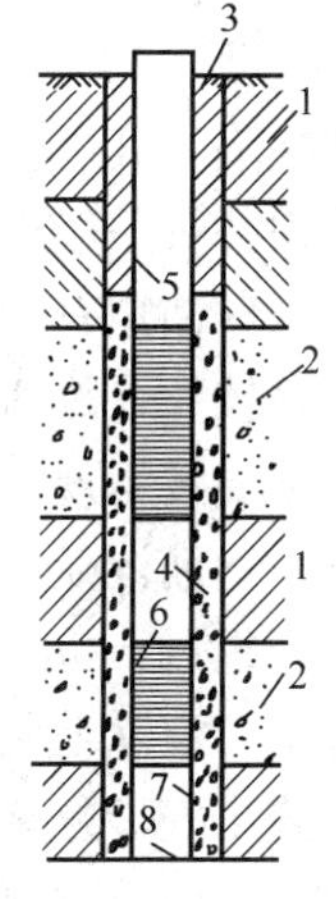

图 3-10　管井构造
1—非含水层；2—含水层；3—人工封闭物；4—人工填料；5—井壁管；6—过滤器；7—沉淀管；8—井底

### 3.6.2.2 井壁管

一般将井口以下至过滤器之间的井管称为井壁管。井壁管安装在非含水层处。为防止井壁坍塌，井管要有足够的强度。如果井身所在部位的岩层是坚固稳定的，也可以不用井壁管加固。对取裂隙岩溶水的管井，如上部为松散覆盖层，应设隔离井壁管，管端插入完整基岩中不小于 0.5m，并在管外用黏土球或水泥浆封闭。

井壁管一般根据井的用途、水质和技术经济等因素来选定。常用钢管、铸铁管作井壁管，在某些情况，也有用钢筋混凝土管、塑料管和玻璃钢管等。

(1)钢管：常用焊接钢管和无缝钢管，强度较高，可不受井深的限制，但随着井深的增加，应加厚管壁。要求井管圆正垂直，弯曲度不超过 1.5mm/m，管端齐平，并加坡口，管内外无缝隙等缺陷。钢管的优点是机械强度高，规格尺寸标准统一，施工安装方便。缺点是易腐蚀，造价较高。其主要技术规格见表 3-30。

**钢制井壁管技术规格**　　**表 3-30**

| 公称规格(英寸) | 井壁管 | | | | | | | 管箍 | | | | |
|---|---|---|---|---|---|---|---|---|---|---|---|---|
| | 内径 $D_1$ (mm) | 内径 $D_2$ (mm) | 壁厚 $\delta$ (mm) | 管长 $L$ (mm) | 丝扣长 $G$ (mm) | 每 25.4mm 长扣数 | 每米质量 (kg) | 外径 $D_M$ (mm) | 长度 $L_0$ (mm) | 搪孔(mm) | | 质量 (kg) |
| | | | | | | | | | | 直径 $d_0$ | 长度 $l_0$ | |
| 6 | 153 | 168 | 7.5 | 3000～6000 | 66.5 | 8 | 31.6 | 186 | 194 | 170 | 12 | 8.4 |
| 8 | 203 | 219 | 8 | 3000～6000 | 73 | 8 | 41.6 | 236 | 203 | 221 | 12 | 10.8 |
| 10 | 255 | 273 | 9 | 3000～6000 | 79.5 | 6 | 58.6 | 287 | 216 | 275 | 16 | 12.9 |
| 12 | 305 | 325 | 10 | 3000～6000 | 86 | 6 | 77.7 | 340 | 229 | 327 | 16 | 17.3 |
| 14 | 355 | 377 | 11 | 3000～6000 | 86 | 6 | 99.3 | 391 | 229 | 379 | 16 | 18.7 |
| 16 | 404 | 426 | 11 | 3000～6000 | 86 | 6 | 112.6 | 441 | 229 | 428 | 16 | 22.4 |

**铸铁管弯曲度**　　**表 3-31**

| 公称口径(mm) | 弯曲度(mm) |
|---|---|
| ≤150 | $2L$ |
| 200～400 | $1.5L$ |
| ≥500 | $1.25L$ |

注：表中 $L$ 代表管的有效长度的米数。

(2) 铸铁管：铸铁井壁管，要求弯曲度不大于表 3-31 的要求，壁厚负偏差为$(1+0.05T)$，$T$ 为标准壁厚(mm)，管壁内外表面不允许有冷隔、裂隙和错位等缺陷，壁厚减薄局部缺陷，其深度不超过 $2+0.05T$(mm)，管端齐平。

铸铁井管一般用管箍连接，浅井管材不重时，也有用钢板套管头焊接的。铸铁管比钢管耐腐蚀，使用寿命长，抗拉抗压强度也高，但性脆、抗剪和抗冲击强度低，管壁较钢管厚，自重较大，故适用深度较钢管小，一般适用于井深 200～400m 的水井，而且造价也较高。主要技术规格见表 3-32。

(3) 钢筋混凝土管：适用于不超过 150m 深的管井，要求弯曲度不超过 3mm/m。外径公差不超过±5mm，壁厚偏差不±2mm，管内壁应光滑，管身无裂纹、缺损及暗伤，管端齐平，清除毛刺。主要优点是耐腐蚀、具有一定的机械强度。缺点是井壁较厚，质量较大，施工安装复杂。主要技术规格见表 3-33。

(4) 塑料管：聚氯乙烯 PVC-U、聚乙烯、丙烯腈—丁二烯—苯乙烯 ABS 塑料管，或橡胶改性塑料管都有很多优点，如重量轻、易安装、抗腐蚀和价格低等。塑料井管下入深度一般不超过 100m，少数地区塑料井管的深度达到了 300m。优点是管材轻，利于运输和安装，抗腐蚀性。缺点是抗拉、抗屈和抗冲击强度不够，缺乏弹性，又不像钢管那样易于连接。因而尚未广泛使用。其主要技术规格，见表 3-34。

**铸铁井壁管管箍和保险箍规格** 表 3-32

| 公称规格（英寸） | 井壁管 | | | | | | | | | | 管箍 | | | | | | | 保险箍 | | | | | | |
|---|---|---|---|---|---|---|---|---|---|---|---|---|---|---|---|---|---|---|---|---|---|---|---|---|
| | 内径 $D_1$ (mm) | 外径 $D_2$ (mm) | 壁厚 $\delta$ (mm) | 管长 $L$ (mm) | 丝扣外径 $D_3$ (mm) | 丝扣长 $L_1$ (mm) | 每25.4mm长扣数 | 圆档箍(mm) 外径 $D_4$ | 圆档箍(mm) 宽 $K$ | 每米质量 (kg) | 内径 $D_1'$ (mm) | 内径 $D_2'$ (mm) | 壁厚 $\delta'$ (mm) | 长度 $L'$ (mm) | 丝扣长 $L_1'$ (mm) | 每25.4mm长扣数 | 质量 (kg) | 内径 $D_1''$ (mm) | 内径 $D_2''$ (mm) | 壁厚 $\delta''$ (mm) | 长度 $L''$ (mm) | 丝扣长 $L_1''$ (mm) | 每25.4mm长扣数 | 质量 (kg) |
| 6 | 152 | 172 | 10 | 4000 | 178 | 55 | 8 | 196 | 15 | 41 | 178 | 204 | 13 | 135 | 60 | 8 | 9 | 178 | 204 | 13 | 57 | 30 | 8 | 2.7 |
| 8 | 203 | 225 | 11 | 4000 | 231 | 55 | 8 | 253 | 15 | 60 | 231 | 259 | 14 | 138 | 60 | 8 | 13 | 231 | 259 | 13 | 57 | 30 | 8 | 3.4 |
| 10 | 253 | 329 | 11 | 4000 | 281 | 60 | 8 | 307 | 20 | 74 | 281 | 312 | 15.5 | 150 | 65 | 8 | 19 | 281 | 312 | 13 | 62 | 35 | 8 | 4.5 |
| 12 | 305 | 329 | 12 | 4000 | 335 | 70 | 8 | 361 | 20 | 116 | 335 | 372 | 18.5 | 175 | 75 | 8 | 29 | 335 | 372 | 15 | 72 | 40 | 8 | 6 |
| 14 | 356 | 380 | 12 | 4000 | 390 | 82 | 5 | 418 | 25 | 132 | 390 | 429 | 19.5 | 210 | 90 | 5 | 42 | 390 | 429 | 17 | 84 | 50 | 5 | 10 |
| 16 | 406 | 432 | 13 | 4000 | 442 | 97 | 5 | 476 | 25 | 188 | 442 | 481 | 19.5 | 240 | 105 | 5 | 54 | 442 | 481 | 17 | 99 | 55 | 5 | 13 |
| 20 | 508 | 536 | 14 | 3000 | 546 | 110 | 4 | 586 | 25 | 185 | 546 | 585 | 19.5 | 250 | 120 | 4 | 69 | 546 | 585 | 17 | 112 | 60 | 4 | 19 |

**混凝土井壁管及接箍技术规格** 表 3-33

| 公称规格（英寸） | 井壁管 | | | | | | 接箍 | | | | |
|---|---|---|---|---|---|---|---|---|---|---|---|
| | 内径 $D_1$ (mm) | 内径 $D_2$ (mm) | 厚度 $\delta$ (mm) | 长度 $L$ (mm) | 加筋根数 | 加筋直径 (mm) | 内径 $D_1$ (mm) | 内径 $D_2$ (mm) | 长度 $L$ (mm) | 加筋根数 | 加筋直径 (mm) |
| 6 | 150 | 200 | 25 | 2000～3000 | 6 | 3 | 230 | 290 | 6 | 3 | |
| 8 | 200 | 260 | 30 | 2000～3000 | 6 | 3～4 | 290 | 350 | 200 | 6 | 3～4 |
| 10 | 250 | 310 | 30 | 2000～3000 | 8 | 4 | 340 | 400 | 200 | 8 | 4 |
| 12 | 300 | 360 | 30 | 2000～3000 | 10 | 4 | 390 | 450 | 200 | 10 | 4 |
| 14 | 350 | 420 | 35 | 2000～3000 | 12 | 4 | 450 | 510 | 250 | 12 | 4 |
| 16 | 400 | 370 | 35 | 2000～3000 | 16 | 4 | 500 | 560 | 250 | 16 | 4 |

塑料井壁管规格 表 3-34

| 公称直径(mm) | 150 | 200 | 250 | 300 | 350 |
|---|---|---|---|---|---|
| 壁厚 $\delta$(mm) | 8.5 | 10 | 10 | 10 | 10 |
| 质量(kg/m) | 6.2 | 8.63 | 11.9 | 15.9 | 22.0 |

(5) 玻璃钢管：又称玻璃纤维增强塑料。优点是质量轻、比强度高、运输方便，抗老化性能和耐热性能好，耐腐蚀性好，水利条件好，内壁光滑不结垢，水阻小，耐磨性好。缺点是阳光直接照射易老化，受力不均时容易变形导致接头漏水。诸多技术数据及性能参数仍需在工程实践中总结改进。

**3.6.2.3 过滤器**

(1) 过滤器的基本要求：过滤器包括滤水管、垫筋、缠丝、包网、滤料。应由耐腐蚀或不易产生沉淀、淤堵、结垢的材料组成，尽可能延长使用年限。在可能条件下，过滤器要具有最大的滤水面积，使进水阻力最小，在入管流速允许范围内，以提高单井出水量。为有效地防止涌砂，滤水管孔隙尺寸应与滤料颗粒直径以及含水层颗粒直径相适应。同时过滤器必须具有合理的强度，并要求制作容易、造价经济。

(2) 过滤器类型

过滤器的结构类型繁多。常用过滤器主要有填砾过滤器、骨架过滤器、缠丝过滤器、贴砾过滤器和模压过滤器等。根据含水层特征，正确地选择过滤器可以增大单井出水量，避免涌砂和延长水井使用寿命。其材料特性、适用范围和优缺点，见表 3-35。

过滤器类型及适用范围 表 3-35

| 过滤器种类 | | 骨架材料 | 孔隙率（%） | 适用范围 | 优缺点 |
|---|---|---|---|---|---|
| 圆孔过滤器 | | 钢管 | 30～35 | 不稳定裂隙岩层，松散碎石，卵石层 | 强度较大，孔隙率高加工方便重量大，造价较高 |
| | | 铸铁管 | 20～25 | | |
| 条孔过滤器 | | 钢管塑料管 | 10～30 | 中粗砂砾石层 | 加工困难，优越性少，使用不多 |
| 缠丝过滤器 | 钢筋骨架过滤器 | 圆钢 | 50～70 | 中粗砂砾石层 | 重量小，造价低、孔隙率大，强度低、适用于浅井 |
| | 钢制过滤器 | 钢圆孔管 | 35 | | 强度大，孔隙率较大，适用于深井，抗腐蚀性不如铸铁管 |
| | 铸铁过滤器 | 铸铁圆孔管 | 25 | | 抗腐蚀性强，重量大，适用于 250m 以内的深井 |
| | 钢筋混凝土过滤器 | 钢筋混凝土穿孔管 | 15～20 | | 成本低，强度差，重量大，适用于浅井 |
| 包网过滤器 | | 圆孔条孔过滤器 | 10～35 | 中细砂层 | 包网阻力大易堵塞，易腐蚀 |

续表

| 过滤器种类 | 骨架材料 | 孔隙率（%） | 适用范围 | 优缺点 |
|---|---|---|---|---|
| 填砾过滤器 | 缠丝包网过滤器 | 10～75 | 细中粗砂和砾石层 | 适用范围较广，管井透水性及渗透稳定性较高 |
| 砾石水泥过滤器 | 无砂混凝土管 | 20 | | 取材容易，制作简单，造价低，强度小，重量大，可用于50m以内浅井 |
| 无缠丝过滤器 | 金属管 | 20～25 | 粉、细、中、粗、砂、砾石、卵石层 | 管井透水性渗透稳定性和抗腐蚀性提高，单位出水量增加，电耗少，寿命长，适用于100m以内的管井 |
| | 水泥管 | 16～20 | | |
| 贴砾过滤器 | 钢管外加铁丝网罩 | 20 | | 填料洗井时间短，井径缩小，降低钻井成本，但贴砾层易被损，运输时应包装好 |
| 聚丙烯过滤器 | 聚丙烯管 | | | 滤管一次注塑成型，耐腐蚀，强度较低，适用于浅井 |
| 模压孔过滤器 | 钢板冲压后卷焊 | 桥形孔10～30mm<br>帽檐孔8～19mm | | 孔眼不易被堵塞，进水阻力小，耐腐蚀 |

（3）过滤器结构

1）填砾过滤器：是使用最多的过滤器，适用于各种含水层，防砂滤水效果好。只有在卵石、砾石松散含水层与基岩破碎带、石灰岩溶洞等含水层，才采用非填砾过滤器。管外填砾规格，可按式（3-83）确定：

含水层不均匀系数$\eta<10$的砂土类含水层

$$D_{50}=(6\sim8)d_{50} \tag{3-83}$$

当$\eta>10$，应除去筛分样中的粗颗粒后，再进行筛分，直到$\eta<10$时为止，然后根据这组颗粒级配曲线确定$d_{50}$，按公式（3-84）确定填砾规格。

对于$d_{20}<2$mm的碎石土类含水层

$$D_{50}=(6\sim8)d_{20} \tag{3-84}$$

当$d_{20}>2$mm，可填入10～20mm直径的砾石充填或不填砾。

$D_{50}$、$d_{50}$、$d_{20}$分别为填砾和含水层颗粒级配曲线上过筛重量累积百分比为50%和20%时的颗粒直径。

双层填砾过滤器的外层填砾规格，可按上述方法确定，内层填砾的直径，一般为管外填砾直径的 4～6 倍。

单层填砾层厚度：粗砂以上地层不少于 75mm；粉、细、中砂地层为 100mm。

双层填砾层厚度；内层为 30～50mm；外层为 100mm。

选用的砾石以圆形和椭圆形石英砾石为宜，不均匀系数小于 2。填砾高度根据过滤器安装位置确定。底部要低于过滤器下端 2m 以上，上部要高出过滤器上端 8m 以上。

填砾过滤器常用钢管、铸铁管和钢筋混凝土管做骨架，见图 3-11～图 3-13；主要技术规格见表 3-36～表 3-38。

**钢制过滤器技术规格　　表 3-36**

| 公称规格（英寸） | 内径 $D_1$（mm） | 内径 $D$（mm） | 厚度 $\delta$（mm） | 死头长度（mm） |  | 孔径 $d$（mm） | 孔心纵距 $A$（mm） | 孔心横距 $B$（mm） | 每周孔数 | 每米行数 | 垫筋尺度直径（mm） | 垫筋根数 | 挡箍尺度宽×厚（mm） | 缠丝号数 | 孔隙率（%） | 每米质量（kg） |
|---|---|---|---|---|---|---|---|---|---|---|---|---|---|---|---|---|
|  |  |  |  | $H_1$ | $H_2$ |  |  |  |  |  |  |  |  |  |  |  |
| 6 | 153 | 168 | 7.5 | 210 | 100 | 21 | 47.9 | 22.2 | 11 | 45 | 6 | 11 | 16×6 | 14 | 32.5 | 39 |
| 8 | 203 | 219 | 8 | 210 | 100 | 21 | 49.1 | 22.2 | 14 | 45 | 6 | 14 | 20×7.5 | 14 | 31.7 | 49 |
| 10 | 255 | 273 | 9 | 210 | 150 | 21 | 50.4 | 22.2 | 17 | 45 | 6 | 17 | 20×7.5 | 12 | 30.9 | 67 |
| 12 | 305 | 325 | 10 | 260 | 150 | 21 | 51.0 | 22.2 | 20 | 45 | 6 | 20 | 20×7.5 | 12 | 30.5 | 87 |
| 14 | 355 | 377 | 11 | 260 | 150 | 21 | 49.3 | 22.2 | 24 | 45 | 6 | 24 | 20×7.5 | 12 | 31.6 | 110 |
| 16 | 404 | 426 | 11 | 260 | 150 | 21 | 49.5 | 22.2 | 27 | 45 | 6 | 27 | 20×7.5 | 12 | 31.2 | 126 |

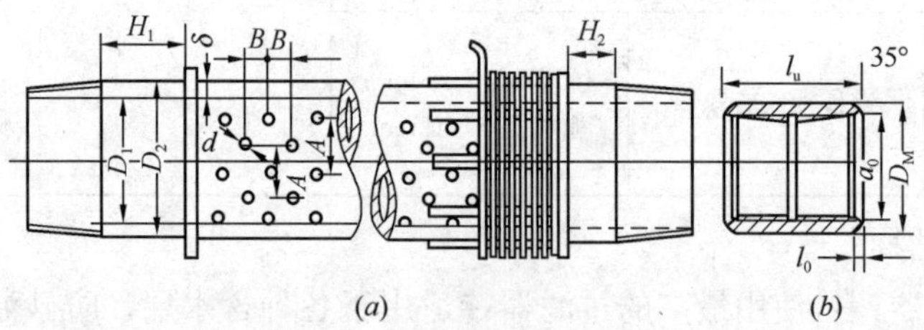


图 3-11　钢制过滤器

（a）过滤器；（b）管箍

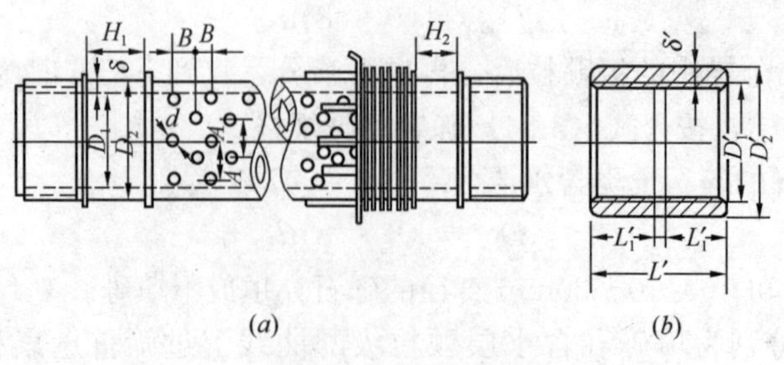


图 3-12　铸铁过滤器

（a）过滤器；（b）管箍

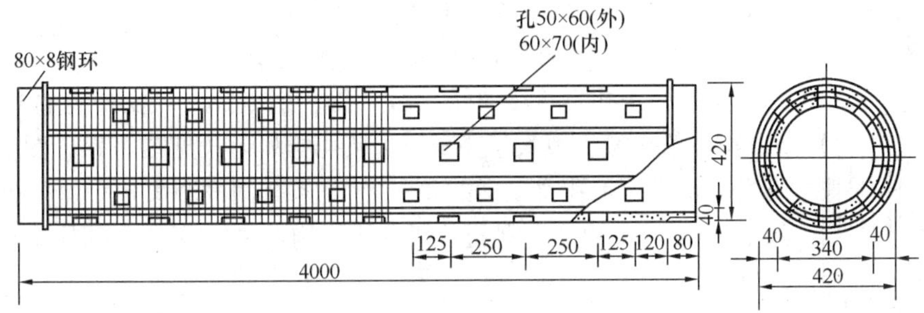


图 3-13 钢筋混凝土过滤器

**铸铁过滤器技术规格** 表 3-37

| 公称规格（英寸） | 内径 $D_1$（mm） | 外径 $D_2$（mm） | 壁厚 $\delta$（mm） | 死头长度（mm） | | 孔径 $d$（mm） | 孔心纵距 $A$（mm） | 孔心横距 $B$（mm） | 每周孔数 | 每米行数 | 垫筋尺度宽×厚（mm） | 垫筋根数 | 挡箍尺度宽×厚（mm） | 缠丝号数 | 孔隙率（%） | 每米质量（kg） |
|---|---|---|---|---|---|---|---|---|---|---|---|---|---|---|---|---|
| | | | | $H_1$ | $H_2$ | | | | | | | | | | | |
| 6 | 152 | 172 | 10 | 210 | 100 | 21 | 60.0 | 22.5 | 9 | 44 | 7.5×5 | 9 | 16×6 | 14 | 25.6 | 52 |
| 8 | 203 | 225 | 11 | 210 | 100 | 21 | 64.2 | 22.5 | 11 | 44 | 10×6 | 11 | 20×9 | 14 | 24.0 | 72 |
| 10 | 253 | 275 | 11 | 210 | 150 | 21 | 61.7 | 22.5 | 14 | 44 | 10×6 | 14 | 20×9 | 12 | 24.9 | 90 |
| 12 | 305 | 329 | 12 | 260 | 150 | 21 | 64.6 | 22.5 | 16 | 44 | 10×6 | 16 | 20×9 | 12 | 23.8 | 112 |
| 14 | 356 | 380 | 12 | 260 | 150 | 21 | 62.8 | 22.5 | 19 | 44 | 10×6 | 19 | 20×9 | 12 | 24.5 | 131 |
| 16 | 406 | 432 | 13 | 260 | 150 | 21 | 64.6 | 22.5 | 21 | 44 | 10×6 | 21 | 20×9 | 12 | 23.8 | 151 |
| 20 | 508 | 536 | 14 | 310 | 150 | 21 | 64.5 | 22.5 | 26 | 44 | 10×6 | 26 | 20×9 | 12 | 23.9 | 210 |

**混凝土过滤器技术规格** 表 3-38

| 公称规格（英寸） | 内径 $D_1$（mm） | 外径 $D_2$（mm） | 厚度 $\delta$（mm） | 长度 $L$（mm） | 死头长度 $L_1$（mm） | 垫筋根数 | 垫筋规格（mm） | 挡箍规格（mm） | 条孔行数 | 条孔规格 $C×D$（mm） | 条孔中心距 $A$（mm） | 加筋根数 | 加筋距离 $L_2$（mm） | 加筋直径（mm） |
|---|---|---|---|---|---|---|---|---|---|---|---|---|---|---|
| 6 | 150 | 200 | 25 | 2000～3000 | 150 | 8 | 10×10 | 15×15 | 8 | 30×50 | 200 | 6 | 100 | 3 |
| 8 | 200 | 260 | 30 | 2000～3000 | 150 | 10 | 10×10 | 15×15 | 10 | 30×50 | 200 | 6 | 100 | 3～4 |
| 10 | 250 | 310 | 30 | 2000～3000 | 150 | 12 | 10×10 | 15×15 | 12 | 30×50 | 200 | 8 | 100 | 4 |
| 12 | 300 | 360 | 30 | 2000～3000 | 200 | 14 | 10×10 | 15×15 | 14 | 30×50 | 200 | 10 | 100 | 4 |
| 14 | 350 | 420 | 35 | 2000～3000 | 200 | 16 | 10×10 | 15×15 | 16 | 30×50 | 200 | 12 | 100 | 4 |
| 16 | 400 | 470 | 35 | 2000～3000 | 200 | 18 | 10×10 | 15×15 | 18 | 30×50 | 200 | 16 | 100 | 4 |

2）骨架过滤器：常用钢管和铸铁管制作，也可以用非金属管材制作。其孔眼尺寸，可按式（3-85）、式（3-86）确定：

圆孔直径 $$t=(3\sim4)d_{20} \tag{3-85}$$

条孔宽度 $$a=(1.5\sim2)d_{20} \tag{3-86}$$

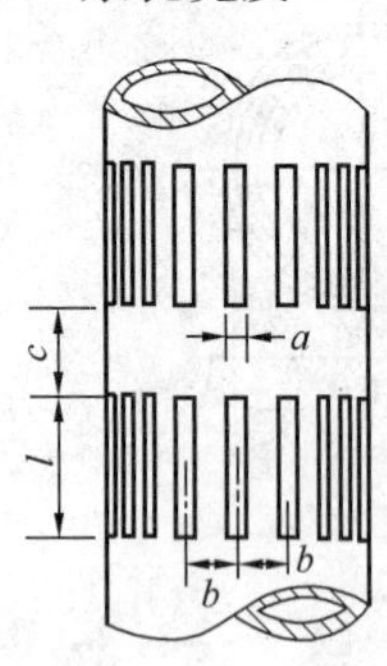

图 3-14 条孔布置

如计算条孔宽度 $a$ 值较大，可适当减小，一般圆孔直径不大于21mm，条孔宽度不大于10mm。条孔排列形式见图 3-14。图中条孔轴线间的距 6 为条孔宽度 $a$ 的 3～5 倍，条孔间的距离 $c$=10～20mm，孔隙率为 10%～30%。钢筋骨架过滤器构造见图 3-15，其技术规格见表 3-39。

注：管箍规格与铸铁井壁管管箍相同。

3）缠丝（包网）过滤器：常用钢管和铸铁管做骨架，其孔隙率一般为 15%～30%，也有用钢筋骨架管，其孔隙率可达 50%～70%，结构形式见图 3-11～图 3-13，主要技术规格见表 3-36～表 3-38。

过滤器的缠丝应采用无毒、耐腐蚀、抗拉强度大和膨胀系数小的线材，如铜丝、镀锌铁丝、不锈钢丝、玻璃纤维增强聚乙烯滤水丝和尼龙丝等。包网可采用铜丝或尼龙网。各种缠丝和包网的规格和性能见表 3-40、表 3-41。

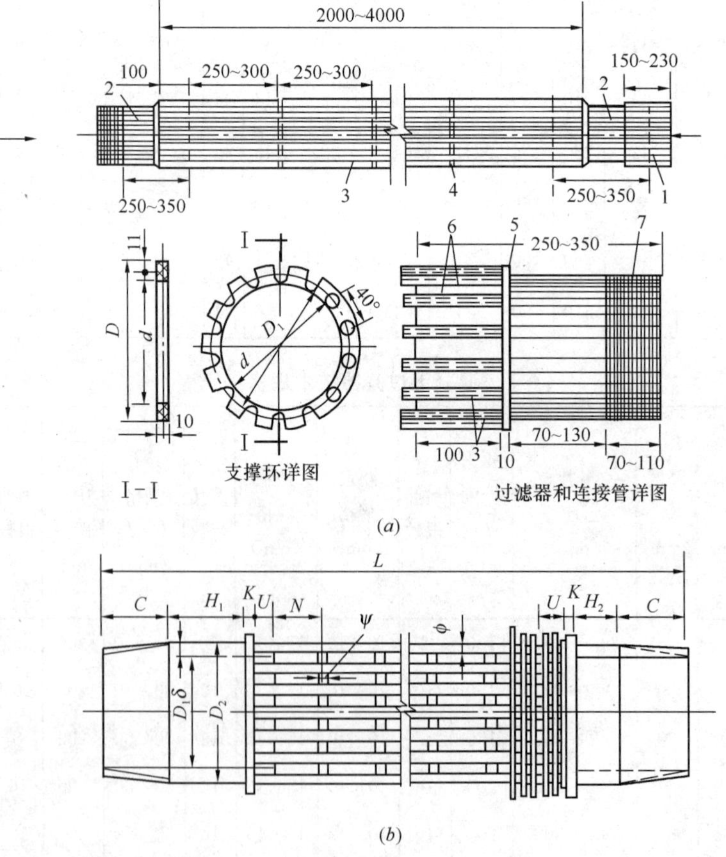

图 3-15 钢筋骨架过滤器结构

（$a$）过滤器构造；（$b$）过滤器尺寸

1—接箍；2—连接管；3—金属杆；4—支承环；5—环状管嘴；6—焊缝；7—连接管上的丝扣

钢筋骨架过滤器技术规格 表 3-39

| 公称规格（英寸） | 内径 $D_1$（mm） | 内径 $D_2$（mm） | 壁厚 $\delta$（mm） | 管长 $L$（mm） | 丝扣长 $G$（mm） | 每英寸扣数 | 死头长度（mm） | | 钢筋与钢管重合长度 $U$（mm） | 内环间距 $N$（mm） | 内环尺度直径 $\psi$（mm） | 钢筋骨架尺度直径 $\phi$（mm） | 钢筋骨架根数 | 外挡箍尺度直径 $K$（mm） | 缠丝号数 | 每米质量（kg） |
|---|---|---|---|---|---|---|---|---|---|---|---|---|---|---|---|---|
| | | | | | | | $H_1$ | $H_2$ | | | | | | | | |
| 6 | 153 | 168 | 7.5 | 5000 | 66.5 | 8 | 210 | 154 | 100 | 297 | 18 | 16 | 12 | 18 | 14 | 40 |
| 8 | 203 | 219 | 8 | 5000 | 73 | 8 | 210 | 152 | 100 | 296 | 18 | 16 | 18 | 18 | 14 | 43.6 |
| 10 | 255 | 273 | 9 | 5000 | 79.5 | 6 | 210 | 150 | 100 | 295 | 18 | 16 | 22 | 18 | 12 | 54.9 |
| 12 | 305 | 325 | 10 | 5000 | 86 | 6 | 260 | 153 | 100 | 289 | 18 | 16 | 25 | 18 | 12 | 61.9 |
| 14 | 355 | 377 | 11 | 5000 | 86 | 6 | 60 | 153 | 100 | 289 | 18 | 16 | 28 | 18 | 12 | 72.6 |
| 16 | 204 | 426 | 11 | 5000 | 86 | 6 | 260 | 153 | 100 | 289 | 18 | 16 | 32 | 18 | 12 | 78.5 |
| 18 | 426 | 450 | 12 | 4000 | 86 | 6 | 260 | 153 | 120 | 300 | 18 | 16 | 36 | 18 | 12 | 87 |
| 20 | 505 | 529 | 12 | 4000 | 86 | 6 | 260 | 153 | 120 | 300 | 18 | 16 | 40 | 18 | 12 | 96 |
| 22 | 558 | 582 | 12 | 4000 | 86 | 6 | 260 | 153 | 120 | 300 | 21 | 16 | 45 | 18 | 12 | 109.3 |
| 24 | 608 | 632 | 12 | 4000 | 86 | 6 | 260 | 153 | 120 | 300 | 21 | 16 | 48 | 18 | 12 | 110.6 |

各种缠丝材料规格和性能 表 3-40

| 项目 | 铜丝 | 镀锌铁丝 | 玻璃纤维增强聚氯乙烯滤水丝 |
|---|---|---|---|
| 直径（mm） | 2.8 | 2.8 | 2.8 |
| 抗拉力（kg） | 140～150 | 250 | 110～120 |
| 每米过滤管用量（kg） | 12.5 | 11.5 | 2.0 |
| 使用寿命（a） | 30 | 7 | 预计大于 20 |

一般铜丝网规格 表 3-41

| 每 10mm 孔数 | 相当每 25.4mm 孔数 | 铜丝直径（mm） | 每 10mm 孔数 | 相当每 25.4mm 孔数 | 铜丝直径（mm） |
|---|---|---|---|---|---|
| 1.5 | 3.75 | 0.910 | 7 | 17.5 | 0.315 |
| (1.6) | 4 | 0.910 | (7.2) | 18 | 0.315 |
| 2 | 5 | 0.711 | 8 | 20 | 0.273 |
| (2.4) | 6 | 0.771 | 8.8 | 22 | 0.273 |
| 2.5 | 6.25 | 0.771 | 9 | 22.5 | 0.273 |
| 3 | 7.5 | 0.559 | (9.6) | 24 | 0.254 |
| (3.2) | 8 | 0.559 | 10 | 25 | 0.254 |
| 3.5 | 8.75 | 0.559 | (10.4) | 26 | 0.234 |
| 4 | 10 | 0.559 | 11 | 27.5 | 0.234 |
| 4.5 | 11.25 | 0.457 | 12 | 30 | 0.234 |
| (4.8) | 12 | 0.457 | (12.8) | 32 | 0.213 |
| 5 | 12.5 | 0.457 | 13 | 32.5 | 0.213 |
| 5.5 | 13.75 | 0.376 | (13.6) | 34 | 0.213 |
| 6 | 15 | 0.376 | 14 | 35 | 0.193 |
| 6.4 | 16 | 0.315 | 15 | 37.5 | 0.173 |
| 6.5 | 16.25 | 0.315 | 16A | 40 | 0.173 |

续表

| 每10mm孔数 | 相当每25.4mm孔数 | 铜丝直径(mm) | 每10mm孔数 | 相当每25.4mm孔数 | 铜丝直径(mm) |
|---|---|---|---|---|---|
| 16B | 40 | 0.152 | 40 | 100 | 0.071 |
| 18 | 45 | 0.152 | 44 | 110 | 0.071 |
| 20 | 50 | 0.132 | 48 | 120 | 0.071 |
| 22 | 55 | 0.132 | 52 | 130 | 0.061 |
| 24 | 60 | 0.122 | 56 | 140 | 0.061 |
| 26 | 65 | 0.122 | 60 | 150 | 0.061 |
| 28 | 70 | 0.112 | 64 | 160 | 0.061 |
| 30 | 75 | 0.102 | 68 | 170 | 0.061 |
| 32 | 80 | 0.091 | 72 | 180 | 0.051 |
| 34 | 85 | 0.091 | 76 | 190 | 0.051 |
| 36 | 90 | 0.091 | 80 | 200 | 0.051 |
| 38 | 95 | 0.091 | | | |

注：1. 1.5～68孔为黄铜丝布规格，72～80孔为磷铜丝布规格；

2. 1.5～60孔为平纹编织，64～80孔为斜纹编织；

3. 宽度有914mm和1000mm两种，每卷长度均为30m；

4. 带括号的规格是非标准的。

不填砾的缠丝或包网过滤器、缠丝间隙和包网孔眼尺寸，可按下列要求确定：

① 均匀的中砂和粗砂含水层，缠丝间隙为$(1.0\sim1.5)d_{50}$；网眼尺寸为$(1.5\sim2)d_{50}$。

② 非均匀砂类含水层，缠丝间隙和网眼尺寸：中砂采用$d_{40}\sim d_{50}$；粗砂采用$d_{30}\sim d_{40}$。

上述$d_{30}$、$d_{40}$、$d_{50}$为含水层砂样过筛重量占试样全重分别为30%、40%、50%的颗粒（或网眼）直径。

4）塑料滤器：由带孔塑料管、塑料垫筋、塑料缠丝（或玻璃纤维增强塑料缠丝）组成。其进水孔形式、排列方式、孔眼直径和垫筋根数等与钢制过滤器规格相同。

5）无缠丝过滤器：是由滤管和滤料组成。这种过滤器可以有效预防过滤器腐蚀和堵塞，并能提高井的出水能力，有较长的使用寿命。

无缠丝填砾过滤器滤孔大小是以颗粒在滤孔上的聚集能力及允许流入滤管中的颗粒为基础的，根据试验得知，滤孔与外围颗粒聚集有如下关系：

① 等粒径砂的稳定聚集条件：

圆孔：$D=3.5d_{cp}$。

条孔：$D=1.25d_{cp}$。

式中　$D$——滤孔直径或条孔宽度；

$d_{cp}$——砂的平均粒径。

② 不等粒径砂的聚积条件：

圆孔：$D\geqslant4d_{50}$

条孔：$D\approx3d_{50}$

式中　$d_{50}$——占重量50%的粒径。

③ 在不同的含水层内工作时，实际通过孔眼的粒径：

圆孔：$d_{50}=0.26D$

条孔：$d_{50}=0.4D$

使用较多的是直径10mm、12mm的圆孔和8mm×50mm条孔的滤管。这样的滤管在卵石含水层中填砾或不填砾均可使用。但需指出，圆孔的滤管外围颗粒聚积的起始砾径小于条孔滤管，而圆孔受堵机会则多于条孔。条孔的长度对颗粒在滤孔上的聚积稳定性没有影响。条孔间距的确定应保证必要的孔隙率和滤管的强度，其长度可等于宽度10倍左右。圆孔和条孔对不均匀砂阻塞或通过能力见表3-42。

**圆孔和条孔滤管阻止和通过不均匀砂的能力**　　表3-42

| | 滤孔形式及孔径（mm） | 滤孔外聚集颗粒粒径（mm） | 滤孔所通过的颗粒粒径（mm） |
|---|---|---|---|
| 不均与砂 | 圆滤孔8.28 | >2.07 | <2.16 |
| | 圆滤孔3.10 | >0.8 | <0.806 |
| | 条滤孔8.28 | >2.76 | <3.32 |
| | 条滤孔3.10 | >1.03 | <1.24 |

无缠丝过滤器的孔隙率：金属管采用20%～25%；水泥管采用16%～20%。在卵石含水层中，含有一定量中间级配1～5mm的砂砾石，当管井抽水时，这些砂砾石便聚积在滤管外卵石的孔隙中，它与卵石一起形成一个新的反滤层，从而控制和阻止其后的细小颗粒涌入管井中，这就是含有10%以上中间颗粒级配的卵石层具有自生反滤层的原理。当卵石层缺少中间级配时，管外必须填砾。一般采用单层填砾，只有砂层含水层或缺少中间级配时，含中细砂多的，自生反滤层能力弱的卵石、砾石层，才采用双层填砾。其内层可在地面上预先制作，在滤管外包一层铁丝网，内层填8～10mm或10～15mm的砾石，厚40～50mm。下入井底后，再在其外填入适应含水层粒径的滤料。无缠丝过滤器的填砾规格和滤孔尺寸见表3-43。

**填入砾石规格和滤孔规格**　　表3-43

| 含水层颗粒级配（以筛分重量计） | 圆形滤孔（mm） | | | 条形滤孔（mm） | | | |
|---|---|---|---|---|---|---|---|
| | $d=8$ | $d=10$ | $d=12$ | 宽6 | 宽8 | 宽10 | 宽12 |
| 卵石 $d\geqslant20$mm >50%<br>$d_1=5$mm <10% | 单层 8～15 | 8～15 | 10～20 | 8～15 | 8～15 | 10～20 | 10～20 |
| 砾石 $d<2$mm >50% | 单层 8～15 | 8～15 | 10～20 | 8～15 | 8～15 | 10～20 | 10～20 |
| 砾砂 $d>2$mm 25%～50% | 单层 5～15 | 5～15 | 5～15 | 5～15 | 5～15 | | |
| 砾砂 $d>2$mm 25%～50% | 内层8～20<br>外层5～8 | 10～20<br>5～8 | 12～20<br>5～8 | 6～15 | 8～15<br>5～8 | 10～12<br>5～8 | 12～20<br>5～8 |
| 粗砂 $d>0.5$mm >50% | 内层8～15<br>外层4～7 | 10～15<br>4～7 | 12～20<br>4～7 | 6～10 | 8～15<br>4～7 | 10～15<br>4～7 | 12～20<br>4～7 |
| 中砂 $d>0.25$mm >50% | 内层8～15<br>外层2～5 | 10～15<br>2～5 | 12～15<br>2～5 | 8～15<br>2～5 | 8～15<br>2～5 | 10～15<br>2～5 | 12～20<br>2～5 |

续表

| 含水层颗粒级配（以筛分重量计） | 圆形滤孔（mm） | | | 条形滤孔（mm） | | | |
|---|---|---|---|---|---|---|---|
| | $d$=8 | $d$=10 | $d$=12 | 宽 6 | 宽 8 | 宽 10 | 宽 12 |
| 细砂 $d$＞0.1mm ＞75％ | 内层 8～15<br>外层 0.8～3 | 10～15<br>0.8～3 | 12～15<br>0.8～3 | 8～15<br>0.8～3 | 8～12<br>0.8～3 | 12～15<br>0.8～3 | 12～15<br>0.8～3 |
| 粉砂 $d$＞0.1mm ＜75％ | 内层 8～10<br>外层 0.5～2 | 8～15<br>0.75～2 | | 6～10<br>0.5～2 | 8～12<br>0.75～2 | | |

单层混合填砾井，出水量稳定，填料层与含水层的渗透稳定性良好，与其他管井比较，有微量细砂进入，但不影响水质。滤水管采用铸铁穿孔管，$d$=20mm，孔隙率 20％。含水层级配和单层混合级配分别见表 3-44、表 3-45。

**含水层颗粒级配** **表 3-44**

| 粒径（mm） | ＜0.25 | 0.25～0.5 | 0.5～1.0 | 1.0～2.0 | 2.0～20 |
|---|---|---|---|---|---|
| ％ | 12.5 | 27.5 | 25 | 10 | 25 |

**单层混合填砾级配** **表 3-45**

| 粒径（mm） | 3～5 | 5～10 | 10～20 | 20～30 |
|---|---|---|---|---|
| ％ | 40 | 20 | 20 | 20 |

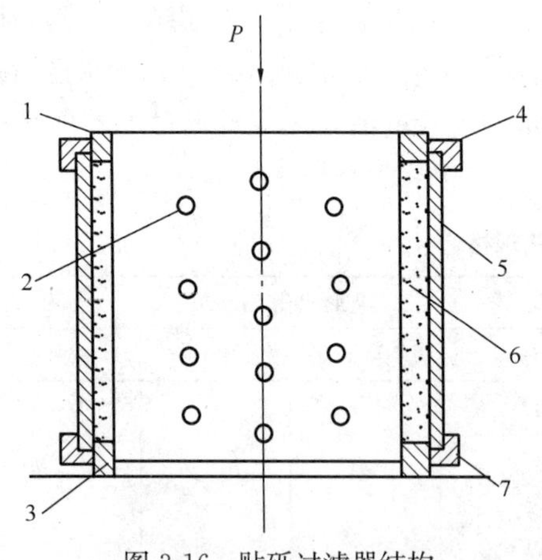


图 3-16 贴砾过滤器结构

1—压环；2—花管；3—底环；4—上模盖；5—外模；6—砾石；7—下模盖

单层混合滤料在施工时要连续填入，以保证各种级配滤料滤料充分混合，使填料与含水层形成连续的非管涌滤层，以提高渗透稳定性及井的各种性能，并可提高井的出水量和延长井的使用年限。

6）贴砾过滤器：是用人工合成树脂，将规定级配粒径的石英砂粘结在穿孔骨架管上制成的，具有良好透水性和滤水性。适用于土含水层，对解决粉、细砂地层涌砂和深井填砾不均问题效果较好，并可提高成井质量、降低成本和增加经济效益。

一般贴砾过滤管每根长度为 1m，贴砾厚度 10～20mm，孔隙率在 20％以上。贴砾管结构见图 3-16。主要产品规格见表 3-46。

**主要产品规格** **表 3-46**

| 规 格 | 108mm | 159mm | 219mm | 325mm |
|---|---|---|---|---|
| 衬管壁厚（mm） | 4 | 5 | 6 | 10 |
| 贴砾层厚度（mm） | 18～20 | | | 25 |
| 最大外径（mm） | 148 | 199 | 259 | 375 |
| 衬管的孔隙率（％） | ＞22 | | | |

续表

| 规　格 | 108mm | 159mm | 219mm | 325mm |
|---|---|---|---|---|
| 贴砾层孔隙率（%） | 23～25 | | | |
| 连接成 3m 有效长度（m） | 2.43 | | | |
| 单根质量（kg） | 21 | 36.8 | 56 | 115 |
| 连接方式 | 螺纹、焊接 | | | |

根据含水层不同性质，贴砾可制成四种颗粒级配，见表 3-47。合理选定贴砾层各项技术指标，是保证质量的关键。国内生产的贴砾管除韧性外，其余指标均接近日本凿井公司产品质量水平。只要在成品运输过程中，防止碰撞损坏，是可以满足成井要求的。贴砾层基本参数见 3-48。

**贴管砾的透水滤砂性能**（据姚凤绵等）　　**表 3-47**

| 适应含水层 | 粗　砂 | 中　砂 | 细　砂 | 粉　砂 | 备　注 |
|---|---|---|---|---|---|
| 贴砾粒度 / 透水量 [$m^3$/(h·m)] / 贴砾管规格 (mm) | 3～5mm | 2～3mm | 1～2mm | 0.7～1mm | |
| 101.6 | 36.50 | 21.80 | 23.30 | 19.98 | 在地面无水压清水试验 |
| 152.4 | 49.20 | 37.80 | 31.40 | 26.80 | |
| 203.2 | 67.50 | 49.20 | 40.70 | 34.70 | |
| 304.8 | 921.98 | 71.10 | 59.00 | 50.68 | |

**贴砾层的基本参数（据姚凤绵等）**　　**表 3-48**

| 贴砾层抗压强度（MPa） | >6.86 | 贴砾层耐酸碱度 | ≯9 |
|---|---|---|---|
| 贴砾层抗弯曲强度（MPa） | >2.94 | 贴砾层耐温性能 | 干热 150℃热水 100℃ |
| 贴砾层抗剪切强度（MPa） | >1.96 | 水浸强度保留率 | 清水 360d 保留率 76.6% |

7）模压孔过滤器：是由 4～8mm 厚钢管冲压或钢板冲压卷焊涂料制成。冲出壁外部分呈“桥状”、“帽檐形”两种，立缝为进水孔。主要特点是：有较大的径向抗压强度，有效地阻挡含水层颗粒进入井中，有效地阻挡地下水流向，增加渗透路径，减少地下水流速。根据含水层颗粒直径大小、“桥孔”规格，可不包网，施工方便，水缝隙在凸槽两侧，因而不易被砂砾堵塞。立缝宽度应等于或小于滤料粒径的下限。桥形孔形状和孔眼排列见图 3-17，主要技术规格见表 3-49，过滤器允许下入井内深度见表 3-50。帽檐孔形状和孔

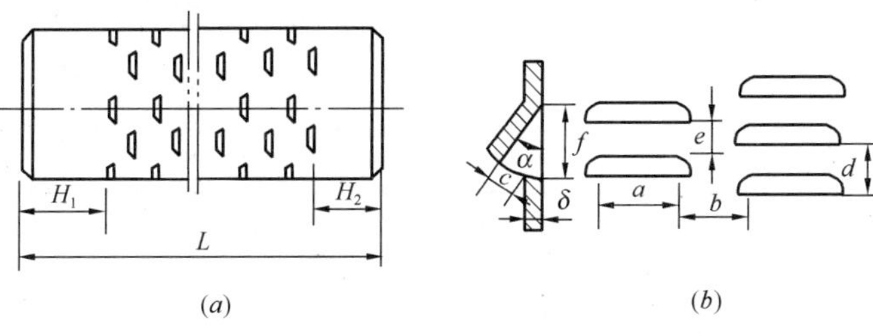


图 3-17　桥形孔形状和孔眼排列

(a) 孔眼排列；(b) 形状

眼排列见图 3-18，主要技术规格见表 3-51。过滤器允许下入井内深度见表 3-52。

上述两种形状的孔眼排列尺寸，分别列入表 3-53、表 3-54。

**主要技术规格　表 3-49**

| 公称直径（英寸） | 壁厚（mm） | 总长度（mm） | 死头长度 L（mm） | | 滤孔的长度（mm） |
|---|---|---|---|---|---|
| | | | $H_1$ | $H_2$ | |
| 8 | 6 | 3000 | 290 | 150 | 2560 |
| 10 | 6 | 3000 | 340 | 150 | 2510 |
| 12 | 7 | 3000 | 340 | 150 | 2510 |
| 14 | 7 | 3000 | 340 | 150 | 2510 |

**过滤器允许下入深度　表 3-50**

| 公称直径（英寸） | 内径 $D_{内}$（mm） | 外径 $D_{外}$（mm） | 过滤器截面积（$cm^2$） | 允许下入深度（m） |
|---|---|---|---|---|
| 8 | 203 | 229～233 | 39.4 | 808 |
| 10 | 255 | 281～285 | 49.2 | 770 |
| 12 | 305 | 335～339 | 68.6 | 810 |
| 14 | 355 | 385～389 | 79.6 | 735 |

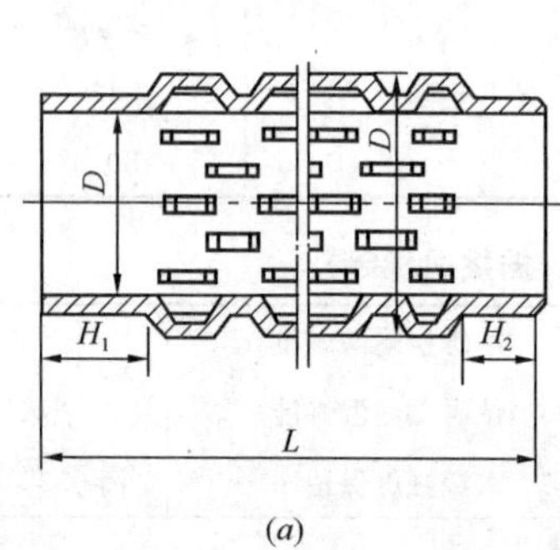


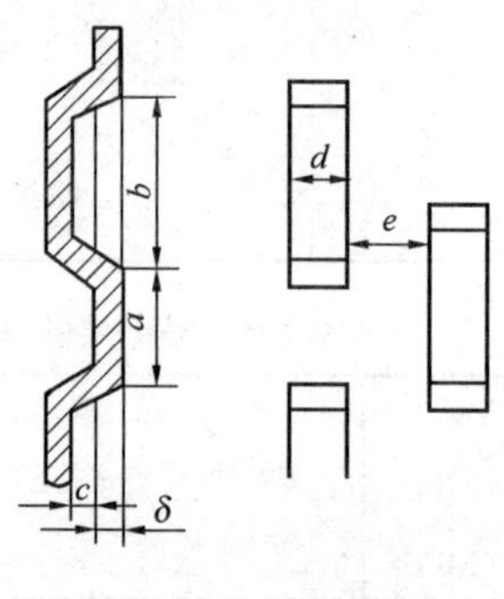


图 3-18　帽檐孔形状和孔眼排列

(*a*) 孔眼排列；(*b*) 形状

**主要技术规格　表 3-51**

| 公称直径（英寸） | 壁厚 δ（mm） | 总长度 L（mm） | 死头长度（mm） | | 孔眼的长度（mm） | 圆周上孔总行数 |
|---|---|---|---|---|---|---|
| | | | $H_1$ | $H_2$ | | |
| 8 | 6 | 3000 | 290 | 150 | 2560 | 10 |
| 10 | 6 | 3000 | 340 | 150 | 2510 | 13 |
| 12 | 7 | 3000 | 340 | 150 | 2510 | 15 |
| 14 | 7 | 3000 | 340 | 150 | 2510 | 18 |

**过滤器允许下入深度　表 3-52**

| 公称直径（英寸） | 最小截面积（$cm^2$） | 允许下入深度（m） |
|---|---|---|
| 8 | 24.7 | 544 |
| 10 | 30 | 470 |

续表

| 公称直径（英寸） | 最小截面积（$cm^2$） | 允许下入深度（m） |
|---|---|---|
| 12 | 42.6 | 503 |
| 14 | 48.5 | 448 |

**桥形孔眼排列尺寸**　　**表 3-53**

| 公称直径（英寸） | 壁厚 $\delta$（mm） | 滤水孔尺寸（mm） | | | | | | | 孔隙率 $m$（%） |
|---|---|---|---|---|---|---|---|---|---|
| | | $c$ | $b$ | $b_1$ | $d$ | $a$ | $e$ | $\alpha$ | |
| 8 | 6 | 1 | 35 | 25 | 6 | 10 | 6 | 55° | 10 |
| | | 1.5 | 40 | 30 | 6 | 10 | 6 | 55° | 15 |
| 10 | | 2 | 45 | 24 | 6 | 12 | 6 | 55° | 20 |
| | | 3 | 50 | 37 | 6 | 12 | 6 | 55° | 30 |
| 12 | 7 | 1 | 40 | 29 | 7 | 10 | 7 | 55° | 8.5 |
| | | 1.5 | 45 | 33 | 7 | 10 | 7 | 55° | 13 |
| 14 | | 2 | 50 | 37 | 7 | 12 | 7 | 55° | 13 |
| | | 3 | 55 | 41 | 7 | 12 | 7 | 55° | 27.5 |

**帽檐孔孔眼排列尺寸**　　**表 3-54**

| 公称直径（英寸） | 壁厚 $\delta$（mm） | 孔 眼 尺 寸（mm） | | | | | | 孔隙率 $m$（%） |
|---|---|---|---|---|---|---|---|---|
| | | $a$ | $b$ | $d$ | $e$ | $f$ | $c$ | |
| 8 | 6 | 40 | 27 | 20 | 10 | 15 | 6 | 18.0 |
| | | | | | | | 5 | 15.0 |
| | | | | | | | 4 | 12.0 |
| | | | | | | | 3 | 9.0 |
| | | | | | | | 2 | 6.0 |
| 10 | 6 | 40 | 24 | 20 | 10 | 15 | 6 | 18.8 |
| | | | | | | | 5 | 15.6 |
| | | | | | | | 4 | 12.5 |
| | | | | | | | 3 | 9.4 |
| | | | | | | | 2 | 6.5 |
| 12 | 7 | 40 | 26 | 20 | 10 | 15 | 6 | 18.0 |
| | | | | | | | 5 | 15.0 |
| | | | | | | | 4 | 12.0 |
| | | | | | | | 3 | 9.0 |
| | | | | | | | 2 | 6.0 |
| 14 | 7 | 40 | 24 | 20 | 10 | 15 | 6 | 18.8 |
| | | | | | | | 5 | 15.6 |
| | | | | | | | 4 | 12.5 |
| | | | | | | | 3 | 9.4 |
| | | | | | | | 2 | 6.5 |

（4）过滤器直径、长度及安装部位

1）过滤器直径：井壁管和过滤管直径相同的管井，根据出水量大小选择水泵型号，按水泵安装要求确定过滤管直径。安装水泵井段的内径，应比水泵铭牌上标定的井管内径至少大 50mm。过滤管的外径，常用允许入井流速复核，计算公式如下：

$$D \geqslant \frac{Q}{\pi L v n} \tag{3-87}$$

式中 $D$——过滤管的外径（m）；

$Q$——设计出水量（$m^3/d$）；

$L$——过滤器工作部分长度（m）；

$n$——过滤器进水表面有效孔隙率（%）（一般按过滤管进水表面孔隙率 50%考虑）；

$v$——允许入井管流速（m/s）。

允许入井管流速口值，除可按含水层渗透系数从表 3-55 查得外，还可用表 3-56 所列公式计算。

**允许入管流速** **表 3-55**

| 含水层渗透系数 $K$ (m/d) | >122 | 82～122 | 41～82 | 20～41 | <20 |
|---|---|---|---|---|---|
| 允许入管流速 $v$ (m/s) | 0.030 | 0.025 | 0.020 | 0.015 | 0.010 |

注：1. 填砾与非填砾过滤器，均按上表数值确定；

2. 地下水对过滤管有结垢和腐蚀可能时，允许入管流速，应减少 1/3～1/2。

**允许入井流速的计算公式** **表 3-56**

| 名　称 | 吉哈尔德 | 阿勃拉莫夫 | 休　斯　曼 | 苏列雅齐 |
|---|---|---|---|---|
| 公　式 | $v=\frac{1}{15}K$ | $v=65\sqrt[3]{K}$ | $v=\frac{1}{30}\sqrt{K}$ | $v=2d$ |

注：$v$—允许入井流速（m/s）；$K$—渗透系数（m/s）；$d$—含水层颗粒直径（mm）。

按表 3-56 所列公式计算，其结果与实际资料验算差别很大。为此，应将计算结果与管井填砾规格和含水层的颗粒组成统一考虑，才能取得较为确切数值。

根据水试验和开采实践经验，过滤器直径与井的出水量有很大关系。

在潜水中，过滤器直径加大，出水量也随着增加，当管径与水位降深同时增加时，出水量增大尤为明显。

2）过滤器长度：可根据设计出水量、含水层性质和厚度、水位降深及技术经济等因素确定。据井内测试，在细颗粒（粉、细、中砂）含水层中，靠近水泵部位井壁进水多，下部进水少，大约 70%～80%的出水量是从过滤器上部进入的。在粗颗粒（卵、砾石）含水层中，过滤器有效长度随动水位的加大和出水量的增加，可向深部延长，但随着动水位的继续增加，向深度延长率越来越小。因此，过滤器有效长度不宜超过 30m。确定过滤器长度可按下列原则：含水层厚度小于 30m 时，在设计动水位以下含水层部位，全部下过滤器；含水层厚度大于 30m 时，可根据试验资料并参照表 3-57 确定。

**过滤器适宜直径、长度、规格类型及出水量** 表 3-57

| 岩层名称 | | 粉砂层 | 细砂层 | 中砂层 | 粗砾、砾石层 | 卵石、砾石层 | 基岩层 |
|---|---|---|---|---|---|---|---|
| 岩层结构成分 | | 颗粒较均匀，$d_{50}$=0.1mm，一般含部分粘土渗透系数约5m/d | 颗粒较均匀，$d_{50}$=0.15～0.2mm<br>渗透系数10～20m/d | 颗粒较均匀，$d_{50}$=0.25～0.4mm<br>渗透系数30～50m/d | 颗粒不均匀，$d_{50}$=0.5～1.25mm<br>渗透系数100～200m/d | 颗粒不均匀，$d_{50}$=1.25～50mm<br>渗透系数约200～1000m/d | 溶洞裂隙发育的石灰岩洞内清水，无填充物 |
| 井的口径 | | 井壁管和过滤器150～200mm，上部井管为了装泵，有时为250～300mm | 井壁管和过滤器200mm，上部为了装泵，有时为300mm | 井壁管和过滤器200～300mm，上部为了装泵，有时为350～400mm | 井壁管和过滤器300～400mm，上部为了装泵，有时为450～500mm | 井壁管和过滤器400～1000mm，上部井管为了装泵，有时为1200mm | 上部最大开口500mm依次缩小口径为426、377、325、273、219mm等口径 |
| 过滤器的长度 | 一般范围（m） | 20～40 | 20～40 | 20～40 | 20～50 | 20～50 | |
| | 较大出水量的有效长度（m） | 40～50 | 40～50 | 40～50 | 50～60 | 50～60 | |
| 过滤器的种类 | | 双层填砾过滤器，填砾过滤器 | 填砾过滤器 | 填砾过滤器 | 缠丝过滤器<br>填砾过滤器 | 缠丝过滤器<br>填砾过滤器 | 带圆孔钢管<br>填砾过滤器 |
| 井的单位下降出水量［$m^3/(d\cdot m)$］ | | 50～100 | 100～200 | 200～300 | 300～500 | 500～2000 | 1000～10000 |

3）过滤器安装部位：过滤器一般设在含水层中部，厚度较大的含水层，可将过滤管壁管间隔排列，或在含水层中分段设置，以获得较好的出水效果。多层承压含水层，应在含水性最强的含水段安装过滤器。潜水含水层，如岩性均质，应在含水层的1/2～1/3厚度内靠近含水层底部设置过滤器。

#### 3.6.2.4　沉淀管

沉淀管又称沉砂管，其直径一般与过滤管相同。沉淀管安装在过滤器的下端，为抽水过程随水带进井内的砂粒（未能随水抽出的部分）留出沉淀的空间，以备定期清理。沉淀管长度主要是根据井深和含水层性质确定。松散层地区的井，浅井为2～4m，深井为4～8m，基岩中的管井一般为2～4m。根距井深确定沉淀管长度可参照表3-58。

**井深与沉淀管长度的关系**　　**表3-58**

| 井深（m） | 16～30 | 31～90 | ＞90 |
|---|---|---|---|
| 沉淀管长度（m） | ＞2 | ＞5 | ＞10 |

#### 3.6.2.5　测水管

测水管的内径，在松散层中一般为38～50mm。下部进水穿孔管部分长度为2～3m。

### 3.6.3　管井施工

管井施工通常分为以下几个步骤：井孔钻进、井管安装、填砾、止水、洗井等。

（1）井孔钻进

井孔钻进方法很多。根据施工机械，井孔钻进可分为冲击钻进、回转钻进、冲击回转钻进、反循环钻进和空气钻进等。按冲洗液介质可分为清水、泥浆、空气或汽化冲洗液等，各冲洗介质的适用条件见表3-59。

**冲洗介质护壁施工方法的适用条件**　　**表3-59**

| 冲洗介质种类 | 适用条件 | 钻进方法 |
|---|---|---|
| 清水 | 黏土结构稳定的松散层和基岩 | 冲击钻进，回转钻进 |
| 泥浆 | 松散层、岩性破碎或水敏性地层 | 冲击钻进，回转钻进 |
| 空气或汽化冲洗介质（纯空气，雾化清水，雾化泥浆、泡沫泥浆和充气泥浆） | 缺水地区、严重渗漏地层，永久冻土层 | 回转钻进，潜孔锤钻进 |

在冲洗介质护壁施工方法中，常用的是泥浆护壁施工方法，随着洗井技术提高，堵塞含水层可能性很小，因而得到广泛应用。冲洗介质护壁适用的地层条件钻进方法详见表3-60。井孔转进完成后，可根据要求选择适当的方法进行测井。

**冲洗介质适用的地层条件及钻进方法**　　**表3-60**

| 钻进方法 | 破碎岩石形式 | 冲洗介质种类 | 冲洗介质循环方式 | 成孔程序 | 使用钻具类型 | 适用地层 |
|---|---|---|---|---|---|---|
| 冲击钻进 | 全面破碎岩石钻进 | 清水或泥浆 | 非循环 | 一次成孔 | 钻头钻进抽筒钻进 | 松散层软质基岩 |

续表

| 钻进方法 | 破碎岩石形式 | 冲洗介质种类 | 冲洗介质循环方式 | 成孔程序 | 使用钻具类型 | 适用地层 |
|---|---|---|---|---|---|---|
| 回转钻进 | 全面破碎无岩芯钻进环面破碎取芯钻进 | 清水或泥浆 | 正循环、反循环（泵吸压气喷射反循环）部分反循环 | 一次成孔或部分成孔 | 合金钻进钢粒钻进牙轮钻进 | 松散层基岩 |
| 潜孔锤钻进（冲击回转两用） | 全面破碎岩石钻进 | 空气或汽化冲洗液 | 正循环反循环 | 一次成孔或扩孔成孔 | 潜孔锤连接钻头冲击回转钻进 | 严重漏水地层永久冻土层和干旱缺水地区 |

（2）井管安装

为保证钻孔深度的准确性，井管安装前必须采用钢卷尺校正孔深。孔深最大允许误差为1%，在允许误差范围内不必修正，超出允许误差必须重新丈量，寻找原因，修正报表。同时应检查钻孔直径是否合乎设计要求，钻孔是否垂直、圆整，以保证井管顺利安装和填砾厚度均匀。

经检验合格，按修正后的报表根据钻进和水文测井划分的地层剖面，确定滤水管位置和不同规格滤料填充位置，编制成井实际结构图。配管时应全面检查井管质量，仔细检查螺纹配合情况，并将螺纹刷洗干净。用钢卷尺量取每根井管长度，并按下管的顺序给每根井管作上编号。同时进行冲孔换浆，防止孔内沉淀和保证井管安装深度，必须将孔内含大量泥砂的稠泥浆全部换成稀泥浆，以保证井管安装、填砾和洗井工作的顺利进行。冲孔换浆应在井管安装前进行。然后立即进行井管安装。井管安装的方法由井管材料和成井深度确定。常用的安装方法见表3-61。

**常用的井管安装方法　　表3-61**

| 下管方法 | 适用条件 | |
|---|---|---|
| | 井管连接方式 | 井管总重量 |
| 悬吊下管法 | 丝扣或电焊连接管 | 小于下管设备的安全负荷和小于井管抗拉强度时采用 |
| 浮力下管法 | | 大于下管设备的安全负荷或大于井管抗拉强度时采用 |
| 兜底下管法 | 非丝扣或电焊连接的管 | 小于下管设备的安全负荷和小于井管抗拉强度及大于井管的抗拉强度时采用 |
| 二次或多次下管法 | 丝扣、电焊连接管或非丝扣、电焊连接的管 | 大于下管设备的安全负荷时；或采用浮力塞后有效重量大于井管抗拉强度时采用 |

（3）填砾

围填滤料是增大过滤器及其周围有效孔隙率，减小地下水流入过滤器的阻力，增大水井出水量，防止涌砂，延长水井使用寿命的重要措施。围填滤料的质量取决于滤料的质量和填砾方法。因此围填滤料应满足以下要求：

1）滤料应选择质地坚硬、密度大、浑圆度好的石英砾为宜。易溶于盐酸和含铁、锰的砾石以及片状或多棱角碎石不宜用作滤料。

2）认真检查滤料的质量和规格，不符合要求的滤料不准填入孔内，含泥土杂质较多的滤料，要用水冲洗干净后才准使用。滤料规格参照相关关规定和要求。

3）填砾应从井管四周均匀填入，不得只从单一的方位填入。

4）填砾过程中要定时探测孔内填砾面位置，若发现堵塞时要采取措施消除后再填。

5）滤料填至预定位置后，在进行止水或管外封闭前，应再次测定填砾面位置。若有下沉，应补填至预定位置。

（4）止水

止水的目的是为了隔离钻孔所穿透的透水层或漏水带，封闭有害的和不用的含水层，进行分层开采、观测和试验。获取不同含水层（组）的地下水或水文地质资料。

常用的止水材料有黏土、海带、桐油石灰、水泥、橡胶及水溶性聚氨酯等。常用的止水方法有黏土围填止水、压力灌浆止水、管靴止水、托盘止水、胶囊止水、提拉压缩式止水器、支撑管式止水器等。

（5）洗井

洗井的目的是要彻底清除井内的泥浆，破坏井壁泥浆皮，抽出渗入含水层中的泥浆和细小颗粒，使过滤器周围形成一个良好的人工滤层，以增加井孔涌水量。为防止泥皮硬化，在成井后应立即进行洗井。洗井质量应达到如下要求：

1）出水量应接近设计要求或连续两次单位出水量之差小于10%。

2）出水的含砂量应小于1/200000（体积比）。

如果在同一水文地质单元内，有3个以上抽水孔时，可采用单位涌水量比拟法检查洗井效果，但比拟条件要经过标定。

洗井方法根据孔身（井身）结构来确定。在同一钻孔中，宜采用多种方法联合洗井。常用的洗井方法见表3-62。

**常用的洗井方法及适用条件** **表3-62**

| 孔身（井身）结构 | 洗井方法 |
|---|---|
| 第四系松散地层<br>（井壁管、过滤管）孔（井） | 1. 焦磷酸钠（或其他磷酸盐）洗井；<br>2. 活塞洗井；<br>3. 液态二氧化碳洗井；<br>4. 空压机洗井、排渣 |
| 基岩下管孔（井） | 1. 活塞洗井；<br>2. 液态二氧化碳洗井；<br>3. 空压机震荡，大降深连续抽水、排渣 |
| 碳酸盐岩孔（井） | 1. 盐酸洗井；<br>2. 液态二氧化碳洗井；<br>3. 空压机洗井、排渣 |
| 基岩裸眼孔（井） | 1. 爆破扩裂洗井；<br>2. 液态二氧化碳洗井；<br>3. 空压机震荡，大降深连续抽水、排渣 |

### 3.6.4 除砂器设计

管井抽水时，在水泵启动时和稳定运行时，出水都有一定的含砂量。含砂量是管井质量的重要指标，《管井技术规范》GB 50296—2014 要求，供水管井的含砂量应低于 1/200000（按砂和水的体积比例）。一般来说，如果管井的填料层合适、厚度恰当、过滤器尺寸和出水量相应时，出水含砂量都能达到标准，但如果填料不符合规格，过滤器结构有缺陷，也可能使出水含砂量长期偏高。为此，在含有粉砂、细砂含水层中取水的管井，为避免出现管道磨损、集砂、闸门处集砂问题，可在水泵的出水管道设置除砂和排砂装置。

(1) 扩大管式除砂器：这种除砂器是在管道上安装一段直径较大水管，水流经过时流速降低，砂粒因而下降。在扩大管末端设有排砂管，以排除扩大管中沉淀下来的砂粒。小型扩大管可用铸铁管，见图 3-19，直径较大时可用钢板焊制。除砂器的直径根据水中砂粒粒径和徐砂器内的流速确定，不同粒径砂粒的沉降允许流速见表 3-63。扩大管的长度为扩大管直径 5～10 倍，排砂管的直径为扩大管直径的 0.5～1 倍。

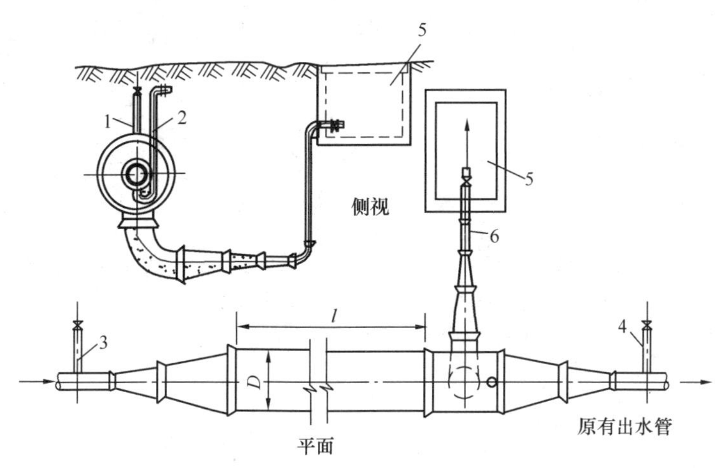


图 3-19 扩大管式除砂器

1—放气管；2—试砂管；3—试砂管甲；4—试砂管乙；5—排砂井；6—排砂管

砂粒沉降允许流速 表 3-63

| 水中砂粒粒径（mm） | 扩大管中流速（m/s） |
|---|---|
| ≥0.20 | ≤0.5 |
| ≥0.15 | ≤0.3～0.4 |
| >0.10 | <0.1 |

(2) 旋流式除砂器：这种除砂器安装在水泵出水管上，见图 3-20、图 3-21，除砂效率可达 90%，但水头损失较大。它的原理是：进入除砂器的水，在水压作用下，高速旋转，因而产生离心力，将砂粒甩向四壁，并滑下到储砂筒内，清水向上流出。储砂筒内的砂量逐渐增加，当在观测管中看到砂粒时，可打开排砂阀门，存砂在水压下很快排出，也可采用连续排砂方法，以省去储砂筒。

除砂器要求耐压、耐磨，并且内壁光滑。通常在钢板制作除砂器内壁挂以 1.5～2.0mm 厚的玻璃衬里，或用 1∶1 的辉绿岩铸石粉和环氧树脂衬里。如不加衬里，由于磨损很快，短时间内就磨出孔洞。

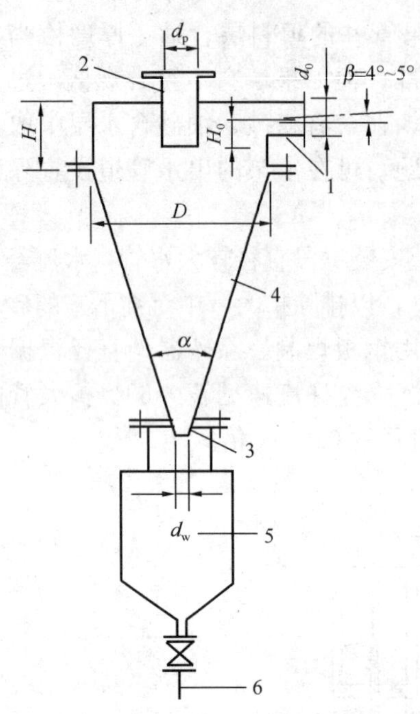


图 3-20 旋流式除砂器

1—进水管；2—出水管；3—排砂口；4—圆锥体；5—储砂罐；6—排砂管

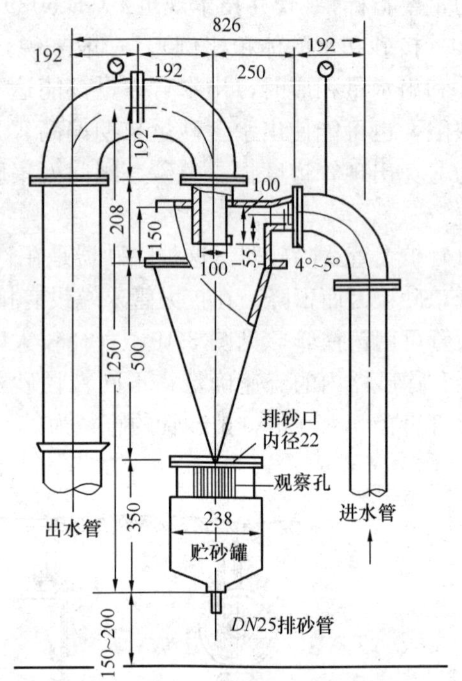


图 3-21 旋流式除砂器安装示意

除砂器各部分尺寸的关系如下：

$$d_p/d_0 = 1.2 \sim 1.6 \qquad d_w/d_p = 0.2$$

$$d_p/D = 0.25 \sim 0.33 \qquad H_0/D = 0.15 \sim 0.25$$

$$H/D = 0.55 \qquad \alpha = 30°$$

式中 $d_0$——进水管内径（mm）；

$d_p$——出水管内径（mm）；

$d_w$——排水口内径（mm）；

$D$——圆筒部分的内径（mm）；

$H$——圆筒部分的高度（mm）；

$\alpha$——圆锥体角度，根据试验以$\alpha$=30°效果较好；

$H_0$——进水管中心到出水管底缘的垂直距离（mm）。

（3）压力式侧向流斜板除砂器：压力式侧向流斜板除砂器是用于管井、大口井、渗渠等地下水取水构筑物的除砂设备，可有效地去除水中的砂，防止输水管道和清水池中积砂。

1）设备构造及工作特点：压力式侧向流斜板除砂器是在钢制圆形外壳内装以斜板组合体及穿孔排砂管等。除砂器外壳进水端与水泵相接，另一端用大小头管与出水管相接，如图 3-22、图 3-23 所示。

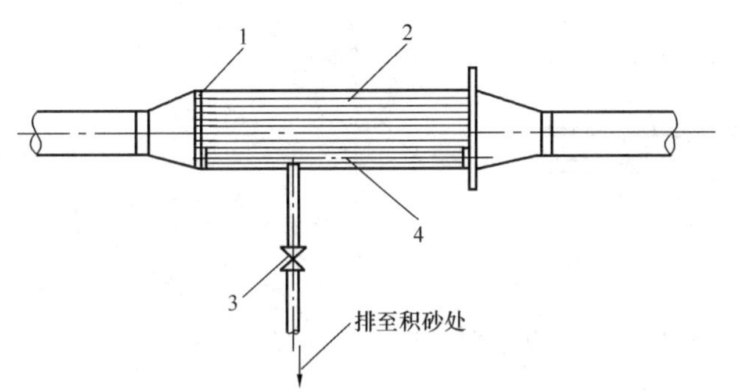


图 3-22 压力式侧向流斜板除砂器

1—穿孔配水板；2—斜板；
3—排砂阀门；4—排砂管

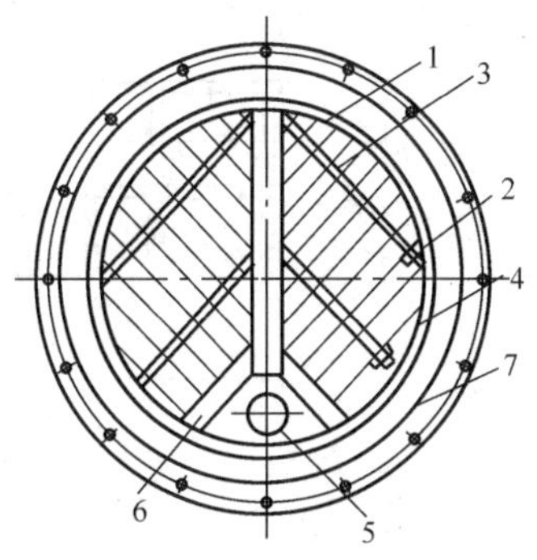


图 3-23 压力式侧向流斜板除砂器

1—斜板；2—螺栓、螺母及垫圈；3—拉板；
4—外环；5—穿孔排砂管；6—肋板；7—法兰

2）设备参数选择

① 水平流速选择及计算：

当原水含砂粒径在 0.075mm$<d\leqslant$0.1mm 时，采用斜板长为 3.0m，水平流速为 0.14m/s，除砂效率可达 90%。

当原水含砂粒径在 0.1mm$<d\leqslant$0.15mm 时，采用斜板长度为 2.5m，水平流速为 0.2m/s，除砂效率可达 98%。

当原水含砂粒径在 0.15mm$<d\leqslant$0.25mm 时，采用斜板长度为 2.0m，水平流速为 0.2m/s，除砂效率可达 99%。

② 斜板设计数据：

斜板倾角：45°。

斜板间垂直距离：3～4cm。

斜板纵向长度：3m。

斜板材质：聚丙烯塑料板，板厚 3mm。

斜板除砂器水头损失值：

当 $v$=0.15m/s 时，$\Delta h$=0.058m。

当 $v$=0.175m/s 时，$\Delta h$=0.078m。

当 $v$=0.2m/s 时，$\Delta h$=0.1m。

斜板除砂器水头损失主要消耗在始端的穿孔配水板上。

③ 进口穿孔配水板：

配水板孔隙率：22%。

配水板孔眼直径：18mm。

配水板孔眼分布：除人字肋及积砂三角渠外沿整个断面均匀分布。

④ 排砂管：

按照除砂器口径的大小排砂管直径分别采用 70～100mm，排砂管排砂孔直径 13mm，孔眼沿垂直断面成 45°角，水平方向交错排列，见图 3-24。

⑤ 附属设备：

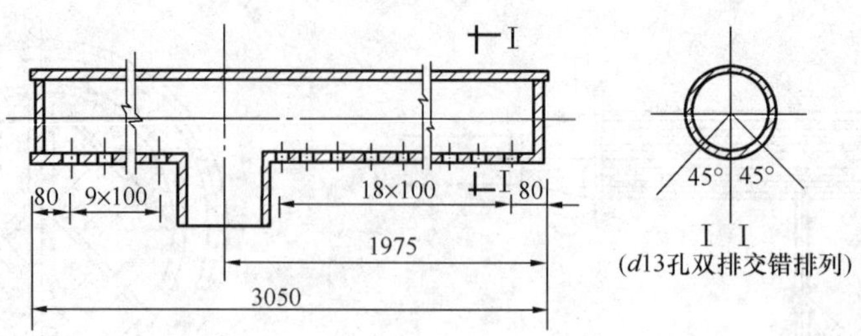


图 3-24 直径为 100mm 穿孔排砂管

在排砂管起点上部设置排气阀，定期排除除砂器内的积气；在排砂器底部设置排砂闸门，定期排除沉砂器内的积砂。

3）斜板除砂器和旋流除砂器比较见表 3-64。

**斜板除砂器和旋流除砂器比较** **表 3-64**

| 名称 | 水中砂砾直径（mm） | 去除率（%） | 水头损失（mm） | 装置方式 |
|---|---|---|---|---|
| 旋流除砂器 | $d\leqslant0.2$，占 93.6% | 97 | $Q=50m^3/h$<br>$\Delta h=2000$ | 装在室内须占用一定建筑面积 |
| | $d\leqslant0.1$，占 57% | | | |
| | $d<0.1$，占 14.4% | | | |
| 斜板除砂器 | $d\geqslant0.1$，占 8.6% | >90 | $Q=145m^3/h$<br>$\Delta h=58$ | 装在室外输配水管上须建井 |
| | $0.075\leqslant d<0.1$，占 90.2% | | | |
| | $d<0.075$，占 0.78% | | | |

4）压力式侧向流斜板除砂器通用数据：

① 斜板间距：30mm、40mm 两种。

② 斜板倾角：45°。

③ 斜板长度：3m，为运输方便，分成三段，每段长为 1m 的单元。

④ 斜板除砂器水头损失近似值：

$v=0.15m/s$ 时，$\Delta h=0.06m$；

$v=0.20m/s$ 时，$\Delta h=0.1m$。

产品技术性能及规格见表 3-65。

**压力侧向流斜板除砂器的性能及规格** **表 3-65**

| 直径（mm） | 处理水量（$m^3/h$） | | | | 备注 |
|---|---|---|---|---|---|
| | $0.075\leqslant d<0.1mm$<br>$v=0.15m/s$ | 去除率（%） | $d\geqslant0.1mm$<br>$v=0.2m/s$ | 去除率（%） | |
| 400 | 38 | >90 | 51 | >98 | 斜板间距 30mm<br>穿孔管直径 70mm |
| 500 | 74 | >90 | 98 | >98 | |
| 600 | 118 | >90 | 149 | >98 | 斜板间距 40mm<br>穿孔管直径 100mm |
| 700 | 153 | >90 | 205 | >98 | |
| 800 | 193 | >90 | 257 | >98 | |
| 900 | 270 | >90 | 360 | >98 | |

续表

| 直径（mm） | 处理水量（$m^3/h$） | | | | 备注 |
|---|---|---|---|---|---|
| | $0.075 \leqslant d < 0.1mm$ $v=0.15m/s$ | 去除率（%） | $d \geqslant 0.1mm$ $v=0.2m/s$ | 去除率（%） | |
| 1000 | 336 | >90 | 448 | >98 | 斜板间距 40mm 穿孔管直径 100mm |
| 1200 | 495 | >90 | 610 | >98 | |
| 1400 | 680 | >90 | 907 | >98 | |
| 1600 | 882 | >90 | 1176 | >98 | |

## 3.7 渗 渠

渗渠主要用以截取河床渗透水和潜流水，其出水量一般受季节变化影响较大，枯水期约为丰水期 50%～60%，或者更小。为获得预计水量，设计中应注意以下四点：

（1）确切地进行水文地质勘察和正确地使用水量评价计算成果。

（2）正确地选择渗渠位置。

（3）设计出水量时，应考虑枯水期的最小出水量，并充分估计到渗渠投产使用后，由于淤塞而可能引起的产水量逐年下降的因素。多数实践证明，渗渠产水量逐年下降是一般规律。由于水文地质条件的差别，施工质量和管理水平的高低，有的减少得少一些，有的严重些。

造成水量减少的原因在于渗透系数和影响半径的选用不当。它应根据水文地质报告中所推荐的数值，采用其平均值或偏低值。因为水文地质勘察所取得的参数，往往是在较短时间内取得的，而且不一定都是在枯水期完成的，因而所得的 $K$ 和 $R$ 值，不可能完全反映实际情况。如果不加以研究，就直接选用抽水试验时的 $R$ 和 $K$ 值，则往往偏大，造成水量下降。对于截取河床渗透水的渗渠，设计出水量时，应考虑到枯水期时河水的补给量。

（4）为了提高渗渠产水量，可在渗渠下游 10～30m 范围内采取在河床下截水的措施。当截取河床渗透水时，渗渠有一定的净化作用，其净化效果与河水浊度及人工滤层构造有关。一般可去除悬浮物 70%以上，去除细菌 70%～95%，去除大肠菌 70%以上。

### 3.7.1 渗渠的位置选择与平面布置

（1）位置选择

1）水流较急、有一定冲刷力的直线或凹岸非淤积河段，并尽可能靠近主流。

2）含水层较厚并无不透水夹层的地带。

3）河床稳定、河水较清、水位变化较小的地段。

（2）平面布置

1）平行于河流（或略成一斜角）（见图 3-25）：一般用于含水层较厚、补给充沛河床较稳定、水质较好的情况，以集取河床潜流水和岸边地下水。其优点为施工较容易，不易淤塞，检修方便，出水量变化较小。渗渠与河流水边线的距离，在含水层为卵石或砾石层时，一般不宜小于25m；对于较浑浊的河水，为了保证出水水质，上述距离可适当加大；对于稳定河床，可小于上述距离。

2）垂直于河流

① 设于河滩下（见图3-26）：适用于岸边地下水补给来源较差，而河床下含水层较厚透水性良好，且潜流水比较丰富的情况。其优点为施工、检修方便，施工费用较低；缺点为出水量受河水季节变化影响较大。

② 设于河床下（见图3-27）：适用于河流水浅，冬季结冰取地面水有困难，且河床含水层较薄，透水性较弱的河床下集取河床渗透水。其优点为出水量较大；缺点为施工、检修困难，滤层易淤塞，需经常清洗翻修。

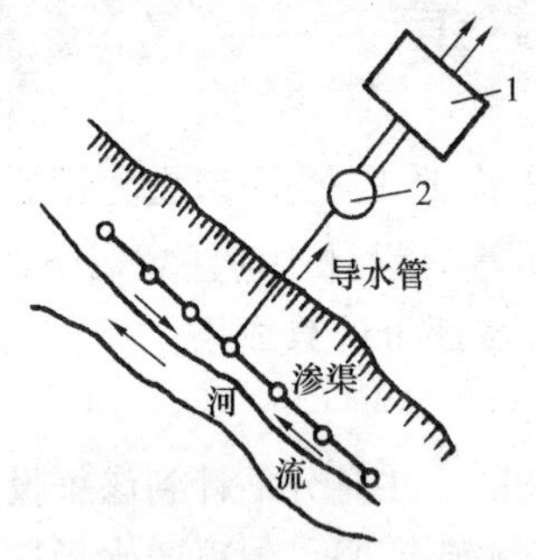


图3-25　在河滩下平行于河流布置

1—泵房；2—集水井

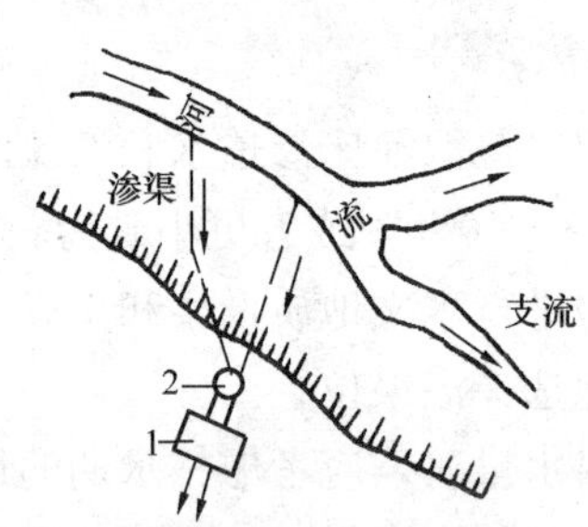


图3-26　在河滩下垂直于河流布置

1—泵房；2—集水井

3）平行与垂直组合布置（见图3-28）：适用于地下水与潜流水均丰富，含水层较厚，兼取地下水、河床潜流水与河床渗透水，为防止由于距离太近，产水量互相影响；两条渗渠夹角宜大于120°。为了尽量使雨季时两条渗渠混合水浊度有所降低，垂直于河流那条渗渠宜短些，而平行于河流那条渗渠宜长些。

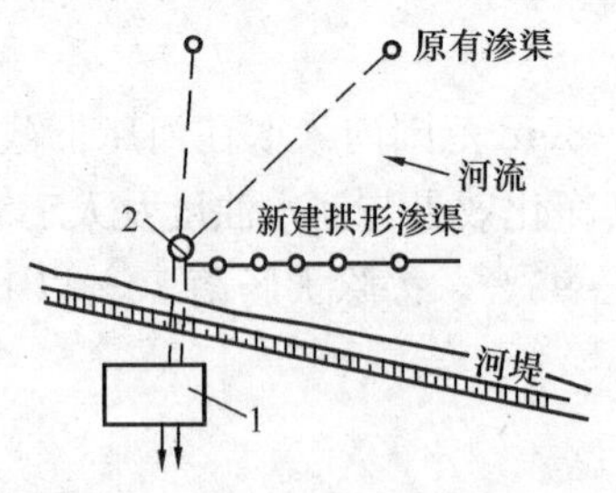


图3-27　在河床下垂直于河流布置

1—泵水房；2—集水井

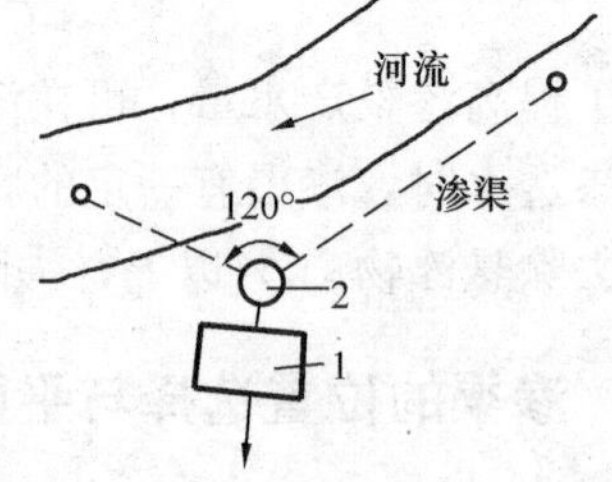


图3-28　在河床下平行与垂直河流布置

1—水泵房；2—集水井

### 3.7.2　渗渠出水量计算

（1）集取地下水或潜流水

1）完整式（双面进水）（见图3-29）：

① 当$L$大于50m，

$$Q = LK\frac{H^2 - h^2}{R}\ (\mathrm{m^3/d}) \tag{3-88}$$

② 当 $L$ 小于 50m，

$$Q = 1.37K\frac{H^2 - h^2}{\lg\frac{R}{0.25L}}\ (\mathrm{m^3/d}) \tag{3-89}$$

式中 $L$——渗渠长度（m）；

$K$——渗透系数（m/d）；

$H$——含水层厚度（m）；

$h$——动水位至含水层底板的高度，可取（0.15～0.30）$H$；

$R$——影响半径（m）。

当单侧进水时渗渠出水量应除以 2。

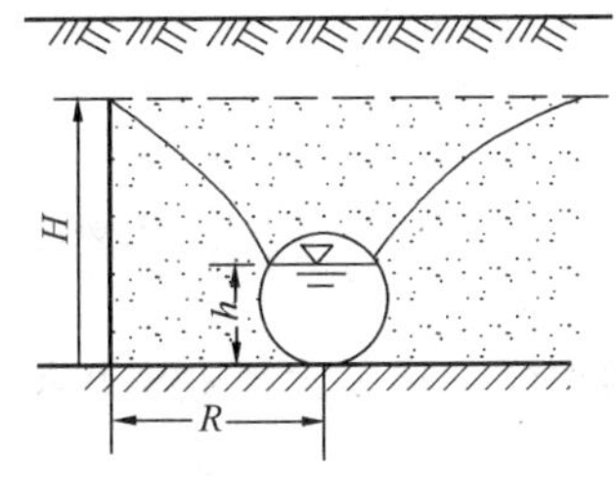

图 3-29 完整式渗渠

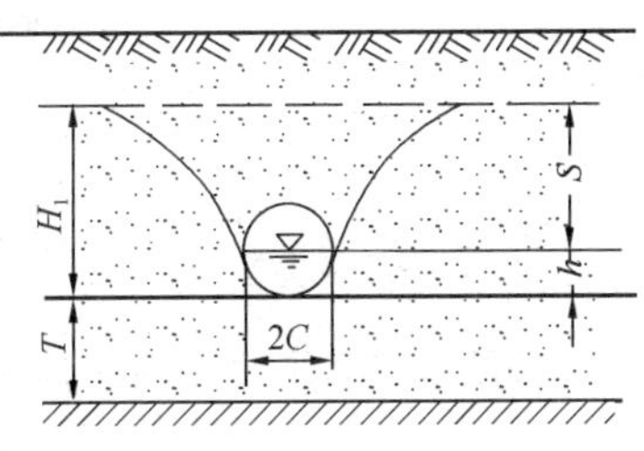

图 3-30 非完整式渗渠

2）非完整式（双面进水），见图 3-30：

$$Q = 2LK\left[\frac{H_1^2 - h^2}{2R} + Sq_r\right] \tag{3-90}$$

式中 $S$——水位降落（m）；

$H_1$——渗渠底至静水位的距离（m）；

$h$——动水位至渗渠底的距离（m）；

$q_r$——根据 $\alpha$ 及 $\beta$ 值可用图 3-31 查得；

当 $\beta$ 大于 3 时，$q_r$ 按式（3-91）计算：

$$q_r = \frac{q'_r}{(\beta - 3)q'_r + 1} \tag{3-91}$$

式中 $q'_r$——可从图 3-32 中 $q'_r = f(\alpha_0)$ 曲线查得：

$$\alpha_0 = \frac{T}{T + \frac{1}{3}C}$$

其中 $T$——渗渠底至含水层底板的距离（m）；

$C$——渗渠宽度之半（m）。

其他符号同前。

按照实际计算结果表明，该公式比较接近或略小于实际。因为，渗渠投产后，过水断面宽度沿地下水流向逐渐缩小，地下水流态呈收缩流，也就是远处过水断面宽度大于集水管长度。渗渠单宽流量以靠近渗渠为大，且向补给方向递减，呈非均匀流运动。但是该公

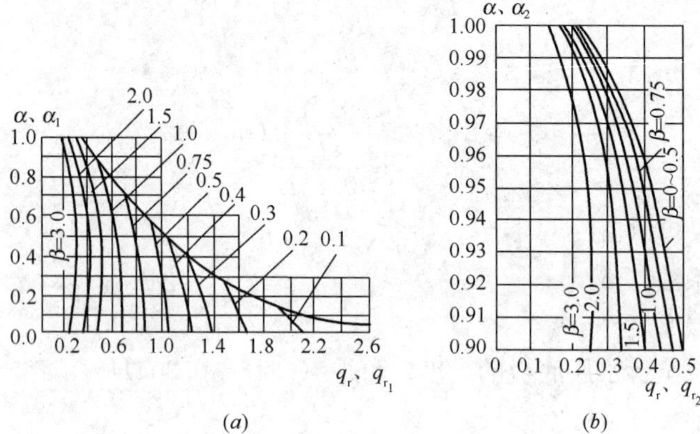


图 3-31　$q_r$曲线

（$a$）$\alpha$、$\alpha_1$-$q_r$、$q_{r1}$值曲线；（$b$）$\alpha$、$\alpha_2$－$q_r$、$q_{r2}$值曲线；

$$\alpha=\frac{R}{R+C}$$

$$\beta=\frac{R}{T}$$

式在推导时是假定各断面的流量为常数的，这同渗渠实际地下水流动不相符合，所以理论数值往往小于实际。该公式不仅适用于集取地下水为主的渗渠，也可用于于集取河床潜流水，并且适用于长度大于 50m 的渗渠。

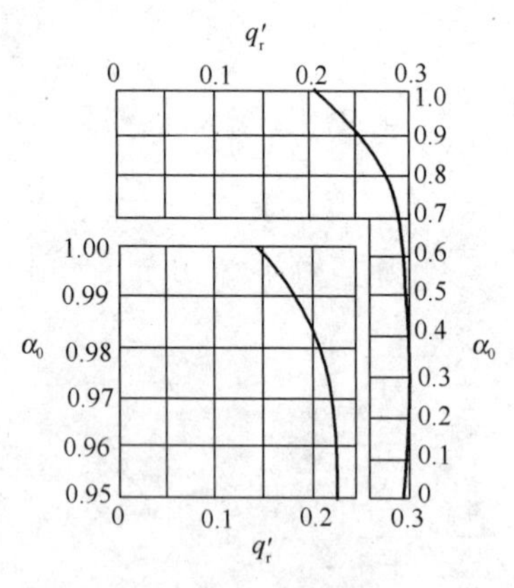


图 3-32　$q'_r$值曲线

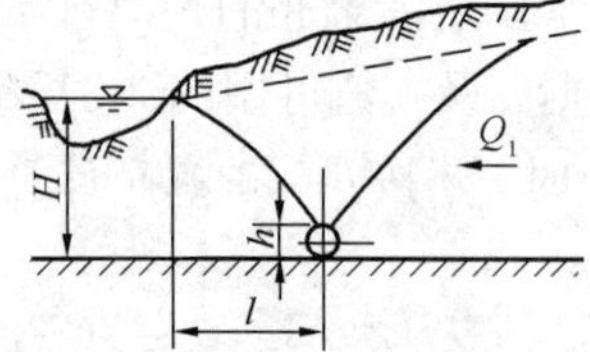


图 3-33　河滩下完整式渗渠

（2）同时集取地下水与河床潜流水

1）完整式（见图 3-33）：

$$Q=\frac{2\alpha}{1+\alpha}\left[Q_1+\frac{LKT(H-h)}{l}\right] \tag{3-92}$$

式中　$L$、$K$、$H$、$h$ 同前；

$l$——渗渠中心至河水边线的距离（m）；

$Q_1$——从分水岭来的地下水流量（$m^3/d$），按下式求得

$$Q_1=LKHI$$

其中　$I$——地下水的水力坡降；

$\alpha$——系数，

$$\alpha=\frac{1}{1+\frac{h}{l}A}$$

其中 $A$——系数，按下式计算或按表 3-66 查得，

$$A=1.47\lg\frac{1}{\sin\frac{\pi d}{2h}}$$

系数 A 值　表 3-66

| $d/h$ | 0.01 | 0.02 | 0.03 | 0.04 | 0.05 | 0.06 | 0.07 | 0.08 | 0.09 | 0.10 | 0.12 | 0.14 | 0.16 |
|---|---|---|---|---|---|---|---|---|---|---|---|---|---|
| $A$ | 2.64 | 2.20 | 1.95 | 1.76 | 1.62 | 1.51 | 1.41 | 1.32 | 1.25 | 1.18 | 1.07 | 0.97 | 0.89 |
| $d/h$ | 0.18 | 0.20 | 0.25 | 0.30 | 0.35 | 0.40 | 0.45 | 0.50 | 0.60 | 0.70 | 0.80 | 0.90 | 1.00 |
| $A$ | 0.81 | 0.75 | 0.61 | 0.50 | 0.41 | 0.34 | 0.28 | 0.22 | 0.14 | 0.07 | 0.03 | 0.01 | 0.00 |

其中　$d$——渗渠直径或宽度（m）。

$$T=\frac{H+h}{2}\ (\mathrm{m})$$

2）非完整式见图 3-34：

$$Q=KL\left[\frac{H_1^2-h^2}{2l}+S_1q_{r1}+\frac{H_2^2-h^2}{2R}S_2q_{r2}\right] \quad (3\text{-}93)$$

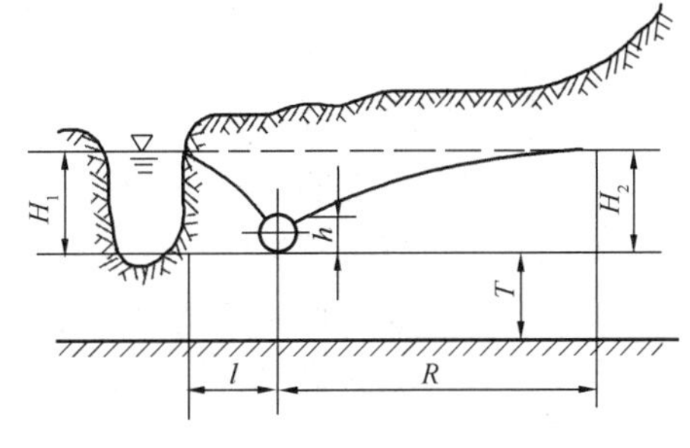

图 3-34　河滩下非完整式渗渠

式中　$L$、$l$、$R$ 同前；

$H_1$——河流水面到渗渠底以上含水层厚度（m）；

$h$——动水位至渗渠底的距离（m）；

$S_1$——相对河流水面的水位降落（m）；

$$S_1=H_1-h$$

$S_2$——河滩方向的水位降落（m）；

$$S_2=H_2-h$$

其中　$H_2$——河滩方向渗渠底以上含水层厚度（m）；

$q_{r1}$——河流方向的相应引用流量，为 $\alpha_1$、$\beta_1$ 的函数，由下式确定，然后由图 3-32 确定 $q_r$；

$$\alpha_1=l/(l+C) \quad \beta_1=l/T$$

其中　$T$——渗渠底至含水层底板距离（m）；

$C$——渗渠宽度之半（m）；

$q_{r2}$——河滩方向的相应引用流量，为 $\alpha_2$、$\beta_2$ 的函数，由图 3-31 求得。图中 $\alpha_2$、$\beta_2$ 按下式确定。

$$\alpha_2=R/(R+C) \quad \beta_2=R/T$$

当 $\beta_1$、$\beta_2$ 大于 3 时，$q_{r1}$、$q_{r2}$ 按式（3-94）计算：

$$q_{r1}=\frac{q'_r}{(\beta_1-3)q'_r+1}$$

$$q'_{r2}=\frac{q'_r}{(\beta_2-3)q'_r+1} \tag{3-94}$$

式中　$q'_r$——按曲线图 3-32 求得，图中 $\alpha_0$ 按下式确定。

$$\alpha_0=\frac{T}{T+\frac{1}{3}C}$$

(3) 集取河床渗透水

1) 非完整式（见图 3-35）

$$Q=\alpha LK\frac{H_y-H_0}{A} \tag{3-95}$$

$$A=0.37\lg\left[\tan\left(\frac{\pi}{8}\frac{4h-d}{T}\right)\cot\left(\frac{\pi}{8}\frac{d}{T}\right)\right] \tag{3-96}$$

式中　$L$、$K$——同前；

$\alpha$——淤塞系数，根据水的浑浊情况确定，当河水较清时，采用 0.8；中等浑浊时采用 0.6；浑浊度很高时，采用 0.3；

$H_y$——河流水面至渗渠顶深度（m）；

$H_0$——吸水井内水位对渗渠出口所施水压（m）。当渗渠内为 100kPa（大气压）时，$H_0=0$，一般采用 $H_0=0.5\sim1.0$m；

$T$——含水层厚度（m）；

$h$——河床至渗渠底的深度（m）；

$d$——渗渠直径或宽度（m）。

2) 完整式（见图 3-36）：（$Q$ 同式（3-95），符号同前。）

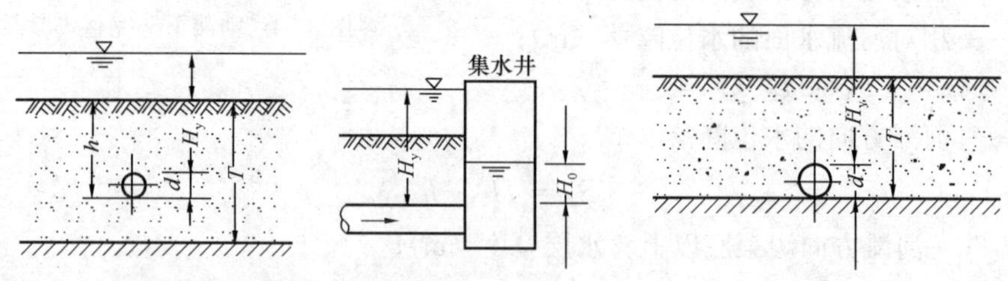


图 3-35　河床下非完整式渗渠　　　图 3-36　河床下完整式渗渠

$$A=0.73\lg\cot\left(\frac{\pi}{8}\frac{d}{T}\right) \tag{3-97}$$

## 3.7.3　渗渠设计

(1) 水力计算数据

1) 渗渠管径（渠宽）按水力计算确定。当总长度很长时，应按水量不同改变管径，但规格不宜过多。当有条件时，要分成 2～3 条铺设，每条渗渠的最大长度，一般控制在 500～600m 为宜。需要进人清理的管渠，其内径或短边不得小于 1000mm。

2）管渠充满度一般采用0.4～0.8。

3）最小坡度不小于0.2%。

4）管内流速一般采用0.5～0.8m/s。

5）设计动水位，最低要保持集水管内有0.5m的水深。若含水层较厚，地下水量丰富，则设计动水位保持在集水管以上0.5m为宜，再大些更好。

（2）结构材料

一般常用钢筋混凝土管或混凝土管，每节长度为1～2m，也有用0.2～0.3m长的短管，也可用浆砌块石或装配式混凝土廊道，水量较小时，可用铸铁管或石棉水泥管。

（3）进水设计

1）进水形式分圆孔和条孔孔两种。钢筋混凝土管进水孔孔径为20～30mm，铸铁管为10～30mm。孔眼为内大外小的楔形，呈梅花状布置。孔眼净距按结构强度要求，一般为孔眼直径的2～2.5倍。

2）进水条孔宽度为20mm，长为宽的3～5倍，条孔间距纵向为50～100mm，环向为20～50mm。

3）进水孔一般沿上部1/2～2/3圆周布置。进水孔的面积一般为管壁开孔部分总面积的5%～10%；当结构强度允许时，最好采用8%～15%。进水孔的总面积可按式（3-98）计算：

$$F = Q/v \tag{3-98}$$

式中 $Q$——设计出水量（$m^3/s$）；

$v$——进水孔允许流速（m/s），应小于0.03m/s，一般采用0.01m/s。

（4）人工滤层

1）在河滩下集取地下水或潜流水

滤层的层数和厚度应根据含水层颗粒分析资料选择，一般采用3～4层，常用为3层总厚度以800mm左右为宜。每层厚200～300mm，上厚下薄，上细下粗。

人工滤层的颗粒直径按公式（3-99）、式（3-100）计算，但最下一层滤料的直径应比进水孔略大。具体做法见图3-37。

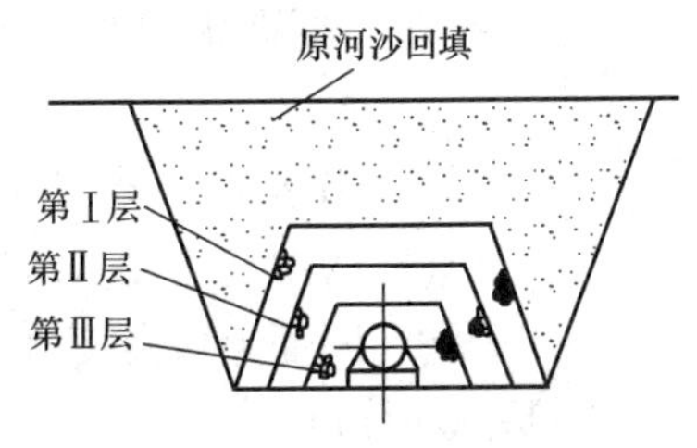


图3-37 河滩下渗渠人工滤层断面

与含水层相邻一层的滤料粒径：

$$d_{\text{I}} = (7 \sim 8)d_{\text{i}} \tag{3-99}$$

两相邻人工滤层的计算粒径比：

$$d_{\text{II}}/d_{\text{I}} = d_{\text{III}}/d_{\text{II}} = 2 \sim 4 \tag{3-100}$$

式中 $d_{\text{I}}$、$d_{\text{II}}$、$d_{\text{III}}$——各层人工滤料的粒径（mm），由上至下分别为第一层、第二层、第三层填料粒径；

$d_{\text{i}}$——含水层的颗粒计算粒径（mm）；

当含水层为细砂或粉砂层时，$d_{\text{i}}=d_{40}$；

当含水层为中砂层时，$d_{\text{i}}=d_{30}$；

当含水层为粗砂层时，$d_{\text{i}}=d_{20}$；

当含水层为砾石和卵石时，$d_{\text{i}}=d_{10\sim15}$；

$d_{40}$、$d_{30}$、$d_{20}$、$d_{10\sim15}$——分别小于该粒径的颗粒占总重量的40%、30%、20%、10%～15%时的颗粒粒径（mm）。

当缺乏颗粒分析资料而含水层又为大颗粒的砂卵石时，可参照实际工程确定。

人工滤层的填料中不应夹有黏土、杂草、风化岩石等。滤层上部回填的原河砂应冲洗干净。

2）在河床下集取河床渗透水

为便于清洗翻修，不宜埋设太深。一般在避免冲刷条件下，由河底至管顶最好不超过1.7m。

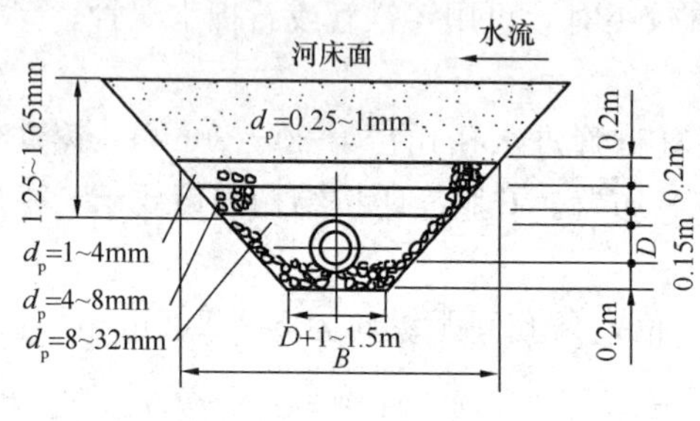


图3-38 河床下渗渠人工滤层断面

渗渠的滤层级配，上层颗粒粒径一般为0.25～1.0mm，厚1.0m，下面三层每层厚为0.15～0.2m（如图3-38所示）。当渗渠埋深较浅，人工滤层有被冲刷可能时，应考虑防冲措施。一般在人工滤层上部铺设厚度0.3～0.5m的防冲块石，在块石下设席垫（用直径5～10mm小木条编制），当河水最大流速小于4m/s时，块石直径可按式（3-101）计算：

$$D = v^2/36 \tag{3-101}$$

式中 $v$——河水最大流速（m/s）。

应当指出，增加防冲块石，由于局部渗透速度加大，增加了淤塞可能性，故应尽量在选择位置和埋深时，考虑避免冲刷。

为防止滤层淤塞，滤速不宜过大，一般采用0.2～0.6m/h，当河水浊度高、埋深又小时，取下限值。渗渠的长度$L$应满足式（3-102）：

$$L = Q/Bv_g \tag{3-102}$$

式中 $Q$——设计出水量（$m^3/d$）；

$v_g$——计算的渗透速度（m/d）；

$B$——滤层断面上口宽度（m），见图3-38。

（5）基础和接口

1）基础

① 完整式渗渠：当含水层厚度小于7m时，应尽量将渗渠设计成完整式。当采用完整式渗渠时，一般不设基础。但应将基岩面挖成1/3$D$深度的基岩槽，然后将集水管安放在其中，再用大卵石或块石将管子两侧卡住定位，见图3-39。

② 非完整式渗渠：当集水管采用钢筋混凝土管时，多采用混凝土基础；也可采用混凝土枕基，放在集水管下部接口处（见图3-40）；当集水管采用铸铁管时，可不作基础，

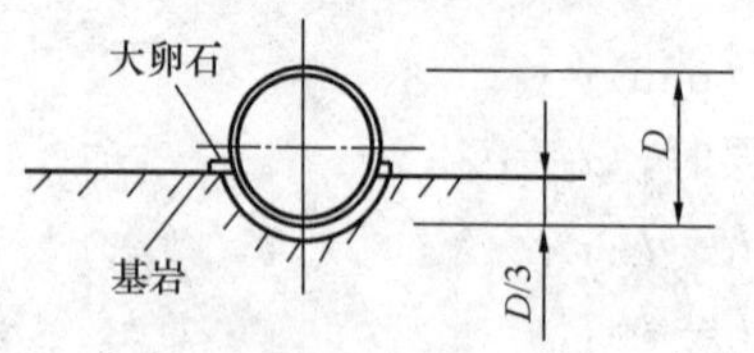


图3-39 基岩基础

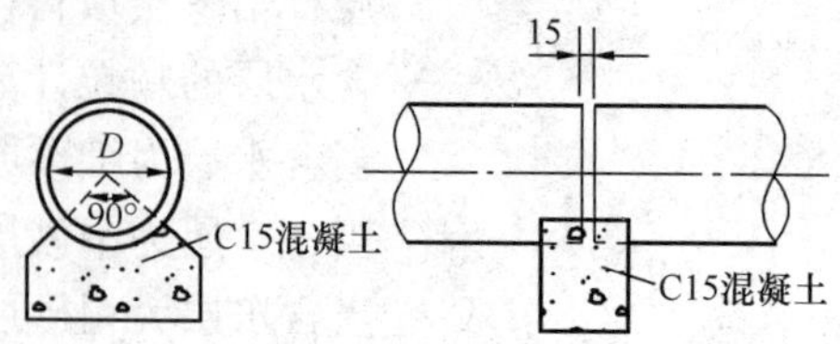


图3-40 混凝土枕基

用卵石或块石在管子两侧将管子卡稳。

2）接口

一般钢筋混凝土管常用套环接口和承插接口，接口处留 10～15mm 空隙，并在接口周围回填砾石和卵石；如用短管可平接，不用套环，但应与基础固定好，以防冲刷和位移，见图 3-41。

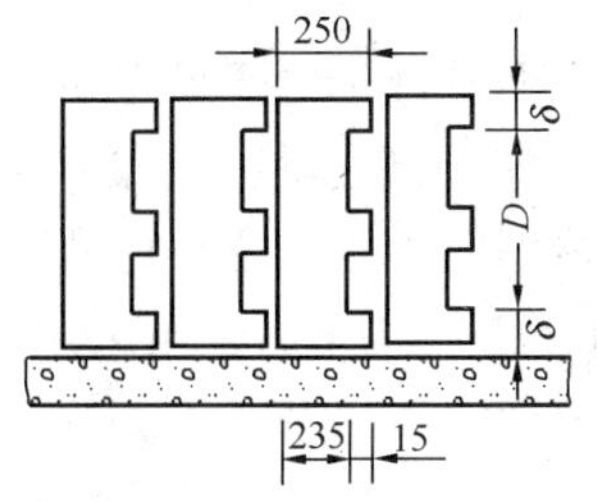


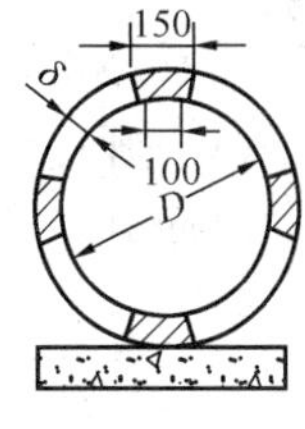


图 3-41 短管基础

（6）检查井

1）在渗渠端部、转角和断面变换处应设检查井。直线部分检查井间距应按渗渠的长度和段面确定，一般采用 50m；当集水管的管径较小时，井距可采用 30m；当集水管的管径较大时，亦可采用 75～150m。

2）检查井多采用圆形钢筋混凝土井，直径为 1～2m，井底应设 0.5～1.0m 深的沉砂坑。

3）检查井分为地下式和地面式。为防止河水泥沙由井盖流入渗渠，常采用地下式检查井，并采用闭式井盖，即用橡胶圈和螺钉固定在井上。地面式检查井井顶高出地面 0.5m，并应考虑防冲措施，一般采取加深井下基础、在井周围抛块石等。

### 3.7.4 集水井设计

集水井平面形状分为矩形或圆形（水量小时可采用圆形）。为检修方便，进口处设闸门，其上设平台，井顶设人孔、通风管等。一般产水量较大的渗渠集水井常分为两格，靠近进水管一格为沉砂室，后边一格为吸水室。沉砂室可采用水平流速为 0.01m/s，砂下沉速度可采用 0.005m/s。

集水井一般多采用钢筋混凝土结构。其容积可按吸水管布置、调节容积和沉砂时间等要求确定。当渗渠产水量小时，可按不超过 30min 产水量计算；产水量大时，可按不小于一台水泵 5min 水量计算。

### 3.7.5 渗渠设计注意事项

（1）渗渠出水正常与否和使用年限长短，主要与位置选择、埋设深度、人工滤层颗粒级配及施工质量有关。因此在设计渗渠时应详细调查设置地点河床的淹没、冲刷、淤积情况和含水层渗透性、颗粒组成，必要时应通过钻探或挖探井取得有关资料。施工时应严格按设计的人工滤层级配分层铺设，回填渗渠管沟时应用原来施工渗渠时挖出的原土。对于用土围堰施工的渗渠，完工后应将土围堰拆除干净，以免改变河床水流方向。

（2）设计时应考虑备用渗渠或地面水进水口，以保证事故或检修时，供水不致年中断。

（3）提升渗渠出水的水泵设备能力，应充分考虑到丰水、枯水期的水量变化情况。

（4）避免将渗渠埋设在排洪沟附近，以防堵塞或冲刷。

### 3.7.6 渗渠施工

渗渠施工宜在枯水期进行，主要工序如下：

(1) 开挖沟槽：开挖沟槽之前，将集水井和渗渠位置在地面上测量放线，设置标志桩，以便开槽后校正渗渠中心线方位和挖槽深度。

1) 在岸边或河滩下开挖沟槽时，可采用大开槽法、木板桩法和机械化推土法施工。

大开槽法：当渗渠埋深不超过3～5m，可采用大开槽施工，见图3-42。

木板桩法：当渗渠埋设较深，地下水位较高，地层松散，沟槽容易坍塌时，可采用木板桩法施工，见图3-43。

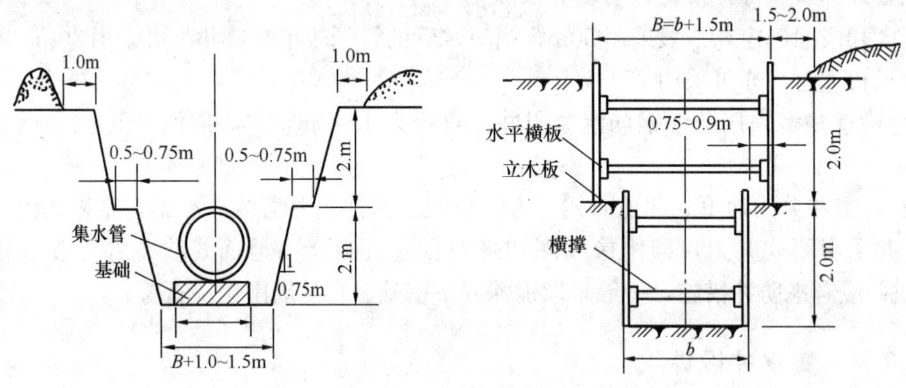


图3-42　大开槽施工断面　　图3-43　板桩法施工断面

机械化施工：常用推土机挖土或挖沟机直接开挖，见图3-44。

2) 河床下埋设渗渠时，开槽之前应采取排水措施，可设置草袋围堰或草袋导流坝见图3-45。

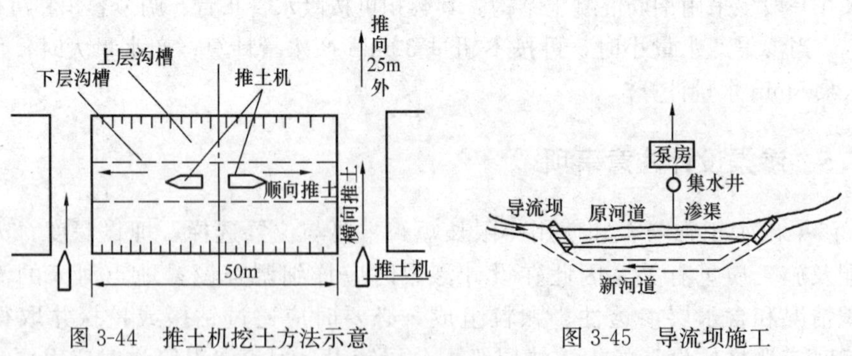


图3-44　推土机挖土方法示意　　图3-45　导流坝施工

(2) 渗水管敷设：铺设之前用水准仪测量基础标高，按渗水管设计坡度填平槽底。管子入槽一般采用起重设备吊装，无起重设备时可用绳子环向绕管身慢慢滚动放到槽底，以防止碰损。铺管时，发现管口不对接又不用水泥砂浆抹带，可用碎石垫平找正。如管底不设基础，可在管子稳定后，用预制混凝土块在管底垫稳固定。渗水管起端最好设检查井，如不设检查井，要设法封住管头。

(3) 反滤层铺设：铺设反滤层之前，按设计要求将筛分好的滤料按粗细规格、所需数量堆放在施工地段上，再按设计要求，将各层不同规格滤料、铺设宽度和厚度等，在沟槽内钉上标志桩，便于铺设各种坡度的反滤层。如反滤层上下要求两种坡度，则应以管子水平中心线为界，下层滤料向上坡，上层滤料向下坡。为铺好下层滤料，可按各层滤料厚度和坡度要求，采用木溜槽或沟上架设木平台送料。中心线以上滤料铺设，同样要在已经铺好的下层滤料表面设标志桩，从内层向外层按次序分层铺设。滤料要均匀、洁净，不符合要求的泥砂含量不超过总重的5%，反滤层应包满渗水管，加强排水措施，防止泡槽；甚至边坡塌方。

(4) 渗渠回填：渗渠回填之前，先要清除沟槽内的残留杂物。在反滤层以上0.5～1.0m厚的下层回填土未填平之前，不要停止沟内排水。下层回填土应采用人工回填，沿管子两边对称分层进行，待上层回填土用推土机全部填平后，位于河床下的渗渠上部应铺砌0.3～0.5m的块石，以防止冲刷。

(5) 渗渠清洗：渗渠施工全部结束，在集水井中临时安装水泵抽水，当水位降到渗水管底部后停泵，待水位恢复到淹没渗渠反滤层0.5～1.0m时，再开泵抽水，反复进行直到出水清澈无砂为止。如渗水管铺设较长，也可分段从检查井中临时安装水泵抽水清洗渗渠。

## 3.8 大 口 井

### 3.8.1 大口井适用条件

大口径井通称大口井，是集取浅层地下水或岸边渗透水的一种取水构筑物。使用经验证明，只要水文地质条件合适，一般均能取得较好效果。它具有出水量稳定、水质清晰、使用年限长并可就地取材建造，施工方便等优点。因此不少集取浅层地下水的工程采用了大口井。大口井的适用条件为：

(1) 第四系浅层地下水补给来源丰富，含水层透水性良好（$K>20$m/d）且无不透水夹层的砂砾卵石层地区较好。在粗砂、中砂地层也较适宜。

(2) 地下水位埋藏较浅（一般12m以内）且具有至少3m的含水层厚度时。当取水设备和施工条件允许时，地下水位埋藏可以更深。

(3) 在河床潜流水丰富的河漫滩及一级阶地，干枯河床，古河道及具有河岸稳定的河岸边平直地段（为防止受地表水污染，在河岸边布置大口井时，大口井距岸边距离砂层不小于15m，卵石层不小于30m）。

(4) 当含水层为中细砂，其他取水构筑物容易涌砂时，采用大口井较为有利。

(5) 地下水水质有腐蚀性成分如铁、锰、侵蚀性二氧化碳等物质，其他取水构筑物抗腐蚀性能差时采用大口井较有优势。

(6) 管材较少，缺少钻机等机械化施工水平较低的地区，采用大口井可因地制宜就地取材。

### 3.8.2 大口井出水量计算

(1) 取河床渗透水的大口井，可按表3-67所列公式计算。

**取河床渗透水的大口井出水量计算公式表**　　表 3-67

| 计算公式 | 符号说明 |
|---|---|
| $Q=\dfrac{4.29Kr_0S}{0.0625+\lg(M/N)}$　(3-103) | $Q$——大口井出水量（$m^3/d$）；<br>$K$——含水层渗透系数（m/d）；<br>$r_0$——大口井的半径（m）；<br>$S$——水位下降（m）；<br>$M$——含水层厚度（m）；<br>$N$——井底至含水层底板距离（m） |

取河床渗透水要求枯水期河水保持一定水深，这是大口井运行中出水量稳定的前提条件。考虑到大口井运行过程中可能出现的淤塞问题，采用上述公式计算时，应根据河水浊度考虑淤塞系数。

（2）取地下水的大口井，可根据含水层性质和进水形式，选择表 3-68 所列公式计算。表中采用式（3-107）和式（3-108）计算出水量比实际出水量一般大 5%～20%。采用式（3-109）和式（3-116）计算出水量比实际出水量大 5%～10%。当潜水含水层 $H>20$m 时，井底井壁同时进水的潜水非完整井，其井壁进水量可忽略不计。

**取地下水大口井出水量计算公式**　　表 3-68

| 含水层性质 | 进水形式 | 图示 | 公式 | 适用条件 |
|---|---|---|---|---|
| 承压井 | 井底进水 |  | 1. $Q=\dfrac{2\pi KSr}{\dfrac{\pi}{2}+2\sin^{-1}\dfrac{r}{M+\sqrt{M^2+r^2}}+1.185\dfrac{r}{M}\lg\dfrac{R}{4M}}$　(3-104) | 含水层很薄 $M<2r$ |
|  |  |  | 2. $Q=\dfrac{2\pi KSr}{\dfrac{\pi}{2}+\dfrac{r}{M}\left(1+1.185\lg\dfrac{R}{4M}\right)}$　(3-105) | 含水层较薄 $8r>M>2r$ |
|  |  |  | 3. $Q=4KSr$　(3-106) | 含水层较厚 $M\geqslant 8\sim 10r$ |
| 潜水 |  |  | 4. $Q=\dfrac{2\pi KSr}{\dfrac{\pi}{2}+2\sin^{-1}\dfrac{r}{m+\sqrt{m^2+r^2}}+1.185\dfrac{r}{m}\lg\dfrac{R}{4H}}$　(3-107) | 含水层很薄 $r<m<2r$ |
|  |  |  | 5. $Q=\dfrac{2\pi KSr}{\dfrac{\pi}{2}+\dfrac{r}{m}\left(1+1.185\lg\dfrac{R}{4H}\right)}$　(3-108) | 含水层较薄 $m>2r$ |
|  |  |  | 6. $Q=4KSr$　(3-109) | 含水层较厚 $m>(8\sim 10)r$ |

续表

| 含水层性质 | 进水形式 | 图示 | 公式 | 适用条件 |
|---|---|---|---|---|
| 承压井 | 井壁进水 | | 7. $Q=\dfrac{2.73MKS}{\lg\dfrac{R}{r}}$ (3-110) | $h>M$ |
| | | | 8. $Q=1.366\dfrac{2MH_0-M^2-h^2}{\lg\dfrac{R}{r}}$ (3-111) | 水位降落低于含水层顶板 $h<M$ |
| 潜水 | | | 9. $Q=1.366K\dfrac{(2H-S)S}{\lg\dfrac{R}{r}}$ (3-112) | 远离河流的井 $S\leqslant 1/2H$ |
| | | | 10. $Q=1.366K\dfrac{(2H-S)S}{\lg\dfrac{2L}{r}}$ (3-113) | $L<0.5R$ |
| 承压水 | 井底井壁同时进水 | | 11. $Q=\dfrac{2.73KlS}{\lg\dfrac{1.6l}{r}}+4KSr$ (3-114) | $l<0.3M$时 |
| | | | 12. $Q=\dfrac{2.73KMS}{\dfrac{1}{2a}\left(2\lg\dfrac{4M}{r}-A\right)-\lg\dfrac{4M}{R}}+\dfrac{4\pi KMS}{\pi\left(\dfrac{M}{r}-1\right)2\ln\sqrt{\dfrac{3}{2}\dfrac{R}{M}}}$ <br> $a=\dfrac{l}{M}, A=f(a)$ (3-115) | $l>0.3M$时 |

| $a$ | 0.05 | 0.10 | 0.20 | 0.30 | 0.40 | 0.50 | 0.60 | 0.70 | 0.80 | 0.90 | 1.00 |
|---|---|---|---|---|---|---|---|---|---|---|---|
| $A$ | 3.50 | 2.80 | 2.20 | 1.80 | 1.60 | 1.30 | 1.00 | 0.80 | 0.60 | 0.40 | 0 |

| 含水层性质 | 进水形式 | 图示 | 公式 | 适用条件 |
|---|---|---|---|---|
| 潜水 | 井底井壁同时进水 | | 13. $Q=\pi KS\left[\dfrac{2h_0-S}{2.3\lg\dfrac{R}{r}}+\dfrac{2r}{\dfrac{\pi}{2}+\dfrac{r}{m}\left(1+1.185\lg\dfrac{R}{4m}\right)}\right]$ (3-116) | 含水层较薄(10～15m) $m$较小时 |
| | | | 14. $Q=1.366\dfrac{(2h_0-S)S}{\lg\dfrac{R}{r}}+4KSr$ (3-117) | 含水层较厚 $m$很大时 |

注：表中$Q$——出水量（$m^3/d$）；
$K$——渗透系数（m/d）；
$S$——水位降深（m）；
$r$——井半径（m）；
$H$——潜水含水层厚度（m）；
$M$——承压含水层厚度（m）；
$R$——影响半径（m）；
$m$——井底至含水层底板高度（m）；
$h$——静止水位至井底高度（m）；
$L$——井至水体边线距离（m）。

### 3.8.3 大口井设计

大口井适用于地下水埋藏较浅，含水层较薄且渗透性强的地层取水，它具有就地取材、施工简便优点。井深一般不大于15m。井径应根据水量、抽水设备布置和施工条件确定，一般为5～8m，但不宜超过10m。

(1) 大口井的形式：按取水方式分为完整井和非完整井。由于完整井井底不能进水，而井壁进水易被堵塞，因此我国许多地区多采用井底进水的非完整井。按几何形状又可分为圆筒形和截头圆锥形两种。圆筒形大口井制作简便，下沉时受力均匀，不易发生倾斜，即使倾斜后也易校正。截头圆锥形大口井由于下沉时摩擦力小，易于下沉，但下沉过程中受力情况复杂，容易倾斜，倾斜后不易校正，故设计时不要使上下井径相差很多。一般来说，在地层较稳定的地区，应尽量选用圆筒形大口井。具体条件是：

1) 当含水层厚度为5～10m时，一般多采用完整井，如条件许可，应尽量做成非完整井，使井底距不透水层不小于1.0～2.0m，以便井壁进水孔堵塞后，井底仍可保持一定出水量。若含水层厚度大于10m时，均应做成非完整井。

2) 当单井出水量较大、井数不多、含水层较厚或抽降较大时，一般采用井内设有抽水设备的大口井，见图3-46、图3-47，井距在经济合理的条件下可适当放大，以减少相互影响。

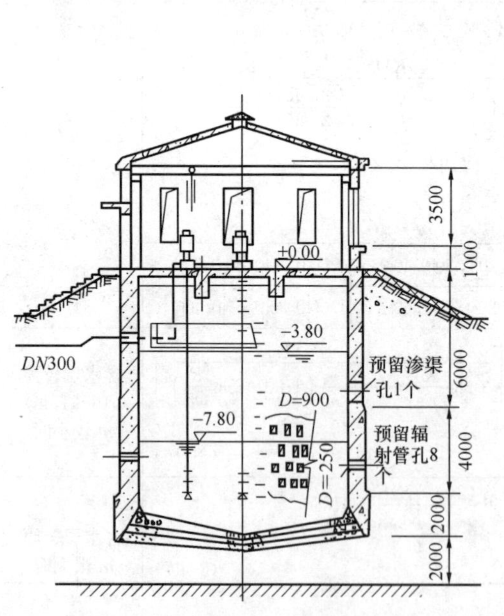


图3-46 设有立式泵的大口井

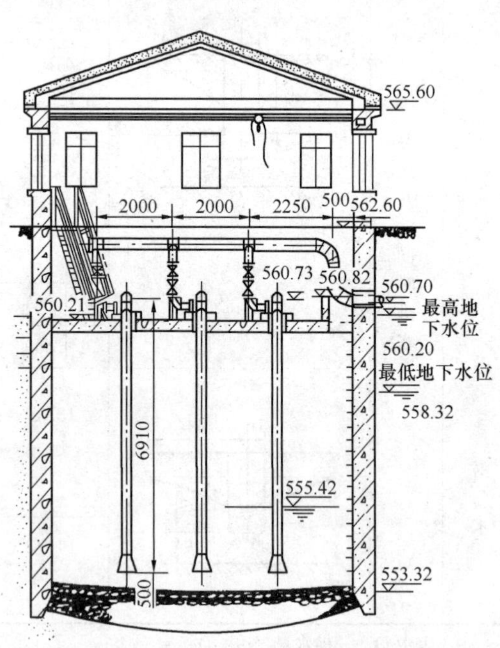


图3-47 设有卧式泵的大口井

3) 当用水量较大，井数较多，采用虹吸管集水时，一般采用圆筒形或截头圆锥形大口井见图3-48、图3-49。当井群以虹吸管集水时，井距应根据水文地质条件确定，一般不宜太大。截头圆锥形大口井，井壁倾斜度大，施工时稳定性差，井筒易发生倾斜，且不易校正，施工中应注意防止井周围土壤塌陷和不均匀下沉；截头圆锥形大口井具有节省材料，容易下沉等优点。

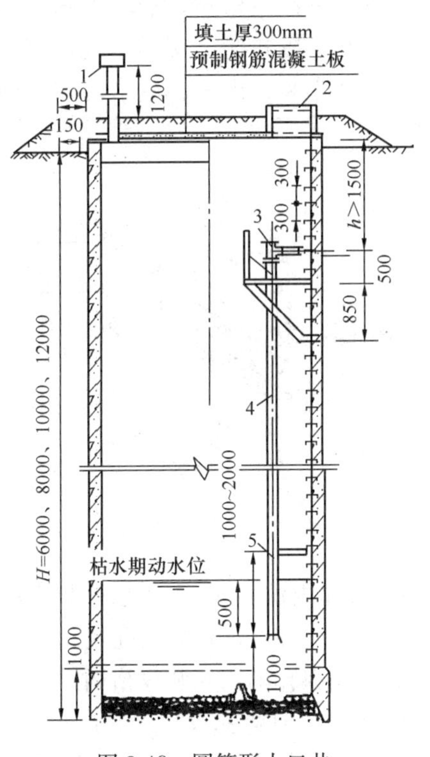


图 3-48 圆筒形大口井

1—通气孔；2—检修孔；3—水上式底阀；4—吸水管；5—支架

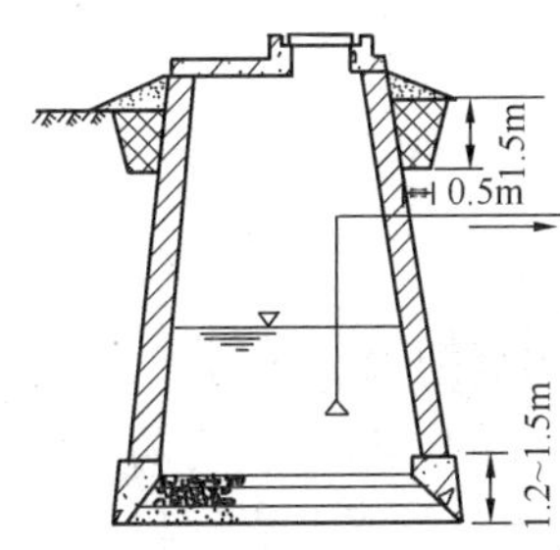


图 3-49 截头圆锥形大口井

当井设在河漫滩及低洼地区时，须考虑不受洪水冲刷和淹没，井盖应设密封人孔，并高出地面 0.5～0.8m。井盖上设通风管，管顶应高出地面或最高洪水位 2.0m 以上。

4）井筒下部应做刃脚，其高度和厚度可根据结构强度计算。刃脚部分的厚度一般大于井壁厚度 10cm。当井筒采用砖石结构时，须做钢筋混凝土刃脚，其高度最好不小于 1.2～1.5m。

5）井的周围应设不透水的散水坡，其宽度为 1.5m。在渗透土壤中，为防止地面水沿井壁渗入地下，污染地下水，井周围应填宽为 0.5m、深为 1.5m 的黏土层。

（2）大口井的结构材料：修建大口井的材料应尽量就地取材，一般采用钢筋混凝土、砖、块石等。当井径大于 5m，深度大于 10m 或建井地层夹有较大的卵石、流沙层或井筒在施工中易发生倾斜时，宜采用钢筋混凝土井筒。

当选用砖或块石砌筑井筒时，砖的强度最好不低于 MU10；块石须是未风化、组织紧密、六面平正、抗压强度不低于 20～30MPa。当砖石材料不易解决时，亦可采用预制混凝土砌块，每块质量不宜超过 50kg。采用砖石或预制混凝土块砌井筒，须分层均匀砌筑，以免发生不均匀下沉。

（3）大口井的进水形式

1）井壁进水：井壁进水的型式有水平进水孔（见图 3-50）、斜形进水孔（见图

3-51)。当含水层为砂砾或卵石时，亦可采用 $D=25\sim50$mm 不填砂砾的圆形孔或圆锥形孔（内大外小）。进水孔应设置在动水位以下，在井壁上交错排列，其总面积可达井壁部分面积的 15%～20%。透水井壁的优点为进水面积大、进水均匀、施工简单和效果较好。

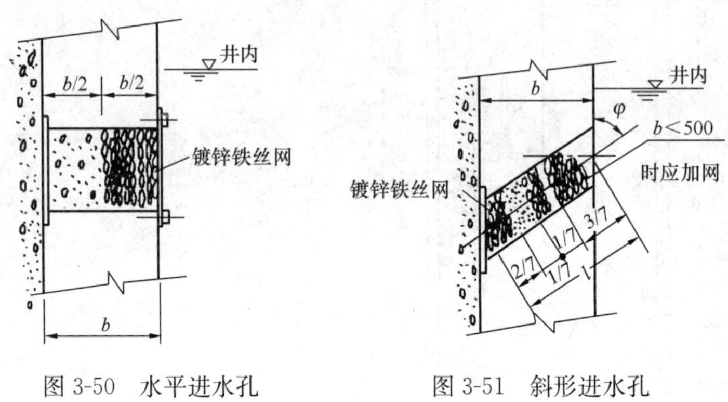


图 3-50　水平进水孔　　图 3-51　斜形进水孔

① 水平进水孔：容易施工，采用较多。在孔内滤料级配合适的情况下，堵塞较轻，但不易按一定的级配填加滤料。一般做成直径 100～200mm 的圆孔或 100mm×150mm～200mm×250mm 的矩形孔。为防止滤料漏失，需在孔的两侧装设格网。

② 斜形进水孔：便于清理和更换孔内的滤料，但堵塞较水平孔严重，一般做成 $D=50\sim150$mm 的圆孔，最大不超过 $D=200$mm。孔的倾斜度 $\varphi$ 按壁厚和钢筋布置考虑，一般不超过 45°。为防止滤料漏失，井外壁一侧应设有格网。孔内滤料应在井筒下沉到设计标高后再放入孔内。

③ 进水孔内的填料：孔内填滤料 2～3 层，一般为 2 层，其级配按含水层颗粒组成确定，与含水层接触的第一层滤料直径 $d_1$ 按下式确定：

$$d_1 \leqslant (7\sim8)d_i$$

式中　$d_i$——含水层的颗粒计算粒径（mm）；

当含水层为细砂或粉砂层时，$d_i=d_{40}$；

当含水层为中砂层时，$d_i=d_{30}$；

当含水层为粗砂层时，$d_i=d_{20}$；

当含水层为砾石和卵石时，$d_i=d_{10\sim15}$；

$d_{40}$、$d_{30}$、$d_{20}$、$d_{10\sim15}$——分别小于该粒径的颗粒占总重量的 40%、30%、20%、10%～15%时的颗粒粒径（mm）。

进水孔中第二、三层滤料直径 $d_2$、$d_3$，各为前一层直径的 3～5 倍。

④ 井壁进水孔的面积：井壁进水孔的面积可按式（3-118）计算：

$$F = Q/v \quad (\text{m}^2) \tag{3-118}$$

式中　$Q$——井壁进水量（$\text{m}^3/\text{s}$）；

$v$——允许进水流速（m/s）。

⑤ 透水井壁：动水位以下和刃脚以上的井壁，采用砾石水泥混凝土（无砂混凝土），孔隙率一般为 15%～25%，砾石水泥透水井壁每高 1～2m 设一道钢筋混凝土圈梁，梁高

为 0.1～0.2m，如图 3-52 所示。

设计砾石水泥混凝土井壁时采用的有关数据，一般应通过试验确定。国内有关设计单位的经验是：

① 砾石水泥混凝土的砾石粒径，在细砂含水层采用 3～5mm；在中砂、粗砂、砂卵石等含水层采用 5～10mm（也可用 10～20mm）。

② 灰石比以 1∶6 较适宜。水灰比应根据施工时的条件，通过试验确定最佳比值，一般控制在 0.32～0.46 范围内。

③ 砾石水泥混凝土井壁的制作，当使用 42.5 级矿渣水泥时，控制灰石比（重量比）为 1∶6，每立方米混凝土水泥用量 255kg，混凝土重力密度 19kN/m³，要求达到的渗透系数等于或大于 1000m/d 时，有关数据可参见表 3-69。

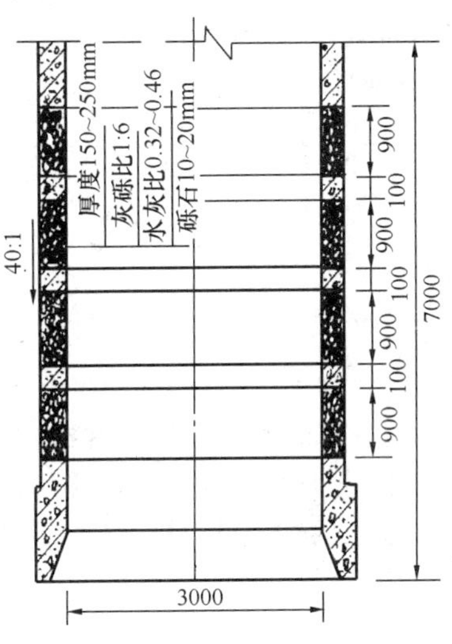


图 3-52 砾石水泥

**砾石水泥混凝土井壁设计数据** **表 3-69**

| 砾石粒径（mm） | 水灰比 | 混凝土强度 | 28d 弯曲受拉强度（MPa） | 设计计算强度（MPa） | | | | 适用的含水层 |
|---|---|---|---|---|---|---|---|---|
| | | | | 中心受压（$R_{np}$） | 弯曲受压（$R_n$） | 中心受拉（$R_p$） | 弯曲受拉（$R_{ou}$） | |
| 10～20 | 0.38 | C9 | 1.1 | 3.6 | 4.5 | 0.20 | 0.33 | 粗砂、砾石、卵石、粗砂、中砂中砂、细砂 |
| 5～10 | 0.42 | C10 | 1.5 | 4.0 | 5.0 | 0.27 | 0.45 | |
| 3～5 | 0.46 | C8 | 1.5 | 3.2 | 4.0 | 0.27 | 0.45 | |

2）井底进水（见图 3-53）：必须做反滤层。反滤层是防止井底涌砂，安全供水的重要措施。反滤层一般设 3～4 层，并宜做成凹弧形，粒径自下而上逐渐变大，每层厚度一般为 200～300mm。当含水层为细、粉砂时，应增至 4～5 层，其总厚度为 0.7～1.2m。当含水层颗粒较粗时可设两层，其总厚为 0.4～0.6m，当井底含水层为卵石时可不设反滤层。由于刃脚处极易涌砂，靠刃脚处可加厚 20%～30%。当水文地质条件合适时，井底反滤层亦可作成半球形。

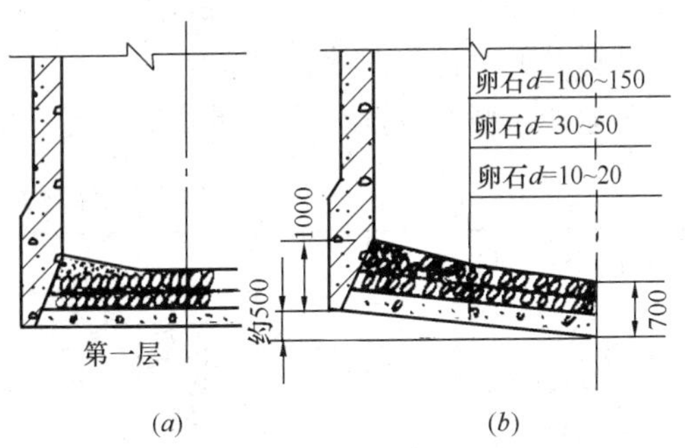


图 3-53 井底进水反滤层
（a）小直径平底反滤层；（b）大直径斜底反滤层

井底反滤层的滤料级配与井壁进水孔中填料相同，亦可参照表 3-70 选用。

井底反滤层滤料粒径和厚度（mm） 表 3-70

| 含水层类别 | 第一层 | | 第二层 | | 第三层 | | 第四层 | |
|---|---|---|---|---|---|---|---|---|
| | 滤料粒径 | 厚度 | 滤料粒径 | 厚度 | 滤料粒径 | 厚度 | 滤料粒径 | 厚度 |
| 细砂 | 1～2 | 300 | 3～6 | 300 | 10～20 | 200 | 60～80 | 200 |
| 中砂 | 2～4 | 300 | 10～20 | 200 | 50～80 | 200 | | |
| 粗砂 | 4～8 | 200 | 20～30 | 200 | 60～100 | 200 | | |
| 极粗砂 | 8～15 | 150 | 30～40 | 200 | 100～150 | 250 | | |
| 砂砾石 | 15～20 | 200 | 50～150 | 200 | | | | |

3）进水流速的校核：井壁进水和井底进水的流速不宜过大，以免引起涌砂。流速过大也会使水中部分重碳酸盐分解，使钙镁盐类沉积在滤料上，造成滤料胶结，严重堵塞滤层。井壁进水孔和井底反滤层的允许进水流速 $v$ 可按式（3-119）计算：

$$v=\alpha\beta K(1-\rho)(r-1)\quad(\mathrm{m/s})\tag{3-119}$$

式中 $\alpha$——安全系数，井壁斜形孔为 0.5，水平孔需通过试验确定，井底反滤层为 1.0；

$\beta$——进水孔倾斜度变化系数，见表 3-71。

进水孔不同倾角时的 $\beta$ 值 表 3-71

| 孔轴线与垂线间的夹角 $\phi$（°） | 30 | 35 | 40 | 45 | 50 | 60 |
|---|---|---|---|---|---|---|
| $\beta$ | 0.79 | 0.71 | 0.63 | 0.53 | 0.48 | 0.38 |

也可按式（3-120）计算：

$$\beta=1-\frac{\phi}{107}+0.08\sin(4.5\phi)\tag{3-120}$$

式中 $\phi$——进水孔轴线与垂线的夹角（°）；

$K$——靠近井内一层滤料的渗透系数，见表 3-72；

$\rho$—滤料孔隙率（%），见表 3-73；

$r$—滤料相对密度，砂和砾石取 2.65。

计算井底反滤层进水流速时，$\beta$=1。

为避免小颗粒滤料流失，进水通过滤层的流速，应小于表 3-74 中所列数据。

滤料渗透系数 $K$ 概略值 表 3-72

| 过筛后的砂砾直径（mm） | 0.5～1 | 1～2 | 2～3 | 3～5 | 5～7 |
|---|---|---|---|---|---|
| 渗透系数（m/s） | 0.002 | 0.008 | 0.02 | 0.03 | 0.039 |

滤料孔隙率 $\rho$ 值 表 3-73

| 滤料粒径（mm） | 细 砂<br>0.1～0.25 | 中 砂<br>0.25～0.5 | 粗 砂<br>0.5～1.0 | 砾 石<br>>1.0 |
|---|---|---|---|---|
| 孔隙率（%） | 15～18 | 20～25 | 25 | 25 |

砂砾开始移动的最小 $v_{min}$ 流速 表 3-74

| 砂砾直径（mm） | 5.0 | 1.0 | 0.5 | 0.1 |
|---|---|---|---|---|
| 最小流速（cm/s） | 2.0 | 1.0 | 0.7 | 0.3 |

井外围进水流速，可按式（3-121）计算：

$$v=\beta\frac{Q}{\pi DL\rho} \tag{3-121}$$

式中 $Q$——井壁进水量（$m^3/s$）；

$\beta$——不均匀系数，取 $\beta=1.2\sim1.5$；

$L$——动水位以下井筒高度（m）；

$D$——井外径（m）；

$n$——含水层孔隙率（%），见表 3-75。

各种含水层孔隙率 表 3-75

| 含水层类别 | 粉砂层含泥 | 粉砂层 | 细砂层 | 中砂层 | 粗砂层 | 粗砂砾石层 | 卵石砾石层 |
|---|---|---|---|---|---|---|---|
| 孔隙率（%） | 5.4 | 8.4 | 12.6 | 15.0 | 18.0 | 24.0 | 24.0 |

井外围进水速度 $v$ 与含水层中地下水渗透速度 $v_{\phi}$，应满足下列关系式：

$$v\leqslant v_{\phi} \tag{3-122}$$

### 3.8.4 大口井施工

大口井施工方法根据井筒结构形式、材料强度、地下水位和施工机具设备等条确定，见表 3-76。由于大开槽法施工存在较多缺点，一般采用沉井法施工。

大口井施工方法对比 表 3-76

| 施工方法 | 施工方法优缺点 | 适用条件 |
|---|---|---|
| 大开槽法 | 1. 井壁薄，可用砖石砌筑，就地取材；<br>2. 井壁周围可填人工滤层，提高出水量；<br>3. 施工土方量大，容易坍塌，破坏含水层结构、施工周期长，排水量大，费用高 | 井径小于 4m，井深小于 9m 或不宜采用沉井法施工地层 |
| 沉井法 | 1. 施工土方量小，周期短，排水量少，费用低<br>2. 对含水层结构扰动轻<br>3. 施工方法简便，安全，但施工技术要求高 | 施工条件具备，尽量采用沉井法 |

采用沉井法前应做好施工准备，包括平整场地，清除障碍物、修通道路、挖好排水沟，接通电源，筹措施工材料、起吊和抽水设备等。

（1）开挖基槽：井位确定后，先开挖基槽，便于浇（砌）筑井筒。基槽一般要挖到地下水位以上 0.5m，深度不超过 3m，当覆盖层较厚，井筒较长时，可适当加深。在槽底周围应设排水沟和集水坑，以排除积水（见图 3-54）。若采用明沟直接排水有困难时可用井点法降低地下水位。为防止槽壁坍塌，有条件时可设支撑，但一般多采取槽壁放坡法维持边坡稳定。可根据不同土质确定允许坡度值，见表3-77。当基槽深超过3m时，可分节开挖，每节挖深不超过3m，分节处设1.5m宽的站人马道，形成阶梯边坡。当井位设在水深小于1.5m的水体中，可采用人工筑岛法用砂卵石填筑基台，见图3-55。

基槽边坡坡度 表3-77

| 土壤种类 | 黏 土 | 粉质黏土 | 砂质粉土 | 砂、卵石 | 炉渣回填土 |
|---|---|---|---|---|---|
| 挖深小于3m（1∶m） | 1∶0.25 | 1∶0.33 | 1∶0.50 | 1∶0.75 | 1∶1.00 |

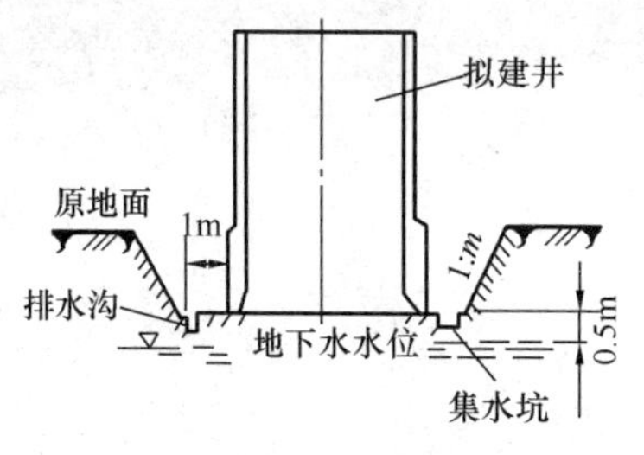

图3-54 基槽形状示意图

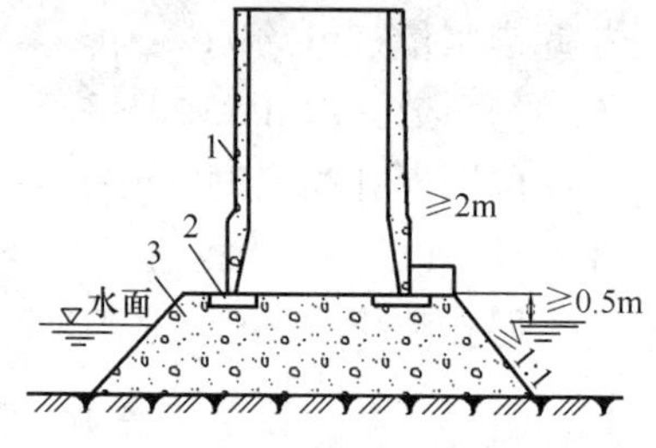

图3-55 人工筑岛
1—井筒；2—刃脚不垫板；
3—砂、卵石筑岛

基槽挖好后，放出刃脚位置就可立模制作井筒。根据基槽底部土层性质，可采用无垫架和有垫架两种方法处理地基。

无垫架法：适用于地基强度较大的情况，可直接夯实或铺砂垫层夯实，厚度不小于0.3m。

垫架法：适用于地基强度很差的情况，可按辐射状铺一圈厚约5cm的硬木板或铺砾卵石、三七灰土夯实，厚度不小于0.3m，也可铺3cm厚的水泥砂浆。

(2) 浇（砌）筑井筒：浇（砌）筑井筒时，为防止井筒下沉过程中因受力不均而出现裂缝，浇筑混凝土应振捣密实，按设计要求配置钢筋，砌筑砖石时，围绕井筒砌砖速度最好一致，灰缝不宜太多和过大，应填满砂浆。

井筒浇筑分一次浇筑和分段浇筑两种方法，一般井深小于10m，采用一次浇筑法；井深超过10m，采用分段浇筑法。分段浇筑时，每段井筒高度为其外径的0.8～1.0倍，当第一节井筒顶端沉到高出基槽1.0m左右时，停止下沉再浇筑第二节。如井壁设有进水孔应在内模板上定位钻孔，孔径比设计孔径大2mm，浇筑前用牛皮纸将浸水湿木楔包住，在浇筑时逐层插入内模板孔眼中，待混凝土初凝时，拔出木楔。

(3) 井筒下沉：当井筒强度达到设计强度70%时，即可挖土下沉。分段浇筑井筒时，在接高井筒前，将已浇筑的井筒顶面整平，保持各节井筒中心线重合、垂直。井筒下沉分排水下沉和不排水下沉两种方法：

1）排水下沉法：该法是借用水泵不间断地将井内积水排出，人工直接开挖下沉。人工开挖应均匀对称，每次挖深0.2～0.3m，挖土速度大致相同。对弱透水密实土层，可先挖刃脚下的土层，后挖中间土层；粉、细砂地层，开挖时井底始终保持高出刃脚0.2m，与刃脚下缘没有空隙，防止涌砂。

井筒下沉因自重轻受阻时，可采用加高井筒或加重临时荷载以及辅助震动等方法，促使井筒下沉。也可采取挖除井壁四周土层减少沉降深度，或在井壁外侧灌注泥浆以及借用高压水泵经导管喷水润滑井壁，减少摩阻力。但井筒下沉也不可太快，为放慢下沉速度，可不挖或少挖刃脚下土层以及在井壁外侧填粗糙料增加摩阻力。

2）不排水下沉法：该法是采用挖掘机配以抓土斗挖土下沉（见图 3-56）。挖掘机应停放远离基坑，距坡顶不小于基坑深度的 1.5 倍，抓土斗在井内升降要平稳，挖土过程要保持井筒内外水头高差接近，必要时可向井内注水。

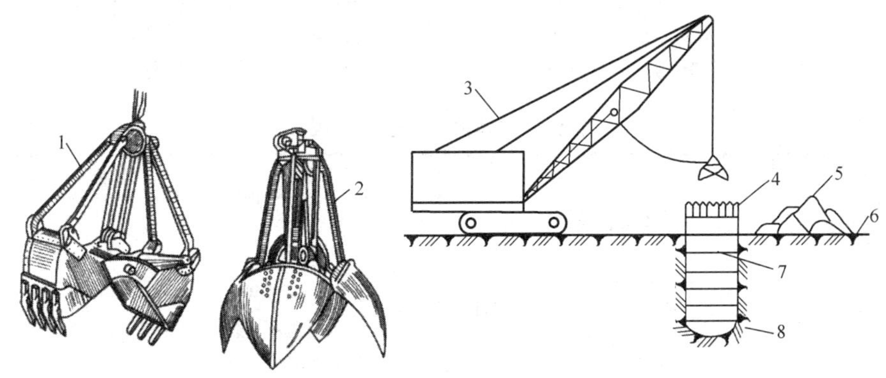


图 3-56 合瓣式挖土机开挖大口井示意

1—合瓣式挖土机；2—多瓣式挖土机；3—索式挖土机；4—钢筋；5—弃土堆；6—地面；7—钢筋图；8—井筒

（4）井底处理：井底处理有封底隔水和不封底进水两种形式。一般在清除井底预留的 0.2～0.3m 土层后，即可铺设进水反滤层或浇筑封底混凝土。井底为透水性强的松散层时，应在刃脚下分块间隔轮流换填砂砾石层加固地基，防止井筒继续下沉。铺设井底反滤层应按设计要求进行。浇筑封底混凝土，可采用抽水干封底和水下封底两种方法，前者需要事前预埋钢管，将水泵吸水管底阀伸入其中，待井内积水排出后，即可浇筑混凝土封底。后者一般采用垂直导管将混凝土送入井底。

## 3.9 辐 射 井

辐射井由大口井和径向设置的单层或多层辐射管组成，是一种由垂直与水平集水系统组成的联合取水构筑物。一般常用于中砂、粗砂不含漂卵石和粉细砂地层。过去，辐射井限于含水层厚度较厚、渗透性能较好的傍河地段，通过近十年来的工程实践和研究，辐射井技术不仅可应用于弱透水层地层，而且也可用于岩溶裂隙发育的基岩地区。在弱透水层取水要有一定厚度（不少于 1m）的粉砂或细砂；在基岩地区取水，要有延伸较远的断裂破碎带，水位埋藏浅并有充足补给源。

### 3.9.1 辐射井的位置选择与平面布置

辐射井根据集水类型，可分为四种布置形式（见图 3-57），各自位置选择原则见表 3-78。

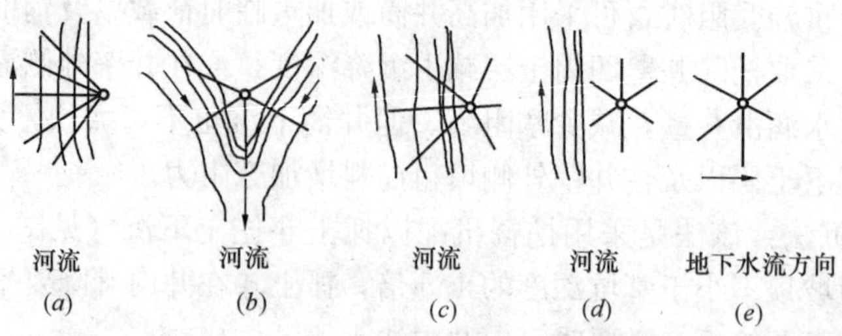


图 3-57 辐射井平面布置

(a) 集取河床渗透水（集水井在岸边）；(b) 集取河床渗透水（集水井在滩地）；(c) 同时集取河床渗透水和岸边地下水；(d) 主要集取岸边地下水；(e) 远离河流集取地下水

辐射井布置形式及位置选择 表 3-78

| 集水类型 | 布置形式 | 位置选择原则 |
|---|---|---|
| 集取河床渗透水 | 集水井设在岸边或滩地，辐射管伸入河床下 | 1. 集取河床渗透水时，应选河床稳定、水质较清、流速较大、有一定冲刷力的直线河段；<br>2. 集取岸边地下水时，应选含水层较厚、渗透系数较大的地段；<br>3. 远离地表水体集取地下水时，应选地下水位较高、渗透系数较大、地下水补给充沛的地段 |
| 同时集取河床渗透水和岸边地下水 | 集水井设在岸边，部分辐射管伸入河床下，部分辐射管设在岸边 | |
| 集取岸边地下水 | 集水井和辐射管都设在岸边 | |
| 远离河流汲取地下水 | 迎地下水流方向的辐射管长度，应大于背地下水流方向的辐射管长度 | |

## 3.9.2 辐射井出水量计算

(1) 辐射井出水量计算：由于辐射井的结构特殊，抽水时的水力条件与管井、大口井不同。辐射井抽水时，辐射管以外地下水呈水平渗流，辐射管范围内以垂直渗流为主；辐射管顶上的水位较低，两辐射管之间的水位较高，呈波状起伏。目前，辐射井出水量的确定尚无较准确的理论计算方法，多按抽水试验的资料确定。如缺乏资料，可在初步规划时按下列方法估算。

1) 等效大口井法

根据等效原则，将辐射井简化为一虚拟大口井，出水量与它相等。可按潜水完整井相类似的公式计算辐射井的出水量，即

$$Q = 1.364 \frac{S_0(2H - S_0)}{\lg \dfrac{R}{r_f}} \tag{3-123}$$

式中 $Q$——辐射井的出水量（$m^3/d$）；

$K$——含水层渗透系数（m/d）；

$S_0$——水位外侧水位降深（m）；

$R$——辐射井的影响半径（m）；

$H$——含水层厚度（m）；

$r_f$——虚拟等效大口井半径（m）可用下列经验公式确定。

$$r_{f1} = 0.25^{\frac{1}{n}}L \tag{3-124}$$

$$r_{f2} = \frac{2\sum L}{3n} \tag{3-125}$$

式中 $r_{f1}$——辐射管等长时的半径（m）；

$r_{f2}$——辐射管不等长时的半径（m）；

$L$——辐射管长度（m）；

$n$——辐射管根数。

辐射井的影响半径可按下列经验公式估算：

$$R = 10S_0\sqrt{K} + L \tag{3-126}$$

式中符号意义同前。

如有当地大口井影响半径 $R_0$ 的资料，则辐射井的影响半径近似为：

$$R = R_0 + L \tag{3-127}$$

式中 $R_0$——大口井的影响半径（m）。

2）渗水管法

将辐射管按一般渗水管看待，其出水量为：

$$Q = 2\alpha KrS_0\sum L \tag{3-128}$$

式中 $\alpha$——为干扰系数，变化较大通常 $\alpha = \frac{1.27}{n^{0.418}}$；

$r$——辐射管半径（m）。

其余符号同前。

（2）单根辐射管出水量计算：为了定量计算辐射井的出水量，首先要解决单根辐射管出水量的问题。近年来通过模拟实验及对模拟实验数据进行回归分析计算结果，得出了如下集取河床渗透水的辐射管积水计算模型，见表 3-79 所列计算公式。

**集取河床渗透水的辐射管集水计算模型** **表 3-79**

| 计算模型 | 符号说明 |
|---|---|
| $q = 1.5915K^{0.57}Z_0^{-0.087}D^{0.956}$ (3-127)<br>$Q = qn\varphi$ (3-128) | $q$——辐射管的出水量（$m^3/d$）；<br>$K$——含水层的渗透系数（m/d）；<br>$Z_0$——辐射管的埋深（m）；<br>$D$——辐射管的直径（m）；<br>$Q$——辐射井的出水量（$m^3/d$）；<br>$n$——辐射管的根数；<br>$\varphi$——辐射管的互阻系数 |

（3）辐射管长度的确定：辐射管集水量随长度增长而增加，在辐射管直径和降深不变情况下，辐射管长度达到某一长度时，其集水量基本上不再随管长的增长而增加。其有效长度可参见表 3-80 所列经验公式计算。

辐射管长度计算的经验公式　　表 3-80

| 计算模型 | 符号说明 |
| --- | --- |
| $L=4266K^{-0.85}Z_0^{0.12}A^{-0.32}$　(3-129) | $K$——渗透系数（m/d）；<br>$L$——辐射管长度（m）；<br>$Z_0$——辐射管埋深（m）；<br>$A$——比阻，由满宁公式给出 $A=10.293$、$n^2/D^{5.33}$；<br>$n$——粗糙系数；<br>$D$——辐射管直径（m） |

## 3.9.3　集水井与辐射管的设计

（1）集水井

1）集水井一般用钢筋混凝土浇筑，其直径按辐射管施工方法和井内是否安装抽水设备确定。

2）集水井井底，国外一般采用混凝土填封，使之不进水，便于施工；国内一般不封底，使之增加出水量。

3）在浇筑集水井时，需在井壁上预埋辐射管穿墙套管，见图 3-58。套管直径应比辐射管直径大 50～100mm。预埋套管的数量应多于辐射管，以便顶进辐射管遇障碍后废弃，另在新套管中顶管。

4）为了便于辐射管施工，最好在井筒上设置两道圈梁，以便搭筑施工平台，见图 3-59。

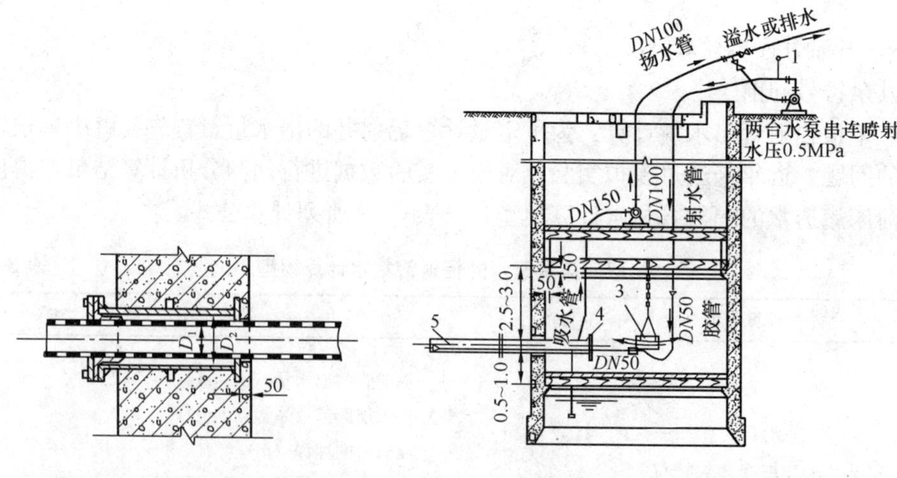


图 3-58　辐射管穿墙套管

图 3-59　辐射管施工布置

1—压力表；2—水泵；3—撞锤；4—顶帽；5—$DN$200 套管

（2）辐射管

1）辐射管的布置

①当含水层较薄或集取河床渗透水时，宜设置单层辐射管见图 3-60。

②当含水层较厚，地下水丰富，渗透系数较大时，可设置多层辐射管见图 3-61。其布置见表 3-81。

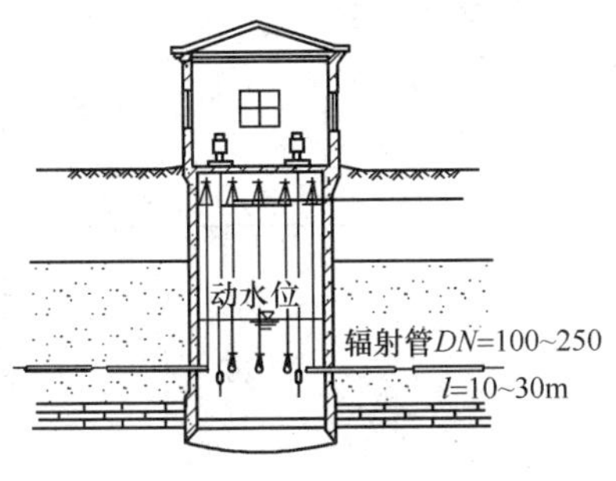

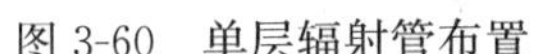

图 3-60 单层辐射管布置

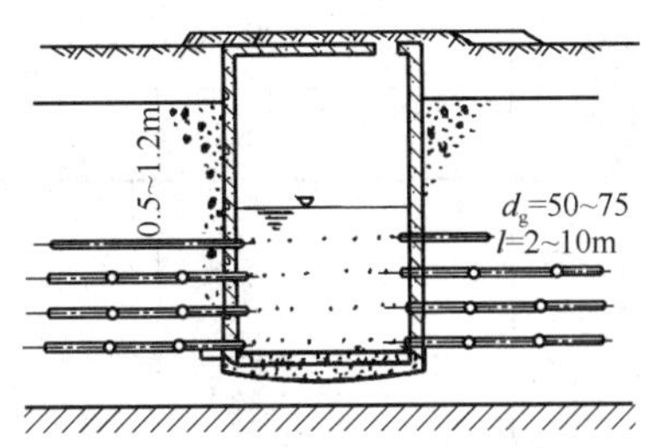


图 3-61 多层辐射管布置

多层辐射管的布置 表 3-81

| 管 径（mm） | 层 数 | 层 距（mm） | 每层根数 |
|---|---|---|---|
| 50～75 | 4～6 | 0.5～1.2 | 6～8 |
| 100～150 | 2 | 1.5～3.0 | 3～6 |

③ 含水层较厚，但有较多不透水夹层时，宜设置倾斜的辐射管。

④ 辐射管距井底的距离一般为 1～2m。

2）射管直径和长度

应根据含水层富水性和施工方法确定。当用人工锤打施工时，一般采用直径 50～70mm；当机械施工时，可采用直径 100～250mm。一般情况下，采用直径较大的辐射井管较为有利。辐射管长度，当集取承压水时，采用少而长的辐射管；集取潜水时，采用短而多的辐射管。当管径为 100～150mm 时，适宜管长为 10～30m，对于细颗粒含水层，辐射管可加长到 50～150m。管径为 50～75mm 时，管长一般不超过 10m。辐射管每节长度 1.5～2.0m，丝扣连接或焊接。

3）射管的材料

辐射管一般采用钢管。当管径为 50～75mm 时，采用加厚的焊接钢管；当管径为 100～250mm 时，可采用壁厚为 6～9mm 的钢管。当采用套管法施工时，亦可采用铸铁管、薄壁钢管、塑料管、石棉水泥管和砾石水泥管等。

4）辐射管的进水孔

一般采用圆形和条形两种，其孔径尺寸应按含水层颗粒组成确定。采用圆孔时，孔径一般为 6～12mm；采用条形孔时，孔宽为 2～9mm，长为 40～140mm，孔口最好交错排列。孔隙率一般为 15%～20%，最多可达 25%～35%。进水孔布置及尺寸见图 3-62、图 3-63 和表 3-82、表 3-83。

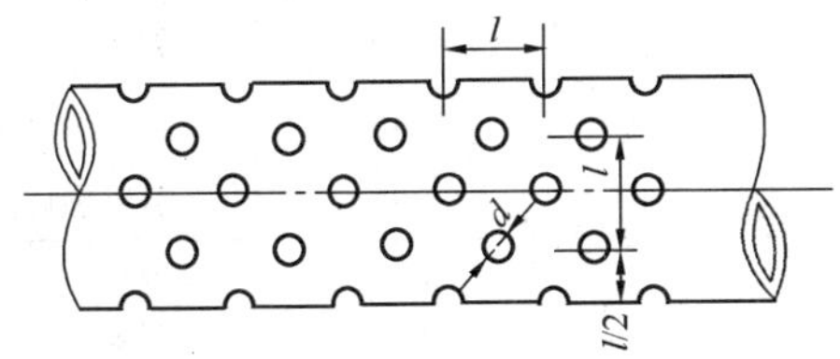


图 3-62 $D$=50～75mm 辐射管进水孔布置

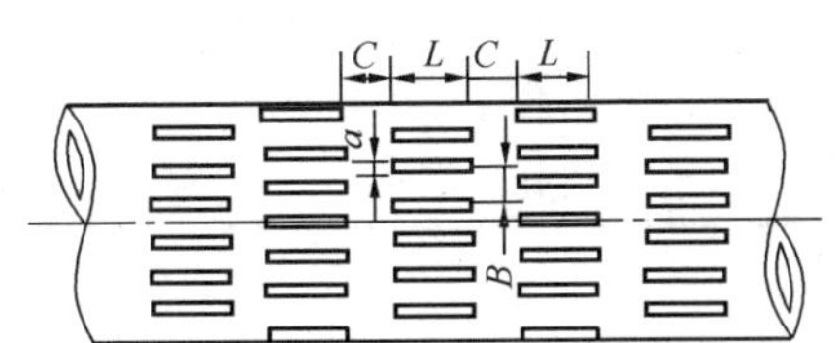


图 3-63 $D$=100～250mm 辐射管进水孔布置

**$D$=100～250mm 辐射管进水孔尺寸** **表 3-82**

| 管外径（mm） | 壁厚（mm） | 孔口尺寸（mm） | | | | 每周小孔数（个） | 每延长米孔数（个） | 孔隙率（%） | 适用地层 |
|---|---|---|---|---|---|---|---|---|---|
| | | $a$ | $L$ | $C$ | $B$ | | | | |
| 108 | 6 | 2 | 80 | 15 | 10 | 34 | 306 | 14.4 | 中砂 |
| 108 | 6 | 3 | 80 | 15 | 15 | 22 | 198 | 14.1 | 中砂、粗砂 |
| 108 | 6 | 4 | 80 | 15 | 18 | 19 | 171 | 16.1 | 中砂、粗砂 |
| 108 | 6 | 6 | 80 | 25 | 25 | 13 | 117 | 16.5 | 粗砂夹砾石 |
| 108 | 6 | 8 | 80 | 25 | 32 | 10 | 90 | 17.0 | 粗砂夹砾石 |
| 140 | 6 | 2 | 80 | 15 | 10 | 44 | 396 | 14.4 | 中砂 |
| 140 | 6 | 3 | 80 | 15 | 15 | 29 | 261 | 14.2 | 中砂、粗砂 |
| 140 | 6 | 4 | 80 | 15 | 18 | 24 | 216 | 15.7 | 中砂、粗砂 |
| 140 | 6 | 6 | 80 | 25 | 25 | 17 | 153 | 16.7 | 粗砂夹砾石 |
| 140 | 6 | 8 | 80 | 25 | 32 | 13 | 117 | 17.0 | 粗砂夹砾石 |
| 159 | 7 | 3 | 80 | 15 | 15 | 33 | 297 | 14.2 | 中砂、粗砂 |
| 159 | 7 | 5 | 80 | 15 | 20 | 25 | 225 | 18.0 | 粗砂夹砾石 |
| 159 | 7 | 7 | 80 | 25 | 30 | 16 | 144 | 16.1 | 粗砂夹砾石 |
| 159 | 7 | 9 | 80 | 25 | 40 | 12 | 108 | 15.6 | 粗砂夹砾石 |
| 219 | 8 | 3 | 80 | 15 | 15 | 46 | 414 | 14.3 | 中砂、粗砂 |
| 219 | 8 | 5 | 80 | 15 | 20 | 34 | 306 | 17.8 | 粗砂夹砾石 |
| 219 | 8 | 7 | 80 | 25 | 30 | 23 | 207 | 16.9 | 粗砂夹砾石 |
| 219 | 8 | 9 | 80 | 25 | 40 | 17 | 153 | 16.0 | 粗砂夹砾石 |
| 273 | 9 | 3 | 80 | 15 | 15 | 57 | 153 | 14.3 | 中砂、粗砂 |
| 273 | 9 | 5 | 80 | 15 | 20 | 43 | 387 | 18.0 | 粗砂夹砾石 |
| 273 | 9 | 7 | 80 | 25 | 30 | 28 | 252 | 16.4 | 粗砂夹砾石 |
| 273 | 9 | 9 | 80 | 25 | 40 | 21 | 189 | 15.9 | 粗砂夹砾石 |

**$D$=50～75mm 辐射管进水孔尺寸** **表 3-83**

| 辐射管管径（mm） | 进水孔直径 $d$（mm） | 每周小孔数（个） | 小孔间距 $l$（mm） | 每米孔数（个） | 孔隙率（%） | 适用地层 |
|---|---|---|---|---|---|---|
| 50 | 6 | 16 | 12.0 | 1328 | 20 | 中砂、粗砂 |
| | 10 | 10 | 26.6 | 370 | 15 | 粗砂夹砾石 |
| | 12 | 8 | 33.7 | 232 | 14 | 粗砂夹砾石 |
| | 12 | 6 | 40.0 | 150 | 9 | 粗砂夹砾石 |
| 75 | 6 | 21 | 12.0 | 1750 | 20 | 中砂、粗砂 |
| | 10 | 14 | 28.0 | 490 | 10 | 粗砂夹砾石 |
| | 12 | 10 | 30.0 | 330 | 13 | 粗砂夹砾石 |
| | 13 | 10 | 24.1 | 410 | 31 | 粗砂夹砾石 |

## 3.9.4 辐射井施工

辐射井下沉前，需将井壁上预留套管用木塞堵住，井筒下沉到设计标高后，搭筑施工平台，拆除套管木塞，安装导向轴套和施工设备。辐射管的施工方法，一般有以下几种：

（1）人工锤打：用12～18磅的手锤，人工将直径50～75mm的辐射管打入含水层。锤打的管端应安装特制的软钢顶帽。

（2）撞锤顶进：用100～280kg的撞锤将辐射管打入含水层。当含水层为砂层时，使用100kg左右的撞锤，人工操作，配合使用高压水枪（见图3-64），可将直径200mm的辐射管打入含水层。当含水层为卵石层或砂层中夹有较多大粒径卵石时，可用280kg的电动夹板锤，将直径200mm的辐射管打入含水层见图3-64。辐射管前端装设用工具钢焊制的空心骨架顶管帽（见图3-65），砂砾可通过管头进入管内，遇到大卵石时，可以把它顶碎，而使辐射管继续顶进。

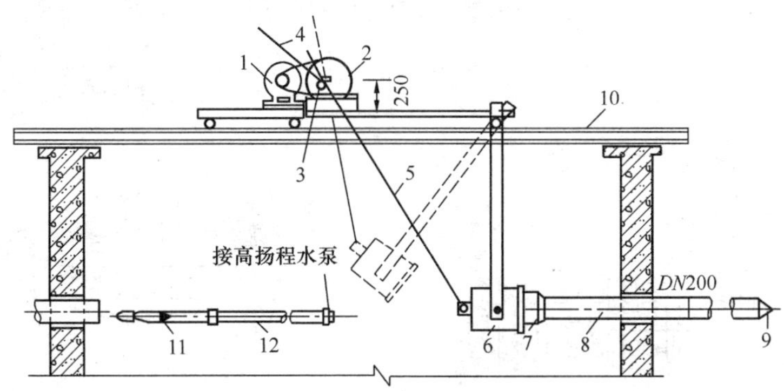


图3-64 夹板锤施工示意

1—电动机；2—主动轮；3—偏心轮；4—手柄；5—夹板；6—锤；7—顶管帽；8—辐射管；9—顶管头；10—铁轨；11—射水管管头；12—高压射水管

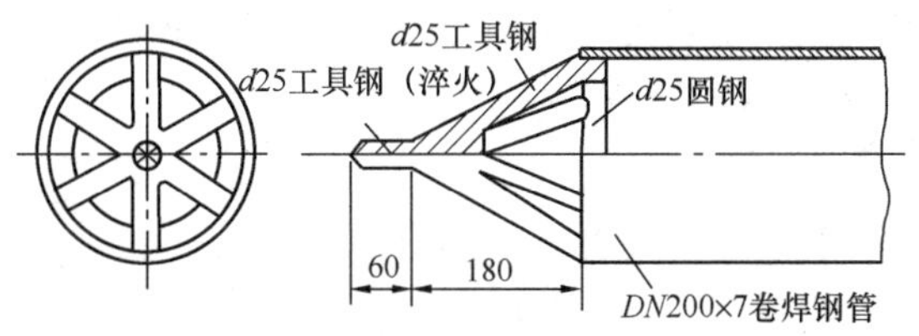


图3-65 顶管帽构造

（3）水射法：用压力水冲孔，用拉链起重器或其他方法将辐射管顶入含水层。所需供水压力0.3～0.8MPa。喷射水枪的孔口流速，在砂类（中粗砂）含水层中，可采用15m/s；在卵石类含水层中可采用30m/s，压力水量按辐射管直径确定。当辐射管直径为100mm时，水量为5～10L/s；当辐射管直径为250mm时，水量为10～20L/s。阜新使用的喷射水枪见图3-66(*a*)。西北地区铁路给水工程所使用的喷射水枪见图3-66(*b*)。宝鸡地区使用的喷射水枪见图3-66(*c*)。

水射法施工时，坡度不易控制，往往向上偏斜，造成坡度太大。因此在开始顶进时，使辐射管向下有5%～8%的坡度。喷射水枪与拉链起重器施工布置见图3-67。

（4）千斤顶法：用20～80t的油压或螺旋千斤顶将辐射管顶入含水层中，其施工布置见图3-68。用千斤顶顶管时往往配合使用喷射水枪。

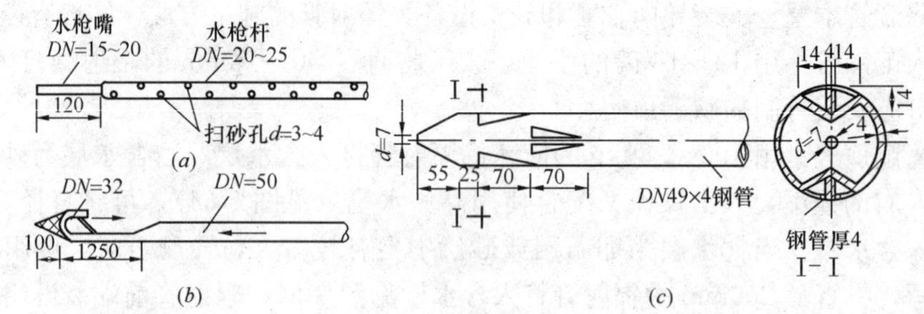


图 3-66 喷射水枪

(*a*) 阜新使用喷射水枪；(*b*) 西北地区铁路给水工程使用喷射水枪；
(*c*) 宝鸡地区使用喷射水枪

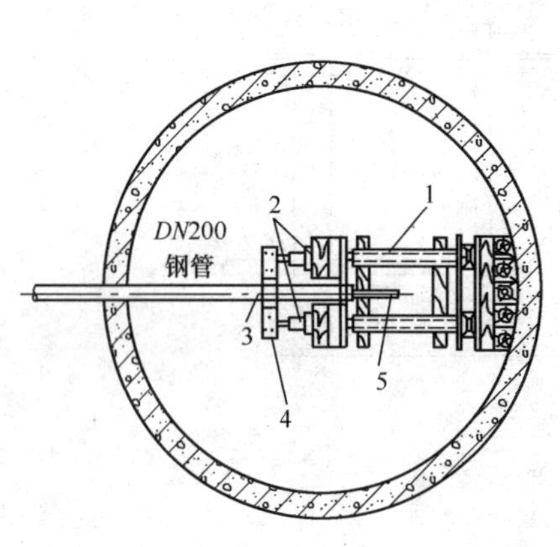


图 3-67 喷射水枪与拉链起重器施工布置

1—钢管焊接支架；2—50t 千斤顶；3—管壁上挡筋（$d=16$，$L=100$，5～7 根）；4—套管铁夹板厚 20；5—*DN*50 喷射水管

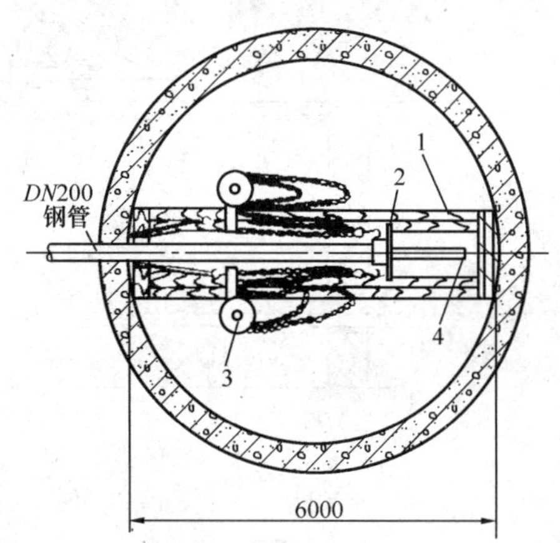


图 3-68 千斤顶顶管布置

1—倒链滑车支架（枕木做）；2—顶帽；3—5t 倒链滑车；4—*DN*50 喷射水管

顶管设备所需的顶力可按式（3-129）近似计算：

$$p = K\pi Dlf(t) \tag{3-129}$$

式中 $K$——系数，外冲顶管时为 0.1，内冲顶管时为 5，采用锥帽或其他不挖土顶管时为 20；

$D$——顶管外径（m）；

$l$——顶管长度（m）；

$f$——土壤与管壁的摩擦系数，细砂时为 0.32，砂砾时为 0.44。

（5）套管法：适用于含水层夹有较大的卵石或采用非金属管、薄壁钢管、缠丝过滤器制作辐射管等情况。施工时，先将套管顶入含水层，然后将预制好的辐射管推入套管，再把套管拔出。这种施工方法，可以采用较大的喷射水枪，便于清掏较大的卵石。当遇到大卵石不能顶进时，可将套管向后退出 400～500mm。然后用炸药包炸碎块石，再继续顶进。

（6）水平钻机钻进法：常用水平钻机见图 3-69。待水井施工完成后，即可安装钻机施工。用水平钻机施工，在黏性土和风化层中的成井工艺是比较容易的，而在粉细砂、卵石中的成井工艺则比较难。在卵石层中，国外施工方法是先用风钻或电钻根据设计位置凿眼。然后用水平钻机将滤水管一根一根打入含水层中。为减少摩阻力，在第一根滤水管前端安装一个用特殊钢制的高强度尖头。前面几根滤水管的外径可以比后面的稍大些。用这种方法施工，由于破坏含水层天然结构，在长时间抽水后，细颗粒会堵塞出水空隙，使辐射井出水量逐渐减少。国内水平钻机施工，采用 130mm 钻头、岩心管顶进，每钻进 2～3m 停钻，用水泵冲洗，直至钻到预定长度，然后冲净砂砾石，将滤水管送入套管内，最后拔出套管，即形成新的滤层。

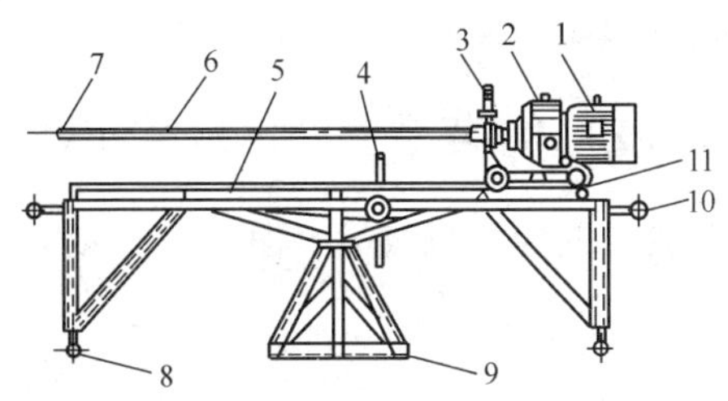


图 3-69 SPZ-110 型水平钻机

1—电动机；2—传动箱；3—射水管接头；4—绞车；5—机架；6—钻杆；7—钻头；8—机架支撑；9—机座；10—水平支撑；11—滑轮

# 3.10 复 合 井

## 3.10.1 复合井的形式与构造

复合井是大口井与管井的组合。它由非完整式大口井和井底以下设设置一根至数根管井过滤器所组成（图 3-70）。实际上，这是大口井和管井上下重合的分层或分段取水系统。它适用于地下水位较高、厚度较大的含水层。复合井比大口井更能充分利用厚度较大的含水层，增加井的出水量。在水文地质条件合适的地区，比较广泛地作为城镇水源、铁路沿线给水站及农业用水。在已建大口井中，如水文地质条件适当，也可在大口井中打入管井过滤器改造为复合井，以增加水量和改善水质。据模型试验资料表明，当含水层厚度较厚$\left(\frac{m}{r_0}=3\sim6\right.$，$m$—含水等厚度，$r_0$—大口井直径$\left.\right)$或含水层透水性较差时，采用复合井，水量增加较为显著。

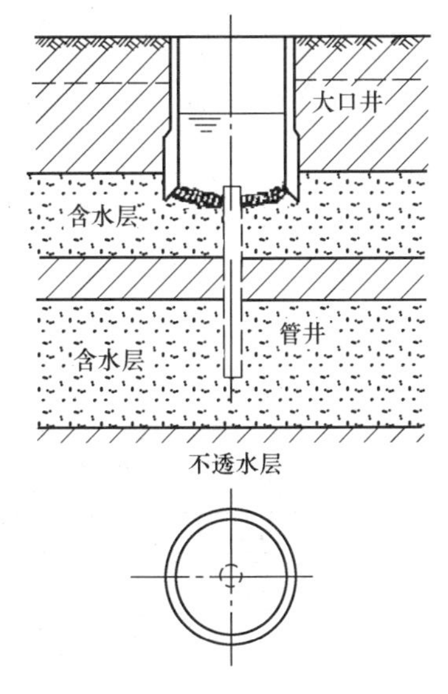


图 3-70 复合井

复合井的大口井部分的构造与前述相同。

增加复合井的过滤器直径，可加大管井部分的出水量，但管井部分的水量增加则对大口井井底进水量的干扰程度也将增加，故过滤器的直径不宜过大，一般以 200～300mm 为宜。

当含水层较厚时，以采用非完整过滤器为宜，一般 $l/m<0.75$（$l$—过滤器长度，$m$—含水层厚度）。由于过滤器与大口井相互干扰，以及在此情况下过滤器下端滤流强度较大，故过滤器之有效长度应比管井稍大。

适当增加过滤器数目可增加复合井出水量。但从模型试验资料可知，过滤器的数量增加到 3 根以上时复合井的出水量增加甚少，故是否必须采用多过滤器复合井，应通过技术经济比较确定。

### 3.10.2 复合井的出水量计算

复合井应用虽较早，但对其水量计算问题的研究甚少。在估算复合井出水量时，式(3-130)可供参考：

$$Q = \zeta(Q_a + Q_1) \tag{3-130}$$

式中 $Q$—复合井出水量；

$Q_a$、$Q_1$——大口井、管井单独工作时的出水量；

$\zeta$——互相影响系数。

根据上式，只要求得相应的$\zeta$值就可以由对应的大口井和管井的出水量计算公式确定复合井的出水量。$\zeta$值与过滤器根数、完整程度及管径等有关。以下介绍应用较多的单过滤器复合井的$\zeta$值公式。

(1) 承压、无压完整单过滤器复合井

$$\zeta_{\mathrm{I}} = \frac{1}{1+\dfrac{\ln\dfrac{R}{r_0}}{\ln\dfrac{R}{r'_0}}} \tag{3-131}$$

式中 $R$——影响半径；

$r_0$、$r'_0$——大口井、管井单半径。

(2) 承压非完整单过滤器复合井（图3-71）

$$\zeta_{\mathrm{II}} = \frac{1}{1+\dfrac{\ln\dfrac{R}{r_0}}{\dfrac{m}{2l}\left(2\ln\dfrac{4m}{r'_0}-A\right)-\ln\dfrac{4m}{R}}} \tag{3-132}$$

式中 $m$——含水层厚度；

$l$——过滤器长度；

$A$——$A = f\left(\dfrac{l}{m}\right)$由表3-84确定；

**$A=f\left(\dfrac{l}{m}\right)$** **表3-84**

| $l/m$ | 0.05 | 0.10 | 0.20 | 0.30 | 0.40 | 0.50 | 0.60 | 0.70 | 0.80 | 0.90 | 1.00 |
|---|---|---|---|---|---|---|---|---|---|---|---|
| $A$ | 3.50 | 2.80 | 2.20 | 1.80 | 1.60 | 1.30 | 1.00 | 0.80 | 0.60 | 0.40 | 0 |

其余符号同式(3-135)。

(3) 无压非完整单过滤器复合井（图3-72）

$$\zeta_{\mathrm{III}} = \frac{1}{1+\dfrac{\ln\dfrac{R}{r_0}}{\dfrac{T}{2l}\left(2\ln\dfrac{4T}{r'_0}-A\right)-\ln\dfrac{4T}{R}}} \tag{3-133}$$

式中 $T$——大口井底至含水层底板高；

其余符号同式(3-131)。

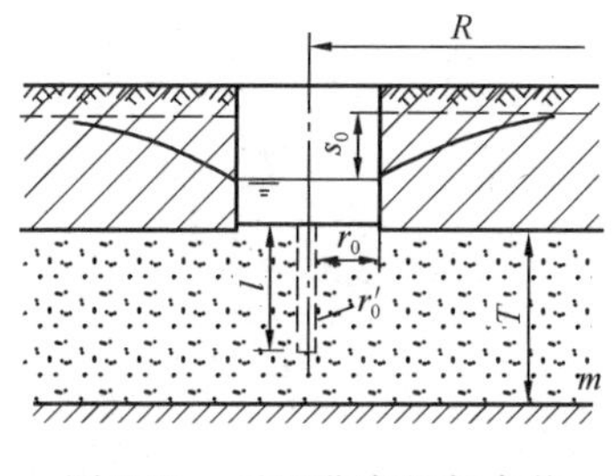

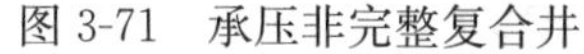
图 3-71 承压非完整复合井

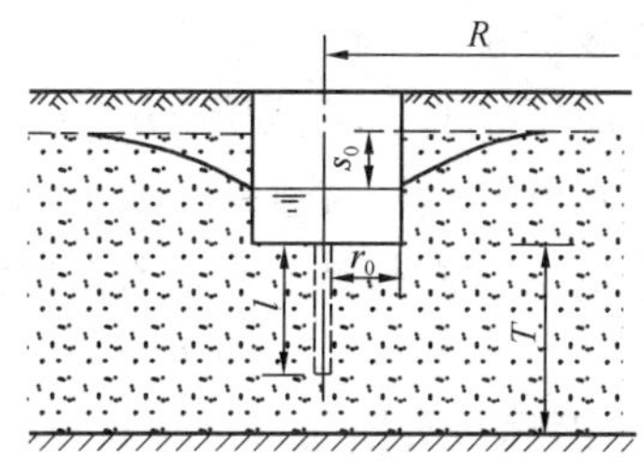

图 3-72 无压非完整复合井

# 3.11 井群虹吸管集水系统设计

## 3.11.1 虹吸管集水的适用条件与平面布置

（1）适用条件：利用虹吸管系统集取地下水，是一种较为成功的取水方法。其优点是：技术可靠、生产管理集中，而且节约工程投资和经常费用；尤其是在井数较多时，可以大量减少抽水及输配电设备。由于受虹吸真空高度的限制，一般在下列条件下采用较为适宜：

1）水层渗透性好，有良好的补给条件，枯水期静水位接近地面，而且抽水时水位下降深不大，各个井的最低动水位不低于集水井地面下 10m。

2）井群分布比较集中，每条虹吸管长度不宜超过 600m。

（2）平面布置：虹吸取水系统主要由水源井（管井或大口井）、虹吸管、集水井（或真空灌）和水泵房四个部分组成。根据井群数量及分布情况，平面布置有直线、扇形和单井辐射状布置等形式，见图 3-73。

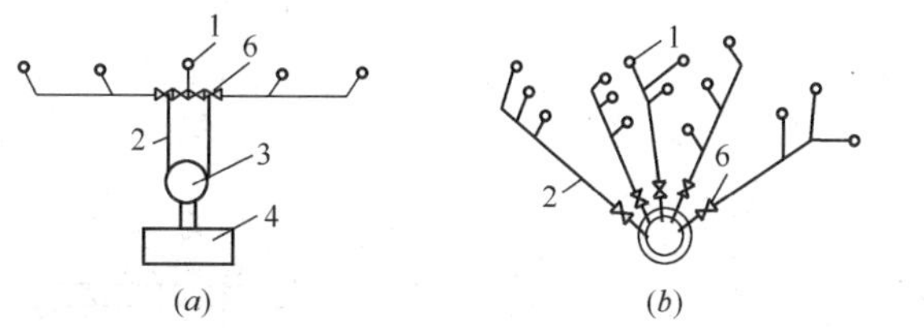

图 3-73 虹吸管集水系统平面布置

(*a*) 直线布置、泵房与集水井分建；(*b*) 扇形布置，泵房与集水井合建；

(*c*) 单井辐射布置，泵房与集水井合建

1—水源井；2—虹吸管；3—集水井；4—泵房；5—输水管；6—闸门

为使各水源井出水量均匀，应尽量使每条虹吸管长度相差最小，每条虹吸管连接水源井数最好为 3～4 个。

## 3.11.2 虹吸管设计

虹吸管管径：一般采用 200～500mm，最大 800mm。可根据每根虹吸管流量分段按式（3-134）计算：

$$d_i = \sqrt{\frac{4Q_i}{\pi v}}\ (\mathrm{m}) \tag{3-134}$$

式中　$d_i$——虹吸管管径（m）；

$Q_i$——相应于$d_i$管段的流量（$m^3/s$）；

$v$——虹吸管内允许流速，一般$v=0.5\sim0.7m/s$。

管中水头损失，一般按式（3-135）计算：

$$h = 1.2(\Sigma h_i + a\Sigma h_j) \tag{3-135}$$

式中　$\Sigma h_i$——沿程水头损失（m）；

$\Sigma h_j$——局部水头损失（m）；

$a$——系数，铸铁管$a=1$，焊接管$a=1.5$。

虹吸管真空吸水高度，一般采用允许真空高度6～7m。有效真空高度$h_c$。按式（3-136）计算：

$$h_c = h_1 - h \tag{3-136}$$

式中　$h_1$——允许真空高度（m）；

$h$——虹吸管水头损失（m）。

虹吸管水平管段：水平管段向集水井方向上升的坡度不小于0.001。

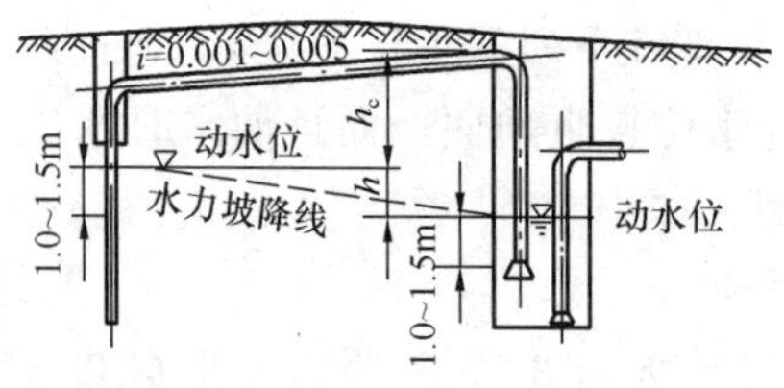


图3-74　虹吸管水力关系示意

虹吸管进出口深入水下的深度：虹吸管的进口与出口端深入水下深度一般为1～1.5m（见图3-74）。当虹吸管进水端直接与管井连接时，过滤器淹没于最低动水以下的深度可采用0.5～1m。

虹吸管与水源井的连接：当虹吸管直接与管井连接时，为防止因管井下沉而破坏头部连接结构，可采用伸缩连接（见图3-75）；当虹吸管的进水端插入管井内，以免过滤器因淹没深度不足，而破坏真空时，虹吸管与管井外的保护导管连接参见图3-76。

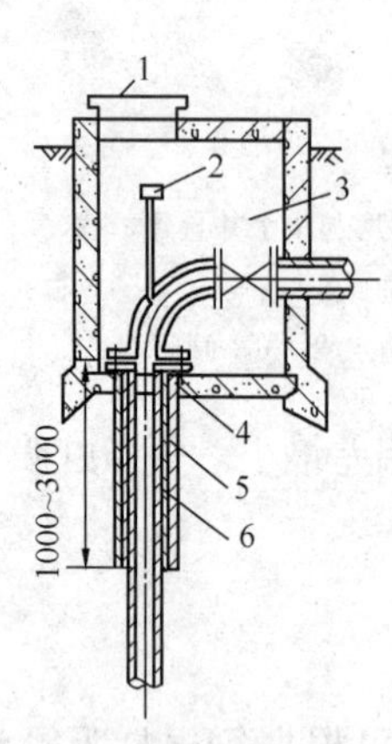


图3-75　虹吸管与管井直接连接

1—密封井盖；2—观测孔；3—井室；4—青铅封口；5—水泥填塞；6—保护导管

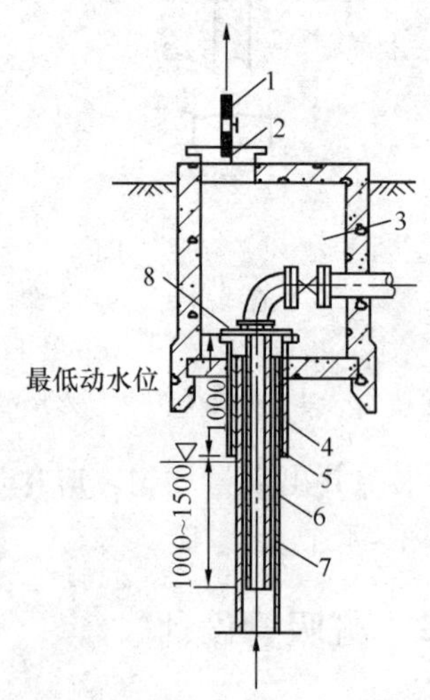


图3-76　虹吸管不与管井直接连接

1—通气管；2—密封井盖；3—井室；4—保护导管；5—水泥填塞；6—水滤管；7—吸水管；8—角钢管箍

虹吸管的材料：一般用钢管和铸铁管。铸铁管应用青铅接口或石棉水泥（2：8）接口。水泥强度等级不应低于 32.5 级，必须严防漏气。

### 3.11.3 虹吸管排气设备的选择与计算

（1）水中析出气体量的计算：虹吸管内压力小于 100kPa，气体呈膨胀状态，虹吸管中析出的气体量可按式（3-137）计算：

$$W=\frac{W_0}{100}Q\alpha\ (\mathrm{m^3/s}) \tag{3-137}$$

式中 $W_0$——溶解于 100L 水中的气体量（L），按表 3-85 查出；

$Q$——设计流量（$m^3/s$）；

$\alpha$——在虹吸管中气体析出的系数，约为 0.5～0.6。

不同压力时水中溶解的气体量　　表 3-85

| 虹吸高度（m） | 虹吸管压力（kPa） | 在 100L 水中溶解的气体体积 $W_0$（L） |
|---|---|---|
| 0 | 100 | 2.50 |
| 1 | 90 | 2.78 |
| 2 | 80 | 3.12 |
| 3 | 70 | 3.57 |
| 4 | 60 | 4.17 |
| 5 | 50 | 5.00 |
| 6 | 40 | 6.25 |
| 7 | 30 | 8.33 |
| 8 | 20 | 12.50 |
| 9 | 10 | 25.00 |

（2）排气设备选择：当虹吸管口径较小时，可装设自动排气阀；当虹吸管口径较大时，应装设真空泵。真空泵的能力，一般根据启动工作要求，按虹吸管和真空罐体积与规定的排气时间（3～5min）确定。

为了改善排气情况，虹吸管插入集水井的垂直管段可设置文氏管（见图 3-77），将气体带入集水井后排出。文氏管喉管处流速一般不小于 2m/s。

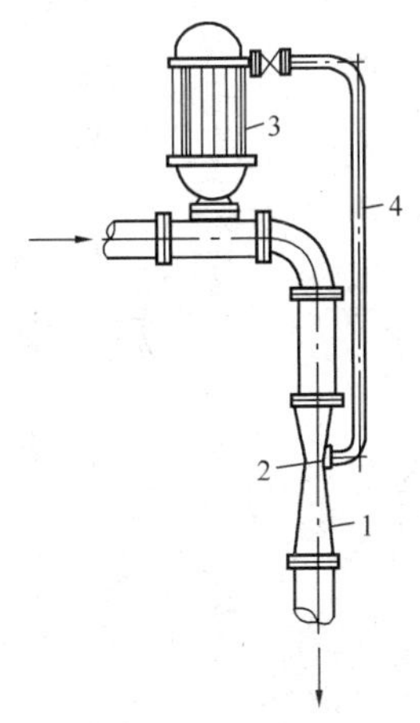


图 3-77 虹吸管垂直管竖管上的文氏管装置

1—文氏管；2—喉管；3—集气管；4—连通管

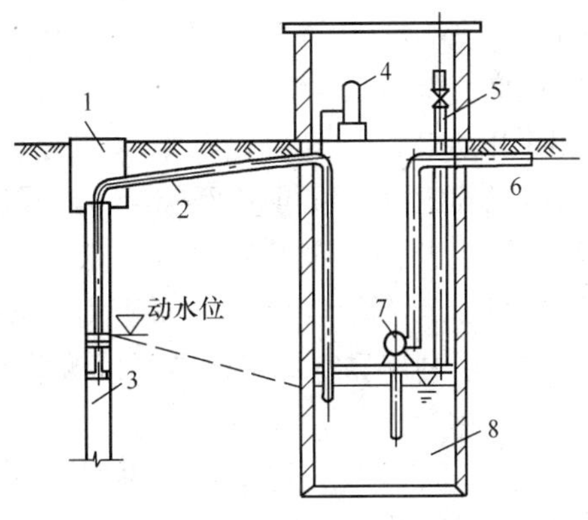


图 3-78 卧式泵合建式泵房

1—井室；2—虹吸管；3—管井；4—真空泵；5—通气管；6—出水管；7—水泵；8—集水间

### 3.11.4　集水井设计

集水井可分为与泵房合建式和分建式；敞开式和密闭式。当集水井为不透水结构时，泵房的形式，多采用合建式（见图3-78、图3-79）；当集水井兼作水源时，多采用分建式。

（1）集水井直径：一般为5～10m，具体采用式（3-138）计算：

$$D=\sqrt{\frac{240Qt}{\pi H}}\ (\mathrm{m}) \tag{3-138}$$

式中　$Q$——设计流量（$m^3/s$）；

$t$——考虑虹吸管事故时调节的时间（可用2～3min）；

$H$——虹吸管淹没于动水位以下的深度（1～1.5m）。

（2）集水井深度见图3-80。

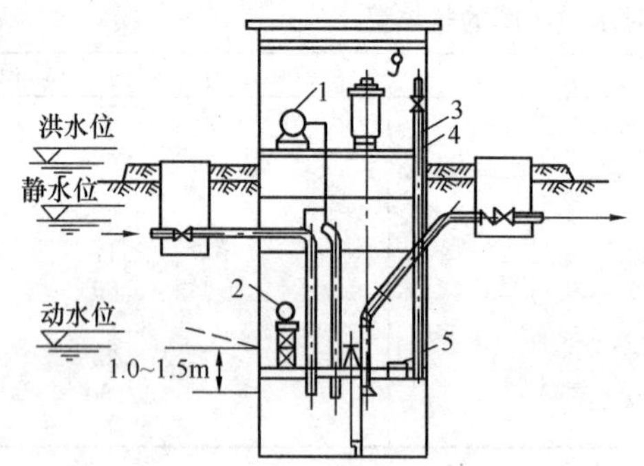


图3-79　立式泵房合建式泵房

1—真空泵；2—排水泵；3—通气管；4—活动盖板；5—人孔

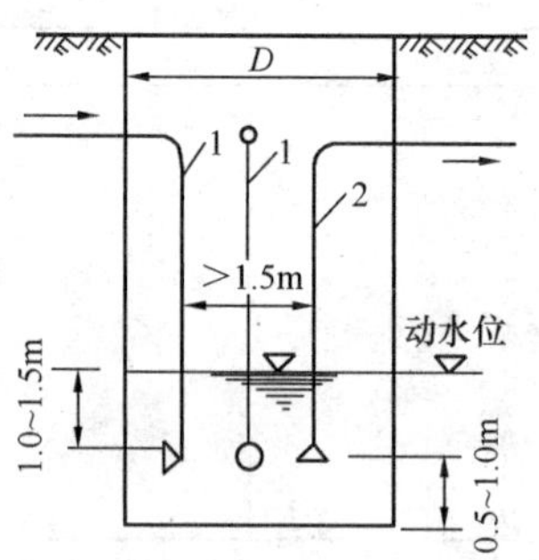


图3-80　集水井深度

1—虹吸管；2—吸水管

### 3.11.5　真空罐容积的确定

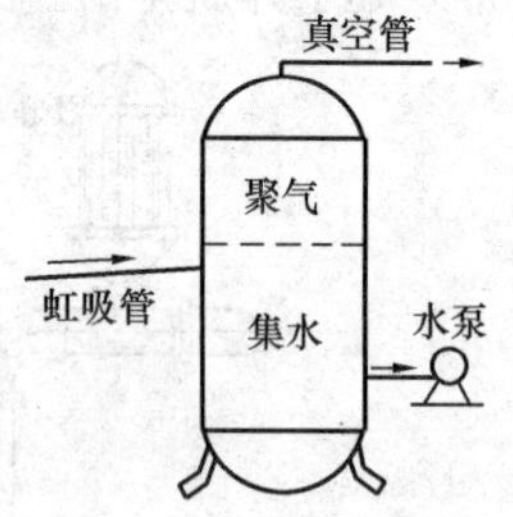


图3-81　真空罐示意

在小型虹吸管集水系统中，当地质条件较差时，可采用真空罐（如图3-81所示）代替集水井。真空罐容积应包括聚气和集水两部分：聚气部分的容积应根据水中析出的气体量按真空泵每0.5～1h开动2～3min确定；集水部分容积根据地下水出水量与用水情况确定，一般可按2～3min虹吸管设计流量确定。

对于设有集水井的虹吸管系统，一般多不设真空罐。但当管道工作流速过小，有聚气可能，而析出气体量又远小于真空泵能力时，可考虑利用真空罐来调节，以改善真空泵的工作情况。

## 3.12　泉　室　设　计

### 3.12.1　泉室设计要求

（1）泉室应根据地形、泉水类型和补给条件进行布置，并有利于出水和集水，尽量不破坏原地质构造。

(2) 泉室容积应根据泉室功能、泉水流量和最高日用水量等条件确定。泉室与清水池合建时，泉室容积可按最高日用水量的 25%～50%计算；与清水池分建时，可按最高日用水量的 10%～15%计算。

(3) 布置在泉眼处的泉室，进水侧应设反滤层，其他侧应封闭。反滤层宜为 3～4 层，每层厚 200～400mm，底部进水的上升泉总厚度不小于 600mm；侧向进水的下降泉总厚度不小于 1000mm。与泉眼相邻的反滤层滤料的粒径可按规范计算，两相邻反滤层的粒径比宜为 2～4。侧向进水的泉室，进水侧应设齿墙；基础应不透水。

(4) 泉室结构应有良好的防渗措施，并设顶盖、通气管、溢流管、排水管和检修孔。

(5) 泉室周围地面，应有防冲和排水措施。

### 3.12.2 反滤层滤料的粒径计算

其级配按含水层颗粒组成确定，与含水层接触的第一层滤料直径 $d_1$ 按下式确定：

$$d_1 \leqslant (7 \sim 8) d_{\mathrm{i}}$$

式中 $d_{\mathrm{i}}$——含水层的颗粒计算粒径（mm）；

当含水层为细砂或粉砂层时，$d_{\mathrm{i}}=d_{40}$；

当含水层为中砂层时，$d_{\mathrm{i}}=d_{30}$；

当含水层为粗砂层时，$d_{\mathrm{i}}=d_{20}$；

当含水层为砾石和卵石时，$d_{\mathrm{i}}=d_{10\sim15}$；

$d_{40}$、$d_{30}$、$d_{20}$、$d_{10\sim15}$——分别小于该粒径的颗粒占总重量的 40%、30%、20%、10%～15%时的颗粒粒径（mm）。

进水孔中第二、三层滤料直径 $d_2$、$d_3$，各为前一层直径的 2～4 倍。

### 3.12.3 泉室设计

底部进水的泉室设计可参考图 3-82(*a*)、图 3-82(*b*)；侧面进水的泉室设计可参考图 3-82(*c*)、图 3-82(*d*)。

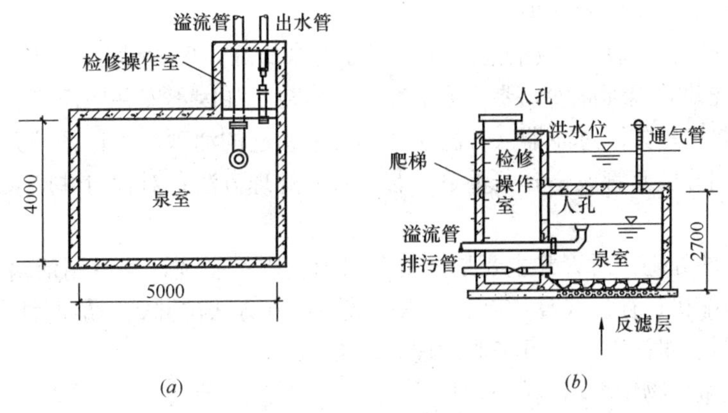


图 3-82 泉室取水示意（一）

(*a*) 底部进水平面图；(*b*) 底部进水剖面图

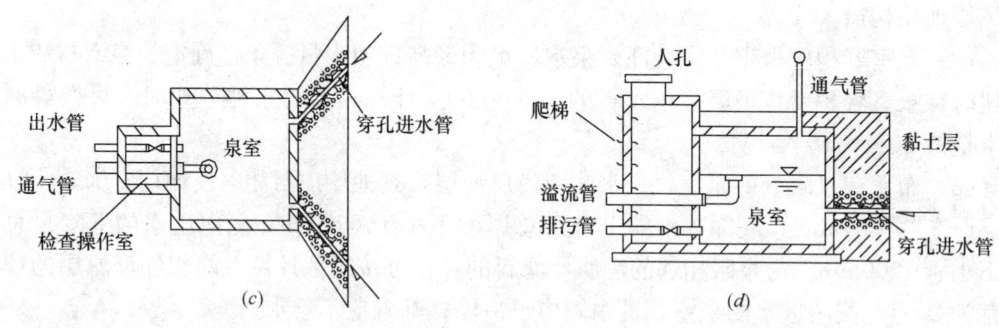


图 3-82 泉室取水示意（二）

（c）侧面进水平面图；（d）侧面进水剖面图

# 3.13 改善与提高取水构筑物能力的措施

## 3.13.1 取水构筑物淤堵处理

（1）取水筑物淤堵的情况

1）涌砂和淤塞：由于过滤器设计不合理（特别是滤层、反滤层级配不当）或施工质量差（井管有裂缝、折断、倾斜，不设井底滤料涌入井内），或大口井上的建筑物引起井的倾斜等等都可以引起井内大量涌砂。由于水质不好或开采方式不当，也常引起过滤器的淤塞。

2）杂物堵塞：河中携带悬浮物（泥砂、尾矿砂、木质素），当它随水流进入含水层后，引起含水层堵塞，使取水构筑物工作效率大为降低。

3）化学或微生物的腐蚀与结垢：化学腐蚀有直接化学腐蚀与电化学腐蚀，结垢有腐蚀胶结物的堵塞结垢和溶解物沉淀的堵塞结垢。微生物腐蚀结垢主要是铁细菌和硫酸盐还原菌引起井管的斑状腐蚀和铁细菌硬壳、FeS 等。铁锰含量高的地下水，对过滤器和水泵有很强的腐蚀性，致使工作年限大为缩短。

（2）取水构筑物淤堵的处理

1）井内涌砂可用空压机或活塞洗井进行处理。如洗井后含砂量达到规范要求，则可继续使用，如洗井后继续涌砂，要根据情况分别对待：如因不安井底而引起的涌砂，应向井内投入水泥封堵；如因过滤器（含滤层）不合格引起的涌砂，对口径较大管井，可根据涌砂位位置采用分层套管或全套（重下一套井管）处理方法；对大口井应采取改换反滤层的方法。

2）机械塞的处理：对管井主要是采用专门钢丝刷子刷洗，然后用活塞（单活塞或双活塞）、空气压缩机、往复式高压泵、二氧化碳等洗井方法洗井，一般两种方法结合使用，可取得较好效果。对渗渠淤堵可采取清理表层方法。

3）化学或微生物结垢堵塞的处理：

① 酸处理：一般可用 18%～25%的工业盐酸作为主要溶剂，在溶剂作用下，可将充填在过滤器上的矿物质($Fe(OH)_2$、$Ca(OH)$、$Mg(OH)_2$和 $CaCO_3$等）溶解掉。当沉淀物

中混杂有机化合物时，可用氟氢酸溶液处理。在进行酸处理之前，应先处理掉过滤器上的机械堵塞物。然后将处理液从井中排出。

② 井内爆破处理：该法是以烈性炸药爆炸所产生连续振动波，冲击滤网上的胶结物，并通过滤网孔隙以较高的速度往复冲击而将过滤管周围的锈垢等堵塞物撞击掉并粉碎，再用空气压缩机将爆炸下来的锈垢及堵塞物抽出。用此法处理已在西安、西宁等地取得较好效果。

### 3.13.2 预防取水构筑物堵塞的措施

（1）控制取水构筑物出水量：取水构筑物出水量过大，进水流速也随之增大。当超过允许进水流速时，流向取水构筑物的细颗粒容易和沉淀的钙质胶粘在一起，逐渐压缩堵塞进水孔眼。

（2）合理选用取水构筑物的材料：对管井要根据水质情况选用不同材质的管材和滤网见表 3-86、表 3-87。

各种水质井管材料选用　　表 3-86

| 井管的安装环境 | 选用井管材料 | 备　注 |
|---|---|---|
| 1. 侵蚀性水和强侵蚀性水；<br>2. 沉淀硬垢的水；<br>3. 在动水位变化幅度内的井管 | 1. 塑料制井管；<br>2. 带涂料的铸铁管或钢管<br>（1）涂沥青<br>（2）涂酚醛树脂清漆<br>（3）涂汽油纤维素<br>（4）涂过氯乙烯树脂清漆加氯橡胶 | |
| 近似海水的地下水 | 1. 特殊镍合金；<br>2. 蒙乃尔合金 | |
| 管井上部暴露于空气中的井管 | 钢、铸铁井管必须带涂料 | |
| 1. 稳定指 $I>\pm0.25$（$I$=pH−pHS）<br>2. 水中 $HCO_3^-$ 含量为 25～90mg/L<br>3. 水中 $SO_4^{2-}$ 大于 250mg/L | 1. 不宜采用水泥制井管；<br>2. 塑料制井管；<br>3. 钢铁制井管 | pHS—水被碳酸钙饱和时的氢离子浓度 |

过滤器缠丝材料的选择　　表 3-87

| 地下水类型 | | 缠丝种类 | 备　注 |
|---|---|---|---|
| 名称 | 化学成分 | | |
| 侵蚀性水 | 1. 总盐类含量超过 1000mg/L；<br>2. 氯化物超过 500mg/L；<br>3. 二氧化碳超过 50mg/L；<br>4. 水中含 $H_2S$；<br>5. 水中含溶解氧；<br>6. pH 值低于 6.5 | 1. 尼龙制缠丝；<br>2. 黄铜制缠丝；<br>3. 不锈钢丝 | 暴露于空气中的缠丝和置于侵蚀性水中的缠丝相同 |
| 沉淀硬垢的水 | 1. 总硬度大于 330mg/L；<br>2. 总碱度大于 300mg/L；<br>3. 总铁量大于 2；<br>4. pH 大于 8.0 | 1. 尼龙制缠丝；<br>2. 黄铜制缠丝；<br>3. 10 号以上镀锌钢丝 | |

续表

| 地下水类型 | | 缠丝种类 | 备 注 |
|---|---|---|---|
| 名称 | 化学成分 | | |
| 强侵蚀性水 | 1. 总盐类含量大于 2000mg/L；<br>2. 氯化物含量超过 1000mg/L | 1. 黄铜丝；<br>2. 青铜丝；<br>3. 不锈钢丝 | |
| 近似海水的地下水 | | 1. 镍合金缠丝；<br>2. 蒙乃尔合金缠丝 | |

(3) 合理选用填料层或反滤层的级配：应根据颗粒分析结果合理选用滤料，在回填前，应将滤料清洗并筛掉不合格的滤料。回填时要严格按设计要求进行。

(4) 缩短辐射管长度和改变滤孔形状：对半固结砂层和细颗粒地层中的辐射管，可仅在其孔口 10～15m 内放入滤水管，这样可以使大长度辐射管不出现管损，辐射孔在成孔后的自然塌落而形成优于原地层渗透性的人为输水渗透通道，不易造成辐射孔的后期淤塞，从而延长使用年限。据资料采用这种方法施工的辐射管，使用年限可超过八年以上而未出现水量减少和损坏情况。桥式滤水孔有很高防砂能力，将圆孔改为桥式孔可以有效提高其寿命。

### 3.13.3 提高取水构筑物能力的措施

(1) 扩大填砾层厚度：对于渗透性能差和埋藏不深的承压含水层，可以在主井附近打辅孔（设 3～8 个），随主井抽水把细砂抽出同时，在辅孔投入砾石，形成过滤以增加出水量。在成都二仙桥用这种方法填砾，井的出水量比一般填砾井大 1.59～2.71 倍，见表 3-88。

**两种填砾方法出水量之比** **表 3-88**

| 井号 | 含水层厚度<br>(m) | 降深 5.6m 时的出水量<br>(L/s) | 填砾井与管井出<br>水量之比 |
|---|---|---|---|
| 填砾井 | 11.45 | 12.82 | |
| 1号 | 12.55 | 4.73 | 2.71 |
| 2号 | 9.40 | 5.84 | 2.20 |
| 3号 | 23.87 | 8.10 | 1.59 |

(2) 修建拦河闸：在枯水期下闸蓄水、抬高水位，在丰水期开闸放水，将沉积在河床的泥泥砂冲走。设计拦河闸时最好采用轻型钢板闸门，用电力启动；必须同时设计和修建防护堤工程，解决由于河水位抬高而造成的上游农田和房屋受淹问题；关于闸前淤积问题，对于雨季洪水冲不净的泥砂应采用机械清淤措施，做到当年淤积、当年清理干净。

(3) 修建地下潜水坝：坝轴线距渗渠为 10～20m，坝基础和两端均应伸入岩石 0.3～0.5m。为了节省工程量，潜水坝最好建在含水层分布较窄的地段上。

在有表流水的河床上修建地下潜水坝时，可在坝顶端预留过流豁口，其底标高与河床底标高相同，其宽度由过洪流量校核，坝顶标高可与原地面平。

筑坝材料可采用混凝土或钢筋混凝土，亦可采用浆砌块石。顶宽为0.3～0.5m，断面可采用等腰梯形或直角梯形。

## 3.14 地下水人工回灌

### 3.14.1 地下水人工回灌在工程上的应用

借助于工程措施，把一些闲置不用的地表水或经过适当处理达到排放标准的工业废水和城市污水引渗地下，增补地下水资源。有时为了利用自然冷能，冬季把经过降温后的水（地下水或地表水），灌入地下含水层中储存起来，夏季时抽出来进行温度调节。地下水人工回灌在给水工程上的应用如下：

（1）地下水因过量开采，造成区域性地下水位大幅度下降，引起地面发生沉降或塌陷等危害，可采用地下水人工回灌恢复和提高地下水位，增加土层回弹量。

（2）在水源地得不到充分补给的条件下，为避免含水层枯竭影响正常供水，可利用含水层储存容积进行人工回灌，以增加地下水储存量，发挥含水层调节作用。

（3）为了提高水质，可利用地层净化能力，有效地去除常规处理所不能去除微量有害成分。可将经过常规处理后的地面水回灌至地下，经过地层净化，再重新取出，供生活饮用。

（4）利用地下水流速缓慢和水温变化幅度小的特点，通过人工回灌改变地下水温度，提高冷却用水利用效率。

（5）地下水人工回灌也可以在沿海局部地带建立淡水帷幕，防止和减少海水或咸水的倒灌；同样道理，也可在局部地区防止污水侵入，保护水源卫生条件。

### 3.14.2 地下水人工回灌的优点及潜在环境问题

地下水回灌是指将多余的地表水，暴雨径流水或再生污水通过地表渗滤或回灌井注水，或者通过人工系统人为改变天然渗滤条件，将水从地面上输送到地下含水层中，随后同地下水一起作为新的水源开发利用。也可用于防止或治理由于过量开采地下水引起的环境地质问题。

（1）人工回灌地下水的优点

1）利用含水层蓄水与供水。回灌水渗滤进入土壤并向下渗透到各种地质构造时发生自净作用。

2）通过地下水回灌将多余的地表水储存到地下含水层中，地下含水层便起到了地下水库的作用。与地表水库相比，地下水库不占地，几乎没有蒸发损失，不影响地表土层和植物，蓄水容量大成本低，易实施。

3）利用含水层蓄水可以水力阻拦海水入侵，减少或防止地下水位下降，保持取水建筑物的出水能力，并能起到控制或防止地面沉降及预防地震的作用。

4）地下水回灌技术容易被技术人员理解和掌握，并能克服一般公众对污水回用的心理障碍。

（2）地下水回灌的缺点及潜在环境问题

地下水回灌是一个系统工程。要求在适宜的地质环境和达标的水质条件下进行，同时还要有完备的监测、试验等手段与其配套。因此地下水回灌也存在一定的生态与地质环境遭到破坏的风险。

1）建设回灌工程的场地、土壤与植被受到扰动，可能会损害周围的生态环境。

2）回灌水的水质必须得到严格保证，否则将会降低含水层的质量甚至使地下水遭到污染。

3）要有充足的水源供地下水回灌用，若水量太少，地下水回灌有可能经济上不可行。

4）在没有经济利益刺激或运用法律、法规来维护监测井与取水井时，这些井会失修，难免会成为地下水的污染源。

### 3.14.3 下水人工回灌的基本前提及适宜的水文地质条件

（1）基本前提

1）适宜的水文地质条件；

2）充足的补给水源，水质符合回灌水标准；

3）经济合理的人工补给地下水方案；

4）地下水回灌后，不引起其他不良的水文地质、工程地质和环境地质现象。

（2）地下水回灌要求有适宜的水文地质条件

1）滨海三角洲平原：由很厚的松散沉积物组成，受第四纪海浸海退交替发生的影响，沉积物往往是黏性土及砂层多层状交替出现。

含水层分布比较平缓，颗粒细，地下水流速缓慢，补给缓慢，但含水层厚度大，储水条件好，适用于回灌冷水或热水，储存冷源或热源。

2）河谷阶地：在河流的中下游地带，往往发育有多级阶地，阶地沉积物厚度从十几米到数百米不等，微向现代河流方向倾斜，但坡度平缓，沉积物常具有双层结构（二元结构）。每一个沉积单元的中、下部沉积物较粗，一般为粗砂、圆砾、卵石；上部则较细，一般由粉质黏土、黏土组成。

由于河流阶地颗粒粗，蓄水容积大，地层平缓，灌水不易流失，所以在河流阶地的承压含水层内进行地下水冬灌夏用，储存冷源效果较好。

3）山前平原：山区河流进入平原以后，流速骤减，所携带的泥沙、砾石、卵石等大量在山口沉积下来，形成冲积扇。山前平原就是由一系列的冲积扇组成的。有明显的分带现象，在靠近山麓部分即冲积扇顶部，沉积物颗粒粗大，一般以大卵石、砾石为主，透水能力强，补给条件好。不但可以充分接受山区下泄的地下径流，而且能够吸收大量的大气降水及来自山区的地面径流，从而成为地下水的主要补给区。在冲积扇的中下部地形坡度变缓，沉积物颗粒变细，透水能力和径流条件均比顶部差，地下水的天然补给条件也远不如顶部。

由于分带性的缘故，其不同部位适用的回灌方法和用以解决的问题也不一样。冲积扇顶部适合地面渗水补给和大井回灌，用于增加地下水资源；在中、下部，由于天然的补给条件较差，适宜常年管井回灌，用于增加地下水的补给资源。如因沉积物较细，地下径流缓慢，也宜于冬灌夏用，储存冷源。

4）基岩地区：在基岩（石灰岩、砂岩、火山岩等）中只要裂隙、岩溶发育，具备一定渗透性和贮水容积，同样可以进行人工回灌。

### 3.14.4 回灌水源选择和水质要求

（1）水源选择：回灌水源可以是雨水、地表水、再生水（经过处理后达到回灌标准的工业废水或城市污水处理厂出水）以及灌溉回流水等。

用于地下水回灌的源水直接受回灌设施运行状况与回用水的最终用途所制约。一般来说源水的特性会在许多方面影响回灌设施的运行，如悬浮物、溶解气体、营养物、生化需氧量、微生物、钠吸附比以及具有潜在危害健康的组分，包括有机与无机毒物，氧化物和致病菌等。

常用的回灌源水包括：

1）雨水：合理开发利用城市雨水，将雨水经过适当处理后回灌于地下含水层，具有投资少，见效快，技术含量低，易于实施等特点。可根据监测到的污染物及含量作相应的处理便可用于地下水回灌。

2）地表水体：利用河流、湖泊及修建蓄水池、水库储存雨水进行地下水回灌。水质好，处理费用低，对环境影响较小。

3）再生水：含有机物、污染物高。必须通过处理达标后才可用于地下水回灌。其特点是数量稳定，但应定期严格检验回灌水质量是否达标。

4）灌溉回流水：水质水量变化大，水质特性除考虑含盐量与硝酸盐浓度外，悬浮物、营养物、残留农药，以及痕量元素如硒、硼、铀、砷等均应考虑。

（2）地下水回灌水质标准及监测

再生水回灌应针对相应的回灌目的，结合回灌场地地下水流域水质和土壤含水层的实际处理能力，确定回灌水的水质标准与相应的处理水平。地下水回灌工程项目中需要考虑的几个重点问题：

1）可用于地下水回灌的水源类型、水质与水量；

2）地下水回灌池的大致面积以及天然地下水的稀释能力；

3）土壤类型；

4）地下水埋深；

5）回灌方式；

6）再生水回用前在含水层中的停留时间。

《城市污水再生利用地下水回灌水质》GB/T 19772—2005 中对回灌水的控制项目及限值见表 3-89、表 3-90。对回灌水水质标准、回灌水在含水层中的停留时间以及水质监测频度等作了明确规定。

利用再生水进行地下水回灌，应根据回灌区水文地质条件确定回灌方式。回灌时，其回灌区入水口的水质控制项目分为基本控制项目和选择控制项目两类。基本控制项目应满足表 3-89 的规定。选择控制项目应满足表 3-90 的规定。回灌前，应对回灌水源的基本控制项目和选择控制项目进行全面的监测，确定选择控制项目，满足表 3-89、表 3-90 的规定后方可进行回灌。回灌水质发生变化，应重新确定选择控制项目。

回灌水在被抽取利用前，应在地下停留足够的时间，以进一步杀灭病原微生物，保证卫生安全。采用地表回灌的方式进行回灌，回灌水在被抽取利用前，应在地下停留 6 个月以上。采用井灌的方式进行回灌，回灌水在被抽取利用前，应在地下停留 12 个月以上。

基本控制项目：色度、浊度、pH、化学需氧量、硝酸盐、亚硝酸盐、氨氮等每日监测一次；其他项目每周监测一次。选择控制项目：半年监测一次。

城市污水再生水地下回灌工程应布设监测井。回灌前应对地下水本底值进行监测；回灌过程中动态监测回灌水水质水量，发现异常，应立即停止回灌。

**城市污水再生水地下水回灌基本控制项目及限值**（GB/T 19772—2005）　**表 3-89**

| 序号 | 基本控制项目 | 单位 | 地表回灌 | 井灌 |
|---|---|---|---|---|
| 1 | 色度 | 稀释倍数 | 30 | 15 |
| 2 | 浊度 | NTU | 10 | 5 |
| 3 | pH | — | 6.5～8.5 | 6.5～8.5 |
| 4 | 总硬度（以 $CaCO_3$ 计） | mg/L | 450 | 450 |
| 5 | 溶解性总固体 | mg/L | 1000 | 1000 |
| 6 | 硫酸盐 | mg/L | 250 | 250 |
| 7 | 氯化物 | mg/L | 250 | 250 |
| 8 | 挥发酚类（以苯酚计） | mg/L | 0.5 | 0.002 |
| 9 | 阴离子表面活性剂 | mg/L | 0.3 | 0.3 |
| 10 | 化学需氧量（COD） | mg/L | 40 | 15 |
| 11 | 五日生化需氧量（$BOD_5$） | mg/L | 10 | 4 |
| 12 | 硝酸盐（以 N 计） | mg/L | 15 | 15 |
| 13 | 亚硝酸盐（以 N 计） | mg/L | 0.02 | 0.02 |
| 14 | 氨氮（以 N 计） | mg/L | 1.0 | 0.2 |
| 15 | 总磷（以 P 计） | mg/L | 1.0 | 1.0 |
| 16 | 动植物油 | mg/L | 0.5 | 0.05 |
| 17 | 石油类 | mg/L | 0.5 | 0.05 |
| 18 | 氰化物 | mg/L | 0.05 | 0.05 |
| 19 | 硫化物 | mg/L | 0.2 | 0.2 |
| 20 | 氟化物 | mg/L | 1.0 | 1.0 |
| 21 | 粪大肠菌群数 | 个/L | 1000 | 3 |

注：表层黏土层厚度不宜小于 1m，若小于 1m 按井灌执行。

城市污水再生水地下水回灌选择控制项目及限值（GB/T 19772—2005） 表 3-90

| 序号 | 选择控制项目 | 限值 | 序号 | 选择控制项目 | 限值 |
|---|---|---|---|---|---|
| 1 | 总汞 | 0.001 | 27 | 三氯乙烯 | 0.07 |
| 2 | 烷基汞 | 不得检出 | 28 | 四氯乙烯 | 0.04 |
| 3 | 总镉 | 0.01 | 29 | 苯 | 0.01 |
| 4 | 六价铬 | 0.05 | 30 | 甲苯 | 0.7 |
| 5 | 总砷 | 0.05 | 31 | 二甲苯 | 0.5 |
| 6 | 总铅 | 0.05 | 32 | 乙苯 | 0.3 |
| 7 | 总镍 | 0.05 | 33 | 氯苯 | 0.3 |
| 8 | 总铍 | 0.0002 | 34 | 1,4-二氯苯 | 0.3 |
| 9 | 总银 | 0.05 | 35 | 1,2-二氯苯 | 1.0 |
| 10 | 总铜 | 1.0 | 36 | 硝基氯苯 | 0.05 |
| 11 | 总锌 | 1.0 | 37 | 2,4-二硝基氯苯 | 0.5 |
| 12 | 总锰 | 0.1 | 38 | 2,4-二氯苯酚 | 0.093 |
| 13 | 总硒 | 0.01 | 39 | 2,4,6-三氯苯酚 | 0.2 |
| 14 | 总铁 | 0.3 | 40 | 邻苯二甲酸二丁酯 | 0.003 |
| 15 | 总钡 | 1.0 | 41 | 邻苯二甲酸二（2-乙基乙基）酯 | 0.008 |
| 16 | 苯并（a）芘 | 0.0001 | 42 | 丙烯腈 | 0.1 |
| 17 | 甲醛 | 0.9 | 43 | 滴滴涕 | 0.001 |
| 18 | 苯胺 | 0.1 | 44 | 六六六 | 0.005 |
| 19 | 硝基苯 | 0.017 | 45 | 六氯苯 | 0.05 |
| 20 | 马拉硫磷 | 0.05 | 46 | 七氯 | 0.0004 |
| 21 | 乐果 | 0.08 | 47 | 林丹 | 0.002 |
| 22 | 对硫磷 | 0.003 | 48 | 三氯乙醛 | 0.01 |
| 23 | 甲基对硫磷 | 0.002 | 49 | 丙烯醛 | 0.1 |
| 24 | 五氯酚 | 0.009 | 50 | 硼 | 0.5 |
| 25 | 三氯甲烷 | 0.06 | 51 | 总 α 放射性 | 0.1 |
| 26 | 四氯化碳 | 0.002 | 52 | 总 β 放射性 | 1 |

注：除 51、52 项的单位是 Bq/L 外，其他项目的单位均为 mg/L。a 二甲苯：指对-二甲苯、间-二甲苯、邻-二甲苯。b 硝基氯苯：指对-硝基氯苯、间-硝基氯苯、邻-硝基氯苯。

## 3.14.5 地下水人工回灌的主要方法

常用的回灌方法大致可分为地面渗入法（浅层补给）和地下注入法（深层补给）。

（1）地面渗入法：人为地在地面贮水，使水渗过包气带流入含水层里。其方法有农田灌溉渗水补给，水库、盆地渗漏补给，洼地或池塘渗水补给，渠道渗漏补给及河流渗水补给等。见图 3-83～图 3-86。

地面渗入法适用条件如下：

1）地表具有透水土层，如粉土、砂土、圆砾、卵石等。

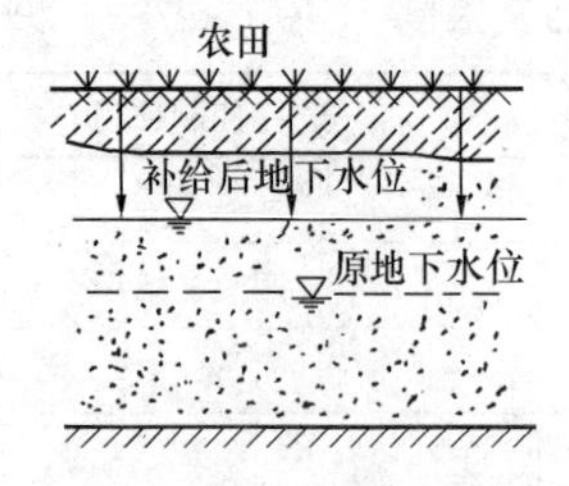


图 3-83 农田灌溉渗水补给示意

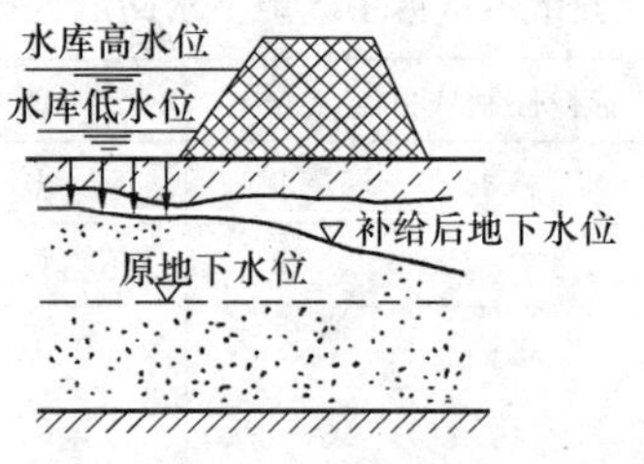


图 3-84 水库渗漏补给示意

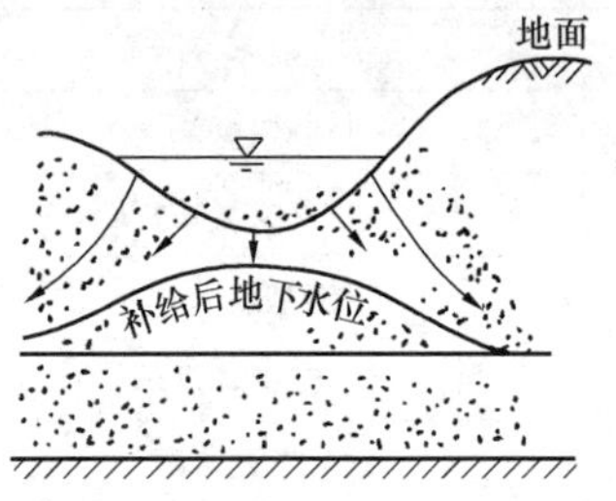


图 3-85 洼地或池塘渗水补给示意

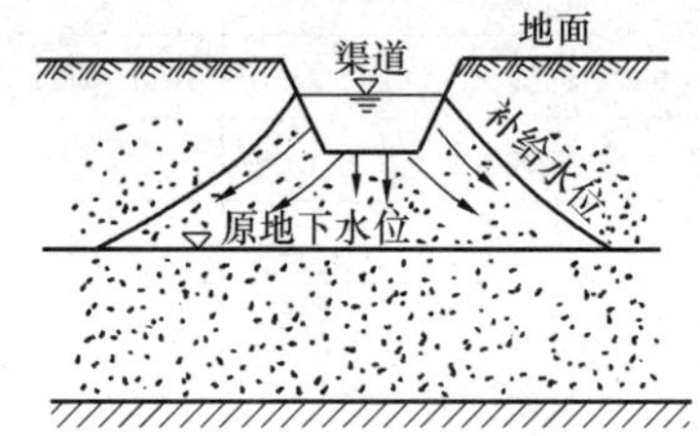


图 3-86 渠道渗漏补给示意

2）包气带的厚度以10～20m为宜。

3）若地下不深处有隔水层，则应挖掘浅井或渠道揭露下伏含水层，把水直接补给到含水层里。

渗入法成本低，便于施工和管理，淤积物易清理，但占地面积大，单位面积渗入率低。

（2）水井人工回灌法（注入法）：利用管井、大口井、竖井、坑道或天然溶洞等设施将回灌水注入地下，补给地下水，其中管井是常用的注水补给方法。

此法费用高，设备较复杂，注入的水需进行预处理，但占地面积小，可用来补给承压含水层或埋藏较深的潜水含水层。利用管井回灌的主要方式如下：

1）注水井

从表层土壤到地下水位间渗透性差、没有足够的土地供地表回灌用，或者在土壤的非饱和带存在不透水的情况下，可采用井灌方式将水回灌到承压含水层或地下水位埋藏较深的潜水含水层。

回灌井与供水井的结构十分相似。在理想条件下，一口优质井承受的回灌水量可以达到泵抽取的水量。不过，在实际情况下许多天然因素改变了人工注水井回灌的条件，包括回灌井水与天然水之间物理化学性质的差别。由于水流向改变导致靠近井含水层的颗粒物发生重排；在回灌作业和抽水时饱和含水层厚度改变引起含水层相应变化，常发生注水井中水位积累，引起堵塞。主要包括以下几种情况：

① 回灌井中所含的有机与无机悬浮物可沉在井的筛网和含水层孔隙中，使网孔面积减少，含水层输水能力降低，这是引起堵塞的主要原因。

② 回灌水中携带有气泡时，会堵塞含水层的孔隙空间，导致在井内产生较高的水位。

③ 井中滋生微生物会产生黏泥或者其他产物堵塞井壁及含水层，其效果与悬浮物类似，降低含水层的输水能力和增加回灌井中水位积累。

④ 回灌水与天然水或含水层介质之间的化学反应可引起水中溶解性物质沉淀而堵塞井的筛网或含水层孔隙，使含水层输水能力下降；这会在回灌井中引起比正常水位高得多的水位积累。

⑤ 以钠吸附比表征的离子反应会使砂和卵石含水层中的黏土颗粒分散，胶体颗粒膨胀，在井的钻孔附近形成不透水的屏障。

⑥ 回灌水和地下水中的生物化学变化，包括还原性铁细菌或者还原性磷酸盐菌在一定条件下也会引起堵塞。

由于堵塞，井中水头积累而改变了井的水力特征。回灌期间堵塞会降低回灌速率，需定期洗井或不断提高回灌水压维持稳定的回灌速率。注水井一般需要定期洗井。间隔时间为一年左右。

2）含水层储水取水井

含水层贮水取水井指的是在有可利用的水时，通过井将水储存于适当的含水层中；当需要水时，再从同一口井中取出水共使用。它是由一种双重用途的井，占地面积小，成本低于注水井，在某些场地回灌水在地下含水层中储存时水质可以得到改善。

## 3.14.6 水井人工回灌设计

（1）回灌井的结构

回灌井的结构和供水管井一样，也由井管、过滤管、沉砂管组成。但它和抽水井不同，是通过回灌井向含水层注水，特别是既作抽水又兼作灌水井的结构，要有特殊要求。灌抽两用井，由于灌抽水的往返作用，使填砾压密下沉，所以对单一含水层或有很厚盖层的含水层，填砾层的高度要求超过所利用含水层的顶板6～8m。如果是多层含水层，而且两个相邻含水层颗粒组成差异不大，它们之间又无很厚隔水层时，填砾层的高度可达到隔水层的三分之一至二分之一或按同一含水层考虑。如果相邻含水层颗粒组成差异较大，应以细颗粒含水层的填砾高度为准。

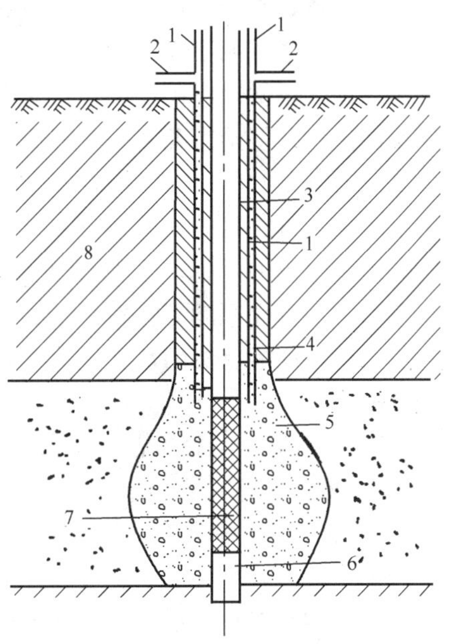


图 3-87 补砾管示意

1—补砂管；2—水力加压管；3—井管；4—黏土止水；5—围填砂砾石层；6—沉淀管；7—含水层滤水管；8—隔水层

为了保持回灌井填砾层高度和有效厚度，在管井两旁可设补砾管（见图 3-87），它是在成井时与井管同时下入，埋设深度至含水层上部，填砾管用 2 根直径 50～76mm 的白铁管，待填砾压密下沉时，可随时补充填砾。

为了增加抽灌量，除增加填砾层厚度外，还可对细颗粒含水层采用扩大含水层成井部位口径的方法。

回灌井的过滤器根据含水层级配，可分别采用光滤管不填砾（在卵石层）、单层填砾（在砾砂、圆砾中）、双层填砾（在砂层中）过滤器。这种过滤器不存在滤网强度问题，出水量比一般常用缠丝包网填砾过滤器大1～2.6倍，效果较好。如采用缠丝包网过滤器，滤网规格可按表3-91确定。缠丝（尼龙丝）过滤器的填砾规格及缠丝间隙见表3-92。回灌井也可采用笼状过滤器、贴砾过滤器，后者可不必设补砾管，因管井抽灌时不存在压密问题。

**滤网规格** **表3-91**

| 网的类型 | 最适合的网孔直径（mm） | |
|---|---|---|
| | 均粒砂 | 非均粒砂 |
| 方织网 | (2.5～3.0)$d$ | (3.0～4.0)$d_{50}$ |
| 平织网 | (1.5～2.0)$d$ | (2.0～2.5)$d_{50}$ |
| 斜织网 | (1.25～1.5)$d$ | (1.5～2.0)$d_{50}$ |

**砂层颗粒、填砾规格与缠丝间隙关系** **表3-92**

| 项　目 | 粗砂夹中砂>0.4mm的颗粒占60%～70%（mm） | 中砂夹细砂>0.2mm的颗粒占50%～60%（mm） | 细砂>0.15mm的颗粒占50%（夹粉砂，含泥<20%）（mm） |
|---|---|---|---|
| 缠丝间隙 | 1.5 | 1.0 | 0.75 |
| 填料规格 | 3～4（2号砂） | 2～3（3号砂） | 1.5～2.5（4号砂） |

（2）回灌井的布置

1）回灌井布置的原则及条件：回灌井的布置应根据地下水人工回灌的目的和当地的水文地质条件，制定区域性的统一规划，局部性的回灌方案必须服从统一的规划调度，布置前必须了解或查明下列情况：

①当地的水文地质条件：包括含水层的分布、深度、厚度、岩性、渗透性、富水性、地下水的流向、补给来源、天然补给量、水位变化、水化学成分和水温等。

②已有开采井的分布情况，开采深度、层次、用途和开采动态，按不同开采层次，统计地下水年、月、日的开采量。

③地下水位的动态和区域地下水位降落漏斗的发展情况，包括漏斗的范围、深度、年、月、日的变化幅度等资料。

④与管井回灌有关的水文地质参数：包括单位出水量、单位出水率、单位回灌量、单位回灌率等。

⑤人工补给的水源情况，包括地面水源或其他水源。

2）区域性回灌井群的布置

① 增加地下水资源的回灌井群：要使区域地下水位降落漏斗不再发展或得到一定程度的恢复，应当调整地下水开采和补给的均衡关系，应满足下面的均衡关系式：

多年平均天然补给量＋人工补给量≥地下水开采量

在粗颗粒含水层中，回灌井应布置在地下水开采区的上游或地下水径流大的地区。从便于取得补给水源这一点考虑，也可以把回灌井布置在沿河流、湖泊、水库等地段。

在细颗粒含水层中，回灌井基本上可以均匀分布。在开采井集中的地区，回灌井也可以密一些；集中开采区的外围，则可以布置得疏一些。

② 控制地面沉降的回灌井群：必须弄清楚开采水量、地面沉降、回灌水量、地面回

升之间的关系，并进行水文地质计算，求得需要回灌的水量。

根据计算的人工回灌水量与控制的水位，制定地下水开采和回灌方案，确定回灌井的数量以及在地区和层次上水量的分配。

由于地面沉降区抽水井大都高度集中，为了防止地下水位大起大落，使水位与土层变形量均衡，回灌井除在开采中心必须加密外，在集中开采区的外围也要布置一定数量的回灌井。

③ 防止地下水污染的回灌井群：须查明污染来源，污水渗入的途径、范围和可能扩展的地区。根据这些资料，沿河流或海岸建立数排回灌井，用加压回灌的方法，形成淡水压力帷幕，防止海水或受工业废水污染的江河水继续侵入含水层。

回灌井的排数、排距以及各排回灌井间的井距，应视含水层的水动力条件和回灌水量、压力而定。

3）局部性回灌井的布置

① 专门回灌井：应布置在开采条件下的地下水流动方向的上游，在抽水井的影响范围以内，或布置在抽水井群的中心位置。

② 灌抽两用井：冬灌夏用、夏灌冬用或洪灌枯用的灌抽两用井，合理的井距十分重要。据上海地区的经验，当含水层的岩性以中砂为主，厚度大于20m，而且灌水量大于用水量时井距以不小于100m为宜。

（3）回灌水量计算：回灌量，指回灌至井内的水量。回灌量与含水层条件、井的结构、回灌方式有关。

回灌时，水注入回灌井内，井周围的地下水位 $H$ 不断上升，上升后的水位称之为回灌水位 $h_0$，回灌水位与地下水的静水位之间有一个水头差。当渗入量与注入量保持平衡时回灌水位就不再上升而稳定下来，此时在灌井周围形成一个水位的上升锥，回灌井即为锥顶，含水层水位即为锥底。

灌水率 $N_{灌}$：在单位含水层厚度内，地下水位每上升1m时，单位时间内所能灌入的水量。

其计算公式：

$$N_{灌}=q_{灌}/M \tag{3-139}$$

式中 $q_{灌}$——单位回灌量[$m^3/(h \cdot m)$]或[$L/(s \cdot m)$]；

$M$——含水层厚度（m）。

回灌水量的计算公式如下：

承压含水层完整式回灌井［见图3-88(*a*)］：

$$Q=\frac{2\pi Km(h_0-H)}{\lg\dfrac{R}{r_0}} \tag{3-140}$$

无压含水层完整式回灌井［见图3-88(*b*)］：

$$Q=\frac{\pi Km(h_0^2-H^2)}{\lg\dfrac{R}{r_0}} \tag{3-141}$$

式中 $Q$——回灌水量（$m^3/d$）；

$h_0$——回灌井外壁动水位至不透水层高（m）；

$H$——含水层静水位至不透水层高（m）；

$K$——渗透系数（m/d）；

$m$——承压含水层厚度（m）；

$R$——影响半径（m）；

$r_0$——回灌井半径（m）。

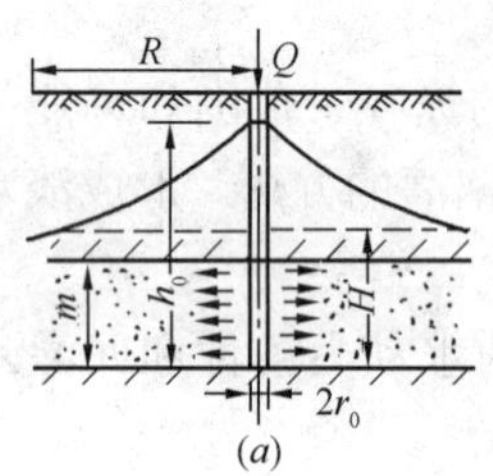


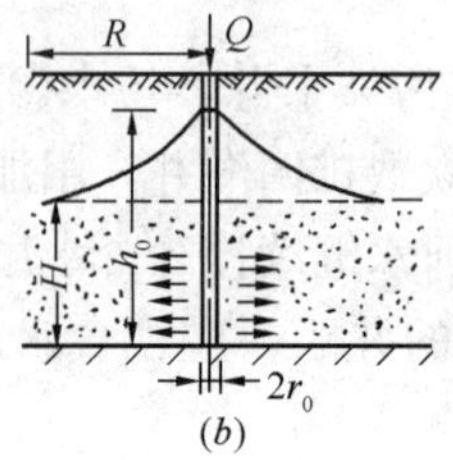


图 3-88　回灌井
（$a$）承压含水层完整式回灌井；
（$b$）无压含水层完整式回灌井

实际的回灌水量与理论公式计算有出入。从实践经验中得知：回灌速率很少等于抽水速率，因为回灌水中含有的悬浮物，溶解空气及细菌等减少了水流有效面积。一般出水量大的井，灌水量亦大。在砂卵石含水层中，井的单位回灌量一般为单位出水量的 50%～80%，多数在 60%～70%。如果成井工艺合理，新建井或地下水位较深的井，短时间内灌量完全可达到井的出水量。在水文地质条件和管井结构相同的情况下，灌量将随回灌方法的不同而不同。就目前回灌方法而言，加压回灌的灌量最大，真空回灌的灌量次之，无压回灌的灌量最少。一般情况下，真空回灌量为加压回灌量的 80%～81.2%，无压回灌量为加压回灌量的 53%～58%。

# 4 地表水取水

地表水源包括江河、湖泊、运河、渠道和水库等。地表水源水量较充沛。因此，城镇供水常使用地表水作为给水水源。

## 4.1 地表水水质

选择给水水源的主要原则是：水源的水质良好、水量充沛和便于保护。对于地表水水源，应根据《地表水环境质量标准》GB 3838—2002，判别水源是否符合供水工程时地表水源水质的要求。

《地表水环境质量标准》依据地表水水域使用目的和保护目标，将水域功能划分为五类：

Ⅰ类　主要适用于源头水、国家自然保护区。

Ⅱ类　主要适用于集中式生活饮用水地表水源地一级保护区、珍贵水生生物栖息地、鱼虾类产卵场、仔稚幼鱼的索饵场等。

Ⅲ类　主要适用于集中式生活饮用水地表水源地二级保护区、鱼虾类越冬场、洄游通道、水产养殖区等渔业水域及游泳区。

Ⅳ类　主要适用于一般工业用水区及人体非直接接触的娱乐用水区。

Ⅴ类　主要适用于农业用水区及一般景观要求水域。

同一水域兼有多类功能的，依最高功能划分类别。

地表水环境质量标准基本项目标准限值见表 4-1。

**地表水环境质量标准基本项目标准限值**（单位：mg/L）　　**表 4-1**

| 序号 | 标准值　分类<br>项　目 | | Ⅰ类 | Ⅱ类 | Ⅲ类 | Ⅳ类 | Ⅴ类 |
|---|---|---|---|---|---|---|---|
| 1 | 水温（℃） | | 人为造成的环境水温变化应限制在：<br>周平均最大温升≤1<br>周平均最大温降≤2 | | | | |
| 2 | pH（无量纲） | | 6～9 | | | | |
| 3 | 溶解氧 | ≥ | 饱和率 90%<br>（或 7.5） | 6 | 5 | 3 | 2 |
| 4 | 高锰酸盐指数 | ≤ | 2 | 4 | 6 | 10 | 15 |
| 5 | 化学需氧量（COD） | ≤ | 15 | 15 | 20 | 30 | 40 |
| 6 | 五日生化需氧量（$BOD_5$） | ≤ | 3 | 3 | 4 | 6 | 10 |

续表

| 序号 | 标准值 分类<br>项目 | | Ⅰ类 | Ⅱ类 | Ⅲ类 | Ⅳ类 | Ⅴ类 |
|---|---|---|---|---|---|---|---|
| 7 | 氨氮（$NH_3$-N） | ≤ | 0.15 | 0.5 | 1.0 | 1.5 | 2.0 |
| 8 | 总磷（以P计） | ≤ | 0.02<br>（湖、库0.01） | 0.1<br>（湖、库0.025） | 0.2<br>（湖、库0.05） | 0.3<br>（湖、库0.1） | 0.4<br>（湖、库0.2） |
| 9 | 总氮（湖、库，以N计） | ≤ | 0.2 | 0.5 | 1.0 | 1.5 | 2.0 |
| 10 | 铜 | ≤ | 0.01 | 1.0 | 1.0 | 1.0 | 1.0 |
| 11 | 锌 | ≤ | 0.05 | 1.0 | 1.0 | 2.0 | 2.0 |
| 12 | 氟化物（以$F^-$计） | ≤ | 1.0 | 1.0 | 1.0 | 1.5 | 1.5 |
| 13 | 硒 | ≤ | 0.01 | 0.01 | 0.01 | 0.02 | 0.02 |
| 14 | 砷 | ≤ | 0.05 | 0.05 | 0.05 | 0.1 | 0.1 |
| 15 | 汞 | ≤ | 0.00005 | 0.00005 | 0.0001 | 0.001 | 0.001 |
| 16 | 镉 | ≤ | 0.001 | 0.005 | 0.005 | 0.005 | 0.01 |
| 17 | 铬（六价） | ≤ | 0.01 | 0.05 | 0.05 | 0.05 | 0.1 |
| 18 | 铅 | ≤ | 0.01 | 0.01 | 0.05 | 0.05 | 0.1 |
| 19 | 氰化物 | ≤ | 0.005 | 0.05 | 0.2 | 0.2 | 0.2 |
| 20 | 挥发酚 | ≤ | 0.002 | 0.002 | 0.005 | 0.01 | 0.1 |
| 21 | 石油类 | ≤ | 0.05 | 0.05 | 0.05 | 0.5 | 1.0 |
| 22 | 阴离子表面活性剂 | ≤ | 0.2 | 0.2 | 0.2 | 0.3 | 0.3 |
| 23 | 硫化物 | ≤ | 0.05 | 0.1 | 0.2 | 0.5 | 1.0 |
| 24 | 粪大肠菌群（个/L） | ≤ | 200 | 2000 | 10000 | 20000 | 40000 |

集中式生活饮用水地表水源地补充项目标准限值见表4-2。

**集中式生活饮用水地表水源地补充项目标准限值**（单位：mg/L） **表4-2**

| 序号 | 项目 | 标准值 |
|---|---|---|
| 1 | 硫酸盐（以$SO_4^{2-}$计） | 250 |
| 2 | 氯化物（以$Cl^-$计） | 250 |
| 3 | 硝酸盐（以N计） | 10 |
| 4 | 铁 | 0.3 |
| 5 | 锰 | 0.1 |

集中式生活饮用水地表水源地特定项目标准限值见表4-3。

**集中式生活饮用水地表水源地特定项目标准限值**（单位：mg/L） **表4-3**

| 序号 | 项目 | 标准值 | 序号 | 项目 | 标准值 |
|---|---|---|---|---|---|
| 1 | 三氯甲烷 | 0.06 | 4 | 二氯甲烷 | 0.02 |
| 2 | 四氯化碳 | 0.002 | 5 | 1，2-二氯乙烷 | 0.03 |
| 3 | 三溴甲烷 | 0.1 | 6 | 环氧氯丙烷 | 0.02 |

续表

| 序号 | 项　目 | 标准值 | 序号 | 项　目 | 标准值 |
|---|---|---|---|---|---|
| 7 | 氯乙烯 | 0.005 | 41 | 丙烯酰胺 | 0.0005 |
| 8 | 1，1-二氯乙烯 | 0.03 | 42 | 丙烯腈 | 0.1 |
| 9 | 1，2-二氯乙烯 | 0.05 | 43 | 邻苯二甲酸二丁酯 | 0.003 |
| 10 | 三氯乙烯 | 0.07 | 44 | 邻苯二甲酸二（2-乙基己基）酯 | 0.008 |
| 11 | 四氯乙烯 | 0.04 | 45 | 水合肼 | 0.01 |
| 12 | 氯丁二烯 | 0.002 | 46 | 四乙基铅 | 0.0001 |
| 13 | 六氯丁二烯 | 0.0006 | 47 | 吡啶 | 0.2 |
| 14 | 苯乙烯 | 0.02 | 48 | 松节油 | 0.2 |
| 15 | 甲醛 | 0.9 | 49 | 苦味酸 | 0.5 |
| 16 | 乙醛 | 0.05 | 50 | 丁基黄原酸 | 0.005 |
| 17 | 丙烯醛 | 0.1 | 51 | 活性氯 | 0.01 |
| 18 | 三氯乙醛 | 0.01 | 52 | 滴滴涕 | 0.001 |
| 19 | 苯 | 0.01 | 53 | 林丹 | 0.002 |
| 20 | 甲苯 | 0.7 | 54 | 环氧七氯 | 0.0002 |
| 21 | 乙苯 | 0.3 | 55 | 对硫磷 | 0.003 |
| 22 | 二甲苯① | 0.5 | 56 | 甲基对硫磷 | 0.002 |
| 23 | 异丙苯 | 0.25 | 57 | 马拉硫磷 | 0.05 |
| 24 | 氯苯 | 0.3 | 58 | 乐果 | 0.08 |
| 25 | 1，2-二氯苯 | 1.0 | 59 | 敌敌畏 | 0.05 |
| 26 | 1，4-二氯苯 | 0.3 | 60 | 敌百虫 | 0.05 |
| 27 | 三氯苯② | 0.02 | 61 | 内吸磷 | 0.03 |
| 28 | 四氯苯③ | 0.02 | 62 | 百菌清 | 0.01 |
| 29 | 六氯苯 | 0.05 | 63 | 甲萘威 | 0.05 |
| 30 | 硝基苯 | 0.017 | 64 | 溴氰菊酯 | 0.02 |
| 31 | 二硝基苯④ | 0.5 | 65 | 阿特拉津 | 0.003 |
| 32 | 2，4-二硝基甲苯 | 0.0003 | 66 | 苯并（a）芘 | $2.8\times10^{-6}$ |
| 33 | 2，4，6-三硝基甲苯 | 0.5 | 67 | 甲基汞 | $1.0\times10^{-6}$ |
| 34 | 硝基氯苯⑤ | 0.05 | 68 | 多氯联苯⑥ | $2.0\times10^{-5}$ |
| 35 | 2，4-二硝基氯苯 | 0.5 | 69 | 微囊藻毒素-LR | 0.001 |
| 36 | 2，4-二氯苯酚 | 0.093 | 70 | 黄磷 | 0.003 |
| 37 | 2，4，6-三氯苯酚 | 0.2 | 71 | 钼 | 0.07 |
| 38 | 五氯酚 | 0.009 | 72 | 钴 | 1.0 |
| 39 | 苯胺 | 0.1 | 73 | 铍 | 0.002 |
| 40 | 联苯胺 | 0.0002 | 74 | 硼 | 0.5 |

续表

| 序号 | 项　目 | 标准值 | 序号 | 项　目 | 标准值 |
|---|---|---|---|---|---|
| 75 | 锑 | 0.005 | 78 | 钒 | 0.05 |
| 76 | 镍 | 0.02 | 79 | 钛 | 0.1 |
| 77 | 钡 | 0.7 | 80 | 铊 | 0.0001 |

① 二甲苯：指对-二甲苯、间-二甲苯、邻-二甲苯，

② 三氯苯：指1，2，3-三氯苯、1，2，4-三氯苯、1，3，5-三氯苯。

③ 四氯苯：指1，2，3，4-四氯苯、1，2，3，5-四氯苯、1，2，4，5-四氯苯。

④ 二硝基苯：指对-二硝基苯、间-二硝基笨、邻-二硝基苯。

⑤ 硝基氯苯：指对-硝基氯苯、间-硝基氯苯、邻-硝基氯苯。

⑥ 多氯联苯：指 PCB-1016、PCB-1221、PCB-1232、PCB-1242、PCB-1248、PCB-1254、PCB-1260。

水质评价：

（1）地表水环境质量评价应根据应实现的水域功能类别，选取相应类别标准，进行单因子评价，评价结果应说明水质达标情况，超标的应说明超标项目和超标倍数。

（2）丰、平、枯水期特征明显的水域，应分水期进行水质评价。

（3）集中式生活饮用水地表水源地水质评价的项目应包括表 4-1 中的基本项目、表 4-2 中的补充项目以及由县级以上人民政府环境保护行政主管部门从表 4-3 中选择确定的特定项目。

集中式生活饮用水地表水源地水质超标项目经自来水厂处理后，必须达到《生活饮用水卫生标准》GB 5749—2006 的要求。

## 4.2 地表水取水设计资料

### 4.2.1 水源资料

#### 4.2.1.1 水文资料

河流水文：一般需有 10～15a 以上的当地实测资料，如取水点离水文站较远或取水点附近水文站的资料与实际水文情况有出入时，应设置临时水文观测站。

河流水文资料包括：

（1）流量：历年逐月平均流量，实测最大洪水流量，最小枯水流量及相应的持续时间。

（2）水位：历年逐月平均水位，实测最高、最低水位及汛期水位的涨落速度。施工期的最高水位及持续时间。潮汐河流的最大、最小潮差以及潮位的变化过程。

水库取水，应有水库的水位容积曲线、兴利水位、死库容水位、最高溢洪水位以及洪峰的水位过程曲线。

（3）波浪：波高、波长及相应的风向、风速、吹程等资料。

（4）流速：历年逐月平均流速、汛期最大流速、枯水期最小流速、河床断面上的流速分布以及施工期最大流速。

#### 4.2.1.2 水质资料

（1）历年逐月水源的物理、化学、微生物、细菌的化验分析及影响水质的因素和传染

来源。

（2）水生植物、浮游生物的繁殖和生长的季节及数量。

（3）洪水期杂物以及平时河流中漂浮物的情况。

（4）历年逐月河流泥砂的平均含量、洪水季节泥砂的最大含量及持续时间。

（5）河流多年最大输砂率和平均输砂率、垂线泥砂含量及颗粒的组成及泥砂运动的变化规律。

#### 4.2.1.3 冰冻、断流情况

（1）每年秋季流冰期的出现和持续时间，冰屑和底冰的性质及其在河流中分布情况，流冰期的河水温度变化。

（2）每年冬季的封冰时期、封冻时间、封冻水位、冰层厚度及其在河段上的分布。

（3）每年春季流冰期的出现和持续时间，流冰在河流中的分布、最大的冰块面积、厚度，最高、最低的流冰水位。

（4）冰块、冰凌、冰渣、冰絮等的分布情况和运动规律，流冰堆积，冰坝冰塞等对取水河段的影响。

（5）历史上脱流或断流的次数及延续时间。

#### 4.2.1.4 河床资料

（1）取水构筑物附近河段，历年河道变化的实测和调查资料，河道冲刷、淤积情况（对于河道上建有人工构筑物时，应分析建造前后对河床的变化）。

游荡性河段的主河槽靠岸概率。

（2）取水地区流域地形图（1∶10000～1∶50000）

（3）河道地形图（1∶2000～1∶5000），其范围一般可从取水点上游4km至下游2km。

（4）取水口水下地形图（1∶200～1∶500），其范围一般可从取水口上游600m至下游300m，从岸边到拟建取水头部以外10～20m。

（5）取水范围的河床断面图，范围一般为上下游各50m，断面间距根据取水点河床而定。

#### 4.2.1.5 工程地质资料

参见结构手册有关要求。

#### 4.2.1.6 其他

（1）河流的综合利用情况，以及码头、木材流放、水产养殖等对河流及取水构筑物的要求。

（2）闸坝、桥梁及其他构筑物对河流水流条件的影响。

（3）河流流域的规划，城市和环保对河流综合利用的规划。

（4）航道的位置、等级，通航船舶类型及吃水深度，通航水位与限航水位。

### 4.2.2 水文计算

#### 4.2.2.1 频率计算

取水构筑物设计需要根据实测水文资料推算各种频率相应的数据。

推求河流水位或流量频率的方法有两种，一为经验频率曲线法（计算较简单，但欠准确）；另一为理论频率曲线法（计算虽繁，但较可靠）。

（1）经验频率曲线法：

1）尽量收集多年的流量或水位资料，依其大小（洪水位及洪水流量自大而小，枯水位及枯水流量自小而大）排列成表。

2）依次序对每一流量或水位值编号。

3）依据公式（4-1）计算频率 $P$：

$$P = \frac{m}{n+1} = 100\% \tag{4-1}$$

式中 $m$——各水位或流量编号；

$n$——观测的流量或水位总个数（或年数）。

4）以所算得的频率 $P$ 为横坐标，以其相应的流量或水位为纵坐标，绘于概率格纸上，连接各点绘成频率曲线。

**【例 4-1】** 从水文站搜集到某河流多年水位资料如表 4-4，试确定 33a 一遇的枯水位与 50a 一遇的洪水位。

**河流洪、枯水位计算** **表 4-4**

| 年份 | 洪水位 | | | 年份 | 洪水位 | | |
|---|---|---|---|---|---|---|---|
| | 次序编号 | 洪水位标高（m） | 频率（%）$P=\frac{m}{n+1}\times100$ | | 次序编号 | 洪水位标高（m） | 频率（%）$P=\frac{m}{n+1}\times100$ |
| 1980 | 1 | 900.2 | 5 | 1992 | 18 | 895.7 | 90 |
| 1985 | 2 | 899.5 | 10 | 1993 | 19 | 895.5 | 95 |
| 1986 | 3 | 899.2 | 15 | 1993 | 1 | 890.8 | 6.25 |
| 1882 | 4 | 898.8 | 20 | 1994 | 2 | 891.30 | 12.5 |
| 1981 | 5 | 898.5 | 25 | 1998 | 3 | 891.40 | 18.75 |
| 1987 | 6 | 898.2 | 30 | 1997 | 4 | 891.60 | 25.00 |
| 1989 | 7 | 897.8 | 35 | 1996 | 5 | 891.70 | 31.25 |
| 1988 | 8 | 897.7 | 40 | 1990 | 6 | 891.80 | 37.45 |
| 1983 | 9 | 897.5 | 45 | 1991 | 7 | 892.00 | 43.75 |
| 1984 | 10 | 897.2 | 50 | 1992 | 8 | 982.10 | 50.00 |
| 1990 | 11 | 897.0 | 55 | 1995 | 9 | 892.30 | 56.25 |
| 1998 | 12 | 896.7 | 60 | 1989 | 10 | 892.50 | 62.50 |
| 1995 | 13 | 896.5 | 65 | 1988 | 11 | 892.55 | 68.75 |
| 1996 | 14 | 896.4 | 70 | 1986 | 12 | 893.00 | 75.00 |
| 1997 | 15 | 896.2 | 75 | 1987 | 13 | 893.30 | 81.25 |
| 1994 | 16 | 896.0 | 80 | 1985 | 14 | 893.65 | 87.50 |
| 1991 | 17 | 895.8 | 85 | 1984 | 15 | 894.20 | 93.75 |

**【解】** 将表 4-4 求出的频率 $P$ 与其相应之水位，用机率格纸绘制出洪水位与枯水位两个频率曲线，然后将曲线端延长，即可得 33a（$P$=3%）一遇枯水位与 50a 一遇（$P$=2%）洪水位的高程值：33a 一遇的枯水位为 890.5m；50a 一遇的洪水位为 900.9m，见图 4-1。

（2）理论频率曲线法：本法系按 $H_p$（或 $Q_p$）、$C_V$ 及 $C_S$ 三个参数绘制曲线。

1）观测值为一连续数值时：

平均水位或流量：

$$\overline{H}=\frac{\Sigma H}{n} \text{或} \overline{Q}=\frac{\Sigma Q}{n} \tag{4-2}$$

变率 $$K=\frac{H}{\overline{H}} \text{或} K=\frac{Q}{\overline{Q}} \tag{4-3}$$

变差系数

$$C_V=\sqrt{\frac{\Sigma(K-1)^2}{n-1}} \tag{4-4}$$

偏差系数

$$C_S=(2\sim4)C_V \tag{4-5}$$

式中 $\Sigma H$——该系列全部水位的总和；

$\Sigma Q$——该系列全部流量的总和；

$n$——水位（或流量）的总数（或连续观测年数）。

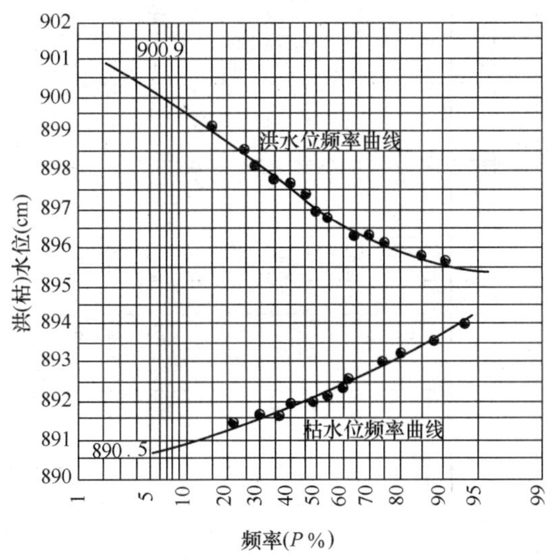


图 4-1 洪、枯水位频率曲线

2）除有一连续观测数值以外，尚另有一历史上最高洪水位 $H_N$（或最大洪水流量 $Q_N$）资料时：

平均洪水位或流量：

$$\overline{H}=\frac{1}{N}\left(H_N+\frac{N-1}{n}\sum_1^n H\right)$$

或 $$\overline{Q}=\frac{1}{N}\left(Q_N+\frac{N-1}{n}\sum_1^n Q\right) \tag{4-6}$$

变率 $$K=\frac{H}{\overline{H}} \text{或} K=\frac{Q}{\overline{Q}} \tag{4-7}$$

变差系数 $$C_V=\sqrt{\frac{1}{N}\left[(K_N-1)^2+\frac{N-1}{n}\sum_1^n(K-1)^2\right]} \tag{4-8}$$

式中 $N$——发生历史上最高洪水位 $H_N$ 或最大洪水流量 $Q_N$ 距统计资料中最近一年的年数；

$\sum_1^n H\left(\text{或}\sum_1^n Q\right)$——$n$ 年中逐年洪水位（或流量）的总和；

$K_N=\frac{H_N}{\overline{H}}\left(\text{或}\frac{Q_N}{\overline{Q}}\right)$——历史上最高洪水位或最大洪水流量的变率。

3）历史特征 洪水位不止一个，而为 $a$ 个时：

$$\overline{H}=\frac{1}{N}\left[\sum_1^a H_N+\frac{N-a}{n}\sum_1^a H\right]$$

或 $$\overline{Q}=\frac{1}{N}\left[\sum_1^a Q_N+\frac{N-a}{n}\sum_1^a Q\right] \tag{4-9}$$

$$C_V=\sqrt{\frac{1}{N}\left[\sum_1^a(K_N-1)^2+\frac{N-a}{n}\sum_1^a(K-1)^2\right]} \tag{4-10}$$

4）根据上述公式算出 $C_V$ 与 $C_S$ 值后，即可按皮尔逊Ⅲ型曲线的 $\Phi$ 值（见表 4-5）求得相应于各种频率的最高洪水位或流量。

**皮尔逊Ⅲ型频率曲线 $\phi$ 值** 表 4-5

| $C_S$ | 频率 $P$（%） | | | | | | | | | | | | | | | | | | | | | |
|---|---|---|---|---|---|---|---|---|---|---|---|---|---|---|---|---|---|---|---|---|---|---|
| | 0.01 | 0.05 | 0.1 | 0.5 | 1 | 2 | 3 | 5 | 10 | 20 | 25 | 30 | 40 | 50 | 60 | 70 | 75 | 80 | 90 | 95 | 97 | 99 | 99.9 |
| 0.00 | 3.72 | 3.29 | 3.09 | 2.58 | 2.33 | 2.06 | 1.88 | 1.64 | 1.28 | 0.84 | 0.67 | 0.52 | 0.25 | −0.00 | −0.25 | −0.52 | −0.67 | −0.84 | −1.28 | −1.64 | −1.88 | −2.33 | −3.09 |
| 0.05 | 3.83 | 3.38 | 3.16 | 2.62 | 2.36 | 2.08 | 1.90 | 1.65 | 1.28 | 0.84 | 0.66 | 0.52 | 0.24 | −0.01 | −0.26 | −0.52 | −0.68 | −0.84 | −1.28 | −1.67 | −1.86 | −2.29 | −3.02 |
| 0.10 | 3.94 | 3.46 | 3.23 | 2.67 | 2.40 | 2.11 | 1.92 | 1.67 | 1.29 | 0.84 | 0.66 | 0.51 | 0.24 | −0.02 | −0.27 | −0.53 | −0.68 | −0.85 | −1.27 | −1.61 | −1.84 | −2.25 | −2.95 |
| 0.15 | 4.05 | 3.54 | 3.31 | 2.71 | 2.44 | 2.13 | 1.94 | 1.68 | 1.30 | 0.84 | 0.66 | 0.50 | 0.23 | −0.02 | −0.28 | −0.54 | −0.68 | −0.85 | −1.26 | −1.60 | −1.82 | −2.22 | −2.88 |
| 0.20 | 4.16 | 3.62 | 3.38 | 2.76 | 2.47 | 2.16 | 1.96 | 1.70 | 1.30 | 0.83 | 0.65 | 0.50 | 0.22 | −0.03 | −0.28 | −0.55 | −0.69 | −0.85 | −1.26 | −1.58 | −1.79 | −2.18 | −2.81 |
| 0.25 | 4.27 | 3.70 | 3.45 | 2.81 | 2.50 | 2.18 | 1.98 | 1.71 | 1.30 | 0.82 | 0.64 | 0.49 | 0.21 | −0.04 | −0.29 | −0.56 | −0.70 | −0.85 | −1.25 | −1.56 | −1.77 | −2.14 | −2.74 |
| 0.30 | 4.38 | 3.79 | 3.52 | 2.86 | 2.54 | 2.21 | 2.00 | 1.72 | 1.31 | 0.82 | 0.64 | 0.48 | 0.20 | −0.05 | −0.30 | −0.56 | −0.70 | −0.85 | −1.24 | −1.55 | −1.75 | −2.10 | −2.61 |
| 0.35 | 4.50 | 3.83 | 3.59 | 2.91 | 2.58 | 2.24 | 2.02 | 1.73 | 1.32 | 0.82 | 0.64 | 0.48 | 0.20 | −0.06 | −0.30 | −0.56 | −0.70 | −0.85 | −1.24 | −1.53 | −1.72 | −2.06 | −2.60 |
| 0.40 | 4.61 | 3.96 | 3.66 | 2.95 | 2.61 | 2.26 | 2.04 | 1.75 | 1.32 | 0.82 | 0.63 | 0.47 | 0.19 | −0.07 | −0.31 | −0.57 | −0.71 | −0.85 | −1.23 | −1.52 | −1.70 | −2.03 | −2.54 |
| 0.45 | 4.72 | 4.04 | 3.74 | 2.99 | 2.64 | 2.29 | 2.06 | 1.76 | 1.32 | 0.82 | 0.62 | 0.46 | 0.18 | −0.08 | −0.32 | −0.58 | −0.71 | −0.85 | −1.22 | −1.51 | −1.68 | −2.00 | −2.47 |
| 0.50 | 4.83 | 4.12 | 3.81 | 3.04 | 2.68 | 2.31 | 2.08 | 1.77 | 1.32 | 0.81 | 0.62 | 0.46 | 0.18 | −0.08 | −0.33 | −0.58 | −0.71 | −0.85 | −1.22 | −1.49 | −1.66 | −1.96 | −2.40 |
| 0.55 | 4.94 | 4.20 | 3.88 | 3.09 | 2.72 | 2.33 | 2.10 | 1.78 | 1.32 | 0.90 | 0.62 | 0.45 | 0.16 | −0.09 | −0.34 | −0.58 | −0.72 | −0.85 | −1.21 | −1.47 | −1.64 | −1.92 | −2.32 |
| 0.60 | 5.05 | 4.29 | 3.96 | 3.13 | 2.75 | 2.35 | 2.12 | 1.80 | 1.33 | 0.80 | 0.61 | 0.44 | 0.16 | −0.10 | −0.34 | −0.59 | −0.72 | −0.85 | −1.20 | −1.45 | −1.61 | −1.88 | −2.27 |
| 0.65 | 5.16 | 4.38 | 4.03 | 3.17 | 2.78 | 2.38 | 2.14 | 1.81 | 1.33 | 0.80 | 0.60 | 0.44 | 0.15 | −0.11 | −0.35 | −0.60 | −0.72 | −0.85 | −1.19 | −1.44 | −1.59 | −1.84 | −2.20 |
| 0.70 | 5.28 | 4.46 | 4.10 | 3.22 | 2.82 | 2.40 | 2.15 | 1.82 | 1.33 | 0.78 | 0.59 | 0.43 | 0.14 | −0.12 | −0.36 | −0.60 | −0.72 | −0.85 | −1.18 | −1.42 | −1.57 | −1.81 | −2.14 |
| 0.75 | 5.39 | 4.54 | 4.17 | 3.26 | 2.86 | 2.43 | 2.16 | 1.83 | 1.34 | 0.78 | 0.58 | 0.42 | 0.13 | −0.12 | −0.36 | −0.60 | −0.72 | −0.86 | −1.18 | −1.40 | −1.54 | −1.78 | −2.08 |
| 0.80 | 5.50 | 4.63 | 4.24 | 3.31 | 2.89 | 2.45 | 2.18 | 1.84 | 1.34 | 0.78 | 0.58 | 0.41 | 0.12 | −0.13 | −0.37 | −0.60 | −0.73 | −0.86 | −1.17 | −1.38 | −1.52 | −1.74 | −2.02 |
| 0.85 | 5.62 | 4.72 | 4.31 | 3.36 | 2.92 | 2.48 | 2.20 | 1.85 | 1.34 | 0.78 | 0.58 | 0.40 | 0.12 | −0.14 | −0.38 | −0.60 | −0.73 | −0.86 | −1.16 | −1.36 | −1.49 | −1.70 | −1.96 |
| 0.90 | 5.73 | 4.80 | 4.38 | 3.40 | 2.96 | 2.50 | 2.22 | 1.86 | 1.34 | 0.77 | 0.57 | 0.40 | 0.11 | −0.15 | −0.38 | −0.61 | −0.73 | −0.85 | −1.15 | −1.35 | −1.47 | −1.66 | −1.90 |
| 0.95 | 5.84 | 4.88 | 4.46 | 3.44 | 2.99 | 2.52 | 2.24 | 1.87 | 1.34 | 0.76 | 0.56 | 0.39 | 0.10 | −0.16 | −0.38 | −0.62 | −0.73 | −0.85 | −1.14 | −1.34 | −1.44 | −1.62 | −1.84 |
| 1.00 | 5.96 | 4.97 | 4.53 | 3.49 | 3.02 | 2.54 | 2.25 | 1.88 | 1.34 | 0.76 | 0.55 | 0.38 | 0.09 | −0.16 | −0.39 | −0.62 | −0.73 | −0.85 | −1.13 | −1.32 | −1.42 | −1.59 | −1.79 |
| 1.05 | 6.07 | 5.05 | 4.60 | 3.53 | 3.06 | 2.56 | 2.26 | 1.88 | 1.34 | 0.75 | 0.54 | 0.37 | 0.08 | −0.17 | −0.40 | −0.62 | −0.74 | −0.85 | −1.12 | −1.30 | −1.40 | −1.56 | −1.74 |
| 1.10 | 6.18 | 5.13 | 4.67 | 3.58 | 3.09 | 2.58 | 2.28 | 1.89 | 1.34 | 0.74 | 0.54 | 0.36 | 0.07 | −0.18 | −0.41 | −0.62 | −0.74 | −0.85 | −1.10 | −1.28 | −1.38 | −1.52 | −1.68 |
| 1.15 | 6.30 | 5.22 | 4.74 | 3.62 | 3.12 | 2.60 | 2.30 | 1.90 | 1.34 | 0.74 | 0.53 | 0.36 | 0.06 | −0.18 | −0.42 | −0.62 | 0.74 | −0.84 | −1.09 | −1.26 | −1.36 | −1.48 | −1.63 |
| 1.20 | 6.41 | 5.30 | 4.81 | 3.66 | 3.15 | 2.62 | 2.31 | 1.91 | 1.34 | 0.73 | 0.52 | 0.35 | 0.05 | −0.19 | −0.42 | −0.63 | 0.74 | −0.84 | −1.08 | −1.24 | −1.33 | −1.45 | −1.58 |

续表

| $C_S$ | 频率 P（%） | | | | | | | | | | | | | | | | | | | | | |
|---|---|---|---|---|---|---|---|---|---|---|---|---|---|---|---|---|---|---|---|---|---|---|
| | 0.01 | 0.05 | 0.1 | 0.5 | 1 | 2 | 3 | 5 | 10 | 20 | 25 | 30 | 40 | 50 | 60 | 70 | 75 | 80 | 90 | 95 | 97 | 99 | 99.9 |
| 1.25 | 6.52 | 5.38 | 4.88 | 3.70 | 3.18 | 2.65 | 2.32 | 1.92 | 1.34 | 0.72 | 0.52 | 0.34 | 0.04 | −0.20 | −0.42 | −0.63 | −0.74 | −0.84 | −1.07 | −1.22 | −1.30 | −1.42 | −1.53 |
| 1.30 | 6.64 | 5.46 | 4.95 | 3.74 | 3.21 | 2.67 | 2.34 | 1.92 | 1.34 | 0.72 | 0.51 | 0.33 | 0.04 | −0.21 | −0.43 | −0.63 | −0.74 | −0.84 | −1.06 | −1.20 | −1.28 | −1.38 | −1.48 |
| 1.35 | 6.76 | 5.54 | 5.02 | 3.79 | 3.24 | 2.69 | 2.36 | 1.93 | 1.34 | 0.72 | 0.50 | 0.32 | 0.03 | −0.22 | −0.44 | −0.64 | −0.74 | −0.83 | −1.05 | −1.18 | −1.26 | −1.35 | −1.44 |
| 1.40 | 6.87 | 5.63 | 5.09 | 3.83 | 3.27 | 2.71 | 2.37 | 1.94 | 1.34 | 0.71 | 0.49 | 0.31 | 0.02 | −0.22 | −0.44 | −0.64 | −0.73 | −0.83 | −1.04 | −1.17 | −1.23 | −1.32 | −1.39 |
| 1.45 | 6.98 | 5.72 | 5.16 | 3.87 | 3.30 | 2.73 | 2.38 | 1.94 | 1.34 | 0.70 | 0.48 | 0.30 | 0.01 | −0.23 | −0.44 | −0.64 | −0.73 | −0.82 | −1.03 | −1.15 | −1.21 | −1.29 | −1.35 |
| 1.50 | 7.09 | 5.80 | 5.23 | 3.91 | 3.33 | 2.74 | 2.39 | 1.95 | 1.33 | 0.70 | 0.47 | 0.30 | 0.00 | −0.24 | −0.45 | −0.64 | −0.73 | −0.82 | −1.02 | −1.13 | −1.19 | −1.26 | −1.31 |
| 1.55 | 7.20 | 5.88 | 5.30 | 3.95 | 3.36 | 2.76 | 2.40 | 1.96 | 1.33 | 0.69 | 0.46 | 0.29 | −0.01 | −0.24 | −0.46 | −0.64 | −0.73 | −0.82 | −1.00 | −1.12 | −1.16 | −1.23 | −1.28 |
| 1.60 | 7.31 | 5.96 | 5.37 | 3.99 | 3.39 | 2.78 | 2.42 | 1.96 | 1.33 | 0.68 | 0.46 | 0.28 | −0.02 | −0.25 | −0.46 | −0.64 | −0.73 | −0.81 | −0.99 | −1.10 | −1.14 | −1.20 | −1.24 |
| 1.65 | 7.42 | 6.04 | 5.44 | 4.03 | 3.42 | 2.80 | 2.43 | 1.96 | 1.32 | 0.67 | 0.45 | 0.27 | −0.02 | −0.26 | −0.46 | −0.64 | −0.72 | −0.81 | −0.98 | −1.08 | −1.12 | −1.17 | −1.20 |
| 1.70 | 7.54 | 6.12 | 5.50 | 4.07 | 3.44 | 2.82 | 2.44 | 1.97 | 1.32 | 0.66 | 0.44 | 0.26 | −0.03 | −0.27 | −0.47 | −0.64 | −0.72 | −0.81 | −0.97 | −1.06 | −1.10 | −1.14 | −1.17 |
| 1.75 | 7.65 | 6.20 | 5.57 | 4.11 | 3.47 | 2.84 | 2.45 | 1.98 | 1.32 | 0.65 | 0.43 | 0.25 | −0.04 | −0.28 | −0.48 | −0.64 | −0.72 | −0.80 | −0.96 | −1.04 | −1.08 | −1.12 | −1.14 |
| 1.80 | 7.76 | 6.28 | 5.64 | 4.15 | 3.50 | 2.85 | 2.46 | 1.98 | 1.32 | 0.64 | 0.42 | 0.24 | −0.05 | −0.28 | −0.48 | −0.64 | −0.72 | −0.80 | −0.94 | −1.02 | −1.06 | −1.09 | −1.11 |
| 1.85 | 7.87 | 6.36 | 5.70 | 4.19 | 3.52 | 2.87 | 2.48 | 1.98 | 1.32 | 0.64 | 0.41 | 0.23 | −0.06 | −0.28 | −0.48 | −0.64 | −0.72 | −0.80 | −0.93 | −1.00 | −1.04 | −1.06 | −1.08 |
| 1.90 | 7.98 | 6.44 | 5.77 | 4.23 | 3.55 | 2.88 | 2.49 | 1.99 | 1.31 | 0.63 | 0.40 | 0.22 | −0.07 | −0.29 | −0.48 | −0.64 | −0.72 | −0.79 | −0.92 | −0.98 | −1.01 | −1.04 | −1.05 |
| 1.95 | 8.10 | 6.52 | 5.85 | 4.27 | 3.58 | 2.90 | 2.50 | 2.00 | 1.30 | 0.62 | 0.40 | 0.21 | −0.08 | −0.30 | −0.48 | −0.64 | −0.72 | −0.78 | −0.91 | −0.96 | −0.99 | −1.02 | −1.02 |
| 2.00 | 8.21 | 6.60 | 5.91 | 4.30 | 3.60 | 2.91 | 2.51 | 2.00 | 1.30 | 0.61 | 0.39 | 0.20 | −0.08 | −0.31 | −0.49 | −0.64 | −0.71 | −0.78 | −0.90 | −0.95 | −0.97 | −0.99 | −1.00 |
| 2.05 | 8.32 | | 5.99 | 4.34 | 3.63 | 2.93 | 2.52 | 2.00 | 1.30 | 0.60 | 0.39 | 0.20 | −0.09 | −0.32 | −0.49 | −0.64 | −0.71 | −0.77 | −0.89 | −0.94 | −0.95 | −0.96 | −0.97 |
| 2.10 | 8.43 | | 6.06 | 4.38 | 3.65 | 2.94 | 2.53 | 2.00 | 1.29 | 0.60 | 0.38 | 0.19 | −0.10 | −0.32 | −0.49 | −0.64 | −0.70 | −0.76 | −0.88 | −0.93 | −0.93 | −0.94 | −0.95 |
| 2.15 | 8.54 | | 6.11 | 4.42 | 3.68 | 2.96 | 2.54 | 2.01 | 1.28 | 0.59 | 0.38 | 0.18 | −0.10 | −0.32 | −0.49 | −0.63 | −0.70 | −0.76 | −0.86 | −0.92 | −0.92 | −0.92 | −0.93 |
| 2.20 | 8.64 | | 6.16 | 4.45 | 3.70 | 2.97 | 2.55 | 2.01 | 1.28 | 0.58 | 0.37 | 0.17 | −0.11 | −0.33 | −0.49 | −0.63 | −0.69 | −0.75 | −0.85 | −0.90 | −0.90 | −0.90 | −0.91 |
| 2.25 | 8.75 | | 6.23 | 4.49 | 3.72 | 2.99 | 2.56 | 2.01 | 1.27 | 0.57 | 0.36 | 0.16 | −0.12 | −0.34 | −0.49 | −0.63 | −0.98 | −0.74 | −0.83 | −0.88 | −0.88 | −0.89 | −0.89 |
| 2.30 | 8.86 | | 6.29 | 4.53 | 3.75 | 3.00 | 2.56 | 2.01 | 1.27 | 0.56 | 0.35 | 0.15 | −0.12 | −0.34 | −0.49 | −0.62 | −0.68 | −0.73 | −0.82 | −0.86 | −0.86 | −0.87 | −0.87 |
| 2.35 | 8.97 | | 6.35 | 4.56 | 3.77 | 3.01 | 2.56 | 2.01 | 1.26 | 0.55 | 0.34 | 0.14 | −0.13 | −0.34 | −0.50 | −0.62 | −0.67 | −0.72 | −0.81 | −0.84 | −0.84 | −0.85 | −0.85 |
| 2.40 | 9.07 | | 6.42 | 4.60 | 3.79 | 3.03 | 2.57 | 2.01 | 1.25 | 0.54 | 0.33 | 0.13 | −0.14 | −0.35 | −0.50 | −0.62 | −0.66 | −0.71 | −0.79 | −0.82 | −0.82 | −0.83 | −0.83 |
| 2.45 | 9.18 | | 6.48 | 4.63 | 3.81 | 3.04 | 2.58 | 2.01 | 1.25 | 0.54 | 0.32 | 0.13 | −0.14 | −0.36 | −0.50 | −0.62 | −0.66 | −0.70 | −0.78 | −0.80 | −0.80 | −0.82 | −0.82 |

续表

| $C_S$ | 频率 $P$（%） | | | | | | | | | | | | | | | | | | | | | |
|---|---|---|---|---|---|---|---|---|---|---|---|---|---|---|---|---|---|---|---|---|---|---|
| | 0.01 | 0.05 | 0.1 | 0.5 | 1 | 2 | 3 | 5 | 10 | 20 | 25 | 30 | 40 | 50 | 60 | 70 | 75 | 80 | 90 | 95 | 97 | 99 | 99.9 |
| 2.50 | 9.28 | | 6.54 | 4.66 | 3.83 | 3.06 | 2.58 | 2.01 | 1.24 | 0.53 | 0.32 | 0.12 | −0.15 | −0.36 | −0.50 | −0.61 | −0.65 | −0.70 | −0.77 | −0.79 | −0.79 | −0.80 | −0.80 |
| 2.55 | 9.39 | | 6.60 | 4.70 | 3.85 | 3.08 | 2.58 | 2.01 | 1.23 | 0.52 | 0.31 | 0.11 | −0.16 | −0.36 | −0.50 | −0.61 | −0.65 | −0.69 | −0.75 | −0.78 | −0.78 | −0.78 | −0.78 |
| 2.60 | 9.50 | | 6.66 | 4.73 | 3.87 | 3.09 | 2.59 | 2.01 | 1.23 | 0.51 | 0.30 | 0.10 | −0.17 | −0.37 | −0.50 | −0.60 | −0.64 | −0.68 | −0.74 | −0.76 | −0.76 | −0.77 | −0.77 |
| 2.65 | 9.60 | | 6.73 | 4.77 | 3.89 | 3.10 | 2.59 | 2.01 | 1.22 | 0.50 | 0.29 | 0.09 | −0.18 | −0.37 | −0.50 | −0.60 | −0.64 | −0.67 | −0.73 | −0.75 | −0.75 | −0.75 | −0.75 |
| 2.70 | 9.70 | | 6.79 | 4.80 | 3.91 | 3.12 | 2.60 | 2.01 | 1.21 | 0.49 | 0.28 | 0.08 | −0.18 | −0.38 | −0.50 | −0.60 | −0.63 | −0.67 | −0.72 | −0.73 | −0.73 | −0.74 | −0.74 |
| 2.75 | 9.82 | | 6.85 | 4.84 | 3.93 | 3.13 | 2.61 | 2.02 | 1.21 | 0.48 | 0.27 | 0.07 | −0.19 | −0.38 | −0.50 | −0.59 | −0.63 | −0.66 | −0.72 | −0.72 | −0.72 | −0.72 | −0.73 |
| 2.80 | 9.93 | | 6.91 | 4.87 | 3.95 | 3.15 | 2.61 | 2.02 | 1.20 | 0.47 | 0.27 | 0.06 | −0.20 | −0.38 | −0.50 | −0.59 | −0.62 | −0.65 | −0.70 | −0.71 | −0.71 | −0.71 | −0.71 |
| 2.85 | 10.02 | | 6.97 | 4.92 | 3.97 | 3.16 | 2.62 | 2.02 | 1.20 | 0.46 | 0.26 | 0.05 | −0.21 | −0.39 | −0.50 | −0.59 | −0.62 | −0.64 | −0.69 | −0.70 | −0.70 | −0.70 | −0.70 |
| 2.90 | 10.11 | | 7.03 | 4.97 | 3.99 | 3.18 | 2.62 | 2.02 | 1.19 | 0.45 | 0.26 | 0.04 | −0.21 | −0.39 | −0.50 | −0.58 | −0.61 | −0.64 | −0.67 | −0.68 | −0.68 | −0.69 | −0.69 |
| 2.95 | 10.23 | | 7.09 | 4.99 | 4.00 | 3.19 | 2.62 | 2.02 | 1.18 | 0.44 | 0.25 | 0.04 | −0.22 | −0.40 | −0.50 | −0.58 | −0.61 | −0.63 | −0.66 | −0.67 | −0.67 | −0.68 | −0.68 |
| 3.00 | 10.34 | | 7.15 | 5.00 | 4.02 | 3.20 | 2.63 | 2.02 | 1.18 | 0.42 | 0.25 | 0.03 | −0.23 | −0.40 | −0.50 | −0.57 | −0.60 | −0.62 | −0.65 | −0.66 | −0.66 | −0.67 | −0.67 |
| 3.20 | 10.74 | | 7.36 | | 4.08 | | | 2.01 | | 0.39 | | | | −0.42 | | | | −0.60 | | −0.63 | | −0.63 | |
| 3.40 | 11.14 | | 7.58 | | 4.15 | | | 1.99 | | 0.35 | | | | −0.42 | | | | −0.58 | | −0.59 | | −0.59 | |
| 3.60 | 11.54 | | 7.80 | | 4.22 | | | 1.97 | | 0.31 | | | | −0.42 | | | | −0.55 | | −0.56 | | −0.56 | |
| 3.80 | 11.94 | | 8.02 | | 4.28 | | | 1.95 | | 0.28 | | | | −0.42 | | | | −0.53 | | −0.53 | | −0.53 | |
| 4.00 | 12.34 | | 8.24 | | 4.34 | | | 1.93 | | 0.24 | | | | −0.42 | | | | −0.50 | | −0.50 | | −0.50 | |
| 4.20 | 12.74 | | 8.44 | | 4.40 | | | 1.90 | | 0.20 | | | | −0.42 | | | | −0.48 | | −0.48 | | −0.48 | |
| 4.40 | 13.11 | | 8.65 | | 4.45 | | | 1.87 | | 0.16 | | | | −0.41 | | | | −0.45 | | −0.46 | | −0.46 | |
| 4.60 | 13.50 | | 8.85 | | 4.50 | | | 1.82 | | 0.12 | | | | −0.40 | | | | −0.43 | | −0.44 | | −0.44 | |
| 4.80 | 13.86 | | 9.03 | | 4.55 | | | 1.76 | | 0.10 | | | | −0.39 | | | | −0.42 | | −0.42 | | −0.42 | |
| 5.00 | 14.23 | | 9.20 | | 4.59 | | | 1.69 | | 0.08 | | | | −0.38 | | | | −0.40 | | −0.40 | | −0.40 | |

$$H_P = \overline{H}(1+\phi C_V) = K_P\overline{H}$$

或

$$Q_P = \overline{Q}(1+\phi C_V) = K_P\overline{Q} \tag{4-11}$$

式中 $H_P(Q_P)$——各种频率的水位（或流量）。

我国大部分河流最大流量资料的 $C_S$ 介于（2～4）$C_V$ 之间，北方河流 $C_V$ 较大，$C_S$ 接近 $2C_V$，南方河流的 $C_V$ 较小，一般 $C_S$ 接近于 $4C_V$。在资料短缺地区，当 $C_V<0.5$ 时，可采用 $C_S=（3～4）C_V$，当 $C_V>0.5$ 时，可采用 $C_S=（2～3）C_V$。

**【例 4-2】**已搜集到某河流自 1985～1998 年的逐年最高洪水位资料，并另有 1959 年一个历史洪水位资料（距 1998 年为 40a）见表 4-6，利用理论频率曲线法确定 50a 一遇洪水位。

**最高洪水位计算** **表 4-6**

| 年 份 | 次序编号 $m$ | $H$（cm） | $P=\frac{m}{n+1}$ 100[①]（%） | $K=\frac{H}{\overline{H}}$ | $(K-1)$ | $(K-1)^2$ |
|---|---|---|---|---|---|---|
| | | （自测站零点起） | | | | |
| 1959 | | 640 | 2.44 | | | |
| 1985 | 1 | 505 | 6.70 | 2.26 | +1.26 | 1.588 |
| 1990 | 2 | 403 | 13.30 | 1.81 | +0.81 | 0.656 |
| 1991 | 3 | 363 | 20.00 | 1.63 | +0.63 | 0.397 |
| 1987 | 4 | 278.5 | 26.70 | 1.25 | +0.25 | 0.063 |
| 1986 | 5 | 257 | 33.30 | 1.15 | +0.15 | 0.023 |
| 1992 | 6 | 228 | 40.00 | 1.02 | +0.02 | 0.000 |
| 1994 | 7 | 217 | 46.70 | 0.97 | −0.03 | 0.001 |
| 1993 | 8 | 190.9 | 53.30 | 0.86 | −0.14 | 0.020 |
| 1988 | 9 | 161 | 60.00 | 0.72 | −0.28 | 0.78 |
| 1989 | 10 | 105 | 66.70 | 0.47 | −0.53 | 0.281 |
| 1995 | 11 | 72.9 | 73.30 | 0.33 | −0.67 | 0.449 |
| 1998 | 12 | 67.9 | 80.00 | 0.30 | −0.70 | 0.490 |
| 1997 | 13 | 59.2 | 86.70 | 0.27 | −0.73 | 0.533 |
| 1996 | 14 | 57.7 | 93.30 | 0.26 | −0.74 | 0.548 |

$$\sum_{1}^{14}H = 2966.1 \qquad \sum_{1}^{14}(K-1)^2 = 5.127$$

① 计算历史最高洪水位年份的 $P$ 值时，$m$ 采用为 1，$n$=40(1959～1998)；计算连续年份的 $P$ 值时，$m$ 为该年度编号数，$n$=14(1985～1998)。

**【解】**因除有连续 14a 的观测资料外，又另有一个历史洪水位资料，故平均最高洪水位应按公式（4-6）计算。

式中 $N$=40（1959～1998 年）。

$n$=14 及 $\sum_{1}^{n}H = 2966.1$，代入公式（4-6）得

$$\overline{H} = \frac{1}{40}\left(640+\frac{40-1}{14}\times 2966.1\right)=223\text{cm}$$

变差系数应由（4-8）式来计算，即 $N=40$，$n=14$，

$K_N=\frac{H_N}{\overline{H}}=\frac{640}{223}=2.87$ 及 $\sum_{1}^{14}(K-1)^2=5.127$ 代入该式得

$$C_V=\sqrt{\frac{1}{40}\left[(2.87-1)^2+\frac{40-1}{14}\times 5.127\right]}=0.67$$

假定 $C_S=3C_V=2.01$，查表 4-5 得理论频率曲线的 $\phi$ 值，然后计算见表 4-7。

**理论频率曲线计算** **表 4-7**

| 频率 $P\%$ | 0.1 | 1 | 2 | 5 | 10 | 20 | 50 | 80 | 90 | 95 |
|---|---|---|---|---|---|---|---|---|---|---|
| $\phi$ | 5.93 | 3.61 | 2.91 | 2.00 | 1.30 | 0.61 | −0.31 | −0.78 | −0.90 | −0.95 |
| $\phi C_V$ | 3.99 | 2.42 | 1.95 | 1.34 | 0.87 | 0.41 | −0.21 | −0.52 | −0.60 | −0.64 |
| $K_P=\phi C_V+1$ | 4.99 | 3.42 | 2.95 | 2.34 | 1.87 | 1.41 | 0.79 | 0.48 | 0.40 | 0.36 |
| $H_P=K_P\overline{H}$ (cm) | 1110 | 764 | 656 | 522 | 416 | 314 | 176 | 107 | 89 | 80 |

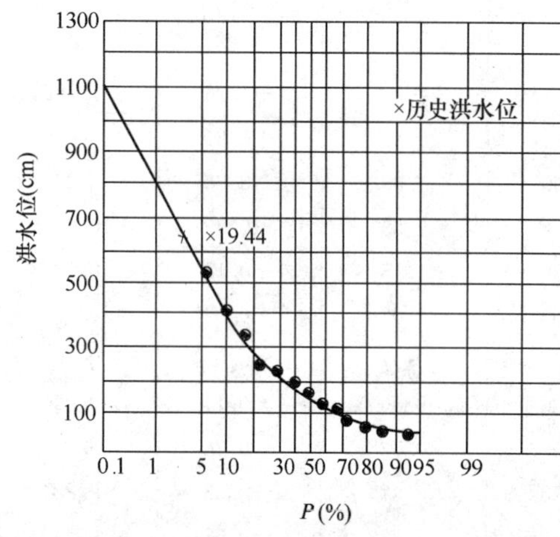


图 4-2 洪水位频率曲线

将表 4-7 中的 $H_P$ 值与相应的频率绘制理论曲线，见图 4-2，与经验点颇接近，故说明假定的 $C_S=3C_V$ 为正确（如理论曲线与经验点相差太远，则应另假定 $C_S$ 值再行计算）。

从图 4-2 中查得 50a 一遇的洪水位（$P=20\%$）为 656cm。

（3）枯水流量保证率：在取水工程设计中，枯水流量一般以保证率为标准。关于保证率与频率以及重现期的关系见表 4-8。

#### 4.2.2.2 相关计算

如某一水文现象实测资料很少，而与其有关的另一现象资料却比较多，这时就可以用相关的分析方法，找出两变量间的关系，然后利用这种关系来延长较短系列。例如当找出了降雨量与径流量间的关系以后，就可以利用降雨量的实测资料来延长或补插缺测的径流量资料。

**保证率与频率及重现期的关系** **表 4-8**

| 保证率 $I=(100-P)\%$ | 频率 $P$（%） | 重现期 $\frac{100}{100-I}=\frac{100}{P}$ |
|---|---|---|
| 90 | 10 | 10a 一遇 |
| 95 | 5 | 20a 一遇 |
| 97 | 3 | 33a 一遇 |
| 98 | 2 | 50a 一遇 |
| 99 | 1 | 100a 一遇 |

相关计算常用下面的回归方程式：

$$y-\overline{y}=r\frac{\sigma_y}{\sigma_x}(x-\overline{x}) \tag{4-12}$$

式中 $x$、$y$——两组系列的观察值；

$\overline{x}$、$\overline{y}$——两组系列的观察平均值 $\overline{x}=\frac{\sum x}{n}$ 及 $\overline{y}=\frac{\sum y}{n}$，其中

$n$——观察次数；

$\sigma_y$、$\sigma_x$——两组系列观察值的均方差，其中

$$\sigma_x=\sqrt{\frac{\Sigma(x-\overline{x})^2}{n-1}};\ \sigma_y=\sqrt{\frac{\Sigma(y-\overline{y})^2}{n-1}} \tag{4-13}$$

$r$——相关系数，可按式（4-14）求出，其中

$$r=\frac{\Sigma(x-\overline{x})(y-\overline{y})}{\sqrt{\Sigma(x-\overline{x})^2\,\Sigma(y-\overline{y})^2}} \tag{4-14}$$

一般认为当 $r$ 在 0.7～1.0 范围内，则系列相关良好；

或 $|r|>|4E_r|$ 时，认为 $y$ 与 $x$ 间相关良好，式中

$$E_r=\pm 0.6745\frac{1-r^2}{\sqrt{n}} \tag{4-15}$$

#### 4.2.2.3 浪高、浪爬高计算

（1）波浪全高 $h_B$（从波谷到波峰的垂直距离）见图 4-3，波浪全高的经验公式为

$$h_B=0.0208\omega^{5/4}L^{1/3}\ (\text{m}) \tag{4-16}$$

式中 $\omega$——最大风速（m/s）；

$L$——波浪顺着风向扩展至对岸的距离（km）。

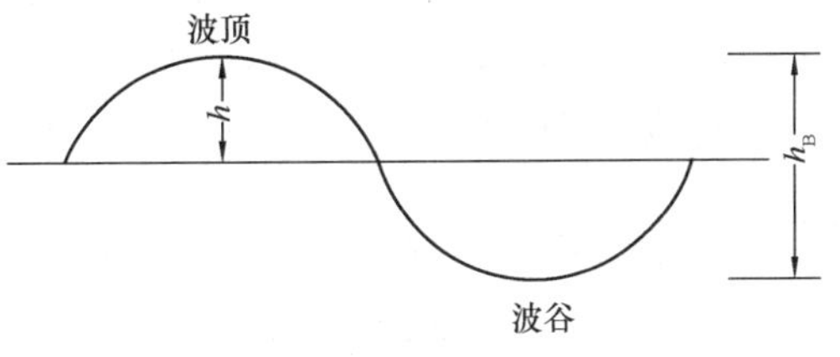

图 4-3 波浪示意

上式适用于湖泊、水库中波浪的扩度在 $3<L<30$km 的范围内。

（2）浪爬高 $h_H$：

$$h_H=3.2h_BK\tan\alpha\ (\text{m}) \tag{4-17}$$

式中 $\alpha$——坝坡对水平线的倾角（°）；

$K$——系数，混凝土坡或土坡 1.0；铺砌与铺草的边坡 0.9；抛石堆成的边坡0.77。

## 4.3 取水构筑物位置选择

### 4.3.1 设计原则

取水构筑物设计应满足如下原则：

（1）取水构筑物应保证在枯水季节仍能取水，并满足在设计枯水保证率下取得所需的设计水量。用地表水作为城市供水水源时，其设计枯水流量的保证率，可根据城市规模和

工业大用户的重要性选定，一般应采用 90%～99%。用地表水作为工业企业供水水源时，其设计枯水量的保证率，应按各有关部门的规定执行。村、镇供水的设计枯水流量保证率，可根据具体情况适当降低。

(2) 对于河道条件复杂或取水量占河道的最枯流量比例较大的大型取水构筑物，应进行水工模型试验。

(3) 当自然状态下河流不能取得所需设计水量时，应采取修拦河坝或其他确保可取水量的措施。

(4) 取水构筑物位置的选择应全面掌握河流的特性，根据取水河段的水文、地形、地质、卫生防护、河流规划和综合利用等条件进行综合考虑。

(5) 在洪水季节取水构筑物应不受冲刷和淹没。设计最高水位和最大流量一般按 100a 一遇的频率确定（小型取水构筑物按供水对象可适当降低标准）。

(6) 在取水构筑物进水口处，一般要求不小于 2.5～3.0m 的水深；对小型取水口，水深可降低 1.5～2.0m，当河道最低水位的水深较浅时，应选用合适的取水物筑物形式和设计数据。

(7) 作为生活饮用水水源的水质，应满足处理后达到生活饮用水水质标准。当地有水功能区划时，水源地选择同时应遵循各地的水功能区划。水源、取水地点和取水量等的最终确定，并应取得有关部门同意。水源地按照《饮用水水源地保护区划分技术规范》HJ/T 338—2007 和各地相关的法律法规要求，采取相应的卫生防护措施。

(8) 江河取水构筑物的防洪标准不应低于城市防洪标准，其设计洪水重现期不得低于 100a。水库取水构筑物的防洪标准应与水库大坝等主要建筑物的防洪标准相同，并应采用设计和校核两级标准。

### 4.3.2 位置选择

取水构筑物位置的选择，应符合城市总体规划的要求，在保证水质的前提下，尽可能接近用水地点，以节省投资和经常运行费用。在取水位置的具体选择时，还应考虑下列因素。

#### 4.3.2.1 水质因素

(1) 在泥砂量较多的河流，应根据河道中泥砂的移动规律和特性，避开河流中含砂量较多的地段。

(2) 在泥砂含量沿水深有变化的情况下，应根据不同深度的含砂量分布，选择适宜的取水高程。

(3) 取水口应选择在水流畅通和靠主流地段，避开河流中的回流区或“死水区”，以减少水中悬浮物、杂草、泥砂等进入取水口。

(4) 湖水及水库水的水生生物（如藻类、苔藓、萍草等植物及螺、蚌等软体动物）会危及取水的安全和影响净水效果，所以在选择取水构筑物时，应采取必要的措施。

#### 4.3.2.2 河床及地形

取水河段形态特征和岸形条件是选择取水口位置的重要因素。取水口位置应根据河道水文特征和河床演变规律，选在比较稳定的河段，并能适应河床的演变。不同类型河段取水位置选择可参见表 4-9 及表中图示。

**取水河段选址参考** **表 4-9**

| 编号 | 河段类型 | | 图示 | 说明 |
|---|---|---|---|---|
| Ⅰ | 平原河流 | 顺直微弯段 | 边滩 H | 1. 应选在深槽稍下游处；<br>2. 应注意边滩是否下移 |
| Ⅱa | 平原河流 | 有限弯曲段 | H | 1. 宜选在凹岸弯顶稍下游处；<br>2. 不应选在凸岸 |
| Ⅱb | 平原河流 | 蜿曲段 | H H 裁弯可能 | 1. 不宜建址；<br>2. 必须建址时参照Ⅱa；<br>3. 谨防自然裁弯或切滩 |
| Ⅲ | 平原河流 | 分汊段 | 衰亡之汊 潜洲 江心洲 江心洲 发展之汊 H | 1. 应选在较稳定或发展的一汊，不应选在衰亡之汊；<br>2. 洲头前选址应注意汊道变迁影响 |
| Ⅳ | 山区河流 | 非冲积性段 | | 1. 宜选在急流卡口上游缓水段及水深流稳的河段；<br>2. 妥善布置头部避免破坏流态 |
| Ⅴ | 山区河流 | 半部积性段 | | 1. 图示为顺直微弯段；<br>2. 弯曲段参照Ⅱa、Ⅳ；<br>3. 分汊段参照Ⅲ、Ⅳ |

注：○——宜建处；△—可建处；×—不宜建处；H—必要时护岸位置。

（1）在弯曲河段，应选在水深岸陡，泥砂量少的凹岸地带，但应避开凹岸主流的顶冲点，一般可设在顶冲点下游 15～20m 的地段。也有认为宜选在图 4-4 的地段。图中 $L=(0.6\sim1.0)\sqrt{4B(R+B)}$。

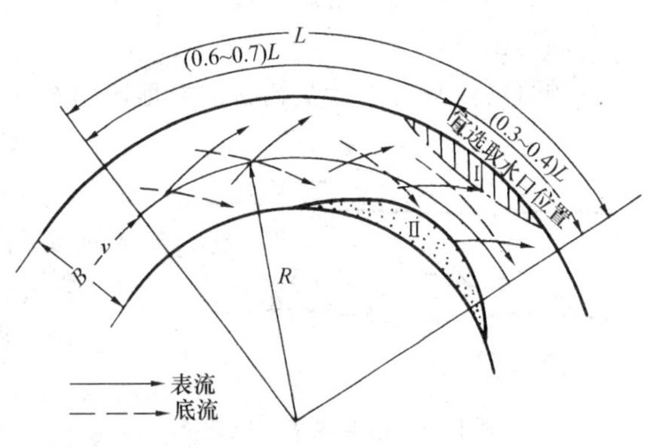

图 4-4 凹岸河段取水位置

Ⅰ—泥砂最小区；Ⅱ—泥砂淤积区

（2）在顺直河段，应选在主流靠近岸边，河床稳定，水深及流速较大的地段，一般设在河段最窄处。

（3）在有河漫滩的河段，应选在河漫滩最短的地段，并要充分估计河漫滩的变化趋势。

(4) 在有砂洲的河段，应离开砂洲 500m 以外，当砂洲有向取水口方向移动趋势时，这一距离还需适当加大，见图 4-5。

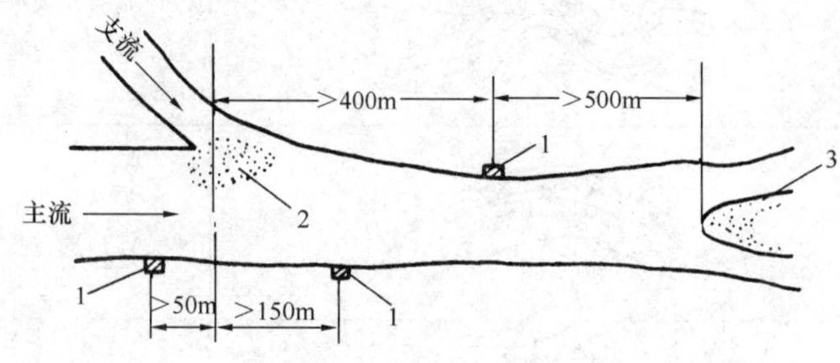


图 4-5 取水口布置位置
1—取水口；2—堆积锥；3—砂洲

(5) 在有支流汇入的顺直河段，应注意汇入口附近“堆积锥”的扩大和发展，取水口应与汇入口保持足够的距离，见图 4-5。一般取水口多设在汇入口干流的上游河段。

(6) 在有分岔的河段，应选在主流河道的深水地段。

(7) 在潮汐河道上，取水口尽量选在海水潮汐倒灌影响范围以外。

(8) 水库中的取水口，应选在水库淤积范围以外，靠近大坝附近，并远离支流汇入口和藻类集中区。

(9) 湖泊取水口，应选在近湖泊出口的地方，远离支流的汇入口，并应避开藻类集中区域。

(10) 取水地点较好的地段，往往受到水流冲刷，所以在建取水口的同时，还须考虑取水口附近河床、岸坡的加固和防护等设施。

(11) 下列地段一般不宜设置取水口：

1) 弯曲河段的凸岸。

2) 弯曲河段成闭锁的河环内。

3) 分岔河道的分岔和汇合段。

4) 河谷收缩的上游河段和河谷展宽后的下游河段。

5) 河流出峡谷的三角洲附近。

6) 河道出海口区域。

7) 顺直河段具有犬牙交错状边滩地段以及沙滩、沙洲上下游附近。

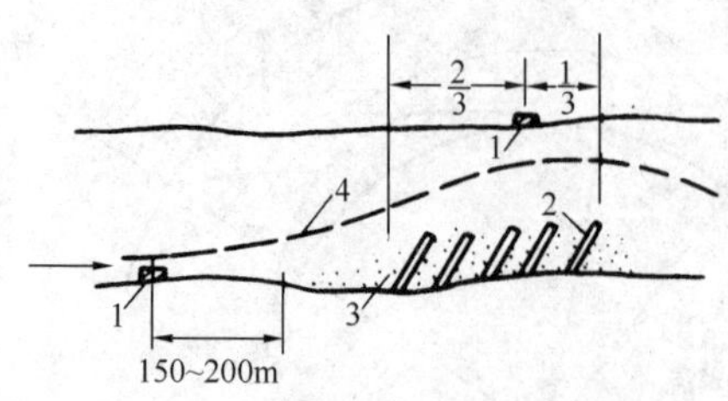


图 4-6 在有丁坝河道上取水口位置
1—取水口；2—丁坝；
3—泥砂淤积区；4—主流

8) 突入河道的陡崖、石嘴的上下游岸边，往往出现沉积或局部冲深区（影响如同丁坝），位置选择参见图 4-6。

9) 游荡性河段。

10) 易于崩塌和滑动的河岸及其下游的附近河段。

11) 汇入水库或湖泊的河流或支流的汇入段。

12) 芦苇、杂草丛生的湖岸浅滩处。

**4.3.2.3 上、下游构筑物的影响**

在选择取水构筑物位置时，应对取水河段邻近的人工和天然障碍物进行分析，尽量避免各种不利因素。

人工构筑物可不同程度地改变原有河道的水流状态，引起河流变化，并可能使河槽产生沉积、冲刷和位移或者形成回流区。

（1）桥梁：

1）由于桥孔缩减了水流断面，而使桥梁上游水流滞缓，造成淤积，抬高河床，冬季产生冰坝，故取水口应设在滞流区以上约0.5～1.0km。在山区河流的桥梁上游设置取水口时，更应注意洪水期由于木筏、泥砂、石子阻塞桥孔而突然提高水位。

2）由于桥梁附近造成的冲刷区和下游形成的沉积区，故桥梁下游的取水口应设在这些区域以外，可根据河流特性分析确定。如无资料时，可取1km以外。

（2）码头：取水口不宜设在码头附近，如必须设置时，应注意取水构筑物有被泥砂淤积的可能，同时水质也易受到码头污染，取水构筑物应设在码头影响范围以外，距码头边缘至少100m，并应征求航运部门的意见。

（3）拦河闸坝和丁坝：

1）设在闸坝上游时，应注意泥砂淤积和河床抬高，故取水口宜选在闸坝附近，距坝底防渗铺砌起点约100～200m处。

2）设在闸坝下游时，不宜与闸坝靠得太近，并注意水位、水量是否保证，以及闸坝放水或排砂时，是否受到冲刷和大量泥砂涌入。取水口应选在上述影响区域以外。

3）设在建有丁坝的河道时，取水口位置选择见图4-6，在丁坝同一岸侧的下游不宜设置取水口。

**4.3.2.4 污水排出口**

（1）生活用水水源应选在污水排出口上游100m以上或下游1000m以外的地方，并应建立卫生防护地带。

（2）潮汐河道中污水排泄和稀释很复杂，往往顶托来回时间很长，特别当有大量工业废水时，对水质污染影响更大。因此在这类河道上修建取水构筑物时，应通过调查、测定，确定取水口与污染源的距离，同时宜将取水口设在河心（一般河心的水质要比岸边的水质好）。

**4.3.2.5 冰凌因素**

（1）取水口应设在不受冰凌直接冲击的河段，并应使冰凌顺畅地在其附近顺流而下。

（2）在冰冻严重地区，取水口应选在急流、冰穴、冰洞及支流入口的上游河段。

（3）有流冰的河道，取水口附近不应有易被流冰堵塞的砂洲、浅滩、回流区和桥孔。

（4）在流冰较多的河流，取水口不宜设置在冰水混杂地段。取水口宜设在冰水分层的河段，从冰层下取水。

**4.3.2.6 工程地质条件**

取水构筑物应尽量选在地质构造稳定、承载力高的地基上。

（1）取水构筑物不宜设在断层、流砂层、滑坡、风化严重的岩层和岩溶发育地段。

（2）在有地震影响的地区，取水构筑物不宜设在过陡的岸边或山脚下，以及其他易崩塌地区。

#### 4.3.2.7 施工条件

(1) 取水口应考虑选在对施工有利的地段，尽量做到交通运输方便、有足够的施工场地、较小的土石方和水下工程量。

(2) 需考虑施工技术力量、施工机具、动力设备等条件。

## 4.4 取水构筑物形式

### 4.4.1 固定式取水构筑物分类及形式

固定式取水构筑物形式、特点和适用条件见表 4-10～表 4-15。

岸边式取水构筑物形式、特点和适用条件　　表 4-10

| 序号 | 图　示 | 特　点 | 适用条件 |
| --- | --- | --- | --- |
| 合建式 | 合建式根据具体条件，一般有下列三种形式 | 1. 集水井与泵房合建，设备布置紧凑，总建筑面积较小；<br>2. 吸水管路短，运行安全、维护方便 | 1. 河岸坡度较陡，岸边水流较深，且地质条件较好以及水位变幅和流速较大的河流；<br>2. 取水量大和安全性要求较高的取水构筑物 |
| | 1. 底板呈阶梯布置 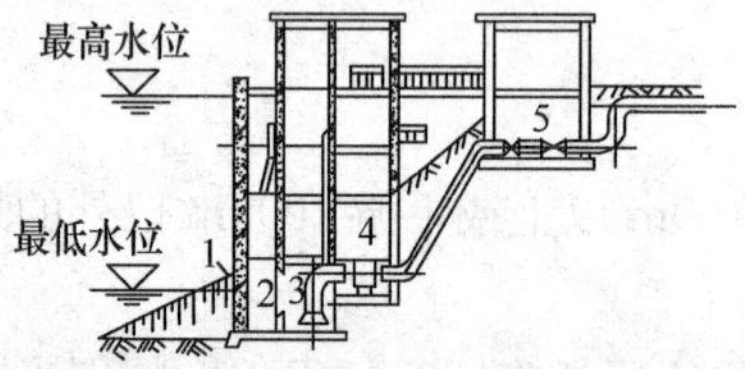<br>最高水位<br>最低水位<br>1 2 3 4 5 | 1. 集水井与泵房底板呈阶梯形布置；<br>2. 可减小泵房深度，减少投资；<br>3. 水泵起动需采用抽真空方式，起动时间较长 | 具有岩石基础或其他较好的地质，可采用开挖施工 |
| | 2. 底板水平布置（采用卧式泵） 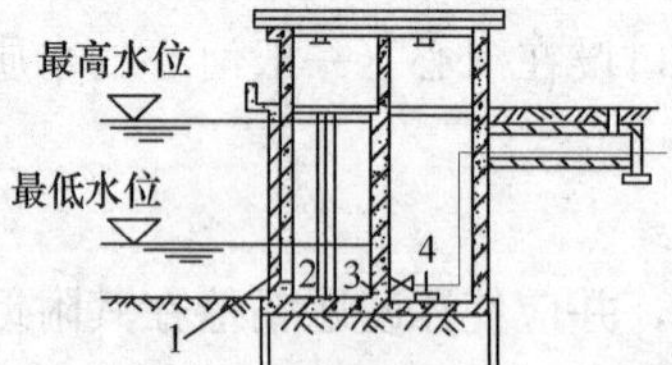<br>最高水位<br>最低水位<br>1 2 3 4 | 1. 集水井与泵房布置在同一高程上；<br>2. 水泵可设于低水位下，起动方便；<br>3. 泵房较深、巡视检查不便，通风条件差 | 在地基条件较差，不宜作阶梯布置以及安全性要求较高、取水量较大的情况，可采用开挖或沉井法施工 |
| | 3. 底板呈水平布置（采用立式泵） 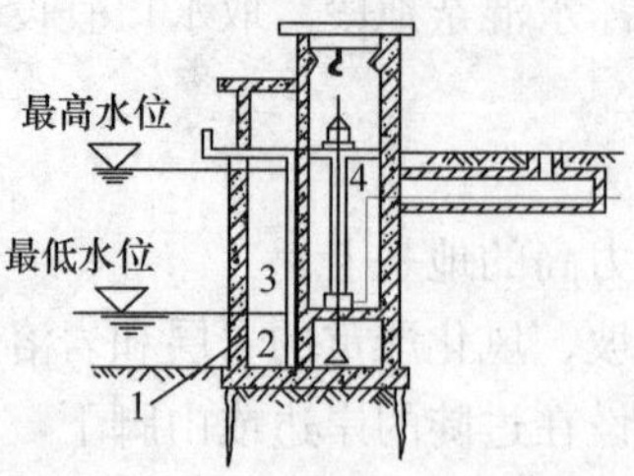<br>最高水位<br>最低水位<br>1 2 3 4 | 1. 集水井与泵房布置在同一高程上；<br>2. 电气设备可置于最高水位以上，操作管理方便，通风条件好；<br>3. 建筑面积小；<br>4. 检修条件较差 | 在地基条件较差不宜作阶梯布置以及河道水位较低的情况下 |

续表

| 序号 | 图示 | 特点 | 适用条件 |
|---|---|---|---|
| 分建式 | 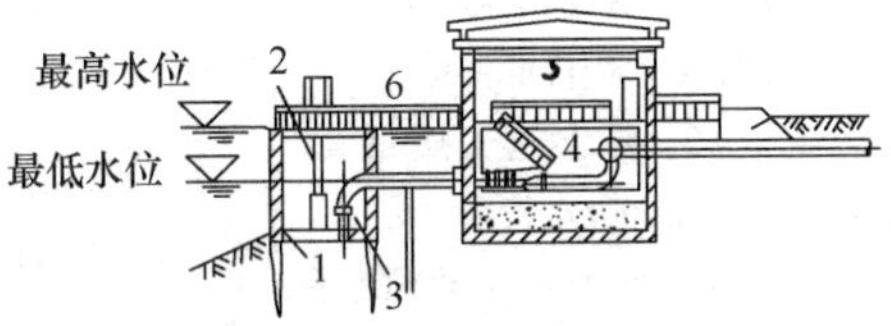 最高水位 最低水位 1 2 3 4 6 | 1. 泵房可离开岸边，设于较好的地质条件下；<br>2. 维护管理及运行安全性较差，一般吸水管布置不宜过长 | 1. 在河岸处地质条件较差，不宜合建时；<br>2. 建造合建式对河道断面及航道影响较大时；<br>3. 水下施工有困难，施工装备力量较差时 |

注：图中1—进水孔；2—格网；3—集水井；4—泵房；5—阀门井；6—人行桥。

**河床式取水构筑物形式、特点及适用条件** **表4-11**

| 形式 | 图示 | 特点 | 适用条件 |
|---|---|---|---|
| 自流管取水 | 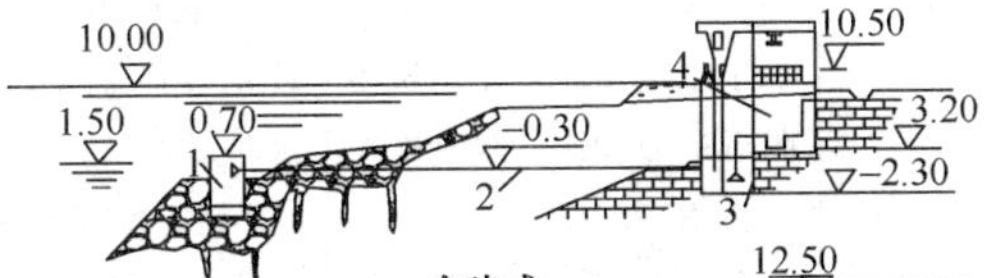 合建式：10.00 1.50 0.70 −0.30 10.50 3.20 −2.30 1 2 3 4 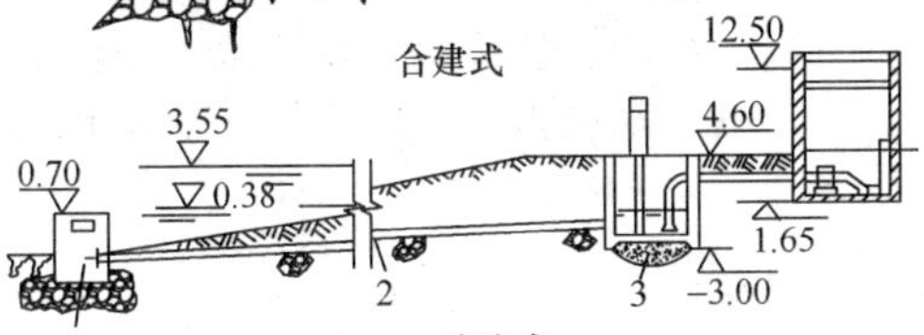<br>分建式：12.50 3.55 0.70 0.38 4.60 1.65 −3.00 1 2 3 | 1. 集水井设于河岸上，可不受水流冲刷和冰凌碰击，亦不影响河床水流；<br>2. 进水头部伸入河床，检修和清洗不方便；<br>3. 在洪水期，河流底部泥砂较多，水质较差，建于高浊度水河流的集水井，常沉积大量泥砂不易清除；<br>4. 冬季保温、防冻条件比岸边式好 | 1. 河床较稳定，河岸平坦，主流距河岸较完，河岸水深较浅；<br>2. 岸边水质较差；<br>3. 水中悬浮物较少 |
| 自流管及设进水孔集水井取水 | 岸边集水井开设进水孔取水 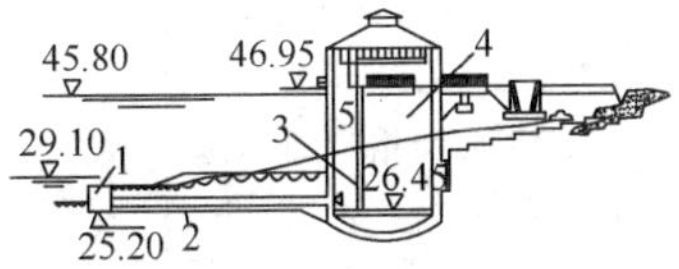<br>45.80 46.95 29.10 25.20 26.45 1 2 3 4 5 | 1. 在非洪水期，利用自流管取得河心较好的水；而在洪水期利用集水井上进水孔口取得上层水质较好的水；<br>2. 比单用自流管进水安全可靠 | 1. 河岸较平坦，枯水期主流离岸边且较远；<br>2. 洪水期含砂量较大 |
| 虹吸管取水 | 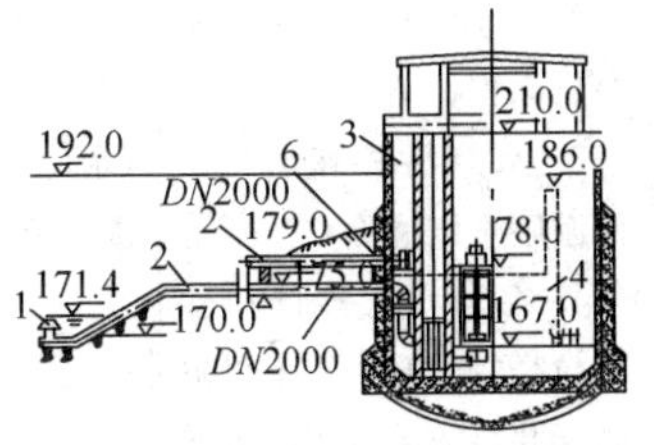 192.0 210.0 186.0 DN2000 179.0 178.0 175.0 171.4 170.0 167.0 DN2000 1 2 3 4 6 | 1. 减少水下施工工作量和自流管的大量挖方；<br>2. 虹吸进水管的施工质量要求高，在运行管理上亦要求保持管内严密不漏气；<br>3. 需装设一套真空管路系统，当虹吸管径较大时，起动时间长，运行不便 | 1. 在河流水位变幅较大，河滩宽阔，河岸又高，自流管埋设很深时；<br>2. 枯水期时，主流离岸较远而水位较低；<br>3. 受岸边地质条件限制，自流管需埋设在岩层时；<br>4. 在防洪堤内建泵房又不可破坏防洪堤时 |

续表

| 形式 | 图　示 | 特　点 | 适用条件 |
|---|---|---|---|
| 水泵吸水管直接取水 | 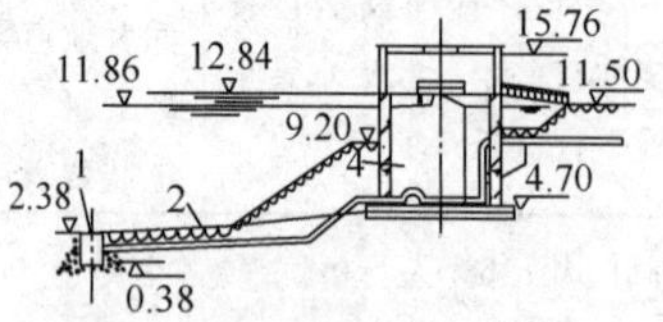 | 1. 不设集水井：施工简单，造价低；<br>2. 要求施工质量高，不允许吸水管漏气；<br>3. 在河流泥砂颗粒粒径较大时，易受堵塞，且水泵叶轮磨损较快；<br>4. 吸水管不宜过长；<br>5. 利用水泵吸高，可减小泵房埋深 | 1. 水泵允许吸高较大，河流漂浮物较少，水位变幅不大；<br>2. 取水量小，水泵台数少时 |
| 桥墩式取水 | 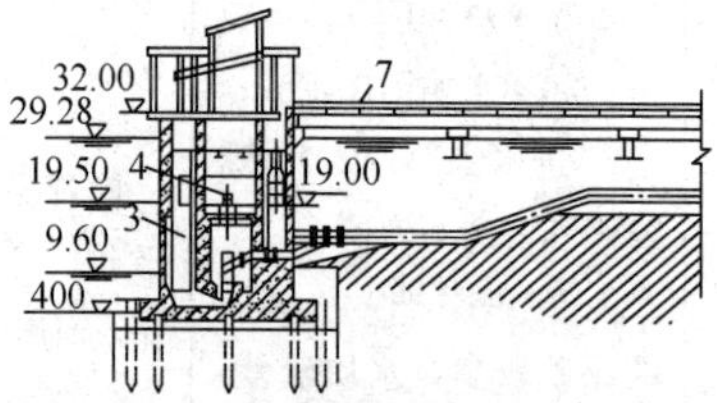 | 1. 取水构筑物建在河心，需较长引桥，由于减少了水流断面，使构筑物附近造成冲刷，故基础埋置较深；<br>2. 施工复杂，造价较高，维护管理不便；<br>3. 影响航运 | 1. 取水量较大，岸坡较缓，不宜建岸边取水时；<br>2. 河道内含砂量高，水位变幅较大；<br>3. 河床地质条件较好 |
| 淹没式泵房取水 | 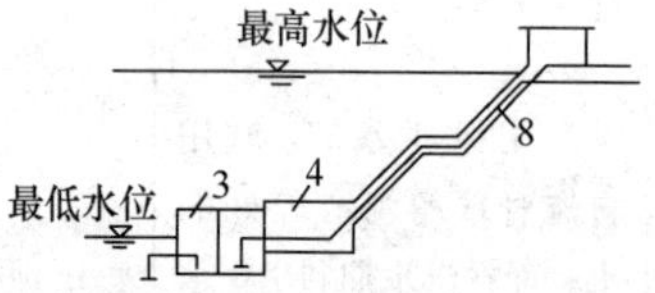 | 1. 集水井、泵房位于常年洪水位以下，洪水期处于淹没状态；<br>2. 泵房深度浅、土建投资较省；<br>3. 泵房通风条件差，噪音大，操作管理及设备检修运输不方便；<br>4. 洪水期格栅难以起吊，冲洗 | 1. 河岸地基较稳定；<br>2. 水位变幅大，但洪水期时间较短，长时期为平枯水期水位的河流；<br>3. 含砂量较少的河流 |
| 湿式竖井泵房取水 | 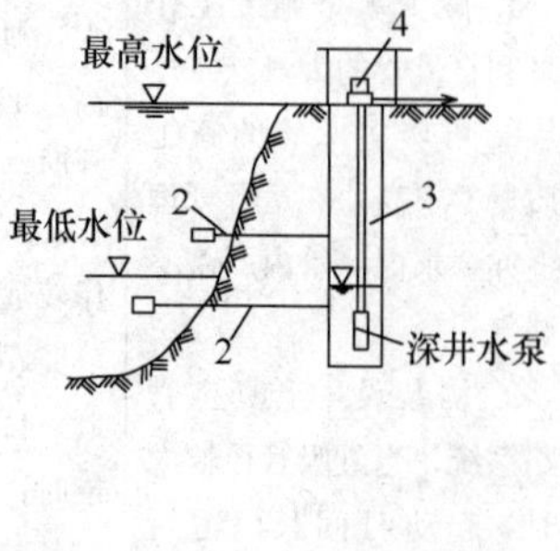 | 1. 泵房下部为集水井，上部（洪水位以上）为电动机操作室，运行管理方便；<br>2. 采用深井泵可减少泵房面积；<br>3. 水泵检修麻烦，井筒淤砂难以清除；<br>4. 在河水含砂量和砂粒粒径较大时，需采用防砂深井泵或采取相应措施（如用斜板取水头部） | 水位变幅大（大于10m）。尤其是骤涨骤落（水位变幅大于2m/h），水流流速较大 |

注：图中1—取水头部；2—自流管；3—集水井；4—泵房；5—进水孔；6—真空系统；7—人行桥；8—廊道。

**斗槽式取水构筑物形式、特点和适用条件** **表 4-12**

| 形式 | 图示 | 特点 | 适用条件 |
|---|---|---|---|
| 顺流式斗槽 | 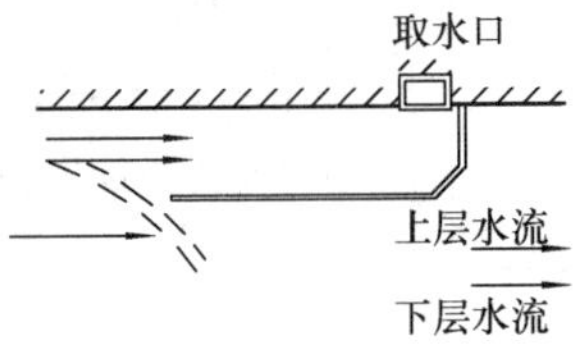 取水口<br>上层水流<br>下层水流 | 1. 斗槽中水流方向与河流流向一致；<br>2. 由于斗槽中流速小于河水的流速，当河水正向流入斗槽时，其动能迅速转化为位能，在斗槽进口处形成壅水与槽向环流；<br>3. 由于大量的表层水流进入斗槽，流速较小，大部分悬移质泥砂能下沉；河底推移质泥砂能随底层水流出斗槽，故进入斗槽泥砂较少，潜水较多 | 冰凌情况不严重，含砂量较高的河流 |
| 逆流式斗槽 | 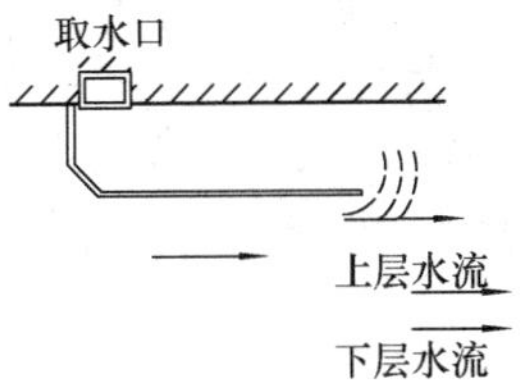 取水口<br>上层水流<br>下层水流 | 1. 斗槽中水流方向与河流流向相反；<br>2. 水流顺着堤坝流过时，由于水流的惯性，在斗槽进口处产生抽吸作用，使斗槽进口处水位低于河流水位；<br>3. 由于大量的底层水流进斗槽，故能防止漂浮物及冰凌进入槽内，并能使进入斗槽中的泥砂下沉，潜冰上浮，故泥砂较多，潜冰较少 | 冰凌情况严重，含砂量较少的河流 |
| 侧坝进水逆流式斗槽 | 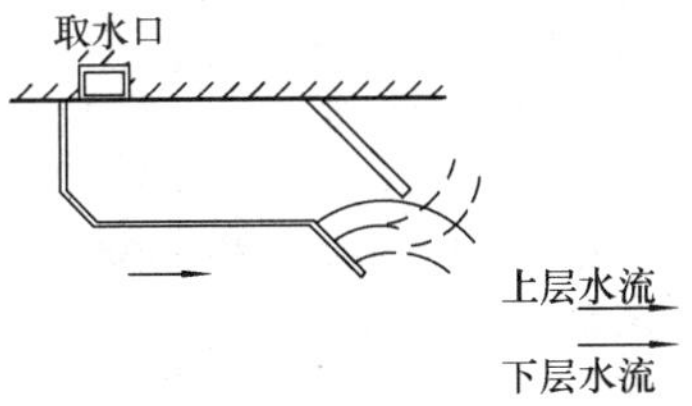 取水口<br>上层水流<br>下层水流 | 1. 在斗槽渠道的进口端建两个斜向的堤坝，伸向河心；<br>2. 斜向外侧堤坝能被洪水淹没，斜向内侧堤坝不能被洪水淹没；<br>3. 在洪水时，洪水流过外侧堤坝，在斗槽内产生顺时针方向旋转的环流，将淤积于斗槽内的泥砂带出槽外；另一部分河水顺着斗槽流向取水构筑物 | 含砂量较高的河流 |
| 双向进水斗槽 | 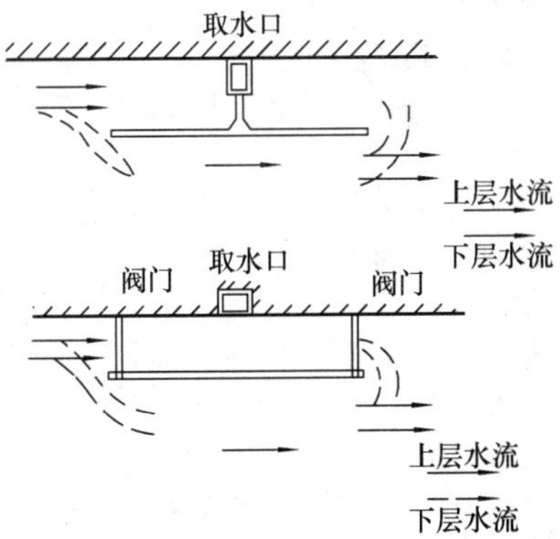 取水口<br>上层水流<br>下层水流<br>阀门 取水口 阀门<br>上层水流<br>下层水流 | 1. 具有顺流式和逆流式斗槽的特点；<br>2. 当夏秋汛期河水含砂量大时，可利用顺流式斗槽进水，当冬春冰凌严重时，可利用逆流式斗槽进水 | 冰凌情况严重，同时泥砂量亦较高的河流 |

**底栏栅式取水构筑物形式、特点和适用条件**　　表 4-13

| 形式 | 图　示 | 特　点 | 适用条件 |
|---|---|---|---|
| 底栏栅式取水 | 见图 4-41 | 1. 利用带栏栅的引水廊道垂直于河流取水；<br>2. 常发生坝前泥砂淤积，格栅堵塞 | 1. 适用于河床较窄，水深较浅，河底纵向坡较大，大颗粒推移质特别多的山溪河流；<br>2. 要求截取河床上径流水及河床下潜流水之全部或大部分的流量 |

**低坝式取水构筑物形式、特点和适用条件**　　表 4-14

| 形式 | 图　示 | 特　点 | 适用条件 |
|---|---|---|---|
| 固定低坝式 | 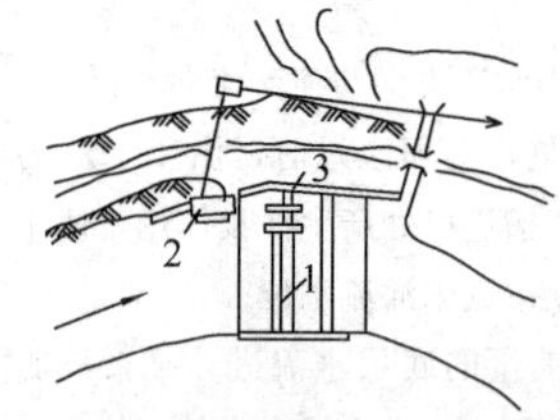 1—低坝；2—取水口；3—冲沙闸 | 1. 在河水中筑垂直于河床的固定式低坝，以提高水位，在坝上游岸边设置进水闸或取水泵房；<br>2. 常发生坝前泥砂淤积 | 适用于枯水期流量特别小，水浅，不通航，不放筏，且推移质不多的小型山溪河流 |
| 活动低坝式 | 1. 水力自动翻板闸低坝式取水： 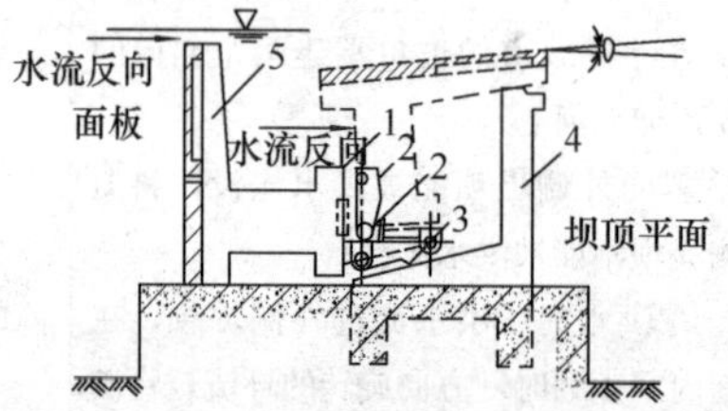<br>1—固定座（上）；2—绞座；3—固定座（下）；4—支墩；5—支腿 | 1. 利用水力自动启闭的活动闸门，洪水时能自动而迅速地开启，泄洪排砂；水退时又能迅速自动关闭，抬高水位满足取水需要；<br>2. 大大减少了坝前泥砂淤积，取水安全河靠 | 适用于枯水期流量特别小，水浅，不通航，不放筏的小型山溪河流 |
| | 2. 橡胶低坝： 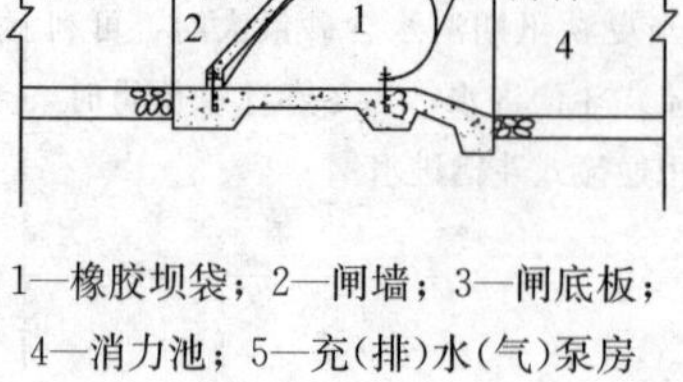<br>1—橡胶坝袋；2—闸墙；3—闸底板；4—消力池；5—充(排)水(气)泵房 | 1. 利用柔性薄壁材料做成的橡胶坝改变挡水高度，充水（气）可挡水，以提高水位，满足取水要求，排水（气）可泄洪；<br>2. 坝体可预先加工，重量轻，施工安装简便，可大大缩短工期，节省劳动力；<br>3. 可节省大量建筑材料及投资；<br>4. 止水效果好，抗震性能好；<br>5. 坚固性及耐久性差，且易受机械损伤，破裂后水下粘补技术尚未解决，检修困难 | 适用于枯水期流量特别小，水浅，不通航，不放筏，且推移质较少的小型山溪河流 |

库坝式取水构筑物特点和适用条件 表 4-15

| 图 示 | 特 点 | 适用条件 |
|---|---|---|
| | 1. 与坝体同时施工；<br>2. 安全可靠，不受船只、风浪侵袭 | 水库水深较大 |

## 4.4.2 移动式取水构筑物分类及形式

移动式取水构筑物形式、特点和适用条件见表 4-16。

移动式取水构筑物形式，特点和适用条件 表 4-16

| 形式 | 图 示 | 特 点 | 适用条件 |
|---|---|---|---|
| 缆车式取水 | | 1. 施工较固定式简单，水下工程量小，施工期短；<br>2. 投资小于固定式，但大于浮船式；<br>3. 比浮船式稳定，能适应较大风浪；<br>4. 生产管理人员较固定式多，移车困难，安全性差；<br>5. 只能取岸边表层水，水质较差；<br>6. 泵车内面积和空间较小，工作条件较差 | 1. 河水水位涨落幅度较大（在 10～35m 之间），涨落速度不大于 2m/h；<br>2. 河床比较稳定，河岸工程地质条件较好，且岸坡有适宜的倾角（一般在 10°～28°之间）；<br>3. 河流漂浮物少，无冰凌，不易受漂木、浮筏、船只撞击；<br>4. 河段顺直、靠近主流；<br>5. 由于牵引设备的限制，泵车不宜过大，故取水量较小 |
| 浮船式取水 | 1—套筒接头；2—摇臂联络管；3—岸边支墩 | 1. 工程用材少、投资小、无复杂水下工程、施工简便、上马快；<br>2. 船体构造简单；<br>3. 在河流水文和河床易变化的情况下，有较强的适应性；<br>4. 水位涨落变化较大时，除摇臂式接头形式外，需要更换接头，移动船位，管理比较复杂，有短时停水的缺点；<br>5. 船体维修养护频繁，怕冲撞、对风浪适应性差，供水安全性也差 | 1. 河流水位变化幅度在 10～35m 或更大范围，水位变化速度不大于 2m/h，枯水期水深大于 1m，且流水平稳，风浪较小，停泊条件良好的河段；<br>2. 河床较稳定，岸边有较适宜的倾角，当联络管采用阶梯式接头时，岸坡角度以 20°～30°左右为宜；当联络管采用摇臂式接头时，岸坡角度可达 60°或更陡些；<br>3. 无冰凌、漂浮物少的河流，没有浮筏、船只和漂木等撞击的可能 |

续表

| 形式 | 图　示 | 特　点 | 适用条件 |
|---|---|---|---|
| 潜水泵直接取水 | | 1. 施工简单，水下工程量小，施工方便；<br>2. 投资较省；<br>3. 目前潜水泵型式较多，可根据安装条件，适当选用 | 1. 临时供水；<br>2. 漂浮物和泥砂含量较少；<br>3. 取水规模小，河床稳定 |

## 4.4.3　构筑物形式选择

### 4.4.3.1　影响选择的因素

影响取水构筑物形式选择的主要因素有：

(1) 河流的水位变幅（包括最高水位与最低水位之差以及水位涨落的速度）：

1) 水位变幅很大时，可考虑采用湿井泵房、淹没式泵房以及薄壁瓶颈式泵房等，以减少泵房造价；水位变幅不大时，可采用一般的岸边式或河床式取水构筑物。

2) 河流的最低水位不能满足取水深度时，可采用底栏栅取水或筑低坝取水；对水位变幅大，建造固定式取水构筑物有困难时，可采用移动式取水构筑物。

(2) 河床及岸坡的地形条件：河床岸坡陡，且主流近岸时，宜采用岸边式取水构筑物；河床岸坡平缓，且主流离岸时，宜采用河床式取水构筑物；河床岸坡平缓，岸边无足够水深，或在游荡性河段取水时，可考虑桥墩合建式取水构筑物，必要时尚需设潜丁坝。

不同水位变化和不同河岸坡度条件下的自流管和岸边取水形式，可参见图 4-7。

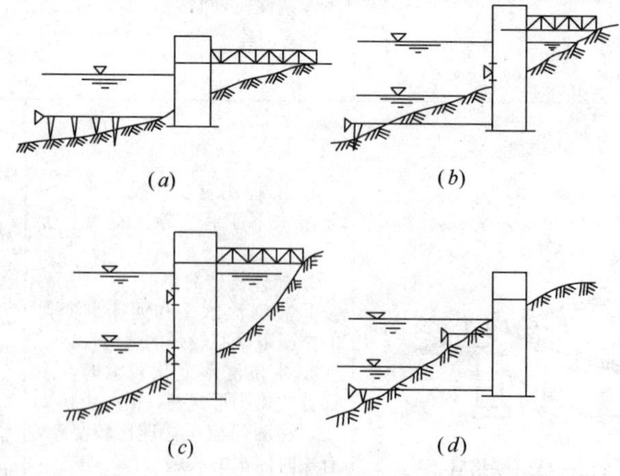


图 4-7　不同水位变化和河岸坡度的取水形式

(a) 河岸缓水位差小，自流管进水；(b) 河岸缓，水位差大，低水位自流管进水，高水位岸边进水；(c) 河岸陡、水位差大，分层岸边进水；(d) 河岸缓、水位差小，泵房设置岸内双道自流管进水

(3) 河流含砂量：对于洪水期含砂量较高，且在垂直位置上的含砂量分布有明显差异时，应考虑采用分层取水的取水构筑物。当河水含砂量高，且主要由粗颗粒泥砂组成时，如河流取水点有足够的水深，可考虑采用斜板（管）式取水头部。

(4) 取水规模及安全度：大型取水泵房当安全度要求较高时，一般采用集水井与泵房合建的形式；小型取水泵房当条件许可时，可采用水泵吸水管直接取水；当水泵启动时间要求不高时，可采用集水井与泵房分离的形式，以减少泵房埋深；经综合各种取水条件分析比较后，也可考虑采用移动式取水构筑物。

(5) 航运要求：取水构筑物的型式应满足通航河道的航运要求。在船只通航频繁的河道，一般不宜采用桥墩式取水构筑物。在淹没式取水口附近，应设置明显的警示牌以及保护措施，以防船只碰撞。

(6) 冰情条件：在有流冰的河道中，不宜采用桩架式取水头部，其他型式的取水头部，其迎水面应设尖梭或破冰体。

#### 4.4.3.2 不同水源的典型取水形式

(1) 长江水系取水形式：长江水系流域面积大，地处多雨地区，降雨量在全年的分布相对较均匀，在特大暴雨期间，河流流量增长迅速，水位上涨急剧。

在西南、中南一带的长江上、中游河段，洪、枯水量相差显著，水位变幅很大。洪水期河水中含砂量及杂草、树枝、树叶、竹片、农作物根茎等漂浮物也大大增加。

长江下游（南京以东）流经地势平坦宽广的平原地区，流域内又多湖泊，系属平原河流。河谷平缓宽阔，河漫滩在平水期露出水面。洪、枯流量及水位变幅较小，河水含砂量也较少，泥砂颗粒较细。

根据长江水系各河段的不同河床和水文特征，以及河岸的地形、地质条件，取水构筑物的常用形式如下：

1) 长江上游河段（宜宾以上），河水流速大，河道水位变幅很大，且是陡涨陡落（每小时水位变幅大于 2m），如主流近岸，且稳定，常选用竖井泵房式取水构筑物，见图 4-8～图 4-10。

2) 长江中游河段（宜宾至湖口）的河道水位变幅也较大，水质变浑。当水位变幅每小时小于 2m，且河岸稳定，流速较小，水流平稳，建造取水口处不易受漂木、浮筏、行船的撞击，又有适宜的岸坡倾角时，常选用岸边式

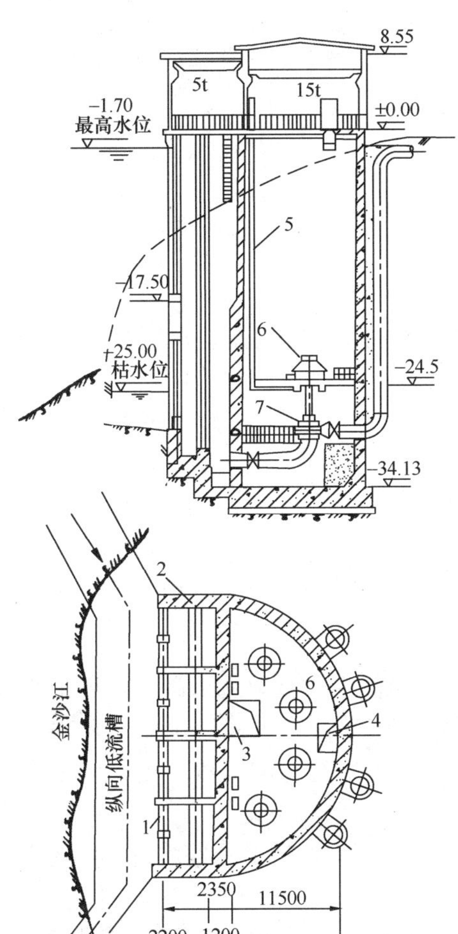


图 4-8 合建式竖井泵房取水
1—格栅；2—平板格网；3—吊装孔；4—电梯孔；5—通风管；6—立式电动机；7—立式离心水泵

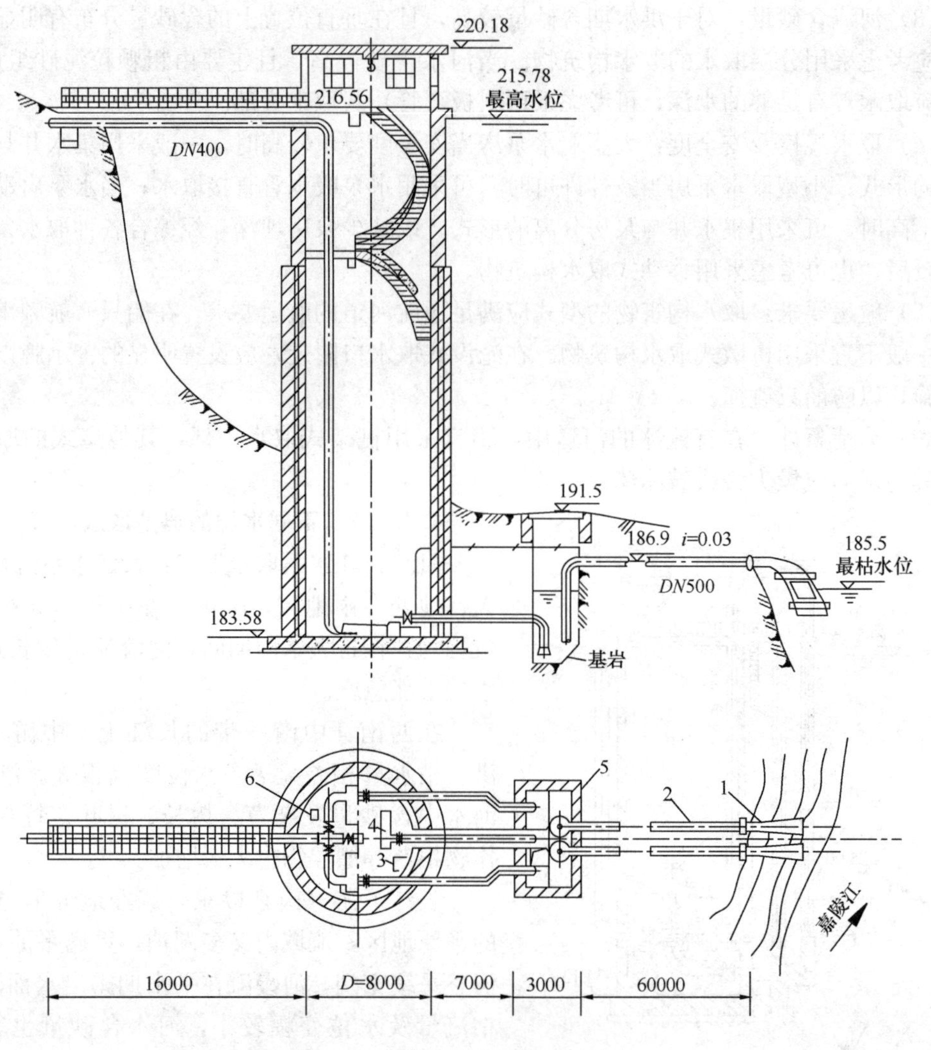


图 4-9 分建式竖井泵房虹吸取水

1—斜板取水头部；2—虹吸进水管；3—真空泵；4—卧式离心泵；5—集水井；6—排水泵

或河床式取水构筑物（见表 4-10、表 4-11）。主流靠岸的中小型取水工程，也可采用缆车式取水。对于河岸停泊条件良好，而主流又不稳定的河段，可采用囤船式取水，见图 4-11。对于水位变幅虽大但洪水时间较短，且河岸地基稳定的河段，也可采用淹没式泵房取水。

3）长江下游河段（湖口以下）可根据河床的条件，河岸的地形及地质情况，选用合建或分建的河床式取水构筑物见图 4-12。

（2）黄河水系常用取水形式：黄河水系多分布在我国的黄土高原及黄土丘陵地带，沿岸沟壑纵横，土质细而疏松，水土流失严重。这些河流径流量虽不大，但受气候的影响，季节性变化很大。冬季几乎不降水，流量很小，不少支流发生断流现象。夏季降水量集中，不仅河流的流量与水位骤增，河水的含砂量也很高。黄河是世界上含砂量最大的河流之一，一般河水含砂量大于 15～20kg/m$^3$时，就产生浑液面沉降现象，称为高浑浊河道，

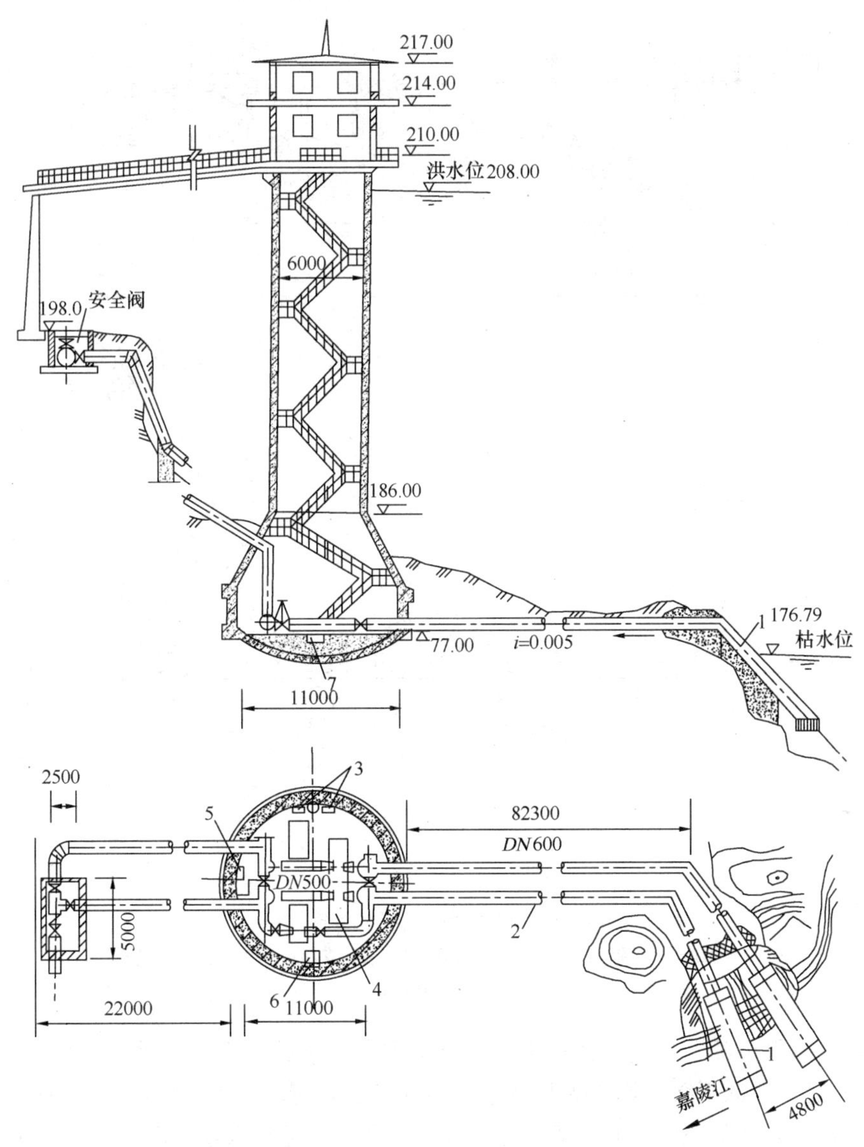


图 4-10 竖井泵房直接取水

1—斜板取水头部；2—吸水管；3—真空泵；4—卧式离心泵；5—排水泵；6—通风管；7—通风道

黄河水系高浑浊水的河道，由于泥砂运动的结果，常具有游荡性河段的特性，即河床与河岸的可动性都较大，河床内砂波运动无法与河岸连接，在河床中形成不规则的江心滩、江心洲及汊道，游荡性河段河身宽而浅，沙滩密布，水流湍急，河床变形迅速，主流游荡不定。

此外，黄河水系的部分河段位于北纬 36°～41°，气候寒冷，冰情严重。河套地区常出现冰坝、"麻浮"（水浅、流急、水内冰）现象。

由于黄河水系的上述特征，选用固定式取水构筑物时，一般可考虑如下形式：

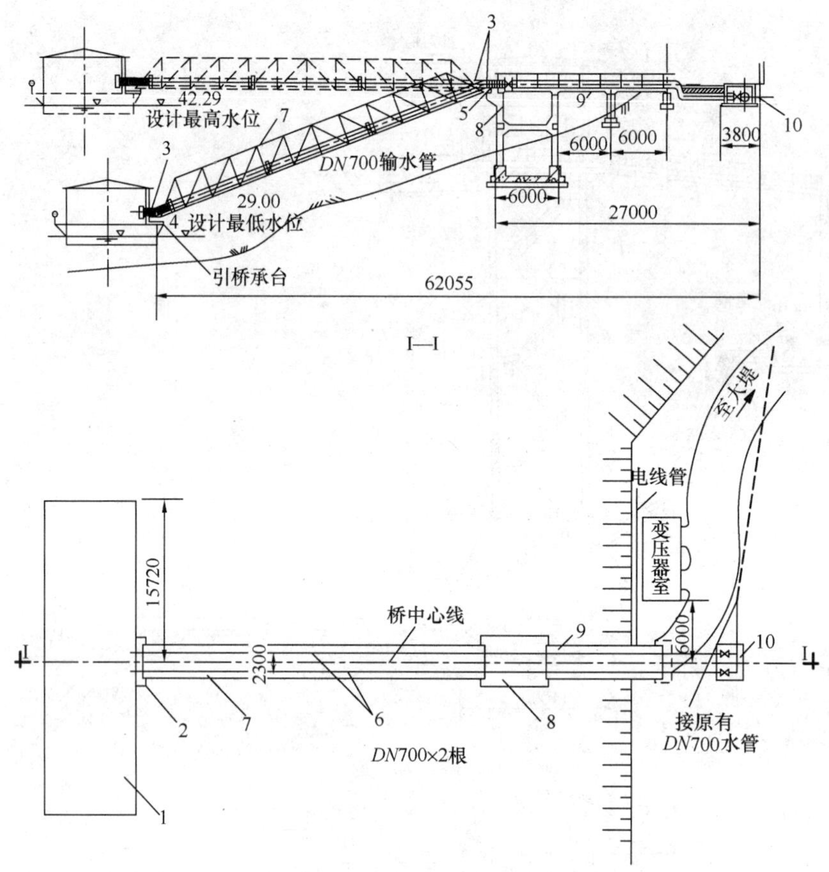


图 4-11 浮船式取水布置

1—取水囤船；2—钢架承台；3—橡胶管；4—滚动支座；5—滚轮；6—输水管；7—钢桁架；8—桥墩；9—钢筋混凝土引桥；10—闸门井

1）不设取水头部、自流管及集水井。如岸边有足够的水深，可采用水泵吸水管直接抽吸取水；对于河床平缓，岸边无足够水深或在游荡性河段，可采用河床式桥墩取水，必要时应设潜丁坝。图 4-13 为黄河某厂河床式桥墩取水泵房平面及剖面。

2）在含砂量高且冰情严重的河段，可采用双向斗槽式取水构筑物。

3）黄河下游河段，河床淤积严重（平均淤高率约 10cm/a），建造固定式取水构筑物时应考虑淤高情况；亦可采用活动式取水的形式，见图 4-14。

（3）松花江水系取水形式：松花江水系地处我国寒冷的东北地区，流域多年平均年降雨量及多年平均年径流量都较小，而且季节性变化大。河水浊度小，但河流冰冻期长，冰情严重。松花江上游的河段及支流系属半山区河流，河道弯曲，而河床基本稳定，河底多为大块卵石和砂砾。在上游河段，取水构筑物的形式一般为河床自流管（渠）合建式或岸边合建式。松花江中游河段属平原河流，具有较宽的河漫滩，但主流摆动，稳定性差。松花江下游河段，河床蜿蜒曲折，河面宽阔，主流稳定，河岸没有显著的冲刷现象，河水封冰期达 4～5 个月之久。其取水构筑物形式：当主流靠岸、水深岸陡时，常采用岸边合建式取水构筑物；当取水量小时，也可采用水泵直吸式，当主流远离河岸，根据岸边地形及

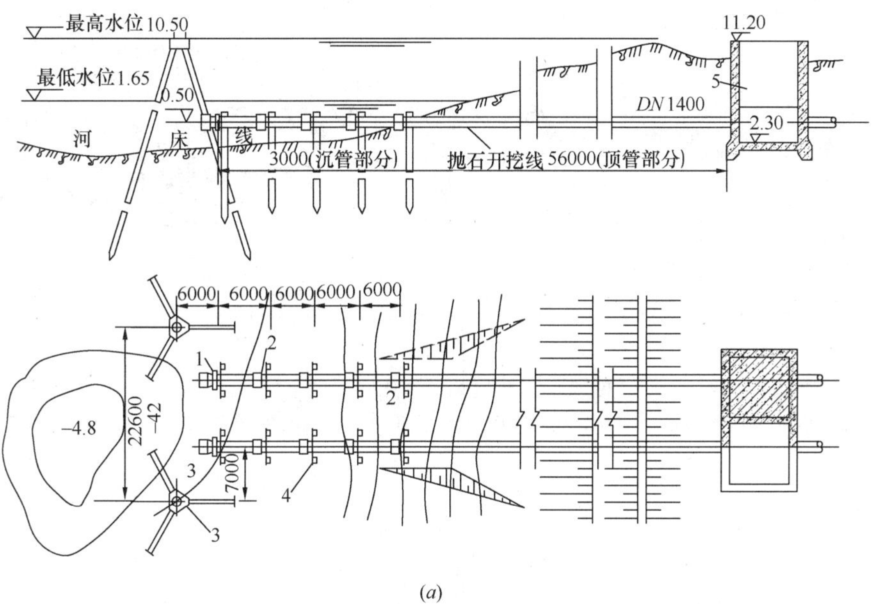


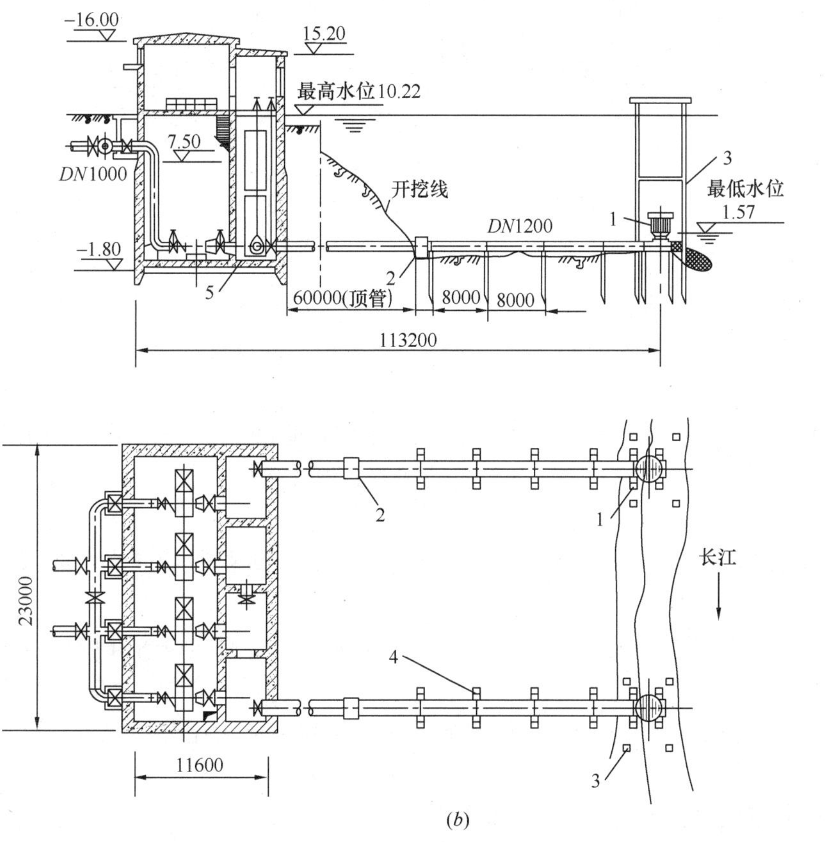


图 4-12　河床式取水构筑物

(a) 分建式；(b) 合建式

1—格栅进水喇叭口；2—半合活络套筒；3—钢筋混凝土护桩及平台；4—支承桩；5—集水井

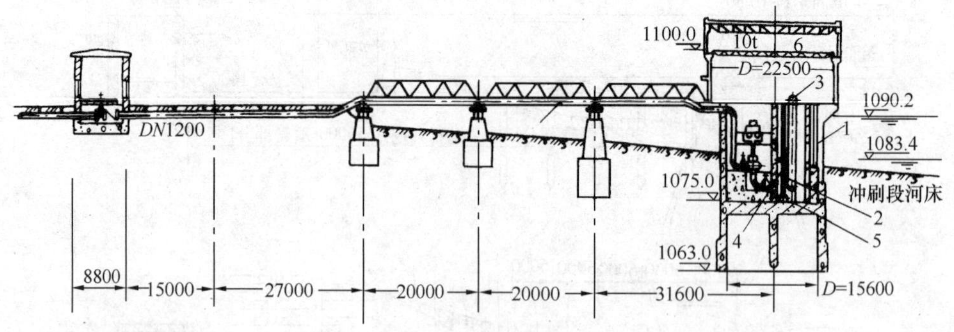


图 4-13 黄河某厂河床式桥墩泵房

1—格栅；2—集水井；3—旋转滤网；4—平板格网；5—水力提升冲砂廊道；6—旋转起重机

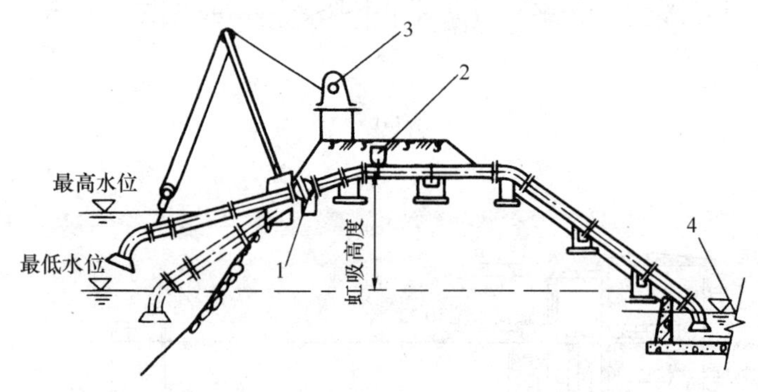


图 4-14 黄河下游活动式取水形式

1—球形活接头；2—真空系统；3—卷扬设备；4—集水井

地质条件，常采用分建式或合建式的河床自流管（渠）取水构筑物形式。松花江水系取水工程，常采用热水回流、蒸汽喷冲、设浮排等防冰措施以及设置旋转滤网等防水草、苔草堵塞的措施。

（4）湖泊取水形式：我国湖泊众多，常被作为城镇和工业用水的水源。湖泊取水构筑物的形式，一般可根据取水构筑物所在位置的地貌、地质条件、水生物情况等，选择合建式或分建式。

1）在湖滩宽阔，水深不大的湖滩取水，可采用自流管或虹吸管取水，取水构筑物可以是合建式的或分建式的，用栈桥与岸边联络。取水量不大的工程，为了点缀湖区风景，也可采用湖心合建式取水构筑物，见图 4-15。如湖滩过于宽阔，也可开挖引水渠道从湖中引水。

2）当取水口处水深很大，为了取得水质较好的原水，应采用分层取水，可参见水库取水。

（5）山溪河流取水：山溪河流水文特征如下：

1）流量：一年中洪水期往往很短，枯水期流量很小，甚至出现多股细流或表面断流，洪水期与枯水期流量之比，可达数十倍、数百倍以上。

2）水位：山溪河流水位随着流量的大幅度变化而有较大的变化，枯水水位很浅，甚

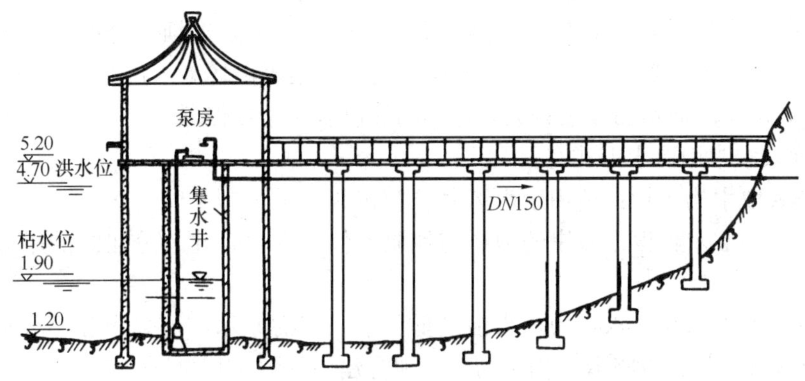


图 4-15 太湖某厂湖心合建取水构筑物

至局部河床形成潜流，但洪水水位猛增，常常出现陡涨陡落的现象。

3）水质：山溪河流在平、枯水期一般河水浑浊度很小，而在洪水期，浊度骤然猛增，且挟带着大量推移质和泥砂、腐枝、树叶、木块、竹片、杂草及农作物根茎等漂浮物，不仅漂浮在水面上，且在水面以下也很多。同时推移质一般粒径较大，有时甚至出现直径1m左右的大滚石。

4）河床：山溪河流纵坡较大，洪水期形成很大流速，若非岩石河床，常因受到大量冲刷而造成河床变形。在河床断面突然变大的河段，往往产生大量泥沙堆积。

5）受山区小面积气候影响，山溪河流的水文计算与大面积气候影响的情况有所不同。当只有少量资料时，不宜与附近城镇的水文资料作相关计算。

在选择山溪河流取水构筑物形式时，应注意以下几点：

1）由于山溪河流洪、枯水期的流量与水位变幅很大，因此在选择取水构筑物的形式时，要确保在枯水期也能取到所需水量，洪水期要确保取水构筑物的安全。

2）山溪河流河水挟带的推移质、悬移质和漂浮物将对取水构筑物造成很大威胁。必须防止进入取水口（或减少进入量），进水口要背向水流方向。进水口的设计流速要小于河流中的水流速度。在垂直方向上，取水口的位置应尽量离河底高些，防止被泥砂堵塞。有条件时，可采用斜板（斜管）取水头部。采用底栏栅式取水时必须同时设置沉砂池。

山溪河流取水构筑物，当取水量小于枯水期径流量，而取水池又较大时，取水构筑物可采用底栏栅式取水、固定式低坝取水、活动式低坝取水（橡胶坝、水力自动翻板闸等）等形式，见第 4.5.5 节和第 4.5.6 节。

（6）水库取水：

1）水库取水特点为：

① 水库可以通过年径流调节，以确保枯水期取得所需的水量。

② 水库水含砂量少，浑浊度小，水质较好。

③ 当被淹没的河谷具有湖泊的形态及水文特征时，其取水形式及注意问题与湖泊取水类同。

④ 当水库被淹没的河谷较窄，库身狭长、弯曲，深度较小时，具有河流的形态及水

文特征，其取水形式及注意问题与河流取水类同。大型水库按形态特征及水文情势可分为下游近坝部分、中游部分、上游部分及回水末端部分。下游近坝部分的水深大、流速小（泄水时例外），底部不受波浪影响，水位降低时，波浪可破坏高水位时形成的浅滩，是水库取水的有利位置。但水面波浪较大，库岸的被侵袭作用较强烈。

2）水库取水常用取水形式有：

① 隧洞式取水构筑物：适用于水深大于 10m 以上的大型水库。

② 引水明渠取水：根据库岸的地形与地质条件，选择合建或分建式的岸边取水构筑物形式。

③ 水深很大的水库取水：为取得浊度低、水质好的原水，可采用分层取水，建分层取水构筑物见图 4-16，或将取水构筑物与库坝合建，见图 4-17、图 4-18。

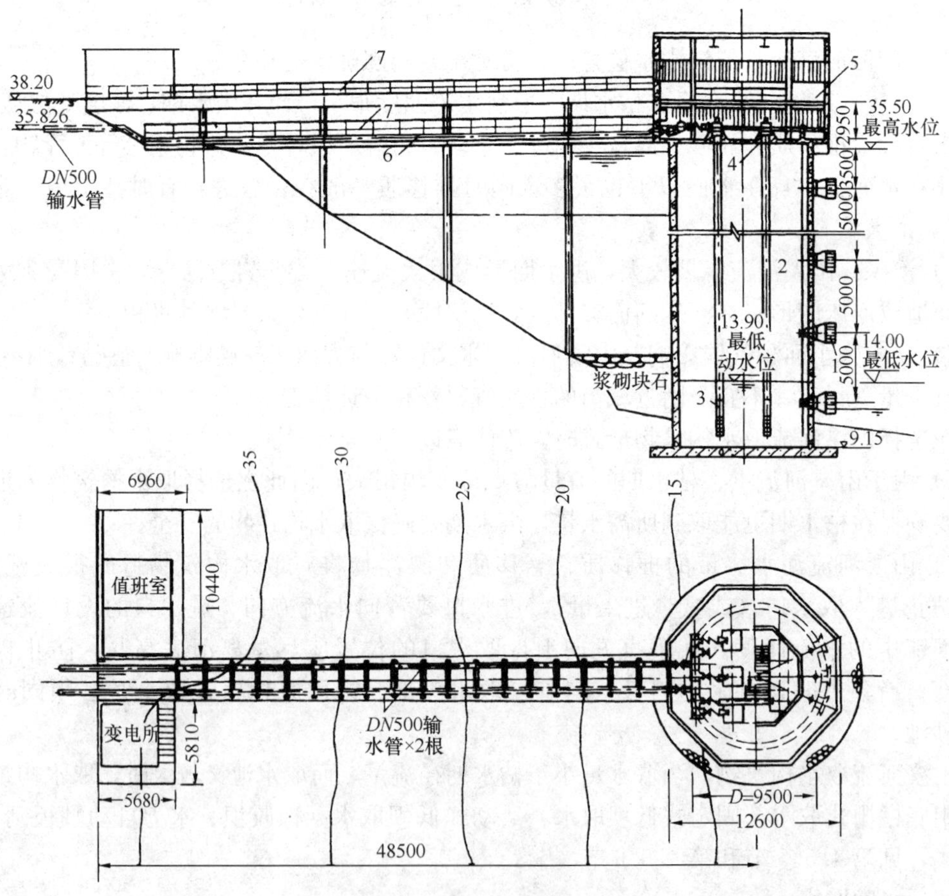


图 4-16 水库分层取水构筑物

1—格栅进水管；2—集水井；3—JD 深井泵；4—立式电动机；5—配电操作间；6—出水管；7—钢筋混凝土引桥

④ 水库有时水深较浅，水质较清，可采用合建式或分建式取水构筑物，也可建成浮筒式取水口。

（7）海水取水构筑物：海水取水构筑物的常用形式及适用条件见表 4-17。

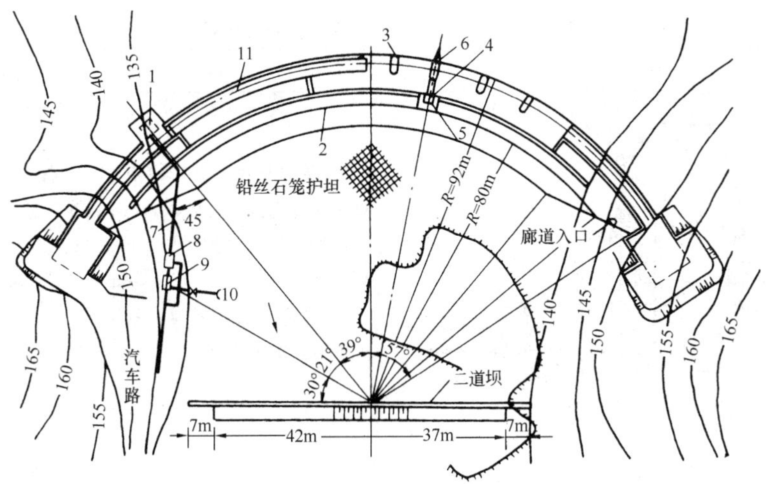


图 4-17 与库坝合建的分层取水（总体布置）

1—取水塔；2—拱坝；3—溢流堰；4—泄流底孔；5—闸室；6—检修闸；7—输水管；8—闸门井；9—消力井；10—排出口；11—人行桥

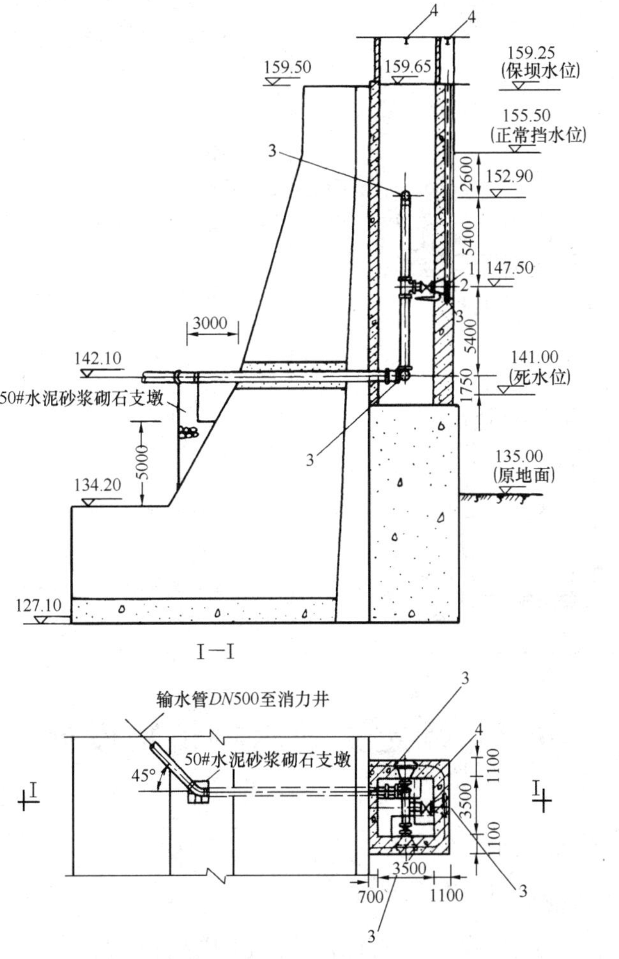


图 4-18 与库堤合建的分层取水（取水塔布置）

1—格栅；2—叠梁式检修闸门；3—分层取水的进水管；4—电动葫芦吊轨

海水取水构筑物的常用形式及适用条件 表 4-17

| 形式 | 图示 | 特点 | 适用条件 |
|---|---|---|---|
| 海床式取水 | 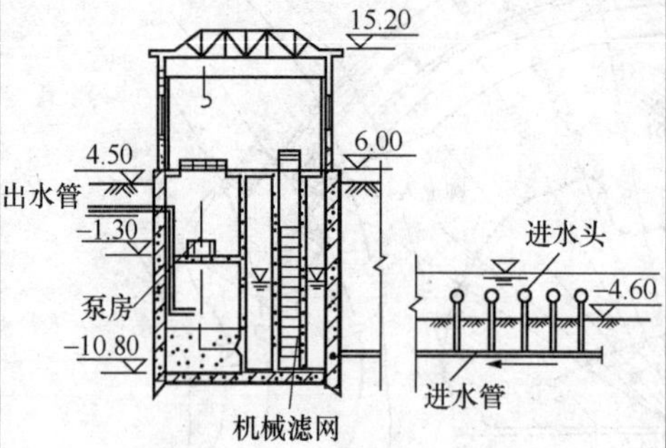 15.20 4.50 6.00 出水管 −1.30 进水头 −4.60 泵房 −10.80 进水管 机械滤网 | 1. 泵房与集水井建于海岸可避免海浪的直接影响；<br>2. 采用自流管引水，可减少泥砂沉积影响；<br>3. 自流管会积聚海生物或泥砂，清除困难 | 1. 海岸坡度较为平坦，深水区较远；<br>2. 取水量较大；<br>3. 海床为非基岩所构成；<br>4. 海生物生长较少 |
| 海岸式取水 | 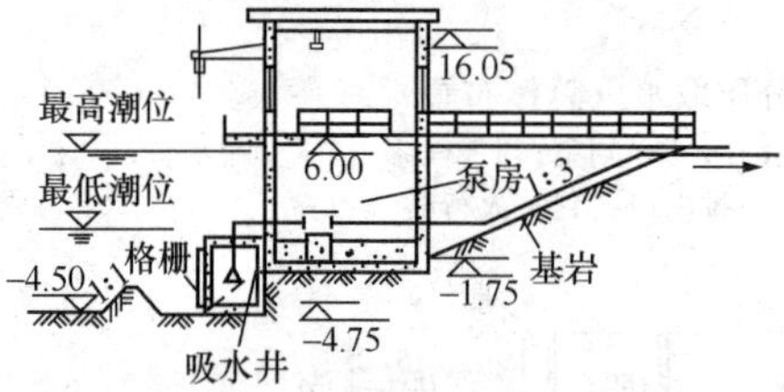 16.05 最高潮位 6.00 泵房 1:3 最低潮位 格栅 −4.50 −1.75 基岩 −4.75 吸水井 | 1. 泵房建于岸边，水泵直接自海内取水，管理集中；<br>2. 吸水管路积聚海生物后，拆换、检修较方便 | 1. 海岸较陡，深水近岸，且较稳定；<br>2. 一般适宜于小型泵站；<br>3. 高低潮位差不宜过大；<br>4. 吸水管路不宜过长 |
| 引水渠式取水 | 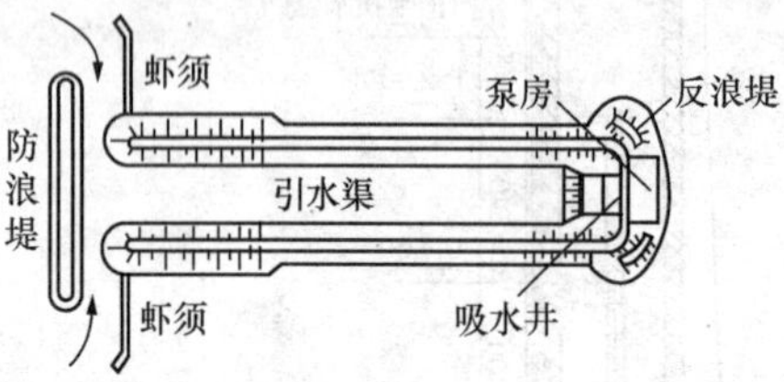 虾须 泵房 反浪堤 防浪堤 引水渠 虾须 吸水井 | 1. 自深水区开挖引水渠至泵房取水，引水渠两侧筑堤坝，进水端设有防浪堤；<br>2. 泵房可采用岸边式；<br>3. 海水中如有泥沙，易在渠内沉积 | 1. 深水区离岸有一定距离；<br>2. 海水中泥砂含量低；<br>3. 海床宜为基岩构成 |
| 潮汐式取水 | 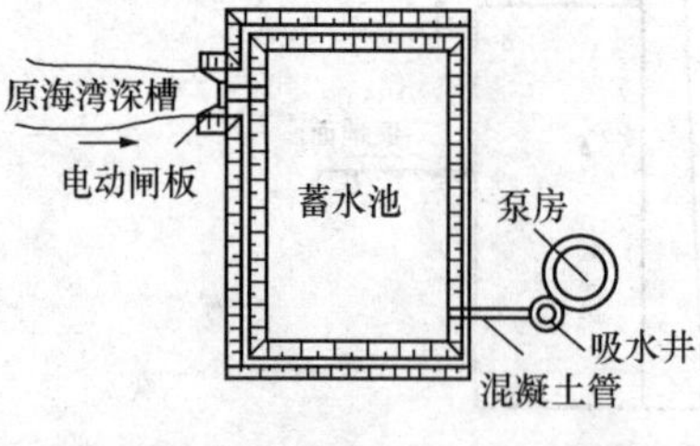 原海湾深槽 电动闸板 蓄水池 泵房 吸水井 混凝土管 | 1. 建有潮汐调节水库，利用高潮位进水，低潮位则取用水库内水；<br>2. 进水位置可较直接取水离岸近，减少风浪影响；<br>3. 海水中如有泥砂，易在库内沉积 | 1. 海岸较平坦，深水区较远；<br>2. 岸边有建调节水库的地形条件；<br>3. 海水中泥砂含量较低；<br>4. 取水规模不宜过大 |

## 4.5 固定式取水构筑物设计

### 4.5.1 取水头部

#### 4.5.1.1 取水头部形式

(1) 固定式：各种固定式取水头部的形式及适用条件见表 4-18。

(2) 活动式：活动式取水头部形式及特点见表 4-19。

表 4-18

**固定式取水头部及适用条件**

| 形式 | 图示 | 特点及设计要求 | 适用条件 |
|---|---|---|---|
| 管式取水头部（喇叭管取水头部） | 水流向 顺水流式<br>水流向 水平式<br>垂直向上式<br>垂直向下式 | 1. 构造简单；<br>2. 造价较低；<br>3. 施工方便；<br>4. 喇叭口上应设置格栅或其他拦截粗大漂浮物的装置；<br>5. 格栅的进水流速一般不宜过大，必要时还应考虑有反冲或清洗设施 | 1. 顺水流式：一般用于泥砂和漂浮物较多的河流；<br>2. 水平式：一般用于纵坡较小的河段；<br>3. 垂直式（喇叭口向上）：一般用于河床较陡、河水较深处，无冰凌、漂浮物较少，而又有较多推移质的河流；<br>4. 垂直式（喇叭口向下）：一般用于直吸式取水泵房 |
| 蘑菇型取水头部 | $D$=2400<br>$D$=1620<br>$D$=3608<br>$D$=4500<br>$DN$1500<br>1810<br>880<br>3000<br>60° | 1. 头部高度较大，要求在枯水期仍有一定水深；<br>2. 进水方向系自帽盖底下曲折流入，一般泥砂和漂浮物带入较少；<br>3. 帽盖可作成装配式，便于拆卸检修；<br>4. 施工安装较困难 | 适用于中小型取水构筑物 |

续表

| 形式 | 图示 | 特点及设计要求 | 适用条件 |
|---|---|---|---|
| 鱼形罩及鱼鳞式取水头部 | 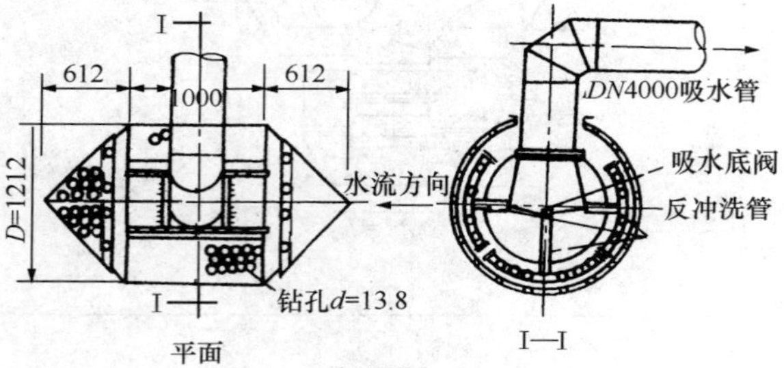 平面 I—I 鱼形罩 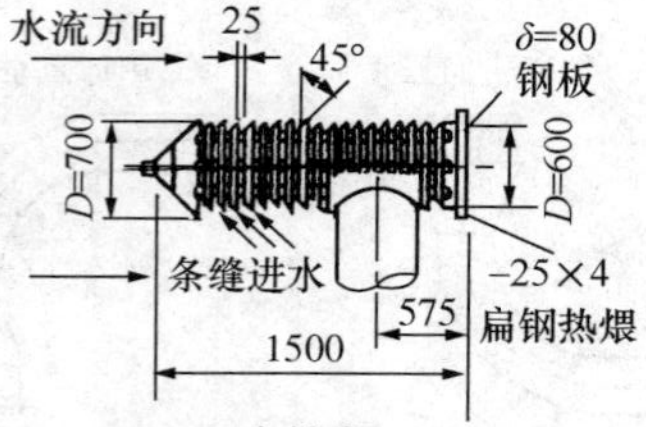<br>鱼鳞式 | 1. 鱼形罩为圆孔进水；鱼鳞罩为条缝进水；<br>2. 外形圆滑，水流阻力小，防漂浮物、草类效果较好 | 适用于水泵直接吸水式的中小型取水构筑物 |
| 箱式取水头部 | 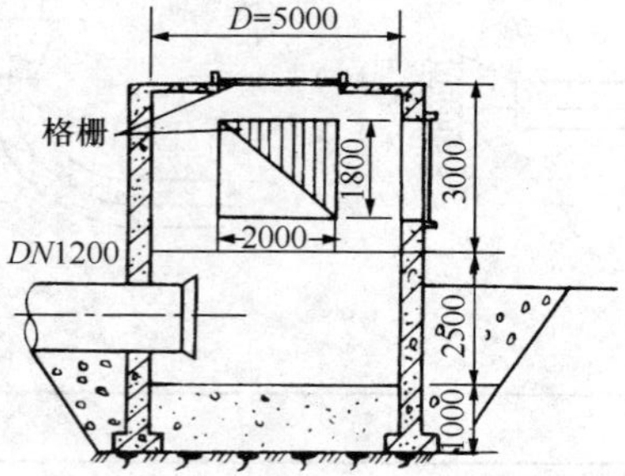 | 钢筋混凝土箱体可采用预制构件，根据施工条件作为整体浮运或分成几部分在水下拼接 | 适用于水深较浅，含砂量少，以及冬季潜冰较多的河流，且取水量较大时 |

续表

| 形式 | 图示 | 特点及设计要求 | 适用条件 |
| --- | --- | --- | --- |
| 岸边隧洞式喇叭口形取水头部 | 设计最低水位<br>13712<br>3200×6000<br>水流方向 | 1. 倾斜喇叭口形的自流管管口做成与河岸相一致；进水部分采用插板式格栅；<br>2. 根据岸坡基岩情况，自流管可采用隧洞掘进施工，最后再将取水口部分岩石进行爆破通水；<br>3. 可减少水下工作量，施工方便，节省投资 | 适用于取水量大，取水河段主流近岸，岸坡较陡、地质条件较好时 |
| 桩架式取水头部 | 4.90<br>预制梁<br>3.60<br>走道板<br>围护<br>−0.60<br>抛石护岸<br>钢筋混凝土桩 | 1. 可用木桩和钢筋混凝土桩，打入河底桩的深度视河床地质和冲刷条件决定；<br>2. 框架周围宜加以围护，防止漂浮物进入；<br>3. 大型取水头部一般水平安装，也可向下弯 | 适用于河床地质宜打桩和水位变化不大的河流 |

续表

<table>
<tr><th>形式</th><th>图示</th><th>特点及设计要求</th><th>适用条件</th></tr>
<tr>
<td>锯齿取水头部</td>
<td> 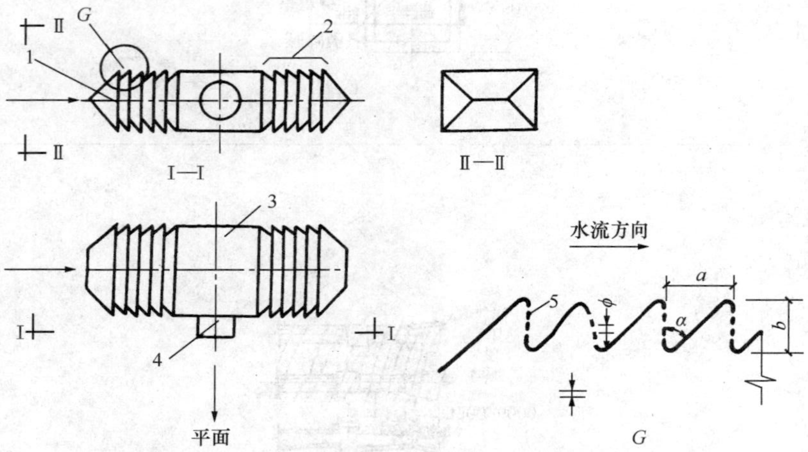1—棱形迎水面；2—锯齿段；3—集水段；4—出水管；5—取水孔</td>
<td>1. 利用锯齿形和水流速度防止稻、杂草等漂浮物对取水的威胁，效果很好；<br>2. 漂浮物的转向角最大为180°；<br>3. 河流的最小流速应不小于0.4m/s，宜避开回流区；<br>4. 取水孔的水流速度，应根据最小河水流速大小、漂浮物特性和水泵叶轮通道大小等因素参照相似条件下取水头部的运行经验或通过试验确定。一般可采用如下数值：<br>
<table>
<tr><th>最小河水流速(m/s)</th><th>取水孔流速(m/s)</th></tr>
<tr><td>0.30～0.50</td><td>0.05～0.15</td></tr>
<tr><td>0.50～1.00</td><td>0.15～0.40</td></tr>
<tr><td>>1.00</td><td>>0.40</td></tr>
</table>
5. 锯齿段一般可采用：<br>（1）锯齿的斜面跟垂直面的夹角 $\alpha$ 为45°；<br>（2）锯齿间距 $a$ 为35～60mm；<br>（3）圆形取水孔的直径 $\phi$ 为10～20mm</td>
<td>1. 适用于水流中有较多稻、杂草等漂浮物的河流，特别是山区河流；<br>2. 锯齿段可用于集水井（岸边取水构筑物）、蘑菇型和箱式等取水头部的取水孔口</td>
</tr>
</table>

续表

| 形式 | 图示 | 特点及设计要求 | 适用条件 |
|---|---|---|---|
| 侧向流斜板取水头部 | 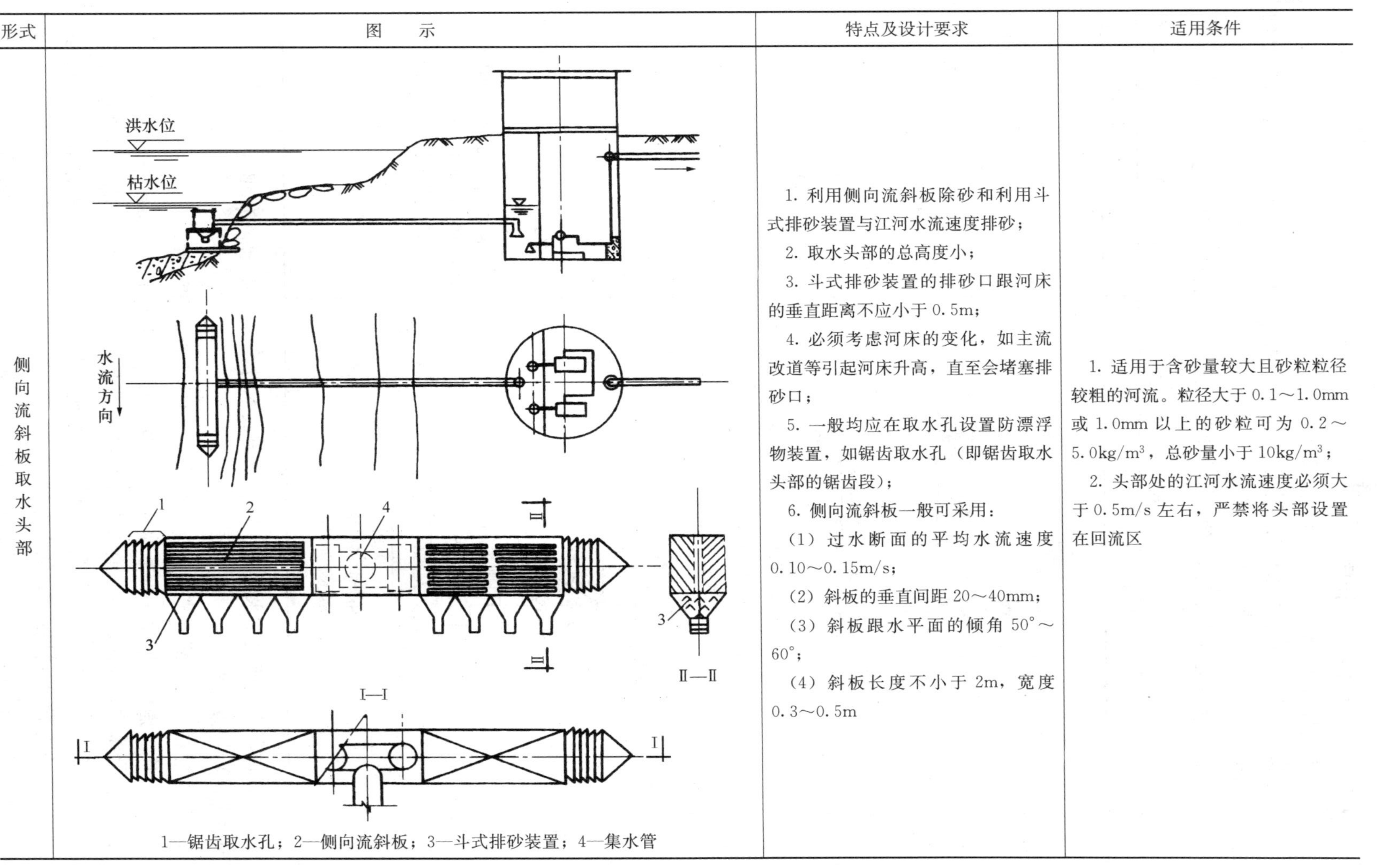1—锯齿取水孔；2—侧向流斜板；3—斗式排砂装置；4—集水管 | 1. 利用侧向流斜板除砂和利用斗式排砂装置与江河水流速度排砂；<br>2. 取水头部的总高度小；<br>3. 斗式排砂装置的排砂口跟河床的垂直距离不应小于0.5m；<br>4. 必须考虑河床的变化，如主流改道等引起河床升高，直至会堵塞排砂口；<br>5. 一般均应在取水孔设置防漂浮物装置，如锯齿取水孔（即锯齿取水头部的锯齿段）；<br>6. 侧向流斜板一般可采用：<br>（1）过水断面的平均水流速度0.10～0.15m/s；<br>（2）斜板的垂直间距20～40mm；<br>（3）斜板跟水平面的倾角50°～60°；<br>（4）斜板长度不小于2m，宽度0.3～0.5m | 1. 适用于含砂量较大且砂粒粒径较粗的河流。粒径大于0.1～1.0mm或1.0mm以上的砂粒可为0.2～5.0kg/m³，总砂量小于10kg/m³；<br>2. 头部处的江河水流速度必须大于0.5m/s左右，严禁将头部设置在回流区 |

#### 4.5.1.2 取水头部设计要点

(1) 应选择合理的外形和较小的体积。

(2) 进水口流速应根据水中漂浮物、水生物、冰凌、河水流速、取水量、清理格栅条件等因素决定。

(3) 应结合当地施工条件、施工力量和施工方法，考虑便于施工的形式。

**活动式取水头部形式** **表 4-19**

| 形式 | 图示 | 特点及设计要点 |
|---|---|---|
| 软管活动取水头部 | 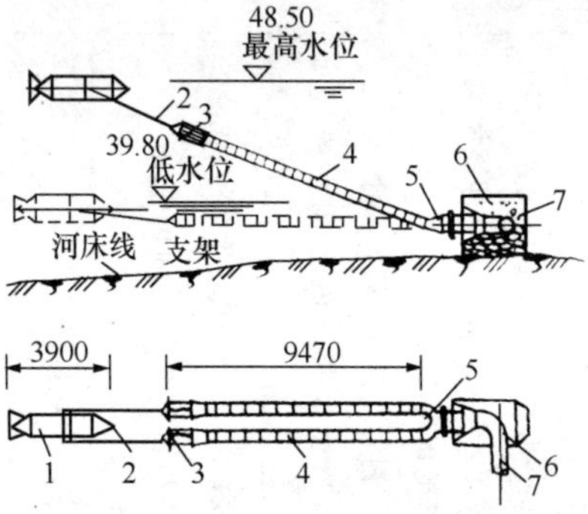 48.50 最高水位；39.80 低水位；河床线；支架；3900；9470<br>1—浮筒；2—链条；3—取水头部；4—$DN300$ 胶管；5—叉形三通；6—管墩；7—自流管 | 1. 软管式活动取水头部采用橡胶管，利用一个浮筒带二个取水头，橡胶管一端与取水头联结，一端接入钢制叉形三通，焊接在自流管进口的喇叭口支座上；<br>2. 为保证枯水期取水，取水头下缘距河底的距离不小于 0.5m；<br>3. 注意水流流向的稳定性 |
| 伸缩罩活动取水头部 | 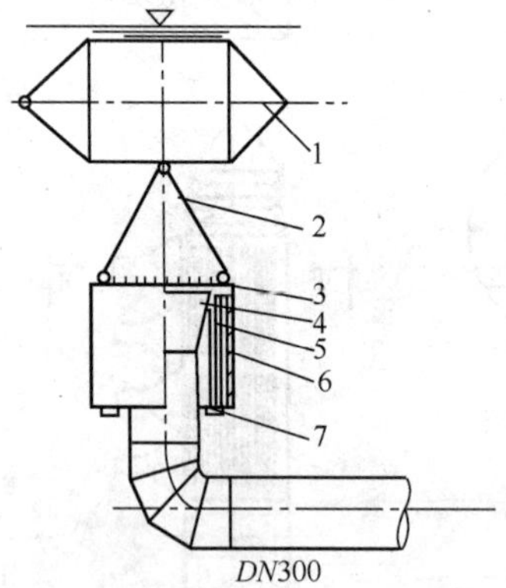 $DN300$<br>1—浮筒；2—钢丝绳；3—格栅；4—喇叭管；5—内罩；6—外罩；7—托环 | 1. 取水头部的取水喇叭口向上，进水活动罩卡在喇叭口上，活动罩上有格栅顶盖，以防止漂浮物进入头部；<br>2. 活动罩用钢丝绳与钢浮筒连接，随着水位升降改变进水口高程；<br>3. 适用于枯水水深大于 1m 时 |

(4) 应考虑河流最枯水位时，航运及流放木材等对取水头部的影响，并在其上游或周围设置航标加以保护。

(5) 应将取水头部分成数格（或数个），以便于查修和清洗。

(6) 应考虑设置取水头部后水流受阻挡而引起的局部冲刷。局部冲刷的范围及深度与河水流速、水深，河床地质、取水头部形式等因素有关。为此，应合理地选择头部外形，减少对水流的影响；设计中采取适当的护底措施；并使取水头部的基础埋设在冲刷深度以下，并在冲刷范围沉排抛石，加固保护。

(7) 进水口的朝向，应视河水所含杂质、冰凌、流速、水深等条件而定，一般多朝向下游或垂直于水流方向。

#### 4.5.1.3 取水头部外形选择

(1) 取水头部形状对泥砂和杂草的进入有较大影响。合理的形状应对周围水流的破坏和扰动最小，有效进水面积与总体面积之比最大，吸入水层薄，水流进入头部时流线较曲折（有利于减少泥砂和杂草进入），以及结构稳定和施工方便。取水头部迎水面宜设计成流线形，目前常用的有棱形、椭圆形和尖圆形等。对于主流方向可能变动的河流，常采用圆形，以适应水流方向的改变。各种取水头部外形见表 4-20。

取水头部外形　　表 4-20

| 平面外形 | 图示 | 要点 | |
|---|---|---|---|
| 长圆形 | | 常用 | $\frac{L}{D}$宜取 2.5～4.0，水力条件稍差，但施工条件、设备布置和安装较方便 |
| 棱形 | | | α 宜取 60°～90°，水力条件较好，施工条件和设备安装方便 |
| 矩形 | | | $\frac{L}{B}$宜取 2.5～4.0，水力条件差，但施工条件、设备布置和安装较方便 |
| 方形 | | | 水力条件差，施工方便 |
| 圆形 | | | 施工方便，适用于主流多变 |
| 尖圆形 | | | 水力条件好，适用于冰势较强，冰层厚度小于 0.75m 的河流。外形尺寸要求：上游尖端角在岩石层时采用 90°～100°；在土质层时采用 70°～80°；其直线交角的圆弧半径不小于 0.5m；下游端作成半圆形 |
| 多边形 | | 用于水库、湖泊取水 | |
| 流线形 | $t:b=3:1$<br>$R_0=10R$ | 水力条件好，但施工不便 | |

续表

| 平面外形 | 图示 | 要点 |
| --- | --- | --- |
| 卵形 | $\frac{D}{d}=\frac{5}{2}$ | 水力条件较好，可减少漂浮物挂堵，但施工不便 |
| 水滴形 | $\alpha$　$D$ | 水力条件较好，但施工和设备布置安装不便，$\alpha$ 宜取 20° |

(2) 对于箱式和桥墩式取水头部，应尽可能地使长轴与洪水期水流方向一致：顺直河段，一般布置成与主槽方向平行；弯曲河段及淹没式取水头部的长轴方向宜与深槽线平行；半淹没式或非淹没式取水头部的长轴方向宜与中槽线平行。

#### 4.5.1.4 进水孔设计

(1) 进水孔布置：进水孔布置原则：

1) 当河床为容易冲刷的土壤，河流含砂量大，且竖向分布很不均匀时，应在顶部开设进水孔。

2) 有漂浮物或流冰的河流，宜在侧面开设进水孔。

3) 当泥砂和漂浮物均较少时，可在下游布置进水孔。

4) 一般不宜在上游迎水面布置进水孔。

(2) 进水孔下缘离河床的距离：对于推移质较为严重的河道，应掌握推移质运动的规律及泥砂在水流中垂直分布情况，以确定进水孔下缘离河床的距离。

侧面进水孔下缘距河床的高度不得小于 0.5m（当水深较浅、水质较清、河床稳定、取水量不大时，可减至 0.3m）。

对于顶部进水的淹没式取水头部，应高出河床不得小于 1m。

在水库和湖泊中取水，底层进水孔下缘距水体底部的高度，应按泥砂淤积和变迁情况确定，但一般不宜小于 1m，当水深较浅，水质较清，且取水量不大时，其高度可减至 0.5m。

(3) 进水孔在最低水位下的淹没深度：为确保取水头部在最低水位下能取到所需水量，淹没进水孔上缘在设计最低水位下的深度，应根据河流的水文、冰情和漂浮物情况通过水力计算确定，并应符合下列规定（在冰冻情况下应从冰层下缘起算）：

1) 顶部进水时，不得小于 0.5m。

2) 侧面进水时，不得小于 0.3m。

3) 虹吸进水或吸水管直接吸水时，一般不宜小于 1m。小型的虹吸或吸水管式进水孔的淹没深度，当河水较浅时可适当降低；当水体封冻时，可减至 0.5m。

此外，对位于水库、湖泊、海边或大河岸边的取水口，其淹没深度还应考虑到风和浪对最低水位的影响。

## 4.5.2 进水管（渠）

### 4.5.2.1 自流管（渠）设计

(1) 管内流速应考虑不产生淤积，一般不宜小于0.6m/s；必要时，应有清淤措施。

(2) 自流管（渠）根数应根据取水量、管材、施工条件、操作运行要求等因素，按最低水位通过水力计算确定。自流管一般不得少于两根，当事故停用一根时，其余管（渠）仍能满足事故设计流量要求（一般为70%～75%的最大设计流量）。只是在取水安全性不高，允许短时间停水的情况下，自流管可采用一根。

(3) 自流管（渠）材料一般有钢管和钢筋混凝土管（渠）。采用钢管可减少接头，方便施工，但需做好防腐措施，一般在大中型取水构筑物中采用较多。

当取水规模较大时，也可采用钢筋混凝土管（渠）的自流管。

(4) 自流管一般埋设在河底以下，其埋深要求如下：

1) 当敷设在不易冲刷的河床时，管顶最小埋深一般应在河底以下0.5m。

2) 当敷设在有冲刷可能的河床时，管顶最小埋深应设在冲刷深度以下0.25～0.3m。

3) 当直接敷设在河底时，应采取管道加固措施。

自流管设计应考虑管道排空检修时，不致因减少重量而引起上浮。大直径的自流管应设检查孔，以便检修清理。

### 4.5.2.2 虹吸管设计

当进水管埋设较深，为减少开挖土石方和水下施工，以及管道需通过不准开挖的堤坝时，可以采用虹吸管的布置形式。

(1) 虹吸管的进水端，在设计最低水位下的淹没深度不得低于1.0m，以防吸入空气。

(2) 虹吸管正常设计流速可采用1.0～1.5m/s，最小流速宜不小于0.6m/s。

(3) 总虹吸高度可采用小于4～6m，最高不应大于7m。

(4) 虹吸管末端应伸入集水井最低动水位以下1.0m。

(5) 虹吸管一般不得少于两根，虹吸管应有能迅速形成真空的抽气系统。

(6) 虹吸管应保证有高度的密封性，以保证运行的安全。

(7) 虹吸管宜用钢管。

### 4.5.2.3 管道冲洗

通常可采用正向冲洗或反向冲洗，以清理管道淤积的泥砂。

(1) 正向冲洗法：在河流水位较高时，先关闭自流管末端闸门，从进水室抽水至最低水位，然后迅速打开闸门，利用较大水头差来进行冲洗；或者关闭另外几根自流管，利用欲冲洗的一根自流管来供应全部水量，使该管流量增加，加大流速进行冲洗。

正向冲洗法，泥沙不易冲走，效果较差。

(2) 反向冲洗法：将进水室的一个分格充水至最大高度，然后迅速打开自流管上的闸门，利用进水室与河流形成的较大水头差来进行冲洗，故此法宜在河流水位低时进行。另一方法是将自流管与压力输水管或冲洗水泵连接进行冲洗，由于此法水量充足，压力高，使用亦灵活，故效果较好。冲洗水的流速可用1.5～2.0m/s。

此外，还有用水力气压冲洗法。沿自流管及取水头部的格栅下缘，敷设直径为25～30mm的空气管，管上设直径为5～7mm的孔眼，当通入8个绝对大气压的压缩空气时，泥砂即被搅动，可提高反向冲洗效果。

## 4.5.3 集水井

### 4.5.3.1 集水井布置形式

集水井和取水泵房可以合建，也可分建。

(1) 集水井和泵房合建的布置形式，可参见图 4-19。

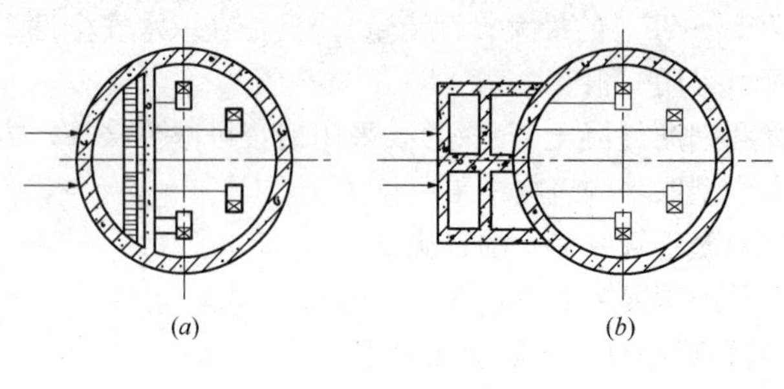


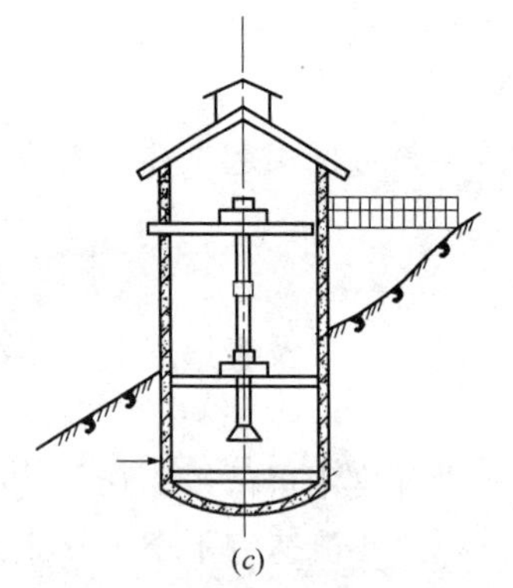


图 4-19　集水井和泵房合建形式

(a) 利用圆泵房部分面积；(b) 附于圆泵房外壁；(c) 设在泵房下部

在泥砂含量高的河流中取水时，为防止吸水管堵塞，尽量缩短吸水管长度，常将集水井伸入泵房中间，置于泵房底部的集水井布置，一般适用于湿井泵房或小型泵房。

(2) 集水井和取水泵房分建时，集水井的平面形状一般有圆形、矩形、椭圆形等。圆形集水井结构合理，便于沉井施工，但不便于布置设备；矩形形式对安装滤网、吸水管和分格较为方便，但造价较高；椭圆形兼有两者的优点，但施工较复杂。

图 4-20 为岸边分建式集水井布置示例。

图 4-21 为河床分建式集水井布置示例。

集水井水下部分可分为进水室、格网和吸水室，集水井顶面设操作平台。

### 4.5.3.2 操作平台

(1) 集水井上部的操作平台，应安装用以起吊闸门、格栅及格网等设备的装置。

(2) 操作平台可根据地区气候条件考虑设在室内或露天。

(3) 操作平台标高可根据运行要求和河流水文特性确定，参见表 4-21。

**操作平台标高的确定**　　**表 4-21**

| 当建筑在渠道边时 | $>H+0.5$ (m) |
|---|---|
| 当建筑在江河边时 | $>H+h_B+0.5$ (m) |
| 当建筑在湖泊，水库边时 | $>H+h_B+0.5$ (m) |

注：1. 表中 $H$ 为设计最高水位标高，$h_B$为浪高；

2. 建筑在江河、湖泊、水库岸边和海岸边时，还应考虑防止浪爬高的措施；

3. 当与泵房分建，洪水期允许集水井淹没时，平台标高可降低。

(4) 操作平台以上如有建筑物，其高度应按设备的外形尺寸、运行安装条件和起吊高度确定。

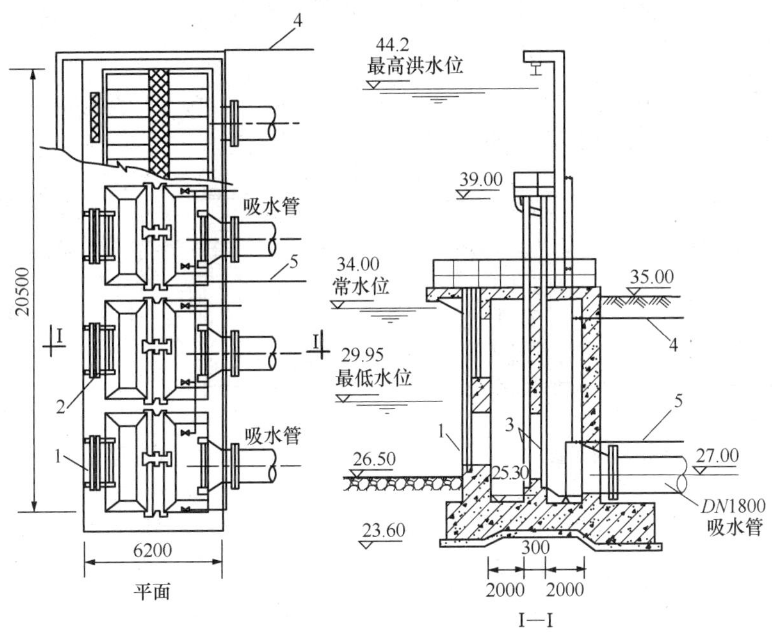


图 4-20 岸边分建式集水井布置

1—格栅；2—闸板；3—格网；4—冲洗管；5—排水管

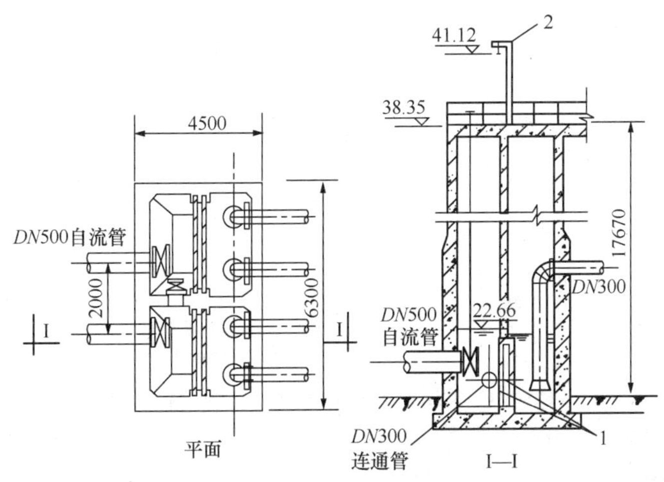


图 4-21 河床分建式集水井布置

1—格网；2—起吊架

### 4.5.3.3 进水室

(1) 一般设计要点：

1) 根据安全运行、检修和清洗、排泥等要求，进水室通常用隔墙分成可独立工作的若干分格，(一般不少于两格)。进水室分格数，还应按水泵台数和容量大小以及格网类型确定：

① 对于大型取水：可采用一台泵，一个格网，一个分格。

② 对于小型取水：可采用数台泵，一个格网（或数个格网），一个分格。

2) 一般每一分格布置一根进水管或一个进水孔口。

3）当河流水位变化幅度不大时，岸边式集水井可采用单层进水孔口，当河流水位变幅超过6m时，可采用两层或三层的分层进水孔口。

4）当进水孔口采用分层布置时，应根据构筑物内部设备布置及使用条件，采用分层并列或分层交错布置，见图4-22、图4-23。

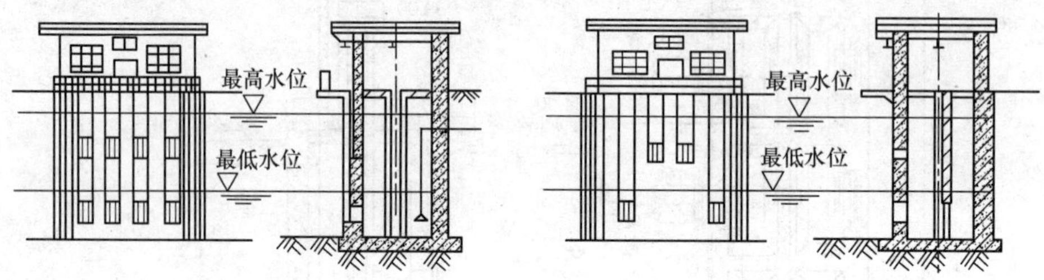


图4-22 分层并列布置示意　　图4-23 分层交错布置示意

5）当取水量大，采用轴流泵或混流泵取水时，进水室应结合水泵前池设计的要求进行布置，以免影响水泵效率，详见第5章泵房。

6）进水孔口的高宽比，宜尽量符合标准设计的格栅和闸门尺寸。

7）进水墙孔还可以作成渐变形状，进口端与格栅大小相符，过格栅后可逐渐缩小至与闸门尺寸形状一致。

8）在进水孔口前应设置格栅及闸门槽。

（2）格栅计算与构造：

1）格栅面积按式（4-18）计算：

$$F_0 = \frac{Q}{v_0 K_1 K_2} \ (\mathrm{m^2}) \tag{4-18}$$

式中 $Q$——设计流量（$m^3/s$）；

$K_1$——堵塞系数，采用0.75；

$K_2$——栅条引起的面积减小系数为

$$K_2 = \frac{b}{b+S}$$

其中 $b$——栅条间净距（mm），采用30～120mm，一般常用30～50mm；

$S$——栅条厚度（mm）；

$v_0$——过栅允许流速（m/s）。

过栅流速应根据水中漂浮物数量、有无冰絮、取水地点的水流速度、取水量大小、检查和清理格栅的方便与否等因素决定，一般宜采用表4-22的数据。

**进水孔过栅流速** **表4-22**

| 取水构筑物形式 | 河流冰絮情况 | |
|---|---|---|
| | 有冰絮（m/s） | 无冰絮（m/s） |
| 岸边式取水构筑物 | 0.2～0.6 | 0.4～1.0 |
| 河床式取水构筑物 | 0.1～0.3 | 0.2～0.6 |

注：当冰絮严重时应采用较小的流速；当无冰絮且取水量大于10$m^3/s$时，可采用大流速。

2）格栅一般按可拆卸设计，并考虑有人工或机械清除的措施。

3）格栅与水平面最好布置成65°～75°的倾角，但实际上大多采用90°。

4）栅条断面形状有很多种（见图4-24），常用的有扁钢或圆钢两种。

5）格栅由金属框架和栅条组成，框架的外形应与进水口形状一致，一般有方形、圆形、矩形等。

6）通过格栅的水头损失，一般采用0.05～0.10m。

7）格栅设计的规格见表4-23和图4-25。

（3）格栅除污机：

格栅除污机的设计见《给水排水设计手册》第三版第9册《专用机械》及《给水排水设计手册・材料设备》（续册）第3册。部分格栅除污机形式及适用条件见表4-24。

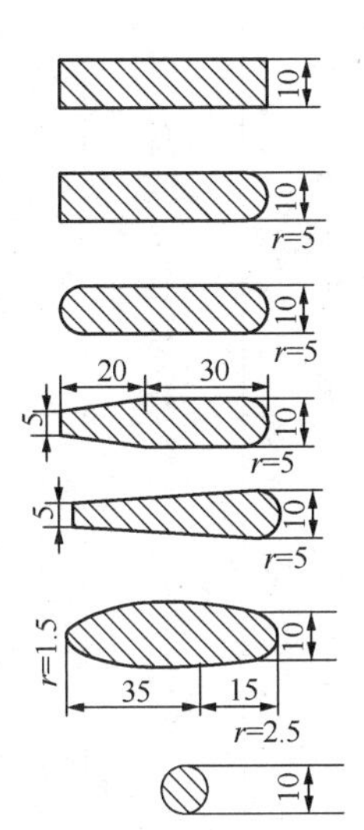


图4-24 栅条的断面形状

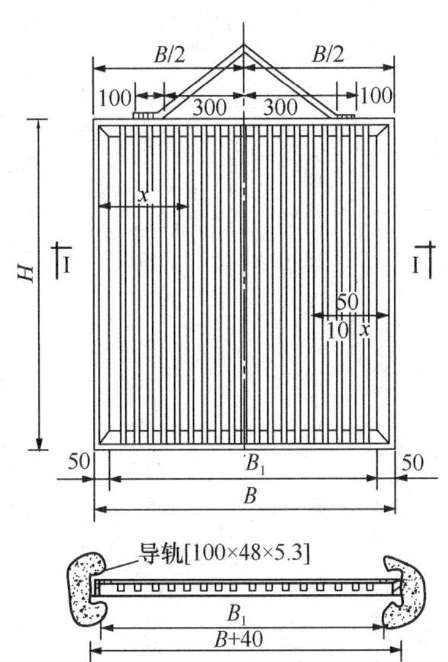


图4-25 格栅标准图

**格栅规格** **表4-23**

| 型 号 | 进水口尺寸（mm） | | 格栅尺寸（mm） | | $x$ (mm) | 栅条间孔数(孔) | 栅条根数（根） | 有效面积（$m^2$） |
|---|---|---|---|---|---|---|---|---|
| | $B_1$ | $H_1$ | $B$ | $H$ | | | | |
| 1 | 800 | 600 | 900 | 700 | 65 | 11 | 12 | 0.47 |
| 2 | 800 | 800 | 900 | 900 | 65 | 11 | 12 | 0.63 |
| 3 | 800 | 1000 | 900 | 1100 | 65 | 11 | 12 | 0.68 |
| 4 | 1000 | 600 | 1100 | 700 | 45 | 15 | 16 | 0.59 |
| 5 | 1000 | 800 | 1100 | 900 | 45 | 15 | 16 | 0.67 |
| 6 | 1000 | 1000 | 1100 | 1100 | 45 | 15 | 16 | 0.84 |
| 7 | 1000 | 1200 | 1100 | 1300 | 45 | 15 | 16 | 1.00 |
| 8 | 1200 | 800 | 1300 | 900 | 55 | 18 | 19 | 0.81 |
| 9 | 1200 | 1000 | 1300 | 1100 | 55 | 18 | 19 | 1.00 |
| 10 | 1200 | 1200 | 1300 | 1300 | 55 | 18 | 19 | 1.11 |
| 11 | 1400 | 800 | 1500 | 900 | 65 | 21 | 22 | 0.94 |

续表

| 型号 | 进水口尺寸（mm） | | 格栅尺寸（mm） | | x（mm） | 栅条间孔数(孔) | 栅条根数（根） | 有效面积（$m^2$） |
|---|---|---|---|---|---|---|---|---|
| | $B_1$ | $H_1$ | $B$ | $H$ | | | | |
| 12 | 1400 | 1000 | 1500 | 1100 | 65 | 21 | 22 | 1.18 |
| 13 | 1400 | 1200 | 1500 | 1300 | 65 | 21 | 22 | 1.42 |
| 14 | 1600 | 800 | 1700 | 900 | 45 | 25 | 26 | 1.07 |
| 15 | 1600 | 1000 | 1700 | 1100 | 45 | 25 | 26 | 1.34 |
| 16 | 1600 | 1200 | 1700 | 1300 | 45 | 25 | 26 | 1.61 |
| 17 | 1800 | 800 | 1900 | 900 | 55 | 28 | 29 | 1.21 |
| 18 | 1800 | 1000 | 1900 | 1100 | 55 | 28 | 29 | 1.51 |
| 19 | 1800 | 1200 | 1900 | 1300 | 55 | 28 | 29 | 1.81 |
| 20 | 2000 | 800 | 2100 | 900 | 65 | 31 | 32 | 1.34 |
| 21 | 2000 | 1000 | 2100 | 1100 | 65 | 31 | 32 | 1.68 |
| 22 | 2000 | 1200 | 2100 | 1300 | 65 | 31 | 32 | 2.02 |
| 1 | 1400 | 1400 | 1560 | 1560 | 65 | 21 | 22 | 1.64 |
| 2 | 1400 | 1500 | 1560 | 1660 | 65 | 21 | 22 | 1.75 |
| 3 | 1400 | 1600 | 1560 | 1760 | 65 | 21 | 22 | 1.87 |
| 4 | 1600 | 1400 | 1760 | 1560 | 45 | 25 | 26 | 1.86 |
| 5 | 1600 | 1500 | 1760 | 1660 | 45 | 25 | 26 | 1.98 |
| 6 | 1600 | 1600 | 1760 | 1760 | 45 | 25 | 26 | 2.12 |
| 7 | 1600 | 1800 | 1760 | 1960 | 45 | 25 | 26 | 2.39 |
| 8 | 1800 | 1400 | 1960 | 1560 | 55 | 28 | 29 | 2.09 |
| 9 | 1800 | 1500 | 1960 | 1660 | 55 | 28 | 29 | 2.24 |
| 10 | 1800 | 1600 | 1960 | 1760 | 55 | 28 | 29 | 2.39 |
| 11 | 1800 | 1800 | 1960 | 1960 | 55 | 28 | 29 | 2.69 |
| 12 | 1800 | 2000 | 1960 | 2160 | 55 | 28 | 29 | 3.00 |
| 13 | 2000 | 1400 | 2160 | 1560 | 65 | 31 | 32 | 2.33 |
| 14 | 2000 | 1500 | 2160 | 1660 | 65 | 31 | 32 | 2.49 |
| 15 | 2000 | 1600 | 2160 | 1760 | 65 | 31 | 32 | 2.66 |
| 16 | 2000 | 1800 | 2160 | 1960 | 65 | 31 | 32 | 3.00 |
| 17 | 2000 | 2000 | 2160 | 2160 | 65 | 31 | 32 | 3.33 |

**格栅除污机形式** **表 4-24**

| 形式 | 图号 | 适用条件及设计要点 |
|---|---|---|
| 耙头式除污机 | 图 4-26 固定式<br>图 4-27 移动式<br>图 4-28 单轨悬吊式 | 1. 适用于清理数量不多的小草、小树枝、树叶、果皮等截留物，可用在深式（$H$=50m）取水口上；<br>2. 耙斗升降速度，一般为 2～4m/min，耙斗的宽度一般在 1.5～8.5m |
| 回转耙式除污机 | 图 4-29 | 1. 适用于清理数量较多的水草、树叶、小树枝、菜皮等截留物，该除污机外形尺寸较小，在水下无传动机构，维护检修方便；<br>2. 齿耙的工作速度，一般为 3～7m/min，栅条间距宜在 100mm 以下 |
| 曲臂式除污机 | 图 4-30 | 1. 适用于清理浅水格栅上的截留物（主要是小草、小树枝树叶、菜皮等）；<br>2. 除污机耙子运动速度 3～7m/min；栅条间距一般在 50mm |
| 旋转辊刀式除污机 | 图 4-31 | 1. 适用于清洗提升至工作平台上的格栅；<br>2. 进水孔口上常设置两道垂直格栅，以轮流提升除污，该除污机有固定式和移动式两种 |

#### 4.5.3.4 格网及格网室

格网一般有平板格网和旋转格网两种。选用时应根据水中漂浮物数量，每台水泵的出水量等因素确定。

(1) 平板格网：当采用平板格网时，一般不单独设置格网室，格网可设在进水室与吸水室之间的隔墙前后，见图 4-32。

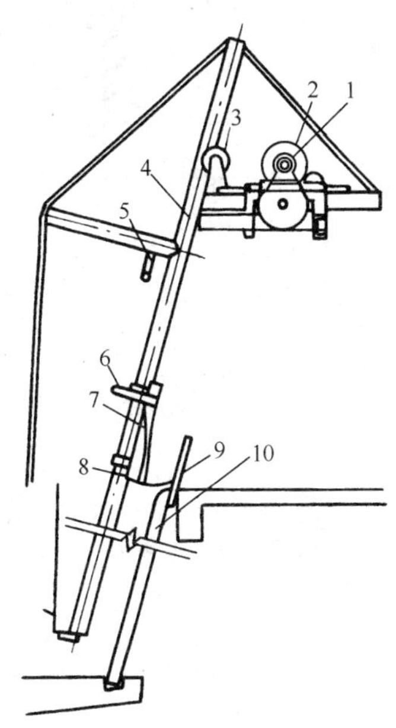


图 4-26 固定式耙斗除污机

1—转动轴；2—钢丝绳鼓轮；3—滑轮；4—导管；5—挡杆；6—推杆；7—刮板；8—齿耙；9—挡板；10—格栅

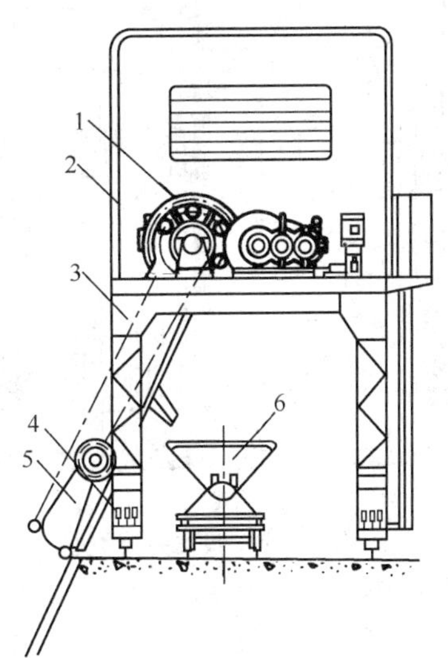


图 4-27 移动式耙斗除污机

1—转动机构；2—机罩；3—机架；4—行走机构；5—耙子；6—小车

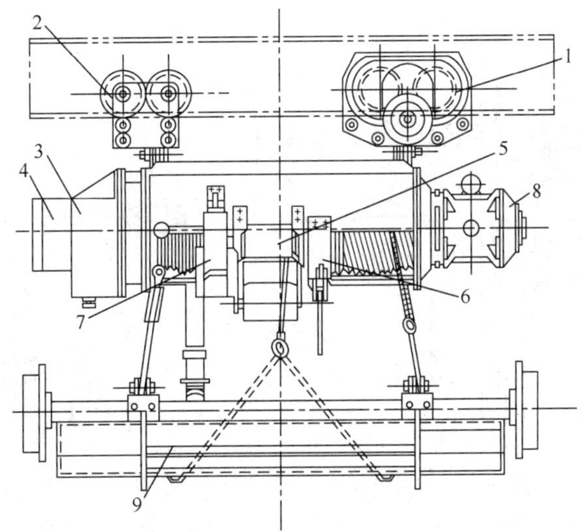


图 4-28 单轨悬吊除污机

1—主动跑车；2—从动跑车；3—减速器；4—电磁制动器；5—拉紧装置；6—带式制动器；7—连接卷筒的刚性联轴节；8—电动机；9—耙斗

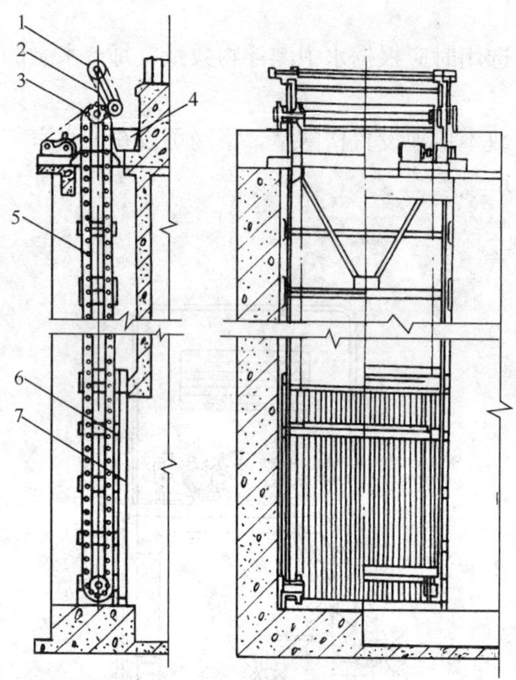


图 4-29　回转耙式除污机

1—主动二次链轮；2—圆毛刷；3—主动大链轮；4—排污槽；5—大链条；6—耙子；7—格栅

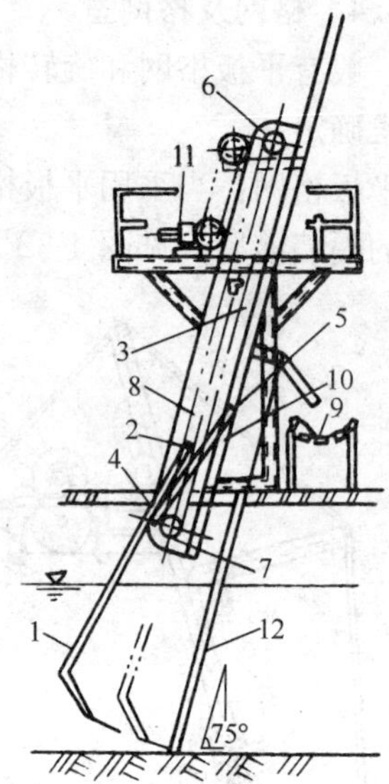


图 4-30　曲臂式除污机

1—耙子；2—耙子缓冲装置；3—刮板；4—主滚轮；5—导向滚轮；6—主动链轮；7—从动链轮；8—链条；9—传动带；10—导轨；11—电动机；12—格栅

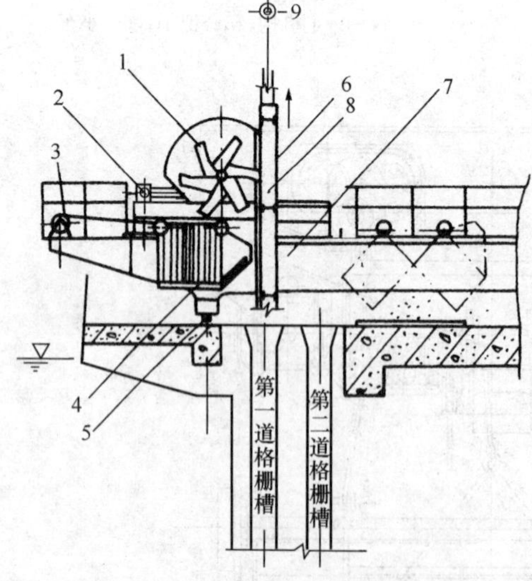


图 4-31　旋转辊刀式除污机

1—除污机构；2—推移机构；3—铁笼牵引机；4—装草机构；5—行走机构；6—活动导槽；7—台车架；8—格栅；9—格栅起吊设备

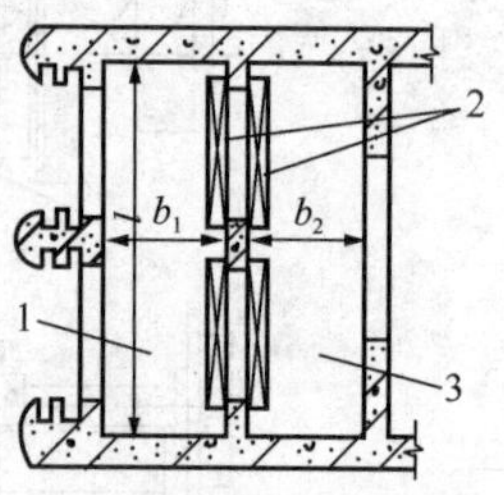


图 4-32　平板格网布置示意

1—进水室；2—平板格网；3—吸水室

1）进水室长度（$l$）按进水量、格网在水下的工作深度和允许通过格网流速计算确定，同时应考虑水泵布置上的要求。

2）进水室宽度（$b_1$）应根据水流通过格网时能达到均匀的要求确定。

3）平板格网面积计算与构造如下：

① 平板格网面积按式（4-19）计算：

$$F_1 = \frac{Q}{v_1 \varepsilon K_1 K_2} \ (\mathrm{m}^2) \tag{4-19}$$

式中 $Q$——设计流量（$m^3/s$）；

$v_1$——过网流速（m/s），一般采用 0.3～0.5m/s，不应大于 0.5m/s；

$K_1$——网丝引起的面积减小系数，

$$K_1 = \frac{b^2}{(b+d)^2}，其中$$

$b$——网眼尺寸（mm）；

$d$——网丝直径（mm）；

$K_2$——格网堵塞面积减小系数，一般为 0.5；

$\varepsilon$——收缩系数，可采用 0.64～0.8。

② 通过格网的水头损失，一般采用 0.10～0.15m。

③ 平板格网一般用槽钢或角钢做成框架，而把金属网固定在框架上。

一般只设一层，网眼的大小应根据水中漂浮物而定，一般为 5mm×5mm～10mm×10mm。

④ 网丝直径采用 1～2mm，材料应考虑耐腐蚀，可采用黄铜、青铜、不锈钢或镀锌钢丝等，如选用镀锌钢丝则在制成后尚应涂以防腐漆。

⑤ 当平板格网面积较大时，可设两层网，第二层的网眼一般采用 25mm×25mm，金属丝直径采用 2～3mm，作为增加细网的强度。

⑥ 设计格网规格见表 4-25 和图 4-33。

**格网规格** **表 4-25**

| 序号 | 进水口尺寸（mm） | | 格网尺寸（mm） | | 有效面积（$m^2$） |
|---|---|---|---|---|---|
| | $B_1$ | $H_1$ | $B$ | $H$ | |
| 1 | 1000 | 750 | 1100 | 850 | 0.52 |
| 2 | 1000 | 1000 | 1100 | 1100 | 0.69 |
| 3 | 1250 | 750 | 1350 | 850 | 0.64 |
| 4 | 1250 | 1000 | 1350 | 1100 | 0.86 |
| 5 | 1500 | 750 | 1630 | 880 | 0.77 |
| 6 | 1500 | 1000 | 1630 | 1130 | 1.04 |
| 7 | 1500 | 1500 | 1630 | 1630 | 1.56 |
| 8 | 1750 | 1000 | 1880 | 1130 | 1.21 |
| 9 | 1750 | 1500 | 1880 | 1630 | 1.81 |
| 10 | 2000 | 1000 | 2130 | 1130 | 1.39 |
| 11 | 2000 | 1500 | 2130 | 1630 | 2.08 |
| 12 | 1750 | 2000 | 1880 | 2130 | 2.42 |

续表

| 序号 | 进水口尺寸（mm） | | 格网尺寸（mm） | | 有效面积（$m^2$） |
|---|---|---|---|---|---|
| | $B_1$ | $H_1$ | $B$ | $H$ | |
| 13 | 1750 | 2500 | 1880 | 2630 | 3.02 |
| 14 | 2000 | 2000 | 2130 | 2130 | 2.76 |
| 15 | 2000 | 2500 | 2130 | 2630 | 3.46 |
| 16 | 2250 | 1500 | 2380 | 1630 | 2.34 |
| 17 | 2250 | 2000 | 2380 | 2130 | 3.12 |
| 18 | 2250 | 2500 | 2380 | 2630 | 3.90 |

（2）旋转格网：当采用旋转格网时，应设置格网室见图 4-34。

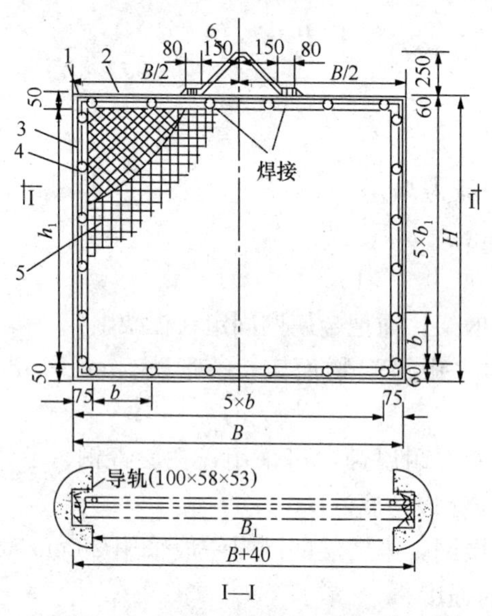


图 4-33 格网标准图

1—框架；2—横压条；3—竖压条；4—工作网；5—支承网；6—吊环

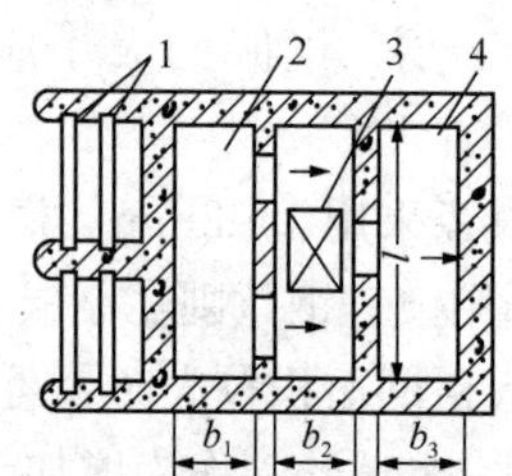


图 4-34 旋转格网布置示意

1—格册（或闸门）；2—进水室；3—旋转格网；4—吸水室

1）格网布置可分成正面进水、网内进水和网外进水三种形式。见表 4-26。

**旋转式格网布置形式和优缺点** **表 4-26**

| 布置形式示意 | 优 缺 点 |
|---|---|
| 正面进水 | 优点：1. 水力条件良好，格网上水流分配均匀；<br>2. 经过两次过滤，水质较清；<br>3. 占地面积较小<br>缺点：1. 格网工作面积利用率低；<br>2. 可能将未冲洗下来的污物掉入吸水室 |

续表

| 布置形式示意 | 优 缺 点 |
| --- | --- |
| 网内进水 | 优点：1. 格网工作面积利用率高，可增大设计流量；<br>2. 水质良好；<br>3. 被截留在格网上的污物不会掉入吸水室<br>缺点：1. 由于水流方向与滤网平行，故水力条件较差，且滤网工作不均匀；<br>2. 由于网内进水，故积存的污物不易清除和检查；<br>3. 占地面积较大 |
| 网外进水 | 优缺点基本上与网内进水相同，不同点是网外进水被截留的污物容易清除和检查，故通常采用此种布置 |

2）格网室长度及宽度应根据泵房布置、格网规格及布置形式以及进、出水条件确定。

3）旋转格网计算：

① 旋转格网所需面积按式（4-20）计算：

$$F_2=\frac{Q}{v_2\varepsilon K_1K_2K_3}\ (\mathrm{m}^2) \tag{4-20}$$

式中 $Q$——设计流量（$m^3/s$）；

$v_2$——过网流速（m/s），一般采用 0.7～1.0m/s，不应大于 1.0m/s；

$K_1$——格网阻塞系数，采用 0.75；

$K_2$——网丝引起的面积减小系数，$K_2=\frac{b^2}{(b+d)^2}$；

$K_3$——由于框架等引起的面积减小系数，可采用 0.75；

其余符号同前。

当计算出格网所需面积以后，尚需计算其在水下的设置深度 $H$（见图 4-35）。对于网内或网外双面进水的旋转格网，可按式（4-21）计算：

$$H=\frac{F_2}{2B}-R(\mathrm{m}) \tag{4-21}$$

式中 $B$——格网宽度（m）；

$R$——格网下部弯曲半径（m），目前使用的格网 $R$ 一般为 0.73m；

$F_2$——格网面积（$m^2$）。

② 通过旋转格网的水头损失，一般采用 0.15～0.3m。

4）旋转格网构造：

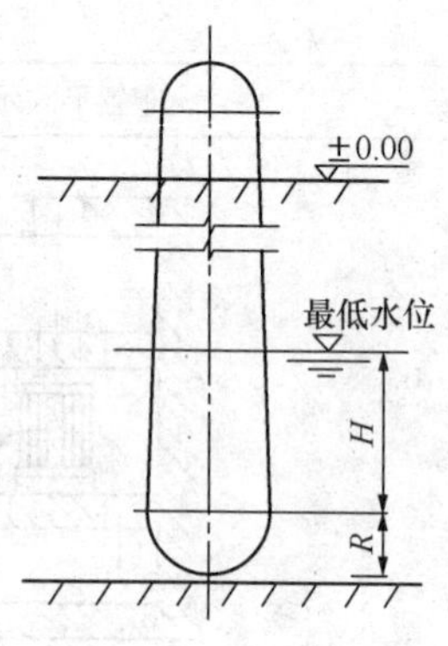

图 4-35 旋转格网设置深度示意

① 旋转格网是由绕在上、下两个旋转轴上的连续网板组成，网板由金属框架及金属网丝构成。每块网板的高度约为 500mm，宽度根据水量决定，目前通用设计的宽度有 1.5、2.0、3.0m 三种规格。

② 网孔一般采用 4mm×4mm～10mm×10mm，网丝直径为 0.8～1.0mm。

③ 旋转格网用电动机带动，转速一般采用 4.0m/min，视截留物数量而定。

④ 旋转格网的构造，可分为有支撑骨架及无支撑骨架两种。当进水室水深较大，旋转格网上、下两个链轮水平轴的距离大于 12m 时，宜采用有支撑骨架；小于 12m 时采用无支撑骨架。

#### 4.5.3.5 吸水室

（1）进入吸水室内的水流要求顺畅，速度小，分布均匀，不产生旋涡。

（2）吸水室长度一般与进水室相同。

（3）吸水室宽度应根据布置吸水管要求确定：吸水室设计详见第 5 章。

#### 4.5.3.6 排泥及冲洗设施

（1）集水井往往会沉积泥砂，故在运行中宜及时清理排除，在大型取水构筑物中，可设排污泵（或排泥泵）。在中小型取水构筑物中，淤积情况不严重时，排污设备亦可用射流泵。

（2）为了冲动底部沉积的泥砂，吸水室内可设置若干具有高压水的喷嘴，喷嘴个数根据集水井面积而定，一般设置 4～6 个。对小型取水构筑物可用水龙带冲洗。

（3）为了冲洗格网，一般集水井需设置压力冲洗水管或设置冲洗水泵，冲洗水量根据截留物数量与同时间内冲洗格网的数量和形式确定。一般冲洗一台旋转格网需水量为10～15L/s。要求给水水压为 0.25～0.3MPa。

（4）为了便于运行管理和清洗格网，可在格网前后装设测量水位的仪表或标尺。

（5）为了防止清洗平板格网时截留物进入吸水室，通常设置两道格网，一道清洗时一道即放入运行。

（6）清洗平板格网可采用单轨手动吊车或电动吊车，将格网沿导向槽提起，用压力水冲洗。

### 4.5.4 斗槽

斗槽式取水构筑物由进水斗槽和岸边式取水构筑物组成，适用于取水量较大，且河流冰情严重，含砂量大的河流取水。

#### 4.5.4.1 斗槽形式

斗槽式取水构筑物的主要型式及其特点和适用范围见表 4-12。

（1）斗槽按进水方向可分为：顺流式、逆流式及双向进水斗槽。

（2）按斗槽伸入河岸的程度，可分为：

1）斗槽全部设置在河床内，适用于河床较陡或主流离岸较远，以及岸边水深不足的河流。设置斗槽后，还应注意不影响洪水排泄。

2）斗槽全部设置在河岸内（见图 4-36），适用于河岸平缓、河床宽度不大，主流近岸或岸边水深较大的河流。

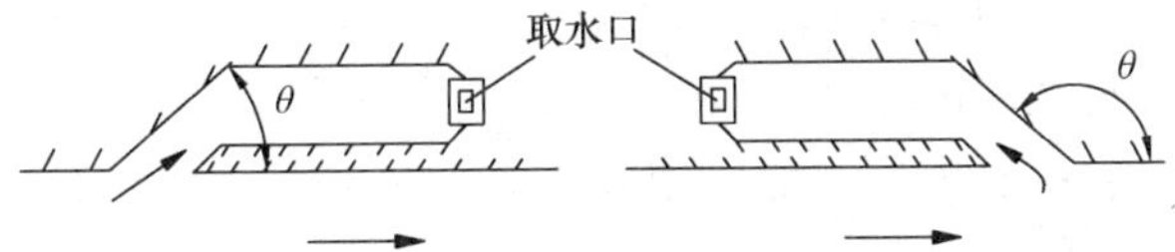


图 4-36 全部伸入岸边的斗槽

3）部分伸入河床的斗槽（见图 4-37），其适用条件和水流特点界于以上两种形式之间。

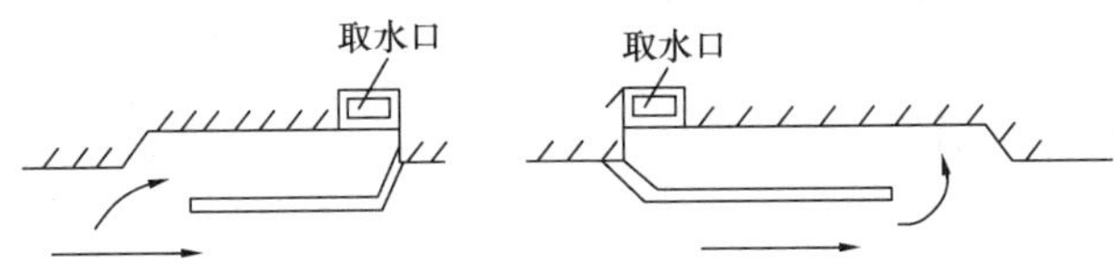


图 4-37 部分伸入河床的斗槽

此外，按洪水期间堤坝是否被淹没，还可分为淹没式及非淹没式斗槽。淹没式斗槽造价较低。对河流有效过水断面影响较小。淹没式斗槽一般在其上面设置可以拆卸的盖板，盖板应高出常水位一定距离。

#### 4.5.4.2 斗槽计算

斗槽工作室的大小，应根据在河流最低水位时，能保证取水构筑物正常的工作，使潜冰上浮，泥砂沉淀，水流在槽中有足够的停留时间及清洗方便等因素进行计算。

（1）主要设计指标：

1）槽底泥砂淤积高度一般为 0.5～1.0m，

2）槽中的冰盖厚度一般为河流冰盖厚度的 1.35 倍；

3）槽中最大设计流速参见表 4-27，一般采用 0.05～0.15m/s；

**斗槽中最大设计流速** **表 4-27**

| 取水量（$m^3/s$） | ＜5 | 5～10 | 10～15 | ＞15 |
|---|---|---|---|---|
| 最大设计流速（m/s） | ≤0.10 | ≤0.15 | ≤0.20 | ≤0.25 |

4）水在槽中的停留时间应不小于 20min（按最低水位及沉积层为最大的情况计算）；

5）斗槽尺寸应考虑挖泥船能进入工作。

（2）工作室计算：

1）深度 $h$：

一般最低水位以下不小于 3～4m，可按式（4-22）计算：

$$h = Z + 1.35\delta + h_1 + D + h_2 \text{ (m)} \tag{4-22}$$

式中 $Z$——斗槽入口处的水位差：

$$Z = \frac{v_0^2}{2g}\sin^2\frac{\theta}{2} \text{ (m)}$$

$v_0$——河水平均流速（m/s）；

$\theta$——斗槽中水流方向与河中水流方向的分叉角（°）；

$\delta$——河流中冰盖最大厚度（m）；

$h_1$——进水孔口顶边至冰盖下的距离（m）；

$D$——进水孔口直径（m）；

$h_2$——进水孔口底栏高度，一般采用0.5～1.0m。

2）宽度$B$：

$$B = \frac{Q}{vh}\ (\mathrm{m}) \tag{4-23}$$

式中 $Q$——斗槽中的流量（$m^3$/s）；

$v$——斗槽中设计流速（m/s）。

3）长度$L$：

① 按潜冰上浮的要求计算：

$$L = k\frac{h_3 v_p}{u}\ (\mathrm{m}) \tag{4-24}$$

式中 $k$——考虑涡流及紊流影响的安全系数，可采用3.0；

$h_3$——冰凌期最低河水位时，斗槽中的水深（m）；

$v_p$——冰凌期最低河水位时，斗槽中的水流平均流速（m/s）；

$u$——潜冰的上浮速度，与斗槽所在的河流情况有关。宜采用0.002～0.005m/s。

②按沉淀泥砂的要求计算：

$$L = 1.4\frac{\varphi v'_p}{\mu}\ (\mathrm{m}) \tag{4-25}$$

式中 $\varphi$——斗槽内流速分布的不均匀系数，一般顺流式宜采用2.0，逆流式宜采用1.5；

$v'_p$——洪水期槽中平均流速（m/s）；

$\mu$——斗槽内泥砂的沉降速度（m/s）。根据预计需要沉淀泥砂的颗粒确定，（可参考表4-28），一般颗粒大于0.15～0.20mm的泥砂应在斗槽中沉淀。

**泥砂颗粒的水力粗度** **表4-28**

| 编号 | 泥砂颗粒直径（mm） | 沉降速度（cm/s） | 编号 | 泥砂颗粒直径（mm） | 沉降速度（cm/s） |
|---|---|---|---|---|---|
| 1 | 2.0～1.0 | 15.29～9.44 | 4 | 0.25～0.10 | 2.70～0.692 |
| 2 | 1.0～0.5 | 9.44～5.40 | 5 | 0.10～0.05 | 0.692～0.0173 |
| 3 | 0.5～0.25 | 5.40～2.70 | | | |

③ 槽长应按上述两种要求的计算，取其大值。

④ 计算所得的长度，尚应以水在斗槽中停留的时间来复核。

⑤ 为使取水口进水均匀，斗槽长度宜为宽度（在最高水位时）的5倍以上。

⑥ 当河水流入斗槽时，因水流方向改变而产生旋流区，缩短了斗槽计算长度，故设计时应考虑其影响长度$\Delta L$。一般影响长度与分叉角$\theta$和斗槽入口连接形式有关：

当 $\theta=20°\sim40°$时，$\Delta L=(2.0\sim2.2)B_1$（$B_1$ 为斗槽入口处宽度）。

当 $\theta=135°\sim150°$时 $\Delta L=(1.0\sim1.5)B_1$。

当斗槽轴线与斗槽入口段轴线不是直线连接，采用曲线或折线连接时，则 $\Delta L=(1.0\sim1.2)B_1$。

斗槽入口处平均流速 $v_\lambda$也与分叉角有关：

当分叉角 $\theta=15°\sim60°$时，$v_\lambda=(0.35\sim0.40)v_0$（$v_0$为河水平均流速）。

当分叉角 $\theta=130°\sim150°$时，$v_\lambda=0.25v'_0$。

4）侧坝进水逆流斗槽（见图 4-38）的工作效果与淹没堤坝的高度及斗槽本身的宽度有关。淹没堤坝的高度（$H$）应在冰凌期河水位以上，可采用（0.5～0.8）$H_0$，并满足式(4-26)：

$$H_{min}\geqslant\frac{H_0}{1+\dfrac{0.71}{\sin\varphi}} \tag{4-26}$$

式中 $H_{min}$——外侧堤坝最小高度（m）；

$H_0$——斗槽入口处（洪水期）的水深（m）；

$\varphi$——斗槽轴线与河水轴线的交角。

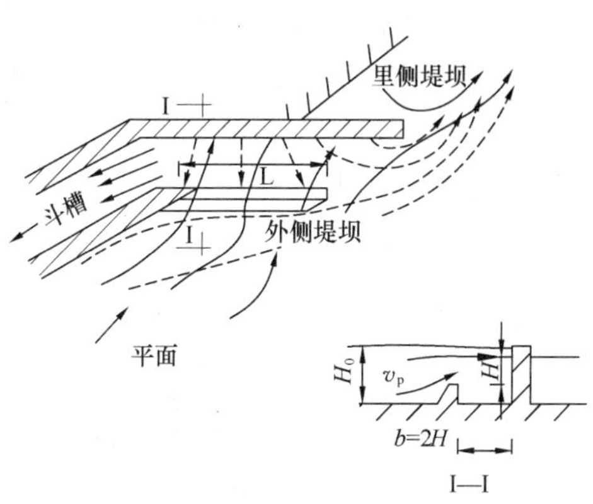

图 4-38 侧坝进水的堤坝示意

斗槽宽度应为 $b=2H$。

能保证高水位自动冲洗进口，并有可能不吸入底部水流的斗槽，其极限取水量 $Q_{np}$为

$$Q_{np}=H_0v_0L\sqrt{\frac{K}{2}\left(1-\frac{H_{min}}{H_0}\right)}(m^3/s) \tag{4-27}$$

式中 $v_0$——高水位时河水平均流速（m/s）；

$L$——溢流段坝顶长度（m）；

$K$——系数，由试验求得，$K=0.194(\sin\varphi+1.41)^2$。

斗槽中的水流情况十分复杂，它与斗槽的形式、在河段上的位置，斗槽与河水轴线的交角、坝端的形状及堤坝与河岸的连接方式等因素有关。以上介绍的仅是近似的计算方法，设计时宜采用模型试验，来确定上述各种因素对斗槽工作的影响。

（3）泥砂淤积量计算：

$$V=\frac{QtPW}{\gamma}(m^3) \tag{4-28}$$

式中 $Q$——设计取水量（$m^3/s$）

$t$——斗槽清淤周期（s）；

$P$——水流含砂量（$kg/m^3$）；

$\gamma$——泥砂密度（$kg/m^3$）；

$W$——斗槽中泥砂下沉的百分比，一般按下列步骤确定：

计算可全部沉淀的泥砂最小沉降速度 $\mu'$：

$$\mu'=1.4\frac{\varphi v'_p}{L}H\ (cm/s) \tag{4-29}$$

式中符号同前。

大于 $\mu'$ 的泥砂颗粒可全部下沉，小于 $\mu'$ 的颗粒，可部分下沉。不能全部下沉泥砂的平均沉降速度 $\mu_p$ 为

$$\mu_p=\frac{(\mu_{max}+\mu_{min})}{2}(\mathrm{cm/s}) \tag{4-30}$$

式中 $\mu_{max}$——不能全部下沉泥砂的最大沉降速度（即 $\mu'$）（cm/s）；

$\mu_{min}$——不能全部下沉泥砂的最小沉降速度（cm/s）。

不能全部下沉泥砂的组成不均匀系数为

$$K_0=\frac{1}{2}\left(\frac{\mu_p}{\mu_{max}}+\frac{\mu_p}{\mu_{min}}\right) \tag{4-31}$$

不能全部下沉泥砂，其中可以在斗槽中下沉的参数 $\alpha$ 为

$$\alpha=\frac{L\mu_p}{K_0\varphi v'_p H} \tag{4-32}$$

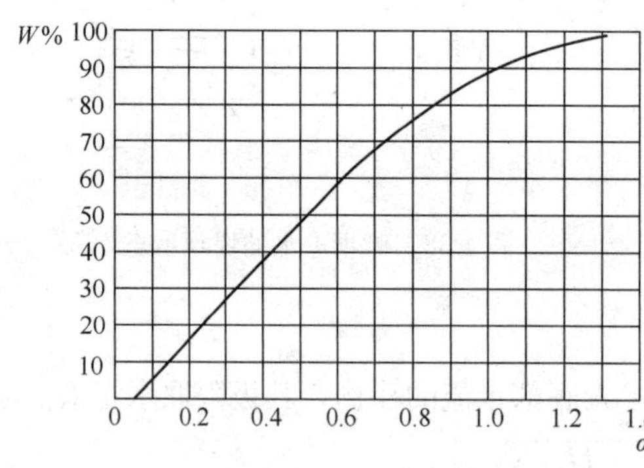

图 4-39 下沉参数与下沉百分数曲线图

根据图 4-39，用参数 $\alpha$ 可以求得此部分泥砂能在斗槽中下沉的百分数 $W$，然后再计算这一时期内各种不同粒径泥砂下沉的百分数（$W_i$），按下式计算的泥砂下沉百分数：

$$W=\frac{\Sigma P_iW_i}{\Sigma P_i}(\%) \tag{4-33}$$

式中 $P_i$——各种不同粒径下沉泥砂的含量（$\mathrm{kg/m^3}$）。

（4）堤坝：斗槽的堤坝可用当地的砂质黏土、砂、砂砾、碎石及小块石等材料砌筑。

非淹没式堤坝的坝顶应高出最高水位 0.5～0.75m 以上，宽度一般为 2.0～4.0m。堤坝两侧边坡按筑坝材料而定：

| | |
|---|---|
| 细砂及中砂 | 1∶2～1∶3 |
| 碎石、卵石及砾石 | 1∶1.5～1∶2 |
| 砂质黏土 | 1∶2.5～1∶3.5 |
| 石块 | 1∶1～1∶1.5 |

堤坝边坡的稳定性应经过验算。

堤坝边坡（尤其是靠河的一侧）及坝端，易遭水流的冲刷及冰块的撞击，应予加固。靠河一侧的堤坝边坡可采用双层的石铺面（干砌块石）、石笼、混凝土及钢筋混凝土板，甚至挡土墙等加固；坝端可采用双层石铺面、抛石、混凝土及钢筋混凝土砌块、挡土墙等加固；坝脚处可采用抛石或沉排等加固措施。

#### 4.5.4.3 斗槽的清淤设施

（1）设计布置时，考虑最大限度减少河水中泥砂进入斗槽（如在逆流式斗槽的进水口处设置调节闸板，或在进水口前设置底面比斗槽进水口还低的斜槽）。

顺流式斗槽的轴线与水流方向之间的夹角愈小愈好。

(2) 沉积在斗槽中的泥砂应及时清除，以保证斗槽具有正常的过水断面和有效容积，防止沉淀物腐化和增加清淤困难。当斗槽为双向式有闸板控制时，可以引河水清除淤泥。其他形式则需使用清泥设备。清除斗槽中泥砂的设备可根据斗槽规模的大小，选用射流泵、泥砂泵、挖泥船以及吸泥船等。

#### 4.5.4.4 布置示例

图 4-40(*a*) 为采用斗槽预沉（预沉渠道）取水。取水工程主要由滚水坝、冲砂闸、进水渠道及取水泵房等组成，共设三条进水渠道，1 号、3 号为预沉渠道，中间 2 号为取水渠道。两条预沉渠道可同时运行或单独运行，预沉渠道首部设有拦污栅和格网，网后设置絮凝剂投加设施；接近其尾部有侧堰，并设两道格网，通过侧堰预沉水进入取水渠道。当某预沉渠道须要冲洗时，可关闭该渠侧堰，打开尾闸进行冲洗。

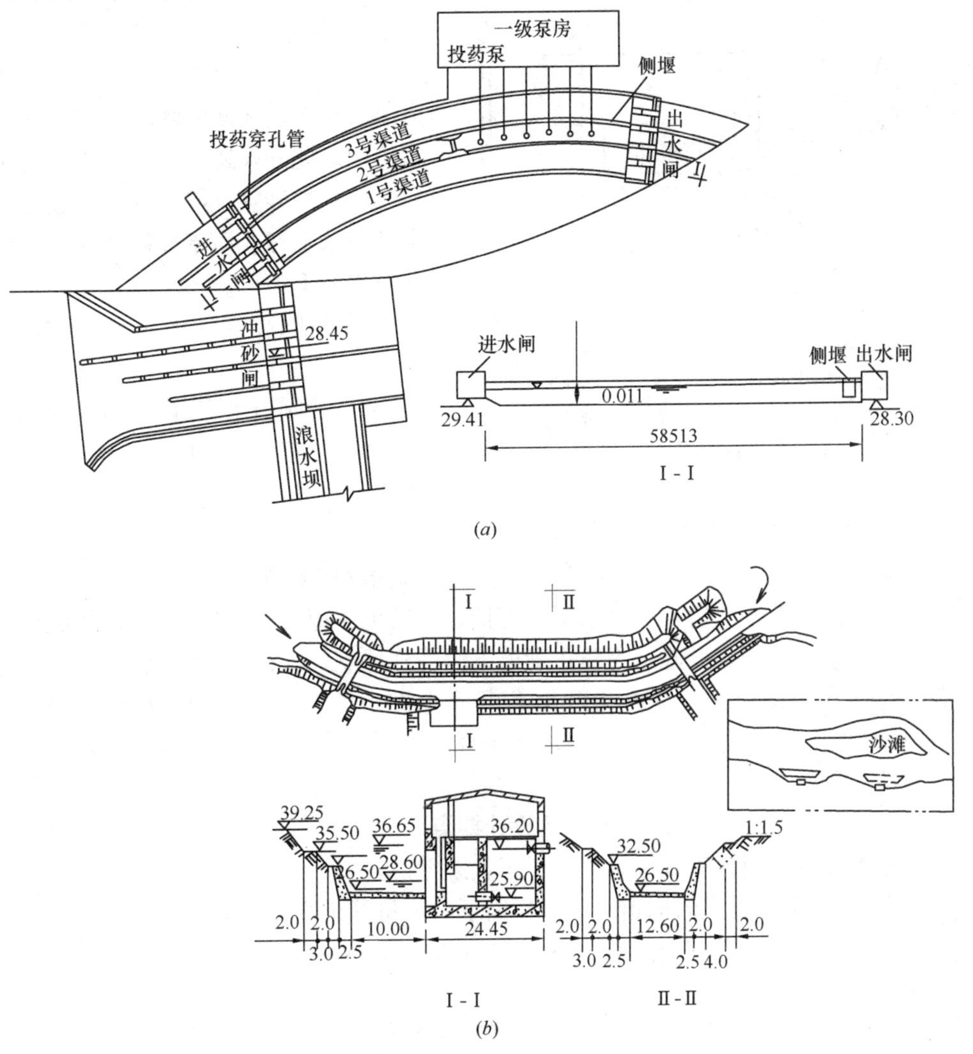


图 4-40 斗槽式预沉取水工程

(*a*) 某西川取水工程；(*b*) 某黄河取水工程

图 4-40(*b*) 采用斗槽为预沉池。斗槽上下游两端均设有控制闸。河从下游进入斗槽，因主流靠近斗槽便于引入河水进行冲洗，冲洗效果好。

### 4.5.5　底拦栅

底拦栅式取水，适用于河床较窄，水深较浅，河床纵坡较大（一般 $i \geqslant 0.02$），大颗粒推移质多（粒径≤6mm 的推移质泥砂仅占泥砂总量的 25%以下），且取水比例较大（要求截取河床上径流水及河床下潜流水之全部或大部分）的山溪河流取水工程。

**4.5.5.1　底拦栅式取水构筑物组成**（见图 4-41）

(1) 拦栅：拦截水流中大颗粒推移质、草根、树枝、树叶或冰凌等，以免进入引水廊道。

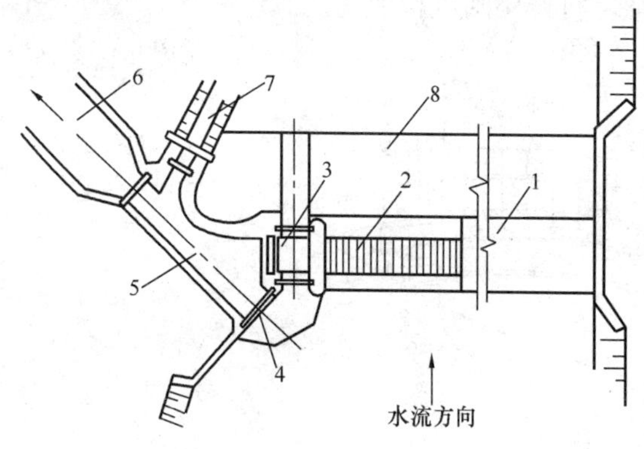


图 4-41　底拦栅式取水布置

1—溢流坝；2—拦栅；3—冲砂室；4—侧面进水闸；5—第二冲砂室；6—沉砂池；7—二次排砂明渠；8—防冲砂护坦

(2) 引水廊道：位于拦栅下部，汇集流进拦栅的全部水量，并引至岸边引水渠道或沉砂池。

(3) 闸门：拦栅进水调节闸（即廊道出口与渠道之间的闸门），作为控制取水量用。此外，还有排砂闸或泄洪闸等。

(4) 冲砂室（或称冲砂渠道）：一般小型取水工程或河流推移质少时可不建。其作用如下：

1) 排除拦栅上游泥砂和排泄部分洪水。

2) 冲刷引水廊道中的大颗粒泥砂。

3) 拦栅和引水廊道检修以及冬季水清晰时，可直接由冲砂室取水。

4) 通过冲砂室排泄上游冰凌到下游。

(5) 溢洪坝：在平、枯水期起抬高水位作用，洪水期起溢流作用。

(6) 沉砂池：设于岸边，与引水廊道衔接，一般可去掉粒径 $d \geqslant 0.25$mm 的泥砂。

(7) 廊道下游防冲刷设施：为防止廊道下游受到冲刷，保证廊道安全，需在下游设防冲措施，包括用浆砌块石、混凝土或钢筋混凝土砌筑的陡坡、护坦、裙板等（见图 4-42）。若廊道与其下游河床落差较大时，还需筑消力槛。当廊道及其下游为未风化基岩时，可不作防冲工程。

**4.5.5.2　底拦栅取水构筑物计算及设计要点**

(1) 进水量及拦栅计算（按廊道呈无压状态考虑）：

1) 当河流全部流量进入廊道时（即拦栅下游流量等于零），其流量为

$$Q = \alpha\mu PbL\sqrt{0.8gh'_{\text{kp}}}\,(\text{m}^3/\text{s}) \tag{4-34}$$

其中　$h'_{\text{kp}}$ ——栅前临界水深，$h'_{\text{kp}} = \sqrt[3]{\dfrac{Q^2}{gL^2}}$，代入公式（4-34）简化后得

$$q = \alpha 2.66\,(\mu Pb)^{3/2}\,[\text{m}^3/(\text{s}\cdot\text{m})] \tag{4-35}$$

其中　$q$——单位长度的取水量；

$\alpha$——堵塞系数，见表 4-29；

$\mu$——拦栅孔口的流量系数，见表 4-29；当栅条为扁条状格栅，表面坡降 $i=0.1\sim0.2$ 时，$\mu=\mu_0-0.15i$；

$\mu_0$——$i=0$ 时的流量系数，当栅条高与间隙宽之比大于 4 时，$\mu_0=0.6\sim0.65$，当比值小于 4 时，$\mu_0=0.48\sim0.50$；

$P$——拦栅孔隙系数，$P=\dfrac{S}{S+t}$。

其中 $S$——栅条间隙宽度（mm）；

$t$——栅条宽度（mm）；

$b$——拦栅水平投影的宽度（m）；

$L$——拦栅长度（m）。

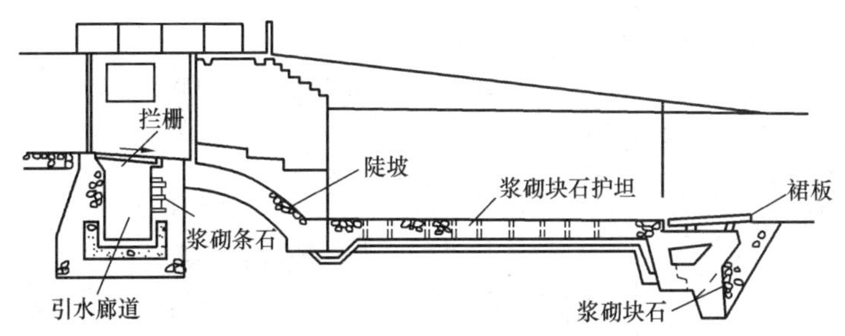


图 4-42 廊道下游防冲设施

**格栅呈菱、梯形的拦栅流量系数 $\mu$ 值** 表 4-29

| 序号 | 河流特征 | 堵塞系数 $\alpha$ | 流量系数 $\mu$ |
|---|---|---|---|
| 1 | 粒径小于 6mm 的砂，占总含砂量 25%以上；沿程流域有茂密植物丛生，河中被树叶充塞，气候严寒有冰花 | 0.35 | 0.60 |
| 2 | 粒径小于 6mm 的砂占总含砂量在 15%以下，沿程流域生长的植物稀疏，河中无树叶充塞，气候严寒有冰花 | 0.50 | 0.65 |
| 3 | 粒径小于 6mm 的砂占总含砂量在 10%以下，沿程有植物生长，河中有树叶充塞，但无冰花 | 0.75 | 0.70 |
| 4 | 泉源河流 | 1.0 | 0.75 |

2）当河流中部分流量进入廊道时，

$$Q=\alpha 4.43\mu PbL\sqrt{h}\ (\mathrm{m^3/s}) \tag{4-36}$$

式中 $L$——拦栅长度（m）；

$h$——拦栅上平均水深（m），$h=0.8\dfrac{h_1+h_2}{2}$

其中 $h_1$、$h_2$——分别为栅前、栅后的临界水深为

$$h_1=0.47\sqrt[3]{q_1^2}\ (\mathrm{m})$$

$$h_2=0.47\sqrt[3]{q_2^2}\ (\mathrm{m})$$

其中 $q_1$、$q_2$——拦栅上游及下游边上的单位长度的过流量［$\mathrm{m^3/(s\cdot m)}$］；

其余符号同上。

拦栅顶流量进入廊道的情况见图 4-43。

3）拦栅宽度（$b$）：

① 按公式（4-34）及公式（4-36）计算后，需用水流经拦栅时的抛射距离 $l_0$ 进行校核，若 $b<l_0$ 时，可加大 $b$ 值或增加拦栅道数，抛射距离 $l_0$ 按式（4-37）计算：

$$l_0 = \frac{0.625q_1^{2/3}}{P}(\mathrm{m}) \tag{4-37}$$

式中符号同前。

② 此外，据国外文献介绍，水流沿拦栅流动时，本身受粘着力（或惯性力）的影响，拦栅宽度 $b$ 不能全部起作用，仅部分宽度 $b_x$ 进水，见图 4-44，故在其他条件相同的情况下，受水的惯性的影响，拦栅坡度越大，有效工作宽度越小，因而进水量减少也越多。

考虑上述因素，拦栅有效宽度计算公式如下：

$$b_x = b + c - (\tan\alpha - \tan\beta)2h_{kp}\cos^2\beta\ (\mathrm{m}) \tag{4-38}$$

式中　$h_{kp}$——栅前临界水深（m）；

其他符号见图 4-44。

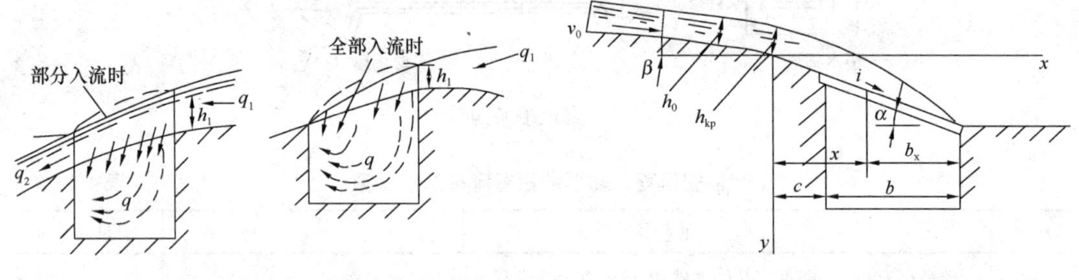


图 4-43　栅顶入流情况　　　　图 4-44　拦栅有效宽度计算图

（2）拦栅设计要点：

1）栅条纵横向都要有足够的强度和刚度。在大滚石地区，可设上下两层拦栅，上层专为承受大滚石等推移质，一般布置成疏格拦栅，多采用工字钢或铁轨，下层为一般较密的拦栅。

2）栅条材料有圆钢、扁钢、铸铁、型钢等多种，可根据当地材料、施工条件采用。断面形式（见图 4-45）一般以梯形较好，不易堵塞、卡石，但需专门加工，而矩形和圆形易卡塞石块不易清除，具体选用何种断面，视当地河流推移质情况及加工条件而定。

3）栅条间隙宽度应根据河流泥砂粒径和数量、廊道排砂能力、取水水质要求和取水比的大小、排砂用水困难与否等因素确定。一些文献建议，栅条间隙宽度应比泥砂总含量中大于 60%～70% 的相应粒径值为小（以多年平均洪水期河流底部含砂量作为设计含砂量和泥砂粒径分配的依据）。设计中一般栅条间隙宽度不大于 8～10mm。

4）为了便于安装检修，栅条应做成活动分块形式，其两端固定方法见图 4-46。

5）为减轻大块块石对底拦栅表面的冲撞，避免底拦栅坝面上沉积泥砂，底拦栅表面沿上、下游方向的坡度，可根据河流推移质等因素，采用 0.1～0.2。

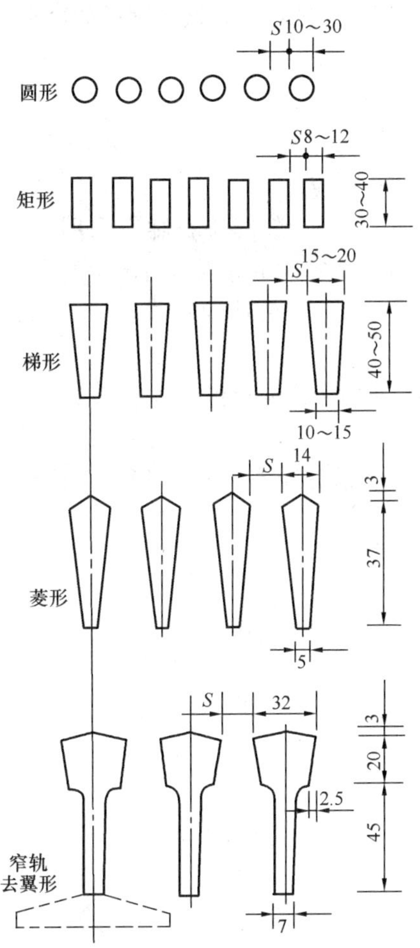


图 4-45 栅条断面形式 S 为栅格间隙

图 4-46 拦栅两端固定方法

(*a*) 活动扇块的拦栅；(*b*) 活动栅条的拦栅

1—铸铁座；2—活动扇块；3—铸铁压块；

4—栅条填片架；5—栅条

(3) 堰顶标高：堰顶标高一般应高出河床底 0.50m，如必须抬高水位时，应筑 1.2～2.5m 高的壅水坝。在山溪河道坡降大、推移质多、河坡变缓处的上游拦栅的堰顶标高，一般比河床高出 1.0～1.5m 左右。见图 4-47。

(4) 廊道设计：

1) 廊道横断面形式：有矩形、多边形及圆弧形等几种（见图 4-48）。矩形断面容易施工。圆弧形适用于水中含砂量较大时，水流进入圆弧形断面廊道后，能形成较强的螺旋

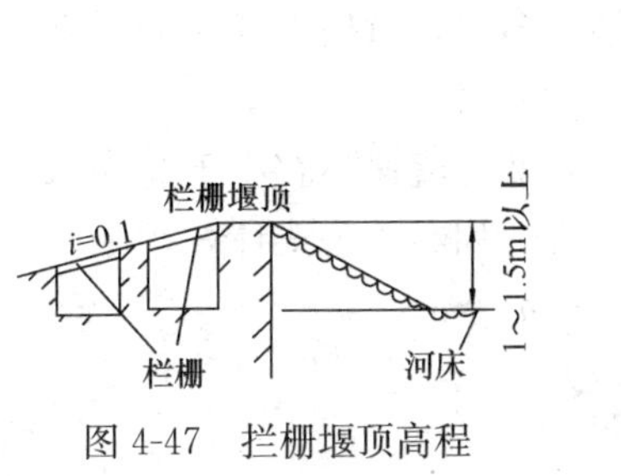


图 4-47 拦栅堰顶高程

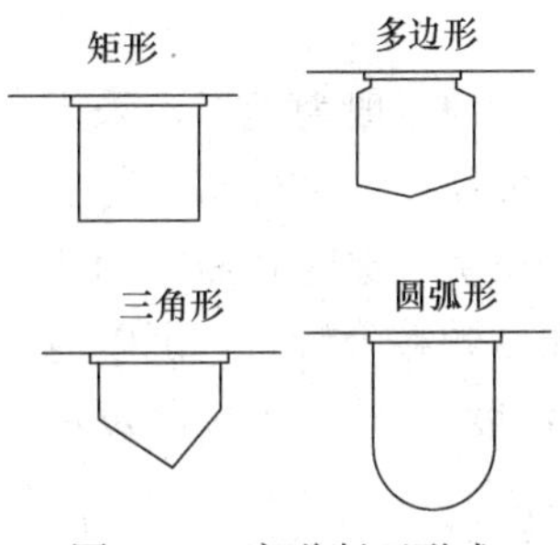


图 4-48 廊道断面形式

流运动，大大增加廊道的输砂能力，使廊道不易淤塞；缺点是降低了廊道的过水能力，以及造成廊道中壅水现象。

2）廊道设计要点；

① 廊道一般采用无压流。水面超高一般为 0.2～0.3m。

② 在确定廊道长度时，应与稳定河床的宽度相适应。

③ 粗糙系数：混凝土廊道采用 $n=0.025\sim0.0275$；浆砌块石廊道采用 $n=0.035\sim0.040$（除考虑摩擦损失外，还考虑了廊道内水流的旋转冲击等因素所产生的水头损失）。

④ 廊道中的流速，应尽量使进入的泥砂能及时带走。流速的始端 $v\geqslant1.2$m/s；末端 $v=2\sim3$m/s，需根据进入廊道的砂砾情况验算确定。

⑤ 廊道底的纵坡可采用分段改变，从起端至末端由 0.4 逐渐减少至 0.1。当采用一个坡度时，可采用 0.1～0.3。

3）廊道计算：采用等速流近似计算公式，将廊道分为若干区段进行水力计算。

$$H=\frac{Q}{Bv}\ (\mathrm{m}) \tag{4-39}$$

$$i=\frac{v^2}{C^2R} \tag{4-40}$$

式中 $H$——计算断面的水深（m）；

$Q$——计算断面的流量（$m^3/s$）；

$B$——廊道宽度（m）；

$v$——廊道内的流速（m/s）；

$i$——水面坡降；

$R$——水力半径（m），$R=\frac{\omega}{\rho}$

其中 $\omega$——水流有效断面积（$m^2$）；

$\rho$——湿周（m）；

$C$——流速系数，

$$C=\frac{1}{n}R^y$$

（5）沉砂池设计：

1）在含砂量较大，且颗粒粒径 $d\geqslant0.25$mm 数量较多的山溪河流。采用底拦栅取水时应设置沉砂池。在地形条件允许时，可采用排砂效果较好的曲线形沉砂池。一般情况下采用直线形沉砂池。当取水量不大时（小于 100$m^3/h$），也可考虑采用圆锥形旋流除砂器除砂。

2）直线形沉砂池一般为矩形，采用一格或多格，每格长度为 15～20m，宽度为1.5～2.5m，始端深度约为 2.0～2.5m，底坡为 0.1～0.2。

3）当采用一格沉砂池时，需定期清洗，其冲洗流速不宜小于 2.0～2.5m/s。

4）在缺乏泥砂颗粒分析时，沉砂池可采用下列经验公式计算：

沉砂池工作深度：
$$H_P=H-h_a\ (\mathrm{m}) \tag{4-41}$$

沉砂池每格宽度：
$$B=\frac{Q}{H_Pv}\ (\mathrm{m}) \tag{4-42}$$

沉砂池长度：

$$L = KH_{\mathrm{P}}\frac{v}{\mu}\ (\mathrm{m}) \tag{4-43}$$

式中 $H$——沉砂池平均深度；

$h_{\mathrm{a}}$——清洗时池内平均积泥厚度，可采用 $h_{\mathrm{a}}=0.25H$（m）；

$Q$——计算流量（$\mathrm{m^3/s}$）；

$v$——池内平均流速（m/s），参见表 4-30；

$K$——安全系数，采用 1～1.2；

$\mu$——泥砂的沉降速度（m/s）。

**沉砂池中的流速 $v$** 表 4-30

| 颗粒粒径（mm） | 平均流速（m/s） | 备注 | 颗粒粒径（mm） | 平均流速（m/s） | 备注 |
|---|---|---|---|---|---|
| 0.25 | 0.20 | | 0.70 | 0.45～0.50 | 相应池深 3～5m |
| 0.40 | 0.35～0.40 | 相应池深 3～5m | 1.00 | 0.5～0.55 | 相应池深 3～5m |

求得的泥砂沉降去除率 $P$，需大于设计所要求的 $P$ 值。泥砂颗粒等于或大于 0.7mm 时，沉降去除率按图 4-49 确定，当 $\mu/v$ 值介于两条曲线之间时，可用内插法。

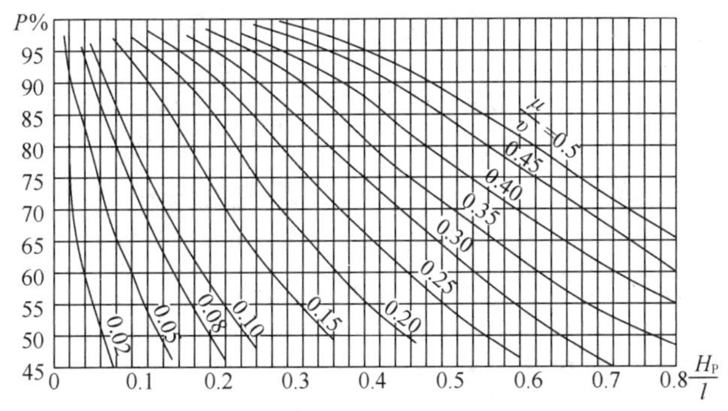


图 4-49 泥砂沉降的保证率曲线

沉砂池顺利冲洗泥砂的条件：

$$H_{\mathrm{k}} < Z + \frac{q}{v} \tag{4-44}$$

式中 $H_{\mathrm{k}}$——沉砂池末端深度（m）；

$Z$——池内水位与排出口水位之差（m）；

$q$——池内单宽冲洗流量［$\mathrm{m^3/(s \cdot m)}$］；

$v$——池内平均流速（m/s）。

5）曲线形沉砂池（见图 4-50）：

① 曲线形沉砂池的沉砂与排砂，是利用弯曲河道内水流的横向环流作用，使推移质泥砂连续不断地向凸岸方向集中，而在凸岸底部布置排砂管道排除泥砂。

② 整个曲线形沉砂池可做成一个具有 90°弯曲的渠段，其弯曲半径约为池底宽的 4 倍。池内水深 $H$ 与宽度 $B$ 的比例应保持在 1/15～1/8 之间，以缩小横向环流的上升水流区，防止底砂上翻。

③ 底坡纵向可作成水平的，横向应做成斜坡，坡度为 0.075～0.125。在泥砂颗粒较

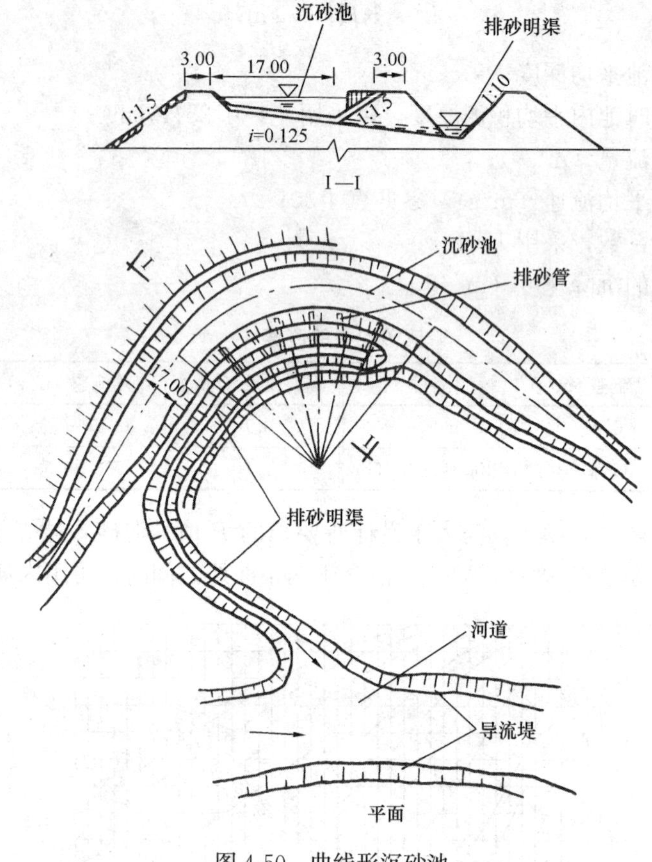


图 4-50　曲线形沉砂池

大时，横向斜坡和水深均应采用较大数值。

④ 排砂管道布置在沉砂池凸岸一侧，管的间距布置在池首处较小，池尾处较大。

⑤ 排砂管道出口设排砂明渠，明渠内水流方向应与沉砂池水流方向相反。

6）排砂口在排入河道处，应考虑河道多年的淤积情况，为了延长沉砂池使用年限，排砂渠尾与河道要有 3～4m 以上的落差。同时排砂段的河道，可利用导流堤等缩窄河床，增大河水流速，以防淤积。

（6）溢洪堰（见图 4-51）：

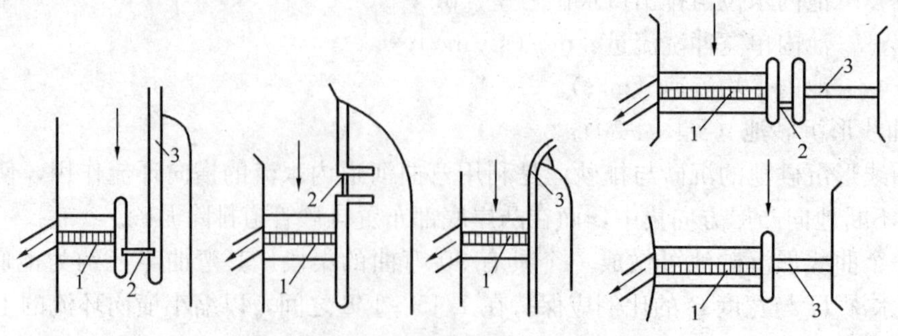

图 4-51　泄洪闸、溢洪堰布置

1—底拦栅；2—泄洪闸；3—溢洪堰

1）拦栅堰顶所需长度，应按进水要求设计，按安全过洪要求校核。如不满足过洪要求时，可适当加长。

2）当枯洪流量悬殊时，可于旁侧另加溢洪堰，其轴线可与拦栅堰相交，或放在底拦栅堰的延长线上。

3）溢洪堰顶一般比拦栅堰约高 0.2～0.5m。

4）为排除推移质，靠底拦栅部分做成旁侧的或正面的泄洪闸，闸底较拦栅堰顶低 1.5～2.0m，以利用洪水冲刷拦栅上游堆积的推移质。

（7）截砂沟：当取水量较大时，为减少进入引水廊道的推移质，可在拦栅前的坝顶上设置截砂沟，截走部分推移质。截砂沟与廊道轴线平行，横断面可采用梯形、矩形等，见图 4-52。

（8）其他设计要点及注意事项：

1）在山洪破坏力较大的区域，应设法避开山洪主要冲击地段，并可根据具体情况在拦栅上游一定距离处设置导流堤，使山洪和大量推移质绕过取水构筑物，以确保取水构筑物的安全。

2）当山溪河流河床狭窄时，拦栅可以沿全河宽布置。当仅在靠河岸一段设置拦栅时，为了保证拦栅均匀进水，应使水流与拦栅保持正交（见图 4-53）。

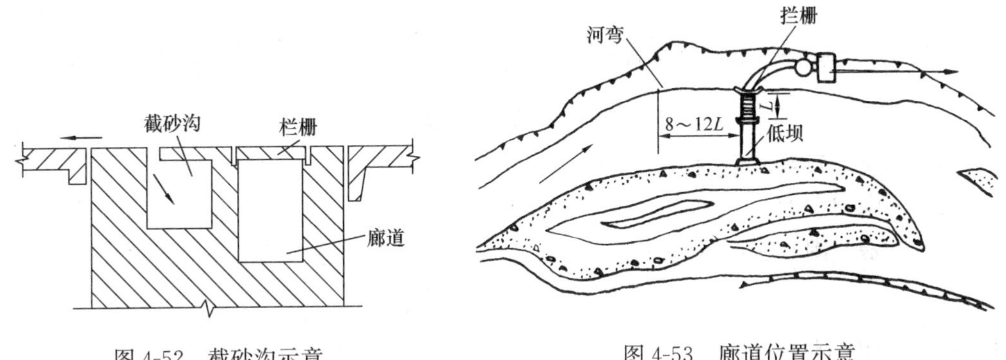


图 4-52 截砂沟示意

图 4-53 廊道位置示意

3）当山溪河流洪、枯水期水量相差悬殊时，设计中不仅要充分考虑洪水期的冲刷和栅前的淤积，同时还必须注意避免枯水季节水流分散和表面断流（通过廊道或低坝下部河床底部的渗漏）。

4）在寒冷地区，采用底拦栅式取水时，应采取防冰冻措施：

① 当河床狭窄时，可于底拦栅后做活动挡水板（洪水期可卸下），以抬高水位，使拦栅栅条淹没在冰冻厚度以下约 30cm。

② 栅条外包传热系数小的材料，如硬橡皮等。

③ 可用 0.4MPa 的蒸汽进行喷冲，或用厂内冷却水回流。

④ 对于只在夜间发生冰冻的地区，而取水量又不大时，可增大沉砂池容量，用以调节取水负荷。

⑤ 在底拦栅栅条处设置人工清堵平台。

### 4.5.6 低坝

低坝式取水适用于枯水期流量特别小，水浅，不通航，不放筏，且河水中推移质不多

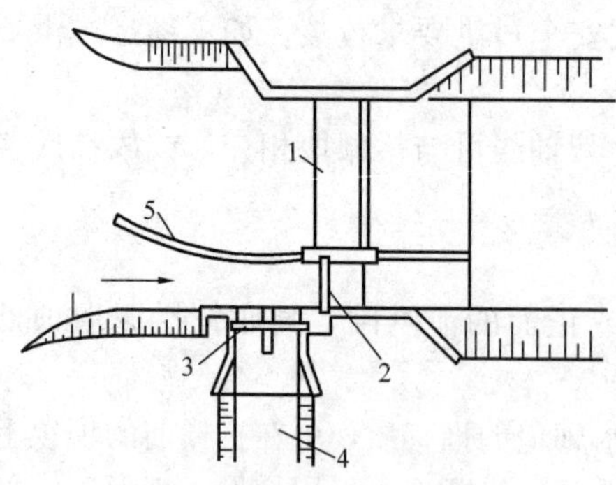


图 4-54　固定坝取水平面布置

1—溢洪坝（低坝）；2—冲砂闸；3—坝侧进水闸；4—引水明渠；5—导流堤

的小型山溪河流。

低坝式取水有固定坝和活动坝两种。

**4.5.6.1　固定坝**

固定坝见图 4-54。

（1）设计要点：

1）坝高应能满足设计取水深度的要求。

2）在靠近取水口处需设置冲砂孔或冲砂闸，并根据河道情况，修建导流整治设施，以确保取水构筑物附近不淤积。当闸门开启次数较频繁时。可采用电动及手动两用启闭机操纵闸门。当水质常年清澈时，也可不设置冲砂孔或冲砂。

3）为确保坝基安全稳定，根据河床地质情况，必要时需考虑在溢流坝、冲砂闸下游设消力墩、护坦、海漫等消能措施。

4）固定低坝式取水可采用进水闸或岸边泵站的取水形式，在寒冷地区还应设有防止冰块、冰凌和漂浮物进入取水口的设施。

（2）计算公式：

1）采用进水闸时，流量可按宽顶堰计算：

$$Q = mb\varepsilon\sqrt{2g}H_0^{3/2}\,(\mathrm{m^3/s}) \tag{4-45}$$

式中　$m$——流量系数，采用 0.35；

$b$——闸门宽度（m）；

$H_0$——堰（闸）前水深（m），

$$H_0 = H + v_0^2/2g\ (\mathrm{m})$$

其中　$H$——堰上水深（m）；

$v_0$——堰（闸）前流速（m/s）；

$\varepsilon$——侧面收缩系数，

$$\varepsilon = 1 - 0.2[\xi_k + (n-1)\xi_0]H_0/b$$

其中　$n$——进水闸孔数（个）；

$\xi_k$、$\xi_0$——系数，圆形闸墩 $\xi_k = 0.7$，$\xi_0 = 0.45$。

当需考虑下游尾水壅高的影响而为淹没流时，可采用给水排水设计手册第 1 册《常用资料》的有关水力计算公式。

2）冲砂闸只在高水位时开启，流量可按宽顶堰自由泄流计算：

$$Q = mb\varepsilon\sqrt{2g}H_0^{3/2} \tag{4-46}$$

式中　$m$——流量系数，采用 0.36；

$b$——冲砂闸净宽（m）；

其余符号同前。

3）导流堤的泄流能力计算：

$$Q = mB\varphi\sqrt{2g}H_0^{3/2}(\mathrm{m^3/s}) \tag{4-47}$$

式中 $m$——流量系数，采用0.45；

$B$——导流堤溢流前沿宽度（m）；

$\varphi$——侧堰系数，采用0.94；

$H_0$——考虑行近流速的水头（m）；

$$H_0 = H + \frac{v_0^2}{2g}\ (\mathrm{m})$$

其中 $v_0$——侧堰行近流速（m/s）。

$H$——堰顶水头（m）。

**4.5.6.2 活动坝**

固定低坝式取水构筑物，容易造成坝前泥砂淤积，威胁取水安全。活动式低坝取水，则可防止泥砂淤积，活动坝取水，有水力自动翻板闸、橡胶坝等形式。

（1）翻板式：水力自动翻板闸由活动部分（面板、支腿、固定座〈上〉）、铰座和固定部分（固定座〈下〉及支墩）组成。

1）水力自动翻板闸门的工作特点：

当水压力对支承铰的力矩大于闸门自重，对支承铰的力矩与支承铰的摩擦阻力力矩之和时，闸门自动开启。当闸门自重对支承铰的力矩大于水压力对支承铰的力矩与支承铰的摩擦阻力力矩之和时，闸门自动关闭。

2）翻板闸门的计算：

① 翻板闸门的高度、宽度可根据经验公式确定：

$$Q = CBH^{1.47} \tag{4-48}$$

式中 $Q$——设计洪峰流量（$\mathrm{m^3/s}$）；

$B$——闸门宽度（m）；

$H$——闸门高度（m）；

$C$——系数（根据不同的$\theta$值确定），见表4-31。

**系数 *C* 值** **表 4-31**

| 阀门全开时倾角 $\theta$（°） | 4 | 5 | 6 | 7 | 8 |
|---|---|---|---|---|---|
| $C$值 | 1.88 | 1.875 | 1.87 | 1.865 | 1.86 |

计算时先确定合适的闸门高度，然后按公式算出闸门的宽度。若算出的宽度太大，可采用多扇闸门组装而成。

②“末绞”的位置应在闸门重心与闸门高度平分线之间见图4-55。

③当闸门全开后须迅速破坏面板上、下两股水流间形成的真空，防止闸门启闭过于频繁，可以在面板顶端设置间断梳齿或在闸墩上设置通气孔见图4-56。

（2）橡胶坝：

1）橡胶坝的组成：橡胶坝由柔性薄壁材料做成，可以改变挡水的高度，其组成如下：

① 土建部分：包括闸底板、闸墙、上下游护坡，下游消力池、海漫、上游防渗铺盖等。

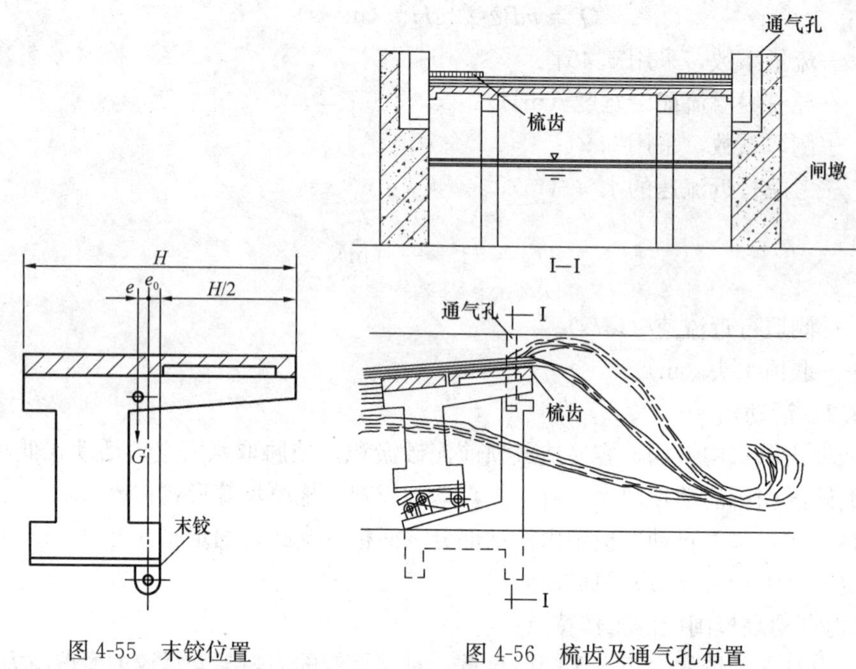


图 4-55 末铰位置　　图 4-56 梳齿及通气孔布置

② 挡水部分：袋形橡胶坝或片形橡胶坝。

③启闭部分：坝袋的充排水（气）设备，片闸则为卷扬机或手动绞车。

2）橡胶坝的类型：

① 袋形橡胶坝（见图 4-57）：袋形橡胶坝的挡水部分是由柔性薄膜组成的封闭袋形结构。封闭的袋内充以一定压力的水或气体，以保持一定形状，承受上游的水压，起挡水作用。

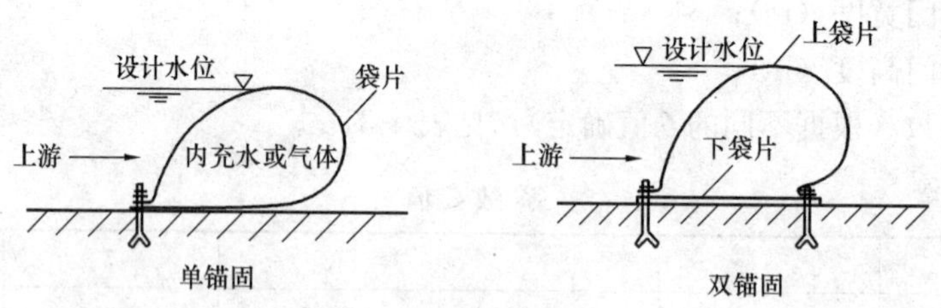


图 4-57 袋形橡胶坝

当需要泄水时放出一部分水或气体。

② 片形橡胶坝（见图 4-58）：片形橡胶坝又称橡胶片闸。其挡水结构由一个柔性薄膜片组成，下端锚固于底板上，上端锚固于活动横梁上。活动横梁由支柱及导向杆支承，也可以由卷扬机或手动绞车通过钢丝绳固定其位置。当活动横梁将柔性薄膜片拉起到最高位置时起挡水作用。活动横梁在其他位置时则可泄水。

3）橡胶坝的应用及优缺点：在给水工程中，橡胶坝已被用作闸门、低水头滚水坝、溢洪堰闸门、防潮堤、防浪堤等。橡胶坝用于山溪河流的取水，具有以下优点：

① 橡胶坝受力骨架多采用纤维织物（如锦纶、维纶或棉丝帆布等），并用合成橡胶（氯丁橡胶）作为隔水层和保护层。可节省大量建筑材料。

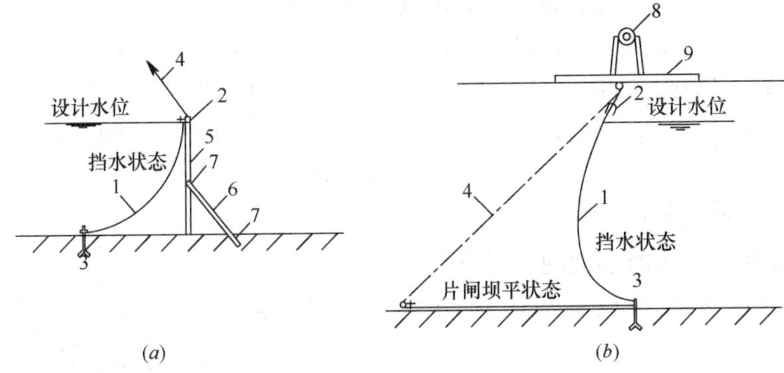


图 4-58 片形橡胶坝
(a) 卷扬机操作；(b) 手动绞车操作
1—胶布片；2—活动横梁；3—锚固螺丝；4—钢丝绳；5—立柱；6—导向杆；
7—轴；8—手动绞车；9—工作平台

② 坝体可在工厂加工预制，重量轻，施工安装简便，可大大缩短工期，节省劳动力。

③ 止水效果好，且操作灵活简便，并可根据需要随时调节坝高。

④ 抗震性能好。

其缺点是橡胶坝的坚固性与耐久性较差。橡胶布易受各种机械损伤，一旦破裂，若不及时修补，容易扩展，致使坝袋不能工作。检修也十分困难。

# 4.6 移动式取水构筑物

## 4.6.1 缆车式取水

### 4.6.1.1 缆车式取水口位置选择

缆车式取水口位置的选择原则及要求，除了基本上与固定式相同外并应注意以下几点：

(1) 宜选在主流近岸、水流平稳、河床稳定的河段，避免设在水深不足、冲淤严重的地方。

(2) 避免在回水区或在岸坡凸出地段的附近布置缆车道，以防淤积。

(3) 岸坡要适宜，缆车坡道面宜与原岸坡接近。

### 4.6.1.2 设备选择

(1) 泵车数量应根据供水量大小、供水保证率要求及调节水池容量等决定。一般小型供水系统可采用一部泵车，泵车上设不少于两台水泵。取水量较大，且移车次数较多，虽有调节水池，供水安全仍无可靠保证时，则必须采用两部或两部以上泵车。

(2) 选用的水泵要求 $Q \sim H$ 曲线较陡，也可根据水位更换叶轮，以适应水位变化：水泵的气蚀余量（NPSH）值，不宜大于 6m。

水泵的引水方式同一般水泵布置。

(3) 电力设备：

1）低压和高压开关柜宜安装在岸上，但操作监视设施应设于泵车上。

2）输电线路一般采用电缆。以往兴建的缆车也有采用架空明线的，架空明线虽具有投资省的优点，但设在水边的电杆有碍民船拉纤航行，且防止直接雷击不易解决，移车不便，安全性差。采用电缆，虽投资较大，但电缆收放一般采用电缆卷筒，运行安全维护方便。

3）泵车上应设通信设备。

4）应考虑泵车移车时场地的照明设施。

5）泵车上电动机等设备应考虑防雷与接地保护。

(4) 牵引设备：卷扬机（绞车）可设于岸边最高水位以上的卷扬机房内；牵引力在5t以上时卷扬机宜采用电动操作。卷扬机的牵引力 $F$（见图4-59）为

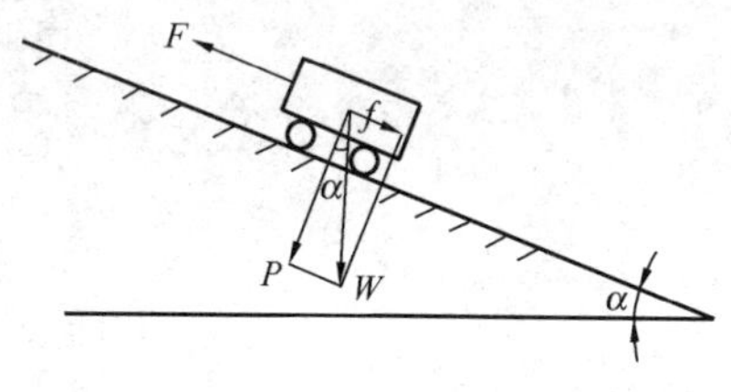


图4-59　牵引力计算

$$F=\beta W(\sin\alpha+\mu\cos\alpha)\ (\mathrm{N})\qquad(4\text{-}49)$$

式中　$\beta$——储备系数，目前中南地区采用1.2～2.0，西南地区采用3～4；

$W$——泵车自重（N）；

$\mu$——摩擦系数，采用0.1～0.15；

$\alpha$——坡道倾角（°）。

(5) 安全设备：

1）电动卷扬机制动装置一般均配有电磁铁刹车（停车时自刹）与手动刹车，使用较安全。

2）泵车安全设备见表4-32。

**泵车安全设备**　　**表4-32**

| 类型图号 | | 构造 | 优缺点 | 适用条件 |
|---|---|---|---|---|
| 泵车固定时 | 螺栓夹板见图4-60 | 在前面滚轮或前后滚轮处各设一个 | 简单、轻便、安全可靠 | 中小型泵车，尤适用于斜桥式 |
| | 钢杆安全挂钩见图4-61 | 由钢杆（可调长度）与挂钩组成，泵车移动时可设简易起吊装置 | 安全可靠，使用效果好，但操作不太方便 | 大、中型泵车广泛采用 |
| 泵车移动时 | 钢丝绳套挂钩见图4-62 | 一端与泵车连接，另一端挂在挂钩座上，钢绳套环长度为斜管间距的2～8倍 | 操作方便省力、省事，经济适用 | 大、中、小型泵车广泛采用 |
| | 长挂钩制动器见图4-63 | 头部有钢挂钩与微动螺丝 | 挂钩太笨重，操作不便，造价贵 | 作辅助安全设备用 |
| | 绞盘安全钢丝绳 | 绞盘装在泵车底盘下面随泵车升降收放钢绳，绞盘利用蜗轮蜗杆变速 | 可以自锁，不需制动刹车 | 中、小型泵车，特别是采用绞盘牵引泵车，作备用安全设备 |
| | 备用钢丝绳 | 电动卷扬机滚筒上，设中隔板分为两段，各绕一根钢绳同轴转动，互为保险 | 当卷扬机结构损坏或刹车失灵失效时，不起安全作用 | 作辅助安全设备用 |

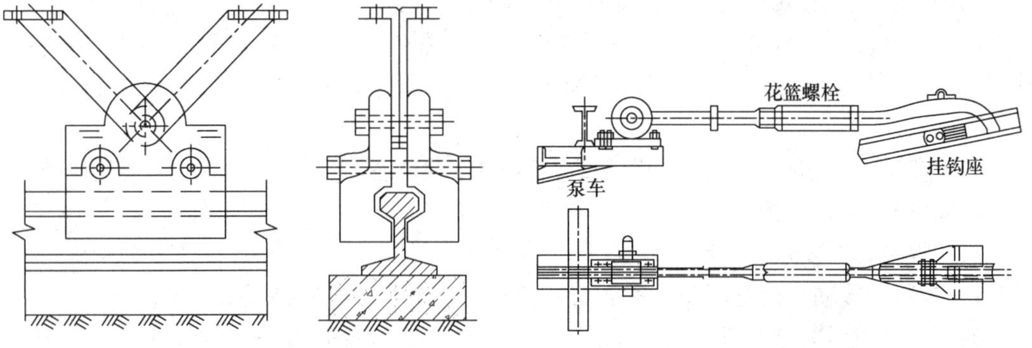


图 4-60 螺栓夹板

图 4-61 钢杆安全挂钩

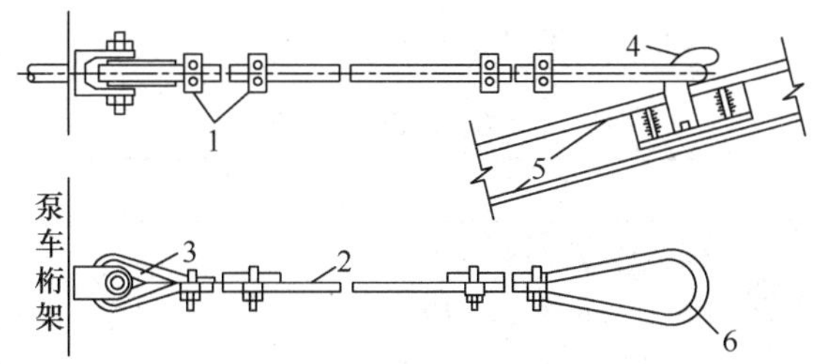


图 4-62 钢丝绳套挂钩

1—钢丝绳卡；2—钢丝绳；3—心形拉圈；4—挂钩座；5—钢轨；6—绳套

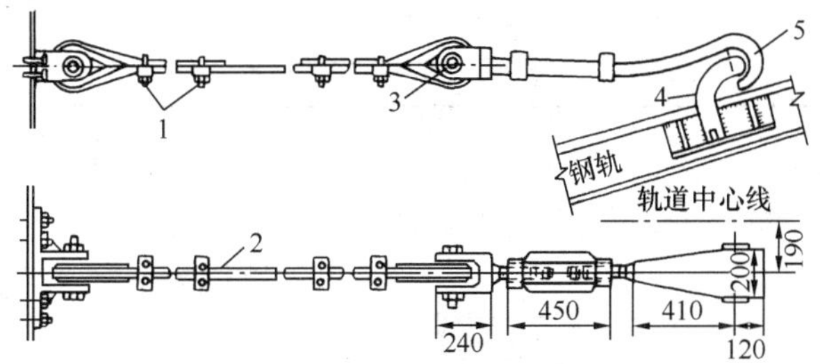


图 4-63 长挂钩

1—钢丝绳卡；2—钢丝绳；3—心形拉圈；4—挂钩座；5—长挂钩

3）泵车发生事故时，下滑的瞬时作用力很大。为了减少冲击力，可在泵车连接处设弹簧缓冲器（见图 4-64）。

4）安全防护：

① 防止超过卷扬长度：可采用在轨道上端装设终点开关自动断电器；轨道端部向上弯起；在停车位置用粗铅丝立标志；在钢丝绳上作记号以及在卷扬机房设置行程指示器等措施。

②信号：设置航标灯和信号灯，以警示来往船只。

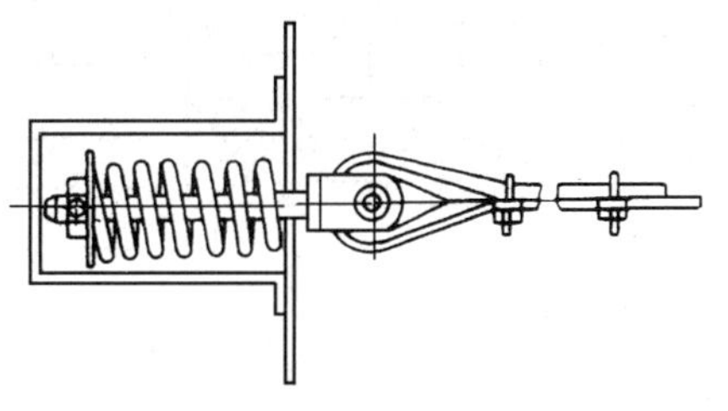

图 4-64 弹簧缓冲器

③护栏：在危及安全的车道两侧设护栏设施。

(6) 清淤设备：轨道清除，一般可在岸上设冲洗水泵，或利用泵车水泵的压力进行冲洗。水泵应有足够流量，当压力在0.3MPa以上时，效果较好。在取水量较小及积泥不多时，可用人工清除。

上述缆车设备的选择，泵车的设计见《给水排水设计手册》第三版第9册《专用机械》。

#### 4.6.1.3　泵车设计

(1) 设备布置要点：

1) 为减少震动，设备尽量对称布置，使机组与泵车重心在轴线上重合。

2) 泵车应考虑小修条件。当设备在0.5t以上时，设手动吊车，泵车接头处设手动葫芦。

3) 泵车净高：有起吊设备时可采用4～4.5m；无起吊设备时采用3.0～3.5m。

(2) 设备平面布置：泵车设备平面布置可根据水泵类型、泵轴旋转方向及泵车构造布置成各种形式。表4-33为常见的泵车设备布置。

布置形式比较　　表4-33

| 布置形式 | 优缺点 | 适用条件 |
|---|---|---|
| 布置Ⅰ（尾车悬臂平设）见图4-65 | 1. 交通条件好，便于操作维修；<br>2. 两机组对称布置，桁架受力好；<br>3. 出水管安装麻烦，转弯配件较多 | 适用于中、小型缆车 |
| 布置Ⅱ见图4-66 | 1. 布置较紧凑，泵车长宽比接近正方形；<br>2. 泵车竖向易布置成阶梯形 | 适用于大、中型缆车 |
| 布置Ⅲ见图4-67 | 1. 管路布置较紧凑，面积省，泵车长宽比接近正方形；<br>2. 泵车竖向阶梯布置；<br>3. 其中一台水泵反转，泵车稳定性较好 | 适用于中、小型缆车 |

(3) 首车及尾车：

1) 首车（见图4-68)：当采用曲臂式活动接头时需设置首车。首车上安装弯曲轨道，以支撑曲臂管，并使首车能沿弯曲轨道滑动。

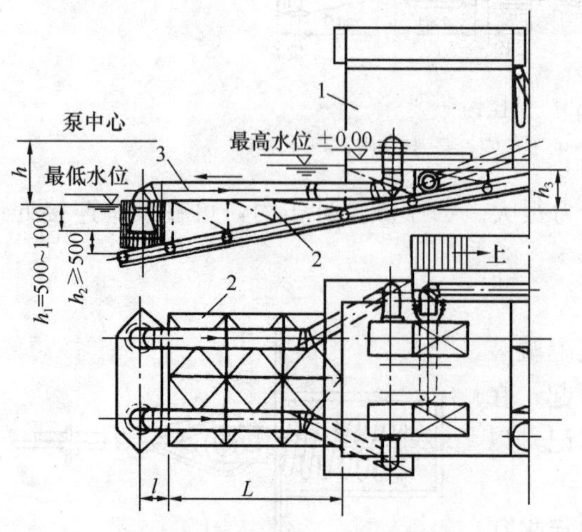

图4-65　泵车设备布置Ⅰ（尾车悬臂平台）

1—泵车；2—悬臂桁架；3—吸水管

2) 尾车：当坡道平缓时，为满足一定的吸水深度要求，水泵吸水管可设在泵车后部的尾车上，一般有悬臂平设（见图4-65）及沿坡道斜设（见图4-69）两种。悬臂平设尾车结构复杂，但取水水质较好。为了安全，尾车长度不宜超过15m。

沿坡道斜设尾车结构简单，但当坡道上积泥较多时，吸水水质差。

(4) 管路布置：

1) 斜桥式泵车的吸水管，一般布置在泵车的两侧。斜坡式泵车吸水管，一般设在尾车上（见图 4-67、图 4-69）。当斜坡倾角较大时，如吸水管管径较小，可直接放在泵车后侧；管径较大时，则放在悬臂梁托架上，见图 4-70。每台水泵宜单独设置吸水管。

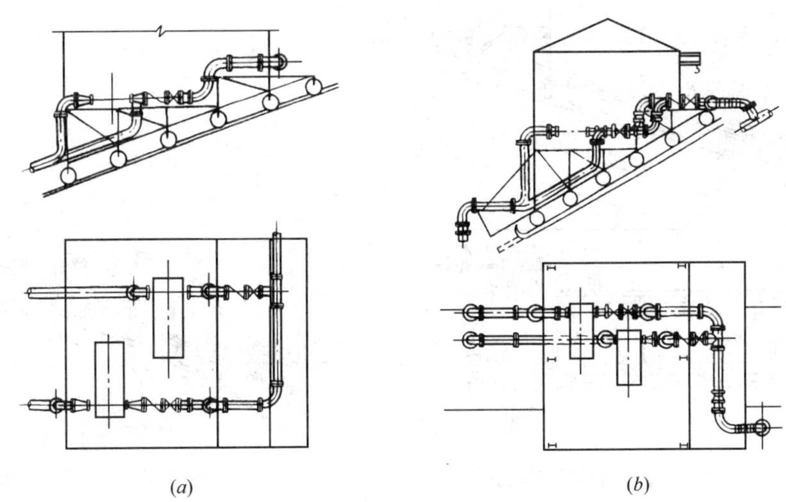


图 4-66 泵车设备布置Ⅱ

(a) 水泵平行反向；(b) 水泵平行同向

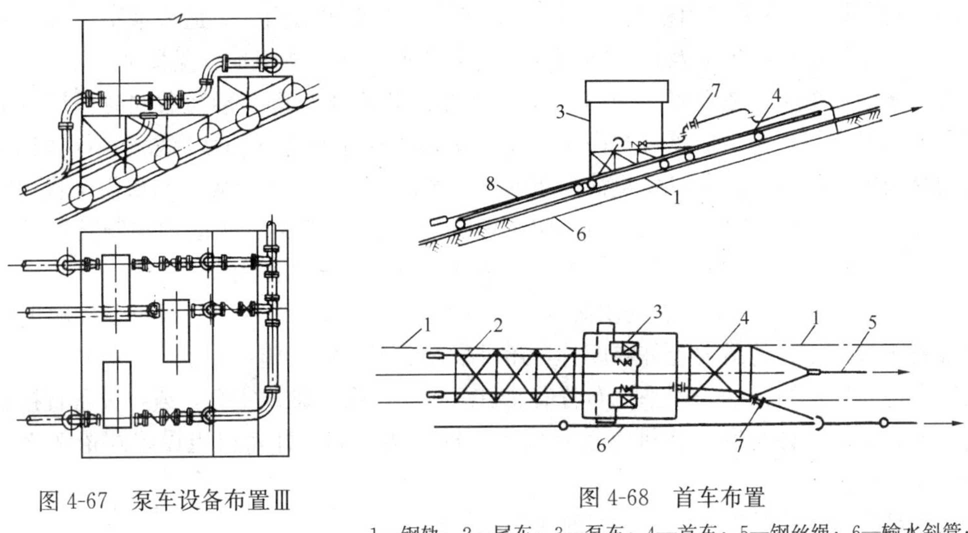

图 4-67 泵车设备布置Ⅲ

图 4-68 首车布置

1—钢轨；2—尾车；3—泵车；4—首车；5—钢丝绳；6—输水斜管；7—曲臂式活动接头；8—吸水管

2）出水管管径小于 300mm 时，可采用架空管出水；出水管为 500mm 以上时，宜采用双管出水。

3）为便于泵车内布置通道，出水管可以从底板下伸出。

4）排气阀、止回阀等可设于岸上转换井内。水泵总出水管上设泄水阀。

5）水位变幅大时，输水斜管上每隔 15～20m 高程差设一个止回阀。

（5）泵车构造要求：

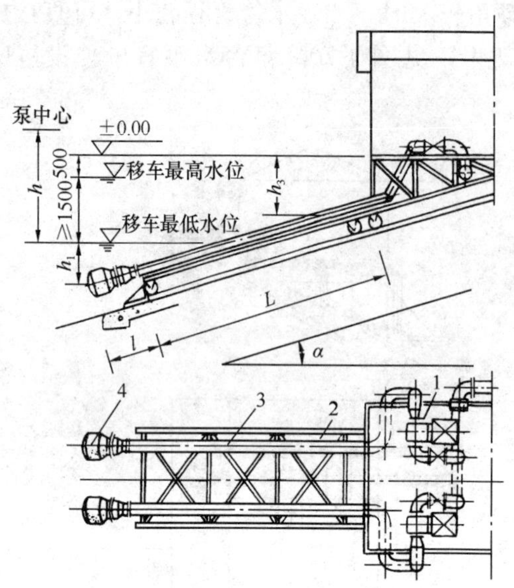


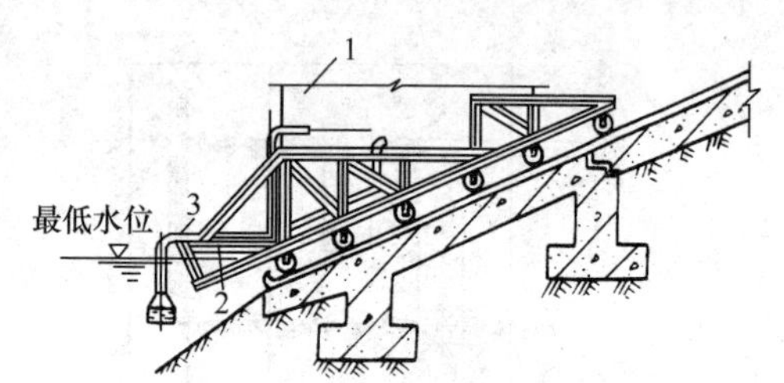


图 4-69　尾车布置（沿坡道斜设）
1—泵车；2—尾车；3—吸水管；4—取水头部

图 4-70　吸水管设于悬臂托架上
1—泵车；2—悬臂托架；3—吸水管

1）基本要求：坚固耐用且自重最小；保证车架运行中的纵向及横向稳定性。

2）结构形式：多数采用桁架式结构，个别采用刚架式结构。为适应坡道坡度，桁架为三角形。车架由两榀桁架及桁架间的纵、横水平垂直支撑所组成（见图 4-70）。根据使用要求，一般在桁架下弦设置 3～6 对滚轮。车架结构必须按静、动荷载同时作用下的最不利受力情况进行计算，还需考虑由于施工、安装及其他条件（如坡道发生不均匀沉陷）引起的荷载增加因素，以及设备负荷分布的不均衡性。车架的固有频率与机组干扰频率的相差应在 25％～30％以上，以保证结构不产生共振现象。车架计算必须控制其振动幅度小于人与设备正常工作的允许振动幅度。车架计算还应校核纵横向稳定性。

3）泵车减振措施：泵车在震动荷载下产生的震动，除在设计中使泵车震动幅度小于人及设备正常工作时的最大允许幅度外，还可采取以下减震措施：

①合理布置机组：如采用平行布置时使机组重心与泵车轴线重合，或将设备直接布置在桁架上；采用阶梯布置时使机组重心放在两榀桁架之间，并将机组设置在桁架之短腹杆处。

②提高设备安装精度，减少机组对车架的振动。

③滚轮不宜太多，设于滚轮上的桁架竖杆断面适当加强，平台梁挑出部分不宜过长，且不宜按自由端处理，以免发生共振。

④车轮宜用双凸缘滚轮，以保证工作平衡避免车轮脱轨，单凸缘滚轮易在移车时发生脱轨。滚轮材料可采用铸钢，滚轮之双缘与轨翼应留 2～3mm 空隙，以利滚动。

⑤可在机组底座下设置弹簧或橡胶隔振垫，也可在泵车上加设减震器。

#### 4.6.1.4　坡道设计

（1）坡道主要设计参数：

1）坡度：坡道倾角一般为 10°～28°，并尽量与岸坡倾角相近。

2）轨距：当吸水管直径在 300～500mm 时，轨距一般为 2.8～4.0m；当直径小于 300mm 时，为 1.5～2.5m。

3）坡道面宽：坡道面宽应根据泵车宽度及坡道设施（如输水斜管、阶梯人行道、电缆沟等）布置确定。

（2）坡道形式：一般分斜坡，斜桥两种形式（见表 4-34）。当岸坡不规则时，经常采用斜桥斜坡相结合的形式，以减少土石方工程量或防止淤积。

设计坡道应尽量减少水下工程量，以节约投资，缩短工期。

**坡 道 形 式** **表 4-34**

| 形式 | 图 示 | 适 用 条 件 | 优 缺 点 |
|---|---|---|---|
| 斜坡式 | 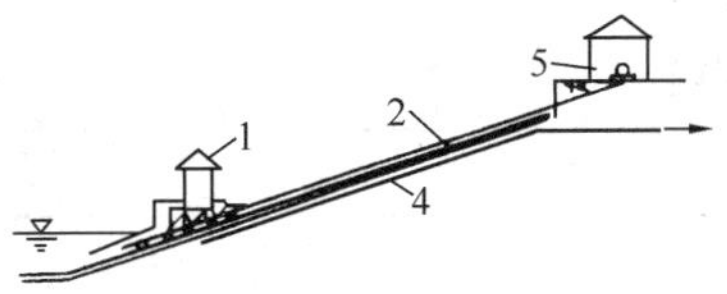 | 1. 河岸地质良好，稳固，且倾角适宜处。位于凹岸时，需结合防冲作护岸；<br>2. 坡度应接近原河岸倾角，坡道应高于河岸 0.5m，以免淤积 | 优点：<br>1. 充分利用地形，施工工程量较小，水下工程量少；<br>2. 联络管接头拆装较斜桥式方便<br>缺点：<br>1. 受地形、地质限制大；<br>2. 轨道上易积泥；<br>3. 倾角小时，吸水管较长，需设尾车 |
| 斜桥式 | 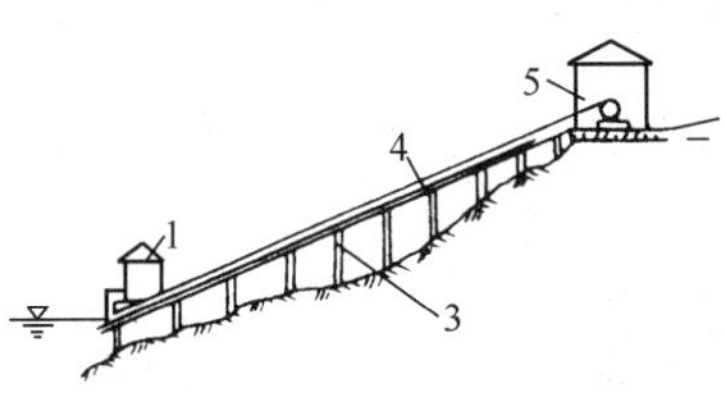 | 河岸倾角较陡或地质条件较差处，斜桥由钢筋混凝土框架组成 | 优点：<br>1. 坡度的确定，不受地形条件限制<br>2. 吸水管可直接装在泵车两侧取水<br>缺点：<br>1. 结构复杂，施工工程量较大，造价高<br>2. 联络管接头拆装不便 |

注：1—泵车；2—坡道；3—斜桥；4—输水斜管；5—卷扬机房。

为减少水下部分坡道长度，可以将泵车吸水管用悬臂桁架尾车支托（见图 4-66（*b*）及图 4-71）以及坡道下端采用悬臂钢筋混凝土梁（见图 4-72）等形式。

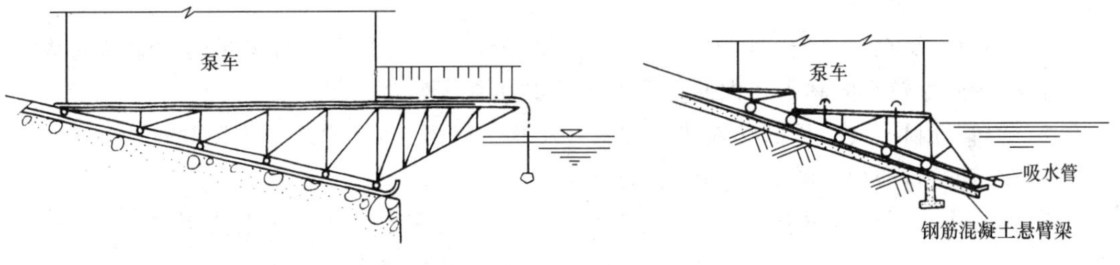


图 4-71 悬臂桁架支托

图 4-72 悬臂梁支托

（3）坡道纵断面：

1）缆车道上下端控制标高：

$$H_{上} \geqslant H_{max} + h_{B} + H + 1.5 \tag{4-50}$$

式中 $H_{上}$——缆车道上端标高（m）；

$H_{max}$——最高水位（m），一般按百年一遇频率确定，小型缆车按供水要求，可适当降低标准；

$h_B$——浪高（m）；

$H$——吸水喇叭口至泵车操作层的高度（m）；

1.5——安全高度（m）。

$$H_{下} \leqslant H_{min} - 1.5 \tag{4-51}$$

式中 $H_{下}$——缆车道下端标高（m）；

$H_{min}$——设计最低水位（m）；

1.5——保证吸水的安全高度，小型缆车此值可适当减小。

2）纵坡设计：尽量利用天然岸坡，控制缆车道上下端，选择一个填挖较为平衡的坡度。一般全线选用一个坡度。

（4）坡道设施（见表 4-35）：

坡道设施 表 4-35

| 名称 | 构造 | 用途 |
|---|---|---|
| 轨道 | 1. 一般用 $P_{24}$、$P_{38}$、$P_{43}$ 钢轨<br>2. 钢轨基础一般用钢筋混凝土轨枕、混凝土或钢筋混凝土轨道梁及条石轨枕<br>3. 钢轨接头采用鱼尾板螺栓联结的对接法，并预留 2～3mm 温度伸缩缝<br>4. 应采用防止钢轨及轨枕下滑措施 | 供泵车牵引升降用 |
| 输水斜管 | 铸铁管或钢管 | 输水 |
| 电缆沟 | 斜道上设电缆暗沟 | 敷设动力，照明电缆 |
| 滚筒 | 沿斜坡道敷设 | 避免牵引钢丝绳与坡道摩擦 |
| 挂钩座 | 位置数量与叉管相适应 | 供泵车安全挂钩用 |
| 检修平台 | 设在岸上绞车房内 | 供水泵检修用 |
| 接管平台 | 与人行道休息平台结合考虑 | 供拆换接头用 |

#### 4.6.1.5 输水斜管及叉管

（1）输水斜管：

1）一般以每部泵车设一根为宜，当一根口径较大，接头连接有困难时，也可将大口径斜管改成两根较小的斜管，但两部泵车不宜共用一根输水斜管。

2）斜管管材一般采用焊接钢管，如管径小于 300mm 时，也可采用铸铁管。

3）斜管布置应便于移车和拆换活动接头：

①斜坡式：可在沿坡道一侧明设或暗设。当两部泵车配置两根输水斜管时，有两种布置方式：一种是在两部泵车外侧各放一根，另一种是两根输水斜管放在两部泵车中间。

②斜桥式：可架空敷设，也可将斜管置于斜桥间的联系横梁或悬挑梁上。其平面布置一般放在桥架外侧，但须注意输水斜管与斜桥走道一定要放在同侧，以便移车时就近拆装接头。

（2）叉管：

1）高差：在水位涨落速度大的河流上，叉管高差一般不小于 2m；涨落速度较小时，宜采用 0.60～2.0m（小型泵车采用 0.6～1.0m；大型泵车采用 2m）。

2）叉管位置：宜先在每年持续时间最长的低水位上布置一个，然后根据河流不同时期水位涨落的时速，采用不同的距离，向上、向下布置。

最低及最高的叉管位置，均应高于在最低及最高水位工作时的泵车底板。当采用两部泵车、敷设两根输水管时，其叉管高程应错开。

3）叉管形式和连接方式：叉管形式有正三通和斜三通两种。叉管与水泵出水管连接形式，见表 4-36。

**叉管与出水管连接形式** **表 4-36**

| 连接方式 | 图 示 | 优缺点 | 适用条件 |
|---|---|---|---|
| 纵向水平连接：叉管与水泵出水管纵向水平连接 | 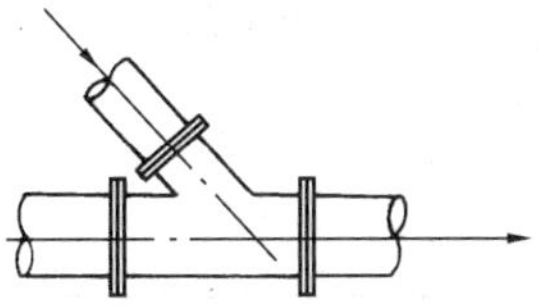 | 配件少，水流条件好，可采用松套法兰，接管时，螺栓孔易对准 | 连接管采用橡胶软管的中小型泵车 |
| 横向水平连接：叉管上加一个弯头，与水泵出水管横向水平连接 | 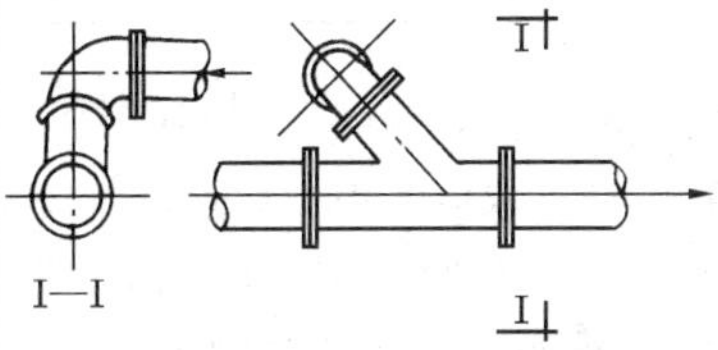 I—I | 操作方便，水流条件较好 | 大型泵车 |
| 流线形叉管：流线型叉管与水泵出水管连接 | 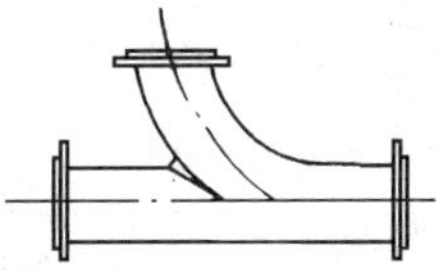 | 水流条件好，操作方便，但叉管需特制 | 用橡胶管连接的小型泵车（受叉管限制） |
| 正三通竖装叉管：叉管垂直于输水斜管轴线与水泵出水管连接 | 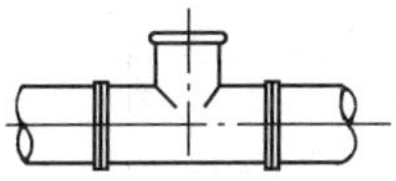 | 管件制作简单，接头拆换方便，但水流条件较差 | 用橡胶管连接的中、小型泵车，可在橡胶管上加装一个 90°弯管 |
| 正三通横向连接： | 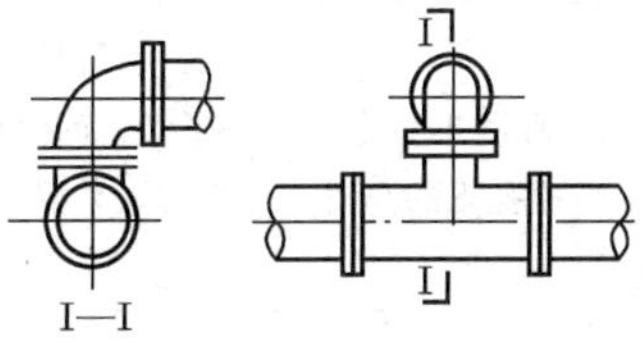 I—I | 在伸缩接头前加设弯头，改变接管方向时，灵活性较大，连接方便 | 用伸缩接头或短橡胶管连接的中型泵车 |

4）叉管构造的改进：

①减少法兰盘螺栓数目，采用长方形螺丝头螺栓。

②将法兰盘孔做成椭圆形的或采用活动压板（见图 4-73）。

③在两个法兰盘间加 85mm 厚的钢垫圈，在孔稍有偏斜时，螺栓也可稍倾斜地插入。

④快速拆装法兰盘（见图 4-74）。将法兰及垫圈孔眼作成缺口，每次拆装接头，只需松动螺帽、螺栓及垫圈。螺栓下部焊在钢管上，只能转动，不能取下，螺帽不必拆卸。

5）输水管叉管的直径，一般宜不大于 600mm。

（3）活动接头：活动接头种类见表 4-37。

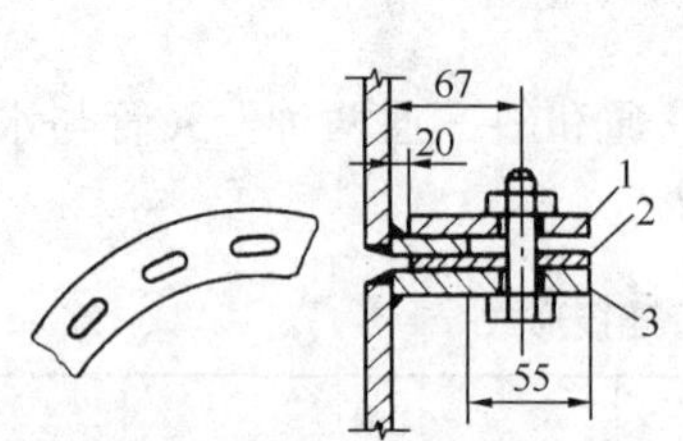


图 4-73 活动法兰盘

1—活动法兰盘；2—橡皮垫圈；3—叉管法兰管

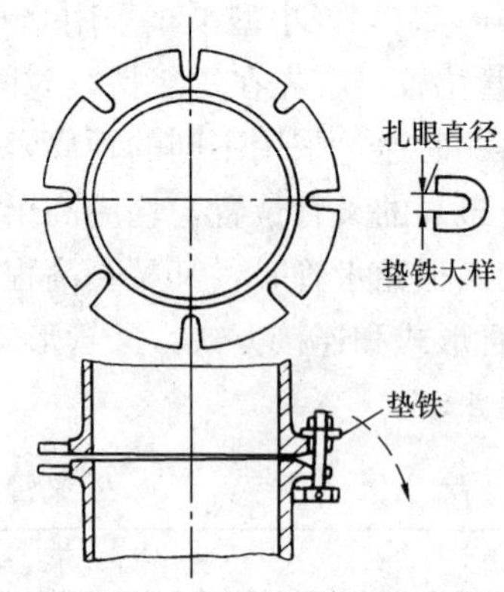


图 4-74 快速拆装法兰盘

**活动接头种类** 表 4-37

| 接头种类 | 图示 | 构造 | 优缺点 | 适用条件 |
| --- | --- | --- | --- | --- |
| 加橡皮软管柔性接头 | 活动法兰盘<br>输水斜管接头<br>泵车平台面 | $d \leqslant 400$mm，软管长度一般采用 6～10m，限于产品，仅能用短的连接。$d \leqslant 300$mm，使用金属法兰；$d > 300$mm，使用橡胶法兰 | 灵活性大，可弥补制造安装误差，泵车振动对接头影响小，接头处不易漏水 | 变形小，泵车出水管至叉管距离较大，管径一般小于 300mm |
| 球形万向接头 | DN200<br>泵车<br>DN300<br>输水管 | 一般用铸钢或铸铁做成，每个接头的转角一般采用 11°～22° | 直径大于 350mm 时，制造困难 | 管径一般不大于 600mm |
| 套筒活动接头 | 水平管上设一套筒<br>泵车平台面<br>输水管接口 | 由一、二、三个活动旋转的套筒组成，使之在一、二、三个方向旋转，以满足拆换接头，对准螺栓孔眼的需要 | 灵活性大，拆装接头较方便，使用时间长，各种管径均可制造，套筒制作精度不高时，易漏水 | 各种管径均能适用 |
| 曲臂式活动接头 | 套筒<br>伸缩接头<br>套筒<br>套筒<br>弯曲轨道<br>首车<br>连接短管 | 由三个竖向套筒及两根联络短管组成，水位变化时，联络短管中间点可沿已定的弯曲轨道移动 | 可在较大幅度内移车，以减少接头拆装的次数，但需较大的回转面积，增加了泵车的重量与面积 | 坡道坡度较小，拆装频繁的泵车 |

## 4.6.2 浮船取水

### 4.6.2.1 适应条件及特点

（1）适用条件：

1）河流水位变化幅度在 10～35m，水位变化速度不大于 2m/h，枯水期水深大于 1.5m，或不小于两倍的囤船深度，河道水流平稳，风浪较小，停泊条件良好。

2）河床较稳定，岸边有较适宜倾角。当联络管采用阶梯式接头时，岸坡角度以20°～30°为宜；当联络管采用摇臂式接头或钢桁桥形式时，岸坡角度越陡越有利，一般宜大于 45°。

3）取水河段的漂浮物少，不易受冰凌、船只和漂木等撞击。

4）浮船设置或移位时，不影响河道的航运。

（2）特点：

1）工程用材少，投资省，无复杂水下工程，施工较简便，上马快。

2）船体构造简单，便于移动。

3）在河流水文和河床等资料不全或已知条件发生变化的情况下，有较高的适应性。

4）除钢桁架式及摇臂式接头外，水位涨落较大需要换接头故管理较麻烦，而且在移位时要停水。

5）船体怕碰撞，对风浪适应性差，且需经常养护修理，安全性较差。

### 4.6.2.2 位置选择

浮船位置选择，除需考虑地表水取水的一般要求外，还应考虑下列因素：

（1）浮船应选择在河面宽阔，水流较平稳的河段，不宜选在洪水期有漫坡或枯水位出现浅滩和水脊的地段。

（2）一般应选在缓冲刷岸，河岸需有相应护坡措施，应避开顶冲、大急流、大回流和大风浪区。

（3）避开分岔流道的汇合口。

（4）在通航及放筏的河流中，船位与航道或水流中心应保持一定的距离。

（5）为便于浮船定期检修，附近应考虑有可利用作检修场地的平坦河岸。

### 4.6.2.3 设备选择

（1）取水设备：

1）当设有调节水池时，可以采用一只囤船。

2）当采用两只以上的囤船时，运转水泵的备用取水能力，应能满足一只囤船移位时所需的供水量。

3）宜选择 $Q$-$H$ 曲线较陡的水泵，其最高效率区应选在取水水体历时最长的取水水位，并对最低水位时的需水量和扬程进行复核。对于大多数水体，低水位发生在冬季，此时供水量也将略有减少。在水位涨落幅度大的地区，一般可使用两种叶轮，以提高运行效率。

（2）通风降温设施：

1）中小型取水囤船，一般采用自然通风，在炎热地区，可做成活动墙壁，分上下两截，上部与屋檐用铰链联结，支撑出去可遮阳及防雨。下部也可做成装卸式，使通风顺畅。另外，夏季在屋顶装水管喷洒冷却，也是常用的降温方法。

2）大型取水囤船的电机常采用机械排风。排风管设在船舱底部，机械排风口设在上部建筑外侧的甲板上。风机可考虑轴流风机或离心风机，但排风口要布置在夏季主导风向的背侧。

3）大型取水囤船的上部建筑，考虑到通风及隔热要求，一般墙壁分为两层，外层一般为木板覆镀锌薄钢板并刷漆。内层为纤维板刷漆或塑料装饰板。两层中间留有空气隔热层。上层建筑的净高应不小于3.8m，如有起吊设备，则以起吊高度复核。有条件时屋顶也可设置轻型空气隔热层。

（3）拦污设施：一般在喇叭口上装一个圆形拦污格栅罩。也可设置双重格栅，即在囤船取水一侧桁架上再安放大块方形格栅。小型取水囤船一般可在喇叭口上设置鱼鳞罩，在其背水流方向的锥面及圆柱体下部三分之二处开圆形小孔，鱼鳞罩开孔面积应较大（流速不宜大于0.1m/s）并需考虑定时冲洗。

（4）起吊设备：大中型取水囤船内，一般都安装起吊设备，以利于水泵及管件的安装和维修，常采用电动或手动单梁悬挂式起重机。

（5）交通设施：

1）当采用阶梯形联络管时，浮船始终紧靠岸边，河岸可做成梯级固定踏步，河岸与浮船交通采用架设活动的轻型钢便桥，一般中间设浮墩，以免桥跨过长。便桥两端都应留有0.4～0.6m长的调节距离，以适应小的水位变动。

2）在使用固定式摇臂联络管时，摇臂管支墩与堤岸之间的走道是固定的，走道高程一般高出最高洪水位0.5～1m。中小型取水囤船，由于联络管管径小，抗弯力矩不够，一般不能在管上架设人行便道。

3）目前在3万$m^3$/d以上的中型囤船设计中，常采用带滚轮支座的铰接式可上下旋转的钢桁架，输水联络钢管可固定在桁架上部或两侧，见图4-11。桁架上设有可调整角度的活动人行踏步，桁架上的联络管，与船上及岸上管道的连接，采用法兰铠装橡胶短管，胶管长度可通过弯曲度计算而定，弯曲度一般不大于30°。桁架支墩常设于略高于中常水位附近的位置，固定桁架与联络管钢桁架之间，设一短桥搭接。这种布置优点是管理方便，接头处不漏水，缺点是用钢量多，自重大，平面旋转角度小，如在水位涨落幅度大，河滩坡度平缓地段，将使桁架长度增长。

4）在大型取水囤船中，可直接在管上焊接轻便走道。摇臂接头及弯管等处均采取局部加强措施。摇臂管旋转套筒部位均设铜套和轴承座支撑，使止水填料函不受力。这种做法可以解决交通问题，且耗钢材不多，但摇臂管旋转部位加工精度要求较高，见图4-75。

（6）供配电设施：

1）根据供水设施的重要性，一般采用两个独立电源，用双回路供电。

2）变配电室及供电安全设备，一般设在岸边，采用船用电缆供电，电缆沿着摇臂联络管侧挂钩敷设。

3）囤船上的电动机、电动闸门、真空泵等均用配电柜或控制箱集中在船上操作。配电柜上应装有反映水泵电动机正常运行和闸门开启度的各种显示参数、信号和必要的报警装置，以便监控运行。

4）管理室应靠近配电装置，由于船上位置小，噪声相对较大，故隔音措施要求较高。

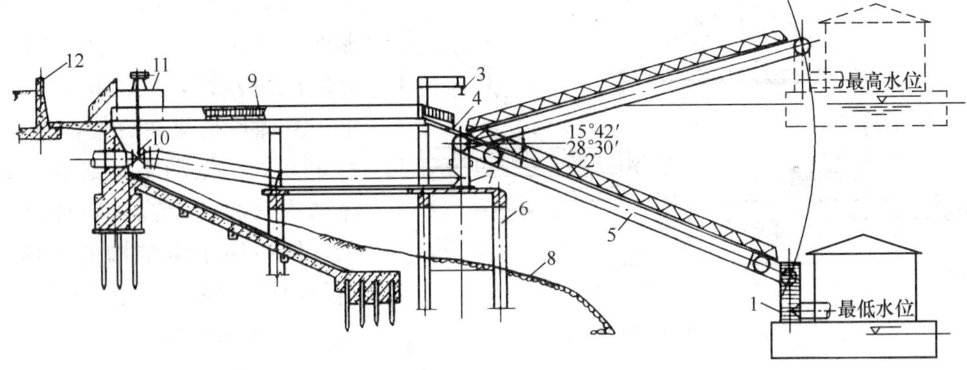


图 4-75 大口径摇臂管交通设施

1—踏步；2—轻便走道；3—单轨吊车；4—短桥；5—*DN*1200 联络管；6—支墩；7—摇臂管座；8—块石护坡；9—走道栏杆；10—电动阀门；11—阀门操作地坪；12—防水墙

#### 4.6.2.4 囤船布置

（1）一般要求：

1）为保证生产运转的正常和操作人员的安全，囤船取水设备的布置，需保证船体的平衡与稳定。在设计时，应注意水泵、电动机、进出水管和配电设备等的布置，力求囤船在不增加附加荷重（平衡水管、压载物等）的情况下达到平衡。

2）设备布置力求紧凑，便于操作管理。为了保证安全运转，在风压作用下及移位时，囤船横倾角应小于 7°，风压产生的最大横倾力矩必须小于浮船的复原力矩。

3）囤船船体的长宽比一般在 3∶1 左右，吃水深度宜在 0.6～1.0m 之间。船体深以 1.2～1.5m 为宜。为了防止波浪冲击，干舷应采用 0.6～1.2m，并要考虑最大横倾角时尚有 0.4～0.5m 的干舷。船宽应根据设备布置确定，一般以 8m 左右为宜。

（2）布置形式：

1）竖向布置：

①上承式：水泵机组安装在甲板上（见图 4-76）其优点是通风条件好，维修管理方便，对船体结构要求较低。适用于各种结构材料的船体，缺点为交通不便，重心高，稳定性差，振动较大，一般都采用铸铁整浇或型钢焊成的整体式的水泵电动机底座，以减少振动。

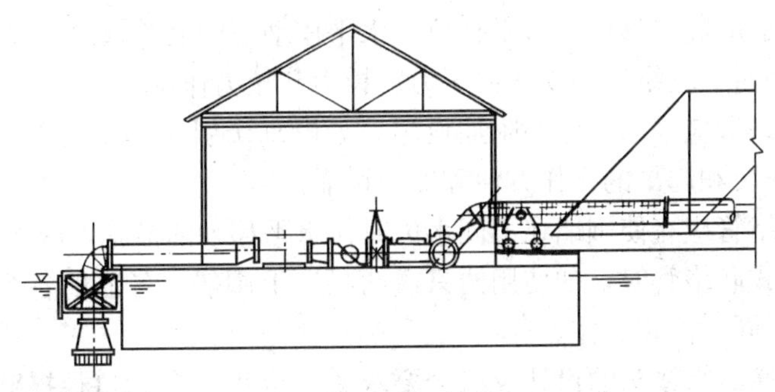

图 4-76 上承式泵船布置

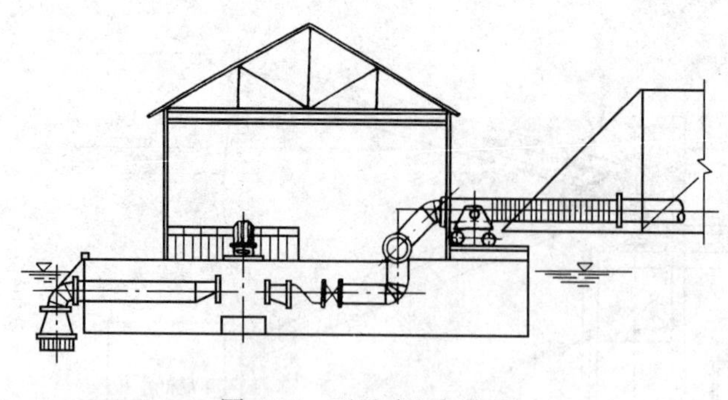
图 4-77　下承式泵船布置

②下承式：水泵机组安装在船底骨架上，一般采用立式泵或立卧两用水泵，电动机层在甲板上。其优点是交通方便，重心低，稳定性好，振动小。缺点是对船体结构材料要求高，船体结构复杂，仅适用于钢结构的船体。目前使用还不普遍（见图 4-77）。

2）平面布置：

①机组纵向布置（见图 4-78）：管理简单，操作方便，面积较宽敞，水力条件较好，是一种常用的布置形式。缺点是船体较长。

②机组横向布置（见图 4-79）：布置较紧凑，船体宽大，稳定性较好，缺点是管路复杂，操作不便，水力条件不如纵向布置。

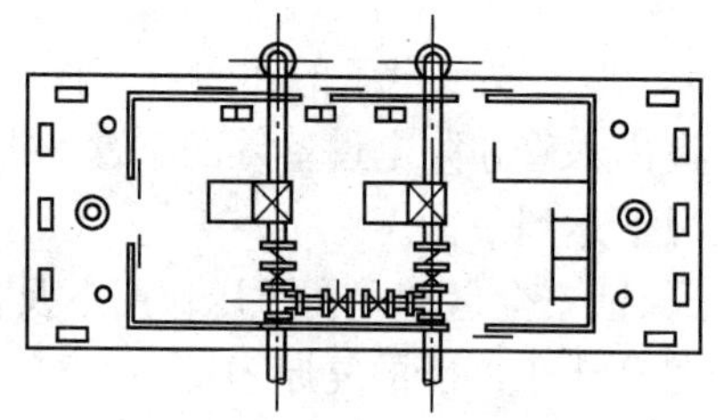
图 4-78　纵向布置泵房

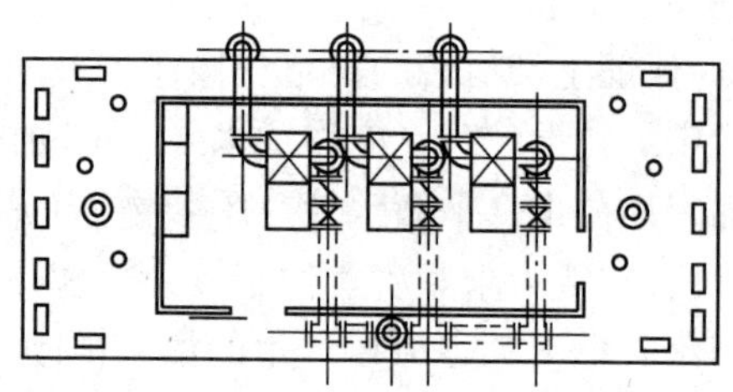
图 4-79　横向布置泵房

浮船首尾甲板上，应根据浮船的锚固和移位的方式和操作管理的要求，选择和布置各种锚固系缆设备。这些锚缆设备一般由船厂配套装设。浮船首尾的甲板长度，一般不小于 2～3m。

#### 4.6.2.5　联络管及输水斜管

联络管为囤船总出水管与岸坡的固定输水管相连接的管段。在设计和材料选用上，应能保证使用安全和操作运行方便。

（1）设计要点：

1）联络管应适应竖向移位、水平移位、水平摆动及颠簸等情况。要求各向转动灵活；在囤船受外力作用时，联络管不受任何压力、拉力和扭力作用。

2）阶梯式联络管应采取一定的附加设施，如电动牵引小车、起重设施等，以保证囤船移位时，拆卸安装和起吊的操作方便和安全可靠。

3）摇臂式联络管应有使囤船在不同水位时作水平移动的措施，两侧顶端应设排气阀。

4）采用阶梯式联络管时，如使用两只或两只以上囤船，各船的各个接口高度应互相错开，以免移位时同时停止工作。

5）旋转式套筒活络接头的设计及组合要求受力合理。在大口径摇臂管中，受力部位一般加上滚动轴承，使填料函不受力，这样不易发生漏水。

（2）联络管：

1）联络管形式比较见表 4-38；活动连接联络管形式及活动部件见表 4-39。

**联络管形式比较** **表 4-38**

| 形式名称 | 优 缺 点 | 适 用 条 件 | 特 点 |
|---|---|---|---|
| 阶梯式活动连接 | 1. 结构简单，施工方便，造价低；<br>2. 船体始终在岸边，安全性好；<br>3. 需停水换接头，管理麻烦，供水安全性差；<br>4. 船岸间交通联系不易解决 | 1. 仅适用于小型囤船或施工场地的临时取水设施；<br>2. 不适用于水位瞬时变化较大的河流；<br>3. 柔性连接适用于岸坡平缓（不大于 1：3）、水面宽度小、不允许建固定摇臂管的河段；<br>4. 刚性连接可适用于较陡岸坡和较大水位变化 | 1. 柔性连接采用铠装橡胶软管，管长根据需要确定，一般为 5～8m，与固定输水管的连接一般用松套法兰；<br>2. 刚性连接采用两个球形万向接头，中间为刚性管道 |
| 摇臂式活动连接 | 1. 不需要停水更换接头，供水安全性高；<br>2. 船体可作上下、左右移动，洪水位可近岸运行；<br>3. 大型联络管可圆满解决交通问题，但活动部件加工精度高；<br>4. 中小型泵船的船岸间联系解决较困难；<br>5. 洪水时，接头淹没水中，检修不便 | 1. 适用于在水位涨落幅度大的河流；<br>2. 在江面较窄的河段，可水平位移，以避开主航道；<br>3. 河岸较陡的河段中，可缩短摇臂管长度更有利于运行管理；<br>4. 适用于岸坡较陡，风浪较平稳的河段 | 1. 摇臂管的活动部件，一般由 5～7 个旋转套筒组成，能适应上下和水平移位；<br>2. 在岸边高于中常水位处设置摇臂管支墩或框架，以支承连接输水干管与摇臂管的活动接头；囤船即以该点为轴心随水位变化作上下或水平移动；<br>3. 随着泵船向大型化的发展，已有各种能承受径向推力的活动部件，大型联络管抗弯度高，可在管道上直接焊接轻便活动走道 |
| 钢桁架式铠装法兰橡胶管连接 | 1. 操作管理方便、船、岸间交通联系解决较好；<br>2. 橡胶管接头不漏水，不需停水更换接头，供水安全性高；<br>3. 水平位移困难，洪水时船体伸出河岸较远；<br>4 活动支承部件结构较复杂 | 1. 适用于江面宽阔，水位涨落幅度大的河流；<br>2. 随着大口径铠装法兰橡胶管的生产，管道耐压力的提高，已作为永久性取水的一种形式；<br>3. 考虑到橡胶管的使用寿命，应保证其允许弯曲度，采取防过早老化的措施 | 1. 刚性联络管两端一般有两根铠装法兰橡胶管连接；钢桁架一端固定在中高水位的支墩或框架上，另一端位于囤船侧的带滚轮铰接支座上，两端的滚轮支座都有轨道与一定的调节距离，能适应浮船位移和颠簸；<br>2. 目前已使用的大口径橡胶管为 *DN*700、*DN*1000、*DN*1200 的铠装橡胶管耐压 0.5～0.6MPa，管径越大，允许的弯曲度越小 |

**活动连接联络管形式及活动部件** **表 4-39**

| 形式名称 | | 示图、图号 | 联络管组成 | | | 活动连接部件及特点 |
|---|---|---|---|---|---|---|
| | | | 船端 | 岸端 | 管道 | |
| 阶梯式 | 柔性联络管阶梯式活动连接 | 见图 4-80 | 法兰管接口 | 斜三通法兰管接口 | 橡胶管 | 橡胶联络管本身 |
| | 刚性联络管阶梯式活动连接 | 见图 4-81 | 法兰管接球形接头 | 斜三通接球形接头 | 钢管 | 船、岸两端的球形接头 |

续表

| 形式名称 | | | 示图、图号 | 联络管组成 | | | 活动连接部件及特点 |
|---|---|---|---|---|---|---|---|
| | | | | 船端 | 岸端 | 管道 | |
| 摇臂式 | 旋转套筒 | 单摇臂联络管套筒式活动连接 | 见图 4-82 | 3 只旋转套筒 | 2 只旋转套筒岸边支墩 | 钢管 | 1. 5 只旋转套筒；<br>2. 偏心荷载大，套筒阻力大；<br>3. 一般套筒仅能承受轴向力 |
| 摇臂式 | 旋转套筒 | 双摇臂联络管套筒式活动连接 | 见图 4-83 | 4 只旋转套筒（其中 2 只径向套筒） | 3 只旋转套筒（其中 1 只径向套筒）岸边支墩 | 钢管 | 1. 7 只旋转套筒；<br>2. 套筒对称布置，受力均匀；<br>3. 采用径向受力套筒转动灵活 |
| 摇臂式 | 旋转支座 | 摇臂联络管支座式活动连接 | 见图 4-84 | 旋转支座和一只旋转套筒 | 旋转支座岸边支墩 | 钢管 | 1. 旋转支座本身由旋转套筒、轴承支架和滚轮支座组成；<br>2. 支座本身具有转动和支承作用，但结构复杂、易漏水 |
| 钢桁架摇臂式 | 钢桁架摇臂联络管胶管式活动连接（滚轮支座式） | | 见图 4-85（*a*） | 带法兰橡胶管滚轮支座 | 带法兰橡胶管滚轮支座 | 钢桁架钢管 | 1. 橡胶连接管；<br>2. 滚轮支座 |
| 钢桁架摇臂式 | 钢桁架摇臂联络管胶管式活动连接（悬挂支架式）① | | 见图 4-85（*b*） | 带法兰橡胶管球形支座 | 带法兰橡胶管岸边悬挂支架 | 钢桁架钢管 | 1. 橡胶连接管；<br>2. 球形支座 |

①悬挂支架节点Ⅰ、Ⅱ见图 4-86（*a*）、（*b*）。

2）联络管的长度与允许挠度：

①联络管的长度与水位变化幅度，河岸坡角，活动接头的有效转角及输水管的联络方式等有关。为缩短联络管的长度，取水位置要尽可能选在堤岸稳定，岸坡较陡的河段。

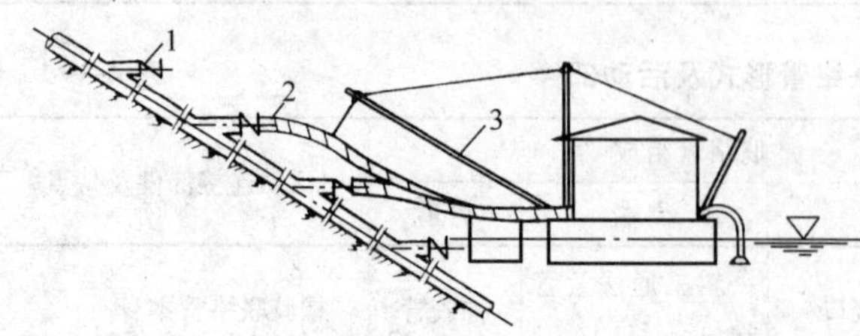


图 4-80　柔性联络管阶梯式活动连接

1—止回阀；2—橡胶联络管；3—吊杆

②囤船可能产生的最大倾角、吸水头伸入水中深度及管道的最大允许挠度也影响到联络管的长度。阶梯式连接的联络管长度一般为 6～12m，对摇臂式和钢桁架式联络管，应慎重考虑岸边支墩的位置和高程。既要使联络管不致过长，又要考虑支墩施工条件及联络管在支墩部分结构的维修

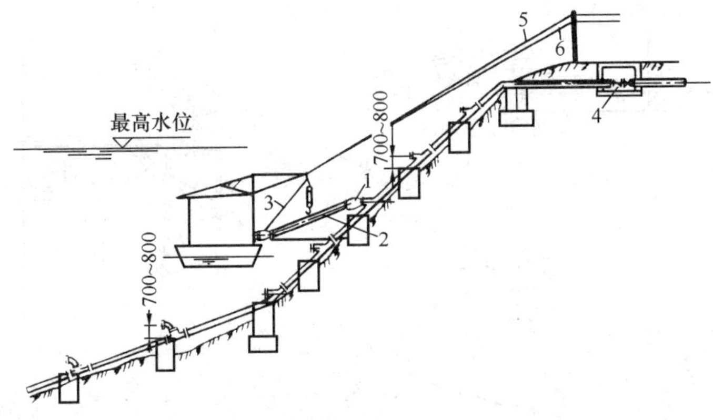


图 4-81 刚性联络管阶梯式活动连接

1—球形接头；2—钢联络管；3—吊杆；4—止回阀；5—动力线；6—电话线

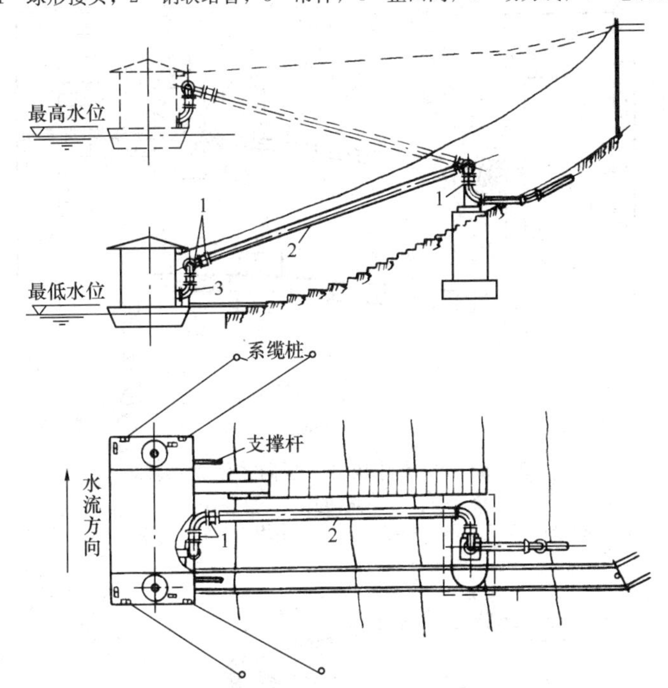


图 4-82 单摇臂联络套筒式活动连接

1—旋转套筒；2—联络管；3—弯管及支座

方便和橡胶管的允许弯曲度。

③联络管的最大挠度

$$f=\frac{5qL}{384EJ}\leqslant[f](\mathrm{m}) \tag{4-52}$$

式中 $q$——联络管单位长度的重量（kg/m）；

$L$——联络管的长度（m）；

$E$——弹性模量，一般钢及钢铸件为 $2.1\times10^6\mathrm{kg/cm^2}$；

$J$——惯性力矩，对圆形截面 $J=0.049D^4(\mathrm{m^4})$，对钢管 $J=0.049(D^4-D_1^4)(\mathrm{m^4})$；

$[f]$——允许挠度，一般不大于 $\frac{L}{300}$（m）。

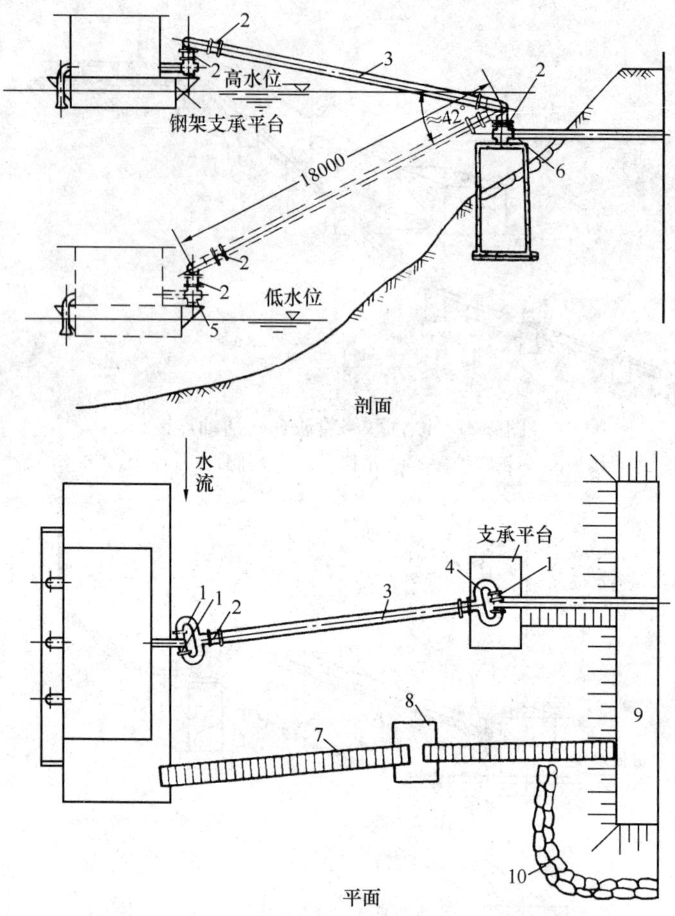


图 4-83 双摇臂联络管套筒式活动连接

1—旋转套筒；2—径向推力活络接头；3—联络管；4—钳形管；5—船端支座；6—岸端支座；7—轻型桁架走道；8—钢制浮驳；9—引堤端；10—浆砌块石护面

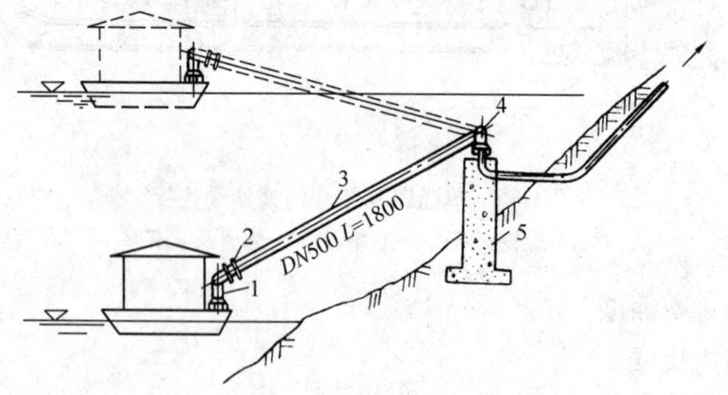


图 4-84 摇臂联络管支座式活动连接

1—船端活动支座；2—套筒接头；3—摇臂管；4—岸端活动支座；5—支墩

④联络管经强度与刚度计算，如不能满足要求时需进行加固，可采用钢桁架、槽钢、钢筋网等进行加固。

(3) 活动支座：

1) 滚轮铰接支座：图 4-85 (*a*) 为钢桁架船端及岸端支座为滚动铰接支座。

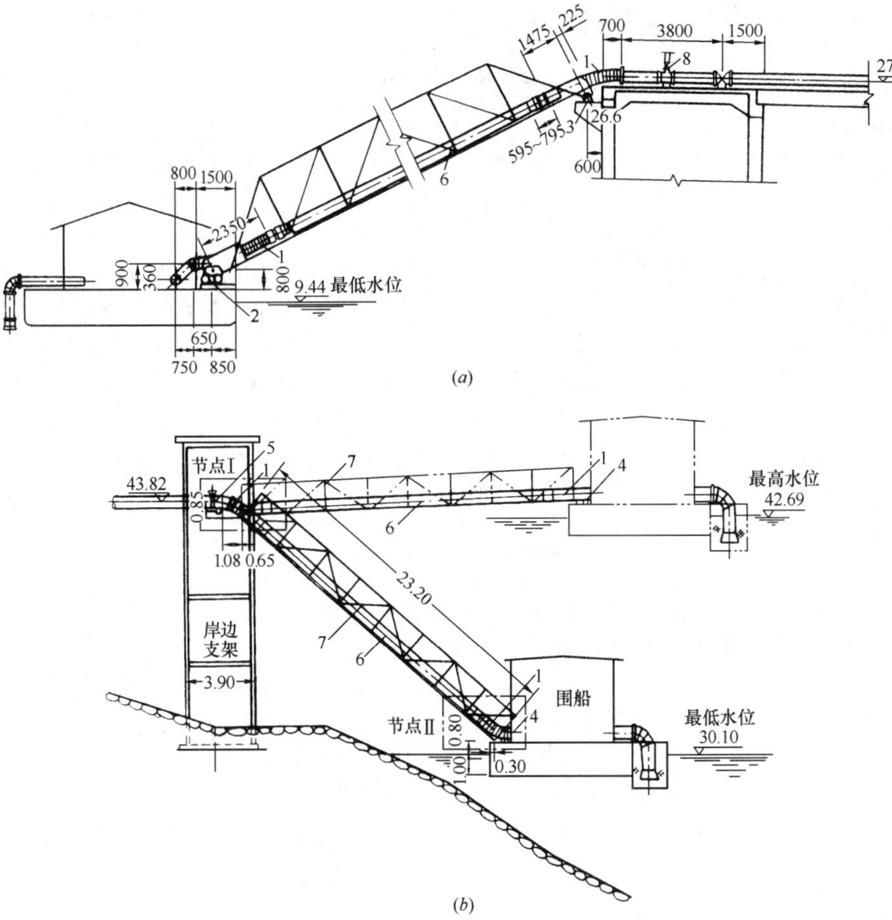

(*a*)

(*b*)

图 4-85　钢桁架摇臂联络管胶管式活动连接

（*a*）滚轮支座式；（*b*）悬挂支架式

1—铠装法兰橡胶管；2—船端滚轮铰接支座；3—岸端滚轮支座；4—船端球形支座；5—岸端悬挂支架；6—联络管；7—钢桁桥；8—双口排气阀

2）球形支座：图 4-85（*b*）为钢桁架船端为球形支座，岸端为悬挂支座节点Ⅰ、Ⅱ见图 4-86。

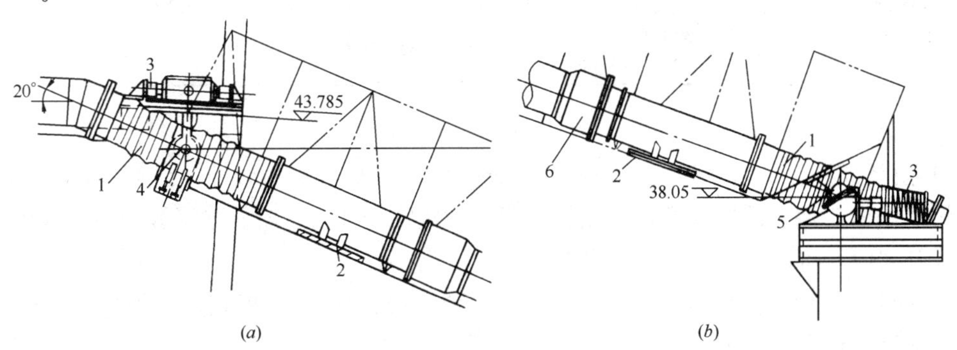


(*a*)　(*b*)

图 4-86　活动支座

（*a*）岸端悬挂支架，节点Ⅰ；（*b*）船端球形支座，节点Ⅱ

1—橡胶管；2—活动支架；3—弹簧设备；4—悬挂支架；5—球形支座；6—伸缩管

(4) 活动接头：接头形式见表 4-40。

**接头形式　　表 4-40**

<table>
<tr><th colspan="2">形式名称</th><th>图示</th><th>构造特点</th><th>优缺点</th><th>适用条件</th></tr>
<tr><td colspan="2">胶管接头</td><td></td><td>带法兰盘的为橡胶软管</td><td>1. 构造简单、加工简便、拆装方便；<br>2. 承受压力较低，使用年限较短</td><td>1. 主要用于直径较小的柔性联络管阶梯式连接；<br>2. 大口径胶管已开始用于钢桁架摇臂管的连接</td></tr>
<tr><td colspan="2">球形万向接头</td><td>见图 4-87</td><td>1. 由球座、球心：压圈组成；<br>2. 材料：小直径用铸铁，大直径用铸钢，承受高压时用铜制；<br>3. 填料：油麻或橡胶绳</td><td>1. 组合方便，转动灵活，最大转角约为 11°～22°；<br>2. 加工精度高、制造复杂；<br>3. 联络管及接头笨重，拆装接头较为麻烦</td><td>1. 使用接头直径一般小于 350mm，最大直径可达 800mm；<br>2. 一般用于刚性联络管阶梯式连接，也可用于摇臂式活动连接</td></tr>
<tr><td rowspan="2">套筒式</td><td>一般旋转套筒接头</td><td>见图 4-88</td><td>1. 由带挡圈套管、套管构成的填料室及压紧填料管；<br>2. 材料：钢；<br>3. 填料：浸油石棉绳、橡胶圈或二者混合使用</td><td>1. 构造简单、加工制造较方便；<br>2. 转动摩擦力大，不灵活、易漏水；<br>3. 一般旋转套筒接头仅能承受轴向力作用</td><td>1. 各种管径都能使用；<br>2. 一般采用 5～7 个套管接头组成摇臂联络管</td></tr>
<tr><td>径向推力旋转接头</td><td>见图 4-89</td><td>1. 由管座、单法兰带肩短管及滚珠轴承组成；<br>2. 材料：钢；<br>3. 填料：橡皮碗或橡皮条</td><td>1. 传递到套筒上的弯矩由滚珠轴承承受，密封部分只起止水作用，填料不易磨损，使用耐久；<br>2. 径向推力接头尚能承受径向推力作用</td><td></td></tr>
<tr><td colspan="2">带滚轮支座旋转套筒接头</td><td>见图 4-90</td><td>1. 由旋转弯管、带底座弯管、管支座、轴承、转动底盘、滚轮轨道等组成；<br>2. 材料：钢；<br>3. 填料：油浸石棉填料</td><td>1. 构造简单，转动灵活，能耐转动摩擦；<br>2. 填料函不受力，减少了漏水现象；<br>3. 能承受径向推力</td><td>适用于大型给水管道，现有最大管径为 DN1200</td></tr>
</table>

(5) 输水斜管的敷设：

1) 阶梯式连接的输水斜管，一般沿岸坡敷设，取水点应为微冲不淤河段，岸坡应平整并做上护面，为了操作方便，可在管道两侧做成踏步并设台阶。如岸坡为不太规则的风化岩或基岩时，可沿线隔一定距离设置支墩，以固定管道。

2) 摇臂式和钢桁架式联络管，也应选择微冲不淤河段，一般都需对河段岸坡进行整治，输水管可做在支墩上。

3) 在输水斜管上端，都应设排气阀。阶梯式联络管的输水斜管。在合适部位，可设止回阀。摇臂式和钢桁架式联络管的逆止阀，当水泵扬程小于 25m 时，一般可不设置。

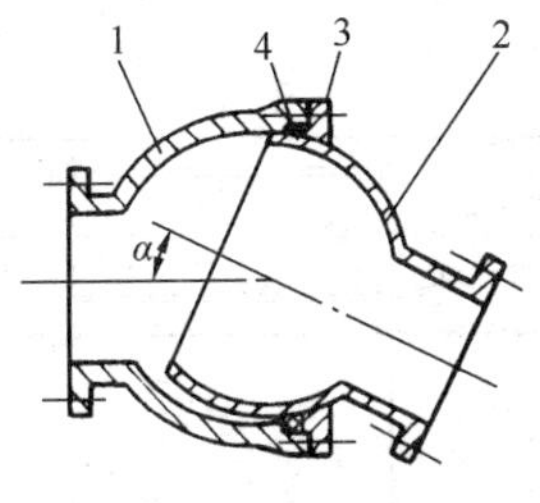


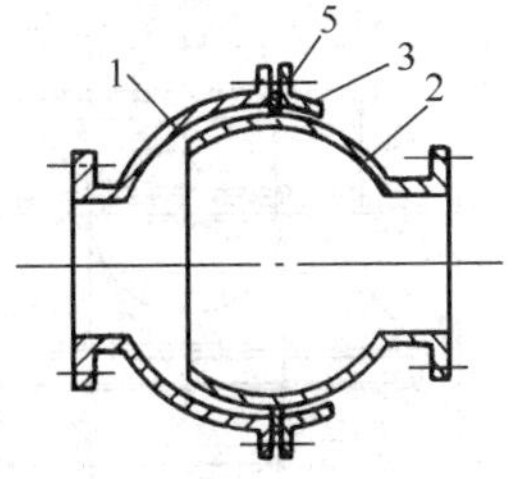


图 4-87 球形万向接头

1—外壳；2—球心；3—压盖；4—填料（油蔴）；5—橡胶止水圈

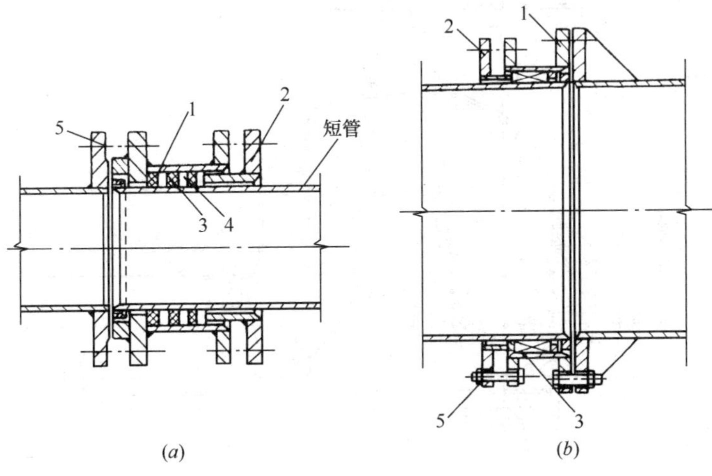


图 4-88 一般旋转套筒接头

(a) 套管外挡圈型；(b) 套管内挡圈型

1—套管；2—压紧填料管；3—填料；4—方形橡胶圈；5—螺栓

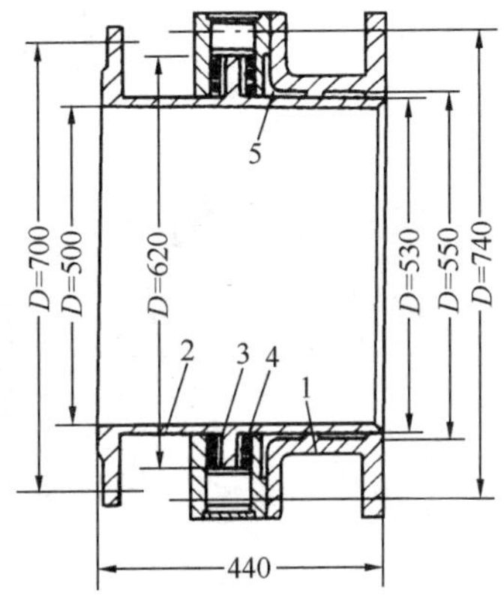


图 4-89 径向推力活络接头

1—管座；2—带挡圈的单法兰短管；

3—滚球架；4—滚球；5—密封圈

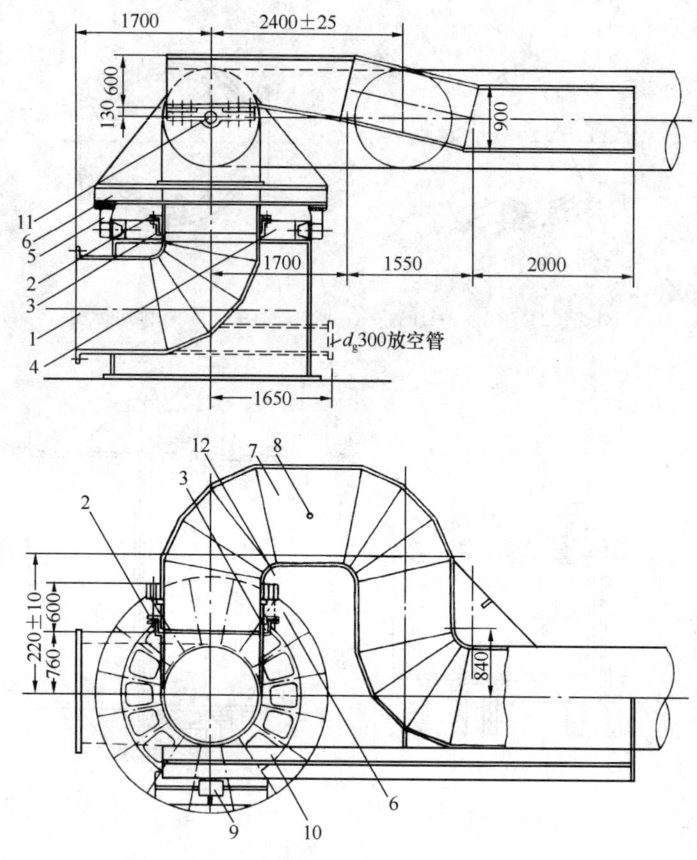


图 4-90 带滚轮支座旋转套筒

1—带底座弯管；2—填料压盖；3—填料；4—滚轮轨道；5—滚轮支架；6—转动底盘；7—特别弯管；8—排气阀；9—轴承；10—附加臂；11—附加臂轴；12—拉杆

# 5 泵　房

## 5.1 给　水　泵　房

### 5.1.1 给水泵房分类

给水泵房（站）按其在给水系统中的作用、泵房的形状以及泵房层位置可作如下分类，见表5-1。

给水泵房分类　　表5-1

| 分类方式 | 名　称 | 特　点 |
|---|---|---|
| 1. 按泵房在给水系统中的作用 | 1. 地下水取水泵房 | 包括管（深）井泵房、大口井泵房、集中井泵房（当井群采取虹吸集水时）、潜水泵（井）室泵房 |
| | 2. 地表水取水泵房：又称进水泵房、一级泵房、水源泵房 | 可与进水间、出水闸门井合建或分建，见第4章地表水取水 |
| | 3. 供水泵房：又称出水泵房、二级泵房、清水泵房等 | 一般是指净水厂或配水厂内直接将水送入管网的泵房 |
| | 4. 加压泵房：又称增压泵房、中途泵房 | 是指设于输水管线或配水管网上从调节水池或直接从管道抽水进行加压的泵房 |
| | 5. 水库泵房：又称调节泵房、水库增压泵房 | 1. 系建有调节水池（库）的清水泵房，可增加管网高峰用水时的供水量；<br>2. 泵房内一般设有两组泵机，一组从调节水池（库）吸水增压，另一组从管网直接抽水增压。也可只从调节水池（库）吸水增压 |
| | 6. 水厂中间提升泵房 | 一般指水厂设有深度处理工艺时净水工艺过程中间用于水力高程提升的泵房 |
| | 7. 水厂反冲洗泵房 | 是指用于水厂砂滤池或活性炭吸附池反洗的泵房，通常泵房内还同时设有提供反冲洗气的鼓风机 |
| | 8. 水厂回用水泵房 | 是指将经适当处理后的水厂砂滤池或活性炭吸附池反洗废水回用至净水系统的泵房 |
| 2. 按水泵层设置位置 | 1. 地面式泵房；<br>2. 半地下式泵房；<br>3. 地下式泵房 | 适用于给水系统中各种作用的泵房 |
| 3. 按泵房外形 | 1. 矩形泵房；<br>2. 圆形泵房 | 1. 矩形泵房适用于给水系统中各种作用的泵房；<br>2. 圆形泵房一般适用于地表水取水泵房 |
| 4. 按水泵电机设置位置 | 1. 干式泵房；<br>2. 湿式泵房 | 1. 干式泵房适用于给水系统中各种作用的泵房；<br>2. 湿式泵房系指水泵电机浸没在水中（即采用潜水泵湿式安装）的各种泵房 |

给水泵房设计除应符合《室外给水设计规范》GB/T 50013—2006外，尚应符合《泵站设计规范》GB 50265—2010、《建筑设计防火规范》GB 50016—2014，还应符合其他有关规范及标准。

### 5.1.2 泵房布置示例

#### 5.1.2.1 地面式泵房

（1）矩形泵房（卧式离心泵），如图5-1所示。

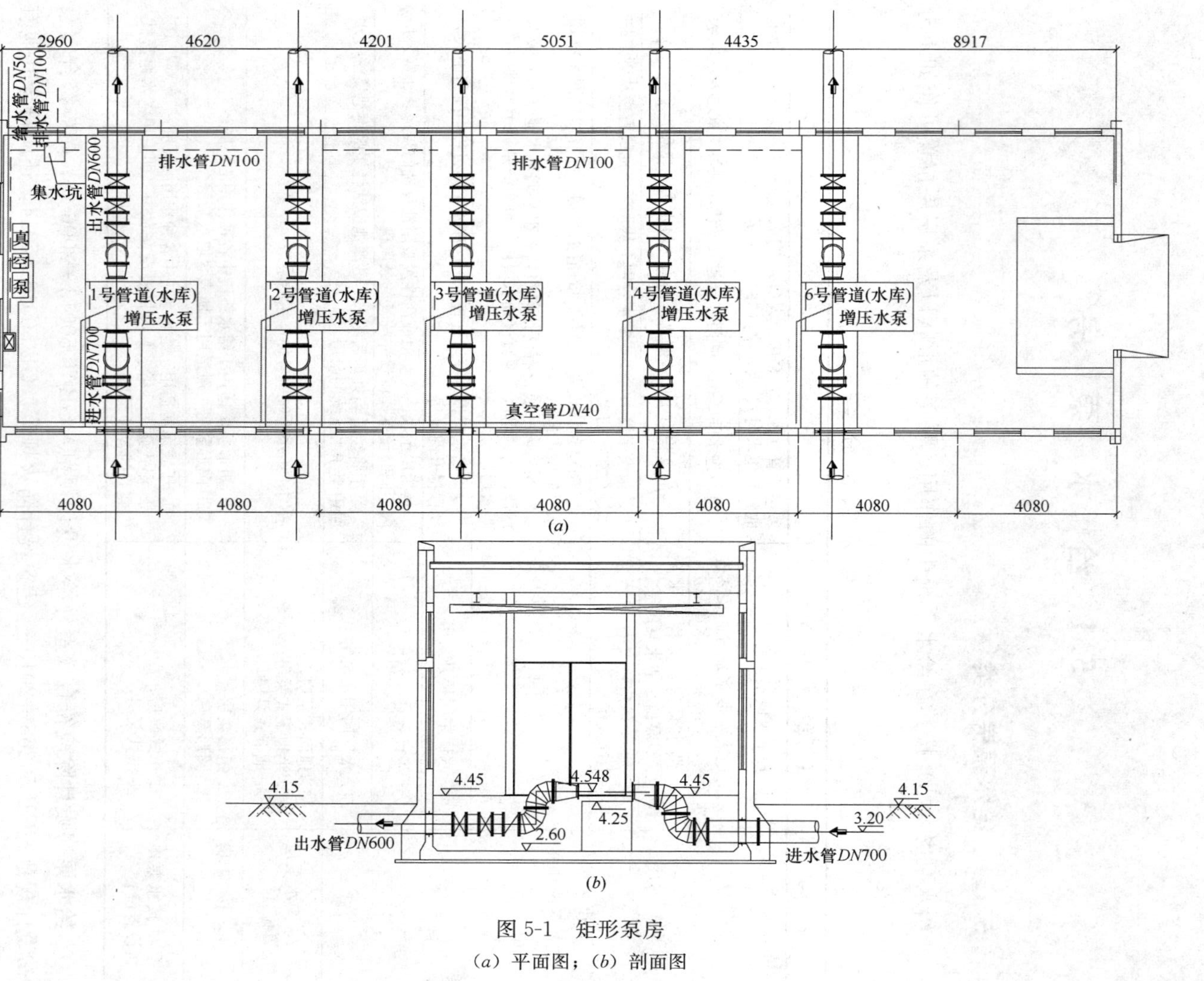


图 5-1 矩形泵房

(a) 平面图；(b) 剖面图

(2) 圆形泵房（卧式离心泵），如图 5-2 所示。

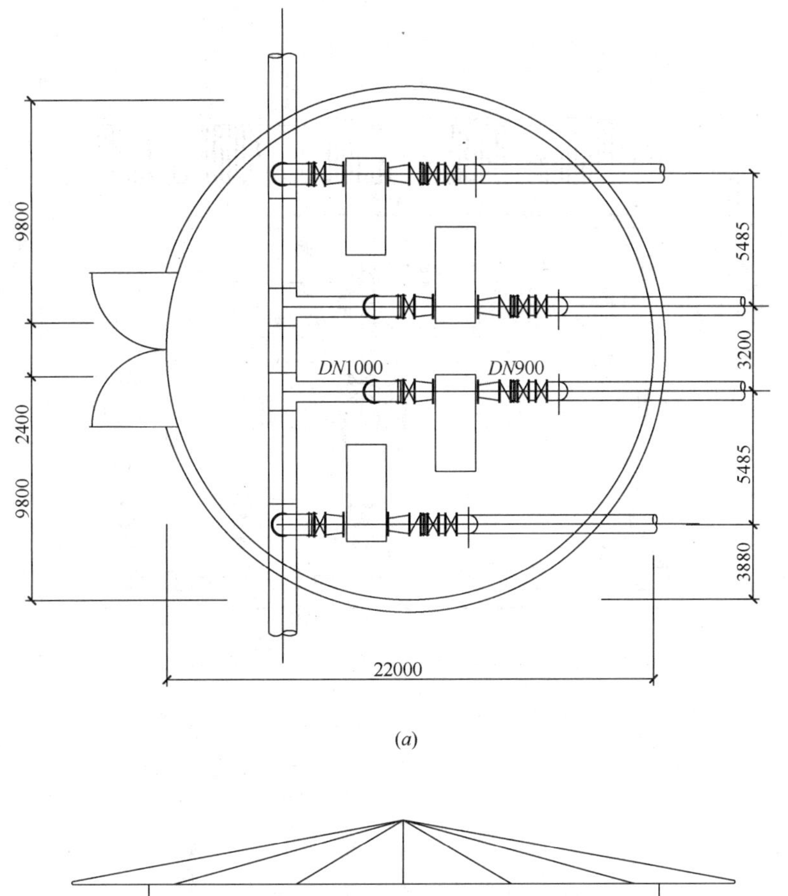


(a)

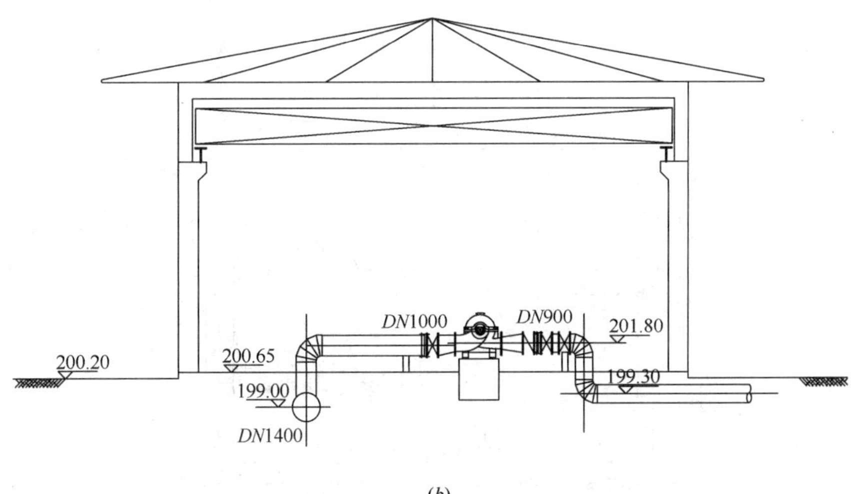


(b)

图 5-2 圆形泵房

(a) 平面图；(b) 剖面图

#### 5.1.2.2 半地下式或地下式泵房

(1) 矩形泵房

1) 与吸水井合建立式离心泵房，如图 5-3 所示。

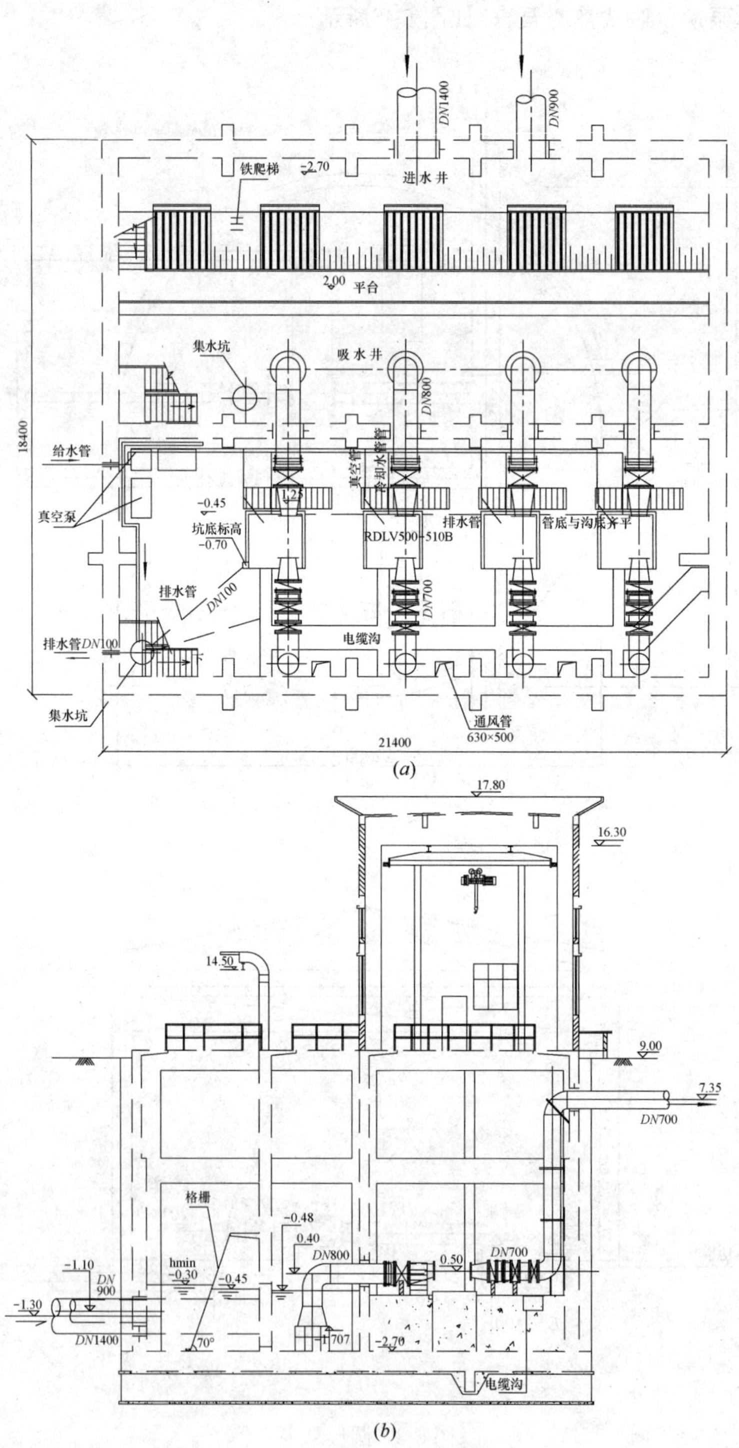


图 5-3 与吸水井合建立式离心泵房（矩形）

（*a*）平面图；（*b*）剖面图

2）与吸水井分建卧式离心泵房，如图 5-4 所示。

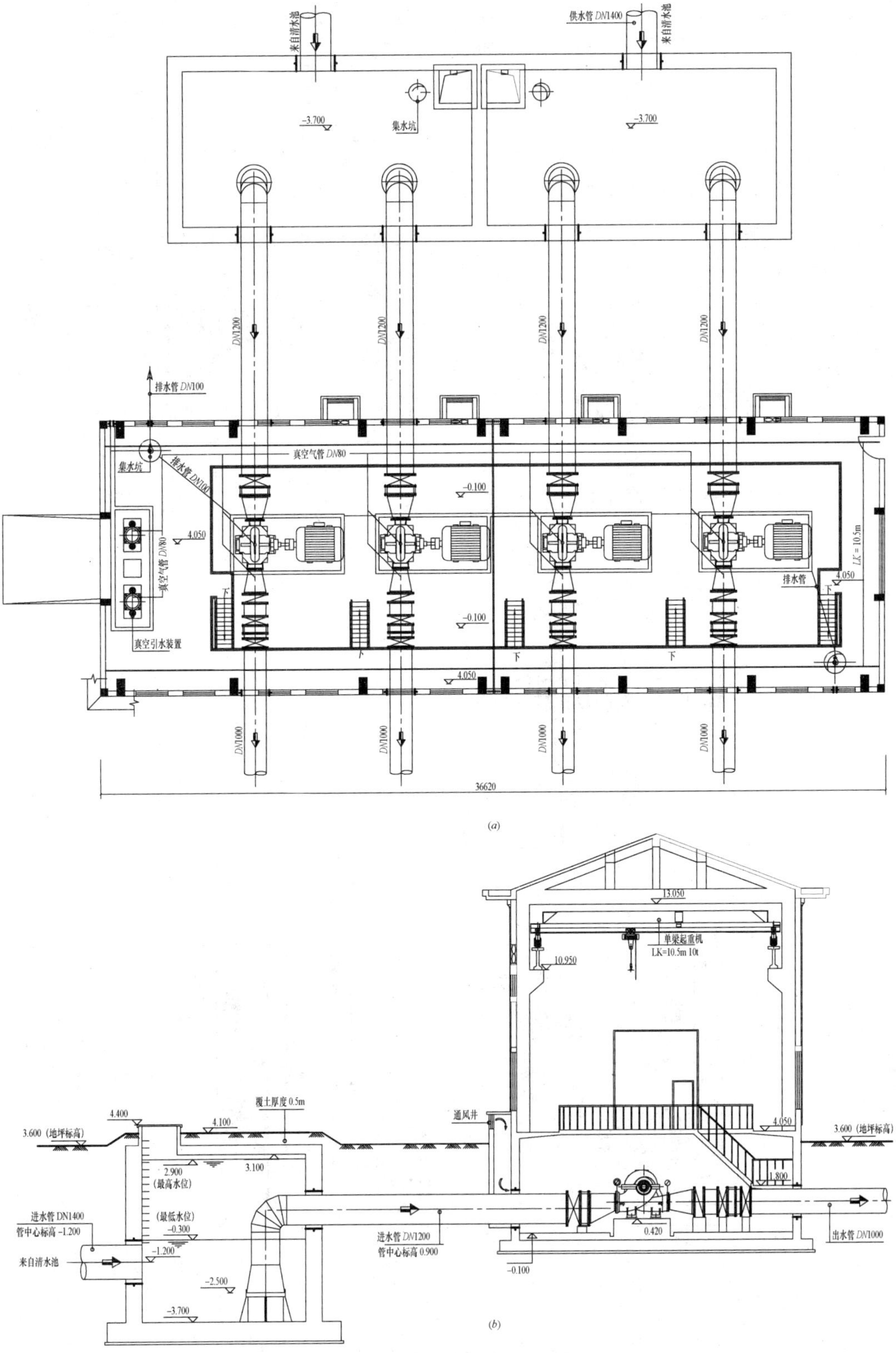

(a)

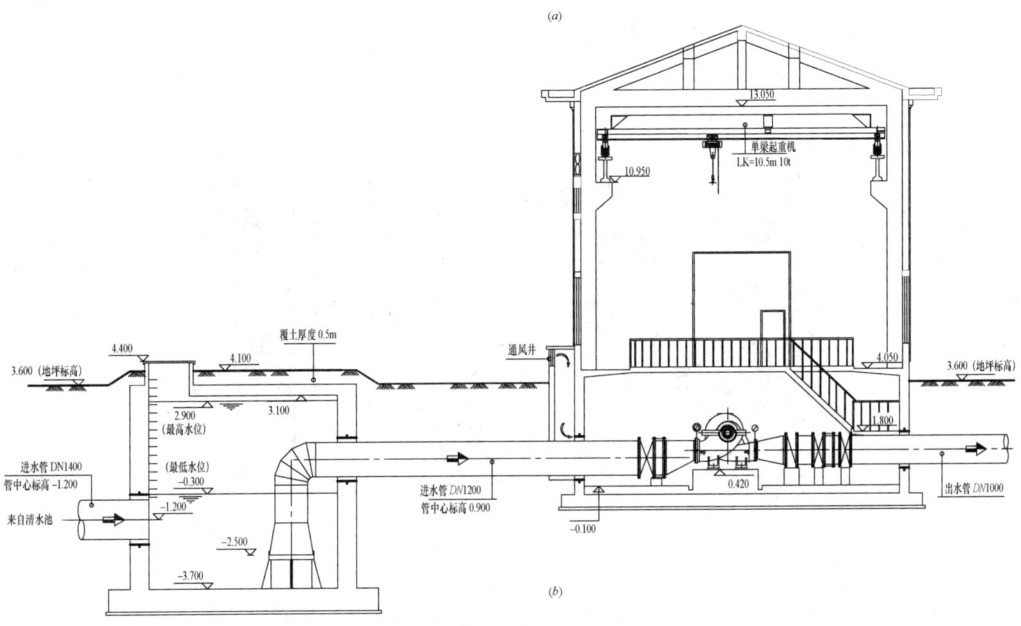


图 5-4 与吸水井分建卧式离心泵房（矩形）

（*a*）平面图；（*b*）剖面图

3）与吸水井合建卧式离心泵房，如图 5-5 所示。

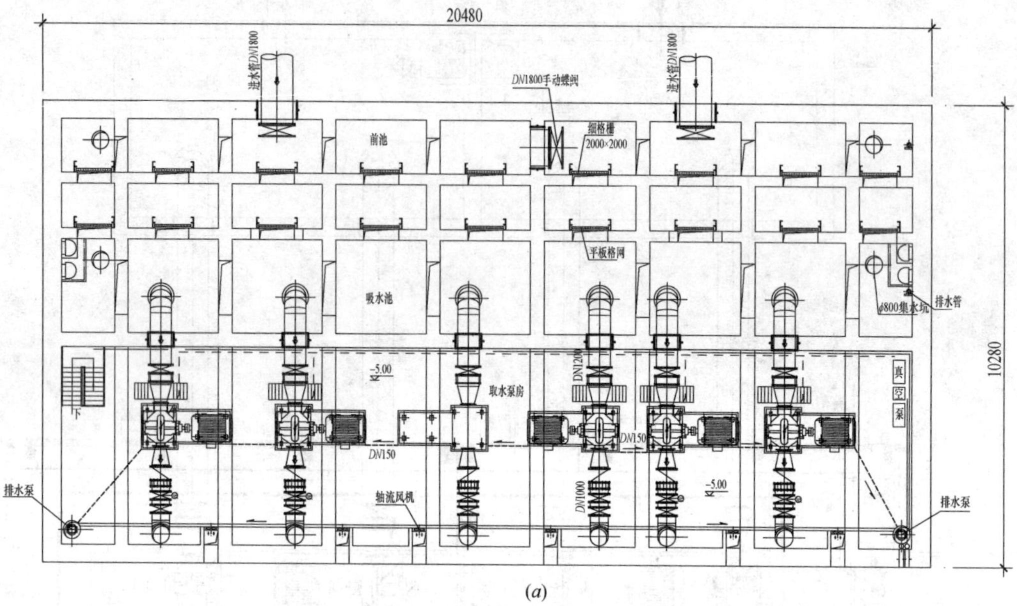

(*a*)

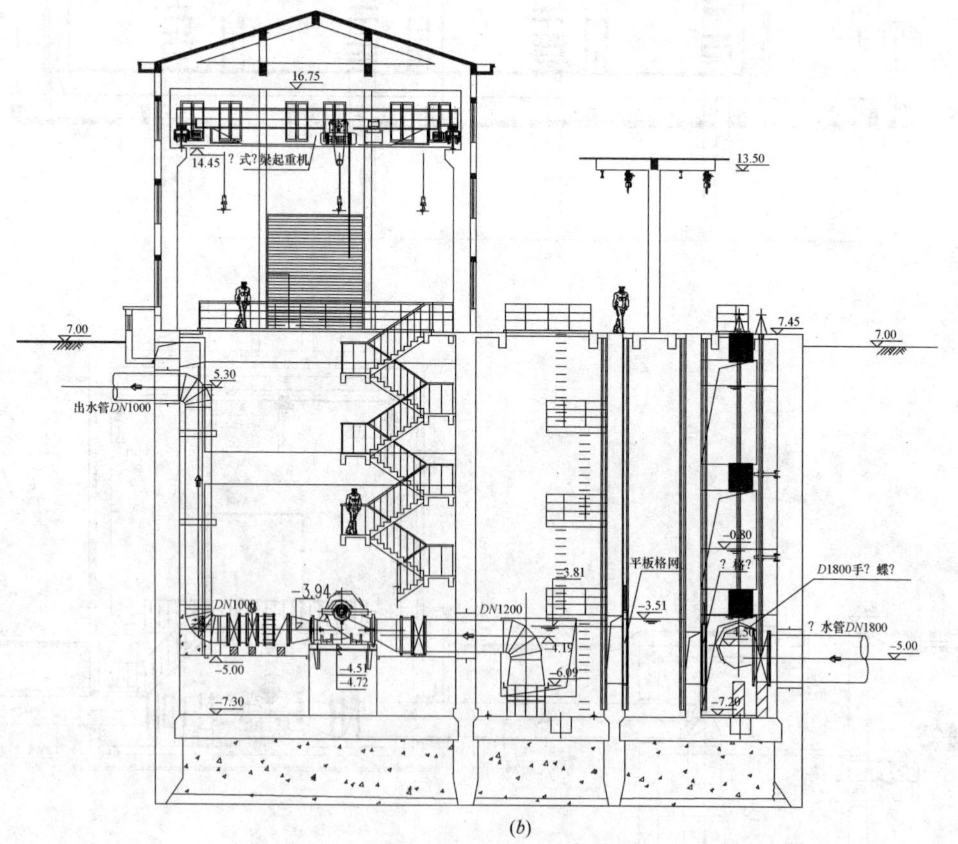

(*b*)

图 5-5　与吸水井合建卧式离心泵房（矩形）

（*a*）平面图；（*b*）剖面图

4）与吸水井合建立式混流泵房，如图 5-6 所示。

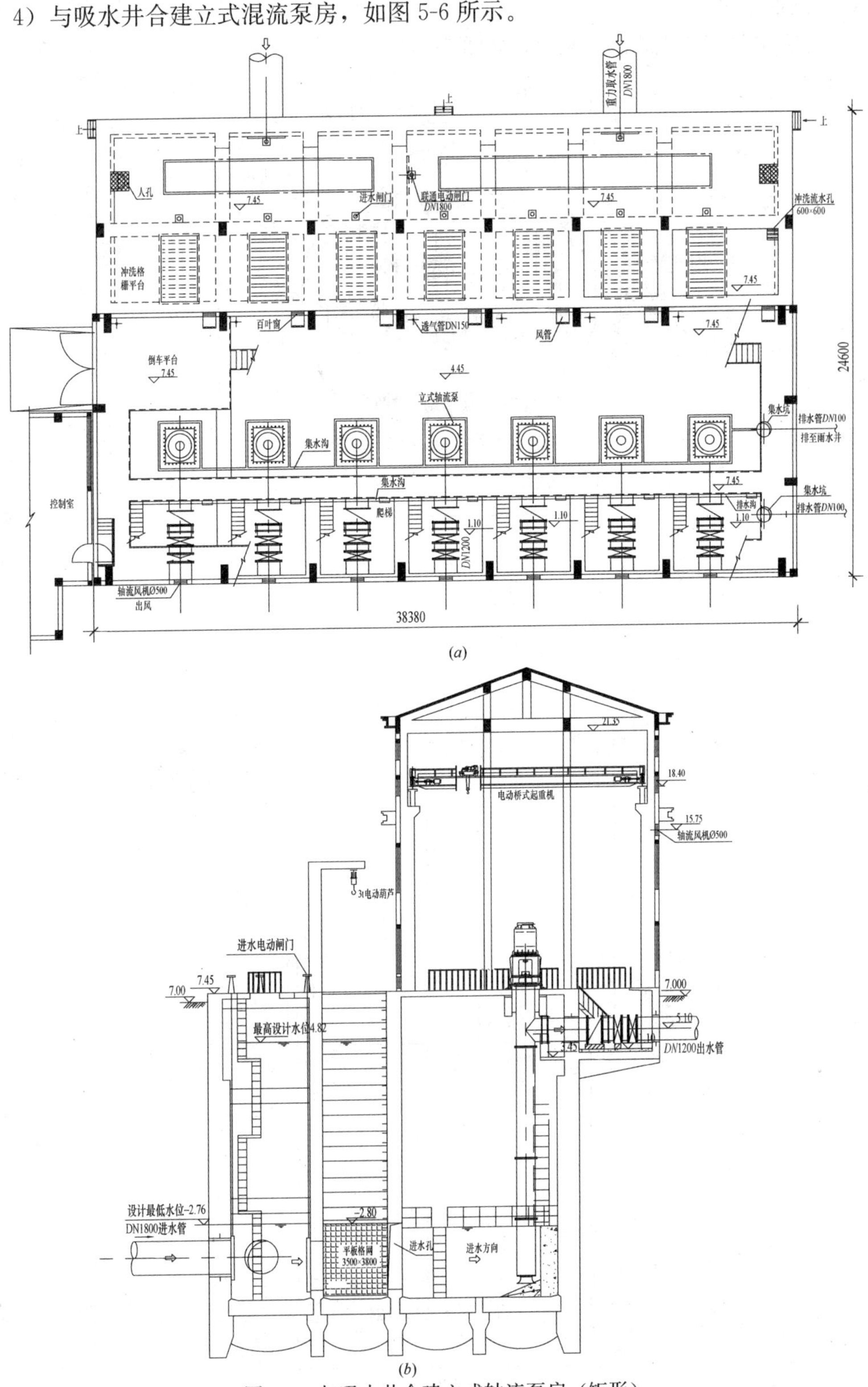


图 5-6 与吸水井合建立式轴流泵房（矩形）

(*a*) 平面图；(*b*) 剖面图

(2) 圆形泵房

1) 与吸水井分建立式离心泵房，如图 5-7 所示。

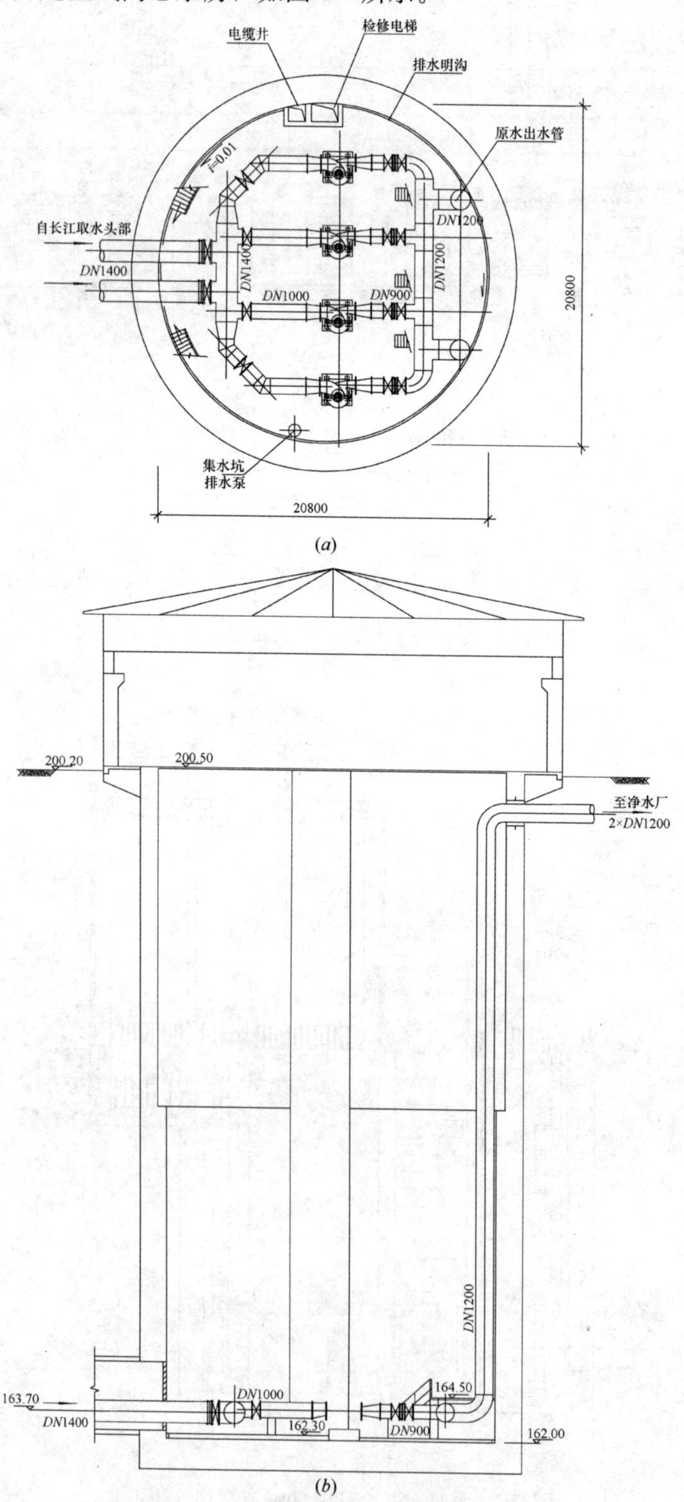


图 5-7 与吸水井分建立式离心泵房（圆形）

（*a*）平面图；（*b*）剖面图

2）与吸水井合建立式混流泵房，如图 5-8 所示。

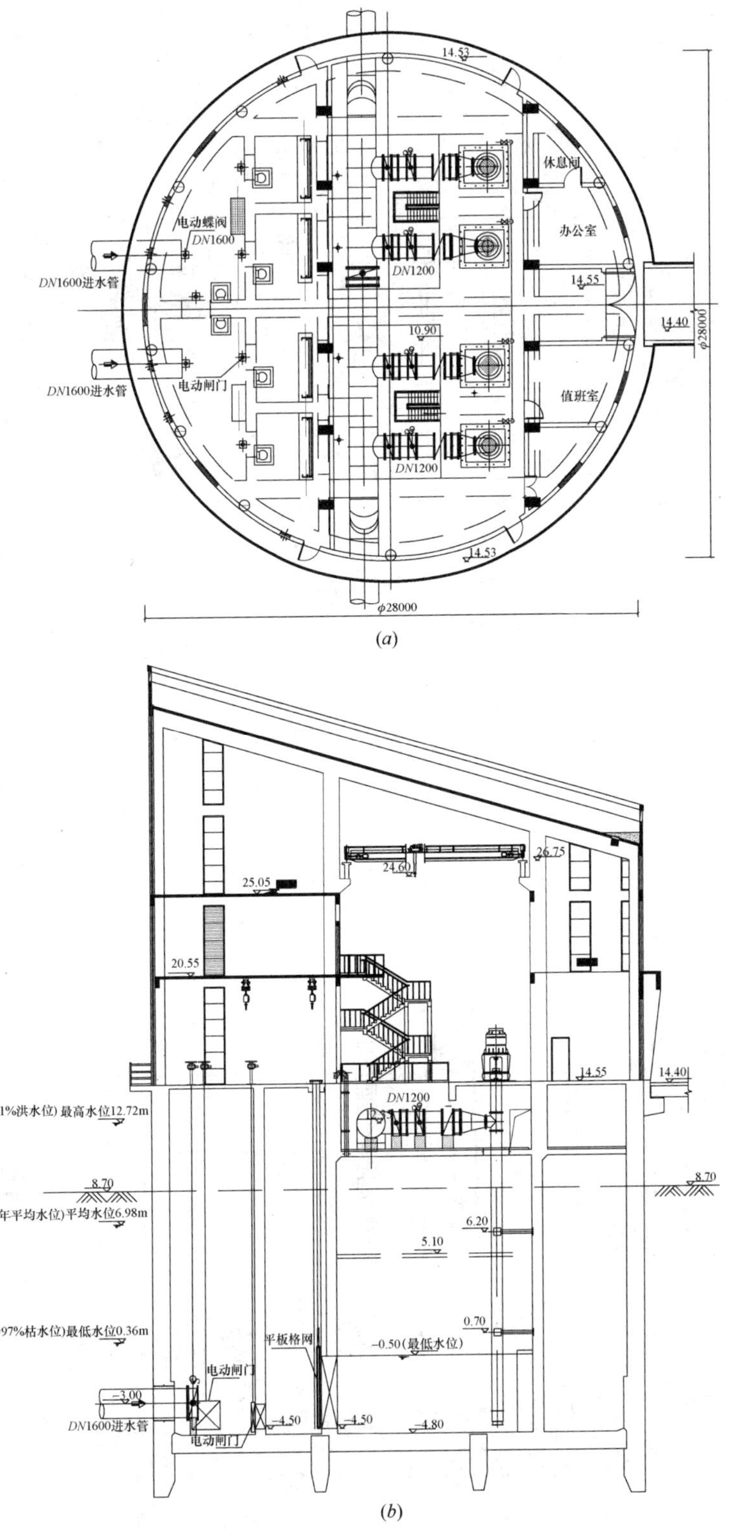


(*a*)

(*b*)

图 5-8　与吸水井合建立式轴流泵房（圆形）

（*a*）平面图；（*b*）剖面图

3）与吸水井合建卧式离心泵房，如图 5-9 所示。

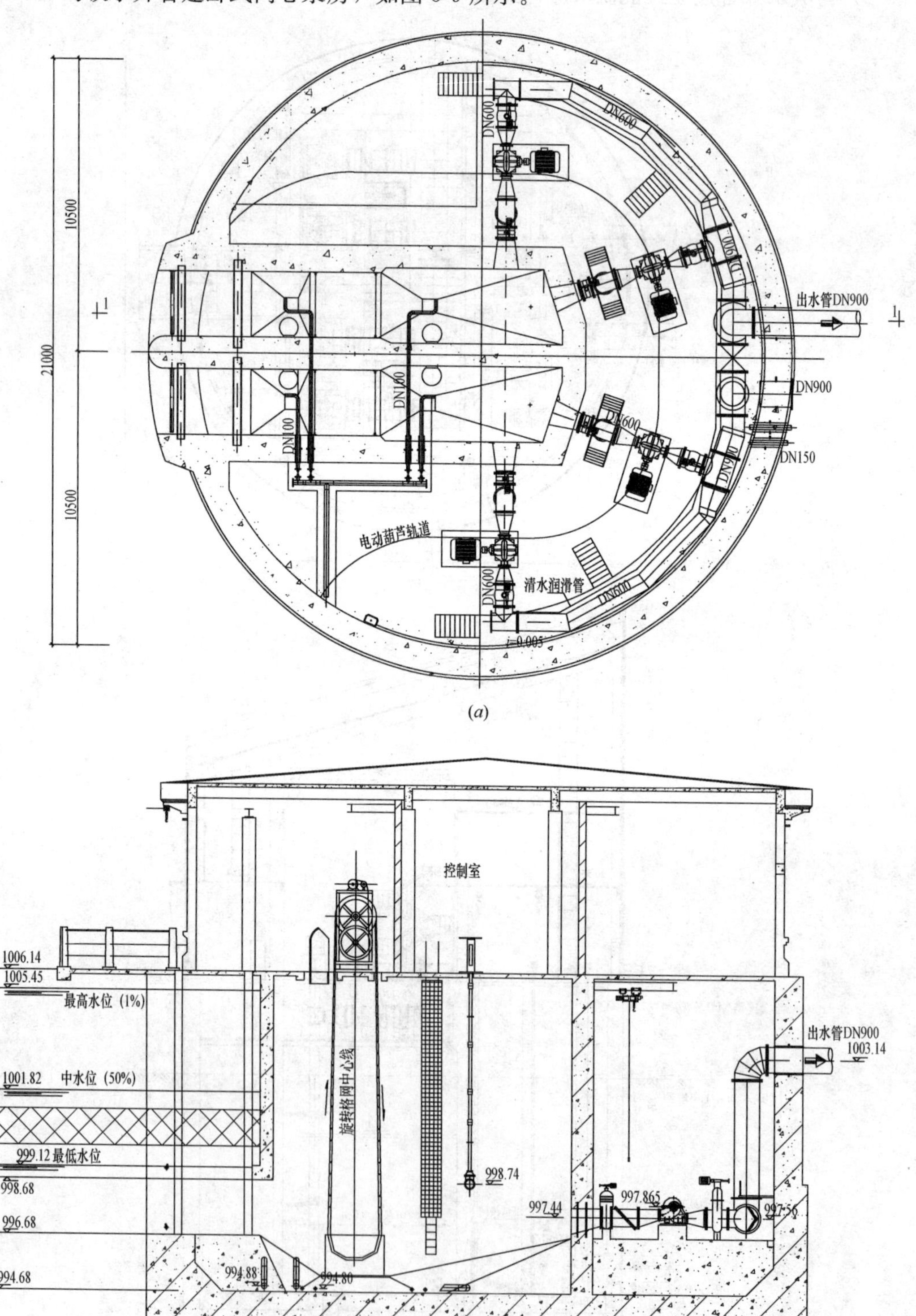


图 5-9 与吸水井合建卧式离心泵房（圆形）

（a）平面图；（b）剖面图

#### 5.1.2.3 湿式泵房

湿式泵房均采用潜水泵，一般适用地表水取水泵房、水厂中间提升泵房、滤池反冲洗泵房以及水厂回用水与排水泵房。图 5-10 为某水厂采用潜水泵的取水泵房布置，图 5-11 为典型的采用潜水泵的水厂回用水或排水泵房布置。

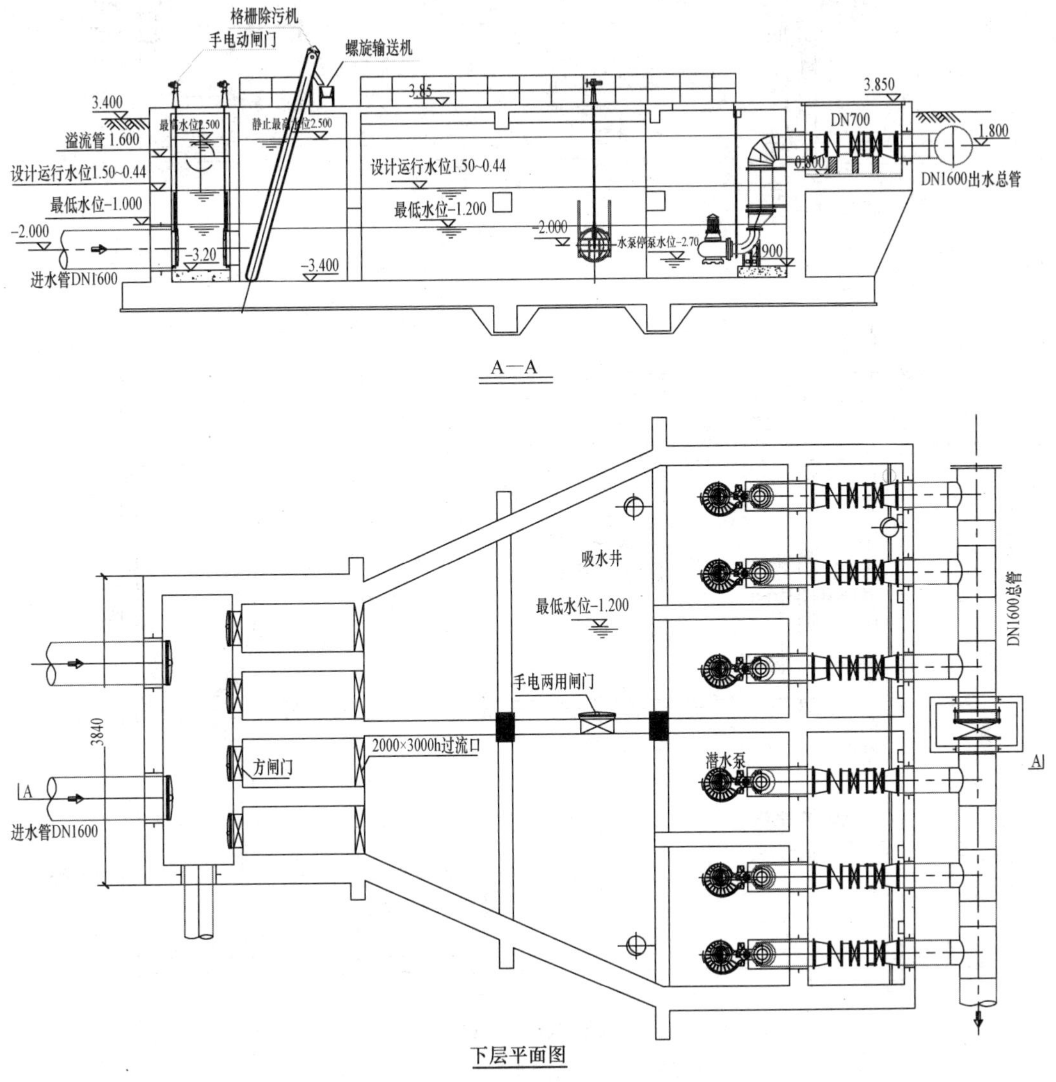


图 5-10 采用潜水泵的某水厂取水泵房

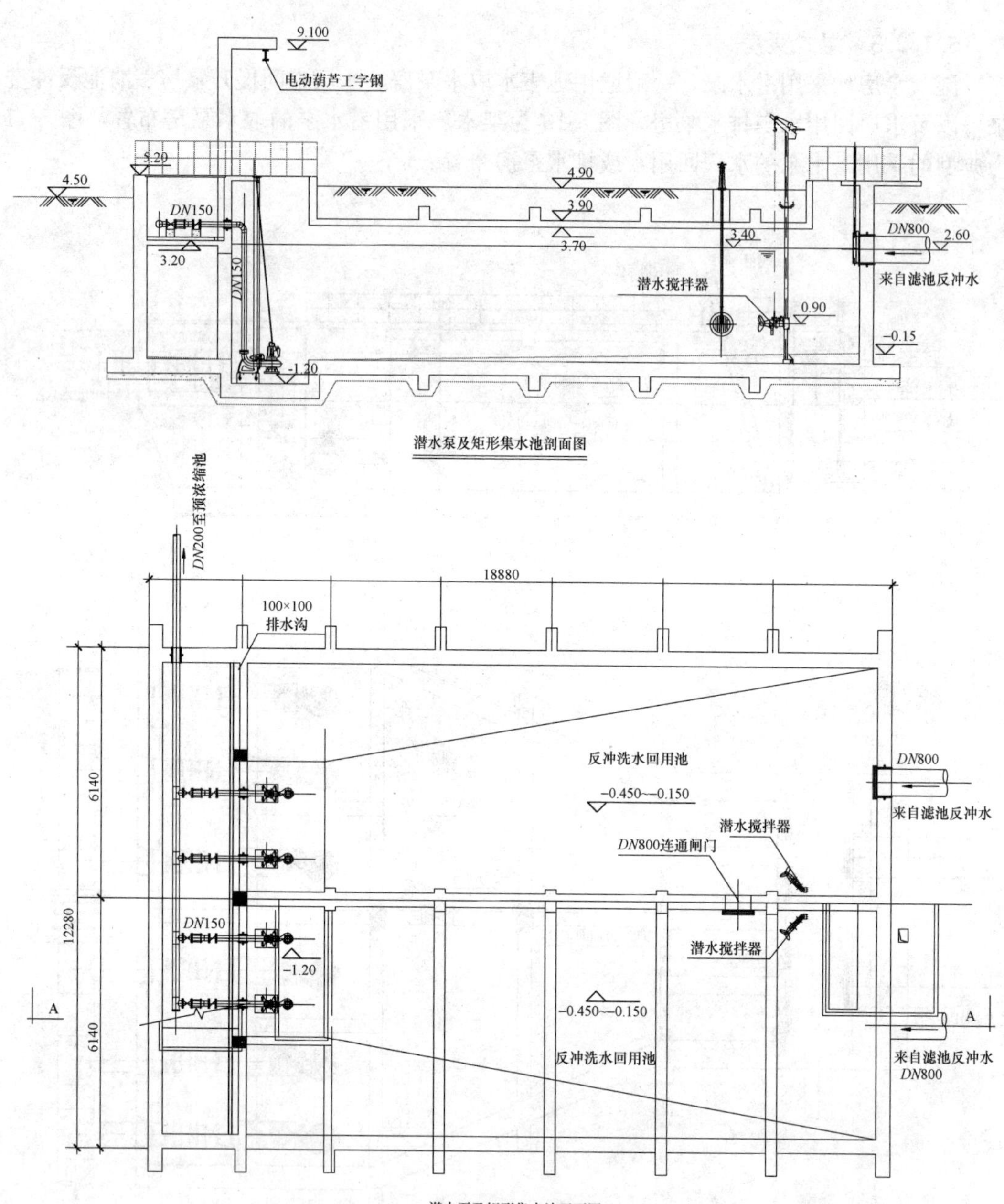


图 5-11 采用潜水泵的水厂回用水或排水泵房

(*a*) 剖面图；(*b*) 平面图

# 5.2 水 泵 选 择

## 5.2.1 常用给水水泵

### 5.2.1.1 水泵基本类型

泵的种类繁多，性能范围广泛。给水泵站的主泵常采用叶片式水泵。叶片式水泵有四种基本泵型，即离心泵、轴流泵、混流泵和潜水泵，其分类如下。

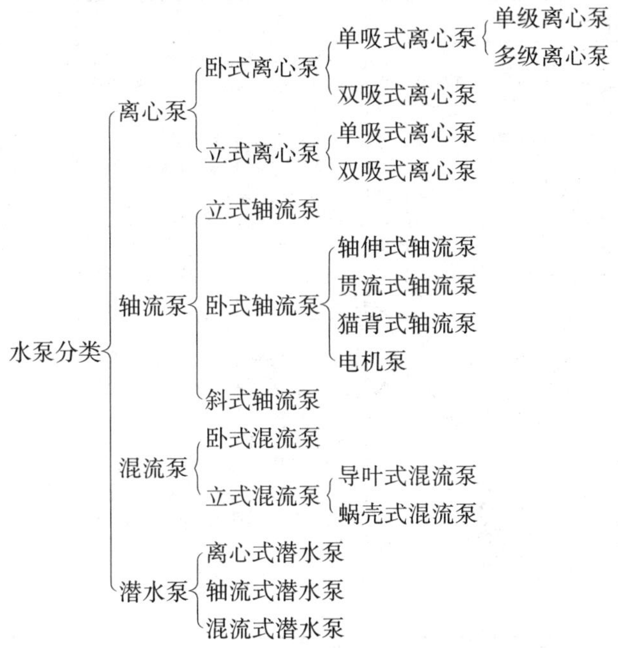


有关各类水泵的规格、型号、特性曲线和安装尺寸详见《给水排水设计手册》第三版第 11 册《常用设备》和《给水排水设计手册·材料设备》（续册）第 2 册，以及相关的更新产品样本。

#### 5.2.1.2 水泵结构特点与安装

各类水泵的基本构造与特性见表 5-2。

**水泵结构特点及安装条件** **表 5-2**

| 泵类 | 叶轮内流态及图示 | 特　　点 | 安装条件 |
| --- | --- | --- | --- |
| 离心泵 | 离心泵是一种通过叶轮高速转动产生离心力而使液体的压能、位能和动能得到增加的机具。水在蜗形泵壳中，被甩成与泵轴成切向流动，使叶轮中心形成真空，在大气压作用下，水被吸入泵内。除部分大型立式水泵外，一般水泵具有允许吸上真空高度。 | 1. 是给水工程中广泛采用的一种水泵；<br>2. 流量、扬程的适用范围广；<br>3. 结构简单、体型轻便、效率较高，但流量小时，效率一般较低；<br>4. 离心泵主要有卧式及立式，单吸及双吸，单级及多级等；<br>5. 一般不宜输送含杂质颗粒较大的水体；<br>6. 水泵启动前，泵轴低于吸水池池面，可自动启动；高于吸水池池面，需要先用水灌满泵壳和吸水管道 | 可利用离心泵的允许吸上真空高度，提高水泵安装标高，减小泵房埋深，节约土建造价。但启动时要求叶轮灌水或真空引水 |

续表

| 泵类 | 叶轮内流态及图示 | 特点 | 安装条件 |
|---|---|---|---|
| 轴流泵 | 轴流泵叶轮转速较低，叶轮中液体围绕泵轴螺旋上升，在导叶作用下将水流转为轴向流动 | 1. 轴流泵适用于低扬程，大流量，多用于取水泵房、排水泵房；<br>2. 一般为立式，泵构造简单、紧凑、安装占地面积小；<br>3. 一般与立式电动机配套，电动机安装在泵房上部电机层内，操作条件好；也可配用卧式电动机，采用水平安装或倾斜安装；<br>4. 一般不宜输送含杂质颗粒较大的水体 | 叶轮必须具有一定的淹没水深，泵房埋深较大 |
| 混（斜）流泵 | 混流泵亦为低转速泵，叶轮的出水缘相对水泵轴呈倾斜，水流介于径向和轴向流动，立式导叶形泵偏向轴向，卧式蜗壳形偏向径向<br>(a) (b) | 1. 混流泵适用于中、低扬程、大流量的给水工程，扬程较轴流泵高，性能较好；<br>2. 有类似于轴流泵的立式导叶式混流泵采用立式电动机；有类似于离心泵的卧式蜗壳式混流泵，可采用立式电动机亦可采用卧式电动机；<br>3. 抗气蚀性能和效率较轴流泵高 | 长轴立式混流泵安装条件相似于轴流泵；卧式蜗壳形相似于离心泵 |

注：表内图中 1—叶轮；2—叶片；3—导叶；4—泵壳
(a) 卧式蜗壳轮；(b) 立式导叶轮

### 5.2.1.3 水泵的比转数及特性曲线

不同类型水泵的比转数及特性曲线特点见表 5-3。

**水泵的比转数及特性曲线** **表 5-3**

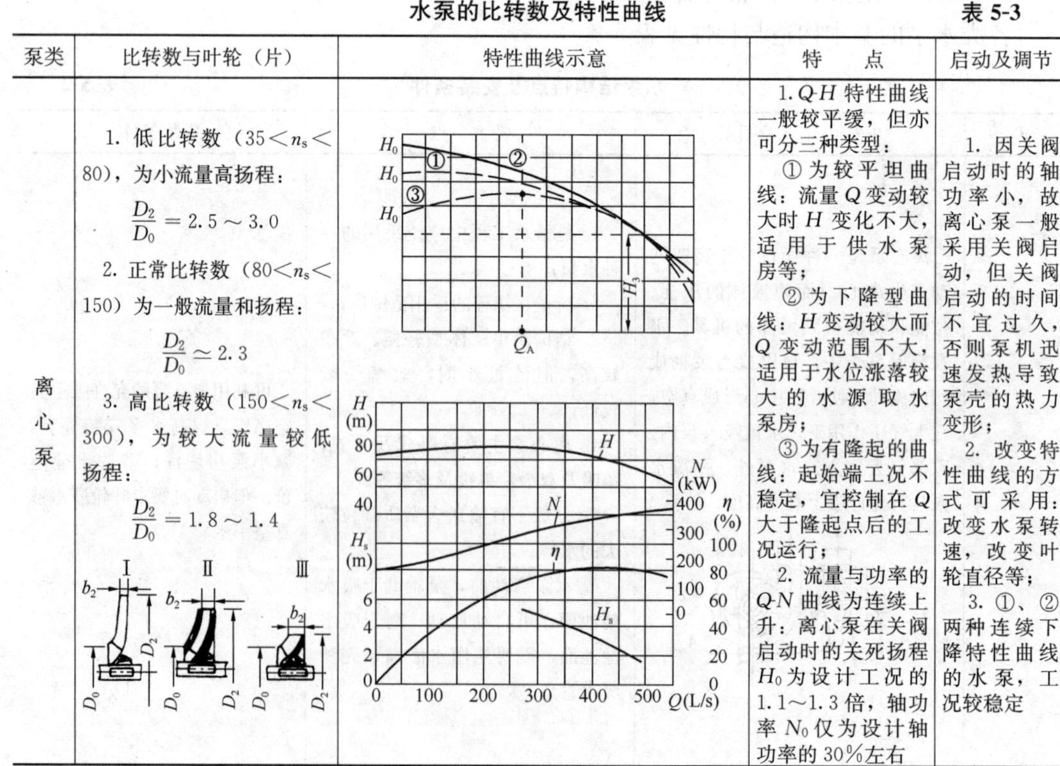


| 泵类 | 比转数与叶轮（片） | 特性曲线示意 | 特点 | 启动及调节 |
|---|---|---|---|---|
| 离心泵 | 1. 低比转数（$35<n_s<80$），为小流量高扬程：<br>$\frac{D_2}{D_0}=2.5\sim3.0$<br>2. 正常比转数（$80<n_s<150$）为一般流量和扬程：<br>$\frac{D_2}{D_0}\simeq2.3$<br>3. 高比转数（$150<n_s<300$），为较大流量较低扬程：<br>$\frac{D_2}{D_0}=1.8\sim1.4$ | | 1. Q-H 特性曲线一般较平缓，但亦可分三种类型：<br>①为较平坦曲线：流量 Q 变动较大时 H 变化不大，适用于供水泵房等；<br>②为下降型曲线：H 变动较大而 Q 变动范围不大，适用于水位涨落较大的水源取水泵房；<br>③为有隆起的曲线：起始端工况不稳定，宜控制在 Q 大于隆起点后的工况运行；<br>2. 流量与功率的 Q-N 曲线为连续上升：离心泵在关阀启动时的关死扬程 $H_0$ 为设计工况的 1.1～1.3 倍，轴功率 $N_0$ 仅为设计轴功率的 30%左右 | 1. 因关阀启动时的轴功率小，故离心泵一般采用关阀启动，但关阀启动的时间不宜过久，否则泵机迅速发热导致泵壳的热力变形；<br>2. 改变特性曲线的方式可采用：改变水泵转速，改变叶轮直径等；<br>3. ①、②两种连续下降特性曲线的水泵，工况较稳定 |

续表

| 泵类 | 比转数与叶轮（片） | 特性曲线示意 | 特　点 | 启动及调节 |
| --- | --- | --- | --- | --- |
| 轴流泵 | 高比转数（$500 < n_s < 1200$），为大流量低扬程：<br>$\frac{D_2}{D_0} \simeq 1.0$ 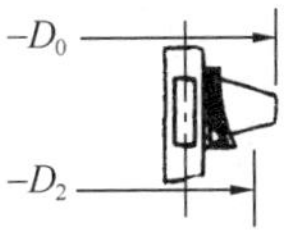 | 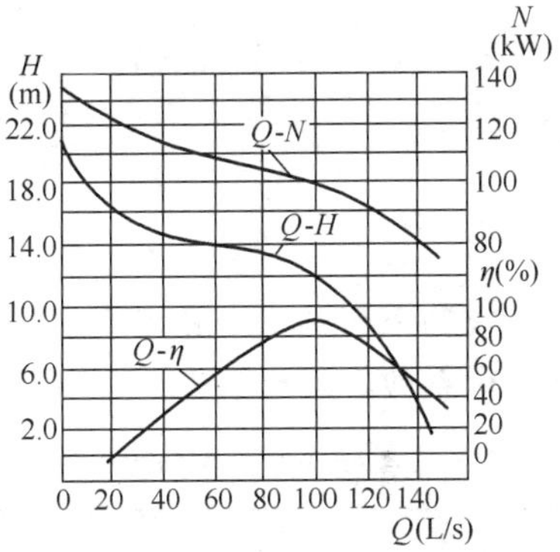  | 1. $Q$-$H$、$Q$-$N$ 两特性曲线均呈陡降（尤其在小流量段）；并有转折拐点；<br>关死扬程 $H_0$ 为设计工况的 2 倍左右；<br>2. $Q$-$\eta$ 曲线有隆起点，上升和下降较陡，高效率的工况范围不大，且偏离高效点后，$\eta$ 迅速下降；<br>3. 在折拐点以左小流量运行时，将出现振动和噪声现象 | 1. 由于 $Q$-$N$ 曲线陡降故轴流泵应在闸阀全启情况下启泵，以降低启动功率；<br>2. 因高效区窄，故不能用闸阀调节 $Q$，需采用改变叶片装置角度来调节。轴流泵叶片有半调式和全调式两种；<br>3. 在选型和操作中应避免泵在折拐点以左的小流量范围内工作，否则效率低，工况不稳定 |
| 混（斜）流泵 | 高比转数（$300 < n_s < 500$），为大流量低扬程与较低扬程。其扬程可较轴流泵高，近似高比转数的离心泵：<br>$\frac{D_2}{D_0} = 1.2 \sim 1.1$ 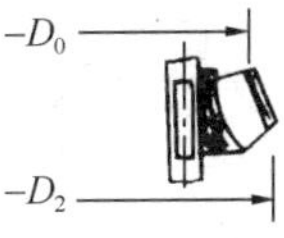 | 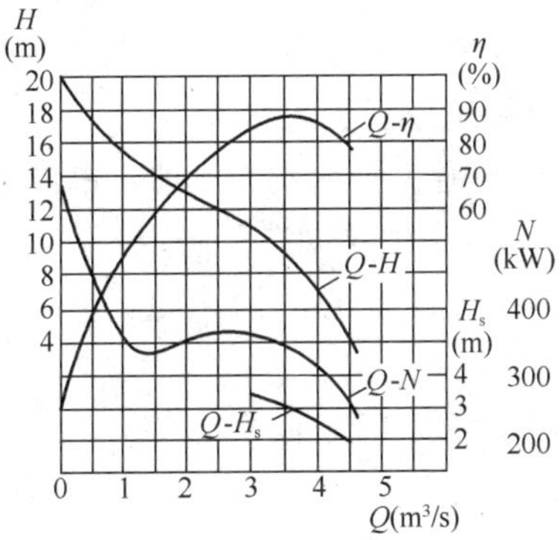  | 1. $Q$-$H$ 特性曲线连续下降，但较轴流泵平缓；介于离心泵和轴流泵之间，工况较稳定；<br>当 $Q_0 = 0$，关死扬程 $H_0$ 为设计工况的 1.5～1.8 倍；<br>2. $Q$-$N$ 曲线较为平缓，接近离心泵时 $Q$-$N$ 曲线缓步上升；接近轴流泵时 $Q$-$N$ 曲线亦为下降形，但较轴流泵平缓；<br>3. $Q$-$\eta$ 接近离心泵，高效率工况段较轴流泵宽 | 1. 当 $Q$-$N$ 曲线为下降形时，宜开阀或部分开阀启动；当 $Q$-$N$ 曲线平缓或平缓上升型，也可关阀（小型泵）或部分开阀（大、中型泵）启动；<br>2. 类似离心泵的蜗壳式混流泵宜按离心泵方式调节；类似轴流泵的立轴导叶式混流泵，可按轴流泵方式调节 |

#### 5.2.1.4 水泵主要参数

水泵的主要参数主要有：流量、扬程、允许吸上真空高度或汽蚀余量、转速、效率、轴功率、比转数等。

(1) 轴功率及动力机功率

1) 水泵轴功率计算公式为

$$N=\frac{\gamma QH}{102\eta}(\mathrm{kW}) \tag{5-1}$$

2) 所需动力机之额定功率为

$$N'=KN(\mathrm{kW}) \tag{5-2}$$

式中 $\gamma$——水的密度（$kg/m^3$）；

$Q$——水泵的流量（$m^3/s$）；

$H$——水泵的总扬程（m）；

$\eta$——水泵的效率，即有效功率与轴功率之比值（%）；

$K$——动力机的超负荷安全系数，可参照表 5-4，一般取 1.1～1.05。

**由水泵轴功率而定的 *K* 值** **表 5-4**

| 水泵轴功率（kW） | 1～2 | 2～5 | 5～10 | 10～25 | 25～60 | 60～100 以上 |
|---|---|---|---|---|---|---|
| $K$ | 1.7～1.5 | 1.5～1.3 | 1.3～1.25 | 1.25～1.15 | 1.15～1.1 | 1.1～1.05 |

(2) 允许吸上真空高度及汽蚀余量

1) 允许吸上真空高度 $H_s$

1 允许吸上真空高度 $H_s$是指水泵吸入口允许低于标准大气压的数值（又称为真空计示吸水高度），即水泵在标准状况（水温为 20℃，水表面为标准大气压）运行时，所允许的水泵最大吸上真空高度，单位为 m。

2 按实际装置所需的真空吸上高度为 $[H_s]$，若 $[H_s]>H_s$将发生汽蚀。

2) 汽蚀余量 NPSH

汽蚀余量指泵入口处液体所具有的总水头与液体汽化时的压力头之差，区分为泵必需汽蚀余量 NPSHR 或 $(\mathrm{NPSH})_r$（又称需要的净正吸入水头）和泵装置可用汽蚀余量 NPSHA 或 $(\mathrm{NPSH})_a$（又称可利用净正吸入水头）：

①NPSHR 是指水泵进口处为避免泵内发生汽蚀，单位重量液体所应具有的超过饱和蒸汽压力的富裕能量，单位为 m，它由泵制造厂确定，并在泵样本中给出。

②NPSHA 是指泵装置本身所具有的汽蚀余量，它是由泵站水源条件和泵站设计确定。

③若 NPSHA<NPSHR，泵将发生汽蚀。

3) 允许吸上真空高度（m）与必需汽蚀余量（m）的关系：

$H_s$与 NPSHR 间可按式（5-3）换算：

$$\mathrm{NPSHR}=H_g-H_z+\frac{V_1^2}{2g}-H_s \tag{5-3}$$

式中 $H_g$——水泵安装地点的大气压力（$mH_2O$），其值与海拔高程有关，见表 5-5；

$H_z$——液体相应温度下的饱和蒸汽压力水头（m），其值与水温有关，见表 5-6；

$V_1$——水泵吸入口流速（m/s）；

$H_s$——水泵样本中给出的最大允许吸上真空高度（m）。

**不同海拔高程的大气压力** **表 5-5**

| 海拔高程 (m) | −600 | 0 | 100 | 200 | 300 | 400 | 500 | 600 | 700 | 800 | 900 | 1000 | 1500 | 2000 | 3000 | 4000 | 5000 |
|---|---|---|---|---|---|---|---|---|---|---|---|---|---|---|---|---|---|
| 大气压力 $H_g$ ($mH_2O$) | 11.3 | 10.3 | 10.2 | 10.1 | 10.0 | 9.8 | 9.7 | 9.6 | 9.5 | 9.4 | 9.3 | 9.2 | 8.6 | 8.4 | 7.3 | 6.3 | 5.5 |

**不同水温时的饱和蒸汽压力** **表 5-6**

| 水温 (℃) | 0 | 5 | 10 | 15 | 20 | 30 | 40 | 50 | 60 | 70 | 80 | 90 | 100 |
|---|---|---|---|---|---|---|---|---|---|---|---|---|---|
| 饱和蒸汽压力 $H_z$ ($mH_2O$) | 0.06 | 0.09 | 0.12 | 0.17 | 0.24 | 0.43 | 0.75 | 1.25 | 2.02 | 3.17 | 4.82 | 7.14 | 10.33 |

（3）比转数

1）比转数 $n_s$ 是叶片泵叶片的相似特征值，见表 5-3。

2）水泵叶轮的主要尺寸比例、叶轮的允许切削值和水泵的允许吸上高度等，都与比转数有关。

3）比转数相当于某一（标准）叶轮的转数，此标准叶轮与选用叶轮呈几何相似，且当流量为 0.075$m^3$/s 和扬程为 1m 时的功率为 0.746kW。

4）计算比转数的公式为

$$n_s = 3.65n\frac{\sqrt{Q}}{H^{\frac{3}{4}}} \tag{5-4}$$

式中 $Q$——水泵流量（$m^3$/s），当水泵为双进水时以 $\frac{Q}{2}$ 计；

$H$——水泵扬程（m），对于多级泵，以 $\frac{H}{i}$ 代入，$i$ 为级数；

$n$——水泵转速（r/min），当水泵转速 $n$ 一定时，同样流量的水泵，$n_s$ 越大，扬程越低；同样扬程的水泵，则 $n_s$ 越大，流量越大。

（4）流量、扬程、功率和转速间的变速计算关系

1）水泵转速变化时，其流量、扬程和轴功率按以下比例律改变：

$$\frac{Q}{Q_1} = \frac{n}{n_1} \tag{5-5}$$

$$\frac{H}{H_1} = \left(\frac{n}{n_1}\right)^2 \tag{5-6}$$

$$\frac{N}{N_1} = \left(\frac{n}{n_1}\right)^3 \tag{5-7}$$

式中 $Q$、$H$、$N$——叶轮转速为 $n$ 时，水泵的流量、扬程和功率；

$Q_1$、$H_1$、$N_1$——叶轮转速为 $n_1$ 时，水泵的流量、扬程和功率。

2）经调速的离心泵特性曲线变化见图 5-12。水泵经调速后，可使流量变化时仍处于较高效率范围内运行。

（5）流量、扬程、功率和叶轮变径间的计算关系

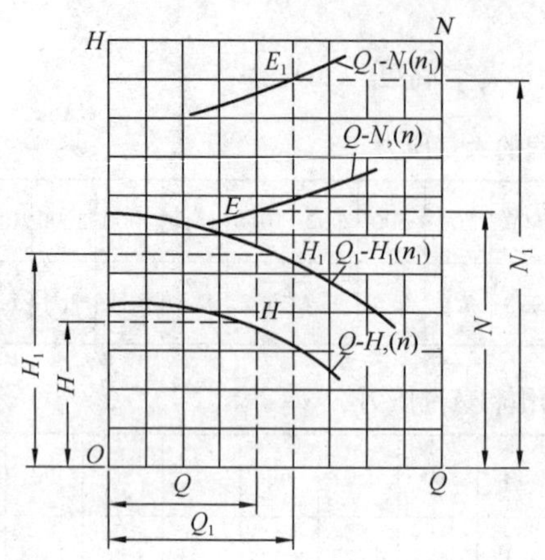


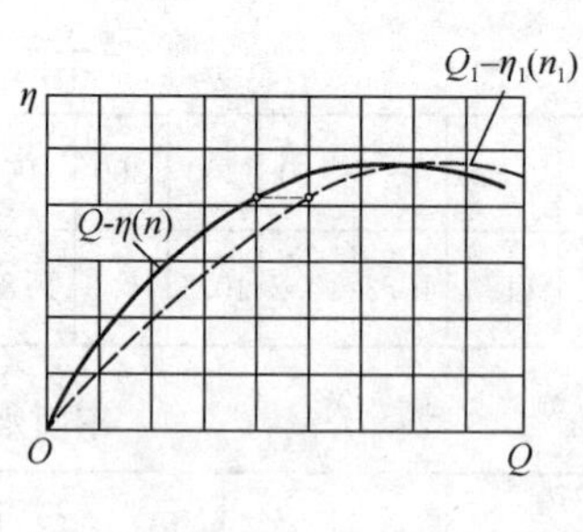


图 5-12 调速后的离心泵特性曲线

1）为扩大水泵的应用范围，适应各种选泵要求，可采用切削叶轮来改变其工况。

2）叶轮切削的水泵流量、扬程和功率按以下比例律计算：

$$\frac{Q}{Q_1}=\frac{D}{D_1} \tag{5-8}$$

$$\frac{H}{H_1}=\left(\frac{D}{D_1}\right)^2 \tag{5-9}$$

$$\frac{N}{N_1}=\left(\frac{D}{D_1}\right)^3 \tag{5-10}$$

式中 $Q$、$H$、$N$——叶轮未切削时水泵的流量、扬程和轴功率；

$Q_1$、$H_1$、$N_1$——叶轮切削后水泵的流量、扬程和轴功率。

3）叶轮直径切削后，须使水泵仍处在高效率范围内工作，不同类型水泵各有一定的切削极限，其切削量与水泵比转数有关。其切削极限见表 5-7。

**叶轮切削极限** 表 5-7

| 水泵比转数 | 叶轮许可切削范围（%） | 每切削 10%时，水泵效率的概略减少值（%） |
|---|---|---|
| 40～120 | 20～15 | 1.0～1.5 |
| 120～200 | 15～11 | 1.5～2.0 |
| 200～300 | 11～9 | 2.0～2.5 |
| 300～350 | 9～7 | |
| 350 以上 | 0 | |

注：叶轮切削的最大值不应超过 20%。

## 5.2.2 运行工况和水泵选择

### 5.2.2.1 运行工况

（1）设计流量和设计扬程：水泵的流量和扬程以及运行中流量和扬程的变化范围，都需按照供水系统的要求而定。

1）设计流量：取水泵房以及送水泵房的最大设计流量按第 2 章的要求确定。泵房的设计，除了需满足最大流量时的扬程外，尚需考虑其他工况时的需要，特别要考虑经常供水流量范围内的水泵效率。

2）设计扬程：

①取水泵房输水至净水厂时的水泵扬程 $H$（图 5-13）为

$$H = H_1 + H_2 + h_1 + h_2 \quad (\mathrm{m}) \tag{5-11}$$

式中 $H_1$——水源最低水位与水泵基准面的几何高度（m）；

$H_2$——水泵基准面与净水构筑物水面的几何高度（m）；

$h_1$——吸水管路总水头损失（m）；

$h_2$——输水管路总水头损失（m）。

计算时一般尚需考虑一定的富裕水头，但不宜过大，一般为 1～2m。

②送水至管网时的水泵扬程：

$$H = H'_1 + H'_2 + h_1 + h_2 + H_3 \quad (\mathrm{m}) \tag{5-12}$$

式中 $H'_1$——最低吸水水位与水泵基准面的几何高度（m）；

$H'_2$——水泵基准面与管网压力控制点的几何高度（m）；

$H_3$——管网控制点要求的自由水头（m）；

$h_1$、$h_2$同公式（5-11）。

计算时一般也需考虑一定的富裕水头。

③深井泵的扬程计算：深井泵的总扬程 $H$ 按公式（5-13）计算，见图 5-14。

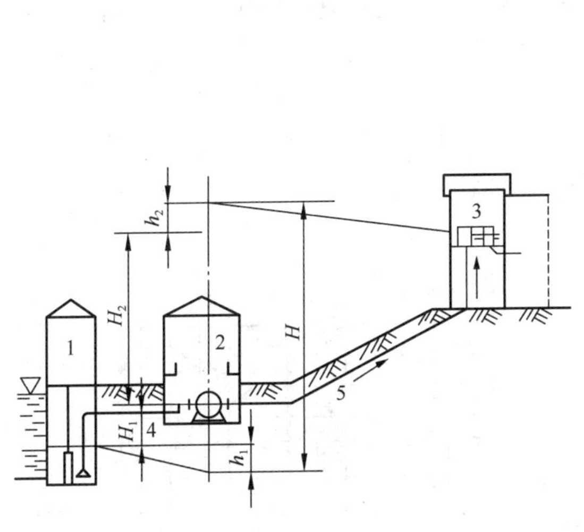


图 5-13 输水至净水厂时的水泵扬程简图
1—集水井；2—取水泵房；3—净水构筑物；4—吸水管路；5—输水管路

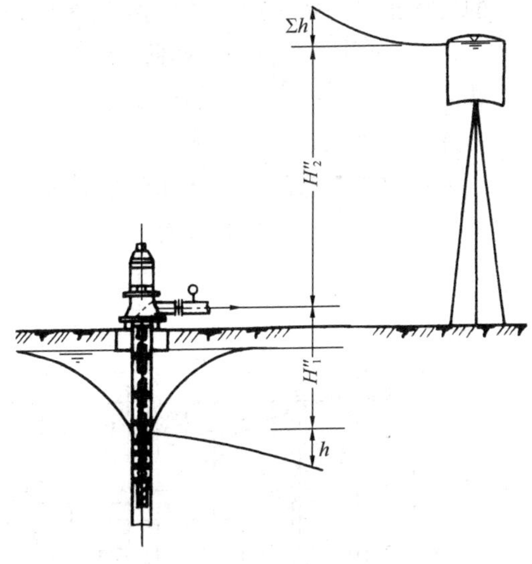


图 5-14 深井泵扬程计算

$$H = H''_1 + H''_2 + h + \Sigma h \ (\mathrm{m}) \tag{5-13}$$

式中 $H''_1$——最低动水位至泵出口的高差（m）；

$H''_2$——泵出口到控制点（如水塔水面等）的高度（m）（几何输水高度）；

$h$——扬水管管路损失，根据深井泵样本选用（一般取每米扬水管 0.03～0.05m）；

$\Sigma h$——水泵出水口至控制点的总管路水头损失（m）。

选择深水井时，宜再加上富裕水头一般可按 10%考虑。

扬水管长度应根据滤水管及深井泵的安装要求确定。

(2) 管线特性曲线

1) 管路特性曲线 $Q\text{-}\sum h$ 综合反映了输水管路不同流量时和所需扬程的水力关系，与水泵装置的进、出水管路的管径、长度、管壁粗糙度，管道布置连接方式，局部和沿程水头损失等因素有关。

2) 管路特性曲线以泵房的供水流量为横坐标，以要求的扬程为纵坐标。要求的扬程由几何高差和管路损失两部分组成，对不同作用的泵房，两部分的比例也不相同。对于水厂临近的取水泵房，要求的扬程主要由几何高差决定。送水泵房的扬程（除地形高差较大的山区外）主要随管路损失的变化而变化。

$$H' = H_0 + \sum h = H_0 + SQ^2 \tag{5-14}$$

式中　$H'$——要求的水泵总扬程（m）；

$H_0$——水泵吸水处水位与出水控制点水位的几何高差（m）；

$\sum h$——水泵吸水管以及送水到控制点的沿线和局部阻力损失的总和（m）；

$S$——水泵工作扬程中总阻力损失的比阻（$s^2/m^5$）；

$Q$——泵房输水量（$m^3/s$）。

(3) 水泵特性曲线与运行工况：水泵实际工作的运行工况，既要满足管路特性曲线的需要，又要符合水泵的特性曲线。对于管路特性曲线与水泵特性曲线的交点，表示管道要求的扬程正好与水泵的工作扬程相一致。此交点即水泵的工况点。

1) 水泵并联运行的工作曲线：用几台相同或不同型号的水泵并联工作，可提高水泵运转的灵活性，提高供水的可靠性。

并联时水泵合成特性曲线绘制如下：

多台水泵并联的合成特性曲线可按同一扬程（纵坐标）的每台水泵输水量（横坐标）叠加再把所得各点连接起来而组成曲线，见图 5-15、图 5-16。

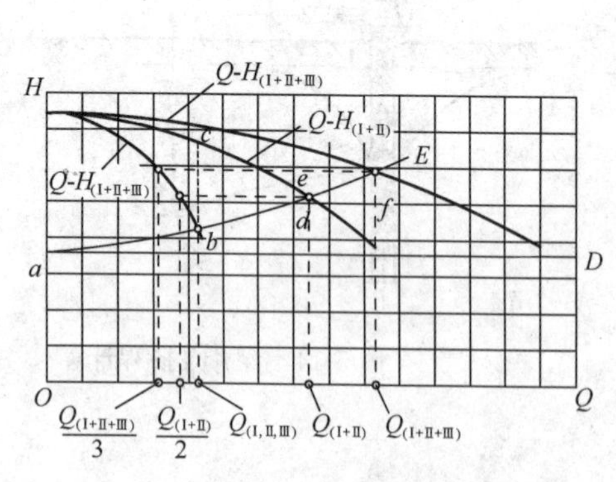


图 5-15　三台同型号水泵的并联工作

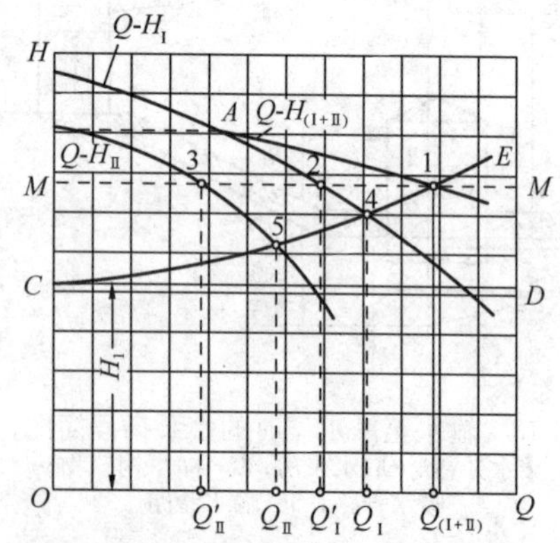


图 5-16　两台不同型号水泵的并联工作

2) 水泵串联运行的工作曲线

①在绘制多台水泵串联工作的合成特性曲线时，要把单台水泵 $Q\text{-}H$ 特性曲线按同一输水量（横坐标）的扬程（纵坐标）叠加进行绘制，见图 5-17。

$H_0$ 相当于压力管路阀门关闭时两台水泵的串联工作。

图中点 $A$ 是在给定管道特性曲线 $C\text{-}E$ 时，一台水泵工况点流量，点 $A_2$ 是管路特性曲

线 $C_1$-$E_1$ 时，两台水泵串联所提供的工况点流量。即当管路特性曲线为 $C_1$-$E_1$时，需两台水泵串联运行才能满足供水要求。

②采用水泵串联运行时，注意以下几点：

a. 两台水泵的流量应该相近，否则容量较小的一台会产生严重的超负荷。

b. 串联在后面的水泵，构造必须坚固，否则易遭到损坏。

水泵的串联工作决定于泵壳的设计强度，因此各种水泵串联工作的级数，须取得制造厂的同意。

c. 两台串联的水泵按下述方法启动（见图 5-18），关闭阀门 1 和 2。起动水泵 I，当其扬程达到关死扬程后，开启阀门 1，在阀门 2 关闭的情况下启动第二台水泵。

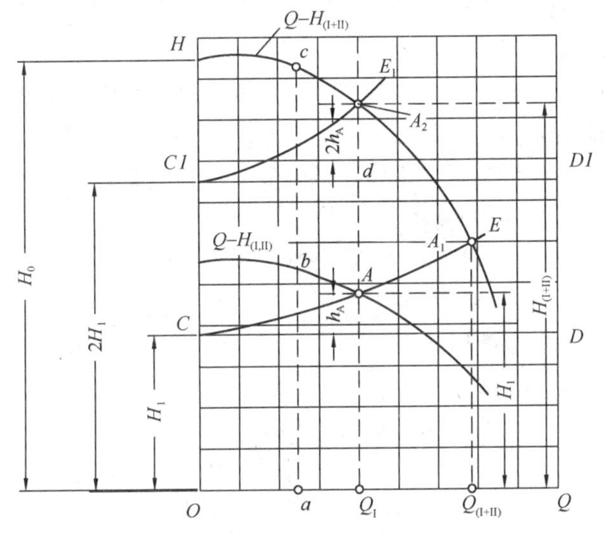


图 5-17　水泵串联时的合成特性曲线

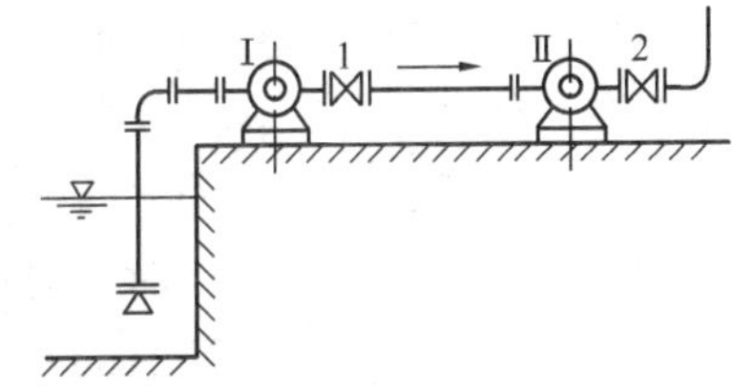


图 5-18　水泵串联工作简图

（4）水泵工况调节：在工程设计中，取水泵房的水泵需按最枯水位考虑；供水泵房的水泵需满足最高日最高时的流量和扬程需要，然而实际运行时，水源的水位变幅可能很大，最高时水量的供水时间在全年仅占很少时间，因此需要考虑水泵的调节措施，以达到经济运行的目的。

采用多台水泵并联工作，可适应不同流量的变化，但机泵设置台数过多，造成启、停泵频繁，操作复杂，加大泵房土建费用。

为使水泵供水符合需水要求，常用的方法有：

1）阀门调节：出水阀门调节是以往实际生产运行中采用较广泛的形式，即增加出水管路的阻力损失，改变 $Q$-$\sum h$ 管路特性曲线以符合相应出水量时的水泵扬程。该方法较为简便，但阀门产生大量能耗，并易引起阀门振动磨损，尤其是蝶阀。轴流泵根据其特性亦不宜用调整出水阀门开启度来调节出水流量。

2）更换叶轮或切削叶轮：水泵叶轮切削后，其特性曲线 $Q$-$H$ 相应改变，因此在不同季节或时间，采用不同直径的同系列叶轮，可改变水泵特性曲线与管路特性曲线的交点位置，即改变水泵运行工况。但经常更换叶轮对生产运行带来不便，通常是季节性的更换，或近远期更换。

3）改变水泵转数：采用调速装置改变水泵的转数，可使水泵工作曲线符合管路特性曲线详见第5.3.1节。

水泵采用调速不仅可减少能量损失和提高水泵效率，而且有利于水泵启动和改善水泵的汽蚀现象，因此在给水泵站设计中得到较多应用，特别适用于总扬程中净扬程所占比例较小的泵房。但是，电压等级较高的水泵调速装置费用较高，因此设计时必须进行详细的经济技术分析。

4）改变叶片安装角度：采用改变叶片安装角度以改变水泵特性曲线（仅适用于叶片可调的轴流泵和混流泵）：

①全调节的ZLQ型轴流泵和半调节的ZLB型轴流泵，其叶片可调范围最大为+8°～−4°和+2°～−10°，一般为+4°～−6°，详见《给水排水设计手册》第三版第11册《常用设备》和《给水排水设计手册·材料设备》（续册）第2册。半调试叶片是借螺纹和定位销子将叶片固定在轮毂上，需停机后松开螺母，才能改变叶片角度。虽叶片可调角度有限，但结构比较简单，大多数轴流泵都做成半调式。

②类似轴流泵的立轴导叶式HL型混流泵也有全调节和半调节型；类似离心泵的蜗壳式混流泵宜按离心泵改变转速的方法改变水泵性能。

**5.2.2.2 水泵选择**

（1）选泵原则

1）选泵首先要满足最高时供水工况的流量和扬程要求；在经常运行流量区间段时，水泵应在高效区运行；在最大与最小流量时，水泵应能安全、稳定运行。所选水泵特性曲线的高效率范围应尽量大而平缓，以适应各种工况的流量和扬程要求。

对于特殊的工况，必要时可另设专用水泵来满足其要求（例如不设专用消防管道的高压消防制系统，为满足消防时的压力一般可另设消防专用泵）。

2）水泵选择必须考虑节约能源，除了选用高效率泵外，还可考虑水泵工况的调节，详见第5.2.2.1（3）、（4）节与第5.3.2节。

3）应考虑近远期结合，一般可考虑远期增加水泵台数或换装大泵。对于埋深较大的泵房，远期可采用更换水泵的方式，减少泵房面积。

4）水泵的台数及流量配比根据供水系统的运行调度要求、泵房的性质及规模、近远期结合方式等综合考虑，并结合调速装置的应用进行多方案比较后确定。

（2）泵型与水泵特性

1）对水源水位变幅大的取水泵房或静扬程较高的泵房，宜选用$Q$-$H$特性曲线陡峭型的水泵；对长距离引水、输水的或流量变幅大的出水泵房，宜选用$Q$-$H$特性曲线平缓的泵型。

2）应优先选用国家推荐的系列产品和经过鉴定的产品。当现有产品不能满足泵站设计要求时，可设计新水泵。新设计的水泵必须进行模型试验或装置模型试验，经鉴定合格后可采用。

3）具有多种泵型可供选择时，应综合分析水力性能、机组造价、工程投资和运行检修等因素择优确定。条件相同时宜选用卧式离心泵。

4）应优先选用汽蚀性能好的水泵。尽可能选用允许吸上真空高度值大或必需汽蚀余量小的泵，以提高水泵安装高度，减少泵房埋深，降低造价。

5）多泥沙水源主泵选型，除符合以上规定外，还应满足下列要求，一般高浊度水源的取水泵房应选用低转速、耐磨的水泵：

①机组转速宜较低。

②过流部件应具有抗磨蚀性能。有条件时尚可在水泵内壳流道、叶轮表面涂敷耐磨涂料。

③水泵导轴承宜用清水润滑或油润滑。

（3）水泵台数

1）工作泵台数

①一般宜尽量减少水泵台数，选用频率较高的大泵；但考虑运行调度方便时，可适当配置小泵，或采用调速运行水泵。当采用调速水泵时台数可相应减少。

②工作水泵台数宜为3～9台。流量变化幅度大的泵站，台数宜多；流量比较稳定的泵站，台数宜少。

通常取水泵房至少需设置工作水泵两台，送水泵房至少2～3台。

③并联运行的水泵，其设计扬程应接近。串联运行的水泵，其设计流量应接近，串联运行台数不宜超过两台，并应对第二级泵壳进行强度校核。

④尽可能选用同型号水泵或扬程相近、流量大小搭配的泵。

2）备用机组

①备用机组数的确定应根据供水的重要性及年利用小时数，并应满足机组正常检修要求。

对于重要的城市供水泵站，工作机组三台及三台以下时，应增设一台备用机组；多于三台时，宜增设两台备用机组。

对于一般的城市供水泵房内可设一台备用泵，型号与泵房内最大一台水泵相同。

②高含砂水源的取水泵房，由于叶轮磨损严重，维修频繁，故一般备用率较高，常按供水量的30%～50%设置备用泵。

③大型工矿企业应根据供水重要性及安全要求确定。

④对于多水源城市的供水，或建有足够调蓄水量高位水池时，亦可不设置备用泵。

## 5.2.3 水泵安装高度计算

### 5.2.3.1 离心泵

安装离心水泵的泵房，其水泵及吸水管的充水方式，有自灌式与非自灌式两种。

（1）对于大型水泵以及启动要求迅速的水泵和供水安全要求高的泵房，宜采用自灌式充水。采用自灌式充水，水泵轴心安装高度应满足水泵外壳顶点低于吸水井最低水位的要求。

（2）离心水泵可利用允许吸上真空高度的特性，采用非自灌式充水，提高水泵的安装高度，节省泵房土建造价。采取非自灌式充水时，水泵轴线安装高度应满足式（5-15）和式（5-16）的要求，其布置见图5-19。

$$Z_s = [H_s] - \left(\frac{v_1^2}{2g} + \sum h_s\right)\ (\mathrm{m}) \tag{5-15}$$

$$Z_s = [H_s] - \frac{v_1^2}{2g} - \left[il + \sum \varepsilon \frac{v^2}{2g}\right]\quad (\mathrm{m}) \tag{5-16}$$

式中　$Z_s$——吸水高度（m）；

$[H_s]$——实际采用真空吸上高度（m），为考虑安全一般采用，$[H_s] \leqslant (0\sim90)\% H_s$；

$\sum h_s$——吸水管沿程及局部水头损失之和（m）；

$i$——管路沿程损失水力坡度（‰）；

$l$——管路长度（m）；

ε——局部阻力系数；

$v$——吸水管中流速（m/s）；

$v_1$——水泵吸入口的流速（m/s）；

$H_s$——标准状况下，水泵样本中给出的最大允许吸上真空高度（m）：

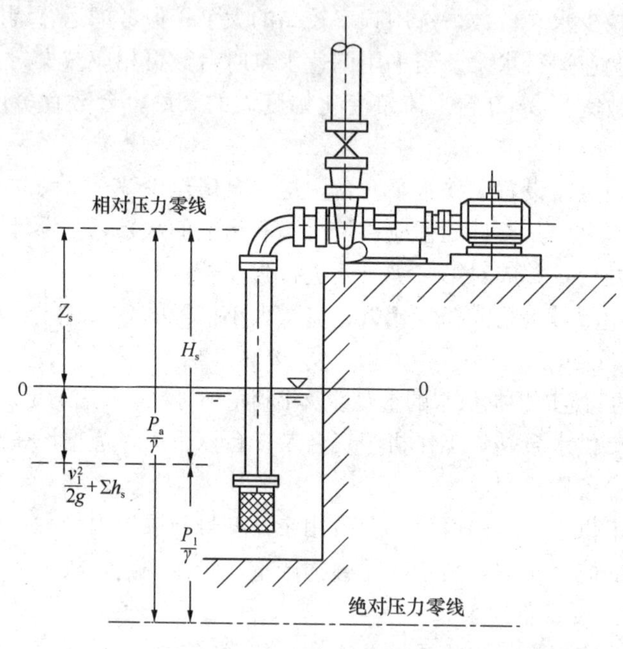


图 5-19　安装高度计算

1）如水泵实际工况与标准状况不一致时，$H_s$需按公式（5-17）修正为 $H'_s$，即

$$H'_s = H_s - (10.3 - H_g) - (H_z - 0.24) = H_s - 10.06 + H_g - H_z \tag{5-17}$$

式中　$H'_s$——修正后的允许吸上真空高度（m）；

$H_g$、$H_z$——同公式（5-3），见表 5-6、表 5-7。

2）如用真空表测定吸上真空高度时，应考虑到真空表设置位置，将其读数 $H_s$折算到基准面值“$H_s$”见图 5-20。“$H_s$”$=H_s \pm Y_s$

式中　$Y_s$——真空表安装高度，真空表在基准面以上时 $Y_s$取负值，反之为正值。

3）轴流泵、混流泵、热水泵及大型立式离心泵等，叶轮安装高度要求处在一定的淹没水深下，此时，宜用汽蚀余量 NPSHR 来反映水泵的吸水性能。水泵的安装高度应满足式（5-18）：

$$\text{NPSHA} = H_g - H_z - h_s \pm |Z_s| > \text{NPSHR} \tag{5-18}$$

式中　NPSHR——水泵样本中给出的水泵汽蚀余量（m）；

NPSHA——按水泵实际安装能提供的汽蚀余量（m），若 NPSHA＜NPSHR 将发生汽蚀，在实际工程设计中为安全起见一般采用：

NPSHR≤（0.4～0.6）+NPSHA　（m）

$Z_s$——当吸水处水位低于泵轴线时，$Z_s$取［—］号；当吸水处水位高于泵轴线时，$Z_s$取［+］号；

$H_g$、$H_z$、$h_s$——同式（5-15）～式（5-17）。

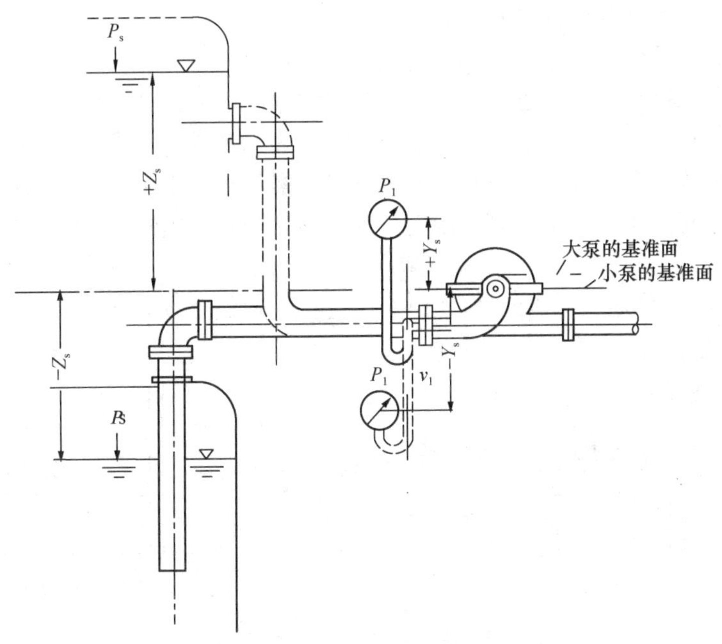


图 5-20 离心泵真空吸水性能与真空表安装位置示意

如果提升的不是清水，而是高浊度水或其他液体时，汽蚀余量 NPSHR 需按公式(5-19)修正，

$$NPSHR' = \frac{\gamma}{\gamma'} NPSHR \tag{5-19}$$

式中 $\gamma$——清水的密度（kg/L）；

$\gamma$——提升液体的密度（kg/L）；

NPSHR——样本给出的汽蚀余量（m）；

NPSHR′——修正的汽蚀余量（m）。

**5.2.3.2 轴流泵**

轴流泵的产品样本均提供必需的汽蚀余量 NPSHR 值，并规定叶轮淹没深度及吸入水槽等布置要求。

轴流泵必须在正水头下工作。其安装通常不进行计算，直接按产品样本规定设计。

**5.2.3.3 混（斜）流泵**

混（斜）流泵产品样本中提供的水泵吸水特性参数，有的采用允许吸上真空高度 $H_s$，有的采用必需汽蚀余量 NPSHR，设计泵的安装高度时应予注意，一般情况为：

（1）蜗壳式卧式混流泵类似离心泵具有允许吸上真空高度。

（2）带导叶的立式混流泵类似轴流泵，叶轮应淹没水中，要求具有一定的淹没水深。

**5.2.3.4 深井泵、井用潜水泵**

深井泵、井用潜水泵均用于深井抽取地下水。井用潜水泵执行《井用潜水泵》GB/T 2816—2014 标准，一般有 QJ 型、QJT 型等。水泵完全没入水中，有一定的淹没水深要求。

深井泵则一般电机在水面以上，首级叶轮在动水位下淹没水深不小于3m，或将2～3个叶轮浸入动水位以下。

设计时应根据产品样本资料确定。

**5.2.3.5　潜水泵**

潜水泵多用于排水泵房，也有用于取水泵房或净水厂内提升。

一般，潜水泵要求安装该泵的进水池（坑）中最低水位，不但要使进水管浸没水中，同时应高出潜水泵蜗壳的顶部。潜水泵安装方式较多，在给水工程中常用的形式有：

(1) 安装在泵室或泵坑中：可采用固定湿式、移动式、固定干式等，见图5-21。

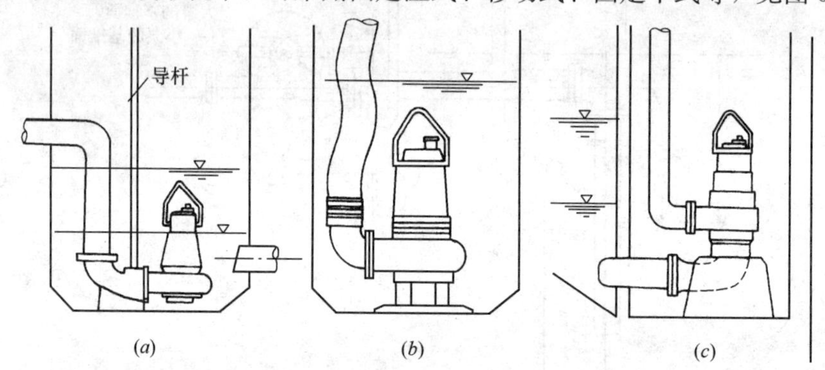


图5-21　潜水泵安装在泵室（坑）中

(*a*) 固定湿式；(*b*) 移动式；(*c*) 固定干式

1) 固定湿式P：出水连接座固定于泵坑底部。当泵沿导杆放下时，能使它自动地与出水连接座接合；而提升泵时可自动与连接座松脱。

2) 移动式S：这类形式潜水泵具有底架支撑，以出水软管连接至泵的蜗壳体。使泵体容易转移安装地点。

3) 固定干式T：这是一种干式安装。泵设置在泵坑的旁侧，它与进水管一起安装在支座上，泵不是潜水式的，但仍须使泵的蜗壳顶部低于最低水位。

(2) 安装在渠道或集水池中，均为固定湿式安装。通常将潜水泵安装在竖井式的泵室（泵坑）中，其结构可采用钢筋混凝土或钢管，亦可二者相结合，大多为预制构造。按出水是渠道或管道的不同，有以下两种安装方式：

1) 出水口为明渠或集水池见图5-22，大流量、低扬程的潜水泵常采用此种方式：

①直接出水，出水口可以是圆形或矩形，见图5-22 (*a*)。

②出水口设置单向（平衡）瓣阀，见图5-22 (*b*)。

③采用虹吸出水管出水，见图5-22 (*c*)。

2) 出水口为管道，见图5-23：

①水泵安装在隔板上，见图5-23 (*a*)；

②水泵安装在钢制套管内，用于进水位较低或深挖进水坑较困难的泵房内，见图5-23 (*b*)；

③水泵安装在预制的钢管泵井内，用于河岸边的安装，或改（重）建原取水泵房见图5-23 (*c*)。

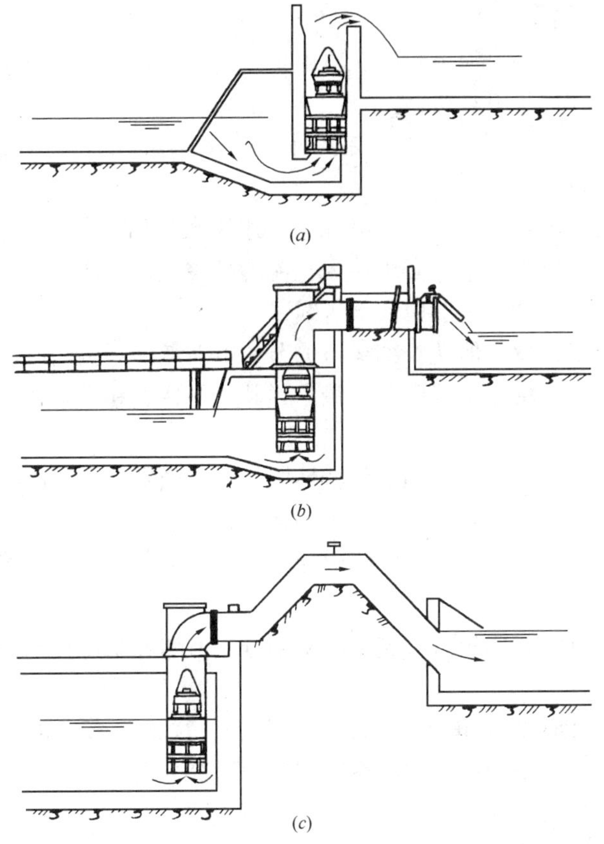


图 5-22 明渠出水的潜水泵安装

(a) 直接出水进入明渠；(b) 出口设置单向瓣阀；(c) 虹吸管出水

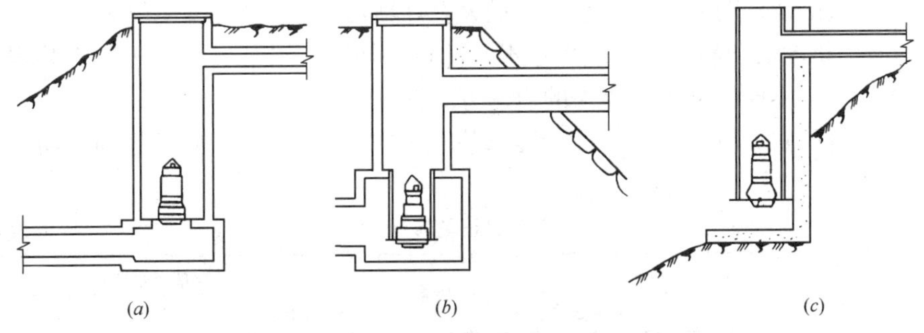


图 5-23 管道出水的潜水泵安装

(a) 安装在隔板上；(b) 安装在套管内；(c) 预制泵井内

## 5.3 动力设备及附属设备

### 5.3.1 动力设备

给水用水泵动力设备一般均采用电动机。电动机的选择可根据水泵样本选用配套电动机，亦可自行选择配套电动机。

#### 5.3.1.1 电动机类型

电机按电流类型可分为直流电机和交流电机，给水工程中常采用交流电机。交流电机又可分为同步电动机和异步电动机。

(1) 同步电动机：广泛用于驱动不要求调速和功率较大的，或者用于驱动功率不大，但转速较低的各种水泵。

同步电动机的功率因素高，能节约电耗，适用于大型给水泵站，用以改善功率因数；缺点是控制、起动系统较为复杂，必须接入直流的励磁设备。

较大型的卧式同步电动机一般由底部进线。

同步电动机虽价格较贵，但从长期运行的节约电能考虑，仍具有一定的经济效益。

(2) 异步电动机：在给水工程中应用最广，其主要特点和类别如下。

1) 异步电动机特点

①异步电动机有较高运行效率的工作特性，从空载到满载范围内接近恒速运行。异步电机还便于派生成各种防护形式，以适应不同环境条件的需要。

②异步电动机运行时，必须从电网吸取无功励磁功率，使电网功率因数降低。因此需采取补偿措施。

③交流异步电动机的调速相对直流电动机困难，但随着调速技术发展，异步电动机变频调速已日渐普及。

2) 异步电动机类别：异步电动机的系列、品种、规格繁多。它可按电源相数、电机结构类型、电压等级、转子结构形式和系列产品用途等分类。

#### 5.3.1.2 电动机选择

电动机应按水泵要求的轴功率、转速、供电电压、电动机启动方式，以及水泵、电动机工作环境、运行方式等选择。应尽量选用功率因数及效率较高、启动方式简单的电动机。

(1) 电动机的额定功率要大于水泵的最大设计轴功率。一般 $N_{机}=(1.05\sim1.5)N_{泵}$ 见表 5-4；电动机的启动静阻转矩应大于水泵的启动转矩，水泵启动转矩与启泵程序、闸阀开启情况有关。不同类型水泵要求的启动方式详见第 5.2 节。

(2) 电动机的转速应和水泵的设计转速基本一致 $n_{机}\approx n_{泵}$，不同级数的电动机转速见表 5-8。

**电动机正常转速** **表 5-8**

| 极数 | 转速(r/min) | | 极数 | 转速(r/min) | |
|---|---|---|---|---|---|
| | 同步电动机 | 异步电动机 | | 同步电动机 | 异步电动机 |
| 2 | 3000 | 2900 | 8 | 750 | 720 |
| 4 | 1500 | 1450 | 10 | 600 | 590 |
| 6 | 1000 | 960 | 12 | 500 | 490 |

(3) 电动机的电压等级根据电动功率大小及转速确定：

①容量在 200kW 以下时，一般选用 380V 低压电动机。

②容量在 200～300kW 时，电动机可选用 380V、6kW、10kW 等三种电压，须根据泵房的供电电压确定。

③容量在 300kW 以上时，可选用 6kW 或 10kW 电动机，视泵房配电电压而定；电动机电压宜与配电电压一致。

同一泵房内的水泵电动机应尽可能采用同一等级的电压。

(4) 一般情况下电动机启动电压降较大，宜就近自 10kW 或 35kW 高压线引出，在泵房附近自建降压站供电。

(5) 除潜水泵外，地面式、半地下式及地下式泵房，一般选用 IP23 防护等级电动机；如地下式泵房较深，宜采用防潮电动机。

## 5.3.2 调速装置

水泵采用调速装置的主要作用一般有两个方面：一方面是为了使水泵运行工况能更好地适应要求的供水工况；另一方面是使水泵可经常处于高效区间，达到节能目的。

### 5.3.2.1 调速装置分类

水泵调速系统按其调速传动时是否存在附加滑差损失，可分为有附加滑差损失的调速系统和无附加滑差损失的调速系统。

(1) 有附加滑差损失的调速装置有：

1) 绕线型异步电动机转子串电阻调速装置；

2) 电磁滑差调速装置；

3) 液力耦合器调速装置；

4) 液粘调速器（油膜离合器）调速装置。

(2) 无附加滑差损失的调速装置有：

1) 绕线型异步电动机串级调速装置；

2) 笼型异步电动机与同步电动机的变频调速装置；

3) 变极对数有级调速装置。

调速装置宜根据工程要求，结合产品特点，有选择地使用，见表 5-9。

**常用交流电动机调速方式比较** 表 5-9

| 调速方式 | 液力耦合器 | 变极 | 串级 | 内反馈串级 | 变频 |
|---|---|---|---|---|---|
| 调速方法 | 改变液力耦合器供油量 | 改变电动机极对数 | 改变逆变器中逆变角 $\beta$ 的数值 | 同坐，但转差功率不经逆变变压器，而直接反馈到定子的反馈绕组 | 改变电网频率和电压值 |
| 调速类别 | 无级 | 有级 | 无级 | 无级 | 无级 |
| 调速范围（%） | 97～30 | 2、3、4有级转速 | 100～50 | 100～50 | 100～5 |
| 调速精度（%） | ±1 | — | ±1 | ±1 | ±0.5 |
| 节能效果 | 良 | 优 | 优 | 优 | 最优 |
| 功率因数 | 良 | 良 | 差 | 良 | 优 |
| 快速响应能力 | 差 | 快 | 快 | 快 | 最快 |
| 控制装置 | 较简单 | 简单 | 较复杂 | 较复杂 | 复杂 |
| 初期投资 | 中 | 低 | 中 | 中 | 较高 |
| 维护保养 | 较易 | 最易 | 较难 | 较难 | 易 |
| 装置出现故障后的处理方法 | 停车处理 | 停车处理 | 不停车，全速运行 | 不停车，全速运行 | 不停车，按工频运行 |
| 对电网干扰程度 | 无 | 无 | 较大 | 有 | 有 |

我国从20世纪80年代中期开始采用调速装置，由于当时变频调速装置完全依赖进口，价格高昂，性价比不高。电磁离合器、液力耦合器、液粘离合器串级、内反馈串级等有附加滑差损失的调速系统，国内具有自行研发能力，价格合理，推广使用较广。但是这类调速系统，调速精度差，维修不便，响应速度慢，存在滑差电耗。因此近年来，随着变频装置在价格的大幅下降，低压变频价格仅较软启动高约15%～40%，高压变频国产产品性能也较为可靠。目前给水工程中变频已成为调速装置的主流产品。

#### 5.3.2.2　电动机调速

交流电动机调速方法较多，给水工程中应用的主要方法如下（有关电气装置及电气设计详见《给水排水设计手册》第三版第8册《电气与自控》）。

(1) 变频调速

1）变频调速适用于各种功率的鼠笼型异步电动机或同步电动机。最佳调速范围50%～100%；功率因数达0.85以上；效率达0.95以上，启动和停止性能良好，可适合单机控制或群机控制。

2）变频调速系统：由变频调速电机和变频供电装置组成。变频供电装置根据频率调制方法有正弦脉宽调制（SPWM）、脉幅调制（PAM）和脉宽调制（PWM）。调速系统的优劣不仅取决于变频装置与变频电机本身性能，还取决于它们之间的有机配合。

由于变频装置输出的电压波形不是连续的正弦波，而是一簇电压脉冲波、含高次谐波电压分量，其大小将影响调速系统性能，如低速时转矩脉动、噪声、振动等。为此要求变频装置和变频电机必须采取措施，抑制和减小高次谐波分量和由高次谐波引起的一系列不利影响，使调速系统具有良好的性能。

3）变频电动机：电机须进行特殊设计，使低频时电动机的启动转矩和最大转矩绝对值与标准频率时相等；电动机的反电动式与频率变化速度相等。

4）变频装置的调速特性有恒功率调速、恒转矩调速和平方率调速，应与负载的机械特性相匹配。水泵、风机（除罗茨风机和液压泵）类具有平方率负载特性，即负载的阻转矩与转速的平方成正比，应选用平方率负载的调速装置。

(2) 变极调速：系通过电动机定子三相绕组接成几种极对数方式，使鼠笼型异步电动机可以得到几种同步转速，一般称为多速电动机。常用的有双速、三速和四速电动机3种。变极调速虽然具有投资小、节能效果高等优点，但它的调速挡数只有几档，应用范围受到限制。

通常采用的变极方法有反向法变极、换向法变极和多套绕组变极等。绕组变极的准则是绕组的三相对称和尽量提高绕组的分布因数。一般还要求绕组在变极前后的出线端子数较少。

### 5.3.3　真空充水系统及设备

真空充水（习惯上也称真空引水）的目的是使水充满泵体，以满足水泵启动的要求。

#### 5.3.3.1　真空充水方式与适用条件

常用的真空充水方式与适用条件见表5-10。

**真空冲水方式** **表 5-10**

<table>
<tr><th colspan="3">引水方式</th><th>适用条件</th><th>特点（优缺点）</th><th>安装图示意</th></tr>
<tr><td rowspan="3">有底阀</td><td rowspan="2">水下底阀</td><td>1. 压力水管充水</td><td>1. 小型水泵（水泵吸水管直径在 300mm 以下）；<br>2. 压力管路内经常有水</td><td rowspan="2">1. 水头损失较大；<br>2. 底阀需经常清洗和修理；尤其当用于取水泵时，易被杂草、石块等阻塞，使底阀关不严密影响灌水启动；<br>3. 底阀在水下检修麻烦；<br>4. 可靠性较差；<br>5. 优点是引水装置简单</td><td rowspan="7"> 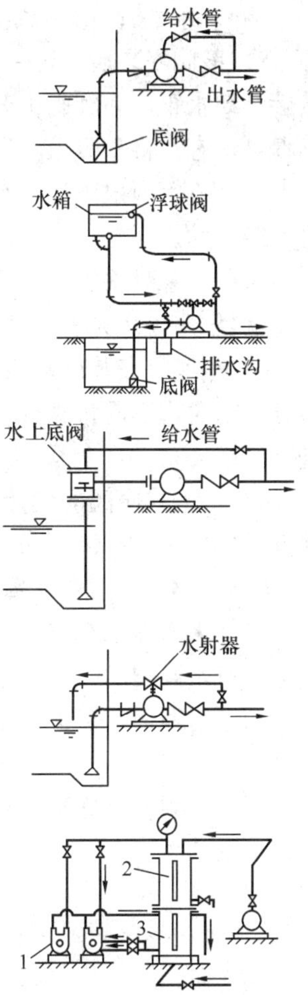给水管<br>出水管<br>底阀<br>水箱<br>浮球阀<br>排水沟<br>底阀<br>水上底阀<br>给水管<br>水射器<br>2<br>3<br>1<br>1—水环式真空泵；2—气水分离箱；3—循环水箱</td></tr>
<tr><td>2. 高架水箱灌水</td><td>1. 小型水泵（水泵吸水管直径在 300mm 以下）；<br>2. 压水管路内经常因停泵而泄空无水时；<br>3. 适用于吸水管较短所需注入水量不多</td></tr>
<tr><td>水上底阀</td><td>3. 水上底阀</td><td>小型水泵（水泵吸水管径在 400mm 以下）</td><td>1. 底阀安装于吸水管上端 90°弯头处，拆装检修方便；<br>2. 水头损失较水下底阀小</td></tr>
<tr><td>无底阀</td><td colspan="2">4. 液（气）射流泵、水射器</td><td>适用于小型水泵</td><td>1. 水头损失小；<br>2. 优点是结构简单，占地少，安装方便，工作可靠，维修简单；<br>3. 缺点是效率较低，并需供给大量压力水</td></tr>
<tr><td rowspan="3">无底阀</td><td rowspan="2">5. 真空泵</td><td>直接充水</td><td>适用于启动各种规模型号水泵。尤其适合于大、中型水泵及吸水管道较长时</td><td>1. 水头损失小；<br>2. 优点是真空泵的启动迅速，效率较高；<br>3. 缺点是要设置真空泵等设备和管路；使水泵启动、操作麻烦，控制系统较复杂</td></tr>
<tr><td>常吊真空充水</td><td>目前用于中、小型水泵启动较多，大型水泵使用较少适用于虹吸进水系统</td><td>1. 水头损失小；<br>2. 优点是长期真空吊水，使水泵启动方便迅速，便于一步化自动化操作；<br>3. 缺点是真空泵装置和真空管路复杂，真空泵自动启停频繁，初始运行抽气时间较长</td></tr>
<tr><td colspan="2">6. 自吸泵（自吸式离心泵）</td><td>适用于小型水泵频繁启动的场合</td><td>1. 吸水管路无底阀，水头损失小；<br>2. 启动方便，仅需灌一次水即可自行启动水泵；<br>3. 由于采用了球阀控制的回流切换机构，使之效率已接近普通离心泵，但水泵价格较贵</td></tr>
</table>

#### 5.3.3.2 底阀

(1) 底阀（水下式）：底阀有升降式、旋启式、梭式等，直径为 $DN50 \sim DN200$。底阀的规格及系列产品详见《给水排水设计手册》第三版第 12 册《器材与装置》和《给水排水设计手册·材料设备》(续册) 第 1 册。

(2) 水上式底阀

1) 水上式底阀安装在水面以上水泵吸水管与垂直管连接处，距动水位的垂直距离应小于 7m。水平管宜有一定长度，一般应大于或等于 3 倍以上的垂直距离。

2) 该阀安装后，第一次启动水泵时，首先应将水泵墙内和吸水管的水平管段充满水，然后启动水泵，底阀阀板开启，吸水管的水平管和垂直管中的水、气被吸出，使吸水管处于真空状态，将水吸入，以完成开泵过程。停泵时阀板迅速关闭，则吸水管的水平管内充满水，垂直管内由于处于真空状态也充满水，因此再启动水泵时，不需再向泵内灌水，就可直接启动。

如果水泵吸水管的水平管段较短、吸程较高时，一般一次启动后水泵不能正常工作，尚需重复 2～3 次充水启动水泵。

3) 阀座上安装的螺堵是为检修阀板时放空吸水管垂直管内的水和测试安装真空表用。检修该阀时，不需将阀拆下，只需首先拧开螺堵，放掉吸水垂直管的水，再打开阀盖就可进行检修。

4) 水上式底阀的设计详见《给水排水设计手册》第三版第 9 册《专用机械》，常用的共有 $DN80 \sim DN300$ 等 6 种规格。

#### 5.3.3.3 水射器抽真空

(1) 水射器抽真空是利用压力水通过水射器喷嘴处产生高度水流，在喉管进口处形成真空，将水泵内的气体抽走。采用水射器抽真空充水时，水射器应连接于水泵的最高点，在开动水射器前，要关闭水泵压力管路上的阀门，当水射器开始带出被吸水时，就可启动水泵。

(2) 水射器（亦称液气射流泵或水射流真空泵）由喷嘴、喉结、扩散管和吸入室组成，见图 5-24。

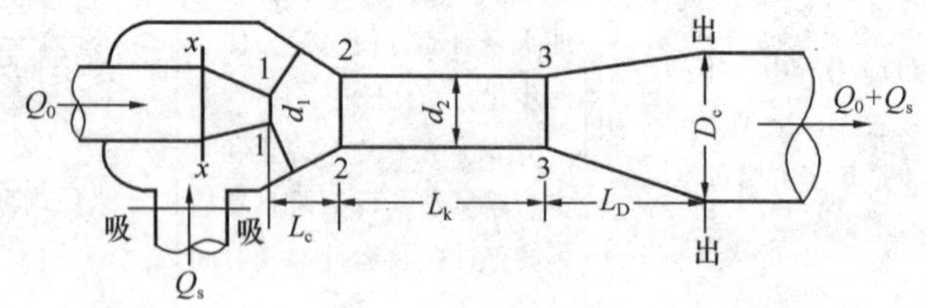


图 5-24　水射器

水射器按结构形式可分为单级（短喉管、长喉管）、双级和多孔等三种。单级短喉管结构最简单，但效率较低；单级长喉管等其他形式效率较高些（$\eta_{max}=30\% \sim 40\%$），在相同的工作条件下吸气量较前者大 0.5～1 倍。

(3) 用作抽真空的水射器，其安装位置直接影响到效率。高位安装（水射器出口断面比出水池高 10m 以上）比低位安装在相同的条件下吸气量大 30%～50%；当抽气容量不大时，可采用单级水射器，低位安装；抽气容量较大时可考虑单级长喉管水射器，高位安装。

(4) 水射器的工作水压力一般采用0.2～0.3MPa。

《给水排水标准图》S3抽吸真空水射器，已有设计图可供制作，许多自来水公司与环保设备厂已有产品供应，其最大抽吸高度 $H_s<10m$，出口压力≯0.5m，冲射进水压力0.25MPa，进水流量 $9m^3/h$。

### 5.3.3.4 真空泵充水

(1) 真空泵充水特点与要求

1) 每次启动水泵时，先启动真空泵，待泵顶充水后，再启动水泵，并停止真空泵。

2) 用于给水泵房的真空泵，主要有SK、ZBF、SZ型水环式真空泵。利用偏心叶轮的旋转水环，周期性地压缩和扩大旋转水环与泵壳间间隙，从而形成负压，抽吸和排出气体。真空泵的安装设计必须注意旋转水环的形成。

3) 真空泵必须控制一定的液面高度，使偏心叶轮旋转时能形成适当的水环和空间，如泵内水位过高，形成水环空间过小，达不到抽气效果；如泵内水位过低，水量不足，启动泵后泵壳将急剧发热，温升高，设备易遭损坏，使用不安全。真空泵液面可由循环水箱内液面控制，一般可为泵壳直径的2/3高，见图5-25。

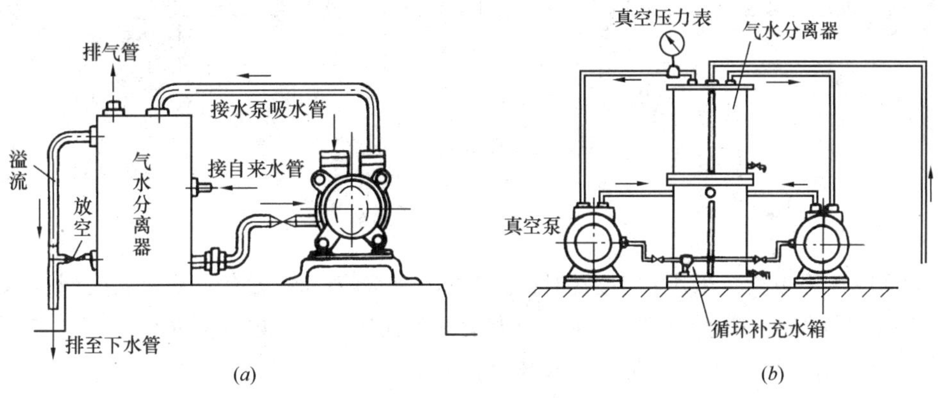


图5-25 真空泵安装
(*a*) 用于清水泵房；(*b*) 用于原水泵房

4) 真空泵一般应设气水分离器，对于清水泵房气水分离器可与循环补充水箱合并，见图5-25 (*a*)；对于取水泵房，尤其是原水含沙量较高时，为避免泥砂进入真空泵，气水分离器和循环补充水箱应分开，见图5-25 (*b*)。

(2) 真空泵选用：真空泵可根据所需要的抽气流量和最大真空值选用。

1) 真空泵的抽气流量 $W$：

$$W = K\frac{W_1 + W_2}{T}\frac{H_g}{H_g - Z_s} \quad (m^3/min) \qquad (5\text{-}20)$$

式中 $W_1$——吸水管内空气容积 ($m^3$)；

$W_2$——泵壳内空气容积，大约相当于吸入口面积乘吸入口到出水阀门的距离 ($m^3$)；

$H_g$——大气压的水柱高度 (m)，取10.33m；

$Z_s$——水泵安装几何高度（自吸水井水位到水泵轴中心或基准面的垂直高度）(m)；

$T$——水泵充水时间（min），不宜超过5～10min，当采用常吊真空时，水泵初次可延长至10～15min；

$K$——漏气系数，采用1.05～1.10。

2）最大真空值 $H_{Vmax}$：

$$H_{Vmax}=Z_s\times 9.81 \quad (kPa) \tag{5-21}$$

(3) 真空泵布置

1）真空泵需设备用泵，两台泵可合用一套气水分离器和循环水补充水箱。真空泵一般利用泵房内边角位置布置，常布置成直角L形或一字形，见图5-26。

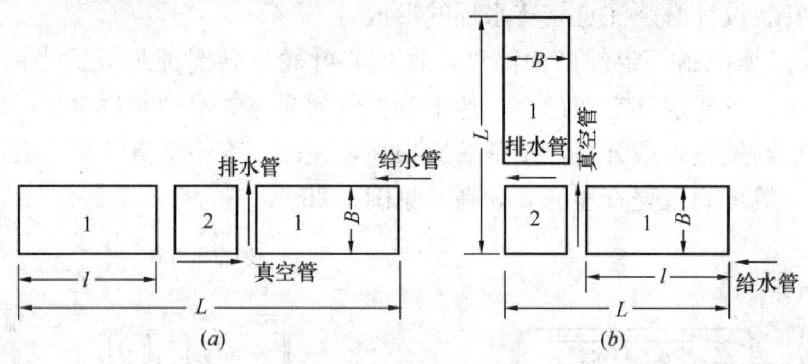


图5-26　真空泵布置示意

(a) 一字形布置；(b) L形布置

1—真空泵；2—汽水分离箱

2）真空管路布置：采用真空泵抽气充水时，通常应在水泵顶上设置表明引水水位的水标；当采用水泵一步化操作时可在泵顶上设置各种形式的水电触点及电磁阀。详见《给水排水设计手册》第三版第8册《电气与自控》。

离心水泵抽真空充水系统见图5-27，在正常运行时，1F、2F、3F、5F阀门开启，4F阀门关闭。

水泵充水时，起动真空泵，开启DF电磁阀，水泵壳体内的空气经1F、2F、ZYK-1、DF、3F、5F等及真空泵排至大气。真空形成后，ZYK-1型真空抽气充水控制器内的常开接点闭合，接通继电器，停真空泵、关闭电磁阀、启动水泵。

若需维修DF电磁阀或ZYK-1型真空充水控制器时，开1F、4F、5F阀门，关2F、3F阀门。

ZYK-1型真空抽气充水控制器结构见图5-28。真空未形成时浮球下落，控制节点处于断开状态；当水泵壳内形成真空后，泵壳内的水经1F、2F进入真空充水控制器筒体，使浮球上升，升至顶部时，浮球内的磁环作用于导管内的湿簧管，使控制点闭合，发出真空形成信号。

**5.3.3.5　自吸式离心泵的真空充水**

自吸式离心泵简称自吸泵，仅要求在初始运行时灌一次水，停止运行后泵内仍保持一部分水，再次启动时可自行排气、自吸引水，直到转入正常工作，启动水泵方便。

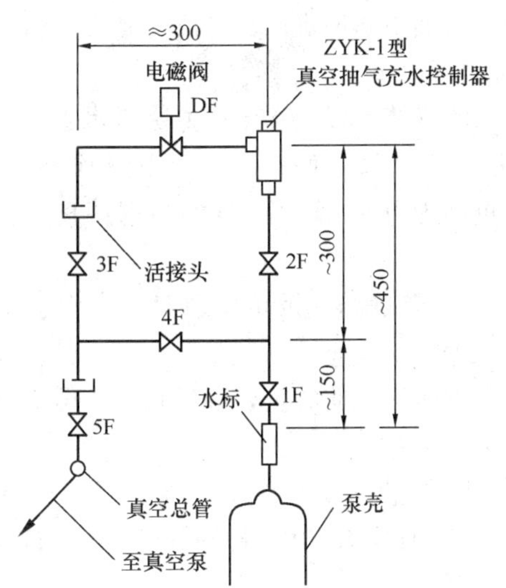


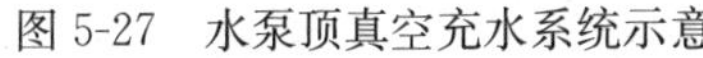
图 5-27 水泵顶真空充水系统示意

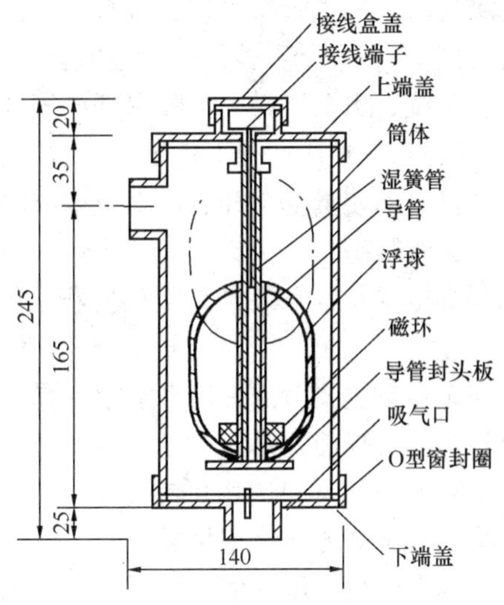


图 5-28 ZYK 型真空引水控制器

#### 5.3.3.6 常吊真空充水系统

(1) 常吊真空系统工作特点与布置

1) 真空吊水是真空泵充水的另一种方式，使停止运行的水泵或虹吸进水管经常处于真空状态。它是在水泵或虹吸进水管与真空泵间设真空罐，并经常保持一定的真空度，以使水泵可随时直接启动；或保持虹吸进水管在负压情况下所析出与积聚的气体能及时抽出、持续进水。

真空吊水的真空泵根据真空罐内液位，自动启停；真空泵抽气量可较直接真空充水的小。

2) 真空吊水系统布置见图 5-29。在初始或大修结束后，先启动真空泵，通过所有接

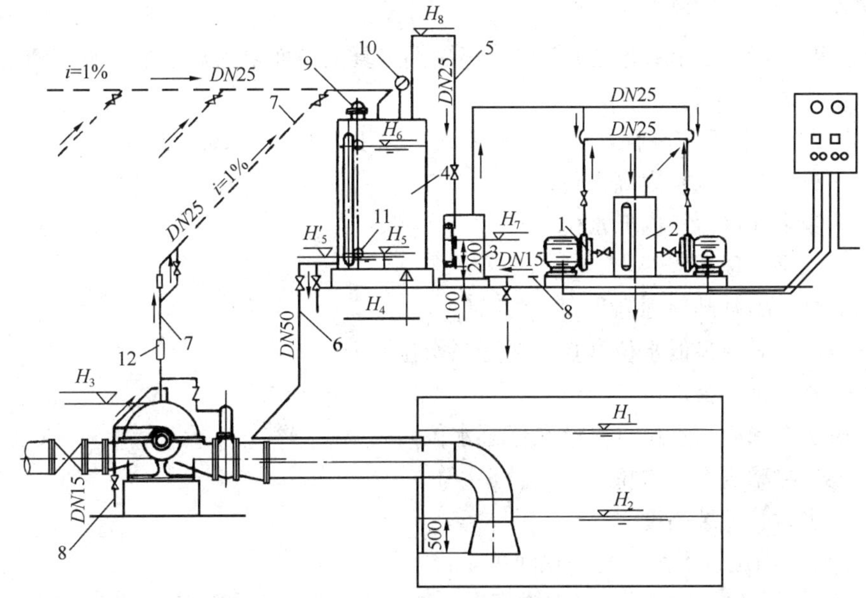


图 5-29 真空泵吊水系统

1—真空泵；2—气水分离箱；3—水封罐；4—真空罐；5—水封抽气管；6—联通管；7—吊水真空管；8—给水管；9—液位信号器；10—真空表；11—浮标；12—视镜

入真空罐的水泵抽气管将水泵及吸水管路内的空气抽出，使罐内真空度达到一定值，水位相应上升到 $H_6$，经干舌簧液位信号器自动关停真空泵。

真空系统、水泵填料函、吸水管道等处漏入的气体，以及水泵或虹吸进水管（尤其是管道较长时），在负压情况下析出的气体不断进入真空罐，使罐内水位下降到 $H_5$；此时水位信号器自动使真空泵开启，直至罐内水位重新上升到 $H_6$，这样始终保持整个管路及水泵处于充满状态。

(2) 真空罐及真空泵：真空罐容积主要取决于设备漏气及负压情况下水中逸出的气体量。

真空泵容量主要考虑抽出真空罐内漏入和水中逸出气体的量，容量较小，但初次抽气时间很长，需要提前开泵。

真空罐容积及泵的选用可参见表 5-11。大型真空吊水罐计算，可见《给水排水设计手册》第三版第 9 册《专用机械》。真空罐容积还与真空泵开停时间间隔有关：如开停次数多、间隔时间少，则罐体容积小；反之则罐体容积大。

**真空罐容积及泵型选择**　　**表 5-11**

<table>
<tr><th colspan="3">使用范围</th><th colspan="3">真空泵</th><th colspan="2">真空吊水罐①</th><th rowspan="2">备　注</th></tr>
<tr><th>台数</th><th>水泵吸水管口径 (mm)</th><th>吸上高度 (m)</th><th>型号</th><th>流量 (L/mm)</th><th>真空值 (mmHg)</th><th>有效容积 ($m^3$)</th><th>直径 (mm)</th></tr>
<tr><td>≤6</td><td>300</td><td>≤3</td><td rowspan="4">自选</td><td rowspan="2">0～33</td><td rowspan="2">650～440</td><td>0.5</td><td>700</td><td rowspan="4">真空泵开停时间间隔一般为 1～2h</td></tr>
<tr><td>≤4</td><td>350</td><td>≤3</td><td>0.5</td><td>700</td></tr>
<tr><td>>6</td><td>300</td><td>>3</td><td rowspan="2">0～66</td><td rowspan="2">650～440</td><td>1.0</td><td>1000</td></tr>
<tr><td>>4</td><td>350</td><td>>3</td><td>1.0</td><td>1000</td></tr>
</table>

①真空吊水罐的管道口径采用 *DN*25mm。

为防止高空泵停运时，空气从气水分离罐倒进真空泵而窜入真空泵，破坏整个真空吊水系统，需要设置水封罐。

(3) 主要水位关系与高程：真空常吊系统有以下控制水位 $H_1$～$H_8$：

$H_1$——吸水井（池）内高水位。

$H_2$——吸水井（池）内低水位。

$H_3$——水泵泵顶高程。

$H_4$——真空罐基础顶面高程。

$H_5$——真空罐内最低水位（真空泵开泵水位）。

$H'_5$——真空泵报警水位。

$H_6$——真空罐内高水位（真空泵停泵水位）。

$H_7$——水封罐内水封水位。

$H_8$——水封管安装高度。

其系统必须满足以下水位与高程间关系：

1) $H_6$应根据所需抽气量、真空罐容量，按真空泵开停时间间隔等确定。

2) 真空吊水罐内低水位 $H_5$应高于水泵壳顶 0.4m 以上，并高出基础顶面 $H_4$0.2m。

3) 水封水位 $H_7$应满足下式关系：

$$H_8-H_7>H_6-H_2 \tag{5-22}$$

$$H_8>H_1 \tag{5-23}$$

水封抽气管的管口应经常在水面 $H_7$ 以下，不露出水面。

## 5.3.4 起重设备与泵房高度

### 5.3.4.1 起重设备

为便于泵房内设备的安装、检修，需要设置起重设备，其额定起重量应根据最重吊运部件和吊具的总重量确定。起重机的提升高度应满足机组安装和检修的要求。

(1) 常用起重设备：给水泵房的起重设备常用的有：

1) 配手动单轨小车的手拉葫芦。

2) 电动单轨捯链。

3) 电动悬挂起重机。

4) 电动桥式（有单梁和双梁两种，又包括单钩或双钩）起重机。

常用起重设备的型号规格详见《给水排水设计手册》第三版第 11 册《常用设备》。

(2) 起重设备选用：起重设备的选择应根据泵房布置，设备重量，泵房跨度、高度，操作和检修要求等确定。

选用的起重设备需明确有关参数与运行要求，包括：起重量、起重设备轨距、起升高度、工作级别、大车的轨道型号与导电形式、吊运速度（包括大车、小车及吊钩等速度要求）、操作方式（时地面或机上驾驶），以及其他特殊要求。

1) 起重设备选用标准：起重设备选用标准见表 5-12，有条件时刻适当提高标准。

**起重设备选择** **表 5-12**

| 起重量（t） | 起重设备形式 | 起重量（t） | 起重设备形式 |
|---|---|---|---|
| 小于 0.5 | 固定吊钩或移动吊架 | 大于 1.0 | 电动起重设备 |
| 0.5～1.0 | 手动起重设备 | 大于 5.0 | 宜选用电动单梁或双梁起重机 |

起吊高度大，吊运距离长，起吊次数频繁或双行排列的泵房，可适当提高起吊的机械化水平。

2) 额定起重量 $Q$：起重机在正常工作时允许起吊的物件（吊运部件）重量，与可从起重机上取下的取物装置重量之总和称为额定起重量。

①选择起重设备时，应按泵房内最重一台设备（水泵、电动机或阀门等）的重量考虑。

②对于大型泵房，如允许设备解体吊装，可按解体后的最重件设备考虑，但从生产安全出发，应订立严格的操作规程，采取有效的防范措施，以免起重设备超载。

3) 总起升高度 $H$：起升高度是指地面到取物装置上极限位置的高度（用吊钩时算到吊钩钩环中心）；当取物装置可以放到地面以下时，其下放距离称为下放深度，起升高度与下放深度之和称为总起升高度，见图 5-30。

①一般起重设备的起升高度为 13～16m，可适用于常用的地面式及地下式泵房；对于较深的水源泵房，如起升高度超过 16m，需在订货时说明，采取加长吊索，增加起吊高度。一般可加长至 30m，如再需加长，应作特殊加长处理或采用双筒起重机。钢丝索不宜

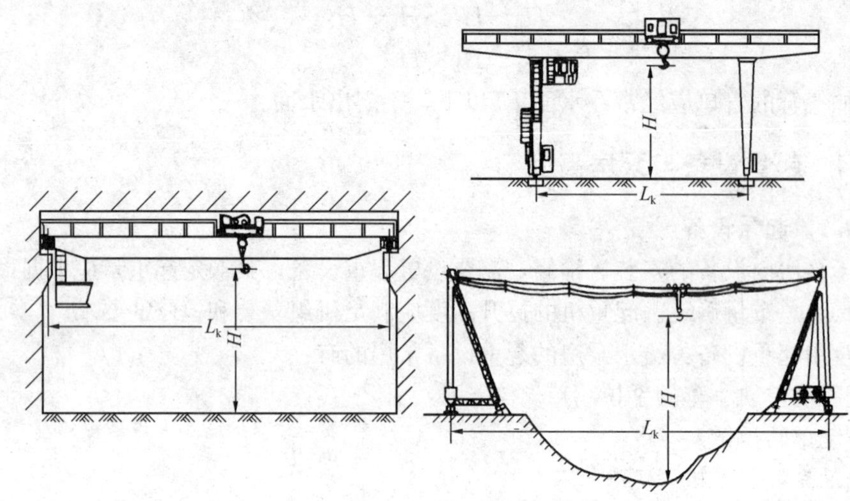


图 5-30 各种情况的起升高度

加得过长，以免起吊时摇晃。当地下式泵房较深时，可考虑采用二级起吊。

②计算起重设备的起升高度时，应区别设备的起升高度与设备所需的净起吊高度（尤其对于大型水泵房）的差别。净起吊高度是指：

a. 从设备吊点起算，经钢丝绳紧缚，将设备垂直起吊，能在泵房间内最高设备顶上平移越过的高度。

b. 对地下式泵房，则从设备吊点起算，经钢丝绳紧缚，将设备垂直起吊，能平移出泵房门口的高度。

起重设备起升高度：系指泵房地坪至吊钩（在钢丝绳绕紧下）最高点的距离，见图5-30（根据起重的安全操作规程，要求在起重设备休止时，吊钩必须处于钢丝绳绕紧状况的最高位置，或钢丝绳完全放松将吊钩自由垂落于地面位置）。

4）跨度 $L_k$：桥式（或悬挂）起重机运行轨道中心线之间的距离称为起重机的跨度 $L_k$，桥式起重机小车运行轨道中心线之间的距离称为小车的轨距 $l$。

①在选择桥式（或悬挂）起重机的 $L_k$ 时，应根据泵房内水泵、电动机、进出水管、阀门等的平面布置和要求的起重设备范围（包括阀门、管道）而定。

同时应注意行车上吊钩的极限位置 $l_1$ 和 $l_2$（电动桥式起重机的 $l_1$ 和 $l_2$ 一般较大，使有限起吊范围缩小）。

②确定起重设备 $L_k$ 时，还应结合建筑的构造要求。矩形泵房的屋面梁一般采用标准构件，故泵房建筑跨度有一定模数要求。通常所用的泵房跨度为 6m、9m、12m、15m、18m 等。各种形式吊车相应的 $L_k$ 选用如下：

a. 当采用悬挂式起重机时，直接悬挂在屋面梁下工字钢上，如图 5-31 所示。此时 $L_k$ 应满足：

$$L_k \leqslant L-2l \tag{5-24}$$

式中 $l=a+b+c$

$L_k$——起重机跨度（m）；

$L$——屋面梁跨度（m）；

$b$——起重机械外缘凸起部分距墙壁最小间距（m），见起重机械产品样本或《给水排水设计手册》第三版第 11 册《常用设备》；

$c$——起重机械外缘凸起部分至轨距中心间距（m），见起重机械产品样本；

$a$——内墙壁至屋面跨梁的中心的间距，由建筑设计决定（m）。

b. 采用桥式起重机：一般地面式泵房或地下式、半地下式泵房的地面建筑采用砖柱或钢筋混凝土柱的排架式结构，必须在柱牛腿上搁置吊车梁，见图 5-32。此时 $L_k$ 应满足：

$$L_k \leqslant L-2l \text{ 和 } L_k \leqslant L-2l' \tag{5-25}$$

式中 $l=a+b+c$，$l'=a+e+f$

$e$——吊车梁边至墙壁距离（m），见有关建筑规定；

$f$——吊车梁顶宽的 1/2（m），由结构计算决定。当采用标准吊车梁（DLQ）时，可按该图集确定 $f$；

$L_k$、$L$、$b$、$c$、$a$ 同前。

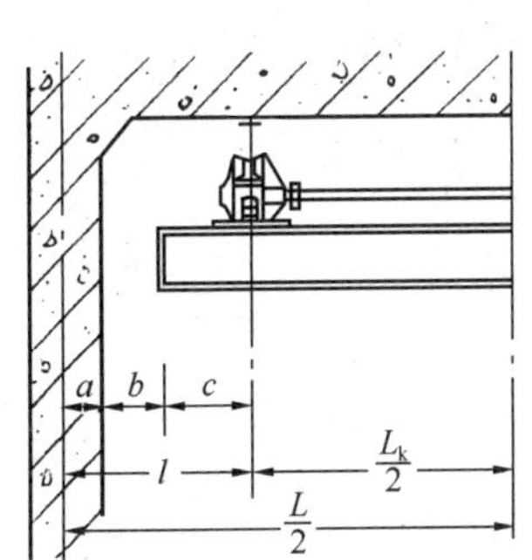


图 5-31 悬挂式起重机 $L_k$ 的计算

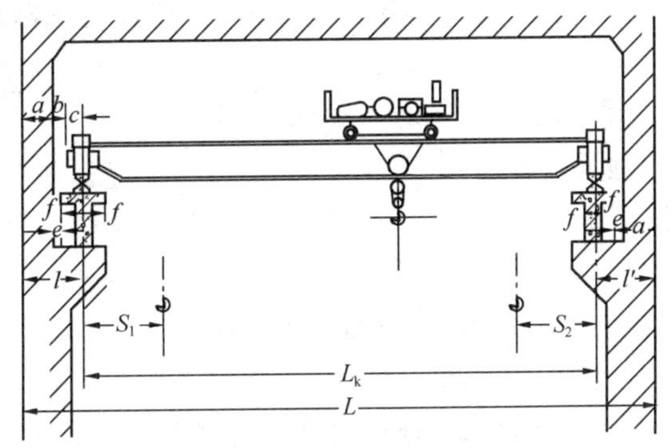


图 5-32 有吊车梁的起重机安装示意

5）工作制类型：给水泵房起重设备主要用于安装和检修，起吊频率较低，机构载荷率小～中；年工作时间一般小于 500h，属轻级制工作类型。大型立式泵，每次检修时间较长，有可能每年检修时间达 500～2000h，近似中级制工作类型。

6）吊运速度：起重设备的吊运速度，包括大车纵向移动、小车横向移动、主钩起吊以及副钩起吊等速度。通用的起重机适用于各等级别工作制。给水泵房的安装检修工作次数不多，但工作过程启停频繁，速度不宜过快，选用设备宜提出以下带调速与点动的要求，如：

①大车纵向移动速度，带调速装置（1∶4）41～10m/min。

②小车横向移动速度 16m/min。

③主钩起吊速度，带调速装置（1∶5）1～1.4m/min。

④副钩起吊速度 11.6m/min，带点动装置。

#### 5.3.4.2 泵房高度

当有吊车起重设备时，泵房高度应通过计算确定。

（1）一般规定

1）主泵房电动机层以上净高应满足以下要求：

①立式机组：应满足水泵轴或电动机转子连轴的吊运要求。如果叶轮调节机构为机械

操作，还应满足调节杆吊装的要求。

②卧式机组：应满足水泵或电动机整体吊运或从运输设备上整体装卸的要求。

③起重机最高点与屋面大梁底部距离不应小于 0.3m。

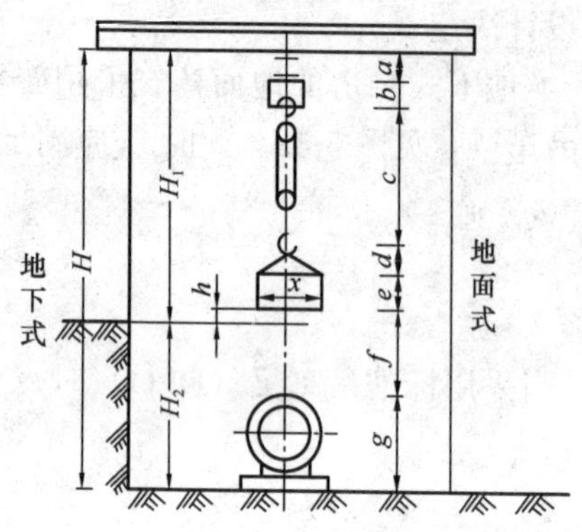


图 5-33 单轨吊车泵房高度计算简图

2）吊运设备与固定物的距离应符合下列要求：

①采用刚性吊具时，垂直方向不应小于 0.3m；采用柔性吊具时，垂直方向不应小于 0.5m（即起吊物底部与吊运越过的固定物顶部之间净距）。

②水平方向不应小于 0.4m。

③主变压器检修时，其抽芯所需的高度不得作为确定主泵房高度的依据。起吊高度不足时，应设变压器检修坑。

3）水泵层净高不宜小于 4.0m。

（2）采用单轨吊车时（见图 5-33）：

1）地面式泵房：

$$H=a+b+c+d+e+f+g \text{ (m)} \tag{5-26}$$

式中 $H$——泵房高度（m）；

$a$——单轨吊车梁的高度（m）；

$b$——滑车高度（m）；

$c$——起重捯链在钢丝绳绕紧状态下的长度（m）；

$d$——起重绳的垂直长度（m）（对于水泵为 $0.85x$m，对于电动机为 $1.2x$m，$x$ 为起重部件宽度）；

$e$——最大一台水泵或电动机的高度（m）；

$f$——吊起物底部和最高一台机组顶部的距离（m），一般不小于 0.5m；

$g$——最高一台水泵或电动机顶至室内地坪的高度（m）。

2）地下式泵房：

当 $H_2 \geqslant f+g$，

$$H=H_1+H_2 \text{ (m)} \tag{5-27}$$

式中 $H_2$——泵房地下部分高度（m）；

$H_1$——泵房地上部分高度，

$$H_1=a+b+c+d+e+h \quad \text{(m)}$$

其中 $h$——吊起物底部与泵房进口处室内地坪或平台的距离（一般不小于 0.3～0.5m）。

当 $H_2 < f+g-h$，

$$H_1=(a+b+c+d+e+f+g)-H_2 \text{ (m)}$$

（3）采用单梁悬挂式吊车时（见图 5-34）：

1）地面式泵房：

$$H=a_1+c_1+d+e+f+g \text{ (m)} \tag{5-28}$$

2）地下式泵房：

$$H=H_1+H_2\ (\mathrm{m}) \tag{5-29}$$

式中 $H_1$——泵房地上部分高度，

$$H_1=a_1+c_1+d+e+h\quad(\mathrm{m})$$

式中 $a_1$——行车轨道高度（m）；

$c_1$——行车轨道底至起重钩中心的距离（m）。

（4）采用桥式吊车时（见图 5-35）：

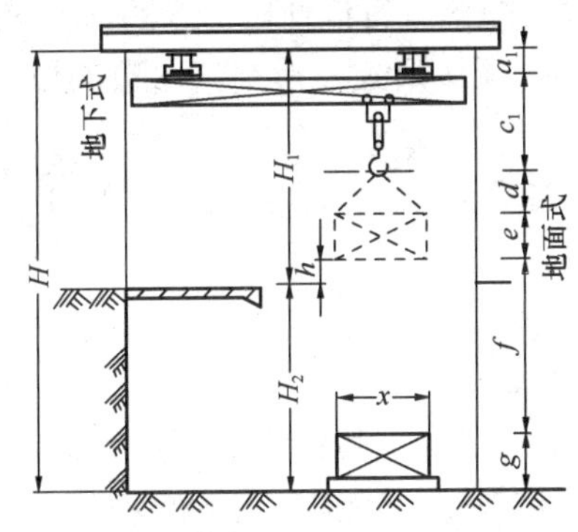


图 5-34 单梁悬挂吊泵房高度计算简图

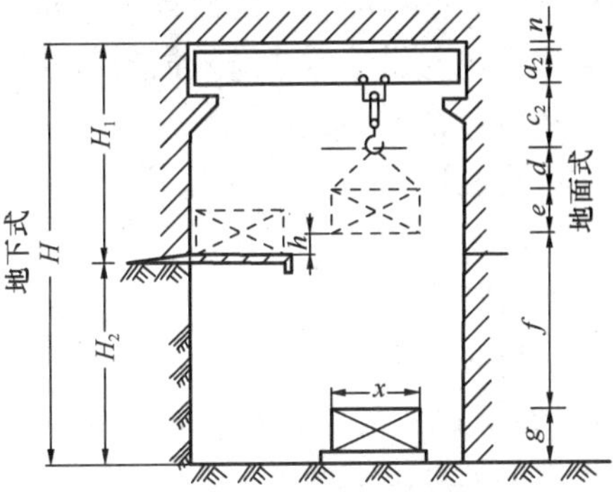

图 5-35 桥式吊车泵房高度计算简图

1）地面式泵房：

$$H=n+a_2+c_2+d+e+f+g\ (\mathrm{m}) \tag{5-30}$$

2）地下式泵房：

$$H=H_1+H_2\quad(\mathrm{m}) \tag{5-31}$$

式中 $H_1$——泵房地上部分高度，

$$H_1=n+a_2+c_2+d+e+h\ (\mathrm{m})$$

其中 $n$——一般采用不小于 0.3m；

$a_2$——行车梁高度（m）；

$c_2$——行车梁底至起重钩中心距离（m）。

（5）深井泵房高度

1）深井泵房高度需考虑下列因素：

①吊装井内扬水管（分节提取）；

②吊装电动机；

③满足通风要求。

2）深井泵房内的起重方式：可采用能拆卸的屋顶，并用三脚架及手拉链式葫芦起吊；也可采用屋面上留吊装孔，吊装孔上搁置横梁，屋面不考虑架设三脚架或其他吊装设备，以免破坏屋面。

3）深井泵房见《给水排水标准图集》。

（6）立式混流泵的起吊高度

1）立式混流泵口径较大时（≥1000mm），水泵整体长度较长，不宜整体吊装，可对厂商提出最大件起吊高度要求，一般控制在 5～6m 以内。

2）起吊高度计算可根据泵房形式不同，相应按式（5-26）～式（5-31）计算，其中 $e$

即为最大件起吊高度。

### 5.3.5 供暖与通风

#### 5.3.5.1 主要规范与规定

（1）供暖与通风应按《工业建筑供暖通风与空气调节设计规范》GB 50019—2015、《工业企业设计卫生标准》GBZ 1—2010 和《泵站设计规范》GB/T 50265—2010 有关送风与供暖的规定，并参照相关的设计手册和施工验收规范进行设计。

（2）泵房通风与供暖方式应根据当地气候条件、泵房形式及对空气参数的要求确定。除主泵房外还应包括辅助机房。

（3）主泵房和辅助机房夏季室内空气参数应符合《泵站设计规范》GB/T 50265—2010 中 9.11.8 节要求。

#### 5.3.5.2 供暖

（1）泵房供暖室内计算温度：

1）人员经常逗留处（值班、控制室等）取 16～18℃；其他房间（水泵间）取 5～10℃；中控室的温度不宜低于 15℃，当不能满足时应有供暖措施，且不得采用火炉。

2）泵房供暖设计应充分利用电动机散发的热量；电动机层宜优先利用电动机热风供暖，其室温在 5℃及其以下时，应有其他供暖措施。严寒地区的泵站在非运行期间，可根据当地情况设置供暖设备。

（2）泵房供暖室外计算温度：应采用历年平均每年不保证 5d 的日平均温度。

（3）供暖系统设计详见有关供暖设计手册。

#### 5.3.5.3 通风

设计泵房必须考虑具有良好的通风。

（1）通风设计要点

1）根据泵房内机组的大小、性质、泵房面积、层高、埋深以及所在地区的气温条件等，选择适当的通风方式：

①主泵房和辅机房宜采用自然通风。当自然通风不能满足要求时，可采用自然进风、机械排风，机械排风可以是局部排风，亦可以局部排风辅以全面排风。通风方式及适用条件见表 5-13。

**通风方式及适用条件　　表 5-13**

| 通风方式 | | 布置特点 | 适用条件 |
|---|---|---|---|
| 自然通风 | 全面自然通风 | 有足够的外窗面积，能满足自然通风要求 | 适用于地面式泵房或埋设较浅的地下或半地下式小型泵房 |
| 机械通风 | 局部排风 | 1. 由通风机抽取电动机排出的热空气，冷空气自然补充；<br>2. 每台电动机可单独排风，也可数台电动机组成排风系统集中排风 | 适用较广泛，适用于一般的半地下式或地下式的大中型泵房 |
| | 局部排风辅以全面排风 | 除局部排风（同上）外，另辅以全面机械排风，以降低室内气温，进一步改善卫生条件和电动机工作条件 | 适用于大型机埋设较深的地下室泵房 |

②有人员的值班室：设有PLC的控制室、关键设备的电气室应有良好的隔热措施，室内气温不应高于28℃，并可根据当地条件，设置空调。

③主电动机宜采用管道通风、半管道通风或空气密闭循环通风。风沙较大的地区，进风口宜设防尘滤网。

2）泵房布置需考虑其方位、进风面和建筑形式，按有利的风向布置：

①确定泵房在厂区总图的方位时，泵房纵轴应尽量布置成东西向，避免大面积的窗和墙受日晒的影响。泵房的主要进风面一般应与夏季主导风向成60°～90°角，不宜小于45°角，并同时考虑避免日晒。

②泵房应尽量采用单层建设，并且不宜在泵房四周建披屋，当确有必要时，应避免建在夏季主导风向的迎风面。

③当水泵的电动机布置在泵房的一侧靠外墙处时，电动机应尽量布置在进风口的两边，以避免室外进风将电动机的热量扩散至泵房的另一侧。

④位于炎热地区的泵房宜采用通风屋顶，如条件限制，可采取其他隔热措施；散热量小于23W/m$^3$的泵房，当屋顶离地面平均高度小于或等于8m时，宜在屋顶隔热或适当增加泵房的高度。

⑤当炎热地区泵房室内散热量大于23W/m$^3$时，或其他地区泵房室内散热量大于35W/m$^3$时，应采用避风天窗。天窗两侧与建筑物邻接，且处于负压区时，无挡风板的天窗可视为避风天窗。当夏季室外平均风速小于或等于1m/s时，或利用天窗能稳定排风时，可不设避风天窗。

⑥自然通风的进风口宜采用门洞、平开窗或垂直转动窗等。进风口距地面的高度，应采用0.3～1.2m，当进风口较高时，应考虑进风效率降低的影响。

⑦自然通风用的窗扇，应便于操作和维修，必要时可设置开关装置。

3）当地下式和半下式泵房采用机械通风时，常用的通风布置形式和特点见表5-14。

**常用的地下式和半地下式泵房机械通风形式和特点** **表5-14**

| 通风形式 | 隔声排风罩 | 管道单排 | 送排风结合 |
|---|---|---|---|
| 布置示意 | 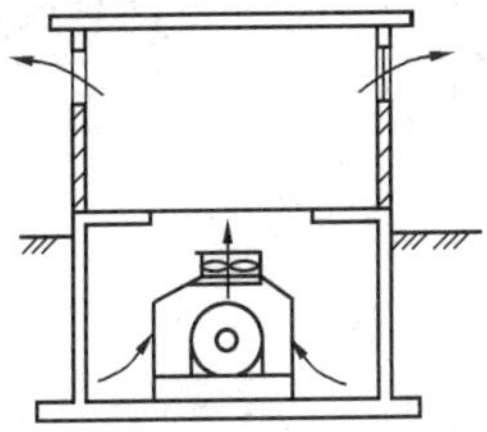 | 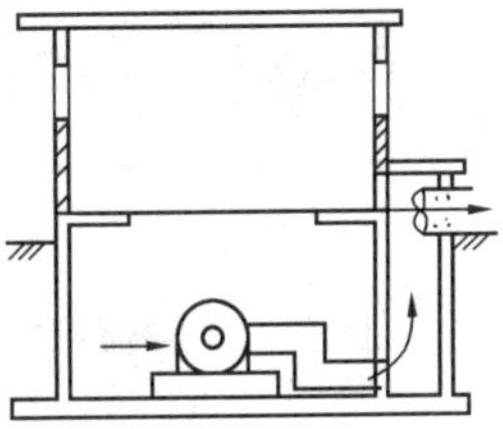 | 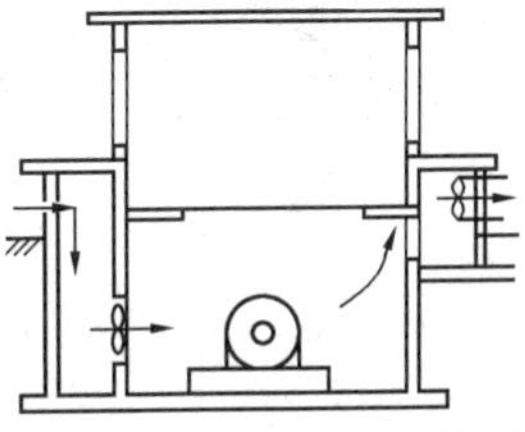 |
| 特　　点 | 1. 同时隔声和隔热，环境质量高；<br>2. 通风散热隔声罩的降噪量可达15～25dB（A）；<br>3. 布置方便；<br>4. 适用各类电动机；<br>5. 效果好；<br>6. 设备尺寸大，布置复杂 | 1. 电动机内的热流量通过管道排除，电动机外壳发热量散至室内；<br>2. 风道布置较复杂；<br>3. 适用于管道式风冷电动机；<br>4. 效果一般 | 1. 机械送风与排风相结合，室外冷空气直接送至工作区，热交换强烈；<br>2. 电动机的发热量散至室内后再用排风机排至室外，排风量大；<br>3. 风道土建工程量大；<br>4. 效果较差 |
| 费用 | 1. 设备费用高；<br>2. 土建费用低 | 1. 设备费用较低；<br>2. 土建费用中等 | 1. 设备费用低；<br>2. 土建费用高 |

4）机械通风的风管断面较大，在设计泵房的平面和布置水泵电机进出水管道和电缆时，必须结合机械通风系统，统一考虑。

（2）机械通风设计与布置

1）给水泵房常用的通风机械可分为离心式和轴流式两种：

①离心风机：低压 $H_q \leqslant 1000Pa$；中压 $1000Pa < H_q \leqslant 3000Pa$；高压 $H_q > 3000Pa$。

②轴流式风机：低压 $H_q < 500Pa$；高压 $H_q \geqslant 500Pa$。

③用于给水泵房的通风机械为轴流风机和低压离心风机（详见《给水排水设计手册》第三版第 11 册《常用设备》）；

a. 根据输送的气体风量、温度，选定通风机类型。

b. 根据所需要的风量、风压及已选定的风机类型，确定风机型号。为了便于接管和安装，还要选择合适的风机出口方向和传动方式。

c. 若泵房噪声控制有一定要求时，通风机的选用应考虑防噪声措施。关于防噪减振设计见《给水排水设计手册》第三版第 1 册《常用资料》。

2）风机与管道布置

①当采用轴流风机时，一般均将风机安设在地面洪水位以上的墙面内或建在不漏水的垂直通风井内，见图 5-36：

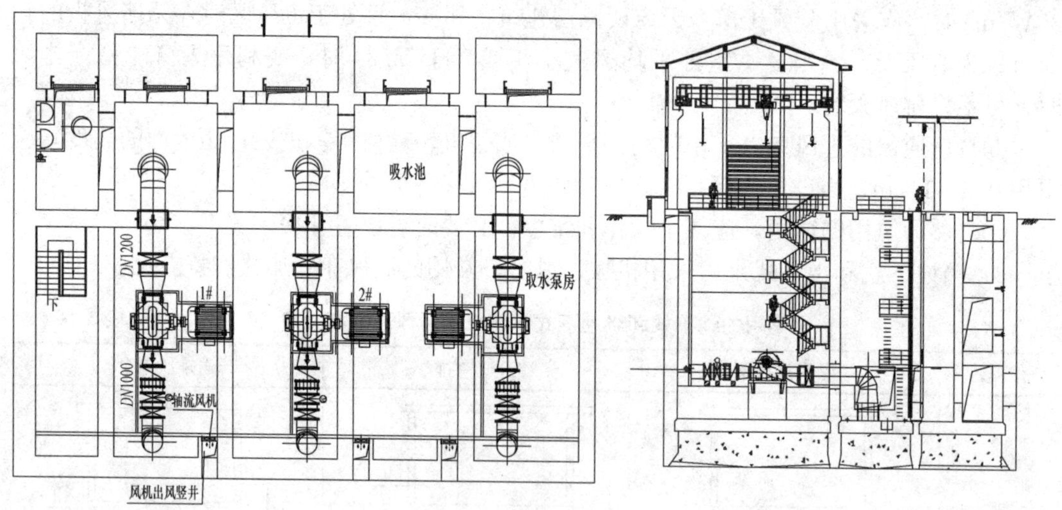


图 5-36　轴流风机布置

a. 图 5-36 所示的布置，要求泵房墙壁作特殊处理，适宜于钢筋混凝土结构的地下式泵房，泵房地面以上较简洁，无通风管道。

b. 如电动机功率较大，可采用每台电动机单独设通风机械排除热风（见图 5-37）。

②风机安装方法可分别按照《轴流式通风机安装图》K101-1、《离心通风机安装图》K101-3，也可参考产品说明或要求。

离心风机一般占地较大，通常利用泵房空间建风机平台，风机布置在平台上。

3）当机械排风口设置对周围空气温度影响较大，而环境条件不允许时，必须加装风管使出风口高出平台 3m 或屋檐以上。

4）采用机械送风时，进风口的位置应设在环境洁净、温度较低处。

5）电动机的抽风和进风口设计，可以是机边式也可以是直联式；采用单独通风时，一般均为管道直联见图 5-37。

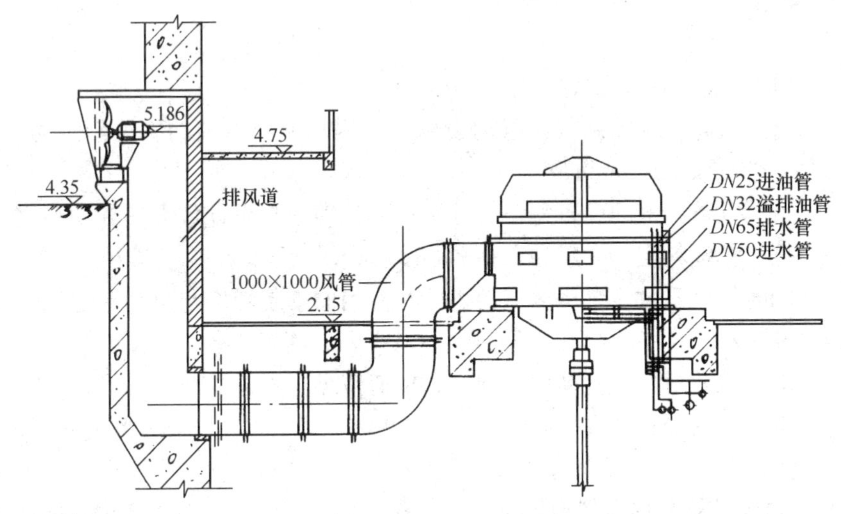


图 5-37 电动机通风冷却布置

如电动机采用管道直接通风时，进出风口的连接方式应按电机制造厂的规定设计，一般需设置风闸门，使电机停用时，可关闭闸门防止电动机受潮。电动机冷却空气一般需经过滤，以防电动机积尘。冷却空气的含湿量宜在 4.5g/kg 干空气左右，一般不低于 2g/kg 干空气，冷却空气的相对湿度不得超过 75%。

6）风管材料可采用钢板、塑料、玻璃钢、不锈钢、砖或混凝土制作。采用钢板制作时，由于易受腐蚀，应采用防腐措施，并宜架空敷设。采用混凝土结构沿地敷设时，需注意不与电缆沟、排水沟相通；并使内壁光滑。

风道结构要严密、不漏气，并应设置检查孔，以便维修。

7）风管断面不应小于电动机进出风口面积，风速应满足电机制造厂规定要求，如缺乏数据时，可按表 5-15 采用。

**管道内风速**（m/s） **表 5-15**

| 风管（道）类别 | 钢板及塑料风管 | 砖及混凝土风管 |
|---|---|---|
| 干　管 | 6～14 | 4～12 |
| 支　管 | 2～8 | 2～6 |

8）当通风管内风速达 5m/s 时，通风管长度允许到 20m，其中至多有两个 90°弯头和一个缩节（弯曲半径不小于通风管直径）。

9）风道中的风压损失应满足电机允许值（一般为 4mm 左右），如不能满足时，应考虑放大风管断面或另选风机。

（3）通风系统计算：包括电动机散热量和所需换气量的计算，以及风道系统的风压损失计算。根据计算出的所需换气量与风压可选定相适应的通风机械，进行通风系统设计。

1）电动机散热量：电动机的散热量一般由电动机制造厂提供，如无资料时可参照式（5-32）计算：

$$Q = 1000\eta_1\eta_2\eta_3 N\frac{1-\eta}{\eta} \tag{5-32}$$

式中 $Q$——电动机散热量（kW）；

$\eta_1$——电动机容量利用系数，电动设备最大实功率与安装功率（额定功率）之比，一般可取0.7～0.9；

$\eta_2$——负荷系数，电动设备每小时的平均实耗功率与设计最大实耗功率之比，应根据工艺资料定，一般为0.5～0.8；

$\eta_3$——同时使用系数，泵房内电动机同时使用的安装功率与总功率之比，应根据工艺资料定，一般为0.5～1.0；

$\eta$——电动机效率，与电动机的型号和负荷情况有关，可查阅电动机产品样本；

$N$——电动机的安装功率（kW）。

2）通风量计算

①自然通风：计算泵房自然通风量时，应仅考虑热压作用。自然通风量的详细计算可查阅《工业建筑供暖通风与空气调节设计规范》GB 50019—2015 附录 H“自然通风的计算”。

②机械通风：消除室内余热所需的空气量 $L$ 和所需风机风量 $L'$；

$$L = 3600\frac{Q}{c\rho(t_{\mathrm{P}}-t_{\mathrm{j}})} \tag{5-33}$$

式中 $L$——通风量（$m^3/h$）；

$Q$——电动机散热量（kW）；

$c$——空气比热，1.01kJ/(kg・℃)；

$\rho$——进入空气的密度（$kg/m^3$）；

$t_{\mathrm{p}}$——排出空气的温度（℃），当电动机局部机械通风采用管道直排形式时，排出空气的温度 $t_{\mathrm{p}}$ 等于电动机排风温度；电动机的排风温度与电动机的允许最高运行温度、电动机的进风温度及电动机的内部结构有关，一般由电动机制造厂商提供。如无资料时，可按进排风温升15～20℃计算；当泵房机械排风取自室内空气时，排出空气的温度 $t_{\mathrm{p}}$ 等于泵房内工作区域温度；

$t_{\mathrm{j}}$——进入空气的温度（℃），当采用室外空气作为机械通风的进风时，进入空气温 $t_{\mathrm{j}}$ 等于夏季通风室外计算温度 $t_{\mathrm{w}}$；当电动机局部机械通风采用室内空气作进风时，进入空气温度 $t_{\mathrm{j}}$ 等于泵房内工作区域温度。其中夏季通风室外计算温度 $t_{\mathrm{w}}$ 应采用历年最热月14时的月平均温度的平均值。我国主要城市的夏季通风室外计算温度可查阅《工业建筑供暖通风与空气调节设计规范》GB 50019—2015 附录“室外气象参数”。

③所需风机风量 $L'$：

$$L' = (1.1 \sim 1.15)L \quad (m^3/s) \tag{5-34}$$

3）风道阻力 $H$ 和所需风机总风压 $H_{\mathrm{q}}$：

$$H=\sum P_{m}l_{i}+\sum \xi \frac{v^{2}\rho}{2}(\text{Pa}) \tag{5-35}$$

$$H_{q}=KH\ (\text{Pa}) \tag{5-36}$$

式中 $K$——一般排风系统 1.0～1.15；除尘系统 1.15～1.20；

$l_i$——风管长度（m）；

$v$——风管中风速（m/s）；

$\rho$——空气密度（$kg/m^3$）；

$\xi$——局部阻力系数，见有关通风手册或《给水排水设计手册》第 1 册《常用资料》；

$P_m$——单位管长沿程压力损失（Pa/m），

$$P_{m}=\frac{\lambda v^{2}}{d_{e}^{2}}\rho \tag{5-37}$$

式中 $v$——风管中风速（m/s）；

$\rho$——空气密度（$kg/m^3$）；

$d_e$——局部阻力系数，见有关通风手册或《给水排水设计手册》第 1 册《常用资料》；

对于圆形风管：

$$d_{e}=d$$

对于矩形风管：

$\lambda$——摩擦阻力系数，按式（5-38）计算，

$$\frac{1}{\sqrt{\lambda}}=-2\lg\left(\frac{K}{3.71d_{e}}-\frac{2.51}{Re\sqrt{\lambda}}\right) \tag{5-38}$$

式中 $K$——风管内壁的当量绝对粗糙度（mm），见表 5-16；

$Re$——雷诺数，按式（5-39）计算：

$$Re=\frac{vd_{e}}{\nu} \tag{5-39}$$

其中 $\nu$——运动黏度（$m^2/s$）。

**风道内表面的平均绝对粗糙度 K　　表 5-16**

| 风道材料 | 平均绝对粗糙度（mm） | 风道材料 | 平均绝对粗糙度（mm） |
|---|---|---|---|
| 薄钢板、镀锌薄钢板 | 0.15 | 矿渣混凝土板 | 1.5 |
| 塑料板 | 0.01～0.03 | 混凝土板 | 1.0～3.0 |
| 铝板 | 0.03 | 表面光滑的砖风道 | 3.0～4.0 |
| 刚性玻璃纤维 | 0.90 | 墙内砖砌风道 | 5.0～10.0 |
| 胶合板、木板 | 1.0 | 铁丝网抹灰风道 | 10.0～15.0 |
| 矿渣石膏板 | 1.0 | 竹风道 | 0.8～1.2 |

以上风管单位长度沿程压力损失计算也可采用查表，详见《给水排水设计手册》第 1 册《常用资料》第 19.2 节标准尺寸的钢板圆形及矩形风管计算表。

4）通风机选用：

取消在选择风机时，考虑到管路系统连接不严产生的漏风因素，计算时应有一定的安全系数，一般计算风量附加10%；计算风压附加10%～15%。

风机性能一般均指在标准状况下的风机性能，即大气压力为101.3kPa，大气温度为20℃，相对湿度$\varphi$为50%时的空气状态。

### 5.3.6 泵房排水与设备

#### 5.3.6.1 给水泵房的排水

给水泵房应考虑下列四种情况排水：

（1）随时排除水泵运行时机的轴承冷却水、水泵填料函，闸阀等的漏水，以及大型电动机的轴承冷却排水。这些排水统称机组运行排水。

（2）停泵检修时，排除放空水泵和进出水流道、管路内的剩水，为检修排水。

（3）发生裂管事故等特殊情况下的大量泄水，为事故排水。

（4）埋设较深的大型地下式泵房，有时伴有少量的地下渗漏水需排除，属泵房渗漏排水。

#### 5.3.6.2 泵房排水方式与系统

（1）地面式泵房，包括管槽内各种排水，应尽量考虑自流排水。

（2）半地下式泵房当地形高程允许时亦可考虑自流排水，但通常半地下式泵房与地下式泵房一样，需设置排水泵，提升排水。

1）当泵房较小、排水量不大时，可将机组运行排水、检修排水与其他排水合成一个系统，并应有防止外水倒灌的措施。

2）对于大型泵房，排水量较大时，一般可分设两个系统。

①持续排除机组运行排水，与泵房渗漏排水。

②短时或突发的检修排水与事故排水。

（3）排水方法

1）用排水泵排水：依据排水量选泵。常用的有小型液下泵、立式或卧式离心泵以及潜水泵等。

2）对于较重要的大型地下式泵房，为避免事故时大量泄水而淹没水泵及电机影响泵房运行，往往备用多台较大水泵作为事故排水用。

3）组合排水：按泵房的排水量大、小，可有不同的组合方式：

①当排水量不大时，采用小泵排除水泵轴承、填料函等经常的少量漏水。

②当排水量较大时，两种水泵并用：以小型液下泵排除机组运行排水与泵房渗漏水；用其他大排水泵排除检修、事故排水，如用潜水泵时，则排水集水坑须扩大。

#### 5.3.6.3 排水设计要点

（1）排水泵一般均根据水位自动控制启停，为避免启停过于频繁，除选用流量合适的水泵外，应设置一定容量的排水集水坑：

1）渗漏排水自成系统时，排水泵水量可按15～20min排除集水井积水确定，并设1台备用泵。

2）渗漏排水应按水位变化实现自动操作，检修排水可采用手动操作。

3）采用集水井时，井的有效容积按 6～8h 的漏水量确定。

（2）排水泵基础宜尽量抬高，以免泵房积水时，排水泵遭淹而不能工作，尤其是大型地下式泵房的事故排水泵基础，更应安装在安全高程之上。

（3）各种管沟、排水沟等均应与排水管相连通，并有 $i \geqslant 0.01$ 坡度坡向集水坑；电缆沟亦应与排水集水坑相连以排除沟内积水，并需注意排水不得倒入电缆沟；并还需在主泵进、出水管道的最低点或出水室的底部，应设放空管。

（4）排水管道应有防止水倒流的措施。

# 5.4 泵房布置

## 5.4.1 泵房布置一般要求

### 5.4.1.1 泵房组成与布置

（1）泵房组成：泵房一般由水泵间、配电间、操作控制室和辅助房间等四部分组成。大多数泵房这些部分可合并建造。

（2）泵房布置内容

1）水泵、电动机机组、调速装置及进出水管道和阀门配件等的布置。

2）起重机械、真空设备及真空管线、排水设备及排水管线、通风设备及通风管道、供暖设备及供暖管道以及采用大型电动机时的油循环及水冷却系统。

3）电气设备与操作控制室的布置，以及泵房内动力电缆、控制电缆等布置。

4）管沟、检修场地、工作平台、人行通道及楼梯（电梯）等布置。

5）噪声消除措施。

6）工具储藏以及生活间等辅助房间布置。

（3）泵房基本形式有矩形、圆形和特殊形式；从深度上可分为地下式和半地下式泵房。

半地下式和地下式泵房的区分，无严格定义，习惯于称±0.00 地坪以下深度小于地上部分层高（3～5m）时为半地下式泵房。深度更深则称为地下式。

泵房基本形式的确定取决于泵房所处场地和地形、水源水位变幅与防洪要求、水泵类型、泵房检修和巡视要求，以及对外交通等。

1）水位变幅较大的取水泵房，土建造价很高，采用圆形泵房比较经济，布置较紧凑，但管配件多。此类泵房常在管道上部设活动平台作为工作通道。也可将管道管沟设于混凝土地坪之内。

2）当场地允许、有条件时，给水泵房大都采用矩形布置，尤其是水厂内的出水泵房等。矩形布置可使水泵进出水管顺直，水流顺畅，管配件少，并便于就地维修。

### 5.4.1.2 泵房布置原则

（1）泵房布置应符合《泵站设计规范》GB 50265—2010 中 6.1 节。

（2）泵房布置应考虑预留发展与扩建的可能性。一般可采取：

1）考虑在远期工程中改换较大的水泵机组。

2）预留远期增加水泵机组的位置。

(3) 管沟的设置

1) 地面式泵房：通常采取管沟敷设管道，可使泵房整洁，便于运行、维修。

2) 半地下式泵房：当泵房的地下部分较浅时可考虑设管沟；较深时不设，见图 5-38 为各种布置形式。

设有管沟的泵房，地面整洁，便于巡行、维修，但增加泵房跨度和造价，尤其是大型泵房的管道直径较大，增加投资较多，故须慎重考虑。

图 5-38 中（*c*）～（*e*）布置方式，在进出水管道单侧或双侧，设置一级或二级通道；有时将通道建成平台，可兼作检修场地。

3) 地下式泵房：此类泵房一般不设管沟，但必须在管道上设置工作通道，活动式工作平台等。

(4) 主泵房各层高度：应根据主机组及辅助设备、电气设备的布置，机组的安装、运行、检修，设备吊运以及泵房内通风、供暖和采光要求等因素确定，详见第 5.3.4 节起重设备与泵房高度。

立式泵房电动机层楼板高程应根据水泵安装高程和泵轴、电动机轴的长度等因素确定。

(5) 主泵房水泵层底板高程：应根据水泵安装高程和进水流道（含吸水室）布置或管道安装要求等因素确定。水泵安装高程应根据不同类型水泵的汽蚀余量或允许吸上真空高度，通过对水泵装置的水力计算，结合泵房处的地形、地质条件综合确定。详见第 5.2.3 节水泵安装高度计算。

**5.4.1.3 泵房的其他布置要点**

(1) 安装在主泵房机组周围的辅助设备、电气设备及管道、电缆道，其布置应避免交叉干扰。

(2) 当主泵房分为多层时，各层楼板均应设置吊物孔，其位置应在同一垂线上，并在起吊设备的工作范围之内。

吊物孔的尺寸应按吊运的最大部件或设备外形尺寸各边加 0.3m 的安全距离确定。

(3) 主泵房对外至少应有两个出口，其中一个应能满足运输最大部件或设备的要求。并在进门口设有足够面积的起吊平台，使机组设备能置于起重机械的起吊范围内。如属大型泵房，还应考虑汽车能进入，使起重机械能直接从汽车上起吊设备。另一个靠近控制室，便于工人巡视。

(4) 泵房设计应注意噪声控制。除应符合《泵站设计规范》GB 50265—2010 外，还应符合《工业企业噪声控制设计规范》GB/T 50087—2013。

(5) 泵房作为工业厂房，应按《建筑设计防火规范》GB 50016—2014 中 3.1 节、3.2 节分别明确火灾危险分类和耐火等级。

(6) 泵房还应按《建筑设计防火规范》GB 50016—2014 中第 8 章选用消防给水设施和灭火设施。并按《建筑灭火器配置设计规范》GB 50140—2005 要求执行。

(7) 其他辅助机房与附属用房的设置

1) 除有特殊需要，一般不设修配间。根据具体情况可设置储藏室（主要用以存放润滑油、擦布及维修工具等）。

2) 泵房内一般不设值班生活用房。如属远离厂区的水源地泵房，必须设置值班生活用房时，宜独立设置。

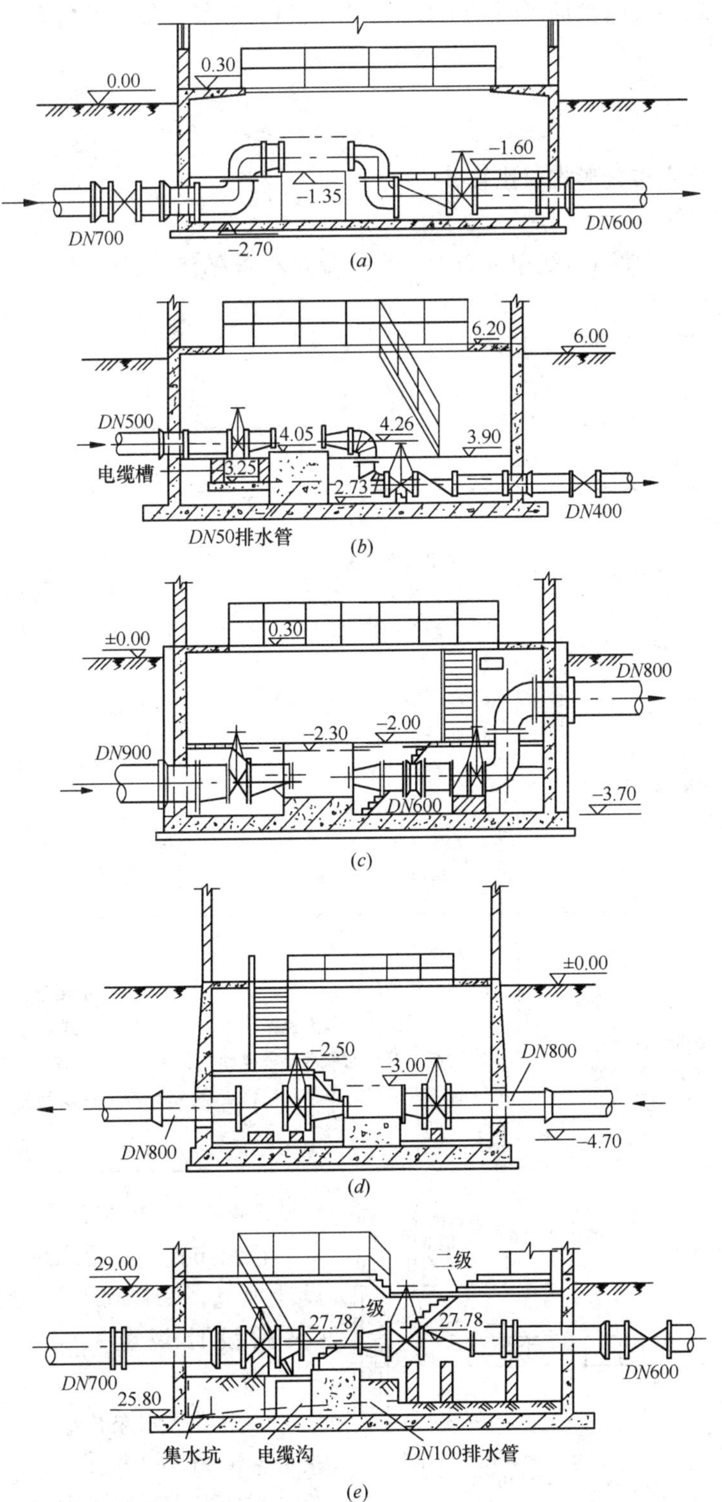


图 5-38 半地下式泵房管沟布置形式

(a) 全管沟；(b) 出水管管沟；(c) 全平台；(d) 出水管一级平台；(e) 出水管二级平台

3）泵房一般不宜附设加氯间，尤其当采用液氯、二氧化氯等消毒剂时，必须另行独立设置。

## 5.4.2 机组布置

### 5.4.2.1 机组布置形式与比较

（1）机组布置形式

机组布置形式主要有直线单列布置、平行单排布置/交错双列布置，个别圆形泵房也有采用放射状布置。

（2）机组布置比较见表5-17。

机组布置比较 表5-17

| 布置形式 | 优 点 | 缺 点 | 适 用 情 况 |
|---|---|---|---|
| 直线单行 | 1. 跨度小；<br>2. 管配件简单；<br>3. 水力条件好；<br>4. 检修场地较宽畅 | 1. 泵房长度较大；<br>2. 操作管理路线较长；<br>3. 管配件拆装较麻烦 | 1. 适用于S、SH、SA等双吸卧式离心泵；<br>2. 一般适宜于水泵台数不超过5～6台；如台数过多时，操作室可布置于泵房中间 |
| 平行单排（或斜角平行单排） | 布置紧凑，泵房面积可较直线单排小 | 1. 跨度稍大；<br>2. 管配件较多；<br>3. 水力条件较差；<br>4. 水泵、电机阀门等布置不在一条轴线，如用单轨起吊，则不方便 | 1. 适用于IS、IB、XA、BA单吸卧式离心泵；<br>2. 一般适应小型泵房 |
| 交错双行 | 1. 布置紧凑，面积小；<br>2. 管配件简单；<br>3. 水力条件较好 | 1. 跨度大；<br>2. 检修场地较小；<br>3. 常需采用桥式起重机械；<br>4. 为减少泵房面积常要求电动机、水泵以倒顺转相交错布置，使订货、维修麻烦 | 1. 适用于大型双吸卧式离心泵的地下式泵房；<br>2. 适宜于水泵台数较多，一般在6台以上 |

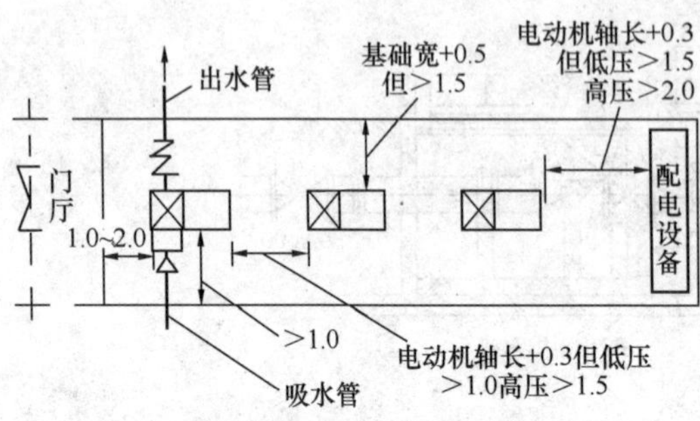


图5-39 直线单行布置（单位以m计）

### 5.4.2.2 机组布置间距要求

机组布置间距要求可参考《室外给水设计规范》GB 50013—2006中6.5节和《泵站设计规范》GB 50265—2010中9.12节。

一般卧式水泵机组布置形式的间距要求可参考图5-39～图5-41；立式水泵机组除不需要考虑平面上电动机抽轴的间距要求外，其他要求同卧式机组，布置方式可见第5.1.2节泵房布置示例。

(1) 直线单行布置见图 5-39。

(2) 行单行布置见图 5-40。

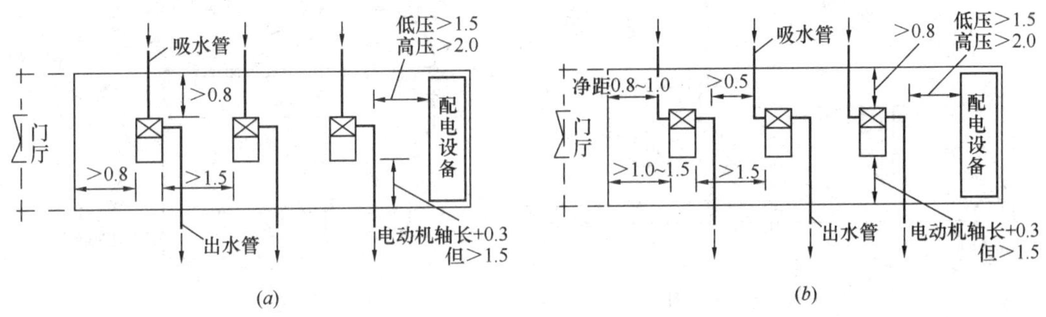


图 5-40 平行单排布置（单位以 m 计）

(a) 单吸离心泵；(b) 双吸离心泵

(3) 交错双行布置见图 5-41，其中部分电动机倒转，通常不考虑电动机原位抽轴。

(4) 圆形泵房内卧式离心泵机组布置较灵活，可充分利用泵房面积布置。机组可以交错，亦可成 90°错位或平行单排、放射形等。

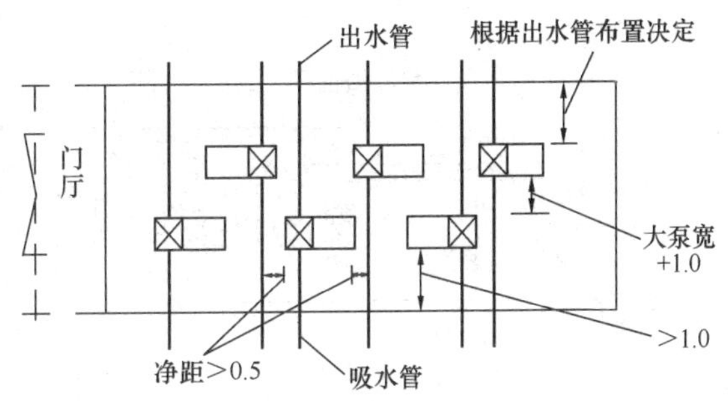


图 5-41 交错双行布置（单位以 m 计）

#### 5.4.2.3 机泵基础布置与设计

(1) 一般要求

1) 水泵基础设计必须安全稳固，标高、尺寸准确，以保证水泵运行稳定，安装检修方便。尤其对于大型立式水泵除了施工安装因素外，基础设计也对设备运行安全和使用寿命有较大影响。

2) 大型立式水泵基础，由于受力比较复杂，尚需根据水泵的启动转矩、电机所受轴向力等验算基础的强度；对于底部进水、切向偏心出水的蜗壳形水泵，必须验算启泵、停泵时的基础偏心受力条件，并能承受正常启闭阀门及启、停泵时的水锤振动影响。

3) 按《泵站设计规范》GB 50265—2010 规定：单机功率在 160kW 以下的立式轴流泵机组和单机功率在 500kW 以下的卧式离心泵机组，其机泵基础可不进行动力计算，反之则必须进行计算，尤其是与泵房建筑结构连成整体的机泵基础。

4) 机泵基础的验算要求见《泵站设计规范》GB 50265—2010 中 6.5.9 条。

5) 机泵基础的结构验算要求也可根据设备厂商提供的荷载数据进行。

(2) 卧式离心泵基础设计要点

1) 基础形式：按与泵房结构的连接可分为分离式和整体式，地面式泵房常采用分离式基础，见图 5-44。当建有管槽时，基础底面必须在管槽底面以下。与钢筋混凝土底板连成整体见图 5-42，整体式基础属泵房的结构设计内容。

2) 当泵房有噪声控制要求时，基础底面以下需设隔振垫，进出水管采用橡胶曲挠接头见图 5-43，详见《给水排水设计手册》第三版第 2 册《建筑给水排水》、第 11 册《常用设备》、第 12 册《器材与装置》。

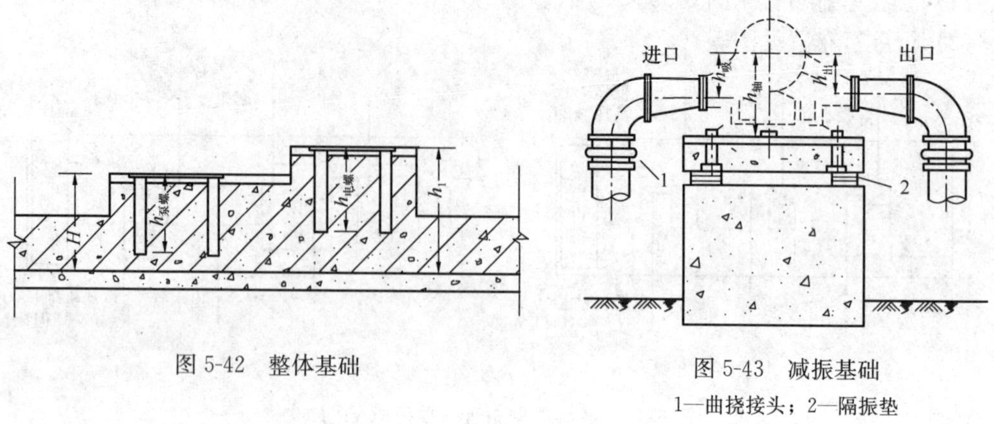


图 5-42 整体基础

图 5-43 减振基础

1—曲挠接头；2—隔振垫

3）一般功率在 100kW 以下时，水泵和电动机带有底盘，可直接安设在基础上；100kW 以上时，无底盘，基础面需垫以钢板或型钢，见图 5-44。

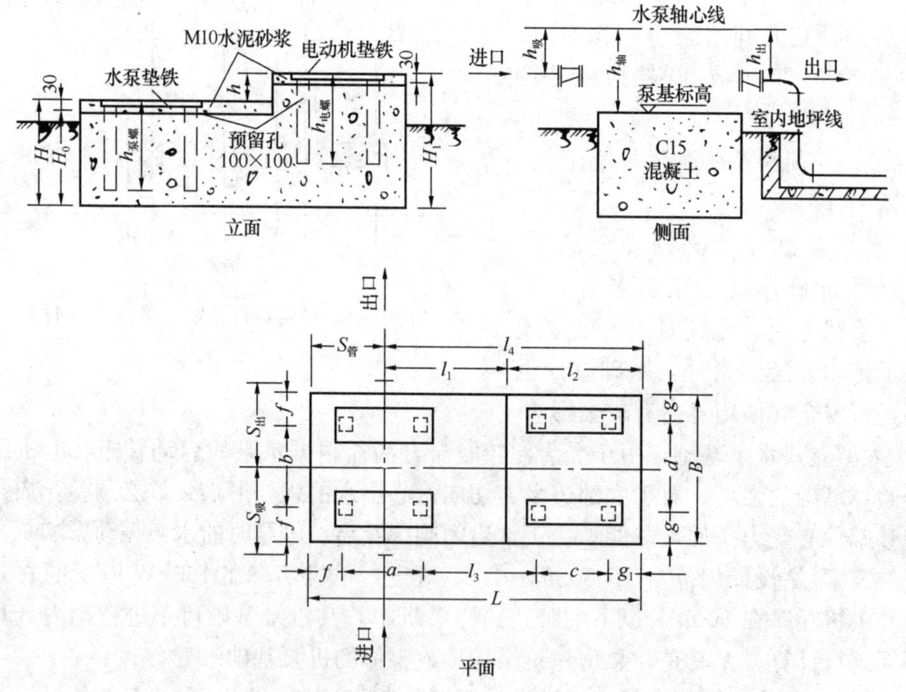


图 5-44 分离式独立基础

4）容量较大的卧式同步电机常为底部电缆进线，所以基础中间须留有进线位置，见图 5-45，设计时需要考虑排除基础内积水、漏油的措施。

5）在施工图设计时，必须获得生产厂的产品技术说明等资料，在浇捣基础之前，最好按实际设备的尺寸校核。

6）对于分离式的中、小型水泵基础可参照下列经验数据设计；整体式基础可根据具体情况适当调整，并结合泵房的结构设计考虑。

①基础材料通常采用≥C20 混凝土；预留螺孔待地脚螺栓埋入后，用 C20 细石混凝土

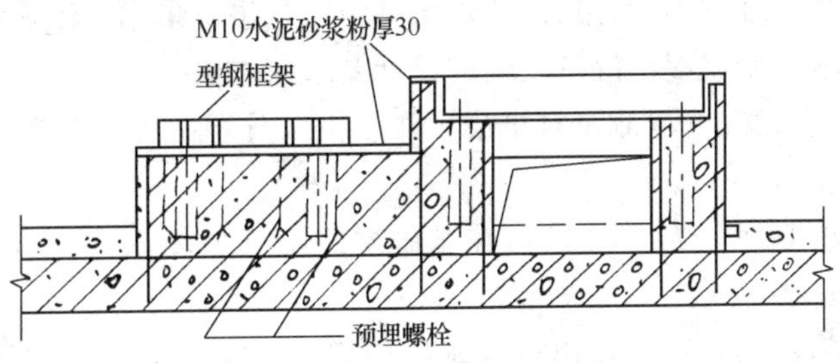


图 5-45 同步电机的基础

填灌固结。

②地脚螺栓埋入基础长度为 20 倍螺栓直径（$l \geqslant 20d$），螺杆叉尾长为 $4d$ 螺栓；预留螺孔深度大于螺栓埋入总长度 3～5cm。

③基础尺寸大小按水泵及电动机安装尺寸所提供的数据确定，如无上述资料，可考虑如下：

a. 带底盘的小型水泵：

(a) 基础长度 $L$=底盘长度 $L_1$+（0.20～0.30）m。

(b) 基础宽度 $B$=底盘螺孔间距（在宽度方向上）+0.30m。

(c) 基础高度 $H$=底盘地脚螺栓埋入长度 $h_{螺}$+（0.10～0.15）m。

b. 无底盘的大、中型水泵：

(a) 基础长度 $L$=水泵和电动机最外端螺孔间距 $L_1$+（0.4～0.6）m；并长于水泵和电机底座总长。

(b) 基础宽度 $B$=水泵或电动机最外端螺孔间距（取其宽者）$B_1$+（0.4～0.6）m。

(c) 基础高度 $H$=地脚螺栓埋入长度 $h_{螺}$+（0.10～0.15）m。

(d) 基础重量>（2.5～4.5）倍机组（水泵及电动机）重量。

(e) 基础高度应不小于 50～70cm。基础顶面应高出室内地坪约 10～20cm。

c. 预留螺孔：

(a) 当 $d_{螺栓}$>40mm 时，螺孔中心距基础边缘>300mm。

(b) 当 $d_{螺栓}$<40mm 时，螺孔中心距基础边缘>150～200mm，但基础螺孔边缘与基础边缘间距不得小于 100～150mm。

(c) 螺孔尺寸尚需考虑螺杆叉尾长度，与地脚螺栓埋入后的混凝土填灌、密实施工条件需要。

(d) 螺孔尺寸一般为 80～200mm 方孔，如 100mm×100mm 或 150mm×150mm 方孔；大型水泵则≥200mm×200mm。如有必要，也可采用长方形。

7) 对于远期拟换大泵的基础，近期可架置型钢框架叠起，基础上尽量预留近远期两套螺孔。

8) 水泵基础底面以下应为天然优质地基土壤，否则采用良质砂土进行分层夯实，基础浇捣以后必须注意养护，达到强度后才能进行安装。

(3) 立式导叶形湿坑安装式混（轴）流泵结构与基础设计要点

立式导叶形混（轴）流泵按安装方式可分为干坑式和湿坑式两种。由于干坑式安装难度高、精度不易控制且维护不便，目前给水泵站中已几乎不采用，以前已采用的也大多改造成湿坑安装，故本手册仅提出湿坑安装的设计要求与方法。

1）基础形式：立式湿坑混流泵有机泵直联和机泵分层两种安装形式。每种安装形式亦可有不同的基础层面：

①机泵直联、单基础安装，吐出口在基础层之下，见图 5-46。这是一种最常用的，也是水泵厂推荐的安装形式。

②机泵直联、单基础安装，吐出口在基础层之上，见图 5-47。这种安装形式的缺点是：机组重心高，机组的日常巡视检查和拆卸工作要爬上电机支座处进行；同时吐出弯管穿过基础地面，使基础层地面不通畅。

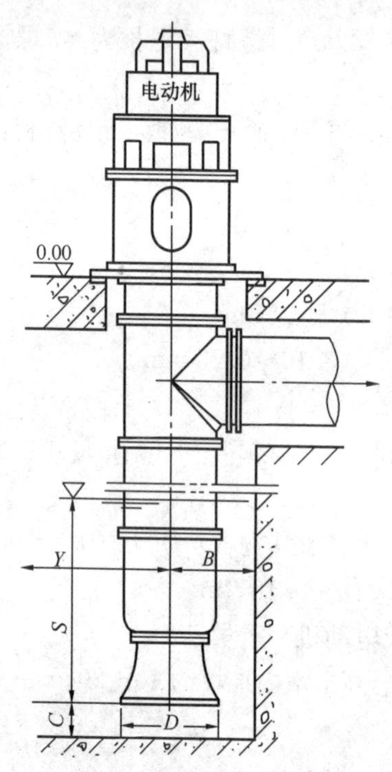


图 5-46 机泵直联、单基础（吐出口在基础层下）
$D$—喇叭口直径；$C$—悬空高度；$S$—最小淹深；
$B$—与后墙距离；$Y$—与前置滤网距离

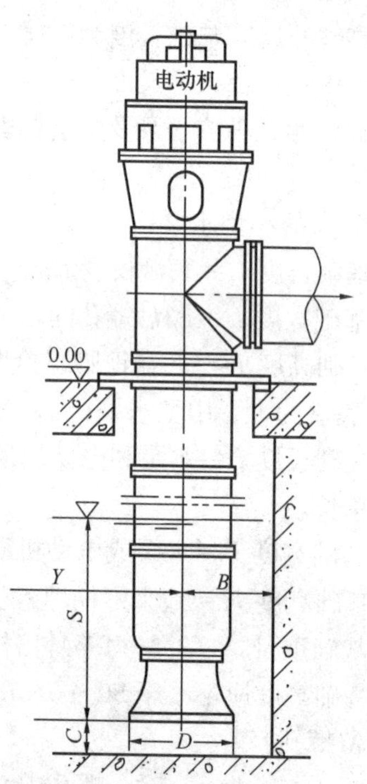


图 5-47 机泵直联、单基础
（吐出口在基础层上）
注：图中符号同图 5-46。

为克服上述缺点，也可在电动机支座的中部位置另设一层楼面，见图 5-47，作为在该层进行日常巡视和检修，同时可对电动机支座起径向拉紧作用，以加强机组的稳定性。

③机泵之间加传动轴、分层安装见图 5-48。这种安装形式的泵价可降低，但是土建费用要增加，机组安装时对中找平难度大，维修装拆的工时费用相对较高。

④除上述三种基本的安装形式外，还有在安装基础层的下面再增加一道楼层。由于这一层一般在水面之下，所以泵壳穿过楼层处要加密封装置，因此这一楼层又称密封层，见图 5-49。设置这一层的目的是为了安置一些辅助设备，如果这些辅助设备能放置在基础层上，这层的设置则是多余的。

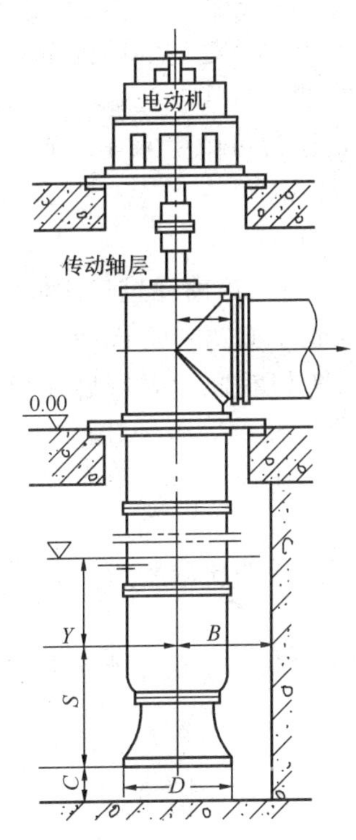


图 5-48 机泵间带传动轴分层安装

注：图中符号说明同图 5-46。

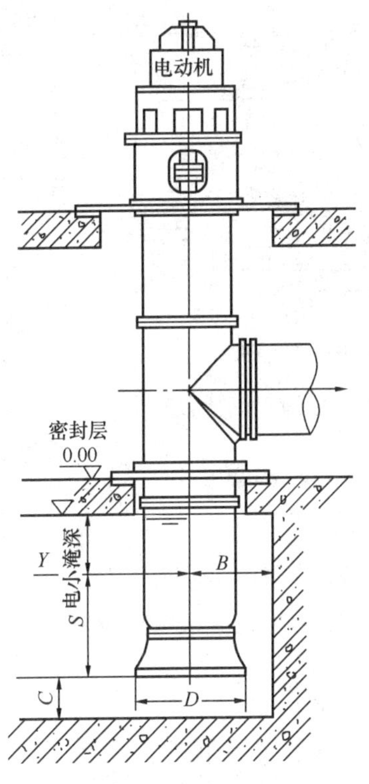


图 5-49 吐出口下增设密封层安装

注：图中符号说明同图 5-46。

2）设计要点：立式泵，尤其是混流泵，通常为大型水泵，各制造厂的产品规格、尺寸不尽相同。设计时必须注意应及时联系取得有关技术参数。

①安装的基础标高：安装基础层的标高，在最高洪水位以下时，泵安装基础孔处需采取严密的密封措施。当水泵为可抽芯结构时，为检修而抽出泵转子时，可不封堵吸水池的进水口，也不需排干吸入水池中的余水。

②泵的轴向推力和荷载

立式泵，尤其是大型水泵，轴向推力和荷载是重要的设计参数。设计时，必须由厂家提供，并严格根据提供参数进行水泵基础计算。

## 5.4.3 进出水布置

### 5.4.3.1 前池、吸水池布置

水泵进水及流道布置对于水泵尤其是大型立式泵的性能和效率影响很大，同时还会影响水泵的安全运行和使用寿命。因此在设计中应予充分重视。

水泵进水段流道布置应做到：保证足够的进水能力、具有平顺均匀的水流流态、结构安全可靠，同时在满足安全运行条件下尽量做到经济合理和管理方便。

除小型泵房水泵进水可直接从水体或水池吸水外，一般均设置专用吸水池，离心泵的吸水池（井）可以采用与泵房分建，也可与泵房合建；立式泵的吸水池一般与泵房合建。取水泵房的吸水池还应根据水体中漂浮杂质及冰凌等情况，结合设置拦污设备或采取防冰

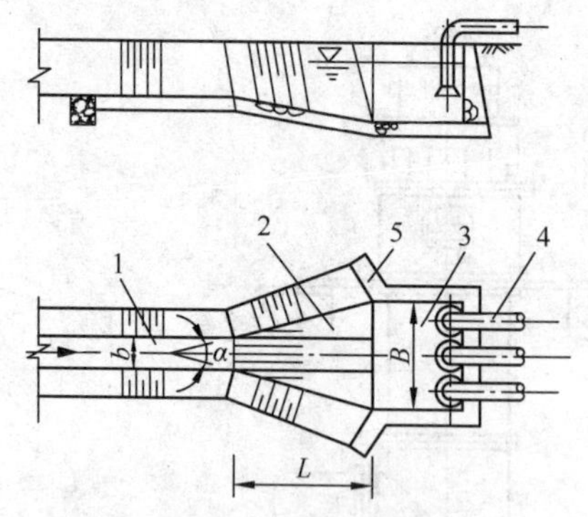

图 5-50 吸水池及前池布置
1—引水渠；2—前池；3—吸水池；4—吸水管；5—翼墙

凌措施，同时还应考虑吸水池的清淤措施。

对于近年来应用渐趋增多的大型立式泵（混流泵、轴流泵）的进水，其布置更有严格的要求，大型泵站的进水，通常可由引水渠、前池、吸水池或流道等组成，见图 5-50。

（1）引水渠布置

1）渠线宜顺直。与前池进口之间宜有直线段，长度不宜小于渠道水面宽的 8 倍。

2）引渠纵坡和断面，应根据地形、地质、水力、输沙能力和工程量等条件计算，并应满足引水流量、行水安全，渠床不冲、不淤和引渠工程量小的要求。

渠床糙率、渠道的比降和边坡系数等重要设计参数，可按国家现行有关规定采用。

3）引渠末段的超高应按突然停机，压力管道倒流水量与引渠来水量共同影响下水位壅高的正波计算确定。

（2）前池布置

1）布置要点

①进水管道或渠道进入前池后，需按一定扩散要求与吸水池连接。前池的作用是使水流平顺地扩散分布，避免形成旋涡。

②多泥沙河流上的泵站前池应设隔墩分为多条进入流道，每条进水流道通向单独的吸水池。在进水道首部应设进水闸及拦污设施，也可设水力排沙设施。

③大型泵站的前池，一般需满足如下要求：

a. 扩散角 $\alpha$ 为 20°～40°，不大于 40°。

b. 前池长度 $L$ 为

$$L=\frac{\frac{1}{2}(B-b)}{\tan\frac{\alpha}{2}} \tag{5-40}$$

式中 $B$——吸水池底宽（m）；

$b$——进水明渠底宽（m）；

$\alpha$——前池扩散角（°）。

前池纵向底坡一般采用 1/4～1/5，不宜陡于 1∶4。

2）前池中的回流：当前池中出现明显回流时，水泵各台机组效率将普遍下降，位于边上的水泵效率下降较大。当泵内吸入空气和发生汽蚀，可能造成泵性能下降，流量不足或原动机超负荷，另外还会产生噪声、振动、运行工况不稳定。

前池中引起回流的主要原因是：

①水的理想边壁扩散角为 9°～11°，而工程中常大于理论扩散角。

②理想的前池池壁应为曲线型，但实际工程中均采用直线或折线型。

③泵站不可能完全处于设计工况下工作，如设计水位、设计水量变动，均将引起流态变

化。当泵站在非设计工况下运行，正向进水的前池可能出现下述三种回流，见图 5-51 (*a*)、(*b*)、(*c*)：

图 5-51 (*a*) 为主流偏斜，在一侧产生脱壁回流及死水区。

图 5-51 (*b*) 虽主流居中，但在两侧产生脱壁回流。

图 5-51 (*c*) 为从前池进口开始产生扩大的折冲水流。

图 5-51 (*a*)、(*b*) 流态，在前池扩散角较大、水位较低而抽引流量较大时容易出现。图 5-51 (*c*) 为引渠来水本身具有折冲流态，或在前池进口用闸门控制时，产生闸下射流的一种水流现象。

3) 前池的导流设施：前池中的回流：前池中产生回流难以完全避免，应力求布置合理，使回流减到最少，但大型取水泵房的前池布置，常难以达到上述布置要求。采取在前池适当部位加设 1～2 道底坎或再加设若干分水立柱等措施，能有效地改善流态，使机组运行平稳，提高效率。

①底坎及立柱的作用：梯形底坎的设置，主要目的是使水流过坎后产生见图 5-52 的旋滚区，其作用是：

a. 造成坎后立面旋滚，使其在坎后一定距离内与平面回流掺搓，相互产生复杂的作用，消除回流中的旋转动量，并使坎后流态重新调整。水流到达吸水井（池）进口处，基本上获得均匀的流速分布。

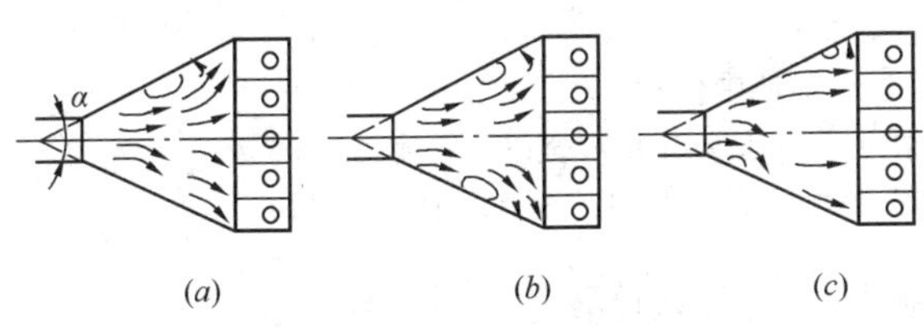

图 5-51 前池中反向流态

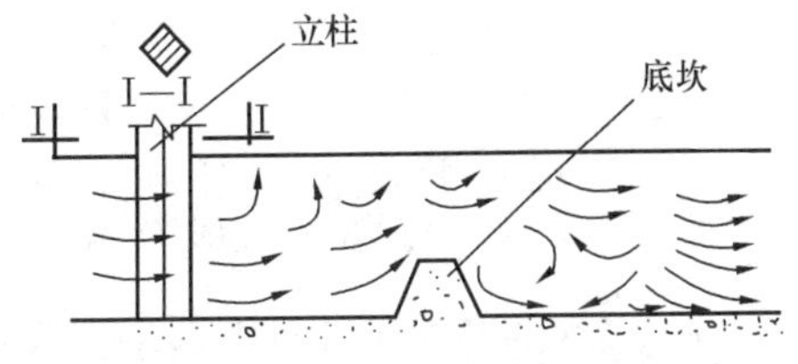

图 5-52 水量过“柱坎”的流速分布

b. 梯形底坎可以削弱进水管（渠）所挟带的余能，虽然增加一定的水头损失，但获得水泵效率的提高，常大大超过这一附加水头损失。

c. 在前池内设置若干立柱，可以分割和挤压行经的水流，使边侧水流得到足够能量，用以克服边壁脱流，从而减弱图 5-51 所示回流。如在底坎前同时设置立柱，形成“柱—坎”组合形式，则更能有效地防止回流产生。

②底坎设计要点：底坎的设计参数需要结合工程实践，通过水力模型试验而最终确定。以下数据可供方案选择时参考：

a. 底坎在前池中的位置（见图 5-53）：

(a) 当设 1 道底坎时，

$$l_1 = (0.4 \sim 0.6)L_1$$

$$l_2 = L_1 - l_1$$

$$h = (0.3 \sim 0.4)H$$

式中 $H$——前池设计水深。

(b) 当设 2 道底坎时，第 1 道可设在前池前端，第 2 道位置为

$$l_1 = (0.6 \sim 0.8)L_1$$

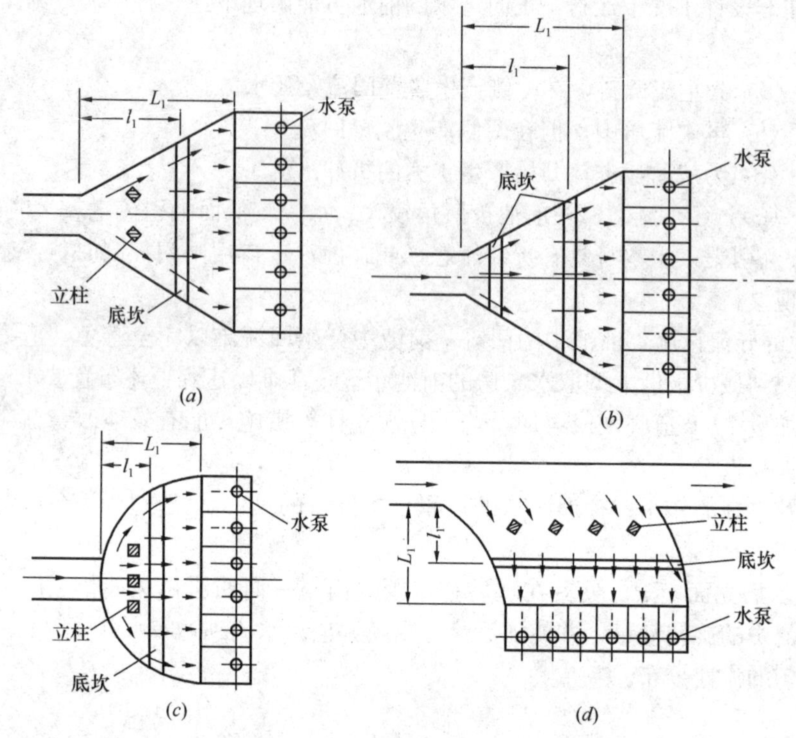


图 5-53　底坎在前池中位置

(a) 正向引水（三角形）前池、"柱-坎"结构；(b) 正向引水（三角形）前池、二道底坎；(c) 正向引水（半圆形）前池、"柱-坎"结构；(d) 侧向引水前池、"柱-坎"结构

b. 底坎的断面尺寸见图 5-54。采用梯形断面的底坎可参考下列参数：

$$b_1 = (0.15 \sim 0.20)H$$

$$b_2 = (0.20 \sim 0.25)H$$

$$h = (0.3 \sim 0.4)H$$

$l_3$、$l_4$按吸水井布置要求确定。

$L_1$按前池要求布置。

$L_2$按吸水井或吸入水槽设计要求布置。

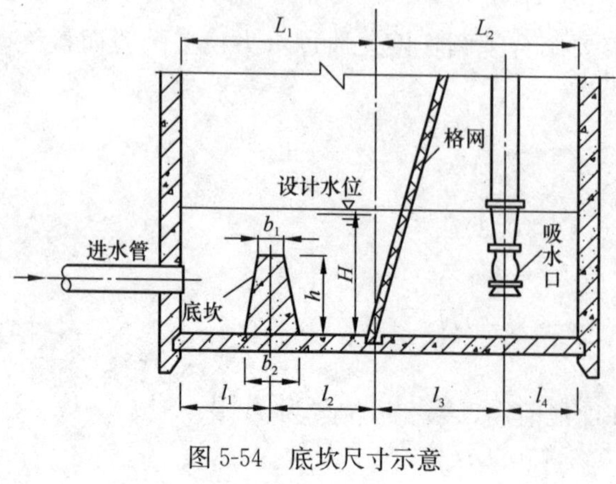


图 5-54　底坎尺寸示意

③立柱设计要点：立柱数量和位置可通过模型试验确定，应设于底坎前。断面为棱形，边长约为（0.2～0.3）$H$。

(3) 吸水池布置

1) 布置要点

①吸水池内严禁产生有害的漩涡。

②吸水池设计应使池内流态良好，满足水泵进水要求，且便于清淤和管理维护。其尺寸的确定应符合进水喇叭口与建筑物间距的要求。

③吸水池的水下容积可按共用该吸水池的水泵 30～50 倍每秒设计流量确定。

2）吸水池布置形式

①泵站吸水池的布置形式应根据地基、流态、含沙量、泵型及机组台数等因素，经技术经济比较确定，可选用敞开式、半隔墩式、全隔墩式矩形池或圆形池。多泥沙河流上宜选用圆形池，每池供一台或两台水泵抽水。

②立式混流泵、轴流泵通常需设单独的吸入水槽，有些叶轮直径较大的泵还须设肘形或钟形进水流道，并把从吸入水池、进水流道到排出流道末端看作一个完整的系统。对于混流泵和轴流泵等高比转数泵，应当把靠叶轮的进水流道看作是泵的一部分，见第 5.4.3.5 节立式湿坑泵吸入水槽。

③清水泵必须将吸水池建成为不受雨水等污染的进水构筑物、吸水井，如设有防污染的顶盖或检修孔的封闭式吸水井。吸水井形式大都为矩形亦有圆形的布置，见第 5.4.3.2 节离心泵吸水井布置。

3）吸水池中吸入喇叭口的布置

①当水泵吸入喇叭口在吸水池中的位置布置不当时，将产生旋涡和旋回流，见图 5-55：

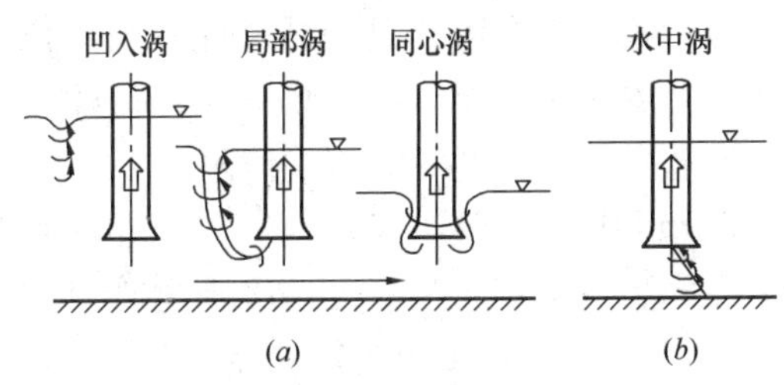


图 5-55 吸水池内的旋涡

图 5-55（*a*）为可能发生的凹形涡、局部涡和同心涡。局部涡和同心涡总称空气吸入涡。

图 5-55（*b*）为可能发生的水中涡，此种涡附着在吸水池底部或侧壁，一端到达吸入管内，虽没有空气吸入，但在水中涡的中心部分会发生气蚀。

由于吸水池内流动产生偏流、旋流等原因，在吸入管周围可能发生旋回流。它破坏了进入叶轮的均匀流动，从而影响泵的流量、扬程和功率。另外，由于这种旋回流不一定在吸入管内呈轴对称分布，可能在立式泵叶轮上产生不平衡，而引起振动。在发生旋回流的情况下，吸水池多产生局部旋涡。

②吸入喇叭口布置：表 5-18 列出不正确和正确的吸水池设计示例，供设计布置参考。

正确和不正确吸水池示例　　表 5-18

| 不正确 | 问题 | 正确 | 不正确 | 问题 | 正确 |
|---|---|---|---|---|---|
| | 偏流 | | | 突然扩大、吸入不均、在泵上游设泵 | |
| | 偏流、突然扩大 | | | 突然扩大、在泵上游设泵、旋回流 | |
| | 后壁距大 | | | 流入不均、突然扩大，旋回流 | |
| | 旋流、突然扩大 | | | | |

续表

| 不正确 | 问题 | 正确 | 不正确 | 问题 | 正确 |
|---|---|---|---|---|---|
| | 旋回流 | | | 积流空气 | |
| | 进水不稳定 | | | 水流不稳定 | |
| | 进水不稳定 | | | 水流不稳定 | |

**5.4.3.2　离心泵吸水井布置**

（1）离心泵吸水井布置

一般离心泵和卧式混流泵的吸水井设于泵房前，水泵吸水管伸入井内吸水。当多台水泵吸水管共用一井时，常将吸水井分成两格，中间隔墙上设置连通管和闸阀，或不设阀门用虹吸管连通，以便分隔清洗使用。

吸水井尺寸通常由吸水喇叭口间距决定，喇叭管垂直布置时见图 5-56，喇叭管倾斜或水平布置时见图 5-57。图中吸水喇叭口的淹没水深与悬空高度，以喇叭口的直径 $D$ 计时，注以 $h_2$ 和 $h_1$；以喇叭管直径 $d$ 计时，注为 $S$ 和 $C$。

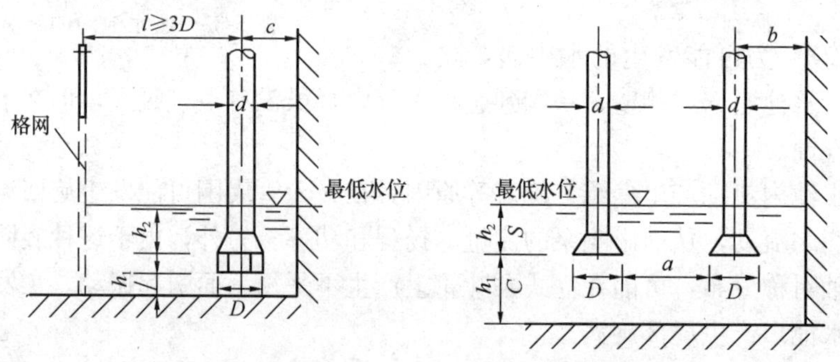


图 5-56　吸水井、喇叭管垂直布置

$h_1$—喇叭口悬空高度；$h_2$—淹没水深；$a$—喇叭口间净距；

$b$—喇叭管中心线与侧墙壁距离；$c$—喇叭管中心线与后墙壁距离

（2）吸水井喇叭口布置要点

1）进水管进口应设喇叭管，喇叭口流速宜取 1.0～1.5m/s。

2）离心泵进水管喇叭口和喇叭口与建筑物距离应符合下列要求：

①吸水喇叭口直径 $D$ 一般采用：

$$D \geqslant (1.25 \sim 1.5)\ d\ (\text{mm})$$

式中　$d$——吸水管直径（mm）。

②吸水喇叭口的最小悬空高度（喇叭口与井底间距）$h_1$：悬空高度 $h_1$ 过小将使进口处水的流线过于弯曲，水头损失增加，水泵效率降低，严重时使池底冲刷；悬空高度过大将形成单面进水并使吸水井底板落深，增加工程造价，一般采用：

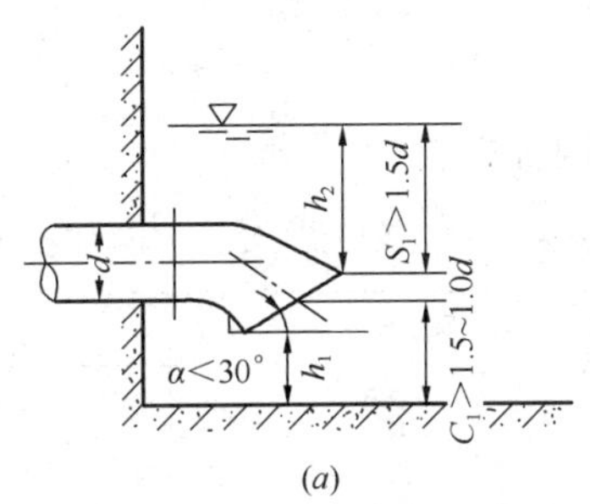

(a)

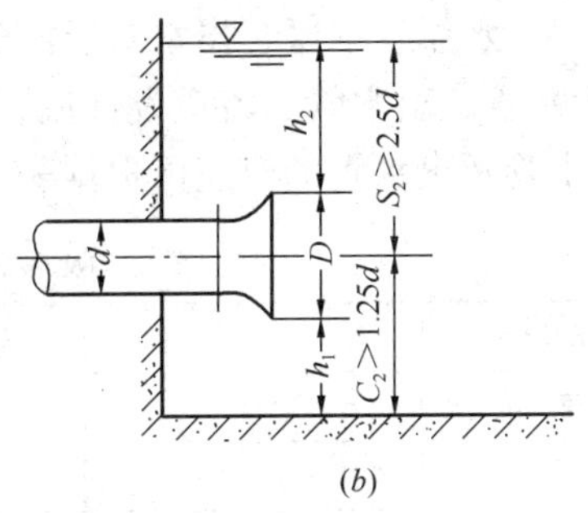

(b)

图 5-57 喇叭口倾斜或水平布置

(a) 喇叭管斜向布置；(b) 喇叭管水平布置

a. 喇叭管垂直布置时，

$$h_1 = (0.6 \sim 0.8)D$$

大管径采用较小系数，小管径采用较大系数。为安装检修需要还不得小于 1.5m，见图 5-56。

b. 喇叭管倾斜布置时（见图 5-57），

$$h_1 = (1.0 \sim 1.25)\ D$$

③喇叭口间净距 $a$：一般可采用 $a=$（1.5～2.0）$D$，其中：

喇叭管中心线与后墙距离 $c$ 取（0.8～1.0）$D$，同时应满足喇叭管安装的要求。

喇叭管中心线与侧墙距离 $b$ 取 1.5$D$。

喇叭管中心线至进水室进口距离大于 4$D$。

3）吸水喇叭口的最小淹没水深 $h_2$：淹没水深 $h_2$ 与吸水井进水流速、吸水管流速、悬空高度 $h_1$、吸水井边壁形状、喇叭口至后壁距离等因素有关。进水流速和吸水管流速愈大，要求淹没水深 $h_2$ 愈大，一般 $h_2$ 不小于 0.55～1.0m。

喇叭口的淹没深度还与喇叭管的布置方式有关，见图 5-56、图 5-57，其中：

①喇叭管垂直布置时，大于（1.0～1.25）$D$。

②喇叭管倾斜布置时，大于（1.5～1.8）$D$。

③喇叭管水平布置时，大于（1.8～2.0）$D$。

4）吸水井进水长度 $l$：多台水泵的吸水井应有一定的进水流程，以调整水流使顺直均布地流向各吸水管。一般要求吸水井格网出水至吸水喇叭口中心的流程长度 $l$ 不小于 3$D$，即 $l \geqslant 3D$。

5）按吸水管直径 $d$ 计算吸水井尺寸：

以上均按喇叭口直径 $D$ 尺寸，计算各种间距与吸水井尺寸。

有些国外资料按吸水管喇叭管直径 $d$ 计算吸水井尺寸，布置卧式泵垂直吸入管时参见表 5-19。如采用斜吸管或水平管，则需更大的淹没水深，参见图 5-57。

**垂直吸入管** **表 5-19**

| 喇叭口直径 $D$ | 底面间隙（悬空高）$C$ | 淹没深度 $S$ | 管中心与后壁间距 $B_1$ | 槽宽 $B_2$ | 管中心间距 $B_3$ |
|---|---|---|---|---|---|
| (1.43～1.33) $d$ | (1.5～1.0) $d$ | $>1.5d$ | $<1.5d$ | $>3d$ | $3d$ |

注：小值对应小口径，$d$ 为吸水管公称直径。

### 5.4.3.3 水泵吸水管、出水管及流道布置

(1) 吸水管、出水管、流道设计流速

1) 吸水管及出水管的流速可根据表 5-20 的范围选定。

**吸水管、出水管流速** **表 5-20**

| 管径 (mm) | $d<250$ | $250\leqslant d<1000$ | $1000\leqslant d<1600$ | $d\geqslant1600$ |
|---|---|---|---|---|
| 吸水管内流速 (m/s) | 1～1.2 | 1.2～1.6 | 1.5～2.0 | 1.5～2.0 |
| 出水管内流速 (m/s) | 1.5～2.0 | 2.0～2.5 | 2.0～2.5 | 2.0～3.0 |

2) 水泵进出水管道上的阀门、缓闭阀和止回阀直径，一般与管道直径流速相同。

(2) 进水、出水流道流速：大型泵站当采用进水与出水流道布置时，应满足下列要求：

1) 泵站进水流道

①流道型线平顺，各断面面积沿程变化应均匀合理。

②出口断面处的流速和压力分布应比较均匀。

③进口断面处流速宜取 0.8～1.0m/s。

④在各种工况下，流道内不应产生涡流。

2) 泵站出水流道

①与水泵导叶出口相连的出水室形式应根据水泵的结构和泵站的要求确定。

②流道型线变化应比较均匀，当量扩散角宜取 8°～12°。

③出口流速不宜大于 1.5m/s（出口装有拍门时，不宜大于 2.0m/s)。

(3) 吸水管布置

1) 每台水泵宜设置单独的吸水管直接向吸水井或清水池中吸水。如几台水泵采用合并吸水管时，应使合并部分处于自灌状态，同时吸水管数目不得少于两条，在连通管上应装设阀门，当一条吸水管发生事故时，其余吸水管应仍能满足泵房设计水量的要求。

2) 吸水管路应尽可能短、减少配件，一般采用钢管或铸铁管，并应注意避免接口漏气。

3) 吸水管应有向水泵不断上升的坡度（$i\geqslant0.005$)，并应防止由于施工允许误差和泵房与管道的不均匀沉降而引起吸水管的倒坡，必要时采用较大的上升坡度。

为了避免在吸水管路内聚积空气，形成空气囊，应避免不正确的安装方法，见图 5-58。

4) 如水泵位于最高检修水位以上，吸水管，可不装阀门；反之吸水管上应安装阀门，以便水泵检修。阀门一般采用手动。

5) 水泵吸入端的渐缩管必须采用偏心渐缩管，见图 5-59。如渐缩管与向下的弯头组合时，不可直接用标准异径弯头，而应分别按偏心渐缩管的配件要求与弯头组合见图 5-59 (*a*)，或用特制的偏心渐缩弯头见图 5-59 (*b*)。

(4) 出水管布置：离心泵出水管件配置应符合下列要求：

1) 水泵出口应设工作阀门：

①出水管工作阀门的额定工作压力及操作力矩，应满足水泵关阀启动的要求。扬程高、管道长的大型泵站，宜选用两阶段关闭的液压操作蝶阀。必要时还须进行水锤计算。

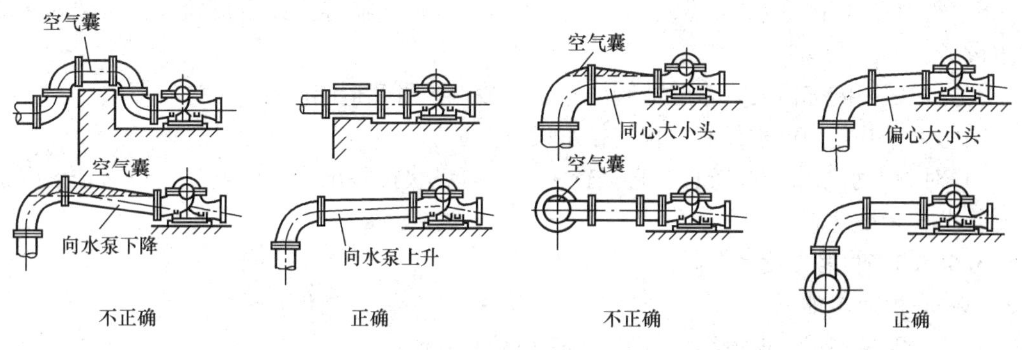


图 5-58 吸水管路的安装

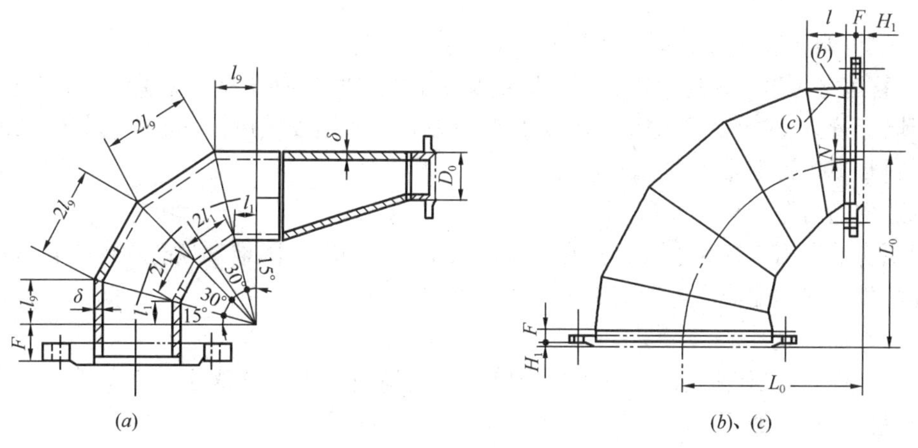


图 5-59 吸水端偏心渐缩弯头

(a) S311 标准偏心渐缩管与弯头组合；(b) 特制偏心渐缩弯头；(c) 标准异径弯头 S311

②泵房内经常启闭的阀门，当管径为 $DN300$ 或 $DN300$ 以上时，可采用电动或液压传动阀门；在自动化泵房内，所有操作阀门都应安装电动或液控装置。

一般出水管管径≥300mm 时，采用电动阀门。

③出水管应根据水泵启动特性安装止回阀，如有需要时应安装带缓冲装置的可分阶段关闭止回阀，见第 5.5 节。

④当工作阀门采用电动时，为检修和安全供水需要，对重要的供水泵房有时还须在电动阀门后面再设手动检修阀门。

2）当采用蝶阀时，由于蝶门开启后的位置，可能超过阀体本身长度，故在布置相邻连接配件时应予注意适当设置法兰短管和伸缩（接头）短管。

3）水泵的启、停泵程序以及防止水锤措施应根据泵房地形、出水管敷设高差、线路长短、水泵工作压力及工作条件等因素进行水锤计算后确定，详见第 5.5 节。

4）为使泵房安装方便，可在出水管段设有承插口或伸缩配件，但必须注意防止接口松脱，必要时在出水横跨总管连接处设混凝土支墩。

5）对于较深的地下式泵房，为避免止回阀等裂管事故和减小泵房布置面积，宜将闸阀移至室外。

6）阀门室（井）中的大型闸阀、止回阀、水水消除器等，如重量较大，必要时可设起重设备。

北方地区因防冻需要，常建造阀门室；一般地区可建造阀门井。

阀门室（井）内还须设有集水坑排水设备。

7）对于出水输水管线较长、直径较大时，为尽快排除出水管内空气，可考虑在泵后出水管上安装排气阀。

**5.4.3.4 管路敷设**

（1）一般要求如下：

1）互相平行敷设的管路，其净距不应小于0.8m。

2）阀门、止回阀及较大水管的下面应设承重支墩（也可采用拉杆），不使重量传至泵体。

3）尽可能将进、出水阀门分别布置在一条轴线上。

4）管道穿越地下泵房钢筋混凝土墙壁及水池池壁时，应设置穿墙套管。

穿墙套管为铸铁特殊配件，亦可采用钢管制作。管道安装后，管道与套管间必须采用止水材料封填，否则易造成渗漏水。

（2）伸缩器布置与要求

当泵房的进出水管为直线布置时，拆装水泵和阀门较为困难，常设置具有伸缩或柔性的特殊配件，如伸缩器、柔性接头，以方便拆装。

（3）地面敷设

1）当管路敷设在泵房地面以上并影响操作通道时，可在跨越管道处设置跨梯或通行平台，以便操作与通行。

2）管路架空安装应不得阻碍通道及安设于电气设备上，管道可采用悬挂或沿墙壁的支柱安装。

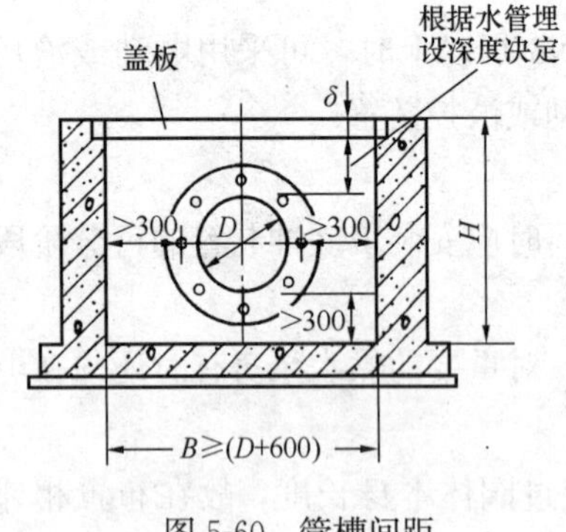


图5-60 管槽间距

（4）管沟（槽）

1）应有可揭开的盖板，一般采用钢板或铸铁板，也可用预制钢筋混凝土板。

2）管槽的宽度和深度应便于人员下到管槽进行安装检修，见图5-60。

一般，槽深按沟底距管底不小于300mm；管顶至盖板底的距离应根据水管埋设深度决定，并不小于200mm；管外壁距槽壁不小于300mm。

3）管沟的宽度和深度还须按照管道上阀门的设置情况，而适当放大，具体做法如下：

①大口径闸阀通常带有旁通阀、缓闭阀带液压装置，管槽宽度必须局部放大，或管槽宽度全部按阀门带旁通装置处最大尺寸设置。

②当出水管上设有缓闭止回阀，尤其是带液压重锤时，重锤落下后下方应有适当深度的检修空间。管槽深度须满足重锤下垂时的检修、拆卸需要。

4）管槽还须注意与电线槽的交错节点，勿使槽底积水互相渗流，应各自能直接自流排出或排入集水坑。

管槽底应有坡度，坡向排出口或集水坑。

（5）泵房外管路敷设：见第 2 章输配水管道敷设和第 17 章水厂总体设计的水厂管线设计。

#### 5.4.3.5 立式轴流泵、混流泵的吸水池与进出水流道

（1）立式轴流泵、混流泵的吸水池与吸入水槽布置：立式轴流泵、混流泵的叶轮较接近吸水喇叭口，安装要求较高，需有足够的浸水深度和悬空高度。其布置要求随泵而异，应按水泵制造厂所规定的要求进行吸水井设计。必要时还应进行泵站装置的水力模型试验。

根据水厂常规资料，湿式立式水泵（轴流泵、混流泵、斜流泵）吸水条件一般作如下考虑：

1）一般布置要求

①数台水泵在同一吸水池中吸水时，应不产生相互干扰，必要时分设吸入水槽。

②进水水流应尽量布置顺直，避免转弯或偏流。

③吸入水槽应尽量采用单泵布置，水泵吸入口的位置放在吸水槽中间见图 5-61（*a*）、（*c*）。

④由窄的暗渠（管）向宽的吸水井引水时，应使各水泵获得均等水量见图 5-61（*c*）。

⑤不宜在一个狭窄的水路上串联地排列水泵见图 5-61（*f*）、（*h*）。

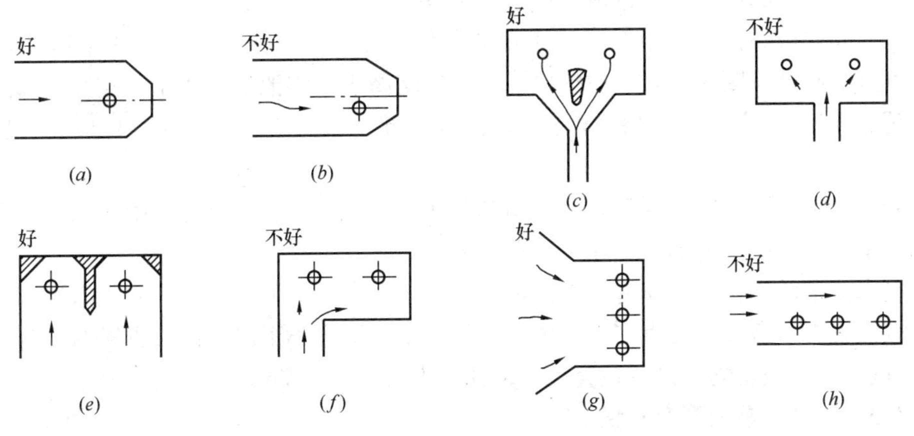


图 5-61 吸入水槽的示意布置

以上布置要求参见表 5-17，其中列出了多种吸水池布置，并提示出存在的问题。

⑥水流确实无法布置成顺直进入，而以一定角度进入水池时，必须做导流隔板以消除旋涡及噪声，其设计计算可见有关水工设计手册，布置示意见图 5-62。

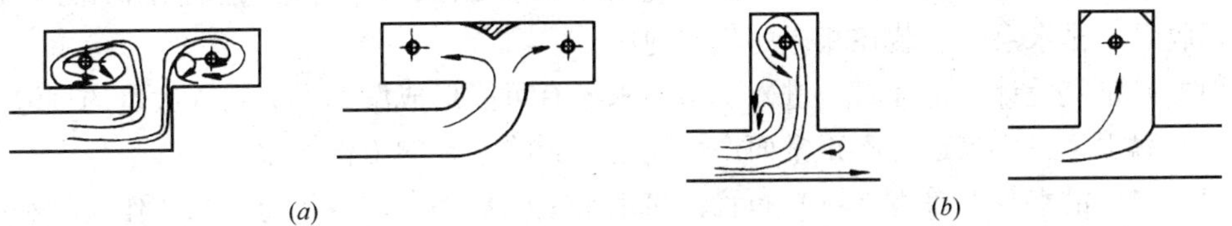


图 5-62 导流板的示意布置

（*a*）水流 180°转弯进入；（*b*）水流 90°转弯进入

2）吸水井应避免进水管（渠）进入时急剧放大，特别对于小的进水管接入大的吸水管，应当采用逐渐扩散的连接形式。其扩散角 $\alpha$ 应尽量小，一般不大于 45°，小于 25° 更佳。

（2）进、出水流道布置

1）泵站进、出水流道形式应根据泵型、泵房布置、泵站扬程、出水池水位变化幅度和断流方式等因素，经技术经济比较确定。重要的大型泵站应进行泵房前池与吸水池整体水力模型试验验证。

2）干坑式混流、轴流立式泵，一般需建肘形或钟形进水流道：肘形和钟形流道的主要尺寸应根据水泵的结构和外形尺寸结合泵房布置确定。肘形和钟形进水流道的进口段底面宜做成平底，或向进口方向上翘，上翘角不宜大于 12°；进口段顶板仰角不宜大于 30°，进口上缘应淹没在进水池最低运行水位以下至少 0.5m。当进口段宽度较大时，可在该段设置隔水墩。

3）出水流道一般要求

①应有合适的断流方式。

②平直管出口宜设置检修门槽。

③对于出水池最低运行水位较高的泵站，可采用直管式出水管道，在出口设置拍门或快速闸门，并应在门后设置通气孔。

直管式出水流道的底面可做成平底，顶板宜向出口方向上翘。

④对于立式或斜式轴流泵站，当出水池水位变化幅度不大时，宜采用虹吸式出水流道，配以真空破坏阀断流方式。驼峰底部高程应略高于出水池最高水位，驼峰顶部的真空度不应超过 7.5m 水柱高。驼峰处断面宜设计成扁平状。虹吸管管身接缝处应具有良好的密封性能。

⑤对于低扬程卧式轴流泵站，可采用猫背式出水流道。若水泵叶轮中心线高于猫背式出水流道水位时，应采取抽真空充水启动的方式。

⑥出水流道的出口上缘应淹没在出水池最低运行水位以下 0.3～0.5m。当流道宽度较大时，宜设置隔水墩，其起点与机组中心线间的距离不应小于水泵出口直径的 2 倍。

4）进、出水流道均应设置检查孔，其孔径不宜小于 0.7m。

**5.4.3.6 潜水泵的泵室布置**

通常将大型吸水池、集水池中安装潜水泵的局部吸水区（坑）称作泵室或泵坑；如果是小型池时，集水池即泵室；有时将单台潜水泵室称作泵坑；将多台潜水泵的泵室称作泵房。

潜水泵组为整体式，具有土建结构简单、工程造价低、维护保养方便，大多采用自动控制，具有运行管理简便等优点。目前除应用在取水工程外，已较普遍地用作净水厂冲洗废水回收泵、排水泵，安装在相应的集水池中。

但如果泵室设计不正确时，进入泵室的水流有可能形成漩涡，而卷入大量的气泡，这些空气漩涡也将造成泵运行不正常而产生振动、影响水泵的工作效率。

（1）单台潜水泵的泵室（坑）布置：潜水泵室的最小有效容积与泵的工作流量和所允许的最小工作周期成正比；还与进水方式是连续或间断有关。

当进水量 $Q_{进}$ 为连续时，单泵的泵站工作周期 $T$ 为

$$T=\frac{V}{Q_{进}}+\frac{V}{Q-Q_{进}} \tag{5-41}$$

最小容积应满足：

$$V_{min}=T_{min}Q/4 \tag{5-42}$$

式中 $T$——泵站的工作周期（s），即泵两次启动之间隔时间；

$T_{min}$——最小工作周期（s），可采用 240～360s；

$V$——有效容积（L），图 5-63 所示之泵启动与停止之间的体积；

$Q_{进}$——泵站的进水流量（L/s）；

$Q$——泵的流量（L/s）。

潜水泵的最小工作周期与电动机的特性有关。大部分潜水泵每小时许可的启动次数为 15 次，即最小工作周期为 240s。

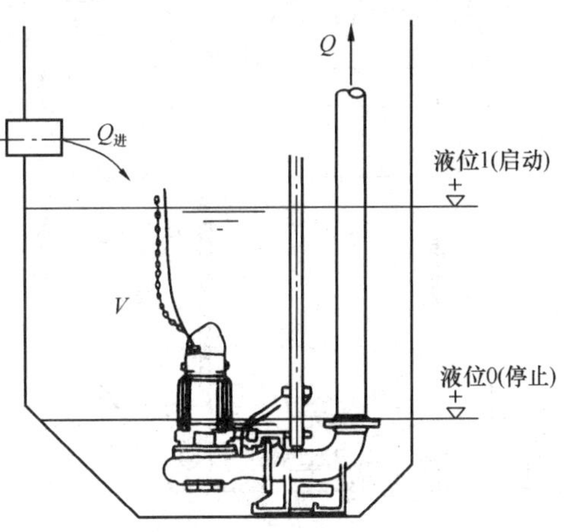

图 5-63 泵坑有效容积

（2）多台潜水泵室布置：大型潜水泵室包括吸水坑及进水室两部分。布置要点如下：

1）对于大、中型或大型潜水泵室，即流量超过 100～200L/s 的，在进行泵室设计时，必须考虑不让混入液流中的气体进入泵中。一旦有大量气体进入泵中，或产生剧烈振动，或形成气塞，泵将不能正常运行。

2）进水室必须设计合理，使进水分布均匀，避免形成死水区或漩涡区。

图 5-64 为多台潜水泵的最小泵室布置，与各种间距要求。

①图 15-64 中的 $A_{min}$、$B_{min}$ 及 $C_{max}$ 涉及潜水泵的外形尺寸，水泵基座及基础尺寸，详见潜水泵样本中的规定。

②在设计与计算泵坑的有效容积时，如果高度不足，可以增加 $A$ 的数值以满足一定的容积。

③两个泵蜗壳之间的距离不应小于 200mm。

④泵蜗壳与泵坑壁之间距不应小于 100mm。

3）最低水位：泵停止运行的最低水位应能保持沉降室的入水口浸没水中，同时亦不应低于泵蜗壳的顶部。

4）进水管及进水沉降配水室

①当进水管位于沉降配水室的中央时，见图 5-64（$a$），进水管应伸入沉降配水室一段距离 $D$，与沉降室底部入水口尺寸 $D$ 相同。当达到最大进水量时，水流冲击对面的垂直挡墙，然后分布至两旁沉降室；而在最小进水量及最低水位时，水流也不会直接落到入水口中。

②沉降室与泵室之间的隔墙，在正对进水管处其高度应略高于管中心线，两旁为略低于进水管的溢流堰，在达到最大进水量及高水位时，水流不会返回进水管；而且这个溢流堰可以防止在沉降室形成积泥及积聚流入沉降室的浮渣。在过高水位时，沉降室上部的浮层可以从溢流堰泻入泵室然后泵走。

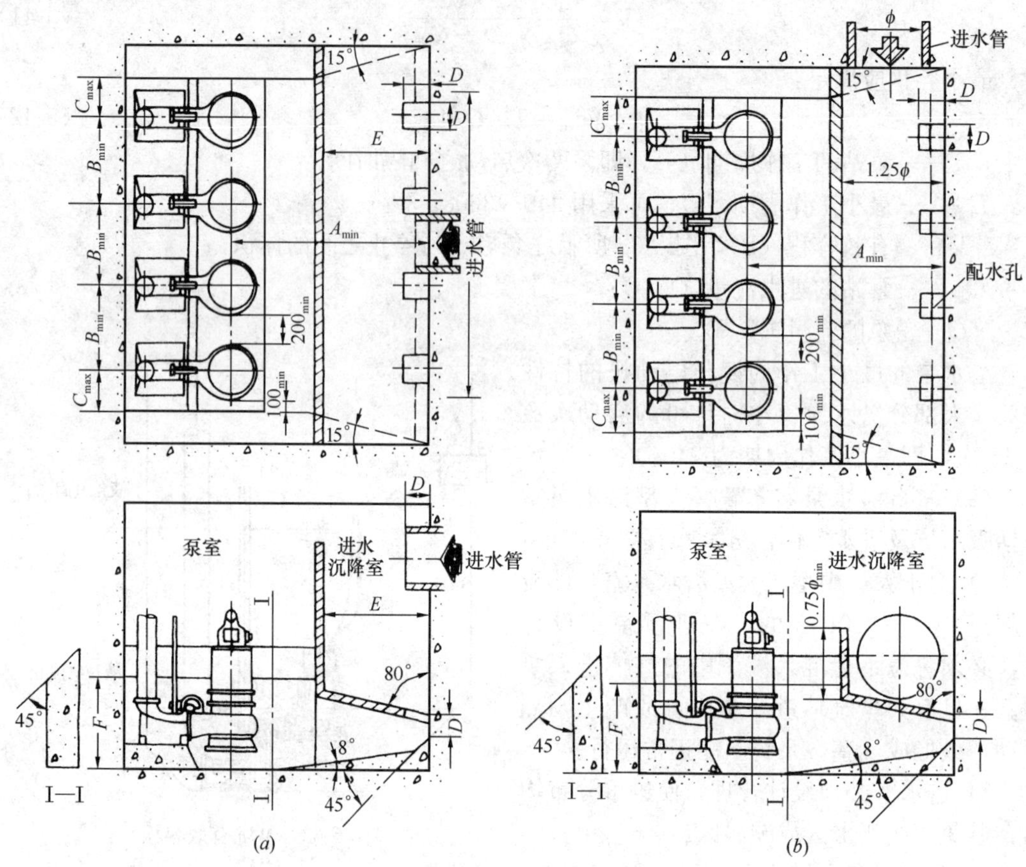


图 5-64　典型的大型泵站布置

(a) 进口管在沉降室的中央；(b) 进口管在沉降室端部

# 5.5 水锤计算与防护

## 5.5.1 水锤分类与特征值

### 5.5.1.1 水锤分类

(1) 水锤诱因

1）泵启停、阀门启闭、水泵转速改变、叶片角度调节等引起水流速度急剧变化。

2）事故停泵，即运行中的水泵动力突然中断时，较多是由于配电系统故障、误操作、雷击等情况下的突然停泵。

(2) 水锤破坏的主要表现形式

1）水锤压力过高，引起水泵、阀门和管道破坏；或水锤压力过低，管道失稳破坏；或水锤压降过低导致管道内水流汽化、出现液柱分离，分离后再弥合时将产生瞬时超高压，导致水泵、阀门和管道破坏。

2）水泵反转速过高或与水泵机组的临界转速重合，产生共振，以及突然停止反转过程或电动机再启动，造成电动机转子永久变形、水泵机组剧烈振动、联结轴断裂。

3）水泵倒流量过大，引起管网压力下降，水量减小，影响正常供水。

（3）水锤的分类与判别

1）对于关（开）阀产生的水锤，与关（开）阀时间 $T_c$ 有关，可分为

直接水锤：

$$T_c < T_r \tag{5-43}$$

间接水锤：

$$T_c > T_r \tag{5-44}$$

式中 $T_r$——水锤相长（$s$），见式（5-55）。

输水系统发生间接水锤时，根据最大值出现的时间，又分为首相水锤与极限（末相）水锤。最大水锤值出现在关阀结束时，为极限（末相）水锤；最大水锤值出现在关阀过程中的 $T_r$（一个水锤相长）时刻，为首相水锤。二者按照下式判别：

$$\rho\tau_0 > 1 \tag{5-45}$$

式中 $\rho$——水锤常数，见式（5-58）；

$\tau_0$——阀门初始开度。

满足式（5-45）时，为极限（末相）水锤，否则为首相水锤。由于直接水锤危害极大，输水系统需要控制阀门启闭时间，杜绝发生直接水锤；极限（末相）水锤是输水系统最常出现的间接水锤。

2）按产生水锤的原因可分为关（开）阀水锤、启泵水锤和停泵水锤。

3）按产生水锤时管道水流状态可分为：不出现液柱分离与出现液柱分离两类。前者水锤压力上升值 $\Delta H$ 通常不大于管道正常工作压力的 30%，称正常水锤，见图 5-65。后者当液柱再弥合时，水锤压力急剧上升，甚至大于直接水锤，是引起供水系统事故的重要原因，故称非常水锤或弥合水锤，见图 5-66。

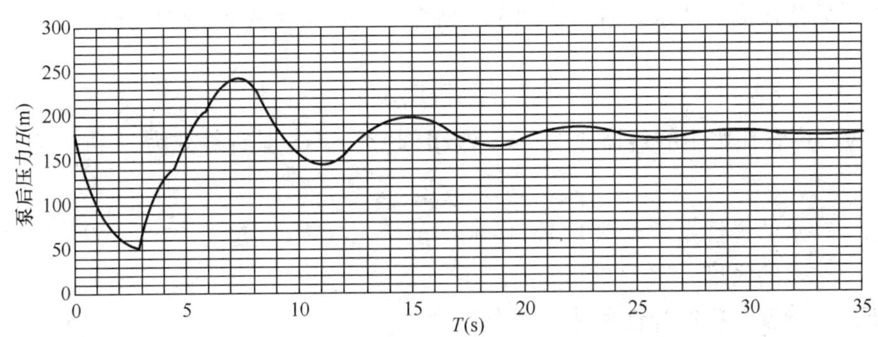


图 5-65 无液柱分离时的停泵水锤压力过程线

所谓液柱分离，就是在水锤过程中，由于管道某处水流绝对压力低于水的汽化压力而产生。即

$$\frac{P_i}{\gamma} - \frac{P_a}{\gamma} \leqslant \frac{P_s}{\gamma} \tag{5-46}$$

式中 $\gamma$——水的重度，9.81kN/m$^3$；

$\frac{P_i}{\gamma}$——管道中某点的压力（m）（绝对压力）；

$\frac{P_a}{\gamma}$——大气压力（m）（绝对压力）；

$\frac{P_s}{\gamma}$——水的饱和蒸汽压力（绝对压力），水在一个标准大气压力作用下，温度达到100℃时，将发生沸腾汽化，当压力降低到 0.24m$H_2O$ 时，水温为 20℃时空化现象即可发生。

图 5-67 表示了水的汽化压力与温度关系曲线。

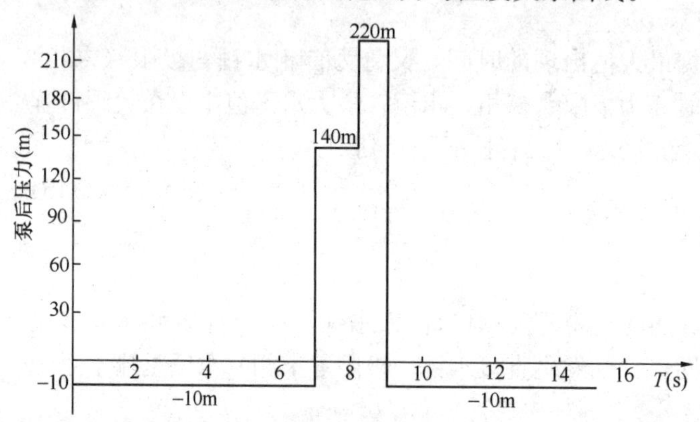


图 5-66 液柱分离、弥合的停泵水锤压力过程曲线

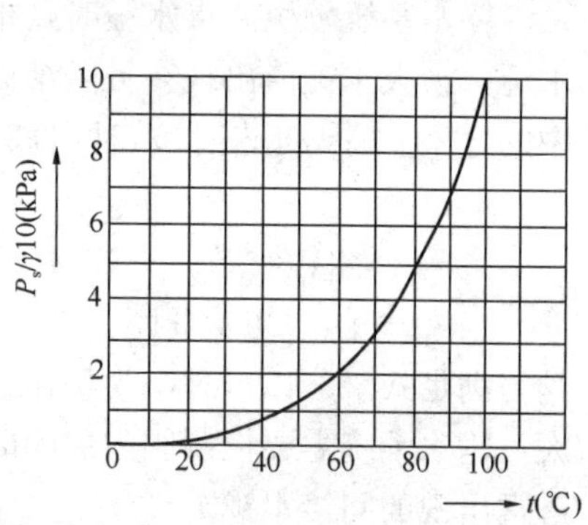


图 5-67 水温与饱和汽化压力关系曲线

#### 5.5.1.2 水锤特征值

（1）水锤传播速度 $a$

对于均质管道输送清水，且不考虑水中所含空气，可按式（5-47）计算：

$$a=\frac{a'}{\sqrt{1+(E_0/E)(D/\delta)C_1}}\quad (\mathrm{m/s}) \tag{5-47}$$

式中 $a'$——声音在水中的传播速度，$a'$一般取 1435m/s，其计算式为：

$$a'=\sqrt{E_0/\rho}$$

其中 $E_0$——水的弹性系数，取 $2.1\times10^8$ kg/m²；

$\rho$——水的密度，取 1000kg/m³；

$E$——管壁材料的弹性系数，见表 5-21；

$\delta$——管壁厚度（m）；

$D$——管道内径（m）；

$C_1$——不同壁厚，不同支承方式的参数。

**常见管道材料的弹性系数** **表 5-21**

| 管道材料 | 钢管 | 铸铁管 | 钢筋混凝土 | 玻璃钢管（RPM 管） |
|---|---|---|---|---|
| $E$（kg/m²） | $2\times10^{10}$ | $1\times10^{10}$ | $2.1\times10^{10}$ | $0.7\times10^{10}$ |
| $E_0/E$ | 0.01 | 0.02 | 0.01 | 0.03 |

1）对于薄壁管道（$D/\delta>25$）

①管道只在上游端固定时，

$$C_1=1-\frac{\mu}{2} \tag{5-48}$$

式中 $\mu$——管壁材料的泊松比，对于钢取 0.3；对于混凝土取 0.15。

②全管道固定，并没有轴向运动（如地下埋管）时，

$$C_1=1-\mu^2 \tag{5-49}$$

③管道采用膨胀接头连接时，

$$C_1=1 \tag{5-50}$$

2）对于厚壁弹性管（$D/\delta\leqslant 25$）

①只在上游端固定时，

$$C_1=\frac{2\delta}{D}(1+\mu)+\frac{D}{D+\delta}\left(1-\frac{\mu}{2}\right) \tag{5-51}$$

②全管道固定，并没有轴向运动时，

$$C_1=\frac{2\delta}{D}(1+\mu)+\frac{D(1-\mu^2)}{D+\delta} \tag{5-52}$$

③管道采用膨胀接头连接时，

$$C_1=\frac{2\delta}{D}(1+\mu)+\frac{D}{D+\delta} \tag{5-53}$$

对于钢筋混凝土管：

$$a=\frac{1435}{\sqrt{1+\left[\frac{E_0}{E}\frac{D}{\delta}(1+9.5\alpha_0)\right]C_1}} \tag{5-54}$$

式中 $\alpha_0$——配筋系数，通常 $\alpha_0=0.015\sim0.05$。

（2）水锤相长 $T_r$ 按下式计算

$$T_r=\frac{2L}{a}\ (\mathrm{s}) \tag{5-55}$$

式中 $L$——管道长度（m）；

$a$——水锤波速（m/s）。

（3）管道水体惯性时间常数 $T_w$

$$T_w=\frac{Q_0}{gH_0}\Sigma\frac{L_i}{F_i}\ (\mathrm{s}) \tag{5-56}$$

当管道面积及材料性质沿 $L_i$ 不变时，

$$T_w=\frac{Q_0L}{gH_0F}=\frac{v_0L}{gH_0}\ (\mathrm{s}) \tag{5-57}$$

式中 $Q_0$——管道初始流量（$m^3/s$）；

$H_0$——管道初始扬程（m）；

$v_0$——管道初始流速（m/s）；

$F$——管道面积（$m^2$）。

（4）管路水锤常数 $\rho$ 按式（5-58）计算：

$$\rho = \frac{av_0}{2gH_0} \tag{5-58}$$

(5) 机组惯性时间常数 $T_a$（又称机组加速时间）按式（5-59）计算：

$$T_a = \frac{GD^2}{375}\frac{n_R}{M_R}\ (\mathrm{s}) \tag{5-59}$$

式中 $GD^2$——水泵机组的飞轮惯量（kg・m²），一般可以取电动机的 $GD^2$ 的 1.1～1.2 倍，电动机 $GD^2$ 可由样本上查得或由电机厂提供；

$M_R$——水泵额定转矩（kg・m），可用式（5-60）计算：

$$M_R = 975\frac{N_R}{n_R} \tag{5-60}$$

其中 $N_R$——水泵额定轴功率（kW）；

$n_R$——水泵额定转数（r/min）。

(6) 串、并联管道水锤特征的计算

为了简化计算，把复杂的串、并联管道简化为简单的当量管道计算。

1) 串联管道

图 5-68 所示串联管道 $L_i$，$F_i v_i$，$a_i$ 如用简单的当量管道代替，其当量管道的参数可按式（5-61）～式（5-64）计算：

$$L_{cp} = \sum_{i=1}^{n} L_i\ (\mathrm{m}) \tag{5-61}$$

$$F_{cp} = \frac{L_{cp}}{\sum_{i=1}^{n} L_i/F_i}\ (\mathrm{m}^2) \tag{5-62}$$

$$a_{cp} = \frac{L_{cp}}{\sum_{i=1}^{n}\frac{L_i}{a_i}}\ (\mathrm{m/s}) \tag{5-63}$$

$$v_{cp} = \sum_{i=1}^{n}\frac{L_i V_i}{L}\ (\mathrm{m/s}) \tag{5-64}$$

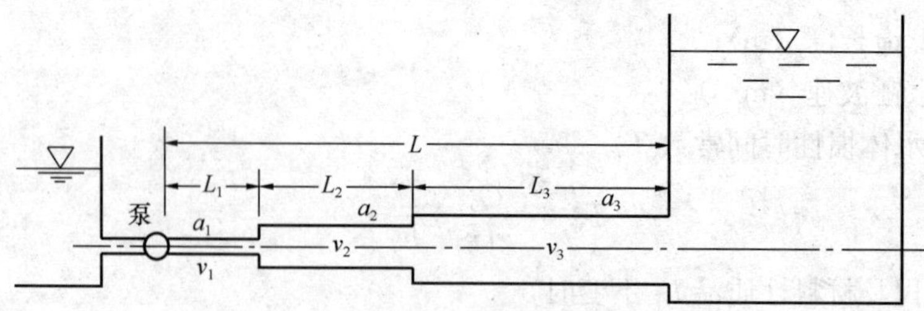


图 5-68 串联管道当量化示意

①对于间接水锤 $T_c > T_r$ 时，当量管道特性常数为：

$$\rho = \frac{a_{cp} v_{cp}}{2gH_0} \tag{5-65}$$

$$T_w = \frac{L_{cp} V_{cp}}{gH_0}\ (\mathrm{s}) \tag{5-66}$$

$$T_r = \frac{2L_{cp}}{a_{cp}}\ (\text{s}) \tag{5-67}$$

当关阀时间 $T_c \geqslant (2.5 \sim 3)\ T_r$ 且 $T_w \leqslant 2\text{s}$ 时，对复杂管（无分岔）间接水锤计算作以上近似考虑，能得到较好的结果。

②对于直接水锤，由于关阀时间 $T_c < T_r$，阀前压力为：

$$H_{max} = H_0 + \frac{a}{gF}Q_0 + \alpha Q_0^2\left(1 - \frac{T_c}{2T_r}\right) \tag{5-68}$$

$$H_{min} = H_0 - \frac{a}{gF}Q_0 - \alpha Q_0^2\left(1 - \frac{T_c}{2T_r}\right) \tag{5-69}$$

式中 $\alpha Q_0^2$——管道初始流量 $Q_0$ 产生的摩阻损失（m）；

$H_0$——阀前初始压力（m）；

$\frac{a}{gF}Q_0$——直接水锤压力（m）；

$\alpha Q_0^2\left(1-\frac{T_c}{2T_r}\right)$——管道摩阻产生的额外水锤压力增加（m）。

如果式（5-69）计算得到的值小于汽化压力（$-10$m），说明水流已发生液柱分离，则阀前最小压力按汽化压力计。

2）分岔管道

利用截肢法将图 5-69（*a*）分岔管道简化为图 5-69（*b*）的串联管道，这种方法的特点是：当机组同时停机时，选取最长的一根支管，如图 5-69（*a*）中的支管 1，将其余的支管截掉，即成图 5-69（*b*）的串联管道，再按上述简化串联管道的方法求解。

由于该方法误差较大，在电算程序中原则上不采用上述简化。

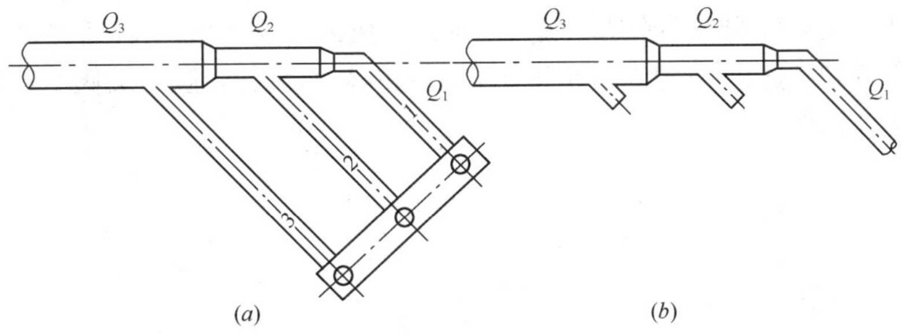


图 5-69 分岔管道简化计算

### 5.5.2 水锤参数及控制标准

#### 5.5.2.1 计算目的

（1）计算最大水锤压力上升值 $\Delta H_{max}$，以便进行泵壳、管道、支墩、阀门的强度计算，以及选配管道、阀件。

（2）计算最大水锤压力下降值 $\Delta H_{min}$，提供管道沿线主要地点，如水泵出口（或出口阀门、逆止阀）、管道中点、管道隆起点的最大降压值 $\Delta H_{min}$，在复核管道抗负压稳定性的同时避免管道系统发生液柱分离。

（3）提供各种停泵不关阀工况的时间特征值，作为选择水泵水锤防护方案、水泵出口阀门形式、关阀程序的依据，这些特征值是：

1）$T_Q$ 为从水泵动力切断到输水管道水体流动方向开始改变的时间，又称水泵出现零流量时间（s）。

2）$T_n$ 为从水泵动力切断到水泵转动方向开始改变的时间，又称水泵出现零转速时间（s）。

3）$T_P$ 为从水泵动力切断到水泵出现最高反转速时间（s）。

以上特征值的意义及停泵不关阀的水锤过程线见图 5-70。停泵不关阀水锤过程线是评价水泵装置设计好坏以及提出防护措施的基础。

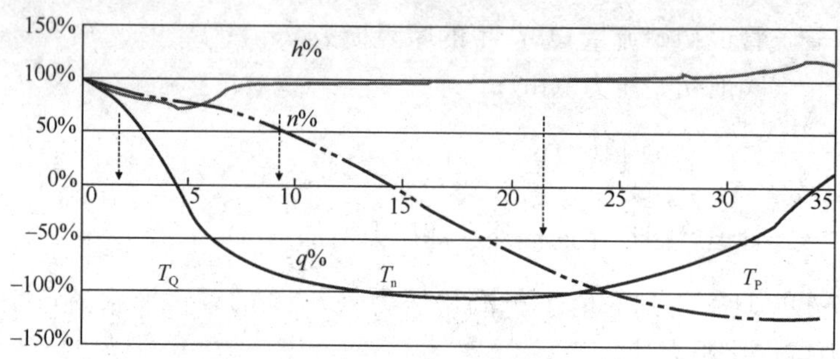


图 5-70 停泵不关阀的水锤过程线

(4) 提供水泵机组在作制动工况、水轮机工况运行时，可能出现的最大倒流量 $Q_{pmax}$，最大反转速 $n_{pmax}$，是否满足设计标准或要求。

(5) 非常水锤压力估算

当液柱分离后再重新弥合时即出现巨大的水锤压力，其压力升高值与管道布置及其液柱分离时形成的真空体积大小密切相关，前期所形成的真空体积越大，后期产生的弥合压力也越大，图 5-71 为相同管道布置情况下，不同的初始流速，瞬时关阀所产生的液柱分离与弥合压力波形图。

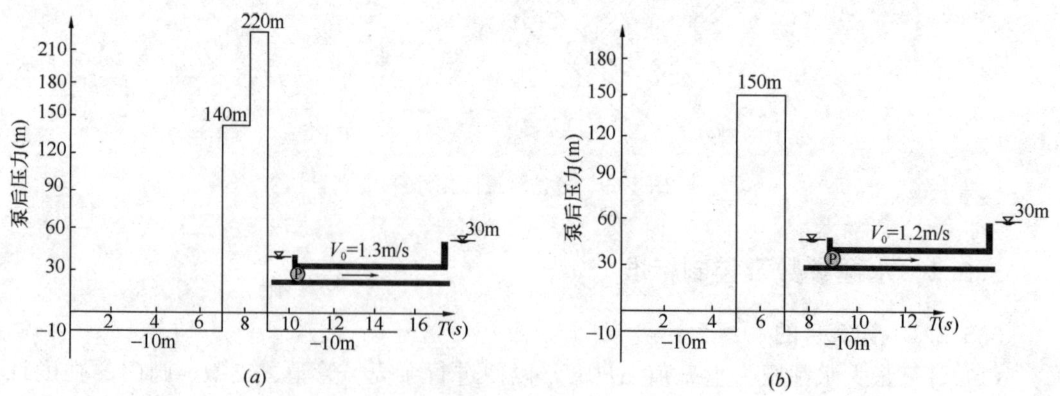


图 5-71 管道中不同初始流速情况下的液柱弥合过程

(a) 初始流速 1.3m/s；(b) 初始流速 1.2m/s

由图 5-71 可知，液柱弥合压力属于巨大的瞬时冲击压力，对中、低压供水系统危害性特别大，往往是造成管道破坏的主要原因，在实际应用中必须加以防止。通常情况下弥合压力可采用直接水锤计算公式（5-70）估算：

$$\Delta H = \frac{\alpha \Delta v}{g} \tag{5-70}$$

式（5-70）中 $\Delta v$ 为液柱弥合前的流速差，与液柱分离时形成的空穴大小有关，具有较强的随机性，可采用水力过渡过程计算程序近似得到，但由于式（5-70）计算得到的数值远大于供水管道的承压标准，该数值仅具有理论意义，供水系统首先应从设计上杜绝发生液柱分离。

**5.5.2.2 控制标准**

水泵和输水管路发生水锤时，水泵及管道的压力 $H$、流速 $v$ 和水泵转矩 $M$ 均随时间 $t$ 而变化；当水泵启、停时还会发生水泵转速 $n$ 的变化，甚至旋转方向的改变。这些参数的剧烈变化，可能危及泵站及输水系统安全，在设计时必须将其控制在允许的变化范围之内。

（1）对于水泵出口处最大的水锤压力上升值 $\Delta h_{max}$：

$$\Delta h_{max} = \Delta H_{max}/H_R \tag{5-71}$$

式中 $H_R$——水泵出口额定压力（MPa）；

$\Delta H_{max}$——最大水锤压力（MPa），$\Delta H_{max}=H_{max}-H_R$（MPa），其中 $H_{max}$ 为水泵出口最高压力（MPa）。

《泵站设计规范》GB 50265—2010 针对水力机械及其辅助设备的水力过渡过程及其危害的防护中规定：最高压力不应超过水泵出口额定压力的 1.3～1.5 倍。该规定说明水泵出口处最大的水锤压力上升值 $\Delta h_{max}$ 不应超过 30%～50%。由于输水系统管路布置多沿地形敷设，$H_{max}$ 还应不大于水泵、管道及阀门的允许承压能力（表 5-22）。

**不同工作压力下的 $\Delta h_{max}$ 允许值** **表 5-22**

| 水泵或压力管道的压力（MPa） | $\Delta h_{max}$ 的允许值 | 水泵或压力管道的压力（MPa） | $\Delta h_{max}$ 的允许值 |
|---|---|---|---|
| $H<0.4$ | 0.5～0.7 | $H>4.0$ | 0.15 |
| $1.0\geqslant H\geqslant 0.4$ | 0.3～0.5 | 当设置防护装置时 | $\ngtr 0.25$ |
| $4.0\geqslant H\geqslant 1.0$ | 0.15～0.3 | | |

（2）对于管道出现最低压力 $H_{min}$ 的允许值，《泵站设计规范》GB 50265—2010 针对水力机械及其辅助设备的水力过渡过程及其危害的防护中规定：输水系统任何部位不应出现水柱断裂。即因水锤压力下降造成的管道出现最低压力 $H_{min}$ 的允许值应大于所输水体温度所对应的饱和水蒸气压力（$P_s/\gamma$），当输水系统有可能出现水柱断裂时，须研究相关的防护措施。

《室外给水设计规范》GB 50013—2006 对于输配水系统，提出了更为严格的要求：输水管道系统运行中，应保证在各种设计工况下，管道不出现负压。该项规定显然从根本上杜绝了水柱断裂的发生。

（3）水泵反转速升高值 $\Delta\alpha_{max}$：

$$\Delta\alpha_{max} = \Delta n_{max}/n_R \tag{5-72}$$

$$\Delta n_{max} = n_{pmax} = n_R(\text{r/min}) \tag{5-73}$$

式中 $n_R$——水泵额定转速（r/min）；

$n_{pmax}$——水泵最大反转速（r/min）。

《泵站设计规范》GB 50265—2010 针对水力机械及其辅助设备的水力过渡过程及其危害的防护中规定：离心泵最高反转转速不应超过额定转速的 1.2 倍，超过额定转速的持续时间不应超过 2min；立式机组在低于额定转速 40%的持续运行时间不应超过 2min。水泵作反转运行时，即为水轮机工况，除参照该规定外，还应考虑远离水泵的临界转速。水泵的临界转速应由水泵厂提供，一般亦建议 $\Delta\alpha_{max}$ 以不大于 0.2 为宜。

（4）对于倒流量的允许值，应由供水的对象及其重要性来决定。

### 5.5.3　水锤计算

对于有可能产生水锤危害的泵站及供水系统，在各设计阶段均应进行事故停泵水锤计算与分析。在可行性研究阶段，可采用相关的商业化软件或解析计算公式等简易方法估算水锤大小；在初步设计阶段及施工图阶段，为确保工程安全，宜采用特征线法或其他精度比较高的计算方法进行复核，即采用相关的专业化程序并由专业技术人员进行复核与评估。

#### 5.5.3.1　专业化程序与商业化软件

目前国产的用于水锤计算的商业化软件较少，多为专业化程序，需专业的科研人员配合操作，主要原因系国内供水工程规模大、建设周期长、面临的水锤问题复杂，服务周期长，一旦固化为软件，针对具体工程问题，使用修改反而不方便。水锤计算程序本身除具有很强的专业性外更直接涉及工程运行安全，需要结合工程实践不断地更新和改进，对计算结果的合理分析及计算工况的正确拟定往往比单纯的计算更为重要。国内的高校与科研院所，如河海大学、武汉大学、中国水利水电科学研究院等均具有水锤分析的专业程序，并在南水北调、上海青草沙、辽宁大伙房等大型供水工程中获得了成功应用。国外的水锤分析软件主要有 HAMMER、PIPENET、FLOWMASTER、AFT impulse 和 PIPE2008：Surge 等。

#### 5.5.3.2　水锤简易计算方法

水锤简易计算方法是将大量的水锤计算成果，通过简化边界条件，以简洁的理论公式表达出来；或者绘制成各种图表，供工程计算直接查阅，可方便快捷地估算出水锤过程中的最不利参数，在工程上尤其是可研阶段应用较为广泛。

（1）关阀水锤

关阀过程中的阀前压力为阀前初始压力与水锤压力之和。当输水系统发生水锤时，在忽略管道摩阻情况下，水锤相对压力可按表 5-23 与表 5-24 提供的相关公式进行理论计算。

对于长距离供水管道，摩阻所占比重很大，不容忽视，当输水系统发生直接水锤时，其阀前压力与水锤压力可按照河海大学提出的水锤计算公式（5-68）与式（5-69）进行估算；当输水系统发生间接水锤时，在考虑管道摩阻情况下，极限水锤压力可按式（5-74）计算：

$$\frac{H_i}{H_0+\alpha Q_0^2}=1+\frac{\sigma_1}{2}\left(\sigma_1+\sqrt{\sigma_1^2+4}\right) \tag{5-74}$$

式中　$H_0$——阀前初始压力（m）；

$H_i$——阀前压力（m）；

$\alpha Q_0^2$——管道水力损失（m）；

$$\sigma_1=\frac{LQ_0}{gA(H_0+\alpha Q_0^2)T_c}\sqrt{1+\frac{\alpha Q_0^2}{H_0}}$$

**关阀水锤计算公式汇总表** 表 5-23

| 方式 | 类型 | 开度 | | 计算公式 | 近似公式 |
|---|---|---|---|---|---|
| | | 起始 | 终了 | | |
| 关闭 | 直接水锤 | $\tau_0$ | $\tau_c$ | $\tau_c\sqrt{1+\zeta}=\tau_0-\frac{1}{2\rho}\zeta$ | $\zeta=\frac{2\rho(\tau_0-\tau_c)}{1+\rho\tau_c}$ |
| | | $\tau_0$ | 0 | $\zeta=2\rho\tau_0$ | $\zeta=2\rho\tau_0$ |
| | | 1 | 0 | $\zeta=2\rho$ | $\zeta=2\rho$ |
| | 间接水锤 | $\tau_0$ | 0 | $\zeta_m=\frac{\sigma}{2}(\sqrt{\sigma^2+4}+\sigma)$ | $\zeta_m=\frac{2\sigma}{2-\sigma}$ |
| | | $\tau_0$ | | $\tau_1\sqrt{1+\zeta_1}=\tau_0-\frac{1}{2\rho}\zeta_1$ | $\zeta_1=\frac{2\sigma}{1+\rho\tau_0-\sigma}$ |
| | | 1 | | $\tau_1\sqrt{1+\zeta_1}=1-\frac{1}{2\rho}\zeta_1$ | $\zeta_1=\frac{2\sigma}{1+\rho-\sigma}$ |
| | | $\tau_0$ | | $\tau_n\sqrt{1+\zeta_n}=\tau_0-\frac{1}{\rho}\sum_1^{n-1}\zeta_i-\frac{1}{2\rho}\zeta_n$ | $\zeta_n=\frac{2(n\sigma-\sum_1^{n-1}\zeta_i)}{1+\rho\tau_0-n\sigma}$ |

注：表中 $\sigma=\frac{LV_0}{gH_0T_c}$；$\zeta_i=(H_i-H_0)/H_0$；$T_c$ 为关阀时间；$\zeta_i$ 为水锤的相对升压；$H_i$ 为阀前压力；$H_0$ 为阀前初始压力。各式中 $\zeta$ 均取正号，其中 $\zeta_1$ 为首相水锤；$\zeta_m$ 为极限（末相）水锤。

**开阀水锤计算公式汇总表** 表 5-24

| 方式 | 类型 | 开度 | | 计算公式 | 近似公式 |
|---|---|---|---|---|---|
| | | 起始 | 终了 | | |
| 开启 | 直接水锤 | $\tau_0$ | $\tau_c$ | $\tau_c\sqrt{1-\eta}=\tau_0+\frac{1}{2\rho}\eta$ | $\eta=\frac{2\rho(\tau_c-\tau_0)}{1+\rho\tau_c}$ |
| | | $\tau_0$ | 1 | $\sqrt{1-\eta}=\tau_0+\frac{1}{2\rho}\eta$ | $\eta=\frac{2\rho(1-\tau_0)}{1+\rho}$ |
| | | 0 | 1 | $\sqrt{1-\eta}=\frac{1}{2\rho}\eta$ | $\eta=\frac{2\rho}{1+\rho}$ |
| | 间接水锤 | $\tau_0$ | 1 | $\eta_m=\frac{\sigma}{2}(\sqrt{\sigma^2+4}-\sigma)$ | $\eta_m=\frac{2\sigma}{2+\sigma}$ |
| | | $\tau_0$ | 1 | $\tau_1\sqrt{1-\eta_1}=\tau_0+\frac{1}{2\rho}\eta_1$ | $\eta_1=\frac{2\sigma}{1+\rho\tau_0+\sigma}$ |
| | | 0 | 1 | $\tau_1\sqrt{1-\eta_1}=\frac{1}{2\rho}\eta_1$ | $\eta_1=\frac{2\sigma}{1+\rho}$ |
| | | $\tau_0$ | 1 | $\tau_n\sqrt{1-\eta_n}=\tau_0+\frac{1}{\rho}\sum_1^{n-1}\eta_i+\frac{1}{2\rho}\eta_n$ | $\eta_n=\frac{2(n_\sigma-\sum_1^{n-1}\eta_i)}{1+\rho\tau_0+n_\sigma}$ |

注：表中 $\eta_i=(H_0-H_i)/H_0$，$\eta_i$ 为水锤的相对降压，$H_0$ 为阀前初始压力。各式中 $\eta$ 均取正号。

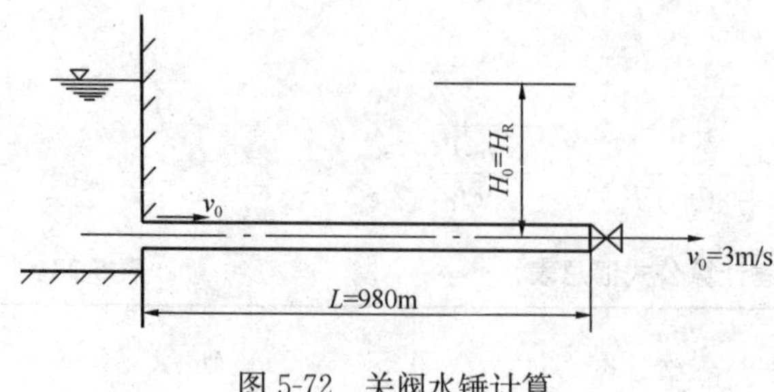

图 5-72　关阀水锤计算

【例 5-1】图 5-72 所示的简单输水管道，在出口处设有阀门，关阀历时 $T_c=8s$，$H_0=100m$，$v_0=3m/s$，$a=980m/s$。如不计管道水头损失，且阀门线性关闭时，阀前的最大压力升值 $\Delta H_{max}$ 可利用表 5-22 与表 5-23 中的公式进行计算。

【解】

阀门初始开度：$\tau_0=1$；

$$\rho=\frac{av_0}{2gH_0}=\frac{980\times 3}{2\times 9.81\times 100}=1.5$$

$\rho\tau_0=1.5>1$ 故发生的水锤类型为极限水锤

$$\sigma=\frac{LV_0}{gH_0T_c}=\frac{980\times 3}{9.8\times 100\times 8}=0.375$$

极限水锤理论公式：$\zeta_m=\frac{2\sigma}{2-\sigma}=\frac{0.75}{2-0.375}=0.4615$

阀前的最大压力升值（水锤）：$\Delta H_{max}=\zeta_m\times H_0=0.4615\times 100=46m$

阀前的最大压力：$H_{max}=H_0+\Delta H_{max}=100+46=146m$。

根据表 5-21 中不同工作压力下的 $\Delta h_{max}$ 允许值，该系统管道允许承压不应超过 30%，说明水锤压力过大，关阀过快，需要重新设定关阀时间。令：

$$\zeta_m=\frac{2\sigma}{2-\sigma}=0.3$$

计算得到：$\sigma=0.26$；$T_c=11.5s$。偏安全计，建议关阀时间取 12s。

(2) 事故停泵水锤

当水泵在运行中突然失电时，转速急剧降低，水流失去动力，在水泵出口处发生大幅压力下降，该降压波沿输水管路向上游传播，严重时将导致输水系统发生水柱弥合事故。泵出口压力下降最大幅值及其在管路中的传播情况是泵站设计时必须考虑的问题。

1) 帕马金（J. Parmakian）图解法

帕马金（J. Parmakian）通过对停泵水锤计算分析后认为，事故停泵过程中的最不利参数主要取决于水泵机组惯性、管道特性和水泵全特性。帕马金（J. Parmakian）针对比转速为 130 的离心泵，通过大量的水锤计算，绘制了相关的水锤辅助计算曲线图（图 5-73），这些曲线理论上只适用于特定的离心泵、较短的供水管路（水头损失小）、较大的机组转动惯量。图 5-73 中：

$$K=\frac{1}{T_a}=\frac{365N_R}{GD^2n_R^2}=\frac{375M_R}{GD^2n_R}\tag{5-75}$$

$$\frac{K}{2}\ \frac{2L}{a}=\frac{365N_RL}{aGD^2n_R^2}\tag{5-76}$$

式中　$N_R$——水泵额定功率（W）；

$GD^2$——电动机、水泵转子及转轮室水体的转动惯量之和（kg·m²）。

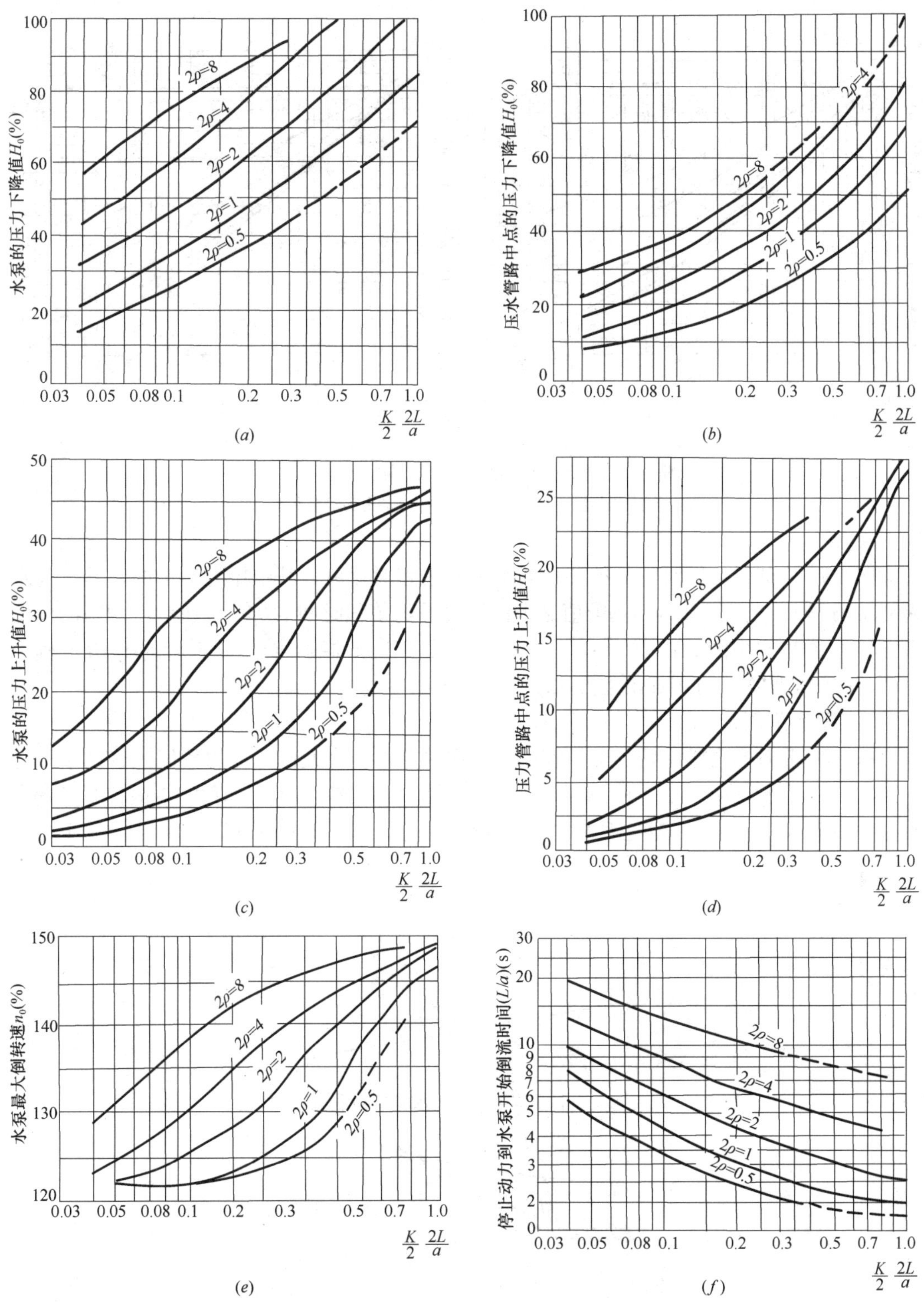


图 5-73 停泵水锤简易计算图（帕马金图）（一）

(a) 水泵泵后压力下降值 $H_0$；(b) 管路中点的压力下降值 $H_0$；(c) 水泵泵后压力上升值 $H_0$；(d) 压水管路中点的压力上升值 $H_0$；(e) 水泵最大倒流转速 $n_0$；(f) 停止动力到水泵开始倒流时间 ($L/a$)

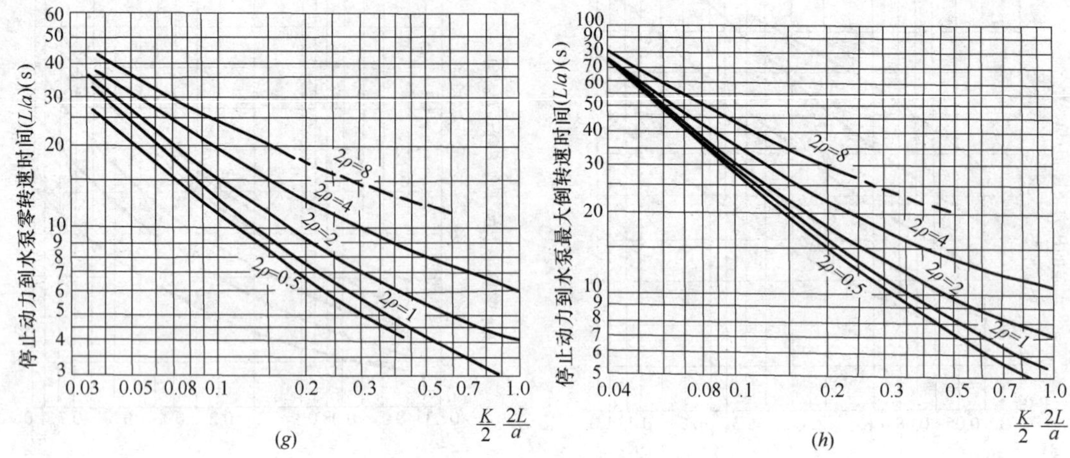


图 5-73 停泵水锤简易计算图（帕马金图）（二）

（g）停止动力到水泵零转速时间（$L/a$）；（h）停止动力到水泵最大倒转时间（$L/a$）

图 5-73 中的纵坐标对应的各参量均为无量纲相对比值，其中压力参量的基准值为水泵初始扬程 $H_0$；时间参量的基准值是水锤波传播的单程时间 $L/a$；转速参量的基准值是额定转速。由于图中只有 $2\rho$=0.5、1、2、2、4、8 五条曲线，当实际系统的 $2\rho$ 介于其中某两条曲线之间时，可用插值的方法求出所需要的参量。

2）富泽清始图解法

图 5-75 是日本富泽清始以实际管道为研究对象，结合大量工程的数值计算结果拟合得到的。富泽清始的停泵水锤计算图考虑了管道的水头损失，可近似得到事故停泵过程中管道的最低压力包络图，避免系统发生水柱分离。图 5-75（$a$）～5-75（$l$）为计算水泵出口处管道$\frac{1}{2}L$、$\frac{3}{4}L$ 处，管道水头损失为额定扬程的 0%、20%、40%及 60%时的最低水锤压力图表；利用该图表，可较容易地做出最低压力坡线，见图 5-74，从而判断管道中是否可能发生水柱分离。

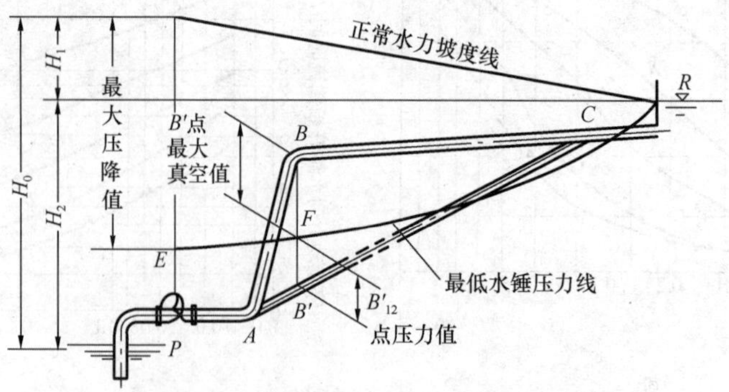


图 5-74 管道最低压力与管道布置

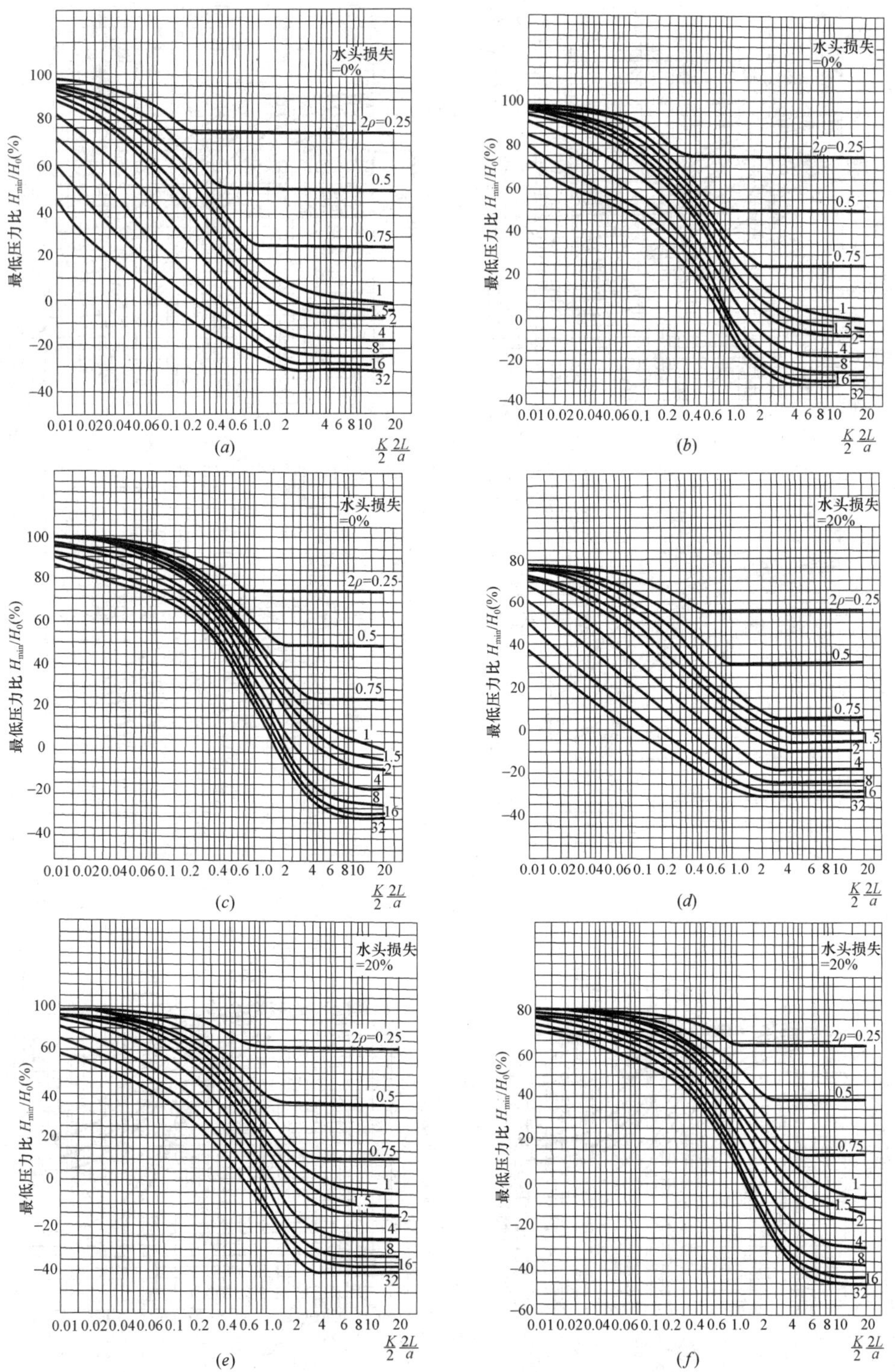


图 5-75 富泽清始管道停泵水锤压力下降值计算图（一）

(*a*) 水泵出口处最低压力比（水头损失 0）；(*b*) 1/2$L$ 处最低压力比（水头损失 0）；(*c*) 3/4$L$ 处最低压力比（水头损失 0）；(*d*) 水泵出口处最低压力比（水头损失 20%）；(*e*) 1/2$L$ 处最低压力比（水头损失 20%）；(*f*) 3/4$L$ 处最低压力比（水头损失 20%）

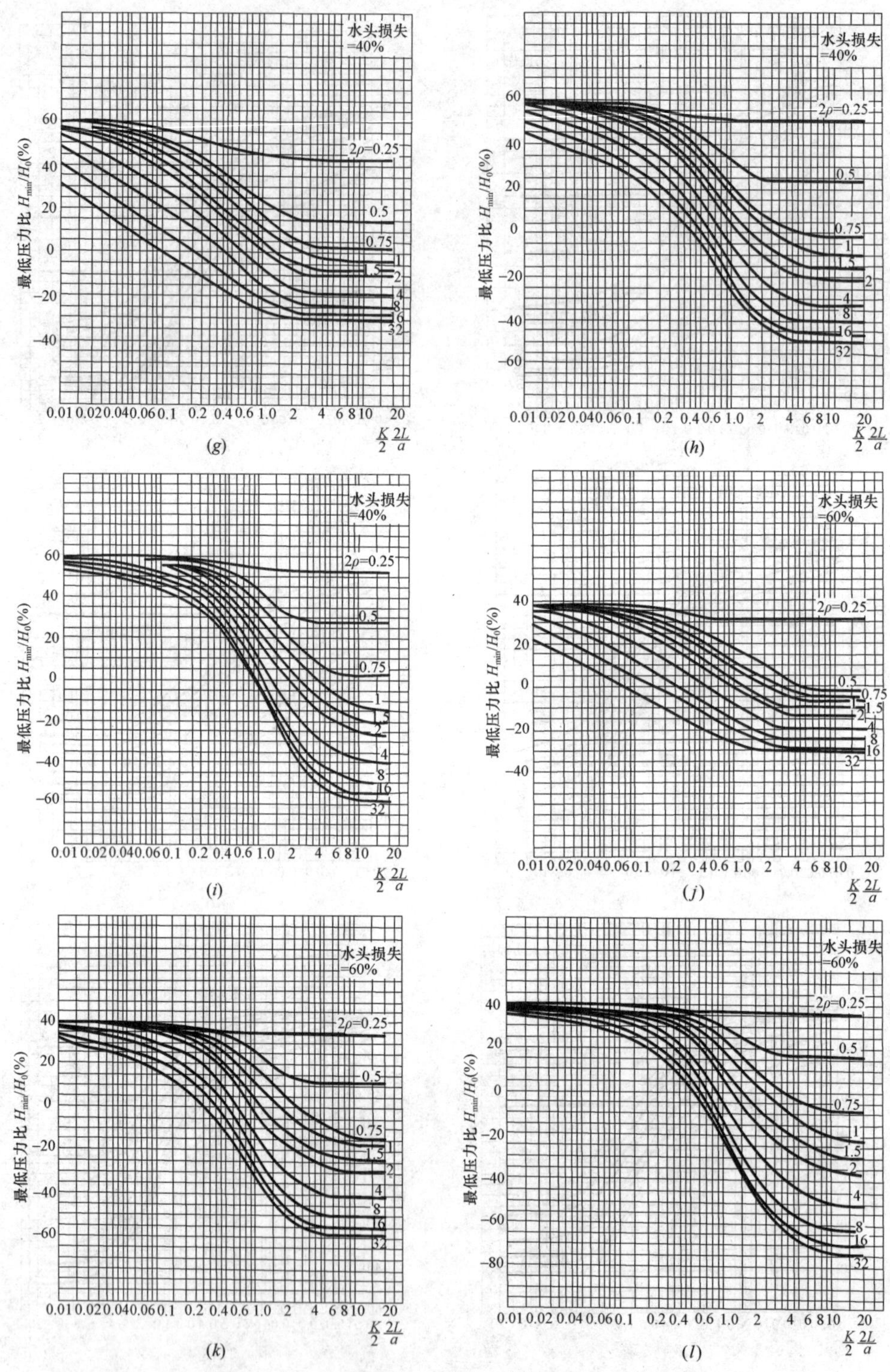


图 5-75　富泽清始管道停泵水锤压力下降值计算图（二）

(*g*) 水泵出口处最低压力比（水头损失 40%）；(*h*) 1/2*L* 处最低压力比（水头损失 40%）；(*i*) 3/4*L* 处最低压力比（水头损失 40%）；(*j*) 水泵出口处最低压力比（水头损失 60%）；(*k*) 1/2*L* 处最低压力比（水头损失 60%）；(*l*) 3/4*L* 处最低压力比（水头损失 60%）

3）河海大学简易公式

无论是帕马金（J. Parmakian）图解法还是富泽清始图解法，均是 20 世纪 70 年代的计算成果总结，经过近半个世纪发展，无论是工程规模还是计算手段均较以往有了长足进步。水泵制造工艺的发展使水泵电动机的转动惯量（$GD^2$）大幅降低，机组惯性时间（$T_a$）大幅度减小；长距离供水工程的建设使水锤相长（$2L/a$）大幅增加；水泵效率的提高使水泵全特性对水锤的影响越来越显著，事故停泵水锤对供水系统的危害影响更大。

帕马金（J. Parmakian）图解法与富泽清始图解法均没有考虑水泵全特性对管道停泵水锤的影响，仅适用于管道长度较短、机组惯性时间较长的供水系统，对于长距离供水工程，误差相对较大。河海大学结合国内建设的数十个大型供水工程中停泵水锤的实际特性，得到了相关的停泵水锤理论计算公式。

泵出口压力下降最大幅值与泵和输水系统特性密切相关，需要泵的全特性曲线与输水系统布置图等相关资料。在厂家没有提供泵全特性曲线时，可采用比转速$\left(N_s = 3.65\dfrac{NQ^{1/2}}{H^{3/4}};N、Q、H\text{ 分别为额定转速、流量与扬程}\right)$相近的泵特性曲线进行插值得到。表 5-28 分别提供了 89、311、530 和 955 等 4 种比转速的水泵全特性曲线数据（数据来源：M. Hanif Chaudhry；Applied Hydraulic Transients；Third Edition；Springer New York Heidelberg Dordrecht London）。

图 5-76 为比转速 89 的水泵全特性曲线，其中反映水泵过流特性与力矩特性的纵横坐标为：

$$x = \pi + \tan^{-1}\left(\frac{q}{n}\right) \tag{5-77}$$

$$WH(x) = \frac{h}{q^2 + n^2} \tag{5-78}$$

$$WB(x) = \frac{m}{q^2 + n^2} \tag{5-79}$$

其中：$h = \dfrac{H}{H_r} = \dfrac{H_0 - \Delta H}{H_r}$；$q = \dfrac{Q}{Q_r} = \dfrac{Q_0 - \Delta Q}{Q_r}$；$m = \dfrac{M}{M_r} = \dfrac{M_0 - \Delta M}{M_r}$；$H_r$、$Q_r$、$M_r$ 分别为水泵额定扬程、流量、力矩；$H_0$、$Q_0$、$M_0$ 分别为水泵初始扬程、流量、力矩。图中

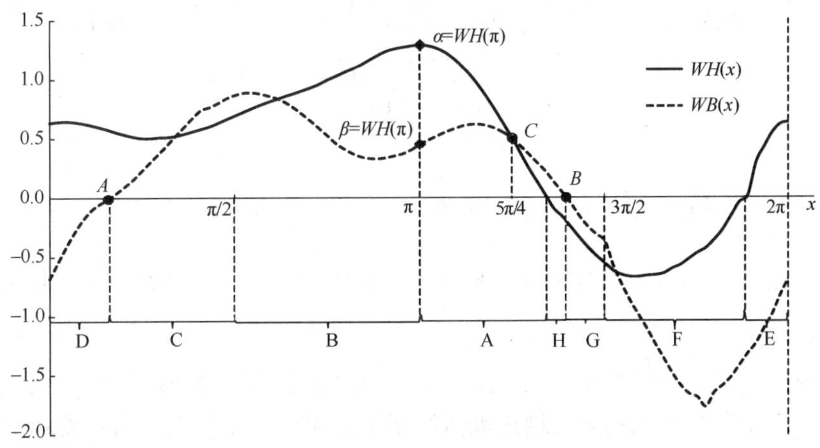


图 5-76 水泵全特性曲线（比转速 89）

$WH(x)$、$WB(x)$ 分别为水泵的流量与力矩特性曲线。水泵全特性理论上共计存在 8 个运行工况区域（表 5-25）。图 5-76 中的 $A$、$B$、$C$ 点分别为力矩过零点与额定工况点。

离心泵全特性曲线工况区说明　　表 5-25

| A<br>正常<br>水泵工况 | B<br>正转逆流<br>制动工况 | C<br>正常<br>水轮机工况 | D<br>倒转逆流<br>制动工况 | E<br>反转<br>水泵工况 | F<br>倒转正流<br>制动工况 | G<br>反转<br>水轮机工况 | H<br>正转正流<br>制动工况 |
|---|---|---|---|---|---|---|---|
| $H>0$<br>$Q\geqslant0$<br>$N\geqslant0$<br>$M>0$ | $H>0$<br>$Q<0$<br>$N\geqslant0$<br>$M>0$ | $H>0$<br>$Q\leqslant0$<br>$N<0$<br>$M>0$ | $H>0$<br>$Q\leqslant0$<br>$N<0$<br>$M<0$ | $H>0$<br>$Q>0$<br>$N<0$<br>$M<0$ | $H<0$<br>$Q>0$<br>$N<0$<br>$M<0$ | $H<0$<br>$Q\geqslant0$<br>$N\geqslant0$<br>$M<0$ | $H<0$<br>$Q\geqslant0$<br>$N\geqslant0$<br>$M>0$ |

对于机组转动惯量较大、水道较短的供水系统$\left(\frac{K}{2}\ \frac{2L}{a}\leqslant 1.0\right)$，停泵水锤特征类似极限水锤，泵出口最大压力降低多发生在水泵倒流时刻点附近，即水泵全特性曲线 $WH(\pi)$、$WB(\pi)$ 处。河海大学提出了如下的停泵水锤简易计算公式：

$$H = H_0 - \Delta H = \frac{C_4 - \sqrt{C_4^2 + 4(\alpha\zeta m_0 n_0 H_0 H_r - \alpha n_0^2 H_B H_r)}}{2} \tag{5-80}$$

$$T_Q = \frac{1}{\theta}\ \frac{LQ_0}{gA}\ \frac{1}{H_B - H} \tag{5-81}$$

式中，$\alpha = WH(\pi)$；$\beta = WB(\pi)$；$\zeta = \frac{2}{3\theta}\ \frac{T_w}{T_a}$；$T_w\ \frac{LV_0}{gH_0}$；$T_a = \frac{GD^2 n_R^2}{365N_R}$；$C_4 = H_B + 2\beta\zeta n_0 H_0 + \alpha n_0^2 H_r$；$m_0$、$n_0$ 为水泵初始轴力矩、转速与额定值之比；$\theta$ 为 $T_Q$ 的修正系数，取值 0.8～0.9，具体可根据工程经验。

对于机组转动惯量较小、水道较长的供水系统$\left(\frac{K}{2}\ \frac{2L}{a}\geqslant 1.0\right)$，停泵水锤特征类似首相水锤，泵出口最大压力降低多发生在水泵力矩零处附近，在水泵全特性曲线上有两点具有该特征，即第一象限的 $WB(A) = 0$ 与第三象限的 $WB(B) = 0$ 处。

$$C_1 = \frac{fLQ_0^2}{2gDA^2} + \frac{aQ_0}{gA};C_2 = \frac{a}{gA} + \frac{fLQ_0}{2gDA^2};C_3 = WH(x)\left(1 + \frac{1}{\tan^2 x}\right)\frac{H_r}{Q_{Pr}^2}。$$

$$Q_P = \frac{iC_2 - \sqrt{(iC_2)^2 + 4C_3(H_0 - C_1)}}{2C_3} \tag{5-82}$$

$$H = H_0 - VH = H_0 - (C_1 - iC_2 Q_P) \tag{5-83}$$

式中，$i$ 为并联泵台数；$Q_{Pr}$ 为单台泵额定流量；$H_B - \frac{a}{gA}Q_0 < 0$ 时，$WH(x) = WH(B)$，停泵水锤最小值出现在第三象限；$H_B - \frac{a}{gA}Q_0 > 0$ 时，$WH(x) = WH(A)$，停泵水锤最小值出现在第一象限。

式（5-80）～式（5-83）中，均以泵站进水前池水位为零基准点，$H$ 为泵机组出口处的测压管水头，$H_B$ 为供水管道末端出水池的测压管水头，如泵机组出水管相对于进水前池的水位高程为 $z_0$，则公式中得到的泵后最小压力值应减去 $z_0$。

**【例 5-2】**

某泵站输水系统管道直径 1920mm，长 200.2m。额定流量 4.55m³/s，额定扬程 26.315m；双泵并联时，单泵流量为 3.55m³/s，扬程 28.535m，机组飞轮力矩 $GD^2$ 为 8000kg·m²，管道摩擦不计，泵出口管道高程及其前池水位值均为零。输水系统管路布置见图 5-77，详细参数统计见表 5-26。

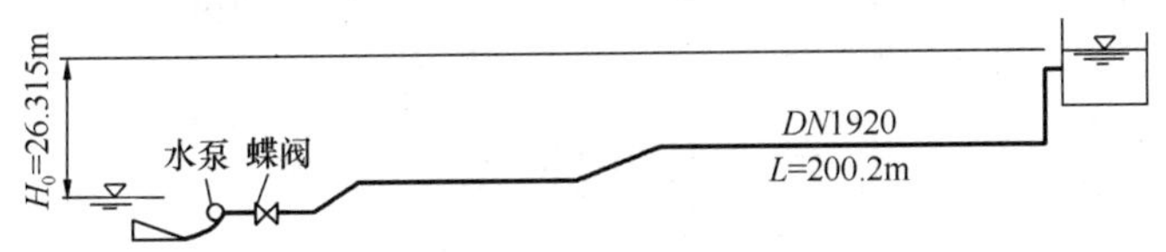


图 5-77 泵站及管路布置

**泵站输水系统各参数统计** **表 5-26**

| 单级双吸变频水泵 | 管道 |
|---|---|
| $Q_r$=4.55m³/s（单泵）、3.55m³/s（双泵） | 直径：1920mm |
| $H_r$=26.315m（单泵）、8.535m（双泵） | 管长：200.2m² |
| $n_r$=495r/min | 管材：钢 |
| 水泵轴功率 $N_{r1}$=1200kW | 壁厚：$\sigma$=8mm |
| 电动机功率 $N_2$=1600kW | 流速：$v_0$=1.6m/s（单泵）、2.36m/s（双泵） |
| 机组：$GD^2$=8000kg·m² | 摩擦损失：不计 |

注：双泵为并联布置。

**【解】** 以下将分别运用帕马金图表、数值计算和河海大学公式计算此输水系统的泵出口压力及水泵倒流时间。因帕马金图表是基于 $N_s = 3.65\dfrac{NQ^{1/2}}{H^{3/4}} = 130$ 的情况编制的，为便于对照，数值计算和公式计算也均采用 $N_s=130$ 的水泵全特性曲线求解，之后再使用实际比转速的水泵全特性曲线计算相应结果。

（1）帕马金图表：

$$M_r = 972\frac{N_r}{n_r} = 972\frac{1200}{495} = 2356.4\text{kg}\cdot\text{m}$$

$$\frac{K}{2} = \frac{187.5M_r}{GD^2 n_r} = \frac{187.5\times 2356.4}{8000\times 495} = 0.112$$

1）水锤波速：

$$a = \frac{1435}{\sqrt{1+\left(\dfrac{E_0}{E}\dfrac{D}{\delta}\right)C_1}} = \frac{1435}{\sqrt{1+\left(0.01\times\dfrac{1.9}{0.008}\right)\times 1}} = 781.1\text{m/s}$$

2）管路常数：$2\rho = av_0/gH_0$

①单泵运行：
$$2\rho=\frac{781.1\times1.6}{9.81\times26.315}=4.84$$

②两泵并联：
$$2\rho=\frac{781.1\times2.36}{9.81\times28.535}=6.585$$

3）相长
$$T_r=\frac{2L}{a}=\frac{2\times200.2}{781.1}=0.513\text{s}$$

$$\frac{K}{2}T_r=0.112\times0.513=0.0574$$

4）查图 5-75 得：

①水泵出口处最低压力 $H_{min}$：

a. 单泵：$H_{min}=26.315\times(1-0.54)=12.1m$

b. 两泵并联同时停泵：$H_{min}=28.535\times(1-0.6)=11.4m$

②水泵倒流开始时间 $T_Q$：

a. 单泵：$T_Q=\frac{L}{a}\times12.5=\frac{200.2}{781.1}\times12.5=3.2s$

b. 并联：$T_Q=\frac{L}{a}\times15=3.84s$

（2）河海大学公式：

算例中$\frac{K}{2}\frac{2L}{a}=0.0574\leqslant1.0$，适用于式（5-70）与式（5-71）。

对于比转速为 130 的水泵，在其全特性曲线图上查得：$\alpha=WH(\pi)=1.288$;$\beta=WB(\pi)=0.45$;$\theta$取值 0.85；$H_B=26.315m$。运用 $T_w$、$T_a$ 公式，代入相应水泵输水系统工作参数，求得其值，再得出 $\zeta$ 值，最后代入式（5-70）、式（5-71）得出水泵出口处管道最低压力及其流量倒流时间。为方便和数值计算对照，此公式验证管道长度取 200m，其他参数不变。

步骤如下：

$$T_a=\frac{GD^2N_r^2}{365P_r}=\frac{8000\times495^2}{365\times1200\times1000}=4.7453s$$

$$A=\frac{\pi D^2}{4}=\frac{\pi(1920-8)^2}{4}=2.8712m^2$$

1）参数 $m_0$、$n_0$

①单泵运行：$m_0=m_r=1,n_0=n_r=1$

②两泵并联时，由比转速 130 的特性曲线上查得：$m_0=0.8468$，$n_0=0.9511$

2）管道水柱惯性时间常数：$T_w=\frac{LV_0}{gH_0}$

①单泵运行：$T_w=\frac{LV_0}{gH_0}=\frac{200\times4.55}{9.81\times26.315\times2.8712}=1.2277s$

②两泵并联：$T_w=\frac{LV_0}{gH_0}=\frac{200\times3.55\times2}{9.81\times26.315\times2.8712}=1.9158s$

3）参数 $\zeta$:$\zeta=\frac{2}{3}\frac{T_w}{\theta T_a}$

①单泵运行：$\zeta=\frac{2}{3\theta}\frac{T_w}{T_a}=\frac{2}{3\times0.85}\times\frac{1.2277}{4.4753}=0.2152$

②两泵并联：$\zeta=\frac{2}{3\theta}\frac{T_w}{T_a}=\frac{2}{3\times0.85}\times\frac{1.9158}{4.4753}=0.3358$

4）水泵出口处最低压力 $H_{min}$：

①单泵运行：

$$H_{min}=\frac{C_4-\sqrt{C_4^2+4(\alpha\zeta m_0n_0H_0H_r-\alpha n_0^2H_BH_r)}}{2}=13.5m$$

②两泵并联同时断电：

$$H_{\min}=\frac{C_4-\sqrt{C_4^2+4(\alpha\zeta m_0 n_0 H_0 H_r-\alpha n_0^2 H_B H_r)}}{2}=10.5\text{m}$$

5）水泵倒流开始时间 $T_Q$：

①单泵运行：

$$T_Q=\frac{1}{\theta}\frac{LQ_0}{gA}\frac{1}{H_B-H_{\min}}=\frac{1}{0.85}\times\frac{200\times4.55}{9.81\times2.8712}\times\frac{1}{26.315-13.5}=3.0\text{s}$$

②两泵并联同时断电：

$$T_Q=\frac{1}{\theta}\frac{LQ_0}{gA}\frac{1}{H_B-H_{\min}}=\frac{1}{0.85}\times\frac{200\times3.55\times2}{9.81\times2.8712}\times\frac{1}{26.315-10.5}=3.8\text{s}$$

(3) 数值计算：

相关计算结果见图 5-78～图 5-81。

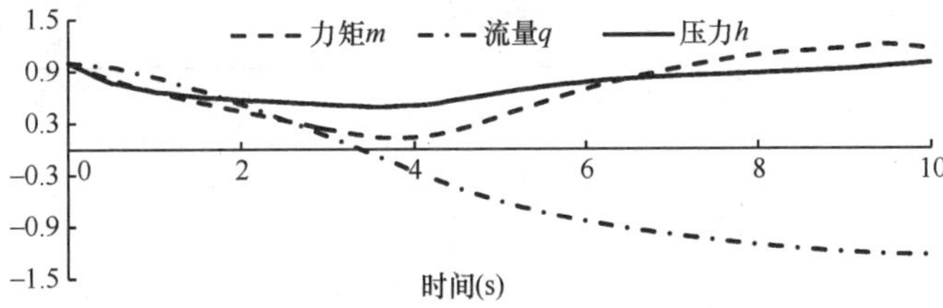


图 5-78 比转速 130 时单泵布置各参数变化过程线

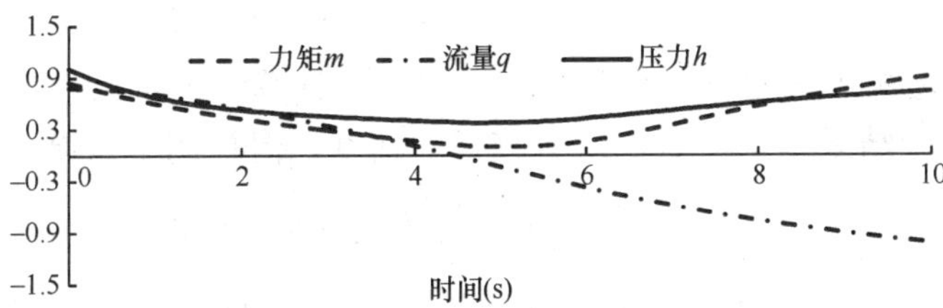


图 5-79 比转速 130 时双泵布置各参数变化过程线

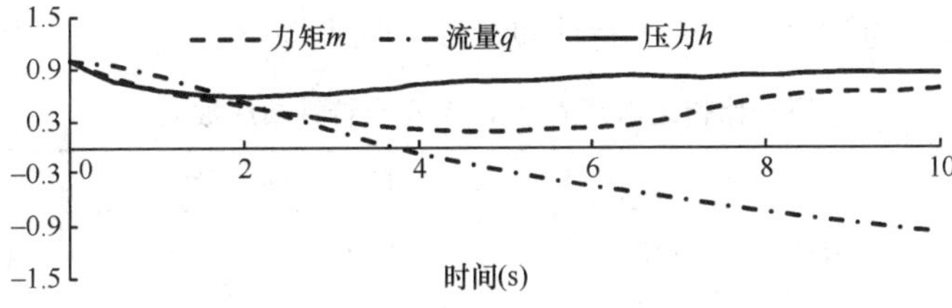


图 5-80 比转速 235 时单泵布置各参数变化过程线

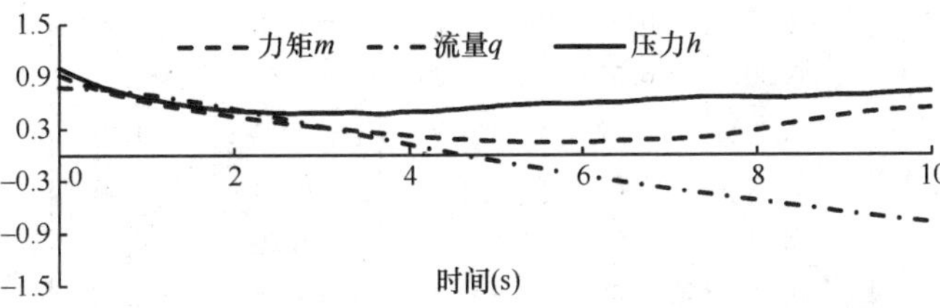


图 5-81 比转速 235 时双泵布置各参数变化过程线

计算统计结果见表 5-27、表 5-28。

**计算结果统计 1（比转速 130）** **表 5-27**

| 参数名称 \ 计算方法 | | 数值计算 | 帕马金图表 | 河海大学公式 |
|---|---|---|---|---|
| 泵后最小压力（m） | 单泵运行 | 13.1 | 12.1 | 13.5 |
| | 双泵并联 | 10.1 | 11.4 | 10.5 |
| 水泵倒流时间（s） | 单泵运行 | 3.3 | 3.2 | 3.0 |
| | 双泵并联 | 4.4 | 3.8 | 3.8 |

**计算结果统计 2（比转速 235）** **表 5-28**

| 参数名称 \ 计算方法 | | 数值计算 | 帕马金图表 | 河海大学公式 |
|---|---|---|---|---|
| 泵后最小压力（m） | 单泵运行 | 15.4 | 12.1 | 15.4 |
| | 双泵并联 | 12.4 | 11.4 | 11.6 |
| 水泵倒流时间（s） | 单泵运行 | 3.7 | 3.2 | 3.5 |
| | 双泵并联 | 4.6 | 3.8 | 4.0 |

结果分析：

综合数值计算、帕马金图表、河海大学公式三种计算结果可以看出：当采用比转速 130 的水泵时，三者结果基本一致，均有较好的精度，但算例中水泵实际比转速 $N_s = 3.65\dfrac{NQ^{1/2}}{H^{3/4}}$ 并非 130，而是 235，从表 5-28 中计算统计结果可以看出，河海大学的计算公式（5-80）与式（5-81）因考虑了水泵变频运行与全特性曲线影响，对计算精度的提高还是有一定效果的。

不同比转速水泵的 $WH$、$WB$ 全特性曲线数据见表 5-29。

**不同比转速水泵的 *WH*、*WB* 全特性曲线数据** **表 5-29**

| $\theta = \arctan\dfrac{\alpha}{v}$ | $n_s=89$ | | $n_s=311$ | | $n_s=530$ | | $n_s=955$ | |
|---|---|---|---|---|---|---|---|---|
| | $WH=\dfrac{h}{a^2+v^2}$ | $WB=\dfrac{m}{a^2+v^2}$ | $WH=\dfrac{h}{a^2+v^2}$ | $WB=\dfrac{m}{a^2+v^2}$ | $WH=\dfrac{h}{a^2+v^2}$ | $WB=\dfrac{m}{a^2+v^2}$ | $WH=\dfrac{h}{a^2+v^2}$ | $WB=\dfrac{m}{a^2+v^2}$ |
| 0 | 0.66 | −0.67 | 0.57 | −0.77 | −0.76 | −1.44 | −2.19 | −2.31 |
| 5 | 0.66 | −0.50 | 0.57 | −0.69 | −0.55 | −1.30 | −1.85 | −2.02 |
| 10 | 0.64 | −0.39 | 0.57 | −0.59 | −0.49 | −1.21 | −1.51 | −1.74 |
| 15 | 0.62 | −0.27 | 0.56 | −0.49 | −0.42 | −1.02 | −1.19 | −1.46 |
| 20 | 0.61 | −0.21 | 0.54 | −0.37 | −0.20 | −0.72 | −0.90 | −1.17 |
| 25 | 0.59 | −0.12 | 0.52 | −0.26 | −0.14 | −0.53 | −0.74 | −0.96 |
| 30 | 0.56 | 0.01 | 0.49 | −0.13 | 0.03 | −0.44 | −0.59 | −0.81 |

续表

| $\theta=\arctan\frac{\alpha}{v}$ | $n_s=89$ | | $n_s=311$ | | $n_s=530$ | | $n_s=955$ | |
|---|---|---|---|---|---|---|---|---|
| | $WH=\frac{h}{a^2+v^2}$ | $WB=\frac{m}{a^2+v^2}$ | $WH=\frac{h}{a^2+v^2}$ | $WB=\frac{m}{a^2+v^2}$ | $WH=\frac{h}{a^2+v^2}$ | $WB=\frac{m}{a^2+v^2}$ | $WH=\frac{h}{a^2+v^2}$ | $WB=\frac{m}{a^2+v^2}$ |
| 35 | 0.55 | 0.07 | 0.49 | −0.01 | 0.08 | −0.28 | −0.37 | −0.61 |
| 40 | 0.53 | 0.16 | 0.55 | 0.11 | 0.12 | −0.17 | −0.18 | −0.38 |
| 45 | 0.52 | 0.24 | 0.61 | 0.27 | 0.19 | −0.03 | 0.03 | −0.15 |
| 50 | 0.52 | 0.32 | 0.66 | 0.42 | 0.28 | 0.18 | 0.26 | 0.12 |
| 55 | 0.53 | 0.42 | 0.74 | 0.59 | 0.41 | 0.36 | 0.41 | 0.32 |
| 60 | 0.53 | 0.50 | 0.81 | 0.76 | 0.50 | 0.53 | 0.58 | 0.50 |
| 65 | 0.55 | 0.59 | 0.89 | 0.90 | 0.62 | 0.74 | 0.67 | 0.64 |
| 70 | 0.58 | 0.67 | 0.99 | 1.08 | 0.85 | 0.96 | 0.71 | 0.67 |
| 75 | 0.61 | 0.74 | 1.05 | 1.23 | 1.14 | 1.21 | 0.71 | 0.66 |
| 80 | 0.66 | 0.83 | 1.09 | 1.37 | 1.54 | 1.44 | 0.77 | 0.52 |
| 85 | 0.67 | 0.85 | 1.12 | 1.49 | 1.93 | 1.85 | 0.90 | 0.49 |
| 90 | 0.71 | 0.88 | 1.14 | 1.56 | 2.31 | 2.16 | 1.08 | 0.66 |
| 95 | 0.76 | 0.90 | 1.16 | 1.64 | 2.53 | 2.40 | 1.28 | 0.92 |
| 100 | 0.79 | 0.90 | 1.18 | 1.66 | 2.76 | 2.62 | 1.49 | 1.10 |
| 105 | 0.83 | 0.88 | 1.19 | 1.66 | 2.89 | 2.72 | 1.69 | 1.32 |
| 110 | 0.85 | 0.86 | 1.21 | 1.66 | 3.03 | 2.86 | 1.96 | 1.56 |
| 115 | 0.88 | 0.83 | 1.22 | 1.66 | 3.06 | 2.82 | 2.25 | 1.82 |
| 120 | 0.90 | 0.77 | 1.23 | 1.66 | 2.96 | 2.72 | 2.46 | 2.10 |
| 125 | 0.96 | 0.71 | 1.25 | 1.64 | 2.86 | 2.53 | 2.86 | 2.40 |
| 130 | 0.98 | 0.62 | 1.26 | 1.64 | 2.72 | 2.34 | 3.17 | 2.59 |
| 135 | 1.04 | 0.53 | 1.28 | 1.61 | 2.69 | 2.16 | 3.46 | 2.89 |
| 140 | 1.08 | 0.48 | 1.30 | 1.56 | 2.59 | 1.96 | 3.69 | 3.13 |
| 145 | 1.12 | 0.40 | 1.31 | 1.49 | 2.53 | 1.82 | 3.80 | 3.24 |
| 150 | 1.17 | 0.36 | 1.32 | 1.44 | 2.40 | 1.69 | 3.88 | 3.24 |
| 155 | 1.21 | 0.34 | 1.32 | 1.39 | 2.31 | 1.64 | 3.80 | 3.03 |
| 160 | 1.28 | 0.34 | 1.30 | 1.30 | 2.22 | 1.54 | 3.69 | 2.82 |
| 165 | 1.30 | 0.35 | 1.29 | 1.21 | 2.19 | 1.51 | 3.50 | 2.69 |
| 170 | 1.35 | 0.37 | 1.28 | 1.12 | 2.16 | 1.51 | 3.31 | 2.53 |
| 175 | 1.36 | 0.41 | 1.26 | 1.06 | 2.10 | 1.54 | 3.06 | 2.28 |
| 180 | 1.35 | 0.44 | 1.25 | 0.98 | 1.99 | 1.46 | 2.82 | 2.10 |
| 185 | 1.32 | 0.50 | 1.24 | 0.90 | 1.85 | 1.37 | 2.53 | 1.88 |
| 190 | 1.28 | 0.55 | 1.22 | 0.86 | 1.64 | 1.21 | 2.25 | 1.66 |
| 195 | 1.21 | 0.58 | 1.18 | 0.85 | 1.42 | 0.98 | 1.99 | 1.39 |

续表

| $\theta=\arctan\frac{\alpha}{v}$ | $n_s=89$ | | $n_s=311$ | | $n_s=530$ | | $n_s=955$ | |
|---|---|---|---|---|---|---|---|---|
| | $WH=\frac{h}{a^2+v^2}$ | $WB=\frac{m}{a^2+v^2}$ | $WH=\frac{h}{a^2+v^2}$ | $WB=\frac{m}{a^2+v^2}$ | $WH=\frac{h}{a^2+v^2}$ | $WB=\frac{m}{a^2+v^2}$ | $WH=\frac{h}{a^2+v^2}$ | $WB=\frac{m}{a^2+v^2}$ |
| 200 | 1.12 | 0.59 | 1.14 | 0.81 | 1.14 | 0.83 | 1.74 | 1.10 |
| 205 | 1.02 | 0.61 | 1.09 | 0.79 | 0.92 | 0.72 | 1.49 | 0.94 |
| 210 | 0.90 | 0.61 | 1.02 | 0.74 | 0.88 | 0.71 | 1.30 | 0.88 |
| 215 | 0.77 | 0.59 | 0.94 | 0.69 | 0.86 | 0.67 | 1.06 | 0.76 |
| 220 | 0.64 | 0.55 | 0.84 | 0.59 | 0.81 | 0.59 | 0.79 | 0.64 |
| 225 | 0.50 | 0.50 | 0.71 | 0.50 | 0.50 | 0.50 | 0.50 | 0.50 |
| 230 | 0.37 | 0.42 | 0.54 | 0.38 | 0.31 | 0.37 | 0.24 | 0.30 |
| 235 | 0.22 | 0.34 | 0.24 | 0.21 | 0.11 | 0.22 | −0.02 | 0.06 |
| 240 | 0.06 | 0.25 | −0.39 | 0.05 | −0.14 | 0.06 | −0.24 | −0.15 |
| 245 | −0.09 | 0.14 | −0.60 | −0.15 | −0.35 | −0.16 | −0.46 | −0.38 |
| 250 | −0.17 | 0.04 | −0.73 | −0.40 | −0.59 | −0.37 | −0.67 | −0.53 |
| 255 | −0.27 | −0.05 | −0.86 | −0.69 | −0.83 | −0.56 | −0.88 | −0.66 |
| 260 | −0.38 | −0.19 | −0.95 | −0.90 | −1.10 | −0.83 | −0.96 | −0.72 |
| 265 | −0.48 | −0.30 | −1.03 | −1.14 | −1.39 | −1.08 | −0.92 | −0.61 |
| 270 | −0.55 | −0.44 | −1.10 | −1.35 | −1.61 | −1.37 | −0.96 | −0.56 |
| 275 | −0.61 | −0.64 | −1.14 | −1.49 | −1.85 | −1.93 | −1.12 | −0.85 |
| 280 | −0.66 | −0.83 | −1.10 | −1.64 | −2.04 | −2.34 | −1.32 | −1.14 |
| 285 | −0.67 | −1.00 | −1.05 | −1.80 | −2.22 | −2.62 | −1.56 | −1.46 |
| 290 | −0.67 | −1.19 | −1.00 | −1.96 | −2.31 | −2.76 | −1.80 | −1.77 |
| 295 | −0.66 | −1.32 | −0.95 | −2.04 | −2.28 | −2.79 | −2.07 | −2.07 |
| 300 | −0.64 | −1.44 | −0.89 | −2.19 | −2.28 | −2.76 | −2.31 | −2.31 |
| 305 | −0.59 | −1.56 | −0.84 | −2.34 | −2.16 | −2.66 | −2.62 | −2.62 |
| 310 | −0.53 | −1.64 | −0.77 | −2.34 | −2.02 | −2.53 | −2.86 | −2.86 |
| 315 | −0.48 | −1.66 | −0.71 | −2.25 | −1.85 | −2.43 | −2.96 | −2.96 |
| 320 | −0.38 | −1.66 | −0.63 | −2.16 | −1.74 | −2.22 | −3.10 | −3.10 |
| 325 | −0.31 | −1.64 | −0.52 | −2.04 | −1.54 | −2.10 | −3.10 | −3.10 |
| 330 | −0.20 | −1.56 | −0.32 | −1.93 | −1.23 | −1.99 | −3.20 | −3.20 |
| 335 | 0.06 | −1.44 | 0.22 | −1.66 | −1.04 | −1.85 | −3.10 | −3.10 |
| 340 | 0.20 | −1.32 | 0.39 | −1.30 | −0.94 | −1.77 | −3.06 | −3.06 |
| 345 | 0.32 | −1.21 | 0.47 | −1.10 | −0.92 | −1.77 | −2.92 | −2.92 |
| 350 | 0.50 | −1.02 | 0.54 | −0.96 | −0.96 | −1.74 | −2.79 | −2.79 |
| 355 | 0.62 | −0.85 | 0.56 | −0.86 | −0.94 | −1.61 | −2.50 | −2.53 |
| 360 | 0.66 | −0.67 | 0.57 | −0.77 | −0.76 | −1.44 | −2.19 | −2.31 |

### 5.5.4 水锤防护

#### 5.5.4.1 一般原则

(1) 当泵站及其输配水系统的水锤计算结果不满足下述要求之一时，原则上应设置水锤防护措施。在设置有效的水锤防护措施之后，水锤计算参数应保证满足下述要求，并有一定的安全裕量。

1) 最高压力不应超过水泵出口额定压力的 1.3～1.5 倍。

2) 输水系统任何部位不应出现水柱断裂；即因水锤压力下降造成的管道出现最低压力 $H_{min}$ 的允许值应大于所输水体温度所对应的饱和水蒸气压力（$P_s/\gamma$）。

3) 离心泵最高反转转速不应超过额定转速的 1.2 倍，超过额定转速的持续时间不应超过 2min；立式机组在低于额定转速 40%的持续运行时间不应超过 2min。水泵作反转运行时，即为水轮机工况，除参照该规定外，还应考虑远离水泵的临界转速。水泵的临界转速应由水泵厂提供，一般亦建议 $\Delta\alpha_{max}$ 以不大于 0.2 为宜。

4) 对于规模较大、承担重要的城市供水任务的大型泵站及其输配水系统还应满足：输水管道系统运行中，应保证在各种设计工况下，管道不出现负压。

(2) 关（开）阀水锤

1) 严格控制关（开）阀时间 $T_c$，避免发生直接水锤。

2) 对于不停泵关闭水泵出口阀门，阀前压力等于水泵出口压力，其最大值通常为水泵的关死扬程 $H_c$，与关阀时间无关，但与水泵的类型有关。可从水泵厂提供的水泵特性曲线上查到，对于离心泵、混流泵不应在阀门全关时停泵，宜将阀门关至 15%～30%时停泵联锁关阀为宜，这样可以降低水泵出口压力，防止水泵振动及延长阀门的使用寿命。

3) 对于轴流泵，在泵出口一般不应设阀门。

(3) 启泵水锤

对于比转速 $n_s>330$ 的轴流泵，如关阀启泵，由于启动功率 $N_c$ 大大超过水泵的额定功率 $N_R$，水泵机组难以启动。故对高比转速轴流泵的启动问题，应进行专门的研究。

管道中的空气是导致管道破坏的主要原因，在启泵前排除管道空气使管道充满水，打开除水泵出口处阀门外的所有阀门，最后再启泵。同时还需要在管道隆起处各点设置自动排气阀或设置充水设施。当水泵必须在空管时启动，为防止启泵水锤，可采用分阶段开阀启泵方式，对于离心泵应校核电动机启动功率，按如下步骤进行：

1) 水泵出口阀门打开 15%～30%（对于蝶阀可先开 15°～30°），但管道上其余阀门应全开；

2) 启动水泵；

3) 待管道充满水后再将阀门全开或开到所需要的开度。

对于图 5-82 所示水泵装置，为了防止启泵水锤可考虑以下几种措施：

1) 在止回阀前设自动排气阀；

2) 在止回阀处设旁通阀；

3) 事故停泵后，应待止回阀后管道充满水再启泵；

4) 不应在水泵出口阀门全开时启泵，否则会发生很大的水锤冲击，据调查分析国内几个泵站的重大水锤事故多在这种情况下产生。

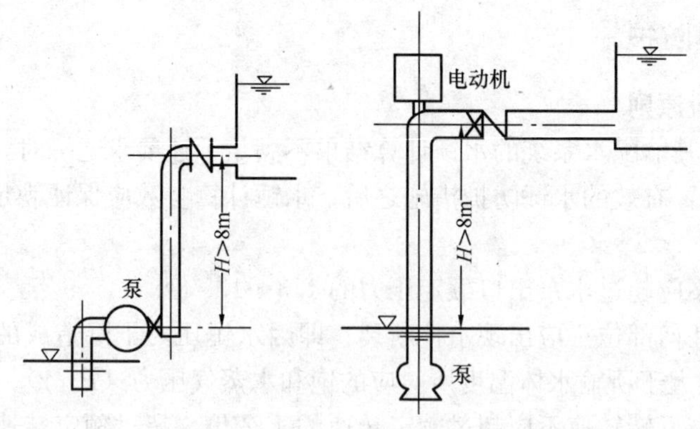


图 5-82 水泵装置

(4) 停泵水锤

当水锤参数超过允许值，在技术经济条件许可情况下，也可选用以下措施：

1) 增加管道直径、壁厚；

2) 选用 $GD^2$ 较大的电动机；

3) 改变管路纵剖面布置形式，将管道从布置在最低压力线以上（又称管道向上凸，在此部位易形成气囊）改为布置在最低压力线以下（又称管道向下凹）；

4) 设置减少管道长度，由一个泵站变为多级加压泵站，之间通过各级泵站的进出水池衔接。

对于低扬程、大流量的供排水泵站，在许多情况下预防停泵水锤的最简单方法是通过水泵倒流泄水。但为了避免失水过多、减少水泵倒转时间和反转转速，应考虑在管道的末端设置溢流池、拍门、虹吸出水并设置真空破坏阀等装置（见图 5-83），其中虹吸出水并设置真空破坏阀多应用于城市排水泵站。

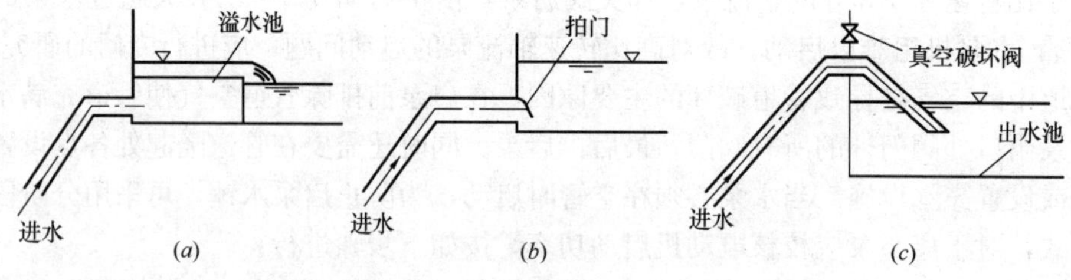


图 5-83 防止水倒流的设施

(a) 溢水池；(b) 拍门；(c) 虹吸出水并设置真空破坏阀

(5) 常用的水锤防护措施及方法通常有以下五种：

1) 双向稳压塔（调压室、调压塔）防护；

2) 单向稳压塔（单向调压室）防护；

3) 空气罐（空气室）防护；

4) 空气阀防护；

5) 阀门防护。

从最佳水锤防护效果出发，其布置位置应尽量靠近事故源，但通常因技术经济等原因限制，往往需要因地制宜，结合泵站及输配水系统的实际地形地质条件，选取合理的布置方案，其常见布置见图 5-84：

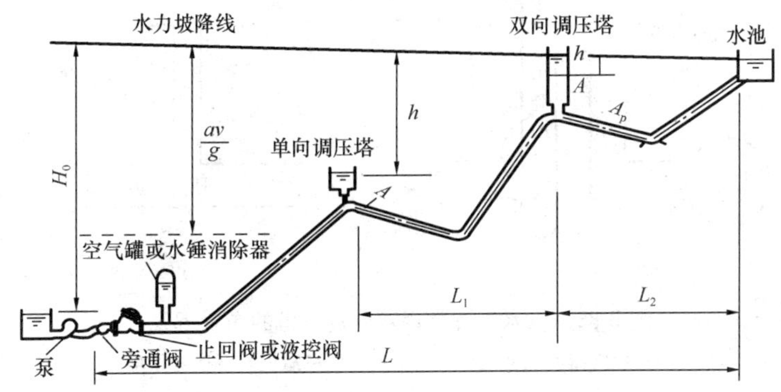


图 5-84 各种水锤防护设备常规布置位置

以上五种水锤防护措施中，双向稳压塔与空气罐既可防负水锤也可防正水锤；单向稳压塔与空气阀虽然理论上仅可防负水锤，但在泵站供水系统中的正水锤多因负水锤引起，负水锤越低产生的正水锤越大，单向稳压塔与空气阀可通过控制负水锤下降抑制正水锤的抬升；阀门防护的主要目的是保护泵机组，因阀门防护属于机械防护，除正常运行时会增加管道水头损失外，还存在控制失灵的危险，最好与其他四种措施联合使用。

五种水锤防护措施各有优缺点，均是将有压管道中的水流能量贮存与转换的装置，通过将短周期的压力冲击（水锤）转换为长周期的压力振荡（稳压塔水位波动、空气罐气室波动），从而削减压力幅值，达到保护泵站及管道的目的。对于泵站及其输配水系统而言，每种措施均有特定的保护范围，该范围与防护措施的规模（体型）、数量、大小、位置密切相关，应结合工程实际情况，选取合理的搭配组合，做到全系统防护。

#### 5.5.4.2 双向稳压塔防护

双向稳压塔也称之为调压塔、调压室，多用于水电站输水系统的水锤防护，其设计可参见我国水利行业标准《水利水电工程调压室设计规范》SL 655—2014；我国能源行业标准《水电站调压室设计规范》NB/T 35021—2014。

从系统的安全性来看，双向稳压塔是解决压力水道最大、最小压力超标问题最可靠的水锤防护措施，但对于泵站及供水工程而言，双向稳压塔因其工程投资较大、建设周期长而无法普及，主要适合于大流量、长距离的引调水系统。为避免稳压塔过高，限制稳压塔内最高涌浪，通常采用溢流式方案布置（见图 5-85）。

对于重力流压力引水道，溢流堰堰顶高程按压力水道最大静水压力设计；对于泵站加压的压力引水道，溢流堰堰顶高程按压力水道最大动水压力设计。在大流量、低扬程的水泵站，双向稳压塔可设在水泵出口处，见图 5-86（*a*）；而高扬程泵站如设置在水泵出口处则过高，通常应结合工程实际布置，在合适的地形条件处设置，见图 5-86（*b*）；双向稳压塔的水锤理论防护范围是设塔处到泵站出水池之间的管路，如双向稳压塔设置位置距离水泵出口处过远，则难以发挥对水泵出口处与双向稳压塔之间管道的有效防护，尚需联合其他水锤防护措施。

在设置了水锤防护措施之后，应能实现泵后出水阀快关，避免水泵反转飞逸。在突然

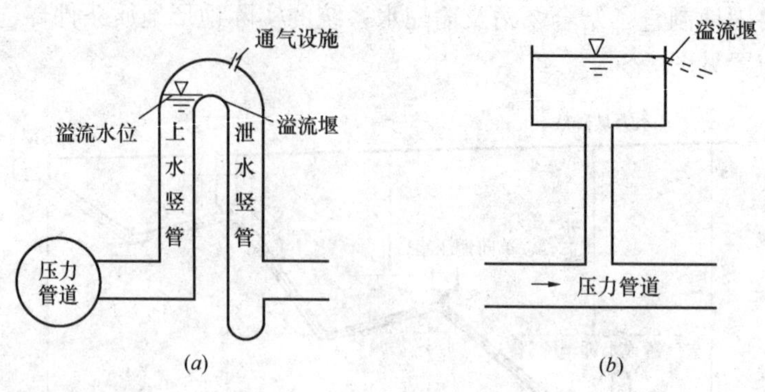


图 5-85 供水工程常用双向稳压塔的布置方式
(a) 双管溢流式双向稳压塔；(b) 简单溢流式双向稳压塔

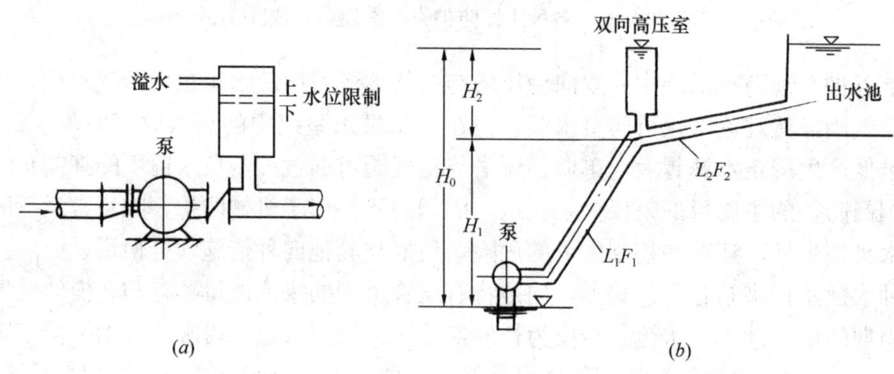


图 5-86 双向稳压塔设置位置

停泵时，双向稳压塔向管道补水，水面下降，应保证一定的安全裕量，避免稳压塔拉空进气，在《水电站调压室设计规范》中规定最低涌浪安全裕量一般取 1～2m，故双向稳压塔要有足够的容积。泵站中双向稳压塔的体积、面积由最低涌浪控制，与其设置位置密切相关，可通过电算求得。对于图 5-86（b）所示的布置也可用式（5-84）近似计算：

$$Z_0-[Z]_{\min}=\Delta Z_{\max}=\frac{Q_0}{F_2}\sqrt{\frac{F_2L_2}{Ag}} \tag{5-84}$$

式中 $Z_0$、$[Z]_{\min}$、$\Delta Z_{\max}$——设塔处的正常运行水位、最低容许水深及最低涌浪幅值（m）；

$F_2$——管段 $L_2$ 的管道断面积（$m^2$），见图 5-86（b）。

根据式（5-84）即可得到双向稳压塔面积 $A$（$m^2$）。

### 5.5.4.3 单向稳压塔防护

与双向稳压塔不同，单向稳压塔通过在其底部设置单向止回阀与供水管道相连接，如图 5-87 所示，当单向塔的底部压力低于塔内水深时，单向阀自动打开，通过向管道补水消除供水系统在水力过渡过程中可能发生的负压，由于底部单向阀的存在，单

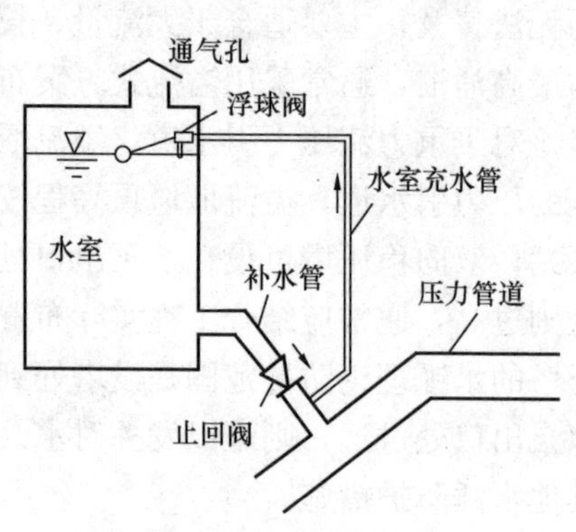


图 5-87 单向稳压塔工作原理

向塔的高度可以大大低于双向稳压塔，在泵站及其输水系统的水锤防护中应用比较广泛。单向塔数学模型可处理为具有一根进水管、一根出水管和一座变（或等）截面阻抗式稳压塔节点。

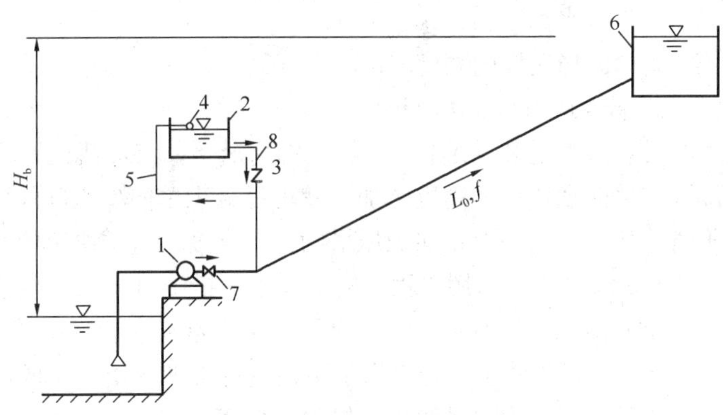


图 5-88 单向稳压塔布置示意

1—水泵；2—单向调压室；3—止回阀；4—浮球阀；5—水室充水管；6—高位水池；7—出水口；8—补水管

虽然理论上单向稳压塔只用于防护管道系统的负压水锤破坏，对于正水锤没有防护作用，但停泵水锤过程首先是压力下降，然后才是压力上升，且压力下降大，上升压力也大，可有效地防止压力下降的措施也可有效地抑制压力上升。通常要求在设置单向稳压塔防护后，输水管路不容许出现负压（图 5-88）。

单向塔的水锤防护效果与其设置参数密切相关，需要通过水锤计算确定，通常布置的首个单向稳压塔面积较大，其余单向塔沿管路下游逐次减小。为避免单向塔漏空进气，除必需的工作容量外，还须设置 1m 左右的水深裕量。

一个单向稳压塔对下游侧（以正常流向为准）管道的防护范围是有限的，实际工程中有时需要设置多个单向稳压塔，不同单向塔的设置位置与高度存在一定理论联系。对于大型长距离供水工程，单向稳压塔的设置应结合水力过渡过程分析进行。

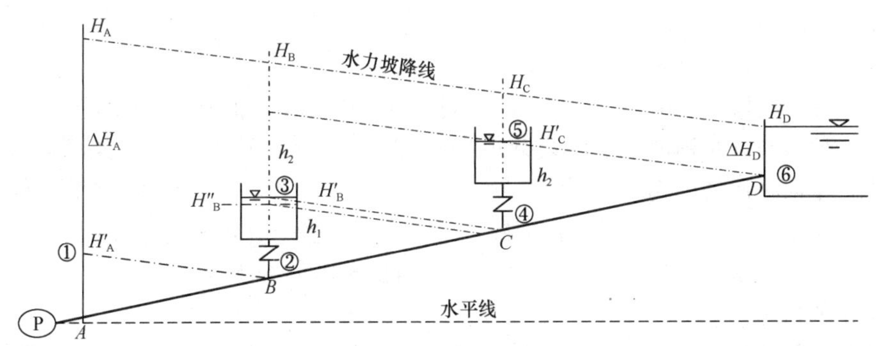


图 5-89 多个单向稳压塔水锤联合防护示意

水泵失电停泵过程中泵出口的压力下降值，是输水系统单向稳压塔设置方案的重要确定依据。如图 5-89 所示，对于设置 $n$ 座单向稳压塔的供水系统，在不考虑水锤波衰减的情况下，单向稳压塔设置位置和数量可按式（5-85）计算：

$$\Delta H_{\mathrm{A}}-\sum_{i=1}^{n}\Delta h_{i}\leqslant\sum_{i=1}^{n}h_{i}+\Delta H_{\mathrm{D}} \tag{5-85}$$

式中 $\Delta H_{\mathrm{A}}$——停泵引起的水锤降压（m），可采用公式（5-70）近似估算；

$\Delta h_i$——第 $i$ 段管道水锤波的衰减（m）；

$h_i$——第 $i$ 座单向稳压塔的高度（m）；

$\Delta H_{\mathrm{D}}$——管路末端管道内水压力（m）。

在单向稳压塔的设置高度之和满足式（5-85）的情况下，可灵活设置单向稳压塔的高度、数量和布置位置。单向稳压塔的高度增加，就可以减少单向稳压塔的数量；反之，则需要增加单向稳压塔的数量。前一个单向稳压塔的设置高度，直接决定了其后一个单向稳压塔的设置位置。式（5-85）主要适用于输水管道无平压措施时，水泵事故停泵时泵出口压力没有直接降至负压的情况。而对于供水管道无平压措施水泵事故停泵时泵后压力降至负压的情况，式（5-85）需略作修正，如果出于泵站运行维护方便的需要，直接将首座单向塔设置于泵后，则该种情况下供水系统单向塔设置应满足：

$$\Delta H_{1}-\sum_{i=1}^{n}\Delta h_{i}\leqslant\sum_{i=1}^{n}h_{i}+\Delta H_{\mathrm{D}} \tag{5-86}$$

式（5-86）中，$\Delta H_1$ 为正常运行时的泵后内水压力（m），与式（5-85）的分析过程基本一致，得出的结论略有差别，前者要求供水管道出口压力加上所有设置的单向塔的高度之和大于泵后的第一波水锤降压 $\Delta H_{\mathrm{A}}$，而后者要求供水管道出口压力加上所有设置的单向塔的高度之和须大于泵后内水压力 $\Delta H_1$。

如泵出口处无合适位置设置首座单向稳压塔，则首座单向稳压塔距泵站的极限位置应满足：

$$h_1\geqslant\frac{2L}{a}\frac{H_{\mathrm{P}}}{T_{\mathrm{S}}}\quad\text{或}\quad L\leqslant\frac{aT_{\mathrm{S}}}{2}\frac{h_1}{H_{\mathrm{P}}}\quad(h_1\leqslant H_{\mathrm{P}}) \tag{5-87}$$

式中 $h_1$——首座单向稳压塔的高度（m）；

$L$——泵出口至首座单向稳压塔的距离（m）；

$a$——水锤波速（m）；

$H_{\mathrm{P}}$——泵正常运行时泵出口压力（m）；

$T_{\mathrm{S}}$——泵出口压力由 $H_{\mathrm{P}}$ 降到 0 的时间（s），初估时可在 1～2s 之间选取。

在实际分析时，水锤波沿管线衰减很难得到一个客观准确的定量数据，为偏安全考虑，在进行单向稳压塔的初步分析时一般将其忽略。位于单向稳压塔出口的止回阀，是单向稳压塔的重要部件，如一个阀易出故障，可并列设置多个补水管与止回阀，《水利水电工程调压室设计规范》SL 655—2014 中建议单向稳压塔的补水管不宜少于 2 根，宜有防止水质恶化的措施。

由于突然停泵，单向稳压塔动作后，应尽快地向单向稳压塔充水，以备水泵再次启动。因此，主管向单向稳压塔的补给水管（充水管）要有一定的直径，浮球阀动作要准确可靠，在寒冷地区单向稳压塔还应采取防冻措施。

**5.5.4.4 空气罐防护**

空气罐（空气室、空气囊）是密闭的高压容器，在电站输水系统中也称之为气垫调压室。对于供水系统而言，其上部充高压气体，下部为水体，底部通过短管与主管道相连，利用罐体壁面与水面所形成的封闭气室，依靠气体的压缩和膨胀特性反射水锤波，抑制水位波动，保证输水系统的安全稳定运行。

为了充分发挥空气罐的水锤调节能力，空气罐应当尽量地靠近水泵布置，一般安装在逆止阀之后的水泵出口压力管道中（图 5-90）。空气罐反射水锤波和控制涌浪的性能主要取决于其罐体气体特性、气室容积、孔口的大小等参数。空气罐的作用与调压塔相似，但其运行控制相对复杂，泵站内需设置空压机并对空气罐进行实时监控。在消除长距离输水泵站上的负压方面，常规空气罐造价低廉、安装管理方便，对场地没有严格要求，为避免管内高压气体进入管道，空气罐还可低于管线高程设置，罐底通过连接管与管道衔接。空气罐在国外已广泛采用，我国江苏省常熟市水厂、江西省庐山水厂也都先后采用，消除水锤效果显著。

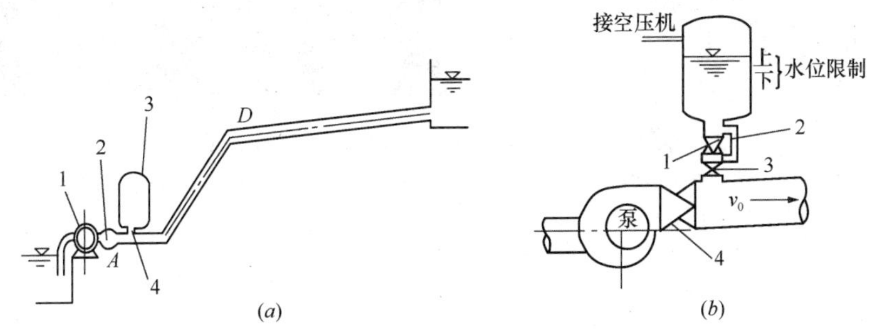


图 5-90 常规空气罐的设置位置及结构

(*a*) 空气罐安装位置：1—水泵；2—止回阀；3—空气室；4—阻尼孔；

(*b*) 常规空气室结构：1—出口止回阀；2—旁通阀；3—出口隔离阀；4—止回阀

空气罐主要分气水接触式的常规空气罐（图 5-90（*b*））与气水分离式的囊式空气囊（图 5-91）两种。常规空气罐内的空气由于与水接触，空气易溶于水或被水流带走，因而要定期补充。为克服这一缺点，可采用囊式空气罐（见图 5-91）。使用前，由筒体上部向橡胶囊中充气（空气或惰性气体），其压力一般为水泵工作压力的 0.9 倍。对于长距离、大流量的输配水工程，所需设置的空气罐体积往往较大，可并联设置多个空气罐，韩国 Kangbook 泵站工程供水流量为 4.34$m^3/s$，在供水干管上共设置三个 49$m^3$ 空气罐（图 5-92）。

空气罐在运行时，可认为满足理想气体多方过程：

$$p(l_0+z)^m = p_0 l_0^m \tag{5-88}$$

式中 $m$——理想气体多方指数，当空气罐内气体为等温过程时取 1.0，绝热过程时取 1.4，介于二者之间时可取 1.2；

$p_0$、$p$——空气罐内初始绝对压强与运行压强（Pa）；

$l_0$——空气罐内气体初始当量长度（m）；

$z$——空气罐内的波动水位（m）。

空气罐内的水位波动（涌浪）周期近似为：

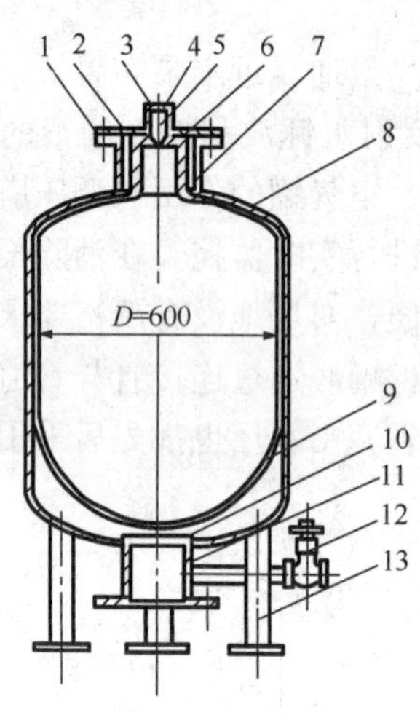


图 5-91 囊式空气罐结构

1—上法兰；2—法兰盖；3—护帽；4—气门芯；5—气门嘴；6—闷头；7—连接筒；8—筒体；9—气囊；10—网板；11—接管；12—闸阀；13—座脚

图 5-92 韩国 Kangbook 泵站工程设置的三个 $49m^3$ 空气罐

$$T = 2\pi\sqrt{\frac{LF}{g\,f}}/\sqrt{\sigma} \tag{5-89}$$

式中 $F$——空气罐截面积（$m^2$）；

$L$、$f$——空气罐后的管道长度（m）及面积（$m^2$）；

$\sigma$——气室常数；

$\gamma$——水体重度，9.81kN/$m^3$。

$$\sigma = 1 + m\frac{p_0}{\gamma l_0} \quad (\gamma = \rho g) \tag{5-90}$$

水位波动（涌浪）幅值近似为：

$$\Delta Z^* = v_0\sqrt{\frac{Lf}{gF}}/\sqrt{\sigma} \tag{5-91}$$

$v_0$ 为空气罐后管道水流流速（m/s）。空气罐底部压力变化幅值近似为：

$$\Delta H^* = v_0\sqrt{\frac{Lf}{gF}} \times \sqrt{\sigma} \tag{5-92}$$

在含空气罐的输水系统中，为保证输水系统的安全运行必须满足以下三个基本条件：

① 水力过渡过程中的最大气室压力不能超过压力控制要求；

② 水力过渡过程中最低涌浪水位必须满足最小安全水深的要求；

③ 输水系统保持正压，并有一定的安全裕量。

压力超过控制标准将导致输水管道和空气罐发生超压破坏；水深低于安全水深，空气罐可能发生高压气体涌入管道的事故；长距离输水系统出现负压可能会引起弥合水锤，这是水锤防护的重点。以上三个要求与空气罐内高压气体的体积、压力密切相关，而空气罐在过渡过程中的参数变化又由空气罐自身的初始参数设置决定，根据不同的输水系统合理确定空气罐体积和气水比是保证输水系统过渡过程安全的基础。按此要求：

$$v_0\sqrt{\frac{Lf}{gF}}/\sqrt{\sigma}\leqslant\varphi_1 l_0 \tag{5-93}$$

$$v_0\sqrt{\frac{Lf}{gF}}\times\sqrt{\sigma}\leqslant\varphi_2 H_0 \tag{5-94}$$

$$v_0\sqrt{\frac{Lf}{gF}}\times\sqrt{\sigma}\leqslant\left[\frac{H_C L}{L-L_C}\right]_{\min} \tag{5-95}$$

式（5-93）与式（5-94）中，$H_0$ 为空气罐内初始压力（m），如以泵站进水前池为基准，初估时可取水泵静扬程减去泵后出水管相对高程；$\varphi_1$、$\varphi_2$ 分别为空气罐中的水气比与压力上升控制比，对于高处扬水的泵站工程，为尽量发挥气体缓冲作用，尽量气多水少，$\varphi_1$ 取值可为 0.5 以下，对于长距离克服摩阻的泵站供水工程，$\varphi_1$ 取值可在 1.0～2.0 之间；$\varphi_2$ 一般取 0.3；式（5-95）中 $H_C$ 为设置空气罐后的输水管线可能发生负压破坏处的初始内水压力（m）；$H_C$ 是其与空气罐设置处的管道距离（m）；该点一般多在管道的起坡点、拐点及局部高点处，对于长距离供水工程而言，该点不止一处，需要通过具体的管道布置方案比较后确定最危险点的位置。

空气罐内的气体体积：

$$[V_a]\geqslant\max\left[\frac{v_0^2 Lf}{\varphi_1\varphi_2 gH_0},\frac{v_0^2 Lf}{\varphi_1 g\left[\frac{H_C L}{L-L_C}\right]_{\min}}\right] \tag{5-96}$$

空气罐总体积：

$$[V_T]\geqslant[V_a](1+\varphi_1) \tag{5-97}$$

通过式（5-96）、式（5-97）得到的空气罐体积是理论上的下限值，空气罐在取最低水位时，还应留有一定裕量。初估气罐体积可根据式（5-98）取值：

$$V_a=k[V_a]\quad V_T=k[V_T] \tag{5-98}$$

式中，$k$ 为大于 1 的安全系数，当空气罐体积确定后，可根据式（5-99）确定空气罐内的运行参数［$l_0$］：

$$\frac{v_0^2 Lf}{g\varphi_1^2 V_a}-mp_0\leqslant[l_0]\leqslant\min\left(\frac{gV_a\varphi_2^2 H_0^2}{v_0^2 Lf},\frac{g\left[\frac{H_C L}{L-L_C}\right]_{\min}^2 V_a}{v_0^2 Lf}\right)-mp_0 \tag{5-99}$$

式（5-99）即为理论上的空气罐内气室高度设置范围。当气室高度体积确定后进而可得到空气罐的面积：

$$F=[V_a]/[l_0] \tag{5-100}$$

$p_0$ 为空气罐内初始绝对压力（Pa），与罐内初始水位高度及水泵扬程有关，可用式（5-101）近似：

$$p_0=H_0+p_a-\xi \tag{5-101}$$

式中，$\xi$ 为一微调量。同时对 $\xi$ 及 $k$ 调整，可求出合适的［$l_0$］。

需要特别指出的是，式（5-96）得到的空气罐气室体积为最小临界设置值，如取太小可能导致式（5-99）不成立或左、右两端计算值为负，必要时应适当加大安全系数 $k$。

囊式空气罐的原理与常规空气罐基本一致，橡胶囊套在一定程度上会影响压缩空气反射水锤波的能力，但因气水分离，罐内预留的安全水深裕量可较气水接触式的空气罐小，这样，在具有相同水锤防护效果的情况下，囊式空气罐容积可略小于常规空气罐。

**5.5.4.5　空气阀防护**

空气阀有单口和双口两种，具体结构形式可参照我国城镇建设行业标准《给水管道复合式高速进排气阀》CJ/T 217—2013；工程建设标准化协会标准《城镇供水长距离输水管（渠）道工程技术规程》CECS 193：2005。通常在管道的隆起点须安装空气阀，见图5-93。采用单口还是双口习惯上取决于管径大小，更为精确的应通过计算确定。美国管网协会（AWWA）推荐的空气阀布置间距为380～760m，我国《室外给水设计规范》GB 50013—2006第7.4.7条规定：输水管（渠）道隆起点上应设通气设施，管线竖向布置平缓时，宜间隔1000m左右设一处通气设施，配水管道可根据工程需要设置空气阀；美国管网协会（AWWA）推荐的布置间距为380～760m。

空气阀不仅能在管道正常运行或水泵启动过程中排除管道内积存的空气，保持管道的过水能力和防止启泵水锤；而且在管道出现负压时，吸进空气避免液柱分离，使管道内水压力接近大气压，不会发生汽化；并当水体倒流时可缓和其冲击速度，发挥管道系统水锤防护的作用。

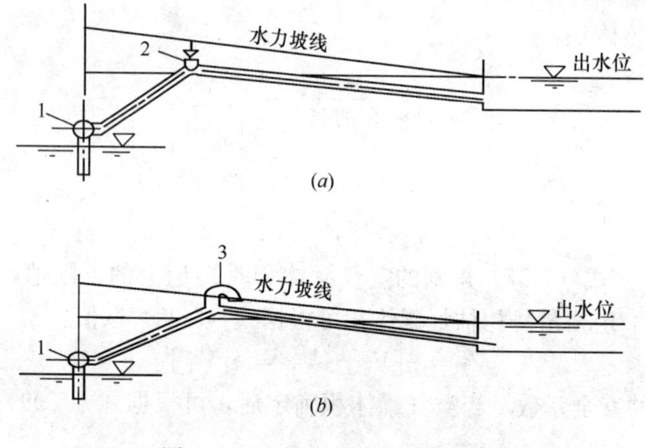


图5-93　空气阀或竖管进气设施

(*a*) 空气阀；(*b*) 进排气竖管

1—水泵；2—空气阀；3—竖管

对于输水管道无平压措施时，水泵事故停泵时泵出口压力下降 $\Delta H_{\text{A}}$ 的情况（图5-94），空气阀的布置可以参考式（5-102）～式（5-104）：

$$n \geqslant \frac{\Delta H_{\text{A}} - \Delta H_{\text{D}} - \sum_{i=1}^{n+1} \Delta h_i}{H_{\text{cr}}} - 1 \tag{5-102}$$

$$\Delta L_{\text{avi}} \leqslant \frac{(H_{\text{cr}} + \Delta h_i)\cos\alpha}{\sin(\alpha + \beta)} \tag{5-103}$$

$$L_{\text{lst}} \leqslant \frac{(H'_{\text{A}} + H_{\text{cr}} - Z_{\text{U}} + \Delta h_1)\cos\alpha}{\sin(\alpha + \beta)} \tag{5-104}$$

式中　$n$——空气阀的个数；

$\Delta H_A$——事故停泵引起的水锤降压（m），可采用公式（5-85）计算；

$\Delta h_i$——第 $i$ 段管道水锤波的衰减（m），初步分析时可忽略；

$\Delta H_D$——管线末端管道内水压力（m），见图 5-30；

$\Delta L_{avi}$——空气阀设置间距（m）；

$L_{lst}$——首个空气阀设置位置（m）；

$H'_A$——水泵失电后泵后瞬时的最低测压管水头（m），可采用公式（5-83）计算；

$Z_U$——泵后出水管中心线高程（m）；

$\alpha$——管线与水平线的夹角（°）；

$\beta$——管线与水力坡降线的夹角（°）。

对于事故停泵后泵出口压力可能直接降至负压的情况（$\Delta H_A = H_U - Z_U$），首个空气阀需要布置在紧靠泵出口处，余下空气阀的设置数量为：

$$n \geqslant \frac{H_U - Z_U - \Delta H_D - \sum_{i=1}^{n+1} \Delta h_i}{H_{cr}} \tag{5-105}$$

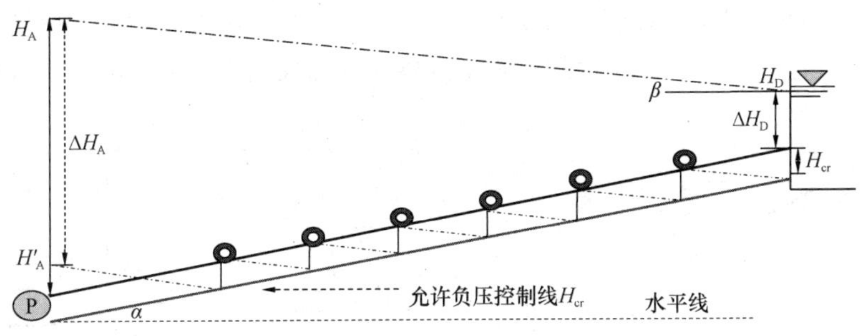


图 5-94　空气阀设置示意

式（5-100）～式（5-105）虽然仅针对单管，对于布置复杂的输水系统可分段应用，然后将不同分段管路中的空气阀方案进行组合，得到总体布置方案。

对于大流量、低扬程的供水管道，如管道凸起段的工作压力在 10m 以内，最简便的办法是在凸起段设通气竖管，见图 5-93（*b*）。通气竖管的直径可取干管直径的 1/4～1/5，该方法实际上是将通气竖管作为一个特殊的双向稳压塔使用，不过在水锤防护过程中允许漏空进气。

对高扬程的中、小型供水系统，在管道隆起设置进气阀的过流面积以不小于干管过流面积的 1/20 为宜（见图 5-93（*a*））。如采用通常设在管道隆起处的排气阀来代替停泵时的进气阀（即一阀两用），应特别注意因为由于阀门质量问题或维护检修不及时，可能发生停泵不进气的故障。故建议，可用止回阀来作为进气阀（排气阀可以保留），见图 5-95。

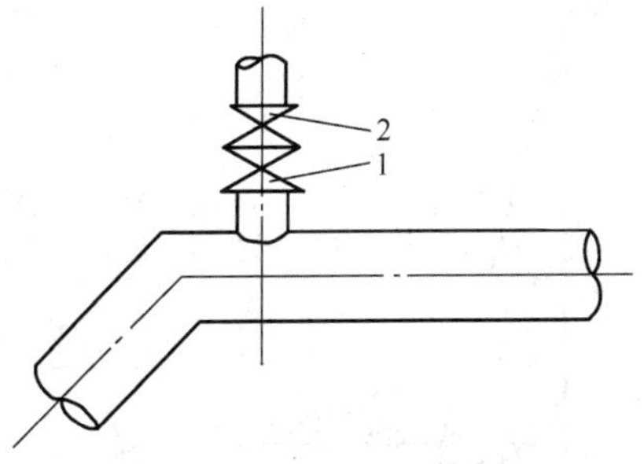


图 5-95　用止回阀作进气阀

1—截止阀（水泵工作时全开）；2—止回阀（水泵工作时关，停泵时自动打开）

空气阀构造简单，安装空间小，设备费用低，是一种较经济的水锤保护方法。缺点是在排气过程临近结束，液柱再结合时，往往发生远高于常压的压力上升；另外补气后管道内往往有一个较大的气柱，电源断电后如迅速恢复，水泵在较短时间内再启动时，空气可能无法在补气处及时排出，将会为其后的管道带来安全隐患。为避免该问题，空气阀不易作为管道主要的水锤防护措施，对于长距离、高扬程、大流量的重要输水工程，在管道首部与中部不宜布置过多空气阀，宜布置在管道末段（初始工作压力相对不高的低压段）；如输水系统只有空气阀作为水锤防护措施时，水泵事故停泵故障排除后，应先启动一台水泵，阀门以小开度向管道内充水排气，充水完成后再逐台启动其余水泵，避免发生水流冲击管道截留气团，造成爆管事故。

#### 5.5.4.6　阀门及其他水锤防护措施

供水系统中的阀门动作往往是发生水锤的主要根源之一，采用阀门进行水锤防护必须十分谨慎，在深入了解阀门过流特性与工作原理的同时还要确保机械动作的可靠性，应通过全系统的水力过渡过程计算确定。

(1) 启闭规律

关闭规律决定于实际输水系统布置与阀门过流特性，在一定的范围内是可调的。合理的关闭规律是在一定的关闭时间情况下，在阀门的可调范围内，获得尽可能小的水锤压强。采用合理的调节规律以降低水锤压强，不需要额外增加投资，是一种经济而有效的措施（见图 5-96 与图 5-97）。对于关阀过程中的首相水锤采用先慢后快的关闭规律；极限水锤采用先快后慢的关闭规律；首相水锤与极限水锤的判定可通过式（5-45）确定。在供水工程中的关阀水锤多为极限水锤，一般采用先快后慢的两阶段折线关闭规律，折点与不同折线段的关阀速率需要结合实际输水系统与阀门过流特性，并通过数值计算共同确定。

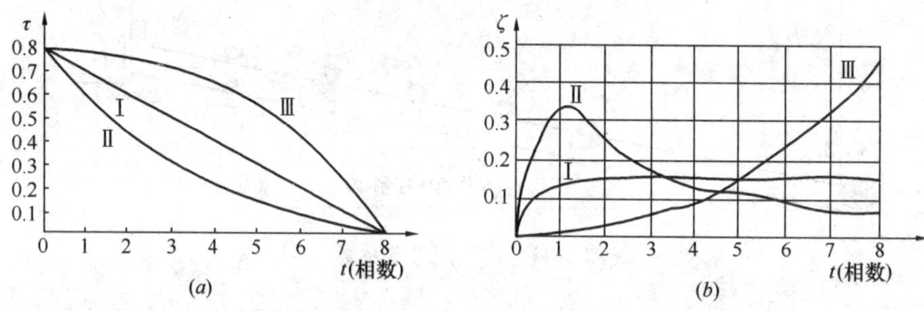


图 5-96　不同关阀规律对水锤压力影响示意

(a) 关阀规律；(b) 水锤压力分布

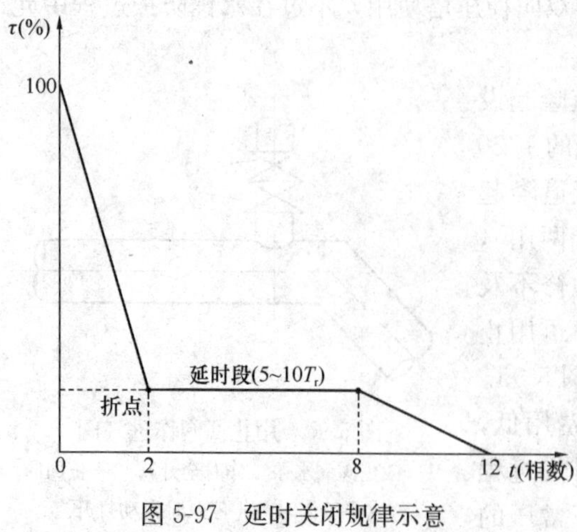


图 5-97　延时关闭规律示意

常用液压系统、调速型电器或带阻尼设施作为控制两阶段关闭阀门的装置，应用的阀门为普通蝶阀，带偏心、止回的蝶阀和偏心止回阀等，控制电路的工作电源必须十分可靠。

需要特别注意的是，在采用两阶段关阀规律削减水锤时，因水锤最大值一般发生在关闭末了，阀门的小开度过流特性尤为重要，而厂家一般提供的阀门过流特性曲线均在10°以上，见图5-98。阀门的小开度过流特性是确定折点位置与第二段折线的关阀速率关键因素，尤其对于长距离供水工程，须与阀门厂家沟通得到真实可靠的阀门全开度过流特性曲线。通常第二段折线的关阀速率很慢，可在折点处设计延时装置，延时时间取决于系统长度，一般在5～10个水锤相长之间，见图5-97。为避免实际运行时阀门在小开度下产生水力振动，该规律需现场率定。

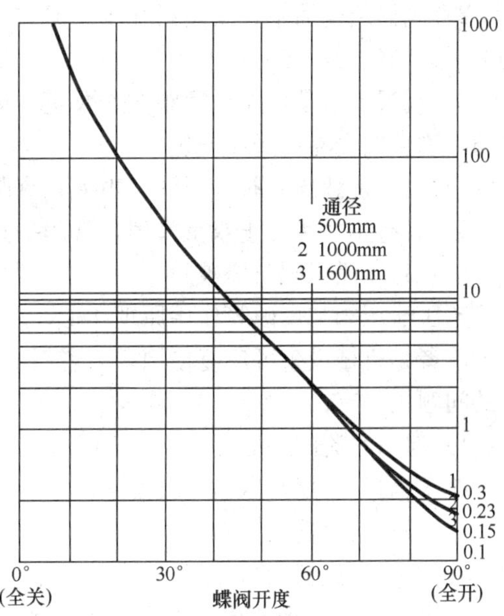


图5-98 蝶阀各开度的损失系数$\xi$
（过流特性曲线）

（2）液控缓闭止回蝶阀

液控缓闭止回蝶阀是泵站及供水系统中应用最为普遍的流量控制设备，有液控开启、重锤关闭型和全液控启、闭型等。泵后的液控缓闭止回蝶阀可分两阶段关闭，关闭规律见图5-99。当突然停泵时，蝶阀先是快关，然后是慢关；快关段蝶阀关闭角度大，为全关的60％～80％，而时间较短，以限制水泵倒流量过大，使水泵不反转或反转速小于允许值；慢关段蝶阀关闭角度小，但时间较长，其目的在于减少或消除水锤压力的上升。与通常在水泵出口安装止回阀与闸阀相比，除了可有效防止系统水锤的产生，还有以下诸多优点：

1）水头损失小，一般止回阀阻力系数$\xi$为1.7～2.5，而蝶阀阻力系数为0.24～0.6，可节能。

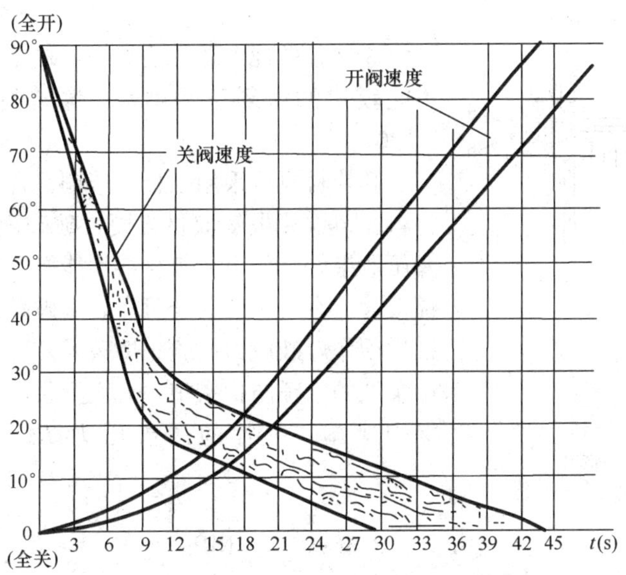


图5-99 调速型蝶阀开、关速度范围

2）阀体结构简单、安装尺寸小。但需考虑蝶阀全开、阀瓣呈水平的位置，以及重锤的上下运动位置。

3）阀板不摆动，而止回阀在水泵正常运行时，由于供水压力的波动而造成阀板不断摆动，撞击阀壳易使阀体破裂。

4）由于是液压开阀，开阀力矩大，克服了一般电动闸阀在动水时难于打开的缺陷。

5）具有止回和截止双重作用，常用一阀代两阀。

（3）超压泄压阀与爆破膜

超压泄压阀与爆破膜作用原理相似，均是通过迅速泄水防止管道超压破坏。不同之处在于前者是机械设备可反复使用，后者系一次性启爆装置，需要人工更换。使用时需要注意的问题主要有：

1）泄出水流的消能；

2）开启（启爆）压力等级设定；

3）通径尺寸选择；

4）泄出水流切断与关闭。

如果通过超压泄压阀与爆破膜泄出水流流速过大，在泄口附近需要设置专门的水工消能措施，避免高速水流对周围建筑物产生危害。超压泄压阀的自动开启压力与爆破膜的启爆压力等级设定必须结合防护对象的压力控制标准通过计算确定，如设置过低，将造成工程运行不便与大量弃水；如设置过高，反应不及时则起不到保护效果。当采用多阀与多膜防护时，各阀与各膜之间应取不同压力等级，各压力等级应结合生产厂家的制造工艺水平，等级差尽量越小越好，目的主要是保证多阀与多膜在水锤防护时能够做到相继开启（启爆），杜绝同时开启（启爆）。超压泄压阀径与爆破膜尺寸必须通过全系统水力计算确定，太小起不到防护作用；因超压泄压阀与爆破膜动作时间很短，系统可能产生直接水锤，尺寸过大将导致在低压区运行的输水管道发生负压破坏或液柱弥合事故，一定要非常谨慎。在切除泄流时，管道中相关阀门的关闭时间不宜过短，避免产生二次水锤。

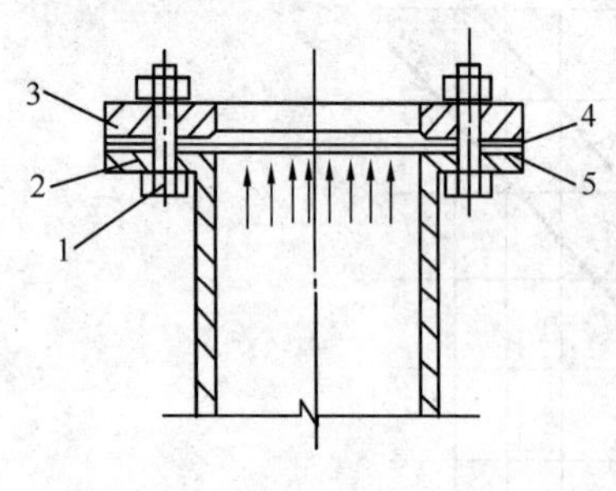


图 5-100　膜片固定方式示意

1—螺栓；2—法兰；3—法兰式透盖；4—垫圈；5—膜片

爆破膜的优点是方法简便，缺点是不能自动复位和不能较快的恢复正常供水。爆破膜片固定方式见图5-100。

膜片材料可采用铝板、紫铜、合金等延伸率较高的材料。铸铁片虽然取材方便、破碎面积大、泄水量多、降压效果好，但由于其材料性能极不稳定，爆破压力变幅很大，有时不够安全可靠。爆破膜片应批量储存，每批均须作爆破应力试验；爆破膜片可作为高扬程、小流量泵站的水锤防护措施，对大型泵站可作为管道的备用保护措施。膜片的爆破压力 $P_m$，可用式（5-106）估算：

$$P_m = 2.56\sigma_s \frac{S}{D} \quad (\text{MPa}) \tag{5-106}$$

式中 $\sigma_s$——膜片的极限拉应力（$N/mm^2$）；

$S$——膜片厚度（cm）；

$D$——膜片直径（cm）。

对牌号为 $L_{1M}$、$L_{2M}$的工业铝板，根据试验当膜片受压拉裂时，其爆破压力为：

$$P_m = 200\frac{S}{D^{0.92}} \quad (MPa) \tag{5-107}$$

# 6 净水工艺选择

## 6.1 生活饮用水水质要求

城镇水厂净水处理的目的是去除原水中悬浮物质、胶体物质、细菌、病毒以及其他有害成分，使净化后水质满足生活饮用水的要求。生活饮用水水质应符合下列基本要求：

（1）水中不得含有病原微生物。

（2）水中所含化合物质及放射性物质不得危害人体健康。

（3）水的感官性状良好。

《生活饮用水卫生标准》GB 5749—2006 规定了生活饮用水水质指标 106 项，其中常规指标 42 项，非常规指标 64 项，见表 6-1～表 6-3。此外，还规定了小型集中式和分散式供水部分水质指标 14 项，见表 6-4。

**水质常规指标及限值** **表 6-1**

| 指　标 | 限　值 |
|---|---|
| 1. 微生物指标[a] | |
| 总大肠菌群（MPN/100mL 或 CFU/100mL） | 不得检出 |
| 耐热大肠菌群（MPN/100mL 或 CFU/100mL） | 不得检出 |
| 大肠埃希氏菌（MPN/100mL 或 CFU/100mL） | 不得检出 |
| 菌落总数（CFU/mL） | 100 |
| 2. 毒理指标 | |
| 砷（mg/L） | 0.01 |
| 镉（mg/L） | 0.005 |
| 铬（六价）（mg/L） | 0.05 |
| 铅（mg/L） | 0.01 |
| 汞（mg/L） | 0.001 |
| 硒（mg/L） | 0.01 |
| 氰化物（mg/L） | 0.05 |
| 氟化物（mg/L） | 1.0 |
| 硝酸盐（以 N 计）（mg/L） | 10<br>地下水源限制时为 20 |
| 三氯甲烷（mg/L） | 0.06 |
| 四氯化碳（mg/L） | 0.002 |
| 溴酸盐（使用臭氧时）（mg/L） | 0.01 |
| 甲醛（使用臭氧时）（mg/L） | 0.9 |

续表

| 指　标 | 限　值 |
|---|---|
| 亚氯酸盐（使用二氧化氯消毒时）(mg/L) | 0.7 |
| 氯酸盐（使用复合二氧化氯消毒时）(mg/L) | 0.7 |
| 3. 感官性状和一般化学指标 | |
| 色度（铂钴色度单位） | 15 |
| 浑浊度（散射浑浊度单位）(NTU) | 1<br>水源与净水技术条件限制时为 3 |
| 臭和味 | 无异臭、异味 |
| 肉眼可见物 | 无 |
| pH | 不小于 6.5 且不大于 8.5 |
| 铝（mg/L） | 0.2 |
| 铁（mg/L） | 0.3 |
| 锰（mg/L） | 0.1 |
| 铜（mg/L） | 1.0 |
| 锌（mg/L） | 1.0 |
| 氯化物（mg/L） | 250 |
| 硫酸盐（mg/L） | 250 |
| 溶解性总固体（mg/L） | 1000 |
| 总硬度（以 $CaCO_3$ 计）(mg/L) | 450 |
| 耗氧量（$COD_{Mn}$ 法，以 $O_2$ 计）(mg/L) | 3<br>水源限制，原水耗氧量>6mg/L 时为 5 |
| 挥发酚类（以苯酚计）(mg/L) | 0.002 |
| 阴离子合成洗涤剂（mg/L） | 0.3 |
| 4. 放射性指标[b] | 指导值 |
| 总 $\alpha$ 放射性（Bq/L） | 0.5 |
| 总 $\beta$ 放射性（Bq/L） | 1 |

[a] MPN 表示最可能数；CFU 表示菌落形成单位。当水样检出总大肠菌群时，应进一步检验大肠埃希氏菌或耐热大肠菌群；水样未检出总大肠菌群，不必检验大肠埃希氏菌或耐热菌群。

[b] 放射性指标超过指导值，应进行核素分析和评价，判定能否饮用。

**饮用水中消毒剂常规指标及要求　　表 6-2**

| 消毒剂名称 | 与水接触时间 | 出厂水中限值 (mg/L) | 出厂水中余量 (mg/L) | 管网末梢水中余量 (mg/L) |
|---|---|---|---|---|
| 氯气及游离氯制剂（游离氯） | ≥30min | 4 | ≥0.3 | ≥0.05 |
| 一氯胺（总氯） | ≥120min | 3 | ≥0.5 | ≥0.05 |
| 臭氧（$O_3$） | ≥12min | 0.3 | — | 0.02<br>如加氯，总氯≥0.05 |
| 二氧化氯（$ClO_2$） | ≥30min | 0.8 | ≥0.1 | ≥0.02 |

**水质非常规指标及限值** **表 6-3**

| 指　　标 | 限　　值 |
| --- | --- |
| 1. 微生物指标 | |
| 贾第鞭毛虫（个/10L） | <1 |
| 隐孢子虫（个/10L） | <1 |
| 2. 毒理指标 | |
| 锑（mg/L） | 0.005 |
| 钡（mg/L） | 0.7 |
| 铍（mg/L） | 0.002 |
| 硼（mg/L） | 0.5 |
| 钼（mg/L） | 0.07 |
| 镍（mg/L） | 0.02 |
| 银（mg/L） | 0.05 |
| 铊（mg/L） | 0.0001 |
| 氯化氰（以 $CN^-$ 计）（mg/L） | 0.07 |
| 一氯二溴甲烷（mg/L） | 0.1 |
| 二氯一溴甲烷（mg/L） | 0.06 |
| 二氯乙酸（mg/L） | 0.05 |
| 1，2-二氯乙烷/（mg/L） | 0.03 |
| 二氯甲烷（mg/L） | 0.02 |
| 三卤甲烷（三氯甲烷、一氯二溴甲烷、二氯一溴甲烷、三溴甲烷的总和） | 该类化合物中各种化合物的实测浓度与其各自限值的比值之和不超过 1 |
| 1，1，1-三氯乙烷（mg/L） | 2 |
| 三氯乙酸（mg/L） | 0.1 |
| 三氯乙醛（mg/L） | 0.01 |
| 2，4，6-三氯酚（mg/L） | 0.2 |
| 三溴甲烷（mg/L） | 0.1 |
| 七氯（mg/L） | 0.0004 |
| 马拉硫磷（mg/L） | 0.25 |
| 五氯酚（mg/L） | 0.009 |
| 六六六（总量）（mg/L） | 0.005 |
| 六氯苯（mg/L） | 0.001 |
| 乐果（mg/L） | 0.08 |
| 对硫磷（mg/L） | 0.003 |
| 灭草松（mg/L） | 0.3 |
| 甲基对硫磷（mg/L） | 0.02 |
| 百菌清（mg/L） | 0.01 |
| 呋喃丹（mg/L） | 0.007 |

续表

| 指　　标 | 限　　值 |
| --- | --- |
| 林丹（mg/L） | 0.002 |
| 毒死蜱（mg/L） | 0.03 |
| 草甘膦（mg/L） | 0.7 |
| 敌敌畏（mg/L） | 0.001 |
| 莠去津（mg/L） | 0.002 |
| 溴氰菊酯（mg/L） | 0.02 |
| 2，4-滴（mg/L） | 0.03 |
| 滴滴涕（mg/L） | 0.001 |
| 乙苯（mg/L） | 0.3 |
| 二甲苯（总量）（mg/L） | 0.5 |
| 1，1-二氯乙烯（mg/L） | 0.03 |
| 1，2-二氯乙烯（mg/L） | 0.05 |
| 1，2-二氯苯（mg/L） | 1 |
| 1，4-二氯苯（mg/L） | 0.3 |
| 三氯乙烯（mg/L） | 0.07 |
| 三氯苯（总量）（mg/L） | 0.02 |
| 六氯丁二烯（mg/L） | 0.0006 |
| 丙烯酰胺（mg/L） | 0.0005 |
| 四氯乙烯（mg/L） | 0.04 |
| 甲苯（mg/L） | 0.7 |
| 邻苯二甲酸二（2-乙基己基）酯（mg/L） | 0.008 |
| 环氧氯丙烷（mg/L） | 0.0004 |
| 苯（mg/L） | 0.01 |
| 苯乙烯（mg/L） | 0.02 |
| 苯并（a）芘（mg/L） | 0.00001 |
| 氯乙烯（mg/L） | 0.005 |
| 氯苯（mg/L） | 0.3 |
| 微囊藻毒素-LR（mg/L） | 0.001 |
| 3. 感官性状和一般化学指标 | |
| 氨氮（以N计）（mg/L） | 0.5 |
| 硫化物（mg/L） | 0.02 |
| 钠（mg/L） | 200 |

**小型集中式供水和分散式供水部分水质指标及限值** **表 6-4**

| 指标 | 限值 |
|---|---|
| 1. 微生物指标 | |
| 菌落总数（CFU/mL） | 500 |
| 2. 毒理指标 | |
| 砷（mg/L） | 0.05 |
| 氟化物（mg/L） | 1.2 |
| 硝酸盐（以N计）（mg/L） | 20 |
| 3. 感官性状和一般化学指标 | |
| 色度（铂钴色度单位） | 20 |
| 浑浊度（散射浑浊度单位）（NTU） | 3<br>水源与净水技术条件限制时为5 |
| pH | 不小于6.5且不大于9.5 |
| 溶解性总固体（mg/L） | 1500 |
| 总硬度（以 $CaCO_3$ 计）（mg/L） | 550 |
| 耗氧量（$COD_{Mn}$，以 $O_2$ 计）（mg/L） | 5 |
| 铁（mg/L） | 0.5 |
| 锰（mg/L） | 0.3 |
| 氯化物（mg/L） | 300 |
| 硫酸盐（mg/L） | 300 |

## 6.2 主要净水工艺

给水处理工艺中主要的单元工艺有曝气（气提）、混凝沉淀、过滤、化学沉析、离子交换、膜处理、化学氧化及消毒、吸附以及生物处理等。

表6-5为各净水单元对各种不同污染物去除效果的分析，可作为净水工艺选择的参考。

**水处理工艺对可溶污染物去除的效果** **表 6-5**

| 污染物种类 | 曝气和分离 | 混凝、沉淀或溶气气浮、过滤（包括微滤、超滤） | 预涂层过滤 | 石灰软化 | 化学氧化和消毒 | 膜处理 | | | 离子交换 | | 吸附 | | |
|---|---|---|---|---|---|---|---|---|---|---|---|---|---|
| | | | | | | 纳滤 | 反渗透 | 电渗析 | 阴离子 | 阳离子 | 粒状活性炭 | 粉末活性炭 | 活性氧化铝 |
| 第一类污染物 | | | | | | | | | | | | | |
| 无机物 | | | | | | | | | | | | | |
| 锑 | | | | | | | ×① | × | | | | | |
| 坤（+3） | | XO② | | XO | | | × | × | × | | | | × |

续表

| 污染物种类 | 曝气和分离 | 混凝、沉淀或溶气气浮、过滤（包括微滤、超滤） | 预涂层过滤 | 石灰软化 | 化学氧化和消毒 | 膜处理 | | | 离子交换 | | 吸附 | | |
|---|---|---|---|---|---|---|---|---|---|---|---|---|---|
| | | | | | | 纳滤 | 反渗透 | 电渗析 | 阴离子 | 阳离子 | 粒状活性炭 | 粉末活性炭 | 活性氧化铝 |
| 砷（+5） | | × | | × | | | × | × | × | | | | × |
| 钡 | | | | × | | | × | × | | × | | | |
| 铍 | | × | | × | | | × | × | | | | | |
| 镉 | | × | | × | | | × | × | | × | | | |
| 铬（+3） | | × | | × | | | × | × | | × | | | |
| 铬（+6） | | | | | | | × | × | × | | | | |
| 氰化物 | | | | | × | | | | | | | | |
| 氟化物 | | | | × | | | × | × | | | | | × |
| 铅[3] | | | | | | | | | | | | | |
| 汞（无机） | | | | × | | | × | × | | | | | |
| 镍 | | | | × | | | × | × | | × | | | |
| 硝酸盐 | | | | | | | × | × | × | | | | |
| 亚硝酸盐 | | | | | | | × | × | × | | | | |
| 硒（+4） | | × | | | | | × | × | × | | | | × |
| 硒（+6） | | | | | | | × | × | × | | | | × |
| 铊 | | | | | | | × | × | | | | | × |
| 有机物 | | | | | | | | | | | | | |
| 挥发性有机物 | × | | | | | | | | | | × | | |
| 合成有机物 | | | | | | | × | | | | × | × | |
| 农药/除草剂 | | | | | | × | × | | | | × | × | |
| 溶解性有机碳 | | × | | | | × | × | | | | × | × | |
| 放射性核素 | | | | | | | | | | | | | |
| 镭（226 和 228） | | | | × | | | × | × | | × | | | |
| 铀 | | | | | | | × | × | × | | | | |
| 第二类污染物和引起感官问题的物质 | | | | | | | | | | | | | |
| 硬度 | | | | × | | × | × | × | | × | | | |
| 铁 | | XO | XO | × | | | | | | × | | | |
| 锰 | | XO | XO | × | | | | | | × | | | |
| 总溶解固体 | | | | | | | × | × | | | | | |

续表

| 污染物种类 | 曝气和分离 | 混凝、沉淀或溶气气浮、过滤（包括微滤、超滤） | 预涂层过滤 | 石灰软化 | 化学氧化和消毒 | 膜处理 | | | 离子交换 | | 吸附 | | |
|---|---|---|---|---|---|---|---|---|---|---|---|---|---|
| | | | | | | 纳滤 | 反渗透 | 电渗析 | 阴离子 | 阳离子 | 粒状活性炭 | 粉末活性炭 | 活性氧化铝 |
| 氯化物 | | | | | | | × | × | | | | | |
| 硫酸盐 | | | | | | × | × | × | | | | | |
| 锌 | | | | × | | | × | × | | × | | | |
| 色度 | | × | | | × | × | × | | | | × | × | |
| 嗅、味 | × | | | | × | | | | | | × | × | |

① ×—对该污染物适用的工艺。

② XO—该工艺结合氧化时适用。

③ 铅——一般是腐蚀产物，采用控制腐蚀的处理优于用水处理工艺去除。

# 6.3 净水工艺选择

## 6.3.1 净水处理工艺选择原则

净水处理工艺选择的原则应是针对当地原水水质的特点，以最低的基建投资和经常运行费用，达到要求的出水水质。

在进行净水工艺选择时，应充分考虑以下因素：

(1) 原水水质：对原水的水质应该进行长期的观察。对原水中的主要污染物进行分析，对潜在的污染影响和今后发展的趋势也应做出分析和判断。

(2) 出水水质的要求：不同的供水对象对水质的要求有所不同。就城市供水而言，必须符合国家规定的水质要求。在确定水质目标时还应结合今后水质提高的可能性做出相应考虑。

(3) 当地或者相类似水源净水处理的实践：当地已有给水处理厂，其处理效果是对所采用净水工艺最可靠的验证，也是选择净水工艺的重要参考内容。

(4) 操作人员的经验和管理水平：要使工艺过程能达到预期的处理目标，操作管理人员具有十分重要的作用，因此应尽量选择符合当地习惯和使用要求的净水工艺。

(5) 场地的建设条件：不同处理工艺对于占地或地基承载等会有不同的要求，因此在工艺选择时还应结合建设场地可能提供的条件进行综合考虑。有些处理工艺对气温关系密切（如生物处理），在其选用时还应充分注意当地的气候条件。

(6) 今后可能的发展：随着水质要求的提高，或者原水水质的变化，可能会对今后净水工艺提出新的要求，因此选择的工艺要求对今后的发展具有较大的适应性。

(7) 经济条件：经济条件是工艺选择中一个重要的因素。有些工艺虽然对提高水质具有较好的效果，但是由于投资较大或运行费用较高而难以被接受。因此工艺选择还应结合当地的经济条件进行考虑。

### 6.3.2 净水工艺及适用条件

目前用作净水处理的工艺和构筑物类型众多，主要形式及适用条件可参见表6-6。

净水工艺及构筑物选择 表6-6

| 净水工艺 | | 构筑物名称 | 适用条件 | |
|---|---|---|---|---|
| | | | 适用进水浊度（NTU）或含砂量 | 出水浊度（NTU） |
| 高浊度水预沉淀 | 自然沉淀 | 天然预沉池 | 原水中悬浮物多为砂性大颗粒时，多采用自然沉淀；多为黏性颗粒时，多采用混凝沉淀 | |
| | | 平流式或辐流式预沉池 | | |
| | 混凝沉淀 | 斜管预沉池 | | |
| | | 沉砂池 | | |
| | 澄清 | 水旋澄清池 | 含砂量<60～80kg/$m^3$ | 一般为20以下 |
| | | 机械搅拌澄清池 | 含砂量<20～40kg/$m^3$ | |
| | | 悬浮澄清池 | 含砂量<25kg/$m^3$ | |
| 化学预氧化 | 预臭氧氧化 | | 用于去除水中的色度、嗅味，氧化铁、锰，控制藻类和其他微生物的生长，并有一定的改善絮凝的作用 | |
| | 高锰酸钾预氧化 | | | |
| | 预氯化 | | | |
| | 二氧化氯预氧化 | | | |
| 粉末活性炭吸附 | | | 原水在短时间内含较高浓度溶解性有机物，具有异臭异味时 | |
| 生物预处理 | | 弹性填料生物接触氧化池 | 原水中氨氮、嗅阈值、有机物、藻含量较高，可生化性较好，水温一般在5℃以上 | |
| | | 陶粒填料生物滤池 | | |
| | | 轻质填料生物滤池 | | |
| | | 悬浮填料生物接触氧化池 | | |
| 一般原水沉淀 | 混凝沉淀 | 平流沉淀池 | 一般小于5000，短时间内允许10000 | 一般为5以下 |
| | | 斜管（板）沉淀池 | 500～1000，短时间内允许3000 | |
| | 澄清 | 机械搅拌澄清池 | 一般小于3000，短时间内允许3000～5000 | |
| | | 水力循环澄清池 | 一般小于500，短时间内允许2000 | |
| | | 脉冲澄清池 | 一般小于3000 | |
| | | 悬浮澄清池（单层） | 一般小于3000 | |
| | | 悬浮澄清池（双层） | 3000～10000 | |
| | | 高效沉淀池 | 一般小于10000 | |
| 气浮 | | 平流式气浮池 | 原水中藻类和轻质悬浮物较多，浊度一般小于100NTU | |
| | | 竖流式气浮池 | | |

续表

<table>
<tr><th colspan="2" rowspan="2">净水工艺</th><th rowspan="2">构筑物名称</th><th colspan="2">适用条件</th></tr>
<tr><th>适用进水浊度（NTU）或含砂量</th><th>出水浊度（NTU）</th></tr>
<tr><td colspan="2" rowspan="7">普通过滤</td><td>普通快滤池或双阀滤池</td><td rowspan="7">一般不大于5</td><td rowspan="7">一般为1以下</td></tr>
<tr><td>V型滤池</td></tr>
<tr><td>双层或多层滤料滤池</td></tr>
<tr><td>虹吸滤池</td></tr>
<tr><td>重力式无阀滤池</td></tr>
<tr><td>压力滤池</td></tr>
<tr><td>翻板滤池</td></tr>
<tr><td colspan="2" rowspan="4">接触过滤<br>（微絮凝过滤）</td><td>接触双层滤池</td><td rowspan="4">一般不超过25</td><td rowspan="4"></td></tr>
<tr><td>接触压力滤池</td></tr>
<tr><td>接触式无阀滤池</td></tr>
<tr><td>接触式普通滤池</td></tr>
<tr><td colspan="2">微滤机</td><td></td><td colspan="2">原水中藻类、纤维类、浮游物较多时</td></tr>
<tr><td rowspan="3">深度处理</td><td rowspan="2">氧化</td><td>臭氧接触池</td><td colspan="2" rowspan="3">原水受有机污染较严重</td></tr>
<tr><td>臭氧接触塔</td></tr>
<tr><td>吸附</td><td>活性炭吸附池</td></tr>
<tr><td rowspan="4">消毒</td><td>液氯</td><td></td><td colspan="2">有条件供应液氯地区</td></tr>
<tr><td>氨胺</td><td></td><td colspan="2">原水中有机物较多或管网较长</td></tr>
<tr><td>次氯酸钠</td><td></td><td colspan="2">有条件供应和管网中途加氯</td></tr>
<tr><td>二氧化氯</td><td></td><td colspan="2">原水中有机物较多</td></tr>
<tr><td rowspan="4">膜处理</td><td>微滤/超滤</td><td></td><td colspan="2">主要截留悬浮物、胶体、细菌、病原微生物（包括两虫）及部分大分子有机物</td></tr>
<tr><td>纳滤</td><td></td><td colspan="2">可以截留水中大部分有机物和部分无机离子、病毒</td></tr>
<tr><td>反渗透</td><td></td><td colspan="2">可以截留水中绝大部分无机离子和有机物，适用于纯水制备，海水或苦咸水淡化</td></tr>
<tr><td>电渗析</td><td></td><td colspan="2">用于海水淡化和除盐</td></tr>
</table>

### 6.3.3 净水工艺流程选择

净水工艺流程的选用及主要构筑物的组成，应根据原水水质、处理后水质要求、设计生产能力，通过调查研究以及不同工艺组合的试验或相似条件下已有水厂的运行经验，结合当地操作管理条件，通过技术经济比较综合研究确定。表6-7～表6-12的净水工艺流程可作为选择时的参考。

#### 6.3.3.1 一般水源净水工艺流程

一般水源是指原水水质基本符合《地面水环境质量标准》GB 3838—2002Ⅲ类以上水源水质的要求，其净水工艺一般采用常规处理流程，可参见表6-7选择。

一般水源净水工艺流程选择参考表　　表 6-7

| | 净水工艺流程 | 适用条件 |
|---|---|---|
| Ⅰ | 原水→混凝沉淀或澄清→过滤→消毒 | 一般进水浊度不大于 2000～3000NTU，短时间内可达 5000～10000NTU |
| Ⅱ | 原水→接触过滤→消毒 | 进水浊度一般不大于 25NTU，水质较稳定且无藻类繁殖时 |
| Ⅲ | 原水→混凝沉淀→过滤→消毒（洪水期）<br>原水→自然预沉→接触过滤→消毒（平时） | 山溪河流，水质经常清晰，洪水时含泥砂量较高时 |
| Ⅳ | 原水→混凝→气浮→过滤→消毒 | 经常浊度较低，短时间不超过 100NTU 时 |
| Ⅴ | 原水→（调蓄预沉或自然预沉或混凝预沉）→混凝沉淀或澄清→过滤→消毒 | 高浊度水二级沉淀（澄清）工艺，适用于含砂量大、砂峰持续时间较长的原水处理 |
| Ⅵ | 原水→混凝→气浮/沉淀→过滤→消毒 | 经常浊度较低，采用气浮澄清；洪水期浊度较高时，则采用沉淀工艺 |

#### 6.3.3.2 除藻净水工艺流程

水库、湖泊水往往浊度较低，含藻较高。在除浊的同时需考虑除藻，其净水工艺流程可参见表 6-8 选择。

除藻净水工艺流程选择参考　　表 6-8

| | 净水工艺流程 | 适用条件 |
|---|---|---|
| Ⅰ | 原水→气浮→过滤→消毒 | 进水浊度一般不大于 100NTU |
| Ⅱ | 原水→微滤机→接触过滤→消毒 | |
| Ⅲ | 杀藻药剂<br>↓<br>原水→混凝沉淀或澄清→过滤→消毒 | 含藻不十分严重 |
| Ⅳ | 原水→混凝沉淀→气浮→过滤→消毒 | 浊度较高，且含藻量较大 |

#### 6.3.3.3 受微量有机物污染水源的净水工艺流程

对受微量有机物污染，水质达不到规定标准要求的水源，一般不宜作为生活用水水源。如确实无法找到合适水源时，也可在常规处理的基础上，增加预处理或深度处理措施使其出水达到生活饮用水水质标准。

当选用预处理或深度处理工艺时，必须充分掌握原水水质及变化规律，并对净水效果进行试验和论证，然后结合工程投资、经常维护费用、能耗、管理技术条件等，进行技术经济比较。表 6-9 是常用的几种微污染水源净水工艺流程。为保证出厂水的生物安全性，表 6-9 第Ⅵ～Ⅷ流程的活性炭吸附后，可再加过滤工艺。为改善生物预处理的运行条件，经试验研究，也可采用先预沉淀，再生物预处理的流程。

**微量有机污染水源的净水工艺流程选择参考**　　**表 6-9**

| | 净水工艺流程 |
|---|---|
| Ⅰ | $O_3$预氧化<br>↓<br>原水→混凝沉淀或澄清→过滤→消毒 |
| Ⅱ | ↓粉末活性炭或 $KMnO_4$<br>原水→混凝沉淀或澄清→过滤→消毒 |
| Ⅲ | 原水→混凝沉淀或澄清→过滤→活性炭吸附→消毒 |
| Ⅳ | 原水→混凝沉淀或澄清→过滤→$O_3$接触氧化→活性炭吸附→消毒 |
| Ⅴ | $O_3$预氧化<br>↓<br>原水→混凝沉淀或澄清→过滤→$O_3$接触氧化→活性炭吸附→消毒 |
| Ⅵ | 原水→生物预处理→混凝沉淀或澄清→过滤→消毒 |
| Ⅶ | 原水→生物预处理→混凝沉淀或澄清→过滤→$O_3$接触氧化→活性炭吸附→消毒 |
| Ⅷ | $O_3$预氧化<br>↓<br>原水→生物预处理→混凝沉淀或澄清→过滤→$O_3$接触氧化→活性炭吸附→消毒 |

#### 6.3.3.4　膜处理工艺流程

膜处理技术是 21 世纪水处理技术新的热点，膜的种类较多，可以根据不同原水水质，选择不同的膜组合工艺流程，达到出水水质的要求。采用膜处理工艺，根据不同的原水水质，必要时进行小型试验，选取合适的膜品种和组合工艺流程。目前常用的膜处理工艺流程见表 6-10。

**膜处理工艺常用流程表**　　**表 6-10**

| 膜处理工艺流程 | | 适用条件 |
|---|---|---|
| Ⅰ | 原水→混凝沉淀→微滤/超滤→消毒 | 用于一般原水的常规处理 |
| | 原水→混凝沉淀→过滤→微滤/超滤→消毒 | |
| Ⅱ | 原水→接触絮凝→微滤/超滤→消毒 | 原水浊度小于 25NTU，且水质稳定 |
| Ⅲ | 原水→混凝沉淀→粉末活性炭吸附→微滤/超滤→消毒 | 原水受到一定有机物污染 |
| | 原水→混凝沉淀→过滤→保安过滤器→纳滤→消毒 | |
| | 原水→混凝沉淀→过滤→纳滤→消毒 | |
| Ⅳ | 原水→混凝沉淀→过滤→保安过滤器→反渗透→消毒 | 纯水制备，海水或苦咸水淡化 |
| | 原水→混凝沉淀→微滤/超滤→反渗透→消毒 | |

#### 6.3.3.5　含铁、含锰水净水工艺流程

当处理后水中铁、锰含量超过现行的《生活饮用水卫生标准》GB 5749—2006 的规定时，应对原水进行除铁、除锰处理。在选择除铁、除锰净水工艺时，应掌握详细的水质分析资料，凡有条件的地方应先进行处理工艺的小型试验。

常用除铁、除锰净水工艺流程，可参见表 6-11。

**除铁、除锰水净水工艺流程选择** 表 6-11

| | | 净水工艺流程 | 适 用 条 件 |
|---|---|---|---|
| 除铁 | Ⅰ | 原水→曝气→氧化沉淀→过滤 | 不适用于溶解性硅酸含量高且碱度低时 |
| | Ⅱ | $Cl_2$ 混凝剂<br>↓ ↓<br>原水→混凝→沉淀→过滤 | 适用于各种含量地下除铁 |
| | Ⅲ | 原水→曝气→FeOH 滤层过滤 | 不适用于还原性物质多和氧化速度快的原水 |
| 除锰 | Ⅰ | $KMnO_4$<br>↓<br>原水→混凝→沉淀→过滤 | |
| | Ⅱ | $Cl_2$<br>↓<br>原水→锰砂过滤 | |
| | Ⅲ | 原水→曝气→生物过滤 | |
| 同时除铁、锰 | Ⅰ | $Cl_2$ 混凝剂<br>↓ ↓<br>原水→混凝→沉淀→过滤（除铁）→过滤（除锰） | 当原水含铁、锰低时，可应用一级过滤 |
| | Ⅱ | $Cl_2$<br>↓<br>原水→曝气→过滤（除铁）→过滤（除锰） | |
| | Ⅲ | $KMnO_4$<br>↓<br>原水→曝气→过滤（除铁）→过滤（除锰） | |
| | Ⅳ | 原水→曝气→生物除铁除锰过滤 | |
| | Ⅴ | 原水→曝气→过滤（除铁）曝气→生物除锰过滤 | 含铁量大于 10mg/L、含锰量大于 1mg/L 的地下水 |

#### 6.3.3.6 含氟水净水工艺流程

当原水的氟化物含量超过现行的《生活饮用水卫生标准》GB 5749—2006 时，应对原水采取除氟处理。除氟的净水工艺流程可参见表 6-12。

**除氟净水工艺流程选择** 表 6-12

| | 净水工艺流程 | 适 用 条 件 |
|---|---|---|
| Ⅰ | 原水→空气分离→吸附过滤 | 地下水含氟 |
| Ⅱ | 原水→混凝→沉淀→过滤<br>↑<br>药剂 | 地下水或地表水含氟 |
| Ⅲ | 原水→过滤→反渗透 | 地下水含氟 |
| Ⅳ | 原水→过滤→电渗析 | 地下水含氟 |

# 7 预 处 理

## 7.1 预处理方式及分类

当原水季节性地出现高浊、高含砂、高氨氮、高耗氧量和高藻等状况时，会对以混凝、沉淀、过滤和消毒为核心的常规水处理工艺的运行稳定性产生严重干扰，导致水厂混凝剂和消毒剂消耗大为增加，沉淀排泥和滤池冲洗频次增加，消毒效果下降和出水感官性状与一般化学指标以及消毒副产物指标出现超标现象。预处理就是在原水进入常规水处理工艺前，针对原水水质特性采取一定的处理措施，减少后续处理工艺的负荷，消除干扰后续工艺稳定运行的不利因素，保障供水安全。

当原水发生突发污染时，通过强化各种预处理措施的能力进行提前干预，可对有效控制突发污染所产生的不利影响发挥积极的作用。

目前，预处理工艺包括物理、化学和生物等方法，主要方式可分为：

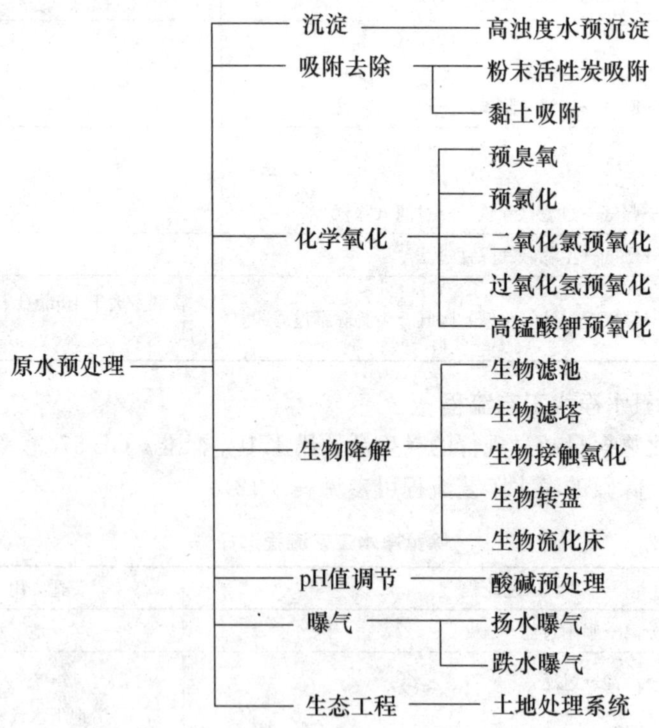


上述预处理的方式中应用比较广泛的为高浊度水的预沉淀、粉末活性炭吸附去除、化学预氧化和生物预处理四类方式。

# 7.2 高浊度水预沉淀

## 7.2.1 高浊度水的沉淀特点及计算

### 7.2.1.1 沉降分类

天然浑水的沉降可分为四种类型，即自由沉降、絮凝沉降、界面沉降和压缩沉降。

(1) 含砂量较低（含砂量在 6kg/m³以下），泥砂颗粒组成较粗时，一般具有自由沉降的性质。

(2) 当含砂量较高（在 6kg/m³以上，15～20kg/m³以下），或泥砂颗粒较细时，由于细小泥砂的自然絮凝作用而形成絮凝沉降。

(3) 当含砂量更高时（15～20kg/m³以上时），细颗粒泥砂因强烈的絮凝作用而互相约束，形成均浓浑水层。均浓浑水层以同一平均速度整体下沉，并产生明显的清—浑水界面，称浑液面，此类沉降称界面沉降。组成均浓浑水层的细颗粒泥砂称稳定泥砂，其粒径范围随含砂量的升高而加大。

(4) 原水含砂量继续增大，泥砂颗粒便进一步絮结为空间网状结构，黏性也急剧增高。此时颗粒在沉降中不再因粒径不同而分选，而是粗、细颗粒共同组成一个均匀的体系而压缩脱水，称压缩沉降。

沉降类型不同，颗粒沉降所遵循的规律和相应的沉降速度也各不相同。高浊度水的颗粒群体沉降遵循界面沉降规律，故沉淀池应按浑液面沉降速度进行设计。

### 7.2.1.2 浑浊面沉速

高浊度水在其自然沉降过程中相继出现浑液面的等速沉降、过渡区和压缩沉降三个阶段。一般选用等速沉降段的沉速或等速沉降段和过渡区两个阶段的浑液面平均沉速值作为设计沉速。

浑液面沉速取决于原水中的稳定泥砂的浓度，即组成均浓浑水层的细颗粒（粒径小于 0.03mm）的泥砂浓度，其关系如式 (7-1)：

$$v = v_0 e^{-K'_v \frac{C_w}{C_p}} \tag{7-1}$$

$$K_v = \lg e K'_v$$

或

$$\lg \frac{v_0}{v} = K_v \frac{C_w}{C_p} \tag{7-2}$$

式中 $v$——浑液面沉速 (mm/s)；

$v_0$——絮凝颗粒的自由沉降速度 (mm/s)，对黄河兰州段，$v_0$=0.157mm/s；

$C_p$——絮凝颗粒中泥砂的密度 (kg/m³)，在 $C_w$<100kg/m³时，$C_p$=400～410 (kg/m³)；

$C_w$——稳定泥砂的密度 (kg/m³)；

$K_v$——系数，平均为 4.01。

公式 (7-1) 适用于 $C_w$<100kg/m³。

由于原水的物理—化学性质不同，浑液面沉速也互有差异。有条件时，应选择有代表性的水样进行静水沉降试验。如缺乏试验数据，可按公式（7-1）计。

**7.2.1.3 泥渣浓缩与排泥水量**

当采用预沉构筑物时，必须考虑泥渣浓缩和排泥。预沉池通常采用连续排泥方式，以形成一定量的底流，使进入和排出的泥砂维持平衡，以保证预沉构筑物稳定工作。

（1）预沉池的积泥量

高浊度水的积泥量按公式（7-3）计算。

$$W_1 = 3600\frac{C_1 - C_4}{C_3 - C_1}QT \tag{7-3}$$

式中 $W_1$——预沉池积泥量，即池内泥渣部分的容积（$m^3$）；

$Q$——预沉池设计出水量（$m^3/s$）；

$T$——泥渣浓缩时间（h），一般不低于 1h；

$C_1$——进水设计含砂量（$kg/m^3$）；

$C_3$——平均积泥浓度（$kg/m^3$），与 $T$ 有关，应通过试验确定，如无实测资料时，可参考下列数据：

1）自然沉淀：150～300$kg/m^3$。

2）絮凝沉淀（投聚丙烯酰胺）：200～350$kg/m^3$。

3）兼作预沉池的调蓄水池：700～1300$kg/m^3$（与排泥方式有关）；

$C_4$——出水设计含砂量（$kg/m^3$）。

（2）预沉池的排泥水量

1）机械排泥时，排泥水量 $q_2$ 按连续排泥考虑，并用式（7-4）计算：

$$q_2 = \frac{Q(C_1 - C_4)}{C_2 - C_1} \tag{7-4}$$

式中 $q_2$——排泥水量（$m^3/s$）；

$C_2$——排泥水含砂量（$kg/m^3$），当采用机械连续排泥时可按前述积泥平均浓度的 $C_3$ 取值。

其余符号同前。

2）人工排泥时，排泥水量按式（7-5）计算：

$$q_2 = \frac{W_2 C_3}{3600 C_2 T} \tag{7-5}$$

式中 $W_2$——两次清除期间内池内可能积聚的最大泥砂量，即沉淀池泥渣部分容积（$m^3$）；

$C_2$——排泥水含砂量浓度（$kg/m^3$）；

$C_3$——池内积聚的泥砂浓度（$kg/m^3$）；

$T$——清除时间（h）。

### 7.2.2 天然预沉

**7.2.2.1 天然预沉池的设计要点**

（1）天然预沉池的设计库容，除包括沉淀过程所需容积、积泥体积和事故调节水量容积外，还应考虑渗漏和蒸发所消耗的容积。

（2）天然预沉池的沉淀时间较长，一般都以天为单位，所以在设计时对流速等参数均不作控制，而常按事故调蓄水量的要求确定。

（3）天然预沉池的围堤高度，除满足预沉池设计库容要求外，还需复核河流高水位对预沉池运行的影响，保证其高程在高水位时运行正常。

（4）北方地区全年使用的预沉池，应考虑冬季的防冻措施。目前使用天然冰盖防冻法较多，有条件时亦可利用废热防冻。

（5）天然预沉池的排泥措施，一般采用吸泥船。吸泥船的数量和排泥量应与设计水量、积泥高度等因素相适应，保证池内泥渣平衡。吸泥船的泥泵尽可能采用电动机传动方式。

吸泥船有直吸式、绞吸式和高压水冲式三类，形式的选用与泥渣的类别和粒径粗细等有关。目前常用的型号是平面尺寸小、吃水浅的绞吸式吸泥船。

（6）预沉池的出水水质，一般不作规定，根据天然预沉池的容量和工艺要求而定。

（7）块石、砖头、钢筋铁丝等，易造成挖泥船停车事故，因此预沉池在进水前，池底必须消除干净，并在进水口处设拦污栅等防护措施。

**7.2.2.2 天然预沉池的容积计算**

（1）容积计算：

$$W = Qn + W_1 \tag{7-6}$$

式中 $W$——预沉池计算容积（$m^3$）；

$Q$——设计水量（$m^3/d$）；

$n$——事故天数（d）；

$W_1$——积泥容积（$m^3$）。

设计容量应按计算容积增加渗漏和蒸发水量。

（2）积泥容积 $W_1$ 计算见公式（7-3）。

（3）预沉池深度计算：

$$H = \frac{W}{F} + h \tag{7-7}$$

式中 $H$——预沉池高度（m），一般不大于5m；

$F$——预沉池面积（$m^2$）；

$h$——预沉池超高（m），一般不小于0.5m。

（4）预沉池排泥水量的计算，见公式（7-4）、式（7-5）。

**7.2.2.3 天然预沉池排泥**

天然预沉池内一般不设置排泥系统，依靠吸泥船排除积泥，也有使用推土机排除泥渣，但效果较差，而且还需放空水池，影响正常运行，目前已很少使用（除非具有多座预沉池，可以交替使用时）。用于预沉池挖泥的有绞吸式、直吸式等挖泥船。

（1）绞吸式吸泥船是目前应用较广的形式，它的前部设有绞刀架，吸泥管安装在绞刀架上，利于绞刀切削泥土，然后吸泥排除。它对高浊度水预沉池中沉淀的砂性土和较硬的泥渣有较好的排除效果。

（2）直吸式吸泥船，是国内最早选用的吸泥船，它的吸泥管用绞车升降，直接降至沉泥面，靠泵的吸力把泥吸出排除。由于泵的吸力有限，因此只适用于排除松散的沉泥。

(3) 高压水冲式吸泥船是在直吸式基础上加设高压水冲设备。常用形式是在吸泥头周围设置带孔的环形水道，利用高压水从孔眼中射出的压力松动沉泥，然后由泵排除。

## 7.2.3 辐流式预沉池

### 7.2.3.1 设计要点

(1) 辐流式沉淀池是一种池深较浅的圆形构筑物。原水自池中心进入，沿径向以逐渐变小的速度流向周边，在池内完成沉淀过程后，通过周边集水装置流出。沉降在池底部的泥砂，采用机械方法排除，见图 7-1。

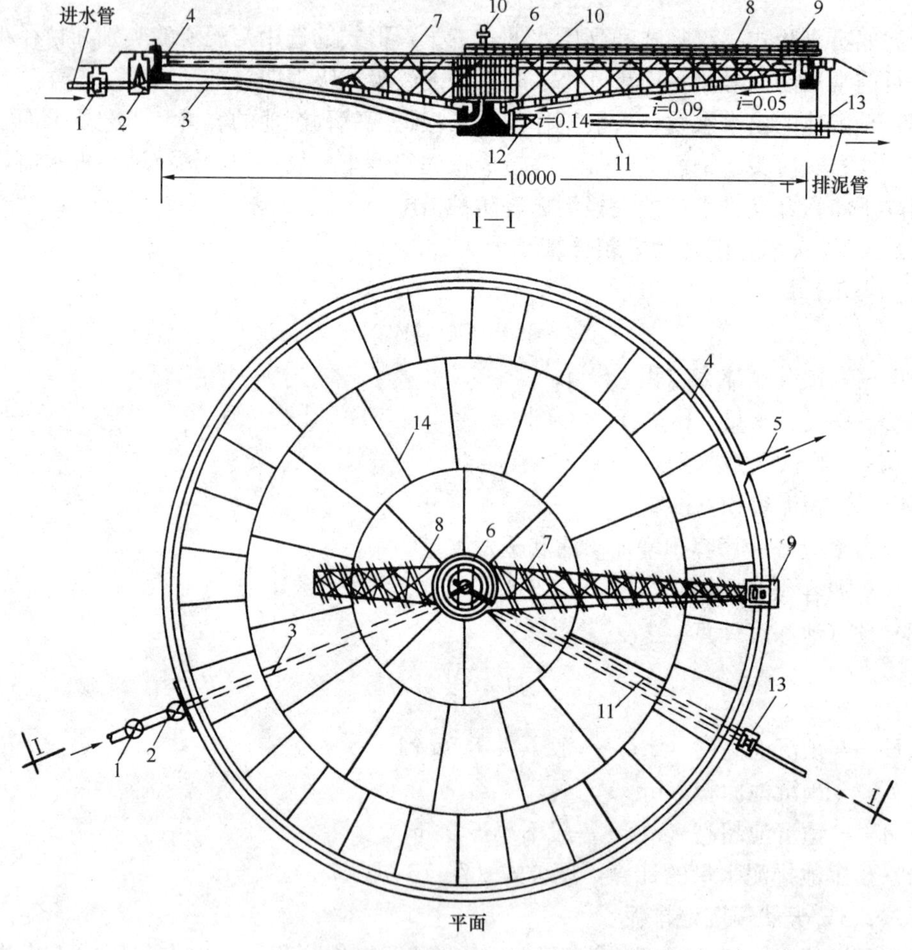


图 7-1 辐流式沉淀池

1—进水计量表；2—进水闸门；3—进水管；4—池周集水槽；5—出水槽；6、7、8—转动桁架；9—牵引小车；10—圆筒形配水罩；11—排泥管廊；12—排泥闸门；13—排泥计量表；14—池底伸缩缝

(2) 沉淀池直径 30～100m，周边水深 2.4～2.7m，池底最小坡度不小于 0.05，并应向池中心逐渐加大。

(3) 沉淀池表面积可用浑液面沉速计算；也可通过静水沉淀浓缩曲线求得，见图 7-2。

当采用自然沉淀方法时，浑液面沉速按设计含砂量的稳定泥砂浓度确定，见公式(7-1)。

当采用聚丙烯酰胺作絮凝沉降时，因浑液面沉速主要是投药量的函数，故应参照浑液面沉速与投药量的关系曲线，通过沉降试验确定。沉淀时间不少于2～3h。

沉淀池中心进水竖管周围为股流带，这部分面积不应计入沉淀池有效面积内，股流带面积按股流区半径计算，股流区半径约比中心配水装置大1m。

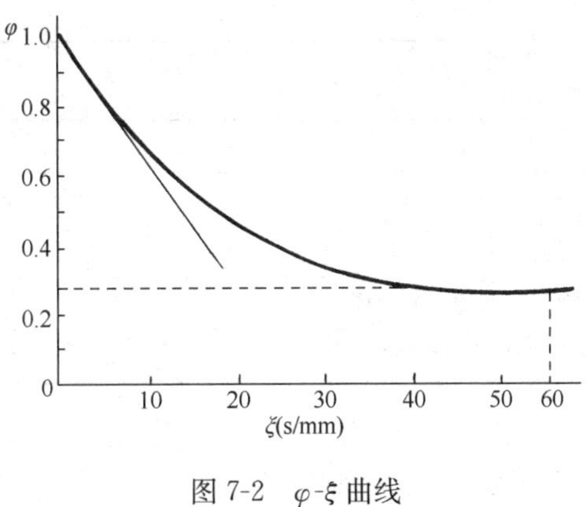

图 7-2 φ-ξ 曲线

(4) 沉淀池的进水系统对沉淀效果影响较大，为减少短流，应创造均匀的配水条件(如在进水竖管外加整流套筒等)。

(5) 沉淀池有效容积计算，应考虑实际运行时约有10%的容积因死角等原因不起作用的因素。

(6) 沉淀池污泥部分容积计算：当采用机械排泥时，应根据机械装置的桁架及刮泥板的有关尺寸确定；当采用人工排泥时，应按两次排泥间隔时期内可能沉积的最大泥砂量确定。

(7) 沉淀池的出水均匀性和进水均匀性一样，很大程度上影响沉淀效率，设计时应给予重视。出水装置有多口三角堰、水平薄壁堰及淹没孔口，堰口底要保持在同一水平面上，堰口前应设挡板。

(8) 沉淀池总出水管流速，当自然沉淀时，一般采用1.2～1.5m/s；当混凝沉淀时，一般采用0.6m/s。

(9) 沉淀池总出水管（渠）应设阀门或闸板，必要时需装设流量计。

(10) 池数一般不少于2个。

(11) 沉淀池直径较大时，要考虑风浪等影响。

(12) 沉淀池在正常水位以上应有0.5～0.8m的超高。

(13) 辐流式沉淀池处理高浊度水主要设计参数应通过试验和参照相似条件下的运行经验资料确定，也可按表7-1的规定采用。

**辐流式沉淀池主要设计数据** **表 7-1**

| 设计参数＼沉淀方式 | 自然沉淀 | 凝聚沉淀 |
|---|---|---|
| 进水含砂量（$kg/m^3$） | ＜20 | ＜100 |
| 池子直径（m） | 50～100 | 50～100 |
| 表面负荷［$m^3/(h \cdot m^2)$］ | 0.07～0.08 | 0.4～0.5 |
| 出水浊度（度） | ＜1000 | 100～500 |
| 总停留时间（h） | 4.5～13.5 | 2～6 |
| 排泥浓度（$kg/m^3$） | 150～250 | 300～400 |
| 中心水深（m） | 4～7.2 | 4～7.2 |

续表

| 设计参数 \ 沉淀方式 | 自然沉淀 | 凝聚沉淀 |
|---|---|---|
| 周边水深（m） | 2.4～2.7 | 2.4～2.7 |
| 底坡（%） | >5 | >5 |
| 超高（m） | 0.5～0.8 | 0.5～0.8 |
| 刮泥机转速（min/周） | 15～53 | 15～53 |
| 刮泥机外缘线速度（m/min） | 3.5～6 | 3.5～6 |

（14）高浊度水处理时，进水管在进入池底前应装有闸门、排气阀门（或排气管）和放空管，必要时还应设适用于高浊度水的计量设备。

（15）排泥管廊和闸门井应严密防渗，并设置排除渗漏水设施。

#### 7.2.3.2 计算方法

（1）原始计算资料

1）沉淀池设计出水量 $q$；

2）进水设计含砂量 $C_1$；

3）用含砂量为 $C_1$ 的浑水进行静水沉淀试验所得到的静水沉淀浓缩曲线 $\varphi$-$\xi$，见图7-3；

4）要求达到的排泥浓度 $C_2$；

5）出水设计含砂量 $C_4$。

（2）第一种计算方法按浑液面沉速计算，计算公式见表7-2。

浑液面沉速计算法公式　　表7-2

| 计算公式 | 符号说明及数据 |
|---|---|
| 总面积：<br>$F=1000\alpha\dfrac{q}{u}+nf_0$<br>半径：<br>$R=\sqrt{\dfrac{F}{n\pi}}$<br>$n=\dfrac{q}{q_1}$<br>池高：<br>$H=H_0+H_1+H_2$<br>$H_1=(R-r)i$<br>沉淀池容积：<br>$W_0=0.9W$<br>$W=\pi R^2H_0+\dfrac{\pi}{3}(R^2+Rr+r^2)\times(R-r)i$<br>总停留时间：<br>$T=\dfrac{W_0}{3600q_1}$ | $F$——沉淀池面积（$m^2$）；<br>$Q$——沉淀池设计水量（$m^3/s$）；<br>$u$——静止沉淀时的浑液面沉降速度（mm/s），可通过试验确定，无试验资料时可参照下列数据选用：<br>（1）自然沉淀时，按公式（7-1）求定；<br>（2）絮凝沉淀时，可在0.2～0.4mm/s之间选取，但应对所需聚丙烯酰胺投量进行校核计算；<br>$f_0$——每池进水竖管周围的股流区面积，根据配水的均匀程度而定，每只辐流池的 $f_0$ 在0～30$m^2$间取值；<br>$\alpha$——系数，为动水沉降与静水沉降速度的比值，采用1.3～1.35；<br>$n$——沉淀池个数，一般 $n\not<2$；<br>$R$——沉淀池半径（m）；<br>$q_1$——沉淀池单池出水量（$m^3/s$）；<br>$H$——沉淀池高度（m）；<br>$H_0$——沉淀池周边处水深（m），一般采用2.4～2.7m；<br>$H_1$——沉淀池圆锥台部分高度（m）；<br>$r$——沉淀池底部积泥坑半径（m）；<br>$i$——池底平均坡度，一般 $\not<5\%$，且应向池中心逐渐加大； |

续表

| 计 算 公 式 | 符号说明及数据 |
|---|---|
| 泥渣浓缩时间：<br>$T_1=\dfrac{W_2}{W_3}$<br>$W_3=3600\dfrac{C_1-C_4}{C_2-C_1}q_1$<br>$W_2=\dfrac{\pi}{3}(R^2+Rr+r^2)\times(R-r)i$<br>进水管：<br>$q_0=0.157d_0^2(1+3.43\sqrt[4]{Pd_0^{0.75}})$<br>$P=\dfrac{100C_1}{\left(1-\dfrac{C_1}{\rho_0}\right)\rho+C_1}$<br>周边集水槽：<br>$L_0=\dfrac{\pi R}{m}$<br>$\Delta h=h_1-h_2$<br>$=\dfrac{v_2^2-v_1^2}{2g}+h_0$<br>$h_0=\dfrac{v_m^2L_0}{C_mR_m}$<br>$v_m=\dfrac{v_1+v_2}{2}$<br>$R_m=\dfrac{R_1+R_2}{2}$<br>$a=\dfrac{q'}{\mu b\sqrt{2gh}}$<br>$h=h_3-h_4$ | $H_2$——超高（m），$H_2=0.5\sim0.8$m；<br>$W_0$——单池有效容积（$m^3$）；<br>$W$——单池总容积（$m^3$）；<br>$T$——沉淀池停留时间（h）；<br>$T_1$——泥渣浓缩时间（h），$T_1\not<1$h；<br>$W_2$——积泥区体积（$m^3$）；<br>$W_3$——每小时的积泥体积（$m^3/h$）；<br>$q_0$——每池设计进水量（$m^3/s$）；<br>$d_0$——临界流速下的进水管直径（m）；<br>$P$——原水中含砂量的质量百分数；<br>$C_1$——原水设计最大含砂量（$kg/m^3$）；<br>$C_4$——出水设计含砂量（$kg/m^3$）；<br>$\rho$——清水密度（$kg/m^3$）；<br>$\rho_0$——泥砂密度（$kg/m^3$）；<br>$L_0$——矩形周边集水槽的计算长度（m）；<br>$m$——计算分段数；<br>$\Delta h$——集水槽水位差（m）；<br>$v_1$——计算段起点流速（m/s）；<br>$h_1$——计算段起点水深（m）；<br>$v_2$——计算段终点流速（m/s）；<br>$h_2$——计算段终点水深（m）；<br>$h_0$——计算段全长的水头损失（m）；<br>$C_m$——计算段平均流速系数，据 $R_m$ 和集水槽粗糙系数 $n$ 查得出；<br>$v_m$——计算段平均流速（m/s）；<br>$R_m$——计算段平均水力半径（m）；<br>$R_1$——计算段起点水力半径（m）；<br>$R_2$——计算段终点水力半径（m）；<br>$a$——孔口缝隙高度（m）（为达到均匀出水，孔口常做成等宽度，变高度的形式），见图 7-3；<br>$q'$——通过每个孔口的流量（$m^3/s$）；<br>$\mu$——流量系数，采用 0.62；<br>$b$——孔口缝隙宽度（m），一般取用 0.8m；<br>$h$——周边集水槽中计算孔口所在断面的作用水头（m）；<br>$h_3$——沉淀池周边处水面高度（m）；<br>$h_4$——周边集水槽中计算孔口所在断面的水面高度（m） |

淹没孔见图 7-3。

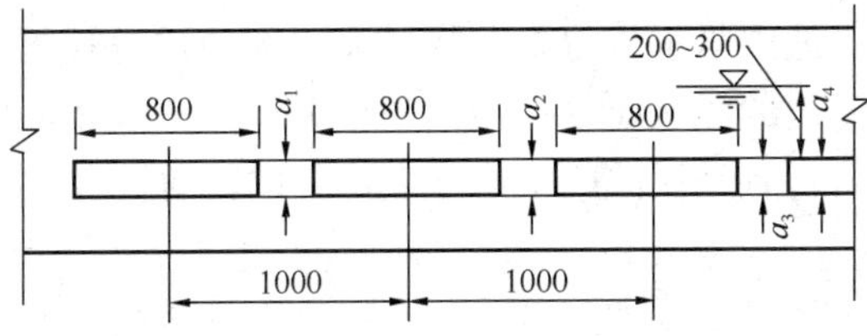


图 7-3 周边淹没式孔眼集水槽

(3) 第二种计算方法按浑水浓缩和异重流假设，将浑水的沉淀和浓缩过程用浓缩参数值 $\omega'$ 进行计算，见表 7-3。

浑水浓缩和异重流计算方法公式　表 7-3

| 计算公式 | 符号说明及数据 |
|---|---|
| $F=\frac{\alpha\omega'}{1-\alpha\varphi}\frac{H_0}{H}q$<br>$\varphi=\frac{C_1}{\alpha C_2}$<br>$H=H_0-h$<br>$F_{最小}=\lambda\frac{q}{u}10^3$<br>$R=\sqrt{\frac{F}{n\pi}}$<br>排泥：<br>$q_2=\frac{\alpha\varphi}{1-\alpha\varphi}q$<br>其余计算同前 | $F$——沉淀池表面积 ($m^2$)；<br>$\omega'$——浓缩参数，$\omega'=\int_0^{\xi}\varphi d\xi$ 即 $0\sim\xi$ 间曲边梯形的面积，其中 $\xi$ 由 $\varphi$ 值从 $\varphi$-$\xi$ 曲线求定，$\xi=\frac{t}{H_0}$；<br>$\varphi$——静水浓缩比；<br>$C_1$——设计进水含砂量 ($kg/m^3$)；<br>$C_2$——要求达到的排泥浓度 ($kg/m^3$)；<br>$\alpha$——系数（动水浓缩与静水浓缩的比值），$\alpha=1.1\sim1.3$；<br>$H_0$——沉淀池平均深度 (m)，一般取 4m；<br>$h$——清水区平均深度 (m)，一般取 0.5m；<br>$H$——浑水层深度 (m)；<br>$q$——沉淀池设计出水量 ($m^3/s$)；<br>$F_{最小}$——由直线段浑液面沉速计算出的沉淀池最小面积 ($m^2$)；<br>$u$——$\varphi$-$\xi$ 曲线中前段直线区斜率，即浑液面沉速 (mm/s)；<br>$\lambda$——系数，$\lambda=1.3\sim1.35$，用 $F>F_{最小}$ 进行校核；<br>$R$——沉淀池半径 (m)；<br>$n$——沉淀池个数；<br>$q_2$——排泥流量 ($m^3/s$)；<br>$q$——沉淀池出水量 ($m^3/s$) |

### 7.2.3.3 排泥

(1) 辐流池一般装设周边传动桁架刮泥机，刮泥机转数可调整。每小时约旋转 1～3 周，刮泥臂外缘线速度不宜大于 10m/min，常用值为 2.5～5m/min。刮泥机桁架上设置栈桥，刮泥板距池底一般为 8～10cm。

刮泥板桁架借牵引小车沿敷设在沉淀池圆周池壁上的钢轨，按顺时针方向旋转，同时中心部分有小轮在固定于中心支座圆板上的钢轨上转动。

刮泥板的平面形式应为带有不变角度 $\theta\geqslant45°$（$\theta$ 为曲线的切线和曲线变化半径＝矢量之夹角）的对数螺旋线形式。

(2) 有机械排泥装置的辐流沉淀池，在池中心底部设集泥坑。刮泥机将沉积于池底的泥砂汇集在集泥坑后，借池内静水压力将泥浆自池底部的排泥管压出。由于泥浆含砂量较高，因此自沉淀池底部排出的泥浆应尽可能采用重力流的方式就近排放。如无条件重力输送而必须采用水泵提升时，宜采用泥浆泵或砂泵。泵的设置高程尽可能按自灌考虑，以确保排泥安全可靠。

### 7.2.4 沉砂池

常用沉砂池有旋流式和平流式两种，适用于颗粒粒径较大的泥砂的预沉。旋流式用于小型预沉池，平流式可用于较大型预沉池。

#### 7.2.4.1 水力旋流沉砂池

水力旋流沉砂池见图 7-4。其工作特点：

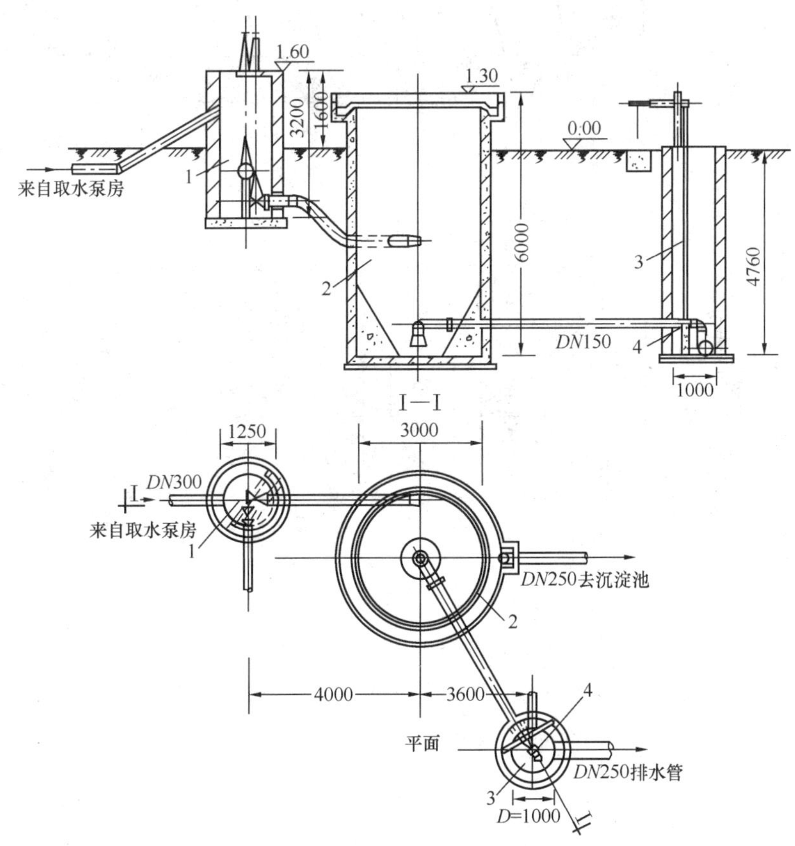


图 7-4 3000m³/d 水力旋流沉砂池

1—气水分离井；2—旋流沉砂池；3—排砂井；4—阀门

（1）利用水在容器内强烈旋转，使泥砂汇集中心而沉降除去，构造简单，水头损失较小，但池形较高。

（2）喷嘴出口略向下偏转约 3°；池内壁要求光滑，不宜设置铁梯等，以利旋流除砂。

（3）必须定时、及时地开启快开阀排砂。当洪水期过后，须立即停池彻底清扫，以免泥砂沉积压实，造成排砂管等堵塞。

图 7-5 为西南地区某水力旋流沉砂池的应用实例。其主要设计参数如下：

（1）处理规模为 $3000m^3/d$。

（2）当温度 $T$=20℃，砂粒粒径 $d$=0.1mm 时，颗粒的沉降速度为 6.12mm/s，采用水流上升流速为 5.0mm/s，可去除粒径≥0.1mm 的泥砂。

(3) 沉淀时间采用>10min。

(4) 池体有效沉降深度 $H_0$ 与直径 $D_0$ 之比以 1∶1 较宜。当水量过大时，池体过高，会限制它的使用。

**7.2.4.2 平流沉砂池**

平流沉砂池见图 7-5。

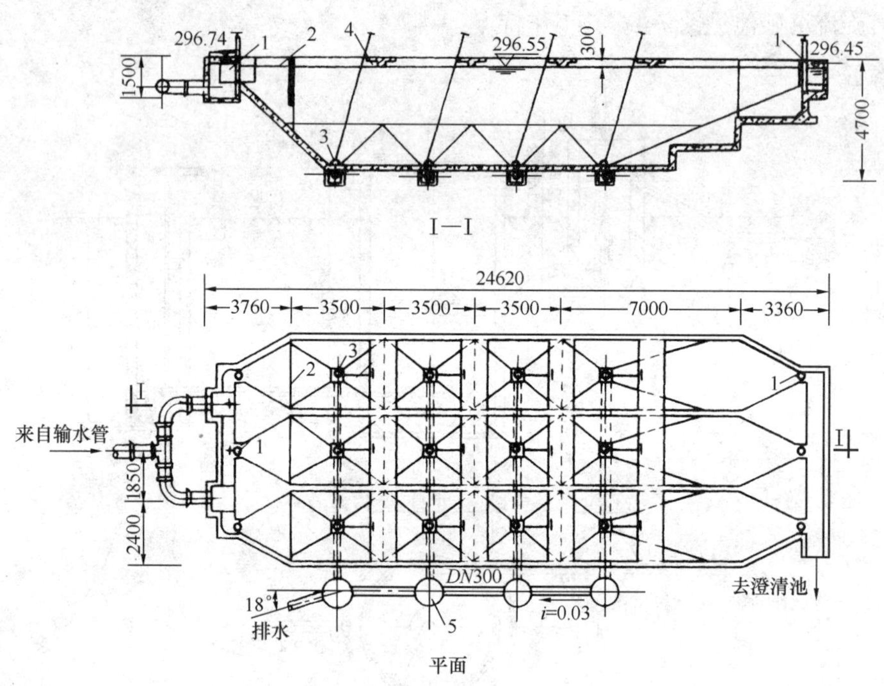


图 7-5 50000m³/d 平流沉砂池

1—提板闸；2—格栅；3—池底阀门；4—阀杆；5—检查井

(1) 设计参数及方法同一般平流沉淀池：

1) 沉淀时间 15～30min；

2) 水平流速 20mm/s。

(2) 进水端需设水流扩散过渡段，务使进水分配均匀，该池型池长较短，如配水不均将影响预沉效果。

**7.2.4.3 斜管沉砂池**

斜管沉砂池的设计参数应根据原水含砂量尤其是砂粒颗粒级配而定。当取水采用设有斜管的取水头部时，由于≥0.1mm 砂粒已被去除，故沉砂池大多按去除≥0.03mm 砂粒设计。当无斜管取水头部时，沉砂池一般按去除≥0.05～1.0mm 砂粒设计。

斜管沉砂池上升流速因水源不同而有较大出入，从 1.15～7mm/s，甚至更大。

斜管沉砂池的构造与一般的斜管沉淀池类似。图 7-6 为一种布置形式。

该池设计规模为 5 万 $m^3$/d。混合采用机械混合，混合时间 1min。絮凝方式为栅条絮凝，絮凝时间 5min。斜管沉砂池上升流速 4mm/s。沉砂池排泥采用虹吸式机械排泥。

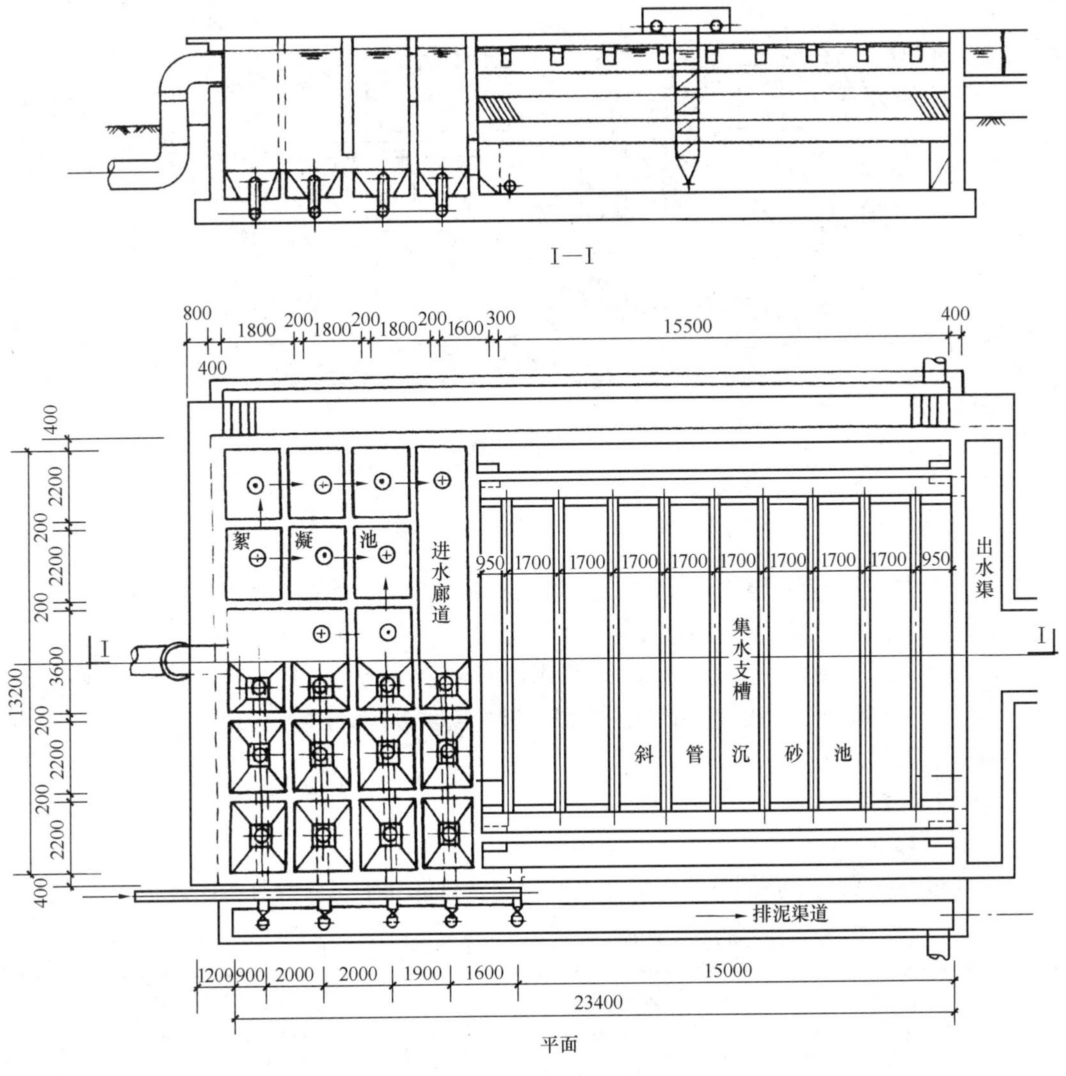


图 7-6 斜管沉砂池

### 7.2.5 XB-Ⅰ型水旋澄清池

XB-Ⅰ型水旋澄清池是用两次分离泥砂的方法以达到处理高浊度水的目的，其构造见图 7-7。

(1) 工作特点

1) 在水射器及进水喷嘴前，投加药剂后的原水，经进水管喷嘴沿切线方向进入一絮凝室顶部，沿旋流导板造成一絮凝室内水流的旋转运动，这种水流旋转速度逐渐由快变慢，因而使原水絮粒在旋转运动中获得较大接触强度和良好的反应条件，得以充分的凝聚、接触、吸附。

2) 处理高浊度水时，采用二级分离：一絮凝室底部是泥渣浓缩区，原水中约 50%左右泥渣沉入该泥渣浓缩区进行浓缩；其余部分通过二絮凝室和导流室，在分离室进行泥水

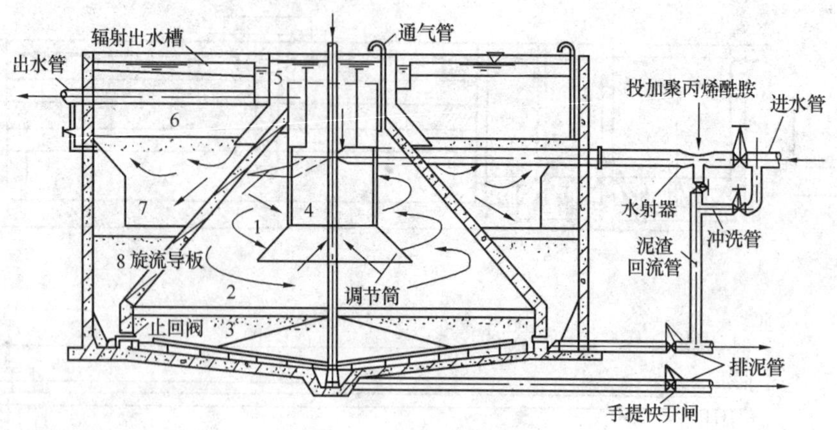


图 7-7 XB-Ⅰ型水旋澄清池

1—絮凝室混合区；2—絮凝室沉降区；3——絮凝室泥渣浓缩区；4—二絮凝室；5—导流室；6—分离室澄清区；7—分离室分离区；8—分离室泥渣浓缩区

分离。澄清水通过分离室清水区辐射集水槽流出，泥渣沉入分离室泥渣浓缩区进行浓缩。泥渣脱出水，通过设于池壁的环形保护罩下的穿孔管汇集，与上部澄清水一起流出。

3）冬季低温低浊条件下运转时，除利用水射器或泥浆泵进行泥渣回流外，可将二絮凝室的调节筒下降，使一絮凝室浓缩区容积在低浊度水处理时用于絮凝，以增加低温低浊水处理时的絮凝时间。

（2）设计要点

1）设计要点

① 处理不同原水含砂量时的澄清区上升流速及排泥耗水百分数可参照表 7-4 选用。

**不同含砂量及不同药剂的上升流速及排泥耗水百分数** **表 7-4**

| 河水含砂量（kg/m³） | 聚丙烯酰胺作助凝剂、三氯化铁作混凝剂 | | 单以三氯化铁或硫式氯化铝作混凝剂 | |
|---|---|---|---|---|
| | 上升流速（mm/s） | 排泥耗水百分数（%） | 上升流速（mm/s） | 排泥耗水百分数（%） |
| 0.1～3 | 1.1～1.2 | ≤5 | 1.0～1.1 | ≤5 |
| 3～5 | 1.1～1.2 | 5～10 | ≈0.1 | 5～15 |
| 5～10 | 1.0～1.1 | 5～12 | 1.0～0.9 | 10～18 |
| 10～15 | 1.0～1.1 | 5～13 | 0.8～0.9 | 18～22 |
| 15～25 | 1.0～1.1 | 6～15 | | |
| 25～30 | 0.9～1.0 | 7～17 | | |
| 30～40 | 0.9～1.0 | 10～19 | | |
| 40～50 | 0.9～1.0 | 15～20 | | |
| 50～60 | 0.8～0.9 | 18～22 | | |
| 60～70 | 0.8～0.9 | 20～24 | | |
| 70～80 | ≈0.8 | 22～26 | | |

② XB-Ⅰ型水旋澄清池在分离室的泥渣脱出水，其产水量随进水含砂量不同而异，一般占澄清池产水量的10%左右。

③ 分两点加药，高浊度水期间在进水管水射器上投加助凝剂（聚丙烯酰胺），在进水管喷嘴上投加混凝剂三氯化铁。当单投加三氯化铁时，应将药剂投于进水管水射器加药口上。

④ 聚丙烯酰胺采用搅拌器及水泵搅拌，投加浓度为0.1%～2%（商品重量计，出水若用于饮用水处理应根据商品丙烯胺单体含量降低浓度）。三氯化铁投加浓度0.5%～3%（按商品重量计）。

⑤ 一絮凝室顶部及泥渣脱出水保护罩顶部设置空气放泄管。

⑥ 分离室底部设止回阀，在一絮凝室排泥时，可排除分离室部分泥渣，并防止圆锥形一絮凝室顶壁受水压力过大。

⑦ 一絮凝室底设有中心传动刮泥机，将泥渣集中后，由中心排泥管排除。分离室底部可设周圈传动刮泥机，或设分段（2～3段）的环形穿孔排泥管排泥。分离室底部的单向阀向一絮凝室作辅助排泥。两室的排泥管都接泥渣回流管，低浊度运转时可进行泥渣回流。

2）主要设计数据见表7-5。

**主要设计数据** **表7-5**

| 名　称 | 单位 | 设计数据 | 备　注 |
|---|---|---|---|
| 进水管流速 | m/s | 1.0～1.6 | |
| 进水管喷嘴水流喷出速度 | m/s | 2.5～4.0 | |
| 进水管前工作压力 | kPa | ≈60 | |
| 水射器提升泥渣量 | 按产水量% | 30 | |
| 一絮凝室、导流室流速 | mm/s | 20～50 | 包括折流处、出口处 |
| 分离室澄清区流速 | mm/s | 0.8～1.2 | 见表7-5 |
| 分离室澄清区高度 | m | 1.5～2 | |
| 泥渣脱出水保护罩流速 | mm/s | 0.3～0.4 | |
| 泥渣脱出水保护罩直壁高度 | m | 1～1.3 | |
| 二絮凝室絮凝区停留时间 | min | 6～8 | 按设计水量 |
| 二絮凝室沉降区停留时间 | min | 15～20 | 按设计水量 |
| 二絮凝室泥渣浓缩区体积 | | | 按50%左右泥渣量压缩1h |
| 总停留时间 | h | 1.5～2.0 | |
| 平均排泥浓度 | $kg/m^3$ | 60～320 | 高浊度水期间采用聚丙烯酰胺助凝剂 |

（3）池体尺寸及计算公式

池体尺寸计算见图7-8。

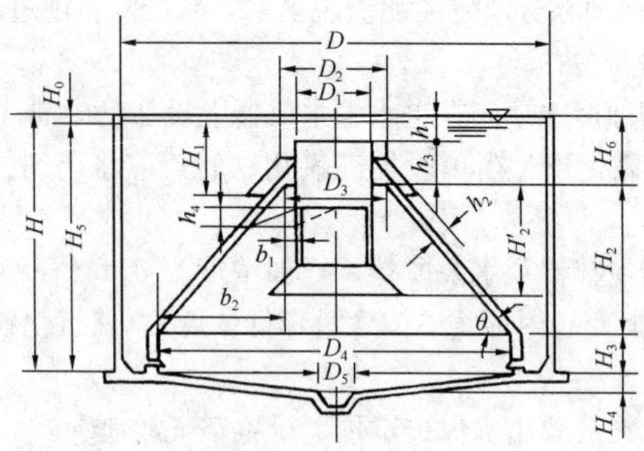


图 7-8　池体尺寸计算

XB-Ⅰ型水旋澄清池的计算公式见表 7-6。

**XB-Ⅰ型水旋澄清池计算公式**　　**表 7-6**

| 计　算　公　式 | 设计数据及符号说明 |
|---|---|
| 排泥耗水系数： | $B_n$——排泥耗水率； |
| $B_n = \frac{C_1}{C_2 - C_1}$ | $C_1$——设计进水含砂量（$kg/m^3$）； |
| | $C_2$——平均排泥浓度（$kg/m^3$）； |
| 设计计算水量： | $Q$——设计计算水量（$m^3/s$）； |
| $q = q_0(1 + B_n)$ | $q_0$——要求产水量（$m^3/s$）； |
| 二絮凝室： | $\omega_1$——二絮凝室截面积（$m^2$）； |
| $\omega_1 = \frac{q}{v_1} + \omega_0$ | $v_1$——二絮凝室截流速（m）； |
| | $\omega_0$——刮泥机轴面积（$m^2$）； |
| $D_1 = \sqrt{\frac{4}{\pi}\omega_1}$ | $D_1$——二絮凝室内径（m）； |
| $h_1 = \frac{\omega_1}{\pi D_1}$ | $h_1$——二絮凝室折流处高度（m）； |
| | $\omega_2$——导流室面积（$m^2$）； |
| 导流室： | $D_2$——导流室内径（m）； |
| $\omega_2 = \omega_1$ | $D'_1$——二絮凝室外径（m）； |
| $D_2 \sqrt{\frac{4}{\pi}\left(\frac{\pi}{4}D'^2_1 + \omega_2 + A_2\right)}$ | $A_2$——导流室中导流板截面积（$m^2$）； |
| | $h_2$——导流室出口高度（m）； |
| $h_2 = \frac{\omega_2}{\pi D_2}$ | $W$——一絮凝室要求容积（$m^3$）； |
| 一絮凝室： | $W_1$——一絮凝室混合区要求容积（$m^3$）； |
| $W = W_1 + W_2 + W_3$ | $t_1$——处理高浊度水时要求混合时间，为 6～8min； |
| $W_1 = 60t_1q$ | $W_2$——一絮凝室沉降区要求容积（$m^3$）； |
| $W_2 = 60t_2q$ | $t_2$——处理高浊度水时沉降区要求停留时间，为 15～20min； |
| $W_3 = \frac{3600(C_1 - C'_4)qt_3}{C'_3}$ | $W_3$——泥渣浓缩区要求容积（$m^3$）； |
| $W' = W'_1 + W'_2 + W'_3$ | $C'_4$——一絮凝室出口浓度（$kg/m^3$），按原水含砂量 40%左右计算； |
| $W'_1 + W'_2 = \frac{1}{3}H_2(\omega_3 + \omega_4 + \sqrt{\omega_3\omega_4})$ | $t_3$——泥渣浓缩时间，按泥渣浓缩 1h 计算； |
| $\omega_3 = \frac{\pi}{4}D_3^2$ | $C'_3$——一絮凝室泥渣浓缩平均浓度（$kg/m^3$）（浓缩 1h 的平均浓度为 400$kg/m^3$）； |
| $D_3 = D'_1 + 2b_1$ | $W'$——一絮凝室计算容积（$m^3$）； |

续表

| 计 算 公 式 | 设计数据及符号说明 |
| --- | --- |
| | $W'_1$——一絮凝室混合区计算容积（$m^3$）； |
| | $W'_2$——一絮凝室沉降区计算容积（$m^3$）； |
| | $W'_3$——一絮凝室泥渣浓缩区计算容积（$m^3$）； |
| | $W'_1+W'_2$——一絮凝室锥体容积（$m^3$）； |
| | $H_2$——截头锥体高度（m）； |
| | $\omega_3$——一絮凝室截头锥体上端面积（$m^2$）； |
| $b_1=1.5d_1$ | $D_3$——截头锥体上端直径（m）； |
| | $b_1$——见图 7-8； |
| $\omega_4=\frac{\pi}{4}D_4^2$ | $\omega_4$——锥体下端面积（$m^2$）； |
| $D_4=D_3+2b_2$ | $D_4$——锥体下端直径（m）； |
| $b_2=H_2\tan(90°-\theta)$ | $d_1$——进水管直径（m）； |
| $W'_3=\frac{\pi}{4}D_4^2H_3+W'_4$ | $b_2$——见图 7-8； |
| | $\theta$——混凝室锥壁角度（按泥渣滑动要求 $\theta=55°$）； |
| $W'_4=\frac{1}{3}H_4(\omega_4+\omega_5+\sqrt{\omega_4\omega_5})$ | $H_3$——泥渣浓缩区圆柱体高（m）； |
| | $W'_4$——泥渣浓缩区锥形底部容积（$m^3$）； |
| $\omega_5=\frac{\pi}{4}D_5^2$ | $H_4$——泥渣浓缩区锥底高（m）； |
| | $\omega_5$——泥渣斗上口面积（$m^2$）； |
| $W'_1=\frac{1}{3}H'_2(\omega_3+\omega'_4+\sqrt{\omega_3\omega'_4})-\frac{\pi}{4}D'^2_1H'_2$ | $D_5$——泥渣斗上口直径（m）； |
| | $H'_2$——反应筒深入一絮凝室深度（m）； |
| $\omega'_4=\frac{\pi}{4}D'^2_4$ | $\omega'_4$——反应筒下口所处锥壁的面积（$m^2$）； |
| $h_4=1.5d_1$ | $D'_4$——反应筒下口所处锥壁的直径（m）； |
| $h_5=0.75d_1$ | $h_4$——旋流导板末端与进水管中心线高差（m）； |
| $L=10d_1$ | $h_5$——旋流导板首端与进水管中心线高差（m）； |
| 分离室： | $L$——旋流导板外圈长度（m）； |
| $W_F=W_z+W_{s1}+W_{s2}$ | $W_F$——分离室容积（$m^3$）； |
| $W_z=\omega_2H_1$ | $W_z$——澄清区容积（$m^3$）； |
| | $\omega_z$——澄清区截面积（$m^2$）； |
| $\omega_z=\frac{q}{v_z}$ | $v_z$——澄清区上升流速（m/s）； |
| | $H_1$——澄清区设计高度（m）（≥2m）； |
| $\omega=\omega_z+\frac{\pi}{4}D'^2_2$ | $\omega$——池子总面积（$m^2$）； |
| | $D'_2$——导流室外径（m）； |
| $D=\sqrt{\frac{4}{\pi}\omega}$ | $D$——澄清池直径（m）； |
| $W_{s1}=60tq$ | $W_{s1}$——分离区要求容积（$m^3$）； |
| | $t$——分离区要求停留时间，20～25min； |
| $W_{s2}=\frac{3600(C'_4-C_4)qT_2}{C'_3}$ | $W_{s2}$——分离室泥渣浓缩区要求容积（$m^3$）； |
| 池深： | $T_2$——泥渣浓缩时间（按浓缩 1h 计算）； |
| $H=H_0+h_1+h_3+H_2+H_3$ | $C'_3$——分离室泥渣浓缩平均浓度（$kg/m^3$）（浓缩 1h 的平均浓度为 300$kg/m^3$）； |
| 池总容积： | $C_4$——分离室出水悬浮物含量（$kg/m^3$）； |
| $V=\frac{\pi}{4}D^2H_5+W'_4-V_0$ | $H$——池深（m）； |
| | $h_3$——二絮凝室上口折流处至一絮凝室锥顶高度（m）（采用 1.0～1.1m）； |
| | $H_0$——池体保护高度（m），采用 0.2～0.25m； |
| | $H_5$——有效池深（m）； |
| | $V$——池总容积（$m^3$）； |
| | $V_0$——池内结构体积（$m^3$） |

### 7.2.6 其他预沉构筑物

用于处理一般浊度水的斜板（管）沉淀池、机械搅拌澄清池、悬浮澄清池等净水构筑物，亦可用于高浊度水处理，但必须对池型布置作适当改变，以解决大量泥砂的沉积、浓缩和排除。

当原水含砂量较小时，预沉和沉淀可在同一构筑物内完成，即采用一次沉淀工艺。用于高浊度水的沉淀、澄清池计算方法及大部分设计数据与一般浊度水的处理相同，本节仅简述用于处理高浊度水时的设计特点、设计数据及池型变化的设计要点。

#### 7.2.6.1 斜板（管）预沉池设计要点

(1) 斜板的间距一般采用 50～180mm，常用 100mm；斜管的直径一般采用 25～50mm，常用 35mm，斜板（管）的倾角一般以 60°为宜。

(2) 斜板（管）的长度一般采用 1000～1500mm，常用 1500mm。

(3) 斜板（管）预沉池的上升流速取决于进水含砂量，一般含砂量越高，设计的上升流速选用越低。在进水含砂量为 60kg/m$^3$ 时，自然沉淀的斜管流速为 0.3～0.35mm/s，混凝沉淀的斜管流速为 0.7～1.0mm/s。

(4) 斜板（管）预沉池的出水悬浮物一般不大于 500mg/L。

(5) 用于混凝沉淀的斜板（管）沉淀池，一般使用聚丙烯酰胺作絮凝剂，以提高产水量。模型试验和生产性资料证明，在处理小于或等于 100kg/m$^3$ 含砂量的高浊度水时，投加足够的水解聚丙烯酰胺絮凝剂，斜管预沉池的上升流速可达 2.5mm/s。

(6) 斜板（管）预沉池用于混凝沉淀时，絮凝时间可缩短，一般只需 3～5min。

(7) 在斜板（管）预沉池中，由于表面负荷高，因此对池中泥渣浓缩和排泥等，一定要采取相应设施，使预沉池中出水和泥渣浓缩达到平衡。目前在斜板（管）预沉池中的泥渣浓缩区常采用间距为 50mm、长度为 1m 的斜板作为泥渣的增浓，效果较佳，一般可提高泥渣浓缩效率 3～5 倍。排泥设施以采用机械排泥为佳。

#### 7.2.6.2 机械搅拌澄清池预沉池设计要点

(1) 要求具有较大的第一反应室和底部泥渣浓缩室。

(2) 处理高浊度水时，沉淀泥渣应及时排除，不应回流。

(3) 采用直筒形外壁和缓坡的平底。

(4) 需设置机械排泥装置和中心排泥坑，一般不另设排泥斗。

(5) 机械搅拌澄清池的进水方式不宜采用容易积泥和堵塞出流缝隙的三角形配水槽，而以底部进水方式为宜。

(6) 为了提高絮凝效果，机械搅拌澄清池的第一反应室，应设置第二投药点，设置高度一般为第一反应室的 1/2 高度处，以提高澄清池的处理效果和表面负荷，当发生事故时，也可作为控制泥渣面上升的补救措施。

(7) 在使用聚丙烯酰胺絮凝剂处理高浊度水时，机械搅拌澄清池的叶轮转速宜取高值(叶轮外端线速度一般为 1.33～1.67m/s)。

(8) 机械搅拌澄清池在投加聚丙烯酰胺絮凝剂时，可以处理约 40kg/m$^3$ 以下含砂量的高浊度水。

(9) 机械搅拌澄清池的主要设计参数，可参照相似条件的水厂资料选用，如无数据时，也可参考下列设计数据：

1）清水区上升流速为 0.6～1.0mm/s；

2）清水区高度为 1～1.5m；

3）清水区出水浊度一般小于 20NTU，个别情况为 50～100NTU；

4）第一反应室停留时间（按设计水量计）为 6～10min；

5）第二反应室停留时间（按设计水量计）为 7～11min；

6）总停留时间为 1.2～2h；

7）排泥耗水率 15%～30%；

8）排泥浓度为 150～300kg/m³；

9）回流倍数 2～3 倍。

**7.2.6.3 悬浮澄清池设计要点**

（1）池型特点

处理高浊度水的常用悬浮澄清池池型见图 7-9。

图 7-9 澄清池的特点是泥渣浓缩室（以下简称泥渣室）设于悬浮层下部，在中心排渣筒下部设有深部排渣孔，在处理高浊度水期间可以开启，以调节悬浮层的浓度，排除多余泥渣，保持悬浮层内部的泥渣平衡。在处理一般浊度水期间，也可以定期开启排渣孔，以排除悬浮层底部逐渐积聚的砂粒，提高澄清效果。

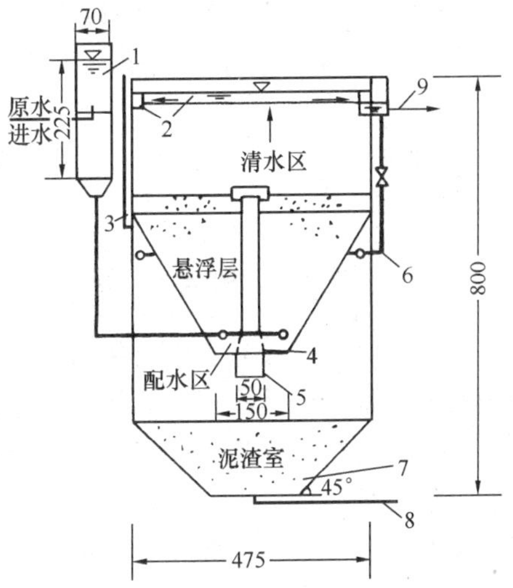


图 7-9 圆形双层悬浮澄清池示意

1—空气分离器；2—清水集水槽；3—排气管；4—底部排渣孔；5—排渣导流管；6—强制出水管；7—冲洗管；8—排泥管；9—清水出水管

（2）设计要点

1）处理含砂量的 3.5～4kg/m³ 的原水，一定要设置底部和深部排渣孔。底部排渣孔的开启面积，应根据原水中含砂量而定。

2）排渣孔的孔口应有调节开启度的设施，排渣孔的总面积一般为排渣筒总面积的 50%，排渣孔的流速一般为 0.05m/s。

3）对于含砂量较高的原水，为了提高除砂效率，可在原水进水管上加设一条比进水管小一号的排砂管，作为定期排砂，也可作为澄清池放空之用。

4）当原不悬浮物含量超过 3000mg/L，原水与混凝剂溶液混合至进入配水系统之前的时间不得超过 3min。

5）悬浮澄清池的平面可做圆形或矩形，如采用圆形时，宜采用喷射配水；如采用矩形时，则可采用穿孔管配水。

6）采用穿孔管配水时，孔口流速一般为 1.5～2.0m/s，采用喷射配水时，喷嘴流速一般为 1.25～1.75m/s。

7）悬浮层高度一般为 2m，停留时间不小于 20min，每 1m 悬浮层的水头损失为 7～8cm。

8）清水区高度一般为 1.5～2.0m，当以聚丙烯酰胺作絮凝剂时上升流速可参照相似悬浮澄清池运行资料确定。根据原水悬浮物含量高低，一般清水区上升流速采用0.5～0.8mm/s；泥渣浓缩室上升流速采用0.4～0.6mm/s。

9）泥渣室的有效高度不得少于1.5m。泥渣浓缩的计算时间和相应的泥渣浓度应根据试验的泥渣浓缩曲线确定。

10）强制出水量一般为出水量的30%～40%。

11）澄清池的排泥周期与进水含砂量有关（高浊度时应连续排泥），一般为4～8h，排出的泥渣含水率与投药量有关，一般情况下为87%～93%。当采用穿孔排泥管排泥时，必须在池底加设压力冲洗管。

12）澄清池排泥管的管径不小于150mm，排泥孔眼直径不小于20mm，孔口的流速不小于2.5m/s，排泥时间为10～20min。

13）泥渣室内的压力冲洗管，一般水压为0.3～0.4MPa，在冲洗管段设置与垂直线成45°向下交错排列的孔眼（孔径为15～20mm）。反冲洗时间一般为2～3min。

## 7.3 粉末活性炭吸附预处理

### 7.3.1 主要作用与特点

活性炭吸附是去除水中有机污染物的有效方法之一。粉末活性炭（PAC）自1929年美国新米尔福水厂首次用于除氯酚臭味以来，已有超过80年的应用历史。粉末活性炭对水中溶解的有机污染物，如三卤甲烷及前体物质、四氯化碳、苯类、酚类化合物等具有较强的吸附能力。对色度、异臭、异味、亚甲蓝表面活性物质、除草剂、杀虫剂、农药、合成洗涤剂、合成染料、胺类化合物及许多人工合成的有机化合物等都有较好的去除效果。对某些重金属化合物，如汞、铅、铁、镍、铬、锌、钴等也有较强的吸附能力。但对氨氮几乎没有吸附作用。

粉末活性炭以其优良的吸附性能，对水质、水温及水量变化有较强的适应能力，处理装置占地面积小，运转管理简单，易于自动控制，较低的基建投资和投加费用，灵活的应用条件，成为普遍接受的原水预处理和应急处理手段，尤其适用于水质季节变化大，有机污染较为严重的原水预处理。在松花江污染事件和太湖水质突变事件中，粉末活性炭均发挥重要作用。但是，投加在原水中的粉末活性炭使用后必须随水厂沉淀排泥水一起分离，无法回收和再生利用。

除单独投加外，粉末活性炭吸附还可与其他预处理工艺组合使用，提高特定物质的去除率。

有关粉末活性炭的吸附机理、吸附影响因素、对水中典型物质的吸附特性、性能指标以及产品标准等详见本手册第14章的相关叙述。

### 7.3.2 粉末活性炭品种选择

任何炭质原料几乎都可用于制造活性炭，植物性原料有木材、锯末、果壳、蔗渣等，无机类原料有褐煤、烟煤、无烟煤、泥炭等，原料中灰分含量越少越好，通过炭化、活化及后处理工艺成炭。

给水处理中用得较多的粉末活性炭主要是木质、椰壳、果壳和煤质炭，通常是用水蒸气、$CO_2$为活化气的物理活化工艺制造的。不同原料的性质，决定了活性炭孔隙的分布。不同的活化工艺影响了活性炭的元素组成和表面非结晶部位及各种官能团的分布，从而直接影响到活性炭的吸附性能和不同有机物的表面扩散速度。因此，粉末活性炭在给水处理中有一定的最优适用范围。对于不同水质，不可能有统一的最佳炭种，只有在模拟静态选炭实验的基础上，同时考虑选用粉末活性炭的经济因素，才能选择合适炭种。

模拟静态选炭试验就是模拟实际采用粉末活性炭的给水处理工艺中粉末活性炭与原水接触时间、混合水力条件进行静态吸附试验，是一种快速、准确地选择适合处理原水的粉末活性炭品种的小试方法。模拟静态选炭试验方法介绍如下：

1）准备不同品种和规格的粉末活性炭样品若干克，在同一原水条件下，每种样品分别采用 5mg/L、10mg/L、15mg/L、20mg/L、30mg/L、40mg/L 的投加量。

2）采用六联可调变速搅拌机，模拟实际给水处理工艺的水力条件和粉末活性炭与原水的实际接触时间进行搅拌试验。对于常规处理工艺中粉末活性炭投加点在混凝前时，选用吸附时间为 30min 左右，一般分为三个阶段：高速搅拌 1min（260～300r/min），模拟混合阶段水力条件；中速搅拌 3min（150～160r/min），模拟絮凝池前段水力条件；慢速搅拌约 26min，模拟絮凝池后段与沉淀初期的水力条件，搅拌转速从 100r/min 向 30r/min 逐步衰减。

3）对每个水样分别进行双层精密滤纸过滤，滤后水样再进行离心分离，确保去除水样中粉末活性炭微粒；或者采用 0.1μm 针管超滤膜分离。

4）根据处理要求分别测定原水和各水样的有关水质参数，比较不同炭种和同一炭种不同投加量下的去除率。例如，可采用 TOC 或 $COD_{Mn}$值作为粉末活性炭吸附去除水中有机物等的评价指标，也可针对某特定物质测定其去除效果。

考虑到冬季与夏季水质、水温等条件变化，如有条件和必要，选炭试验延续时间宜长些，考虑各种变化因素综合比选。

### 7.3.3 粉末活性炭投加

#### 7.3.3.1 粉末活性炭投加量及投加点

（1）粉末活性炭投加量

通常可用烧杯试验估计达到理想处理目标所需粉末活性炭投加量。在烧杯试验中应保证一定的搅拌速度，避免粉末活性炭沉淀。采用的快速混合接触时间和沉降时间等条件应尽量与生产中采用数值相近。根据试验得出的去除率以及最终污染物浓度与粉末活性炭加量曲线可得出粉末活性炭投加量的估计值，宜适当留有一定余地，以利今后生产中按实际运行情况修正。

水体发生突发污染事件时，有两种方法计算：

1）直接查表法

根据 Freundlich 方程 $\frac{x}{m}=KC^{\frac{1}{n}}$ 进行计算，目前已掌握的有关数据列于表 7-7。

有机化合物的 Freundlich 参数表（吸附数据库） 表 7-7

| 序号 | 有机化合物名称 | logK | 1/n | 浓度范围（mg/L） |
|---|---|---|---|---|
| 1 | 1-丙醇 | −0.128 | 0.57 | 50～450 |
| 2 | 1-丁醇 | 0.505 | 0.51 | 40～400 |
| 3 | 1-戊醇 | 1.02 | 0.45 | 70～300 |
| 4 | 1-己醇 | 1.41 | 0.38 | 7～60 |
| 5 | 2-甲基-1-丙醇 | 0.439 | 0.47 | 170～400 |
| 6 | 2-丁醇 | 0.397 | 0.49 | 110～420 |
| 7 | 2-甲基-2-丙醇 | 0.169 | 0.47 | 80～400 |
| 8 | 3-甲基-1-丁醇 | 0.981 | 0.40 | 100～330 |
| 9 | 2-戊醇 | 0.995 | 0.40 | 100～290 |
| 10 | 3-戊醇 | 0.824 | 0.47 | 90～250 |
| 11 | 2，2-二甲基-1-戊醇 | 0.564 | 0.48 | 40～310 |
| 12 | 2-甲基-2-丁醇 | 0.840 | 0.039 | 220～420 |
| 13 | 环戊醇 | 0.671 | 0.41 | 90～650 |
| 14 | 环己醇 | 0.899 | 0.44 | 40～270 |
| 15 | 2-甲基-1-丁醇 | 0.953 | 0.41 | 40～360 |
| 16 | 3-甲基-2-丁醇 | 0.677 | 0.49 | 60～320 |
| 17 | 1，4-丁二醇 | −0.00953 | 0.54 | 100～530 |
| 18 | 1，2-丁二醇 | 0.150 | 0.49 | 80～510 |
| 19 | D-（-）-甘露糖醇 | −0.244 | 0.57 | 120～900 |
| 20 | 甘露庚糖醇 | −0.431 | 0.67 | 90～930 |
| 21 | 乙醛 | −0.639 | 0.65 | 100～300 |
| 22 | 丙醛 | −0.178 | 0.62 | 70～220 |
| 23 | 丁醛 | 0.499 | 0.55 | 60～250 |
| 24 | 戊醛 | 0.922 | 0.51 | 60～210 |
| 25 | 丙胺 | 0.0715 | 0.60 | 140～410 |
| 26 | 丁胺 | 0.624 | 0.52 | 110～280 |
| 27 | 己胺 | 1.45 | 0.40 | 40～100 |
| 28 | 三乙醇胺 | 0.659 | 0.48 | 230～450 |
| 29 | 醋酸甲酯 | 0.250 | 0.48 | 60～240 |
| 30 | 醋酸乙酯 | 0.556 | 0.53 | 90～300 |
| 31 | 醋酸丙酯 | 1.08 | 0.41 | 20～120 |
| 32 | 醋酸丁酯 | 1.42 | 0.40 | 7～50 |
| 33 | 醋酸异丙酯 | 0.847 | 0.45 | 50～220 |
| 34 | 二乙基醚 | 0.711 | 0.37 | 70～200 |
| 35 | 二丙基醚 | 1.29 | 0.45 | 20～90 |
| 36 | 1，4-二氧杂环己烷 | 0.201 | 0.47 | 70～700 |

续表

| 序号 | 有机化合物名称 | logK | 1/n | 浓度范围（mg/L） |
|---|---|---|---|---|
| 37 | 丙酮 | −0.315 | 0.62 | 100～320 |
| 38 | 2-丁酮 | 0.668 | 0.38 | 120～320 |
| 39 | 2-戊酮 | 0.871 | 0.45 | 60～220 |
| 40 | 2-已酮 | 1.22 | 0.40 | 40～130 |
| 41 | 环已酮 | 0.998 | 0.37 | 70～280 |
| 42 | 丙酸 | 0.413 | 0.39 | 70～210 |
| 43 | 丁酸 | 0.848 | 0.41 | 80～320 |
| 44 | 戊酸 | 1.28 | 0.36 | 40～130 |
| 45 | 已酸 | 1.63 | 0.33 | 10～90 |
| 46 | 2-乙氧基乙醇 | 0.336 | 0.49 | 150～360 |
| 47 | 2-丙氧基乙醇 | 1.34 | 0.32 | 30～290 |
| 48 | 2-（已氧基）乙醇 | 1.83 | 0.26 | 5～95 |
| 49 | 二甘醇 | −0.106 | 0.59 | 250～390 |
| 50 | 2-（2-丙氧基乙氧基）-乙醇 | 1.23 | 0.27 | 40～260 |
| 51 | 2-（2-丙氧基乙氧基）-乙醇 | 1.72 | 0.23 | 40～150 |
| 52 | 三甘醇 | 0.642 | 0.49 | 100～370 |
| 53 | 四甘醇 | 1.47 | 0.23 | 20～270 |
| 54 | 氯苯 | 2.00 | 0.35 | 3～140 |
| 55 | 苯甲酸 | 1.89 | 0.25 | 2～250 |
| 56 | 苯酚 | 1.58 | 0.28 | 4～270 |
| 57 | 苯胺 | 1.51 | 0.31 | 3～270 |
| 58 | 苯甲醚 | 2.04 | 0.24 | 10～260 |
| 59 | 邻二羟基苯 | 1.67 | 0.34 | 1～260 |
| 60 | 间二羟基苯 | 1.84 | 0.20 | 3～190 |
| 61 | 邻甲氧基苯酚 | 2.11 | 0.16 | 0.5～260 |
| 62 | 间甲氧基苯酚 | 2.00 | 0.20 | 0.6～150 |
| 63 | 对甲氧基苯酚 | 2.20 | 0.13 | 1～200 |
| 64 | 邻硝基苯 | 2.09 | 0.26 | 0.6～190 |
| 65 | 间硝基苯 | 2.11 | 0.19 | 0.1～80 |
| 66 | 对硝基苯 | 2.14 | 0.17 | 0.4～250 |
| 67 | 邻氯酚 | 2.01 | 0.22 | 0.2～260 |
| 68 | 间氯酚 | 2.04 | 0.20 | 2～200 |
| 69 | 对氯酚 | 2.13 | 0.15 | 4～210 |
| 70 | 邻甲酚 | 1.96 | 0.21 | 0.3～260 |
| 71 | 间甲酚 | 1.88 | 0.22 | 2～200 |
| 72 | 对甲酚 | 1.93 | 0.21 | 2～210 |

续表

| 序号 | 有机化合物名称 | logK | 1/n | 浓度范围（mg/L） |
|---|---|---|---|---|
| 73 | 邻羟基苯酸 | 1.81 | 0.29 | 0.9～260 |
| 74 | 间羟基苯酸 | 1.92 | 0.22 | 1～250 |
| 75 | 对羟基苯酸 | 2.00 | 0.20 | 2～200 |
| 76 | 邻羟苯乙酮 | 2.15 | 0.21 | 0.2～220 |
| 77 | 对羟苯乙酮 | 2.13 | 0.14 | 0.5～150 |
| 78 | 对溴苯酚 | 2.22 | 0.17 | 2～260 |
| 79 | D-（+）-木糖 | −0.792 | 0.72 | 200～770 |
| 80 | D-(-)-阿拉伯糖 | −0.881 | 0.67 | 240～920 |
| 81 | 2-脱氧-D-核糖 | −0.443 | 0.65 | 100～870 |
| 82 | D-（+）-葡萄糖 | −0.733 | 0.76 | 160～480 |
| 83 | D-（+）-半乳糖 | −0.696 | 0.73 | 160～620 |
| 84 | L-（+）-鼠李糖 | −0.231 | 0.64 | 130～470 |
| 85 | 甲基 D-葡萄糖甙 | 0.238 | 0.56 | 20～460 |
| 86 | 甲基 D-甘露糖甙 | 0.291 | 0.58 | 20～450 |
| 87 | 棉子糖 | 1.92 | 0.22 | 30～590 |
| 88 | 甘氨酸 | −1.00 | 0.52 | 60～710 |
| 89 | L-白氨酸 | 0.685 | 0.43 | 20～370 |
| 90 | L-苯基丙氨酸 | 1.79 | 0.21 | 40～190 |
| 91 | L-组氨酸 | 0.809 | 0.42 | 30～590 |
| 92 | L-酪氨酸 | 1.80 | 0.25 | 9～110 |
| 93 | L-谷酰酸 | 0.528 | 0.35 | 60～640 |
| 94 | L-脯氨酸 | −0.281 | 0.61 | 160～470 |
| 95 | D，L-缬氨酸 | −0.157 | 0.54 | 250～690 |
| 96 | L-苏氨酸 | −0.0209 | 0.37 | 80～500 |
| 97 | L-丝氨酸 | −0.757 | 0.53 | 140～510 |
| 98 | L-谷氨酸 | 0.540 | 0.39 | 110～450 |
| 99 | L-天冬酸 | −0.0255 | 0.55 | 130～340 |
| 100 | L-慢氨酸 | 0.735 | 0.50 | 40～420 |
| 101 | 溴仿 | 1.51 | 0.29 | |
| 102 | 四氯化碳 | 1.29 | 0.33 | |
| 103 | 氯乙烷 | 0.121 | 0.55 | |
| 104 | 2-氯乙基乙烯基醚 | 0.871 | 0.41 | |
| 105 | 氯仿 | 0.710 | 0.44 | |
| 106 | 二溴氯甲烷 | 0.953 | 0.39 | |
| 107 | 1，2-二溴-3-氯丙烷 | 1.90 | 0.22 | |
| 108 | 二氯溴甲烷 | 1.15 | 0.36 | |

续表

| 序号 | 有机化合物名称 | logK | 1/n | 浓度范围 (mg/L) |
|---|---|---|---|---|
| 109 | 1，1-二氯乙烷 | 0.562 | 0.47 | |
| 110 | 1，2-二氯乙烷 | 0.836 | 0.42 | |
| 111 | 1，2-反式-二氯乙烯 | 0.773 | 0.43 | |
| 112 | 1，1-二氯乙烯 | 0.962 | 0.39 | |
| 113 | 1，2-二氯丙烷 | 1.03 | 0.38 | |
| 114 | 1，2-二氯丙烯 | 1.17 | 0.35 | |
| 115 | 苯乙烯 | 2.23 | 0.16 | |
| 116 | 1，1，2，2-四氯乙烷 | 1.27 | 0.34 | |
| 117 | 胸腺碱 | 1.64 | 0.27 | |
| 118 | 1，1，2-三氯乙烷 | 1.03 | 0.38 | |
| 119 | 对二甲苯 | 2.09 | 0.18 | |
| 120 | 1，2，4-三氯苯 | 2.34 | 0.14 | |
| 121 | 甲苯 | 1.63 | 0.27 | |
| 122 | 1，3-二氯苯 | 2.22 | 0.16 | |
| 123 | 尿嘧啶 | 1.28 | 0.33 | |
| 124 | 硝基苯 | 2.00 | 0.20 | |
| 125 | 鸟嘌呤 | 2.23 | 0.16 | |
| 126 | 5-氯尿嘧啶 | 1.61 | 0.27 | |
| 127 | 5-溴尿嘧啶 | 1.83 | 0.23 | |
| 128 | 腺嘌呤 | 2.02 | 0.20 | |
| 129 | 对氯间甲酚 | 2.24 | 0.16 | |
| 130 | 2，4-二氯苯酚 | 2.34 | 0.14 | |
| 131 | 甲醇 | −1.22 | 0.80 | |
| 132 | 乙醇 | −0.618 | 0.69 | |
| 133 | 2-丙醇 | −0.468 | 0.66 | |
| 134 | 2-丙烯-1-醇 | −0.126 | 0.60 | |
| 135 | 甲醛 | −0.665 | 0.70 | |
| 136 | 丙烯醛 | 0.153 | 0.54 | |
| 137 | 丁烯醛 | 0.509 | 0.48 | |
| 138 | 仲乙醛 | 1.18 | 0.35 | |
| 139 | 二丙胺 | 1.38 | 0.32 | |
| 140 | 烯丙胺 | 0.174 | 0.54 | |
| 141 | 乙撑二胺 | −0.507 | 0.68 | |
| 142 | 二乙撑二胺 | 0.120 | 0.55 | |
| 143 | 2-氨基乙醇 | −0.809 | 0.72 | |
| 144 | 2-氨基-1-甲基乙醇 | −0.162 | 0.60 | |

续表

| 序号 | 有机化合物名称 | logK | 1/n | 浓度范围（mg/L） |
|---|---|---|---|---|
| 145 | 甲基吗啉 | 0.439 | 0.49 | |
| 146 | 对苯二酚 | 1.50 | 0.29 | |
| 147 | 乙酸戊酯 | 1.71 | 0.25 | |
| 148 | 丙烯酸乙酯 | 1.30 | 0.33 | |
| 149 | 二异丙基醚 | 1.38 | 0.32 | |
| 150 | 乙撑二醇 | −0.845 | 0.73 | |
| 151 | 1，2-丙二醇 | −0.521 | 0.67 | |
| 152 | 2-甲基-2，4-戊二醇 | 0.865 | 0.41 | |
| 153 | 5-甲基-2-己酮 | 1.58 | 0.28 | |
| 154 | 异佛尔酮 | 2.46 | 0.11 | |
| 155 | 醋酸 | −0.0322 | 0.58 | |
| 156 | 甲基氧丙环 | 0.0293 | 0.57 | |
| 157 | 苯 | −0.15 | 2.9 | |
| 158 | 2-氯酚 | 1.70 | 0.41 | |
| 159 | 3，3-二氯联苯胺 | 2.477 | 0.20 | |
| 160 | 2，4，6-三氯酚 | 2.19 | 0.40 | |
| 161 | 1，2-反二氯酚 | 0.49 | 0.51 | |
| 162 | 乙基苯 | 1.72 | 0.79 | |
| 163 | 六氯丁二烯 | 2.55 | 0.63 | |
| 164 | 二硝基甲苯 | 1.83 | 0.43 | |
| 165 | 2，4-二硝基酚 | 1.52 | 0.61 | |
| 166 | N-亚硝基二甲基胺 | 0.83 | | |
| 167 | 五氯苯酚 | 2.18 | 0.42 | |
| 168 | 苯并芘 | 1.53 | 0.44 | |
| 169 | 苯芘荧蒽 | 2.26 | 0.57 | |
| 170 | 苯并芘 | 1.04 | 0.37 | |
| 171 | 二苯并蒽 | 1.84 | 0.75 | |
| 172 | 三氯乙烯 | 1.32 | 0.50 | |

2）根据化学物质的分子结构，计算出吸附能然后再和酚值比较，具体说明如下：

进行吸附自由能 $\Delta F=\Delta \mathrm{Gads}=(\mu i^{(a)}-\mu^{(\beta)})\mathrm{d}ni$ 计算所遵循的理论基础为化学热力学的第一、第二和第三定律。结合活性炭在水中吸附时的具体特点（水中污染的浓度很低对吸附产生前后的水体积基本无影响）即 $\mathrm{d}V\approx 0$；由于吸附产生的热量可以略而不计，所以 $\mathrm{d}T\approx 0$；再加上吸附是在开口容器中进行，压力为常数，这样 $\mathrm{d}p$ 亦为零。这三个为零，才使 $\Delta F$（功函）$=\Delta \mathrm{Gads}$，从而使计算得以成立。$\mu i$ 则是化学物质的化学位，它是有加和性的。因此我们可以采用分子原始状态的化学位等于有机物分子每个基团被吸附时引起的化学位变化值总和 $\Delta\mu$ 来表示。下面以吸附丙酸水溶液为例进行说明：

$$\mu^0 CH_3CH_2COOH = \Delta\mu^0 CH_3 + \Delta\mu^0 CH_2 + \Delta\mu^0 COOH + \Delta\mu^0 X$$

$\Delta\mu^0 X$ 与吸附质分子结构相关的亲和性。

有关化学物质，基团或元素的 $\Delta F$ 值列于表 7-8。

表 7-8 的用法：以松花江水污染为例，其污染物为硝基苯。查表可得

$-C_6H_5$的$-\Delta F$=21.20kJ/mol

$-NO_2$的$-\Delta F$=2.60kJ/mol

则硝基苯的$-\Delta F$=23.8kJ/mol

查表 7-8，酚的$-\Delta F$=23.4kJ/mol<23.8kJ/mol

此数据表明：硝基苯比酚更易被吸附，或者说在同样平衡浓度下投加的 PAC 量可以比酚值更低。

**结构组分 $\delta$（$-\Delta F^\circ$）值** **表 7-8**

| 化合物 | $-\Delta F^\circ$（kJ/mol） | 基团或元素 | $\delta$（$-\Delta F^\circ$）（kJ/mol） |
|---|---|---|---|
| 2，4 二溴苯酚 | 30.6 | $-C_6H_5$ | 21.20 |
| 对硝基苯胺 | 24.8 | $-NO_2$ | 2.60 |
| 萘 | 24.6 | $-OH$（伯位羟基） | 2.30 |
| 对氯苯胺 | 23.6 | $-CH_2$ | 2.18 |
| 苯酚 | 23.4 | $-COOH$ | 1.63 |
| 苯胺 | 21.3 | $-Cl$ | 1.38 |
| 氯苯 | 18.6 | $-NH_2$ | 1.05 |
| 氯仿 | 18.3 | $=C=C=$ | 0.88 |
| 二氯乙烷 | 18.3 | $-CH_3$ | 0.46～0.58 |
| 甲胺 | 17.8 | $-OH$（仲位和叔位） | −0.25 |
| 三乙醇胺 | 17.8 | | |
| 醋酸 | 17.7 | $-OH$（当存在胺时） | −0.25 |
| 己酸 | 17.7 | $-CH_2$（当存在胺时） | −0.42 |
| 甲酸 | 17.7 | $-SO_3H$ | −1.08 |
| 乙胺 | 14.3 | $-Br$ | 4.68 |
| 氯乙醇 | 13.7 | $-C_4H_4$（第二萘环） | 2.18～2.44 |
| 油酸 | 13.7 | | |
| 草酸 | 13.5 | | |

为了给大家一个具体的参照系，特将酚值=25ppm 的吸附等温线方程推算于后。按酚值为 25ppm 的定义来推算活性炭的吸附等温线。

首先计算 PAC 的吸附量 $W$=(0.1−0.01)/25=0.0036，3.6mg/g

然后再参照吸附等温线的估算方法：

$$\mathrm{Log}W = \log K + (-0.168\log k + 0.572)\log C \tag{7-8}$$

式中 $W$——吸附量(mg/g)，在本计算中为 3.6mg/g；

$C$——平衡浓度(mg/g)，在本计算中为 0.01mg/L。

将 $W$ 和 $C$ 代入式(7-8)得

$$\mathrm{Log}W = \log K + (-0.186\log K + 0.572)\log C$$

$$\mathrm{Log}W = \mathrm{Log}3.6 = 0.5563$$

$$\mathrm{Log}C = \mathrm{Log}0.01 = -2$$

$$0.5563 = \mathrm{Log}K - 2(-0.186\mathrm{Log}K + 0.572)$$

解方程得 $K \approx 17.3$mg/g

$1/n$ 和 $K$ 的关系式为：

$$1/n = -0.186\log K + 0.572 = -0.23 + 0.572 = 0.34$$

则该 PAC 对酚的吸附等温线(Freundlich)方程为：

$$W(x/m) = 17.3C^{0.34}$$

(2)粉末活性炭投加点

有关粉末活性炭投加点的选择与确定详见本手册第 14 章的相关叙述。

#### 7.3.3.2 粉末活性炭投加系统及设计

有关粉末活性炭投加系统及设计详见第 14 章的相关叙述。

## 7.4 化学预氧化

### 7.4.1 化学预氧化作用和分类

化学预氧化是通过在给水处理工艺前端投加氧化势较高的氧化剂来氧化分解或转化水中污染物，削弱污染物对常规处理工艺的不利影响，达到强化常规处理工艺的除污净化效能。自 1970 年 Diapor 等人最先提出预氧化(当时称预臭氧化 preozonation)的处理效果后，人们对预氧化作了大量研究。化学预氧化的作用主要是去除水中有机污染物和控制氧化消毒副产物，兼有除藻、除臭和味、除铁锰和氧化助凝等方面的作用，从而保障饮用水的安全性。

目前能够用于水处理的氧化剂主要有臭氧、氯、二氧化氯、高锰酸钾(及高锰酸盐复合药剂)、高铁酸钾(及高铁酸盐复合药剂)等。表 7-9 为几种预处理氧化剂对水质影响的对比。

几种主要预处理氧化剂对水质的综合影响　　表 7-9

| 氧化剂种类 | 除微污染 | 除藻 | 除臭味 | 控制氯化副产物 | 氧化助凝 | 除铁锰[①] | 主要氧化副产物 | 备　注 |
|---|---|---|---|---|---|---|---|---|
| 臭氧 | **** | **** | **** | **** | * | **** | 醛、醇、有机酸、$BrO_3^-$、$Br^-$、THMs | 有机物可生化性提高，AOC、BDOC 升高。设备投资较大，运行管理较复杂。除色效果很好，消毒副产物等可疑致癌物质，应严格控制 |

续表

| 氧化剂种类 | 除微污染 | 除藻 | 除臭味 | 控制氯化副产物 | 氧化助凝 | 除铁锰① | 主要氧化副产物 | 备注 |
|---|---|---|---|---|---|---|---|---|
| 高锰酸钾 | * * * * | * * * | * * | * * * | * * * * | * * | 水合 $MnO_2$ | 对水质副作用小、副产物($MnO_2$)可被常规给水处理工艺去处。投资小、使用灵活，但要严格控制投量(防止过量) |
| 高锰酸盐复合药剂 | * * * * | * * * * | * * * * | * * * * | * * * * | * * * | 水合 $MnO_2$ | 对水质副作用小，但要通过一定的设备控制投量(防止过量) |
| 氯 | * | * * * | * |  | * * * | * | THMs、HAAS等多种氯化副产物 | 氯化消毒副产物对人体有害，有时产生新臭味 |
| 二氧化氯 | * * * | * * * | * * * | * * * * | * * * | * * * * | $ClO_2-$、$ClO_3-$ | 亚氯酸根对人体有害、破坏红血球，因此投量不能过高 |
| 高铁酸盐复合药剂 | * * * * | * * * * * | * * * | * * * * | * * * * * | * * * * | $Fe(OH)_3$ | 在水中作用迅速，需要特殊投加设备，对水质副作用小。副产物易于被去除 |

注：*——略有效果；* *——一般；* * *——较好；* * * *——良好；* * * * *——显著。
THMs——三卤甲烷；HAAs——卤乙酸；AOC——生物可同化有机碳；BDOC——可生物降解溶解性有机碳。
① 几种氧化剂对地下水中的溶解性游离铁锰均有良好的去除效果，但对地表水中的铁锰去除效率相对较低。

本节主要对高锰酸钾(及复合高锰酸盐)、预臭氧和预氯化三种最常用预氧化措施进行评述。

## 7.4.2 高锰酸钾预氧化

### 7.4.2.1 高锰酸钾及其复合盐的性质

高锰酸盐为暗紫色，有金属光泽的棱状晶体；堆密度约为 1600kg/m$^3$，溶解度为 6.4kg/L，溶液呈紫红色。高锰酸钾性质稳定，耐贮存，使用方便。高锰酸钾是一种强氧化剂，从 20 世纪 60 年代初就被用于去除水中铁锰、嗅味、色度等，效果良好。

高锰酸钾属于过渡金属氧化物，在水溶液中能以数种氧化还原状态存在，各种形态的锰可通过氧化还原电化学作用相互转化。高锰酸钾在水中的形态主要有 Mn(Ⅱ)、Mn(Ⅲ)、Mn(Ⅳ)、Mn(Ⅴ)、Mn(Ⅵ)、Mn(Ⅶ)等化合物。相应的标准摩尔自由焓分别为 Mn(Ⅱ)(水溶液)：－54.4kcal；Mn(Ⅲ)(水溶液)：－19.6kcal；$MnO_2$(化合物)：

$-111.1$kcal；$MnO_{42-}$（水溶液）：$-120.4$kcal；$MnO_{4-}$（水溶液）：$-107.4$kcal。通过试验测定与计算得出锰的各种形态化合物间半反应的标准氧化还原电极电位：

$Mn^{2+}+2e=Mn$ $E^0=-1.18V$

$Mn^{3+}+2e=Mn^{2+}$ $E^0=+1.51V$

$MnO_2+4H^++2e=Mn^{2+}+2H_2O$ $E^0=+1.23V$

$MnO_4^-+8H^++5e=Mn^{2+}+4H_2O$ $E^0=+1.51V$

$MnO_4^-+e=MnO_4^{2-}$ $E^0=+0.56V$

$MnO_2+2H_2O+2e=Mn(OH)^2+2OH^-$ $E^0=-0.05V$

$MnO_4^-+4H^++3e=MnO_2+2H_2O$ $E^0=+1.69V$

$MnO_4^{2-}+2H_2O+2e=MnO_2+4OH^-$ $E^0=+0.60V$

$MnO_4^{2-}+4H^++2e=MnO_2+2H_2O$ $E^0=+2.26V$

高锰酸钾在水溶液中反应较复杂，其形态受多种因素影响，其中 pH 是主要影响因素之一，氧化还原能力随 pH 的升高而降低，即在酸性介质中具有强氧化性，而在中性和碱性介质中，氧化能力减弱，在给水处理条件下，即在中性条件下，高锰酸钾氧化能力不处于最强状态，但其氧化还原产物二氧化锰在水中溶解度很小，是一种黑色沉淀物，易于进行固液分离，可通过传统澄清或过滤工艺去除，不会使处理后水中的溶解性锰增加而造成污染，是应用于给水处理中的有利条件。

有机物在氧化过程中经历很多中间步骤，每一过渡态有机化合物均具有一定的自由焓。通常以氧化前高锰酸钾和有机物的总自由焓与氧化后产物的总自由焓变化来判别高锰酸钾能否把某种有机污染物氧化成该步骤的产物。若按此思路进行热力学计算，很多有机污染物都能被高锰酸钾氧化，但有些反应可能需要很长时间才能完成。从经济角度考虑，只有在动力学上具有一定的反应速度才能用于给水处理工艺。

高锰酸盐复合药剂（PPC）是由作为主剂的高锰酸钾和其他多种辅剂组成的，以高价态无机氧化剂为核心的复合氧化剂。PPC 应用于预处理工艺中通过高锰酸钾和多种辅剂形成高价态锰与高价态铁及无机盐复合体的催化氧化协同作用，促进高锰酸钾氧化过渡产物（具有强氧化性、吸附性的新生态水合二氧化锰）的生成，并与水中铁，锰及有机污染物、藻类等发生快速氧化还原、吸附作用，从而大幅提高混凝沉淀处理对各类污染物的去除能力。

#### 7.4.2.2 高锰酸钾和 PPC 去除有机污染物的机理

高锰酸钾和 PPC 投加到原水中以后，去除水中的有机污染物可能主要有以下几种途径：

1）高锰酸钾的直接氧化作用。高锰酸钾对不饱和键和特征官能团的有机物具有较好的氧化降解作用。烯烃类化合物易被高锰酸钾氧化，去除率较高，苯酚及苯胺类化合物也能被高锰酸钾氧化降解，其毒性被消除，同时高锰酸钾也能有效地氧化某些醇类化合物

2）新生态二氧化锰的氧化、催化、吸附以及絮凝核心作用。高锰酸钾的还原产物新生态二氧化锰的羟基表面很大，可以与含羟基、氨基等的有机物生成氢键，从而使有机物与二氧化锰一起被后续沉淀过滤工艺去除，或者是有机物在新生态二氧化锰形成的过程中被吸附包夹在胶体颗粒内部，从而被共沉去除。同时研究发现，新生态二氧化锰对高锰酸钾有一定的催化氧化作用。

3）高锰酸钾与其他组分的协同作用。PPC中的其他组分一方面提高了中间价态介稳产物的稳定性，另一方面强化了还原产物新生态二氧化锰的吸附能力，从而表现出明显优于高锰酸钾的除污染效果。

#### 7.4.2.3 高锰酸钾及PPC的去除效果

（1）无机污染物的去除

利用高锰酸钾及PPC的氧化性将水中二价锰氧化成不溶性的二氧化锰，然后通过沉淀、过滤工艺去除，从而达到除锰效果；通过将三价砷氧化成五价砷，从而通过混凝等工艺将砷去除。

（2）色度的去除

色度主要是由水中含有大量天然有机物引起的，其主要的致色官能团是双键和芳香环，可通过混凝、沉淀、过滤和活性炭吸附直接去除，也可通过氧化破坏有机物的成色基团。

高锰酸钾及PPC不仅具有极强的氧化性，破坏成色基团，同时也具有一定的吸附功能，表现出优异的脱色能力。PPC对聚合硫酸铁、聚合氯化铝铁、氯化铁等混凝剂的除色效果都有较好的强化作用，同时对于高腐殖质引起的色度也有明显的强化去除作用；投加PPC后，色度得到大幅度降低，甚至可完全被去除，从而起到强化色度的去除效果。

（3）嗅味的去除

高锰酸钾是国外最早用于去除和控制水中嗅味的氧化剂之一，对嗅味具有良好的去除效果，在生产中得到了一定的应用。高锰酸钾投加范围在0.5～20mg/L之间时，对水中土腥味具有良好的去除效果。

PPC预氧化也具有良好的除嗅效能，可以有效地控制水厂出水中的鱼腥嗅味，投加量在1～2mg/L，即可有效控制出水鱼腥味在0～1级，PPC对苯酚等嗅味前体物质有较好的去除作用，PPC对放线菌引起的土霉嗅味，藻类代谢过程中分泌的强致臭有机物二甲基异莰醇（2-MIB）等有机物效果优异。

（4）浊度及颗粒物的去除

高锰酸钾具有明显的助凝、除藻、除微污染等作用，PPC助凝助滤作用主要是破坏胶体颗粒表面的有机涂层，新生态水合二氧化锰吸附催化氧化作用以及氧化与凝聚作用等。两种药剂针对低温低浊水和高温高藻水等较难处理的水质都有较好的作用。

（5）有机污染物的去除

水中有机污染物主要为天然有机物和人工合成有机物，前者是水体色度的主要来源，是饮用水中主要的去除对象，易于造成混凝剂药耗增加，出水致突变增强，毒理学安全性下降。人工合成有机物一般颗粒细小，但种类繁多，对人体危害较大，具有浓度低、危害大、去除难的特点。

高锰酸钾能有效去除水中致突变物质，降低水的致突变活性，其还原产物水合二氧化锰对去除水中污染物有重要作用。此外，高锰酸钾在反应过程中可能产生的中间产物对水中污染物的去除具有催化作用。复合高锰酸盐预氧化通过强化混凝可提高常规混凝单元对$COD_{Mn}$和$UV_{254}$的去除率，在应对高温高藻水和低温低浊水中有机物具有显著的去除效果。有研究表明，复合高锰酸盐还可与氯、氯胺联合进行预氯化，去除有机物效果显著。

（6）藻类的去除

高锰酸钾预氧化具有较好的除藻效果，一般投量在0.8～1.0mg/L范围内藻类去除率和沉后浊度处理效果较好，应急投加时适合水质污染较大剂量投加，但应注意色度控制。高锰酸钾除藻机理在于其可使藻类细胞向周围介质超量释放生化聚合物，且其氧化后产生的水合二氧化锰吸附在藻类表面，明显改变了藻类的特性，增加了藻类的相对密度，改善了藻类的沉降性能，从而更有利于通过沉降和过滤去除。

PPC的除藻机理与高锰酸钾相近，但其中的辅剂可以增强其氧化性和吸附性，具有更好的除藻效果，且能够有效控制预氧化所造成的藻类细胞内物质外泄，防止藻毒素污染和对后续过滤工艺的影响。PPC和氯的联合预氧化，可利用氧化性破坏不同藻类的有机胶质层，使氧化剂易于扩散透过细胞壁，破坏细胞的酶系统，使藻类的生命活动受到阻碍而死亡；产生的新生态二氧化锰的吸附作用也有利于过滤过程对藻类的去除。

(7) 消毒副产物的控制

高锰酸钾能氧化破坏水中氯化消毒副产物前体物，降低后氯化过程中消毒副产物生成量，对于不同天然有机物，高锰酸钾氧化对其后氯化过程副产物生成的影响并不相同，用其取代预氯化，可缩短氯与天然有机物的反应时间，从而控制氯仿等后续氯消毒工艺副产物的生成量。目前尚未发现高锰酸钾本身氧化有机物后会产生“三致性”氧化副产物。

采用PPC预氧化代替预氯化，同样可以强化常规混凝工艺对消毒副产物前体物的去除，为氯消毒过程中THMs生成量的降低创造良好条件。PPC与氯和氯胺联合投加时需控制PPC的投加量，避免大量投加造成THMs生成量的增加。

(8) 助凝作用

高锰酸钾及PPC助凝作用与水质有关，对于稳定性难处理水质的助凝效果更明显，一般只需较小投量即可取得良好效果，但对于特定水质存在着最优投量范围，该范围与水中有机物浓度和还原性物质成分有关。

**7.4.2.4 高锰酸钾及PPC的设计要点**

(1) 投加点确定

高锰酸钾及PPC宜在水厂取水口投加，经过与原水充分混合反应后经过较长时间再与其他氧化、吸附和混凝剂接触，其间一般不宜小于3min，受水厂条件限制无法满足时也应尽量保证在30s以上。鉴于二氧化锰为不溶胶体，需通过后续滤池过滤去除。

(2) 投加量的确定

高锰酸钾及PPC预氧化的药剂用量应通过试验确定，并精确控制。用于去除有机微污染藻和嗅味时，高锰酸钾投加量可为0.5～2.5mg/L；用于常规微污染原水预氧化时，高锰酸钾及PPC投量一般在0.5～1.5mg/L之间。

高锰酸钾的消耗量是确定高锰酸钾投加量的一个主要指标，可通过烧杯搅拌实验确定。高锰酸钾消耗量与原水水质、温度、反应时间等有关。其测定方法为：在一定的温度下，向1L原水中加入不同量的高锰酸钾，剧烈搅拌一定时间后观察水的颜色，当水中出现浅红色时，指示有过量高锰酸钾存在，此时的高锰酸钾投加量即为该种地表水在一定时间内的高锰酸钾消耗量。

(3) 投加与控制

高锰酸钾及PPC的投加与控制是给水工程预氧化应用的关键问题，应该严格控制。高锰酸钾（及高锰酸盐复合药剂）的投加分为干投和湿投两种形式。高锰酸钾投加量的控制可通过投加设备实现，也可通过控制沉淀池中（滤前）的高锰酸钾颜色实现（由粉色变为褐色或无色，或通过控制絮凝池 1/3 处看不到高锰酸钾的颜色）。目前我国已有高锰酸钾及其复合药剂的定型成套投加、计量与控制设备，能够准确地调整高锰酸钾投加量，但在实际应用中需对高锰酸钾药剂质量及包装作出较为严格的规定。干投药剂必须保持干燥，不能因受潮结块影响投加与控制计量。

（4）药剂贮存

高锰酸钾是一种性质较稳定的强氧化剂，应在密封的条件下保存，如采用干投系统应注意防潮。此外，贮存高锰酸钾的建筑物应按防爆建筑要求设计。

#### 7.4.2.5 应用实例

**【工程实例一】**

某水厂以湖水为水源，原水浊度 10～60NTU，pH7.5，总铁 0.1～0.3mg/L，总锰 0.05～0.08mg/L，高锰酸钾指数 4.0～5.0mg/L，藻类一般几百万个/L～几千万个/L，水质污染时可达 1 亿个/L 以上，臭味 2～3 级。

高锰酸钾一般投量 0.5～1mg/L，原水水质变化时，高锰酸钾应急投量可最高达 8mg/L。系统工艺见图 7-10。

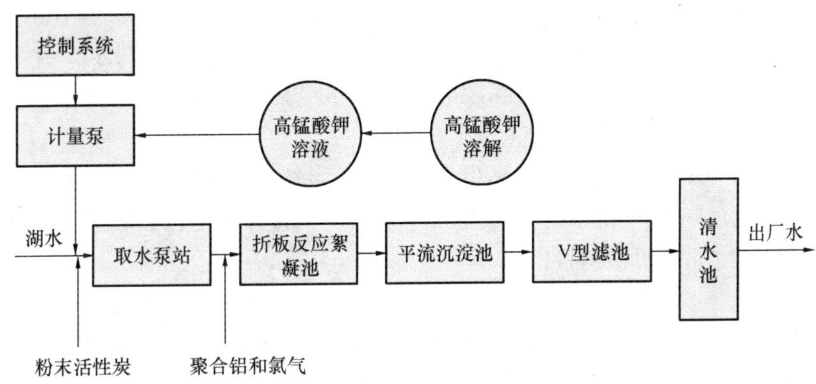


图 7-10 高锰酸钾预氧化处理高藻湖泊水工程实例

**【工程实例二】**

某水厂以江水为水源，该江水中含有较高浓度的腐殖酸，水质很稳定，投药量较高。采用高锰酸钾复合药剂对该原水进行预处理，强化混凝。系统工艺见图 7-11。

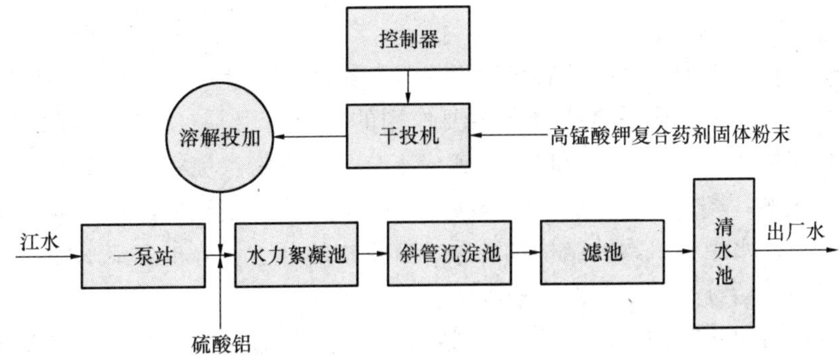


图 7-11 高锰酸盐复合药剂预氧化助凝处理富含有机物江水工程实例

## 7.4.3 臭氧预氧化

### 7.4.3.1 臭氧预氧化的作用及特点

臭氧是一种强化剂，其主要理化性能及净水机理详见本手册第13章的相关叙述。

20世纪60年代末臭氧开始用于原水预氧化，主要用途为改善感官指标、助凝、初步去除或转化污染物等。自20世纪70年代以来，臭氧预氧化技术逐渐开始得到推广应用，其主要作用如下：

（1）色度的去除

水的色度主要由溶解性有机物、悬浮胶体、铁锰和颗粒物引起，其中光吸收和散射引起的表色较易去除，溶解性有机物引起的真色较难去除。致色有机物的特征结构是带双键和芳香环，代表物是腐殖酸和富里酸。臭氧通过与不饱和官能团反应、破坏碳碳双键而去除真色，同时臭氧将铁、锰等无机显色离子氧化为难溶物；臭氧的微絮凝效应还有助于有机胶体和颗粒物的混凝，并通过过滤去除致色物。一般当臭氧投加量为1～3mg$O_3$/mgC时，水中大部分色度会得到有效去除。

（2）对嗅味的去除

水的嗅味主要由腐殖质等有机物、藻类、放线菌和真菌以及过量投氯引起，现已查明主要致臭物有土臭素、2－甲基异冰片、2，4，6-三氯回香醚等。虽然水中异臭物质的阈值仅为0.005～0.01μg/L；但臭氧去除嗅味的效率非常高，一般1～3mg/L的投加量即可达到规定阈值。

一般原水中的异嗅味物质浓度最高也是在μg/L量级。但是水中共存的有机物浓度多在mg/L量级，远远高于异嗅味物质的浓度。这些共存的有机物也会和臭氧发生反应，从而对异嗅味物质的去除产生影响。

（3）除藻

对于藻类的去除，臭氧预氧化作用是很明显的，能起到很好的杀藻作用。臭氧预氧化作用之一是溶裂藻细胞，二是杀藻，使死亡的藻类易于被后续工艺去除。有研究表明，臭氧能有效灭杀藻类，破坏藻体，使藻毒素释放出来，臭氧对藻毒素的去除非常有效，能最大程度去除含藻水中的藻毒素。另外，藻类被氧化剂氧化后，会释放出有机碳、土腥臭代谢物，这些产物会立即被臭氧氧化，而其他氧化剂对消除这些代谢物的味与臭不起作用，这是臭氧的优势。但是，由于藻类细胞在尺寸、形状、表明性质和移动性上的巨大差别，臭氧对混凝除藻的影响有着很大的个体差异性。

（4）对有机物的去除作用

在臭氧预氧化过程中，臭氧同有机物发生了复杂的化学反应，不稳定的臭氧分子在水中很快发生链式反应，生成对有机物起主要作用的氢氧自由基（·OH），将非饱和有机物氧化成饱和有机物，将大分子有机物分解成小分子有机物。臭氧一般很难直接将有机物彻底氧化为无机物，经臭氧氧化后TOC的变化并不明显，只能将很少一部分有机物氧化去除，臭氧氧化对水中有机物的结构和性质、有机物的分子量分布、亲水性、憎水性都有一定影响，可改善后续处理工艺对有机物的去除效果。

臭氧与水中有机物间的作用很复杂，既可使水中多种有机污染物被氧化破坏，也能产生一些副产物。因而除了观测水中有机污染物浓度变化外，还应该进行水的毒理实验，通过毒理学指标衡量臭氧对水质的综合影响程度。一般臭氧与水中有机物反应所产生的初级中间产物的毒性较大，因此在低臭氧投加量下，水的致突变活性反而有所升高；但在较高的臭氧投加量下，致突变活性又会下降，说明致突变中间产物进一步被破坏和转化。

臭氧处理副产物中目前最受关注的是羟基化合物中的醛类和溴酸盐。我国《生活饮用水卫生标准》GB 5749—2006 中对甲醛和溴酸盐含量作出了严格规定。

#### 7.4.3.2 臭氧预氧化的设计要点

(1) 投加点的确定

臭氧预氧化以去除溶解性铁锰、色度、藻类、臭味，改善混凝条件和减少三氯甲烷前体物为目的，设在混凝沉淀（澄清）工艺之前。

(2) 投加量的确定

预臭氧投加量宜根据待处理水的水质状况并结合试验结果确定，也可参照相似水质条件下的经验选用。考虑到臭氧氧化对后续混凝沉淀工艺影响，预臭氧最大投加量宜控制在 1mg/L 左右，一般投加量可按 0.5mg/L 考虑。

(3) 投加方式

预臭氧可采用预臭氧接触池和管道混合器两种投加方式。

采用预臭氧接触池时，接触时间一般为 2～5min，单格注入点宜设置 1 个加注点，臭氧气体宜通过大孔扩散器直接注入接触池内。接触池设计水深宜采用 4～6m 以上，以便充分接触，导流隔板间净距不宜小于 0.8m，以便于池内设备安装。接触池出水端应设置余臭氧监测仪。

采用管道混合器投加时，管道混合器及相应设备应选用 S316L 材质，采用水射器抽吸将臭氧气体注入管道混合器。

预臭氧投加水射器的动力水一般不宜采用原水，宜采用沉淀（澄清）或滤后水，当受条件限制而不得不采用原水时，应考虑完备的过滤装置，并有备用。

(4) 臭氧设施

预臭氧设施包括气源装置、臭氧发生装置、臭氧气体输送管道、臭氧接触池（管道混合器）以及臭氧尾气消除装置，详见第 13 章的相关叙述。

由于臭氧发生装置费用较高，使用成本较高，目前单独设置预臭氧的案例较少，大都是与后臭氧深度处理工艺共用发生设备。

#### 7.4.3.3 应用实例

图 7-12 为某湖泊水为水源净水工程的预臭氧接触池布置图。预臭氧最大投加量按 1mg/L 控制，平均投量为 0.5mg/L，有效接触时间为 5min。

### 7.4.4 预氯化

#### 7.4.4.1 预氯化的作用与特点

氯的主要理化特性详见第 12 章。

在给水处理中，除了作为消毒剂外，氯也被用做预氧化剂来改善混凝条件、控制臭味、防止藻类繁殖、维护与清洗滤料、去除水中铁锰、去除水中硫化氢、色度等，目前它仍然是国内最常用的预氧化剂。

由于预氯化会产生有机卤代物等副产物和氯酚、氯胺类嗅味物质，因此，微污染原水

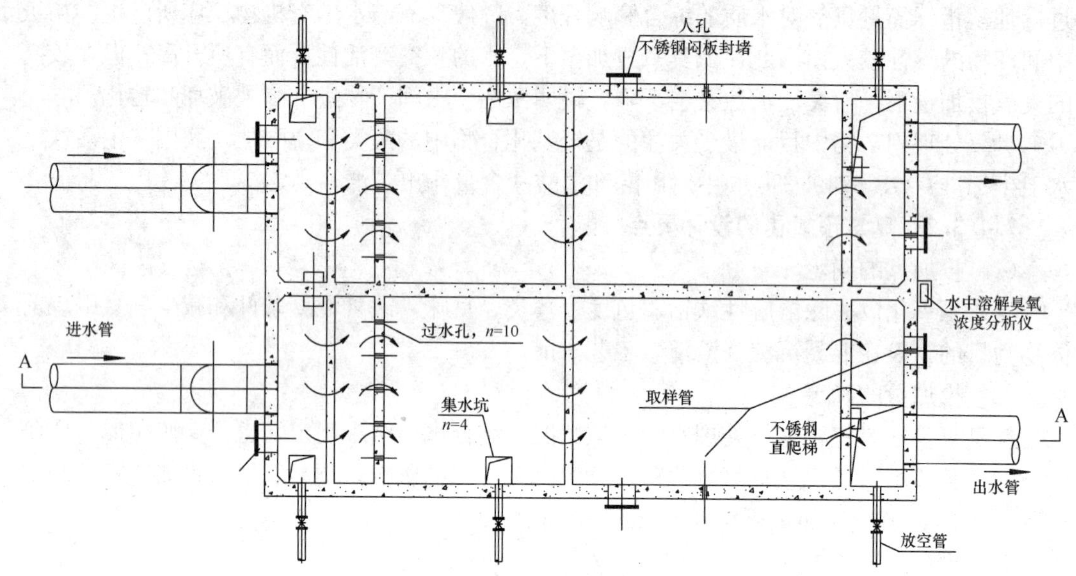


预臭氧接触池平面布置图

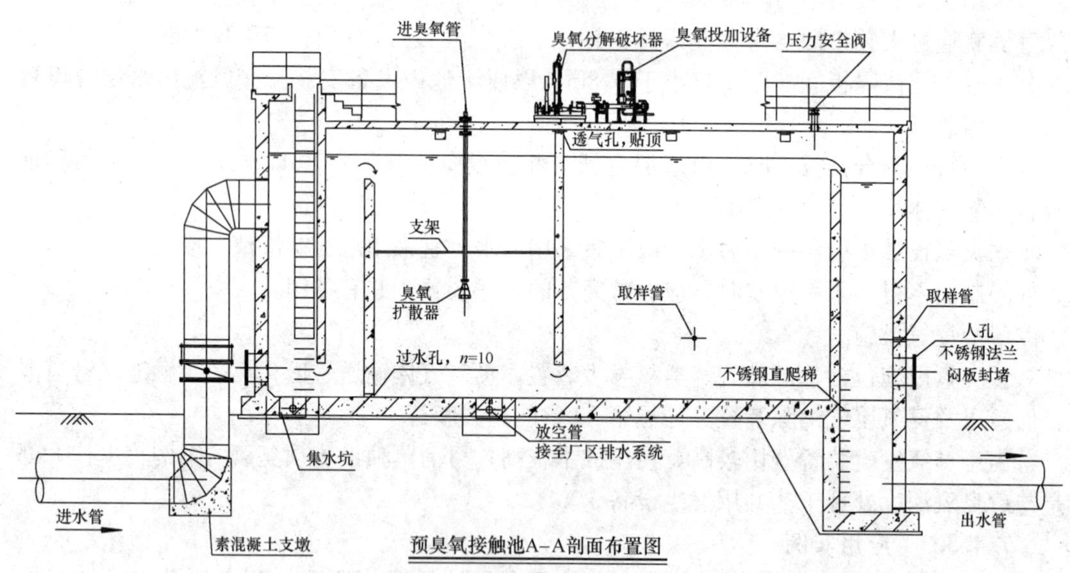


预臭氧接触池A-A剖面布置图

图7-12 预臭氧接触池布置

的预氯化工艺的应用已逐渐受到限制，并在某些条件下已被其他对水质负面影响更小的预氧化工艺所取代。

**7.4.4.2 预氯化设计要点**

(1) 投加点和投加量的确定

采用氯预氯化时，加氯点和加氯量应合理确定，尽量减少消毒副产物的产生，可以通过小试确定。杀藻预氯化投加点一般靠近取水头部，保证足够杀藻时间，作为预氧化剂时投加点设在混凝前即可。

预氯化杀藻需要较大投量，在尽量控制消毒副产物安全的基础上，尽量保证一定余氯量。预氯化作为氧化助凝时投加量较低。

（2）投加方式和设备

预氯化可采用液氯、次氯酸钠和漂白粉等，其投加方式和设备氯消毒相同，详见第12章的相关叙述。

### 7.4.5 其他化学预氧化

#### 7.4.5.1 二氧化氯预氧化

（1）二氧化氯预氧化的作用与特点

二氧化氯的主要理化特性见第12章。

二氧化氯具有良好的除藻效果，水中一些藻类的代谢产物能被二氧化氯氧化。对于无机物，水中少量的$S^{2-}$、$NO^{2-}$和$CN^-$等还原性酸根，均可被二氧化氯氧化去除；二氧化氯可以将水中的铁锰氧化，对络合态的铁锰也有良好的去除效果。

二氧化氯预氧化的优点是氯化消毒副产物浓度显著降低并避免了加氯引起的嗅味问题。但二氧化氯与水中还原性成分作用会产生一系列有毒副产物（亚氯酸盐（$ClO_2^-$和氯酸盐（$ClO_3^-$）），因此，二氧化氯投量应受到限制，一般认为若$ClO_2$、$ClO_2^-$、$ClO_3^-$的总量控制在1mg/L以下比较安全。

二氧化氯预氧化的主要特点如下：

1）与有机污染物反应具有高度选择性，基本不与有机腐殖质（主要是富里酸和腐殖酸）发生氯化反应，生成的可吸附有机卤化物和三卤甲烷类物质几乎可以忽略不计；

2）有效控制藻类等水生生物繁殖；

3）有效破坏水体中的微量有机污染物，如酚类、苯并芘、蒽醌、氯仿、四氯化碳等；

4）有效氧化某些无机物质，如$Mn^{2+}$、$Fe^{2+}$、$S^{2-}$、$CN^-$等；

5）脱色除臭，尤其是酚类引起的异臭；

6）不与氨发生反应，一般不能氧化溴离子；

7）促进胶体和藻类脱稳，使絮凝体有更好的沉降性。

（2）设计要点

二氧化氯预氧化与二氧化氯消毒的方式相同，其设计要点可见第12章的相关叙述。

#### 7.4.5.2 高铁酸盐复合药剂预氧化

铁的常见氧化态为Fe(Ⅱ)、Fe(Ⅲ)，但在强氧化条件下可以制得高氧化态的铁Fe(Ⅵ)—高铁酸钾($K_2FeO_4$)。高铁酸钾的结晶状态类似于高锰酸钾，是一种黑紫色的晶体，溶于水形成紫色溶液。

高铁酸钾在整个pH范围内都具有强氧化性，据报道，Fe(Ⅵ)加入到水中后并不直接转变为Fe(Ⅲ)，而是经过几个中间氧化态。Fe(Ⅵ)在还原成Fe(Ⅲ)过程中可能产生中间价态Fe(Ⅲ)、Fe(Ⅳ)等水解产物，这些水解产物有更大的网状结构及更高的正电荷。多种中间产物在Fe(Ⅵ)还原成Fe(Ⅲ)的过程中起聚合作用，最终产生$Fe(OH)_3$凝胶沉淀。

由于高铁酸盐特殊的化学性质，它在水处理过程中将发挥氧化、絮凝、吸附、共沉、除藻、消毒等多功能协同作用，且在水处理过程中不产生任何有毒、有害副产物，故高铁酸盐在水处理上有广阔的应用前景。

高铁酸盐可以氧化去除水中多种有机污染物。研究表明，高铁酸盐对水中微量酚类污染物的氧化速度高于高锰酸钾。高铁酸盐氧化—絮凝对于饮用水中多种优先有机物同样具有较高的去除效果。

高铁酸盐预氧化具有优良的除藻作用，能够将水中藻类灭活。高铁酸盐的还原产物被吸附在藻类表面，形成较密实的絮体，从而增加了沉淀速度，仅需少量的高铁酸盐进行预氧化即可取得显著的除藻效果。

高铁酸盐预氧化形成的中间水解产物及最终生成的 $Fe(OH)_3$ 胶体具有吸附作用，可去除水中重金属。对于受污染饮用水源中的微量重金属离子（如铅和镉），有良好的去除效果。

高铁酸盐预氧化对地表水具有显著的助凝作用。与单纯硫酸铝混凝相比，絮凝尺寸增大、沉后浊度明显降低。

高铁酸盐预氧化对地下水和地表水中的铁锰均有明显的去除效果，优于高锰酸钾和氯。

高铁酸盐在水中氧化速度很快，自身被还原后生成的水解产物很容易被混凝沉淀过程去除。

目前应用于水处理工程实际生产中高铁酸盐复合药剂的应用实例尚不多。

**7.4.5.3 过氧化氢预氧化**

过氧化氢的标准氧化还原电位仅次于臭氧，能直接氧化水中有机污染物和构成微生物的有机物质。同时，其本身只含有氢和氧两种元素，分解后成为水和氧气，使用中不会在反应体系中引入任何杂质；在给水处理中过氧化氢分解速度很慢，与有机物作用温和，可保证长时间的残余消毒作用；又可以作为脱氯剂（还原剂），不会产生有机卤代物。

过氧化氢作为生物预处理技术，能有效改善废水生物处理性。由于天然水源中有机物的污染越来越严重，而常规处理又无法有效地将其去除，因此研究人员将过氧化氢预氧化技术引入给水处理领域，目前用于水中藻类、天然有机物和地下水微量重金属、铁锰等的去除。

过氧化氢本身对水中污染物的氧化性能较差，通常在一定的触媒（如 $Fe^{2+}$，紫外光等）以及其他氧化剂（如 $O_3$）的作用下，产生氧化性更强的 $\cdot OH$ 自由基，使水中污染物氧化降解。因此过氧化氢氧化机理主要是产生羟基自由基，总反应机理可表示如下：

$$\left.\begin{aligned} H_2O_2 &= 2\cdot OH \\ \cdot OH + RH &= R\cdot + H_2O \end{aligned}\right\}\text{一致性}$$

式中 RH 表示污染物。

由上述反应可知，过氧化氢反应的核心是通过催化剂引发产生 $\cdot OH$ 自由基，因此通常将过氧化氢氧化又称为过氧化氢催化氧化。

过氧化氢对藻类去除效果明显；对有机物氧化则无选择性，单独使用时反应速度较慢，去除效果不明显，并随 pH 不同，效果相差很大，但对有机物性质改变作用很大，其预氧化作用改变了有机物的可混凝性能，提高了常规处理工艺对有机物的去除效果。

目前给水工程中过氧化氢预氧化应用实例尚不多。

# 7.5 生 物 预 处 理

## 7.5.1 生物预处理作用和分类

### 7.5.1.1 生物预处理作用

微污染原水的生物预处理是仿效水体在自然界的充氧生物自净过程，人工创造充氧和强化好氧微生物密繁殖滋生的条件，使生物膜法集中在合适的水处理构筑物内。当微污染原水进入生物处理构筑物时，在足够的充氧条件下，与附着生长在填料表面的生物膜不断接触，通过微生物自身生命代谢活动——氧化、还原、合成、分解等过程，以及微生物的生物絮凝、吸附、氧化、硝化和生物降解等综合作用，使水中许多有机污染物逐渐被转化和去除。

原水中有机污染物通常是含有由碳、氢和氧元素的含碳有机物，以及由有机氮、氨氮等组成的含氮有机物。其生物接触氧化过程是复杂的，一般认为：

（1）含碳有机物，特别是可生物降解的溶解性有机碳（BDOC），在好氧环境中通过微生物作用可分解为 $CO_2$ 和 $H_2O$，以除去：

$$含C有机物+O_2 \xrightarrow{好氧微生物} CO_2+H_2O$$

（2）含氮有机物在有关微生物作用下，有些可逐步生物降解生成 $NH_3$ 和 $NH_4^+$。在亚硝化杆菌和硝化杆菌的作用下进一步硝化合成 $NO_2$ 和 $NO_3$，最后完成有机物的无机化过程：

$$2NH_4^- +3O_2 \xrightarrow{亚硝化杆菌} 2NO_2{}^- +4H^- +2H_2O+486\sim703kJ$$

$$2NO_2^- +O_2 \xrightarrow{硝化杆菌} 2NO_3^- +129\sim175kJ$$

实践表明，生物接触氧化法能经济有效、无毒副作用地对原水进行预处理，归纳起来主要有以下几个方面作用：

（1）去除氨氮、亚硝酸盐。给水生物预处理多采用生物膜法，世代周期长的亚硝化杆菌和硝化杆菌可共同发挥作用，经济、高效去除氨氮、亚硝酸盐。

（2）减少水中消毒副产物前体物，从而降低消毒副产物的产生。

（3）有助于提高絮凝效果，有效降低絮凝剂投加量。

（4）对原水中的藻类有一定去除效果。

（5）提升原水感官，去除色度、嗅味。

（6）去除铁、锰及酚类等污染物质。

（7）减少消毒剂投加量。

（8）生物预处理替代预氯化等预处理方式，减少 THMs 等生成，提高饮水安全。

（9）去除可生物降解有机物，抑制细菌在水处理构筑物和输水管中的生长，保证管网生物稳定性。

部分生物氧化处理工程对有机物等的去除效果见表 7-10。由于各地水源水质差异很大，检测项目也不一致，表中所列内容仅供参考。

**部分生物氧化处理工程对有机物等去除率**　　　　表 7-10

| 工　程 | | | 东深供水水源生物处理工程 | 宁波自来水公司梅林水厂 | 上海市惠南水厂 | 蚌埠自来水公司二水厂 | 上海市周家渡水厂试验基地 | 上海金山石化试验水厂 | 古横桥水厂二期/三期 | 嘉兴市南郊（贯泾港）水厂一期 | 桐乡运河水厂 |
|---|---|---|---|---|---|---|---|---|---|---|---|
| 生物接触氧化池 | | 填料类型 | 立体弹性填料 | | | 页岩陶粒填料 | | 圆珠滤料 | 柱状悬浮填料 | 柱状悬浮填料 | 柱状悬浮填料 |
| | | 规模（万 $m^3/d$） | 400.0 | 4.0 | 12.0（一期） | 1.8 | 0.3 | 1.0 | 5/4.5 | 15 | 15 |
| | | 池型 | 平流渠道 | 斜管悬浮澄清池改建 | 平流池型 | 下向流滤池型 | | 上向流滤池型 | 平流池型（三段串联） | 平流池型（三段串联） | 平流池型（三段串联） |
| | | 水源 | 深圳水库 | 宁波姚江 | 上海大治河 | 蚌埠淮河 | 黄浦江上游 | 黄浦江上游 | 盐平塘 | 贯泾港 | 京杭古运河 |
| 平均去除率（%） | 1 | 生物需氧量 $BOD_5$ | 30.9 | — | — | — | | | | | — |
| | 2 | 化学需氧量 $COD_{Cr}$ | — | — | — | 27.92 | — | — | | | — |
| | 3 | 耗氧量 $COD_{Mn}$ | 12.7 | 20～30 | 15～21 | 5.48～20.5 | 13～15 | 5.3～5.5 | 7.6 | — | 5.7 |
| | 4 | 总有机碳 TOC | — | 20 | — | 29.46 | — | 12 | — | | 77（50～90） |
| | 5 | 氨氮 $NH_4^+$-N（曝气下） | 66.6 | 70～90 | 85～90 | 70～90 | 40～47 | 80～88 | 88 | 70（30～80） | 67（20～91） |
| | 6 | 亚硝酸氮 $NO_2^-$-N | — | 60～80 | 88～90 | | 40～70 | 25 | 82 | 29 | — |
| | 7 | 紫外吸光度 $UV_{254nm}$ | — | — | — | 29.22 | 0～5.6 | — | — | — | （无明显去除） |
| | 8 | 浊度（NTU） | 22.4 | 50～80 | 40～55 | 37.98 | 41～56 | 11.6～21 | 15 | 6 | — |
| | 9 | 色度 | — | 15～30 | 20～43 | 21.55 | 7～8 | | — | — | — |
| | 10 | 锰 Mn | 52 | — | 50～60 | | 33～36 | 45～66 | 60 | 43 | — |
| | 11 | 有机铁 Fe | | | 25 | | — | 44 | — | | — |
| 节省药剂（%） | | 混凝剂 | | >50 | | | | | | | |
| | | 消毒剂（液氯） | | 75～80 | 1/2～2/3 | | | | | | |
| 原水（平均 mg/L） | 1 | 氨氮 $NH_4^+$-N | 3.32 | | 1.5～4 | 0.1～13 | 0.2 | 0.3～2.5 | 2.68 | 1.1 | 0.86～2.91 |
| | 2 | 溶解氧 DO | 2.77 | | 2～5 | 2.2～8.0 | 3.9 | | — | 3.46 | |
| 出厂水（平均 mg/L） | 1 | 氨氮 $NH_4^+$-N | 0.5①1.13 | | <0.5 | | 0.05 | 0.08～0.27 | | | 0.15～0.90（预处理池出水） |
| | 2 | 溶解氧 DO | 7.13 | | 6.5～8.5 | | 6.4 | | | 10 | |
| 投产时期 | | | 1998年12月 | 1996年6月 | 1999年8月 | 1994年11月 | 2001年6月 | 2001年2月 | 2006年7月/2011年 | 2007年7月 | |

① 为生物处理后进入水库，$NH_4^+$-N 进一步转化为 $NO_3^-$-N，最终供香港的源水的 $NH_4^+$-N 浓度。

#### 7.5.1.2 生物预处理分类

饮用水处理中由于原水有机物水平总体较低，对出水氨氮浓度要求较高，故多采用好氧生物膜法中的生物接触氧化法。

生物接触氧化处理微污染原水的工艺形式主要有塔式生物滤池、生物转盘、生物流化床、生物接触氧化池等，近年以生物接触氧化池在工程中的运用最为广泛。

对于生物接触氧化处理工艺，按照作为生物载体的填料进行分类，主要有弹性填料生物接触氧化、颗粒填料生物接触氧化、轻质填料生物接触氧化、悬浮填料生物接触氧化等。

#### 7.5.1.3 生物预处理适用范围和注意事项

(1) 适用范围：生物预处理主要适用于氨氮、嗅阈值、有机微污染物（特别是可生物降解溶解性有机碳含量较高）、藻含量较高的原水预处理。

(2) 注意事项

1) 由于低温条件下水中微生物新陈代谢作用受抑制，生命活动远不如常温条件下活跃，因此低温情况下生物氧化预处理效率将明显下降。水温低于 5℃时，应考虑将生物预处理池体建于室内。

2) 进水不得有余氯等抑制微生物生长的物质，即不能采用预氯化等处理，否则将影响生物活动。

3) 对原水浊度的适用范围与生物预处理池体的填料、池型有关：

① 当采用陶粒填料、轻质填料生物接触氧化预处理工艺时，允许直接进入池中的原水经常浊度不能过高，否则将堵塞滤床并影响生物作用。

当原水浊度低于 40NTU 时，生物接触氧化池可设在混凝沉淀之前；当原水浊度高于 40NTU 时，建议生物接触氧化预处理工艺设在混凝沉淀之后，但混凝沉淀之前的预氧化不宜采用氯。

② 当采用弹性填料生物接触氧化预处理工艺时，填料悬挂在池中不易堵塞水流通道，允许进入的原水浊度可略高些，一般以小于 60NTU 为宜。

③ 当采用悬浮填料生物接触氧化预处理工艺时，填料在池内为流化状态不易堵塞，允许进水经常浊度在 100NTU 以内为宜。

4) 生物氧化工艺的处理效果与微污染原水中所含有机物的种类、含量、可降解程度有关。对采用生物氧化工艺的效果，一般应先进行小试、中试，积累一定的技术数据，经分析研究后确定。通过试验还可取得合适的有关设计参数，以便确定恰当的工艺流程和相应的工程措施。

5) 生物接触氧化池在运行前需进行挂膜。挂膜水源及微生物均宜来自实际原水，可在稍低于设计进水量的充氧条件下自然挂膜；经若干天的培养后，微生物附着生长在填料上生产生物膜，对原水中的污染物进行吸附、分解、硝化、絮凝和去除。当生物氧化池出水氨氮去除率达 60%以上时，可认为挂膜完成。挂膜期一般为半月以上，与水温有关。

#### 7.5.1.4 启动与挂膜

(1) 启动检查：生物接触氧化池是否按设计要求建设。然后检查配水和配气是否符合要求，水路及气路是否畅通，布水及布气是否均匀正常，尤其是气路。检查是否能满足正常运行曝气及反冲的需要，一切合格后再装填好填料，最后进行微生物的挂膜。

（2）挂膜方式：可分为两种，即自然挂膜和接种挂膜。夏天水温较高，进水水质中可生化成分（BDOC）较高，此时可采用自然挂膜。如果水温较低或原水中可生化成分（BDOC）较少，则应采用接种挂膜，强化挂膜效果，减少挂膜时间。

1）自然挂膜方法：以小流量进水（滤速 0.5m/h），使微生物逐渐接种在颗粒填料上附着生长，然后逐渐增加水力负荷，每 3d 增加 0.5m/h 滤速，直至达到设计要求。

2）接种挂膜法：在水源取水点附近取一定量的河流或湖泊底泥，经稀释后加入颗粒填料生物接触氧化池中，同时向池内加入一定量的有机及无机营养物（营养物的投加比按 C∶N∶P=100∶5∶1）以保证微生物生长的需要，然后进行曝气。曝气期间不进水也不出水。24h 后换水，然后重新投加营养物。曝气 3d 后改成小流量进水（停留时间从 8h 开始），使微生物逐渐适应进水水质，待出水变清澈后，逐渐增加水力负荷，方式同自然挂膜，直至达设计要求。

（3）挂膜：在挂膜期间每天对进出水的有机物浓度（一般以 $COD_{Mn}$ 为指标）、氨氮进行监测，当 $COD_{Mn}$ 达 15%～20%或氨氮去除率达 60%以上时，可认为挂膜完成，挂膜一般需 30d 左右。

水温对生物接触氧化的启动影响较大，低温条件下微生物活性受到抑制，生物膜形成较为缓慢。所以挂膜最好在水温较高的夏季或秋季进行。

**7.5.1.5　曝气方式与曝气量**

给水生物预处理主要通过好养菌的作用对原水中的污染物进行处理，需要向水中曝气。生物接触氧化池中曝气除了充氧、传质作用外，还可通过对水体的扰动达到强制脱膜、防止填料积泥、保持生物活性的效果；与此同时，生物接触氧化池中的能耗主要产生在曝气环节。合理确定曝气方式与曝气量，可提高生物预处理环节的处理效果、利于单体良好运行，并降低能耗。

影响曝气量大小的因素除了原水中水质特点及处理要求外，还与生物预处理方式、曝气目的、曝气方式等密切相关，并考虑当地气候、运行管理条件等因素，通过原水试验确定。

（1）生物预处理方式及曝气目的

常用的生物接触氧化形式有多种，如弹性填料生物接触氧化预处理、颗粒填料生物接触氧化预处理、轻质填料生物接触氧化预处理和悬浮填料生物接触氧化预处理等。不同预处理方式对于曝气的要求有很大的区别，并直接影响着曝气方式与曝气量。一般而言，生物预处理中的曝气目的主要可分为以下两类：

1）充氧为主。主要存在于另设有填料反冲洗措施的池型，例如弹性填料、颗粒填料和轻质填料生物接触氧化预处理。此时，曝气的功能主要为向水中充氧。

2）充氧兼顾物理搅拌。该曝气方式主要存在于曝气作为充氧措施的同时，搅拌填料及池内悬浮物质的池型，达到生物膜更新和避免池内积泥的效果，例如悬浮填料生物接触氧化池。由于用于维持搅拌填料的气水比要高于去除氨氮和可生物降解有机物所需值，所以确定这一类型的曝气方式其曝气量多根据填料流化、生物膜更新等要求，确定气水比及供气量（用 $G_s$ 表示），保证气体对水体的扰动程度。

（2）曝气量计算

首先应根据原水水质的可生物降解有机物、氨氮和溶解氧的含量等因素确定了生物预处理的理论总需氧量。由于在基本符合集中取水水源标准的天然地表水体中亚硝酸盐含量较低，理论总需氧量 $R_T$ 可按下列公式计算。

$$R_T = R_0 + R_N \tag{7-9}$$

$$R_0 = \frac{Q \times \Delta C_{BOD_5} \times 1.2}{1000} \tag{7-10}$$

$$R_N = \frac{Q \times 4.57 \times \Delta C_{NH_3-N}}{1000} \tag{7-11}$$

式中 $R_0$——去除每公斤 $BOD_5$ 的需氧量（$kgO_2/d$）；

$Q$——进入预处理池原污水量（$m^3/d$）；

$\Delta C_{COD}$——进、出 $COD_{Mn}$ 浓度差值（mg/L）；

$R_N$——每天氨氮硝化需氧量（$kgO_2/d$）；

$\Delta C_{NH_3-N}$——进、出预处理池氨氮浓度差值（mg/L）；

4.57——氨氮硝化需氧量系数。

鼓风曝气时，可按下列公式将标准状态下需氧量，换算为标准状态下的供气量 $G_S$。

$$G_S = \frac{R_S}{0.28E_A} \tag{7-12}$$

式中 $R_S$——标准状况下供气量（$m^3/h$）；

$E_A$——系统氧利用率（%）；

0.28——标准状态下（0.1MPa、20℃）下的每立方米空气中的含氧量（$kgO_2/m^3$）。

（3）曝气方式及系统效率

曝气方式主要包括了曝气装置的选型和安装方式，影响着氧气在水中的系统效率，主要指系统的氧利用率（$E_A$，即通过鼓风曝气转移到混合液的氧量，占总供氧量的百分比）及动力效率（$E_P$，即每消耗 1kW 电能转移到混合液中的氧量）。

在清水或填料密度较低的池体中，系统氧利用率受不同曝气方式影响，区别较大。但池体内装填了密度较高的填料后，由于气泡受填料的扰动、剪切作用，出现气泡在水中停留时间延长、气泡直径变小等情况，系统氧利用率将因此有大幅度的提高，构造简单的穿孔曝气方式也可达到较理想的氧利用率。因此，针对不同的曝气装置、在不同类型的填料中应用时，有条件和需要时，其系统氧利用率应进行模拟实验予以确定。

（4）气水比

由于生物预处理曝气量与原水水质、池体布置、填料类型及装填密度、曝气装置形式等密切相关，较难通过理论计算得出，通常以曝气气水比方式确定曝气量。根据所采用预处理工艺的不同，曝气气水比宜为人工填料生物接触氧化池 0.8∶1～2∶1、颗粒填料生物接触氧化池 0.5∶1～1.5∶1。有条件和需要时，其气水比应进行模拟实验予以确定。

（5）鼓风机

生物接触氧化用于处理微污染原水时，曝气多采用鼓风曝气方式。其风压计算、设备选型、鼓风机设计要求等可参考《给水排水设计手册》第三版第 5 册《城镇排水》相关内容。

鼓风机可用罗茨鼓风机或离心鼓风机，各自的特点为：

1）罗茨鼓风机是一种定容式气体压缩机，特点是：在最高设计压力范围内，管路阻力变化对流量影响很小，工作适应性强，结构简单，制造维护方便，适合用于流量要求稳定、阻力变化较大的情况，缺点是噪声较大，单台设备风量较小，适合中小规模水厂的生物预处理。

2）离心式鼓风机是一种叶片式气体压缩机，具有空气动力性能稳定、振动小、噪声低的特点，它可分为低速多级、高速多级、高速单级等几种形式。离心式鼓风机单台风量较大，适合大中型水厂的生物预处理。

## 7.5.2 弹性填料生物接触氧化预处理

弹性填料生物接触氧化预处理技术是用我国研发生产的弹性填料塑料丝及中心绳栓连的弹性立体填料，作为生物接触氧化法的微生物载体，来处理微污染原水预处理的净水技术。在填料挂膜良好和曝气充分的情况下，弹性填料既能有效去除水中污染物，又因其丝条在水中松散辐射分布的特点，保证了不易被原水中各类杂质堵塞。

### 7.5.2.1 弹性填料基本特点

经同济大学研究比选，弹性立体填料丝选用聚烯烃类塑料丝，具有弹性，表面带波纹及微毛刺，利于填料挂膜。单元直接一般采用 170～200mm，填料丝径 0.5mm，丝密度平均 22～24 丝/cm。弹性立体填料在池体中一般将各单元组合成梅花形布置，也可相互适当搭接。每一单元的立体填料可以乙纶绳或包芯塑料绳（金属丝芯）作中心绳，将聚烯烃类塑料丝通过中心绳纹合固定成辐射状立体构造，悬挂于吊索或吊杆下（见图 7-13）。

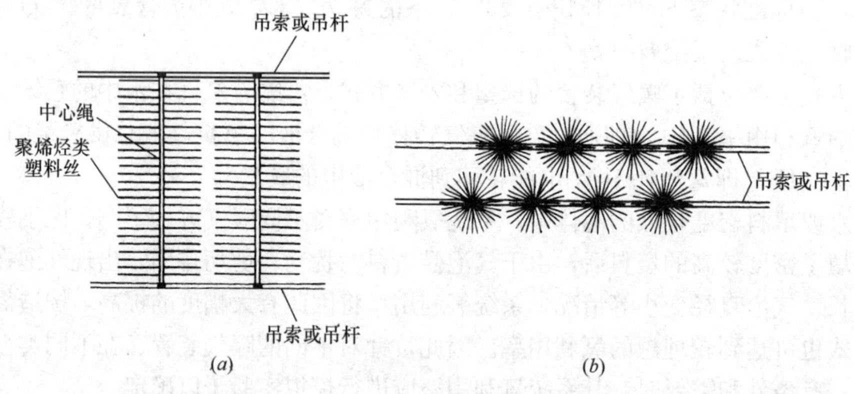


图 7-13 弹性立体填料单元及梅花形布置

(a) 单元立面；(b) 梅花形布置平面

### 7.5.2.2 弹性填料生物接触氧化池构造

弹性填料生物接触氧化池是以弹性立体填料作为生物载体来处理微污染原水的一种池型。其构造和布置见图 7-14。微污染原水进入生物氧化池后，流经充满大部分池体容积的弹性立体填料层，在池下方的穿孔布气管或微孔曝气供氧条件下，通过填料表面生物膜硝化菌等的生化作用去除水中氨氮、$COD_{Mn}$等污染物质，净化后的水经集水系统流出生物氧化池。

弹性填料生物接触氧化池布置注意事项：

(1) 合理选择填料。填料比表面积大小影响可生长的生物量和生物氧化处理效果，有条件时应通过试验确定。

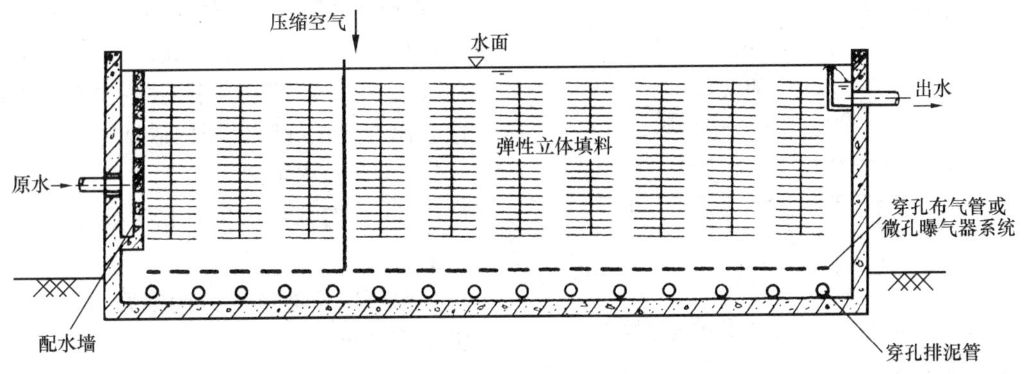


图 7-14 弹性填料生物接触氧化池布置示意

(2) 为取得较好的生物接触氧化效果，除了通过填料布置等增大单位池容积的填料表面积外，还应通过合理布置池中的配水和集水系统来提高原水与全池填料上生物膜的接触可能。

(3) 池底部需设置排泥系统，以便及时排除池中积泥。有条件时可采用斗式排泥机或机械排泥系统。

(4) 生物接触氧化池的池体较大，能较快适应流量、水质等环境条件的变化。

(5) 生物接触氧化池可根据需要与后续絮凝池等合建。

(6) 生物接触氧化池需考虑冲泥措施，以保持生物膜新陈代谢环境的稳定与良好：

1) 可根据原水中悬浮物含量多少，运行 1～3 个月停池冲洗填料表面积泥。为此可在池顶适当位置设置冲洗水龙头或在池中设冲洗管路。

2) 对于泥沙含量高的原水，有条件时可采用气水反冲洗方式。

3) 冲洗强度应适当，防止在冲除填料表面积泥的同时，将生物膜过量冲除。

#### 7.5.2.3 设计要点与主要参数

弹性填料生物接触氧化池的设计参数应根据当地原水水质、水温以及处理要求确定，并宜通过小试和中试加以验证。

下述参数可供设计时参考：

(1) 生物氧化池有效水深为 4～5m。

(2) 生物氧化水力负荷为 2.5～4$m^3$/($m^2$·h)(与弹性立体填料单元布设密度和单元长度的填料丝根数等有关)。

(3) 生物氧化部分有效停留时间为 1.0～1.5h。

(4) 气水比为 (0.7～1)：1。

(5) 填料单元布置：布置密度和填料比表面积大小，直接关系到生物处理效果和微生物代谢活动等，宜在不影响填料上积泥和冲泥等需要的前提下，尽量利用池体空间紧凑布置。

(6) 曝气充氧方式：可采用穿孔管曝气系统或微孔曝气器系统。微孔曝气器产生的气泡小，氧的传质效率较高。

1) 穿孔管曝气系统的布置：为力求达到全池均匀曝气的目的，穿孔管必须布置成环状。

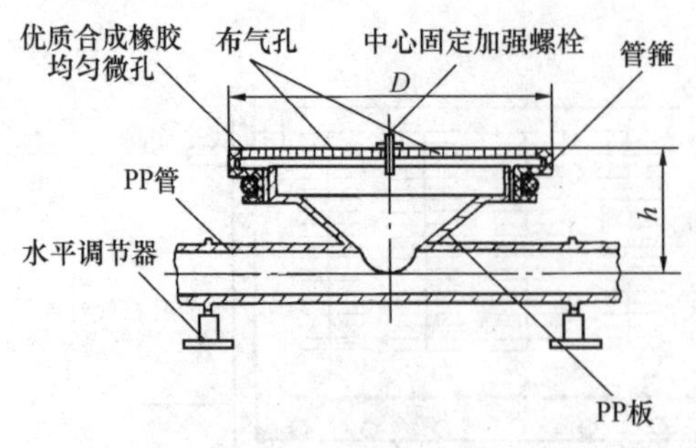


图 7-15　橡胶模片式微孔曝气器构造

2）橡胶膜片或微孔曝气器：生物接触氧化池填料层的下方，设置充氧用的橡胶膜片式微孔曝气器系统和冲洗用的穿孔曝气管系统。橡胶模片式微孔曝气器构造见图 7-15。

#### 7.5.2.4　工程示例

**【案例一：梅林水厂生物氧化处理净水工艺系统】**

梅林水厂以宁波姚江微污染原水为水源。姚江常年浑浊度低，一般均小于 20NTU，仅夏季暴雨后短时间可能高达数十 NTU。

（1）工艺流程：梅林水厂原有两组净水工艺系统，结合进行长期试验研究，1996 年对其中一组净水系统进行了增加弹性填料生物接触氧化池的改造，生物接触氧化池由原斜管悬浮澄清池改建而成。根据常年原水浊度低的特点，采用了原水经生物氧化处理后，适量投加氯和硫酸铝，经折板絮凝池微絮凝后，进入砂滤池直接过滤的净水工艺系统。

改建完成后的梅林水厂工艺流程见图 7-16。

第①组传统净水工艺系统的处理能力为 6.0 万 $m^3/d$；第②组生物处理净水工艺系统的处理能力为 4.0 万 $m^3/d$。

生产实践表明，生物接触氧化对于去除氨氮、亚硝酸氮、$COD_{Mn}$、TOC、色度等具有较好效果（见表 7-11），同时还可降低药耗。

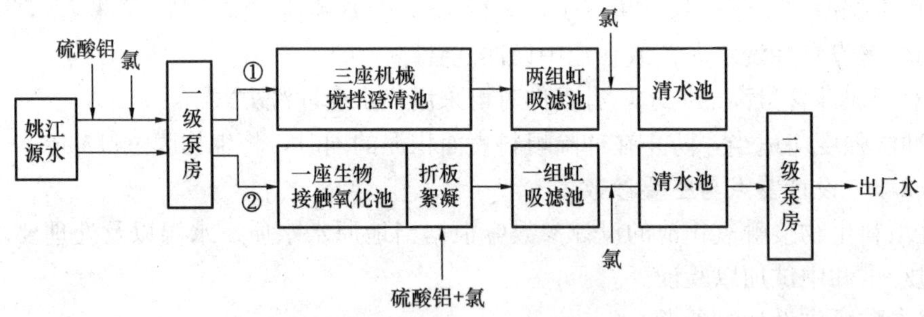


图 7-16　梅林水厂工艺系统流程示意

（2）主要设计参数：梅林水厂弹性填料生物接触氧化池布置示意见图 7-17。主要设计参数如下：

1）处理能力：4.0 万 $m^3/d$。

2）基本尺寸：长×宽×高＝35.8m×17.8m×5.9m。

3）生物接触氧化池与后续穿孔折板絮凝池合并建造。

4）弹性立体填料层高为 3.37m，由多根填料单元相互组成梅花形布置（见图 7-17）。

5）生物接触氧化池部分有效水深为 4.56m，有效停留时间为 1.43h。

6）设计生物接触氧化池气水比为 0.7∶1，水气逆向流动。

7）鼓风机采用 L2A28 罗茨风机 2 台，1 用 1 备。鼓风机额定空气流量为 19.14$m^3$/min，出口静压为 49kPa，配套电动机功率 37kW。

8）因属旧池改建，排泥系统保留用穿孔排泥管，但作了适当改建。

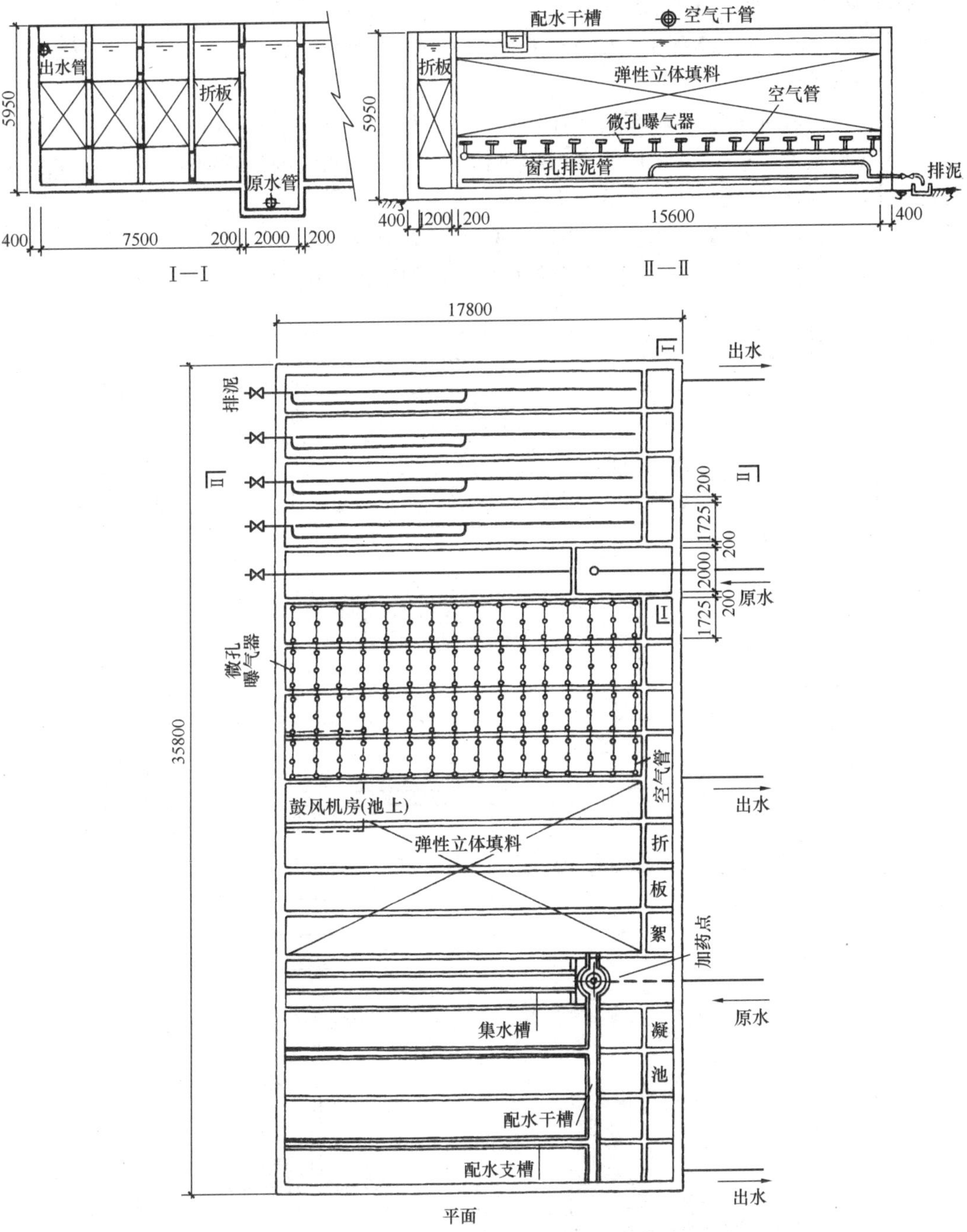


图 7-17　梅林水厂弹性填料生物接触氧化池

**【案例二：东深供水原水生物硝化工程】**

该工程通过采用弹性填料生物接触氧化工艺改善向香港和深圳供水的原水水质。设计日处理水量为 400 万 $m^3/d$，是目前世界上同类工程中规模最大的。工程建于深圳市的深圳水库库尾，于 1998 年 12 月建成。处理效果良好，运行稳定。

(1) 工艺布置：生物氧化工程主体由 6 条长 270m、宽 25m、高 4.78～5.5m 的生物接触氧化池组成，池中填料采用弹性立体波纹填料，用穿孔管曝气。6 条生物接触氧化池的平面布置见图 7-18。东深供水原水生物硝化工程工艺流程见图 7-19。

（2）主要设计参数：

1）水力停留时间为 55.4min，断面平均水流速度为 0.0813m/s。

2）气水比为 1∶1，共采用 6 台鼓风机，5 用 1 备，鼓风机为 GXKA44SV-GL225 型涡轮式离心鼓风机，每台供气量为 555.6$m^3$/min。

3）采用立体弹性填料，柱状、直径为 200mm，有效高度为 2.95m。

4）采用穿孔管曝气，曝气管成环状布置，两管间距为 70cm。

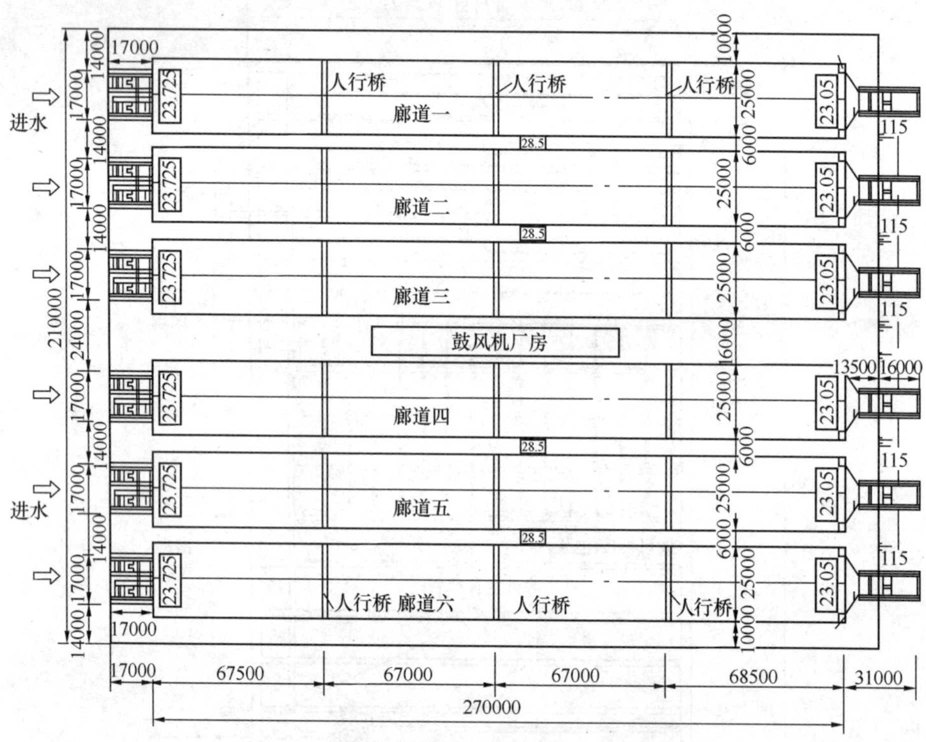


图 7-18　东深弹性填料生物接触氧化池平面布置

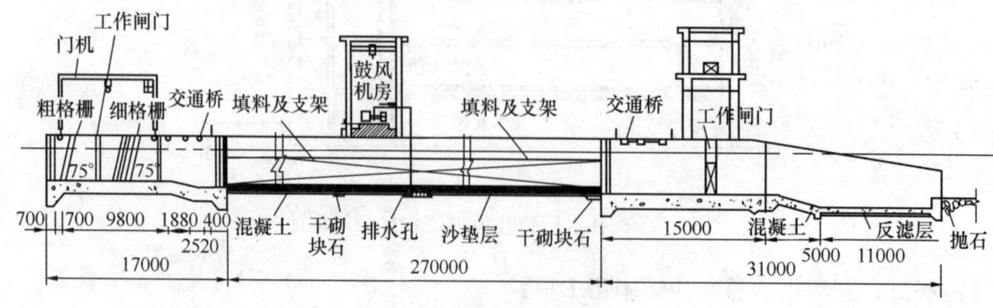


图 7-19　东深供水水源水生物硝化工程工艺流程

**【案例三：张江水厂生物接触氧化池】**

上海市浦东新区张江水厂由于水源水质受污染，因此在水厂原有的机械搅拌澄清池及双阀滤池前，增设两组设计总流量为 3.5 万 $m^3/d$ 的弹性立体填料生物接触氧化池，直接引入受污染原水进行生物预处理。该两组生物接触氧化池于 1998 年 11 月建成投产。该池的特点是采用水泵引水的虹吸式吸泥机进行池底排泥，取得较好排泥效果。

张江水厂生物接触氧化池见图 7-20。

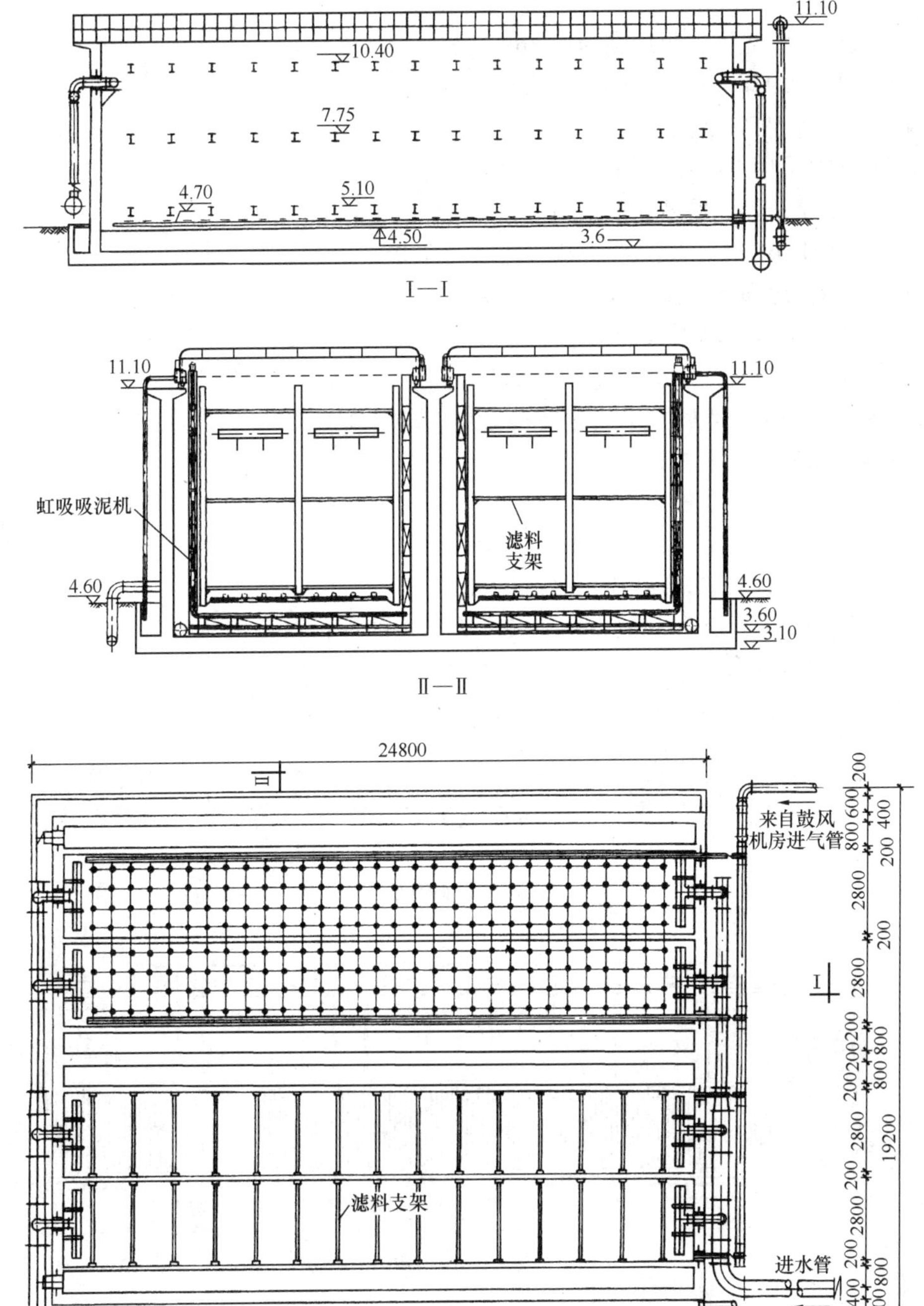


图 7-20　张江水厂生物接触氧化池

(1) 主要设计参数：

1) 设计总流量为 3.5 万 $m^3/d$。

2) 池体为并列两组，每组有效尺寸：长×宽×高＝23.2m×6.0m×7.5m。

3) 有效水力停留时间为 1.02h。

4) 气水比为（0.5～1.0）：1。

5) 波纹弹性立体填料层高为 5.3m。

6) 填料下的穿孔管曝气区高为 0.5m。

7) 池底排泥区高为 1.0m。

(2) 主要采用设备：

1) 3L41WD 型三叶罗茨鼓风机 3 台（2 用 1 备）。

2) 电动水泵引水虹吸式吸泥机（跨度为 7.9m）2 台。

**【案例四：惠南水厂生物预处理工程】**

上海市惠南水厂取用大治河水源。水源受到一定程度污染，氨氮有时高达 4～5mg/L，色度达 60～70cu。为了降低出厂水氨氮、色度和有机污染物含量，在常规处理工艺前增加了弹性丝填料的生物接触氧化处理工艺，该厂自 1997 年 7 月建设投产以来，运行正常，取得了明显的效果（见表 7-11）。

主要设计参数与布置如下：

(1) 设计能力为 12.0 万 $m^3/d$，分两座，每池的净水能力为 6.0 万 $m^3/d$。

(2) 设计的有效水力停留时间为 1.45h。

(3) 采用推流式矩形水池。每池又分为独立的两格，每格池的平面尺寸为 74.5m×8.0m，有效水深为 4.20m。

生物接触氧化池布置见图 7-21。

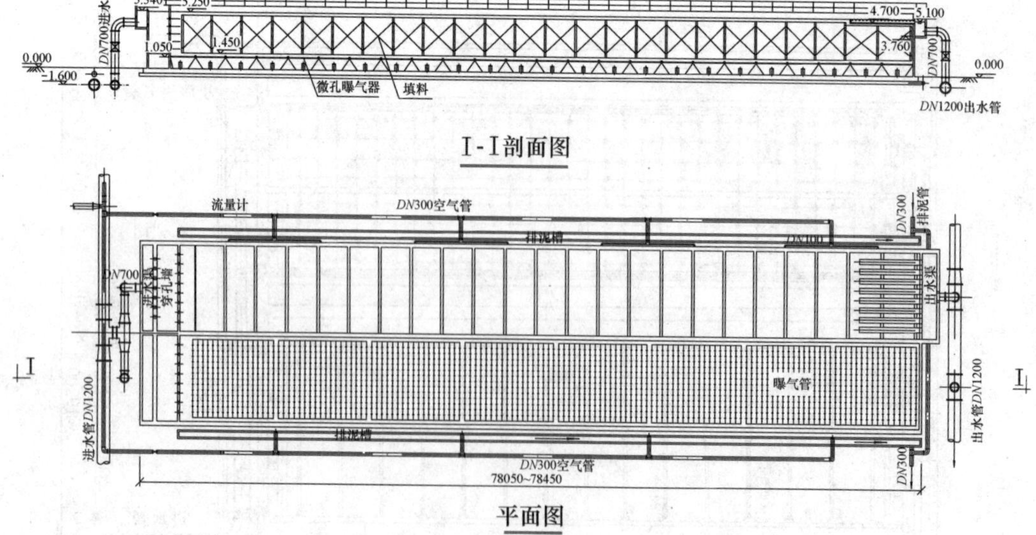


图 7-21　惠南水厂生物氧化池布置

(4) 填料：采用弹性丝填料，丝径为 0.5mm，直径为 175mm，比表面积为 $320m^2/m^3$，填料高度为 3500mm。

(5) 设计气水比为 (0.8～1.4) ：1。

(6) 曝气系统

1) 曝气器采用 JT-1 型拱形微孔曝气器：尺寸为 $\phi$188mm×60mm，须安装平整。

2) 曝气管网沿池长设置八组，每组设有 288 个曝气器，曝气器支座和管网的材质均为 ABS，每组管网都装有计量仪表和控制闸门，可根据运行要求和处理效果调整运行工况。

(7) 生物膜脱膜采用气水冲洗，冲洗强度是正常运行的 2～3 倍，沿池长从前到后分区段冲洗。冲洗周期为 3 周；冲洗历时为 10～15min。

(8) 进水采用溢流堰加穿孔配水墙，出水采用指形槽。

(9) 排泥采用穿孔排泥管，沿池长每隔 3.0m 设一条斗式排泥槽，内设排泥管，排泥管上安装气动阀门；根据积泥规律，沿池长方向组成 4 个排泥管组，采用 PLC 自控运行。

池前区段排泥历时为 2min，中段为 1.5～2min，后段为 1～1.5min；这些参数及污染浓度监测参数输入排泥 PLC 站，可使排泥系统自控运行。

(10) 过程控制：由于微污染原水生物处理的效果受原水水质、负荷、生物量、生物活性和温度等诸多因素影响，因此增强调节手段是强化过程控制的关键。

1) 该池采用推流式，渐减曝气方式控制运行。鼓风机房按近远期结合布置，近期按三用一备配置，其中三台 $Q=46\text{m}^3/\text{min}$，$H=0.059\text{MPa}$，另一台 $Q=30\text{m}^3/\text{min}$，$H=0.059\text{MPa}$。实际运行台数可按气水比为 0.8：1、1.1：1、1.4：1 等多种不同的工况自控选择。

2) 鼓风机房供气总管和各段供气总管装有在线仪表，生物氧化池进出水段装有在线水质检测仪表，可根据实际运行状况和处理效果分别调整各段的运行参数。

3) 生物氧化池沿池长方向分四个曝气段，各段的曝气量可按实际运行状况分别调整。

4) 生物氧化池运行一段时间后，可视填料上生物膜的生长状况，定期进行气动冲洗，帮助老化生物膜脱落。

### 7.5.3 颗粒填料生物接触氧化预处理

颗粒填料生物接触氧化预处理技术，以颗粒状填料作为微生物载体对原水进行处理。颗粒填料粒径宜为 2～5mm，可选种类较多。

#### 7.5.3.1 颗料填料选择

(1) 选择原则

颗粒填料主要的选择原则如下：

1) 比表面积大：颗粒填料一般选用适宜的粒径、表面粗糙的惰性材料，这种填料有利于微生物的接种挂膜和生长繁殖，保持较大的生物量；有利于微生物体代谢过程中所需氧气和营养物质以及代谢产生的废物的传质过程。

2) 足够的机械强度：填料必须有足够的机械强度，以免在冲洗过程中气和水对颗粒冲刷而磨损或破碎。

3) 合适的颗粒松散密度：既有利于反冲洗，又不致被冲走。

4) 具有化学稳定性，以免填料在过滤过程中，发生有害物质溶解于过滤水的现象。

5) 能就地取材、价廉，以减少投资。

(2) 不同填料的比较

清华大学在对不同的惰性载体（页岩陶粒、黏土陶粒、砂子、褐煤、沸石、炉渣、麦饭石、焦炭等）进行筛选，并与生物活性炭进行比较（其中褐煤因其机械强度差而被淘汰）后，认为陶粒、砂子、大同沸石和麦饭石优于其他几种材料。表 7-11 是几种颗粒填料物理化学特性（粒径为 1.75～2.25mm）比较。

几种颗粒的物理化学特性比较 表 7-11

| 物理性质 | | | | | 主要化学元素组成 | | | | | |
|---|---|---|---|---|---|---|---|---|---|---|
| 名称 | 产地 | 比表面积 ($m^2/g$) | 总孔体积 ($cm^3/g$) | 松散密度 (g/L) | Na | Mg | Al | Si | Fe | 其他 |
| 活性炭 | 太原 | 960 | 0.9 | 345 | — | — | — | — | — | — |
| 页岩陶粒 | 北京等 | 0.29 | 0.103 | 976 | — | 1.5 | 21.5 | 63.5 | 6.5 | 7.0 |
| 黏土陶粒 | 北京等 | 0.42 | 0.184 | 765 | 2.42 | 2.40 | 21.93 | 52.08 | 10.38 | 10.79 |
| 砂子 | 北京 | 0.76 | 0.0163 | 1393 | 2.83 | 0.24 | 16.84 | 50.69 | — | 29.4 |
| 沸石 | 山西 | 0.46 | 0.0269 | 830 | 4.25 | 11.48 | 18.27 | 40.28 | 10.14 | 15.58 |
| 炉渣 | 太原 | 0.91 | 0.0488 | 975 | 0.79 | 1.13 | 31.4 | 53.58 | 4.13 | 8.97 |
| 麦饭石 | 蓟县 | 0.88 | 0.0084 | 1375 | 5.23 | 0.46 | 20.32 | 50.38 | 0.84 | 22.86 |
| 焦炭 | 北京 | 1.27 | 0.0630 | 587 | — | — | 25.75 | 40.23 | — | 34.02 |

目前应用较多的填料主要是页岩陶粒，使用结果较为满意，主要特点如下：

1）页岩陶粒粒径一般采用 2～5mm。陶粒颗粒的物理特性及详细化学组成见表 7-12。

页岩陶粒的物理化学组成 表 7-12

| 物理性质 | | | 化学成分（%） | | | | | |
|---|---|---|---|---|---|---|---|---|
| 比表面积 ($m^2/g$) | 堆积密度 (g/L) | 孔隙率 (%) | $SiO_2$ | $Al_2O_3$ | FeO | CaO | MgO | 烧失量 |
| 3.99 | 890 | 75.6 | 61～66 | 19～24 | 4～9 | 0.5～1.0 | 1.0～2.0 | 5.0 |

2）除了考虑颗粒的比表面积，还须考虑其总孔容积，同时还要考虑微孔、过渡孔和大孔各自所占比率，因细菌生长主要依赖大孔，微孔过多对细菌生长并无作用。

陶粒表面较粗糙，不规则，有很多孔径较大的孔洞，相互之间不连通，主要是一些开孔大于 0.5μm 以上的孔洞，而细菌直径为 0.5～1.0μm，有利于微生物附着生长。

3）陶粒的化学组成表明不含对生物有害的重金属及其他有害物质，其化学组成主要是碱性成分。由于微生物在代谢过程中往往有有机酸的生成，因此陶粒孔隙的微环境对促进微生物的生长代谢有利。

#### 7.5.3.2 颗粒填料生物接触氧化池构造

(1) 基本布置

颗粒填料生物接触氧化滤池构造和布置形式与砂滤池类似，因此也称为淹没式生物滤池或生物滤池。其与砂滤池的主要差异是滤料改为适合生物生长的颗粒填料以及增加了充氧用的布气系统。

颗粒填料生物滤池的基本布置见图 7-22。

生物滤池的运行既可以采取上向流也可以采取下向流方式，或者两种方式交替运行，以提高滤池的处理能力和对污染物的去除效率，见图 7-22。当按上向流方式运行时，阀门 1、2、3、6 关闭，阀门 4、5 开启；当按下向流方式运行时，阀门 4、5、3、6 关闭，阀门 1、2 开启。反冲洗时则关闭阀门 1、2、4、5，开启阀门 3、6。通过上述阀门关启的配合，可实现不同进水方式的运行，缺点是阀门较多，增加投资和管路安装难度。如果设计时只考虑采用上向流或下向流中的一种形式，则阀门布置较为简单。

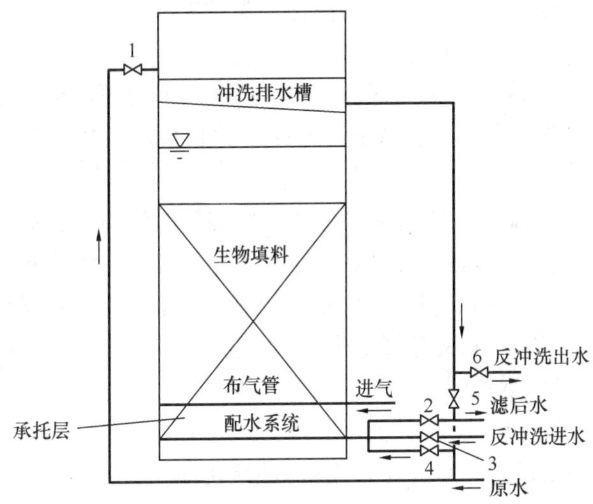


图 7-22 生物滤池布置示意

试验表明，下向流与上向流对生物滤池的处理效果存在差别：

1）对有机物和氨氮的去除效率的影响：在曝气充足条件下，上向流方式对有机物和氨氮去除效果略高于下向流方式。

2）浊度和色度去除的影响：下向流生物滤池对色度的去除与上向流基本一致，而对浊度的去除则更好一些。

3）对滤速的影响：下向流由于气水逆流，阻力较大，当增大气量后，水流速度受限制，因此增大滤速有一定限度。上向流则由于气水同向，气流可帮助疏松陶粒填料，滤速可相应提高。

在选择滤池方式时，应根据原水浊度和悬浮物含量以及原水水质污染情况选用。当原水浊度和悬浮物较高时，宜选用下向流形式。这是由于当进水中带有较大杂质时，上向流方式易堵塞配水系统孔眼，导致配水不均匀，给运行管理带来影响。

（2）池体布局

颗粒填料生物接触氧化滤池由六部分组成：配水系统、配气（布气）系统、生物填料、承托层、冲洗排水槽以及设置进、出水管道及阀门的管廊。

1）配水系统：生物滤池出水的收集与反冲洗水的分布，由同一配水管系完成。该管系位于滤池底部，滤池工作时均匀集水，并在滤池反冲洗时保证反冲洗水在整个滤池面积上均匀分布。生物滤池一般采用管式大阻力配水方式，具体设计同普通快滤池。

配水系统必须使配水均匀。如果配水系统设计不合理或安装达不到要求使反冲洗时配水不均匀时，将产生下列不良后果：

① 部分区域冲洗强度达不到要求，该区域的生物填料中杂质冲不干净，生物膜不能及时更新，将影响生物滤池对污染物的去除效果。

② 在冲洗强度大的区域，由于水流速度过大，会冲动承托层，引起生物填料与承托层的混合，甚至引起生物填料的流失，有时也会引起布水系统和布气系统的松动，对生物滤池造成极大危害。

2）配气系统：生物滤池内设置布气系统主要有两个目的：一是正常运行时曝气，二是进行气水反冲洗的供气。

① 同一套布气管虽能减少投资，但有可能使过滤时充氧曝气供气不均。因此宜分设反冲洗和曝气两套系统。即使采用长柄滤头气水反冲，也仍需在滤头上面单独布置曝气系统。

② 配气系统与配水系统一样必须做到均匀、平整。

③ 为保证曝气效果，通常将配气管布置成环网状。

3）生物填料层：生物接触氧化滤池所用填料的特性是影响其处理效果的关键因素之一。有关填料的选择见表 7-12、表 7-13。

4）承托层

① 设置承托层主要是为了支承生物填料，防止生物填料流失，同时还可以保持反冲洗稳定进行。承托层常用材料为卵石或破碎的石块、重质矿石。为保证承托层的稳定及配水均匀性，要求材料具有良好的机械强度和化学稳定性，形状应尽量接近圆形。

② 承托层接触配水及配气系统部分应选粒径较大卵石，其粒径至少应比配水、配气管孔径大 4 倍以上，由下而上粒径渐次减小，接触填料部分其粒径及密度应基本与填料一致。

5）冲洗排水槽和管廊：生物接触氧化滤池的冲洗排水槽和管廊布置与普通快滤池类似。

**7.5.3.3 设计要点与主要参数**

（1）颗粒填料生物接触氧化池（生物滤池）设计要点与参数

1）滤池总面积：按处理水量和滤速确定，滤池格数和每格面积参考普通快滤池。

2）滤速为 4～6m/h。

3）滤池冲洗前的水头损失控制为 1～1.5m。

4）曝气量、气水比，应根据原水水质的可生物降解有机物（BDOC）、氨氮和溶解氧含量而定，约取（0.5～1.5）：1，一般取气水比为 1.0：1。

5）过滤周期为 7～15d。

6）滤池高度包括承托层、填料层和填料上水深及保护高度，一般总高度约 4.5～5m。其中：

① 生物填料层高度一般为 1500～2000mm。

② 承托层高度一般为 400～600mm。

③ 填料层以上淹没水深 1.5～2.0m。

④ 反冲洗时填料层膨胀率可达 30%～50%，因此冲洗排水槽表面距填料表面的高度应保持在 1～1.5m 左右。

⑤ 滤池保护高度为 300～500mm。

7）反冲洗方式及强度：生物滤池一般采用气水联合反冲洗。

① 水反冲强度：应根据填料颗粒密度而定，一般取 10～15L/($m^2$·s)。

气反冲洗强度也应根据填料而定，一般取 10～20L/($m^2$·s)。

② 反冲洗过程与时间：

第一步：将水放至冲洗排水槽下，用气冲洗，使填料层松动，老化膜脱落，防止结块，时间为 3～5min 左右。

第二步：关气，用水冲洗 5min 左右。

8）反冲洗水的供应：生物接触氧化滤池设于混凝沉淀前时，反冲洗水可以直接用原水，如果生物接触氧化滤池在混凝沉淀与砂滤之间，反冲洗水应用生物接触氧化滤池出水。冲洗水泵或冲洗水箱的设置参照普通快滤池。

9）反冲洗供气系统：

颗粒填料生物接触氧化池反冲洗供气系统与滤池反冲洗供气系统类似，也可采用穿孔管配气，或长柄滤头配水、配气，有关设计参数和布置要求见第 11 章。

气源的供给可采用鼓风机供气。供气系统的计算见第 11 章。

（2）充氧曝气系统设计要点

1）充氧方式：生物滤池一般采用鼓风曝气的形式，良好的充氧方式应有高的氧吸收率，即单位时间内转移到水中的氧与供氧量之比值较高。

微孔曝气头虽气泡体积小，气液接触面积大，氧传质效率较高；但微孔曝气存在阻力大的缺点。颗粒填料本身具有切割气泡作用，因此可不用微孔曝气头，一般推荐采用多孔管或长柄滤头。

生物滤池最简单的鼓泡装置为采用穿孔管。穿孔管属大中气泡型，氧利用率低，约为 4%左右，其优点是不易堵塞，造价低。

2）曝气量：根据气水比确定。由于正常运行的曝气量仅为反冲洗所需的 1/8～1/10，因此能保证反冲洗气量一般即可保证正常运行所需气量。

3）曝气系统：

① 当滤池格数较少时供气设备宜分块；当滤池格数较多时可考虑两个系统合用一套供气设备。

② 由于正常运行的充氧曝气量明显低于冲洗用气量，若采用同一布气系统，将造成配气的不均匀，因此，正常运行的充氧曝气与反冲洗的配气一般仍分设两个供气配气系统；充氧曝气常采用穿孔管布气系统；气冲洗可采用长柄滤头，亦可采用穿孔管配气系统。

当采用两套穿孔管时，穿孔管的开孔率、孔眼直径等均应根据各自的供气量计算。

#### 7.5.3.4 工程示例

**【案例一：蚌埠二水厂】**

蚌埠市自来水公司二水厂取用淮河蚌埠段原水，总设计规模为 5.0 万 $m^3/d$，共有两条工艺流程。其中第二条流程为 $1.8m^3/d$，采用澄清池和多层滤料滤池。

20 世纪 80 年代以来淮河水源污染严重，色度、氨氮和有机物增高。为此，采用了生物接触氧化法对原水进行生物预处理。

（1）生物预处理工艺流程：在原第二条流程的澄清池前，新建一组四个生物陶粒滤池。工艺流程见图 7-23，过滤出水与第一套流程出水混合，加氯后通过清水池送往用水点。

该系统在 1993～1995 年进行了生产性试验运行，后又于 1997 年进行翻修，并改进布气系统。生物陶粒滤池布置见图 7-24。

生物陶粒滤池处理效果见表 7-11。

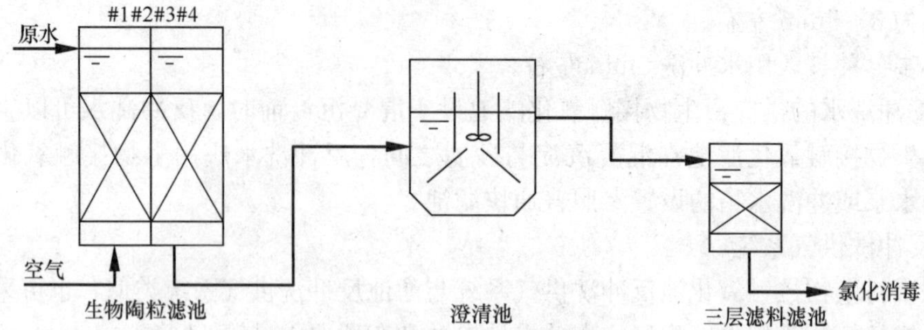


图 7-23　生物陶粒滤池预处理工艺流程

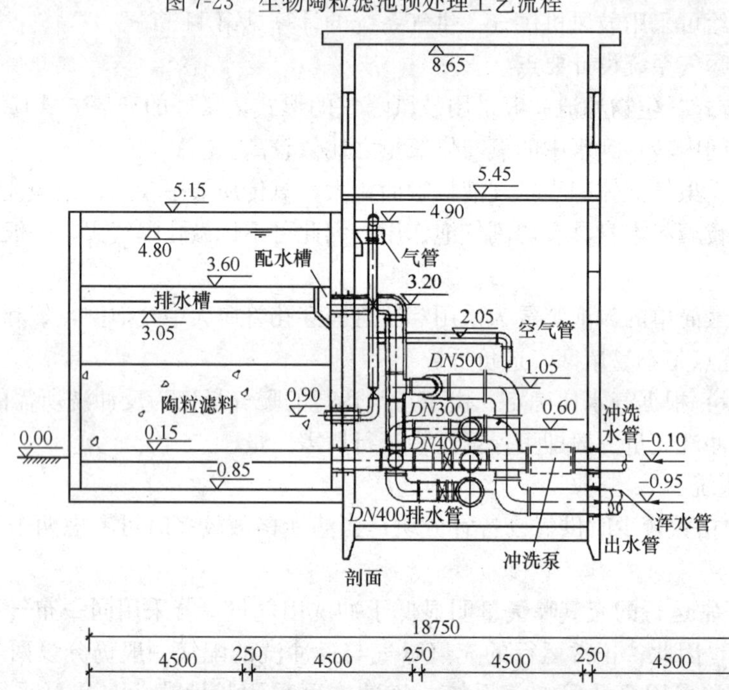


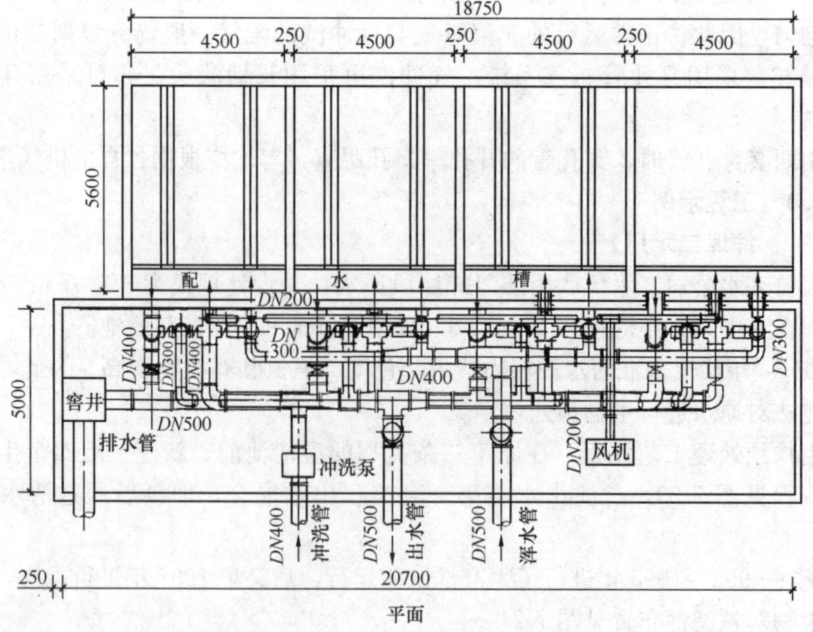


图 7-24　蚌埠二水厂生物陶粒滤池布置

(2) 生物陶粒滤池的主要设计要点与参数如下:

1) 生物陶粒滤池一座分为四格,每格规模为 $4500m^3/d$。

2) 滤速:试验运行范围为 3.6~6m/h;空床停留时间为 30~20min。

3) 陶粒填料:粒径为 2~5mm;高度为 2m。

4) 滤池(包括管廊)总尺寸为 21.2m×11.6m;其中滤池面积为 5.6m×18.75m。每格滤池尺寸为 5.6m×4.5m,面积为 $25m^2$;滤池总高度为 6.0m,其中支承层 0.65m。

5) 滤池下部设穿孔管配气系统,气水比为 1∶1。

6) 冲洗采用气水联合反冲,配水系统采用大阻力穿孔管配水。

**【案例二:周家渡水厂】**

上海市周家渡水厂建于 20 世纪 60 年代,现改为深度处理工艺研究与应用基地,规模为 1 万 $m^3/d$,分为两条不同工艺的净水系统,能力各为 $5000m^3/d$。其中一条采用了生物陶粒滤池预处理。其工艺流程见图 7-25。

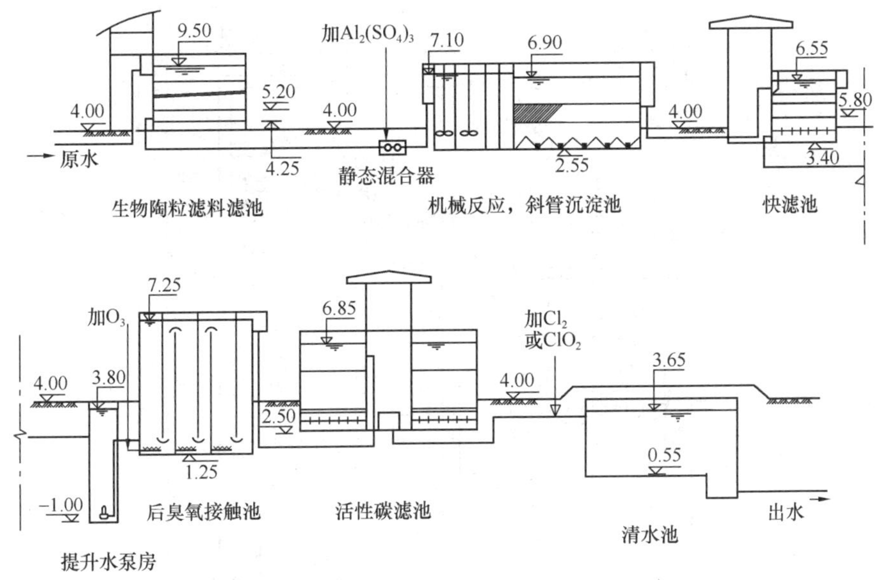


图 7-25 工艺流程

陶粒生物滤池布置见图 7-26。

该水厂取用黄浦江上游水源,陶粒生物滤池的处理效果见表 7-11。

主要设计内容与要点如下:

(1) 陶粒生物滤池规模为 $5000m^3/d$。

(2) 滤速为 5.5m/h,空床停留时间为 22min。

(3) 采用陶粒作为生物接触氧化的填料。陶粒粒径为 2~6mm,有效粒径 3.2~4.8mm,密度为 1.25~1.75kg/L,堆积密度为 0.75~0.95kg/L,比表面积>$1.5\times10^4$ $cm^2/g$。

(4) 滤池总面积为 11.55m×4.0m;分为三格,单格为 3.5m×4.0m、面积为 $14m^2$。

(5) 滤池总高度为 5.55m,其中:配水区为 0.9m,支承层为 0.3m,滤料层为 2m,滤料层以上水深为 2m,保护高度为 0.3m。

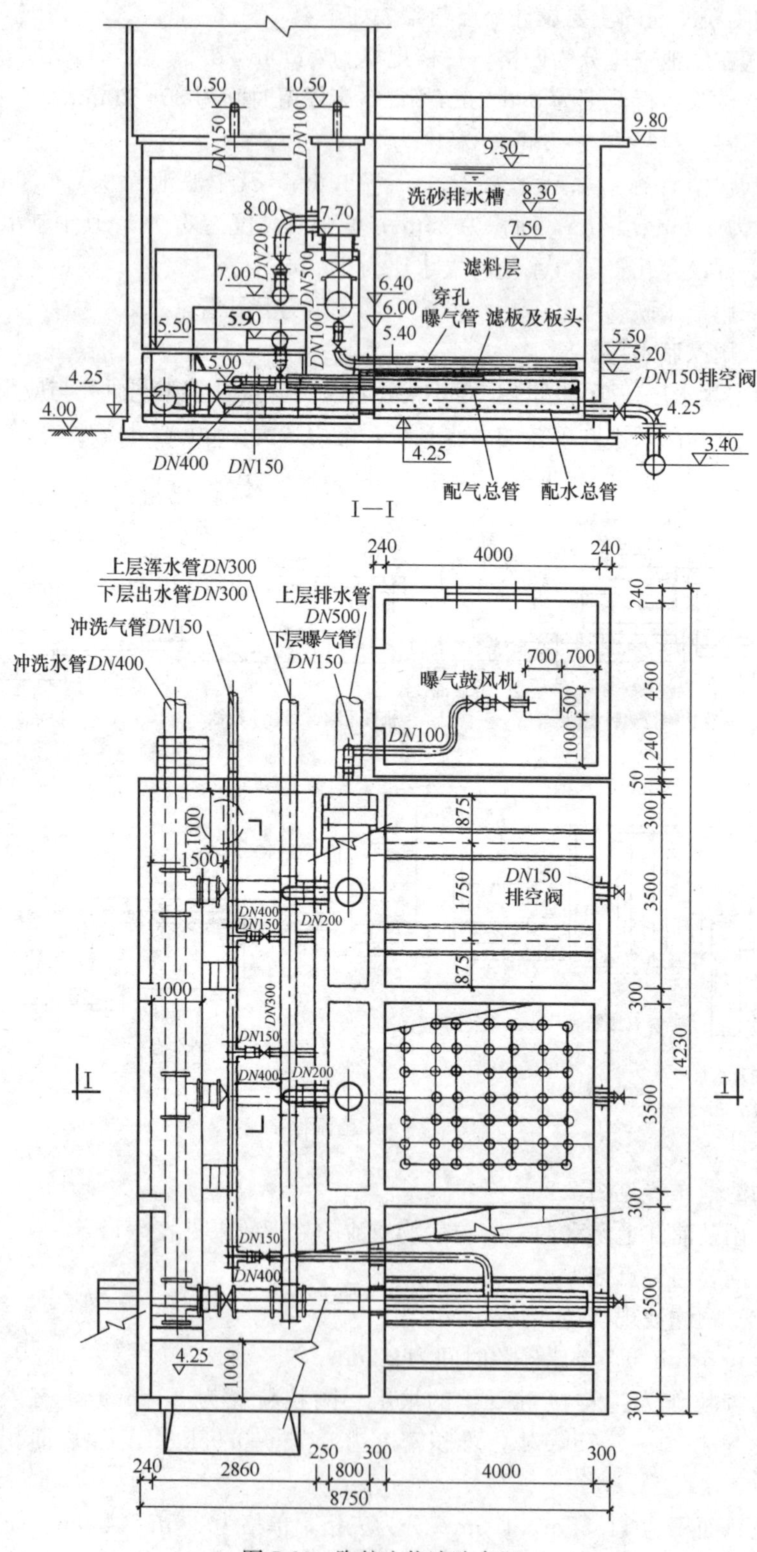


图 7-26 陶粒生物滤池布置

(6) 滤池下部设穿孔管配气的曝气系统：配气管管径为 $DN80$，共设 10 根组成环状；孔径为 $\phi1\sim2$mm。曝气量为处理水量的 0.7～1.0 倍。

(7) 滤池底部设小阻力的配水、配气反冲洗系统，采用长柄滤头。

(8) 滤池的气冲强度为 55m$^3$/(m$^2$·h)，水冲强度为 50m$^3$/(m$^2$·h)，先气后水单独冲洗。冲洗历时为 7～8min，其中气冲为 2～3min，水冲为 5min。

(9) 冲洗周期为 5～7d。

(10) 滤池清水出水管上设电动闸阀，定时控制阀门开启度，采用恒水位过滤。

(11) 滤池设配套的鼓风机房与冲洗水泵房：鼓风机房的曝气鼓风机采用 RC-80 风机，风量为 4.38m$^3$/min，风压为 50kPa。另设冲洗（机）泵房；采用冲洗水泵两台，每台流量为 400m$^3$/h，扬程为 18m；并设有冲洗用鼓风机。

## 7.5.4 轻质填料生物接触氧化预处理

### 7.5.4.1 轻质填料基本特点

轻质填料是一种相对密度很低的颗粒滤料，采用 EPS 圆珠滤料，粒径一般 4～6mm，该滤料具有来源广泛、滤料比表面积大、适宜微生物生长、价格便宜、化学稳定性好等优点。填料比表面积可达 1000～1500m$^2$/m$^3$，堆积密度小于 0.1kg/L，附着的生物量较多，容积负荷大，使生物预处理去除效率提高。

### 7.5.4.2 轻质填料生物接触氧化滤池构造

轻质填料生物接触氧化滤池（BIOSMEDI 滤池），是上海市政工程设计研究总院（集团）有限公司针对微污染原水生物处理开发的专利技术（专利号：ZL0026746.8）。

(1) 轻质填料生物接触氧化池构造示意见图 7-27。

BIOSMEDI 生物滤池自下而上分为四个工作区：

1) 接触氧化池底部为进水区，冲洗时亦是空气室（气囊）及排泥区。

2) 接触氧化池下部为配水与穿孔曝气的气水混合曝气区。

3) 接触氧化池中部为滤料区，其上部采用盖板封顶，用于抵制滤料的浮力及运行时阻力，在盖板上安装滤头，滤头可从顶部拆卸，便于清洗。

4) 接触氧化池上部（盖板上部）是出水区。

(2) 运行方式

1) 接触氧化池的运行：如图 7-27 所示，正常运行时，原水由进水管 1、进入接触氧化池底部进水区，经配水进入接触氧化池下部的气水混合区，空气经过穿孔曝气管亦同时进入。原水经曝气充氧后自下向上经过轻

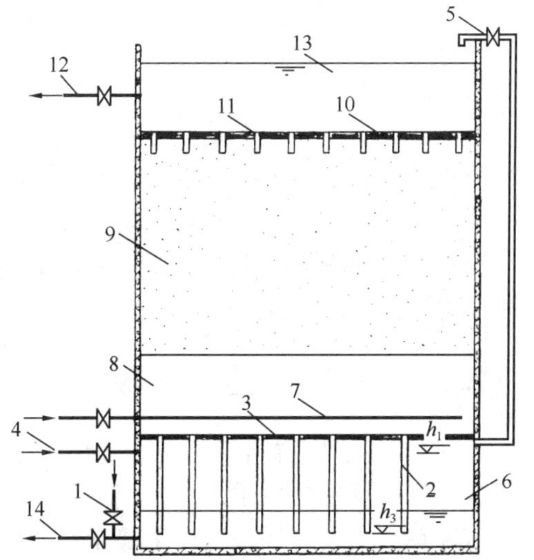


图 7-27 BIOSMEDI 接触氧化池构造示意

1—进水管及阀门；2—配水管；3—下盖板；4—反冲洗进气管；5—放气管及阀门；6—空气室；7—穿孔曝气管；8—进水、曝气区域；9—轻质滤层；10—上盖板；11—滤头；12—出水管；13—清水区域；14—排泥管及阀门

质填料滤层，原水流经滤料的同时使填料表面附着大量的微生物，微生物利用进水中的溶解氧，起到生物接触氧化作用，降解—去除部分可降解的有机污染物、氨氮等，达到生物处理目的。处理后水经由滤料层顶部的滤头进入接触氧化池上部的出水区流出。

随着预处理的进行，滤层中的生物膜增厚、过滤损失增大，需要对滤层进行反冲洗。

2）BIOSMEDI 生物接触氧化池的反冲洗：由于滤料密度小，采用常规的冲洗方法难以奏效，故根据滤料的特点采用脉冲冲洗方式。如图 2-27 所示，当某格滤池需要反冲洗时，首先关闭进水阀 1 及曝气管 7，打开滤池反冲洗进气管 4，使滤池下部进水室（空气室）形成气囊。当空气室气体达到一定容积后，打开放气阀 5。这时滤池中的水迅速补充进入空气层，生物接触氧化池中从上到下的冲洗水流使滤料层突然向下膨胀，进行有效的脉冲反冲洗。通过几次脉冲后，最后打开穿孔排泥阀 14，利用其他正在运行的生物接触氧化池出水对滤层进行水漂洗，达到清洁滤料的目的。

（3）特点

1）滤料比表面积大，处理效果好。根据有关试验，氨氮去除负荷可达 0.5kg$NH_3$-N/($m^3$ 填料·d)。上海金山石化水厂试验装置的处理效果见表 7-11。

2）采用气水同向流，相对于异向流可避免气阻现象，因而可采用较高滤速，降低工程造价和占地面积。

3）塑料珠滤料的粒径较均匀，增加了滤层孔隙率，减少运行的水头损失，滤层阻力小。

4）冲洗采用脉冲式反冲洗，反冲洗耗水量少，同时节省了反冲洗设备。

#### 7.5.4.3 设计要点与主要参数

（1）生物接触氧化池为上向流，适应浊度低于 100NTU 以下的原水。

（2）滤速与停留时间：滤速一般采用 6～10m/h，池内总水力停留时间一般为 30～60min。

（3）滤层阻力：一般滤速下不超过 0.5m。

（4）反冲洗：采用水进行脉冲式反冲洗，冲洗水利用滤池上部的出水，由于轻质填料滤池的特殊构造，短时间向下的水冲洗强度可达到 100L/(s·$m^2$)。

（5）曝气强度：轻质滤料所需曝气强度基本与陶粒滤料生物接触氧化池类似。

（6）运行控制方式：滤池反冲洗可根据滤层的阻力或冲洗时间确定，反冲洗可根据需要采用人工或 PLC 自动控制。

### 7.5.5 悬浮填料生物接触氧化预处理

悬浮填料生物接触氧化池是生物接触氧化工艺中较新的一种，最早在德国、挪威等地研制成功，初期主要用于污水处理。

悬浮填料由聚乙烯、聚丙烯等塑料或树脂制成，相对密度与水接近，一般呈圆柱形或球形等规则状，比表面积大，一般在几百到一千不等，如图 7-28 所示。

#### 7.5.5.1 构造

悬浮填料生物接触氧化池是以相对密度与水接近的填料作为生物载体的一种池型，主要特点如下：

（1）悬浮填料比表面积大，通常填料的比表面积大于 400$m^3$/$m^2$，最大可达 1000$m^3$/

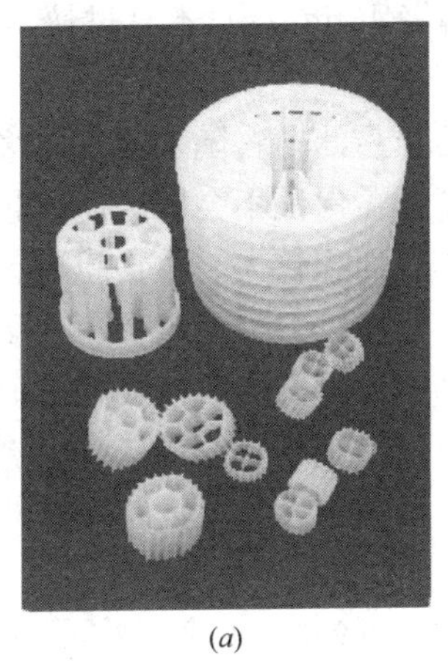

(a)

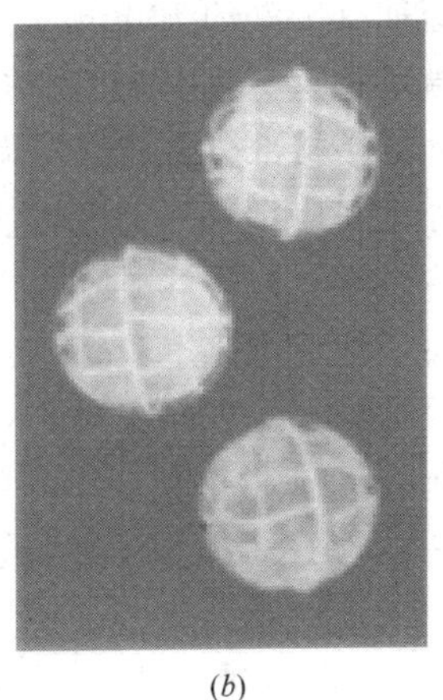

(b)

图 7-28　悬浮填料

(a) 圆柱形悬浮填料；(b) 球形悬浮填料

$m^2$，可携带生物量大，使得反应效率高；

(2) 适当曝气时处于流化状态，易达到全池流化翻动状态，固、液、气三相传质效率高，生物膜状态和反应效果较好，利于加强氧的利用率和传质效率；

(3) 流化填料层水力损失可忽略，与固定床填料的生物接触氧化池相比，利于布水、布气的均匀性；

(4) 填料在流化状态下不易结团堵塞；

(5) 老化的生物膜可通过水力冲刷自动脱落，促进了生物膜的更新；

(6) 该填料可直接投加在水池中，减少了安装工程，不需反冲洗，流程简洁，管理比较方便。

悬浮填料生物接触氧化池基本布置见图 7-29。

该种生物接触氧化池一般由一段或多段投加有悬浮填料的反应池串联组成，每段反应池底部布置有向水中充氧并使填料流化的布气管道，这种多段式的设计使得反应效率提高，填料在池内分布相对均匀，处理效果较好，并减少填料堆积和跑料。微污染原水以推流方式进入悬浮填料反应池后，在曝气条件下，由填料附着的微生物降解原水中的氨氮、有机物等污染物质，最终由池体末端的集水系统收集后出水。

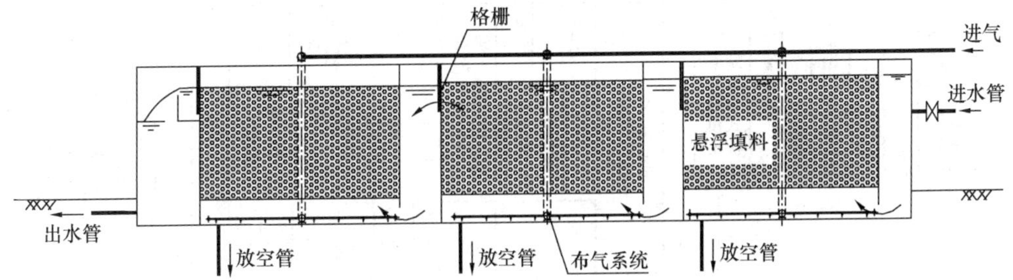


图 7-29　悬浮填料生物接触氧化池示意

悬浮填料生物接触氧化池布置注意事项：

(1) 反应池的分段数量应根据工程规模和用地条件进行确定。

(2) 池内水平流速（平湖约 10mm/s、嘉兴 13mm/s）不宜过快，以避免填料受水流影响在各段池体末端堆积，甚至引起出水格栅堵塞。

(3) 各段反应池的衔接部分要充分考虑防止悬浮填料随水流方向移动，需增加垂直挡板及格栅分格，悬浮填料应具有一定机械强度，需保证不会因碰撞引起破碎。

(4) 为提高反应效率，悬浮填料应选择比表面积较大、生物膜附着后相对密度接近于水。由于填料投资占该池造价比重较高，因此应对填料类型进行多方面选择。

(5) 曝气强度要适当，一方面在保证向水中充氧的同时使挂膜后填料达到良好的流化状态，另一方面防止曝气强度过高，引起填料与气水剧烈摩擦，将生物膜过量冲除。

(6) 由于填料在池内一直处于流化状态，池内不需另行设置反冲洗系统，但在每段须布有放空设施。

(7) 为解决水生生物附着的问题，需选择空隙大、水生动物不易过度生长附着的填料，格栅应喷涂光滑涂料，池顶应设置冲洗设备。

### 7.5.5.2 设计要点与主要参数

(1) 悬浮填料生物接触氧化池有效水深一般为 4～6m。

(2) 生物氧化部分有效停留时间为 0.5～1.5h。

(3) 水平流速不宜过快，一般为 10～20mm/s。

(4) 气水比为（0.65～1.5）：1。

(5) 填料填充率为 30%～60%。

(6) 池内布气宜采用穿孔布气方式，并配合鸭嘴式等水力冲击式曝气头，使挂膜后填料达到良好的流化状态。为力求达到全池均匀曝气效果，穿孔管必须设置为环状。

### 7.5.5.3 工程示例

**【案例一：平湖市古横桥水厂二期、三期工程】**

平湖市古横桥水厂二期原水取自盐平塘，为劣Ⅴ类水体，主要污染因子为氨氮、高锰酸盐指数。平湖市古横桥水厂二期工程规模为 5 万 $m^3/d$，采用“生物预处理＋常规处理＋深度处理”的工艺流程，生物预处理采用悬浮填料接触氧化池，其工艺流程如图 7-30 所示。平湖古横桥水厂二期于 2006 年 7 月通水。

悬浮填料接触氧化池布置如图 7-31 所示，净水效果见表 7-11，主要设计要点与参数如下：

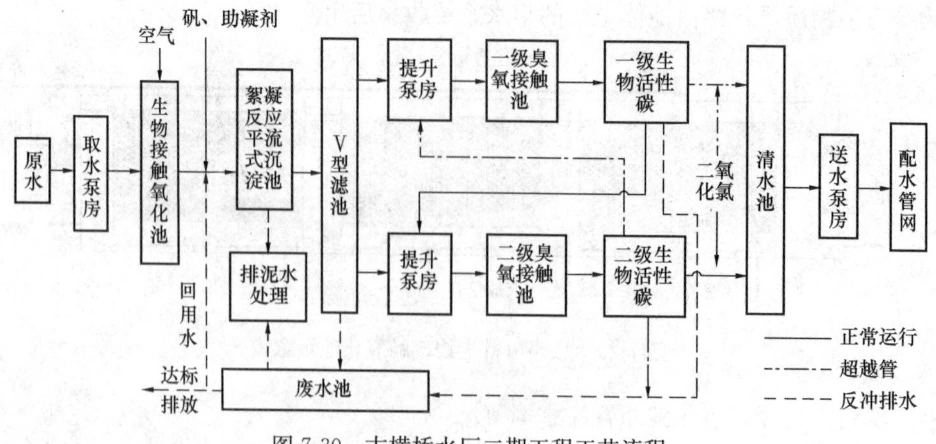


图 7-30 古横桥水厂二期工程工艺流程

（1）悬浮填料接触氧化池停留时间 1.0h。

（2）设有 1 座悬浮填料接触氧化池，分为 2 组，每组分 3 格串联的接触氧化区，区内投加填料，填充率为 50%。

（3）悬浮填料为圆柱形，直径 20mm，长 20～25mm，相对密度 0.96，比表面积 500～600$m^3/m^2$。

（4）曝气采用粗孔曝气系统，对水流搅动力强，不需要再布置排泥管。

（5）气水比为（0.8～1.5）：1，设罗茨鼓风机，采用变频调速装置，可根据原水有机物负荷变化调整曝气量。

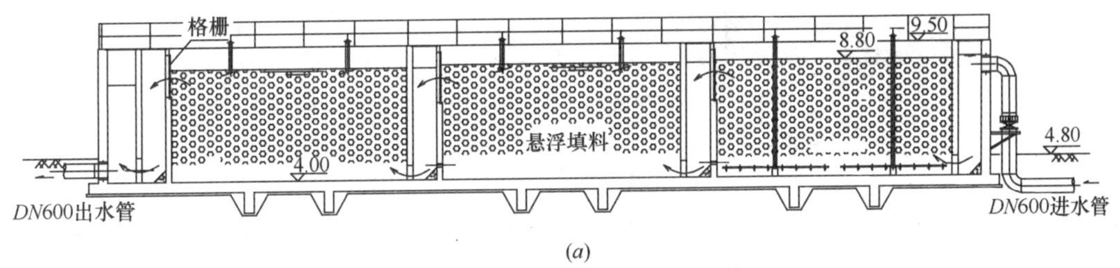


(*a*)

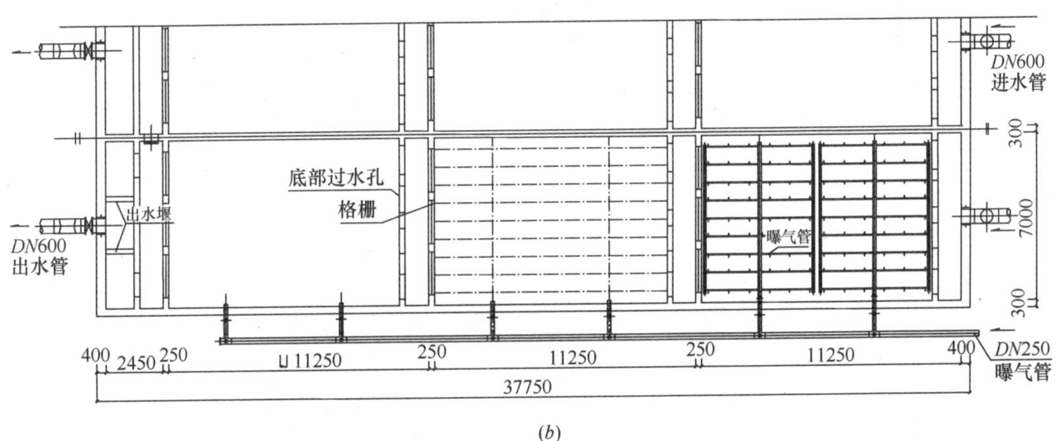


(*b*)

图 7-31 平湖市古横桥水厂悬浮填料生物接触池布置

（*a*）剖面图；（*b*）平面图

**【案例二：嘉兴市南郊水厂一期工程】**

嘉兴市南郊水厂位于嘉兴市南郊河南侧，设计处理总规模 45 万 $m^3/d$，一期工程 15 万 $m^3/d$，水源为贯泾港，水源水质受污染严重，总体属于Ⅲ～Ⅳ类水质标准，尤其是耗氧量等指标，最高值已劣于Ⅴ类标准。一期工程于 2007 年 7 月建成通水，主要工程内容包括化学和生物预处理、常规处理、深度处理，具体工艺见图 7-32。

悬浮填料接触氧化池布置如图 7-33 所示，净水效果见表 7-11，主要设计要点与参数如下：

（1）悬浮填料接触氧化池停留时间 45min。

（2）设有 1 座悬浮填料接触氧化池，分为 2 组，每组分 3 格串联的接触氧化区，区内投加填料，填充率为 55%。

（3）池内平均有效水深 4.4m。

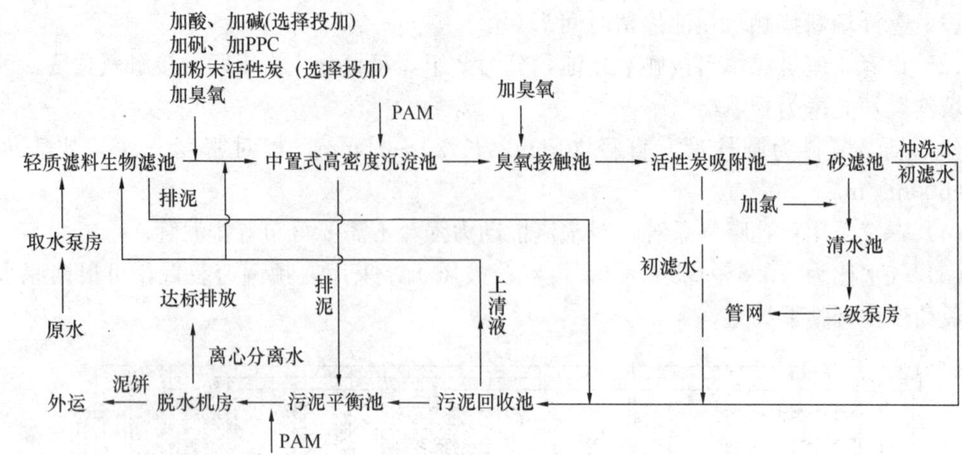


图 7-32　嘉兴市南郊水厂一期工程工艺流程

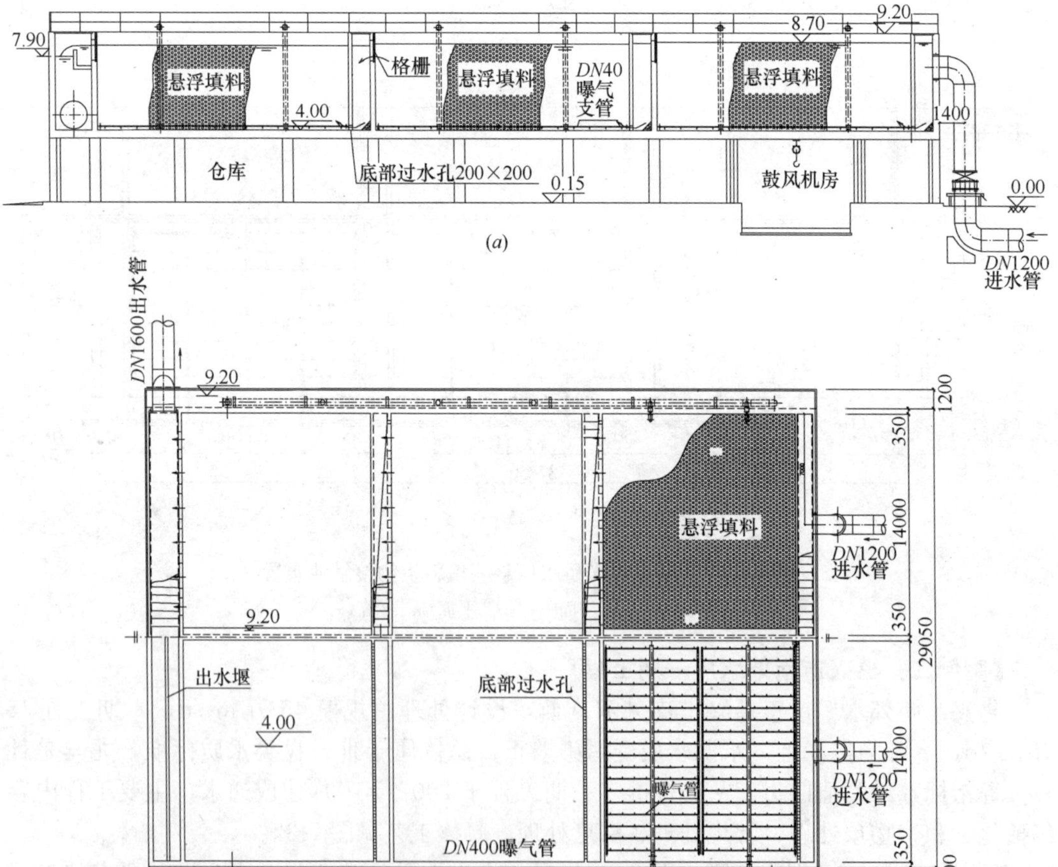

(*a*)

(*b*)

图 7-33　嘉兴市南郊水厂悬浮填料生物接触池布置

(*a*) 剖面图；(*b*) 平面图

(4) 悬浮填料为圆柱形聚丙烯，直径 20～25mm，长 20～25mm，相对密度 0.92～0.95。

(5) 曝气采用粗孔曝气系统和鸭嘴式曝气头，对水流搅动力强，不设排泥管。

(6) 由于流程需要悬浮填料接触氧化池水位较高，接触池下方叠有鼓风机房和仓库。

(7) 气水比为 (0.65～1.3) ：1，鼓风机房内曝气鼓风机共 3 台，2 用 1 备，其中 1 台变频调速。

**【案例三：桐乡市运河水厂】**

桐乡市运河水厂原水取自京杭古运河，水源水水质基本属于Ⅳ～Ⅴ类，溶解氧低，耗氧量及氨氮较高，有机污染严重，不符合国家规定的地表水水厂水源必须在Ⅱ类以上的要求。

水厂采用了生物预处理＋强化常规处理＋臭氧—活性炭深度处理工艺，其中生物预处理采用了悬浮填料生物接触氧化池工艺，该水厂于 2005 年 10 月开始动工，2006 年 6 月投入试运行。运河水厂悬浮填料生物接触氧化池的布置如图 7-34 所示。生物预处理主要设计参数和布置情况如下。

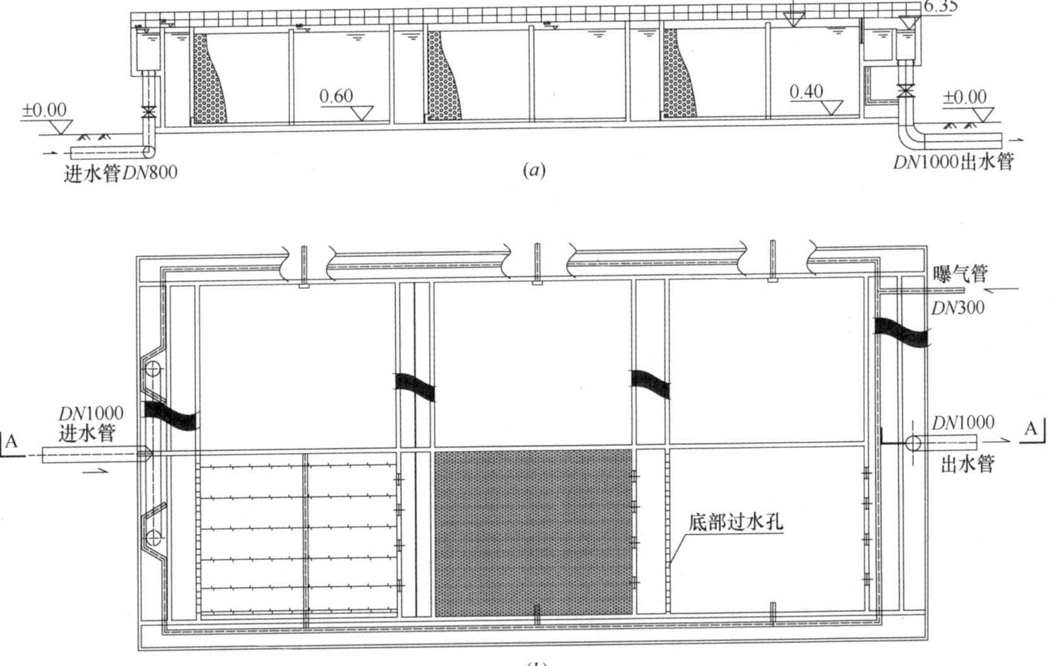


图 7-34 运河水厂悬浮填料生物接触氧化池布置

(a) A-A 剖面图；(b) 平面布置图

(1) 设计能力为 15 万 $m^3/d$，共 2 座，每座分为 2 池，可单独运行，每池分为 3 格串联的反应区。单格平面尺寸为 8.6m×8.6m，池内有效水深为 6m。

(2) 有效水力停留时间 (HRT) 50min。

(3) 气水比为 (0.5～1.0) ：1。

(4) 悬浮填料为小直径圆柱形填料，直径 25mm，密度为 (0.96～0.97) $\times 10^3$ kg/

$m^3$，材料为聚乙烯理论比表面积 500$m^2/m^3$，填料填充率 50%。

（5）选用 3 台罗茨式鼓风机（2 用 1 备），$Q$=3300$m^3/h$，$\Delta P$=7$mH_2O$。单台电机功率 $N$=110kW，均配备变频调速装置。

（6）曝气系统采用橡胶鸭嘴曝气器（大气泡类型），单个供气量可达 4.5～5.6$m^3/h$。

（7）每两格之间设有配水区，并在每格进出口处设有栅条，防止悬浮填料随水流方向移动而导致分布不均匀。

# 8 常用药剂及投配

## 8.1 常 用 药 剂

在城镇水厂中，除消毒剂外，最常用的水处理药剂主要有凝聚剂、絮凝剂和助凝剂。凝聚剂通常指在混凝过程中主要起脱稳作用而投加的药剂，也常被称为混凝剂；絮凝剂主要指通过架桥作用把颗粒连接起来所投加的药剂；助凝剂则是指为改善混凝效果而投加的各种辅助药剂，包括用于调整水的 pH 和碱度的酸碱类、消除有机污染对混凝干扰并改善混凝效果的氧化剂，以及为改善某些特殊水质的絮凝性能而投加的助凝剂。本章仅针对凝聚剂、絮凝剂和助凝剂的选用与投配设计作阐述，有关消毒剂选用与设计见第 12 章。

混凝剂和助凝剂品种的选择和投加量，应根据原水混凝沉淀试验结果或参照相似条件下的水厂运行经验，经综合比较确定。用于生活饮用水处理的混凝剂和助凝剂产品必须符合卫生部颁发的《生活饮用水化学处理剂卫生安全评价规范》的要求。

常用的凝聚剂、絮凝剂和助凝剂种类见表 8-1～表 8-3。

**常用的混凝剂** **表 8-1**

<table>
<tr><th>名　称</th><th>分 子 式</th><th>一 般 介 绍</th></tr>
<tr><td>固体硫酸铝</td><td rowspan="2">$Al_2(SO_4)_3 \cdot xH_2O$</td><td>1. 制造工艺复杂，水解作用缓慢；<br>2. 含无水硫酸铝 50%～52%，含 $Al_2O_3$约 15%；<br>3. 适用于水温为 20～40℃；<br>4. 当 pH=4～7 时，主要去除水中有机物；<br>pH=5.7～7.8 时，主要去除水中悬浮物；<br>pH=6.4～7.8 时，处理浊度高，色度低(<30)的水</td></tr>
<tr><td>液体硫酸铝</td><td>1. 制造工艺简单，贮存和运输方便；<br>2. 含 $Al_2O_3$约 6～8.5%；<br>3. 使用范围同固体硫酸铝，配置使用比固体方便；<br>4. 易受温度及晶核存在影响形成结晶析出</td></tr>
<tr><td>明矾</td><td>$Al_2(SO_4)_3 \cdot K_2SO_4 \cdot 24H_2O$</td><td>基本性能同硫酸铝，现已基本被硫酸铝所替代</td></tr>
<tr><td>硫酸亚铁<br>(绿矾)</td><td>$FeSO_4 \cdot 7H_2O$</td><td>1. 絮体形成较快，较稳定，沉淀时间短，适用于碱度高、浊度高、pH=8.1～9.6 的水，不论在冬季或夏季使用都很稳定，混凝作用良好；<br>2. 原水的色度较高时不宜采用，当 pH 较低时，常使用氯来氧化，使二价铁氧化成三价铁；<br>3. 腐蚀性较高</td></tr>
</table>

续表

| 名　称 | 分 子 式 | 一 般 介 绍 |
|---|---|---|
| 三氯化铁 | $FeCl_3 \cdot 6H_2O$ | 1. 易溶解，易混合，渣滓少，混凝效果受温度影响小，絮粒较密实，沉淀速度快，效果较好，适用原水的 pH 约在 6.0～8.4 之间；<br>2. 在处理高浊度水时，氯化铁用量一般要比硫酸铝少，但处理低浊度水时，效果不显著；<br>3. 当原水碱度不足时，需要加一定量的石灰；<br>4. 腐蚀性强，不仅对金属有腐蚀，对混凝土也有较强腐蚀，使用中要有防腐措施 |
| 碱式氯化铝 | 化学通式为<br>$Al_n(OH)_mCl_{3n-m}$，简写 PAC | 1. 是无机高分子化合物，有较好的除浊、除色效果，药耗小，在处理高浊度水时尤为显著；<br>2. 受温度影响小，pH 适用范围宽（pH＝5～9 之间适用），不需要投加碱剂；<br>3. 操作方便，腐蚀性小，成本较三氯化铁低 |

常用的絮凝剂　　**表 8-2**

| 名称 | 分 子 式 | 一 般 介 绍 |
|---|---|---|
| 聚丙烯酰胺<br>(PAM) | $\left[\begin{matrix}-CH_2-CH- \\ \quad\ \ CONH_2\end{matrix}\right]_n$<br>又名三号絮凝剂 | 1. 是合成有机物高分子絮凝剂，为非离子型，可通过水解构成阴离子型，也可通过引入基团构成阳离子型；<br>2. 处理高浊度水（含砂量 10～150kg/cm³）时效果显著，也可用于水厂污泥脱水；<br>3. 水解体的效果比未水解的好，生产中应尽量采用水解体，水解比和水解时间可通过试验求得；<br>4. 与常用混凝剂配合使用时，应视原水浊度高低按一定的先后顺序投加，以发挥两种药剂的最大效果；<br>5. 固体产品不易溶解，宜在有机械搅拌的溶解槽内配置溶液，配置浓度一般为 2%，投加浓度 0.5%～1%；<br>6. 聚丙烯酰胺的丙烯酰胺单体有毒性，用于生活饮用水净化时，其产品应符合优等品要求 |
| 二甲基二烯丙基氯化铵—丙烯酰胺共聚物<br>(HCB) | $\left[-CH_2-CH-CH-CH_2-\right]_n$，两个 CH 上各连 $CH_2$，两 $CH_2$ 连于 $N^+$，$N^+$ 上连两个 $CH_3$ | 1. 无色或黄色黏稠液体，相对密度 1.1～1.25。为丙烯酰胺（AM）与二甲基二烯丙基季铵盐（DMDAAC）的共聚物，属于阳离子高分子聚合物；<br>2. 该絮凝剂具有三个功能基团：酰胺基、阳离子和阴离子，三个功能团之间含量的相互比例将决定絮凝剂在各方面的效能；<br>3. 对于高浊度水处理特别有效；<br>4. 对于黄河高浊度原水，含砂量＜50kg/cm³时，加注量小于 PAM，反之则增大；<br>5. 对于降低沉淀后剩余浊度具有较大与优越性 |

续表

| 名称 | 分子式 | 一般介绍 |
| --- | --- | --- |
| 活化硅酸<br>（活化水玻璃） | $Na_2O \cdot xSiO_2 \cdot yH_2O$ | 1. 适用于硫酸亚铁与铝盐混凝剂，可缩短混凝沉淀时间，节省混凝剂用量；<br>2. 低温低浊原水使用时效果更为显著；<br>3. 有一定的助滤功能，可以提高滤池滤速；<br>4. 要注意投加点；<br>5. 要有适宜的酸化度和活化时间 |
| 骨胶 | | 1. 有粒状和片状两种，来源丰富，一般和三氯化铁混合使用，比纯投加三氯化铁效果好，成本低；<br>2. 投加量和澄清效果成正比，不会因为投加量过大导致混凝效果下降；<br>3. 投加量少，投加方便 |
| 海藻酸钠 | $(NaC_6H_7O_6)_x$<br>简写SA | 1. 原料取自海草、海带根或海带等；<br>2. 生产性试验证实SA浆液在处理浊度稍大的原水（200NTU左右）时，助凝效果较好，用量仅为水玻璃的1/15左右，当原水浊度低时（50NTU左右）助凝效果下降，用量为水玻璃的1/5；<br>3. 价格较贵，产地仅限于沿海 |

常用的助凝剂 表8-3

| 名称 | 分子式 | 一般介绍 |
| --- | --- | --- |
| 氯 | $Cl_2$ | 1. 有较强氧化功能，在处理高色度水及用作破坏水中有机物或去除臭味时，可在投凝聚剂前投氯，以提高凝聚效果，减少凝聚剂用量；<br>2. 用硫酸亚铁作凝聚剂时，为使二价铁氧化成三价铁可在水中投氯 |
| 生石灰<br>熟石灰 | CaO<br>$Ca(OH)_2$ | 1. 用于原水碱度不足时去除水中的$CO_2$，调整pH，保证投加絮凝剂的最佳pH使用范围；<br>2. 有一定的软化水质作用 |
| 氢氧化钠 | NaOH | 1. 用于调整水的pH；<br>2. 投加在滤池出水后可用作水质稳定处理；<br>3. 一般采用浓度≤30%商品液体，在投加点稀释后投加；<br>4. 有强腐蚀性，在使用上要注意安全；<br>5. 气温低时，氢氧化钠会结晶，浓度越高越易结晶 |

## 8.1.1 常用混凝剂

### 8.1.1.1 硫酸铝

硫酸铝是以铝矾土与硫酸为主要原料制备而成。根据其是否进行浓缩、结晶，分为固体硫酸铝和液体硫酸铝。固体硫酸铝外观为灰白色粉末或块状晶体。在空气中长期存放易吸潮结块。由于有少量硫酸亚铁存在而使表面发黄。

硫酸铝是给水处理中最常用的凝聚剂之一。硫酸铝加入水中时迅速溶解，析出 $SO_4^{2-}$，铝离子与水反应而水解。水解时将有各种不同的水化分子进行聚合反应，形成各种不同的单核子和多核子聚合物。

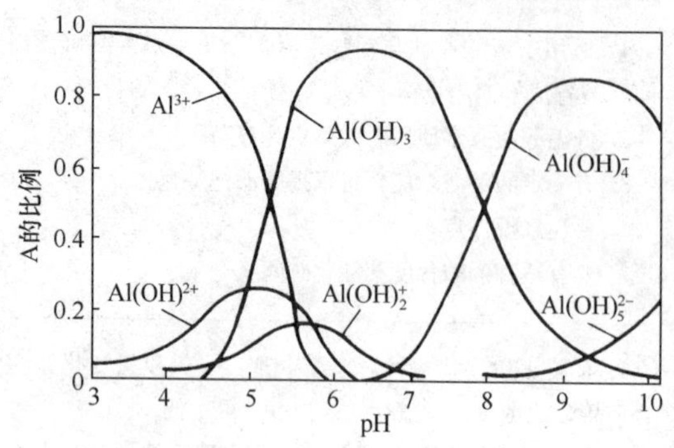


图 8-1　Al(Ⅲ)化合物存在形态($10^{-4}$M)

硫酸铝水解产物的存在形态非常复杂，随溶液 pH 不同而变化。在同一 pH 条件下可能存在多种形态，见图 8-1。

硫酸铝的混凝作用与投药后水的 pH 和混凝剂加注量有关。当 pH 较低时，形成的络合物以带正电荷居多，可通过吸附和电中和使胶体脱稳；pH 较高时，则形成带负电荷较多，主要起架桥联结的作用；当药剂投加量充分、pH 适中时，则可通过网捕达到凝聚。

水温对硫酸铝的絮凝效果影响较大，水温低时，絮凝效果差，不但投加量大，而且矾花细而松散，形成较慢。

硫酸铝的投加浓度一般为 5%～20%。

国家标准《水处理剂　硫酸铝》GB 31060—2014 中规定了用于饮用水的硫酸铝质量指标，见表 8-4。

饮用水用硫酸铝质量指标　　表 8-4

| 指标项目 | | 指标 | |
|---|---|---|---|
| | | 固体 | 液体 |
| 氧化铝($Al_2O_3$)的质量分数/% | ≥ | 15.60 | 7.80 |
| 铁(Fe)的质量分数/% | ≤ | 0.20 | 0.05 |
| 水不溶物的质量分数/% | ≤ | 0.10 | 0.05 |
| pH 值(1%水溶液) | ≥ | 3.0 | |
| 砷(As)的质量分数/% | ≤ | 0.0002 | 0.0001 |
| 铅(Pb)的质量分数/% | ≤ | 0.006 | 0.003 |
| 镉(Cd)的质量分数/% | ≤ | 0.0002 | 0.0001 |
| 汞(Hg)的质量分数/% | ≤ | 0.00002 | 0.00001 |
| 铬(Cr)的质量分数/% | ≤ | 0.0005 | 0.0003 |

### 8.1.1.2　聚氯化铝

聚氯化铝又名聚合氯化铝或羟基氯化铝，简称 PAC，是三氯化铝和氢氧化铝的复合盐。聚氯化铝是一种无机高分子化合物，由各种络合物混合组成，其分子量较一般凝聚剂大，比有机高分子絮凝剂的分子量小。

聚氯化铝固体呈白色至黄褐色颗粒或粉末，易潮解，溶液为无色至黄褐色液体，含杂质时呈灰黑色。固体产品中氧化铝($Al_2O_3$)含量约 20%～40%，液体中含量大于 8%，碱化度70%～75%。聚氯化铝易溶于水，水解反应后生成[$Al(OH)_3(H_2O)_3$]沉淀，水解产物有较强的吸附架桥性能。

聚氯化铝的絮凝体较硫酸铝的致密且大，形成快，易于沉降，混凝效果好。在混凝过程中消耗碱度少，适应的pH范围较硫酸铝宽且稳定，腐蚀性较小。

聚氯化铝与硫酸铝比较，含$Al_2O_3$成分高，具有投药量少，节省药耗，降低制水成本等优点。

聚氧化铝的混凝效果与盐基度关系密切。原水浊度越高，使用盐基度高的聚氯化铝，其混凝沉淀效果好。当原水浊度在80～10000NTU时，相应的聚氯化铝最佳盐基度在40%～85%之间。我国目前生产的产品，其盐基度控制在60%以上。

国家标准《生活饮用水用聚氯化铝》GB 15892—2009规定了聚氯化铝的质量指标，见表8-5。

饮用水用聚氯化铝质量指标 表8-5

| 指标名称 | | 指标 | |
|---|---|---|---|
| | | 用于饮用水处理 | |
| | | 液体 | 固体 |
| 密度(20℃)($g/cm^3$) | ≥ | 1.21 | — |
| 氧化铝($Al_2O_3$)的质量分数(%) | ≥ | 10.0 | 29.0 |
| 盐基度(%) | | 40.0～90.0 | |
| 水不溶物的质量分数(%) | ≤ | 0.2 | 0.5 |
| pH(10g/L水溶液) | | 3.5～5.0 | |
| 砷(As)的质量分数(%) | ≤ | 0.0002 | |
| 六价铬($Cr^{6+}$)的质量分数(%) | ≤ | 0.0005 | |
| 汞(Hg)的质量分数(%) | ≤ | 0.00001 | |
| 铅(Pb)的质量分数(%) | ≤ | 0.001 | |
| 镉(Cd)的质量分数(%) | ≤ | 0.0002 | |

注：表中液体产品所列As、Pb、Cd、Hg、Cr+6不溶物指标均按$Al_2O_3$10%计算，$Al_2O_3$含量≥10%时，应按实际含量折算成$Al_2O_3$10%产品比例计算各项杂质指标。

聚氯化铝的投加浓度随原水浊度而异，最低浓度为5%(以商品原液计)，最浓可直接投加原液。聚氯化铝与硫酸铝(液体)相比，冬季析出温度更低，聚氯化铝为－18℃，硫酸铝为－12.4℃。

#### 8.1.1.3 氯化铁

氯化铁可采用盐酸与铁屑作用生成氯化亚铁再用氯气氯化而成，或将氯气直接通入浸泡铁屑的水中合成氯化铁溶液。

固体氯化铁为黑棕色晶体，大部分为薄片状，属于六方晶系；液体产品为红棕色溶液。固体三氯化铁吸湿性强，易溶于水。氯化铁水溶液呈强酸性，稀释时能水解生成棕色絮状氢氧化铁沉淀，其水解率与浓度有关。

氯化铁的混凝效果受温度影响小，絮体较密实，适用原水的pH在6.0～8.4之间。氯化铁在处理低温水时效果好于硫酸铝。

国家标准《水处理剂　氯化铁》GB 4482—2006 中规定了用于饮用水的氯化铁质量指标，见表 8-6。

**饮用水用氯化铁质量指标**　　**表 8-6**

| 项　目 | | 指　标 | |
|---|---|---|---|
| | | 固　体 | 液　体 |
| 氯化铁($FeCl_3$)的质量分数(%) | ≥ | 96.0 | 41.0 |
| 氯化亚铁($FeCl_2$)的质量分数(%) | ≤ | 2.0 | 0.3 |
| 不溶物的质量分数(%) | ≤ | 1.5 | 0.5 |
| 游离酸(以 HCl 计)的质量分数(%) | ≤ | — | 0.4 |
| 砷(As)的质量分数(%) | ≤ | 0.0004 | 0.0002 |
| 铅(Pb)的质量分数(%) | ≤ | 0.002 | 0.001 |
| 汞(Hg)的质量分数(%) | ≤ | 0.00002 | 0.00001 |
| 镉(Cd)的质量分数(%) | ≤ | 0.0002 | 0.0001 |
| 铬[Cr(VI)]的质量分数(%) | ≤ | 0.001 | 0.0005 |

氯化铁投加时不能过分稀释，投加浓度不得低于 5%。

氯化铁腐蚀性强，不仅对金属有腐蚀，对混凝土也有较强腐蚀，使用中要有防腐措施。

#### 8.1.1.4　硫酸亚铁

硫酸亚铁又称绿矾，为淡绿色或淡黄色结晶。在潮湿空气中易氧化成黄色或铁锈色，有一定腐蚀性。

硫酸亚铁在水中溶解时，将分解成二价铁离子和硫酸根离子。二价铁离子与水中碱度反应生成氢氧化亚铁 $Fe(OH)_2$，凝絮速度很慢，因此一般需使其氧化成氢氧化铁。因此只有当 pH 大于 8.5 且原水具有足够碱度和氧存在时，应用硫酸亚铁絮凝才有较好效果。

当水中溶解氧不足时，硫酸亚铁水解形成氢氧化铁胶体的速率很慢，可投加氯将亚铁变为高价铁，化学反应如下：

$$2FeSO_4+3Ca(HCO_3)_2+Cl_2=2Fe(OH)_3\downarrow+2CaSO_4+CaCl_2+6CO_2$$

氯的用量为 $FeSO_4\cdot 7H_2O$ 的 1/8，故加氯量可按式(8-1)计算：

$$[Cl_2]=[a/8+(1.5\sim2)](mg/L) \tag{8-1}$$

式中　$a$——硫酸亚铁投量(mg/L)，以 $FeSO_4\cdot 7H_2O$ 计。

国家标准《水处理剂　硫酸亚铁》GB 10531—2006 中规定了用于饮用水的硫酸亚铁质量指标，见表 8-7。

**饮用水用硫酸亚铁质量指标**　　**表 8-7**

| 指标名称 | | 指　标 |
|---|---|---|
| 硫酸亚铁($FeSO_4\cdot 7H_2O$)的质量分数/% | ≥ | 90.0 |
| 二氧化钛($TiO_2$)的质量分数/% | ≤ | 0.75 |
| 水不溶物的质量分数/% | ≤ | 0.5 |
| 游离酸($H_2SO_4$)的质量分数/% | ≤ | 1.0 |
| 砷(As)的质量分数/% | ≤ | 0.0001 |
| 铅(Pb)的质量分数/% | ≤ | 0.0005 |

#### 8.1.1.5 聚合硫酸铁

聚合硫酸铁又称聚铁，分子式为$[Fe_2(OH)_n(SO_4)_{3-n/2}]_m$，式中$n<2$，$m=f(n)$。

聚合硫酸铁有固体和液体两种，液体是棕红色黏稠液体，固体为淡黄色颗粒。

聚合硫酸铁是硫酸铁在水解一聚合过程中的一种中间产物。液体聚合硫酸铁中含有大量聚合阳离子，如$[Fe_3(OH)_4]^{5+}$、$[Fe_4O(OH)_4]^{6+}$、$[Fe_6(OH)_{12}]^{6+}$等，不像硫酸铁或氯化铁那样需水解，可迅速发挥电中和和架桥作用。

聚合硫酸铁具有以下特点：投药量少，絮凝体形成速度快，颗粒密实，相对密度大，沉降速度快，对于处理水的温度和 pH 值适应范围广。聚合硫酸铁处理后水中残铁含量少，对设备腐蚀性能小，原料广泛易得，价格低廉，生产成本较低。

国家标准《水处理剂 聚合硫酸铁》GB 14591—2006 中规定了饮用水用聚合硫酸铁的质量指标，见表 8-8。

饮用水用聚合硫酸铁质量指标 表 8-8

| 项目 | 指标 | | 项目 | 指标 | |
|---|---|---|---|---|---|
| | 液体 | 固体 | | 液体 | 固体 |
| 密度(20℃)($g/cm^3$) ≥ | 1.45 | — | pH(1%水溶液) ≤ | 2.0～3.0 | 2.0～3.0 |
| 全铁的质量分数/% ≥ | 11.0 | 19.0 | 砷(As)的质量分数/% ≤ | 0.0001 | 0.0002 |
| 还原性物质(以 $Fe^{2+}$ 计)的质量分数/% ≤ | 0.10 | 0.15 | 铅(Pb)的质量分数/% ≤ | 0.0005 | 0.001 |
| 盐基度/% ≤ | 8.0～16.0 | 8.0～16.0 | 不溶物的质量分数/% ≤ | 0.3 | 0.5 |
| 镉(Cd)的质量分数/% ≤ | 0.0001 | 0.0002 | 铬[Cr(VI)]的质量分数/% ≤ | 0.0005 | 0.0005 |
| 汞(Hg)的质量分数/% ≤ | 0.00001 | 0.00001 | | | |

聚合硫酸铁一般投加浓度 2%～5%，投加量可根据烧杯试验确定，在同等条件下，与固体聚合氯化铝用量大体相当，是固体硫酸铝的 1/3～1/4。

### 8.1.2 常用絮凝剂

#### 8.1.2.1 聚丙烯酰胺（PAM）

（1）聚丙烯酰胺特性

聚丙烯酰胺絮凝剂（PAM）俗称三号絮凝剂，是由丙烯酰胺聚合而成的有机高分子聚合物，无色、无味、无臭，能溶于水，没有腐蚀性。聚丙烯酰胺在常温下比较稳定，高温时易降解，絮凝效果下降。贮存聚丙烯酰胺时应考虑采取防冻措施，室内温度不低于 2℃。

聚丙烯酰胺$\left[\begin{array}{c}-CH_2-CH- \\ \quad\quad\ | \\ \quad\quad CONH_2\end{array}\right]_n$结构式中丙烯酰胺分子量为 71.08，$n$ 值为 $2\times10^4$～$9\times10^4$，分子量一般为 $1.5\times10^6$～$6\times10^6$。

国产水处理剂聚丙烯酰胺有粉剂和胶体两种，粉剂为白色或微黄色颗粒或粉末，含聚丙烯酰胺 90%以上，胶体为无色或微黄透明胶体，含聚丙烯酰胺 8%～9%。粉剂产品便于运输，采用较多。

聚丙烯酰胺按离子类型来分，有非离子型、阴离子型、阳离子型。给水处理中多采用非离子型和阴离子型。

聚丙烯酰胺产品标准：国家标准《水处理剂聚丙烯酰胺》GB 17514—2008 对聚丙烯酰胺按不同用途分为两类，其中Ⅰ类为用于饮用水，其质量指标见表 8-9。

**用于饮用水的聚丙烯酰胺质量指标**　　**表 8-9**

| 项　目 | | 指　标 |
|---|---|---|
| 固体量（固体），$w$/% | ≥ | 90.0 |
| 丙烯酰胺单体含量（干基），$w$/% | ≤ | 0.025 |
| 溶解时间（阴离子型）/min | ≤ | 60 |
| 溶解时间（非离子型）/min | ≤ | 90 |
| 筛余物（1.00mm 筛网）/% | ≤ | 5 |
| 筛余物（180μm 筛网）/% | ≥ | 85 |
| 不溶物（阴离子型），$w$/% | ≤ | 0.3 |
| 不溶物（非离子型），$w$/% | ≤ | 0.3 |

聚丙烯酰胺絮凝剂有很长的分子链，对水中的泥砂颗粒具有高效的吸附与架桥作用，是处理高浊度水最有效的高分子絮凝剂之一，当含砂量为 10～150kg/m$^3$时，效果显著。聚丙烯酰胺可单独使用，也可与混凝剂同时使用，与常用混凝剂配合使用时，应视原水浊度的高低按一定的顺序先后投加，以发挥两种药剂的最大效果。

（2）聚丙烯酰胺的水解

聚丙烯酰胺产品有水解产品和非水解产品。处理效果以自行水解药剂最好。直接使用非水解产品一般仅在小型水厂或高浊度水延续时间很短时采用。

聚丙烯酰胺在氢氧化钠等碱类的作用下，可起水解反应，使聚丙烯酰胺的呈卷曲状的长分子链展开，增加吸附面积和提高架桥能力。目前在处理高浊度水中，一般均使用水解度为 30%左右的聚丙烯酰胺水解体。其单体的水解反应方程式如下：

$$(CH_2-\underset{\displaystyle CONH_2}{\underset{|}{CH}}) + NaOH = (CH_2-\underset{\displaystyle COONa}{\underset{|}{CH}}) + NH_3\uparrow$$

聚丙烯酰胺的水解度指水解时聚丙烯酰胺基转化为羟基的百分数。

聚丙烯酰胺水解反应生成聚丙烯酸钠，使其成为丙烯酰胺和丙烯酸钠的共聚物，其分子结构为：

$$(-\underset{\displaystyle CONH_2}{\underset{|}{CH}}-CH_2-\underset{\displaystyle COONa}{\underset{|}{CH}}-CH_2-\underset{\displaystyle CONH_2}{\underset{|}{CH}}-CH_2)_n$$

丙烯酸钠在水中易电离成 $RCOO^-$ 和 $Na^+$，使聚丙烯酰胺的共聚物（水解体）呈阴离子型。

聚丙烯酰胺水解的结果，使非离子型变成阴离子型，在链节静电斥力的作用下，使卷曲状的分子链展开拉长，提高吸附、架桥的絮凝效果。但如果水解过度使水中负电荷离子过强，则反而影响对天然水中阴离子型黏土类胶粒的吸附作用。根据兰州等地实践，以30%的水解度为宜。

影响聚丙烯酰胺溶液水解度的因素有：加碱比、溶液的浓度、水解时间和水解温度，一般要通过试验确定。溶解搅拌时间一般为0.75～1h，提高水温和搅拌速度，可以加快溶解速度，但温度最高不超过55℃。一般水解时间8～48h或更长时间（根据NaOH的投加量而定）。由于聚丙烯酰胺水解时有氨气放出，因此判别聚丙烯酰胺絮凝剂是否成为水解体可用有无氨味来区别。

（3）聚丙烯酰胺的投加

1）聚丙烯酰胺絮凝剂在处理不同浊度时的投加量，一般以原水混凝试验或相似水厂的生产运行经验确定。

2）允许的最大投加量：

①聚丙烯酰胺本体是无害的，而聚丙烯酰胺产品有极微弱的毒性，主要由于产品中含未聚合的丙烯酰胺单体和游离丙烯腈所致。

经十余年毒理试验表明，如采用丙烯酰胺单体含量以干重计小于1%（相当于以商品重量计，小于0.08%）的产品，并控制投加量，对人体是无害的。

②生活饮用水处理的聚丙烯酰胺允许投加量不能超过表8-10。

**聚丙烯酰胺最高容许浓度** **表8-10**

| 聚丙烯酰胺最高容许浓度（mg/L） | |
|---|---|
| 经常使用 | 非经常使用 |
| 1.0 | 2.0 |

注：1. 经常使用指每年使用时间超过1个月；
2. 非经常使用指每年使用时间不超过1个月。

③《生活饮用水卫生标准》GB 5749—2006规定生活饮用水中丙烯酰胺单体含量应小于0.5μg/L。

3）投加浓度

水解或未水解的聚丙烯酰胺溶液的配制浓度宜为1%左右；其投加浓度宜为0.1%，个别情况可提高到0.2%。投加聚丙烯酰胺溶液的计量设备都必须用聚丙烯酰胺溶液进行标定。

#### 8.1.2.2 活化硅酸

活化硅酸（活化水玻璃）是在水玻璃（$Na_2O \cdot xSiO_2 \cdot yH_2O$ 硅酸钠）溶液中，能起助凝作用的聚合硅酸胶体。利用水玻璃做助凝剂时，首先要投加活化剂，中和水玻璃溶液中的$Na_2O$，将$xSiO_2$游离出来，与水分子结合生成原硅酸。活化硅酸适用于硫酸亚铁与铝盐混凝剂，可缩短混凝沉淀时间，节省混凝剂用量。在原水浑浊度低、悬浮物含量少及水温较低（约在14℃以下）时使用，效果更为显著。

水玻璃原液的pH很高，达12～13，硅酸主要以负二价的硅酸离子形态存在，中性原硅酸极少。当投加活化剂使 pH 下降到 9～10 以下时，才能不断游离出中性原硅酸单体，并在溶液中产生缩聚过程，经羟基桥联和氧基桥联形成阴离子型的无机高分子。

$$H_2SO_4+Na_2O\cdot xSiO_2\cdot yH_2O\rightarrow Na_2SO_4+xSiO_2+(y+1)H_2O$$

$$SiO_2\cdot yH_2O\rightarrow Si(OH)_4$$

$$2Si(OH)_4\rightarrow HO-\underset{\underset{OH}{|}}{\overset{\overset{OH}{|}}{Si}}-O-\underset{\underset{OH}{|}}{\overset{\overset{OH}{|}}{Si}}-OH+H_2O$$

活化硅酸具有四面体状构造，可以发展成为线状、分支链状和球状等，取决于活化反应的条件。它是聚合反应过程中的中间产物，聚合不足助凝效果差，聚合过度生成凝胶而失效。一般以适当的中和度和活化度来控制。

中和度是投加活化剂所中和的碱度与总碱度（中和至中性时的碱度）之比。中和度越高，聚合反应越快，如掌握不好，易成冻失效。反之产生的聚合硅酸将不足。

水玻璃溶液加酸后，经过一段时间可变成胶冻，此时间为成冻时间。一般加酸后经过一段时间，能达到良好的聚合状态即使用，这段时间称活化时间。活化时间与成冻时间之比称为活化度。活化初期及末期助凝效果均差。

活化剂一般用硝酸，也可以用盐酸、氯、碳酸氢钠、硫酸铝、二氧化碳和硫酸铵。活化剂的用量及活化程度控制如下：

1）采用硫酸作活化剂时，硫酸的用量可按酸化度计算：

$$P=\frac{\text{硫酸重量}}{\text{水玻璃中 }Na_2O\text{ 重量}}\times100\% \tag{8-2}$$

式中　$P$——酸化度，可采用 75%～100%，实际使用通常为 80%～85%（当酸化度达 158%时，$SiO_2$可能全部游离出来）；

硫酸重量——按纯硫酸计；

水玻璃中 $Na_2O$ 重量——不同的商品规格中含量不同，按选用商品纯度计算。

加酸量越多，水玻璃成分中的 $SiO_2$ 游离越充分，因此聚合而生成的聚硅酸 $xSiO_2$ 亦多，但游离硅酸浓度过高，将使聚合速度过快，易使聚硅酸过早地形成冻胶而失效。如投酸量不足，游离硅酸浓度过低，将降低缩聚反应速度，使聚合度不够而影响聚硅酸的助凝效果。故控制投酸量较为重要。

聚硅酸的分子量以在 $10^4$～$10^7$ 之间较好，达 $10^8$ 以上或不足 $10^4$ 都将影响助凝效果。

2）活化剂的用量可按表 8-11 采用。

**活化剂用量**　　　　**表 8-11**

| 活化剂名称 | 分子式 | 活化剂：$SiO_2$ | 活化剂名称 | 分子式 | 活化剂：$SiO_2$ |
|---|---|---|---|---|---|
| 氯 | $Cl_2$ | 0.5：1 | 碳酸氢钠 | $NaHCO_3$ | 0.35：1 |
| 盐酸 | HCl | 0.33：1 | 硫酸铝 | $Al_2(SO_4)_3\cdot18H_2O$ | 0.8：1 |
| 硫酸 | $H_2SO_4$ | 0.4：1 | | | |

3）剩余碱度：在活化水玻璃时，应将活化剂缓缓注入水玻璃水溶液中，同时加以搅拌。开始时，溶液无色透明，流动性良好，随着活化时间的增加，溶液逐渐变成乳白色，透明度降低，流动性变差，最后成为乳白色无流动性胶冻。生产实践证明：当溶液呈淡白色（带有微蓝色）时，助凝效果最好。作助滤剂时，采用活化初期的活化硅酸效果明显。

加酸量的多少一般以加酸后的水玻璃溶液剩余碱度来控制。根据经验，宜控制碱度达1100～2100mg/L（以碳酸钙计）。对于不同碱度的原水和不同规格的水玻璃商品，在不同的水温下，其投酸量（或剩余碱度）都会不同。剩余碱度还与水玻璃溶液中的 $SiO_2$ 含量有关。

在活化水玻璃制取聚硅酸时，需先将水玻璃进行稀释，一般采用的稀释浓度为1%、1.5%、2.0%$SiO_2$含量。稀释液中 $SiO_2$ 含量高时，应相应提高剩余碱度控制值，反之需适当降低。

4）活化（缩聚反应）时间：过长的活化时间将使生成的聚硅酸超越有效助凝范围，助凝效果反而不理想。一般采用的活化时间为1～1.5h，不超过2h，不少于45min。当到达一定活化时间后，为保持聚硅酸所具有的良好助凝状态，应中止及减缓继续活化反应。一般可采用加水稀释办法（加水3～5倍体积）。

制备好的聚硅酸助凝剂溶液，必须在规定的有效时间内用它，一般有效助凝时间为4～12h。

# 8.2 药剂投加系统

投药系统的设计取决于所使用的药剂品种、产品状态（如固、液、气态等）、投药方法、加注方式等因素。投药系统应考虑设置投药计量设备，以控制投加量。除了布置合理外，还应尽量提高机械化操作水平，以减轻劳动强度。在有条件的地方，尽可能采用自动投药装置。

## 8.2.1 投药方法及方式

### 8.2.1.1 投药方法

常用药剂投加方法有干投法及湿投法两种，其优缺点的比较见表8-12，一般多采用湿投法。

投药方法优缺点比较 表8-12

| 投加方法 | 优点 | 缺点 |
| --- | --- | --- |
| 干投法 | 1. 设备占地小；<br>2. 设备被腐蚀的可能性较小；<br>3. 当要求加药量突变时，易于调整投加量；<br>4. 药液较为新鲜 | 1. 当用药量大时，需要一套破碎药剂的设备；<br>2. 药剂用量少时，不易调节；<br>3. 劳动条件差；<br>4. 药剂与水不易混合均匀 |
| 湿投法 | 1. 容易与原水充分混合；<br>2. 不易阻塞入口，管理方便；<br>3. 投量易于调节 | 1. 设备占地大；<br>2. 人工调制时，工作量较繁重；<br>3. 设备容易受腐蚀；<br>4. 当要求加药量突变时，投药量调整较慢 |

当采用液体投加方式时，混凝剂的溶解和稀释应按投加量的大小、混凝剂性质，选用水力、机械或压缩空气等搅拌、稀释方式。有条件的水厂，可采用液体原料的药剂。

#### 8.2.1.2　主要投加方式

投加方式一般有重力投加和压力投加两种。各种投加方式的优缺点及适用条件见表 8-13。

投加方式优缺点比较　表 8-13

| 投加方式 | | 作用原理 | 优缺点 | 适用情况 |
| --- | --- | --- | --- | --- |
| 重力投加 | | 建造高位药液池，利用重力作用将药液投入水内 | 优点：操作较简单、投加安全可靠；<br>缺点：必须建造高位药液池，增加加药间层高 | 1. 中小型水厂；<br>2. 考虑到输液管线的沿程水头损失，输液管线不宜过长 |
| 压力投加 | 水射器 | 利用高压水在水射器喷嘴处形成的负压将药液吸入并将药液射入压力水管 | 优点：设备简单，使用方便，不受药液池高程所限；<br>缺点：效率较低，如药液浓度不当，可能引起堵塞 | 各种规模水厂 |
| | 加药泵 | 泵从药液池直接吸取药液、加入压力水管内 | 优点：可以定量投加，不受压力管压力所限；<br>缺点：价格较贵，养护较麻烦 | 各种规模水厂，广泛采用 |

（1）重力投加方式

采用水泵混合，药剂加在泵前吸水管或吸水井喇叭口处，一般采用重力投加。为了防止空气进入水泵吸水管内，须设一个装有浮球阀的水封箱，也可设置液位高于加注点进水管压力的高位溶液池，利用重力将药液投入水中。

（2）压力投加方式

在大多数情况下，水厂的投药系统多采用压力投加。压力投加可采用水射器或计量泵。

水射器投加是利用高压水在水射器喷嘴处形成的负压将药液吸入并将药液射入压力水管，优点是设备简单，使用方便，不受药液池高程所限，但效率较低，需设置水射器压力水系统，投加点背压不能超过 0.1MPa，如药液浓度不当，可能引起堵塞。

计量泵投加是利用计量泵从药液池直接吸取药液，加入压力水管内。计量泵同时具有压力输送和计量功能，与加药自控设备和监测仪表一起，可以自动调节加药量，组成自动化加药系统。目前计量泵投加系统已得到广泛应用。

### 8.2.2　药剂湿式投加系统

固体药剂的湿式投加系统包括：药剂的搬运、调制（溶解）、提升、储液、计量和投加。此外，尚需考虑排渣等设施。液体药剂的调制主要是进行稀释，以满足要求的浓度。

药剂常用的湿式投加系统见图 8-2。

#### 8.2.2.1　药剂配置设施

药剂配置设施主要包括固体药剂的溶解池和加水稀释至投加浓度的溶液池。液体药剂可不设溶解池。

（1）调制方法与计算

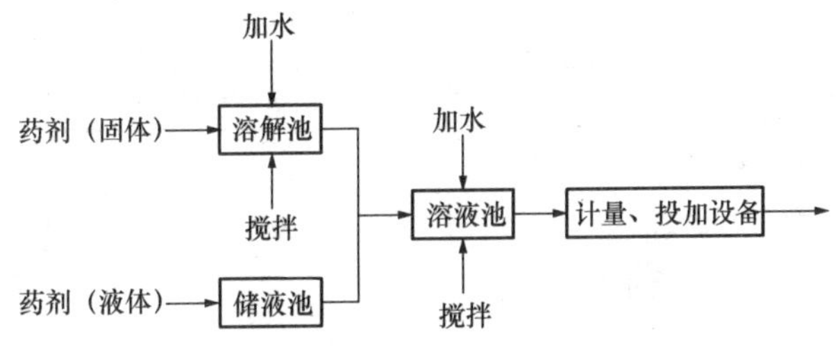


图 8-2 混凝剂投加系统

药剂调制一般采用水力、机械、压气等方法。表 8-14 为各种调制方法的适用条件，供选用时参考。

各种调制方法 表 8-14

| 调制方法 | 图示 | 适用条件和特点 | 一般规定 |
|---|---|---|---|
| 水力调制 | (a)<br>(b)<br>(c)<br>(a) 水力溶矾；(b) 水力溶矾；(c) 水力淋溶 | 1. 中、小型水厂和易溶解的药剂；<br>2. 可利用水厂出水压力，节省机电等设备；<br>3. 效率较低，溶解不够充分，近年来已较少采用 | 1. 溶药池容积约等于 3 倍药剂用量；<br>2. 压力水水压约为 0.2MPa |

续表

| 调制方法 | 图　示 | 适用条件和特点 | 一般规定 |
| --- | --- | --- | --- |
| 机械调制 | 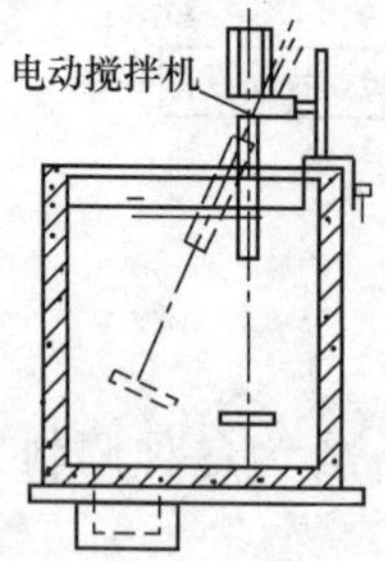 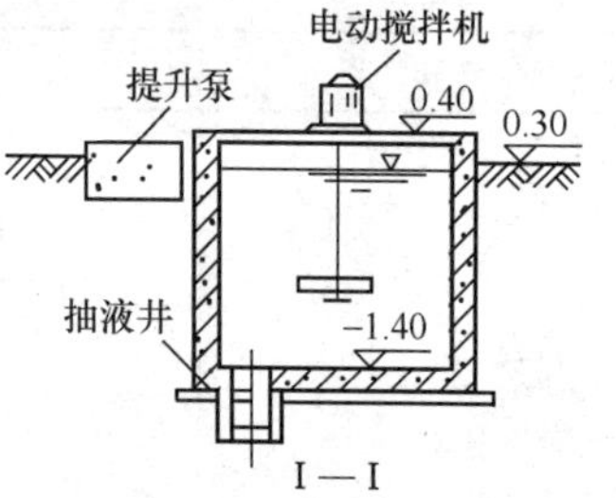 (a) 小型旁入式搅拌；(b) 大、中型中心式搅拌 | 1. 具有溶解效率高、溶药充分、便于实现自动化控制等特点，适用于各种不同药剂和各种规模水厂，使用较普遍；<br>2. 采用电动搅拌机并，根据需要考虑有调速装置；<br>3. 一般旁入式用于小尺寸溶解池，中心式用于大尺寸溶解池 | 1. 搅拌机转速有减速和全速两种，减速搅拌机转速一般为 100～200r/min，全速搅拌机转速一般为 1000～1500r/min；<br>2. 常用叶片形式有螺旋桨式和平板式等；<br>3. 搅拌设备须采取防腐措施，尤其在使用三氯化铁药剂时 |
| 压缩气调制 | 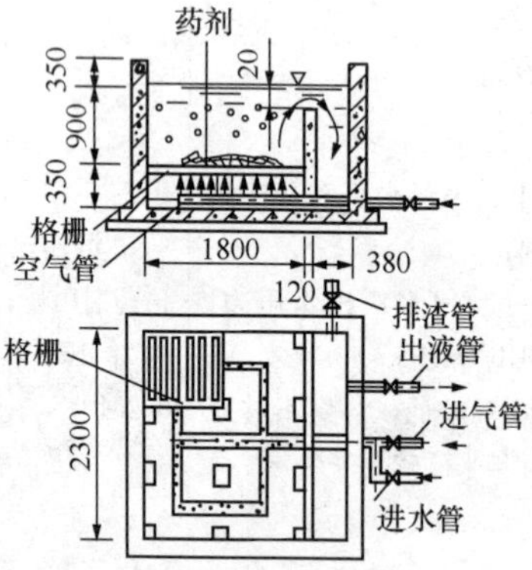 | 气源由空压机提供，适用于各规模水厂与各种药剂，但不宜用作较长时间的石灰乳液连续搅拌 | 空气供给强度：溶液池为 8～10L/(s·m²)；溶液池为 3～5L/(s·m²) |

溶液池和溶解池的容积可按下式计算：

1）溶液池容积（也适用于石灰乳液池及消解池容积计算）：

$$W_1 = uQ\frac{1}{417bn}\ (\mathrm{m}^3) \tag{8-3}$$

2）溶解池容积（亦称搅拌池）

$$W_2 = (0.2 \sim 0.3)W_1\ (\mathrm{m}^3) \tag{8-4}$$

式中　$Q$——处理水量（$m^3/h$）（或需碱化的水量）；

$u$——混凝剂最大投量，按无水产品计(mg/L)；石灰最大用量按 CaO 计(mg/L)；

$b$——溶液浓度（%），混凝剂溶液一般采用 5～20（按商品固体混凝剂重量计算），或采用 5～7.5（扣除结晶水计算），石灰乳液采用 2～5（按纯 CaO 计算）；

$n$——每日调制次数，一般不宜超过 3 次。

当采用压缩空气搅拌时，主要设计数据如下：

1）空气供给强度：溶解池为 8～10L/（s・$m^2$），溶液池为 3～5L/（s・$m^2$）；

2）空气管流速 10～15m/s；

3）孔眼流速 20～30m/s；

4）孔眼直径 3～4mm；

5）支管间距 400～500mm。

（2）调制设备：一般包括溶解池（搅拌池或搅拌罐）、溶（贮）液池，搅拌设备等。

1）溶解池

① 为便于投加药剂，溶解池一般以设置在地坪面以下为宜，池顶高出地面约 0.2m；当采用水力淋溶时，池顶宜高出地面 1m 左右，以改善操作条件。

② 溶解池底坡度不小于 0.02，池底应有排渣管，池壁须设超高防止搅拌溶液时溶液溢出。

③ 溶解池一般采用钢筋混凝土池体，内壁需进行防腐处理（防腐处理详见《给水排水设计手册》第三版第 1 册《常用资料》）。一般内壁涂衬环氧玻璃钢、辉绿岩、耐酸胶泥贴瓷砖或聚氯乙烯板等，当所用药剂腐蚀性不太强时，亦可采用耐酸水泥砂浆。当采用三氯化铁时，由于在调制时发热，故不宜采用聚氯乙烯等遇热会引起软化变形的材料。

④ 投药量较小时，亦可在溶液池上部设置淋溶斗以代替溶药池，使用时将药剂置于淋溶斗中，经水力冲溶后的药剂溶液流入溶液池，见表 8-14。

2）溶液池（罐）

① 池（罐）周围应有工作台，池底坡度不小于 0.02，底部应设置排空管；必要时在池内最高工作水位处设溢流装置。重力投加时，一般为高架设置。

② 投药量较小的溶液池，可与溶药池合并为一个池子；底部需考虑一定的沉渣高度。

③ 溶液池应设备用池。

（3）聚丙烯酰胺溶液的配制

1）未水解的聚丙烯酰胺产品，应水解后使用，小型水厂或高浊度水持续时间很短的情况下，也可直接使用未水解产品。聚丙烯酰胺的最佳水解度应根据原水性质通过试验确定。常用的最佳水解度为 28%～35%。

2）配制干粉和胶体状（8%浓度）的聚丙烯酰胺，应采用快速搅拌溶解。干粉剂应经 20～40 目的格网分散后加入水中，胶状聚丙烯酰胺应先经栅条分割成条状或剪切成碎块，再投入搅拌罐内进行搅拌。配置周期一般小于 2h。

3）搅拌罐宜为小圆形钢罐并设有投药口、进水管、出液放空管。搅拌器宜采用涡轮式或推进式，并设导流筒，搅拌桨外缘线速度宜为 50～60m/min，罐壁应设挡板。

4）在用氢氧化钠自行水解聚丙烯酰胺时，搅拌罐、水解溶液池、提升与计量设备、电气设备和输送管道等均应防腐。水解溶液池采用封闭式，若采用非封闭式时则应用隔墙隔开，并设通风设备。稀释后的聚丙烯酰胺溶液，不可使用铁制容器贮存，以免降低使用效果。

目前，聚丙烯酰胺的调制和投加大多采用成套设备，详见 8.2.4 节。

#### 8.2.2.2　药液提升设备

由搅拌池或贮液池到溶液池，以及当溶液池高度不足以重力投加时，均需设置药液提升设备，最常用的是耐腐蚀泵和水射器。水射器使用方便、设备简单、工作可靠，但由于虽然效率低，在大中型水厂中的使用已日益减少。

常用的耐腐蚀泵有以下几种形式：

1）耐腐蚀金属离心泵：型号有 IH、IHC 等，其过流部件的材料采用耐腐蚀的金属材料。另一种为泵体采用金属材料、但其过流部件采用耐腐蚀塑料，如聚丙烯等，型号有 FS 等，这种泵较常用。

2）塑料离心泵：其泵体用聚氯乙烯等塑料制成，型号有 101、102、103、104 等。

3）耐腐蚀液下立式泵：型号有 FYS 型等，这种泵的泵体及加长部件均采用耐腐蚀金属材料制成，适宜用于地下贮液池等场合。

此外，还有耐腐蚀陶瓷泵、玻璃钢泵等，但较少采用。

#### 8.2.2.3　投加计量设备

常用的投加计量设备有计量泵、转子流量计、孔口、浮杯。此外，尚有虹吸计量、三角堰计量等，但较少采用。

(1) 孔口计量

孔口计量利用在恒定浸没深度下孔口稳定的自由出流来进行计量，通过改变孔口面积调节流量，主要有苗嘴和孔板等形式。采用孔口计量时，一般需设平衡箱，见图 8-3。

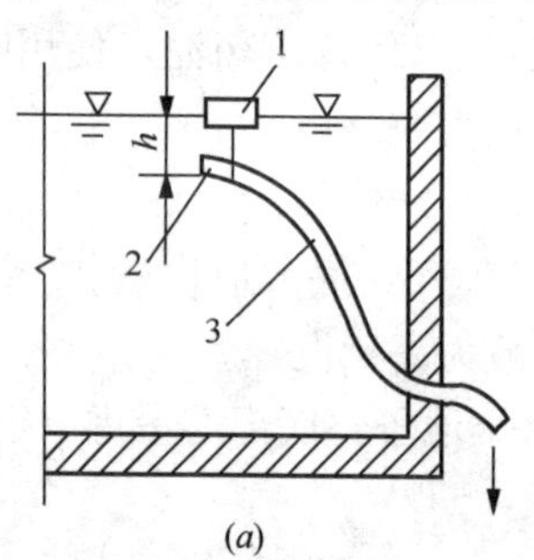


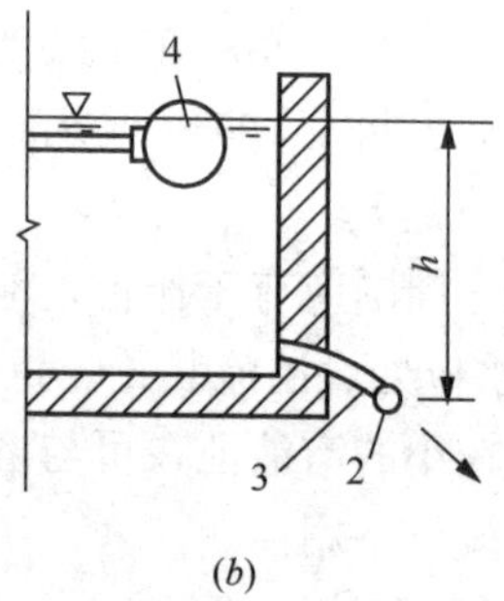


图 8-3　孔口计量系统

(a)、(b) 为 2 种加注方式

1—浮体；2—孔口；3—软管；4—浮球阀

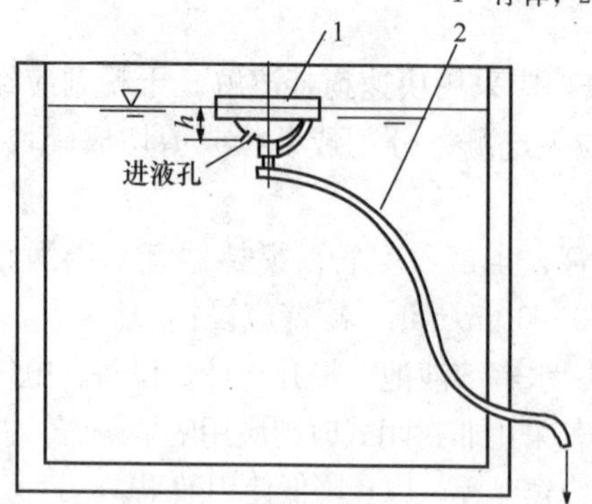


图 8-4　浮杯计量系统

1—浮杯；2—出液软管

(2) 浮杯计量

浮杯计量是一种小型计量设备，利用浮体在溶液中的固定浸没深度 $h$ 或液位差，以达到恒定出流，适用于溶液池变液位的场合，见图 8-4。在液位较低时，易产生出液管压扁或上浮等现象，影响投加量的准确性。

(3) 转子流量计

转子流量计是在锥形玻璃计量管中加以转子，当气体或液体流过锥形计量管时，推动管内转子升降达到计量目的。转子流量计投加器是以 PC 转子流量计为计量元件，配以控制调节阀、水射器、澄清器或过滤器等单元组合成的溶液投加器。目前的定型产品如MLY型和BQ型，投加范围为0.5～350L/h。

设计采用转子流量计投加器时需注意：

1）必须垂直安装，不允许倾斜，可安装于墙壁上，也可设支架地面安装。

2）压力水压力和水量应符合产品的要求。

3）采用重力投加（不配水射器）时，流量计高度应低于溶液池液位，采用水射器压力投加时，溶液池液位不能低于水射器有效抽吸高度，同时投药点水位或背压不能高于水射器的有效射出压力。

4）配备必要的溶液过滤器，防止计量仪堵塞。

5）经常清洗锥形管内壁与浮子，不使结垢而影响观测与计量精度。

（4）加药计量泵

最常用的投加计量设备是加药计量泵。一般采用隔膜式计量泵，其构造示意见图8-5。

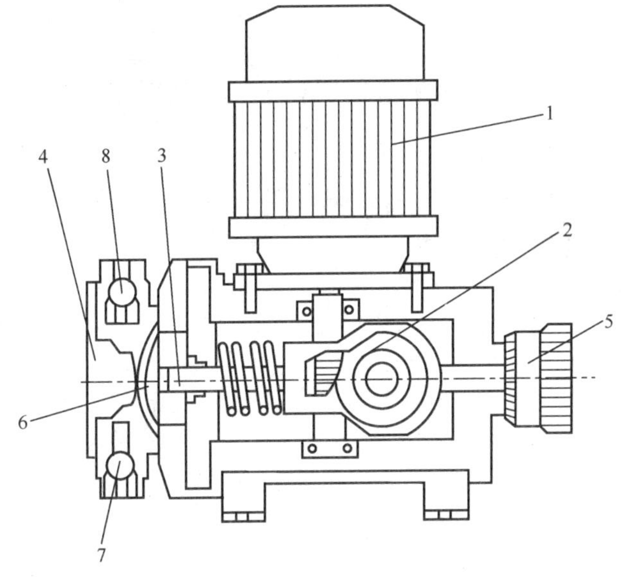


图8-5 隔膜式计量泵结构示意

1—电动机；2—齿轮机构；3—活塞；4—泵头；5—冲程长度调节旋钮；6—隔膜；7—吸入口及单向阀；8—排出口及单向阀

1）驱动器：常用为电动机，为了能改变转速从而调节加药量，可采用变频调速电机。

2）齿轮机构：将电动机的转速转变成可往复运动的冲程。

3）活塞：由活塞通过腔内的液体或者由活塞直接推动泵头中的隔膜作往复运动，从而吸入、排出溶液。

4）泵头：包括隔膜、吸入口和排出口的球型单向阀。当隔膜后退时，吸入口单向阀打开，同时排出口单向阀关闭，吸入溶液至泵头内；当隔膜前进时，吸入口单向阀关闭，同时排出口单向阀打开，将泵头内的溶液压出泵头。由于在一定的活塞冲程长度条件下，泵头腔内体积固定，因而每一次吸入、排出的溶液体积也不变，达到定量加注药剂的目的。

5）冲程调节器：用来调节冲程的长度，一般在泵体上设有调节旋钮，可手动调节，也可附配冲程长度调节伺服电机等实现自动调节。

计量泵具有通过改变电机转速（即改变冲程频率）或改变冲程长度来调节加注量的功能。设计和生产中可按照水厂净水和加药的工艺要求，合理确定调节方式。

计量泵加注系统按照所投药剂、计量泵类型等的不同可有不同的配置，但其基本配置大致相同。图8-6为计量泵基本配置的典型示例，基本配置包括：

1）计量泵校验柱：一般为一透明的柱体，表面标有标度，其作用是用来校验计量泵的加注量。如在校验柱的底部设置一液位检测仪，还可在液位降低至低限时，发出信号强制关闭计量泵，以保证计量泵的安全运行。

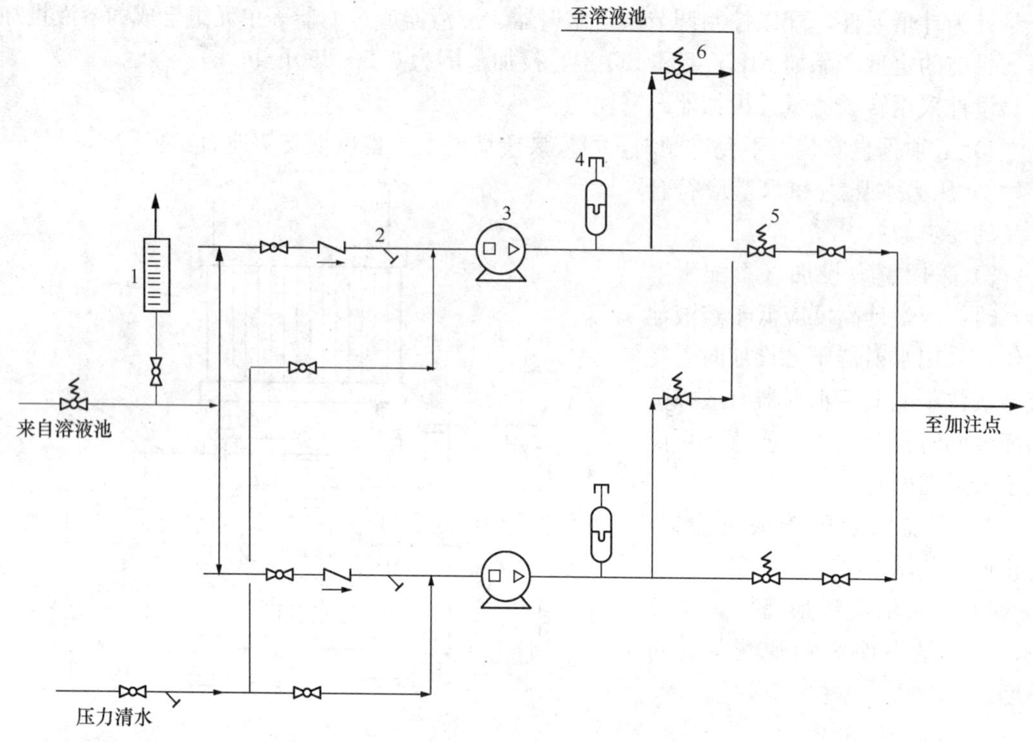


图 8-6 计量泵加注系统基本配置示例

1—计量泵校验柱；2—过滤器；3—计量泵；4—脉冲阻尼器；5—背压阀；6—安全释放阀

2）过滤器：过滤溶液中的杂质，保证计量泵安全和正常运行。

3）脉冲阻尼器：将计量泵输出的脉冲流转化成稳定的连续流。

4）背压阀：在投加点的背压小于 0.1MPa 情况下，需设置背压阀，使计量泵保持一定的输出压力，保证正常运行。

5）安全释放阀：当由于投加管路发生阻塞等原因引起压力过高时，可通过释放阀自动将药液释放回流至溶液池，保证计量泵的安全。有些计量泵的泵头上已设有安全释放阀，则可不再另外设置。

6）用于管路、计量泵发生阻塞的压力清水清洗系统，需注意其水压力不能大于计量泵的最大工作压力。

计量泵设计和使用需注意以下问题：

1）选用合适的计量泵。设计时应根据水厂的加药工艺要求选择合适的计量泵，一般水厂混凝剂加注的计量泵主要为液压驱动隔膜泵和机械驱动隔膜泵。前者的流量范围更广些，后者单泵流量一般在 1500L/h 以下。柱塞泵则适用于投加压力特别高的场合。泵头材料一般采用聚氯乙烯、聚丙烯和不锈钢等；隔膜材质各产品各有特点，常用聚四氟乙烯(PTFE 膜)、用聚四氟乙烯等特殊材料进行表面处理的合成橡胶、强化尼龙复合膜等。其他如计量泵吸入口、出口球型单向阀、密封材料等也需加以注意。

2）为计量准确和实现自动控制调节加注量，一般每一个加注点设一台或一台以上加注泵，不宜采用 2 个或 2 个以上的加注点共用 1 台加注泵。在大型水厂或加注量大的场合，为减少加注泵台数，可采用有多个泵头的加注泵。

3）设计中应设足够的备用台数，一般小型水厂可设 1 台，大中型水厂或工作泵台数较多（4 台以上）宜设 2 台或 2 台以上的备用泵。同一水厂或加注系统应尽量采用同型号规格的计量泵，简化备品备件配置。

4）投加特殊药剂（加碱、酸的加注系统）应注意计量泵及系统配件材质的耐腐蚀要求。

5）当生产管理上有监测实际投加量要求时，可利用某些计量泵所具有的冲程频率和长度的反馈信号，积算出实际加注流量，或者在输液管上安装流量仪。

### 8.2.3 药剂自动投加控制

如何根据原水水质、水量变化和既定的出水水质目标，确定最优混凝剂投加量，是水厂生产管理中的重要内容。根据实验室混凝搅拌试验确定最优投加量，虽然简单易行，但存在难以适应水质的迅速变化和试验与生产调节之间的滞后问题。

药剂投加量自动控制的主要方法有：

（1）数学模拟法：将原水有关的水质参数，例如浊度、pH、碱度、溶解氧、氨氮和原水流量等影响混凝效果的主要参数作为前馈值，以出水（沉淀后水）的浊度作为后馈值，建立数学模型来自动调节加药量。早期仅采用原水的参数成为前馈法，目前则一般采用前、后馈参数共同参与控制的所谓闭环控制法。

采用数学模拟法的关键是必须有大量可靠的生产数据，才能运用数理统计方法建立符合实际生产的数学模型。同时，由于各地各水源的条件不同和所采用混凝剂品种的不同，因此建立的数学模型也各不相同。

应用数学模拟实现加药自动控制，可采用以下几种方式：

1）用原水水质参数和原水流量共同建立数学模型，给出一个控制信号控制加注泵的转速或者冲程（一般为转速），实现加注泵自动调节加注量。

2）用原水水质参数建立数学模型给出一个信号，用原水流量给出另一个信号，分别控制加注泵的冲程和转速，实现自动调节。

3）用原水流量作为前馈给出的一个信号，用处理水水质（一般为沉淀水浊度）作为后馈给出另一信号，分别控制加注泵的转速和冲程，实现自动调节。

4）用原水水质参数和流量建立数学模型给出一个信号，用处理水水质（一般为沉淀水浊度）给出另一个信号，分别控制加注泵的转速和冲程，实现自动调节。

（2）现场小型装置模拟法：现场小型装置模拟法是在生产现场建造一套小型装置，模拟水厂净水构筑物的生产条件，找出模拟装置出水与生产构筑物出水之间的水质和加药量关系，从而得出最优混凝剂投加量的方法。此种方法有模拟沉淀法和模拟滤池法两种。

1）模拟沉淀法：是在水厂絮凝池后设一个模拟小型沉淀池（常采用小型斜管模拟池）。沉淀模拟法的主要优点是解决了后馈信号滞后时间过长的问题，一般滞后时间可缩短至二十几分钟之内，实用性较强。存在的主要问题是模拟沉淀池与生产沉淀池的处理条件尚有差别，且还有一定的滞后时间。

2）模拟滤池法：是模拟水厂混凝沉淀过滤全部净水工艺的一种方法。此方法的优点是它把净水过程中的各种因素都考虑在内，比模拟沉淀法更完善。主要不足是装置较复杂，运行技术要求比较高。此方法的关键仍是模拟装置如实际构筑物生产条件的相关程度。

(3) 流动电流检测法（SCD法）：流动电流系指胶体扩散层中反离子在外力作用下随液体流动（胶体固定不动）而产生的电流。SCD法由在线SCD检测仪连续检测加药后水的流动电流，通过控制器将测得值与基准值比较，给出调节信号，从而控制加注设备自动调节混凝剂投加量。

SCD主要由检测水样的传感器和检测信号放大处理器两部分组成，其核心是传感器。传感器由圆筒和活塞组成，此两部件之间为一环形空间，其间隙很小。投药后的水样流入此环形空间，活塞以每秒数次的频率作往复运动，不断吸入和排出水样，水中的胶体颗粒则短暂地附着于圆筒和活塞的表面，活塞作往复运动时，环形空间内的水也随之作相应的运动，胶体颗粒双电层受到扰动，水流便携带胶体扩散层中反离子一起运动，从而形成流动电流，此流动电流由两端电极收集，经信号放大器放大，整流成直流信号输出。当加药量、水中胶体颗粒浓度和水流量等变化时，最终反映出的是胶体颗粒残余电荷的变化即流动电流的变化，因此，就可以用流动电流一个参数来控制调节混凝剂投加量，所用SCD法也称为单因子控制法。

SCD法在生产运用中需要进行基准值的设定，一般的方法为：在相对稳定的原水水质和水量条件下，先投加足够的混凝剂量，随后逐渐减少投加量，同时测出沉淀池出水浊度，当出水达到既定的浊度目标时，将此时的SCD值设定为“0.00”，即为基准值。在运行中，如原水水质、流量等发生变化时，SCD测量值就偏离基准值，输出信号送给加药控制器，从而达到自动调节投加量。为了避免过于频繁的调节，也可给加药控制器设立一个SCD值的正负幅度范围，在此范围内则不调节加注泵的加药量。

采用SCD法需要注意以下几点：

1）分析原水水质和使用的混凝剂是否适合采用SCD。SCD对原水浊度有一定适应范围，不同水源适应范围也不相同。表面活性剂对流动电流有干扰，即使浓度很低SCD也无法应用；油类、农药对SCD测量精度有影响；原水盐类、pH瞬时变化大时，SCD值也有偏差。对于混凝剂品种，SCD主要适用于无机类混凝剂，若采用非离子型或阴离子型高分子絮凝剂时，投药量与流动电流相关性差，不适合采用SCD。据部分自来水公司反映，即使是同一水源采用SCD在不同的季节使用效果差别也很大。

2）取样点距投药点距离要合适。既要使混凝剂已与水体充分混合并初步凝聚又不能间隔时间太长，一般在投药后2～5min内取样为好；取样管长度越短越好；取样管流速应尽量稳定，不带有气泡。

3）在原水流量瞬时变化幅度较大（例如开或停一台原水泵）情况下，SCD值回复到“基准值”的时间较长，此段时间内的水体出水浊度会超过目标值。所以，部分水厂采用了以原水流量为前馈值、SCD值为后馈值的复合环方式。

4）安装SCD检测器的环境要良好，一般需设在室内，室内温度不可太高。

(4) 显示式絮凝控制法（FCD法）：显示式絮凝控制系统主要由絮体图像采集传感器和微机两部分组成。图像采集传感器安装在絮凝池出口水流较稳定处，水样经取样窗（可定时自动清洗）由高分辨率CCD摄像头摄像，由LED发光管照明以提高絮体图像清晰度，经视频电缆传输进计算机，对数据进行图像预处理，以排除噪声的干扰，改善图像的成像质量，絮体图像放大6倍可在显示器上显示，将图像经过计算机处理后得出图像中每一个絮体的大小和其他参数。

FCD控制的原理是将实测的非球状絮体换算成“等效直径”的絮体，以代表其沉淀性能，然后与沉淀池出水浊度进行比较，来确定“等效直径”的目标值，通过设定的目标值来自动控制加注量。

在上述几种方法的基础上，国内也有许多单位自行研制、开发了自动加药控制系统，已在一些水厂得到应用，取得较好效果。

### 8.2.4 药剂自动投加系统

药剂自动投加系统指从药剂配制、中间提升到计量投加整个过程均实现自动操作。自动配制和投加系统除了药剂的搬运外，其余操作均可自动完成。本节主要介绍几种常用的药剂自动投加系统。

#### 8.2.4.1 混凝剂自动投加系统

图8-7为常用混凝剂的自动溶解、提升、储存并用计量泵投加的系统示意。该系统可以实现混凝剂原液的自动输送、设定浓度溶液的自动配置和计量泵定量加注的功能。

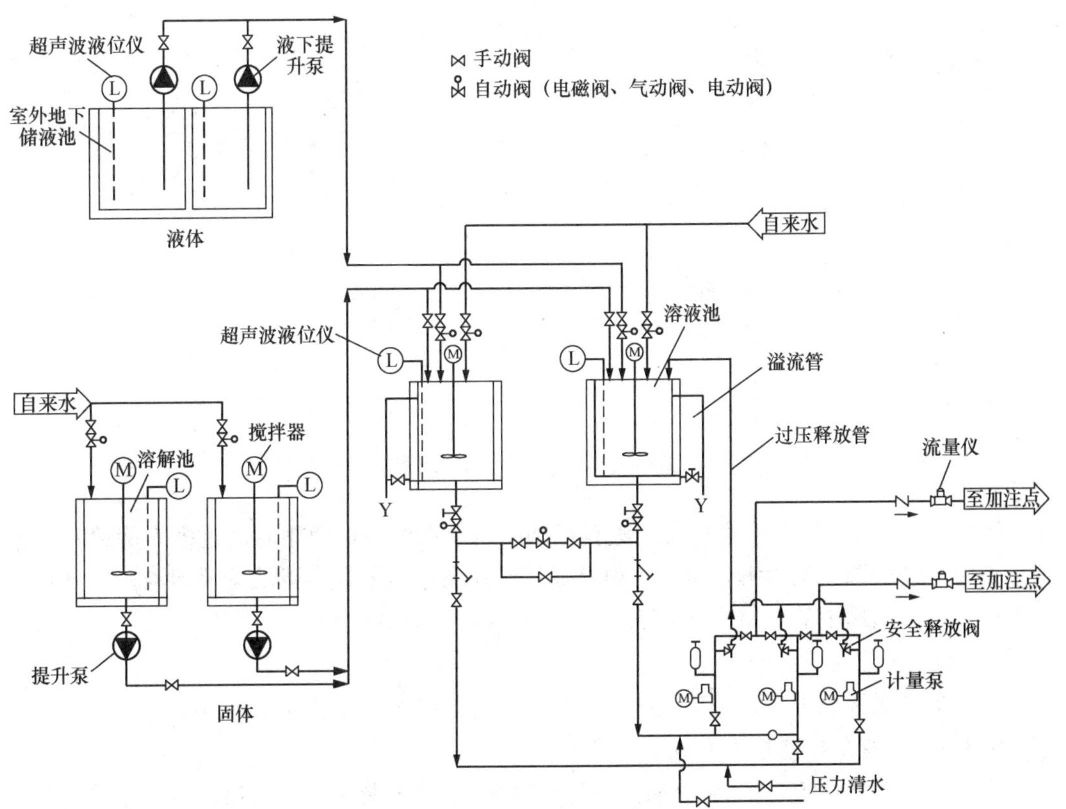


图8-7 混凝剂自动配制和投加系统

#### 8.2.4.2 絮凝剂（PAM）自动投加系统

图8-8为PAM自动投加系统示意图。该系统由PAM制备和投加装置组成，包括吸

料机、粉剂料仓、双螺旋给料机、预溶解装置及带搅拌器的熟化罐、储存罐、控制液位的压力传感器、在线稀释装置和管道阀门、投加泵及 PLC 控制系统等。

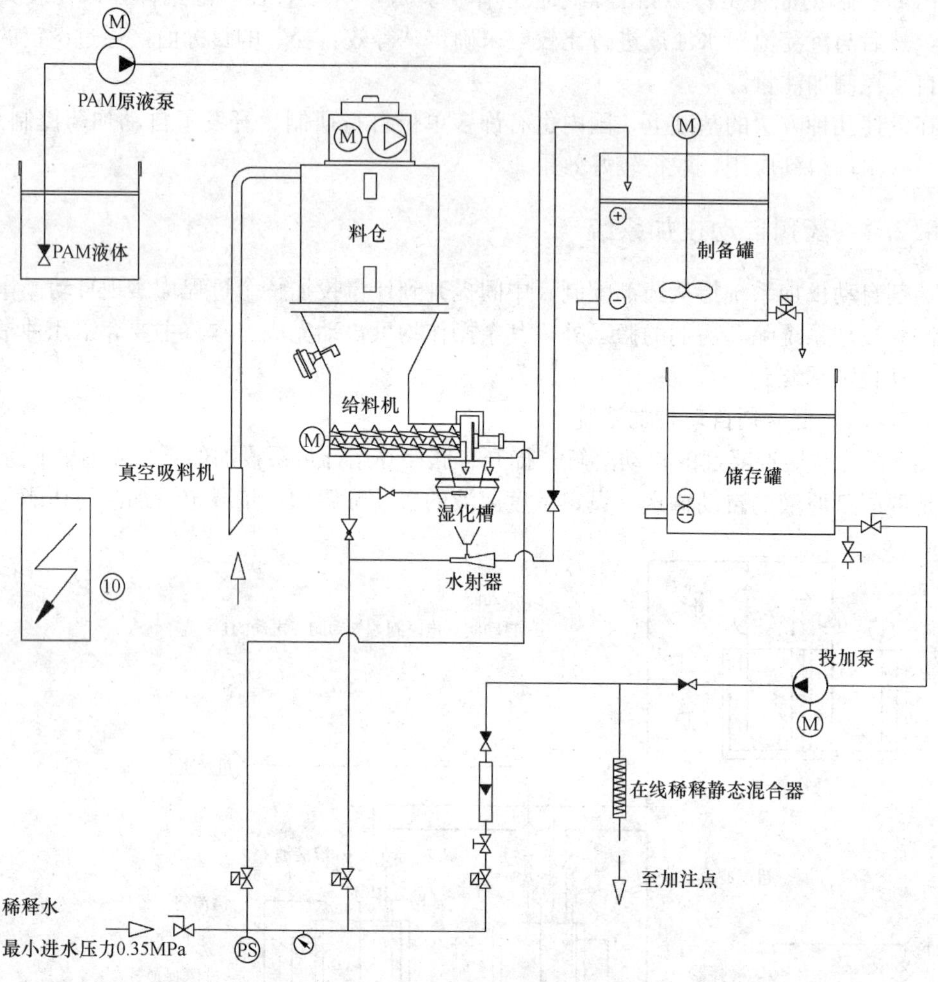


图 8-8　絮凝剂（PAM）自动配制和投加系统

固体 PAM 粉末原料袋通过真空吸料机卸到料仓内储存，使用时通过多螺旋给料机精确计量后，经由湿化槽溶解，再由水射器输送到制备罐中熟化，配成均质溶液，放到存储罐中待用。存储罐中的 PAM 液体经加药泵和在线稀释装置，液稀释到投加浓度后，通过不锈钢静态混合器送入投加点。

同时，该系统还可选择采用液体 PAM 直接制备和和投加。

#### 8.2.4.3　石灰自动投加系统

石灰自动投加系统包括石灰储存、计量、输送、溶解装置，以及投加石灰相关设备。

石灰粉体从注料管进入料仓，使用时通过料仓底部的给料机计量后，由螺旋输送器送入石灰溶解罐，经混合溶解后再溢流至制备存储罐，配置成设定浓度的石灰乳液。石灰的投加可通过进出水 pH 值进行控制，调节石灰的加注量。上述整个制备和投加系统均为全密封系统，不会出现灰粉外泄污染环境的情况。

混凝剂自动配制和投加系统如图 8-9 所示。

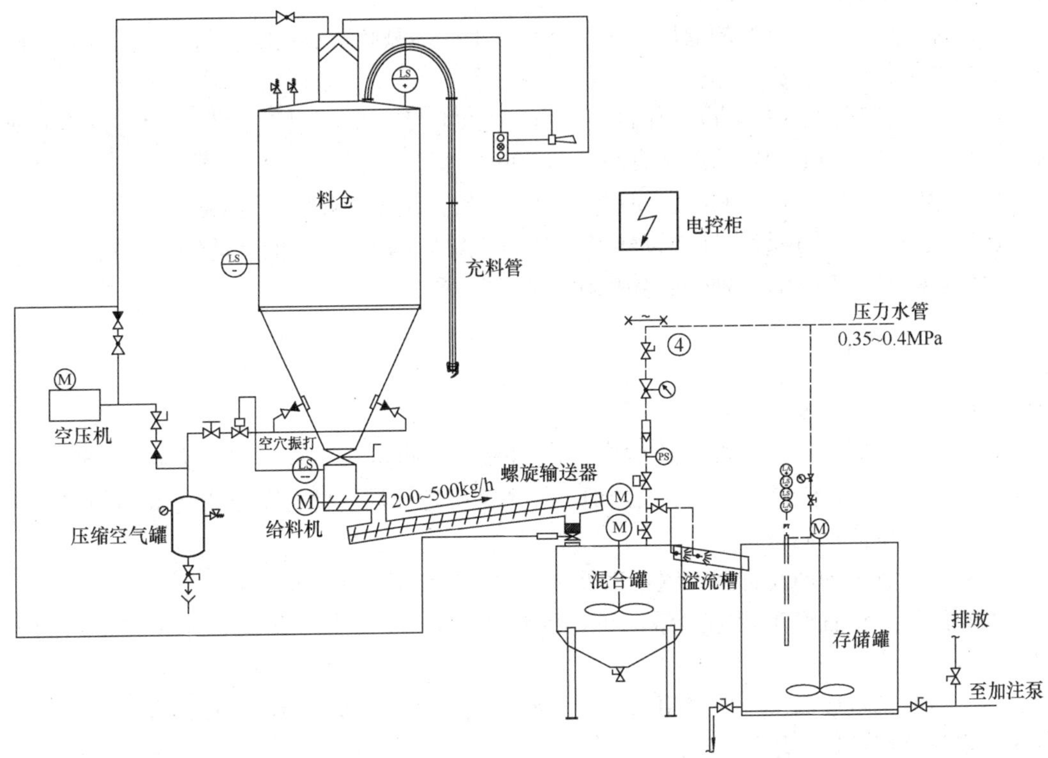


图 8-9 混凝剂自动配制和投加系统

# 8.3 加药间及药库布置

## 8.3.1 加药间布置

加药间布置的一般要求如下：

（1）加药间宜与药库合并布置。布置原则为：药剂输送、投加流程顺畅，方便操作管理，力求车间清洁卫生，符合劳动安全要求，高程布置符合投加工艺及设备条件。一些水厂通常将各种药剂投加设施合并布置，以有利于水厂总体布置并减少管理点。

（2）加药间位置应尽量靠近投加点。

（3）当水厂采取分期建设时，加药间的建设规模宜与水厂其他生产性建筑物的规模相协调。一般情况下，可采用土建按总规模设计，设备则分期配置。

（4）加药间布置应兼顾电气、仪表自控等专业的要求。

（5）各种管道宜布置在管沟内，管沟应设有排水措施，并防止室外管沟积水的倒灌。管沟盖板应耐腐和防滑。

（6）搅拌池边宜设置排水沟，四周地面坡向排水沟。

（7）根据药剂品种确定加药管管材，一般可采用硬聚氯乙烯管。

(8) 与混凝剂和助凝剂接触的池内壁、设备、管道和地坪，应根据混凝剂或助凝剂性质采取相应的防腐措施。

(9) 加药间应保持良好的通风。对于有水解聚丙烯酰胺溶液池的投药间，因有氨气放出，室内要加强通风设施。

(10) 加药间药液池边应设工作台，工作台宽度以1～1.5m为宜。当采用高位溶液池时，操作平台与屋顶的净空高度不宜小于2.20m。

(11) 药剂仓库和加药间应根据具体情况，设置计量工具和搬运设备。

(12) 加药间室内应设有冲洗设施以及保障工作人员卫生安全的劳动保护措施。

(13) 冬季使用聚丙烯酰胺的室内温度不低于2℃。

### 8.3.2 药库布置

药库布置的一般要求如下：

(1) 药剂的固定储备量视当地供应、运输等条件确定，一般可按最大投药量的7～15d用量计算，其周转储备量应根据当地具体条件确定（周转储备量是指药剂消耗与供应时间之间差值所需的储备量）。

(2) 药库宜与加药间合并布置，室外储液池应尽量靠近加药间。

(3) 药库外设置汽车运输道路，并有足够的倒车道。药库一般设汽车运输进出的大门，门净宽不小于3m。

(4) 混凝剂堆放高度一般采用1.5～2.0m，当采用石灰时可为1.5m，有机械吊运设备时，堆放高度可适当增加。

(5) 药库面积根据储存量和堆高计算确定，并留有1.5m左右宽的通道以及卸货的位置。

(6) 为搬运方便和减轻劳动强度，药库一般设置捯链或电动单梁悬挂起重机。

(7) 药库层高一般不小于4m，当设有起吊设备时应通过计算确定。窗台的高度应高于药剂堆放高度。

(8) 应有良好的通风条件，室内必须安装具有保障工作人员卫生安全的劳保措施。

(9) 地坪与墙壁应根据药剂的腐蚀程度采取相应的防腐措施。

(10) 对于储存量较大的散装药剂，可用隔墙分格。

### 8.3.3 布置示例

(1) 图8-10所示为一座以液体硫酸铝为常用、固体硫酸铝为备用的40万$m^3/d$水厂加药间布置。液体硫酸铝储液池置于室外，用提升泵送至溶液池。固体药剂仓库与搅拌池设在一起，药剂溶解后由泵送至溶液池。溶液池与计量泵设在加药间。

(2) 图8-11是一座20万$m^3/d$水厂加药加氯间布置。以液体硫酸铝为常用、固体硫酸铝为备用的。液体硫酸铝储液池置于室外，用提升泵送至溶液池。固体药剂仓库与搅拌池设在一起，药剂溶解后由泵送至溶液池。溶液池与计量泵设在加药间。

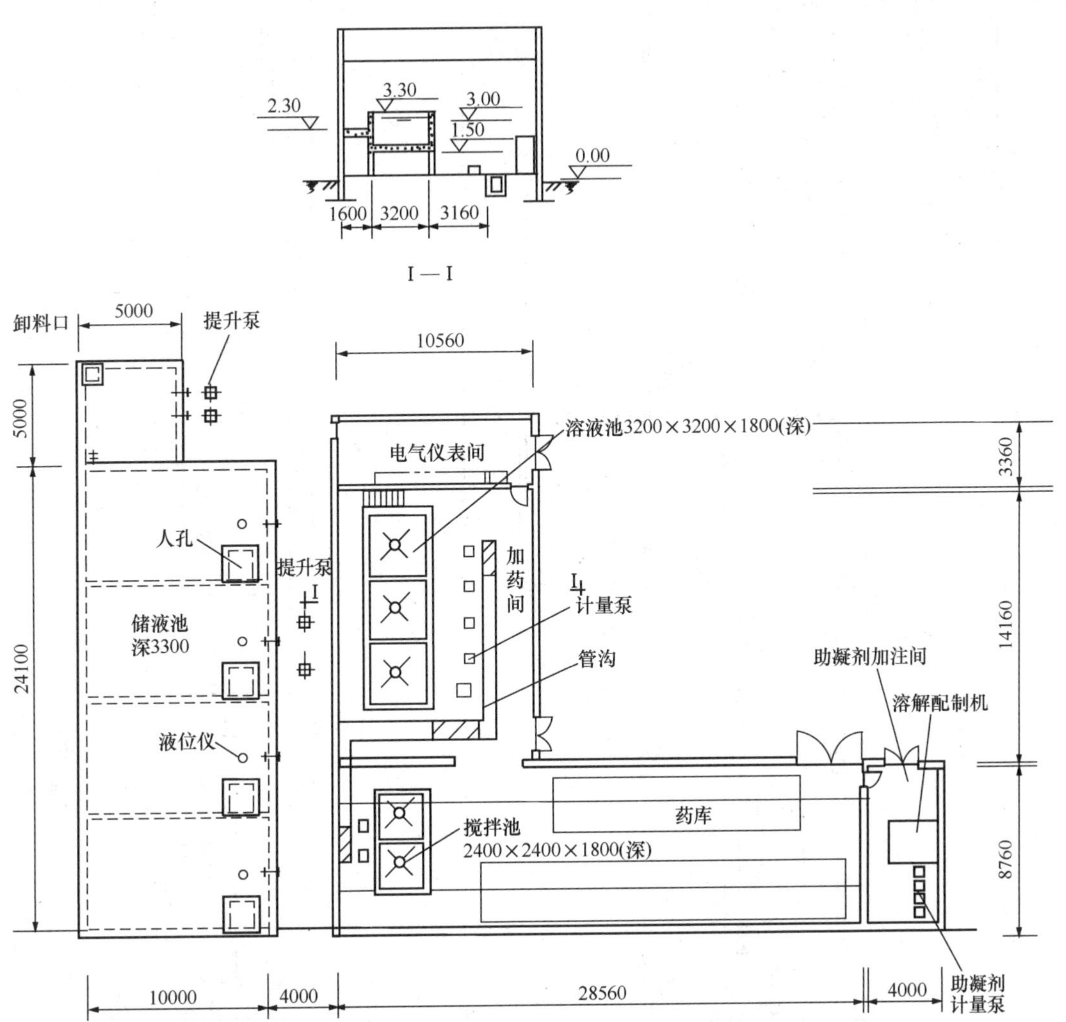


图 8-10 某 40 万 $m^3$/d 水厂加药间布置
（液体硫酸铝常用，固体备用）

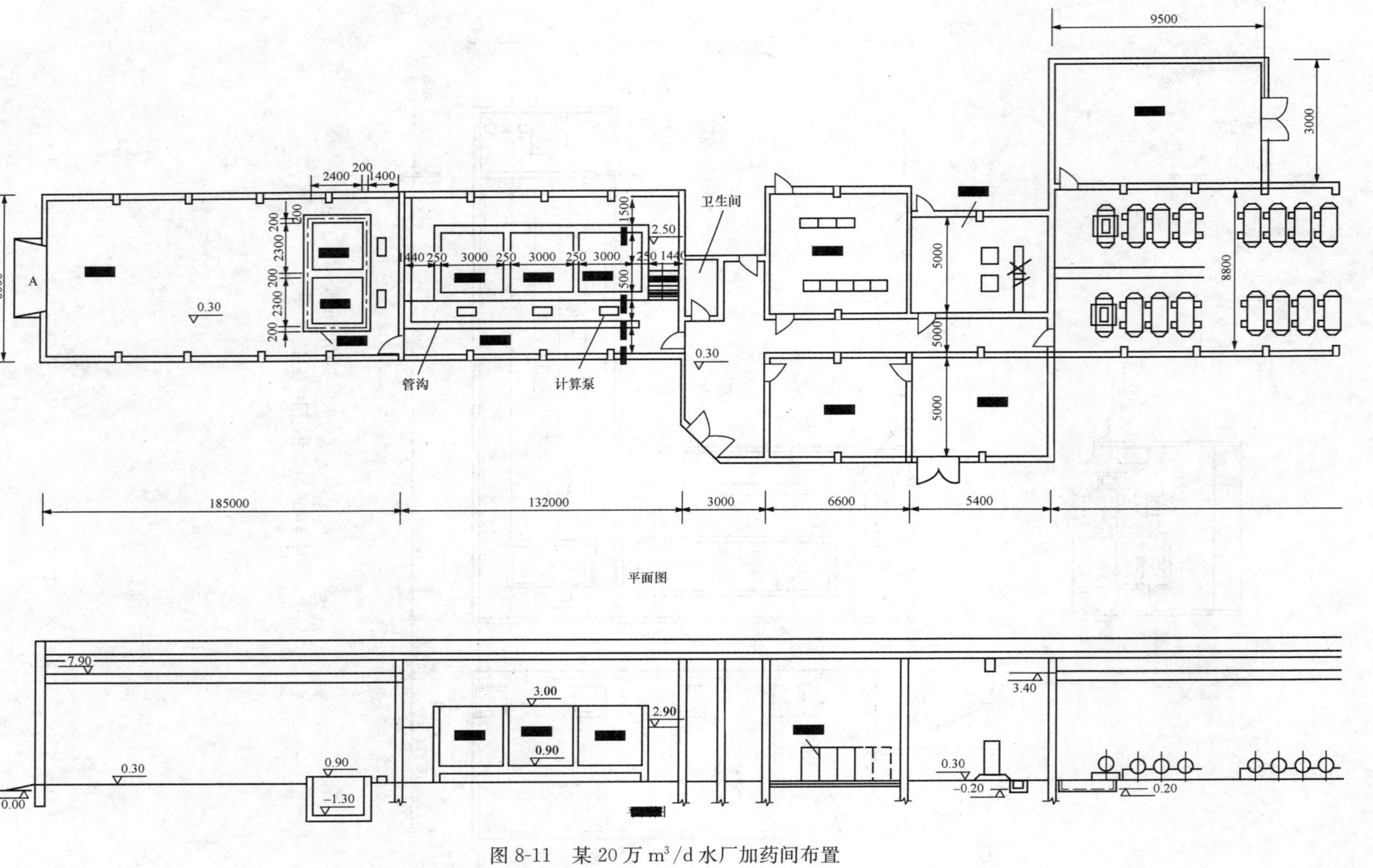


图 8-11 某 20 万 $m^3$/d 水厂加药间布置

# 9 混合和絮凝

## 9.1 混合

混合是将药剂充分、均匀地扩散于水体的工艺过程，对于取得良好的混凝效果具有重要作用。影响混合效果的因素很多，如采用的药剂品种、投加量、水温及水中颗粒性质等，而采用的混合方式是最主要因素之一。

### 9.1.1 混合基本要求和方式

#### 9.1.1.1 基本要求

（1）混合设备的设计应根据所采用的混凝剂品种，使药剂与水进行恰当的急剧、充分混合。对于金属盐混凝剂，一般采用急剧、快速的混合，当采用高分子絮凝剂时，混合不宜过分急剧。

（2）混合时间一般为10～60s，搅拌速度梯度$G$一般为600～1000$s^{-1}$。

（3）混合设施与后续处理构筑物的距离越近越好，尽可能采用直接连接方式，连接管道的流速可采用0.8～1.0m/s，管道内停留时间不宜超过2min。

#### 9.1.1.2 混合方式

混合方式基本分两大类：水力和机械。水力混合简单，但不能适应流量的变化；机械混合可通过调节适应各种流量的变化，但有一定的机械维修量。具体采用何种形式应根据净水工艺布置、水质、水量、投加药剂品种及数量以及维修条件等因素确定。

目前常采用的几种不同混合方式的主要优缺点见表9-1。

混合方式比较　　表9-1

| 方式 | 优缺点 | 适用条件 |
|---|---|---|
| 水泵混合 | 优点：1. 设备简单；<br>2. 混合充分，效果较好；<br>3. 不另消耗动能<br>缺点：1. 吸水管较多时，投药设备要增加，安装、管理较麻烦；<br>2. 配合加药自动控制较困难；<br>3. $G$值相对较低 | 适用于一级泵房离处理构筑物120m以内的水厂 |
| 管式静态混合器 | 优点：1. 设备简单，维护管理方便；<br>2. 不需土建构筑物；<br>3. 在设计流量范围，混合效果较好；<br>4. 不需外加动力设备<br>缺点：1. 运行水量变化影响效果；<br>2. 水头损失较大 | 适用于水量变化不大的各种规模的水厂 |

续表

| 方式 | 优 缺 点 | 适 用 条 件 |
| --- | --- | --- |
| 扩散混合器 | 优点：1. 需外加动力设备；<br>2. 不需土建构筑物；<br>3. 不占地<br>缺点：混合效果受水量变化有一定影响 | 适用于中等规模水厂 |
| 跌水（水跃）混合 | 优点：1. 利用水头的跌落扩散药剂；<br>2. 受水量变化影响较小；<br>3. 不需外加动力设备<br>缺点：1. 药剂的扩散不易完全均匀；<br>2. 需建混合池；<br>3. 容易夹带气泡 | 适用于各种规模水厂，特别当重力流进水水头有富余时 |
| 机械混合 | 优点：1. 混合效果较好；<br>2. 水头损失较小；<br>3. 混合效果基本不受水量变化影响<br>缺点：1. 需耗动能；<br>2. 管理维护较复杂；<br>3. 需建混合池 | 适用于各种规模水厂 |

## 9.1.2 水力混合

### 9.1.2.1 水泵混合

水泵混合主要设计要点如下：

（1）将药剂溶液加于每一台水泵的吸水管中，越靠近水泵效果越好，通过水泵叶轮的高速转动以达到混合效果。

（2）为了防止空气进入水泵吸水管内，需加设一个装有浮球阀的水封箱。

（3）对于投加腐蚀性强的药剂，应注意避免腐蚀水泵叶轮及管道。

（4）一级泵房距净水构筑物的距离不宜过长。

### 9.1.2.2 管式静态混合器

管式静态混合器的形式很多，给水处理中常用的形式见图 9-1。

图 9-1 管式静态混合器

管式静态混合器是在管道内设置多节固定叶片，使水流成对分流，同时产生涡旋反向旋转及交叉流动，从而获得较好的混合效果。混合效果与分节数有关，一般取 2～3 段。

混合器的水头损失与混合器口径、管道流速、分流板节数及角度等有关，实测损失往往与理论计算有较大出入，一般当管道流速为 1.0～1.5m/s、分节数为 2～3 段时的水头损失约为 0.5～1.5m。

**9.1.2.3　扩散混合器**

扩散混合器是在孔板混合器前加上锥形配药帽所组成，构造见图 9-2。锥形帽的夹角为 90°，锥形帽顺水流方向的投影面积为进水管总面积的 1/4，孔板开孔面积为进水管总面积的 3/4，具体尺寸参见表 9-2。

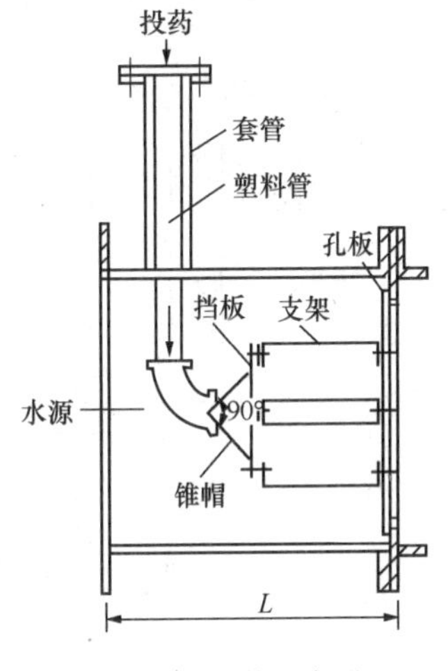

图 9-2　扩散混合器

进水管、锥帽及孔板孔径的关系　　表 9-2

| 进水管直径 $d_1$（mm） | 400 | 500 | 600 | 700 | 800 |
|---|---|---|---|---|---|
| 锥帽直径 $d_3$（mm） | 200 | 250 | 300 | 350 | 400 |
| 孔板孔径 $d_2$（mm） | 340 | 440 | 500 | 600 | 700 |

混合器水头损失计算如下：

$$h = \xi \frac{v_2^2}{2g}\ (\mathrm{m}) \tag{9-1}$$

$$v_2 = v_1 \left(\frac{d_1}{d_2}\right)^2 \tag{9-2}$$

式中　$d_1$——进水管直径（mm）；

$d_2$——孔板孔径（mm）；

$v_1$——进水管流速（m/s）；

$v_2$——孔板孔口流速（m/s）；

$\xi$——阻力系数，取 $\xi=2$。

扩散混合器的水头损失一般为 0.3～0.4m。混合器管节长度 $L \geqslant 500$mm，孔板处流速 1.0～2.0m/s，混合时间 2～3s，$G$ 值 700～1000s$^{-1}$。

**9.1.2.4　跌水和水跃混合**

跌水混合布置见图 9-3。其构造为在混合池的输水管上加装一活动套管，利用水流在跌落过程中产生的巨大冲击达到混合的效果，最佳混合效果可通过调节活动套管的高低实现。套管内外水位差，至少应保持 0.3～0.4m，最大不超过 1m。

水跃混合见图 9-4。适用于有较多富余水头的大、中型水厂，利用 3m/s 以上的流速迅速流下时所产生的水跃进行混合。混合水头差至少要在 0.5m 以上。

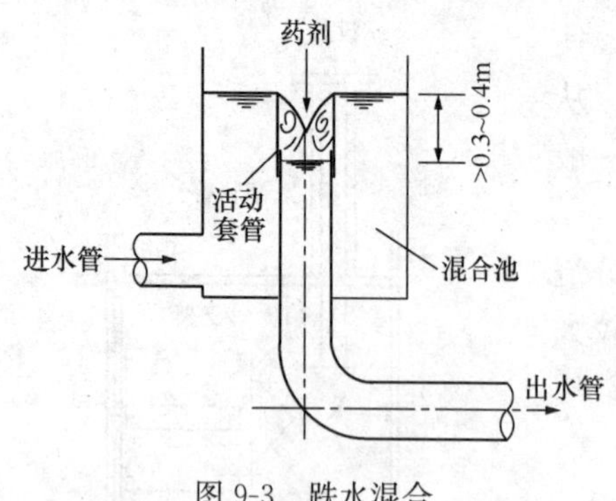


图 9-3 跌水混合

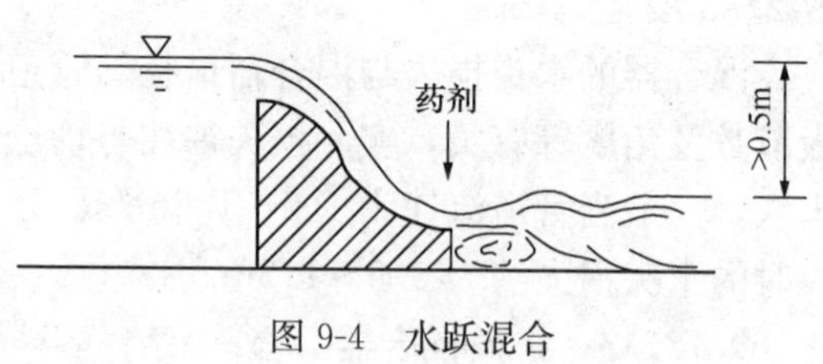


图 9-4 水跃混合

### 9.1.3 机械混合

#### 9.1.3.1 设计要点

(1) 混合池可采用单格或多格串联，池型可为方形或圆形，以方形居多，一般池身与池宽之比为1∶1～3∶1。

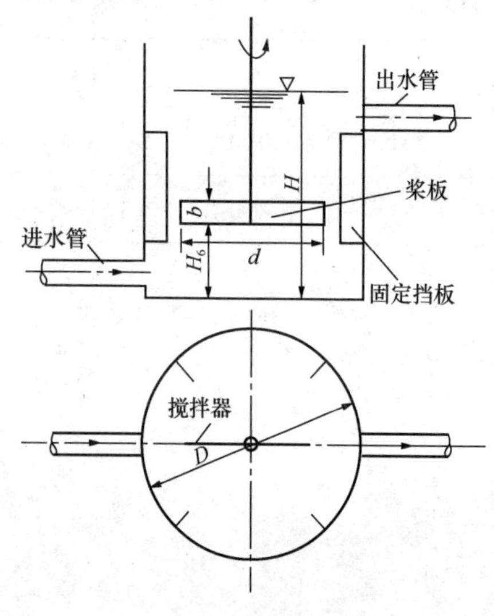


图 9-5 机械混合池

(2) 机械混合的桨板有多种形式，如桨式、推进式、涡流式等，采用较多的为桨式。桨式结构简单，加工制造容易，但所能提供的混合功率较小。桨式搅拌混合池见图 9-5。

(3) 混合搅拌一般选用推进式或折桨式（简称桨式）搅拌器。推进式搅拌器效能较高，但制造较复杂，桨式搅拌器结构简单，加工容易，但效能较低。一般首先选用推进式。

(4) 混合搅拌中搅拌器的有关参数见表 9-3。

(5) 混合搅拌强度可以采用搅拌速度梯度 $G$、体积循环次数 $Z'$ 或混合均匀度 $U$ 来表示：

1) 搅拌速度梯度 $G$：

$$G=\sqrt{\frac{1000N_{\mathrm{Q}}}{\mu Qt}}\ (\mathrm{s}^{-1}) \tag{9-3}$$

式中 $N_{\mathrm{Q}}$——混合功率（kW）；

$Q$——混合搅拌池流量（$m^3/s$）；

$t$——混合时间（s）；

$\mu$——水的黏度（Pa·s）。

一般混合搅拌池的 $G$ 值取 $500\sim1000s^{-1}$。

搅拌器有关参数选用 **表 9-3**

| 项　目 | 符号 | 单位 | 搅拌器形式 | |
|---|---|---|---|---|
| | | | 桨　式 | 推进式 |
| 搅拌器外缘线速度 | $v$ | m/s | 1.0～5.0 | 3～15 |
| 搅拌器直径 | $d$ | m | $\left(\frac{1}{3}\sim\frac{2}{3}\right)D$ | (0.2～0.5) $D$ |

续表

| 项　目 | 符号 | 单位 | 搅拌器形式 | |
|---|---|---|---|---|
| | | | 桨　式 | 推进式 |
| 搅拌器距混合池底高度 | $H_6$ | m | （0.5～1.0）$d$ | 无导流筒时：$=d$<br>有导流筒时：$\geqslant 1.2d$ |
| 搅拌器桨叶数 | $Z$ | | 2，4 | 3 |
| 搅拌器宽度 | $b$ | m | （0.1～0.25）$d$ | |
| 搅拌器螺距 | $S$ | m | | $=d$ |
| 桨叶和旋转平面所成的角度 | $\theta$ | | 45° | |
| 搅拌器层数 | $e$ | | 当$\frac{H}{D}\leqslant 1.2\sim1.3$时，$e=1$<br>当$\frac{H}{D}>1.2\sim1.3$时，$e>1$ | 当$\frac{H}{d}\leqslant 4$时，$e=1$<br>当$\frac{H}{d}>4$时，$e>1$ |
| 层间距 | $S_0$ | m | （1.0～1.5）$d$ | （1.0～1.5）$d$ |
| 安装位置要求 | | | 相邻两层桨交叉90°安装 | |

注：$D$—混合池直径（m）；$d$—搅拌器直径（mm）；$H$—混合池液面高度（m）。

2）体积循环次数$Z'$（据美国凯米尼公司和莱宁公司有关资料）：

$$Z' = \frac{Q't}{V} \tag{9-4}$$

式中　$V$——混合池有效容积（$m^3$）；

$Q'$——搅拌器排液量（$m^3/s$），按式（9-5）计算：

$$Q' = K_q n d^2 \tag{9-5}$$

式中　$K_q$——流动准数，根据搅拌器类型而定，见表9-4。

混合搅拌池的水体体积循环次数$Z'$通常不小于1.5次，最少应不小于1.2次。

**搅拌器流动准数**　**表9-4**

| 搅拌器类型 | 流动准数 | 搅拌器类型 | 流动准数 |
|---|---|---|---|
| 推进式：$S/d=1$，$Z=3$片 | 0.50 | 折桨式：$\theta=45°$，$Z=4$片 | 0.77 |

注：建议折桨式：$\theta=45°$，$Z=2$片，$K_q$取0.385。

符号说明：

$S$—搅拌器纵距（m）；

$d$—搅拌器直径（m）；

$\theta$—桨叶和旋转平面所组的角度；

$Z$—搅拌器桨叶数。

$n$—搅拌器转速（r/s）；

$d$—搅拌器直径（m）。

3）混合均匀度$U$（据美国凯米尼尔公司有关资料）：

$$-\ln(1-U) = \tan\left(\frac{d}{D}\right)^{b}\left(\frac{D}{H}\right)^{0.5} \tag{9-6}$$

式中　$a$、$b$——混合速率常数（推进式混合器：$a$=0.247、$b$=1.73；4片45°折桨式搅拌器：$a$=0.641、$b$=2.19）；

$D$——搅拌池直径或当量直径（m）；

$H$——搅拌池有效高度（m）；

其余符号同上。

搅拌均匀度$U$，一般为80%～90%。

**9.1.3.2　计算公式**

1）搅拌池有效容积$V$：

$$V=Qt\ (m^3) \tag{9-7}$$

式中　$t$——混合时间，一般可采用10～30s。

2）搅拌池当量直径$D$：当搅拌池为矩形时，其当量直径为

$$D=\sqrt{\frac{4l\omega}{\pi}}\ (m) \tag{9-8}$$

式中　$l$——搅拌池长度（m）；

$\omega$——搅拌池宽度（m）。

3）混合功率计算：根据式（9-3），混合需要的功率$N_Q$为

$$N_Q=\frac{\mu QtG^2}{1000}\ (kW) \tag{9-9}$$

4）转速及搅拌功率计算：主要有以下三种计算方法：

① 根据选定的搅拌速度梯度$G$值计算：

a. 根据表9-3初选搅拌器直径$d$（m）。

b. 根据表9-3初选搅拌器外缘线速度$v$（m/s）；

c. 计算转速：

$$n=\frac{60v}{\pi d}\ (r/min) \tag{9-10}$$

d. 计算搅拌功率：

推进式搅拌功率计算见表9-5。

**牛顿型单一液相搅拌功率计算**　　**表9-5**

| 搅拌器形式 | 挡板情况 | 尺寸范围 | 计算方法 | 备　注 |
|---|---|---|---|---|
| 船舶型推进式 | 全挡板 | $S/d$=1或2<br>$D/d$=2.5～6<br>$H/d$=2～4<br>$H_6/d$=1<br>$Z$=3 | 1. 求雷诺准数：<br>$Re=\frac{d^2n\rho}{\mu}$　(9-11)<br>式中　$\rho$——液体密度（kg/m³）；<br>$\mu$——液体黏度（Pa·s）；<br>$n$——搅拌器转速（r/s）<br>2. 求功率准数$N_p$，见表9-6<br>3. 求搅拌功率：<br>$N=\frac{N_p\rho n^3d^5}{102g}$ (kW)　(9-12)<br>式中　$N_p$——功率准数，见表9-6<br>$g$——重力加速度，$g$=9.81m/s² | 斜入式及旁入式的计算与此相同 |

续表

| 搅拌器形式 | 挡板情况 | 尺寸范围 | 计算方法 | 备　注 |
|---|---|---|---|---|
| 船舶型推进式 | 无挡板 | $s/d=1$ 或 2<br>$D/d=3$<br>$H/d=2\sim4$<br>$H_6/d=1$<br>$Z=3$ | 1. 求雷诺准数，见公式 (9-11)<br>2. 求功率准数 $N_p$，见表 9-6<br>3. 求搅拌功率：<br>(1) $Re<300$，见公式 (9-12)<br>(2) $Re>300$<br>$N=\dfrac{N_p\rho n^3 d^5}{102g\left(\dfrac{g}{n^2 d}\right)^{\left(\frac{a-\lg Re}{b}\right)}}$ (kW) (9-13)<br>式中<br>$a=2.1$<br>$b=18$ | |

**搅拌器功率准数 $N_p$**　　**表 9-6**

| 搅拌器类型 | 功率准数 | 搅拌器类型 | 功率准数 |
|---|---|---|---|
| 推进式：$s/d=1$，$Z=3$ 片 | 0.32 | 折桨式：$\theta=45°$，$Z=4$ 片 | 1.25～1.50 |

注：建议折桨式：$\theta=45°$，$Z=2$ 片，$N_p$ 取 0.63～0.75。

桨式搅拌器搅拌功率按式（9-14）计算：

$$N=C_3\frac{\rho\omega^3 ZebR^4\sin\theta}{408g}\ (\text{kW}) \tag{9-14}$$

式中 $C_3$——阻力系数，$C_3\approx0.2\sim0.5$；

$\rho$——水的密度，$\rho=1000\text{kg/m}^3$；

$\omega$——搅拌器旋转角速度，$\omega=\dfrac{2v}{d}$ (rad/s)　　(9-15)

$Z$——搅拌器桨叶数（片）；

$e$——搅拌器层数；

$b$——搅拌器桨叶宽度（m）；

$R$——搅拌器半径（m）；

$g$——重力加速度，9.81m/s$^2$；

$\theta$——桨板折角（°）。

e. 校核搅拌功率：若搅拌功率 $N$ 大于或小于根据 $G$ 值所确定的混合功率 $N_Q$，则应参考表 9-3 调整桨径 $d$ 和搅拌器外缘线速度 $v$，使 $N\approx N_Q$。当取桨式搅拌器直径及搅拌器外缘线速度为最大值时，仍 $N<N_Q$，则需改选推进式搅拌器。

② 根据选定的体积循环次数 $Z'$ 计算：

a. 根据表 9-3 初选推进式或桨式搅拌器直径 $d$（m）。

b. 根据公式（9-5）计算搅拌器排液量 $Q'$（$m^3/s$）。

c. 根据公式（9-10）计算搅拌器转速 $n$（r/min），推进式和桨式搅拌器应根据表 9-3 校核搅拌器外缘线速度 $v$（m/s）。

d. 根据表 9-5 中公式（9-12）计算搅拌功率。

③ 根据选定的混合均匀度 $U$ 计算：

a. 根据表 9-3 初选推进式或桨式搅拌器直径 $d$（m）。

b. 根据公式（9-10）计算搅拌器转速 $n$（r/s），推进式和桨式搅拌器应根据表 9-2 校核搅拌器外缘线速度 $v$（m/s）。

c. 根据表 9-5 中公式（9-12）计算搅拌功率。

5）电动机功率计算：

电动机功率 $N_A$ 按式（9-16）计算：

$$N_A = \frac{K_g N}{\eta} \text{(kW)} \tag{9-16}$$

式中　$K_g$——电动机工况系数，当每日 24h 连续运行时，取 1.2；

$\eta$——机械传动总效率（%）。

## 9.2 絮　　凝

投加混凝剂并经充分混合后的原水，在外力作用下使微絮粒相互接触碰撞，形成更大絮粒的过程称作絮凝。完成絮凝过程的构筑物为絮凝池，习惯上也称作反应池。

### 9.2.1　设计要点及絮凝形式

#### 9.2.1.1　设计要点

（1）絮凝池形式的选择和设计参数的采用，应根据原水水质情况和相似条件下的运行经验或通过试验确定。

（2）絮凝池设计应使颗粒有充分接触碰撞的概率，又不致使已形成的较大絮粒破碎，因此在絮凝过程中速度梯度 $G$ 或絮凝流速应逐渐由大到小。

（3）絮凝池要有足够的絮凝时间，一般宜在 10～30min 之间，低浊、低温水宜采用较大值。

（4）絮凝池的平均速度梯度 $G$ 一般在 30～60$s^{-1}$ 之间，$GT$ 值达 $10^4$～$10^5$。

（5）絮凝池应尽量与沉淀池合并建造，避免用管渠连接。如确需管渠连接时，管渠中流速应小于 0.15m/s，并避免流速突然升高或水头跌落。

（6）为避免已形成的絮粒破碎，絮凝池出水穿孔墙的过孔流速宜小于 0.10m/s。

（7）应避免絮粒在絮凝池中沉淀，如难以避免时，应采取相应排泥措施。

#### 9.2.1.2　絮凝形式及选用

絮凝与混合一样，可分为两大类：水力和机械。前者简单，但不能适应流量变化；后者能进行调节，适应流量变化，但机械维修工作量较大。几种不同形式絮凝池的主要优缺点和适用条件参见表 9-7。

不同形式絮凝池比较　表 9-7

| 形式 | | 优缺点 | 适用条件 |
|---|---|---|---|
| 隔板絮凝池 | 往复式 | 优点：1. 絮凝效果较好；<br>2. 构造简单，施工方便<br>缺点：1. 絮凝时间较长；<br>2. 水头损失较大；<br>3. 转折处絮粒易破碎；<br>4. 出水流量不易分配均匀 | 1. 水量大于 3 万 $m^3/d$ 的水厂；<br>2. 水量变动小 |
| | 回转式 | 优点：1. 絮凝效果较好；<br>2. 水头损失较小；<br>3. 构造简单，管理方便<br>缺点：出水流量不易分配均匀 | 1. 水量大于 3 万 $m^3/d$ 的水厂；<br>2. 水量变动小；<br>3. 适用于旧池改建和扩建 |
| 折板絮凝池 | | 优点：1. 絮凝时间较短；<br>2. 絮凝效果好<br>缺点：1. 构造较复杂；<br>2. 水量变化影响絮凝效果 | 水量变化不大的水厂 |
| 网格（栅条）絮凝池 | | 优点：1. 絮凝时间短；<br>2. 絮凝效果较好；<br>3. 构造简单<br>缺点：水量变化影响絮凝效果 | 1. 水量变化不大的水厂；<br>2. 单池能力以 1.0 万～2.5 万 $m^3/d$ 为宜 |
| 机械絮凝池 | | 优点：1. 絮凝效果好；<br>2. 水头损失小；<br>3. 可适应水质、水量的变化<br>缺点：需机械设备和经常维修 | 大小水量均适用，并适应水量变动较大的水厂 |

## 9.2.2 隔板絮凝池

隔板絮凝池是水流以一定流速在隔板之间完成絮凝过程的絮凝池，常见的隔板絮凝池布置形式，主要有往复式和回转式，见图 9-6。

### 9.2.2.1 设计要点

（1）池数一般不少于 2 个，絮凝时间为 20～30min，色度高，难于沉淀的细颗粒较多时宜采用高值。

（2）池内流速应按变速设计，进口流速一般为 0.5～0.6m/s，出口流速一般为 0.2～0.3m/s。通常用改变隔板的间距以达到改变流速的要求。

（3）隔板间净距应大于 0.5m，小型池子当采用活动隔板时可适当减小。进水管口应设挡水措施，避免水流直冲隔板。

（4）絮凝池超高一般采用 0.3m。

（5）隔板转弯处的过水断面面积，应为廊道断面面积的 1.2～1.5 倍。

（6）池底坡向排泥口的坡度，一般为 2%～3%，排泥管直径不应小于 150mm。

（7）絮凝效果亦可用速度梯度（$G$）和反应时间（$T$）来控制，当原水浊度低，平均 $G$ 值较小或处理要求较高时，可适当延长絮凝时间，以提高 $GT$ 值，改善絮凝效果。

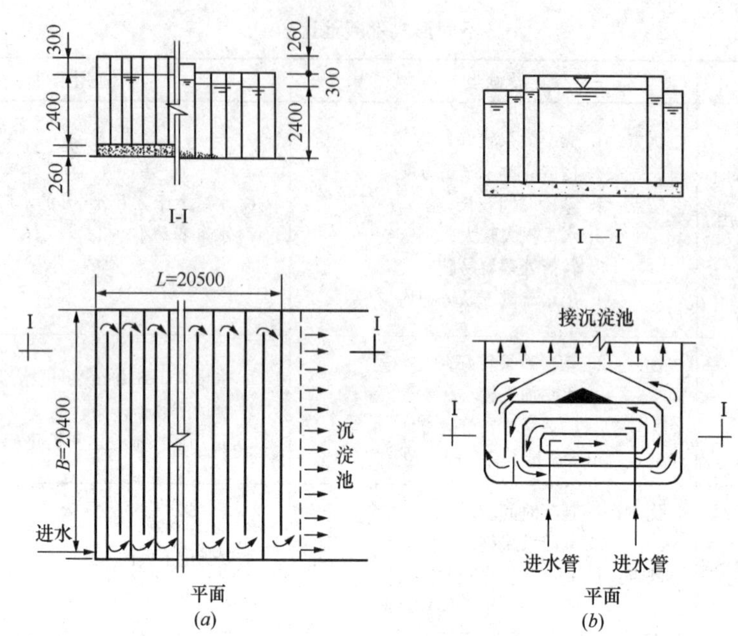


图 9-6 隔板絮凝池布置方式

(*a*) 往复式；(*b*) 回转式

#### 9.2.2.2 计算公式

计算公式及数据如表 9-8：

**隔板絮凝池计算公式** **表 9-8**

| 计算公式 | 设计数据及符号说明 |
|---|---|
| 1. 总容积：<br>$W=\frac{QT}{60}$<br>2. 每池平面面积：<br>$F=\frac{W}{nH_1}+f$<br>3. 池子长度：<br>$L=\frac{F}{B}$<br>4. 隔板间距：<br>$a_n=\frac{Q}{3600nv_nH_1}$<br>5. 各段水头损失：<br>$h_n=\xi S_n\frac{v_0^2}{2g}+\frac{v_n^2}{C_n^2R_n}l_n$ (m)<br>6. 总水头损失：<br>$h=\sum h_n$<br>7. 平均速度梯度：<br>$G=\sqrt{\frac{\gamma h}{60\mu T}}$ | $W$——总体积 ($m^3$)；<br>$Q$——设计水量 ($m^3/h$)；<br>$T$——反应时间 (min)；<br>$F$——每池平面面积 ($m^2$)；<br>$H_l$——平均水深 (m)；<br>$n$——池数 (个)；<br>$f$——每池隔板所占面积 ($m^2$)；<br>$L$——池子长度 (m)；<br>$B$——池子宽度，一般采用与沉淀池等宽 (m)；<br>$a_n$——隔板间距 (m)；<br>$v_n$——该段廊道内流速 (m/s)；<br>$h_n$——各段水头损失 (m)；<br>$v_0$——该段隔板转弯处的平均流速 (m/s)；<br>$S_n$——该段廊道内水流转弯次数；<br>$R_n$——廊道断面的水力半径 (m)；<br>$C_n$——流速系数，根据 $R_n$ 及池底、池壁的粗糙系数 $n$ 等因素确定；<br>$\xi$——隔板转弯处的局部阻力系数，往复隔板为 3.0，回转隔板为 1.0；<br>$l_n$——该段廊道的长度之和；<br>$h$——反应池总水头损失 (m)，按各廊道内的不同流速，分成数段分别进行计算后求和；<br>$G$——速度梯度 ($s^{-1}$)；<br>$\gamma$——水的密度为 $1000kg/m^3$；<br>$\mu$——水的动力黏度 ($kg\cdot s/m^2$)，见表 9-9 |

水的动力黏度　表 9-9

| 水温 $t$（℃） | $\mu$（kg·s/m$^2$） | 水温 $t$（℃） | $\mu$（kg·s/m$^2$） |
|---|---|---|---|
| 0 | $1.814\times10^{-4}$ | 15 | $1.162\times10^{-4}$ |
| 5 | $1.549\times10^{-4}$ | 20 | $1.029\times10^{-4}$ |
| 10 | $1.335\times10^{-4}$ | 25 | $0.825\times10^{-4}$ |

### 9.2.3 折板絮凝池

折板絮凝池是利用在池中加设一些扰流单元以达到絮凝所要求的紊流状态，使能量损失得到充分利用，絮凝时间缩短。折板絮凝池具有多种形式，常用的有多通道和单通道的平折板、波纹板等，其中以平折板较为常用。折板絮凝池可布置成竖流式或平流式。

**9.2.3.1 设计要点**

(1) 折板可采用钢丝网水泥板、玻璃钢、不锈钢或其他材质制作，用于生活饮用水处理的折板材质应无毒。

(2) 平折板絮凝池一般分为三段（也可多于三段）。三段中的折板布置可分别采用相对折板、平行折板及平行直板，见图 9-7。

(3) 各段的 $G$ 和 $T$ 值可参考下列数据：

第一段（相对折板）：

$$v=0.25\sim0.35\text{m/s}，G=80\text{s}^{-1}，t\geqslant240\text{s}$$

第二段（相对折板或平行折板）：

$$v=0.15\sim0.25\text{m/s}，G=50\text{s}^{-1}，t\geqslant240\text{s}$$

第三段（相对折板或平行折板）：

$$v=0.10\sim0.15\text{m/s}，G=25\text{s}^{-1}，t\geqslant240\text{s}$$

絮凝时间可为 12～20min，$GT$ 值$\geqslant2\times10^4$

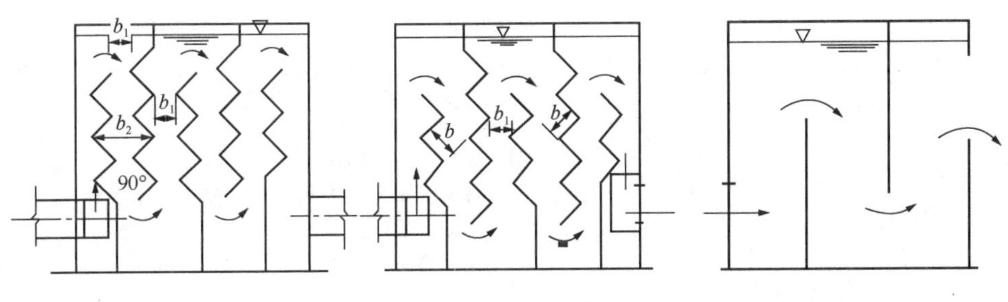


图 9-7　折板反应布置

(4) 折板夹角，可采用 90°～120°。

(5) 折板宽度 $b$：可采用 0.5m 左右；折板长度：可采用 0.8～2.0m（按池子布置确定）。

(6) 第二段中平行折板的间距等于第一段相对折板的峰距，第三段可采用折板或直板。

(7) 折板絮凝池要设排泥设施。

### 9.2.3.2　计算公式

平折板絮凝池水头损失计算公式如下：

**折板絮凝池水头损失计算公式**　　**表 9-10**

| 计算公式 | 设计数据及符号说明 |
|---|---|
| 相对折板：<br>$h_1=\xi_1\frac{v_1^2-v_2^2}{2g}$<br>$h_2=\left[1+\xi_2-\left(\frac{F_1}{F_2}\right)^2\right]\frac{v_1^2}{2g}$<br>$h=h_1+h_2$<br>$h_1=\xi_3\frac{v_0^2}{2g}$<br>$\Sigma h=nh+h$ | $h_1$——渐放段水头损失（m）；<br>$v_1$——峰速，$v_1$＝0.25～0.35m/s；<br>$v_2$——谷速，$v_2$＝0.1～0.15m/s；<br>$\xi_1$——渐放段阻力系数，$\xi_1$＝0.5；<br>$h_2$——渐缩段水头损失（m）；<br>$F_1$——相对峰的断面积（$m^2$）；<br>$F_2$——相对谷的断面积（$m^2$）；<br>$\xi_2$——渐缩段阻力系数，$\xi_2$＝0.1；<br>$h$——一个缩放的组合水头损失；<br>$h_i$——转弯或孔洞的水头损失（m）；<br>$v_0$——转弯或孔洞处流速（m/s）；<br>$\Sigma h$——总水头损失（m）；<br>$n$——缩放组合的个数 |
| 平行折板：<br>$h=\xi\frac{v^2}{2g}$<br>$\Sigma h=n'h+h_i$<br>$h_i=\xi_3\frac{v_0^2}{2g}$ | $\xi_3$——转弯或孔洞处的阻力系数，上转弯$\xi_3$＝1.8；下转弯或孔洞$\xi_3$＝3.0；<br>$v$——板间流速，$v$＝0.15～0.25m/s；<br>$\xi$——每一90°弯道的阻力系数，$\xi$＝0.6；<br>$\Sigma h$——总水头损失（m）；<br>$n'$——90°转弯的个数；<br>$h_i$——上下转弯或孔洞损失（m）；<br>$v_0$、$\xi_3$——同相对折板 |
| 平行直板：<br>$h=\xi\frac{v^2}{2g}$<br>$\Sigma h=n''h+h_1$ | $h$——水头损失（m）；<br>$v$——平均流速，$v$＝0.05～0.1m/s；<br>$\xi$——转弯处阻力系数，按180°转弯损失计算，$\xi$＝3.0；<br>$\Sigma h$——总水头损失（m）；<br>$n''$——180°转弯个数 |

### 9.2.3.3　折板絮凝池计算示例

**【例 9-1】** 100000$m^3$/d 折板絮凝池计算

（1）已知条件：单池设计水量 1.05×100000＝105000$m^3$/d＝4375$m^3$/h＝1.215$m^3$/s 絮凝池与沉淀池合建，分 2 格，每格宽 12.1m。

（2）主要数据和布置

总絮凝时间 16min，折板采用多通道布置，分三段，均采用相对折板。三段折板峰速取 0.3m/s、0.2m/s、0.1m/s，布置见图 9-8（仅画出单格）。折板布置见图 9-9。

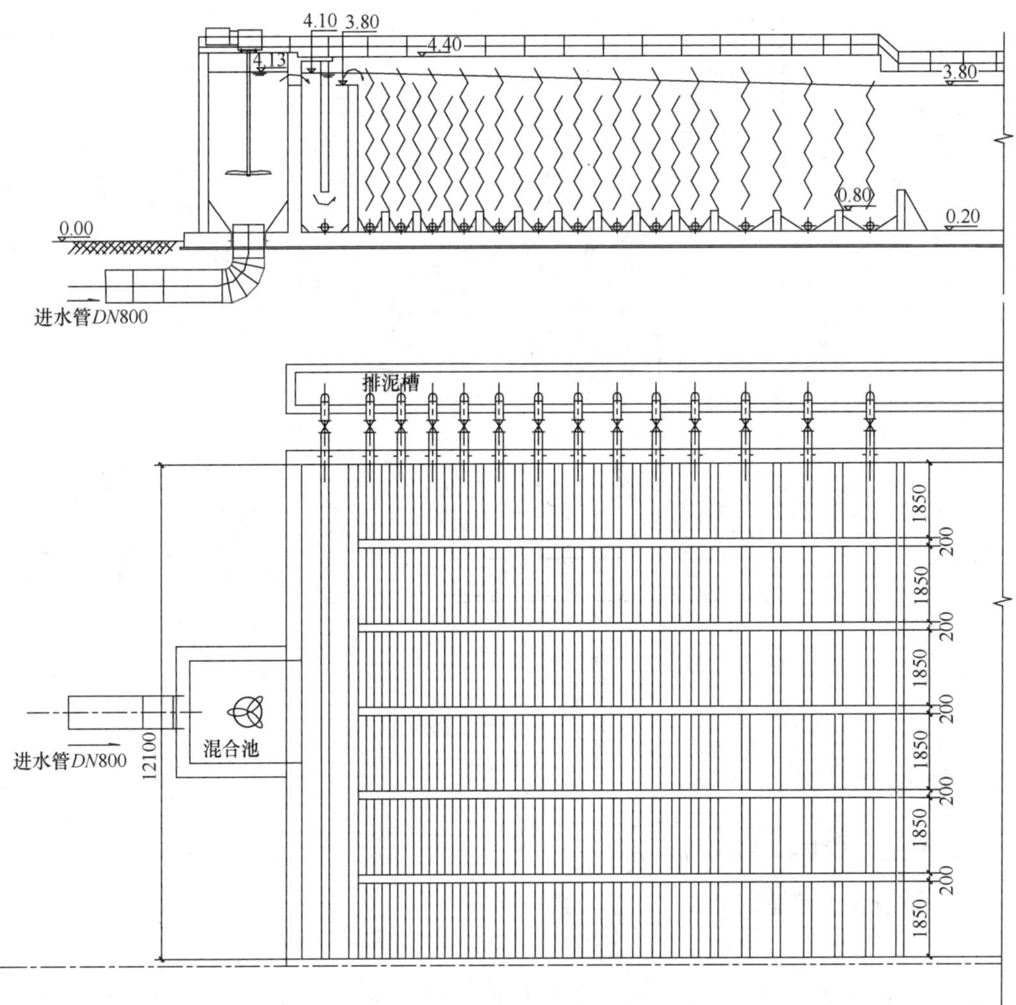


图 9-8　折板絮凝池布置

（3）水头损失计算

第一段絮凝区

设计峰速 $v_1$ 采用 0.3m/s，通道宽为 1.85m，

峰距 $b_1=1.215/(2\times6\times1.85\times0.3)=0.182\text{m}$

取 $b_1=0.18\text{m}$，$v_1=0.305\text{m/s}$，

根据图 9-9 布置，

谷距 $b_2=0.58\text{m}$，谷速 $v_2=0.094\text{m/s}$

侧边谷距 $b_3=0.38\text{m}$，谷速 $v_3=0.144\text{m/s}$

水头损失计算：

第一段第一道侧边部分

渐放段损失：

$$h_1=\xi_1\frac{v_1^2-v_3^2}{2g}=0.5\frac{0.305^2-0.144^2}{2g}=0.0018\text{m}$$

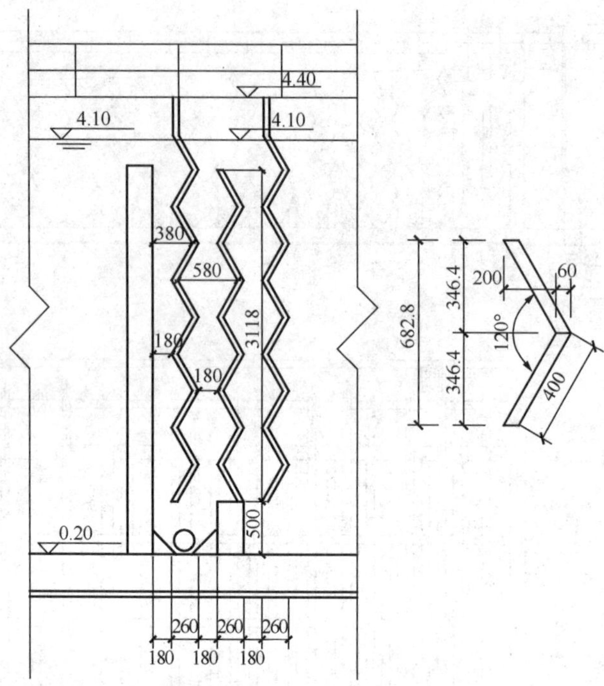


图 9-9　折板布置图

渐缩段损失：

$$h_2=\left[1+\xi_2-\left(\frac{F_1}{F_2}\right)^2\right]\frac{v_1^2}{2g}=\left[1+0.1-\left(\frac{0.18}{0.58}\right)^2\right]\frac{0.305^2}{2g}=0.00476\text{m}$$

第一道有 4 个渐缩、渐放，故水头损失：

$$h_{l1}=4\times(0.0018+0.00476)=0.026\text{m}$$

下转弯处高度 $H_3$为 0.5m，下转弯流速：$v_{下}=\dfrac{1.215}{2\times6\times0.5\times1.85}=0.11\text{m/s}$

下转弯处水头损失：$h_{下}=3\times\dfrac{0.11^2}{2g}=0.0011\text{m}$

第一段第二道：

渐放段损失 $h_1=0.0019\text{m}$；渐缩段损失 $h_2=0.0042\text{m}$（计算同上）

第二道有 4 个渐缩、渐放，故水头损失 $h_{l2}=4\times(0.0042+0.0019)=0.0245\text{m}$

上转弯处水深 $H_4=4.0-0.2-0.5-2.77-(0.021+0.0245+0.0011)=0.48\text{m}$

上转弯处流速：$v_{下}=\dfrac{1.215}{2\times6\times0.5\times1.85}=0.11\text{m/s}$

上转弯处水头损失：$h_{上}=1.8\times\dfrac{0.11^2}{2g}=0.0012\text{m}$

则前二道水头损失 $h=0.026+0.0011+0.0245+0.0012=0.049\text{m}$

根据上述计算方法，第一段共 10 道，总水头损失 $\Sigma H_1=0.258\text{m}$，末端水深 $4.0-0.2-0.258=3.542\text{m}$

第一絮凝区停留时间：

$$T_1=\frac{2\times6\times1.85\times[(3.8+3.542)/2]\times(0.29+0.39\times9)}{1.215\times60}=4.26\text{min}$$

第一絮凝区平均 $G_1$ 值：

$$G_1=\sqrt{\frac{\gamma H_1}{60\mu T_1}}=\sqrt{\frac{1000\times0.258}{60\times1.029\times10^{-4}\times4.26}}=99.1\text{s}^{-1}$$

第二、第三絮凝区布置形式及计算与第一絮凝区基本相同，主要通过调整折板间距，来控制折板峰速、谷速，调节各区 $G$、$T$ 值。

各段主要数据及计算结果如表 9-11 所示。

**各絮凝区主要指标**　　**表 9-11**

| 絮凝区 | 折板峰距 $b_1$ (m) | 峰速 $v_1$ (m/s) | 折板峰距 $b_2$ (m) | 谷速 $v_2$ (m/s) | 水头损失 $h$ (m) | $T$ (min) | $G$ ($s^{-1}$) | $GT$ 值 |
|---|---|---|---|---|---|---|---|---|
| 第一段絮凝区 | 0.18 | 0.305 | 0.58 | 0.094 | 0.258 | 4.26 | 99.1 | $2.53\times10^4$ |
| 第二段絮凝区 | 0.28 | 0.196 | 0.68 | 0.081 | 0.142 | 6.11 | 61.4 | $2.25\times10^4$ |
| 第三段絮凝区 | 0.55 | 0.1 | 0.95 | 0.058 | 0.016 | 6.23 | 20.4 | $0.76\times10^4$ |
| 合计 | | | | | 0.416 | 16.6 | 63.7 | $6.34\times10^4$ |

## 9.2.4 网格（栅条）絮凝池

网格絮凝池的平面布置由多格竖井串联而成，絮凝池分成许多面积相等的方格，进水水流顺序从一格流向下一格，上下交错流动，直至出口。在全池三分之二的分格内，水平放置网格或栅条（图 9-10）。通过网格或栅条的孔隙时，水流收缩，过网孔后水流扩大，形成良好的絮凝条件。

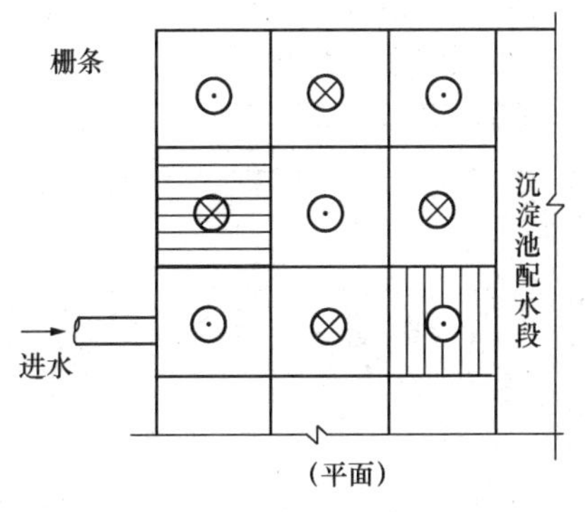


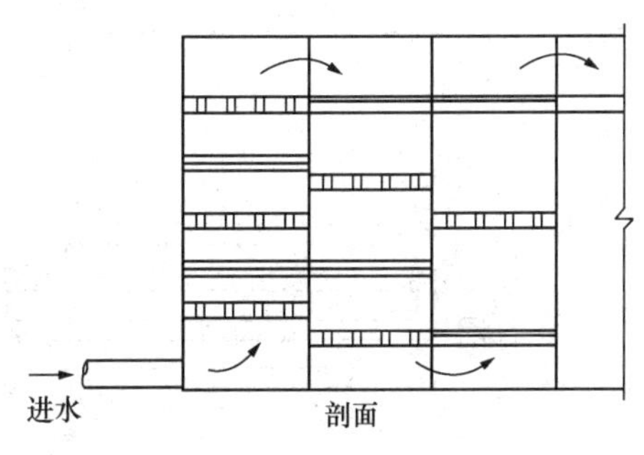


图 9-10　网格（栅条）絮凝池

注：垂直流向：向上⊙；向下⊕竖井序号：1，2，3……

### 9.2.4.1　设计要点

网格絮凝池单池处理的水量以 1 万～2.5 万 $m^3/d$ 较合适，以免因单格面积过大而影响效果。水量大时，可采用 2 组或多组池并联运行。适用于原水水温为 4.0～34.0℃，浊度为 25～2500NTU。

网格絮凝池设计要求如下：

(1) 絮凝时间一般为12～20min。用于处理低温或低浊水时，絮凝时间可适当延长。

(2) 絮凝池分格大小，按竖向流速确定。每格的竖向流速，前段和中段0.12～0.14m/s，末段0.1～0.14m/s。

(3) 絮凝池分格数按絮凝时间计算，多数分成8～18格；可大致按分格数均分成3段，其中前段为3～5min，中段3～5min，末段4～5min。

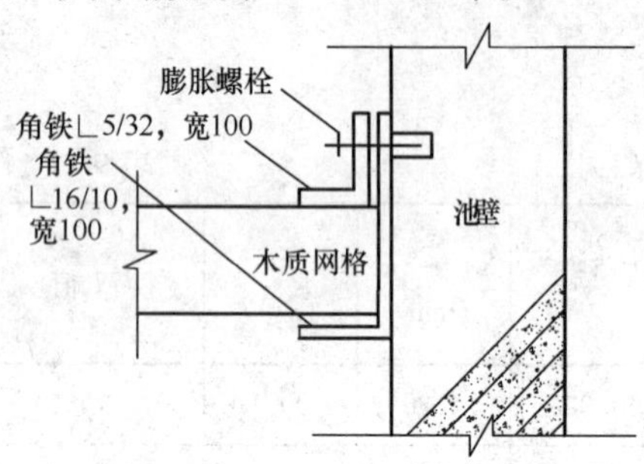


图9-11 网格或栅条固定方法

(4) 各格之间的过水孔洞应上下交错布置，孔洞计算流速：前段0.3～0.2m/s，中段0.2～0.15m/s，末段0.14～0.1m/s。所有过水孔须经常处于淹没状态。

(5) 网格或栅条材料可用木材、扁钢、塑料、钢丝网水泥或钢筋混凝土预制件等。木板条厚度20～25mm，钢筋混凝土预制件厚度30～70mm。网格和栅条在池壁上的固定方法见图9-11。网格和栅条的构件尺寸见图9-12。

(6) 网格或栅条数前段较多，中段较少，末段可不放。但前段总数宜在16层以上，中段在8层以上，上下两层间距为60～70cm。

(7) 网格或栅条的外框尺寸加安装间隙等于每格池的净尺寸。前段栅条缝隙为50mm，或网格孔眼为80mm×80mm，中段分别为80mm和100mm×100mm。

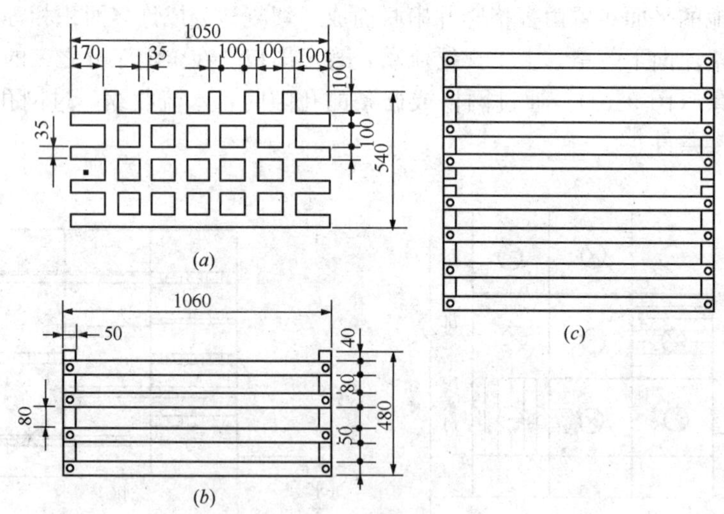


图9-12 网格和栅条构件

(a) 网格；(b) 栅条；(c) 单层栅条拼放

(8) 过网孔或栅孔流速，前段0.25～0.30m/s，中段0.22～0.25m/s。

(9) 絮凝池内应有排泥措施，一般可用长度小于5m，直径150～200mm的穿孔排泥管或单斗底排泥，采用快开排泥阀。

#### 9.2.4.2 计算公式

网格絮凝池计算公式见表9-12。

**网格絮凝池计算公式** 表 9-12

| 计算公式 | 设计数据及符号说明 |
|---|---|
| 1. 总容积：<br>$W=\frac{QT}{60}$<br>2. 每池平面面积：<br>$A=\frac{W}{nH_1}$<br>3. 分格面积：<br>$f=\frac{Q}{v_0}$ (m²)<br>4. 竖井个数：<br>$n=\frac{A}{f}$<br>5. 竖井之间孔洞尺寸：<br>$A_2=\frac{Q}{v_2}$ (m²)<br>6. 水头损失<br>$h_1=\xi_1\frac{v_1^2}{2g}$ (m)<br>$h_2=\xi_2\frac{v_2^2}{2g}$ (m)<br>$h=\Sigma h_1+\Sigma h_2$ (m) | $W$——总体积（$m^3$）；<br>$Q$——设计水量（$m^3/h$）；<br>$T$——絮凝时间（min）；<br>$A$——每池平面面积（$m^2$）；<br>$H_1$——平均水深（m）水平流沉淀池配套时，池高可采用 3.0～3.4m；与斜管沉淀池配套时可采用 4.2m 左右；<br>$n$——池数（个）；<br>$f$——单个竖井面积（$m^2$）；<br>$v_0$——竖井平均流速（m/s）；<br>$n$——竖井个数；<br>$A_2$——竖井之间孔洞面积（$m^2$）；<br>$v_2$——各段孔洞流速（m/s）；<br>$h_1$——每层网格水头损失（m）；<br>$h_2$——每个孔洞水头损失（m）；<br>$v_1$——各段过网流速（m/s）；<br>$\xi_1$——网格阻力系数，前段取 1.0，中段取 0.9；<br>$\xi_2$——孔洞阻力系数，可取 3.0 |

### 9.2.4.3 网格絮凝池计算示例

**【例 9-2】**（1）已知条件

设计水量 $Q$=60000$m^3$/d，絮凝池分为 2 组，絮凝时间 $t$=12min。

絮凝池分为三段：前段放密栅条，过栅流速 $v_{1栅}$ =0.25m/s；中段放疏栅条，过栅流速 $v_{2栅}$ =0.22m/s；末段不放栅条。

前段竖井的过孔流速 0.30～0.2m/s，中段 0.20～0.15m/s，末段 0.1～0.14m/s。各段竖井平均流速 0.12m/s。

（2）设计计算

1）每组絮凝池的设计水量 $Q$

考虑水厂的自用水量 5%，则

$$Q=\frac{60000\times1.05}{2}=31500\text{m}^3/\text{d}=1312.5\text{m}^3/\text{h}=0.365\text{m}^3/\text{s}$$

2）絮凝池的容积 $W$

$$W=\frac{Qt}{60}=\frac{1312.5\times12}{60}=262.5\text{m}^3$$

3）絮凝池的平面面积 $A$

为与沉淀池配合，絮凝池的池深为 4.2m。

$$A=\frac{W}{H}=\frac{262.5}{4.2}=62.5\text{m}^2$$

4）絮凝池单个竖井的平面面积 $f$

$$f=\frac{Q}{v_{井}}=\frac{0.365}{0.12}=3.04\text{m}^2$$

取竖井的长 $l=1.8$m，宽 $b=1.8$m，单个竖井的实际平面 $f_{实}=1.8\times1.8=3.24\text{ m}^2$

5）竖井的个数 $n$

$$n=\frac{A}{f}=\frac{62.5}{3.24}=19.29\text{ 个，取 }n=20\text{ 个}$$

6）絮凝池的长、宽

絮凝池的布置如图 9-13 所示，图中各格右上角的数字为水流依次流过竖井的编号，顺序（如箭头所示）。"上"、"下"表示竖井隔墙的开孔位置，上孔上缘在最高水位以下，下孔下缘与排泥槽齐平。Ⅰ、Ⅱ、Ⅲ表示每个竖井中的网络层数。单竖井的池壁厚为 200mm。

7）竖井隔墙孔洞尺寸

各竖井隔墙孔洞的过水面积和过孔流速见表 9-13。

**竖井隔墙孔洞尺寸及流速**　　　　**表 9-13**

| 竖井编号 | 1 | 2 | 3 | 4 | 5 | 6 |
|---|---|---|---|---|---|---|
| 孔洞高×宽(m) | 0.72×1.7 | 0.72×1.7 | 0.80×1.7 | 0.89×1.7 | 0.98×1.7 | 1.07×1.7 |
| 过孔流速(m/s) | 0.30 | 0.30 | 0.27 | 0.24 | 0.22 | 0.2 |
| 竖井编号 | 7 | 8 | 9 | 10 | 11 | 12 |
| 孔洞高×宽(m) | 1.13×1.7 | 1.13×1.7 | 1.19×1.7 | 1.26×1.7 | 1.34×1.7 | 1.43×1.7 |
| 过孔流速(m/s) | 0.19 | 0.19 | 0.18 | 0.17 | 0.16 | 0.15 |
| 竖井编号 | 13 | 14 | 15 | 16 | 17 | |
| 孔洞高×宽(m) | 1.53×1.7 | 1.79×1.7 | 1.95×1.7 | 1.07×1.7 | 0.54×1.7 | |
| 过孔流速(m/s) | 0.14 | 0.12 | 0.11 | 0.1 | 0.1 | |

8）水头损失 $h$

$$h=\Sigma h_1+\Sigma h_2=\Sigma\xi_1\frac{v_1^2}{2g}+\Sigma\xi_2\frac{v_2^2}{2g}\text{ (m)}$$

第一段计算数据如下：

竖井数 6 个，单个竖井栅条层数 3 层，共计 18 层，过栅流速 $v_{1栅}=0.25$m/s

竖井隔墙 6 个孔洞，过孔流速 $v_1\sim v_6$ 见表 9-13。

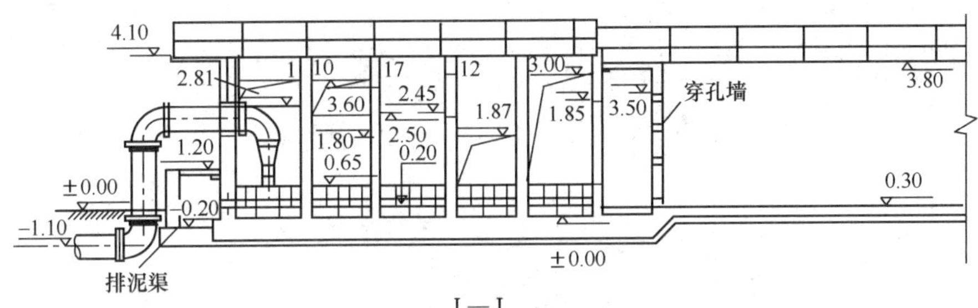


Ⅰ—Ⅰ

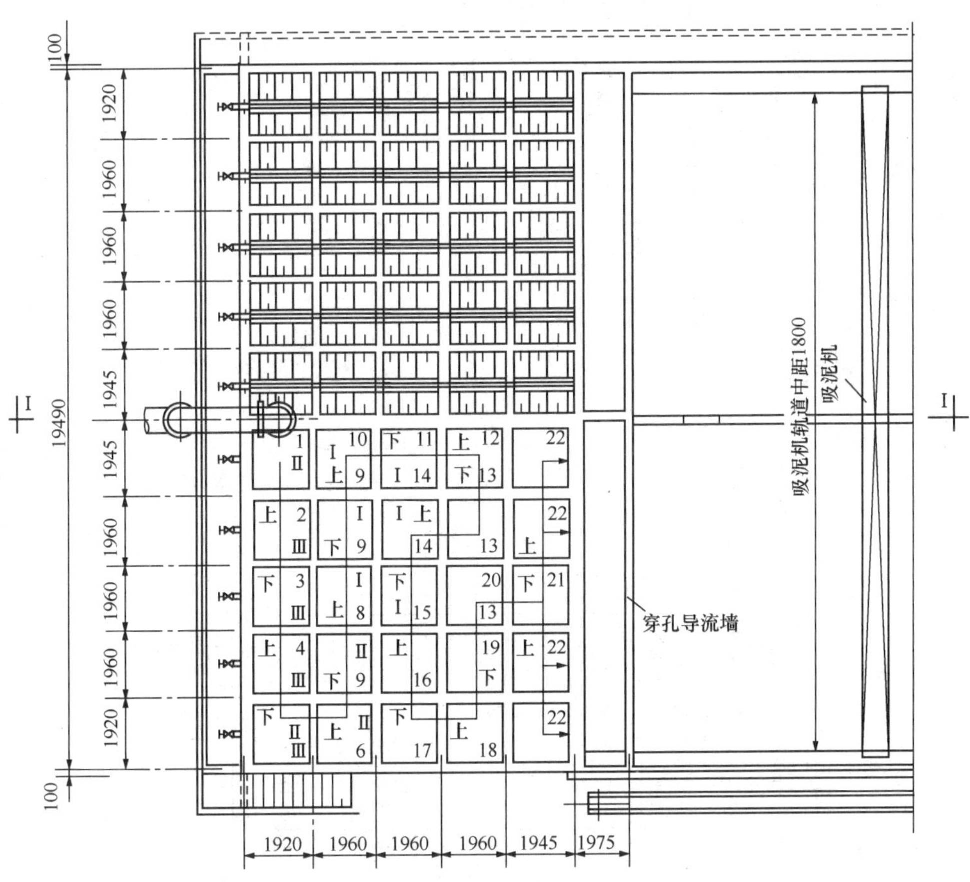


图 9-13　网格絮凝池布置

$$h=\sum h_1+\sum h_2=\sum \xi_1\frac{v_1^2}{2g}+\sum \xi_2\frac{v_2^2}{2g}$$

$$=18\times 1.0\times\frac{0.25^2}{2\times 9.81}+\frac{3}{2\times 9.81}(0.3^2+0.3^2+0.27^2+0.24^2+0.22^2+0.2^2)$$

$$=0.057+0.061=0.118\text{m}$$

同样计算得到第二段、第三段水头损失分别为 0.05m、0.01m。

9）各段的停留时间

第一段 $t=\frac{v_1}{Q}=\frac{1.8\times 1.8\times 4.2\times 6}{0.365}=223.7\text{s}=3.73\text{min}$

第二段 $t = \frac{v_2}{Q} = \frac{1.8 \times 1.8 \times 4.2 \times 6}{0.365} = 223.7\text{s} = 3.73\text{min}$

第三段 $t = \frac{v_3}{Q} = \frac{1.8 \times 1.8 \times 4.2 \times 8}{0.365} = 298.3\text{s} = 4.97\text{min}$

10) $G$ 值

当 $T$=20℃时，$\mu = 1 \times 10^{-3}$ Pa・s

第一段 $G_1 = \sqrt{\frac{\rho g h_1}{\mu T_1}} = \sqrt{\frac{1000 \times 9.81 \times 0.118}{1 \times 10^{-3} \times 223.7}} = 72\text{s}^{-1}$

第二段 $G_2 = \sqrt{\frac{\rho g h_2}{\mu T_2}} = \sqrt{\frac{1000 \times 9.81 \times 0.05}{1 \times 10^{-3} \times 223.7}} = 47\text{s}^{-1}$

第三段 $G_3 = \sqrt{\frac{\rho g h_3}{\mu T_3}} = \sqrt{\frac{1000 \times 9.81 \times 0.01}{1 \times 10^{-3} \times 298.3}} = 18\text{s}^{-1}$

$$G = \sqrt{\frac{\rho g \sum h}{\mu T}} = \sqrt{\frac{1000 \times 9.81 \times 0.178}{1 \times 10^{-3} \times 745.7}} = 48\text{s}^{-1}$$

$$GT = 48 \times 745.7 = 3.6 \times 10^4$$

### 9.2.5 机械絮凝池

机械絮凝池是通过机械带动叶片完成絮凝过程的絮凝池，其水头损失较小，可以适应水量和水质的变化。根据搅拌轴的安放位置，机械絮凝池可分为水平轴式（见图 9-14）和垂直轴式（见图 9-15）。水平轴的方向可与水流方向垂直，也可平行。为适应絮凝要

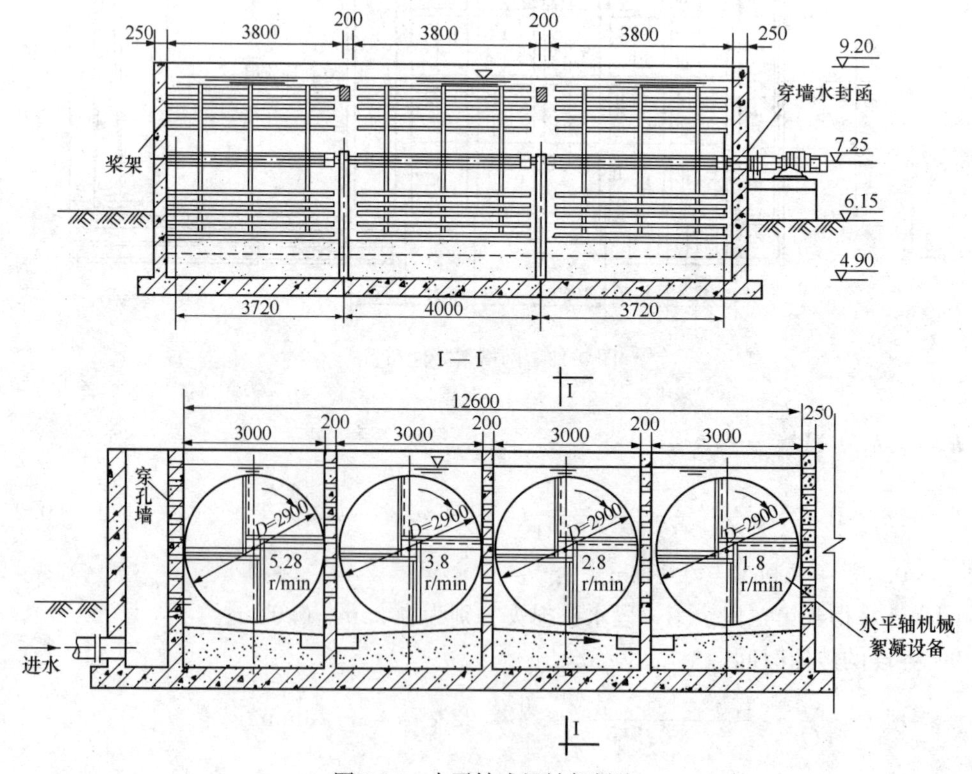


图 9-14　水平轴式机械絮凝池

求，机械絮凝池一般采用多极串联。

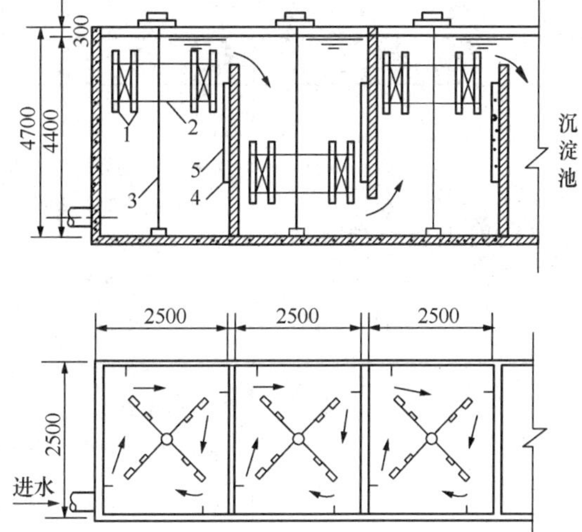

图 9-15 垂直轴式机械搅拌絮凝池

1—桨板；2—桨板支架；3—旋转轴；4—隔墙；5—固定挡板

**9.2.5.1 设计要点**

(1) 絮凝时间 15～20min。

(2) 池数一般不少于 2 个。

(3) 搅拌器排数一般为 3～4 排（不应少于 3 排），水平搅拌轴应设于池中水深 1/2 处，垂直搅拌轴则设于池中间。

(4) 搅拌机转速应根据桨板边缘处的线速度计算确定，第一排桨板线速度采用 0.5m/s，最后一排采用 0.2m/s，各排线速度应逐渐减小。

(5) 水平轴式叶轮直径应比絮凝池水深小 0.3m，叶轮尽端与池子侧壁间距不大于 0.2m。垂直轴式的上桨板顶端应设于池子水面下 0.3m 处，下桨板底部设于距池底 0.3～0.5m 处，桨板外缘与池壁间距不大于 0.25m。

(6) 水平轴式絮凝池每只叶轮的桨板数目一般为 4～6 块，桨板长度不大于叶轮直径的 75%。

(7) 同一搅拌器两相邻叶轮应相互垂直设置。

(8) 每根搅拌轴上桨板总面积宜为水流截面积的 10%～20%，不宜超过 25%，每块桨板的宽度为桨板长度的 1/10～1/15，一般采用 10～30cm。

(9) 必须注意不要产生水流短路，垂直轴式的应设置固定挡板，见图 9-15。

(10) 为了适应水量、水质和药剂品种的变化，宜采用无级变速的传动装置。

(11) 絮凝池深度按照水厂标高系统布置确定，一般为 3～4m。

(12) 全部搅拌轴及叶轮等机械设备，均应考虑防腐。水平轴式的轴承与轴架宜设于池外，以避免设在池内容易进入泥砂，致使轴承的严重磨损和轴杆的折断。轴承与池中支撑的连接处应设置磨损后的经常更换措施。

**9.2.5.2 计算公式及数据**

机械絮凝池计算公式及数据见表 9-14 所示。

**机械絮凝池计算公式** **表 9-14**

| 计算公式 | 计算数据及符号说明 |
|---|---|
| 1. 每池容积：<br>$W=\frac{QT}{60n}$ ($m^2$)<br>2. 水平轴式池子长度：<br>$L \geqslant \alpha ZH$ (m)<br>3. 水平轴式池子宽度：<br>$B=\frac{W}{LH}$ (m) | $Q$——设计水量（$m^3/h$）；<br>$T$——絮凝时间，一般为 15～20min；<br>$n$——池数（个）；<br>$\alpha$——系数，一般采用 1.0～1.5；<br>$Z$——搅拌轴排数（3～4 排）；<br>$H$——平均水深（m）； |

续表

| 计算公式 | 计算数据及符号说明 |
| --- | --- |
| 4. 搅拌器转数：<br>$$n_0=\frac{60v}{\pi D_0}\ (\text{r/min})$$<br>5. 每个叶轮旋转时克服水的阻力所消耗的功率：<br>$$N_n=\frac{ykl\omega^3}{408}(r_2^4-r_1^4)\ (\text{kW})$$<br>$$\omega=0.1n_0\ (\text{rad/s})$$<br>$$k=\frac{\psi\rho}{2g}$$<br>6. 转动每个叶轮所需电动机功率：<br>$$N=\frac{N_0}{\eta_1\eta_2}\ (\text{kW})$$ | $v$——叶轮桨板中心点线速度（m/s）；<br>$D_0$——叶轮桨板中心点旋转直径（m）；<br>$y$——每个叶轮上的桨板数目（个）；<br>$l$——桨板长度（m）；<br>$r_2$——叶轮半径（m），见图 9-16；<br>$r_1$——叶轮半径与桨板宽度之差（m），见图 9-16；<br>$\omega$——叶轮旋转的角速度；<br>$k$——系数；<br>$\rho$——水的密度，为 1000kg/m³；<br>$\psi$——阻力系数，根据桨板宽度与长度之比 $\left(\frac{b}{l}\right)$ 确定，见表 9-15；<br>$\eta_1$——搅拌器机械总效率，采用 0.75；<br>$\eta_2$——传动效率，采用 0.6～0.95 |

注：水平轴如为水平穿壁则还需另加 0.735kW 作为消耗于填料函和轴承的损失。

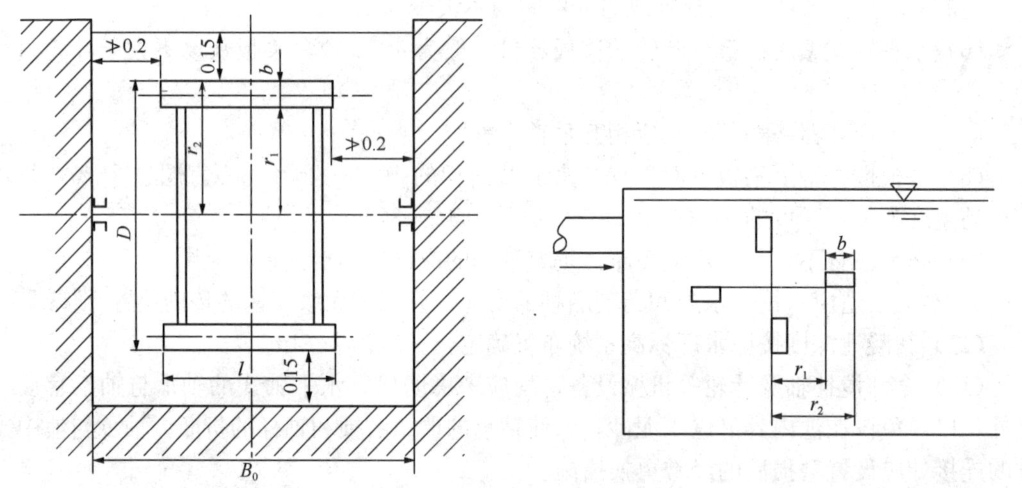


图 9-16　水平轴叶轮计算示意

**阻力系数 ψ**　　表 9-15

| $\frac{b}{l}$ | ＜1 | 1～2 | 2.5～4 | 4.5～10 | 10.5～18 | ＞18 |
| --- | --- | --- | --- | --- | --- | --- |
| $\psi$ | 1.10 | 1.15 | 1.19 | 1.29 | 1.40 | 2.00 |

### 9.2.5.3　机械絮凝池计算示例

**【例 9-3】**水平轴式机械絮凝池计算：

已知：设计流量（包括自耗水量）$Q$=60000m³/d=2500m³/h。采用两座絮凝池，每池设计流量 1250m³/h。

(1) 絮凝池尺寸：絮凝时间取 20min，絮凝池有效容积：

$$W=\frac{QT}{60}=\frac{1250\times 20}{60}=417\text{m}^3$$

根据水厂高程系统布置，水深 $H$ 取 3.6m，采用三排搅拌器，则水池长度：

$$L\geqslant \alpha ZH$$

$$L=1.3\times 3\times 3.6=14\text{m}$$

池子宽度：$B=\frac{W}{LH}=\frac{417}{14\times 3.6}=8.3\text{m}$

（2）搅拌器尺寸：

每排上采用三个搅拌器，每个搅拌器长：

$$l=(8.3-4\times 0.2)/3=2.5\text{m}$$

式中　0.2——搅拌器间的净距和其离壁的距离为 0.2m。

搅拌器外缘直径：

$$D=3.6-2\times 0.15=3.3\text{m}$$

式中　0.15——为搅拌器上缘离水面及下缘离池底的距离 0.15m。

叶轮桨板中心点旋转直径：$D_0=3.3-0.2=3.1\text{m}$。

每个搅拌器上装有四块叶片（见图 9-17），叶片宽度采用 0.2m，每根轴上桨板总面积为 $2.5\times 0.2\times 4\times 3=6\text{m}^2$，占水流截面积 $8.3\times 3.6=29.88\text{m}^2$ 的 20%。

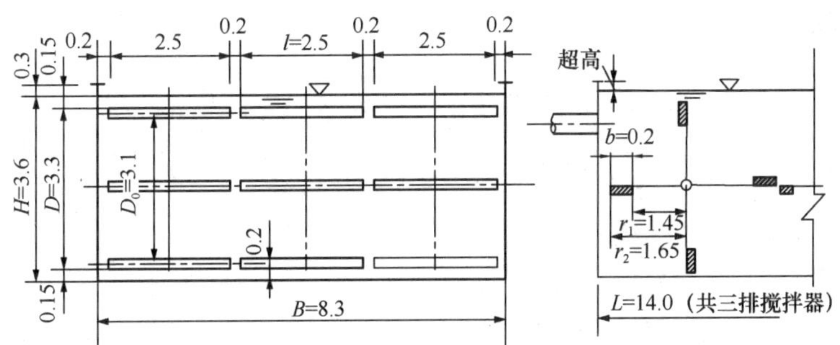


图 9-17　水平轴式机械搅拌絮凝池计算示例

（3）搅拌器功率、速度梯度 $G$ 值

第一排叶轮桨板中心点线速度 $v_1=0.5\text{m/s}$，叶轮转数及角速度分别为：

$$n_1=\frac{60v_1}{\pi D_0}=\frac{60\times 0.5}{3.14\times 3.1}=3.08\text{r/min},\omega_1=0.308\text{rad/s}$$

桨板宽长比 $b/l=0.20/2.5=0.08<1$，查表 9-15 得 $\psi=1.10$

$$k=\frac{\psi\rho}{2g}=\frac{1.10\times 1000}{2\times 9.81}=56$$

每个叶轮所耗功率：

$$N_1=\frac{ykl\omega^3}{408}(r_2^4-r_1^4)=\frac{4\times 56\times 2.5\times 0.308^3}{408}(1.65^4-1.45^4)=0.120\ \text{kW}$$

第一排所需功率为 $N_{01}=0.120\times 3=0.360\text{kW}$

平均速度梯度 $G_1$ 值（按水温 20℃计，$\mu=102\times 10^{-6}\text{kg}\cdot\text{s/m}^2$）：

$$G_1 = \sqrt{\frac{102 \times N_{01}}{\mu W_1}} = \sqrt{\frac{102 \times 0.36}{102 \times \frac{417}{3}} \times 10^6} = 51 \text{s}^{-1}$$

用同样方法，可求得各排叶轮所耗功率、速度梯度 $G$ 值见表 9-16 所示。

各排叶轮主要指标计算　表 9-16

| 叶轮 | 叶轮线速度 $v$ (m) | 叶轮转数 $n$ (r/min) | 角速度 $\omega$ (rad/s) | 每个叶轮功率 (kW) | 每排叶轮功率 (kW) | 速度梯度 $G$ ($s^{-1}$) |
|---|---|---|---|---|---|---|
| 第一排 | 0.5 | 3.08 | 0.308 | 0.120 | 0.360 | 51 |
| 第二排 | 0.35 | 2.16 | 0.216 | 0.041 | 0.123 | 30 |
| 第三排 | 0.2 | 1.24 | 0.124 | 0.008 | 0.024 | 13 |

(4) 电动机总功率、反应池平均速度梯度、$GT$ 值

设三排搅拌器合用一台电动机带动，则絮凝池所耗总功率$\sum N_0$为

$$\sum N_0 = 0.360 + 0.123 + 0.024 = 0.507 \text{kW}$$

电动机功率（取 $\eta_1 = 0.75$，$\eta_2 = 0.7$）：

$$N = \frac{\sum N_0}{\eta_1 \eta_2} = \frac{0.507}{0.75 \times 0.7} = 0.97 \text{kW}$$

反应池平均速度梯度：

$$G = \sqrt{\frac{102 \sum N_0}{\mu W}} = \sqrt{\frac{102 \times 0.507}{102 \times 417} \times 10^6} = 35 \text{s}^{-1}$$

$$GT = 35 \times 20 \times 60 = 42000 = 4.2 \times 10^4$$

经核算，$G$ 值和 $GT$ 值均较合适。

**【例 9-4】**垂直轴式机械絮凝池计算。

已知：设计流量（包括自耗水量）$Q = 12000 \text{m}^3/\text{d} = 500 \text{m}^3/\text{h}$。采用两个池子，每池设计流量 $6000 \text{m}^3/\text{d} = 250 \text{m}^3/\text{h}$。

(1) 絮凝池尺寸：

絮凝时间取 20min，絮凝池有效容积：

$$W = \frac{QT}{60} = \frac{250 \times 20}{60} = 83 \text{m}^3$$

为配合沉淀池尺寸，絮凝池分成三格，每格尺寸 2.5×2.5（m）。絮凝池水深：

$$H = \frac{W}{A} = \frac{83}{3 \times 2.5 \times 2.5} = 4.4 \text{m}$$

絮凝池超高取 0.3m，总高度为 4.7m。

絮凝池分格隔墙上过水孔道上下交错布置，每格设一台搅拌设备（见图 9-15）。为加强搅拌效果，于池子周壁设四块固定挡板。

(2) 搅拌设备：

叶轮直径取池宽的 80%，采用 2.0m（见图 9-18）。叶轮桨板中心点旋转直径 $D_0$ 为

$$D_0 = [(1000 - 440) \div 2 + 440] \times 2 = 1440 = 1.44 \text{m}$$

桨板长度取 $l = 1.4$m（$l/D = 1.4/2 = 0.7$）。

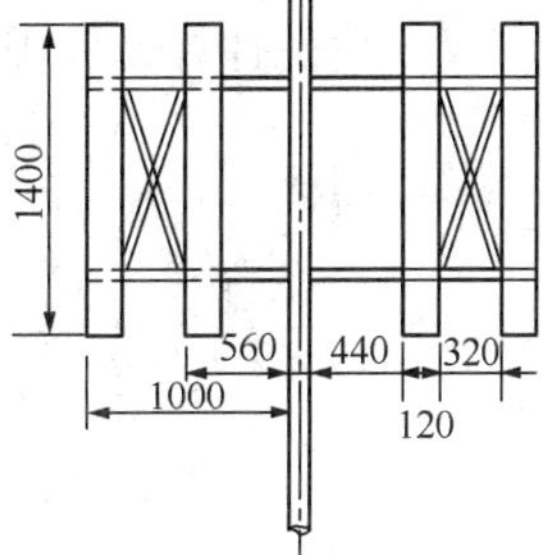

图 9-18 垂直轴机械搅拌设备

桨板宽度取 $b=0.12\text{m}$

每根轴上桨板数 8 块，内、外侧各 4 块。

装置尺寸见图 9-18。

旋转桨板面积与絮凝池过水断面积之比为

$$\frac{8\times0.12\times1.4}{2.5\times4.4}=12.2\%$$

四块固定挡板宽×高为 0.2×1.2m。其面积与絮凝池过水断面积之比为

$$\frac{4\times0.2\times1.2}{2.5\times4.4}=8.7\%$$

桨板总面积占过水断面积为 12.2%+8.7%=20.9%，小于 25%的要求。

(3) 搅拌器功率、速度梯度 $G$ 值

第一排叶轮桨板中心点线速度 $v_1=0.5\text{m/s}$

叶轮转速分别为

$$n_1=\frac{60v_1}{\pi D_0}=\frac{60\times0.5}{3.14\times1.44}=6.63\text{r/min}$$

$$\omega_1=0.663\text{rad/s}$$

桨板宽长比 $b/l=0.12/1.4<1$，查表 9-15 得 $\psi=1.10$

$$k=\frac{\psi\rho}{2g}=\frac{1.10\times1000}{2\times9.81}=56$$

桨板旋转时克服水的阻力所耗功率：

第一格外侧桨板：

$$N'_{01}=\frac{ykl\omega^3}{408}(r_2^4-r_1^4)=\frac{4\times56\times1.4\times0.663^3}{408}(1^4-0.88^4)=0.090\text{kW}$$

第一格内侧桨板：

$$N''_{01}=\frac{4\times56\times1.4\times0.663^3}{408}(0.56^4-0.44^4)=0.014\text{kW}$$

第一格搅拌轴功率：

$$N_{01}=N'_{01}+N''_{01}=0.090+0.014=0.104\text{kW}$$

平均速度梯度 $G_1$ 值（按水温 20℃计，$\mu=102\times10^{-6}\text{kg}\cdot\text{s/m}^2$）：

$$G_1=\sqrt{\frac{102\times N_{01}}{\mu W_1}}=\sqrt{\frac{102\times0.104}{102\times27.5}\times10^6}=62\text{s}^{-1}$$

用同样方法，可求得各排叶轮所耗功率、速度梯度 $G$ 值见表 9-17 所示。

**各排叶轮主要指标计算** **表 9-17**

| 叶轮 | 叶轮线速度 $v$ (m) | 叶轮转数 $n$ (r/min) | 角速度 $\omega$ (rad/s) | 外侧叶轮功率 (kW) | 内侧叶轮功率 (kW) | 每排叶轮功率 (kW) | 速度梯度 $G$ ($\text{s}^{-1}$) |
|---|---|---|---|---|---|---|---|
| 第一排 | 0.5 | 6.63 | 0.663 | 0.09 | 0.014 | 0.104 | 62 |
| 第二排 | 0.35 | 4.64 | 0.464 | 0.031 | 0.005 | 0.036 | 36 |
| 第三排 | 0.2 | 2.65 | 0.265 | 0.006 | 0.001 | 0.007 | 16 |

(4) 核算平均速度梯度 $G$ 值及 $GT$ 值（按水温 20℃计，$\mu=102\times10^{-6}\mathrm{kg\cdot s/m^2}$）：设三台搅拌设备合用一台电动机，则絮凝池所耗总功率为

$$\Sigma N_0=0.104+0.036+0.007=0.147\mathrm{kW}$$

电动机功率（取 $\eta_1=0.75$，$\eta_2=0.7$）：

$N=\dfrac{0.147}{0.75\times0.7}=0.28\mathrm{kW}$ 反应池平均速度梯度：

$$G=\sqrt{\frac{102N_0}{\mu W}}=\sqrt{\frac{102\times0.147}{102\times82.5}\times10^6}=42\mathrm{s}^{-1}$$

$$GT=42\times20\times60=5.04\times10^4$$

经核算，$G$ 值和 $GT$ 值均较合适。

# 10 沉 淀（澄清）

## 10.1 沉 淀

### 10.1.1 沉淀池形式与选择

#### 10.1.1.1 沉淀池形式

沉淀池按其构造的不同可以布置成多种形式。

按沉淀池的水流方向可分为竖流式、平流式和辐流式。竖流式沉淀池水流向上，颗粒沉降向下，池型多为圆柱形或圆锥形，由于表面负荷小，处理效果差，基本上已不被采用。辐流式沉淀池多采用圆形，池底倾斜，水流从中心流向周边，流速逐渐减小，主要被用作高浊度水的预沉。

按截除颗粒沉降距离不同，沉淀池可分为一般沉淀和浅层沉淀。斜管沉淀池和斜板沉淀池为典型的浅层沉淀，其沉降距离仅 30～200mm 左右。

斜板沉淀池中的水流方向可以布置成侧向流（水流与沉泥方向垂直）、上向流（水流与沉泥方向相反，又称异向流）和同向流（水流与沉泥方向相同）。

因此，沉淀池布置的基本类型如下：

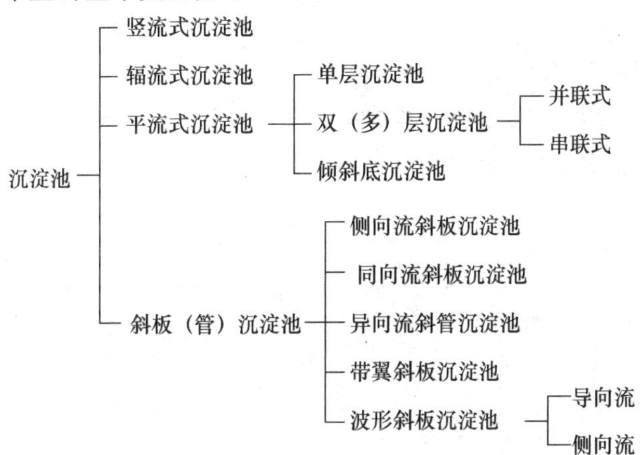


#### 10.1.1.2 影响沉淀池选用的因素

影响沉淀池选用的主要因素有：

（1）水量规模：各类沉淀池根据技术上和经济上的分析常有其适用范围。以平流沉淀池为例，其池长仅取决于停留时间和水平流速，而与处理规模无关，当水量增大时，仅需增加池宽即可，因此单位水量的造价指标随着处理规模的增加而明显减小，所以平流沉淀池更适合于规模较大的水厂。

（2）进水水质条件：原水中的浊度、含砂量、颗粒组成以及原水水质的变化都与沉淀效果有密切关系，并影响沉淀池的选型。斜管沉淀池积泥区体积相对较小，当原水浊度很高时会增加排泥困难，而且在原水水质变化迅速时，斜管沉淀池的适应性也相对较差。

（3）高程布置的影响：水厂净水构筑物之间一般均采用重力流。不同池型对池深的要求也不相同，会影响后续处理构筑物的埋深，因而也影响池型的选用。

（4）气候条件：寒冷地区冬季时沉淀池水面将形成冰盖，影响处理和排泥机械运行，一般会将沉淀池置于室内，并采取保温防冻措施。因此寒冷地区宜选用平面面积较小的沉淀池池型，减少工程造价。

（5）经常运行费用：经常运行费用主要涉及混凝剂消耗、厂用水率以及设施的维护更新。根据原水水质的不同，不同类型沉淀池的药耗也会有一定差异，可通过当地实际运行指标进行对比。沉淀池的排泥方式影响排泥水浓度，也即影响厂内自用水的耗水率，在沉淀池选型时也需结合进行考虑。另外，对于斜管或斜板沉淀池，由于其板材需定期进行更换，将会增加水厂的经常运行费用。

（6）占地面积：沉淀池所占面积在生产构筑物中是较大的，平流沉淀池的一个主要缺点就是占地面积大，因此当水厂的占地受限制时，也会影响平流沉淀池的选用。

（7）地形、地质条件：不同形式沉淀池的池型均不相同，有的平面面积较大而池深较浅；有的平面面积较小而池深较深，当地形或地质条件受限制时，将会影响池型的选择。如平流沉淀池宜布置在场地比较平整而地质条件比较均匀的地方，在地形复杂、高差悬殊的地方，采用平流沉淀池往往需增大土石方量，其布置不如其他平面较小的沉淀池灵活。

（8）运行经验：为使工程能达到预想的效果，除了设计的合理以外，运行管理也是一个重要因素。由于各地的实践经验不同，往往已形成一套具有自己特色的运行经验，故在设计中应充分考虑当地的管理水平和实践运行经验，以使设计更切合实际。

以上是选择沉淀池型时需要考虑的一些主要因素，具体设计时应结合造价和经常费用的分析，通过技术经济比较确定。

#### 10.1.1.3 各种沉淀池的优缺点和适用条件

各种沉淀池的优缺点和适用条件见表 10-1。

**沉淀池形式比较** **表 10-1**

| 形　式 | 优　缺　点 | 适　用　条　件 |
| --- | --- | --- |
| 平流式 | 优点：1. 造价较低；<br>2. 操作管理方便，施工较简单；<br>3. 对原水浊度适应性强，潜力大，处理效果稳定；<br>4. 带有机械排泥设备，排泥效果好<br>缺点：1. 占地面积较大；<br>2. 需维护机械排泥设备 | 一般用于大、中型净水厂 |
| 斜管（板）式 | 优点：1. 沉淀效率高；<br>2. 池体小、占地少<br>缺点：1. 斜管（板）耗用较多材料，老化后尚需更换，费用较高；<br>2. 对原水浊度适应性较平流式差；<br>3. 不设机械排泥装置时，排泥较困难；设机械排泥时，维护管理较平流式麻烦 | 1. 可用于各种规模水厂；<br>2. 宜用于老沉淀池的改建、扩建和挖潜；<br>3. 适用于需保温的低温地区；<br>4. 单池处理水量不宜过大 |

### 10.1.2 平流沉淀池

图 10-1 为一般平流沉淀池的布置形式，平流沉淀池构造简单，该池与折板絮凝池直接相连，进水可采用穿孔墙配水，出水可采用指形集水槽集水，排泥采用机械排泥。

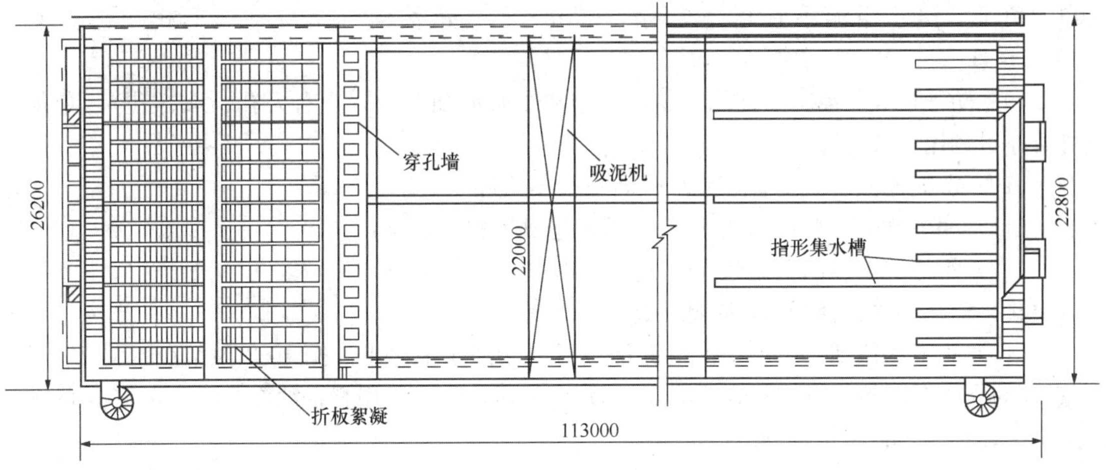


图 10-1 平流沉淀池布置

#### 10.1.2.1 设计要点

平流沉淀池的设计应使进、出水均匀，池内水流稳定，提高水池的有效容积，同时减少紊动影响，以有利于提高沉淀效率。

平流沉淀池沉淀效果，除受絮凝效果的影响外，与池中水平流速、沉淀时间、絮凝颗粒的沉降速度、进出口布置形式及排泥效果等因素有关，其主要设计参数为水平流速、沉淀时间、池深、池宽、长宽比、长深比等。

有关设计要点如下：

(1) 用于生活饮用水处理的平流沉淀池，沉淀出水浊度一般控制在 5NTU 以下。

(2) 池数或分格数一般不少于 2 座（对于原水浊度终年较低，经常低于 20NTU 时亦可用一座，但要设超越管)。

(3) 沉淀时间应根据原水水质和沉淀后的水质要求，通过试验或参照相似地区的沉淀资料确定，一般采用为 1.5～3.0h；当处理低温、低浊度水或高浊度水时，沉淀时间可延长到 2.5～3.5h；处理含藻水时，沉淀时间可延长到 2～4h。

(4) 沉淀池内平均水平流速一般为 10～25mm/s；处理低温、低浊水或高浊度水时，水平流速一般取 8～10mm/s；处理含藻水时，水平流速宜取 5～8mm/s。

(5) 有效水深一般为 3.0～3.5m，超高一般为 0.3～0.5m。

(6) 池的长宽比应不小于 4∶1，每格宽度或导流墙间距一般采用 3～8m，最大为 15m。当采用虹吸式或泵吸式桁车机械排泥时，池子分格宽度还应结合机械桁架的宽度。

(7) 池的长深比应不小于 10∶1，采用吸泥机排泥时，池底为平坡。

(8) 平流沉淀池进出口形式的布置，对沉淀池出水效果有较大的影响。如进口处配水不均，则将造成整个过水断面中部分水流流速增大，影响沉淀效果。如出水不均，则会造成絮粒上浮或带出池外，影响出水水质。

一般情况下，当进水端用穿孔墙配水时，穿孔墙在池底积泥面以上 0.3～0.5m 处至池底部分不设孔眼，以免冲动沉泥。穿孔墙过孔流速不应超过絮凝池末端流速，一般小于 0.1m/s。

当沉淀池出口处流速较大时，可考虑在出水槽前增加指形槽的措施，以降低出水槽堰口的负荷，出水溢流不宜超过 300m³/（m・d）。沉淀池进出口一般形式及计算见 10.1.5 节。

(9) 防冻可利用冰盖（适用于斜坡式的池子）或加盖板（应有人孔、取样孔），有条件时亦可利用废热防冻。

(10) 沉淀池应设放空管，放空时间一般不超过 6h。

(11) 弗劳德数一般控制在 $Fr=1\times10^{-4}\sim1\times10^{-5}$ 之间。

(12) 平流沉淀池内雷诺数 $Re$ 一般在 4000～15000 之间，多属紊流。设计时应注意隔墙设置，以减小水力半径 $R$，降低雷诺数。

(13) 为节约用地，大型平流沉淀池也可叠于清水池之上。图 10-2 为某产水量 15 万 m³/d 的平流沉淀池，下叠建容积为 1.4 万 m³ 的清水池。采用叠合池方式时，沉淀池必须严格保证不漏，否则将影响出厂水水质。

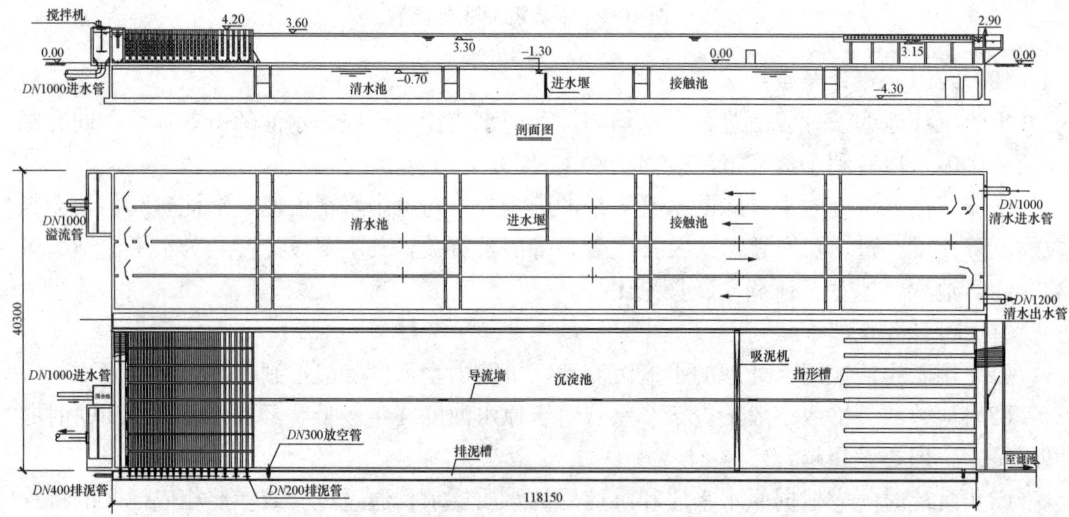

图 10-2　叠合式的平流沉淀池布置

(14) 平流沉淀池一般采用直流式布置，避免水流转折，但为满足沉淀时间和水平流速要求，往往池长较大，一般在 80～100m 之间。当地形条件受限制或处理规模较小（例如 3 万 m³/d 以下）时，也可采用转折布置。在转折处必须放大间距，减小流速，以免沉泥翻起。

#### 10.1.2.2　计算公式

平流沉淀池的计算方法，大致有以下三种：

(1) 按沉淀时间和水平流速计算。

(2) 按悬浮物质在静水中的沉降速度及悬浮物去除的百分率计算。

(3) 按表面负荷率（或称溢流率）计算。

目前由于对平流沉淀池已积累了不少实测资料和数据，一般均按照第一种方法计算。三种计算方法见表 10-2。

**平流沉淀池三种计算公式　　表 10-2**

| 计算公式 | 设计数据及符号说明 |
| --- | --- |
| 第一种计算方法：<br>（1）池长 $L$：$L=3.6vT$（m）<br>（2）池平面积：<br>$F=\frac{QT}{H}(\mathrm{m}^2)$<br>（3）池宽：<br>$b=\sqrt{\frac{F}{\beta}}(\mathrm{m})$<br>（4）弗劳德数计算：<br>$Fr=\frac{v^2}{Rg}\quad R=\frac{\omega}{\rho}$<br>（5）雷诺数：<br>$Re=\frac{vR}{\nu}$ | $v$——池内平均水平流速（mm/s）；<br>$T$——沉淀时间（s）；<br>$Q$——设计水量（$\mathrm{m}^3$/h）；<br>$H$——有效水深（m）；<br>$\beta$——池长宽比；<br>$R$——水力半径（cm）；<br>$\omega$——水流断面积（$\mathrm{cm}^2$）；<br>$\rho$——湿周（cm）；<br>$g$——重力加速度（$\mathrm{cm/s^2}$）；<br>$\nu$——水的运动黏度； |
| 第二种计算方法：<br>（1）沉降速度：<br>$\mu=\frac{1.2B-0.2A-E}{B-A}(\mathrm{mm/s})$<br>（2）沉淀性指数：<br>$S=\frac{A}{B}$<br>（3）要求悬浮物去除百分率：<br>$E=\frac{S_1-S_2}{S_1}\times100\%$<br>（4）池长：<br>$L=\alpha\frac{vH}{3.6\mu}(\mathrm{m})$<br>（5）池过水断面：<br>$F=\frac{Q}{3.6v}(\mathrm{m}^2)$<br>（6）池宽：<br>$b=\frac{F}{H}(\mathrm{m})$ | 当无沉淀试验条件时，$\mu$ 值参见表 10-3；<br>$B$——沉降速度 $\mu$=1.2mm/s 时的悬浮物去除百分率，在经过混凝的水中，作沉淀试验得出；<br>$A$——沉降速度 $\mu$=0.2mm/s 时的悬浮物去除百分率，在经过混凝的水中，作沉淀试验得出；<br>$S_1$——沉淀前水中悬浮物含量（mg/L）；<br>$S_2$——沉淀后水中悬浮物含量（mg/L）；<br>$\alpha$——考虑因紊流及池子结构上的缺陷系数，一般采用 1.2～1.5，水量大取大值；<br>$\mu$——沉降速度（mm/s）；<br>$H$——池内有效水深（m）； |
| 第三种计算方法：<br>（1）池平面积：<br>$F=\frac{Q}{3.6\mu_0}(\mathrm{m}^2)$<br>（2）池长：<br>$L=3.6vT$（m）<br>（3）池宽：<br>$b=\frac{F}{L}(\mathrm{m})$ | $\mu_0$——表面负荷率，在数值上等于 $\mu$（mm/s） |

**沉降速度参考数值** **表 10-3**

| 原水特性和处理方法 | 沉降速度 $\mu$（mm/s） |
|---|---|
| 用混凝剂处理有色水或悬浮物含量在 200～250mg/L 以内的浑浊水 | 0.35～0.45 |
| 用混凝剂处理悬浮物含量大于 250mg/L 的浑浊水 | 0.50～0.60 |
| 用混凝剂处理高浊度水 | 0.30～0.35 |
| 不用混凝剂处理（自然沉淀） | 0.12～0.15 |

#### 10.1.2.3 计算示例

**【例 10-1】** 10 万 $m^3/d$ 的平流沉淀池计算（按图 10-1）。

（1）采用数据：沉淀时间 $T=1.5h$；沉淀池平均水平流速 $v=16mm/s$；沉淀池有效水深 $H=3.5m$。

（2）沉淀池按第一种方法计算：

设计水量：$Q=1.05\times100000=105000m^3/d=4375m^3/h=1.21m^3/s$

沉淀池长：$L=3.6vT=3.6\times16\times1.5=86.4m$

沉淀池容积：$W=QT=4375\times1.5=6563m^3$

沉淀池宽：

$$b=\frac{W}{HL}=\frac{6563}{3.5\times86.4}=21.7m$$

沉淀池分 2 格，每格净宽 10.9m，中间设隔墙，总宽为 22m，其布置见图 10-1。

沉淀池水力条件复核：考虑到池内设有导流墙：

$$R=\frac{\omega}{\rho}=\frac{5.3\times3.5}{5.3+2\times3.5}=1.508m=150.8cm$$

$$Fr=\frac{v^2}{Rg}=\frac{1.5^2}{150.8\times981}=1.52\times10^{-5}\text{（在 }1\times10^{-4}\sim1\times10^{-5}\text{ 范围内）}$$

### 10.1.3 斜板与斜管沉淀池

斜板或斜管沉淀池，是一种在沉淀池内装置许多间隔较小的平行倾斜板或直径较小的平行倾斜管的沉淀池。特点是沉淀效率高、池子容积小和占地面积少。斜板（管）沉淀池因沉淀时间短，故在运转中遇到水量、水质变化时，应加强注意和管理。

斜板（管）沉淀池在生产实践中取得了较好效果，特别对分散性颗粒的去除效果更为显著。也有一些地方在澄清池的分离区中加设斜板或斜管，以提高出水效率，也取得了一定的效果。

采用此类沉淀池时，应注意絮凝的完善和排泥布置的合理等。

#### 10.1.3.1 斜板沉淀池

在沉淀池增加斜板后，可以使颗粒沉淀距离缩短，减少沉淀时间；还可以加大水池过水断面的湿周，减小水力半径，在同样的水平流速 $v$ 时，可以大大降低雷诺数 $Re$，从而减少水的紊动，促进沉淀。

（1）设计要点：

1）斜板沉淀池水流方向主要有上向流、侧向流及下向流（同向流）三种，见图 10-3。

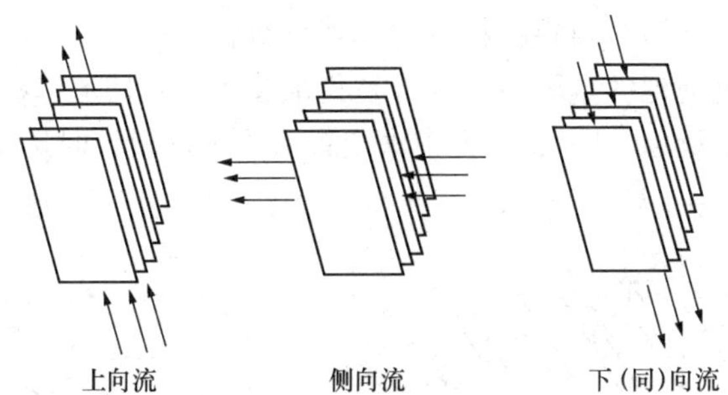


图 10-3　斜板沉淀池水流方向示意

2）颗粒沉降速度 $\mu$：应根据水中颗粒情况通过实际试验测得，在无试验资料时可参考已建类似沉淀设备的运转资料确定；一般反应后的 $\mu$ 大致为 0.3～0.6mm/s（参见表 10-3）；侧向流斜板沉淀池 $\mu$ 大致为 0.16～0.3mm/s，液面负荷 6～12$m^3$/（$m^2$·h）。低温低浊水可用下限值。

3）有效系数 $\eta$：是斜板沉淀池在实际生产运转中因受进水条件、斜板结构等影响而使沉淀效率降低的系数，一般在 0.7～0.8 之间。

4）倾斜角 $\theta$：根据斜板材料和颗粒状况而异，一般为了排泥方便，常用倾斜角为 50°～60°，常用 60°。

5）板距 $P$：即两块斜板间的间距，侧向流斜板 $P$ 一般采用 80～100mm，下向流斜板 $P$ 常用 35mm。

6）斜板板长 $L$：侧向流斜板沉淀池单层斜板板长 $L$ 不宜大于 1.0m。

7）板内流速 $v$：上向流时根据表面负荷计算（类同于斜管计算）；侧向流时可参考相当于平流沉淀池的水平流速，一般为 10～20mm/s；下向流时可根据下向表面负荷计算。

8）在侧向流斜板的池内，为了防止水流不经斜板部分通过，应设置阻流墙，斜板顶部应高出水面，见图 10-4。

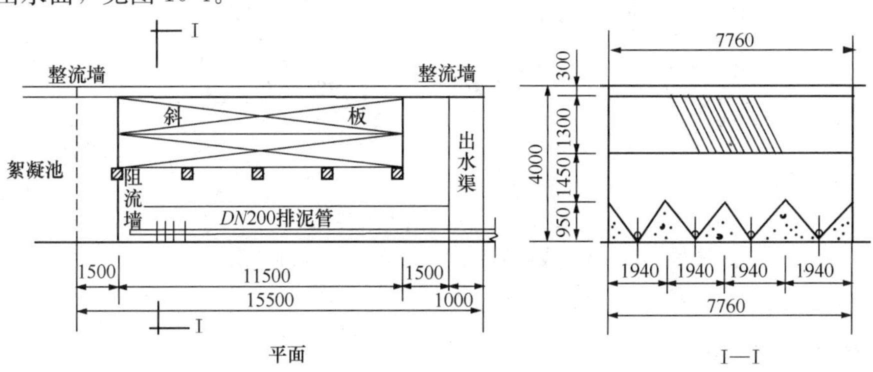


图 10-4　侧向流斜板沉淀池示例

9）为了使水流均匀分配和收集，侧向流斜板沉淀池的进、出口，应设置整流墙。进口处整流墙的开孔率应使过孔流速不大于絮凝池出口流速，以免絮粒破碎。

10）排泥设备，一般采用穿孔管或机械排泥，穿孔管排泥的设计与一般沉淀池的穿孔管排泥相同。

11）用作饮用水沉淀池时斜板材料应为无毒材料。

12）同向流斜板沉淀池的重要组成部分是集水装置，须使流态稳定、集水均匀，不干扰泥水分离并避免沉泥泛起。图 10-5 为集水装置形式可供设计时选用。

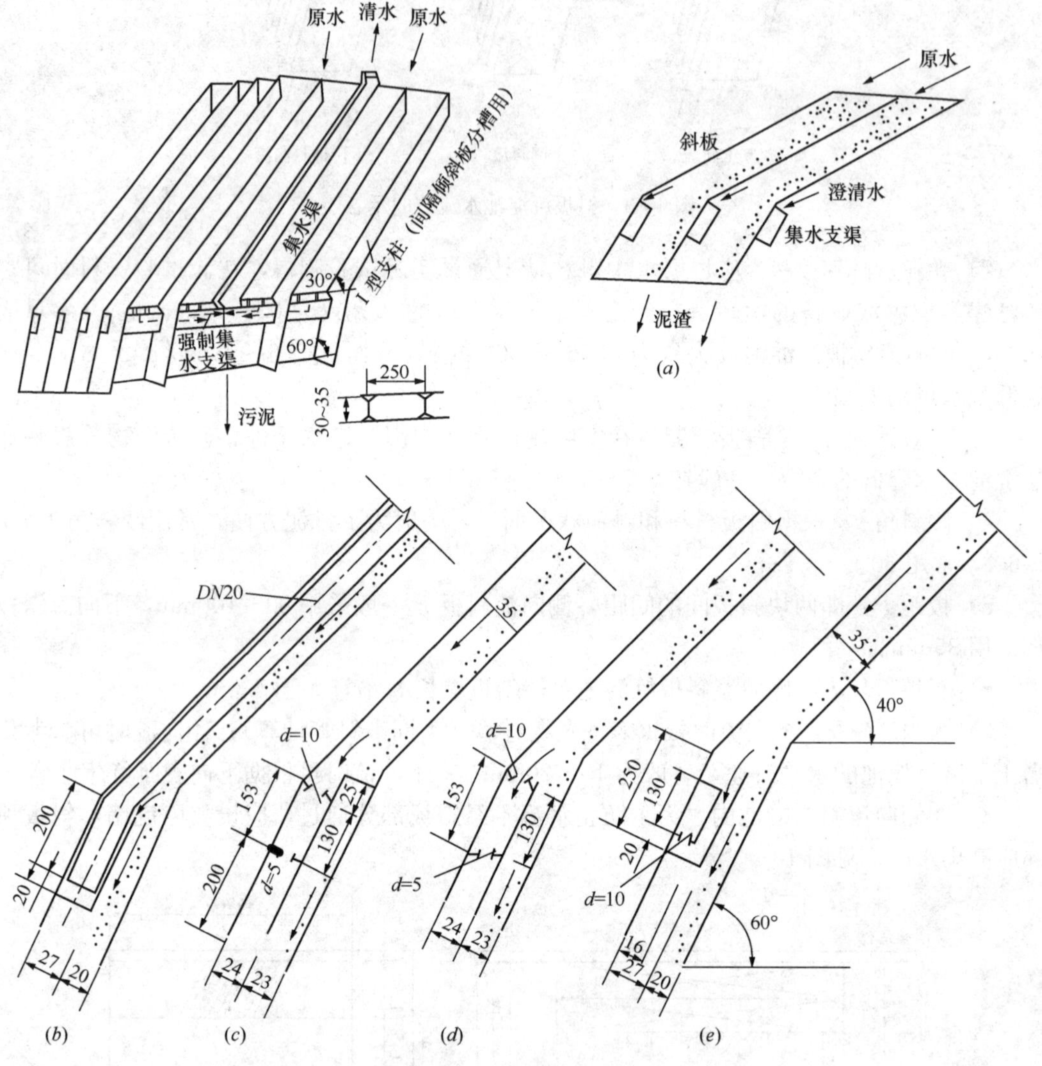


图 10-5 同向流集水装置

(*a*) 兰美拉式集水装置；(*b*) 管式沿程集水装置；

(*c*)、(*d*)、(*e*) 孔室集水装置

(2) 水力计算公式：

1) 上向流： $$Q=\eta\mu(A_{\mathrm{f}}+A) \tag{10-1}$$

2) 侧向流： $$Q=\eta\mu A_{\mathrm{f}} \tag{10-2}$$

3) 同向流： $$Q=Q=\eta\mu\ (A_{\mathrm{f}}-A) \tag{10-3}$$

$$A_{\mathrm{f}}=Na'_{\mathrm{f}}\cos\theta \tag{10-4}$$

式中 $Q$——进入沉淀池的水量（$m^3/s$）；

$\eta$——有效系数；

$\mu$——颗粒沉降速度（m/s）；

$A$——沉淀池池底水平面积（$m^2$）；

$A_f$——斜板水平投影面积之总和（$m^2$）；

$N$——斜板间隔数（个）；

$a'_f$——每块斜板实际面积（$m^2$）；

$\theta$——斜板水平倾角（°）。

侧向流斜板沉淀池计算见表 10-4。

**侧向流斜板沉淀池计算公式**　　**表 10-4**

| 计算公式 | 设计数据及符号说明 |
|---|---|
| $A_f=\dfrac{Q}{\eta\mu}$ | $A_f$、$Q$、$\eta$、$\mu$、$\theta$ 见公式（10-1）～式（10-4） |
| $A_f'=\dfrac{A_f}{\cos\theta}$ | $A_{f'}$——斜板实际总面积（$m^2$）； |
| $h=l\sin\theta$ | $l$——斜板斜长（m）； |
| $B=\dfrac{Q}{vh}$ | $h$——斜板安装高度（m）； |
| $N=\dfrac{B}{P}$ | $B$——池宽（m）； |
| $L=\dfrac{A_f'}{Nl}$ | $v$——板内流速（m/s）； |
| $H=h_1+h_2+h+h_3$ | $P$——水平板距（m）； |
| 复核 | $N$——斜板间隔数； |
| $t=\dfrac{L'}{v}=\dfrac{h}{\mu}$ | $L$——斜板组合全长（相当于池长）（m）； |
| $L'=P\tan\theta\dfrac{v}{\mu}$ | $h_1$——积泥区高度（泥斗高度）（m）； |
| | $h_2$——配水区高度（m）； |
| | $H$——沉淀池总高度（m）； |
| | $h_3$——保护高度（m）； |
| | $t$——颗粒沉降需要时间（s）； |
| | $L'$——颗粒沉降需要长度（m） |

（3）计算示例

**【例 10-2】**

1）已知条件：

进水量：$Q=15600m^3/d=650m^3/h=0.18m^3/s$

颗粒沉降速度：$\mu=0.4mm/s=0.0004m/s$

2）设计采用数据：

有效系数 $\eta=0.75$；斜板水平倾角 $\theta=60°$；斜板斜长 $l=1.5m$；斜板板距 $P=0.1m$；沉淀池水平流速：$v=20mm/s=0.02m/s$

3）斜板面积计算：

$$A_f=\frac{Q}{\eta\mu}=\frac{0.18}{0.75\times0.0004}=600m^2$$

需要斜板实际总面积：

$$A_f'=\frac{A_f}{\cos\theta}=\frac{600}{\cos60^\circ}=1200m^2$$

4）斜板高度计算：

斜板高度：

$$h=l\sin\theta=1.5\times\sin60^\circ=1.5\times0.866=1.3m$$

5）沉淀池宽度：

$$B=\frac{Q}{vh}=\frac{0.18}{0.02\times1.3}=6.92\text{m}\qquad 取 7\text{m}。$$

6）斜板组合全长：

斜板间隔数：

$$N=\frac{B}{P}=\frac{7.0}{0.1}=70 个$$

斜板组合全长：

$$L=\frac{A'_{\text{f}}}{Nl}=\frac{1200}{70\times1.5}=11.43\text{m}，取 11.5\text{m}$$

斜板沉淀池长度 11.5m，高度 4.0m，布置见图 10-4。

7）复核颗粒沉降需要长度：

$$t=\frac{L'}{v}=\frac{h}{\mu_0}$$

$$h=P\tan\theta$$

颗粒沉降需要长度：$L'=P\tan\theta\frac{v}{\mu_0}=0.1\times\tan60°\times\frac{0.02}{0.0004}=8.06\text{m}$

现采用长度 11.5m＞8.06m，可满足颗粒沉降时的要求长度。

**10.1.3.2 斜管沉淀池**

斜管沉淀池与斜板沉淀池的工作原理基本相同，但从水力条件来看，斜管要比斜板更为优越，因为斜管的水力半径更小，因而雷诺数更低（一般小于 50），沉淀效果亦较显著。斜管沉淀池的布置见图 10-6。其中（*a*）的斜管采用与水流呈逆向布置；（*b*）为部分逆向、部分顺向。

（1）设计要点

1）斜管断面一般采用蜂窝六角形或山形（较少采用矩形或正方形），其内径或边距 $d$ 一般采用 30～40mm。

2）斜管长度一般为 800～1000mm 左右，可根据水力计算结合斜管材料决定。

3）斜管的水平倾角 $\theta$ 常采用 60°。

4）斜管上部的清水区高度，不宜小于 1.0m，较高的清水区有助于出水均匀和减少日照影响及藻类繁殖。

5）斜管下部的布水区高度不宜小于 1.5m。为使布水均匀，在沉淀池进口处应设穿孔墙或格栅等整流措施。

6）积泥区高度应根据沉泥量、沉泥浓缩程度和排泥方式等确定。排泥设备同平流沉淀池，可采用穿孔管排泥或机械排泥等。

7）斜管沉淀池采用侧面进水时，斜管倾斜以反向进水为宜，如图 10-6（*a*）。

8）斜管沉淀池的出水系统应使池子的出水均匀，其布置与一般澄清池相同，可采用穿孔管或穿孔集水槽等集水。

9）斜管材料，目前国内采用的主要材料有：

① 聚氯乙烯塑料片（处理饮用水时应为无毒塑料片），厚度为 0.4～0.5mm，热压成半蜂窝型，用聚氨酯等树脂胶合成蜂窝形。

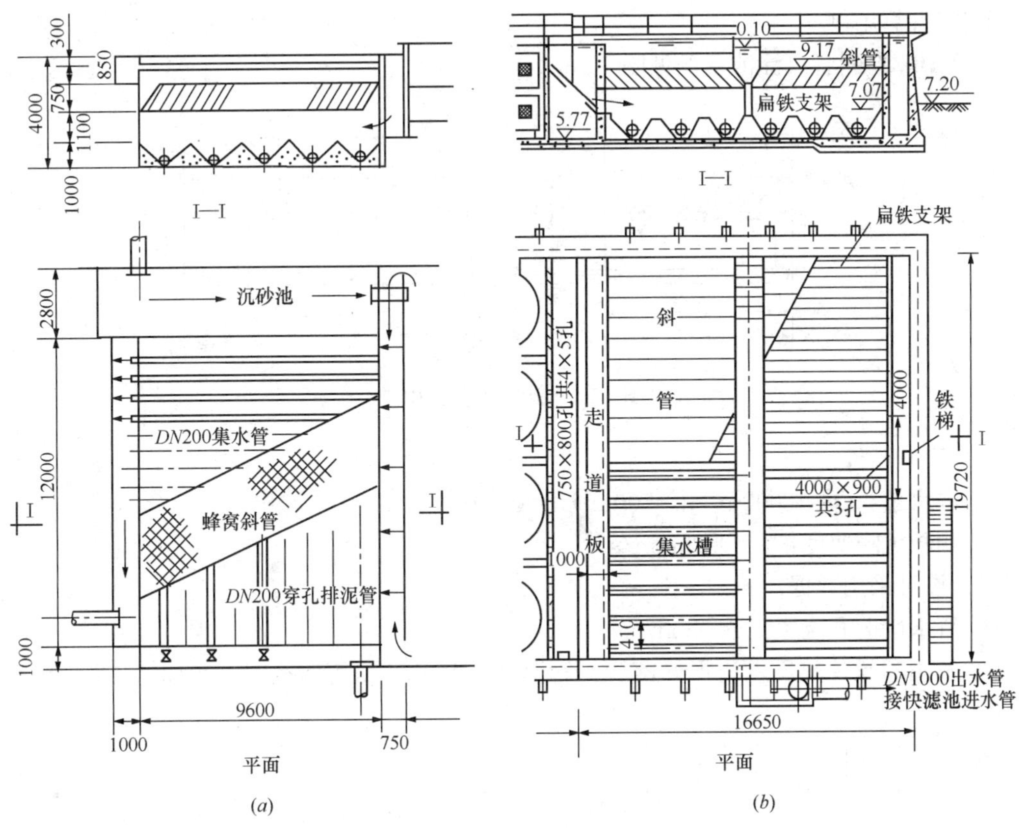


图 10-6　斜管沉淀池布置

② 聚丙烯塑料片，但在气温较高地区容易发软变形。

③ 玻璃钢斜管，虽质地较硬，但必须是无毒，目前应用较少。

④ 不锈钢，适用于较大孔径。

(2) 水力计算：根据有关资料的介绍，对圆形或正六边形断面的斜管沉淀池水力计算（见图 10-7），可根据管内流态及颗粒在沉降过程中水平流速的变化而推导出颗粒沉降的轨迹，从而获得其水力计算的关系式，即：

$$\frac{\mu}{v_0}\left(\sin\theta+\frac{l}{d}\cos\theta\right)=\frac{4}{3} \tag{10-5}$$

从而

$$l=\left(\frac{1.33v_0-\mu\sin\theta}{\mu\cos\theta}\right)d \tag{10-6}$$

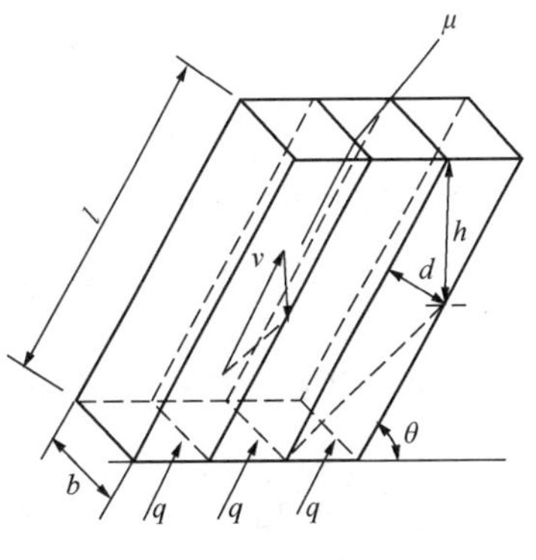


图 10-7　斜管示意

式中　$\mu$——设计采用的颗粒沉降速度（mm/s）；

$v_0$——管内上升流速，一般采用 1.4～2.5mm/s；

$l$——斜管长度（mm）；

$d$——斜管的内径或边距（mm）；

$\theta$——斜管水平倾角（°）。

（3）计算示例

**【例 10-3】**斜管沉淀池示例见图 10-8。

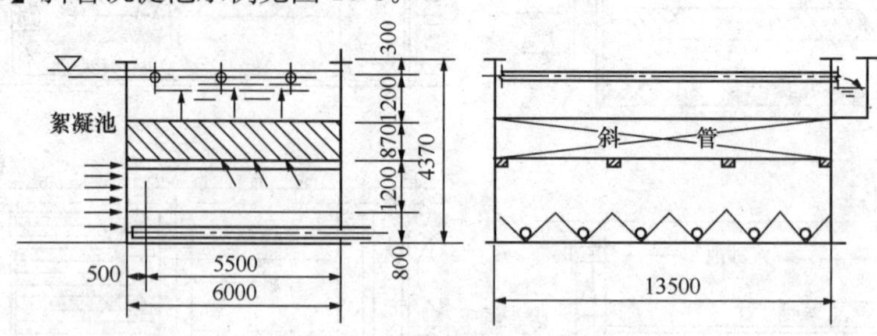


图 10-8 斜管沉淀池示例

1）已知条件：

①进水量：$Q=12000m^3/d=500m^3/h=0.14m^3/s$

②颗粒沉降速度：$\mu=0.25mm/s$

2）设计采用数据：

①清水区上升流速：$v=2mm/s$

②采用塑料片热压六边形蜂窝管，管厚＝0.4mm，斜管内径 $d=30mm$，水平倾角 $\theta=60°$

3）清水区面积：

$$A=\frac{Q}{v}=\frac{0.14}{0.002}=70m^2$$

其中斜管结构占用面积按 3%计，则实际清水区需要面积：

$$A'=70\times1.03=72.1m^2$$

为了配水均匀，采用斜管区平面尺寸为 5.5m×13.5m，使进水区沿 13.5m 长一边布置。

4）斜管长度 $l$：

① 管内流速：

$$v_0=\frac{v}{\sin\theta}=\frac{2}{\sin60°}=2.31mm/s$$

② 斜管长度

$$l=\left(\frac{1.33v_0-\mu\sin\theta}{\mu\cos\theta}\right)d=\left(\frac{1.33\times2.31-0.25\times0.866}{0.25\times0.5}\right)\times30=685mm$$

③ 考虑管端紊流、积泥等因素，过渡区采用 250mm

④ 斜长总长：$l'=250+685=935$，按 1000mm 计。

5）池子高度：

① 池子超高：0.3m

② 清水区：1.2m

③ 布水区：1.2m

④ 穿孔排泥斗槽高：0.8m

⑤ 斜管高度：$h=l'\sin\theta=1\times\sin60°=0.87m$

⑥ 池子总高：$H=0.3+1.2+1.2+0.8+0.87=4.37m$

6）复算管内雷诺数及沉淀时间：

$$Re=\frac{Rv_0}{\nu}$$

式中水力半径

$$R=\frac{d}{4}=\frac{30}{4}=7.5\text{mm}=0.75\text{cm}$$

运动黏度：$\nu=0.01\text{cm}^2/\text{s}$（$t=20$℃时）

$$Re=\frac{0.75\times0.231}{0.01}=17.33$$

沉淀时间：

$$T=\frac{l'}{v_0}=\frac{1000}{2.31}=433\text{s}=7.22\text{min}(\text{沉淀时间 }T\text{ 一般在 }4\sim8\text{min 之间})$$

#### 10.1.3.3 水平管沉淀池

水平管沉淀池是一种在沉淀池内装填水平管沉淀分离装置的沉淀池，沉淀原理与侧向流斜板沉淀类似。特点是沉淀效率高、沉淀区面积小。水平管沉淀池因沉淀效率高，需注意布水系统、集水系统和排泥系统等配套设施的合理布置。

（1）工作原理

"水平管沉淀分离技术"应用"浅层理论"，将沉淀管水平放置，原水平行流动，悬浮物垂直沉淀，具有最佳状态下的沉淀和分离功能。水平管沉淀分离装置分成若干层，由此增加了沉淀面积，缩短了悬浮物的沉降距离，降低了悬浮物的沉降时间；水平管单管的垂直断面形状为菱形，管底侧向设有排泥口，沉淀下来的悬浮物顺侧底下滑，通过排泥口滑入下面的滑泥道下滑至泥斗，滑泥道两端是封闭的。原水流经水平管时，水"走"水道、泥"走"泥道，边流动，边沉淀，边分离，避免了悬浮物堵塞管道和跑矾现象的发生，提高了沉淀效率，见图 10-9、图 10-10。

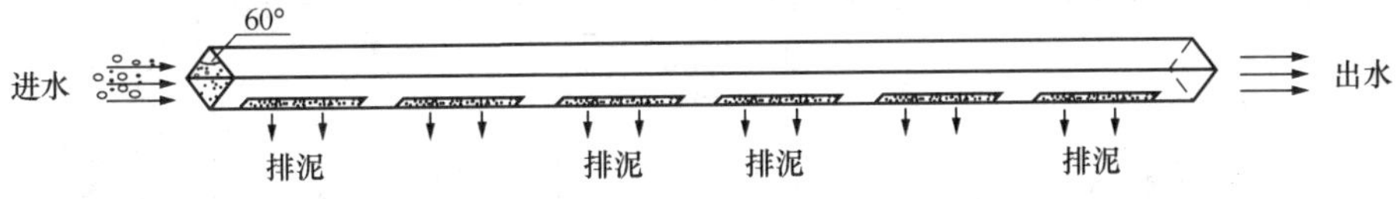


图 10-9　单根水平沉淀管构造示意

（2）设计要点

1）水平管过水断面应为矩形，由 $n$ 根菱形管组成，其当量直径 $D$ 可采用 30～60mm，菱形管当量直径为 $DN$31mm 时，水平管长度一般为 2.0m，高度宜 为 2.0～2.5m，不宜小于 1.0m，不宜大于 3.5m。

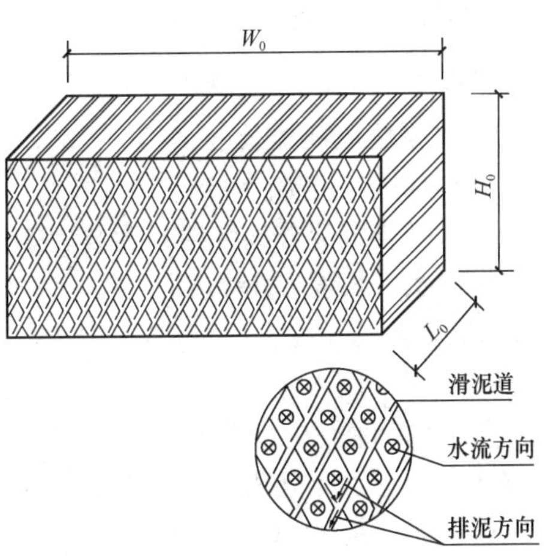


图 10-10　水平管沉淀分离装置组装示意

2）水平管沉淀池水流方向为侧向流，处理能力与水平管过水断面有关，过水断面负荷范围为 25～40m³/（m²·h），处理低温低浊原水时，宜采用下限值。

3）颗粒沉降速度 $\mu$：应根据水中颗粒物理性质通过实际试验测得，在无试验资料时可参照已建类似沉淀设备的运行资料确定；一般混凝反应后的 $\mu$ 大致为 0.3～0.6 mm/s。

4）有效过水面积 $\eta$：过水断面上由过水菱形水平管和不过水滑泥道组成，有效过水菱形管面积占总过水断面面积 76%。

5）水平管下部集泥区高度应根据污泥量、污泥浓度和排泥方式确定，宜为 1.5～2.0m。

6）水平管沉淀分离装置顶部应高于运行水位 50mm，沉淀区超高宜采用 300mm。

7）水平管沉淀池长度宜为 6～8m，单组沉淀池宽度不宜超过 30m。

8）水平管沉淀池进出水系统应使池子进出水均匀，布水区长度宜为 2～3m，集水区长度宜为 2～3m。

9）采用斗式重力排泥时，泥斗坡度宜为 55°～60°。

10）水平管材质可采用不锈钢或塑料。

典型的水平管沉淀池平面布置见图 10-11。

（3）计算示例：

水平管沉淀池计算示例见图 10-11（*b*）所示。

**【例 10-4】**

1）已知条件：

① 进水量：$Q=15000\text{m}^3/\text{d}=650\text{m}^3/\text{h}=0.18\text{m}^3/\text{s}$

② 颗粒沉降速度：$\mu=0.4\text{mm/s}$

2）设计采用数据：

① 过水断面负荷：$q'=28\text{m}^3/(\text{m}^2\cdot\text{h})$

② 过水断面流速：$v'=7.7\text{mm/s}$

③ 采用不锈钢水平管沉淀分离装置，其高度 $H_0$ 为 2.5m，菱形水平管边长 35mm。

3）水平管沉淀分离装置过水断面面积可按下式计算：

$$A_0=\frac{Q}{q'}=\frac{650}{28}=23.2\text{m}^2$$

4）水平管沉淀分离装置宽度 $W_0$：$W_0=\dfrac{A_0}{H_0}=\dfrac{23.2}{2.5}=9.28\text{m}$，按 10m 计，

则实际过水断面负荷为 $q''=\dfrac{Q}{W\times H_0}=\dfrac{650}{10\times 2.5}=26\ \text{m}^3/(\text{m}^2\cdot\text{h})$，即实际过水断面流速 $v''=7.2\text{mm/s}$

5）水平管沉淀池长度

① 布水区长度 $L_1=2\text{m}$

② 水平管沉淀分离装置长度 $L_0=2\text{m}$

③ 集水区长度 $L_2=2\text{m}$

④沉淀池总长度：$L=L_1+L_0+L_2=2+2+2=6\text{m}$

6）池子高度

① 采用超高 $H_1$：0.3m

② 水平管沉淀分离装置高度 $H_0$：2.5m

③ 集泥区高度 $H_2$：1.5m

④ 泥斗高度 $H_3$：0.7m

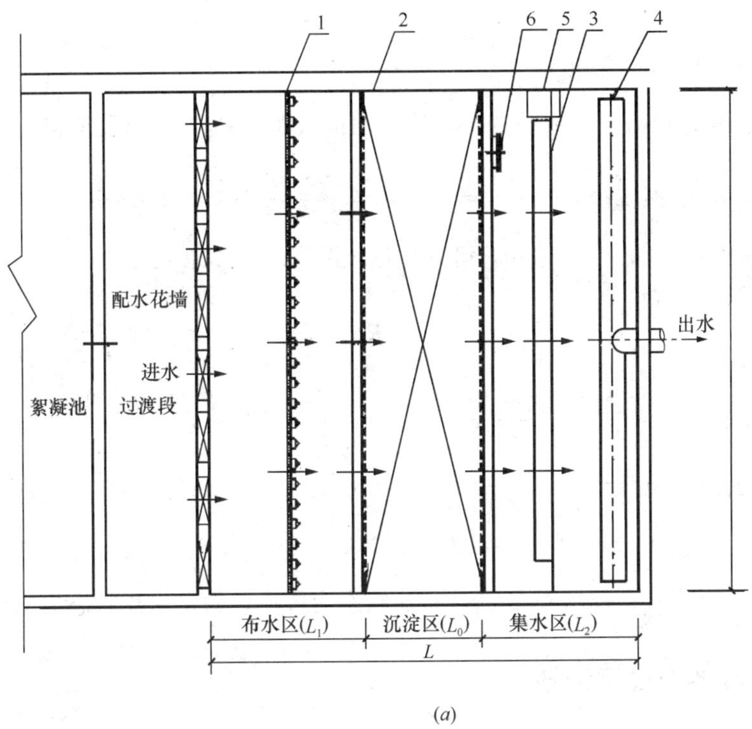


(a)

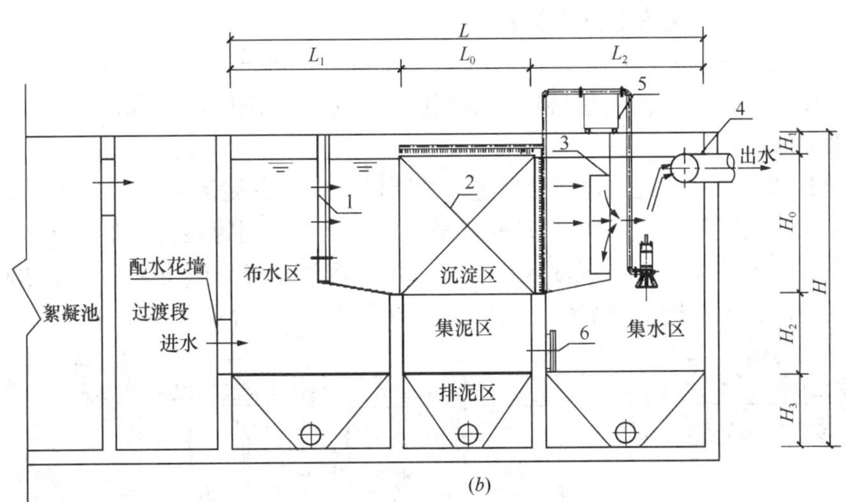


(b)

图 10-11 水平管沉淀池平面布置

(a) 平面布置；(b) 剖面布置

1—布水装置；2—水平管沉淀分离装置；3—集水装置；4—集水管；5—自动冲洗装置；6—检修人孔

⑤ 池子总高：$H=H_0+H_1+H_2+H_3=2.5+0.3+1.5+0.7=5.0\mathrm{m}$

7）设置在布水区的布水装置宜由若干栅条板构成，间距宜为 100～150mm，过水流速宜小于 0.1m/s。

8）设置在集水区的集水装置由集水箱和集水板等设施组成，集水箱和集水板应安装在水平管沉淀分离装置出水断面，集水管应安装在集水区上部。集水箱及集水管过孔流速宜小于 0.1m/s。

9）复核颗粒沉降需要长度

颗粒沉降需要时间：$t=\frac{L'}{v}=\frac{h}{\mu}=\frac{62}{0.4}=155\mathrm{s}$，其中 $h$ 为菱形水平管长对角线长度

颗粒沉降需要长度：$L'=v_0\times t=\frac{v''}{\eta}\times t=\frac{7.2}{0.76}\times 155=1468\mathrm{mm}$

现采用长度 2000mm＞1468mm，可满足颗粒沉降时的要求长度。

10）复算管内雷诺数

$$Re=\frac{Rv_0}{\nu}$$

式中水力半径：$R=\frac{A}{4d}=\frac{35\times 31}{4\times 35}=7.7\mathrm{mm}=0.77\mathrm{cm}$

水平管管内流速：$v_0=\frac{v''}{\eta}=\frac{7.2}{0.76}=9.5\mathrm{mm/s}=0.95\mathrm{cm/s}$

运动黏度：$\nu=0.01\mathrm{cm^2/s}$（当 $t=20$℃ 时）

$Re=\frac{0.77\times 0.95}{0.01}=73.15<500$，水流状态为层流，满足水流状态要求。

## 10.1.4　其他形式沉淀池

本节介绍几种新型的沉淀池形式。

### 10.1.4.1　Densadeg 高密度沉淀池

高密度沉淀池（Densadeg）是由法国 Degremont 公司研究出的一种新型沉淀池，其基本构造见图 10-9。沉淀池由絮凝区、推流区、沉淀区和浓缩区以及泥渣回流系统和剩余泥渣排放系统组成。

投加混凝剂的原水经过快速混合后进入絮凝区，并与沉淀池浓缩区的回流泥渣混合，在絮凝区中加入助凝剂（PAM）并完成絮凝反应。反应采用螺旋搅拌器，经搅拌后的原水以推流方式进入沉淀区。在沉淀区中泥渣下沉，澄清水经斜管分离后由集水槽收集出水。沉降的泥渣在沉淀池下部浓缩，浓缩泥渣部分回流，部分剩余污泥排放。

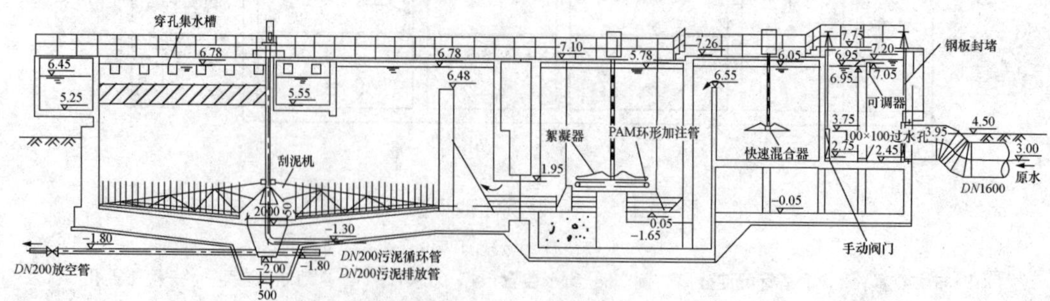


图 10-12　高密度澄清池

高密度沉淀池的主要特点是：

（1）特殊的絮凝反应器设计；

（2）从絮凝区至沉淀区采用推流过渡；

（3）从沉淀区至絮凝区采用可控的外部泥渣回流；

（4）应用有机高分子絮凝剂；

（5）采用斜管沉淀布置。

高密度沉淀池的主要优点是采用了池外泥渣回流方式和投加高分子絮凝剂，使絮凝形成的絮体均匀和密集，因而具有较高的沉降速度。沉淀池下部设置较大的浓缩区，使排放污泥的含固率可达3%以上，减少了水厂自用水耗水率，并有利于污泥的处理（当需污泥脱水时，可省去浓缩池）。

在给水处理中，高密度沉淀池可用于澄清和软化。当用作澄清时，斜管区的上升流速采用20～30m/h（5.6～8.3mm/s）。

高密度沉淀池已在欧洲和美洲应用多年，其中法国Morsang-Sur-Seine水厂（9.2万$m^3/d$）、西班牙Manises水厂（18万$m^3/d$）、阿根廷Rosario水厂（16万$m^3/d$）等均采用此类型的高密度沉淀池。国内新疆乌鲁木齐石墩子水厂（20万$m^3/d$）、上海南市水厂（50万$m^3/d$）和杨树浦水厂（36万$m^3/d$）也都采用了这一工艺。

#### 10.1.4.2 Multiflo沉淀池

Multiflo沉淀池是法国OTV公司提出的一种斜管沉淀池形式。其构造如图10-13所示。

Multiflo沉淀池也采用机械搅拌快速混合和上向流斜管相结合的沉淀池方式，机械絮凝与沉淀池合建。沉淀池出水采用穿孔管，底部排泥采用斗室。

根据资料介绍，其表面上升流速范围约为10～15m/h。2005年，在成都自来水厂，建成了40万$m^3/d$的Multiflo沉淀池。

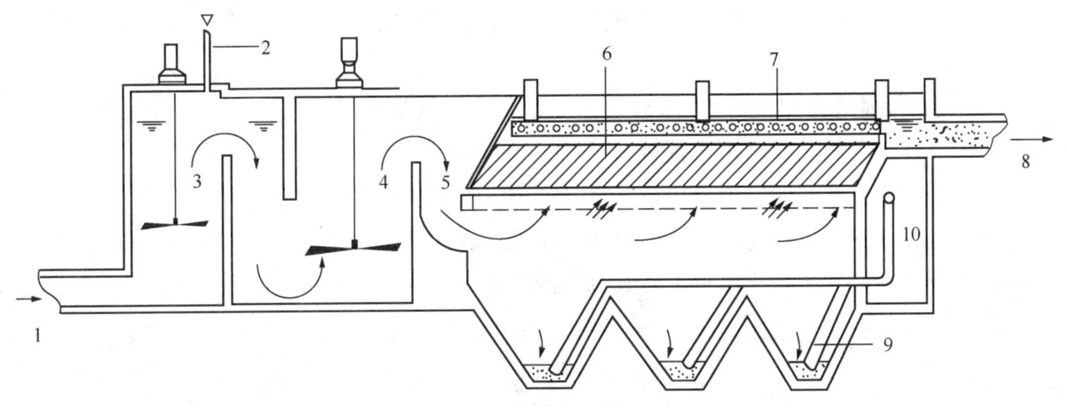


图10-13　Multiflo沉淀池

1—原水进水；2—加注混凝剂；3—混合池；4—絮凝池；5—沉淀池进口；6—斜管；7—沉淀水收集；8—沉淀水出水；9—排泥管；10—泥渣排放

#### 10.1.4.3 Actiflo沉淀池

Actiflo沉淀池为OTV公司开发应用的一种沉淀池，其基本构造示意如图10-14所示。

Actiflo沉淀池的主要特点是利用45～150μm的细砂作为絮凝的核心物质，以形成较易沉降的絮粒，加快沉淀过程，缩小斜管沉淀池面积。

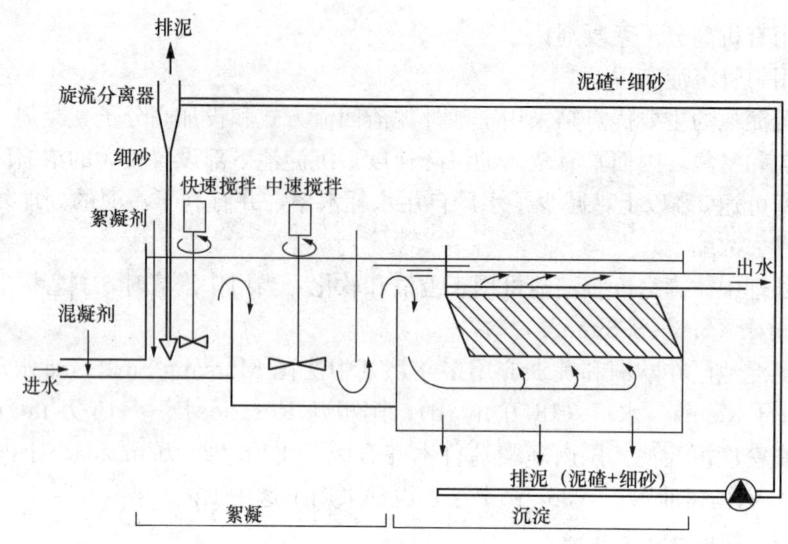


图 10-14 Actiflo 构造示意

加注混凝剂的原水进入机械快速混合池，在混合池中加入高分子絮凝剂和回流的细砂。快速混合后进入机械搅拌絮凝池，以细砂为核心的絮体能聚成粗大密实的颗粒物，然后进入斜管沉淀池，沉淀的泥渣和细砂经输送泵送入水力旋流泥砂分离器，分离的泥水排走，细砂则回流进入混合池。

由于采用了细砂回流，絮凝时间可以缩短至 8min，斜管的上升流速可以提高到 40～60m/h（11～17mm/s），大大缩小了沉淀池面积，由于有细砂作缓冲，对水量和水质的适应性较好。

Actiflo 沉淀池在北京水源九厂(34 万 $m^3$/d)和上海临江水厂(20 万 $m^3$/d)已得到应用。

#### 10.1.4.4 中置式高密度沉淀池

中置式高密度沉淀池是上海市政工程设计研究总院（集团）有限公司在总结了几种高效沉淀工艺的基础上，开发出的新池型（专利号：ZL200510024179.5 和 ZL200510024180.5），又称 Smedi 高效沉淀池，具体布置见图 10-15。

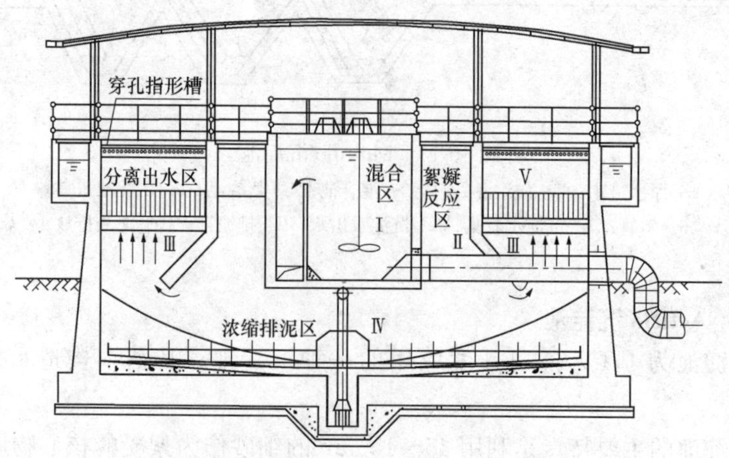


图 10-15 中置式高密度沉淀池布置

中置式高密度沉淀池由混合区、絮凝反应区、分离沉淀区、浓缩排泥区和分离出水区组成，也采用了机械混合和斜管沉淀方式，并通过投加有机高分子絮凝剂和泥渣回流提高絮凝效果。其最大特点是将混合絮凝区置于沉淀区中部，以达到各反应区的优化布置，并减小整个池体的占地面积。

中置式高密度沉淀池在嘉兴石臼漾水厂（8 万 $m^3/d$）和南郊水厂（总规模 45 万 $m^3/d$，一期规模 15 万 $m^3/d$）等工程中使用，沉淀区上升流速可达到 13～16m/h 左右。

#### 10.1.4.5 Purac 和 Parkson 斜板沉淀池

图 10-16、图 10-17 分别为 Pruac 公司和 Parkson 公司采用的斜板沉淀池构造示意。

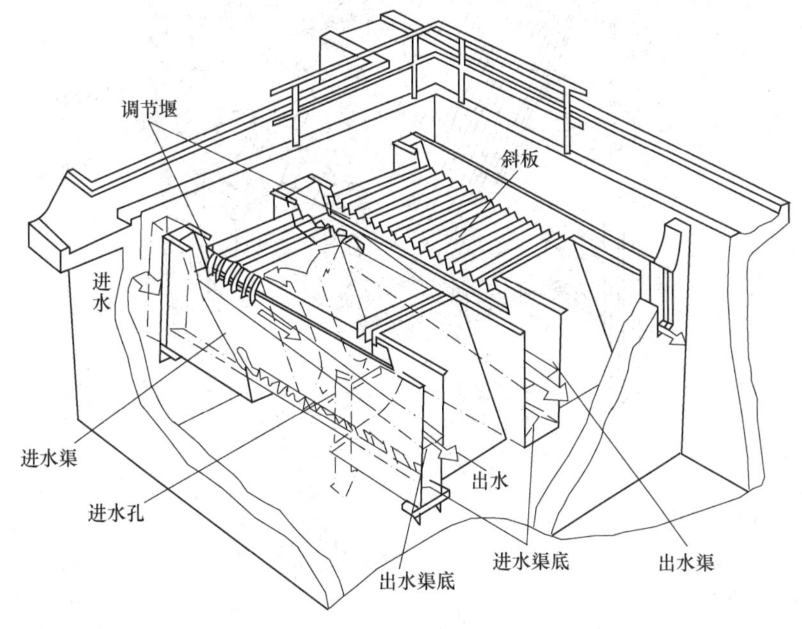


图 10-16 斜板沉淀池（Pruac 公司）

两种池型的主要区别在于进水和出水布置的不同。进水布置是影响斜板发挥作用的重要方面。上述两家制造商均将进水渠布置在斜板的侧面，以防止进水水流与下滑污泥的相互影响，为了达到进水分配的均匀，Purac 公司采用在进水渠至斜板区之间设置进水孔，通过控制过孔的水头损失来达到配水的均匀；Parkson 公司则在进水渠上设置缝隙，并通过控制斜板出水渠上孔眼水头损失来达到配水的均匀。

Pruac 公司采用的出水方式是在进水渠的上部布置出水渠，通过斜板的澄清水向两边经齿形堰进入出水渠；Parkson 公司则采用沿斜板顶部布置集水槽，并在槽底设置集水孔，以产生足够的水头损失来达到较好的出水分布。

集水槽一般应每隔 1.8m 左右布置一条，淹没孔口的流速一般采用 0.46～0.76m/s 较适宜。

### 10.1.5 沉淀池进出口形式及计算

沉淀池的进口布置要尽量做到在进水断面上水流的均匀分布，并避免已形成絮体（絮

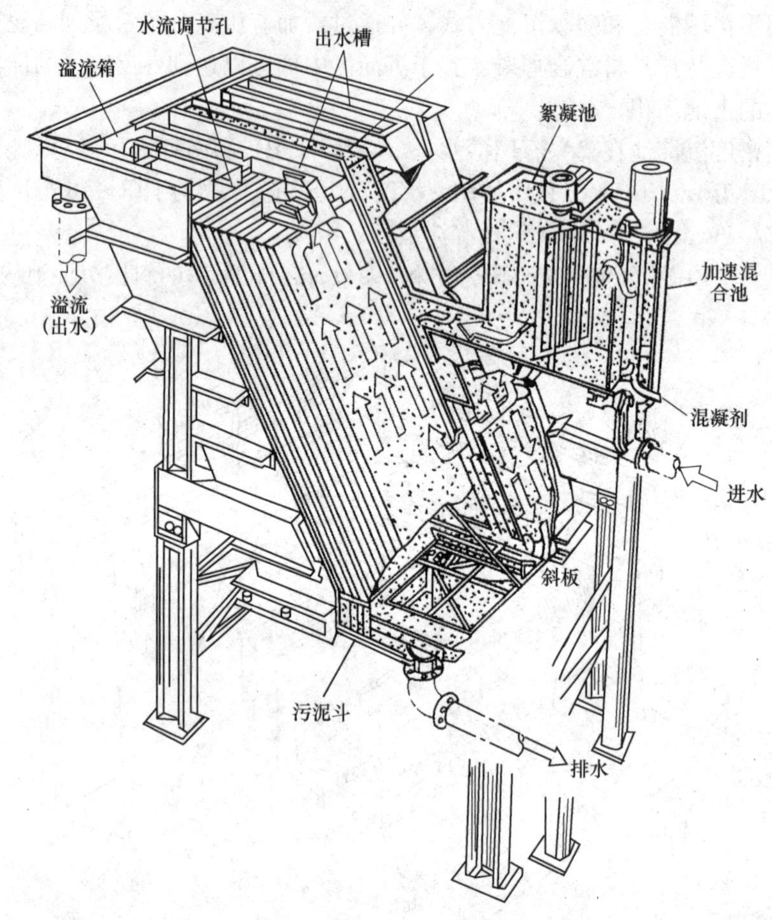


图 10-17　斜板沉淀池（Parkson 公司）

粒）的破碎，一般采用穿孔墙布置，其穿孔流速小于 0.08～0.10m/s，亦有采用布置短斜管作为进水的配水措施。

沉淀池出口布置要求在池宽方向均匀集水，并尽量滗取上层澄清水，减小下层沉淀水的卷起，目前采用的办法多为采用指形槽出水，指形槽的长度可按式（10-7）计算：

$$L=\frac{1}{2}\left(\frac{Q}{q}-B\right) \tag{10-7}$$

式中　$L$——指形槽长（m）；

$Q$——沉淀池处理水量（$m^3/d$）；

$B$——沉淀池宽（m），如池宽方向未设出水设施，则 $B=0$；

$q$——设计单位堰宽负荷[$m^3/(m\cdot d)$]，宜采用 120～300 $m^3/(m\cdot d)$。

指形槽可以采用锯齿形三角堰或薄壁堰自流出流。沉淀池进出口形式及计算公式见表 10-5。

沉淀池进出口形式及计算公式 表 10-5

| 形 式 | 计算公式 | 设计数据及符号说明 |
| --- | --- | --- |
| 配水穿孔墙<br>进水穿孔墙 | $\Omega_0=\frac{Q}{v_1}$<br>$n_0=\frac{\Omega_0}{\omega_0}$ | $Q$——每池设计水量（$m^3/s$）；<br>$\Omega_0$——孔眼总面积（$m^2$）；<br>$v_1$——孔眼流速：混凝沉淀池为 0.08～0.10m/s，自然沉淀池为 0.3～0.5m/s；<br>$n_0$——孔眼个数（个）；<br>$\omega_0$——每个孔眼面积（$m^2$） |
| 90°　$H_1$　50~70<br>侧面<br>三角出水堰 | $q_1=1.343H_1^{2.47}$<br>$n_1=\frac{Q}{q_1}$ | $q_1$——每个三角堰（90°）流量（$m^3/s$）；<br>$H_1$——堰上水头（三角堰口底部至上游水面的高度）（m）；<br>$n_1$——三角堰个数（个）<br>堰口下缘与出水槽水面的距离为 50～70mm |
| 穿孔管出水堰 | $Q=\mu\omega_0\sqrt{2gh}$<br>$n=\frac{\omega_0}{\omega}$ | $Q$——溢流量（$m^3/s$）；<br>$\omega_0$——孔眼总面积（$m^2$）；<br>$\omega$——每个孔眼面积（$m^2$）；<br>$\mu$——流量系数，取 0.62；<br>$h$——堰上水深（m）；<br>$P$——堰高（m），取 0.05～0.1m |
| 出水薄壁堰 | $Q=m_0b\sqrt{2g}h^{1.5}$<br>$m_0=\left(0.405+\frac{0.0027}{h}\right)\times\left[1+0.55\left(\frac{h}{h+P_1}\right)^2\right]$ | $Q$——溢流量（$m^3/s$）；<br>$m_0$——流量系数；<br>$b$——堰长（m）（当采用指形槽时，$b=2L+B$）；<br>$h$——堰上水深（m）；<br>$P$——堰高（m）；<br>堰口下缘与水槽（池）面距离为 50～70mm |

## 10.1.6 排泥方式及计算

排泥是否通畅关系到沉淀池净水效果，当排泥不畅、泥渣淤积过多时，将严重影响出水水质。排泥方法一般分多斗重力排泥、穿孔管排泥和机械排泥等三种，可视具体情况采用。

### 10.1.6.1 各种排泥方法比较

各种排泥方法比较见表 10-6。

各种排泥方法比较 表 10-6

| 排泥方法 | 优缺点 | 适用条件 |
| --- | --- | --- |
| 多斗重力排泥 | 优点：1. 可以分斗排泥，排泥均匀且无干扰；<br>2. 与穿孔管排泥相比，排泥管不易堵塞；<br>3. 排泥浓度较高<br>缺点：1. 排泥不彻底，一般仍需定期人工清洗；<br>2. 排泥操作劳动强度较大；<br>3. 池底结构复杂，施工较困难 | 1. 原水浊度不高；<br>2. 一般用于中小型水厂 |
| 穿孔管排泥 | 优点：1. 少用机械设备；<br>2. 耗水量少；<br>3. 池底结构较简单<br>缺点：1. 孔眼易堵塞，排泥效果不稳定；<br>2. 检修不便；<br>3. 原水浊度较高时，排泥效果差 | 1. 原水浊度适应范围较广；<br>2. 穿孔管长度不太长；<br>3. 新建或改建的水厂 |
| 机械排泥 | 优点：1. 排泥效果好；<br>2. 可连续排泥；<br>3. 池底结构较简单<br>缺点：1. 设备和维修工作量较多；<br>2. 排泥浓度较低 | 1. 原水浊度较高；<br>2. 排泥次数较多；<br>3. 一般用于大、中型水厂 |

### 10.1.6.2 多斗重力排泥

斗底斜壁与水平之夹角一般不宜小于 30°（有条件时最好采用 45°）。斗底位置及长度取决于沉泥的分布情况，一般用于大、小泥斗相结合布置：池子前段 1/3 池长处用小泥斗，后段 2/3 池长处用大泥斗，见图 10-18。

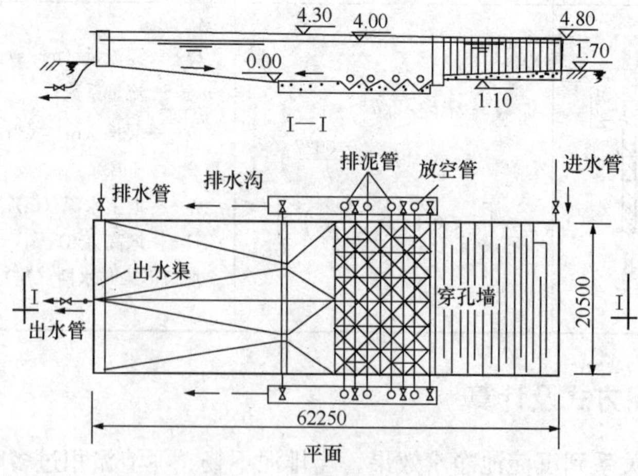


图 10-18 多斗重力排泥沉淀池

排泥管布置可以采用底部重力排泥，也可采用虹吸排泥。当泥斗较多时，可以采用 2 个泥斗设置一根排泥管，或 4 个泥斗设置一根排泥管，但应尽量布置得使各泥斗排泥均匀。

泥斗排泥阀多采用快开阀门。国内目前常用的，有水力阀门（冰冻地区不宜采用）、气动阀门、手动或脚踏式快开阀门等。

泥斗计算公式见表 10-7。

**泥斗计算公式**　　**表 10-7**

| 计算公式 | 设计数据及符号说明 |
| --- | --- |
| (1) 每日沉淀泥渣之干泥量<br>$$G=\frac{q(S_1-S_4)86400}{10^6}(\mathrm{t})$$<br>(2) 每日沉淀泥渣之泥浆体积：<br>$$V_0=\frac{100G}{\rho(100-P_2)}(\mathrm{m^3})$$<br>(3) 泥斗贮泥部分体积：<br>$$V_1=\frac{h_2}{3}(F_1+F_2+\sqrt{F_1F_2})(\mathrm{m^3})$$<br>(4) 平均排泥周期：<br>$$T_0=\frac{V_1}{V_0}(\mathrm{d})$$ | $q$——每池设计水量（$m^3/s$）；<br>$S_1$——沉淀池进水悬浮物含量（mg/L）；<br>$S_4$——沉淀池出水悬浮物含量（mg/L）；<br>$\rho$——泥浆的密度（$t/m^3$）；<br>$P_2$——泥浆含水率（%）；<br>$F_1$——泥斗上底部平面面积（$m^2$）；<br>$F_2$——泥斗下底部平面面积（$m^2$）；<br>$h_2$——泥斗高度（m） |

注：由于沉淀池平面上不同位置沉积的污泥量不同，因而不同位置的污泥斗排泥周期也可不同。

#### 10.1.6.3　穿孔管排泥

(1) 设计要点

1) 穿孔管管材可采用不锈钢管、塑料管等。

2) 为防止堵塞，穿孔管管径一般为 150～300mm，管道末端流速一般采用 1.8～2.5m/s。穿孔管不宜过长，一般在 10m 以下为妥。

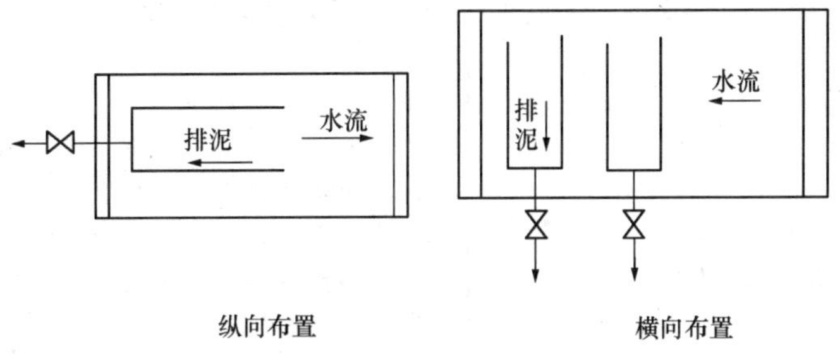


图 10-19　穿孔管布置形式

3) 穿孔管的布置，有纵向布置与横向布置两种形式，采用何种形式，需根据水厂的平面布置决定，见图 10-19。

4) 管与管之间的间距当池底为平底时，中心距采用 1.5～2.0m；当池底斜向穿孔管的横坡与池底的交角大于 30°时，管中心的间距可以不受限制。

5) 穿孔管管孔要求圆滑光洁。孔眼间距一般采用 0.3～0.8m，孔眼向下与垂线成 45°交叉排列。孔眼流速一般取 2.5～4m/s，孔眼总面积与穿孔管截面积之比一般采用 0.3～0.8。

6) 塑料薄膜极易堵塞孔眼，采用穿孔管排泥时，应注意取水部分避免进入塑料薄膜等易堵塞孔眼的杂物。斜管沉淀池掉下的斜管碎屑，也会堵塞孔眼，安装完毕后务须清洗干净。

7) 穿孔管的排泥阀门，应采用快开式。

8）排泥阀应根据原水浊度定时开启，周期最长不得超过 7d。穿孔管起端，可用堵板封闭，或在末端设置三通用堵板封闭，以利停池清洗；也可用阀门代替堵板。

9）当穿孔管较长时，宜在末端连接压力水管，定期进行冲洗，以防穿孔管堵塞。

（2）穿孔管的孔眼布置及计算

1）穿孔管的孔眼布置可以采用等间距布置和不等间距布置，以采用等间距布置较多。

2）根据孔眼布置的不同其计算方式相应采用不等距布孔计算或等距布孔计算，分别如下：

① 不等距布孔计算公式见表 10-8。

**不等距布孔穿孔排泥管孔眼布置计算公式** **表 10-8**

| 计算公式 | 设计数据及符号说明 |
|---|---|
| $D=1.68d\sqrt{L}$<br>$D_T=0.05(C-1)+D$<br>$\alpha=\frac{\omega}{\omega_0}$<br>$K_{Qm}=\frac{2x_1+(2m-1)l\tan\varphi}{2x_1+l\tan\varphi}$ | $D$——穿孔管直径（m）；<br>$d$——孔径（m）；<br>$L$——穿孔管长度（m）；<br>$D_T$——输泥管管径（m）；<br>$C$——一条输泥管承接穿孔管根数；<br>$\alpha$——穿孔管断面积与起端孔眼总面积之比；<br>$\omega$——穿孔管断面积（$m^2$）；<br>$\omega_0$——起端段孔眼总面积（$m^2$）；<br>$K_{Qm}$——任意段的流量分配系数；<br>$K_{hm}$——任意段的沿程损失系数；<br>$K_{vm}$——任意段的流速系数； |
| $K_{vm}=\frac{m(2x_1+ml\tan\varphi)}{n(2x_1+nl\tan\varphi)}$<br>$K_{hm}=\frac{m^2(1.15x_1+0.45ml\tan\varphi)^2}{n^2(2x_1+nl\tan\varphi)^2}$<br>$v_n=\left[\frac{2g(H-H')}{K(\xi_1\alpha^2K_{v1}^2+\frac{\lambda l}{D}nK_{hm}+1)}+\left(\Sigma\xi_T+\frac{\lambda_T l_T}{D_T}\right)\frac{C^2D^4}{D_T^4}\right]^{0.5}$<br>$\xi_1=\frac{1}{K_\delta^{0.7}}$<br>$K_\delta=\frac{\delta}{d}$<br>$H_m=K(\xi_1\alpha^2K_{v1}^2+\frac{\lambda l}{D}mK_{hm}+K_{vm}^2)\frac{v_n^2}{2g}$<br>$e_m=\frac{e_1K_{Qm}\sqrt{H_1}}{\sqrt{H_m}}$ | $x_1$——管段起端积泥深度（m）；<br>$m$——区段编号；<br>$n$——穿孔管计算区段号；<br>$l$——区段长度（m），一般采用 2～4m；<br>$\varphi$——积泥分布角度（°）；<br>$v_n$——穿孔管末端流速（m/s）；<br>$H$——孔眼中心上部的有效水深（m）；<br>$H'$——贮备水头，不少于 0.2m；<br>$K$——修正系数，$K$=1.06；<br>$\xi_1$——孔口阻力系数；<br>$\delta$——管壁厚度（mm）；<br>$d$——孔径（mm）；<br>$\lambda$——摩阻系数；<br>$\xi_T$——输泥管的局部阻力系数；<br>$\lambda_T$——输泥管摩阻系数；<br>$l_T$——输泥管长度（m）；<br>$H_m$——任意区段的作用水头（m）；<br>$e_m$——任意区希的孔眼数（个）；<br>$e_1$——第一段孔眼数（个）；<br>$H_1$——第一段作用水头（m）；<br>$K_{vl}$——末段的沿程损失系数 |

②等距布孔计算公式见表 10-9（适用于首端与末端积泥比，即积泥均匀度 $m_s=0.5\sim0.85$）。

**等距布孔穿孔排泥管孔眼布置计算公式**　　　　**表 10-9**

| 计 算 公 式 | 设计数据及符号说明 |
|---|---|
| $K_\omega=\frac{\Sigma\omega_0}{\omega}$<br>$\Sigma\omega_0=m\times\frac{d^2\pi}{4}$<br>$\omega=\frac{D_0^2\pi}{4}$<br>$\xi_0=\frac{1}{K_0^{0.7}}$<br>$K_\delta=\frac{\delta}{d}$<br>$v=\left\{\frac{2g(H-0.2)}{\xi_0\left(\frac{1}{K_\omega}\right)^2+\left(2.5+\frac{\lambda L}{D_0}\frac{(m+1)(2m+1)}{6m^2}\right)+\frac{\lambda L}{D_1}\frac{D_0^4}{D_1^4}+\xi\frac{D_0^4}{D_1^4}}\right\}^{0.5}$<br>当孔眼数目 $m\geqslant40$<br>$v=\left[\frac{2g(H-0.2)}{\xi_0\left(\frac{1}{K_\omega}\right)^2+\left(2.5\frac{\lambda L}{D_0}\times\frac{1}{3}\right)+\frac{\lambda L}{D_1}\frac{D_0^4}{D_1^4}+\xi\frac{D_0^4}{D_1^4}}\right]^{0.5}$<br>$Q=\omega v$<br>$h_0=\xi_0\frac{\left(\frac{v}{K_\omega}\right)^2}{2g}$<br>$h_1=\left[2.5+\frac{\lambda L}{D_0}\frac{(m+1)(2m+1)}{6m^2}\right]\frac{v^2}{2g}$<br>$h_2=\frac{\lambda L}{D_1}\frac{D_0^4}{D_1^4}\frac{v^2}{2g}$<br>$h_3=\xi\frac{D_0^4}{D_1^4}\frac{v^2}{2g}$ | $K_\omega$——孔口总面积与穿孔管截面积之比，由排泥的均匀度（查表 10-10）决定；<br>$\Sigma\omega_0$——孔口总面积（$m^2$）；<br>$d$——孔眼直径（m），孔眼直径采用 $d=0.02\sim0.03$m，孔眼间距采用 $S=0.3\sim0.8$m；<br>$m$——孔眼个数（个），$m=\frac{L}{S}-1$；<br>$S$——孔距（m）；<br>$\omega$——穿孔管截面积（$m^2$）；<br>$D_0$——穿孔管直径（m）；<br>$\xi_0$——孔口阻力系数；<br>$\delta$——管壁厚度（mm）；<br>$d$——孔径（mm）；<br>$v$——穿孔管末端流速（m/s）；<br>$H$——沉淀池有效水深（m）；<br>$L$——穿孔管长度（m）；<br>$\lambda$——水管的摩阻系数，<br>当 $D=150$mm，$\lambda=0.05$；<br>当 $D=200$mm，$\lambda=0.045$；<br>当 $D=250$mm，$\lambda=0.042$；<br>当 $D=300$mm，$\lambda=0.038$；<br>$Q$——穿孔管末端流量（$m^3/s$）；<br>$h_0$——穿孔管第一孔眼处水头损失（m）；<br>$h_1$——穿孔管段的沿程损失（m）；<br>$h_2$——无孔输泥管段沿程损失（m）；<br>$h_3$——无孔输泥管局部损失（m）；<br>$D_1$——无孔输泥管直径（m）；<br>$l$——无孔输泥管长度（m） |

**$K_\omega$值**　　　　**表 10-10**

| 均匀度 $m_s$ | 0.50 | 0.55 | 0.60 | 0.65 | 0.70 | 0.75 | 0.80 | 0.85 |
|---|---|---|---|---|---|---|---|---|
| $K_\omega$ | 0.72 | 0.63 | 0.54 | 0.46 | 0.38 | 0.30 | 0.23 | 0.16 |

#### 10.1.6.4　机械排泥

采用机械排泥时，不另设排泥斗，充分利用沉淀池的容积；机械排泥的排泥效果好，一般不需定期放空清洗，并可降低劳动强度。但必须加强维护，保证运行正常。

排泥机械形式很多，常用于水平、斜管、斜板沉淀池的排泥机械，按机械构造可分为行车式、牵引式、中心悬挂式；按排泥方式可分为吸泥机和刮泥机等，详见《给水排水设计手册》第三版第9册《专用机械》。

各种排泥机械特点：

（1）桁车式吸泥机：

1）桁车式吸泥机一般由桁架行车、驱动机构、虹吸/泵吸管路、配电及行程控制装置组成，见图10-20～图10-22。

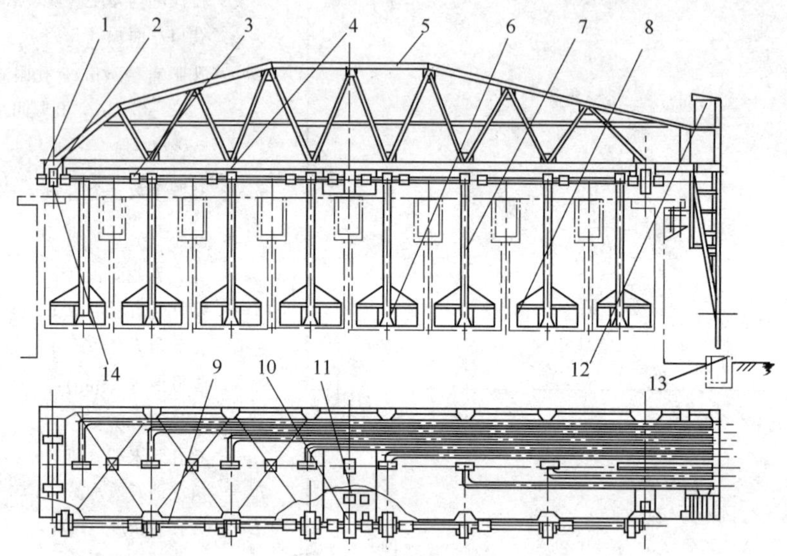


图10-20　虹吸式平流沉淀池吸泥机总体结构

1—轴承装置；2—车轮；3—联轴器；4—中间轴承装置；5—桁车钢架；6—吸口；7—吸泥管；8—集泥器；9—传动轴；10—减速箱；11—电动机；12—电源开关；13—排泥渠；14—钢轨

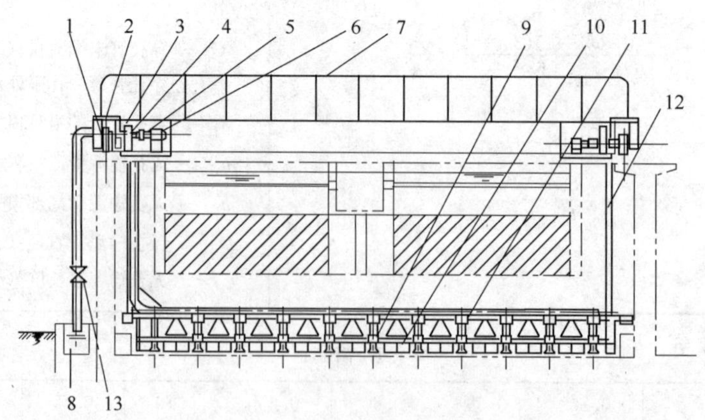


图10-21　虹吸式斜板（斜管）沉淀池吸泥机总体结构

1—钢轨；2—车轮；3—轴承装置；4—减速箱；5—联轴器；6—电动机；7—桁架钢架；8—排泥渠；9—吸口；10—集泥器；11—底架；12—垂直架；13—排泥阀

2）桥式桁架一般用钢制。吸泥机的安装及桁架制造要求同桥式吊车，特别要注意池壁顶部的平整和长轴轴线的准直。

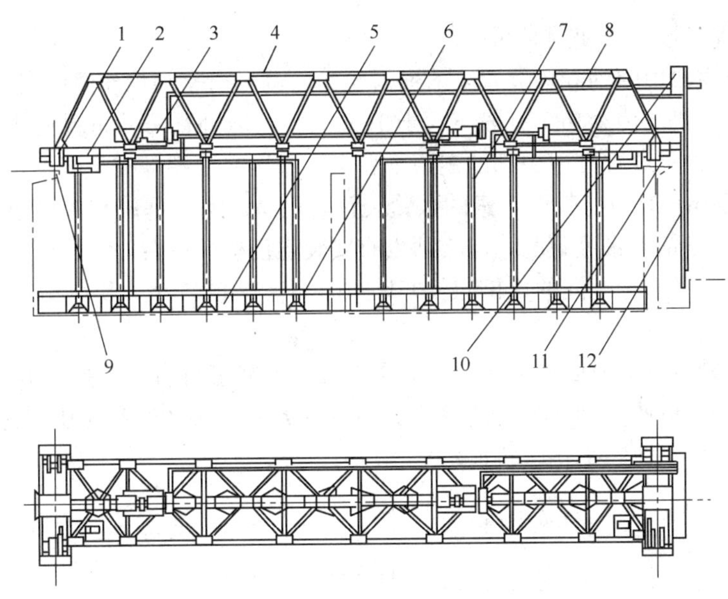


图 10-22 泵吸式吸泥机总体结构

1—车轮；2—传动装置；3—水泵；4—桁架；5—刮泥板；6—吸口；7—吸泥管；8—引水管；9—轨道；10—配电箱；11—行程开关；12—排泥管

3）桁车驱动由电动机、减速箱、皮带等组成。一般采用单一速度（0.6～1.2m/min）运行。如沉淀池较长，大部分积泥集中在池子前半部时亦可采用两种速度运行，池子前后两部分分别采用 0.5m/min 和 1m/min 两种速度。

吸泥机的启动，可由人工操作，也可通过泥位计等控制，其余返驶及停车等动作可由行程开关或 PLC 自动控制。

电源引入装置一般采用钢丝绳悬吊式滑动橡胶软电缆。

4）适用于原水悬浮物含量 1000mg/L 以下的沉淀池排泥，并在沉淀池前设格栅、滤网等拦污设备，拦截较大漂浮物。

5）排出泥浆的平均含水率一般为 99.5%～99.0%（重量比）。

6）桁架式吸泥机中的虹吸式吸泥机具有设备简单、经常管理费用低等优点，有条件时应尽量采用。但当原水悬浮物含量较高、泥砂粒径较大时，以及冰冻地区，则不宜采用。

7）虹吸式吸泥机采用单管直接排泥。虹吸管道一般采用 *DN*50～*DN*80 镀锌钢管，要求排泥水位差为 2.5～3.0m。各吸泥管分别接通压力水管（压力为 0.2～0.3MPa），设有充（引）水阀门，以便各吸泥管可单独形成虹吸排泥。当管子堵塞时，可用压力水反冲。如在冰冻地区采用时，冬季停车必须打开放气阀破坏虹吸，防止排泥管冻裂。

吸泥机吸泥口前端设有刮泥板；吸泥口采用扁口较好，一般宽为 20mm，长 200mm。

8）泵吸式吸泥机采用单管吸泥集中输泥。泥泵可采用卧式离心污水泵；也可采用混流泵或泥浆泵。

（2）钢丝绳牵引式刮泥机

如果沉淀池内装有斜板、斜管，则选用机械排泥设备将受到限制。此时可采用钢丝绳牵引的刮泥机。目前已在给水工程中采用的刮泥机跨度为 4.5～15m。牵引式刮泥机宜采用不锈钢钢丝绳，以延长使用时间。

1）刮泥机主要由驱动卷扬装置，改向滑轮组。刮泥桁车和钢丝绳组成见图 10-23。

2）慢动卷扬机的传动功率一般不大于 1.5kW。卷扬机有两种布置方式，一是设置在池顶端部；另一种是设置在池中部的走道平台上。布置在池端部时土建结构较简单，但当池子过长（>20m）时虽有牵引钢索的张紧装置，仍易松弛下垂；布置在池中时跨度相应减少一半，有利于钢索张紧状况，但必须设有安装卷扬机的平台。

3）刮泥机跨度与轮距间的比例自 4∶1～10∶1。跨度较小，比率取小值；反之，取大值。

4）桁车滚轮可以沿池底轨道运动（见图 10-23），亦可将轨道抬高，滚轮距池底 50cm 左右形成悬挂式，可使滚轴套等离开泥浆区，减少泥砂进入，但刮泥机稳定性不如前者。无论何种形式均要求池底平整，轨道水平、运行方便。

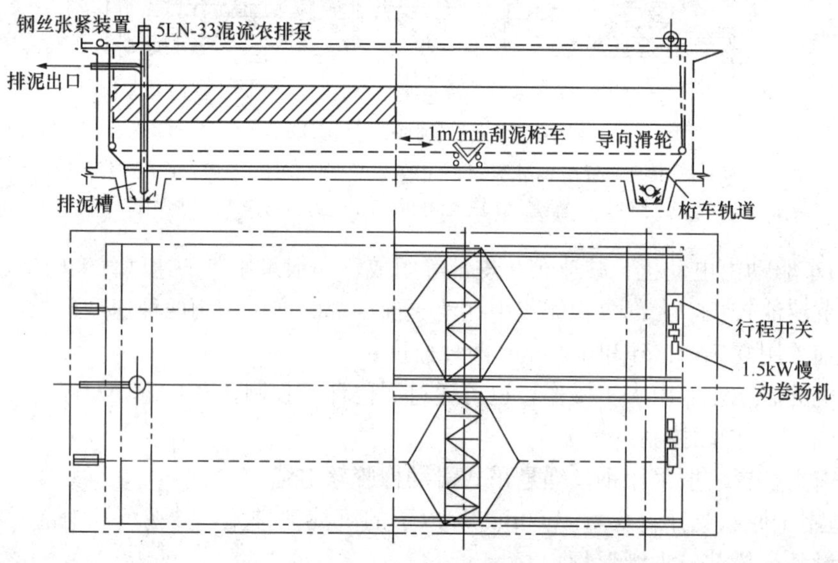


图 10-23　牵引小车式刮泥机（卷扬机在池端）

5）钢丝绳由于长期浸于水下，并交替干、湿运行，故必须考虑腐蚀和温度影响。材质不宜使用人造纤维绳索，一般采用不锈钢。

6）刮泥机为 V 形刮板或直板形刮板，将泥往复刮至两端集泥槽内（当为翻板式刮泥板时，可在沉淀池一端设集泥槽）。集泥槽可利用穿孔管、排泥阀或螺旋除砂器将泥排出。通常使刮泥机与集泥槽的排泥阀联动。当刮泥车刮泥运行到池两端时，可自动使排泥阀打开排泥。

7）刮泥机的往复刮泥行程均由行程开关自动控制。

（3）中心悬挂式刮泥机

该机的结构形式比较简单，主要由户外式电动机、摆线针轮减速机、链传动、蜗轮减速器、传动立轴、水下轴承、刮臂及刮板等部件组成。整台刮泥机的荷载都作用在工作桥架的中心，悬挂式由此得名（见图 10-24）。该机一般用于池径小于 12m 的圆形沉淀池。

此种刮泥方式的设备和池子结构都较简单，但池中底部，有部分死角（可布置一些带喷嘴的压力水管，定期冲洗减少死角积泥，或用水泥作成斜坡，使底部成碗形而无死角）。

为使刮泥效果良好，一般将刮板设计成螺旋线形。

（4）链条牵引式刮泥机

图 10-25 为链条牵引式刮泥机的结构示意。刮泥机由驱动装置、链条组、刮板、张紧装置和导轨等组成。

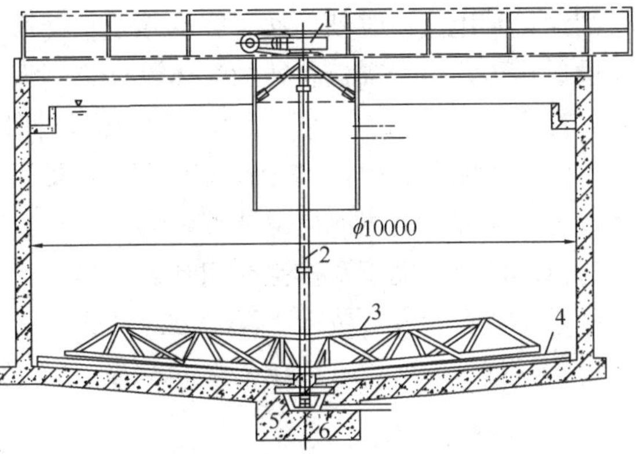

图 10-24　悬挂式中心传动刮泥机总体结构

1—驱动机构；2—传动立轴；3—刮臂；4—刮板；5—水下轴承；6—集泥槽刮板

该刮泥机由驱动装置带动链条组，再由链条带动刮板运动，将底部的积泥刮到一侧的集泥槽。该刮泥机在池上方安装导轨和刮板时，也可兼作撇渣机。

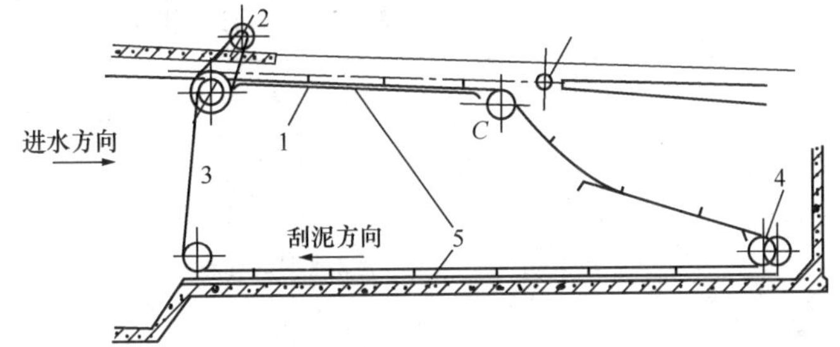

图 10-25　链条牵引式刮泥机总体结构

1—刮板；2—驱动装置；3—链条组；4—张紧装置；5—导轨

（5）液压池底往复式刮泥机

液压池底往复式刮泥机是近年来新出现的一种带有一定污泥浓缩功能的排泥机械。该刮泥机由液压驱动系统、推杆系统、刮板和导轨等组成（见图 10-26）。

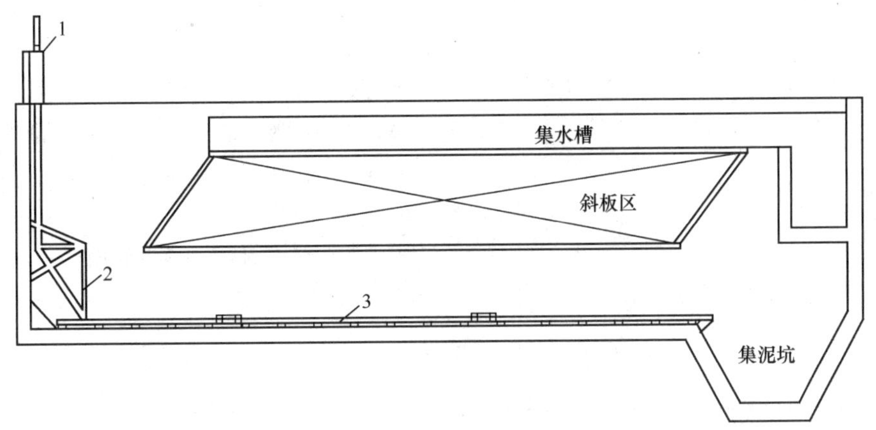

图 10-26　链条牵引式刮泥机总体结构

1—液压驱动装置；2—推杆系统；3—刮板

刮泥机采用液压驱动，通过底部不锈钢楔形刮板的往复运动，将池底积泥推向一侧的集泥槽后排出。由于刮板独特的流体设计，刮泥机在往复运动中可使污泥浓缩，排出污泥浓缩可提高到2%～3%，排出污泥可直接进行脱水处理。

单台液压装置可驱动刮板最宽≤12m，最长≤100m。刮泥机往复运动的频率可根据原水浊度变化和池内积泥情况调整。

**10.1.6.5　排泥管及排空时间计算**

(1) 排泥管管径可按以下经验公式计算：

1）求得 $d_0$（确定 $d_0$ 后应调整 $q_0$）及 $v_0$，再根据沉淀池水深复核排泥管中的流速是否能满足 $v_0$。

2）一般排泥管管径可选用200～300mm。

3）当设置多斗排泥时，需根据池底各泥斗的沉泥负荷情况，选择排泥管管径。

排泥管管径计算公式见表10-11。

**排泥管管径计算公式**　　**表10-11**

| 计算公式 | 设计数据及符号说明 |
| --- | --- |
| 当 $d_p \leqslant 0.07$mm时，<br>$q_0 = 0.157d_0^2(1+3.43\sqrt[4]{Pd_0^{0.79}})$(m³/s)<br>当 $d_p = 0.07 \sim 0.15$mm时，<br>$q_0 = 0.2d_0^2(1+2.48\sqrt[3]{P}\sqrt[4]{d_0})$(m³/s)<br>$P = \dfrac{100C_0}{\left(1-\dfrac{C_0}{\rho_1}\right)\rho + C_0}\%$<br>$v_0 = \dfrac{q_0}{0.785d_0^2}$(m/s)<br>$\Sigma h_0 = i_0 l + \Sigma \xi_0 \dfrac{v_0^2}{2g}$<br>$i_0 = 1.1si$<br>$\xi_0 = 1.1s\xi$ | $d_p$——悬浮物平均粒径（mm）；<br>$q_0$——临界流速时的泥浆流量（计算时可先将排泥耗水量作为 $q_0$ 的参考值代入）（m³/s）；<br>$d_0$——临界流速下的排泥管管径（m）；<br>$P$——泥浆中含砂量的质量百分数（%）；<br>$C_0$——排泥泥浆浓度（也可用沉淀物浓度 $C$ 值）（kg/m³）；<br>$\rho_1$——泥浆中砂的密度（kg/m³）；<br>$\rho$——水的密度（kg/m³）；<br>$v_0$——临界流速（m/s）；<br>$\Sigma h_0$——排泥管中水头损失（m）；<br>$i_0$——输送泥浆之水力坡度；<br>$l$——排泥管长度（m）；<br>$\xi_0$——输送泥浆之局部阻力系数；<br>$i$——当同样水力条件时，输送清水之水力坡度；<br>$s$——泥浆相对密度；<br>$\xi$——输送清水之局部阻力系数，见《给水排水设计手册》第1册《常用资料》 |

(2) 沉淀池排空时间计算

沉淀池排空时间计算公式见表10-12。

沉淀池排空时间计算公式　表 10-12

| 计 算 公 式 | 设计数据及符号说明 |
|---|---|
| $T_1 = 0.7\frac{BL(H_2^{1/2} - H_3^{1/2})}{d^2}$<br>$T_2 = \frac{0.7}{d^2}L\left[B_0(H_3^{1/2} - H_4^{1/2}) + \frac{2}{3i_1}(H_3^{3/2} - H_4^{3/2})\right]$<br>$T_0 = \frac{T_1 + T_2}{3600}$ | $T_1$——排空矩形部分所需时间（s）；<br>$T_2$——排空锥体部分所需时间（s）；<br>$B$——池子宽度（m）；<br>$L$——池子长度（m）；<br>$H_2$——最高水位至排空管口的高度（m）；<br>$H_3$——矩形部分下端至排泥管口的高度（m）；<br>$d$——排水管直径（m）；<br>$B_0$——锥体底部横向宽度（m）；<br>$H_4$——锥体部分下端至排泥管口的高度（m）；<br>$i_1$——锥底横向坡度；<br>$T_0$——排空整个池子所需时间（h），要求不大于 6h |

# 10.2 澄　　清

澄清池是利用池中积聚的泥渣与原水中的杂质颗粒相互接触、吸附，以达到清水较快分离的净水构筑物，可较充分发挥混凝剂的作用和提高澄清效率。

澄清池按泥渣的情况，一般分为泥渣循环（回流）和泥渣悬浮（泥渣过滤）等形式。

## 10.2.1 澄清池形式选择

澄清池是综合混凝和泥水分离过程的净水构筑物。水流基本为上向流。澄清池具有生产能力高、处理效果较好等优点；但有些澄清池对原水的水量、水质、水温及混凝剂等因素的变化影响比较明显。

澄清池一般采用钢筋混凝土结构，小型水池还可用钢板制成。

澄清池形式的选择，主要应根据原水水质、出水要求、生产规模以及水厂布置、地形、地质、排水等条件，进行技术经济比较后决定。其一般优缺点及适用范围见表 10-13。

常用澄清池优缺点及适用范围　表 10-13

| 形 式 | 优 缺 点 | 适 用 条 件 |
|---|---|---|
| 机械搅拌澄清池 | 优点：<br>1. 处理效率高，单位面积产水量较大；<br>2. 适应性较强，处理效果较稳定；<br>3. 采用机械刮泥设备后，对较高浊度水（进水悬浮物含量 3000mg/L 以上）处理也具有一定适应性<br>缺点：<br>1. 需要机械搅拌设备；<br>2. 维修较麻烦 | 1. 进水悬浮物含量一般小于 1000mg/L，短时间内允许达 3000～5000mg/L；<br>2. 一般为圆形池子；<br>3. 适用于大、中型水厂 |

续表

| 形 式 | 优 缺 点 | 适用条件 |
|---|---|---|
| 水力循环澄清池 | 优点：<br>1. 无机械搅拌设备；<br>2. 构造较简单<br>缺点：<br>1. 投药量大；<br>2. 要消耗较大的水头；<br>3. 对水质、水温变化适应性较差 | 1. 进水悬浮物含量一般小于1000mg/L，短时间内允许2000mg/L；<br>2. 一般为圆形池子；<br>3. 适用于大、中型水厂 |
| 脉冲澄清池 | 优点：<br>1. 虹吸式机械设备较为简单；<br>2. 混合充分，布水较均匀；<br>3. 池深较浅便于布置，也适用于平流式沉淀池改建<br>缺点：<br>1. 真空式需要一套真空设备，较为复杂；<br>2. 虹吸式水头损失较大，脉冲周期较难控制；<br>3. 操作管理要求较高，排泥不好影响处理效果；<br>4. 对原水水质和水量变化适应性较差 | 1. 进水悬浮物含量一般小于1000mg/L，短时间内允许达3000mg/L；<br>2. 可建成圆形、矩形或方形池子；<br>3. 适用于大、中、小型水厂 |

## 10.2.2 机械搅拌澄清池

### 10.2.2.1 工作原理

机械搅拌澄清池属于泥渣循环分离型澄清池。其池体主要由第一反应室、第二反应室及分离室三部分组成（见图 10-27）。

机械搅拌澄清池的工作过程为：加过混凝剂的原水由进水管，通过环形配水三角槽下面的缝隙流入第一反应室，与数倍于原水的回流活性泥渣在叶片的搅动下，进行充分地混合和初步反应。然后经叶轮提升至第二反应室继续反应，结成良好的矾花。再经导流室进入分离室，由于过水断面突然扩大，流速急速降低，泥渣依靠重力下沉与清水分离。清水经集水槽引出。下沉泥渣大部分回流到第一反应室，循环流动形成回流泥渣，另一部分泥渣进入泥渣浓缩室排出。

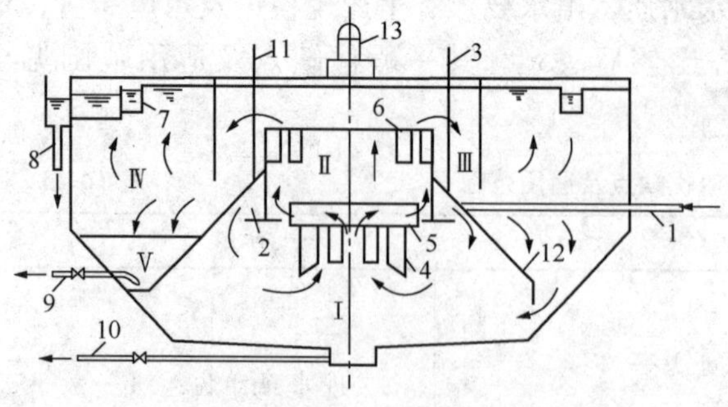


图 10-27 机械搅拌澄清池工作原理

Ⅰ—第一反应室；Ⅱ—第二反应室；Ⅲ—导流室；Ⅳ—分离室；Ⅴ—泥渣浓缩室

1—进水管；2—配水三角槽；3—加药管；4—搅拌叶轮；5—提升叶轮；6—导流板；7—集水槽；8—出水管；9—排水管；10—放空管；11—排气管；12—伞形罩；13—动力装置

### 10.2.2.2 设计要点

（1）第二反应室计算流量(考虑回流因素在内)一般为出水量的 3～5 倍。

（2）清水区上升流速一般采用 0.8～1.0mm/s；当处理低温、低浊水时可采用 0.7～0.9mm/s。

（3）水在池中的总停留时间一般为 1.2～1.5h；第一反应室和第二反应室的停留时间一般控制在 20～30min。第二反应室按计算流量计的停留时间为 0.5～1min。

（4）为使进水分配均匀，可采用

三角配水槽缝隙或孔口出流以及穿孔管配水等；为防止堵塞，也可采用底部进水方式。

(5) 加药点一般设于池外，在池外完成快速混合。第一反应室可设辅助加药管以备投加混凝剂。软化时应将石灰投加在第一反应室内，以防止堵塞进水管道。

(6) 第二反应室应设导流板，其宽度一般为其直径的1/10左右。

(7) 清水区高度为1.5～2.0m。

(8) 底部锥体坡度一般在45°左右。当装有刮泥装置时亦可做成平底。

(9) 集水方式可选用淹没孔集水槽或三角堰集水槽，过孔流速为0.6m/s左右。池径较小时，采用环形集水槽；池径较大时，采用辐射集水槽及环形集水槽。集水槽中流速为0.4～0.6m/s，出水管流速为1.0m/s左右。考虑水池超负荷运行和留有加装斜板（管）的可能，集水槽和进出水管的校核流量宜适当增大。

(10) 进水悬浮物含量经常小于1000mg/L且池径小于24m时，可采用污泥浓缩斗排泥和底部排泥相结合的形式。根据池子大小设置1～3个污泥斗，污泥斗的容积一般约为池容积的1%～4%，小型水池也可只用底部排泥。进水悬浮物含量超过1000mg/L或池径≥24m时应设机械排泥装置。

(11) 污泥斗和底部排泥宜用自动定时的电磁排泥阀、电磁虹吸排泥装置或橡皮斗阀，也可使用手动快开阀人工排泥。

(12) 在进水管、第一反应室、第二反应室、分离区、出水槽等处，可视具体要求设取样管。

(13) 机械搅拌澄清池的搅拌机由驱动装置、提升叶轮、搅拌桨叶和调流装置组成。驱动装置一般采用无级变速电动机，以便根据水质和水量变化调整回流比和搅拌强度；提升叶轮用以将一反应室水体提升至二反应室，并形成澄清区泥渣回流至一反应室；搅拌桨叶用以搅动一反应室水体，促使颗粒接触絮凝；调流装置用作调节回流量。有关搅拌机的具体设计计算详见《给水排水设计手册》第三版第9册《专用机械》。

(14) 搅拌桨叶直径一般为第二反应室内径的70%～80%，高度为一反应室高度的1/3～1/2，宽度为高度的1/3。某些水厂的实践运行经验表明，加长叶片长度、加宽叶片，使叶片总面积增加，搅拌强度增大，有助于改进澄清池处理效果，减少池底积泥。

#### 10.2.2.3 计算公式

机械搅拌澄清池计算公式见表10-14。

**机械搅拌澄清池计算公式　　表10-14**

| 计算公式 | 设计数据及符号说明 |
| --- | --- |
| 第二反应室：<br>$\omega_1 = \frac{Q'}{u_1} = \frac{(3\sim5)Q}{u_1}$<br>$D_1 = \sqrt{\frac{4(\omega_1 + A_1)}{\pi}}$<br>$H_1 = \frac{Q't_1}{\omega_1}$ | $\omega_1$——第二反应室截面积（$m^2$）；<br>$Q'$——第二反应室计算流量（$m^3/s$）；<br>$Q$——净产水能力（$m^3/s$）；<br>$u_1$——第二反应室及导流室内流速（m/s），$u_1=0.04\sim0.07$m/s；<br>$D_1$——第二反应室内径（m）；<br>$A_1$——第二反应室中导流板截面积（$m^2$）；<br>$H_1$——第二反应室高度（m）；<br>$t_1$——第二反应室内停留时间（s）；<br>$t_1=30\sim60$s（按第二反应室计算水量计） |

续表

| 计 算 公 式 | 设计数据及符号说明 |
| --- | --- |
| 导流室：<br>$\omega_2=\omega_1$<br>$D_2=\sqrt{\frac{4}{\pi}\left(\frac{\pi D_1'^2}{4}+\omega_2+A_2\right)}$<br>$H_2=\frac{D_2-D_1'}{2}$<br>（并满足 $H_2\geqslant1.5\sim2.0$m) | $\omega_2$——导流室截面积（$m^2$）；<br>$D_1'$——第二反应室外径（内径加结构厚）(m)；<br>$A_2$——导流室中导流板截面积（$m^2$）；<br>$D_2$——导流室内径（m）；<br>$H_2$——第二反应室出水窗高度（m）； |
| 分离室：<br>$\omega_3=\frac{Q}{u_2}$<br>$\omega=\omega_3+\frac{\pi D_2'^2}{4}$<br>$D=\sqrt{\frac{4\omega}{\pi}}$ | $\omega_3$——分离室截面积（$m^2$）；<br>$u_2$——分离室上升流速（m/s），$u_2=0.0008\sim0.001$m/s；<br>$\omega$——池子总面积（$m^2$）；<br>$D'_2$——导流室外径（内径加结构厚）(m)；<br>$D$——池内径（m）；<br>$V'$——池净容积（$m^3$）；<br>$T$——水在池中停留时间（s），$T=1.2\sim1.5$s； |
| 池深：<br>$V'=3600QT$<br>$V=V'+V_0$<br>$W_1=\frac{\pi}{4}D^2H_4$<br>$W_2=\frac{\pi H_5}{3}\left[\left(\frac{D}{2}\right)^2+\frac{D}{2}\frac{D_T}{2}+\left(\frac{D_T}{2}\right)^2\right]$<br>或<br>$W_3=\frac{1}{3}\pi H_6\left(\frac{D_T}{2}\right)^2$<br>$H=H_4+H_5+H_6+H_0$ | $V$——池子计算容积（$m^3$）；<br>$V_0$——考虑池内结构部分所占容积（$m^3$）；<br>$W_1$——池圆柱部分容积（$m^3$）；<br>$H_4$——池直壁高度（m）；<br>$W_2$——池圆台容积（$m^3$）；<br>$H_5$——圆台高度（m）；<br>$\alpha$——圆台斜边倾角（°）；<br>$D_T$——圆台底直径（m）；<br>$W_3$——池底球冠或圆锥容积（$m^3$）；<br>$H_6$——池底球冠或圆锥高度（m）；<br>$R$——球冠半径（m）；<br>$H$——池总高（m）；<br>$H_0$——池超高（m）； |
| 配水三角槽：<br>$B_1=\sqrt{\frac{1.10Q}{u_3}}$ | $B_1$——三角槽直角边长（m）；<br>$u_3$——槽中流速（m/s），$u_3=0.5\sim1.0$m/s；<br>1.10——考虑池排泥耗水量10%； |
| 第一反应室：<br>$D_3=D_1'+2B_1+2\delta_3$<br>$H_7=H_4+H_5-H_1-\delta_3$<br>$D_4=\frac{D_T+D_3}{2}+H_7$<br>$\omega_6=\frac{Q''}{u_4}$<br>$B_2=\frac{\omega_6}{\pi D_4}$<br>$D_5=D_4-2(\sqrt{2}B_2+\delta_4)$<br>$H_8=D_4-D_5$ | $D_3$——第一反应室上端直径（m）；<br>$\delta_3$——见图 10-28；<br>$H_7$——第一反应室高（m）；<br>$D_4$——伞形板延长线与池壁交点处直径（m）；<br>$\omega_6$——回流缝面积（$m^2$）；<br>$Q''$——泥渣回流量（$m^3$/s）；<br>$u_4$——泥渣回流缝流速（m/s）；<br>$u_4=0.10\sim0.20$；<br>$B_2$——回流缝宽（m）；<br>$\delta_4$——见图 10-28；<br>$D_5$——伞形板下端圆柱直径（m）； |

续表

| 计 算 公 式 | 设计数据及符号说明 |
| --- | --- |
| $H_{10}=\frac{D_5-D_T}{2}$<br>$H_9=H_7-H_8-H_{10}$<br>$V_1=\frac{\pi H_9}{12}(D_3^2+D_3D_5+D_5^2)+\frac{\pi D_5^2}{4}H_8+\frac{\pi H_{10}}{12}(D_5^2+D_5D_T+D_T^2)+W_3$<br>$V_2=\frac{\pi}{4}D_1^2H_1+\frac{\pi}{4}(D_2^2-D_1^2)(H_1-B_1)$<br>$V_3=V'-(V_1+V_2)$ | $H_8$——伞形板下檐圆柱体高度（m）；<br>$H_{10}$——伞形板离池底高度（m）；<br>$H_9$——伞形板锥部高度（m）；<br>$V_1$——第一反应室容积（$m^3$）；<br>$V_2$——第二反应室容积（$m^3$）；<br>$V_3$——分离室容积（$m^3$）； |
| 集水槽：<br>$h_2=\frac{q}{u_5b}$<br>$h_1=\sqrt{\frac{2h_k^3}{h_2}+\left(h_2-\frac{iL}{3}\right)^2}-\frac{2}{3}iL$<br>$h_k=\sqrt[3]{\frac{\alpha Q^2}{gb^2}}$ | $h_2$——槽终点水深（m）；<br>$q$——槽内流量（$m^3/s$）；<br>$u_5$——槽内流速（m/s），$u_5$=0.4～0.6m/s；<br>$b$——槽宽（m）；<br>$h_1$——槽起点水深（m）；<br>$h_k$——槽临界水深（m）；<br>$i$——槽底坡；<br>$L$——槽长度（m）； |
| 排泥及排水：<br>$V_4=0.01V'$<br>$T_0=\frac{10^4V_4(100-P)\rho}{(S_1-S_4)Q}$<br>$q_1=\mu\omega_0\sqrt{2gh}$<br>$\mu=\frac{1}{\sqrt{1+\frac{\lambda l}{d}\Sigma\xi}}$<br>$t_0=\frac{V_5}{q_1}$ | $V_4$——污泥浓缩室总容积（$m^3$）；<br>$T_0$——排泥周期（s）；<br>$P$——浓缩泥渣含水率（%），$P$=98%左右；<br>$\rho$——浓缩泥渣密度（$t/m^3$）；<br>$S_1$——进水悬浮物含量（$g/m^3$）；<br>$S_4$——出水悬浮物含量（$g/m^3$）；<br>$q_1$——排泥流量（$m^3/s$）；<br>$\omega_0$——排泥管断面积（$m^2$）；<br>$\mu$——流量系数；<br>$h$——排泥水头（m）；<br>$d$——排泥管管径（m）；<br>$\xi$——局部阻力系数；<br>$\lambda$——摩阻系数，可取排泥管$\lambda$=0.03；<br>$t_0$——排泥历时（s）；<br>$V_5$——单个污泥浓缩室容积（$m^3$） |

#### 10.2.2.4 计算例题

**【例 10-5】**已知条件：设计规模为 800$m^3$/h（0.222$m^3$/s），制水能力 $Q=1.05\times$800$m^3$/h=840$m^3$/h =0.233$m^3$/s（其中 5%为厂用水量），并要求保留有加装斜板条件。

进水悬浮物含量一般≤1000mg/L。出水悬浮物含量≤5mg/L。

本池计算按不加斜板进行，但为保留以后加设斜板（管）的条件，在计算过程中对进出水、集水等系统按 2$Q$ 校核，其他有关工艺数据采用低限。计算示例见图 10-28～图 10-34。

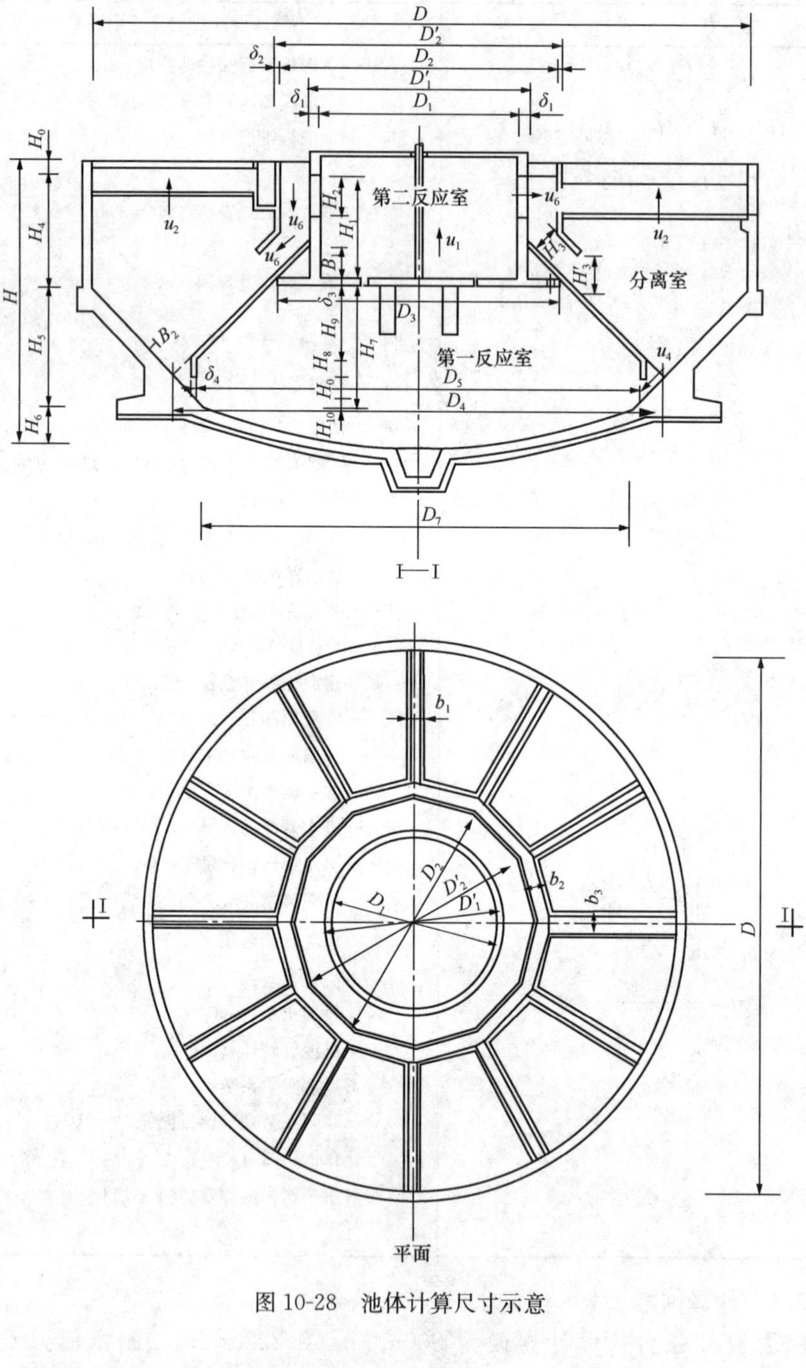

图 10-28 池体计算尺寸示意

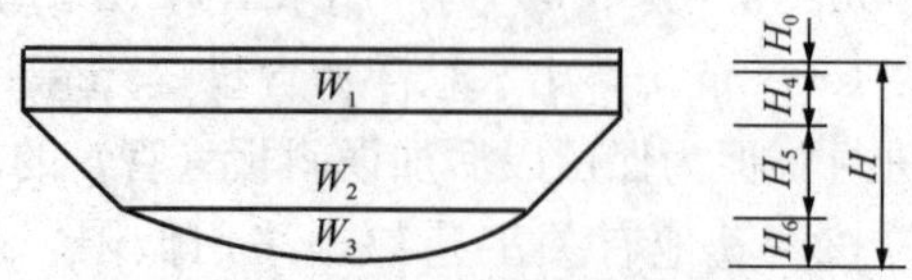

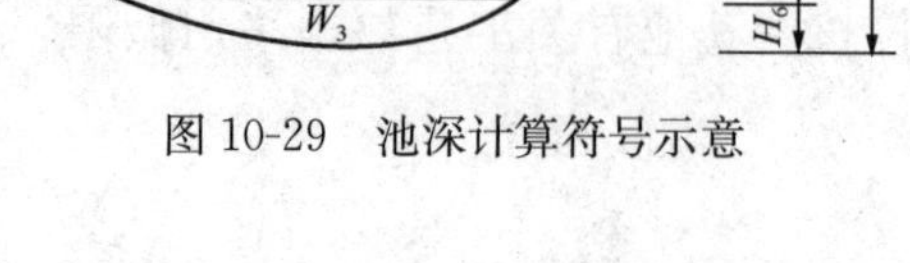

图 10-29 池深计算符号示意

**【解】**计算：

(1) 第二反应室：

设第二反应室内导流板截面积 $A_1$ 为 0.035m²，$u_1$=40mm/s

$$\omega_1=\frac{5Q}{u_1}=\frac{5\times0.233}{0.04}=29.13\text{m}^2$$

$$D_1=\sqrt{\frac{4(\omega_1+A_1)}{\pi}}=\sqrt{\frac{4(29.13+0.035)}{\pi}}=6.09\text{m}$$

取第二反应室直径 $D_1$=6.0m，反应室壁厚 $\delta_1$=0.25m

$$D'_1=D_1+2\delta_1=6+2\times0.25=6.5\text{m}$$

$$H_1=\frac{Q't_1}{\omega_1}=\frac{1.165\times60}{\frac{\pi}{4}\times6.0^2}=2.47\text{m}\ (\text{取}\ t_1=60\text{s，实际取为}\ 2.56\text{m})$$

(2) 导流室

导流室中导流板截面积：$A_2=A_1=0.035\text{m}^2$

导流室面积：$\omega_1=\omega_2=29.13\text{m}^2$

$$D_2=\sqrt{\frac{4}{\pi}\left(\frac{\pi D_1'^2}{4}+\omega_2+A_2\right)}=\sqrt{\frac{4}{\pi}\left(\frac{\pi\times6.5^2}{4}+29.13+0.035\right)}=8.91\text{m}$$

取导流室直径 $D_2$ 为 8.9m，导流室壁厚 $\delta_2$=0.1m，

$$D'_2=D_2+2\delta_2=8.9+2\times0.1=9.1\text{m}$$

$$H_2=\frac{D_2-D'_1}{2}=\frac{8.9-6.5}{2}=1.2\text{m}\text{，设计中取用}\ H_2=1.1\text{m}$$

导流室出口流速 $u_6$=0.04m/s，则出口面积

$$A_3=\frac{Q'}{u_6}=\frac{0.233\times5}{0.04}=29.13\text{m}^2$$

则出口截面宽

$$H_3=\frac{2A_3}{\pi(D_2+D'_1)}=\frac{2\times29.13}{\pi(8.9+6.5)}=1.20\text{m}$$

出口垂直高度 $H'_3=\sqrt{2}H_3=1.414\times1.2=1.70\text{m}$

(3) 分离室

取 $u_2$=0.001m/s

分离室面积：

$$\omega_3=\frac{Q}{u_2}=\frac{0.233}{0.001}=233\text{m}^2$$

池总面积：

$$\omega=\omega_3+\frac{\pi D_2'^2}{4}=298.04\text{m}^2$$

池直径：

$$D=\sqrt{\frac{4\omega}{\pi}}=\sqrt{\frac{4\times298.04}{\pi}}=19.48\text{m}$$

取池直径为 19.5m，半径 $R$=9.75m

(4) 池深计算

池深见图 10-29，取池中停留时间 $T$ 为 1.5h。

有效容积：$V'=3600QT=1260\text{m}^3$

考虑增加 4%的结构容积，则池计算总容积：

$$V=(1+0.04)V'=1.04\times1260=1310.4\text{m}^3$$

取池超高：$H_0=0.3\text{m}$

设池直壁高：$H_4=1.8\text{m}$

池直壁部分容积：

$$W_1=\frac{\pi}{4}D^2H_4=\frac{\pi}{4}\times19.5^2\times1.8=537.57\text{m}^3$$

$$W_2+W_3=V-W_1=1310.4-537.57=772.83\text{m}^3$$

取池圆台高度：$H_5=3.7\text{m}$，池圆台斜边倾角为 45°，则底部直径：

$$D_\text{T}=D-2H_5=19.5-2\times3.7=12.1\text{m}$$

本池池底采用球壳式结构，取球冠高 $H_6=1.05\text{m}$

圆台容积：

$$W_2=\frac{\pi H_5}{3}\left[\left(\frac{D}{2}\right)^2+\frac{D}{2}\frac{D_\text{T}}{2}+\left(\frac{D_\text{T}}{2}\right)^2\right]$$
$$=\frac{3.7\pi}{3}(9.75^2+9.75\times6.05+6.05^2)=738.71\text{m}^3$$

球冠半径：

$$R_{球}=\frac{D_\text{T}^2+4H_6^2}{8H_6}=\frac{12.1^2+4\times1.05^2}{8\times1.05}=17.95\text{m}$$

球冠体积：

$$W_3=\pi H_6^2\left(R_{球}-\frac{H_6}{3}\right)=\pi\times1.05^2\left(17.95-\frac{1.05}{3}\right)=60.96\text{m}^3$$

池实际有效容积：

$$V=W_1+W_2+W_3=537.57+738.71+60.96=1337.24\text{m}^3$$

$$V'=\frac{V}{1.04}=\frac{1337.24}{1.04}=1285.81\text{m}^3$$

停留时间：

$$T=\frac{1285.81\times1.5}{1260}=1.53\text{h}$$

池总高：

$$H=H_0+H_4+H_5+H_6=0.30+1.80+3.7+1.05=6.85\text{m}$$

(5) 配水三角槽

进水增加 10%的排泥水量，设槽内流速 $u_3=0.5\text{m/s}$

$$B_1=\sqrt{\frac{1.10\times0.222}{0.5}}=0.70\text{m},取\ B_1=0.76\text{m}$$

三角配水槽采用孔口出流，孔口流速同 $u_3$，则出水孔总面积：

$$\frac{1.1Q}{\mu_3}=\frac{1.1\times0.233}{0.5}=0.5126\text{m}^2$$

采用孔口 $d=0.1\text{m}$，则出水孔数：

$$\frac{0.5126\times 4}{\pi\times 0.1^2}=65.27\text{个}$$

为施工方便采取沿三角槽每 5°设置一孔共 72 孔。孔口实际流速

$$u_3=\frac{1.1\times 0.233\times 4}{0.1^2\times 72\pi}=0.45\text{m/s}$$

（6）第一反应室

第二反应室底板厚：$\delta_3=0.15\text{m}$

$$D'_3=D'_1+2B_1+2\delta_3=6.5+2\times 0.76+2\times 0.15=8.32\text{m}$$

$$H_7=H_4+H_5-H_1-\delta_3=1.8+3.7-2.56-0.15=2.79\text{m}$$

$$D_4=\frac{D_T+D_3}{2}+H_7=\frac{12.1+8.32}{2}+2.79=13\text{m}$$

取 $u_4=0.15\text{m/s}$，泥渣回流量：$Q''=4Q$

回流缝宽度：

$$B_2=\frac{4Q}{\pi Q_4 u_4}=\frac{4\times 0.233}{\pi\times 13\times 0.15}=0.152\text{m,取 }B\text{ 为 }0.18\text{m}$$

设裙板厚：$\delta_4=0.06\text{m}$

$$D_5=D_4-2(\sqrt{2}B_2+\delta_4)=13-2(\sqrt{2}\times 0.18+0.06)=12.37\text{m}$$

按等腰三角形计算：

$$H_8=D_4-D_5=13-12.37=0.63\text{m}$$

$$H_{10}=\frac{D_5-D_\text{T}}{2}=\frac{12.37-12.1}{2}=0.14\text{m}$$

$$H_9=H_7-H_8-H_{10}=2.79-0.63-0.14=2.02\text{m}$$

（7）容积计算

$$V_1=\frac{\pi H_9}{12}(D_3^2+D_3D_5+D_5^2)+\frac{\pi D_5^2}{4}H_8+\frac{\pi H_{10}}{12}(D_5^2+D_5D_\text{T}+D_\text{T}^2)+W_3=325.09\text{m}^3$$

$$V_2=\frac{\pi}{4}D_1^2H_1+\frac{\pi}{4}(D_2^2-D_1^2)(H_1-B_1)=124.63\text{m}^3$$

$$V_3=V'-(V_1+V_2)=836.09\text{m}^3$$

则实际各室容积比：

二反应室∶一反应室∶分离室＝124.63∶325.09∶836.09＝1∶2.61∶6.71，池各室停留时间分别为 8.9min、23.2min 和 59.7min。

（8）集水系统

本池因池径较大采用辐射式集水槽和环形集水槽集水。

设计时辐射槽、环形槽、总出水槽之间按水面连接考虑，见图 10-30。

据要求本池考虑加装斜板（管）可能，所以对集水系统除按设计水量计算外，还以 2Q 进行校核，决定槽断面尺寸。

辐射集水槽（全池共设 12 根）

$$q_1=\frac{Q}{12}=\frac{0.233}{12}=0.0194\text{m}^3/\text{s}$$

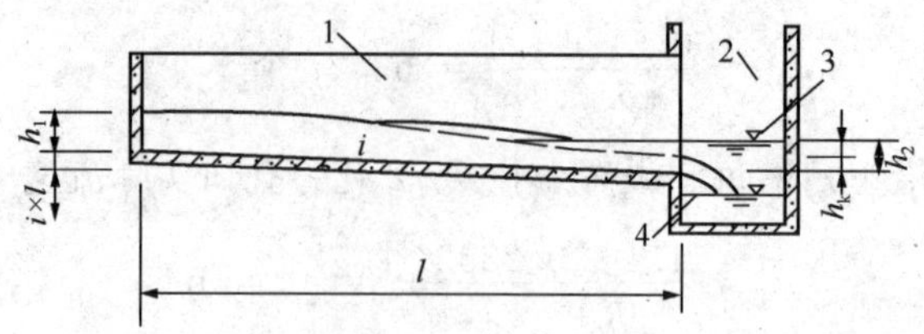


图 10-30　辐射槽计算示意

1—辐射集水槽；2—环形集水槽；3—淹没出流；4—自由出流

设辐射槽宽：$b_1=0.25$m，槽内水流流速为 $v_{51}=0.4$m/s，槽底坡降 $iL=0.1$m，槽内终点水深：

$$h_2=\frac{q_1}{v_{51}b_1}=\frac{0.0194}{0.4\times0.25}=0.194\text{m}$$

临界水深：

$$h_k=\sqrt[3]{\frac{\alpha q_1^2}{gb^2}}=\sqrt[3]{\frac{1\times0.0194^2}{9.81\times0.25^2}}=0.085\text{m}$$

槽内起点水深：

$$h_1=\sqrt{\frac{2h_k^3}{h_2}+\left(h_2-\frac{iL}{3}\right)^2}-\frac{2}{3}iL$$

$$=\sqrt{\frac{2\times0.085^3}{0.194}+\left(0.194-\frac{0.1}{3}\right)^2}-\frac{2}{3}\times0.1=0.113\text{m}$$

按 $2q_1$ 校核，取槽内水流流速 $v_{51}'=0.6$m/s

$$h_2=\frac{2\times0.0194}{0.6\times0.25}=0.259\text{m}$$

$$h_k=\sqrt[3]{\frac{1\times0.0388^2}{9.81\times0.25^2}}=0.135\text{m}$$

$$h_1=\sqrt{\frac{2\times0.135^3}{0.259}+\left(0.259-\frac{0.1}{3}\right)^2}-\frac{2}{3}\times0.1=0.198\text{m}$$

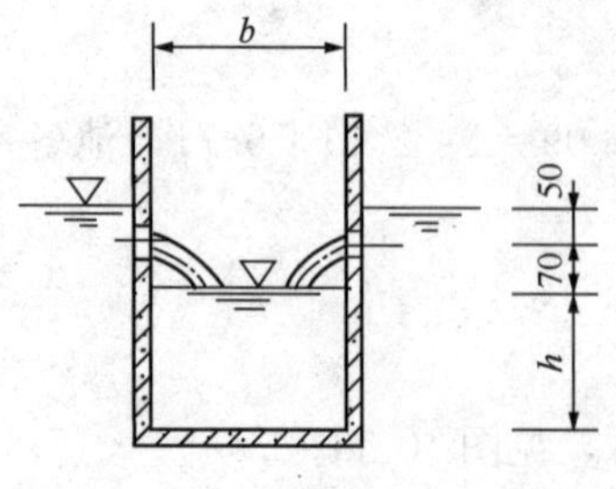


图 10-31　槽高计算示意

设计取槽内起点水深为 0.20m，槽内终点水深为 0.30m，孔口出流孔口前水位 0.05m，孔口出流跌落 0.07m，槽超高 0.2m，见图 10-31。

槽起点断面高为 0.20+0.07+0.05+0.20=0.52m

槽终点断面高为 0.30+0.07+0.05+0.20=0.62m

环形集水槽：

$$q_2=\frac{Q}{2}=\frac{0.233}{2}=0.117\text{m}^3/\text{s},取\ v_{52}=0.6\text{m/s}$$

槽宽 $b_2$ 为 0.5m，考虑施工方便槽底取为平底则 $iL=0$，槽内终点水深：

$$h_4=\frac{0.177}{0.6\times0.5}=0.39\text{m}$$

$$h_k = \sqrt[3]{\frac{\alpha q_2^2}{gb^2}} = \sqrt[3]{\frac{1 \times 0.117^2}{9.81 \times 0.5^2}} = 0.177\text{m}$$

槽内起点水深：

$$h_3 = \sqrt{\frac{2h_k^3}{h_4} + h_4^2} = \sqrt{\frac{2 \times 0.177^3}{0.39} + 0.39^2} = 0.42\text{m}$$

流量增加一倍时，设槽内流速 $v'_{52}=0.8\text{m/s}$

$$h_4 = \frac{0.233}{0.8 \times 0.5} = 0.58\text{m}$$

$$h_k = \sqrt[3]{\frac{1 \times 0.233^2}{9.81 \times 0.5^2}} = 0.28\text{m}$$

$$h_3 = \sqrt{\frac{2 \times 0.28^3}{0.58} + 0.58^2} = 0.64\text{m}$$

设计取用环槽内水深为 0.6m，槽断面高为 0.6+0.07+0.05+0.30=1.02m（槽超高定为 0.3m）。

总出水槽：设计流量为 $Q=0.233\text{m}^3/\text{s}$，槽宽 $b_3=0.7\text{m}$，$n=0.013$。总出水槽按矩形渠道计算，槽内水流流速 $v_{53}=0.8\text{m/s}$，槽底坡降 $iL=0.20\text{m}$，槽长为 5.3m。

槽内终点水深：

$$h_6 = \frac{Q}{v_{53}b_3} = \frac{0.233}{0.8 \times 0.7} = 0.416\text{m}$$

$$A = \frac{Q}{v_{53}} = \frac{0.233}{0.8} = 0.2913\text{m}^2$$

$$R = \frac{A}{\rho} = \frac{0.2913}{2 \times 0.416 + 0.7} = 0.1901$$

$$y = 2.5\sqrt{n} - 0.13 - 0.75\sqrt{R}(\sqrt{n} - 0.10)$$

$$= 2.5\sqrt{0.013} - 0.13 - 0.75\sqrt{0.1901}(\sqrt{0.013} - 0.10) = 0.1505$$

$$C = \frac{1}{n}R^y = \frac{1}{0.013} \times 0.1901^{0.1505} = 59.916$$

$$i = \frac{v_{53}^2}{RC^2} = \frac{0.8^2}{0.1901 \times 59.916^2} = 0.00094$$

槽内起点水深：

$$h_5 = h_6 - il + 0.0094 \times 5.3 = 0.221\text{m}$$

流量增加一倍时，设槽内流速 $v_{53}'=0.9\text{m/s}$，同样计算得到：

$$h'_6 = \frac{Q}{v'_{53}b_3} = \frac{0.466}{0.9 \times 0.7} = 0.74\text{m}$$

$$A=\frac{Q}{v'_{53}}=\frac{0.466}{0.9}=0.518\text{m}^2$$

$$R=\frac{A}{\rho}=\frac{0.518}{2\times0.74+0.7}=0.238$$

$$y=2.5\sqrt{0.013}-0.13-0.75\sqrt{0.238}(\sqrt{0.013}-0.10)=0.15$$

$$C=\frac{1}{n}R^{y}=\frac{1}{0.013}\times0.238^{0.15}=62.015$$

$$i=\frac{0.9^2}{0.238\times62.015^2}=0.00089$$

槽内起点水深：

$$h'_5=0.74-0.2+0.0089\times5.3=0.545\text{m}$$

设计取槽内起点水深为 0.60m，槽内终点水深为 0.80m。

槽超高 0.3m，按设计流量计算得从起辐射点至总出水槽终点的水面坡降为：

$$\begin{aligned}h&=(h_1+iL-h_2)+(h_3-h_4)+iL\\&=(0.113+0.1-0.194)+(0.42-0.39)+0.00094\times5.3\\&=0.054\text{m}\end{aligned}$$

设计流量增加一倍时，该值为：

$$h=(0.169+0.1-0.259)+(0.64-0.58)+(0.545+0.2-0.74)=0.08\text{m}$$

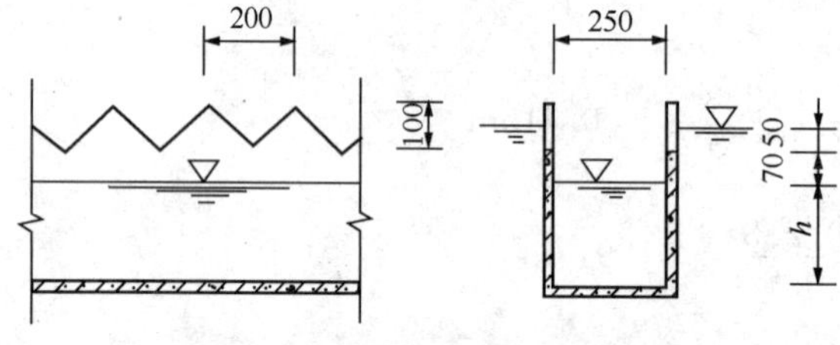

图 10-32　辐射集水槽三角堰计算示意

辐射集水槽采用钢板焊制三角堰集水槽（见图 10-32），取堰高 $C=0.10\text{m}$，堰宽 $b=0.20\text{m}$，即 90°三角堰，堰上水头 $h=0.05\text{m}$。

单堰流量：

$$\begin{aligned}q_0&=1.4h^{2.5}=1.4\times0.5^{2.5}\\&=0.000783\text{m}^3/\text{s}\end{aligned}$$

辐射集水槽每侧三角堰数目：

$$n=\frac{q_1}{2q_0}=\frac{0.0194}{2\times0.000783}=12.39\text{个}$$

加设斜板（管）流量增加一倍则 $n$ 增加为 24.78 个，参照辐射集水槽长度及上述计算，取集水槽每侧三角堰的个数为 22 个。

(9) 排泥及排水计算

污泥浓缩室：总容积根据经验按池总容积的 1%考虑：

$$V'_4=0.01V'=0.01\times1285.8=12.86\text{m}^3$$

分设三斗，每斗容积 4.29m³。设污泥斗上底面积：

$$\begin{aligned}S_{上}&=2.8\times2.03+\frac{2}{3}\times2.8\times h_{斗}\\&=2.8\times2.03+\frac{2}{3}\times2.8\times0.12=5.91\text{m}^2\end{aligned}$$

式中

$$h_{斗}=R_1^2-\sqrt{R_1^2-1.4^2}=8.55-\sqrt{8.55^2-1.4^2}=0.12\text{m}$$

下底面积：$S_{下}=0.45^2=0.2025\text{m}^2$

污泥斗容积：

$$V_{斗}=\frac{1.7}{3}(5.91+0.2025+\sqrt{5.91\times0.2025})=4.08\text{m}^3$$

排泥斗见图 10-33。

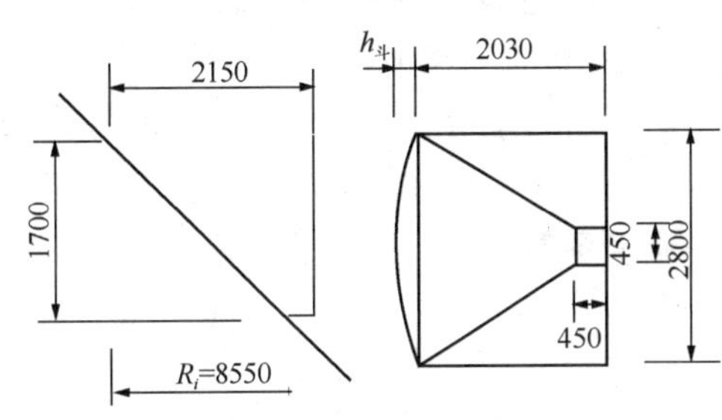

图 10-33　排泥斗计算示意

三斗容积 $V_4=4.08\times3=12.24\text{m}^3$

污泥斗总容积为池容积的 0.95%

排泥周期：本池在重力排泥时进水悬浮物含量 $S_1$ 一般≤1000mg/L，出水悬浮物含量 $S_4$ 一般≤5mg/L，污泥含水率 $P=98\%$，浓缩污泥密度 $\rho=1.02\text{t/m}^3$。

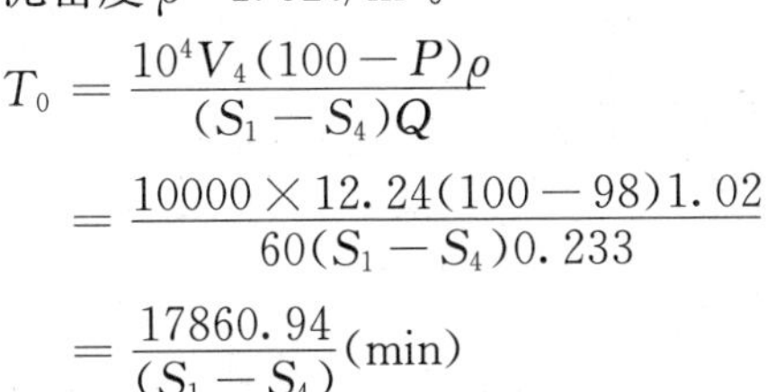

$$T_0=\frac{10^4V_4(100-P)\rho}{(S_1-S_4)Q}=\frac{10000\times12.24(100-98)1.02}{60(S_1-S_4)0.233}=\frac{17860.94}{(S_1-S_4)}(\text{min})$$

$S_1-S_4$ 与 $T_0$ 关系值见表 10-15。

**$S_1-S_4$ 与 $T_0$ 关系值**　　　　**表 10-15**

| $S_1-S_4$ | 90 | 190 | 290 | 390 | 490 | 590 | 690 | 790 | 890 | 995 |
|---|---|---|---|---|---|---|---|---|---|---|
| $T_0$ | 98.5 | 94.0 | 61.6 | 45.8 | 36.5 | 30.3 | 25.9 | 22.6 | 20.1 | 18.0 |

排泥历时：设污泥斗排泥管为 $DN100$，其断面：

$$\omega_{01}=\frac{\pi0.1^2}{4}=0.00785\text{m}^2$$

电磁排泥阀适用水压 $h\leqslant0.04\text{MPa}$，取 $\lambda=0.03$，管长 $l=5\text{m}$。

局部阻力系数：

$$\Sigma\xi=6.45$$

流量系数：

$$\mu=\frac{1}{\sqrt{1+\frac{\lambda l}{d}+\Sigma\xi}}=\frac{1}{\sqrt{1+\frac{0.03\times5}{0.1}+6.45}}=0.33$$

排泥流量：

$$q_1=\mu\frac{\pi0.1^2}{4}\sqrt{2gh}=0.33\times\frac{\pi0.1^2}{4}\sqrt{2\times9.81\times4}=0.0229\text{m}^3/\text{s}$$

排泥历时：

$$t_0=\frac{4.08}{0.0229}=178.16\text{s}$$

放空时间计算：设池底中心排空管直径 $DN250$，

$$\omega_{02}=\frac{\pi 0.25^2}{4}=0.04909\text{m}^2$$

本池开始放空时水头为池运行水位至池底管中心高差 $H_2$，见图 10-34。

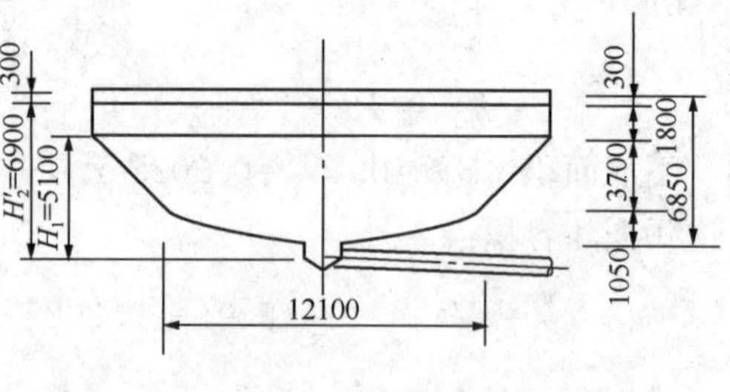


图 10-34 放空管示意

取 $\lambda=0.03$，管长 $l=15$m

局部阻力系数

$$\Sigma\xi=2.0$$

流量系数：

$$\mu=\frac{1}{\sqrt{1+\dfrac{\lambda l}{d}+\Sigma\xi}}=\frac{1}{\sqrt{1+\dfrac{0.03\times15}{0.25}+2}}=0.46$$

瞬时排水量：

$$q=\mu\omega_{02}\sqrt{2gH'_2}=0.46\times0.04909\sqrt{2\times9.81\times6.9}=0.263\text{m}^3/\text{s}$$

放空时间：

$$t=t_1+t_2=2K_1(H'^{\frac{1}{2}}_2-H'^{\frac{1}{2}}_1)+2K_2(D^2_{\text{T}}H'^{\frac{1}{2}}_1+\frac{4}{3}D_{\text{T}}H'^{\frac{3}{2}}_1\cot\alpha+\frac{4}{5}H'^{\frac{5}{2}}_1\cot^2\alpha)(\text{s})$$

式中：

$$K_1=\frac{D^2}{\mu d^2\sqrt{2g}}=\frac{19.5^2}{0.46\times0.25^2\times\sqrt{2\times9.81}}=2979.82$$

$$K_2=\frac{1}{\mu d^2\sqrt{2g}}=\frac{1}{0.46\times0.25^2\times\sqrt{2\times9.81}}=7.85$$

$$\alpha=45^\circ,\cot\alpha=1,D_{\text{T}}=12.1$$

$$t=2\times2979.82\times(6.9^{\frac{1}{2}}-5.1^{\frac{1}{2}})+2\times7.85$$
$$\times\left(12.1^2+5.1^{\frac{1}{2}}+\frac{4}{3}\times12.1\times5.1^{\frac{3}{2}}+\frac{4}{5}\times5.1^{\frac{5}{2}}\right)$$
$$=11042.03\text{s}=3.07\text{h}$$

#### 10.2.2.5 机械搅拌澄清池布置形式

(1) 常用的机械搅拌澄清池的布置见图 10-35、图 10-36。

1) 适用条件：

① 进水悬浮物含量：

a. 无机械刮泥：一般不超过 1000mg/L，较短时间内不超过 3000mg/L。

b. 有机械刮泥：一般不超过 1000～5000mg/L，短时间内不超过 10000mg/L；如经常超过 5000mg/L 时，应考虑预沉。

② 出水悬浮物含量一般不大于 5mg/L，短时间不大于 10mg/L。

③ 适用于非保温地区及采暖计算室外气温等于或高于－12℃的地区。完工后准许地

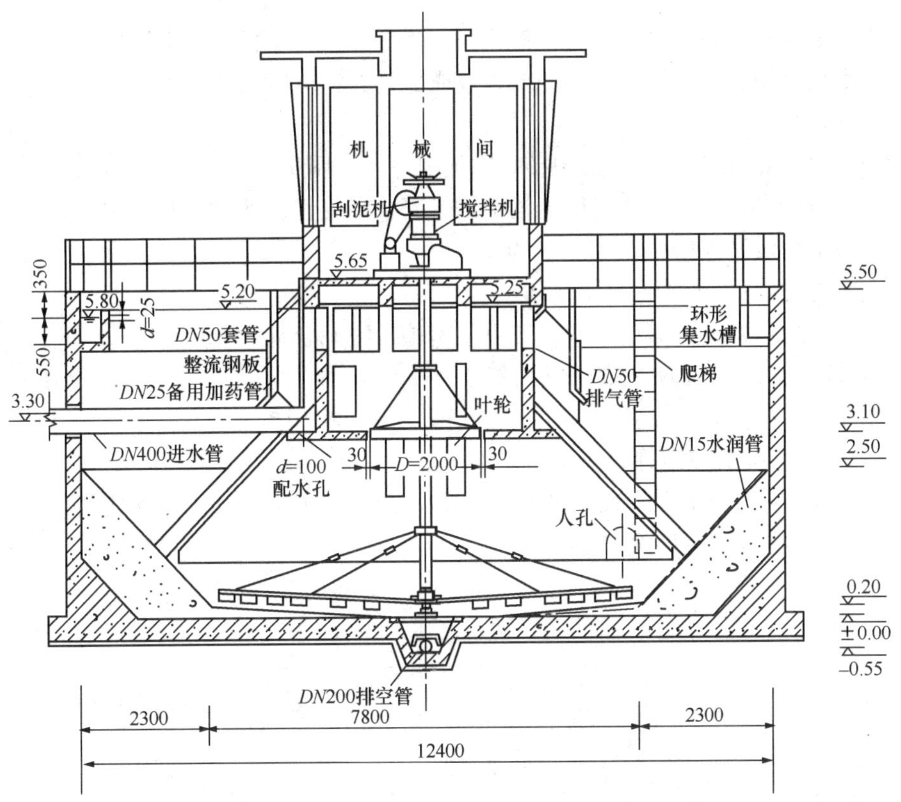


图 10-35　平板底机械搅拌澄清池

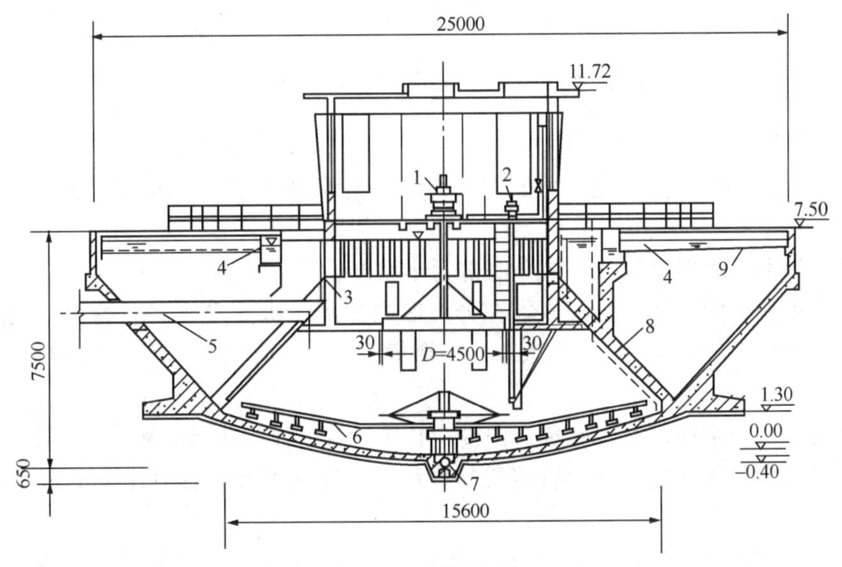


图 10-36　锥、球壳底机械搅拌澄清池

1—搅拌机；2—刮泥机；3—备用加药管；4—集水孔；5—进水管；6—刮泥机刮臂；7—放空管；8—水润管；9—集水槽

下水位标高为2.5m。

④ 适用于地耐力 $R \geqslant 100$kPa、抗震设防烈度为8度以下的地震区。

⑤ 进水悬浮物含量经常超过1000mg/L或池径≥24m时设置刮泥机。

⑥ 池型布置有两种：

a. 200～320$m^3$/h时采用直形池壁，平板池底，见图10-35。

b. 430～1800$m^3$/h时采用直筒壳池壁，锥壳、球壳组合池底，见图10-36。

2）主要工艺设计数据：

① 上升流速：1mm/s。

② 停留时间：1.5h，其中第一、二反应室停留时间合计30min左右。

③ 提升流量：5倍处理水量。

④ 泥渣浓度：重力排泥20kg/$m^3$，含水率98%；机械排泥50kg/$m^3$，含水率95%。

（2）其他类型的机械搅拌澄清池布置：

1）大型坡度机械搅拌澄清池（见图10-37）：是适应水量大、原水浊度较高和浊度变化较大的一种大型机械搅拌澄清池布置。

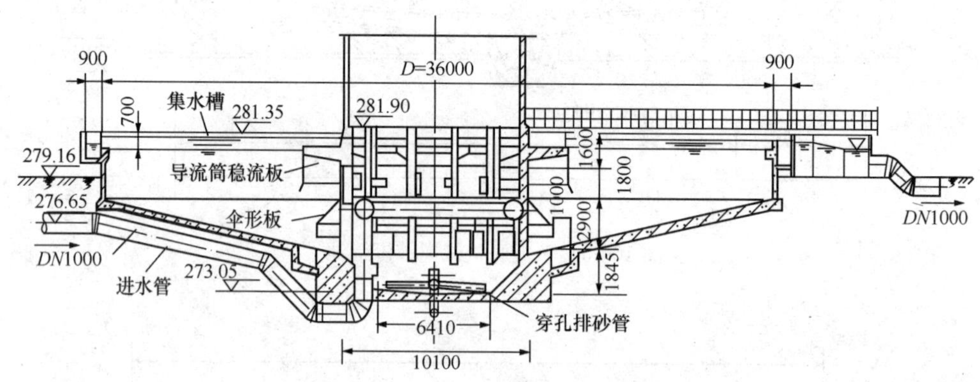


图10-37　36m直径大型机械搅拌澄清池

其主要特点：

① 因原水浊度高，为避免三角配水槽积泥及出流缝堵塞，进水采用设在池底部的穿孔布水管进水。

② 池壁构造，由斜壁改成直壁，底部为小坡度。

③ 缩小第一反应室加大分离区，在分离区内加刮泥机使之排泥通畅。刮泥机把沉泥刮集到设在分离区的环形集泥槽内浓缩，环形集泥槽内设有刮片，不断将泥刮进泥斗然后将泥排出。

④ 在第一反应室底部有储砂坑，内设穿孔排砂管，作为排砂之用。

⑤ 第二反应室和导流室内设有整流的稳流板，以起到叶轮提升出来的水整流和导流作用。

运转实践表明，该池与一般标准机械搅拌澄清池相比具有适应性强、管理方便、排泥通畅、泥渣浓缩性能好、排泥耗水率低、池高度较小等优点。底部的刮泥机、环形集泥槽解决了池底大量泥渣排除问题。

2）方形斜板机械搅拌澄清池：图10-38为方形斜板机械搅拌澄清池布置。该池上部

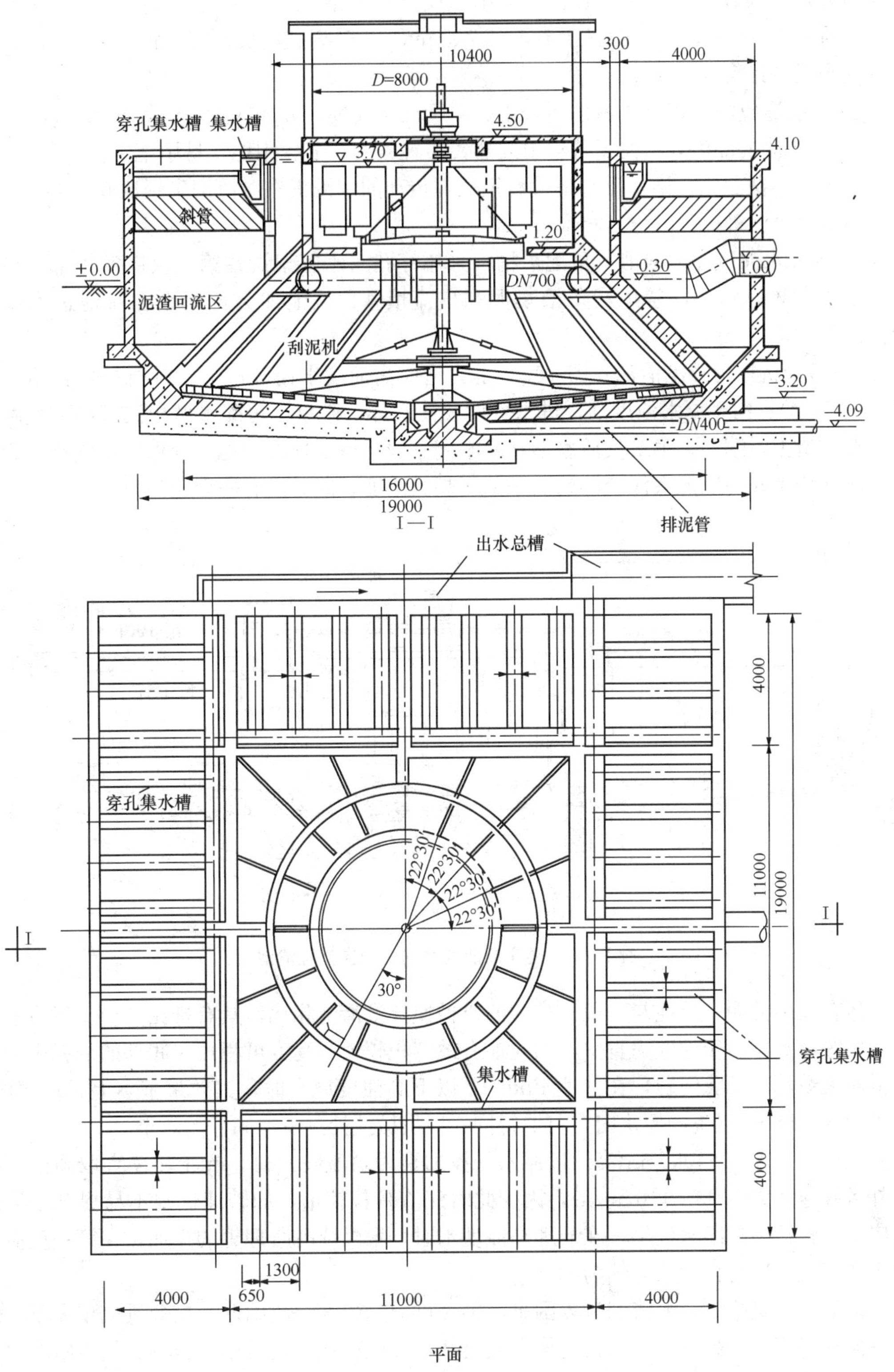


图 10-38 方形机械搅拌澄清池

平面为方形，底部为圆形。池容积比为第二反应室：第一反应室：分离区＝1：2：4.7，总停留时间为51.6min，分离区上升流速为3mm/s。分离室内设蜂窝斜管。

其主要设计特点：

① 具有适应浊度较高、占地面积小、斜管便于安装、分离区无短流等特点。

② 由于池上部为方形便于若干组连建，布置紧凑，节省用地，易于施工。

池下部为截圆锥，第一反应室设有钢丝绳传动的刮泥机将泥渣刮集到池底环形集泥槽中，然后排至池外。

③ 因原水浊度高，取消三角配水槽，采用穿孔布水管架设在第一反应室顶部（原三角配水槽位置）布水，避免三角槽集泥和出流填塞，该池加药位置设在每池进水渠道口处。

3）IS型机械搅拌澄清池：图10-39是为适应高浊度水而改进的一种机械搅拌澄清池形式（IS型）。由于原水浊度高，进水管设在池底部，避免三角配水槽积泥及出流缝隙堵塞。在构造上，第一、第二反应室形状基本同一般机械搅拌澄清池，池壁则由斜壁改为直壁，底部为平底，以加大泥渣浓缩面积并提高其浓度，同时设有一套刮泥机。

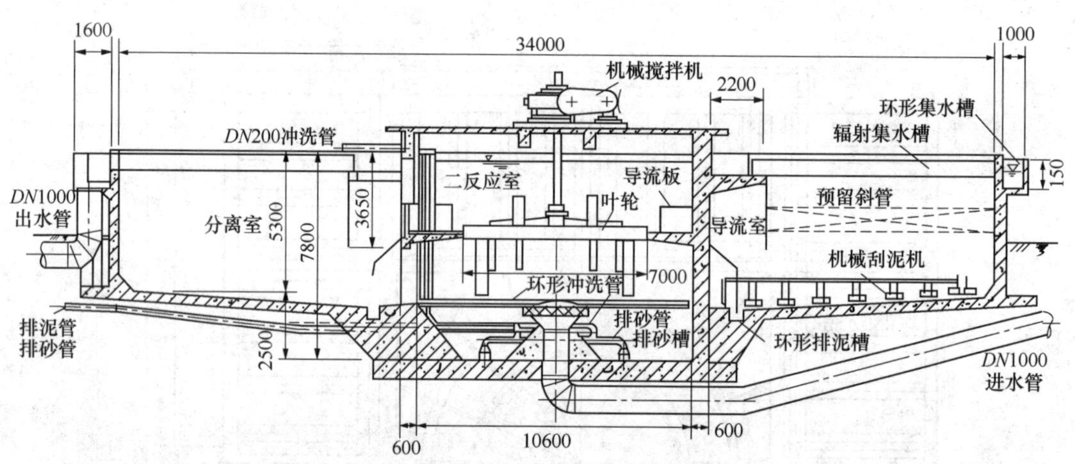


图10-39　适应高浊度水的机械搅拌澄清池

运转实践证明，该池与一般标准型的机械搅拌澄清池相比，具有排泥方便、泥渣浓缩性能好等特点。由于池壁为直壁，因此池有效容积较大，高度可稍矮。底部的刮泥机解决了池底大量泥渣排除问题，在处理40kg/m³以下高浊度原水时，其效果基本上是理想的。在处理6.0kg/m³以下的原水时，可取得同一般机械搅拌澄清池同样的效果。

该池在处理6～40kg/m³高浊度原水（投加聚丙烯酰胺）时，叶轮转速宜取高值（叶轮外缘线速度为1.33～1.67m/s），因为此时泥渣颗粒较重，如转速低则不易提升至第二反应室，直接影响净水效果。在处理高浊度水时，聚丙烯酰胺理想的投加点在第一反应室的1/2高处，这时排泥浓度约为600kg/m³。

该池由于是平底，泥渣回流较困难，第二反应室浓度一般偏低，投药量也稍大于一般机械搅拌澄清池。另外，刮泥机的构造较复杂，因此存在有钢材用量较多、施工精度要求高及零件易损等缺点。

### 10.2.3 水力循环澄清池

#### 10.2.3.1 工作原理

水力循环澄清池的工作原理基本同机械搅拌澄清池，属泥渣循环型澄清池，不同处只是不用机械而利用水力在水射器的作用下进行混合和达到泥渣循环回流。当有一定压力的原水（投加混凝剂后）以高速通过水射器喷嘴时，在水射器喉管周围形成负压，从而将数倍于原水的回流泥渣吸入喉管，并与之充分混合。由于回流泥渣和原水的充分接触、反应，大大加强了颗粒间的吸附作用，加速了絮凝反应，以获得较好的澄清，见图 10-40。

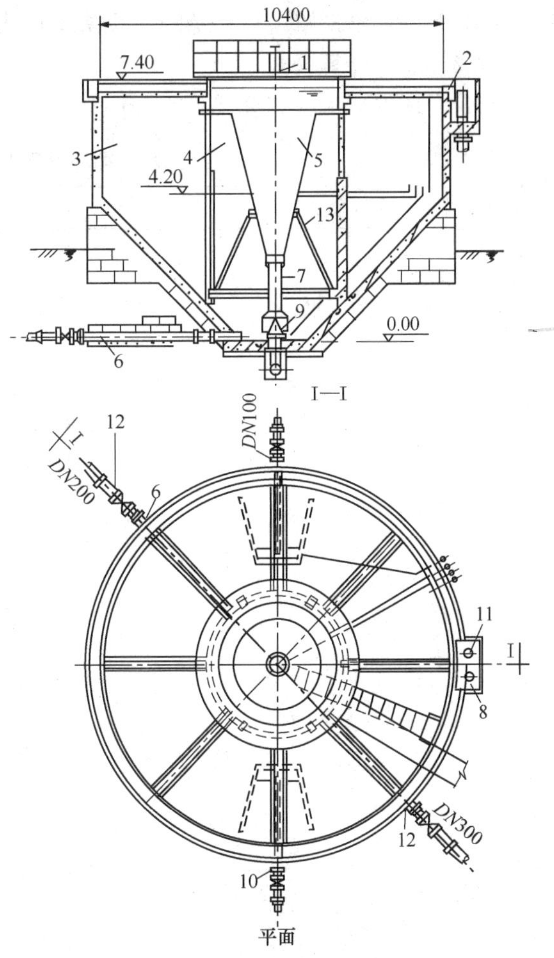


图 10-40　水力循环澄清池

1—喉管升降装置；2—环形集水槽；3—分离室；4—二反应室；5—一反应室；6—放空管；7—喉管；8—出水管；9—喷嘴；10—排泥管；11—溢流管；12—进水管；13—伞形罩

#### 10.2.3.2 设计要点

（1）水力澄清池适用于中小型水厂。进水悬浮物含量一般小于 1000mg/L，短时间内允许达 2000mg/L。

（2）设计回流水量一般采用进水流量的 2～4 倍，应选用合适的水射器喉管截面积与喷嘴截面积之比和恰当的喷嘴流速。

（3）喷嘴直径与喉管直径之比一般采用 1∶3～1∶4，喉管截面积与喷嘴截面积的比值约在 12～13 之间。

（4）喷嘴流速采用 6～9m/s；喷嘴的水头损失一般为 2～5m。

（5）喉管流速为 2.0～3.0m/s；喉管瞬间混合时间一般为 0.5～0.7s。

（6）第一反应室出口流速一般采用 50～80mm/s；第二反应室进口流速低于第一反应室出口流流速，一般采用 40～50mm/s。

（7）清水区上升流速按相似条件下的运行经验一般可采用 0.7～0.9mm/s，当原水属低温低浊时，上升流速可酌减；第二反应室高度一般为 3～4m，清水区高度一般为 2～3m，超高为 0.3m。

（8）总停留时间为 1～1.5h。反应室停留时间宜取用较大，以保证反应的完善，一般采用停留时间：第一反应室为 15～30s，第二反应室为 80～100s（按循环总回流量计）。

（9）第二反应室导流筒的有效高度可采用 3～4m。

（10）池的斜壁与水平的夹角一般为 45°。

（11）为避免池底积泥，提高回流泥渣浓度，喷嘴顶离池底的距离一般不大于 0.6m。

（12）为适应原水水质的变化，池中心应设有可调节喷嘴与喉管进口处间距的措施。但须注意第一反应筒下口与喉管重叠调节部分的间隙不宜过小，否则易被泥渣所堵塞，使调节困难。

（13）排泥装置同机械搅拌澄清池。排泥耗水量一般为5%左右；排泥量大者可考虑自动控制。池子底部应设放空管。

（14）在分离室内设置斜板，可提高澄清效果、增加出水量和减少药耗。在大型池内反应筒下部设置伞形罩，可避免第二反应室的出水短路和加强泥渣回流。

#### 10.2.3.3 计算公式

水力循环澄清池计算公式见表10-16。

**水力循环澄清池计算公式**　　表10-16

| 计 算 公 式 | 设计数据及符号说明 |
|---|---|
| 水射器：<br>$d_0=\sqrt{\frac{4q}{\pi v_0}}$<br>$h_p=0.06v_0^2$<br>$v_0=\frac{q}{\omega_0}$<br>$d_1=\sqrt{\frac{4q_1}{\pi v_1}}$<br>$q_1=nq$<br>$h_1=v_1t_1$<br>$d_5=2d_1$<br>$h'_5=d_1$<br>$h''_5=\left(\frac{d_5-d_1}{2}\right)\tan\alpha_0$<br>$S=2d_0$ | $d_0$——喷嘴直径（m）；<br>$q$——进水量（$m^3/s$）；<br>$v_0$——喷嘴流速（$m^3/s$）；<br>$h_p$——净作用水头（m）；<br>$\omega_0$——喷嘴断面积（$m^2$）；<br>$d_1$——喉管直径（m）；<br>$q_1$——设计水量（$m^3/s$）（包括回流泥渣量）；<br>$n$——回流比，一般为2～4；<br>$v_1$——喉管流速（m/s）；<br>$h_1$——喉管高度（m）；<br>$t_1$——喉管混合时间（s）；<br>$d_5$——喇叭口直径（m）；<br>$h'_5$——喇叭口直壁高度（m）；<br>$h''_5$——喇叭口斜壁高度（m）；<br>$\alpha_0$——喇叭口角度（°）；<br>$S$——喷嘴与喉管间距（mm）； |
| 第一反应室：<br>$\omega_2=\frac{\pi}{4}d_2^2$<br>$d_2=\sqrt{\frac{4q_1}{\pi v_2}}$<br>$h_2=\frac{d_2-d_1}{2\tan\frac{\alpha}{2}}$ | $\omega_2$——第一反应室出口断面积（$m^2$）；<br>$d_2$——第一反应室出口直径（m）；<br>$v_2$——第一反应室出口流速（m/s）；<br>$h_2$——第一反应室高度（m）；<br>$\alpha$——第一反应室锥形筒夹角（°） |
| 第二反应室：<br>$\omega_3=\frac{q_1}{v_3}$<br>$h_6=\frac{4q_1t_3}{\pi(d_3^2-d_2^2)}$<br>$h_3=h_6+h_4$<br>$\omega_1=\frac{\pi}{4}(d_3^2-d_2'^2)$ | $\omega_3$——第二反应室上口断面积（$m^2$）；<br>$v_3$——第二反应室上口流速（m/s）；<br>$h_6$——第二反应室出口至第一反应室上口高度（m）；<br>$t_3$——第二反应室反应时间（s）；<br>$h_3$——第二反应室高度（m）；<br>$h_4$——第一反应室上口水深（m）；<br>$\omega_1$——第二反应室出口断面（$m^2$）；<br>$d'_2$——第二反应室出口处到第一反应室上口处的锥形筒直径（m）；<br>$d_3$——第二反应室上口直径（m）； |

续表

| 计 算 公 式 | 设 计 数 据 及 符 号 说 明 |
|---|---|
| 澄清池各部尺寸：<br>$\omega_4=\frac{q}{v_4}$<br>$D=\sqrt{\frac{4(\omega_2+\omega_3+\omega_4)}{\pi}}$<br>$H_3=h+h_0+h_1+S+h_2+h_4$<br>$H=H_3+h_4$<br>$H_1=\left(\frac{D-D_0}{2}\right)\tan\beta$<br>$H_2=H-H_1$ | $\omega_4$——分离室面积（$m^2$）；<br>$v_4$——分离室上升流速（m/s）；<br>$D$——澄清池直径（m）；<br>$H_3$——池内水深（m）；<br>$h$——喷嘴法兰与池底的距离（m）；<br>$h_0$——喷嘴高度（m）；<br>$H$——池总高度（m）；<br>$h'_4$——第一反应室上口超高（m）；<br>$H_1$——池锥体部分高度（m）；<br>$D_0$——池底部直径（m）；<br>$\beta$——池斜壁与水平线夹角（°）；<br>$H_2$——池直壁高度（m）； |
| 各部容积及停留时间：<br>$t_1=\frac{h_1}{v_1}$<br>$W_1=\frac{\pi h_2}{3}\left(\frac{d_2^2+d_2d_1+d_1^2}{4}\right)$<br>$W_2=\frac{\pi}{4}d_3^2h_3-\frac{\pi h_6}{3}\left(\frac{d_2^2+d_2d'_2+d'^2_2}{4}\right)$<br>$W=\frac{\pi}{4}D^2[H-(H_1+H_0)]$<br>$+\frac{\pi H_1}{12}(D^2+DD_0+D_0^2)$<br>$T=\frac{W}{3600q}$ | $t_1$——喉管混合时间（s）；<br>$W_1$——第一反应室容积（$m^3$）；<br>$W_2$——第二反应室容积（$m^3$）；<br>$W$——澄清池总容积（$m^3$）；<br>$H_0$——超高（m）；<br>$T$——池总停留时间（h）； |
| 排泥系统：<br>$V\approx\frac{q(S_1-S_4)}{C}t'\times3600$ | $V$——泥渣浓缩室容积（$m^3$）；<br>$C$——浓缩后泥渣浓度（mg/L）；<br>$t'$——浓缩时间（h）；<br>$S_1$——进水悬浮物含量（mg/L）；<br>$S_4$——出水悬浮物含量（mg/L） |

### 10.2.3.4　计算例题

**【例 10-6】** 已知：设计水量 200$m^3$/h，考虑 5%排泥耗水量，求水力循环澄清池尺寸。

采用数据：

总进水量：$q=200\times1.05=210m^3/h=0.0583\ m^3/s$；回流比，采用 4。

设计循环总流量：$q_1=4q=4\times0.0583=0.233m^3/s$

喷嘴流速：$v_0=7.5m/s$；喉管流速：$v_1=2.5m/s$

第一反应室出口流速：$v_2=60mm/s$

第二反应室进口流速：$v_3=40mm/s$

清水区（分离室）上升流速：$v_4=1.0mm/s$

喉管混合时间：$t_1=0.6s$

第一反应室反应时间 $t_2=25s$

第二反应室反应时间 $t_3=100s$

分离时间 $t_4=40\text{min}$

计算：

(1) 水力提升器计算

1) 喷嘴

$$d_0=\sqrt{\frac{4q}{\pi v_0}}=\sqrt{\frac{4\times0.0583}{3.14\times7.5}}=0.0995\text{m}$$

取 $d_0=100\text{mm}$。

设进水管流速 $v=1.2\text{m/s}$，则

$$d=\sqrt{\frac{4q}{\pi v}}=\sqrt{\frac{4\times0.0583}{3.14\times1.2}}=0.25\text{m}=250\text{mm}$$

设喷嘴收缩角为 16.5°，喷嘴直段长度取 100mm，喷嘴布置见图 10-41。

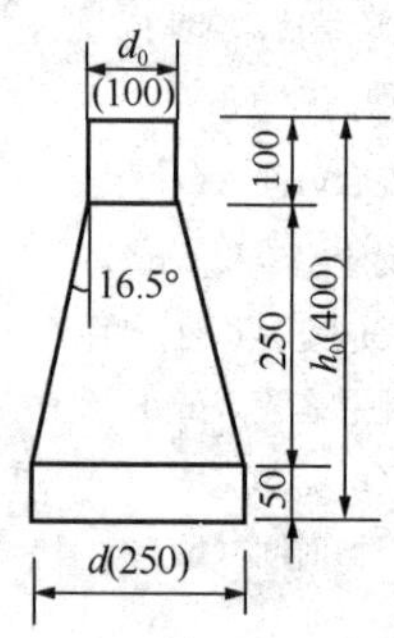


图10-41 喷嘴计算尺寸

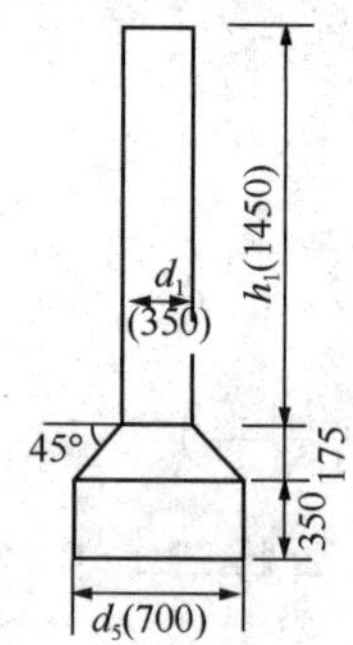


图 10-42 喉管计算尺寸

净作用水头：

$$h_p=0.06\,v_0^2=0.06\times7.52=3.3\text{m}$$

2) 喉管：

$$d_1=\sqrt{\frac{4q_1}{\pi v_1}}=\sqrt{\frac{4\times0.233}{3.14\times2.5}}=0.345\text{m}$$

取 $d_1=350\text{mm}$

则实际喉管流速：

$$v_1'=\frac{0.233}{0.785\times0.35^2}=2.43\text{m/s}$$

令 $t_1=0.6\text{s}$，则

$$h_1=v_1't_1=2.43\times0.6=1.458\text{m}\text{，取 }1450\text{mm}$$

3) 喉管喇叭口：

取 $d_5=2d_1=0.7\text{m}$，$\alpha_0=45°$，则

$$h_5''=\left(\frac{d_5-d_1}{2}\right)\tan45°=175\text{mm}$$

采用连接喇叭口大端圆筒部分高：$h_5'=d_1=350\text{mm}$，见图 10-42 布置。

4) 喷嘴与喉管间距：$S=2d_0=2\times100=200\text{mm}$（并设调整装置）

(2) 第一反应室计算：

$$d_2 = \sqrt{\frac{4q_1}{\pi v_2}} = \sqrt{\frac{4 \times 0.233}{3.14 \times 0.06}} = 2.23\text{m，取 }2.3\text{m}$$

$$\omega_2 = \frac{\pi}{4} d_2^2 = 0.785 \times 2.3^2 = 4.17\text{m}^2$$

则实际出口流速：$0.233/(0.785 \times 2.3^2) = 56\text{mm/s}$

反应室锥形筒夹角 $\alpha$ 取 30°，

$$h_2 = \frac{d_2 - d_1}{2\tan\frac{\alpha}{2}} = \frac{2.3 - 0.35}{2 \times \tan 15°} = 3.63\text{m}$$

实际取 3.6m，见图 10-43 布置。

(3) 第二反应室计算：

$$\omega_3 = \frac{q_1}{v_3} = \frac{0.233}{0.04} = 5.83\text{m}^2$$

$$d_3 = \sqrt{\frac{4(\omega_3 + \omega_2)}{\pi}} = \sqrt{\frac{4(5.83 + 4.17)}{3.14}} = 3.56\text{m，取 }3.6\text{m}$$

实际断面面积：$\omega_3 = 0.785 \times 3.6^2 - 4.17 = 6.03\text{m}^2$

实际进口流速：$v_3 = q_1/\omega_3 = 0.233/6.03 = 38.5\text{mm/s}$

$$h_6 = \frac{4q_1 t_3}{\pi(d_3^2 - d_2^2)} = \frac{4 \times 0.233 \times 100}{3.14(3.6^2 - 2.3^2)} = 1.8\text{m，取 }2.4\text{m}$$

取 $h_4$ 为 0.25m，则 $h_3 = h_6 + h_4 = 2.4 + 0.25 = 2.65\text{m}$，见图 10-44 布置。

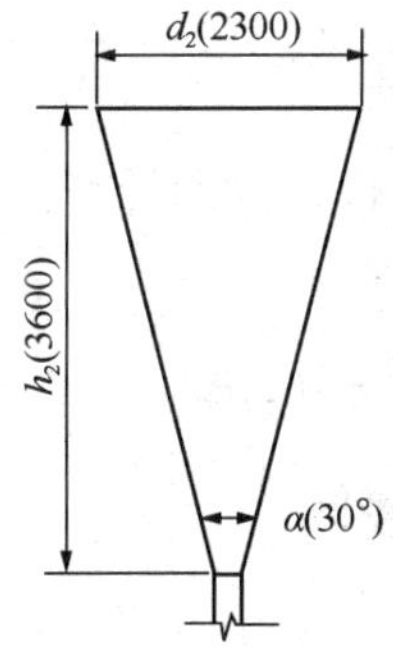

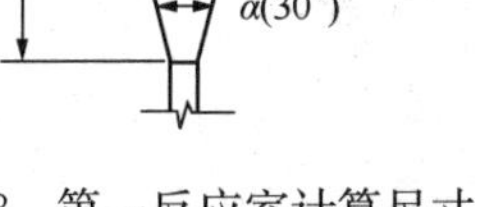

图 10-43　第一反应室计算尺寸

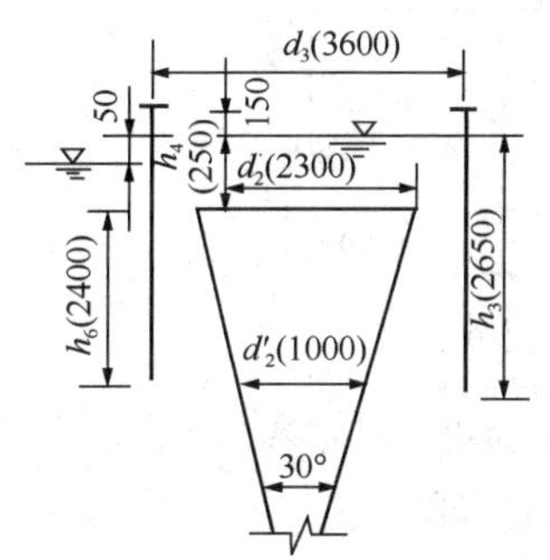


图 10-44　第二反应室计算尺寸

$$d'_2 = d_2 - 2x$$

$$x = (2.65 - 0.25)\tan 15° = 2.4 \times 0.268 = 0.643\text{m}$$

$$d'_2 = 2.3 - 2 \times 0.643 \approx 1.0\text{m}$$

$$\omega_1 = \frac{\pi}{4}(d_3^2 - d_2'^2) = \frac{\pi}{4}(3.6^2 - 1.0^2) = 9.41\text{m}^2$$

出口流速：

$$v_5 = \frac{q_1}{\omega_1} = \frac{0.233}{9.41} = 0.025\text{m/s}$$

(4) 澄清池各部尺寸计算：

$$\omega_4 = \frac{q}{v_4} = \frac{0.0583}{0.001} = 58.3\text{m}^2$$

$$D = \sqrt{\frac{4(\omega_2 + \omega_3 + \omega_4)}{\pi}} = \sqrt{\frac{4(4.17 + 6.03 + 58.3)}{\pi}} = 9.34\text{m}，取 9.3\text{m}$$

实际进口流速：

$$v'_4 = \frac{0.0583}{0.785 \times 9.3^2 - 4.17 - 6.03} = 1.01\text{mm/s}$$

澄清池高度 $H$：

1）澄清池内第二反应室要求的水深：

$$\begin{aligned} H_3 &= h + h_0 + S + h_1 + h_2 + h_4 \\ &= 0.15 + 0.40 + 0.2 + 1.45 + 3.6 + 0.25 = 6.05\text{m} \end{aligned}$$

其中，$h$ 为喷嘴底法兰至池底距离，取 0.15m。

2）澄清池总高：

$$H = H_3 + h'_4 = 6.05 + 0.15 = 6.2\text{m}$$

式中 $h'_4$ 为反应室保护高度，取 0.15m

3）锥体部分高度：

$$H_1 = \left(\frac{D - D_0}{2}\right)\tan\beta$$

设池底部分直径 $D_0$＝1.4m，锥角 $\beta$＝40°，则

$$H_1 = \left(\frac{9.3 - 1.4}{2}\right)\tan 40° = 3.32\text{m}$$

4）$H_2 = H - H_1 = 6.2 - 3.32 = 2.88\text{m}$，见图 10-45 布置。

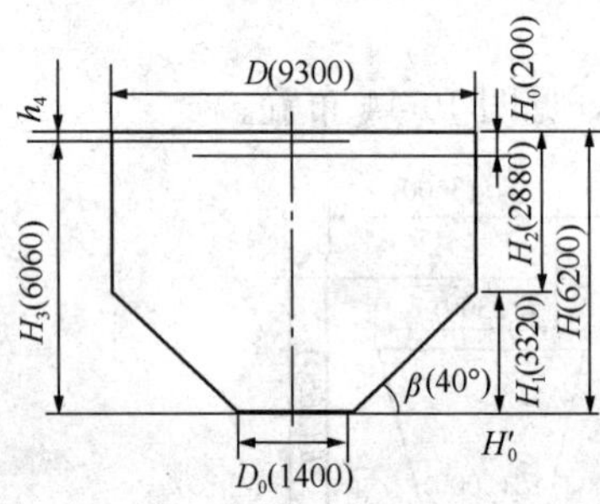

图 10-45 池体尺寸计算

（5）各部容积及停留时间计算：

1）喉管混合时间：

$$t_1 = \frac{h}{v'_1} = \frac{1450}{2430} = 0.597\text{s} \approx 0.6\text{s}$$

2）第一反应室停留时间 $t_2$：

第一反应室容积：

$$\begin{aligned} W_1 &= \frac{\pi h_2}{3}\left(\frac{d_2^2 + d_2 d_1 + d_1^2}{4}\right) \\ &= \frac{3.14 \times 3.6}{3} \times \left(\frac{2.3^2 + 2.3 \times 0.35 + 0.35^2}{4}\right) \\ &= 5.85\text{m}^3 \end{aligned}$$

$$t_2 = \frac{W_1}{q_1} = \frac{5.85}{0.233} = 25\text{s}$$

3）第二反应室停留时间 $t_3$：

第二反应室容积：

$$W_2 = \frac{\pi}{4} d_3^2 h_3 - \frac{\pi h_6}{3}\left(\frac{d_2^2 + d_2 d'_2 + d'^2_2}{4}\right)$$

$$= 0.785 \times 3.6^2 \times 2.65 - \frac{3.14 \times 2.4}{3}\left(\frac{2.3^2 + 2.3 \times 1.0 + 1.0^2}{4}\right)$$

$$= 21.6\text{m}^3$$

$$t_3 = \frac{W_2}{q_1} = \frac{21.6}{0.233} = 93\text{s}$$

4）分离室停留时间 $t_4$：

$$t_4 = \frac{h_3 - 0.05}{v_4'} = \frac{2650 - 50}{0.00101} = 2570\text{s} = 43\text{min}$$

5）净水历时 $T'$：

$$T' = t_1 + t_2 + t_3 + t_4 = 0.6 + 25 + 93 + 2570 = 2688.6\text{s} = 45\text{min}$$

6）澄清池总容积 $W$ 及停留时间 $T$：

总容积：

$$W = \frac{\pi}{4}D^2[H - (H_1 + H_0)] + \frac{\pi H_1}{12}(D^2 + DD_0 + D_0^2)$$

$$= 0.785 \times 9.3^2[6.2 - (3.32 + 0.20)] + \frac{\pi \times 3.32}{12} \times (9.3^2 + 9.3 \times 1.4 + 1.4^2)$$

$$= 270.5\text{m}^3$$

总停留时间：

$$T = \frac{W}{q} = \frac{270.5}{210} = 1.28\text{h}$$

各部计算成果见图 10-46。

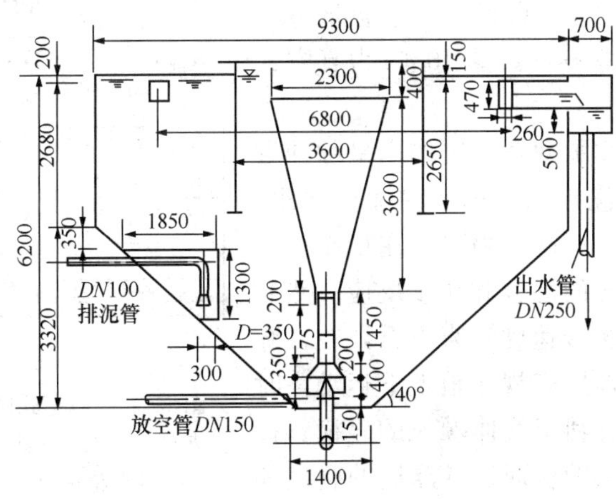


图 10-46　水力循环澄清池计算尺寸

## 10.2.4　脉冲澄清池

### 10.2.4.1　工作原理

脉冲澄清池是一种悬浮泥渣型的澄清池。利用脉冲配水方法，自动调节悬浮层泥渣浓度的分布，进水按一定周期充水和放水，使悬浮层泥渣交替地膨胀和收缩，增加原水颗粒与泥渣的碰撞接触机会，从而提高澄清效果。

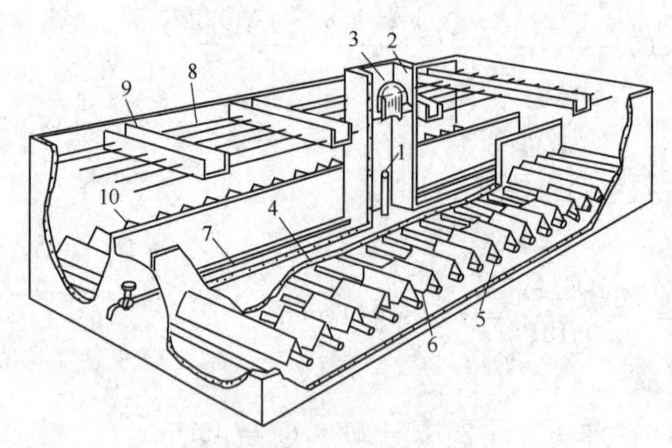

图 10-47 钟罩式脉冲澄清池

1—中央进水管；2—真空室；3—脉冲阀；4—配水干渠；5—多孔配水管；6—稳流板；7—穿孔排泥管；8—多孔集水管；9—集水槽；10—泥渣浓缩室

(1) 组成

脉冲澄清池主要由下列四个系统组成（见图 10-47）：

1) 脉冲发生器系统。

2) 配水稳流系统——包括中央进水管、配水干渠、多孔配水支管和稳流板。

3) 澄清系统——包括悬浮层、清水层、多孔集水管和集水槽。

4) 排泥系统——包括泥渣浓缩室和排泥管。

(2) 特点

1) 急速均匀的混合，泥渣的充分吸附，间歇静止的沉淀。

2) 与其他澄清池相比池深较浅（常采用 4～5m）；池体为平底，构造较简单。

3) 水池平面可布置成圆形、方形或矩形等，较为灵活，有利于水厂平面布置。

4) 无水下的机械设备，机械维修工作少。

5) 脉冲及絮凝反应等均发生在水下，不易观察掌握，故操作管理要求较高，对水质、水量变化较为敏感。

(3) 脉冲澄清池的工作

脉冲澄清池形式很多，除脉冲发生器部分有差异外，池体部分基本相同。图 10-48 为真空式脉冲澄清池工作示意。

加药后的原水，经脉冲发生器作用呈脉冲方式配水。当进水室充满水后，迅速向池内放水，原水从配水支管的孔口以高速喷出，在稳流板下以极短的时间进行充分的混合和初步反应。然后通过稳流板整流，以缓慢速度垂直上升，在“脉冲”水流的作用下悬浮层有规律地上下运动，时而膨胀，时而静沉，有利于絮体颗粒的碰撞、接触和进一步凝聚，原水颗粒通过悬浮层的碰撞和吸附，杂质被截留下来，从而使原水得到澄清。澄清水由集水槽引出，过剩泥渣则流入浓缩室、经穿孔排泥管定时排出。

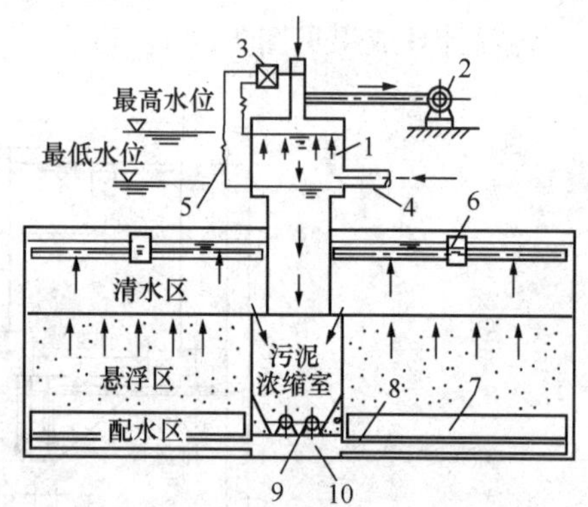

图 10-48 真空式脉冲澄清池工作示意

1—真空进水室；2—鼓风机；3—进气阀；4—进水管；5—水位电极；6—集水槽；7—稳流板；8—配水管；9—穿孔排泥管；10—配水渠

### 10.2.4.2 脉冲发生器

脉冲发生器是脉冲澄清池的重要部分，它的动作完善程度直接影响脉冲澄清池的水力条件和净水效果，因此脉冲发生器的工作是确保脉冲澄清池正常工作的关键。

设计要点如下：

(1) 一般采用脉冲周期为 30～40s，其中充放时间比为 3∶1～4∶1。

(2) 需自动控制周期性的脉冲。

(3) 要确保空气不进入悬浮层。

(4) 脉冲动作要稳定、可靠。

(5) 要能适应流量的变化。

(6) 高低水位调节要灵活、方便。

(7) 水头损失不宜过大。

(8) 要求构造简单、加工方便、造价便宜。

按其工作原理脉冲发生器可分为真空式、虹吸式两大类，其优缺点见表 10-17。

**各种类型的脉冲发射器**　　**表 10-17**

| 名称 | | 图　示 | 工　作　特　点 | 优缺点 |
|---|---|---|---|---|
| 真空式 | | 见图 10-48 | 1. 通过鼓风机吸口的不断抽气，加药后的原水进入真空室。当水位上升到高水位时，立即由脉冲自动控制系统（一般为水位电极控制）自动将进气阀打开，真空破坏，在大气压作用下，真空室内的水位迅速下降，进入配水系统，当降低至低水位时，进气阀又关闭，使真空室再度造成真空，水位又逐渐上升，如此周而复始地运行。<br>2. 可用 PLC 控制周期 | 1. 工作可靠，调节灵活；<br>2. 真空设备复杂；<br>3. 噪声较大 |
| 虹吸式 | 钟罩虹吸式 | 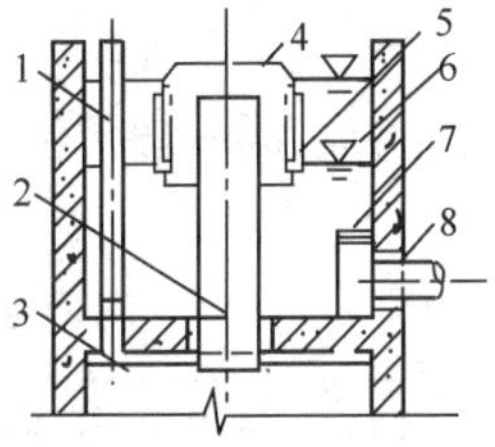 1—透气管；2—中央管；3—中央竖井；4—钟罩；5—虹吸破坏口；6—进水室；7—挡水板；8—进水管 | 1. 加药后原水进入进水室，室内水位逐步上升，钟罩内空气逐渐被压缩，当水位超过中央管顶时，有部分原水溢流入中央管，由于溢流作用，将压缩在钟罩顶部的空气逐步带走，形成真空，发生虹吸，进水室的水迅速通过钟罩、中央管、进入配水系统。当水位下降至破坏管口（即低水位）时，因空气进入，虹吸被破坏，这时进水室水位重新上升，进行周期性的循环。<br>2. 用虹吸发生与破坏的时间来控制周期 | 1. 构造简单；<br>2. 调节较困难；<br>3. 水头损失较大 |
| | S 型、虹吸式 | 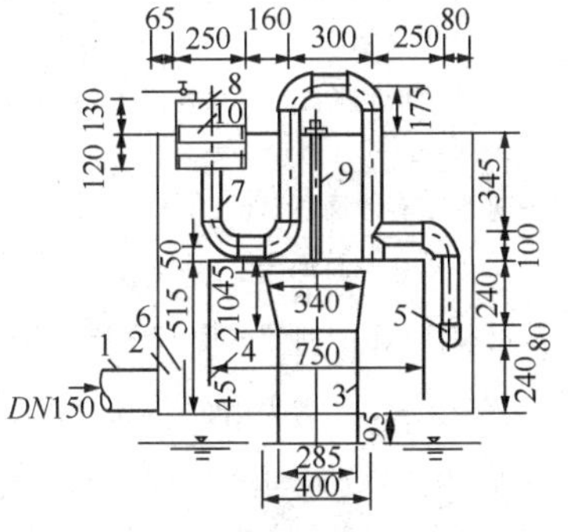 S 型虹吸脉冲发生器<br>1—进水管；2—进水室；3—中央虹吸管；4—钟罩；5—虹吸破坏管；6—穿孔进水挡板；7—水封管；8—平衡水箱；9—调节丝杆；10—插板 | 1. 加药后原水进入进水室，室内水位上升，钟罩内室气逐渐被压缩。当进水室内水位达到最高点，此时钟罩内压力大于水封管的水封压力，水封即被冲破，钟罩内被压缩的空气经水封管喷出，造成虹吸，进水室内水位急骤下降，水经中央虹吸管流入澄清池。当进水室内水位降低至露出虹吸破坏管口时，空气进入钟罩，钟罩内负压消失，虹吸被破坏，于是进水室内水位重新上升，进行周期性的循环，平衡水箱内装有插板，可调节水封高度。<br>2. 由水位升降时间控制周期 | 1. 构造简单；<br>2. 调节较困难；<br>3. 水头损失较大；<br>4. 只适应小流量，一般在 100$m^3$/h 以下 |

#### 10.2.4.3 设计要点

（1）脉冲澄清池进水悬浮物含量一般小于 1000mg/L，短期不超过 3000mg/L。

（2）脉冲澄清池一般采用穿孔管配水，上设人字稳流板，其主要设计数据如下：

1）配水管最大孔口流速为 2.5～3.0m/s，孔眼直径宜大于 20mm。

2）配水管管底距池底高度为 0.2～0.3m。

3）配水管中心距为 0.4～1.0m。

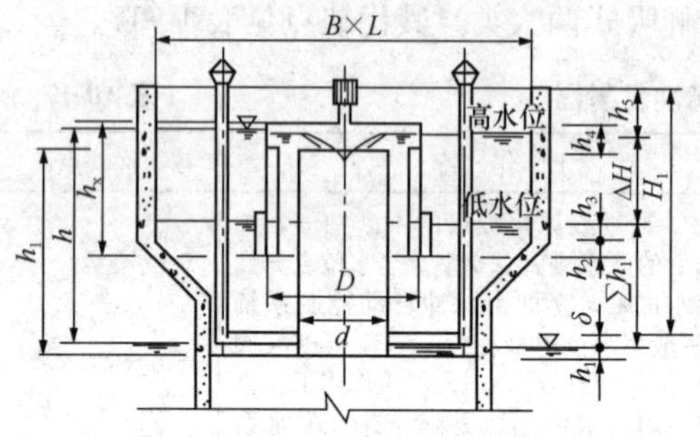


图 10-49 钟罩脉冲发生器计算示意

4）稳流板缝隙流速为 50～80mm/s。

5）稳流板夹角一般采用 60°～90°。

（3）池中总停留时间一般为 1.0～1.5h。

（4）清水区的平均上升流速一般采用 0.7～0.9mm/s。

（5）脉冲澄清池总高度一般为 4～5m；悬浮层高度为 1.5～2.0m（从稳流板顶算起）；清水区高度 1.5～2.0m。

（6）在原水浊度较高，排泥频繁时，宜采用自动排泥装置。排泥周期及历时，可根据原水水质、水量变化、悬浮层泥渣沉降等情况随时调整。

#### 10.2.4.4 计算公式

关于池体容积、各部尺寸、穿孔配水管、集水管等计算，同一般澄清池计算，本节从略。仅列出几种常用的脉冲发生器计算公式，见表 10-18。

脉冲发生器计算公式 表 10-18

| 计算公式 | 设计数据及符号说明 |
|---|---|
| 1. 脉冲平均流量 $Q_m$：<br>$Q_m=\dfrac{Q(1-a)}{t_1}t_2+Q\ (\mathrm{m^3/s})$<br>2. 放水时间 $t_1$：<br>$t_1=\dfrac{A\Delta H}{\dfrac{\mu\Sigma\omega\sqrt{2g\Delta h_{max}}}{\alpha}-Q}\ (\mathrm{s})$<br>$\alpha=\dfrac{脉冲最大流量\ Q_{max}}{脉冲平均流量\ Q_m}$ | $Q$——脉冲澄清池设计水量（$\mathrm{m^3/s}$）；<br>$a$——悬浮水量/设计水量；<br>$t_2$——充水时间（s）；<br>$t_1$——放水时间（s）；<br>$\alpha$——峰值系数：钟罩式为 1.23～1.28；真空式为 1.50～1.80；<br>$\Delta H$——脉冲时进水室高低水位差（m），一般取 0.6～0.8m；<br>$A$——进水室有效面积（$\mathrm{m^2}$）；<br>$\Sigma\omega$——配水管孔眼总面积（$\mathrm{m^2}$）；<br>$\dfrac{A}{\Sigma\omega}$——孔眼面积比：钟罩式为 15～18；真空式为 6～8；<br>$\mu$——流量系数，一般采用 0.5～0.55； |
| 3. 脉冲过程中相当于最大流量时，配水管孔口处的自由水头 $\Delta h_{max}$：<br>$\Delta h_{max}=\dfrac{h}{C}-\Sigma h_1\ (\mathrm{m})$<br>$h=C(\Sigma h_i+\Delta h_{max})$<br>$\Sigma h_i=h_{i1}+h_{i2}+h_{i3}+h_{i4}\ (\mathrm{m})$ | $h$——进水室最高水位与澄清池出水水位之差（m）；<br>$C$——水位修正系数（考虑发生最大脉冲流量时的水位与最高脉冲水位两者不一致），钟罩式为 1.10～1.20，真空式为 1.0；<br>$\Delta h_{max}$——最大自由水头，钟罩式为 0.35～0.50m；<br>$\Sigma h_i$——发生器和池体总的水头损失（m）； |

续表

| 计算公式 | 设计数据及符号说明 |
| --- | --- |
| | $h_{i1}$——发生器局部损失（m）；<br>$h_{i2}$——发生器沿程损失（m），一般很小可忽略不计；<br>$h_{i3}$——池体局部损失（m），按澄清池的构造分别计算水头；<br>$h_{i4}$——池体沿程损失（m），见图 10-49； |
| 4. 钟罩式脉冲发生器及进水室：<br>中央虹吸管直径：<br>$d=\sqrt{\frac{4Q_m}{\pi v_{01}}}(m)$<br>钟罩直径：<br>$D=2d$（m）<br>进水室面积：<br>$F=\frac{Q(t_2-\Delta t)}{\Delta H}t_2+Q$<br>钟罩顶面距中央虹吸管管顶的高度：<br>$h_4=(1.2\sim 1.5)\frac{Q_m}{\pi d v_{01}}(m)$<br>中央虹吸管高度：<br>$h_l=h_1+\Sigma h_i+\Delta H-\frac{2}{3}h_4(m)$<br>$h_{i1}=a^2\left(\frac{\xi_1 v_{01}^2}{2g}+\frac{\xi_2 v_{02}^2}{2g}+\frac{\xi_3 v_{03}^2}{2g}\right)(m)$<br>钟罩高度：<br>$h_x=\frac{1}{3}h_4+\Delta H+h_3+h_2(m)$<br>进水室高度：<br>$H_1=\Sigma h_i+\Delta H+h_5-\delta(m)$ | $v_{01}$——中央管脉冲平均流速（m/s），取 2～4m/s；<br>$D$——根据经验为中央管直径的 2 倍；<br>$\Delta t$——发生脉冲前，瞬时溢流时间折算为计算流量的当量时间，一般取 1～3s；<br>$h_1$——中央虹吸管水封深度，一般取 5～15cm；<br>$h_{il}$——发生器局部损失；<br>$v_{02}$——钟罩脉冲平均流速（m/s）；<br>$v_{03}$——钟罩和中央管间隙脉冲平均流速（m/s）；<br>$\zeta_1$——中央管局部阻力系数（包括出口），一般 $\zeta_1=1.0+0.7=1.7$；<br>$\zeta_2$——钟罩局部阻力系数，一般 $\zeta_2=1.0$；<br>$\zeta_3$——钟罩和中央管间隙局部阻力系数，一般 $\zeta_3=1.0$；<br>$h_4$——中央管管顶与钟罩顶之间的高度（m）；<br>$h_3$——虹吸破坏管总高度，一般取 5～10cm；<br>$h_2$——钟罩底边保护高度（m）；<br>$h_5$——进水室超高，一般取 0.3～0.5m，以便调整周期，增加产水量；<br>$\delta$——进水室底板厚度（m） |

# 10.3 气　浮

本节所述仅为压力溶气气浮法中的部分回流溶气工艺，至于其他类型的气浮法（如分散空气气浮法、电解凝聚气浮法、全部溶气的压力溶气气浮法、全自动内循环射流气浮法等），由于一般不适用于城镇给水，故不作介绍。

## 10.3.1 气浮工艺特点及适用条件

### 10.3.1.1 特点

气浮与絮粒进行重力自然沉降的沉淀、澄清工艺不同，它是依靠微气泡，使其粘附于絮粒上，从而实现絮粒强制性上浮，达到固液分离的一种工艺。由于气泡的重度远小于水，浮力很大，因此，能促使絮粒迅速上浮，因而提高了固液分离速度。

气浮具有下列特点：

（1）由于它是依靠无数微气泡去粘附絮粒，因此，对絮粒的重度及大小要求不高。一般情况下，能减少絮凝反应时间及节约混凝剂量。

（2）由于带气絮粒与水的分离速度快，因此，单位面积的产水量高，池子容积及占地面积减少，造价降低。

（3）由于气泡捕捉絮粒的概率很高，一般不存在“跑矾花”现象，因此，出水水质较好，有利于后续处理中滤池冲洗周期的延长、冲洗耗水量的节约。

（4）排泥方便，耗水量小；泥渣含水率低，为泥渣的进一步处置，创造了有利条件。

（5）池子深度浅，池体构造简单，可随时开、停，而不影响出水水质，管理方便。

（6）需要一套供气、溶气、释气设备。

#### 10.3.1.2 适用条件

由于气浮是依靠气泡来托起絮粒的，絮粒越多、越重，所需气泡量越多，故气浮一般不宜用于高浊度原水的处理，而较适用于：

（1）低浊度原水（一般原水常年浊度在 100NTU 以下）。

（2）含藻类及有机杂质较多的原水。

（3）低温度水，包括因冬季水温较低而用沉淀、澄清处理效果不好的原水。

（4）水源受到污染，色度高、溶解氧低的原水。

#### 10.3.1.3 工艺流程

气浮工艺流程见图 10-50。

原水经投加絮凝剂后，由原水泵 3 提升进入絮凝池 4。经絮凝后的水，自流底部进入气浮池接触室 5，并与溶气释放器 13 释出的含微气泡水相遇，絮粒与气泡粘附后，即在气浮分离室 6 进行渣、水分离。浮渣布于池面，定期刮（溢）入排渣槽 7；清水由集水管

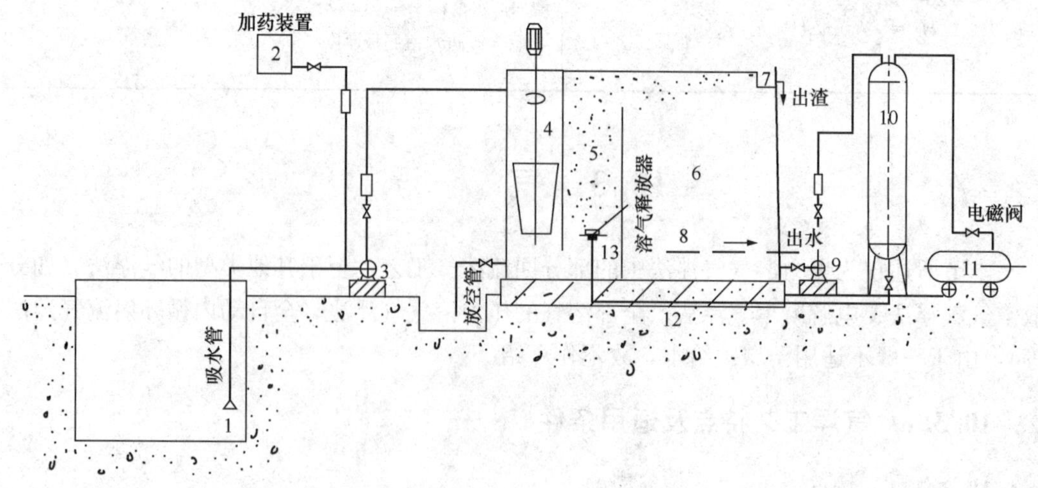


图 10-50 气浮工艺流程示意

1—原水取水口；2—絮凝剂投加设备；3—原水泵；4—絮凝池；5—气浮接触室；6—气浮分离室；7—排渣槽；8—集水管；9—回流水泵；10—压力溶气罐；11—空气压缩机；12—溶气水管；13—溶气释放器

8引出，进入后续处理构筑物。其中部分清水，则经回流水泵9加压，进入压力溶气罐10；与此同时，空气压缩机11亦将压缩空气压入压力溶气罐，在溶气罐内完成溶气过程，并由溶气水管12将溶气水输入溶气释放器13，供气浮用。

## 10.3.2 设计要点及计算公式

### 10.3.2.1 设计要点

（1）在有条件的情况下，应进行气浮实验室试验或模型试验，根据试验结果选择恰当的溶气压力及回流比（指溶气水量与待处理水量之比值）。通常溶气压力采用0.2～0.4MPa，回流比取5%～10%。

（2）根据试验选定的絮凝剂种类及其投加量和完成絮凝的时间及难易程度，确定絮凝的形式和絮凝时间。通常絮凝时间取10～20min。

（3）为避免打碎絮粒，絮凝池宜与气浮池连建。进入气浮接触室的水流尽可能分布均匀，流速一般控制在0.1m/s左右。

（4）接触室应对气泡与絮粒提供良好的接触条件，其宽度还应考虑安装和检修的要求。水流上升流速一般取10～20mm/s，水流在室内的停留时间不宜小于60s。

（5）接触室内的溶气释放器，需根据确定的回流水量、溶气压力及各种型号释放器的作用范围确定合适的型号与数量，并力求布置均匀。

（6）气浮分离室应根据带气絮粒上浮分离的难易程度确定水流（向下）流速，一般取1.5～2.0mm/s，即分离室表面负荷率取5.4～7.2$m^3/(m^2\cdot h)$。

（7）气浮池的有效水深一般取2.0～3.0m，池中水流停留时间一般为15～30min。

（8）气浮池的长宽比无严格要求，一般以单格宽度不超过10m，池长不超过15m为宜。

（9）气浮池排渣，宜采用刮渣机定期排除。集渣槽可设置在池的一端、两端或径向。刮渣机的行车速度不宜大于5m/min，浮渣含水率一般在96%～97%左右。

（10）气浮池集水应力求均匀，一般采用穿孔集水管，集水管内的最大流速宜控制在0.5m/s左右。

（11）压力溶气罐一般采用阶梯环为填料，填料层高度通常采用1.0～1.5m。罐直径一般根据过水截面负荷率100～150$m^3/(m^2\cdot h)$选取，罐总高度可采用3.0m左右。

### 10.3.2.2 计算公式

气浮池设计计算公式见表10-19。

**气浮池设计计算公式　　表10-19**

| 计算公式 | 设计数据及符号说明 |
|---|---|
| 1. 加压溶气水量 $Q_p$：<br>$Q_p=R'Q$ ($m^3/h$) | $Q$——气浮池设计产水量（$m^3/h$）；<br>$R'$——选定溶气压力下的回流比（%）； |
| 2. 气池所需空气量 $Q_g$：<br>$Q_g=Q_p\alpha\phi$ (L/h) | $\alpha$——选定溶气压力下的释气量（$L/m^3$）；<br>$\phi$——水温校正系数，取1.1～1.3（生产中最低水温与试验时水温相差大者取高值）； |

续表

| 计 算 公 式 | 设计数据及符号说明 |
| --- | --- |
| 3. 空压机所需额定气量 $Q'_g$：<br>$$Q'_g=\frac{Q_g}{60\times1000}\varphi\ (m^3/min)$$ | $\varphi$——安全与空压机效率系数，一般取 1.2～1.5； |
| 4. 接触室平面面积 $A_c$：<br>$$A_c=\frac{Q+Q_p}{3600v_0}\ (m^2)$$ | $v_0$——选定的接触室水流上升平均速度（m/s）； |
| 5. 分离室平面面积 $A_s$：<br>$$A_s=\frac{Q+Q_p}{3600v_s}\ (m^2)$$ | $v_s$——选定的分离室水流向下平均速度（m/s）； |
| 6. 池水深 $H$：<br>$$H=v_st\ (m)$$ | $t$——分离室中水流停留时间（s）； |
| 7. 压力溶气罐直径 $D$：<br>$$D=\sqrt{\frac{4Q_p}{\pi I}}\ (m)$$ | $I$——单位罐截面积的过流能力 [$m^3$/（$m^2$·h）]，对填料罐一般选用 100～150$m^3$/（$m^2$·h）； |
| 8. 压力溶气罐高度 $Z$：<br>$$Z=2Z_1+Z_2+Z_3+Z_4\ (m)$$ | $Z_1$——罐顶、底的封头高度（m）；<br>$Z_2$——布水区高度（m），一般取 0.2～0.3m；<br>$Z_3$——贮水区高度（m），一般取 1.2～1.4m；<br>$Z_4$——填料层高度，当采用阶梯环时，可取 1.0～1.5m； |
| 9. 溶气释放器个数 $n$：<br>$$n=\frac{Q_p}{q}$$ | $q$——选定溶气压力下，单个释放器的出流量（$m^3$/h） |

## 10.3.3 气浮净水主要设备

### 10.3.3.1 溶气释放器

目前国内常用的溶气释放器为 TS 型、TJ 型及 TV 型溶气释放器，其中 TS 型除用于试验性装置外，在生产上已很少采用。

它们的主要特点是：释气完善，溶气压力在 0.15MPa 以上时，即可释出溶气量的 99%左右；能在较低压力下工作：在溶气压力 0.2MPa 以上时，即能取得良好的净水效果，节省电耗；释出的气泡微细：气泡平均直径为 20～40μm，气泡密集，附着性能良好。

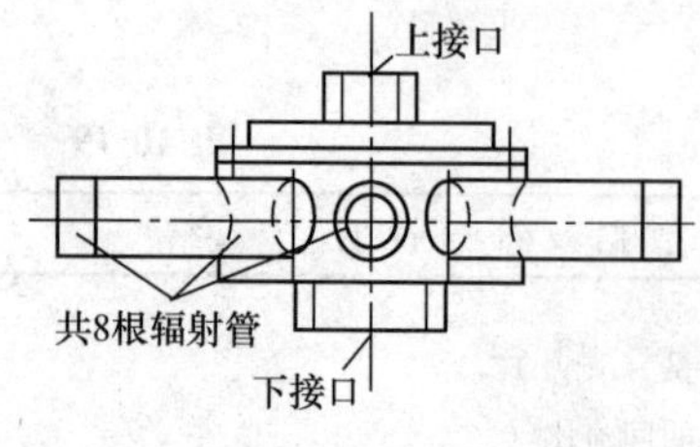


图 10-51 TJ 型溶气释放器外形

（1）TJ 型溶气释放器：外形见图 10-51，当压力溶气水通过器内孔盒时，因流态的骤变而急剧的消能，从而使气泡在减压条件下，瞬间充分地释出。其材质为铸铁内衬不锈钢套，在释放器堵塞时，可以通过从上接口抽真空，提起器内舌簧，以清除杂质。TJ 型溶气释放器安装示意见图 10-52。

（2）TV 型溶气释放器：克服了 TS 及 TJ 型释放器布水不均匀及需要水射器才能使舌簧提起的缺点，采用圆盘径向全方位释放，与水的接触条件更佳，外形见图 10-53。该释放器堵塞时，接通压缩空气，即可使下盘体向下移

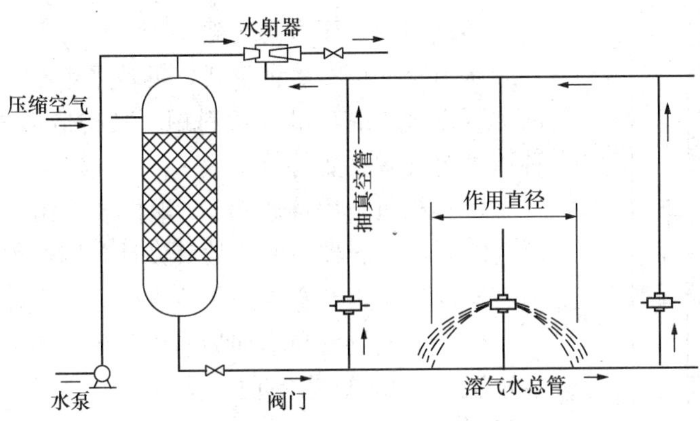


图 10-52　TJ 型溶气释放器安装示意

动，增大盘间水流通道，使堵塞物排出。此外为防止释放器在废水中腐蚀，采用了全不锈钢材质。TV 型溶气释放器安装示意见图 10-54。

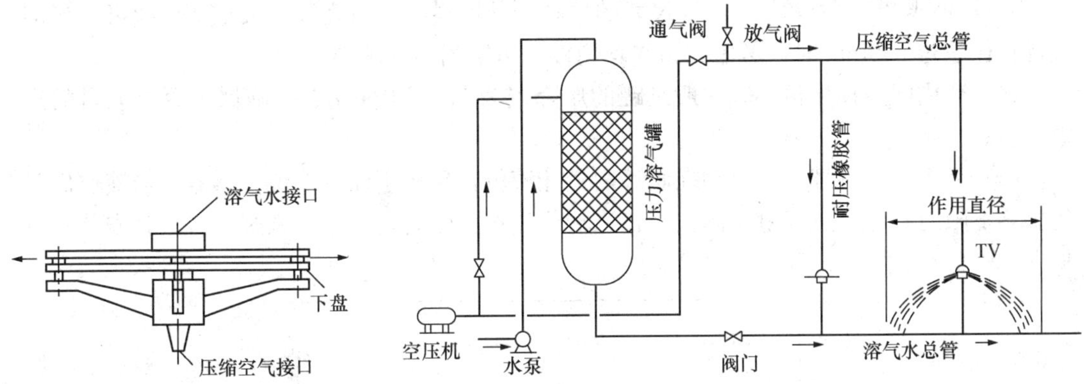


图 10-53　TV 型溶气释放器外形

图 10-54　TV 型溶气释放器安装示意

两种释放器性能参数见表 10-20：

**溶气释放器性能**　　**表 10-20**

| 型号 | 不同压力（MPa）下的出流量（$m^3/h$） | | | | | | | | 作用直径（cm） |
|---|---|---|---|---|---|---|---|---|---|
| | 0.1 | 0.2 | 0.25 | 0.30 | 0.35 | 0.40 | 0.45 | 0.50 | |
| TJ-Ⅰ | | 1.08 | 1.18 | 1.28 | 1.38 | 1.47 | 1.57 | 1.67 | 40 |
| TJ-Ⅱ | | 2.37 | 2.59 | 2.81 | 2.97 | 3.14 | 3.29 | 3.45 | 60 |
| TJ-Ⅲ | | 4.61 | 5.15 | 5.60 | 5.98 | 6.31 | 6.74 | 7.01 | 100 |
| TJ-Ⅳ | | 6.27 | 6.88 | 7.50 | 8.09 | 8.69 | 9.29 | 9.89 | 110 |
| TJ-Ⅴ | | 8.70 | 9.47 | 10.55 | 11.11 | 11.75 | — | — | 120 |
| TV-Ⅰ | | 1.04 | 1.13 | 1.22 | 1.31 | 1.40 | 1.48 | 1.51 | 40 |
| TV-Ⅱ | | 2.16 | 2.32 | 2.48 | 2.64 | 2.80 | 2.96 | 3.12 | 60 |
| TV-Ⅲ | | 4.45 | 4.81 | 5.18 | 5.54 | 5.91 | 6.18 | 6.64 | 80 |

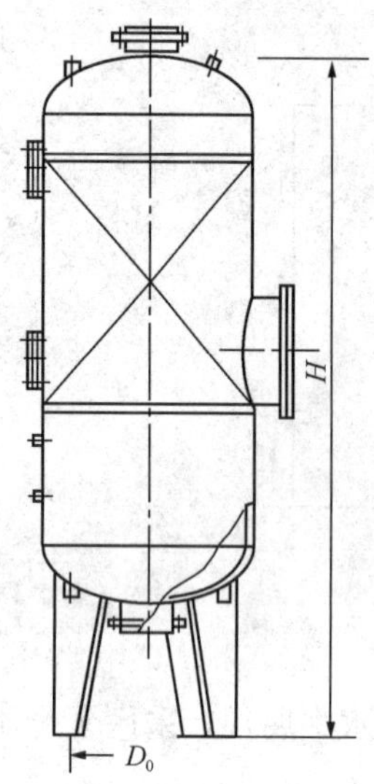


图 10-55 喷淋式填料罐

#### 10.3.3.2 压力溶气罐

压力溶气罐有多种形式，推荐采用能耗低、溶气效率高的空压机供气的喷淋式填料罐。其构造形式见图 10-55。该种压力溶气罐主要特点：

(1) 材质采用普通 Q235 钢板或不锈钢板卷焊而成。因溶气罐属压力容器范畴，故其设计与制作须委托具有一类压力容器设计及生产资格的单位进行。

(2) 溶气效率与不加填料的溶气罐相比较，约高 30%。在水温 20～30℃范围内，溶气量可为理论饱和值的 90%～99%。

(3) 可应用的填料很多，如瓷质拉西环、塑料斜交错淋水板、不锈钢圈填料、聚丙烯阶梯环等。由于阶梯环具有较高的溶气效率，故可优先考虑。不同直径的溶气罐，需配置不同尺寸的填料，其填料的充填高度一般取 1m 即可。当溶气罐直径超过 500mm 时，考虑到布水均匀性，可适当增加填料高度。

(4) 罐内阻力损失很小，一般过罐的压降仅为 0.01MPa 左右，确保了原有能量的高效转换。

(5) 无需专人管理。为自动控制罐内最佳液位，采用了浮球液位传感器。当液位低于传感器下限时，即令进气电磁阀关闭；当液位超过上限时，指令电磁阀开启。其安装示意见图 10-56。

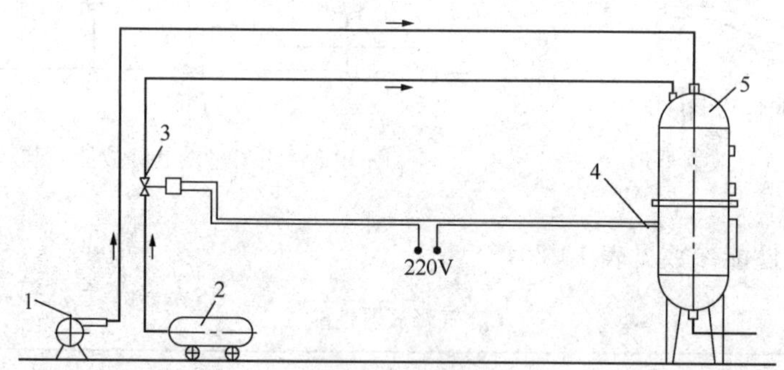


图 10-56 压力溶气罐液位自动控制示意

1—水泵；2—空气压缩机；3—电磁阀；4—液位传感器；5—溶气罐

(6) 不再排放未溶空气，压缩空气 100%被利用。因此，空气压缩机得以间歇工作，既节省电耗，又延长了使用寿命。

(7) 实验证明，该种溶气罐的溶气水过流密度（溶气水流量与罐截面积之比）有一个优化的范围。过大或过小都不利于溶气效率的提高。压力溶气罐的详细型号、流量适应范围及各项主要参数详见《给水排水设计手册》第三版第 12 册《器材与装置》。

#### 10.3.3.3 刮渣机

与沉淀池的底部排泥相比，气浮池表面会产生浮渣，需要采用池面刮渣设备。在运行中，如果大量浮渣得不到及时的清除，或者刮渣时对渣层的扰动过剧、刮渣时液面及刮渣程序控制不当、刮渣机运行速度与浮渣的黏度不相适应等都仍将影响气浮净水的效果。

目前，对矩形气浮池均采用桥式刮渣机刮渣，见图 10-57。这种类型的刮渣机适用范围一般在跨度 10m 以下，集渣槽的位置可在池的一端或两端。

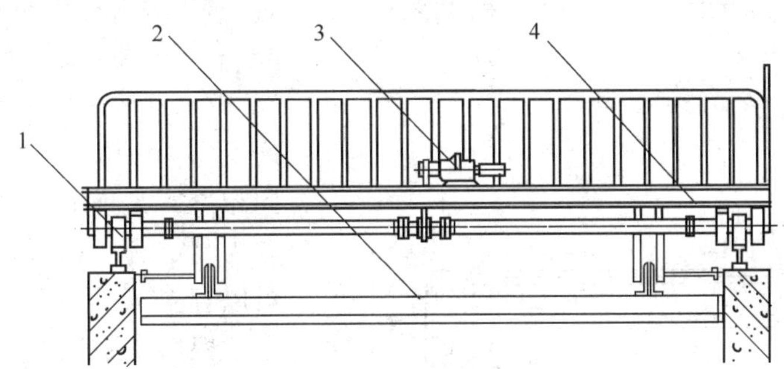


图 10-57　桥式刮渣机示意

1—行走轮；2—刮板；3—驱动机构；4—桁架

对圆形气浮池，大多采用行星式刮渣机见图 10-58。其适用范围在直径 2～20m，集渣槽位置可在圆池径向的任何部位。

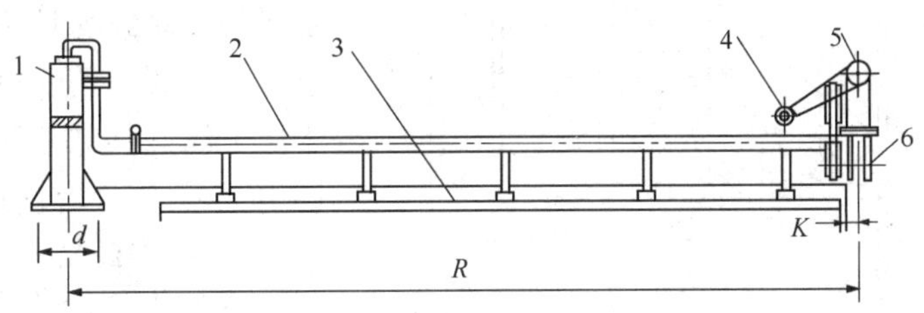


图 10-58　行星式刮渣机示意

1—中心管轴；2—行星臂；3—刮板；4—电动机；5—传动部分；6—行走轮

常用刮渣机的型号及各项主要参数详见《给水排水设计手册》第三版第 12 册《器材与装置》。

### 10.3.4　气浮池布置形式

气浮池的布置形式较多，根据原水水质特点及与前、后构筑物衔接等条件，已建成了多种形式的气浮池，其中不仅有平流与竖流式的布置、方形与圆形的布置，同时还出现了气浮与絮凝、气浮与沉淀、气浮与过滤相结合的形式。

#### 10.3.4.1　平流式气浮池

平流式气浮池是目前采用较多的一种形式。其特点是池深浅（有效水深约 2m 左右），造价低，管理方便。但与后续滤池在高度上不易匹配。

（1）某水厂 5000m$^3$/d 气浮池采用了此种形式。其工艺布置见图 10-59。主要设计数据：

1）采用孔室旋流絮凝，絮凝池分为 10 格，孔口流速由 1.0m/s 逐格递减至 0.15m/s，总水头损失约为 0.5m，停留时间为 15min。

2）接触室上升流速采用 21mm/s，分离区分离速度采用 2.0mm/s。

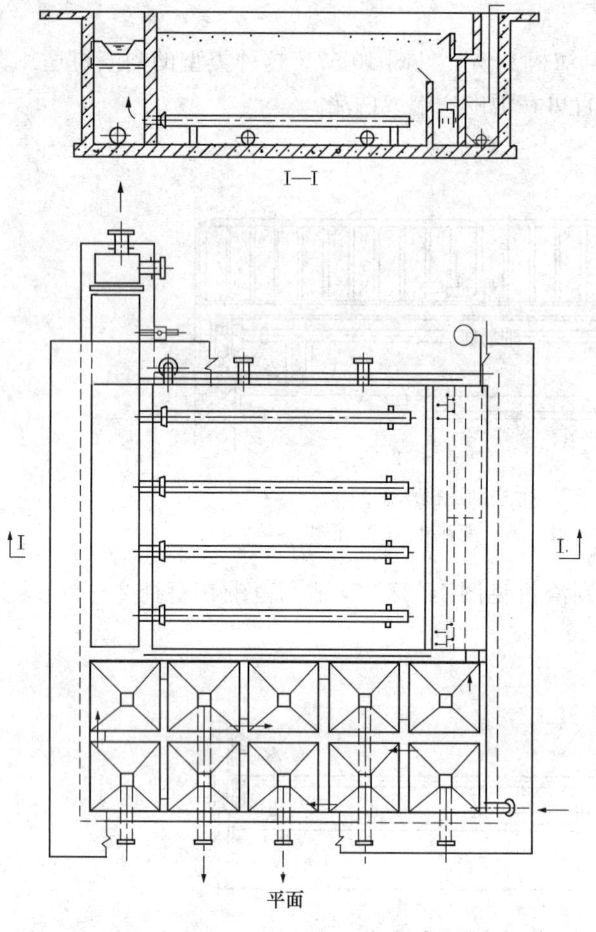


图 10-59　某水厂气浮池工艺布置示意

3）回流比为 10%，溶气罐压力为 0.31MPa，气浮浮停留时间为 17min。

4）溶气释放器共采用 TS-Ⅱ型 28 只，分两排交错布置。

5）刮渣采用桥式刮渣机，行车速度 5.1m/min，刮渣方向与出水方向相反，为逆向刮渣。出水渠中的堰为测定流量而设，在生产设施中可以省去。

根据对平流式气浮池的运行观察及测定表明，在分离区内，由于气泡粘附絮粒的上浮速度很快，因此，在池面以下 1m 处的水质已接近于底部出流的水质。为了节省这部分多余的容积，可以设计成接触室局部加深的浅型气浮池。

（2）某厂的 $10000m^3/d$ 气浮池采用了浅型形式。工艺布置示意见图 10-60。主要设计数据如下：

1）采用往复式折板絮凝，折板分为三种规格，共六条。为使往复式流向改变为上下流向，增设絮凝过渡段。水流速度从 0.5m/s 降至 0.2m/s；絮凝总停留时间为 10min，水头损失约 0.40m。

2）气浮接触区的水流上升流速采用 20mm/s；分离区的分离速度采用 2.0mm/s。

3）回流比采用 10%，溶气罐压力为 0.32MPa，气浮池停留时间为 12min。

4）溶气释放器采用 TS-Ⅱ型 28 只，再加 TJ-Ⅱ型 8 只。

5）刮渣采用桥式刮渣机，刮渣为顺向刮除。

6）气浮池水深为 1.4m，其局部深度为 2.7m。

**10.3.4.2　竖流式气浮池**

（1）竖流式气浮池的特点

1）该种池型高度较大，水流基本上是纵向的。接触室在池的中心部位，水流向四周扩散，水流条件比平流式的单侧出流要好，在高程上也容易与后续滤池相配合。

2）该种池型的分离区水深过大（分离区停留时间过长），浪费了一部分水池容积。因此，为弥补这一缺陷，出现了与絮凝相结合的竖流式气浮池。

（2）图 10-61 为某水厂的 $3000m^3/d$ 气浮池，采用该种形式布置。该池主要设计数据如下：

1）絮凝形式采用孔室旋流反应。整体池形为正方形，下部以井字形划分为面积相等

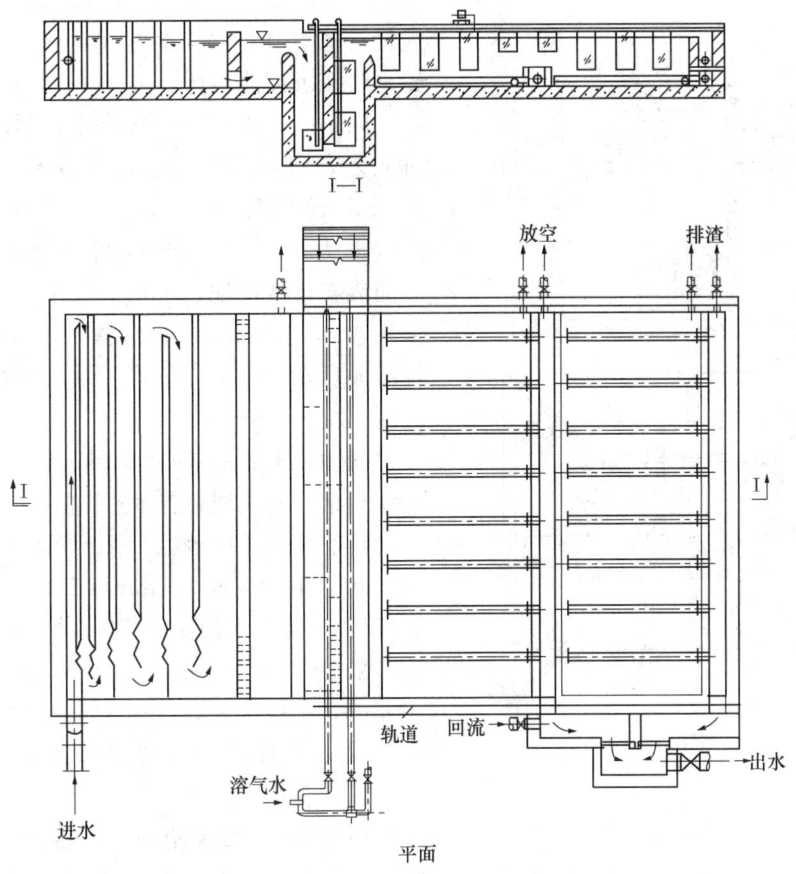


图 10-60 某厂浅型气浮池工艺布置示意

的九格，外缘八格为孔室，中间一格为气浮池的接触室。池上部的四周为气浮分离室。

2）絮凝池的总停留时间为 22.6min。

3）孔室絮凝的孔口流速由 1.14m/s，逐次降至 0.05m/s。

4）接触室的上升流速为 20mm/s；分离区的分离速度为 1.9mm/s，分离室停留时间为 12min。

5）溶气罐压力为 0.36MPa，回流比为 10%。

6）刮渣机采用桥式，单向刮除。

7）释放器采用 TS-Ⅱ型 16 只。

#### 10.3.4.3 与沉淀相结合的气浮池

气浮池适宜于浊度较低、水中悬浮杂质较轻的原水，但不少地区在一年内往往会出现一段时间的浊度偏高。为使气浮池适应这种变化，可以考虑将一部分或大部分较重的颗粒先通过沉淀予以去除，然后将另一部分轻飘而尚未沉淀的颗粒，通过气浮处理去除。这样既能提高出水水质，又能充分发挥两种处理方法的各自特长，提高综合净水效果。

许多水厂开始采用沉淀与气浮相结合的浮沉池工艺以适应原水的变化，在斜管（板）沉淀池的基础上，将进水和出水部分加以改造，并安装了气浮设备，成为兼有气浮池和沉

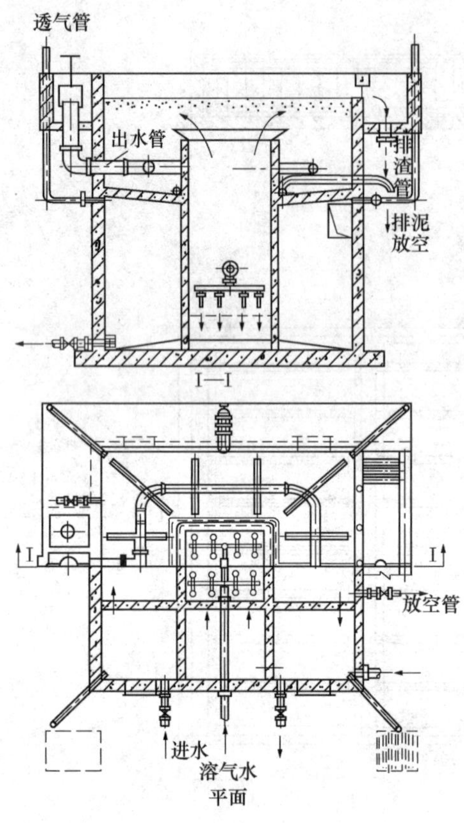


图 10-61　某水厂 3000m³/d 气浮池

淀池作用的池型，在冬季低温低浊水时或藻类大量繁殖季节，以气浮方式运行；当原水浊度较高时按沉淀池运行。

图 10-62 是一座 18000m³/d 侧向流斜板浮沉池艺布置示意。其前部气浮接触区长 2m，高 2m，停留时间 150s，上升流速 2.3mm/s；溶气压力 0.3～0.4MPa，溶气水回流比 7%；侧向流斜板浮沉池，采用 3 层斜板，斜板间距采用 80～100mm，斜板区总高度约 2.60m，设计液面负荷 8.22m³/(m²·h)，斜板下部为沉泥区。

图 10-63 是一座 60000m³/d 的采用沉淀与气浮相结合的池型布置示意。

其前部气浮接触区长 2m，高 2m，停留时间 150s，上升流速 2.3mm/s；溶气压力 0.3～0.4MPa，溶气水回流比 7%；侧向流斜板浮沉池，采用 3 层斜板，斜板间距采用 80～100mm，斜板区总高度约 2.60m，设计液面负荷 8.22m³/（m²·h），斜板下部为沉泥区。

其特点在于：

1）该种池型采用前段沉淀后段气浮的格局，并可通过上下叠合布置节约占地面积，当沉淀出水已符合要求时，气浮装置可以不开，以节约能耗。

2）先沉淀，去除重颗粒物质，后气浮，去除轻颗粒物质，更能发挥沉淀、气浮各自所长。

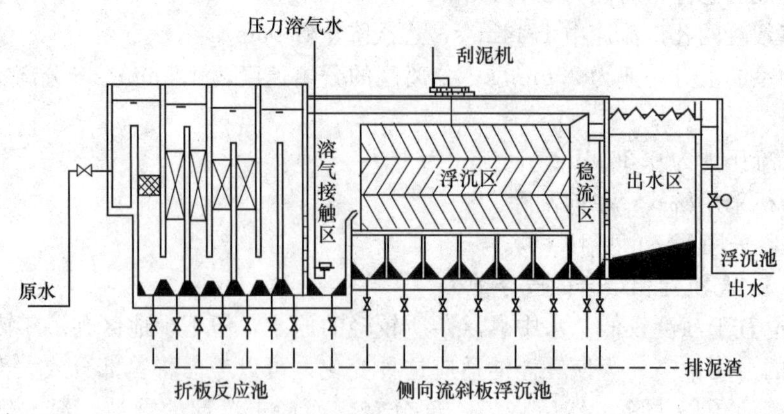


图 10-62　侧向流斜板浮沉池沉淀气浮池布置

3）上层分别设置气浮集水穿孔管和沉淀出水指型槽，气浮出水总管和沉淀出水管设阀相互切换，可运行沉淀气浮或选择单独运行沉淀工艺。接触区内安装有可方便拆装的容器释放器，单独运行沉淀时可卸下释放器，减小对上层沉淀的影响。

4）下层沉淀区设置推流式浓缩刮泥机，上层沉淀（气浮）区和沉淀出水区底部不布置自动刮泥措施，沉淀运行一段时间后需要人工清泥。

设计主要参数：

1）混合时间：22s；

2）总絮凝时间：20.6min；

3）絮凝搅拌器叶轮浆板中心线速度（第一室～第四室）：0.50～0.20m/s；

4）沉淀池水平流速：11.4mm/s，沉淀池总停留时间：119.4min；

5）气浮接触区上升流速：16.7mm/s；

6）沉淀池指形槽出水负荷：157.5m$^3$/（m·d）；

7）气浮接触时间：121.8s；

8）气浮分离区表面负荷：1.86mm/s；

9）溶气水回流比：≈10%。

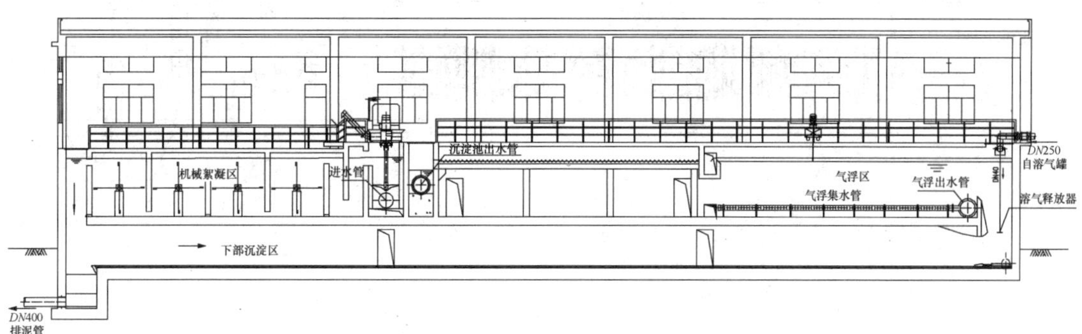


图 10-63　沉淀气浮池布置

### 10.3.4.4　与过滤相结合的气浮池

气浮池的池深无需过大，其分离区下部的容积往往可另作利用（特别当气浮池在高程上不易与后续滤池配套时），为此，出现了气浮与过滤相结合的气浮池形式。武汉、苏州、无锡等地的某些自来水厂均先后采用了此种形式。

图 10-64 为某水厂 120000m$^3$/d 气浮双层滤料滤池工艺布置示意。该池的主要设计参数：

1）机械絮凝时间 5min，气浮接触室停留时间 2.6min；

2）溶气压力 0.35MPa，溶气水回流比 10%；

3）气浮上升流速：接触室 16.6mm/s；分离区 2.0mm/s；

4）滤池采用翻板滤池，滤池格数 8 格，单格面积 100m$^2$，滤速：7.2m/h；

5）滤池采用双层滤料，上层为 0.8m 厚微孔轻陶瓷，下层滤料为 0.8m 厚石英砂，承托层为 0.45m 厚砂砾。

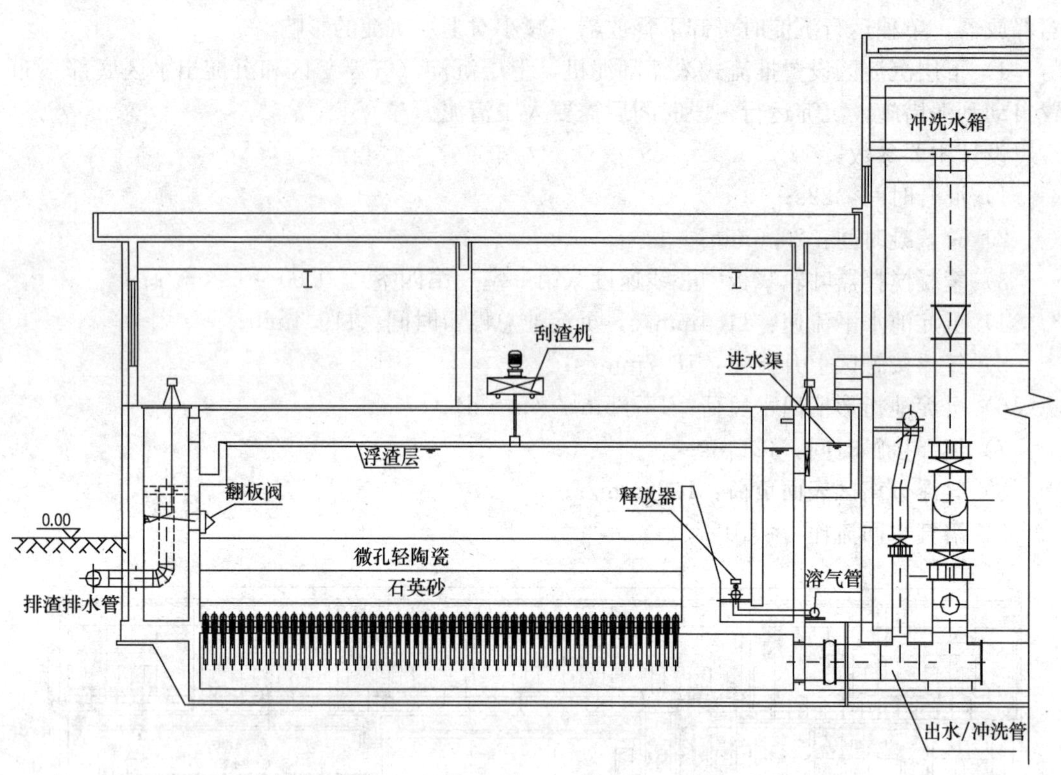


图 10-64 气浮滤池布置

# 11　过　　滤

## 11.1　滤池形式与选用

### 11.1.1　滤池形式分类

滤池的形式分类见表 11-1。

**滤　池　分　类**　　　　**表 11-1**

| 分 类 方 式 | 类　　型 |
| --- | --- |
| 1. 按过滤流向分类 | 下向流<br>上向流<br>双向流（上、下两向）<br>辐射流（斜向流） |
| 2. 按滤料和滤料组合分类 | 单层滤料滤池 { 级配滤料<br>　　　　　　　　均粒滤料<br>双层滤料滤池<br>三层滤料滤池 |
| 3. 按药剂投加情况分类 | 沉后水过滤<br>接触絮凝过滤（直接过滤） |
| 4. 按阀门的设置分类<br>（阀门数不包括空气冲洗阀门，下同） | 四阀滤池<br>双阀滤池<br>单阀滤池<br>虹吸滤池<br>无阀滤池 |
| 5. 按冲洗方法分类 | 水反洗 { 低水头反洗（小阻力）<br>　　　　中水头反洗（中阻力）<br>　　　　高水头反洗（大阻力）<br>气、水反洗<br>水反洗与表面冲洗 |
| 6. 按运行方法分类 | 间歇过滤<br>连续过滤（移动冲洗罩滤池和连续过滤式滤池） |
| 7. 按滤速分类 | 慢滤池（$v<5\text{m/h}$）<br>快滤池（$v=5\sim15\text{m/h}$）<br>高速滤池（$v=25\sim50\text{m/h}$） |

### 11.1.2 滤池选用及适用条件

国内常用的滤池形式及其优缺点和适用条件见表 11-2。

**各种滤池优缺点和适用条件** **表 11-2**

<table>
<tr><th rowspan="2">形式</th><th rowspan="2">滤池特点</th><th rowspan="2">优 缺 点</th><th colspan="2">适用条件</th></tr>
<tr><th>滤前水浊度（NTU）</th><th>规模和其他</th></tr>
<tr><td>1. 普通快滤池</td><td>下向流、砂滤料的四阀式滤池</td><td>优点：<br>1. 有成熟的运转经验，运行稳妥可靠；<br>2. 采用砂滤料，材料易得，价格便宜；<br>3. 采用大阻力配水系统，单池面积可做得较大，池深较浅；<br>4. 可采用降速过滤，水质较好<br>缺点：<br>1. 阀门多；<br>2. 必须设有全套冲洗设备</td><td rowspan="4">小于 10</td><td rowspan="2">1. 可适用于大、中、小型水厂；<br>2. 单池面积一般不宜大于 100m²；<br>3. 有条件时尽量采用表面冲洗或空气助洗设备</td></tr>
<tr><td>2. 双阀滤池</td><td>下向流、砂滤料的双阀式滤池</td><td>优点：<br>1. 同普通快滤池的 1～4；<br>2. 减少两只阀门，相应降低了造价和检修工作量<br>缺点：<br>1. 必须设有全套冲洗设备；<br>2. 增加形成虹吸的抽气设备</td></tr>
<tr><td>3. V 形滤池</td><td>下向流均粒砂滤料，带表面扫洗的气水反冲滤池</td><td>优点：<br>1. 运行稳妥可靠；<br>2. 采用均粒滤料，滤床含污量大、周期长、滤速高、水质好；<br>3. 具有气水反洗和水表面扫洗，冲洗效果好<br>缺点：<br>1. 配套设备，如鼓风机等；<br>2. 土建较复杂，池深比普通快滤池深</td><td>1. 适用于大、中型水厂；<br>2. 单池面积可达 150m² 以上</td></tr>
<tr><td>4. 翻板滤池</td><td>下向流、单层或双层滤料，序批式气水反冲洗滤池</td><td>优点：<br>1. 运行稳妥可靠；<br>2. 采用序批式气水可膨胀反冲洗，效果更好，节约冲洗水量；<br>3. 更适用于双层或多层滤料，以及活性炭等轻质滤料；<br>4. 无中央排水槽，土建相对简单，节约占地面积<br>缺点：<br>1. 翻板阀造价较高；<br>2. 受翻板阀制作和排水特点的影响，池长和池宽有一定限制</td><td>1. 适用于大、中型水厂；<br>2. 单格面积一般不宜大于 100m²</td></tr>
</table>

续表

<table>
<tr><th rowspan="2" colspan="2">形式</th><th rowspan="2">滤池特点</th><th rowspan="2">优　缺　点</th><th colspan="2">适用条件</th></tr>
<tr><th>滤前水浊度（NTU）</th><th>规模和其他</th></tr>
<tr><td rowspan="3">5. 多层滤料滤池</td><td>(1) 三层滤料滤池</td><td rowspan="3">下向流、砂、煤和重质矿石滤料滤池</td><td>优点：<br>1. 含污能力大；<br>2. 可采用较大的滤速；<br>3. 降速过滤、水质较好；<br>缺点：<br>1. 滤料不易获得，价格贵；<br>2. 管理麻烦，滤料易流失；<br>3. 冲洗困难，易积泥球；<br>4. 宜采用中阻力配水系统</td><td rowspan="2">小于 10</td><td>1. 适用于中型水厂；<br>2. 单池面积不宜大于 50～60m$^2$；<br>3. 需采用辅助冲洗设备</td></tr>
<tr><td>(2) 双层滤料滤池</td><td>优点：<br>1. 同三层滤料滤池的 1～3；<br>2. 现有普通快滤池，可方便地改建；<br>缺点：<br>同三层滤料滤池的 1～3</td><td>1. 适用于大、中型水厂；<br>2. 单池面积一般不宜大于 50～60m$^2$；<br>3. 尽量采用大阻力反洗系统和助冲设备</td></tr>
<tr><td>(3) 接触双层滤料滤池</td><td>优点：<br>1. 对滤前水的浊度适用幅度大，因而可以作为直接过滤；<br>2. 条件合适时，可以不用沉淀池，节约用地，投资省；<br>3. 降速过滤，水质较好；<br>缺点：<br>1. 对运转的要求较高；<br>2. 工作周期短；<br>3. 其他同双层滤料滤池</td><td>小于 50～100</td><td>1. 适用于 5000m$^3$/d 以下的小型水厂；<br>2. 宜采用助冲设备</td></tr>
<tr><td colspan="2">6. 虹吸滤池</td><td>下向流、砂滤料、低水头互洗式无阀滤池</td><td>优点：<br>1. 不需大型阀门；<br>2. 不需冲洗水泵或冲洗水箱；<br>3. 易于自动化操作；<br>缺点：<br>1. 土建结构复杂；<br>2. 池深大，单池面积不能过大，反冲洗要浪费一部分水量，冲洗效果不易控制；<br>3. 变水位等速过滤，水质不如降速过滤</td><td>小于 10</td><td>1. 适用于中型水厂（水量 2 万～10 万 m$^3$/d）；<br>2. 单池面积不宜过大；<br>3. 每组滤池数不少于 6 池</td></tr>
</table>

续表

| 形式 | 滤池特点 | 优　缺　点 | 适用条件 | |
|---|---|---|---|---|
| | | | 滤前水浊度(NTU) | 规模和其他 |
| 7. 无阀滤池 | 下向流、砂滤料、低水头带水箱反洗的无阀滤池 | 优点：<br>1. 不需设置阀门；<br>2. 自动冲洗，管理方便；<br>3. 可成套定型制作（钢制）<br>缺点：<br>1. 运行过程看不到滤层情况；<br>2. 清砂不便；<br>3. 单池面积较小；<br>4. 冲洗效果较差，反洗时要浪费部分水量；<br>5. 变水位等速过滤，水质不如降速过滤 | 小于10 | 1. 适用于小型水厂一般在1万$m^3/d$以下；<br>2. 单池面积一般不大于$25m^2$ |

## 11.2　滤池配水、配气系统

滤池由进水系统、滤料、承托层、清水（集水）系统、配水系统、配气系统、排水系统等组成。其中配水、配气方式对滤池设计影响较大。

配水、配气系统有大阻力、中阻力和小阻力等三种类型。要求配水系统能均匀地收集滤后水，配水和配气系统能均匀分配反冲洗水和气，并要求安装维修方便，不易堵塞，经久耐用。

### 11.2.1　常用的配水、配气系统

滤池配水、配气系统，应根据滤池形式、冲洗方式、单格面积、配水与配气的均匀性等因素考虑选用。采用单水冲洗时，可选用穿孔管、滤砖、滤头等配水、配气系统；气水冲洗时，可选用长柄滤头、塑料滤砖、穿孔管等配水、配气系统。常用的各种配水、配气系统见表11-3。

**常用的配水、配气系统　　表11-3**

| 配水系统名称 | 常见配水形式 | 开孔比(%) | 通过池内配水、配气系统的水头损失(m) |
|---|---|---|---|
| 1. 大阻力 | 带有干管（渠）和穿孔支管的“丰”字形配水系统 | 0.20～0.28 | >3 |
| 2. 中阻力 | 1. 滤球式；<br>2. 管板式；<br>3. 二次配水滤砖；<br>4. 三角形内孔的二次配水（气）滤砖(Leopord) | 0.6～0.8 | 0.5～3.0 |

续表

| 配水系统名称 | 常见配水形式 | 开孔比（%） | 通过池内配水、配气系统的水头损失（m） |
|---|---|---|---|
| 3. 小阻力 | 1. 豆石滤板；<br>2. 格栅式；<br>3. 平板孔式；<br>4. 三角槽孔板式；<br>5. 滤头；<br>6. 面包形布水布气管 | 1.25～2.00 | <0.5 |

## 11.2.2 配水、配气系统的构造和水头损失

采用单水冲洗时，大阻力、中阻力和小阻力配水、配气系统均适用，一般可选用穿孔管、滤砖、滤头等；气水冲洗时，一般采用可选用中阻力和小阻力配水、配气系统，包括长柄滤头、塑料滤砖、穿孔管、面包形布水布气管。

### 11.2.2.1 大阻力配水系统

常用的穿孔管式大阻力配水系统构造形式如图11-1所示。

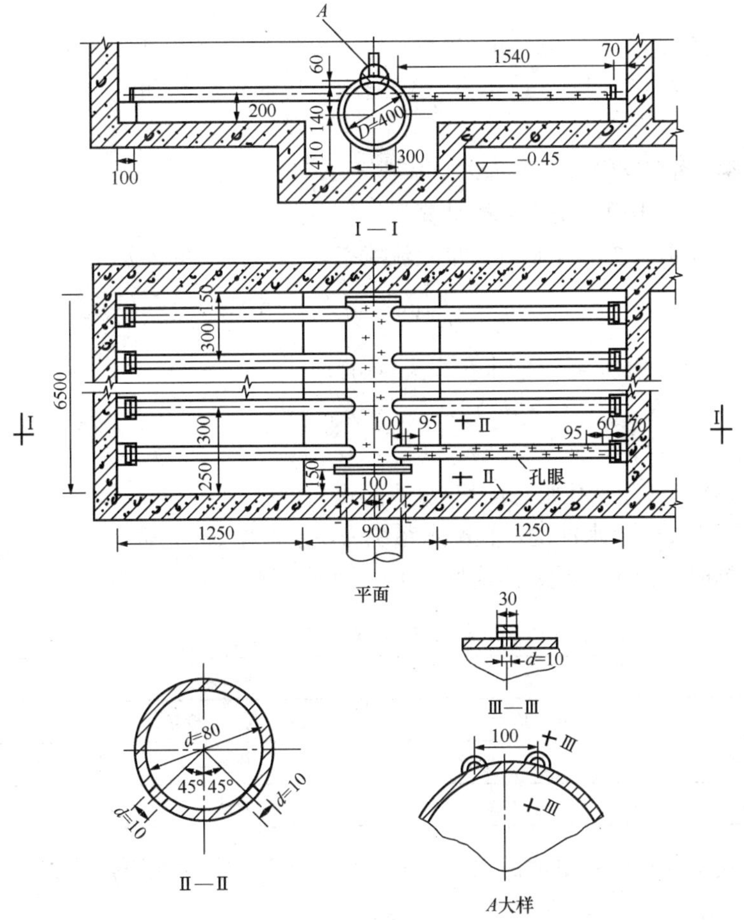


图 11-1 穿孔管式大阻力配水系统

(1) 水头损失计算

大阻力配水系统水头损失，当按孔口的平均水头损失计算时，可采用：

$$h_2=\frac{1}{2g}\left(\frac{q}{10\mu k}\right)^2 \text{(m)} \tag{11-1}$$

式中 $h_2$——孔口平均水头损失（m）；

$q$——冲洗强度［L/（s·m²）］；

$k$——孔眼总面积与滤池面积之比，采用0.20%～0.28%；

$\mu$——流量系数，一般为0.65。

当按实验公式作近似计算时，$h_2$为：

$$h_2=8\frac{v_1^2}{2g}+10\frac{v_2^2}{2g} \tag{11-2}$$

式中 $v_1$——干管起点流速（m/s）；

$v_2$——支管起点流速（m/s）。

(2) 主要设计参数

1) 大阻力配水系统配水孔眼总面积与滤池面积之比一般为0.20%～0.28%。

2) 干管始端流速为1.0～1.5m/s，支管始端流速为1.5～2.0m/s，孔眼流速为5～6m/s。

3) 支管中心距约0.25～0.3m，支管长度与其直径之比不应大于60。

4) 孔眼直径约为9～12mm，设于支管两侧，与垂线呈45°角向下交错排列，如图11-1所示。

5) 干管横截面与支管总横截面之比应大于1.75～2.0。

**11.2.2.2 中、小阻力配水系统计算**

(1) 水通过配水系统的孔眼时，呈紊流状态，水头损失可按公式（11-3）计算：

$$h=\frac{1}{2g}(\mu_B/\alpha\beta)^2\times10^{-6} \tag{11-3}$$

式中 $h$——水流通过配水系统的水头损失（m）；

$\mu_B$——冲洗强度［L/（s·m²）］；

$\alpha$——流量系数；

$\beta$——开孔比（配水孔眼总面积/过滤面积）（%）。

式（11-3）适用于单水冲洗，且配水系统为一次配水。

无试验数据时，流量系数$\alpha$的值见表11-4。

**流量系数$\alpha$值** **表11-4**

| 形式 | $\alpha$ | 形式 | $\alpha$ |
|---|---|---|---|
| 滤头 | 0.8 | 钢筋混凝土栅条 | 0.6 |
| 缝式圆形栅条 | 0.85 | 孔板 | 0.75 |
| 木栅条 | 0.6 | 滤球 | 0.78 |

(2) 开孔比（$\beta$）值与单池面积、配水室高度有关，其关系可用公式（11-4）表示：

$$\frac{\Delta v}{v}=(M\alpha\beta/2H)^2 \tag{11-4}$$

式中 $\Delta v$——孔口平均出流速度差（m/s）；

$v$——孔口平均出流速度（m/s）；

$M$——滤池长度（m）；

$H$——配水室高度（m）。

1）当滤池长度在 3～10m，配水室高度为 0.4m，要求配水均匀性达 99%（即 $\Delta v/v$ =1%时），如取 $\alpha$ =0.75，则开孔比（$\beta$）应为 3.5%～1.0%。

2）一般情况下，小阻力配水系统的开孔比宜保持在 1%左右。

#### 11.2.2.3 中阻力配水系统构造和水头损失值

各种中阻力配水系统构造和水头损失值见表 11-5。

滤砖的详细尺寸可参见《给水排水设计手册》第三版第 12 册《器材与装置》。两次配水滤砖的布置示意见图 11-2。

各种中阻力配水系统构造和水头损失值 表 11-5

| 名称 | 图示 | 构造特点 | 流量系数（$\alpha$） | 开孔比 $\beta$（%） | 水头损失(cm) | | |
|---|---|---|---|---|---|---|---|
| | | | | | 冲洗强度 9L/(s·m²) | 冲洗强度 12L/(s·m²) | 冲洗强度 15L/(s·m²) |
| 1. 滤球式 | 200; 50; d=19; d=38 D=78; 80 220 80 | 1. 滤球为瓷质；2. 大球直径 D=78mm，共五只；小球直径 d = 38mm 共 9 只；3. 也有采用 1 个大球和 4 个小球的形式 | 0.78 | 0.32 | 66 | 118 | 184 |
| 2. 两次配水滤砖 | d=4 开孔比0.72%; d=25 开孔比1.37%; 250; 280; 600 | 1. F-1 型滤砖的外形尺寸一般为 600mm × 280mm×250mm，一次配水为 4 孔 d=25mm；二次配水为 96 孔 d =4mm；2. 为安装需要也可加工成其他的外形尺寸 | 0.75 | 一次配水 1.37<br>二次配水 0.72 | 12<br>28 | 17<br>43 | 25<br>64 |

续表

| 名称 | 图　示 | 构造特点 | 流量系数（α） | 开孔比β（%） | 水头损失（cm） | | |
|---|---|---|---|---|---|---|---|
| | | | | | 冲洗强度 9L/(s·m²) | 冲洗强度 12L/(s·m²) | 冲洗强度 15L/(s·m²) |
| 3. 三角形内孔两次配水（气）滤砖 | 940 900 40 290 275 上部平面<br>290 275 底部平面<br>270 290 294 喷出孔，ϕ4.5×132个 空气孔A，ϕ3.5×12个 空气孔B，ϕ5.5×6个 水孔，ϕ20×6个 W=7.5kg/根 标准型<br>270 370 294 喷出孔，ϕ6.0×138个 空气孔A，ϕ3.5×12个 空气孔B，ϕ5.5×6个 水孔，ϕ22×6个 W=8.3kg/根 增大型 | 1. 外形尺寸：标准型为 940×270×290；增大型为 940×270×370；<br>2. 布孔见图示 | 0.75 | 一次配水 72%<br>一次配气 0.10%<br>二次配水/气（喷出孔）0.80% | 27.0 | 47.5（按样本“标准型”介绍推算） | 74.3 |

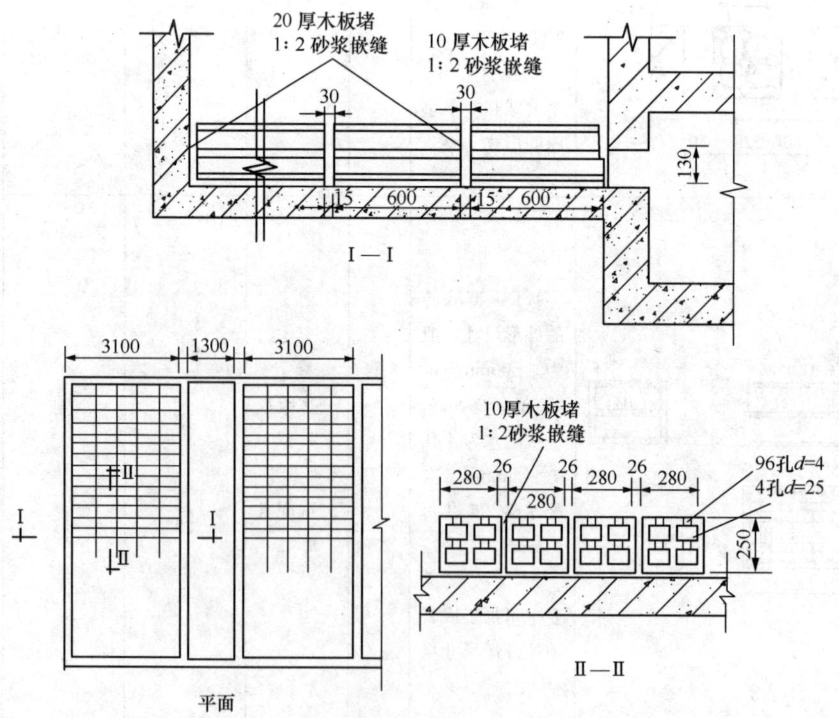


图 11-2　两次配水滤砖

#### 11.2.2.4 小阻力配水系统的构造和水头损失

各种小阻力配水系统的构造见表11-6，水头损失值见表11-7。滤头形式较多，除《给水排水设计手册》第三版第12册《器材与装置》所列外，还有许多不同形式和材质的滤头在实际工程中应用。

各种小阻力配水系统构造 表11-6

| 名称 | | 图示 | 构造 | 优缺点及注意事项 |
|---|---|---|---|---|
| 1. 格栅式 | 钢格栅 | 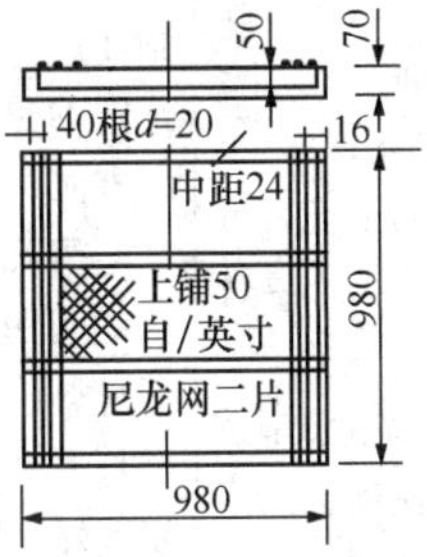 | 1. 每块格栅，一般为980mm × 980mm；框架高70mm，栅条直径为$d$=12钢筋，中距24mm；净距12mm；<br>2. 国标无阀滤池（S775）的格栅尺寸为645mm × 645mm，框架高30mm；栅条直径为$d$ = 12钢筋，中距15mm，净距3mm | 缺点：<br>1. 开孔大、反洗不易均匀；<br>2. 钢筋易锈蚀，使用周期不长 |
| | 钢筋混凝土条缝式 | 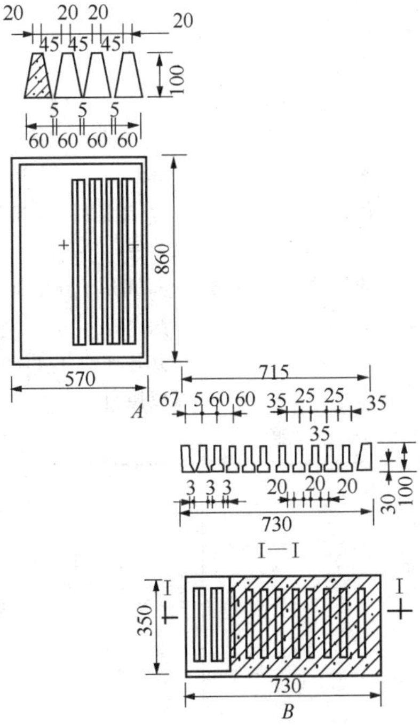 | 条缝宽一般为3～5mm | 优点：<br>1. 板的结构牢固，不易断裂；<br>2. 本身自重大，不易移动，安装较方便<br>缺点：<br>制作要求较高，缝宽难以严格控制 |

续表

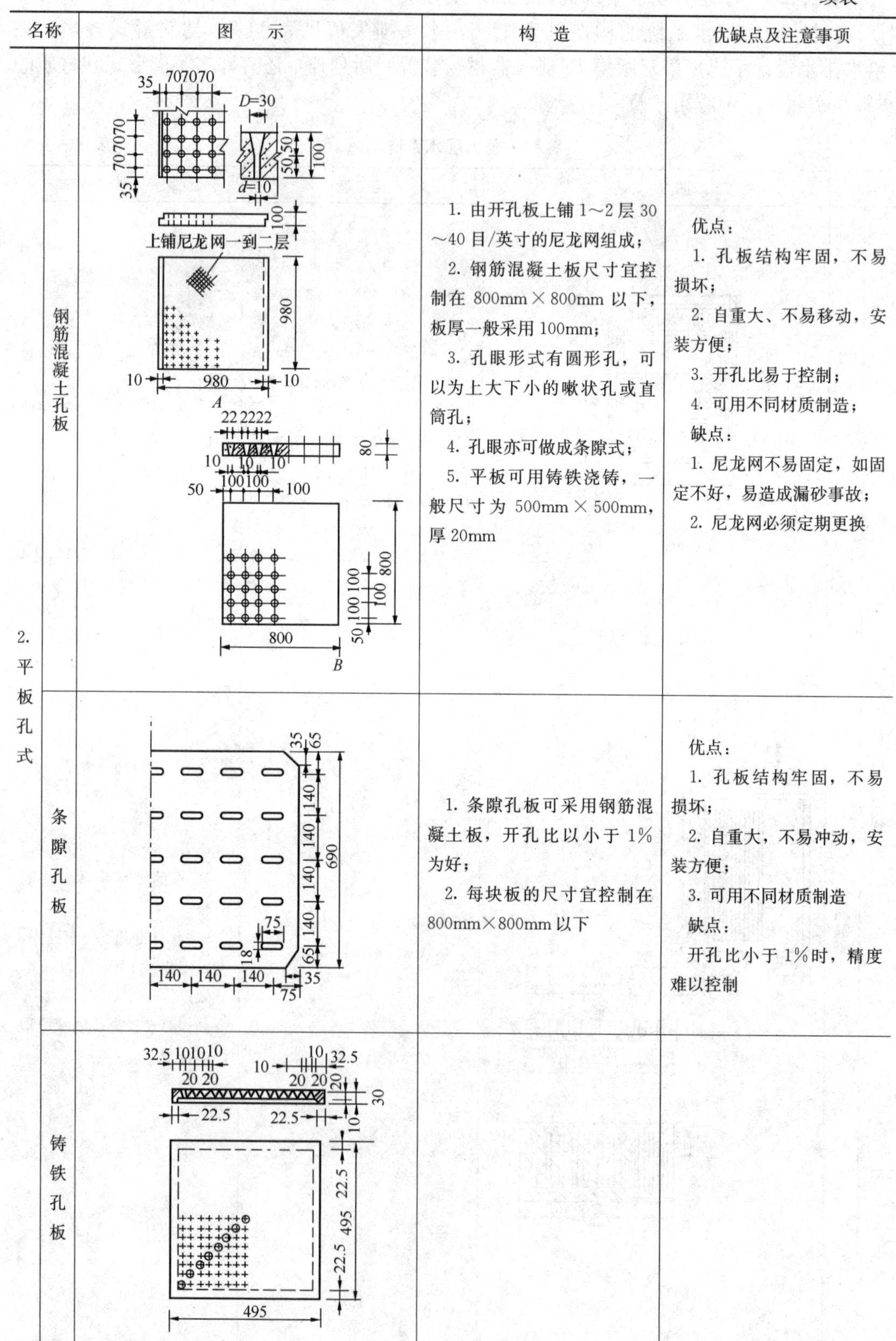


| 名称 | | 图示 | 构造 | 优缺点及注意事项 |
|---|---|---|---|---|
| 2. 平板孔式 | 钢筋混凝土孔板 | | 1. 由开孔板上铺1～2层30～40目/英寸的尼龙网组成；<br>2. 钢筋混凝土板尺寸宜控制在800mm×800mm以下，板厚一般采用100mm；<br>3. 孔眼形式有圆形孔，可以为上大下小的嗽状孔或直筒孔；<br>4. 孔眼亦可做成条隙式；<br>5. 平板可用铸铁浇铸，一般尺寸为500mm×500mm，厚20mm | 优点：<br>1. 孔板结构牢固，不易损坏；<br>2. 自重大、不易移动，安装方便；<br>3. 开孔比易于控制；<br>4. 可用不同材质制造；<br>缺点：<br>1. 尼龙网不易固定，如固定不好，易造成漏砂事故；<br>2. 尼龙网必须定期更换 |
| | 条隙孔板 | | 1. 条隙孔板可采用钢筋混凝土板，开孔比以小于1%为好；<br>2. 每块板的尺寸宜控制在800mm×800mm以下 | 优点：<br>1. 孔板结构牢固，不易损坏；<br>2. 自重大，不易冲动，安装方便；<br>3. 可用不同材质制造<br>缺点：<br>开孔比小于1%时，精度难以控制 |
| | 铸铁孔板 | | | |

续表

| 名称 | 图 示 | 构 造 | 优缺点及注意事项 |
|---|---|---|---|
| 3. 三角槽孔板式 | 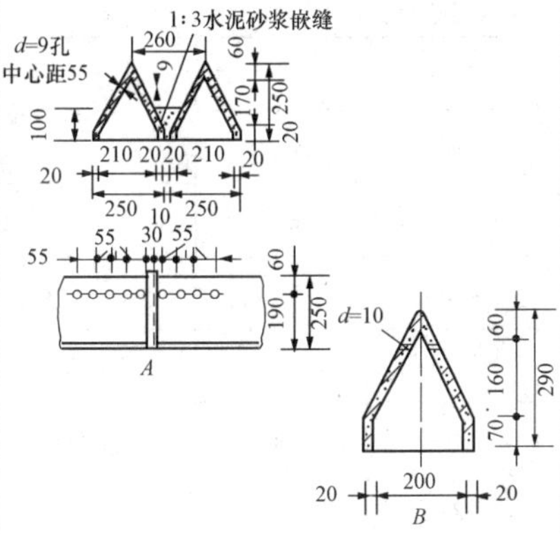 | 纵向配水长度约 3～4m | 配水较均匀 |
| 4. 滤头 改进型滤头 | 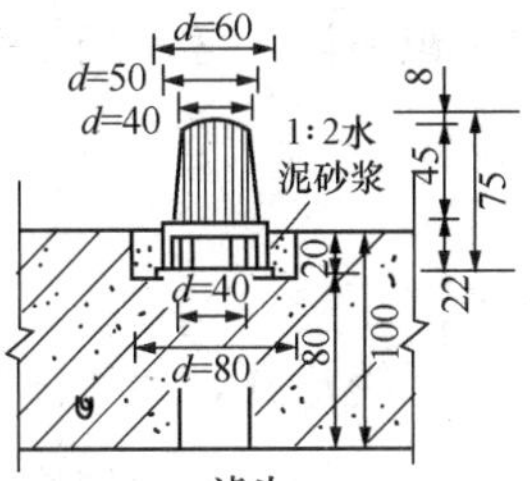 滤头 | 1. 共有 24 条缝隙，缝隙尺寸为 32mm×0.43mm，缝隙总面积 335mm$^2$；<br>2. 每平方米布置 41 个 | 配水较均匀，但滤头老化后调换比较麻烦 |
| 4. 滤头 英式 P/A WT 滤头 | 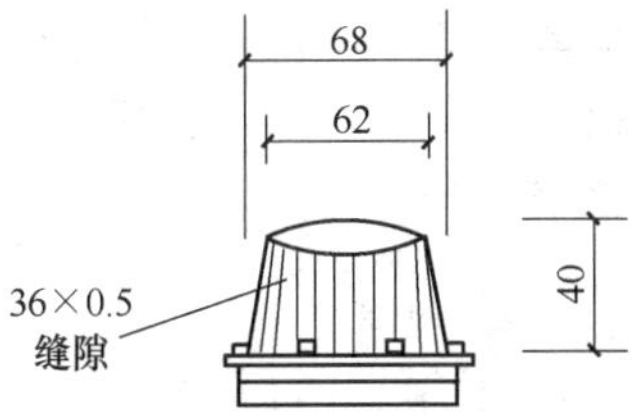 | 1. 共 36 条缝隙，缝隙尺寸为 34～36mm×0.5mm，缝隙总面积约 620～650mm$^2$；<br>2. 每平方米布置 32～34 个 | 配水均匀，配合 K 形板与长柄（可调）式滤头施工方便，水平度精确，滤板钢筋保护层符合结构规范要求 |

**各种小阻力配水系统水头损失值** **表 11-7**

| 名 称 | | 流量系数 $\alpha$ | 开孔比 $\beta$(%) | 水头损失值(cm) | | | 数据来源 |
|---|---|---|---|---|---|---|---|
| | | | | 冲洗强度 9L/(s·m$^2$) | 冲洗强度 12L/(s·m$^2$) | 冲洗强度 15L/(s·m$^2$) | |
| 1. 格栅式 | 钢格栅 | 0.85 | 47 | 0.003 | 0.005 | 0.007 | 为计算值 |
| | | 0.85 | 20 | 0.043 | 0.060 | 0.094 | |
| | 条缝式滤板 | 0.60 | 4 | 0.8 | 1.3 | 2.1 | 冲洗强度 19L/(s·m$^2$)时，实测损失 4cm |

续表

| 名称 | | 流量系数 $\alpha$ | 开孔比 $\beta$(%) | 水头损失值(cm) | | | 数据来源 |
|---|---|---|---|---|---|---|---|
| | | | | 冲洗强度 9L/(s·m²) | 冲洗强度 12L/(s·m²) | 冲洗强度 15L/(s·m²) | |
| 2. 平板式 | 钢筋混凝土圆孔板 | 0.75 | 1.32 | 4.2 | 7.5 | 11.7 | 计算值 |
| | | 0.75 | 0.8 | 11.4 | 20.4 | 31.9 | |
| | 条隙孔板 | 0.75 | 6.74 | 1.0 | 2.5 | 3.8 | 实测值 |
| | 铸铁圆孔板 | 0.75 | 6.15 | 0.2 | 0.35 | 0.54 | 计算值 |
| | | 0.75 | 2.2 | 约 5 | 11.6 | 约 13 | 实测值，包括尼龙网损失 |
| 3. 三角槽孔板 | | 0.75 | 0.87 | — | 12 | 29 | 实测值 |
| 4. 滤头 | 改进型滤头 | 0.8 | 1.44 | — | 21 | 30 | |
| | 英式滤头 | 0.8 | 2.0 左右 | — | — | — | $\beta$值按 34 个/m²计算 |

滤头布置一般为 50～60/m²个，按每个滤头的缝隙面积估计，考虑到滤头使用后的堵塞系数，总缝隙面积约为滤池面积的 1%～2.5%。

### 11.2.3 冲洗方式

滤池冲洗方式的选择，应根据滤料层组成、配水配气系统形式，通过试验或参照相似条件下已有滤池的经验确定，一般宜按表 11-8 选用。

**冲洗方式和程序** **表 11-8**

| 滤料组成 | 冲洗方式、程序 |
|---|---|
| 单层细砂级配滤料 | 1. 水冲；<br>2. 气冲-水冲 |
| 单层粗砂均匀级配滤料 | 气冲-气水同时冲-水冲 |
| 双层煤、砂级配滤料 | 1. 水冲；<br>2. 气冲-水冲 |
| 三层煤、砂、重质矿石级配滤料 | 水冲 |

冲洗方式一般有单独用水反冲洗、有表面辅助冲洗的水反冲洗、有空气辅助擦洗的水反冲洗以及有表面扫洗和空气辅助擦洗的反冲洗。

#### 11.2.3.1 单独用水反冲洗

单独用水反冲洗必须是高速反洗，反洗时滤料膨胀，整个滤层呈悬浮状态。其一般设冲洗水泵或冲洗水塔(箱)。

(1)单水冲洗的强度

单水冲洗滤池的冲洗强度及冲洗时间宜按表 11-9 采用。

水冲洗强度及冲洗时间(水温 20℃时) 表 11-9

| 滤料组成 | 冲洗强度[L/(m²·s)] | 膨胀率(%) | 冲洗时间(min) |
|---|---|---|---|
| 单层细砂级配滤料 | 12～15 | 45 | 7～5 |
| 双层煤、砂级配滤料 | 13～16 | 50 | 8～6 |
| 三层煤、砂、重质矿石级配滤料 | 16～17 | 55 | 7～5 |

注：1. 当采用表面冲洗设备时，冲洗强度可取低值；
2. 应考虑由于全年水温、水质变化因素，有适当调整冲洗强度的可能；
3. 选择冲洗强度应考虑所用混凝剂品种的因素；
4. 膨胀率数值仅作设计计算用。

(2)水头损失计算

1)配水系统 $h_2$

根据所选用配水系统确定，见式(11-1)～式(11-3)

2)经砾石支承层水头损失 $h_3$：

$$h_3 = 0.022H_1q(\mathrm{m}) \tag{11-5}$$

式中 $H_1$——承托层厚度(m)；

$q$——冲洗强度[L/(s·m²)]。

3) 滤料层水头损失：

$$h_4 = \left(\frac{\gamma_1}{\gamma} - 1\right)(1 - m_0)H_2 \tag{11-6}$$

式中 $\gamma_1$——滤料的重度（kN/m³）(石英砂为 2.65)；

$\gamma$——水的重度（kN/m³）；

$m_0$——滤料膨胀前的孔隙率（石英砂为 0.41)；

$H_2$——滤层膨胀前厚度（m)。

(3) 冲洗水供水系统

1) 水泵冲洗（如图 11-3 所示）

采用水泵冲洗时，需考虑有备用措施。

$$Q = qf$$

$$H = H_0 + h_1 + h_2 + h_3 + h_4 + h_5 \ (\mathrm{m}) \tag{11-7}$$

式中 $Q$——水泵出水量（L/s)；

$q$——冲洗强度[L/(s·m²)]；

$f$——单个滤池面积（m²)；

$H$——所需水泵扬程（m)；

$H_0$——洗砂排水槽顶与清水池最低水位高差（m)；

$h_1$——清水池与滤池间冲洗管的沿程水头损失与局部水头损失之和（m)；

$h_2$——配水系统水头损失（m)，见公式（11-1）～式（11-3)；

$h_3$——承托层水头损失（m)，见公式（11-5)；

$h_4$——滤层水头损失（m)，见公式（11-6)；

$h_5$——富余水头，取 1m 左右。

2）水箱（水塔、水柜）冲洗（如图 11-4 所示）：水箱中水深不宜超过 3m，水箱应在滤池冲洗间歇时间内充满，并应有防止空气进入滤池的措施。水箱的容积可采用一次冲洗水量的 1.5 倍，水箱底部高于洗砂排水槽顶的高度，可按公式（11-8）计算。

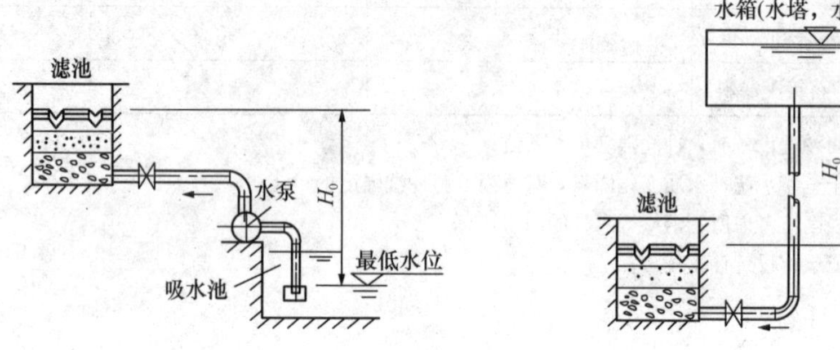


图 11-3 水泵冲洗

图 11-4 水箱（水塔、水柜）冲洗

$$H_0 = h_1 + h_2 + h_3 + h_4 + h_5(\mathrm{m}) \tag{11-8}$$

式中 $h_1$——冲洗水箱至滤池配水系统间的水头损失；

$h_2 \sim h_5$——同公式（11-7）。

### 11.2.3.2 有表面冲洗的水反冲洗

表面冲洗是一种辅助冲洗设施，其利用高速水流对表层滤料进行强烈搅动，加强接触摩擦，以提高冲洗效果。一般在以下情况时考虑采用表面冲洗：

（1）双层（三层）滤料滤池和截污能力强、絮粒穿透深，只靠反冲洗滤料不易冲洗干净时。

（2）水源受工业废水污染，水黏度高，会使滤层结球、板结或穿孔而影响正常工作时。

（3）用活化水玻璃或其他有机合成质作为助凝、助滤剂时。

（4）为提高滤池工作效率，加长滤池的过滤周期，减少冲洗水量时。

表面冲洗有固定式和旋转式两种。

（1）固定式表面冲洗

固定式表面冲洗适用于各种滤池（如图 11-5 所示）。主要设计数据和计算如下：

1）冲洗强度一般采用 $2 \sim 3\mathrm{L/(s \cdot m^2)}$，冲洗时间为 4～6min。

2）冲洗水头应通过计算确定，一般为 0.2MPa。

3）穿孔管孔眼总面积与滤池面积之比为 0.03%～0.05%。

4）穿孔管孔眼流速可按需要决定，亦可参考下式计算确定：

$$v = \frac{q \times 10^{-3}}{\varphi}(\mathrm{m/s}) \tag{11-9}$$

式中 $q$——表面冲洗强度$[\mathrm{L/(s \cdot m^2)}]$，一般为 $2 \sim 3\mathrm{L/(s \cdot m^2)}$；

$\varphi$——穿孔管孔眼总面积与滤池面积之比（%）；

$v$——穿孔管孔眼流速（m/s），一般为 6～8m/s。

$q$ 采用低值时，$\varphi$ 必须采用低值；$q$ 采用高值时，$\varphi$ 也必须采用高值。否则孔眼流速偏低，将影响冲洗效果。

5）穿孔管中心距 0.5～1m，孔眼间距采用 80～100mm；孔眼布置可采用双排，交错排列，孔眼与水平线夹角一般为45°，亦可向下开孔。

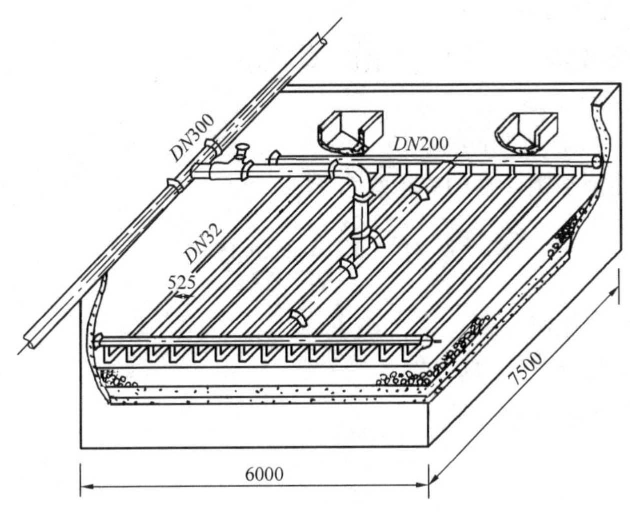


图11-5 固定式表面冲洗示意

6）冲洗干管始端要求的水头（克服穿孔管的水头损失），可按下式计算：

$$H \geqslant \frac{9v_1^2 + 10v_2^2}{2g}(\mathrm{m}) \tag{11-10}$$

式中 $v_1$——干管流速（m/s），一般采用2.5～3.0m/s；

$v_2$——穿孔管始端流速（m/s）。

7）穿孔管直径一般为32～50mm，管底距滤池砂面高一般50～75mm；

（2）旋转式表面冲洗

旋转式表面冲洗（如图11-6所示）利用水力作用使冲洗臂绕固定轴旋转，从而冲洗水得以均布在整个滤池表面，而系统使用管材较少。每个旋转臂的服务面积为不大于25m²的正方形，滤池面积较大时，可同时采用几个旋转臂。

主要设计数据：

1）冲洗强度一般采用0.5～0.75 L/(s·m²)，冲洗时间为4～6min。

2）冲洗水头应按旋转臂的直径和长度由计算确定，一般为0.4～0.5MPa。

3）旋转管中水流速度为2.5～3.0m/s。

4）喷嘴出口流速采用25～35m/s。

5）喷嘴倾斜角度（喷嘴与水平面交角）采用24°～25°。

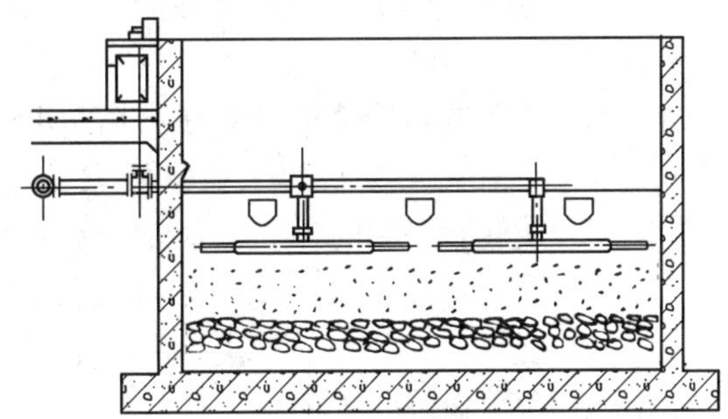

图11-6 旋转式表面冲洗示意

6）喷嘴直径为3～10mm。

7）旋转管上的喷嘴间距为15～25cm，也可用下式计算：

$$a = 50P \tag{11-11}$$

式中　$a$——喷嘴间距（cm）；

$P$——冲洗进水管水压（MPa）。

旋转轴两侧的喷嘴应交错排列，使喷出水均布。

8）旋转管底与砂面的距离为 50mm。

9）旋转管管径为 38～75mm。

10）旋转管中造成喷嘴流速的要求水头 $H_0$：

$$H_0 = \frac{v_4^2}{2g\varphi^2} \quad (\mathrm{m}) \tag{11-12}$$

式中　$v_4$——喷嘴出口流速（m/s）；

$\varphi$——流速系数（一般为 0.92）。

11）每根旋转管流量 $q_1$：

$$q_1 = 0.001 I_1 f_1 (\mathrm{L/s}) \tag{11-13}$$

式中　$I_1$——冲洗强度［L/（s・m²）］；

$f_1$——每根旋转管所负担的滤池面积（m²）。

12）每根旋转管上孔眼总面积 $\omega_1$：

$$\omega_1 = \frac{q_1}{\mu\sqrt{2gH_0}} (\mathrm{m}^2) \tag{11-14}$$

式中　$q_1$——每根旋转管流量（m³/s）

$\mu$——流量系数（采用喷嘴时为 0.82）。

13）旋转管每个喷嘴的水平反力 $P$：

$$P = P_0 \cos\theta (\mathrm{N}) \tag{11-15}$$

式中　$\theta$——喷嘴的倾斜角度（24°～25°）；

$P_0$——水柱反力（N），

$$P_0 = 100 H_0 \omega_2 \tag{11-16}$$

式中　$H_0$——旋转管中造成喷嘴流速的要求水头（MPa）；

$\omega_2$——每个喷嘴面积（cm²）。

14）用于克服旋转管轴承摩擦力、水的阻力及管子旋转的力矩 $M$：

$$M = P \Sigma_{\mathrm{r}} (\mathrm{N \cdot m}) \tag{11-17}$$

式中　$\Sigma_{\mathrm{r}}$——旋转管一侧的各个喷嘴与旋转管轴的距离之和。

15）旋转管管径为变值，其末端最小管径 $d_{\min}$：

$$d_{\min} = \sqrt[1.32]{0.00606 r_0} (\mathrm{m}) \tag{11-18}$$

式中　$r_0$——旋转半径（m）。

16）旋转管末端线速度 $v_t$：

$$v_t = \sqrt[3]{\frac{2A}{\phi_2 f_2}} \tag{11-19}$$

式中　$A$——克服轴承的摩擦力和水的阻力，在单位时间内所做的功（W），

$$A = \frac{M}{1.2} (\mathrm{W})$$

$f_2$——旋转臂面积的垂直投影（$m^2$），

$$f_2 = 2r_0 d_1 (m^2) \tag{11-20}$$

其中 $d_1$——旋转管平均外径（m）。

$$\varphi_2 = \frac{\varphi_3 \gamma}{2g} \tag{11-21}$$

其中 $\varphi_3$——考虑流体性质的系数，一般采用1.2；

$\gamma$——水的重度（$10000N/m^3$）。

17）旋转管转速 $n_4$：

$$n_4 = \frac{60 v_t}{2\pi r_0} (r/min) \tag{11-22}$$

式中 $v_t$——旋转管末端线速度（m/s）；

$r_0$——旋转半径（m）。

旋转管转速，一般采用4～7r/min。

#### 11.2.3.3 气水反冲洗

采用气水反冲洗时，空气快速通过滤层，微小气泡加剧滤料颗粒之间的碰撞、摩擦，并对颗粒进行擦洗，加剧污泥的脱落。反冲洗水主要起漂洗作用，将已与滤料脱离的污泥带出滤层，因而水洗强度小，冲洗过程中滤层基本不膨胀或微膨胀。

气水反冲洗的优点是冲洗效果好，耗水量小，冲洗过程中不需滤层流化，可选用较粗的滤料。缺点是需要增加空气系统，包括鼓风机、控制阀及管路等，设备较单水冲多。

（1）气水反冲洗的方式

气水反冲洗一般可采用下列方式：

1）先气冲洗，后水冲洗；

2）先气冲洗，再气水同时冲洗，后水冲洗。

其中水冲阶段，又可分为滤层产生膨胀和微膨胀两种情况。

双层滤料宜采用第一种冲洗方式，在水冲阶段滤层应产生膨胀；级配石英砂滤料两种方式均可采用，在水冲阶段滤层应产生膨胀；均粒石英砂滤料宜采用后一种冲洗方式，在水冲阶段滤层只产生微膨胀。

（2）配水、配气系统

配水、配气系统大致有以下几种布置形式：

1）气水同时冲洗的长柄滤头系统。

2）面包形布水布气管。

3）“丰”形大阻力配水管与“丰”形配气管分开布置，冲洗时水、气各由一套独立的系统供应，水、气可同时冲，也可分开冲。配水管的布置与一般大阻力系统相同，配气管的布置要求如下：

① 配气干管一般采用镀锌钢管，支管也可采用硬质塑料管。

② 管中空气流速一般采用10m/s，空气从孔眼中的出流速度为30～35m/s。

③ 孔眼直径为1～2mm，孔距70～100mm。

④ 配气管需用钢板、螺栓与滤池底板固定以防位移。

4）滤砖（或孔板尼龙网）与“丰”形配气管分开布置。冲洗时，水通过滤砖等分布入池，气通过“丰”形配气管分布入池。水、气可同时冲洗，也可分开冲洗。

5）采用由三角形二次配水（气）滤砖。水与空气同时或分别进入配水（气）滤砖后，通过设在三角斜板和顶板上的小孔布水和空气。

各种配水配气系统均应设有排气措施。

（3）气水反冲洗参数

气水反冲洗的冲洗强度与滤池所选用的滤料种类、比重、原水水质、水温等因素有关，目前多根据经验选用。表 11-10 为常用的气水反冲洗强度和冲洗时间。

**气水冲洗强度和冲洗时间　　表 11-10**

| 滤料层结构和水冲洗时滤料层膨胀率 | 先气冲洗 | | 气水同时冲洗 | | | 后水冲洗 | |
|---|---|---|---|---|---|---|---|
| | 强度[L/(s·m²)] | 冲洗时间(min) | 气强度[L/(s·m²)] | 水强度[L/(s·m²)] | 冲洗时间(min) | 强度[L/(s·m²)] | 冲洗时间(min) |
| 双层滤料、膨胀率 40% | 15～20 | 3～1 | — | — | — | 6.5～10 | 6～5 |
| 级配石英砂，膨胀率 30% | 15～20<br>12～18 | 3～1<br>2～1 | —<br>12～18 | —<br>3～4 | —<br>4～3 | 8～10<br>7～9 | 7～5<br>7～5 |
| 均粒石英砂，微膨胀 | 13～17<br>(13～17) | 2～1<br>(2～1) | 13～17<br>(13～17) | 2.5～4<br>(3～4.5) | 4～3<br>(4～3) | 4～8<br>(4～6) | 8～5<br>(8～5) |

注：表中均粒石英砂栏，无括号的数值适用于无表面扫洗水的滤池；括号内的数值适用于有表面扫洗水的滤池，其表面扫洗水强度为 1.4～2.3L/(s·m²)。

大、中型水厂的气水反冲洗滤池，宜采用自动控制。

（4）气水反冲洗系统的设计计算

1）长柄滤头系统

冲洗水和气分别通过长柄滤头的水头损失，均按产品的实测资料确定。

冲洗水和空气同时通过长柄滤头时的水头损失，按产品实测资料确定，无资料时可按式（11-23）计算其水头损失增量：

$$\Delta h = n(0.01 - 0.01v_1 + 0.12v_1^2) \tag{11-23}$$

式中：$\Delta h$——气水同时通过长柄滤头时比单一水通过长柄滤头时的水头损失增量（m）；

$n$——气水比；

$v_1$——滤柄中水的流速（m/s）。

2）大阻力配水、配气系统

大阻力配水系统的设计计算见 11.2.2.1 节。大阻力配气系统的设计宜采用以下参数：

① 干管和支管进口处的空气流速采用 10m/s 左右；

② 孔眼空气流速采用 30～35m/s，孔眼间距 70～100mm，孔眼向下 45°交错布置。

大阻力配气系统的压力损失按式（11-24）计算：

$$h = 1.5v^2 \tag{11-24}$$

式中　$h$——空气通过大阻力配气系统时压力损失（Pa）；

$v$——孔眼空气流速（m/s）。

(5) 供气系统

气水反冲洗的供水系统基本同单水反冲洗方式。

冲洗空气的供应，宜采用鼓风机直接供气，经技术经济分析后认为合理的，亦可采用空气压缩机一储气罐组合供气方式。

1) 鼓风机直接供气

先气后水冲洗时，鼓风机出口处的静压力应为输配气系统的压力损失和富余压力之和，即：

$$H_A = h_1 + h_2 + 9810Kh_3 + h_4 \tag{11-25}$$

式中 $H_A$——鼓风机出口处的静压（Pa）；

$h_1$——输气管道的压力总损失（Pa）；

$h_2$——配气系统的压力损失（Pa）；

$K$——系数，1.05～1.10；

$h_3$——配气系统出口至空气溢出面的水深（m）；

$h_4$——富余压力，取4900Pa。

采用长柄滤头气水同时冲洗时：

$$H_A = h_1 + h_2 + h_4 + h_5 \tag{11-26}$$

式中 $h_5$——气水室中的冲洗水水压（Pa）；

其余同式（11-25）。

2) 空压机串联储气罐供气

空压机容量可按式（11-27）计算：

$$W = (0.06qFt - VP)K/t \tag{11-27}$$

式中 $W$——空压机容量（$m^3/min$）；

$q$——空气冲洗强度［L/（s·$m^2$）］；

$F$——单个滤池面积（$m^2$）；

$t$——单个滤池设计冲洗时间（min）；

$V$——中间储气罐容积（$m^3$）；

$P$——储气罐可调节的压力倍数；

$K$——漏损系数（1.05～1.10）。

计算时，尚应复核滤池冲洗间隔时储气罐的补给。

## 11.3 普通快滤池

普通快滤池根据其规模大小，可采用单排或双排布置，并结合是否设中央渠、反冲洗方式（水箱或水塔）、配水系统形式以及所在地区防冻要求等，布置成多种形式。

一般小型单排滤池的四只阀门布置在一侧，其构造和布置见图11-7。

大型双排滤池的阀门布置形式较多，通常将阀门集中设在中央管廊；亦可采用闸板阀将阀门分设两侧，见表11-11。

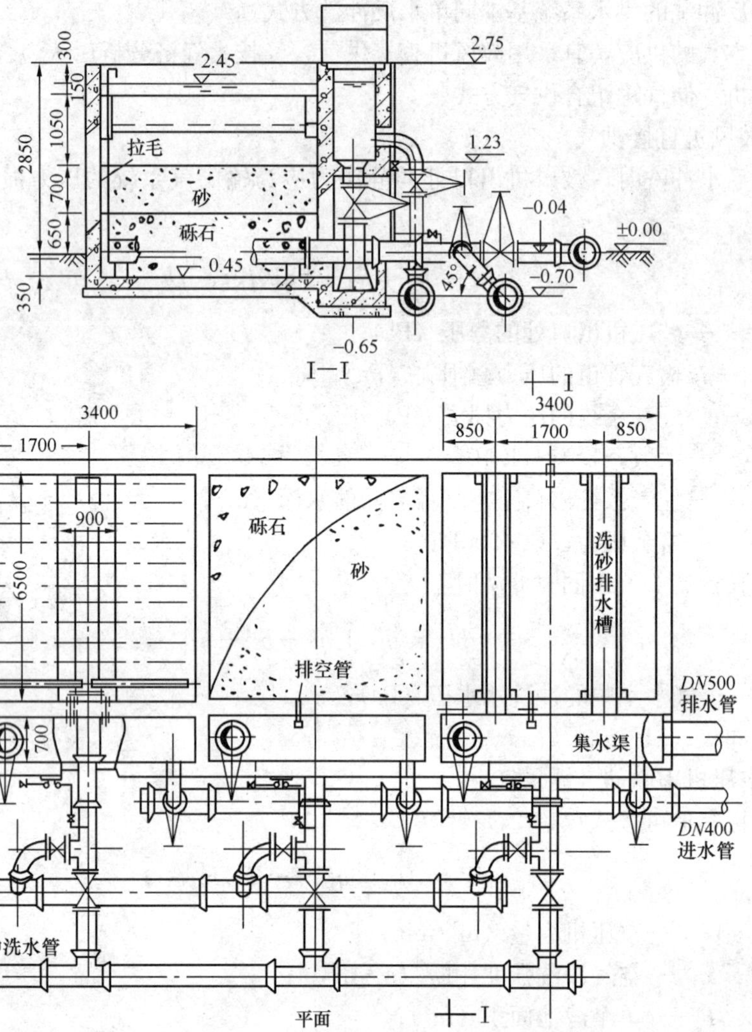

图 11-7　普通快滤池

**双排快滤池管廊布置**　　　　**表 11-11**

| 布置形式图示 | 优　缺　点 |
| --- | --- |
| 四阀集中<br>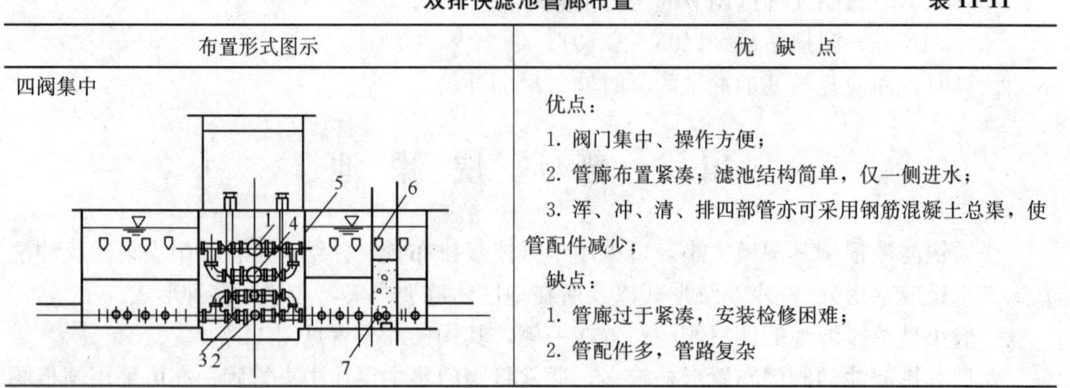<br> | 优点：<br>1. 阀门集中、操作方便；<br>2. 管廊布置紧凑；滤池结构简单，仅一侧进水；<br>3. 浑、冲、清、排四部管亦可采用钢筋混凝土总渠，使管配件减少；<br>缺点：<br>1. 管廊过于紧凑，安装检修困难；<br>2. 管配件多，管路复杂 |

续表

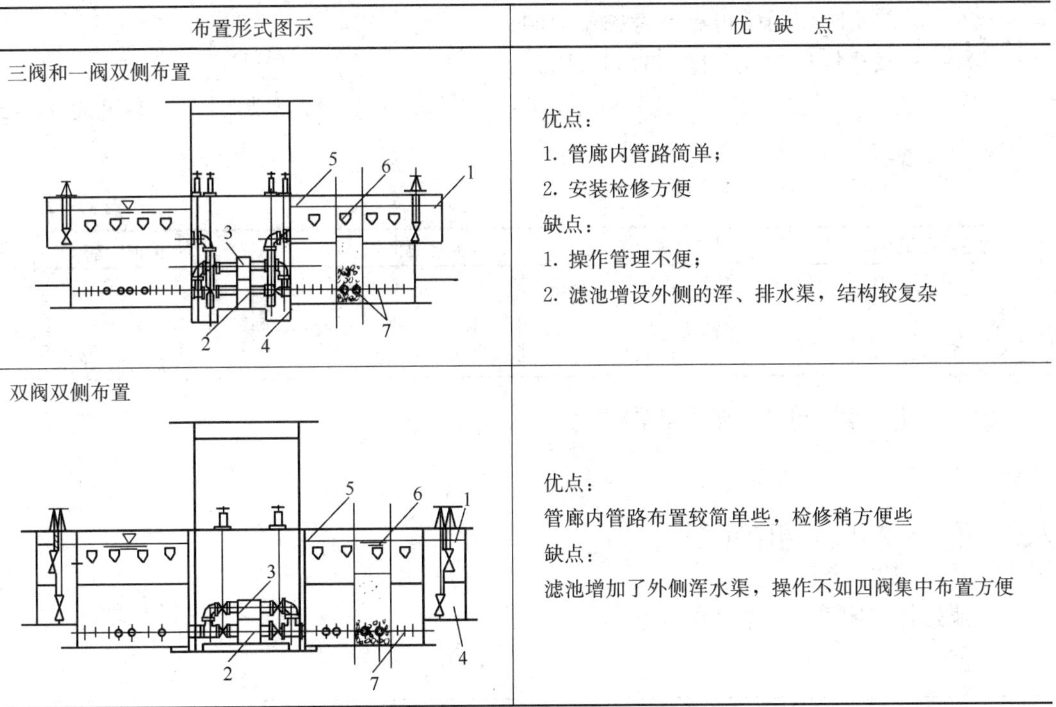

| 布置形式图示 | 优 缺 点 |
| --- | --- |
| 三阀和一阀双侧布置 | 优点：<br>1. 管廊内管路简单；<br>2. 安装检修方便<br>缺点：<br>1. 操作管理不便；<br>2. 滤池增设外侧的浑、排水渠，结构较复杂 |
| 双阀双侧布置 | 优点：<br>管廊内管路布置较简单些，检修稍方便些<br>缺点：<br>滤池增加了外侧浑水渠，操作不如四阀集中布置方便 |

注：图中 1—浑水总管（渠）；2—清水总管（渠）；3—冲洗水总管（渠）；4—排水总管（渠）；5—集水渠；6—洗砂水槽；7—配水支管。

## 11.3.1 设计要点与计算公式

### 11.3.1.1 滤速和过滤周期

滤速与要求的滤过水水质和工作周期有关，应根据相似条件的运转经验或试验资料确定。一般按正常滤速设计，并以强制滤速校核（正常滤速为全部滤速工作时的滤速，强制滤速系指全部滤池中一个或两个滤池冲洗、检修或停用时工作滤池的滤速）。

当要求水质为饮用水时，单层细砂滤料滤池的正常滤速一般采用 7～9m/h，强制滤速 9～12m/h；均匀级配滤料正常滤速 8～10m/h，强制滤速 10～13m/h。

滤池工作周期根据水头损失和出水最高浊度确定，冲洗前的水头损失最大值一般采用 2.0～2.5m。设计时一般采用 24h。

### 11.3.1.2 个数及单池尺寸

（1）滤池总面积 $F$ 按下式确定：

$$F = \frac{Q}{vT}(\mathrm{m}^2) \tag{11-28}$$

$$T = T_0 - t_0 - t_1 \tag{11-29}$$

式中 $Q$——设计水量（包括厂用水量）($\mathrm{m}^3$/d)；

$v$——设计滤速（m/h）；

$T$——滤池每日实际工作时间（h）；

$T_0$——滤池每日工作时间（h）；

$t_0$——滤池每日冲洗后停用和排放初滤水时间（h），一般每次采用0.5～0.67h，目前实际使用中也有不考虑排放的；

$t_1$——滤池每日冲洗及操作时间（h）。

（2）个数：应根据技术经济比较确定，但不得少于3个。无资料时，可参见表11-12采用。

**滤 池 个 数** **表11-12**

| 滤池总面积（m²） | 滤池个数 | 滤池总面积（m²） | 滤池个数 |
|---|---|---|---|
| 小于30 | 3 | 150 | 4～6 |
| 30～50 | 3 | 200 | 5～6 |
| 100 | 3或4 | 300 | 6～8 |

（3）单池尺寸：单个滤池面积按式（11-21）计算：

$$f=\frac{F}{N}(\mathrm{m}^2) \tag{11-30}$$

式中 $F$——滤池总面积（m²）；

$N$——滤池个数。

滤池的长宽比可参考表11-13选用。

**滤 池 长 宽 比** **表11-13**

| 单个滤池面积（m²） | 长∶宽 | 单个滤池面积（m²） | 长∶宽 |
|---|---|---|---|
| ≤30 | 1.5∶1～2∶1 | 当采用旋转式表面冲洗时 | 3∶1～4∶1 |
| >30 | 2∶1～4∶1 | | |

**11.3.1.3 滤池布置**

（1）当滤池个数少于5个时，宜用单行排列。反之可采用双行排列。

（2）单个滤池面积大于50m²时，管廊中可设置中央集水渠。

**11.3.1.4 滤料及承托层**

可采用石英砂（河砂、海砂或采砂场的砂），含杂质少、有足够的机械强度并有适当的孔隙率（40%左右）。

用于生产用水的滤料，不得含有对生产有害的物质；用于生活饮用水的滤料不得含有毒物质。

一般砂滤料粒径为：

最小粒径 $d_{min}=0.5$mm

最大粒径 $d_{max}=1.2$mm

不均匀系数

$$K_{80}=\frac{d_{80}}{d_{10}}\leqslant 2 \tag{11-31}$$

式中 $d_{80}$——筛分曲线中通过80%重量之砂的筛孔大小；

$d_{10}$——筛分曲线中通过10%重量之砂的筛孔大小，$d_{10}=0.52\sim0.6$mm。

滤层厚度不小于700mm。细砂滤料$L$（砂深）/$de$（有效粒径）应大于1000，粗砂管料$L/de$应大于1250。

承托层可用卵石或碎石并按颗粒大小分层铺设，采用大阻力配水系统时常用承托层组成和厚度见表 11-14。

**承托层的组成和厚度** 表 11-14

| 层次（自上而下） | 粒径（mm） | 厚度（mm） |
|---|---|---|
| 1 | 2～4 | 100 |
| 2 | 4～8 | 100 |
| 3 | 8～16 | 100 |
| 4 | 16～32 | 本层顶面高度应高出配水系统孔眼 100 |

**11.3.1.5 配水系统**

单层滤料滤池宜采用大阻力或中阻力配水系统。一般采用管式大阻力配水系统，其选用参数见 11.2.2.1 节。

**11.3.1.6 冲洗系统**

(1) 普通块滤池一般采用单水冲洗，采用水箱或水塔冲洗方式，冲洗系统和水头损失参见 11.2.3.1 节。

(2) 当无辅助冲洗时，冲洗强度可采用 12～15L/(s·m$^2$)。

**11.3.1.7 滤池高度**

滤池高度可用式（11-32）计算：

$$H = H_1 + H_2 + H_3 + H_4 \tag{11-32}$$

式中 $H_1$——承托层高度（m）；

$H_2$——滤料层高度（m），一般采用 0.7m；

$H_3$——砂面上水深（m），一般采用 1.5～2.0m；

$H_4$——超高（m），一般采用 0.3m；

**11.3.1.8 洗砂排水槽**

通常采用图 11-8 所示的形式，其计算如下：

(1) 洗砂排水槽始端尺寸：一般采用始端深度为末端深度的一半；或槽底采用平坡，使始、末两端断面相同。

(2) 洗砂排水槽平面总面积一般不大于单个滤池面积的 25%。

(3) 洗砂排水槽排水量 $Q$：

$$Q = ql_0a_0 (\mathrm{L/s}) \tag{11-33}$$

式中 $q$——冲洗强度[L/(s·m$^2$)]；

$l_0$——槽长（m），不大于 6m。

$a_0$——两槽间的中心距（m），取 1.5～2.1m；

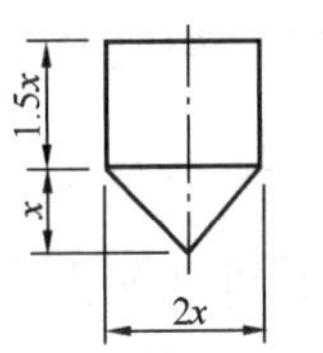

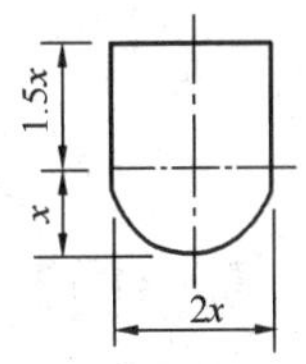


图 11-8 洗砂排水槽断面形式

(4) 槽底为三角形断面时的末端尺寸：

$$x = \frac{1}{2}\sqrt{\frac{ql_0a_0}{1000v}} (\mathrm{m}) \tag{11-34}$$

式中 $v$——流速（m/s），一般采用 0.6m/s。

(5) 槽底为半圆形断面时的末端尺寸：

$$x=\frac{1}{2}\sqrt{\frac{ql_0a_0}{4570v}}(\mathrm{m}) \tag{11-35}$$

(6) 槽顶距砂面的高度：

$$H_e=eH_2+2.5x+\delta+0.075(\mathrm{m}) \tag{11-36}$$

式中 $H_2$——滤层厚度（m）；

$e$——滤层最大膨胀率（%），一般为30%～50%；

$\delta$——槽底厚度（m）；

0.075——槽的超高（m）。

冲洗排水槽的总平面面积，不应大于过滤面积的25%；滤料表面到洗砂排水槽底的距离，应等于冲洗时滤层的膨胀高度。

#### 11.3.1.9 管（槽）流速

管（槽）流速可参见表11-15。

**滤池管（槽）流速** **表11-15**

| 名称 | 流速（m/s） | 名称 | 流速（m/s） |
|---|---|---|---|
| 浑水进水管（槽） | 0.8～1.0 | 冲洗水管 | 2.0～2.5 |
| 清水管 | 0.8～1.2 | 排水管（渠） | 1～1.5 |

### 11.3.2 设计要点

(1) 按水厂净水工艺流程，确定是否设初滤水排放设施，如该滤池为末道净水构筑物宜设初滤水排放设施。

(2) 滤池底部宜设有排空管，其入口处设置罩，池底坡度约0.005，坡向排空管。

(3) 配水系统干管的末端一般装排气管，当滤池面积小于25m²时，管径为40mm，滤池面积为25～100m²时，管径为50mm。排气管伸出滤池处应加截止阀。

(4) 每个滤池上应装有水头损失计或水位仪以及取样设备等。

(5) 阀门一般采用电动、液动或气动。

(6) 各种密封渠道上应有1～2个人孔。

(7) 管廊门及通道应允许最大配件通过，并考虑检修方便。

(8) 滤池池壁与砂层接触处抹面应拉毛，避免短流。

(9) 滤池管廊内应有良好的防水、排水措施和适当的通风、照明等设施。

### 11.3.3 计算示例

**【例11-1】** 设计处理能力为30000m³/d的快滤池：

设计水量 $Q=1.05\times30000=31500\mathrm{m^3/d}$（包括自用水量5%）

设计数据：滤速 $v=10\mathrm{m/h}$；冲洗强度 $q=14\mathrm{L/(s\cdot m^2)}$；冲洗时间为6min。

**【解】** 计算：

(1) 滤池面积及尺寸：滤池工作时间为24h，冲洗周期为12h，滤池实际工作时间 $T=24-0.1\times\frac{24}{12}=23.8\mathrm{h}$（式中只考虑反冲洗停用时间，不考虑排放初滤水时间），滤池面积为：

$$F = \frac{Q}{vT} = \frac{31500}{10 \times 23.8} = 132\text{m}^2$$

采用滤池数 $N$＝6，布置成对称双行排列，每个滤池面积为

$$f = \frac{F}{N} = \frac{132}{6} = 22\text{m}^2$$

采用滤池长宽比：$L/B$＝1.5 左右

采用滤池尺寸：$L$＝6.5m，$B$＝3.4m

校核强制滤速：

$$v' = \frac{N_v}{N-1} = \frac{6 \times 10}{6-1} = 12\text{m/h}$$

（2）滤池高度 $H$：

支承层高度 $H_1$采用 0.45m；滤料层高度 $H_2$采用 0.7m；砂面上水深 $H_3$采用 1.7m；保护高度 $H_4$采用 0.30m。

故滤池总高：

$$H = H_1 + H_2 + H_3 + H_4 = 0.45 + 0.7 + 1.7 + 0.30 = 3.15\text{m}$$

（3）配水系统（每只滤池）：

1）干管：

干管流量：$q_g = fq = 14 \times 22 = 308\text{L/s}$

采用管径：$d_g$＝600mm（干管应埋入池底，顶部设滤头或开孔布置，参见图 11-1 或采用渠道）。

干管始端流速：$v_g$＝1.09m/s

2）支管：

支管中心间距：采用 $a_j$＝0.25m

每池支管数：

$$n_j = 2 \times \frac{L}{a} = 2 \times \frac{6.5}{0.25} \approx 52 \text{ 根}$$

每根支管入口流量：

$$q_j = \frac{q_g}{n_j} = \frac{308}{52} = 5.92\text{L/s}$$

采用管径：$d_j$＝65mm

支管始端流速：$v_j$＝1.78m/s

3）孔眼布置：

支管孔眼总面积与滤池面积之比 $K$ 采用 0.25％

孔眼总面积：$F_k = Kf = 0.25\% \times 22 = 0.055\text{m}^2 = 55000\text{mm}^2$

采用孔眼直径：$d_k$＝9mm

每个孔眼面积：

$$f_k = \frac{\pi}{4} d_k^2 = 0.785 \times 9^2 = 63.5\text{mm}^2$$

孔眼总数：

$$N_{\mathrm{k}}=\frac{F_{\mathrm{k}}}{f_{\mathrm{k}}}=\frac{55000}{63.5}\approx 870\text{ 个}$$

每根支管孔眼总数：

$$n_{\mathrm{k}}=\frac{N_{\mathrm{k}}}{n_j}=\frac{870}{52}\approx 17\text{ 个}$$

支管孔眼布置设两排，与垂线成45°夹角向下交错排列，见图11-1。

每根支管长度：

$$l_j=\frac{1}{2}(B-d_{\mathrm{g}})=\frac{1}{2}(3.4-0.6)=1.4\mathrm{m}$$

每排孔眼中心距：

$$a_{\mathrm{k}}=\frac{l_j}{\frac{1}{2}n_{\mathrm{k}}}=\frac{1.4}{\frac{1}{2}\times 17}=0.165\mathrm{m}$$

4）孔眼水头损失：

支管壁厚采用：$\delta=5\mathrm{mm}$，流量系数$\mu=0.68$，水头损失：

$$h_{\mathrm{k}}=\frac{1}{2g}\left(\frac{q}{10\mu K}\right)^2=\frac{1}{2g}\left(\frac{14}{10\times 0.68\times 0.25}\right)^2=3.5\mathrm{m}$$

5）复算配水系统：

支管长度与直径之比不大于60，则

$$\frac{l_j}{d_j}=\frac{1.40}{0.065}=22<60$$

孔眼总面积与支管总横截面积之比小于0.5，则

$$\frac{F_{\mathrm{k}}}{n_j f_j}=\frac{0.055}{52\times 0.785\times(0.065)^2}=0.32<0.5$$

干管横截面积与支管总截面积之比，一般为1.75～2.0，则

$$\frac{f_{\mathrm{g}}}{n_j f_j}=\frac{0.785\times 0.6^2}{52\times 0.785\times(0.065)^2}=1.64\approx 1.75$$

孔眼中心距应小于0.2，则$a_{\mathrm{k}}=0.165<0.2\mathrm{m}$

（4）洗砂排水槽：

洗砂排水槽中心距，采用$a_0=1.7\mathrm{m}$

排水槽根数：

$$n_0=\frac{3.4}{1.7}=2\text{ 根}$$

排水槽长度：$l_0=L=6.5\mathrm{m}$

每槽排水量：$q_0=ql_0a_0=14\times 6.5\times 1.7=154.8\mathrm{L/s}$

采用三角形标准断面。

槽中流速，采用$v_0=0.6\mathrm{m/s}$，槽断面尺寸：

$$x=\frac{1}{2}\sqrt{\frac{q_0}{1000v_0}}=\frac{1}{2}\sqrt{\frac{154.8}{1000\times 0.6}}=0.254\mathrm{m}\text{，采用 }0.25\mathrm{m}$$

排水槽底厚度，采用$\delta=0.05\mathrm{m}$

砂层最大膨胀率：$e=45\%$

砂层厚度：$H_2=0.7\text{m}$

洗砂排水槽顶距砂面高度：

$$H_e = eH_2 + 2.5x + \delta + 0.075 = 0.45\times 0.7 + 2.5\times 0.25 + 0.05 + 0.075 = 1.07\text{m}$$

洗砂排水槽总平面面积：$F_0=2xl_0n_0=2\times 0.25\times 6.5\times 2=6.5\text{m}^2$

复算：排水槽总平面面积与滤池面积之比，一般小于25%，则

$$\frac{F_0}{f}=\frac{6.5}{22}=29\%\approx 25\%$$

（5）滤池各种管渠计算：

各种管渠计算见表11-16：

滤池管（槽）流速 表11-16

| 管渠名称 | 流量（$\text{m}^3/\text{s}$） | 管渠断面 | 流速（m/s） |
|---|---|---|---|
| 进水总渠 | 0.364 | 0.75m×0.6m | 0.81 |
| 单格滤池进水 | 0.061 | $D_2=300\text{mm}$ | 0.86 |
| 冲洗水 | 0.308 | $D_3=450\text{mm}$ | 1.94 |
| 单格滤池出水 | 0.061 | $D_4=250\text{mm}$ | 1.25 |
| 清水总管 | 0.364 | 0.75m×0.6m | 0.81 |
| 排水渠 | 0.308 | 0.6m×0.5m | 1.0 |

（6）冲洗水箱（或水泵）：

冲洗时间：$t=6\text{min}$

冲洗水箱容积：$W=1.5qft=1.5\times 14\times 22\times 6\times 60=167\text{m}^3$

水箱底至滤池配水管间的沿途及局部损失之和 $h_1=1.0\text{m}$

配水系统水头损失：$h_2=h_k=3.5\text{m}$

承托层水头损失：$h_3=0.022H_1q=0.022\times 0.45\times 14=0.14\text{m}$

滤料层水头损失：

$$h_4=\left(\frac{\gamma_1}{\gamma}-1\right)(1-m_0)H_2=\left(\frac{2.65}{1}-1\right)(1-0.41)\times 0.7=0.68\text{m}$$

安全富余水头，采用 $h_5=1.5\text{m}$

冲洗水箱底应高出洗砂排水槽面：

$$H_0=h_1+h_2+h_3+h_4+h_5=1.0+3.5+0.14+0.68+1.5=6.8\text{m}$$

## 11.4 双阀滤池

目前采用的双阀滤池有鸭舌阀式双阀滤池和虹吸管式双阀滤池两种。前者以鸭舌阀取代进水阀、虹吸管取代排水阀；后者以虹吸管取代进水、排水阀。

### 11.4.1 鸭舌阀滤池

鸭舌阀滤池（如图11-9所示）基本上与普通快滤池相同，因省去了进出水阀门，在操作管理上也较为方便。

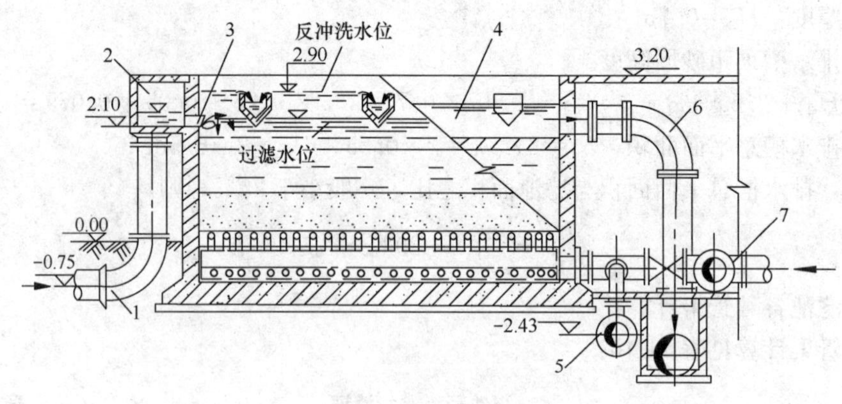


图 11-9　鸭舌阀滤池

1—进水总管；2—进水渠；3—鸭舌阀；4—排水渠；5—清水管；6—排水管；7—冲洗水管

鸭舌阀滤池将洗砂排水槽槽顶布置得高于进水鸭舌阀，因而过滤阶段洗砂水槽不起进水及配水作用，仅在反冲洗时排除冲洗水。且由于洗砂排水槽槽顶抬高，故需要适当提高冲洗强度，适宜采用水泵冲洗方式。

进水鸭舌阀的阀板上附有密度比水小的硬质泡沫塑料，可使阀板浮于水面，如图 11-10 所示。当反洗时，关闭清水阀，滤池中水面升高，由于浮力的作用阀板渐渐盖住进水口，于是停止进水。冲洗时，冲洗水由底部进入，自下而上反冲，当洗砂废水高过排水槽顶时，便溢入槽内流向排水渠排至池外。鸭舌阀滤池在冲洗时池内的待滤水无法利用，因而冲洗水量较大。

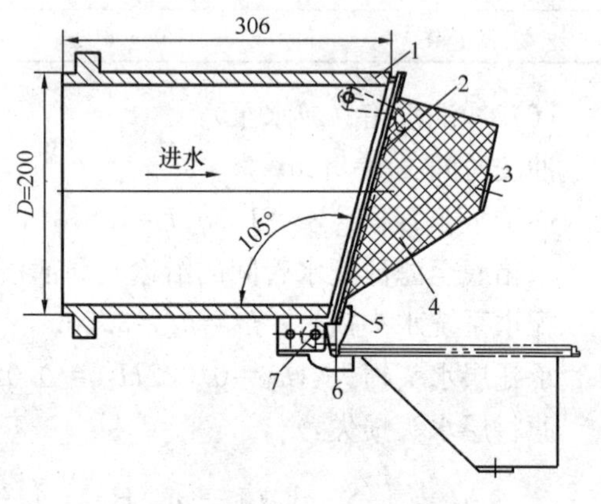


图 11-10　鸭舌阀

1—阀体；2—大压板；3—压板；4—泡沫塑料；5—底板；6—衬套；7—封水圈

## 11.4.2　虹吸管式双阀滤池

虹吸管双阀滤池吸取了虹吸滤池的特点，采用真空系统控制虹吸进水和虹吸排水，代替进出水阀门。虹吸管双阀滤池保持了大阻力反冲洗的特点，池体高度与普通快滤池相同，较虹吸滤池低，且滤池面积不受分格限制，可以适用于大中型滤池。

虹吸管双阀滤池的配水、冲洗方式及设计数据和计算等均同普通大阻力快滤池。

双阀滤池的进水、排水虹吸管布置一般有两种方式：

(1) 进水、排水虹吸管分设在滤池的两侧如图 11-11 所示，此种布置滤池结构设计较简单，但占地面积较大。

(2) 进水、排水虹吸管设于滤池的一侧。此种布置可减小占地面积，但滤池结构较复杂。

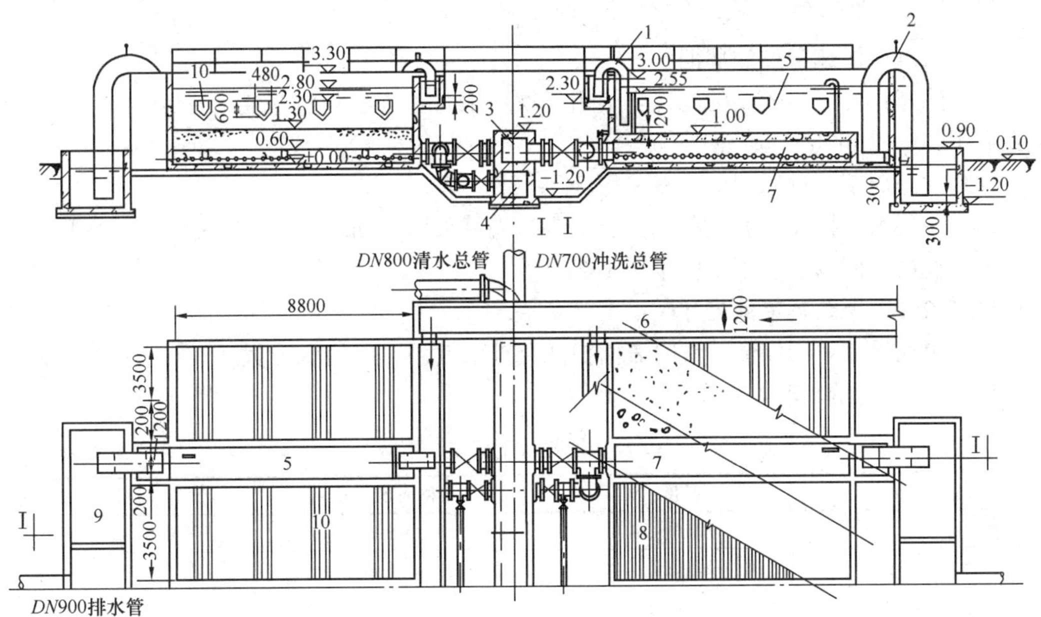


图 11-11 虹吸管式双阀滤池（进出水管两侧布置）

1—进水虹吸管；2—排水虹吸管；3—冲洗水渠；4—清水渠；5—集水管；
6—进水总管；7—中央配水渠；8—配水支管；9—排水井；10—洗砂排水槽

# 11.5 V 形 滤 池

## 11.5.1 工作原理

V 形滤池是由法国得利满（Degremont）公司开发的一种重力式快滤池，其主要特点如下：

（1）恒水位等速过滤。滤池出水阀随水位变化不断调节开启度，使池内水位在整个过滤周期内保持不变，滤层不出现负压。当某单格滤池冲洗时，待滤水继续进入该格滤池作为表面扫洗水，使其他各格滤池的进水量和滤速基本不变。

（2）采用均粒石英砂滤料，滤层厚度比普通快滤池厚，深层截污，截污量也比普通快滤池大，故滤速较高，过滤周期长，出水效果好。

（3）V 形进水槽（冲洗时兼作表面扫洗布水槽）和排水槽沿池长方向布置，单池面积较大时，有利于布水均匀，因此更适用于大、中型水厂。

（4）承托层较薄。

（5）冲洗采用空气、水反冲和表面扫洗，提高了冲洗效果并节约冲洗用水。

（6）冲洗时，滤层保持微膨胀状态，避免出现跑砂现象。

## 11.5.2 设计要点与计算公式

### 11.5.2.1 滤速和过滤周期

（1）滤速：可采用较高的滤速，当用于饮用水时正常滤速宜采用 8～10m/h，强制滤速宜采用 10～13m/h。

（2）过滤周期：过滤周期一般采用 24～48h。

（3）滤层水头损失：冲洗前的滤层水头损失可采用 2.0m。

（4）滤层表面以上水深不应小于 1.2m。

### 11.5.2.2 个数及单池尺寸

（1）单池尺寸：为保证冲洗时表面扫洗及排水效果，单格滤池宽度宜在 4m 以内，最大不超过 5m，无资料时，可参考表 11-17。

**滤池尺寸及面积**　　　　**表 11-17**

| 宽度（m） | 长度（m） | 单格面积（$m^2$） | 双格面积（$m^2$） |
|---|---|---|---|
| 3.00 | 8.00～13.00 | 24.0～39.0 | 48.0～78.0 |
| 3.50 | 8.00～14.30 | 28.0～50.0 | 56.0～100.0 |
| 4.00 | 11.50～16.30 | 46.0～65.0 | 92.0～130.0 |
| 4.50 | 12.20～17.80 | 55.0～80.0 | 110.0～160.0 |
| 5.00 | 14.00～20.00 | 70.0～100.0 | 140.0～200.0 |

（2）滤池个数：单池过滤面积最大可达 $210m^2$。滤池个数应作技术经济比较后确定，无资料时，可参考表 11-18。

**过滤面积与滤池个数**　　　　**表 11-18**

| 滤池总过滤面积（$m^2$） | 滤池个数 | 滤池总过滤面积（$m^2$） | 滤池个数 |
|---|---|---|---|
| <80～400 | 4～6 | 800～1000 | 8～12 |
| 400～600 | 4～8 | 1000～1200 | 12～14 |
| 600～800 | 6～10 | 1200～1600 | 12～16 |

### 11.5.2.3 滤池布置

就整体而言，V 形滤池的布置可分为单排及双排布置（见表 11-19）；就单池而言，可分为单格及双格布置（见表 11-20）。当滤池的个数少于 5 个时，可采用单排布置，反之可采用双排布置。单池内的分格布置一般采用双格对称布置。

**整体布置**　　　　**表 11-19**

| 布置形式图示 | 优缺点 |
|---|---|
| 单排布置 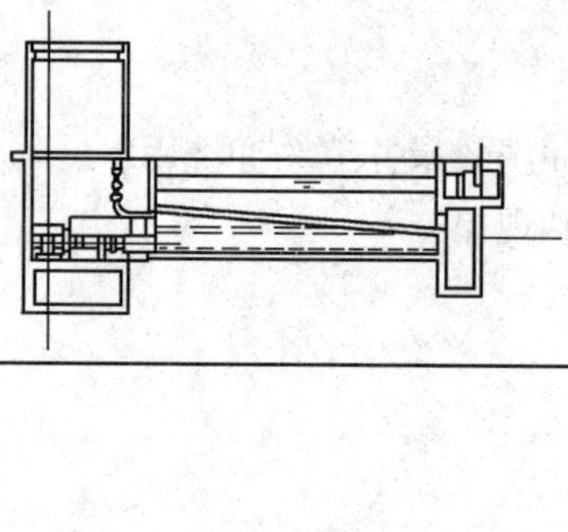 | 优点：<br>1. 管廊通风采光好；<br>2. 对水厂管路总体布置较简单<br>缺点：<br>管廊及管渠较长，利用率不高 |

续表

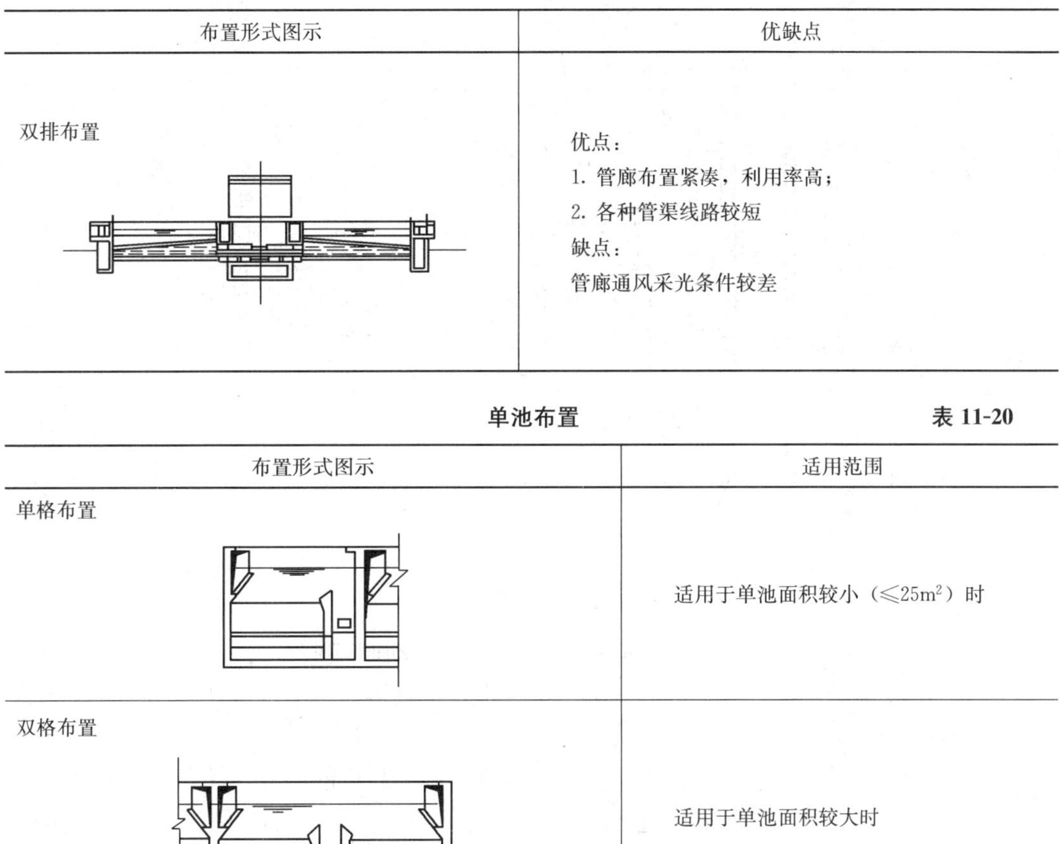

| 布置形式图示 | 优缺点 |
|---|---|
| 双排布置 | 优点：<br>1. 管廊布置紧凑，利用率高；<br>2. 各种管渠线路较短<br>缺点：<br>管廊通风采光条件较差 |

**单池布置　　　　表 11-20**

| 布置形式图示 | 适用范围 |
|---|---|
| 单格布置 | 适用于单池面积较小（≤25m²）时 |
| 双格布置 | 适用于单池面积较大时 |

### 11.5.2.4 滤料及承托层

（1）滤料采用均粒石英砂，其粒径大小应根据进水水质、处理要求以及采用混凝剂类型等因素确定。滤料的一般技术要求如下：

1）有效粒径一般为 0.85～1.20mm；

2）不均匀系数为 $K_{80}$≤1.4；

3）具有良好的机械强度，经 20%浓度的盐酸溶液浸泡 24h 后，重量减少应小于 2%。

（2）滤层厚度：滤层厚度一般为 1.20～1.50m 之间。

（3）承托层：滤池滤帽顶至滤料层之间承托层厚度为 50～100mm，采用粒径为 2～4mm 的粗石英砂。

### 11.5.2.5 进水及布水系统

进水及布水系统由以下部分组成：进水总渠、进水孔、控制闸阀、溢流堰、过水堰板及 V 形槽，见图 11-12。

V 形滤池的进水系统应设置进水总渠，进水总渠到各格滤池的进水孔一般应有两个，即主进水孔和扫洗进水孔。当滤池处于过滤状态时，两个进水孔均开启；当滤池冲洗时，主进水孔关闭，扫洗进水孔开启，此时进水量为扫洗水量。主进水孔一般设电动或气动闸

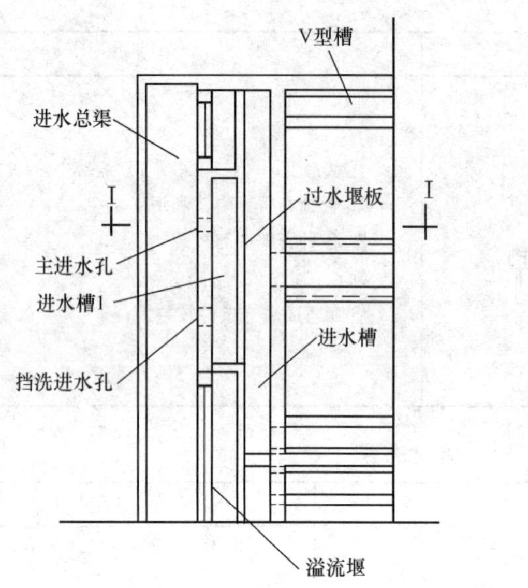


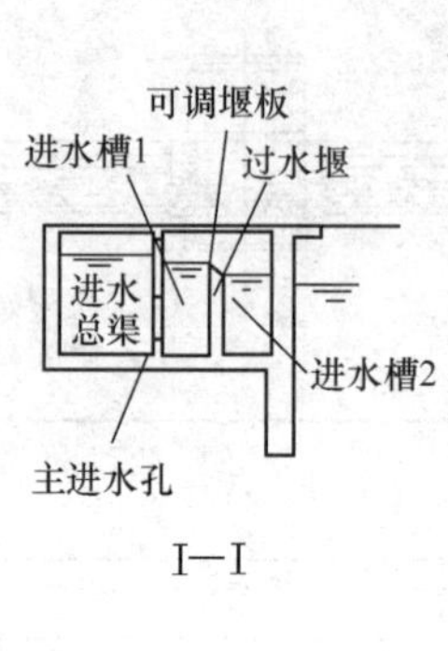


图 11-12 进水及布水系统示意

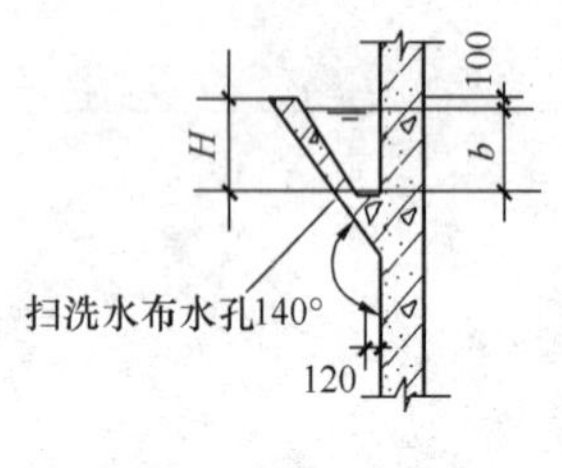


图 11-13 V形槽

板阀，表面扫洗孔也可设手动闸板阀。目前国内设计的 V 形滤池也有取消扫洗进水孔，直接通过主进水孔阀门开或关来控制表面扫洗。

每格滤池进水应设可调整高度的堰板，使各格滤池进水量相同。进水槽 1、2 的底面不应高于 V 形槽底。

V 形滤池进水槽断面应按非均匀流满足配水均匀性要求计算确定，其斜面与池壁的倾斜度宜采用 45°～50°。进水槽的槽底配水孔口至中央排水槽边缘的水平距离宜在 4m 以内，最大不得超过 5m。表面扫洗配水孔的预埋管纵向轴线应保持水平。

V 形槽在过滤时处于淹没状态，槽内设计始端流速不大于 0.6m/s；冲洗时池水位下降，槽内水面低于斜壁顶约 50～100mm，见图 11-13。V 形槽底部布水孔沿槽长方向均匀布置，内径一般为 $\phi$20～$\phi$30，过孔流速 2.0m/s 左右，孔中心一般低于用水单独冲洗时池内水面 50～150mm。

进水总渠侧可设溢流堰，以防止滤池超负荷运行，溢流堰顶高度根据设计允许的超负荷要求确定。

**11.5.2.6 冲洗系统**

V 形滤池采用气水反冲洗方式，冲洗强度和冲洗时间见表 11-10。

冲洗水可由冲洗水泵房或冲洗水箱供应，以采用水泵供应较多。

（1）采用冲洗水水泵时，泵房设计要点如下：

1）为了适应不同冲洗阶段对冲洗水量的要求，冲洗水泵宜采用两用一备组合，单泵流量按气水同时冲洗时的水冲洗强度确定，在单水冲洗阶段可采用两台水泵并联供水。

2）冲洗水泵扬程及冲洗水箱高度可按公式（11-7）计算，其中配水系统水头损失可采用滤头水头损失。

3）冲洗水泵的吸水井宜有稳定水位的措施。

4）冲洗泵房宜与滤池合建。

5）冲洗水泵的安装应符合泵房设计的有关规定。

（2）采用冲洗水箱时的设计要点如下：

1）冲洗水箱高度公式（11-8）计算。

2）冲洗水箱容积可按单个滤池冲洗用水量的2倍考虑。

3）水箱进水量应保证水箱在滤池冲洗间歇时间内充满。

4）冲洗水箱出水管上应设流量调节装置，并装设压力计。

（3）V形滤池冲洗气源的供应，宜用鼓风机，并设置备用机组。反冲洗空气总管的管底应高于滤池的最高水位。

鼓风机房设计要点如下：

1）鼓风机压力计算见式（11-25）～式（11-27）。

2）鼓风机应有备用机组。

3）输气管应有防止滤池中的水倒灌的措施；输气管上宜装设压力计、流量计。

4）鼓风机房内的有关配置等设计，应符合有关规范规定。振动和噪声应达到有关部门规定。

5）机房宜靠近滤池。

**11.5.2.7 配气配水系统**

V形滤池宜采用长柄滤头配气、配水系统。该系统由配气配水渠、气水室及滤板和滤头组成，见图11-14、图11-15。

（1）配气配水渠：配气配水渠功能是在过滤时收集滤后水，在冲洗时沿池长方向分布冲洗空气和冲洗水。进气干管管顶宜平渠顶，进水干管管底宜平渠底。

配气配水渠断面尺寸的确定应满足以下条件：

1）进口处冲洗水流速：一般≤1.5m/s；

2）进口处冲洗空气流速：一般≤5m/s；

3）断面尺寸应和排水槽及气水室相配合，并能满足施工要求。

（2）气水室：滤池池底以上、滤板底以下组成的空间称为气水室。冲洗时，冲洗空气在气水室上部形成稳定的空气层（又称为气垫层）。气垫层厚度一般为100～200mm。气水室下部为冲洗水层（见图11-14）。

气水室的设计要点如下：

1）配气孔孔顶宜与滤板板底平，有困难时，可低于板底，但高差不宜超过30mm。配气孔布置应避开滤梁，过孔流速为10～15m/s左右。

2）配水孔孔底应与池底平，孔口流速为1.0～1.5m/s左右。

3）支承滤板的滤板梁应垂直于配气配水渠，且梁顶应留空气平衡缝，缝高20～50mm，长为1/2滤板长，布置在每块滤板的中间部位。

4）气水室宜设检查孔，检查孔可设在管廊侧池壁上，孔径$\not<\phi$400mm，孔底与气水室底平。

（3）滤头及滤板

为保证气水分布均匀，应控制同格滤池所有滤头滤帽或滤柄顶表面在同一水平高程，

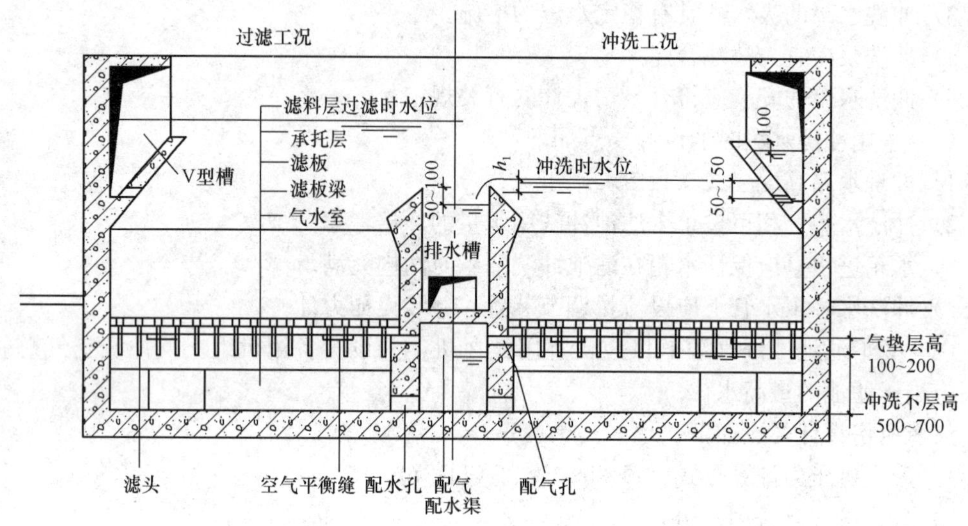


图 11-14 V形滤池剖面

其误差不得大于±5mm。

1）滤头：滤头由无毒塑料制成，它由滤帽、滤柄、预埋套组成，见图 11-15。

滤帽上开有许多细小缝隙，缝隙宽度和开孔面积根据不同产品而有差异。滤柄内径一般为 14～21mm，上部开有进气孔，下部有条形缝，用于控制气垫层厚度。冲洗时空气由条形缝上部进入，水则从条形缝下部及滤柄底部进入。

滤头的滤柄长度为：滤板厚度＋气垫层厚度＋50mm（淹没水深）。

2）滤头个数的确定：滤头滤帽缝隙总面积与滤池过滤面积之比（$\beta$值）应在 1.25%～2.0%之间。一般每平方米滤池面积布置 30～50 个。

3）滤头水头损失计算见 11.2.3.3 节。

4）滤板必须满足以下条件：

① 具有足够的强度和刚度。施工时能承受施工荷载和滤料重量，冲洗时能承受冲洗水和空气的压力。

② 滤板表面应光滑平整，每块板的水平误差应小于±1mm；安装时，整个池内板面的水平误差不得大于±3mm。

③ 钢筋混凝土板内钢筋保护层厚度应符合结构设计规范。滤板间的接缝密封措施必须严密、可靠，不得漏气漏水。

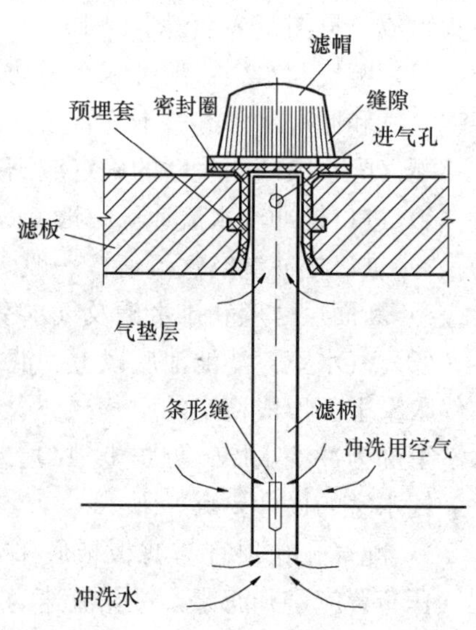


图 11-15 长柄滤头

④ 滤板可以是预制混凝土，也可以是强化塑料板。每块滤板的面积约在 1～1.3$m^2$左右。同一水厂宜使用一种规格的滤板。

混凝土滤板的制作有两种方式。第一种是预制滤板，其布置见图 11-16。每块滤板根据一定尺寸预制而成，滤梁浇筑完成后，将预制好的滤板安装在滤梁上，滤板与滤梁之间通过预埋铁块固定，滤板之间留 20mm 的安装缝隙，通过密封胶嵌固。在预制时，将滤头预埋套埋入混凝土滤板，待滤板安装后，再将滤头拧入预埋套内。

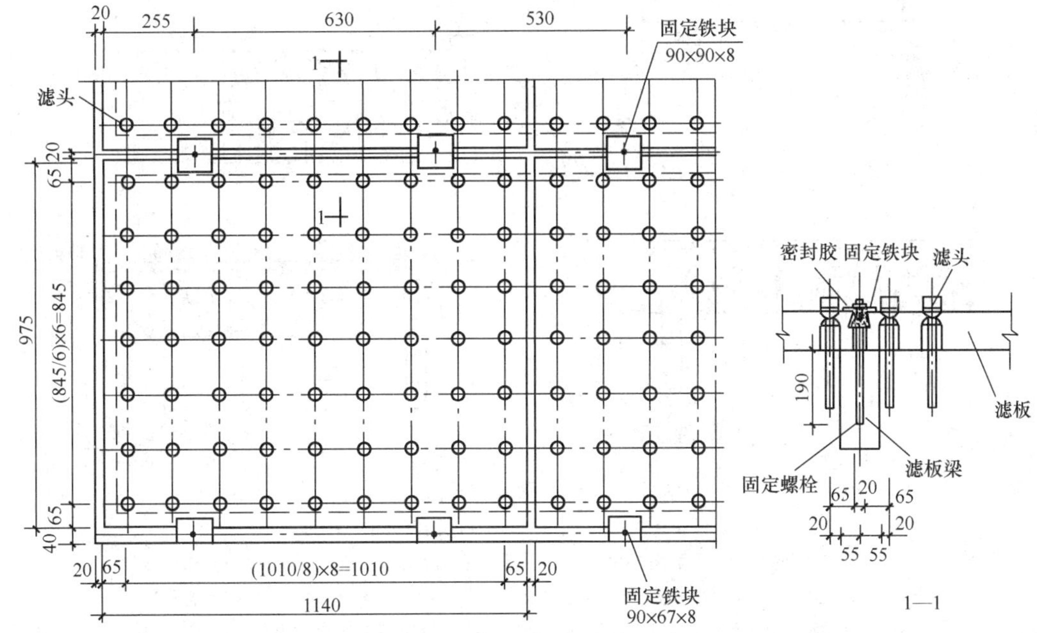

图 11-16 预制滤板布置

另一种方法是采用整体浇筑滤板。以具凹凸槽的塑料板作底模，底模上留有滤头安装的孔位。将套管插入底模预留孔内，用盖板封住预埋套管，然后在底模上整体浇筑钢筋混凝土滤板。待滤板浇筑完成后，再去掉套管，旋入滤头的长柄。长柄与套管之间用螺纹连接，可调节其高度，保持整个滤池滤头的水平度。滤柄调节完成后，再安装滤帽。整体浇筑滤板安装见图 11-17。

**11.5.2.8 冲洗水排水系统**

该系统包括排水槽及排水渠见图 11-18。

V 形滤池的冲洗排水槽顶面宜高出滤料层表面 500mm。排水槽底板以≥2%的坡度坡向出口；底板底面最低处应高出滤板底约 0.1m，最高处高出 0.4～0.5m，使有足够高度安装冲洗空气进气管；排水槽内的最高水面宜低于排水槽顶面 50～100mm。排水槽底下为配气配水渠，为施工方便，两者宽度可一致。

滤池冲洗时，排水槽顶的水深（堰顶水深）按式（11-37）计算：

$$h_1=\left[\frac{(q_1+q_3)B}{0.42\sqrt{2g}}\right]^{\frac{2}{3}} \tag{11-37}$$

式中 $h_1$——排水槽顶的水深(m)；

$q_1$——表面扫洗水强度[$m^3/(s\cdot m^2)$]；

$q_3$——水冲洗强度[$m^3/(s\cdot m^2)$]；

$B$——单边滤床宽度(m)；

$g$——重力加速度，9.81m/s$^2$。

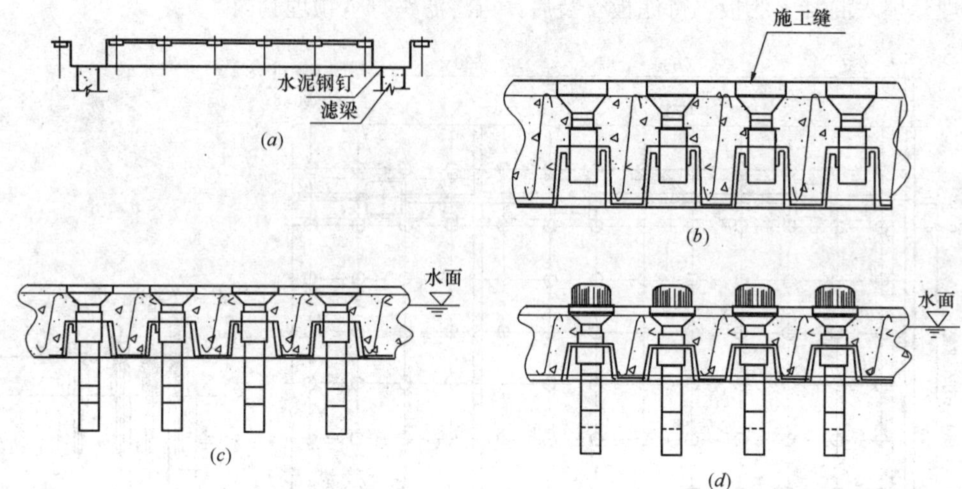


图 11-17　整体浇筑滤板安装示意

(a) 模板安装在滤梁上，端头用水泥钢钉固定（不拆除）

(b) 绑扎钢筋骨架，然后将预埋座插入预留孔内，旋紧施工盖，并浇筑混凝土滤板

(c) 滤板养护完毕后，拆去施工盖，将滤杆旋入预埋座中，向滤池布水区注水至要求高度，一般至预埋座内螺纹上口齐平，作为滤杆调节基准，用专用工具调节滤杆，使其上端平面与布水区水平面在同一水平高度；(d) 旋上滤帽并紧固

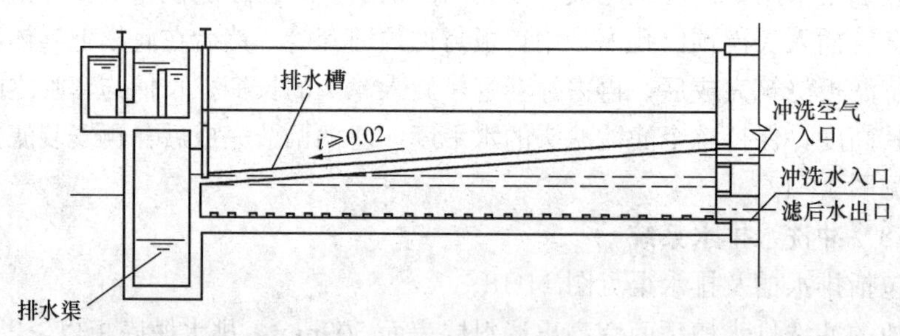


图 11-18　排水系统布置

排水渠设在管廊相对一侧，排水槽出口设置电动或气动闸阀，出口流速可按 1.0～1.5m/s 左右设计。

#### 11.5.2.9　滤池高度

滤池高度 $H$ 可用式 (11-38) 计算：

$$H = H_1 + H_2 + H_3 + H_4 + H_5 + H_6 + H_7 \tag{11-38}$$

式中　$H_1$——气水室高度 (m)，一般为 0.7～0.9m；

$H_2$——滤板厚度 (m)，预制板一般采用 0.1～0.15m，整浇板一般为 0.2～0.3m；

$H_3$——承托层厚度 (m)，一般为 0.05～0.1m；

$H_4$——滤料层厚度 (m)，一般为 1.2～1.5m；

$H_5$——滤层上面水深 (m)，一般为 1.2～1.5m；

$H_6$——进水系统跌差（m）（包括进水槽、孔眼和进水堰跌水），一般为 0.3～0.5m；

$H_7$——进水总渠超高（m），一般为 0.3～0.5m。

**11.5.2.10 滤后水出水稳流槽**

（1）槽内水面标高与滤料层底面标高基本持平。

（2）槽内水深为 2～2.5 倍滤后水出水管管径，出水管应为淹没流，管顶不应高出溢流堰堰顶。

（3）溢流堰堰上水深取 0.2～0.25m，按薄壁无侧收缩非淹没出流堰计算确定堰宽和堰顶标高。

**11.5.2.11 管廊布置**

管廊布置时应注意：

（1）空气干管应高于滤池待滤水位，防止水倒流入空气管。

（2）各格滤池进气控制阀后应设排气支管，排气支管可以设在空气管上，也可从配水配气渠最高点接出。排气支管出口应高于滤池顶面 50～100mm，管上设电动阀或电磁阀。

（3）管廊门及通道应能通过最大配件，配件较重时，可设置起重设备。

（4）管廊内应有良好的防水、排水和适当的通风、照明设施。

**11.5.2.12 管（渠）流速**

管（渠）设计流速参见表 11-21。

**管（渠）流速** **表 11-21**

| 名称 | 待滤水进水总渠 | 滤后水总管渠 | 冲洗水输水管 | 冲洗空气输气管 | 排水总渠 |
|---|---|---|---|---|---|
| 流速（m/s） | 0.7～1.0 | 0.6～1.2 | 2.0～3.0 | 10～15 | 0.7～1.5 |

## 11.5.3 计算示例

**【例 11-2】** 设计处理能力 100000$m^3$/d 的 V 型滤池：

设计水量：$Q=1.05\times100000=105000m^3/d$（包括厂自用水 5%）

设计数据：滤速 $v=9m/h$

冲洗强度：第一步气冲，强度 15L/(s·$m^2$)，第二步气水同冲，气冲强度同前，水冲强度 2.8L/(s·$m^2$)，第三步单水冲强度 5L/(s·$m^2$)，表面扫洗利用 1 个滤池的过滤水量。

冲洗周期 24h，冲洗时间 15min。气源由鼓风机提供，冲洗水由水泵提供。

**【解】** 计算：

（1）滤池面积为：

$$F=\frac{Q}{vT}=\frac{105000}{9\times\left(24-\frac{15}{60}\right)}=491m^2$$

采用池数 $N=6$，双排布置，每池面积为：

$$f=\frac{F}{N}=81.9m^2$$

（2）单个滤池设计

单个滤池长宽布置参照表 11-18，确定采用 6 个滤池，每个为双格，单格尺寸为 3.5m×12m，本例每格净尺寸定为 2×12m×3.5m。

实际单个过滤面积：$f_{实际}=2\times12\times3.5=84m^2$；

实际滤速：

$$v=\frac{Q}{FT}=\frac{105000}{84\times6\times\left(24-\frac{15}{60}\right)}=8.8\text{m/h}$$

池冲洗时强制流速：

$$v_{强制}=8.8\times\frac{5}{6}=10.5\text{m/h}$$

滤池布置见图 11-19。

（3）滤池高度

气水室高度：$H_1$采用 0.8m

滤板厚度：$H_2$采用 0.1m

承托层厚度：$H_3$采用 0.1m

滤料层厚度：$H_4$采用 1.2m

滤层上面水深：$H_5$采用 1.25m

进水系统跌差：$H_6$采用 0.25m

进水总渠超高：$H_7$采用 0.5m

滤池总高度：

$$H=0.8+0.1+0.1+1.2+1.25+0.25+0.5=4.20\text{m}$$

（4）滤池各种管渠计算：

各种管渠计算见表 11-22：

**滤池管（槽）流速** **表 11-22**

| 管渠名称 | 流量（$m^3/s$） | 管渠断面 | 流速（m/s） |
|---|---|---|---|
| 进水总渠 | 0.61 | 0.8m×0.9m | 0.85 |
| 单格滤池进水阀 | 0.20 | 0.5m×0.5m | 0.81 |
| 冲洗水管 | 0.42 | $D$=500mm | 2.14 |
| 冲洗空气管 | 1.26 | $D$=350mm | 13.3 |
| 单格滤池出水管 | 0.20 | $D$=500mm | 1.03 |

（5）配水配气系统

1）滤头滤板

滤板尺寸采用：975×1140mm，单格滤板数量为 3×12=36 块

每块滤板滤头数：7×9=63 只

每 $1m^2$ 滤头实际分布只数：54 只

每只滤头缝隙面积：$2.88cm^2$（厂家提供）

开孔比：$\beta=2.88\times10^{-4}\times54=1.44\%$

2）气水室配水孔

孔口流速：采用 1.0m/s

冲洗水流量：$Q=5\times3.6\times84=1512\ m^3/h=0.42m^2/s$

双侧布孔，孔口数 58 只

孔口尺寸：采用 60mm×60mm 方孔

孔口总面积：$F=2\times58\times0.06\times0.06=0.418m^2$

实际孔口流速：$v=0.42\div0.418=10.0m/s$

3）气水室配气孔

孔口流速：采用 15m/s

空气流量：$Q=15\times3.6\times84=4536m^3/h=1.26m^3/s$

双侧布孔，孔口数 58 只

孔口尺寸：采用 $\phi$32 孔

配气孔总面积：$F=0.785\times0.032^2\times2\times58/4=0.093m^2$

实际孔口流速：$v=1.26\div0.093=13.5m/s$

（6）V 形槽

V 形槽扫洗流量等于 1 个滤池的过滤水量，$Q_{扫}=84\times8.8=739m^3/h=0.205m^3/s$

设扫洗孔 $\phi$32，共 132 只（每条 V 形槽 66 只），孔总面积：$0.785\times0.032^2\times132=0.106m^2$

孔口流速：$v=\dfrac{0.205}{0.106}=1.93m/s$

（7）冲洗水排水系统

排水槽水量：$Q_{排}=(2.4+5)\times84\div1000=0.62m^3/s$

排水槽净宽度 1m，采用 0.05 底板坡度坡向出口，槽底最低点高出滤板底采用 0.1m。

水冲洗加表面扫洗时，排水槽顶水深：

$$h_1=\left[\frac{(q_1+q_3)B}{0.42\sqrt{2g}}\right]^{2/3}=\left[\frac{(2.4+5)\times10^{-3}\times3.5}{0.42\times\sqrt{2\times9.81}}\right]^{2/3}=0.05m$$

排水槽出口阀门采用 700×700mm 气动闸板阀，过孔流速约 1.26m/s。

（8）冲洗水泵计算

1）冲洗水泵流量

气水同冲时：$Q_{小}=2.8\times84\div1000=0.24m^3/s$

单水冲时：$Q_{大}=5\times84\div1000=0.42m^3/s$

2）冲洗水泵扬程计算

设排水槽顶与吸水池水面高差：$H_0=2.5m$

水泵吸水口至滤池的输水管水头损失：$h_1=4.0m$（具体计算略）

配水系统的总水头损失：$h_2$取 0.20m

承托层的水头损失 $h_3$拟忽略不计。

滤料层的水头损失：

$h_4=(r_1/r-1)(1-m_0)\times H=(2.65/1-1)\times(1-0.41)\times 1.2=1.17\text{m}$

富余扬程：$h_5$取1.0m

水泵扬程：

$H_p=H_0+h_1+h_2+h_3+h_4+h_5=2.5+4.0+0.2+0+1.17+1.00$

$=8.87\text{m}$,取9.0m

设水泵3台，单台流量0.21 $m^3/s$，扬程9.0m，大水冲时2用1备，小水冲时1台开启。

(9) 鼓风机计算

1) 鼓风机风量：$Q=1.05\times 15\times 84\times 10^{-3}=1.32\text{m}^3/\text{s}$

2) 鼓风机出口压力

输气管的压力损失：$P_1=3000\text{Pa}$（具体计算略）

配气系统的压力损失：$P_2=2000\text{Pa}$

气水室中的水压力：$P_3=9810$（$h_2+h_3+h_4+h_0$）

其中：

配水系统的总水头损失：$h_2=0.2\text{m}$

承托层的水头损失忽略不计：$h_3=0.00\text{m}$

滤料层的水头损失：$h_4=1.17\text{m}$

气水室中水面至冲洗排水槽顶溢流水面的高差：$h_0=2.0\text{m}$

$P_3=9810(h_2+h_3+h_4+h_0)=9810\times(0.2+0+1.17+2.0)=33060\text{Pa}$

富余压力取：$P_4=4900\text{Pa}$

鼓风机出口压力：$P=P_1+P_2+P_3+P_4=3000+2000+33060+4900=42960\text{Pa}$

设鼓风机2台，单台风量1.32$m^3/s$，出口压力45kPa，1用1备。

## 11.6 翻板滤池

翻板滤池又叫苏尔寿滤池，是瑞士苏尔寿（Sulzer）公司下属的技术工程部（现称瑞士CTE公司）的研究成果。所谓“翻板”，是因为其反冲洗排水舌阀在工作过程中0～90°翻转开闭而得名。

### 11.6.1 工作原理

翻板滤池工作原理见图11-20。

翻板滤池在过滤时，进水通过溢流堰均匀流入滤池，按照恒水位过滤方式，自上而下进行过滤，其正常运行状态见图11-19（*a*）。反冲洗时，先关闭进水阀，待池内余水水位滤至滤料表面20～30cm时，关闭出水阀门，按照气冲、气水混冲、水冲三个阶段进行冲洗，冲洗结束后开启排水舌阀，排出冲洗废水，见图11-19（*b*）。

翻板滤池采用闭阀反冲洗，可实现滤料层大强度膨胀冲洗，冲洗比较彻底干净，而滤料又不易流失。这一区别于其他滤池的基本特点可使翻板滤池的滤料可以有双层滤料或活性炭滤料、砂滤料等多样性选择。由于冲洗过程中不排水，可以减少冲洗水耗。

翻板滤池目前在欧洲已有300多家水厂的使用经验，自昆明第七水厂建成国内第一家

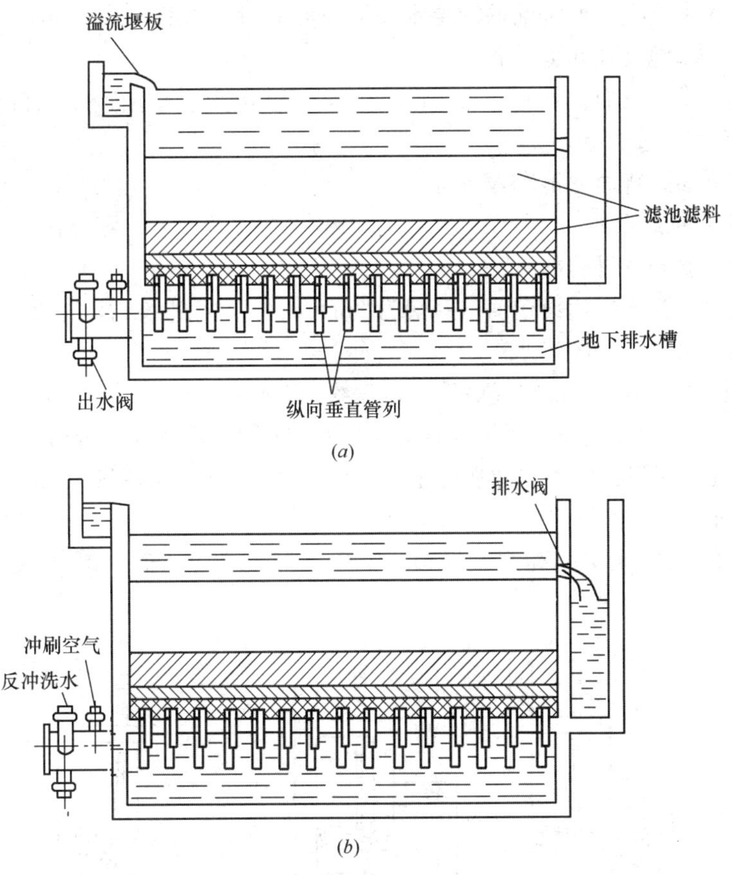


图 11-19 翻板滤池工作原理

(a) 翻板滤池正常过滤状态；(b) 翻板滤池反冲洗状态

翻板滤池后，在嘉兴、无锡、潍坊、昆明、深圳等地也逐步得到应用。

## 11.6.2 设计要点

### 11.6.2.1 滤料及承托层

根据滤池进水水质与对出水水质要求的不同，可选择单层均质滤料或双层、多层滤料，亦可更改滤层中的滤料。一般单层均质滤料是采用石英砂（或陶粒）；双层滤料为无烟煤与石英砂（或陶粒与石英砂）。当滤池进水水质差（例原水受到微污染，含 TOC 较高）时，可用颗粒活性炭置换无烟煤等滤料。

滤料厚度一般为 1.5m。当采用双层滤料时，则可采用：

陶粒（或石英砂）：粒径 1.6～2.5mm，厚 800mm；石英砂（无烟煤或活性炭）：粒径 0.7m～1.2mm，厚 700mm。

翻板滤池承托层采用 3～12mm 分层砾石，厚度一般为 0.45m。

### 11.6.2.2 滤速和过滤周期

（1）滤速：单层滤料时滤速为 8～10m/h，双层滤料时滤速为 9～12m/h。

（2）过滤周期：过滤周期一般采用40～70h。

（3）滤层水头损失：冲洗前的滤层水头损失可采用2.0m。

**11.6.2.3 单池尺寸和滤池布置**

考虑到翻板排水及面包管布水布气的均匀性，翻板滤池单池面积不宜过大。宽度一般为8m，长度不宜超过15m。

滤池布置可参照普通滤池和V形滤池。

**11.6.2.4 冲洗系统**

翻板滤池一般冲洗过程如下：

（1）当过滤水头损失达设定值（一般为2m）时，关闭进水阀，并继续过滤，降低水位至砂面上约0.15m，关闭出水阀；

（2）开启反冲气阀，进行空气擦洗，强度约17L/(s·$m^2$)，持续3min；

（3）保持气冲，增加水冲，强度约3～4 L/(s·$m^2$)，持续4～5min；

（4）关闭气冲阀门，加大水冲强度至15～16 L/(s·$m^2$)，持续1min，此时水位约达过滤时的最高水位；

（5）静止20～30s，开启排水翻板阀，先开50%，然后开至100%（图11-20）。

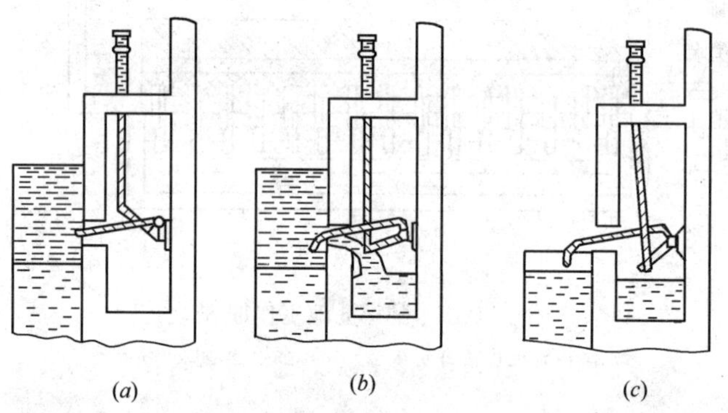

图11-20 翻板阀的启闭状态

（*a*）排水阀关闭；（*b*）排水阀开启50%；（*c*）排水阀开启100%

排水结束后，再进行二次冲洗，程序同上。一般通过两次反冲洗后，滤料中含污率低于0.1kg/$m^3$，并且附着在滤料上的小气泡也基本上被冲掉。然后开启进水阀门，待池中水位达一定高度时，开出水阀门，进入新一轮过滤周期。

翻板滤池反冲洗采用“反冲—停冲—排水”的过程，因此也称为序批式反冲洗滤池。

滤池冲洗供气一般采用鼓风机，供水采用水泵或冲洗水箱。如采用水泵冲洗，则需采用大、小水泵搭配来满足不同水冲强度的要求；若采用水箱（水塔）冲洗，可放置大小两根水箱出水主管或一根主管上安装调流控制阀，并安装流量计，便于调控冲洗强度。

**11.6.2.5 配气配水系统**

翻板滤池采用独立纵向配水、配气管和横向排水管组成的配水系统（见图11-21）。

横向配水横管横断面为上圆下方形，上部为配气区，下部为配水区。配水横管一般采用PE管，安装时用膨胀螺栓固定在滤池底板。竖向配水配气管与横向配水配气管一一对应配套，配水管上端伸入配水横管10mm，下端伸入冲洗总渠的水层中，配气管上端开孔与横管反冲洗气孔水平，下端封闭，在侧面开进气孔。竖向配水配气管采用不锈钢材质，安装时先定位在预埋的托板上，二次浇捣时固定在反冲洗总渠的顶板上。

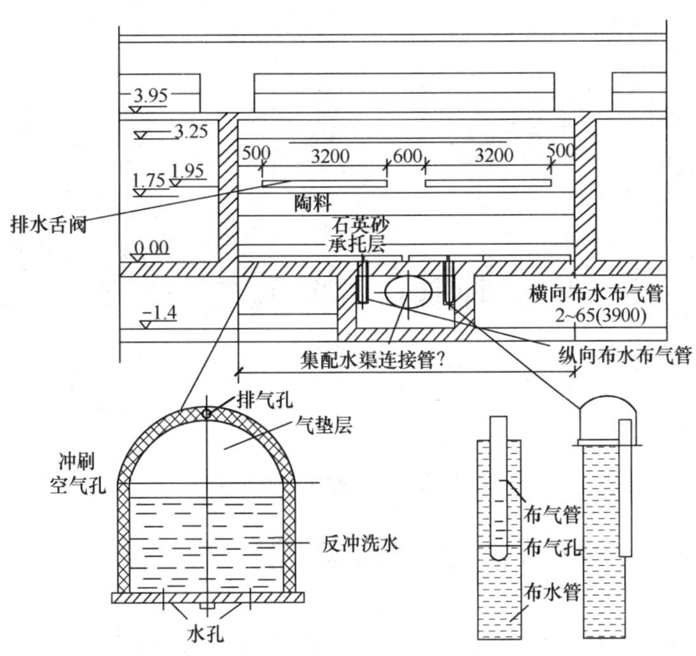


图 11-21 翻板滤池配水配气系统示意

#### 11.6.2.6 滤池高度

滤池高度 $H$ 可用式（11-39）计算：

$$H = H_1 + H_2 + H_3 + H_4 + H_5 + H_6 \tag{11-39}$$

式中 $H_1$——承托层厚度（m），一般为0.4～0.5m；

$H_2$——滤料层厚度（m）；

$H_3$——滤层上面水深（m），一般不小于1.5m；

$H_4$——进水堰距滤层上水面的超高，一般为0.15m；

$H_5$——进水系统跌差（m）（包括进水槽、孔洞水头损失及过水堰），一般为0.3～0.5m；

$H_6$——进水总渠超高（m），一般为0.3m～0.5m；

中央下沉式配水配气渠可不计入总高。

#### 11.6.2.7 滤池布置

翻板滤池布置示例见图11-22。

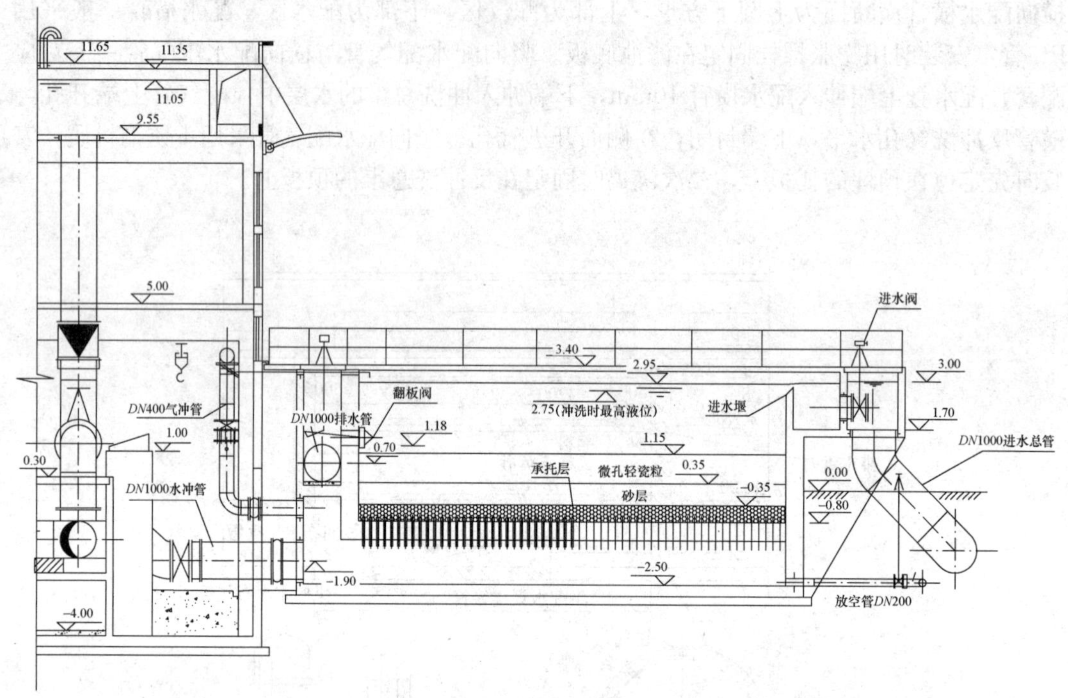


图 11-22 翻板滤池布置示例

# 11.7 多层滤料滤池

多层滤料滤池系指滤料层有两层或两层以上的滤池，目前滤料层最多为三层。

## 11.7.1 三层滤料滤池

### 11.7.1.1 滤料的种类与选用

三层滤料滤床，也称反粒度滤床。滤床中大粒径、小密度的滤料在上层；中粒径、中密度的滤料在中间；小粒径、大密度的滤料在下部。滤床的三种滤料平均粒径由上而下逐渐变小，滤床的截泥能力可以得到充分的发挥。

目前，三层滤料滤床组成有两种类型：

第一类，轻质滤料（无烟煤或焦炭）、石英砂、重质滤料。

第二类，轻无烟煤、重无烟煤、石英砂。

一般均采用第一类，使用效果较好。

(1) 滤料种类：三层滤料滤床要求所用的材料必须具有良好的化学稳定性，足够的机械强度和为避免三种不同粒径的滤料混杂所必需的密度要求。

1) 大密度滤料：大密度滤料有石榴石、磁铁矿和钛铁矿等，我国磁铁矿产地多，产量大，因此常选用磁铁矿作重质滤料。

磁铁矿的主要成分为 $Fe_3O_4$，相对密度为 4.7～4.8，莫氏硬度为 6 左右；磁铁矿夹杂有大理石等成分，可在滤料铺装时用水力分级法去除。

重质滤料加工较困难，但现已有不少单位可供应重质滤料和承托层成品。

2）石英砂：河滩和海滩边的石英砂都可使用。不同产地的石英砂相对密度略有差异，但一般都在2.65左右。

3）无烟煤或焦炭：无烟煤用于双层滤料滤池已有不少经验，用于三层滤料滤池也是可行的。应尽可能选用机械强度高、化学性质稳定及密度适当的无烟煤。

4）三层滤料所用的无烟煤相对密度以1.4～1.6为宜。无烟煤的颗粒形状以多面体为佳，片状和针状的无烟煤过滤效果差，容易流失和损耗率大。

5）也可用焦炭作三层滤料滤池的轻质滤料。其相对密度约为1.4，系从焦炭末中筛选出来。

（2）滤料粒径：根据备料条件、截泥效果及各层滤料具有的相对最佳冲洗强度确定各层滤料的粒径和厚度。

1）粒径选择的依据为：

① 分层清楚，层间混杂轻微。

② 冲洗时各滤层流化度大致相等。

2）较典型的滤料组成见表11-23。

**滤床滤料组成**　　**表11-23**

| 层次 | 材料 | 粒径（mm） | 滤层厚度（mm） | 不均匀系数 $K_{80}$ |
|---|---|---|---|---|
| 上 | 无烟煤 | $d_{10}$=0.85 | 450 | <1.7 |
| 中 | 石英砂 | $d_{10}$=0.50 | 230 | <1.5 |
| 下 | 磁铁矿砂 | $d_{10}$=0.25 | 70 | <1.7 |

### 11.7.1.2　承托层

三层滤料滤池的承托层宜按表11-24采用。

**承托层的材料及规格**　　**表11-24**

| 层次（自上而下） | 材料 | 粒径（mm） | 厚度（mm） |
|---|---|---|---|
| 1 | 重质矿石 | 0.5～1 | 50 |
| 2 | 重质矿石 | 1～2 | 50 |
| 3 | 重质矿石 | 2～4 | 50 |
| 4 | 重质矿石 | 4～8 | 50 |
| 5 | 砾石 | 8～16 | 100 |
| 6 | 砾石 | 16～32 | 本层顶面应高出配水系统孔眼100 |

注：配水系统如用滤砖，其孔径小于等于4mm时，第6层可不设。

### 11.7.1.3　三层滤料滤池设计要点

（1）滤速：与待滤水的水质、水温和工作周期有关。一般按正常滤速16～18m/h，强制滤速20～24m/h，过滤周期约为8～24h。在常年水温较高地区可取上限。

（2）三层滤料滤池的设计原则与普通快滤池相同，但由于其滤速高，过滤起始水头损失较大，为了充分发挥其过滤效能，极限水头损失不宜过小，一般采用2.5～3.0m。滤层表面以上水深一般为1.8～2m。

(3) 三层滤料滤池的滤料品种选择，应贯彻因地制宜的原则，通过比较确定。设计中，对各层滤料滤径必须严格要求。由于滤料相对密度和含杂质情况往往因产地而异，因此在采用其他地区的经验时，宜作验证性试验。

(4) 由于滤速高，三层滤料滤池不宜采用大阻力配水系统，以免加大过滤起始的水头损失，影响过滤周期。其配水系统的配水均匀度不小于95%，以保证过滤和反冲洗的均匀性。常用的配水系统有滤砖、三角槽及孔板尼龙网等中阻力配水系统，在开孔面积为滤池面积的0.6%～0.7%情况下，一般都能保证冲洗的均匀性。

(5) 三层滤料所要求的冲洗强度比单层或双层滤料为高。当水温在19～28℃时，冲洗强度要求为16～17L/(s·m$^2$)，冲洗历时5～7min。膨胀率以55%为宜。在排水槽底高于轻质滤料最大膨胀面以及冲洗时基本不含空气泡条件下，轻质滤料无显著流失。

### 11.7.2 双层滤料滤池

双层滤料滤池上层一般为无烟煤，下层为石英砂。与普通快滤池相比，双层滤料滤池具有截污能力高、出水水质稳定、滤速高、过滤周期较长等优点。

设计要点及数据：

(1) 双层滤料滤池一般采用普通快滤池和翻板滤池布置。

(2) 滤速一般采用9～12m/h，强制滤速采用12～16m/h。也可参照邻近水厂运行资料予以调整，在原水低温低浊期长的地区，滤速应适当降低。

(3) 滤料：一般的双层滤料级配见表11-25。

**双层滤料的级配组成** **表11-25**

| 滤料 | 粒径（mm） | 不均匀系数$K_{80}$ | 厚度（mm） |
|---|---|---|---|
| 无烟煤 | $d_{10}=0.85$ | ＜2.0 | 300～400 |
| 石英砂 | $d_{10}=0.55$ | ＜2.0 | 400 |

(4) 冲洗强度：可采用13～16 L/(s·m$^2$)：为防止冲洗时煤粒流失，在全年不同水温时，应使滤层的膨胀率基本相同。因此在一年内，至少在高水温和低水温时应采用两种冲洗强度。

(5) 洗砂排水槽顶距滤层表面高度$H$：

$$H = e_1 H_1 + e_2 H_2 + 2.5x + \delta + 0.075(\text{m}) \quad (11\text{-}40)$$

式中 $H_1$——砂层厚度（m）；

$H_2$——无烟煤厚度（m）；

$e_1$——砂层膨胀率，$e_1=40\%\sim50\%$；

$e_2$——无烟煤膨胀率，$e_2=50\%\sim60\%$；

$x$——槽宽的一半（m）；

$\delta$——槽底厚度（m）。

(6) 最大粒径的选择：根据反冲洗后不混杂的要求，最大无烟煤粒径与最小砂层的粒径比：

$$\frac{d'_{max}}{d_1}=K\frac{2.65-1}{\gamma-1} \tag{11-41}$$

式中 $d'_{max}$——最大无烟煤粒径（mm）；

$d_1$——最小砂层粒径（mm）；

2.65——砂的相对密度；

$\gamma$——无烟煤的相对密度；

$K$——不均匀系数，一般采用1.25～1.5。

最大粒径的选择，目的在于确定最恰当的滤料级配。煤的相对密度对粒径比有重要影响。若白煤相对密度为1.82时，比值应小于2；白煤相对密度为1.50时，比值应小于3.2。

当级配相同时，使用相对密度小的无烟煤可减少混杂。

### 11.7.3 接触双层滤料滤池

接触双层滤池系将过滤原理用于双层滤池。药剂直接投加在进滤池的原水中，不经混凝沉淀（或澄清），滤池同时起着凝聚的作用。在原水浊度较低时，可作为综合的一次净水处理构筑物使用。

接触双层滤池适用于进水浊度一般不超过50NTU的一次净化处理。山溪河流水质经常很清，汛期含泥砂量较大，若能采取有效的预处理亦可采用接触双层滤池。如水中含藻类较多，应在滤前采用除藻措施。如原水碱度较低影响接触凝聚时，需考虑投加石灰等碱类，以调整碱度。

接触双层滤料滤池对原水水质、投药点和投药量十分敏感，且宜采用铁盐作混凝剂。设计时可考虑在水泵吸水管、出水管或进滤池前多设几个混凝剂投加点，通过实践进行比较，以确定最佳投药点。

接触双层滤池的计算、布置和设计均同双层滤池，以下仅列出不同之处。

#### 11.7.3.1 设计数据

（1）滤速及滤料组成见表11-26。

接触双层滤料的滤速及级配组成　　表11-26

| 滤料名称 | 滤料粒径（mm） | $K_{80}$ | 滤料厚度（mm） | 滤速（m/h） | 强制滤速（m/h） |
|---|---|---|---|---|---|
| 石英砂 | $d_{min}=0.5$<br>$d_{max}=1.0$ | 1.5 | 500～700 | 6～8 | 8～10 |
| 无烟煤 | $d_{min}=1.2$<br>$d_{max}=1.8$ | 1.5 | 500～600 | | |

注：当原水浑浊度较高时，滤速宜采用低值。

（2）冲洗强度：一般采用15～18L/(s·m²)，冲洗时间可采用6～9min。滤层膨胀率控制在40%～50%之间。

（3）应考虑采用辅助冲洗设施。

（4）冲洗前的水头损失最大值一般采用2.5m左右。

(5) 滤层表面以上的水深一般为 2m。

## 11.8 虹吸滤池

### 11.8.1 虹吸滤池特点

虹吸滤池采用真空系统控制进、排水虹吸管，以替代进、排水阀门。

每座滤池由若干格组成，采用中小阻力配水系统，利用滤池本身的出水及其水头进行冲洗，以替代高位冲洗水箱或水泵。

滤池的总进水量能自动均衡地分配到各单格，当进水量不变时，各格为等速过滤。滤过水位高于滤层，滤料内不致发生负水头现象。

虹吸滤池平面布置有圆形和矩形两种，也可做成其他形式（如多边形）。在北方寒冷地区，虹吸滤池需要加设保温房屋；在南方非保温地区，为了排水方便，也有将进、排水虹吸管布置在虹吸滤池外侧。

虹吸滤池给水排水标准图的布置形式见图 11-23。

### 11.8.2 设计要点

虹吸滤池的进水浊度、设计滤速、强制滤速、滤料、工作周期、冲洗强度、膨胀率等均参见普通快滤池的有关章节。此外，在设计虹吸滤池时，还应考虑以下几点：

(1) 虹吸滤池适用的水量范围一般为 15000～50000$m^3$/d。单格面积过小，施工困难，且不经济；单格面积过大，小阻力配水系统冲洗不易均匀。

(2) 选择池形时一般以矩形较好。

(3) 滤池的最少分格数，应按滤池在低负荷运行时，仍能满足一格滤池冲洗水量的要求确定。通常每座滤池分为 6～8 格，各格清水渠均应隔开，并在连通总清水渠的通路上装设盖阀或闸板或考虑可临时装设闸阀的措施，以备单格停水检修时使用。

(4) 虹吸滤池冲洗前的水头损失，一般可采用 1.5m。

(5) 虹吸滤池冲洗水头应通过计算确定，一般宜采用 1.0～1.2m，并应有调整冲洗水头的措施。

(6) 虹吸滤池采用中、小阻力配水系统。为达到配水均匀，水头损失一般控制在 0.2～0.4m。配水系统应有足够的强度，以承担滤料和过滤水头的荷载，且便于施工及安装。常见的中、小阻力配水形式和设计见 11.2 节。

(7) 真空系统：一般可利用滤池内部的水位差通过辅助虹吸管形成真空，代替真空泵抽除进、排水虹吸管内的空气形成虹吸，形成时间一般控制在 1～3min。虹吸形成与破坏可利用水力实现自动控制，也可采用真空泵及机电控制设备实现自动操作。

(8) 虹吸管按通过的流量确定断面。一般多采用矩形断面，也可用圆形断面，水量较小时可采用铸铁管，水量较大时用钢板焊制。虹吸管的进出口应采用水封，并有足够的淹没深度，以保证虹吸管正常工作。一般虹吸进水管流速 0.6～1.0m/s，虹吸排水管流速 1.4～1.6m/s。

(9) 进水渠两端应适当加高，使进水渠能向池内溢流。各格间隔墙应较滤池外围壁适当降低，以便于向邻格溢流。

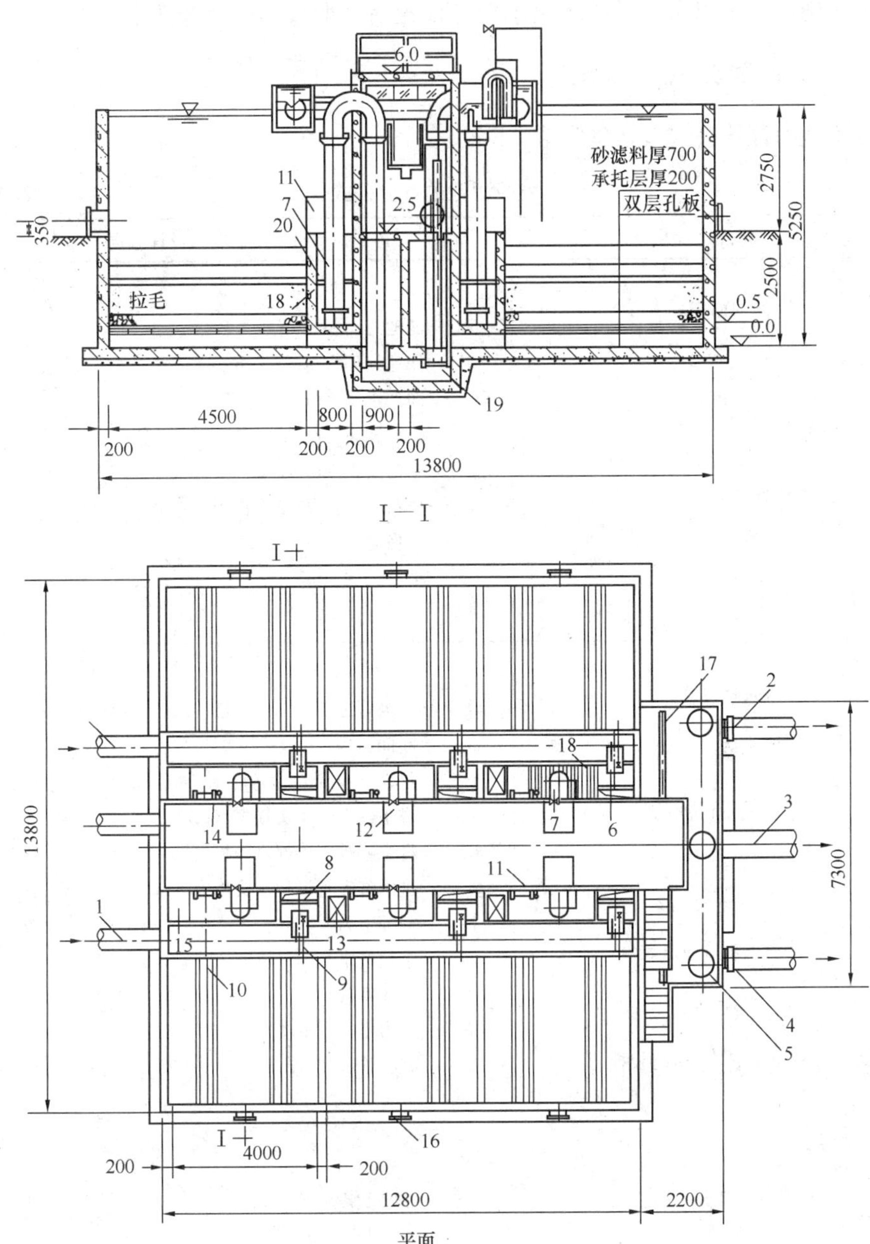


图 11-23 1000m³/h虹吸滤池

1—进水管；2—出水管；3—排水管；4—出水管；5—人孔；6—进水虹吸管；7—排水虹吸管；8—配水槽；9—进水槽；10—洗砂排水槽；11—水位接点；12—钢盖板；13—计时水槽；14—钢梯栏杆；15—走道板；16—出砂孔短管；17—清水堰板槽；18—防涡栅；19—排水渠；20—排水集水槽

（10）在进行虹吸滤池设计时，应考虑各部分的排空措施；在布置抽气管时，可与走道板栏杆结合；为防止虹吸管进口端进气，影响排水虹吸管正常工作，可在该管进口端上部设置防涡栅；清水出水堰及排水出水堰应设置活动堰板以调节冲洗水头。

### 11.8.3 计算公式及数据

虹吸滤池的计算公式及数据见表 11-27：

**虹吸滤池的计算公式** **表 11-27**

| 计算公式 | 符号及说明与设计数据 |
| --- | --- |
| 1. 滤池面积：<br>$F=\frac{\frac{24}{23}Q}{v}$<br>滤池工作按每日 23h 计<br>$Q=1.05Q_1$<br>（5%为自用水量）<br>$f=\frac{F}{N}$<br>$f=BL$ | $F$——滤池总面积（$m^2$）；<br>$Q$——滤池处理水量（$m^3/h$）；<br>$Q_1$——净产水量（$m^3/h$）；<br>$v$——设计滤速（m/h），取 7～9m/h；<br>$f$——单格面积（$m^2$），取<50$m^2$；<br>$N$——格数（个），取 6 个以上；<br>$B$——单格宽度（m）；<br>$L$——单格长度（m） |
| 2. 进水虹吸管：<br>$Q_2=\frac{Q}{N-1}$<br>$\omega_1=\frac{Q_2}{3600v_1}$<br>$h_f=h_{f1}+h_{f2}$<br>$h_{f1}=\sum\xi\frac{v_2^2}{2g}\times1.2$<br>（1.2 为考虑矩形面系数）<br>$h_{f2}=\frac{v_2^2}{C^2R}L$<br>以上计算应以 $\frac{Q}{N-2}$ 进行校核 | $Q_2$——虹吸管进水量（当一格冲洗时）（$m^3/h$）；<br>$\omega_1$——断面面积（$m^2$）；<br>$v_1$——进水流速（m/s），取 0.6～1.0m/s；<br>$h_f$——进水虹吸管水头损失（m）；<br>$h_{f1}$——进水虹吸管局部水头损失（m）；<br>$h_{f2}$——进水虹吸管沿程水头损失（m）；<br>$\sum\xi$——局部阻力系数和；<br>$v_2$——事故进水流速（m/s）；<br>$C$——谢才系数；<br>$R$——水力半径（m）；<br>$L$——虹吸管长度（m） |
| 3. 滤板水头损失：<br>$v_3=\frac{qf}{1000\omega_2}$<br>$\omega_2=\frac{f\alpha}{100}$<br>$h_3=\frac{v_3^2}{\mu^2 2g}$ | $v_3$——滤板孔眼流速（m/s）；<br>$\omega_2$——滤板孔眼面积（$m^2$）；<br>$q$——冲洗强度[L/(s·$m^2$)]，取 12～15L/(s·$m^2$)；<br>$\alpha$——开孔比（%）；<br>$h_3$——滤板水头损失（m）；<br>$\mu$——孔口流量系数 0.65～079 |
| 4. 排水虹吸管：<br>$\omega_3=\frac{qf}{1000v_4}$ | $\omega_3$——断面面积（$m^2$）；<br>$v_4$——排水虹吸管流速（m/s），取 1.4～1.6m/s |

续表

| 计算公式 | 符号及说明与设计数据 |
|---|---|
| 5. 滤池高度（见图 11-24）：<br>$H=H_0+H_1+H_2+H_3+H_4+H_5+H_6+H_7+H_8+H_9+H_{10}$ | $H$——滤池高度（m），取 5.2～6.0m；<br>$H_0$——集水室高度（m），取 0.3～0.4m；<br>$H_1$——滤板厚度（m），取 0.1～0.2m；<br>$H_2$——承托层厚度（m），取 0.2m；<br>$H_3$——滤料厚度（m），取 0.7～0.8m；<br>$H_4$——洗砂排水槽底至砂面距离（m）；<br>$H_5$——洗砂排水槽高度（m）；<br>$H_6$——洗砂排水槽堰上水头（m），取 0.05～0.10m；<br>$H_7$——冲洗水头（m），取 1.0～1.2m；<br>$H_8$——清水堰上水头（m），取 0.1～0.2m；<br>$H_9$——过滤水头（m），取 1.5m 或以上；<br>$H_{10}$——滤池超高（m），取 0.3m 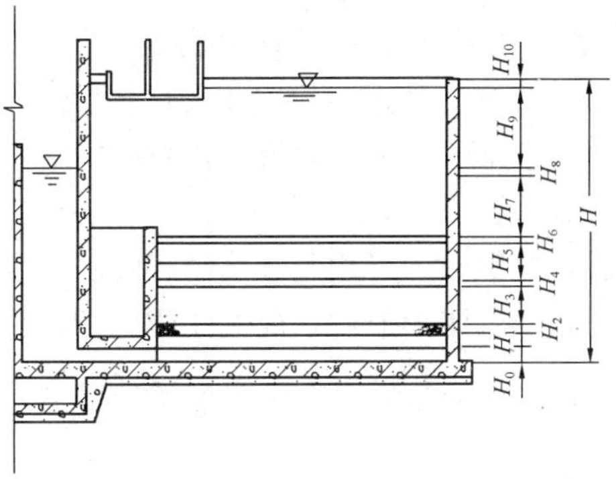<br>图 11-24 滤池高度示意 |

## 11.8.4 水力自动控制

### 11.8.4.1 虹吸系统工作过程

虹吸系统水力自动控制如图 11-25 所示。

（1）水力自动控制

1）冲洗形成：在滤池一个滤程的后期，滤池内水位升高，排水辅助虹吸管 6 的进口被淹没，水由辅助虹吸管 6 流到排水渠时，在抽气三通 16 处形成负压，把排水吸管内空气不断抽走，排水虹吸管内水位即较快地上升，形成虹吸排水。当排水后，滤池内水位迅速下降，降到接近排水槽上口时，清水即通过配水系统穿过滤层向上流动，开始形成冲洗。

2）停止进水：排水虹吸形成后，滤池内水位迅速下降，当降到进水虹吸破坏管 5 的管口以下后，空气进入进水虹吸管，虹吸被破坏，即停止进水。

3）停止冲洗：排水虹吸管形成虹吸后，滤池内水位下降到计时水槽 10 的上沿时，槽内的水被破坏管 9 吸出水位下降，经一定时间（可调阀门 8），破坏管 9 的管口露出，空气进入排水虹吸管，虹吸被破坏，冲洗停止。

4）恢复进水：冲洗停止后，滤池内水位逐渐回升，当水位淹没进水虹吸破坏管 5 的下口时，进气口被封住。由于进水辅助虹吸管 1 及抽气三通 15 的作用，将进水虹吸管内的空气不断抽走，又形成虹吸，从而恢复进水。

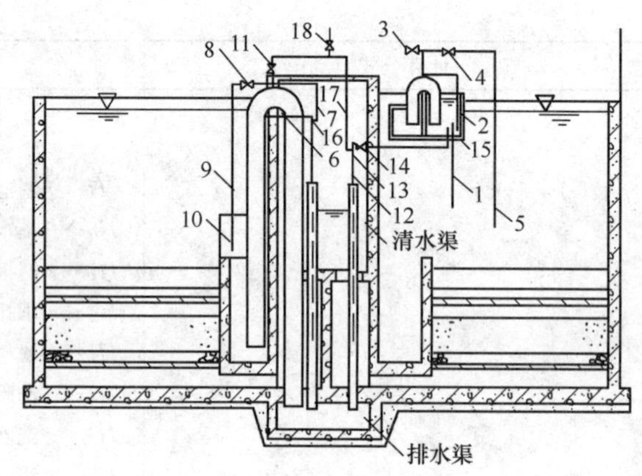

图 11-25　水力自动控制示意

1—辅助虹吸管；2—抽气管；3—强制破坏阀门；4—破坏管封闭阀门；5—破坏管；6—辅助虹吸管；7—抽气管；8—计时调节阀门；9—破坏管；10—计时水槽；11—强制操作阀门；12—强制辅助虹吸管；13—抽气三通；14—强制辅助虹吸管阀门；15—抽气三通；16—抽气三通；17—抽气管；18—强制破坏及备用抽气阀门

（2）强制操作

1）强制虹吸每组滤池设一套抽气装置，接到各排水虹吸管的抽气管上，当任一滤池在任何水位的情况下需要冲洗时，只需打开强制辅助吸管上的阀门 14 及 11，就可以使排水虹吸管形成虹吸，进行冲洗。冲洗停止后应关闭阀门 14 及 11，而进水虹吸在一般情况下都能自动形成虹吸。

如需强制虹吸时，可用胶管临时将强制虹吸与进水虹吸抽气管连通，并同时打开阀门 18 及 3。当进水虹吸形成后，应关闭阀门 18 及 3。

2）强制破坏：打开阀门 3 使进水虹吸破坏。打开阀门 11、18 关闭阀门 14 使排水虹吸破坏。

此外还设置了冲洗计时调节阀门 8，可用来调节冲洗历时。

3）空池开始运行：向配水槽注水，使进水虹吸管形成水封。关闭阀门 4，进水虹吸管即形成虹吸，开始工作，当滤池正常工作后，再打开阀门 4。

**11.8.4.2　安装方式及推荐数据**

（1）进水虹吸部分见图 11-26。

1）辅助虹吸管：

① 孔板三通（见图 11-27）抽气性能较好，构造简单。孔板的最佳缩孔比一般可取 0.66（按标准三通 *DN*50×*DN*20 内径计算）

② 孔板三通应设在辅助虹吸管顶端。

③ 辅助虹吸管应垂直安装，出口对洗砂排水槽，初始工作状态应为大气出流。

④ 管径一般选用 *DN*50。单格面积较小时管径可减小，但不宜小于 *DN*40（参见表 11-28）。

2）抽气管：一般采用 *DN*15～*DN*20，管路应尽量短且弯头少。

3）破坏管：一般采用 *DN*15～*DN*20，破坏时间 30～40s。

（2）排水虹吸部分如图 11-28 所示。

1）辅助虹吸管：

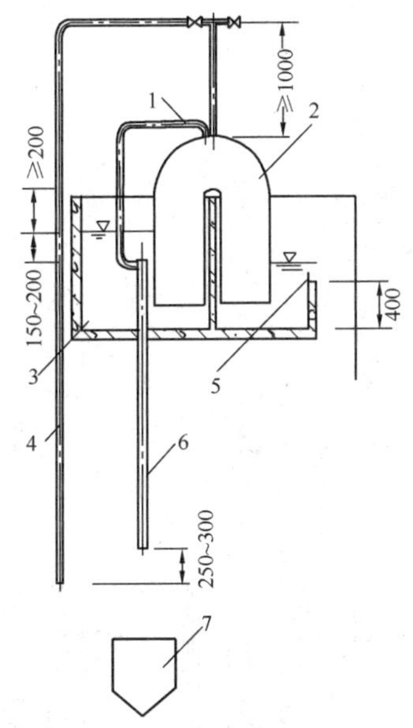


图 11-26 进水虹吸系统安装示意

1—抽气管；2—进水虹吸管；3—进水渠；4—破坏管；5—出水堰；6—辅助虹吸管；7—洗砂排水槽

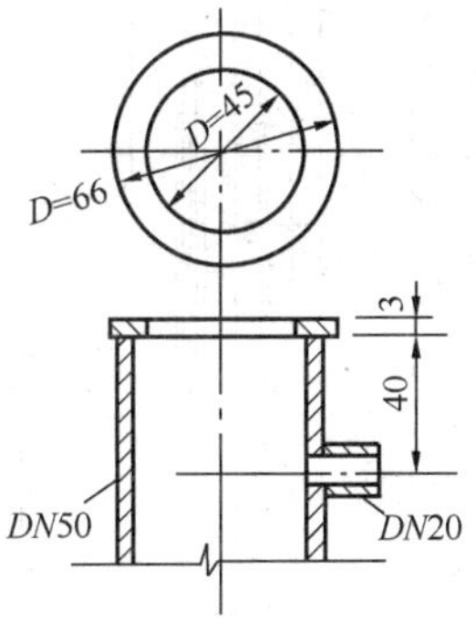

图 11-27 孔板三通大样

① 为避免因虹吸管内存有压缩空气而使辅助虹吸管进口出不了水，应将辅助虹吸管进口（图 11-28 中 A 点）适当降低，其值应根据调试确定。

② 出口设在排水井固定堰堰顶以下 0.1～0.15m 处，如排水渠为承压式应另加套管并伸入排水渠内 0.1m 以防进气。

**辅助虹吸管管径与真空度关系** **表 11-28**

| 管径（mm） | 管长 $L$（mm） | 抽气量（L/s） | 真空度（$mmH_2O$） |
|---|---|---|---|
| 50 | 3.0 | 4.6 | 1300 |
| | 2.3 | 3.8 | 1100 |
| | 1.8 | 3.2 | 1100 |
| 40 | 3.0 | 2.1 | 780 |
| | 2.3 | 2.0 | 750 |
| | 1.8 | 1.9 | 680 |

③ 抽气三通应装在辅助虹吸管垂直段的顶端。

④ 管径一般采用 *DN*50。

2）抽气管一般采用 *DN*15～*DN*20。

3）破坏管一般采用 *DN*20～*DN*25，管长以计时水箱位置而定。

4）计时水箱作为冲洗时之用。采用破坏管直接抽吸计时水箱内的水量的方法，该方法较为安全可靠，但体积较大，较笨重，也可采用其他方法，如水箱排水法（可减小水箱体积，但排水口易堵塞）。

（3）强制虹吸：用孔板三通可代替压力水系统，全池（6 格或 8 格）可共用一套强制辅助虹吸系统见图 11-29。

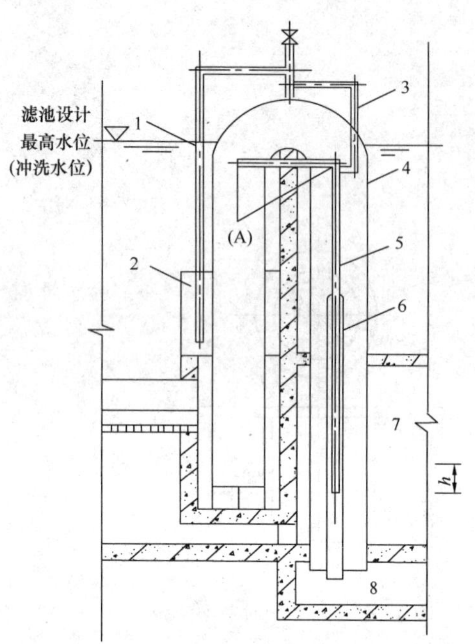


图 11-28 排水虹吸系统安装示意

1—破坏管；2—计时水箱；3—抽气管；4—排水虹吸管；5—辅助虹吸管；6—套管；7—清水渠；8—排水渠

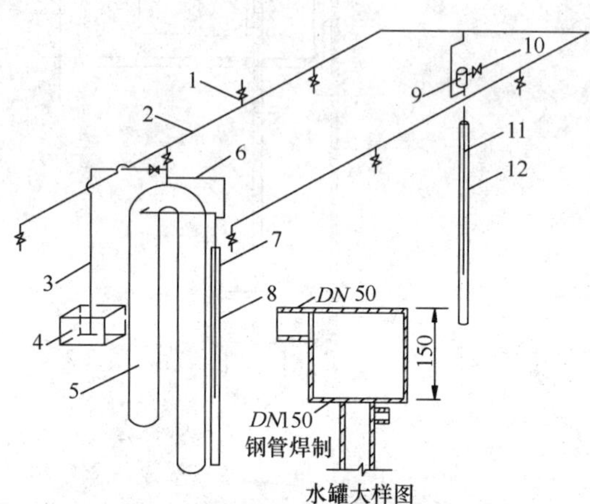


图 11-29 强制虹吸系统示意

1—强制破坏管；2—强制虹吸联络管；3—破坏管；4—计时水箱；5—排水虹吸管；6—抽气管；7—辅助虹吸管；8—套管；9—水罐；10—接进水渠；11—强制虹吸辅助管；12—套管

## 11.9 重力式无阀滤池

重力式无阀滤池用于工矿企业及城镇的中小型水厂。滤前水应经混凝沉淀或澄清处理。

### 11.9.1 工作原理

来水由进水管送入滤池，经过滤层自上而下进行过滤，滤后清水从连通管进入清（冲洗）水箱内贮存。水箱充满后，水从出水槽溢流入清水池，过滤状态如图 11-30 所示。

滤池运行中，随着滤层阻力逐渐增加，虹吸上升管内的水位不断升高。当水位达到虹吸辅助管管口 $C$ 时，水自该管中落下，并通过抽气管不断将虹吸下降管中的空气带走，使虹吸管内形成真空，发生虹吸作用，使水箱中的水自下而上地通过滤层对滤料进行反冲洗。反冲洗开始时，滤池仍在进水，进水和冲洗排水同时经虹吸上升管、下降管排出，反冲洗状态如图 11-31。

### 11.9.2 设计要点

（1）无阀滤池的分格数，一般宜采用 2～3 格。

（2）进水系统

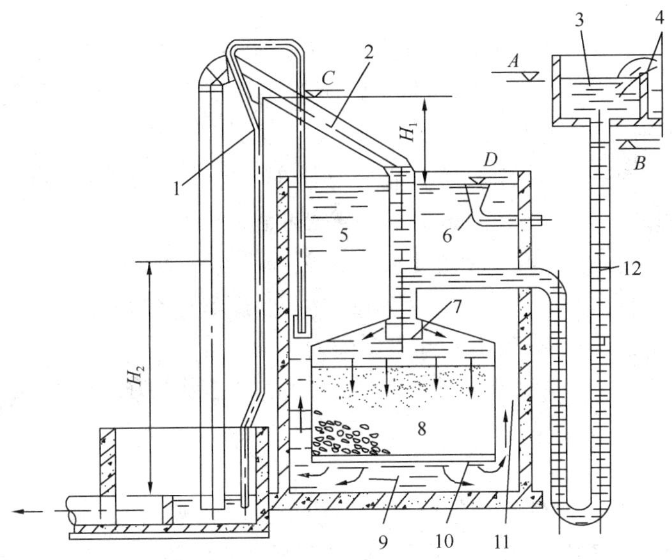


图 11-30 过滤状态

1—辅助虹吸管；2—虹吸上升管；3—进水槽；4—分配堰；5—清水箱；6—出水管至清水池；7—挡板；8—滤池；9—集水区；10—格栅；11—连通管；12—进水管

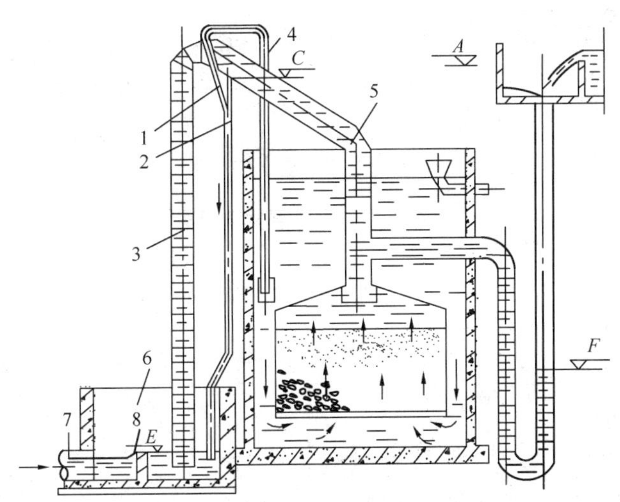


图 11-31 反冲洗状态

1—抽气管；2—虹吸辅助管；3—虹吸下降管；4—虹吸破坏管；5—虹吸上升管；6—排水井；7—排水管；8—水封堰

每格无阀滤池应设单独的进水系统，进水系统应有防止空气进入滤池的措施。

1）当滤池采用双格组合时，进水箱可兼作配水用（又称进水分配箱），为使配水均匀，要求两堰口的标高、厚度及粗糙度尽可能相同。堰口设置标高较为重要，可按下述关系确定：

堰口标高＝虹吸辅助管管口标高 $C$＋进水管及虹吸上升管内各项水头损失＋保证堰上

自由出流的高度（10～15cm）

每格分配箱大小一般为0.6m×0.6m～0.8m×0.8m，见图11-32。

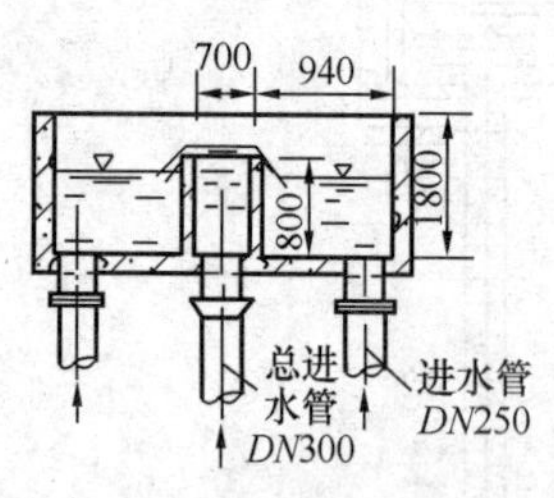


图11-32 进水槽

2）为防止虹吸管工作时，因进水中带入空气而可能产生提前破坏虹吸现象，应采取下列措施：

① 在滤池将冲洗前，进水分配箱内应保持有一定的水深，一般考虑箱底与滤池冲洗水箱平。

② 进水管内流速一般采用0.5～0.7m/s。

③ 为安全起见，进水管U形存水弯的底部中心标高可放在排水井井底标高处。

3）进水挡板直径应比虹吸上升管管径大10～20cm，距离管口20cm。

（3）滤水系统

1）顶盖的作用是将冲洗水箱的清水与滤层上部的待滤进水隔开，故要求上下不能漏水。顶盖面与水平面间夹角为10°～15°，以利于反冲洗时将排水汇流至顶部管口，经虹吸管排出。

2）浑水区高度（不包括顶盖锥体部分高度）一般按反冲洗时滤料层的最大膨胀高度，再适当增加10cm安全高度确定。

3）滤料层的粒径及厚度一般为：

单层滤料：砂、粒径0.5～0.1mm，厚度700mm。

双层滤料：无烟煤粒径1.2～1.6mm，厚度300mm；砂粒径1.0～0.5mm，厚度400mm。

4）支承层的材料和组成与配水方式有关，可参考表11-29。

**配水方式与支承层材料组成** **表11-29**

| 配水方式 | 支承材料 | 粒径（mm） | 厚度（mm） |
|---|---|---|---|
| 滤板 | 粗砂 | 1～2 | 100 |
| 格栅 | 卵石 | 1～2 | 80 |
| | | 2～4 | 70 |
| | | 4～8 | 70 |
| | | 8～16 | 80 |
| 尼龙网 | 卵石 | 1～2<br>2～4<br>4～8 | 每层50～100 |
| 滤帽（头） | 粗砂 | 1～2 | 100 |

注：采用卵石外形最好呈球形，尽量避免片状。

（4）配水系统

1）由于冲洗水箱位于滤池顶部，冲洗水头不高，故配水系统均采用小阻力系统。

2）常用的配水形式有以下四种：豆石滤板、格栅、平板孔式、滤头（详见11.2节）。

3）集水区有时亦称为配水室，要具有一定高度，使冲洗配水均匀，一般可采用30～50cm（面积大时，采用大值）。

4）出水管管径一般同进水管。

（5）无阀滤池冲洗前的水头损失，一般采用1.5m。

（6）过滤室内滤料表面以上的直壁高度，应等于冲洗时滤料的最大膨胀高度再加保护高度。

（7）冲洗系统

1）无阀滤池的反冲洗应设有辅助虹吸设施，并设调节冲洗强度和强制冲洗的装置。

2）冲洗水箱：重力式无阀滤池的冲洗水箱置于滤池顶部，水箱容积按一格滤池冲洗一次所需的水量确定。如采用双格滤池组合共用一个冲洗水箱，则水箱高度可降低一半，但由于高度减少，冲洗强度相应也有所减低，应进行水力核算。

3）连通管的作用是在过滤时将滤后清水送入冲洗水箱，冲洗时将冲洗水送入滤池，其形式、大小应该满足水头损失和布水均匀的要求，各种布置大致见图11-33。

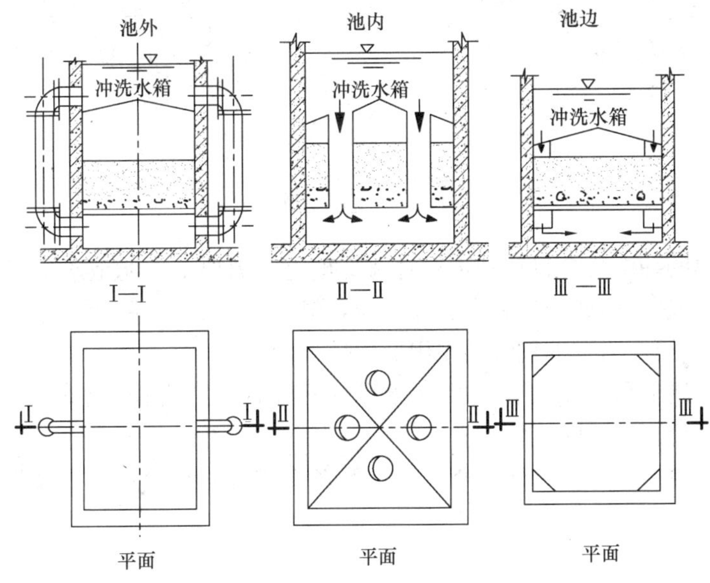


图11-33 连通管布置形式

4）虹吸管一般采用形成虹吸较快的向上锐角布置形式，管口$C$是虹吸作用的控制高程，当虹吸上升管内水位达到虹吸辅助管管口$C$时，滤池进入冲洗阶段。管口$C$与冲洗水箱最高水位$D$之间的高差$H_1$，即等于终期允许水头损失值（见图11-34）。虹吸管管径取决于冲洗水箱平均水位与排水井水封水位的高差$H_2$，和冲洗过程中平均冲洗强度下各项水头损失值的总和。虹吸下降管管径应比上升管管径小1～2级。

5）采用虹吸辅助管（见图11-34），可减少虹吸形成过程中水量流失，加速虹吸形成。当虹吸上升管内水位达到虹吸辅助管管口$C$后，水流即自辅助管内垂直下降，由于流速极高，形成负压，使抽气管抽气，加速虹吸形成。

6）当冲洗结束时，通过虹吸破坏管进入空气，使虹吸破坏，冲洗停止。虹吸破坏管管径不宜过小，以免虹吸破坏不彻底，但管径过大也会造成较多水量流失，管径一般采用15～20mm。为延长虹吸破坏管进气时间，使虹吸破坏彻底，在破坏管底部可加装虹吸小斗，见图11-35。

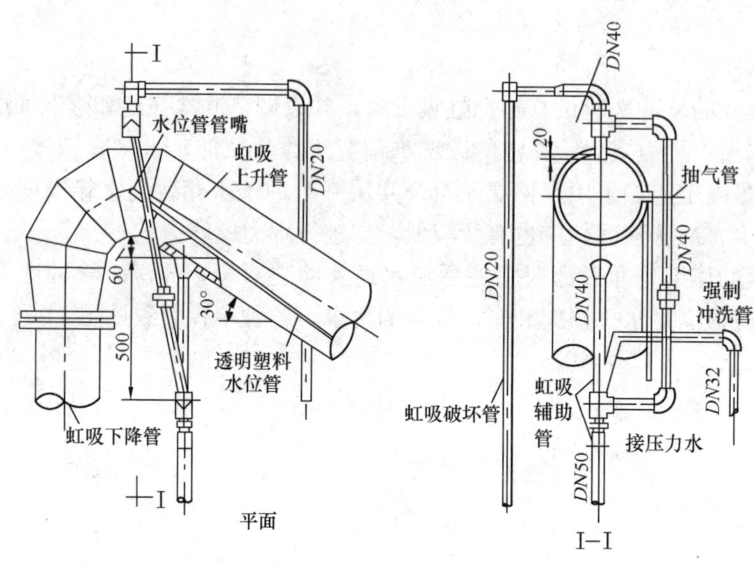


图11-34 虹吸辅助管

7）无阀滤池的冲洗是全自动的，有时因管理上的需要，在滤池水头损失还没有达到最大值时就需要冲洗，为此需设有强制冲洗器，见图11-36。强制冲洗器是利用压力水造成辅助管内产生负压，通过抽气管的作用形成虹吸。

8）冲洗强度调节器是设置在虹吸下降管口下部的锥形挡板，见图11-37。调整挡板与管口的间距即可控制冲洗强度。

9）排水井：除排泄冲洗水外，兼作虹吸下降管管口的水封井，排水井水封水位决定于虹吸水位差 $H_2$。

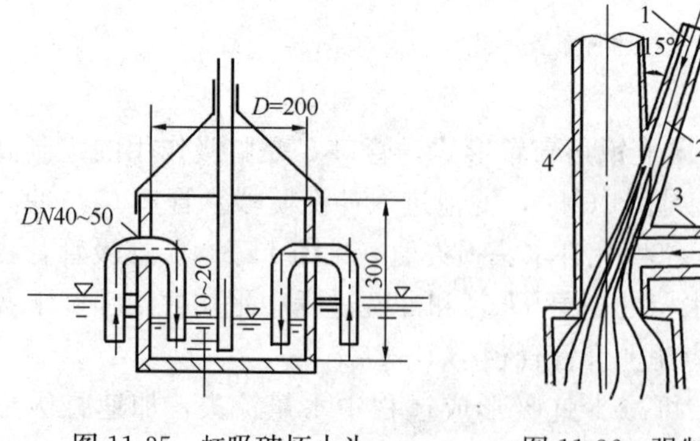


图11-35 虹吸破坏小斗

图11-36 强制冲洗

1—压力水；2—叉管；

3—抽气管；4—虹吸辅助管

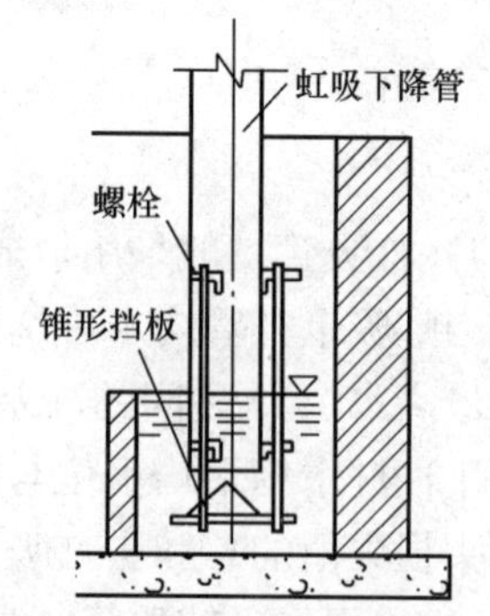


图11-37 冲洗强度调节器

## 11.9.3 计算公式及数据

无阀滤池计算公式见表11-30。

无阀滤池计算公式 表 11-30

| 计算公式 | 符号说明与数据 |
|---|---|
| 滤池面积：<br>$F=1.04\times\frac{Q}{v}$（考虑冲洗水量4%）<br>集水区高度：按公式（11-4）计算<br>冲洗水箱高度（双格组合时）：<br>$H_{冲}=\frac{60Fqt}{2\times1000F'}$<br>$F'=F+f_2$ | $F$——滤池净面积（$m^2$）；<br>$Q$——设计水量（$m^3/h$）；<br>$v$——滤速（m/h），按规范采用；<br>$H_{冲}$——冲洗水箱高度（m）；<br>$q$——冲洗强度［L/（s·$m^2$）］，采用15L/（s·$m^2$）；<br>$t$——冲洗历时（min），采用5min；<br>$F'$——冲洗水箱净面积（$m^2$）；<br>$f_2$——连通渠及斜边壁厚面积（$m^2$） |

# 12 消　毒

《室外给水设计规范》GB 50013—2006 规定，为确保卫生安全，生活饮用水必须消毒。通过消毒处理的水质，不仅要满足国家《生活饮用水卫生标准》GB 5749—2006 中与消毒相关的细菌学指标，同时，由于各种消毒剂消毒时会产生相应的副产物，因此还要满足相关的感官性和毒理学指标。

消毒剂和消毒方法的选择，可根据原水水质、出水水质要求、消毒剂来源、消毒副产物形成可能、净水处理工艺等，通过技术经济比较确定。消毒剂投加可在过滤后单独投加，也可在工艺流程中多点投加。

## 12.1 消　毒　方　法

(1) 消毒方法简介

消毒方法包括氯消毒、氯胺消毒、二氧化氯消毒、臭氧消毒、紫外线消毒，也可采用上述方法的组合。此外还有电场消毒、固相接触消毒、超声波消毒、光催化氧化消毒等新型消毒方法。

氯消毒主要是通过氯在水中生成次氯酸，通过次氯酸氧化破坏细菌的酶系统使细菌死亡从而进行消毒，是国内外应用最广泛的消毒方式，具体形式包括投加液氯、漂白粉、漂白精、次氯酸钠等。采用氯消毒时，当水中有机物含量高时，将增加出水的消毒副产物如三卤甲烷（THMs)、卤乙酸（HAAs)。

氯胺消毒是利用水中投氯后生成的次氯酸，与水中的氮类作用生成一氯胺或二氯胺。此反应为可逆，氯胺仍能水解生成次氯酸，但水解作用缓慢，受氯氨比、水温及 pH 等影响。由于氯与氨的反应优先生成氯胺，然后逐步对其他物质发生氯化，溶液中的游离氯很少，降低了消毒副产物的形成。氯胺的作用时间较长，可以在水中较长时间保持氯化杀菌作用，可以防止细菌再次污染繁殖。

二氧化氯对细胞壁有较强的吸附和穿透能力，氧化细胞内的酶或通过抑制蛋白质的合成来破坏微生物的正常代谢能力，从而达到消毒的目的。二氧化氯消毒具有较高的消毒效率及持久性，且不会与水中有机物生反应产生三卤甲烷、卤乙酸等对人体有害的物质，在国外水厂已多有采用，近几年在我国水厂也有使用。

臭氧具有极强的氧化能力和渗入细胞壁的能力，进而破坏细菌有机体链状结构，导致细菌死亡，从而达到消毒的目的。臭氧消毒在净水工艺中的应用历史悠久，但由于消毒系统设备复杂和投资大，且耗电量较高，仅在少数国家采用。随着氯消毒副产物致癌性的研究及臭氧活性炭深度处理技术的发展，臭氧处理工艺在水处理中的应用也逐步广泛起来，近几年我国水厂也有使用。关于臭氧消毒详见第 13 章。

紫外线消毒主要是通过一定波长的紫外线照射破坏生物体的遗传物质，从而造成对微生物的灭活作用。紫外线消毒是一种物理消毒，无需化学药剂，不会产生 THMs 类消毒副产物，杀菌作用快，但没有持续消毒作用，一般在紫外线消毒后还需加氯以保持管网中消毒剂的存在。

电场消毒主要是通过电场改变水中细菌、病毒的生态环境，从而导致其生存条件丧失并死亡，以达到消毒的目的。该消毒法较少见于水厂中。

固相接触消毒是将具有杀菌作用的卤素、重金属等附载于某种载体上，水流过这些载体时，消毒剂与水中细菌接触并杀灭细菌，从而达到消毒的目的。典型的固相接触消毒有载银消毒剂、三碘树脂消毒剂、KDF55 滤料等。固相接触消毒一般用于个人或小集体的饮水消毒，较少见于水厂中。

超声波消毒是通过高频超声波的空化作用、热作用和机械作用使细菌体被破坏灭活从而达到消毒的目的。但由于超声波对水的穿透力差，消毒作用实际有限，并无实际应用。

（2）常用消毒方法特点

常用的消毒方式及优缺点见表 12-1。

**常用消毒方法** **表 12-1**

| 方法 | 分子式 | 优缺点 | 适用条件 |
|---|---|---|---|
| 液氯 | $Cl_2$ | 优点：<br>1. 具有持续的消毒作用；<br>2. 价值成本较低；<br>3. 操作简单，投量准确；<br>4. 不需要庞大的设备；<br>缺点：<br>1. 原水有机物高时会产生有机氯化物；<br>2. 原水中含酚时产生氯酚味；<br>3. 氯气有毒需设置泄氯中和装置，管理较复杂 | 1. 大、中型水厂；<br>2. 液氯供应方便的地点 |
| 漂白粉 | $CaOCl_2$ | 优点：<br>1. 具有持续的消毒作用；<br>2. 投加设备简单；<br>3. 价格低廉；<br>4. 漂粉精含有效氯达 60%～70%，使用方便 | 1. 漂白粉仅适用于规模较小的水厂；<br>2. 漂粉精一般在水质突然变坏时临时投加，适用于规模较小的水厂 |
| 漂粉精 | $Ca(OCl)_2$ | 缺点：<br>1. 同液氯，将产生有机氯化物和氯酚味；<br>2. 易受光、热、潮气作用而分解失效，须注意贮存；<br>3. 漂白粉的溶解及调制不便；<br>4. 漂白粉含氯量只有 20%～30%，用量大，设备容积大 | |
| 次氯酸钠 | $NaOCl$ | 优点：<br>1. 具有持续的消毒作用；<br>2. 操作简单，比投加液氯安全、方便；<br>缺点：<br>1. 使用成本较液氯高，但比漂白粉低；<br>2. 易挥发分解，不宜久贮，若无成品货源需现场制备； | 适用于次氯酸钠供应方便的地点 |

续表

| 方法 | 分子式 | 优缺点 | 适用条件 |
|---|---|---|---|
| 氯胺 | $NH_2Cl$<br>$NHCl_2$ | 优点：<br>1. 能减低三卤甲烷和氯酚的产生；<br>2. 能延长管网中剩余氯的持续时间，抑制细菌生成；<br>3. 减轻液氯消毒时所产生的氯酚味或减低氯味<br>缺点：<br>1. 消毒作用比液氯慢，需较长接触时间；<br>2. 氯气有毒需设置泄氯中和装置，氨气对消防及环境要求高，管理较复杂 | 1. 原水中有机物多；<br>2. 输配水管线较长时 |
| 二氧化氯 | $ClO_2$ | 优点：<br>1. 不会生成有机氯化物；<br>2. 杀菌效果较自由氯好；<br>3. 具有强烈的氧化作用，可除臭、去色、氧化锰、铁等物质；<br>4. 投加量少，接触时间短，余氯保持时间长；<br>缺点：<br>1. 成本较高；<br>2. 一般需现场随时制取使用，制取设备较复杂；<br>3. 需控制氯酸盐和亚氯酸盐等副产物；<br>4. 贮存及制备场所对消防及环境要求高，管理较复杂 | 适用于原水有机污染严重时 |
| 臭氧 | $O_3$ | 优点：<br>1. 具有强氧化能力，为最活跃的氧化剂之一，对微生物、病毒、芽孢等均具有杀伤力，消毒效果好，接触时间短；<br>2. 能除臭、去色，及去除铁、锰等物质；<br>3. 能除酚，无氯酚味；<br>4. 不会生成有机氯化物；<br>缺点：<br>1. 基建投资大，经常电耗高，制水成本高；<br>2. $O_3$在水中不稳定，易挥发，无持续消毒作用；<br>3. 设备复杂，管理麻烦 | 1. 适用于原水有机污染严重；<br>2. 可结合氧化用作预处理或与活性炭联用 |
| 紫外线 |  | 优点：<br>1. 杀菌效率高，需要的接触时间短；<br>2. 不改变水的物理、化学性质，不会生成有机氯化物和氯酚味；<br>3. 已具有成套设备，操作方便<br>缺点：<br>1. 没有持续的消毒作用，易受重复污染；<br>2. 电耗较高，灯管寿命有待提高 | 适用于工矿企业、集中用户供水，不适用管路过长的供水 |

对大肠杆菌和病原体的消毒效率由高到低依次为：$O_3>ClO_2>Cl_2>$氯胺。

对大肠杆菌和病原体的消毒持久性由高到低依次为：氯胺$>ClO_2>Cl_2>O_3$。

# 12.2 液 氯 消 毒

## 12.2.1 液氯的物理性能及投加

（1）主要物理性能

1）氯气是一种黄绿色气体，具刺激性，有毒，分子量 70.92，重量为空气的 2.5 倍，密度 3.2g/L（0℃，101.3kPa）。

2）氯气极易被压缩成琥珀色的液氯。液氯的密度为 1460g/L（0℃，101.3kPa）。

液氯通常被储存在氯瓶内。表 12-2 为部分氯瓶的规格及尺寸。

**氯瓶规格** **表 12-2**

| 公称容量（kg） | 公称压力（MPa） | 直径（mm） | 长度（mm） | 氯瓶自重（kg） | 氯瓶总重（kg） |
|---|---|---|---|---|---|
| 350 | 2.2 | 350 | 1335 | 350 | 700 |
| 500 | 2.2 | 600 | 1800 | 400 | 900 |
| 1000 | 2.2 | 800 | 2020 | 800 | 1800 |

3）在常温常压条件下，液氯极易气化，沸点（液化点）为－34.5℃（101.3kPa）；一个体积液氯可气化成 457.6 体积的氯气（0℃，101.3kPa）；1kg 液氯可气化成 0.31$m^3$ 氯气。

4）氯气能溶解于水，即与水发生水解作用，氯气在 20℃、101.3kPa 下的溶解度为 7.3g/L（约 1 体积的水溶解 2 体积的氯气）。

氯气溶解在水中迅速水解生成次氯酸，并进一步离解成离子。氯气用于一般 pH 范围的自来水消毒时，溶液中很少出现氯分子，主要为次氯酸、次氯酸离子和氯离子：

$$Cl_2 + H_2O \rightarrow H^+ + Cl^- + HOCl$$

$$HOCl \rightleftharpoons H^+ + OCl^-$$

上述反应几乎瞬时发生，氯消毒作用主要通过次氯酸 HOCl 起作用。

次氯酸的电离平衡常数为：

$$k = \frac{[H^+][OCl^-]}{HOCl} = 3.3 \times 10^{-8}(20℃)$$

次氯酸的离解度与水中 pH 值、温度有关，不同 pH 条件下的离解情况见图 12-1：当 pH ＝7.5 时，HOCl 和 $OCl^-$ 各占 50％；随着 pH 提高，$OCl^-$ 的浓度将越来越大，HOCl 的浓度则相应减小。

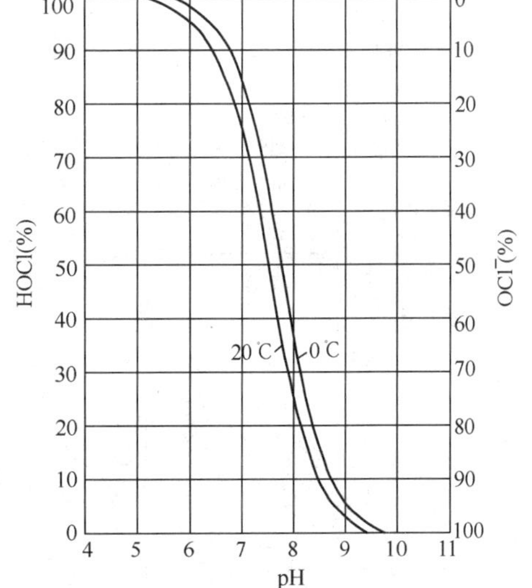

图 12-1 不同 pH 和水温时，水中 HOCl 和 $OCl^-$ 的比例

（2）液氯投加设计要点

1）投加氯气装置必须注意安全，不允许

水体与氯瓶直接相连，必须设置加氯机。

2）液氯气化成氯气的过程需要吸热。采用氯瓶直接气化供气时，氯瓶可供气化氯的量与环境温度有关，一般4℃时单个氯瓶可供氯气约7～8kg/h。当需氯量大于单个氯瓶氯气供应量时，可采用淋水管喷淋氯瓶、无明火方式的集中采暖提高环境温度、多个氯瓶并联供氯气或由氯瓶直接出液氯后经蒸发器加温气化后满足氯气供应要求。

3）氯瓶内液氯的气化及用量需要监测，除采用自动计量外，还应有在线氯瓶称重设施，以防氯瓶用空。

### 12.2.2　设计与计算

（1）一般加氯量计算

1）设计投氯率应根据试验或相似条件下水厂的运行经验，按最大用量确定，并应使余氯量符合《生活饮用水卫生标准》GB 5749—2006 的要求。投氯率取决于氯化的目的，并随水中的氯氨比、pH 值、水温和接触时间等变化。

2）消毒时，氯与水的有效接触时间不小于 30min。

3）加氯量 $Q$ 计算

$$Q = 0.001aQ_1 \text{(kg/h)}$$

式中　$a$——设计最大投氯率（mg/L）；

$Q_1$——需消毒的水量（$m^3$/h）。

（2）折点加氯

饮用水氯化的首要目的是消毒，但氯具有较强的氧化能力，能与水中氨、氨基酸、蛋白质、含碳物质、亚硝酸盐、铁、锰、硫化氢和氰化物等起氧化作用，消耗水中氯量而影响到水的氯化消毒。有时亦利用氯的氧化作用来控制嗅味、除藻、除铁、除锰及去色等。当水中氨氮等含量较高且形成氯消毒副产物的前体物质含量很低时，可采用折点投加。

1）水中只含无机氮（氨、亚硝酸盐、硝酸盐）时，氨氮与氯的关系见图 12-2。

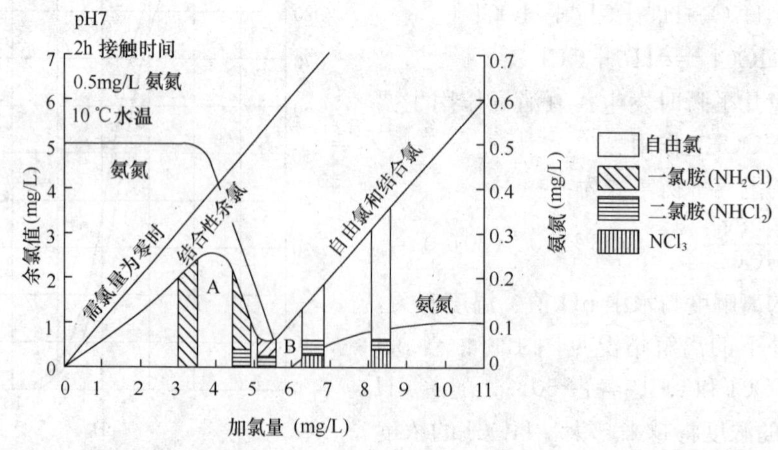


图 12-2　氨氮与氯之间的关系

当 pH=7～8、氯与氨的重量比≤5∶1 时，水中几乎都是一氯胺（图中 $A$ 点以前）。

氨氮与氯之间的反应速度很快，约 1s：

$$HOCl + NH_3 \rightarrow NH_2Cl + H_2O$$

当 pH=7～8、氯与氨的重量比为 10∶1 时，一氯胺将转化为二氯胺（图中 $B$ 点）、余氯值最少，仅含有二氯胺、一氯胺和极少量的游离次氯酸，此 $B$ 点称为折点。使一氯胺转化为二氯胺的反应速度很慢，达到 90％的转化率需要 1h 左右的接触时间：

$$HOCl + NH_2Cl \rightarrow NHCl_2 + H_2O$$

当 pH=7～8、氯与氨的重量比为 15∶1 时，将生成三氯化氮（很不稳定）和出现自由氯：

$$HOCl + NHCl_2 \rightarrow NCl_3 + H_2O$$

随着加氯量的不断增加，氯、氨重量比>15∶1 后，水中自由氯将越来越高。

2）当水中含有机氮（氨基酸、蛋白质等）时，水的氯化反应极为复杂，将生成各种有机氯化物。要使余氯值稳定需要很长时间，并取决于水中有机氮的复杂程度和其浓度，将不会出现折点 $B$ 而变成平缓段，见图 12-3。

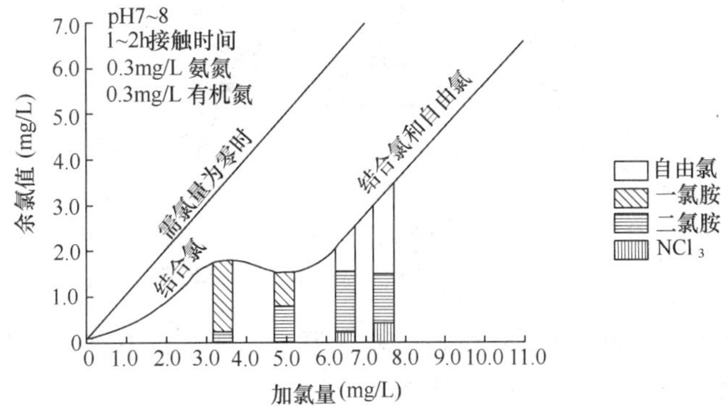


图 12-3 氨氮、有机氮与氯之间的关系

## 12.2.3 加氯设备

### 12.2.3.1 加氯机

为保证液氯消毒时的安全和计量准确，需使用加氯机投加液氯。加氯机台数按最大加氯量选用，并至少安装 2 台，备用台数不少于 1 台。

目前常用的加氯机有如下几种：

（1）转子加氯机

ZJ 型转子加氯机是国内早期使用的加氯机，可安装在墙上或固定在钢搁架上。其形式如图 12-4。

来自氯瓶的氯气首先进入旋风分离器，再通过弹簧膜阀和控制阀进入转子流量管，然后经过中转玻璃罩，被吸入水射器与压力水混合并溶解于水中，最后输送至加氯点。

其主要性能：

1）水射器进水压力不小于 0.3MPa；中氯量加氯机耗水量为 2.5～3.0$m^3$/h；大氯量加氯机耗水量为 4.5～5.0$m^3$/h；喷出的氯气水溶液浓度大于 1％。

2）氯瓶内压力大于 0.3MPa。

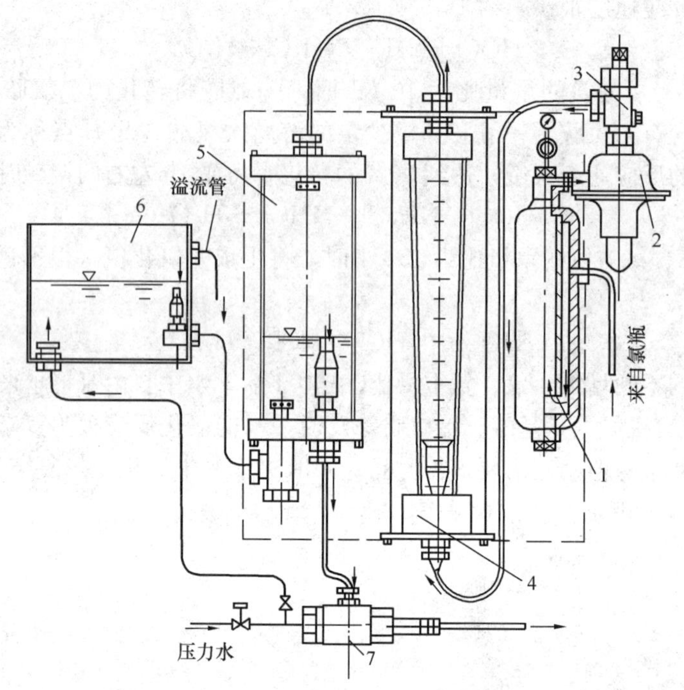


图 12-4 ZJ 型转子加氯机示意

1—旋风分离器；2—弹簧膜阀；3—控制阀；4—转子流量计；5—中转玻璃罩；6—平衡水箱；7—水射器

3）出水端须保持 2～3m 直线管段，以减少阻力；加注点不宜取在有压力的水管内。

4）氯瓶至加氯机连接，一般采用铜管。

(2) 自动真空加氯机

真空加氯机采用真空加氯，安全可靠，计量正确，可手动和自动控制，有利于保证水厂安全消毒和提高自动化程度，已越来越多地应用于国内水厂。

自动真空加氯机的控制方式有手动或全自动。全自动控制又可有流量比例自动控制、余氯反馈自动控制、复合环（流量前馈加余氯反馈）自动控制三种模式，其中后两种方式多用于滤后加氯消毒的控制。

自动真空加氯机的安装方式有挂墙式和柜式两种。一般加氯量小于 10kg/h 的加氯机可采用挂墙式，大于 10kg/h 的加氯机多采用柜式。

**12.2.3.2 液氯蒸发器**

单个氯瓶在一定温度下可供氯气量有限，当加氯量大时，为避免串联氯瓶过多，需采用氯瓶供液氯经液氯蒸发器后形成氯气供应的方式。

液氯蒸发器有采用油作为传热媒介的，也有采用水作传热媒介的。以水作为传热媒介的还有采用加循环泵和不加循环泵两种。

蒸发器系统（水为媒介带循环泵）由电加热器、蒸发室、热水箱、热水循环泵、阴极保护装置、控制盘、电磁阀、膨胀室和卸压阀等组成，见图 12-5。

### 12.2.4 自动真空加氯系统

自动真空加氯系统通常由加氯歧管、自动切换装置、氯气蒸发器（加氯量小时可不用）、减压过滤装置、缓冲罐（必要时设置）、真空调节器、自动真空加氯机和水射器等主要部件组成，其典型布置见图 12-6。

自动真空加氯系统以真空调节器为分界点可分为正压区和负压区两个区域，即危险区和安全区。加氯间为负压区，氯库、蒸发器室为正压区。

自动真空加氯系统安装要求：

（1）安装液氯钢瓶时，瓶上两个阀门的连线应垂直于地面，上为氯气阀，下为液氯阀。

（2）尽量减少阀门，以减少泄漏部位。要采用高质量的阀门，安装完毕后应及时进行试压检漏试验。

（3）为避免氯瓶内沉淀物进入管口，安装氯瓶时头部（阀门端）应抬高 4～6cm，安装液氯管道也应略倾向氯瓶，氯气出气管应略倾向蒸发器。

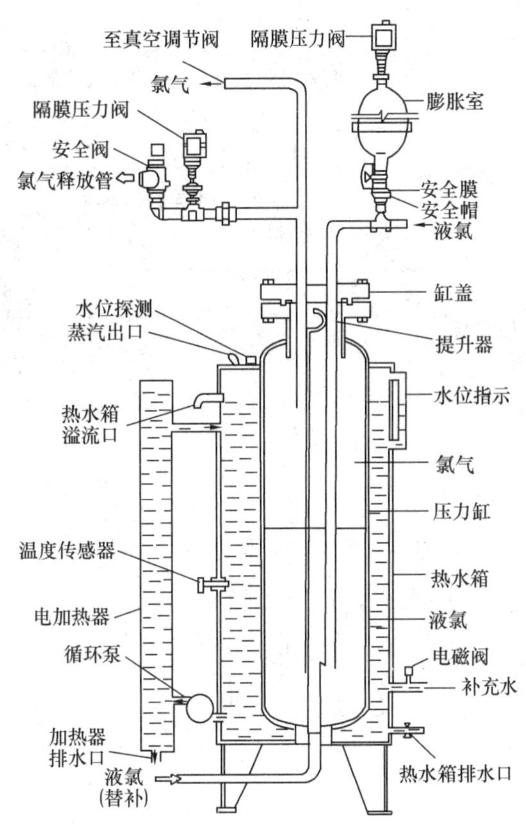

图 12-5 液氯蒸发器系统示意

（4）输送液氯管可用加厚钢管或耐压氟塑料管，支管可用退火铜管或氟塑料管，垫片材料可采用石棉板或氟塑料填料函，负压管道可采用聚氯乙烯管。

（5）余氯采样点应设在加氯后达到完全混合处。在管道上采样，必须在投加点后 10 倍管道直径的距离或在弯头、跌水后等处，但采样时间不能滞后 3min。宜采样取样泵取样，以防止脉冲或不均匀。

自动真空加氯系统在使用中应注意：

（1）要杜绝管路系统的泄漏，即使是极少量的液氯泄漏，其危险程度也远远大于氯气的泄漏。特别要注意阀门与管件的连接处、活动接管与氯瓶的连接处。

（2）加氯机的安全保护装置应完备，不允许水射器工作水倒灌进入蒸发器及相应管路。

（3）多个氯瓶集中供氯，要求每个氯瓶保持相同温度，避免高温容器的气体进入低温容器，使局部压力增加引起危险。

（4）蒸发器采样电接点仪表自动控制氯压、氯温及水温等，因此增设了电控设备和部分阀门。其电气元件和管路附件的质量可靠程度对安全运行是很重要的，要求定期检修和提高管理水平。

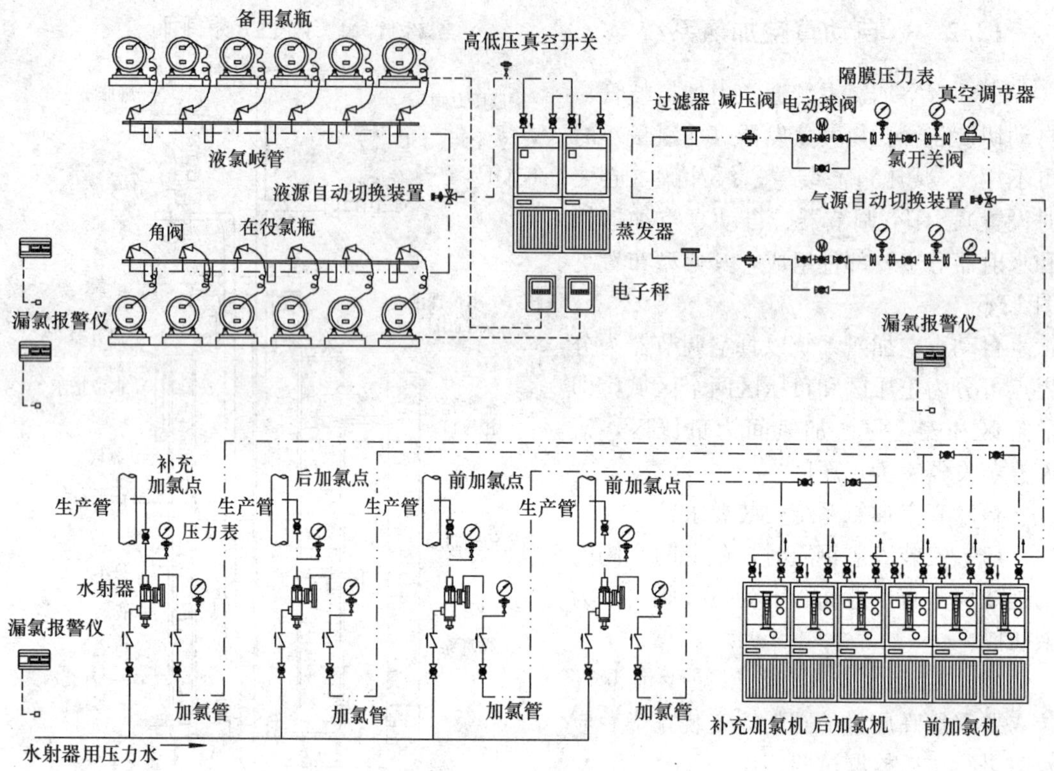


图 12-6　自动真空加氯系统布置

## 12.2.5 漏氯吸收装置

氯是有毒的气体，对人体的危害性甚大。氯对人体的危害程度随大气中含氯浓度的增高而增大，生理反应的允许浓度一般如下：

8 小时工作呼吸的空气中允许的无害浓度：1mg/L

可察觉气味：3.5mg/L

喉部受到刺激的起点：15mg/L

导致咳嗽的起点：30mg/L

短时暴露的最高限度：40mg/L

短时暴露的危险限度：40～60mg/L

迅速致命：1000mg/L

根据我国有关标准，居住区大气中氯的最高容许浓度一次量为 0.1mg/m$^3$，日平均量为 0.03mg/m$^3$；车间空气中最高容许浓度为 1 mg/m$^3$。

水厂加氯系统一旦发生氯泄漏将造成严重的环境影响，根据设计规范要求，氯库应设置漏氯的处理设施，储氯量大于 1t 时，应设置漏氯吸收装置（处理能力按 1h 处理一个所用氯瓶漏氯量计）。

泄氯吸收装置就其工作原理来说，有两种不同类型：碱中和型和氧化还原型。

（1）碱中和型

碱中和型漏氯吸收装置对以氯吸收较快而且最为经济的氢氧化钠溶液作为与氯化合的药剂。氯与氢氧化钠化合后，生成较稳定的次氯酸钠、氯化钠和水，其化学反应式如下：

$$Cl_2 + 2NaOH \rightarrow NaClO + NaCl + H_2O$$

碱中和型漏氯吸收装置的基本结构有立式和卧式两种（见图 12-7），其吸收氯气的原理相同。从钢瓶或加氯系统中泄漏的氯迅速气化，由风机将含氯空气由氯库、加氯间的地沟经集气风管压入碱液槽上部吸收塔。混合气体从第一吸收塔底部上升，碱液泵自碱液槽抽出的碱液从塔顶喷淋而下，两者在吸收塔中的填料内充分接触，一部分氯气在第一吸收塔中被吸收，其余氯气通过连通管进入第二吸收塔底部，再次进行吸收，剩余少量未被吸收的氯气由第二吸收塔顶排入大气。在第二吸收塔的顶部设除雾装置，将排气中所挟带的碱雾去除，以免排入大气污染环境。

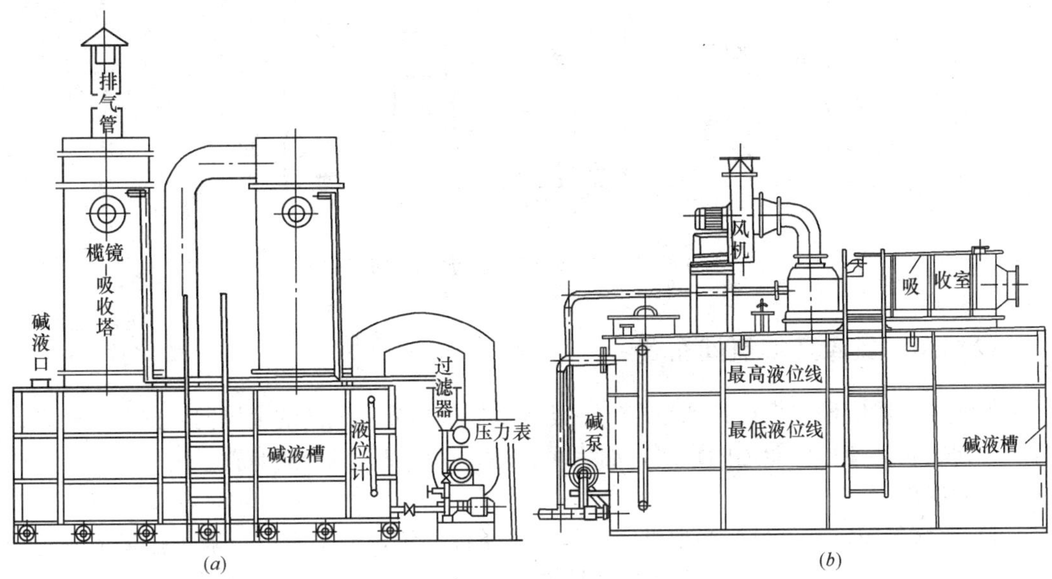


图 12-7 碱中和型漏氯吸收装置

（a）立式；（b）卧式

为保证漏氯吸收装置的有效性，需定期对碱液浓度进行检测，低于设定浓度时应及时更换。

（2）氧化还原型

氧化还原型漏氯吸收装置采用二氯化铁作为吸收剂。二氯化铁是一种强还原剂，氯气是一种强氧化剂，当二氯化铁与氯在吸收塔相遇时，反应非常迅速，氯气立即被二氯化铁溶液所吸收，生成三氯化铁，即：

$$2Fe^{2+} + Cl_2 = 2Fe^{3+} + 2Cl^-$$

生成的三氯化铁再被铁还原成二氯化铁后又可继续作为氯吸收剂重复使用，即：

$$2Fe^{3+} + Fe = 3Fe^{2+}$$

该装置的基本工作过程是：由鼓风机将含有氯气的空气通过输氯管抽出，压入反应吸收塔，气体从塔的底部升流，与耐酸泵通过二氯化铁输入管从储液箱中抽出并从反应吸收塔顶喷洒下的二氯化铁溶液，在填料中相互接触，一部分氯气被二氯化铁吸收，生成三氯化铁溶液，没有被完全吸收的氯气从回风管重新回到加氯间。生成的三氯化铁在储液箱（再生箱）内又被铁还原成二氯化铁。二氯化铁溶液的浓度随氯的吸收而不断地得到增加，吸收剂的浓度越来越高，吸收容量也就越来越大。吸收系统通过回风管与氯库相连，形成一个闭路循环系统，吸收剂无需频繁更换。其工作原理见图 12-8。

氧化还原型泄氯吸收装置成本较低，易于操作。

漏氯吸收装置一般配有漏氯监测仪表和自动控制系统，以保证在氯库和加氯间中氯气含量超标时能自动开启装置，保障人身安全。

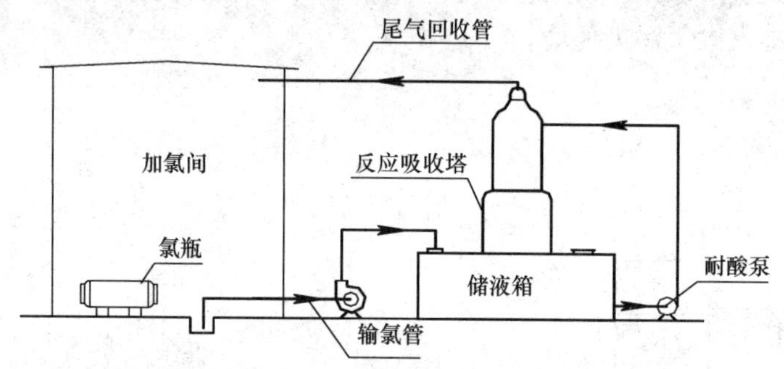


图 12-8 氧化还原型漏氯吸收装置工作原理

### 12.2.6 氯库及加氯间布置

加氯间一般应设在靠近投加地点，并处于水厂最小频率风向的上风向，并与厂外经常有人的建筑物保持尽可能远的距离。加氯间应将氯瓶与加氯机分隔布置。

（1）氯库

1）氯库的固定储备量按当地供应、运输等条件确定，城镇水厂一般可按最大用量的 7～15d 计算。其周转储备量应根据当地具体条件确定。

2）氯库不应设置阳光直射氯瓶的窗户。

3）氯库应设置单独外开的门，不应设置与加氯间相通的门。氯库大门上应设置人行安全门，其安全门应向外开启，并能自行关闭。

4）氯库应设置泄漏检测仪和报警设施，检测仪应设低、高检测极限。

5）氯库应设置漏氯的处理设施，储氯量大于 1t 时，应设置漏氯吸收装置（处理能力按一小时处理一个所用氯瓶漏氯量计），其吸收塔的尾气排放应符合《煤炭工业污染物排放标准》GB 20426—2006。漏氯吸收装置应设在临近氯库的单独的房间内。

6）氯库应设有每小时换气 8～12 次的通风系统。通风系统应设置高位新鲜空气进口和低位室内空气排至室外高处的排放口。应设有根据氯气泄漏量开启通风系统、关闭通风系统或开启全套漏氯气吸收装置的自动控制系统（当室内空气含氯量≥1mg/m$^3$时，自动开启通风装置；当室内空气含氯量≥5mg/m$^3$时，自动报警，并关闭通风装置；当室内空气含氯量≥10mg/m$^3$时，自动开启漏氯吸收装置）。照明和通风设备应设置室外开关。

7）氯库和加氯间的集中采暖应采用散热器等无明火方式，其散热器应离开氯瓶和投加设备。

8）氯库内应根据具体情况设置机械搬运设备。充装量为500kg和1000kg的钢瓶装卸时，应采取起重机械，起重机械的卷扬机构要采用双制动装置，起重量应大于瓶体重量的一倍，并挂钩牢固。严禁使用叉车装卸。

9）充装量为500kg和1000kg的重瓶，应横向卧放，防止滚动，并留出吊运间距和通道。空瓶和重瓶必须分开放置，禁止混放。

10）在线加氯应设有磅秤作为校核设备，充装量为50kg的钢瓶应保留2kg以上的余氯，充装量为500kg和1000kg的钢瓶应保留5kg以上的余氯。磅秤面宜与地面相平，便于放置氯瓶。

11）氯气投加时，真空调节器应安装于氯库内。

（2）加氯间

1）加氯间必须与其他工作间隔开，并应设置直接通向外部并向外开启的门和固定观察窗。

2）加氯间应设置泄漏检测仪和报警设施，检测仪应设低、高检测极限。

3）加氯间应设有每小时换气8～12次的通风系统。

4）加氯间外部应备有防毒面具、抢救设施和工具箱。防毒面具应严密封藏，以免失效。照明和通风设备应设置室外开关。

5）加氯设备（包括管道）应保证不间断工作，并根据具体情况考虑设置备用数量，一般每种不少于两套。

6）真空和压力投加所需的加氯给水管道应保证不间断供水，水压和水量应满足投加要求。

（3）布置示例

为操作管理方便，氯库和加氯间往往合建，也有和加矾药库及加矾间等合建的，但必须各自设置独立对外的门。典型的氯库和加氯间布置间图12-9。

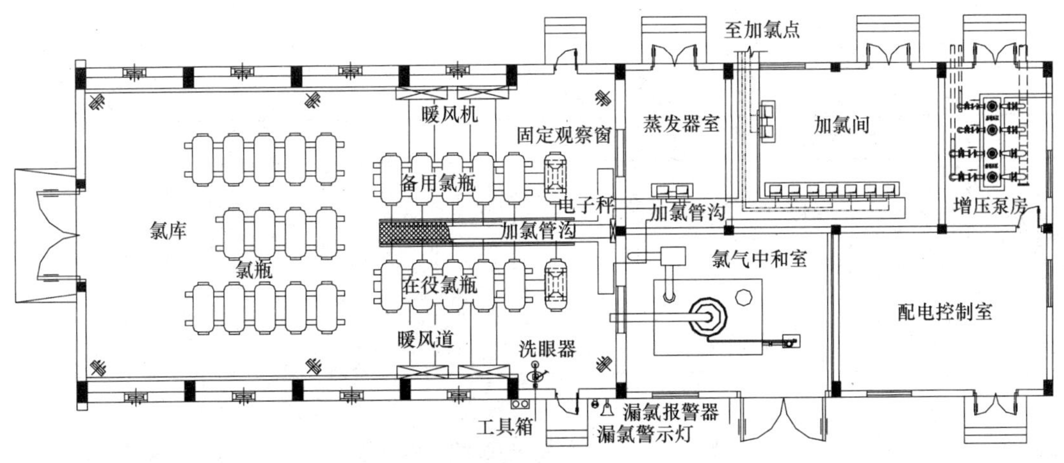


图12-9 氯库及加氯间布置

# 12.3　漂白粉（漂粉精）消毒

漂白粉（漂粉精）的消毒作用同液氯。漂白粉是氢氧化钙、氯化钙和次氯酸钙的混合物，其主要成分为次氯酸钙，含有效氯 30%～38%；漂粉精又称高效漂白粉，主要成分为次氯酸钙，含有效氯 60%～70%。由于漂白粉较不稳定，在光线和空气中二氧化碳影响下易发生水解，使有效氯减少，故设计时有效氯一般按 20%～25%计算。漂粉精（$Ca(OCl)_2$）含有效氯 60%～70%，通常用于小水厂或临时性给水消毒。

## 12.3.1　设计要点

（1）加氯量（以有效氯计）和接触时间与液氯消毒相同。

（2）溶药池和溶液池一般采用两个，以便轮换使用，并应注意防腐蚀措施。

（3）溶药池与溶液池的底坡不小于 2%，室内地坪坡度不小于 5%。小型漂白粉投加设备如果设置在泵房内时，必须有墙隔开。

（4）漂白粉应根据用量大小，先制成浓度为 1%～2%的澄清液（以有效氯计为 0.2%～0.5%），再通过计量设备注入水中。每日配制次数不大于 3 次。

（5）漂白粉溶液池底部应考虑 15%容积作为沉渣部分，池子顶部应有大于 0.10～0.15m 的超高。

（6）漂白粉（漂粉精）仓库宜与加注室相互隔离。药剂储备量按供应和运输等条件确定，固定储备量宜按最大投加量的 7～15d 计算。其周转储备量应根据当地具体条件确定。

（7）仓库应保持阴凉、干燥，且通风良好，勿使药剂受潮水解、失效。

（8）加漂白粉（漂粉精）间一般采用自然通风。

（9）滤后水投加漂白粉，漂白粉溶液必须经过 4～24h 澄清，以免杂质进入清水中。

## 12.3.2　设计与计算

漂白粉用量等计算见表 12-3。

漂白粉（漂粉精）用量计算公式　　图 12-3

| 计算公式 | 说明 |
|---|---|
| 漂白粉用量：<br>$W = 0.1\dfrac{Qa}{C}$(kg/d)<br>溶液池容积：<br>$V_1 = 0.1\dfrac{W}{bn}$($m^3$)<br>溶解池容积：<br>$V_2 = (0.3 \sim 0.5)V_1$($m^3$) | $Q$——设计水量（$m^3/d$）；<br>$a$——最大加氯率（mg/L）；<br>$C$——有效氯含量（%），20%～25%（漂白粉），60%（漂粉精）；<br>$n$——每日调制次数，$n<3$；<br>$b$——漂白粉溶液浓度（%），1%～2%，以有效氯计时为 0.2%～0.5% |

# 12.4　次氯酸钠消毒

## 12.4.1　次氯酸钠消毒特点

（1）次氯酸钠（NaClO）是一种强氧化剂，在溶液中生成次氯酸离子，通过水解反应所生成次氯酸起消毒作用，其消毒原理与氯消毒相同。

$$NaOCl \rightarrow Na^{+} + OCl^{-}$$

$$OCl^{-} + H_2O \rightleftharpoons HOCl + OH^{-}$$

（2）消毒用的次氯酸钠均为水溶液。其运输、储存与投加操作比液氯简单、方便和安全。当使用地或其临近地区有成品供应时，一般采用成品次氯酸钠；无成品供应条件时，则可采用食盐经次氯酸钠发生器现场制取。成品次氯酸钠水溶液含有效氯浓度为10%～12%，pH=9.3～10；现场制取的次氯酸钠水溶液含有效氯浓度为0.12%～1.5%左右。

（3）成品次氯酸钠所含的有效氯易受日光、温度的影响而分解，厂内储液池容积应根据储存环境条件和运输距离等因素对有效氯浓度的影响来确定。

### 12.4.2 设计要点

（1）加氯量（以有效氯计）和接触时间与液氯消毒相同。

（2）考虑到其有效氯浓度的维持受环境温度影响较大，储液池（罐）的容积一般按不超过最大加注量的7天用量来确定。储液池（罐）的数量不应少于2个。

（3）储液池（罐）的数量宜尽可能设在室内，设在室外时应适当缩短储存周期。

（4）由于次氯酸钠水溶液呈碱性，储液池（罐）应采取耐碱腐蚀措施。

（5）采用成品次氯酸钠水溶液时，考虑到一定距离和时间的运输和储存将导致其有效氯浓度的下降，加注计量设备的配置能力应按实际有效氯的浓度计算确定，一般可采用5%～8%；采用现场制备时，则可按实际制备的有效浓度计算确定。

### 12.4.3 次氯酸钠的现场制备

（1）用于现场制备的次氯酸钠发生器是利用钛阳极电解食盐水产生次氯酸钠。

$$NaCl + H_2O \rightarrow NaClO + H_2\uparrow$$

该装置由盐水供应系统、软水供应系统、次氯酸钠发生器、整流器、储罐、控制柜及加注泵系统组成，如图12-10所示。

（2）每生产1kg有效氯，耗食盐量为3～4.5kg、耗电量5～10kWh，其成本较用漂白粉消毒低。

（3）电解时的盐水浓度以3%～3.5%为宜。盐水浓度高，可降低电解槽电压，减少耗电量，并能延长阳极的使用寿命，但是食盐的利用率低，会使费用增加。

（4）制成的次氯酸钠不宜久存，夏天应当天生产、当天用完；冬天储存时间不得超过一周，并须采取避光储存。

### 12.4.4 次氯酸钠的投配

次氯酸钠溶液的投配方式同一般混凝剂投加方式，可采用重力投加，也可采计量泵等压力投加。次氯酸钠加注间的布置也同混凝剂加注间布置，典型的次氯酸钠原液投加系统见图12-11。

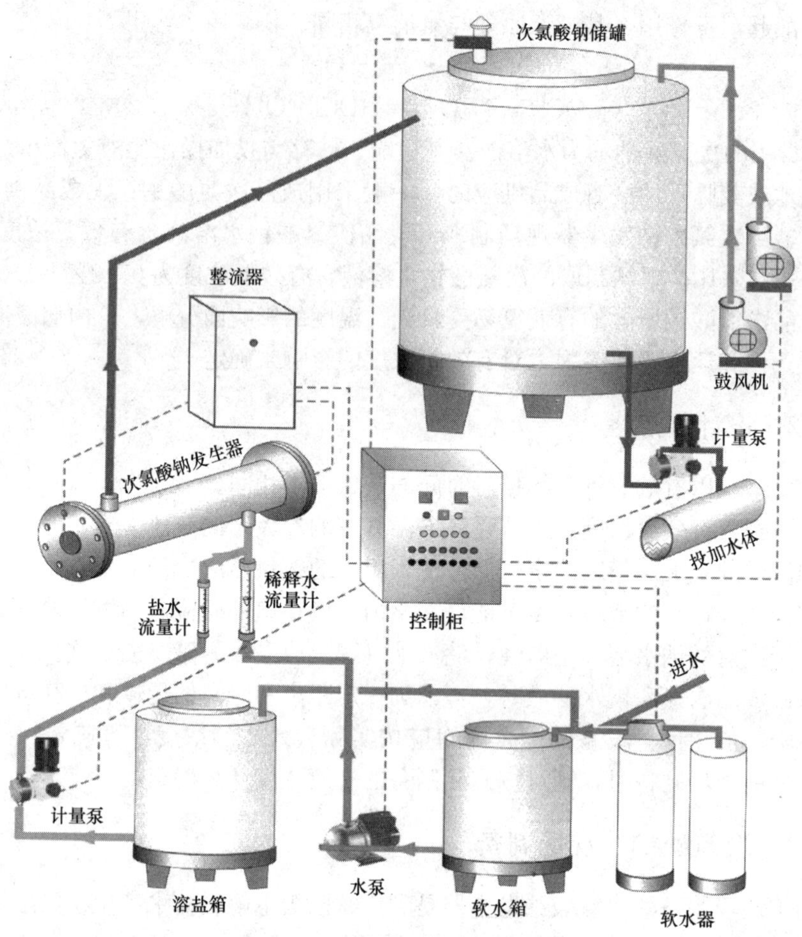


图 12-10 次氯酸钠制备系统

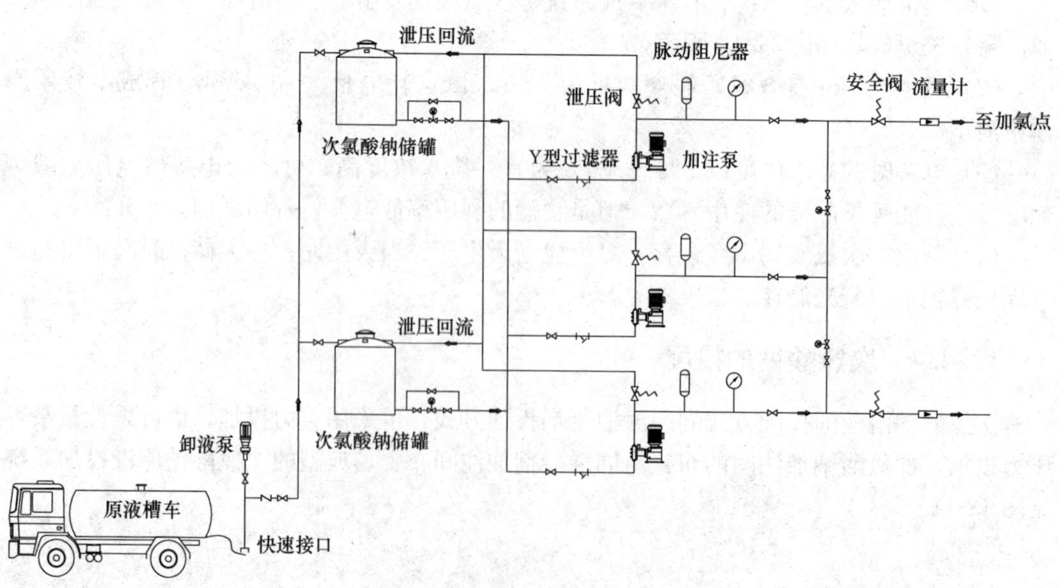


图 12-11 次氯酸钠原液投加系统布置

# 12.5 氯 胺 消 毒

## 12.5.1 氯胺消毒机理

由12.2节可知，在水中投氯后生成的次氯酸，能与水中的氮类作用生成一氯胺或二氯胺。此反应为可逆，氯胺仍能水解生成次氯酸，但水解作用缓慢，受氯氨比、水温及pH等影响。

用于氯与氨的反应迅速，因此在加氯消毒的同时投加氨，就优先生成氯胺，然后逐步对其他物质发生氯化，溶液中的游离氯很少。氯胺好像把氯储存起来，在需要时逐渐放出，故又称化合氯。在水中含酚时，若采用氯胺消毒，由于首先生成氯胺，可以避免氯酚的生成，防止产生氯酚臭味。氯胺的作用时间较长，可以在水中较长时间保持氯化杀菌作用，可以防止细菌再次污染繁殖。

## 12.5.2 设计要点

(1) 用氯胺消毒必须保持正确的氨和氯的比例。氨和氯的重量比应通过试验确定，一般为1∶3～1∶6。

(2) 在消毒方式上有"先氯后氨"和"先氨后氯"两种。一般在原水中有机物含量较多或含有酚时，前加氯宜采用先氨后氯方式生成氯胺，一方面解决了原水的氧化问题、杀菌问题，另一方面也能一定程度上减少了不良副产物及氯酚臭味的产生，同时也利用水处理过程中的停留时间，基本满足氯胺消毒所需要的长时间，当原水中氨氮含量较多时也可不用加氨。后加氯一般采用先氯后氨方式生成氯胺，以保障出厂水能较长时间维持余氯。第二种药剂需在前种药剂与水充分混合后再加入。

(3) 采用氯胺消毒时，与水的接触时间不少于2h。

(4) 氨的投加一般采用液氨。氨是无色气体，有强烈的刺激臭味，易溶于水（20℃时，在水中的溶解度为511g/L），水溶液为碱性。氨在适当压力下可变为液氨，其储存的方式类似于液氯，即储存在压力钢瓶中。

(5) 液氨均应经气化后投加。与液氯投加类似，一般采用负压状态经计量调节设备（转子流量计或真空加氨机）将气体输送至投加水射器，但也可采用正压气体经计量调节设备直接投加在水中。经同样，环境温度与氨瓶中的液氨气化量有关，当气化量满足不了需求量时，可采用水淋氨瓶、无明火方式采暖提高环境温度和并联多个氨瓶的方式满足需求。

(6) 温度对氨瓶的内压影响较大（见表12-4），因此，严禁将氨瓶在日光下暴晒。

**氨瓶内压与温度的关系　　表12-4**

| 温度（℃） | 0 | 5 | 10 | 15 | 20 | 25 | 30 | 35 | 40 |
|---|---|---|---|---|---|---|---|---|---|
| 钢瓶内压力（MPa） | 0.438 | 0.526 | 0.627 | 0.743 | 0.874 | 1.023 | 1.190 | 1.380 | 1.585 |

(7) 除采用液氨外，加氨也可采用硫酸铵等铵盐水溶液经稀释后投加。硫酸铵$(NH_4)_2SO_4$的分子量为130.144，其中氨为36.084（占27%）。通常是采用成品硫酸铵水

溶液，计算时一般按 10%有效氨计。

### 12.5.3 投加与调制设备

(1) 投加液氨方法与加液氯相同，亦可使用各种加氯机投加。

(2) 纯氨对钢铁不起作用，但氨中含有水分时对铜及铜合金具有腐蚀性，故投加系统的管道和配件不能采用铜质材料。

(3) 加氨机有真空投加和压力投加两种。压力投加设备的出口压力<0.1MPa。真空或压力投加的选择因素是如何有利于防止投加点结垢。

(4) 投加点结垢的防止

在工程实践中一般有以下几种解决方法：

1) 真空加氨系统中采用软化水或偏酸性水作为水射器压力水。

2) 采用双联水射器，同时先加氯后加氨作为前加氯的加注器。

3) 定期酸洗。加氨系统中的加注点和管路，结垢至一定程度时采用切换后拆下酸洗、隔离酸洗或循环回路酸洗。

4) 采用压力加注系统，加注点设橡胶隔膜止回设施，防止水体进入加氨管路，但往往由于止水不严仍有结垢可能。也有工程在加氨管路上增设压缩空气系统，在停止加氨的同时充以压缩空气以排净氨气，防止水体渗入管路结垢。

(5) 采用成品硫酸铵水溶液时，投加设备形式和计算方法与采用液体混凝剂的相同。典型的硫酸铵投加系统布置见图 12-12。

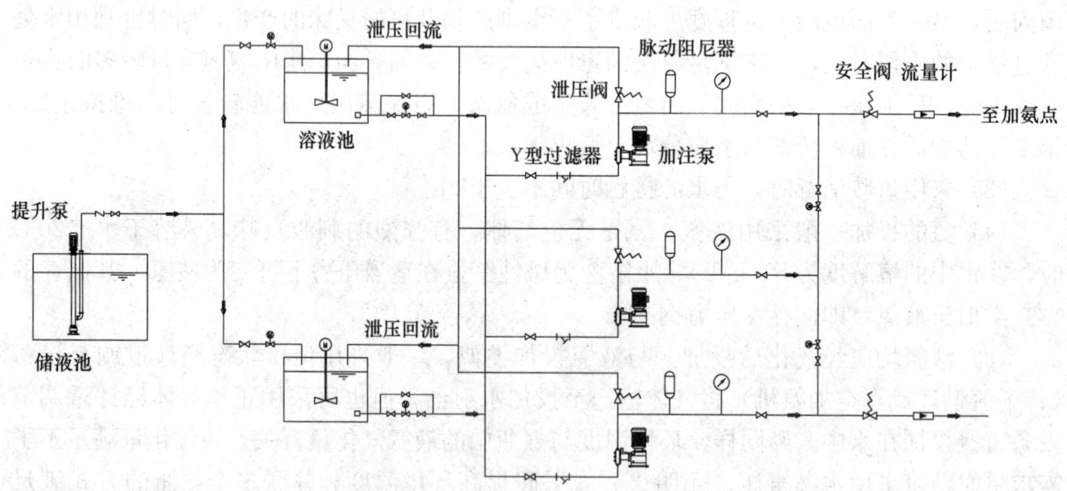


图 12-12　硫酸铵投加系统布置

(6) 硫酸铵水溶液具有腐蚀性，调制投药系统须采取防腐措施。

### 12.5.4 加氨间及氨库布置

氨与氯一样，是具有强烈刺激气味的气体，能伤害人的呼吸器官，严重时会致人感染并死亡；氨在空气中不燃烧，但当含有 13%～27%氨时有可能爆炸，故须采取安全防护措施。

（1）加氨间和氨库的布置应设置在净水厂最小频率风向的上风向，宜与其他建筑的通风口保持一定的距离，并远离居住区、公共建筑、集会和游乐场所。

（2）加氨间及其仓库应设有每小时换气8～12次的通风系统。氨库的通风系统应设置低位进口和高位排出口。氨库应设有根据氨气泄漏量开启通风系统或全套漏氨气吸收装置的自动控制系统。

（3）加氨间必须与其他工作间隔开，并应设置直接通向外部并向外开启的门和固定观察窗。

（4）加氨间和氨库应设置泄漏检测仪和报警设施，检测仪应设低、高检测极限。

（5）氨库和加氨间的集中采暖应采用散热器等无明火方式。其散热器应离开氨瓶和投加设备。

（6）氨库及加氨间应按防爆建筑要求设计，其中的电气设备应设置防爆型电气装置。

（7）加氨间外部应备有防毒面具、抢救设施和工具箱。防毒面具应严密封藏，以免失效。照明和通风设备应设置室外开关。

（8）液氨仓库与液氯仓库要完全隔开。压力加氨管与加氯管不能同沟槽。

（9）硫酸铵仓库地坪等处要求采取防腐处理。

（10）液氨、硫酸铵、氯化铵的储备量和仓库面积参照液氯要求设计。

## 12.6 二氧化氯消毒

二氧化氯是介于氯与臭氧之间的强氧化剂。二氧化氯与氯消毒的机理不同，它的杀菌能力较氯强，剩余量稳定，能有效地控制水的色度、臭和味，并可避免氯消毒所产生的氯酚味和三卤甲烷。

### 12.6.1 二氧化氯的主要性能

（1）二氧化氯是一种黄绿色到橙黄色的气体，分子量67.45，有类似氯气般的窒息性臭味，比氯气更刺激，更毒。重量是空气的2.3倍，密度为3.09g/L（0℃，101.3kPa）。

（2）二氧化氯的沸点为10℃，熔点－59℃。液态时呈红褐色，固态时呈橙黄色。液态的相对密度为1.6。

（3）二氧化氯易溶与水，不与水发生化学反应。二氧化氯在水中的溶解度是氯的5倍，20℃时水中溶解度为0.8g/100mL。

（4）二氧化氯在常温条件下即能压缩成液态，并很容易挥发，在光线照射下将发生光化分解。储存在敞开容器中的二氧化氯水溶液，其$ClO_2$浓度很容易下降。

（5）二氧化氯气态、液态都不稳定，属易燃易爆品。受冲击、摩擦或剧烈震荡、火星、光照时，可能爆炸分解。空气中的体积浓度超过10%或水中浓度超过30%时都将发生爆炸。工业上采用空气或惰性气体来稀释二氧化氯气体，使其浓度小于8%～10%，将这种二氧化氯气体溶于水时，水中的$ClO_2$浓度为6～8mg/L。

（6）由于二氧化氯具有易挥发、易爆炸的特性，故不宜储存，一般应现场制取和使用。目前国内也有生产稳定性二氧化氯，可运输和储存，并可在现场经活化后使用。

### 12.6.2　二氧化氯的消毒氧化作用

（1）二氧化氯的杀菌主要是吸附和渗透作用，大量 $ClO_2$ 分子聚集在细胞周围，通过封锁作用，抑制其呼吸系统，进而渗透到细胞内部，以其强氧化能力有效氧化菌类细胞赖以生存的含硫基的酶，从而快速抑制微生物蛋白质的合成来破坏微生物。

（2）二氧化氯是强氧化剂（氧化能力是氯的 2.5 倍），与氯不同的是其反应时不发生氯代反应，不会与某些耗氯物质反应（如氨氮、含氮化合物等）。如果二氧化氯合成时不出现自由氯，则二氧化氯加入水中将不会产生有机氯化物。

（3）因为二氧化氯不与氨氮等化合物作用而被消耗，故而具有较高的余氯，杀菌消毒作用比氯更强。当 pH=6.5 时，氯的灭菌效率比二氧化氯高，随着 pH 的提高，二氧化氯的灭菌效率很快超过氯。

（4）二氧化氯在较广泛的 pH 范围内具有氧化能力，能比氯更快地氧化锰、铁，除去氯酚、藻类等引起的臭味，具有强烈的漂白能力，可去除色度等。

（5）采用二氧化氯消毒时尽管不会产生 THMs 等，但会产生亚氯酸根 $ClO_2^-$。而 $ClO_2^-$ 对人体健康有危害。我国《生活饮用水卫生标准》GB 5749—2006 规定亚氯酸盐不得超过 0.2mg/L。

### 12.6.3　设计要点

（1）二氧化氯投加量

二氧化氯投加量与原水水质和投加用途有关，一般约在 0.1～2.0mg/L 范围。

当用于除铁、除锰、除藻的预处理时，一般投加 0.5～3.0mg/L。

当兼用作除臭时，一般投加 0.5～1.5mg/L。

当仅作为出厂饮用水的消毒时，一般投加 0.1～0.5mg/L。

投加量必须保证管网末端能有 0.02mg/L 的剩余二氧化氯。

二氧化氯消毒也有采用二氧化氯与氯气混合使用的。最佳投加比例按水样分析确定。这样一方面可减少 THMs 产生，另一方面也可制约由二氧化氯转化而产生的亚氯酸盐和氯酸盐的浓度。

（2）二氧化氯的投加

1）加注点的选择

二氧化氯具有强氧化性，其用于水处理主要是为了降低有机氯化物的产生，同时又能达到氯消毒同样的效果。

二氧化氯用于预处理时，为达到除藻、除铁、除锰等需要，应按二氧化氯与该去除物反应速率而定，一般应在混凝剂加注前 5min 左右投加。

二氧化氯用于除臭或出厂饮用水消毒时，投加点可设于滤后。

2）接触时间的确定

用于预处理时，二氧化氯与水的接触时间为 15～30min。

用于出厂饮用水消毒时，二氧化氯与水的接触时间不小于 30min。

3）投加方式

1 在管道中投加时，采用水射器。根据所需压力，用水泵增压厂用水，以满足投加需要。在条件允许的情况下，水射器设置尽量靠近加注点。

2 在水池中投加时，采用扩散器或扩散管。

3 二氧化氯投加浓度必须控制在防爆浓度以下，水溶液浓度可采用 6～8mg/L。

### 12.6.4 二氧化氯的制取

由于二氧化氯气体易爆炸，较难运输储存，一般在现场现制现用。

二氧化氯的制备方法有十几种，根据其化学原理可分为还原法、氧化法和电化学法（电解法）。在净水处理中常用还原法中的盐酸法（RS 法）和氧化法中的氯气法来制备二氧化氯。

（1）盐酸法（RS 法）

用盐酸还原氯酸钠，该方法的反应式为：

$$2NaClO_3 + 4HCl \rightarrow 2ClO_2 + Cl_2 \uparrow + 2NaCl + 2H_2O$$

该方法的特点是系统封闭，反应残留物主要是氯化钠，可以经电解再生氯酸钠，生产成本低。不足之处是一次性投资大，效率低，耗电量大，而且产品中含有较多的氯气。该法主要在欧洲采用，也是我国目前工业生产方法之一。

用盐酸制取二氧化氯的系统流程示意见图 12-13。

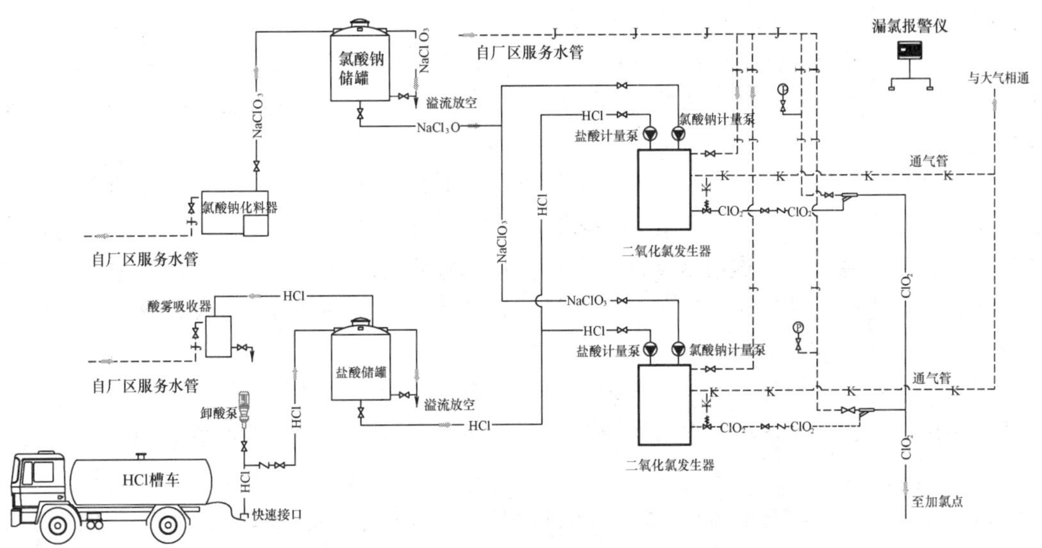


图 12-13 盐酸制取二氧化氯的系统布置

（2）氯气法

合成是二阶段反应，实质上是次氯酸与亚氯酸钠的作用，其反应式为

$$Cl_2 + H_2O \rightarrow HOCl + HCl$$

$$HOCl + HCl + 2NaClO_2 \rightarrow 2ClO_2 + 2NaCl + H_2O$$

总反应式为

$$Cl_2 + 2NaClO_2 = 2ClO_2 + 2NaCl$$

在这过程中不采取措施往往产率较低，其原因是：

1）氯气溶于水后溶液的 pH 决定了氯在其中的各种存在形式和相对浓度。

2）预先溶在水中的氯进一步离解为次氯酸，产生次氯酸根离子和其他不需要的副反应。

理论上10g纯亚氯酸钠同3.9g氯气反应制成7.45g二氧化氯。但实际上通常反应需pH小于2.5，通入过量氯。若想减少过量氯的投加，需用硫酸降低pH达2以下。

(3) 制取间及库房设计

1）设置发生器的制取间与储存物料的库房允许合建，但必须设有隔墙分开。每间房有独立对外的门和便于观察的窗。

2）制取间应加喷淋装置，以防突然事故引起气体泄漏。

3）库房面积根据物料用量，按供应和运输时间设计，不宜大于30d的存储量。

4）应设置机械搬运装置。

5）制取间及库房应按防爆建筑要求设计。

6）在库房及工作区内要有强制通风装置和气体传感、警报装置。

7）要求有从制取过程中析出气体的收集和中和的措施。

8）应保持库房的干燥，防止强烈光线直射。

9）在库房的门外应设置防护用具。

典型的盐酸制取二氧化氯及库房设计布置见图12-14。

(4) 稳定性二氧化氯简介

二氧化氯不与水发生化学反应，也不以二聚和多聚状态存在。根据这一特性，工业上将其稳定在惰性溶剂或某些固态物质中，形成一定浓度的液态或固态稳定性二氧化氯。

稳定性二氧化氯溶液无色、无味、无腐蚀、不易燃、不挥发、不分解，性质稳定，便于储存和运输。其中pH对二氧化氯溶液的稳定性有较大的影响，pH越大，溶液的稳定性越好，保存期越长。根据溶液pH的大小，液态稳定性二氧化氯可分碱性和中性两种制剂。碱性二氧化氯溶液使用前需加酸化剂活化，中性二氧化氯溶液稳定性较碱性二氧化氯溶液略差，但使用前无需活化。

固态稳定性二氧化氯指在一定条件下能够挥发出二氧化氯气体的固体制品，它可以是胶体、膏体、片剂、粉状以及其他各种形状的固体。根据二氧化氯的释放原理，固态二氧化氯可分为两种类型：

(1) 反应型，即将不同的固体反应原料按一定比例混合在一起，使之直接发生缓慢的化学反应，释放出二氧化氯气体；或直接生成比稳定性二氧化氯溶液浓度高出很多倍的固体二氧化氯，使用时加水配制成所需浓度的稳定性二氧化氯溶液，也可直接加水使用。

(2) 吸附型，即把稳定性二氧化氯水溶液吸附到固体吸附载体上（如硅酸钙、二氧化硅微粒、活性炭、硅藻土、琼脂、火山灰、高岭土、分子筛、聚合物和无机多孔型材料等），再加入其他辅助剂制备成缓释型固体二氧化氯。固态的二氧化氯可缓慢释放出二氧化氯气体，能有效清除室内空气中的气味，杀灭空气中的病菌，它分解出的原子态的氧还能清新空气，并对人体无害，因此成为一种非常安全有效的室内空气净化剂。

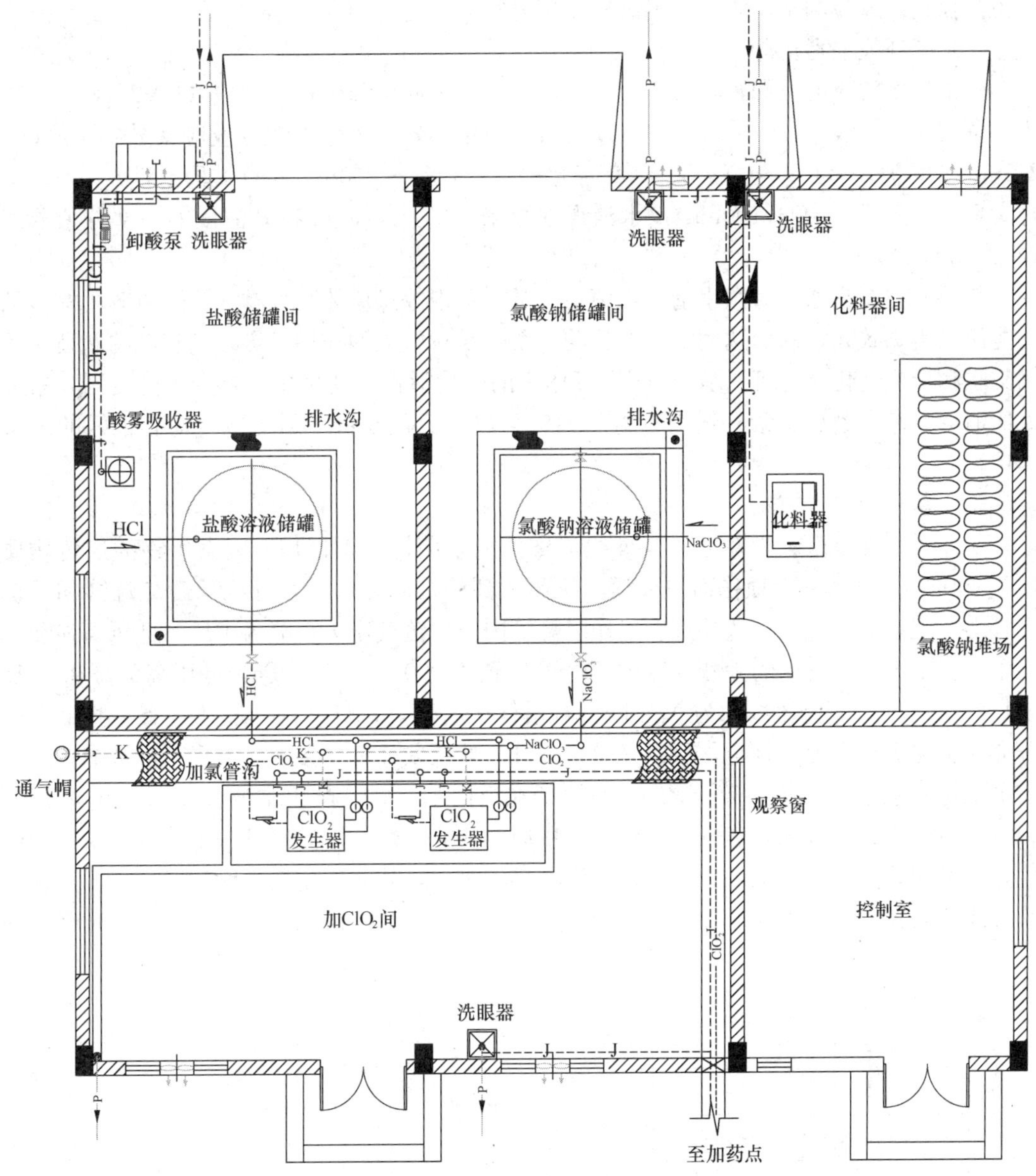


图 12-14 二氧化氯制取及库房布置

# 12.7 紫外线消毒

## 12.7.1 紫外线消毒原理及特点

（1）饮用水紫外消毒使用依据

《生活饮用水卫生标准》GB 5749—2006 中同时对耐氯微生物如贾第鞭毛虫、隐孢子虫和消毒副产物如三氯甲烷、卤乙酸、亚氯酸盐等进行了要求，对于耐氯微生物与消毒副产物存在超标风险的水厂，紫外消毒的使用将具有一定适用性。

（2）紫外线消毒机理

根据生物效应的不同，将紫外线按照波长划分为四个部分：A 波段（UV—A），又称为黑斑效应紫外线（400～320nm）；B 波段（UV—B），又称为红斑效应紫外线（320～275nm）；C 波段（UV—C），又称为灭菌紫外线（275～200nm）；D 波段（UV—D），又称为真空紫外线（200～100nm）。水消毒主要采用的是 C 波段和 B 波段的一部分紫外线（200～300nm）。

紫外线主要是通过对微生物（细菌、病毒、芽孢等病原体）的辐射损伤和破坏核酸的功能使微生物致死，从而达到消毒的目的。紫外线对核酸的作用可导致键和链的断裂、股间交联和形成光化产物等，从而改变了 DNA 的生物活性，使微生物自身不能复制。紫外线的消毒具有广谱性，紫外线消毒对于如贾第虫、隐孢子虫等耐氯微生物有很好的杀灭作用。

（3）紫外线消毒方式

紫外线消毒是微生物在通过紫外线消毒器的杀菌灯照射区域，因微生物的遗传物质 DNA 和 RNA 被紫外光损伤而被灭活，从而达到消毒的目的。紫外线杀菌灯灯管和保护套管由石英玻璃制成。一般按灯管工作时灯管内的汞蒸气压力，分为中压、低压高强和低压汞灯。工作时灯管内的汞蒸气压中压灯可达到 40000～4000000Pa，低压高强灯在 0.18～1.6 Pa 之间，而低压灯约为 0.93Pa。对于低压高强灯，灯管内一般还含有一些金属成分如铟和镓等与汞形成合金，所以又叫汞齐灯。低压紫外灯管接通电流后阴极被加热发射出电子，使汞蒸气激发电离，激发态汞原子在返回基态时，产生主波长 253.7nm 的紫外辐射。中压汞灯灯管内汞蒸汽压力较高，接通电流后，灯管内温度升得很高，使汞原子产生热电离和热激发，很多汞原子被激发到较高能级上，从而产生紫外线和可见光，其辐射紫外线的波长主要集中在从 200～400nm 范围。低压紫外灯和中压紫外灯的辐射光谱见图 12-15。

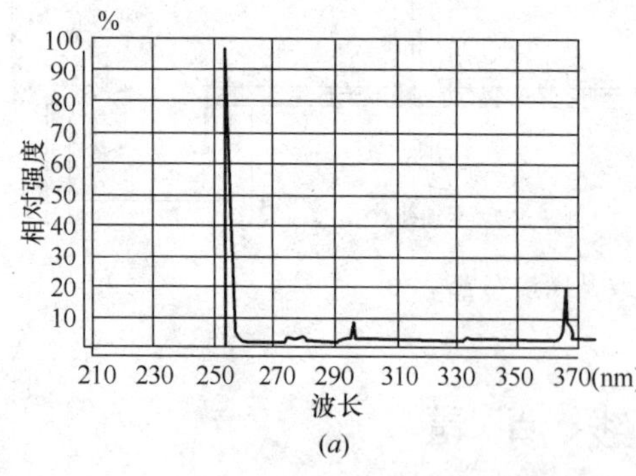

(*a*)

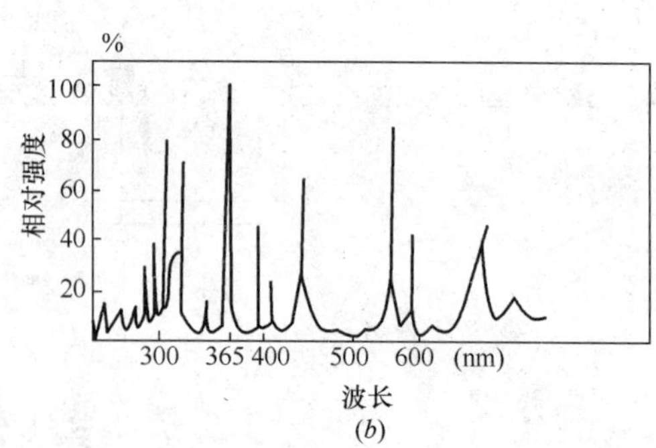

(*b*)

图 12-15　低压汞灯（*a*）和中压汞灯；（*b*）的辐射光谱图

中压紫外灯单位弧长的输入功率大，灯管功率在 1000W 以上，有的可达 10000W 以上，低压紫外灯单位弧长的输入功率小，国产灯管的功率一般不超过 400W，进口低压高强灯的功率可达 1000W。由于中压紫外灯的长度短，单位光强高，所以适合用于大型管道式水厂消毒处理。小型水厂实际应用的紫外线杀菌灯多采用低压或低压高强紫外灯。

(4) 紫外线消毒的特点

1) 无需有毒化学药品，不会产生 THMs 类消毒副产物。

2) 杀菌作用快，一般零点几秒至数秒即可完成杀菌。

3) 杀菌广谱，对抗氯性微生物灭活效果好。

4) 无臭味，无噪声，不影响水的口感。

5) 操作容易，管理简单。

6) 运行灵活，可根据处理水量灵活调节运行功率和台数。

7) 无化学残留，但也没有持续的消毒作用。在给水工程中一般与其他消毒剂结合使用以有效防止管网中细菌的滋生。

### 12.7.2 设计要点

(1) 影响紫外线消毒的因素

1) 有效紫外线剂量（生物验定剂量）影响

紫外线对细菌、病毒、真菌、芽孢等均有杀灭作用，但不同类型的微生物对紫外线照射的敏感性不同。为达到可靠的杀菌效果，紫外线消毒系统的设计应依据对紫外线不敏感、耐受力强的微生物所需的照射剂量进行设计。《城市给排水紫外线消毒设备》GB/T 19837—2005 标准规定生活饮用水消毒所需的紫外线有效剂量不应低于 40mJ/cm$^2$，且有效剂量是指独立第三方机构出具的所选紫外线设备的生物验定剂量。

紫外线设备的生物验定剂量是紫外设备消毒性能的真实体现，也是衡量设备效率的依据。高功率的设备不一定有高的生物验定剂量。这是因为紫外线设备内的紫外光强分布是不均匀的，水在紫外线设备内的流动状态和路径也是不同的，从而造成水体内的微生物接收到的紫外能量的不同。在一个高效的紫外线设备内，各微生物所接受到的紫外能量是趋于相近的，高效紫外线设备有效紫外线剂量的输出是比较集中的，如图 12-16 所示。而低效率的紫外线设备因有效紫外线剂量的输出分散且差异较大（图 12-17），只能通过增加设备的数量或规模（装机功率）来弥补其效率低的不足，且不达标风险也高。因此，紫外线系统设备的设计选型必须是依据生物验定剂量验证的结果来进行的。

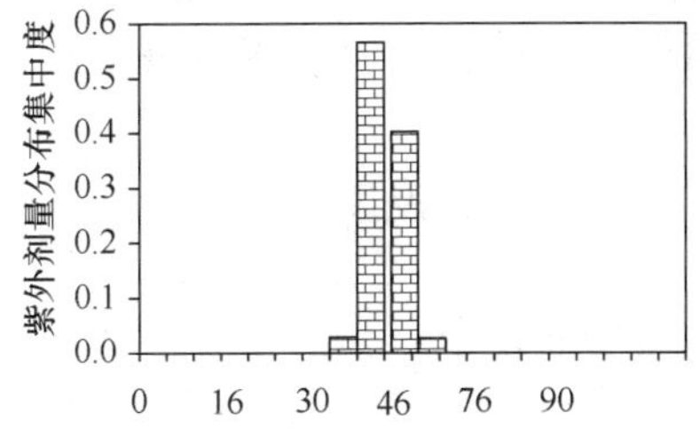


图 12-16 高效设备有效剂量输出（mJ/cm$^2$）

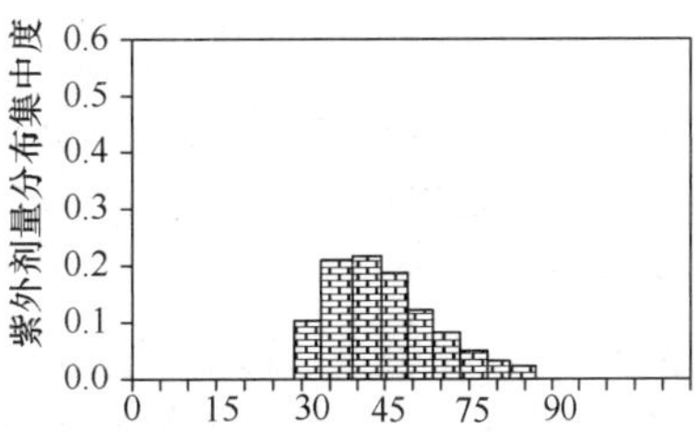


图 12-17 低效设备有效剂量输出（mJ/cm$^2$）

2) 紫外线系统进水的紫外穿透率影响

紫外线系统进水的紫外穿透率（UVT）对紫外线系统的有效输出剂量影响很大。紫外穿透率影响的是紫外光在水量传播的能力，所以同一套紫外消毒系统，在不同进水紫外穿透率的条件下，其有效输出的紫外线剂量是不同的。在相同条件下，水的紫外穿透率越高，紫外线消毒系统输出有效紫外线消毒剂量越高，水的紫外穿透率越低，紫外线消毒系统输出有效紫外线消毒剂量越低。

影响水的紫外穿透率的物质有溶解性和颗粒状物质，如腐殖酸、富里酸、芳香族有机物（如苯酚）、金属离子（如铁离子）、阴离子（如硝酸根）。水的紫外穿透率会随水中各种物质浓度的变化而改变。设计时应以实测数据为准。在无实测数据时，需参考当地类似项目的参数设计。

3）金属离子的影响

铁离子等杂质均会吸收紫外线，同时还会在套管表面沉积影响紫外线传送到水里，从而降低消毒效果。所以在紫外线设备前工艺中，尽量少用或不用含铁离子药剂。

4）紫外套管洁净程度对消毒效果的影响

紫外灯管外的石英玻璃套管长期在水中不可避免地会产生污垢，污垢会影响紫外光传递到水中的能力而降低消毒效果。因此，及时消除紫外套管上的污垢，保持其一定的洁净度对保证紫外消毒效能非常重要。

（2）紫外线消毒器的设计

1）紫外线消毒器的设计需依据生物验定剂量数据进行设计选型。且生物验定剂量过程需由权威独立第三方机构执行，确保数据的可靠性。

2）欲处理的水如色度、浊度或含铁盐较高，需在消毒器前设置净水器或过滤装置，使色度、浊度、铁盐等杂质指标符合国家《生活饮用水卫生标准》GB 5749—2006 后，再进入紫外线消毒器消毒。

3）紫外线消毒器所安装的灯管需经过老化试验认证。如无认证需按照《城市给排水紫外线消毒设备》GB/T 19837—2005 中规定的灯管老化系数（0.5）核算紫外线消毒剂量。

4）紫外线消毒器所安装的灯管套管的在线清洗系统洁净能力需经过结垢试验认证。如无认证需按照《城市给排水紫外线消毒设备》GB/T 19837—2005 中规定的结垢系数（0.8）核算紫外线消毒剂量。

5）消毒器在考虑紫外灯管的老化系数和结垢系数后的有效输出生物验定紫外剂量水平须在《城市给排水紫外线消毒设备》GB/T 19837—2005 中规定的 $40mJ/cm^2$ 以上。

6）处理水量大时，可采取并联消毒器运行运行。在处理水质差或需要紫外线剂量高的工况下，可考虑多消毒器串联运行的组合方式。

7）每台反应器内至少设置一个紫外探头，同时考虑设置温度开关和水位开关，以保证设备正常运行。

8）紫外线消毒没有后续杀菌作用。为了防止细菌的再繁殖，可在紫外杀菌后添加低剂量的化学杀菌剂，以满足管网内残余消毒剂的要求。

9）设计生产的紫外线消毒器应符合国家标准《城市给排水紫外线消毒设备》GB/T 19837—2005。

10）在原水硬度偏高的情况下，为确保紫外套管洁净程度，控制水平与消毒效果，应采取紫外套管清洗措施。常用的清洗措施有机械加化学在线自动清洗或机械在线自动清洗结合离线化学清洗方式。考虑到大型与中型水厂自动化要求较高，设备需无人值守且需持续生产，宜使用在线机械加化学紫外套管清洗方式。对于小型水厂，可考虑采用机械加化学在线自动清洗或机械在线自动清洗结合离线化学清洗方式，但应配置离线时的备用设备。

11）为确保紫外设备的实际运行与消毒效果，应充分考虑紫外套管结垢与灯管老化对紫外光输出的影响，设计时应考虑对权威独立第三方出具的老化系数与结垢系数认证要求。

### 12.7.3 布置形式

（1）紫外线消毒器的形式

1）反射罩式紫外线消毒器，见图 12-18。

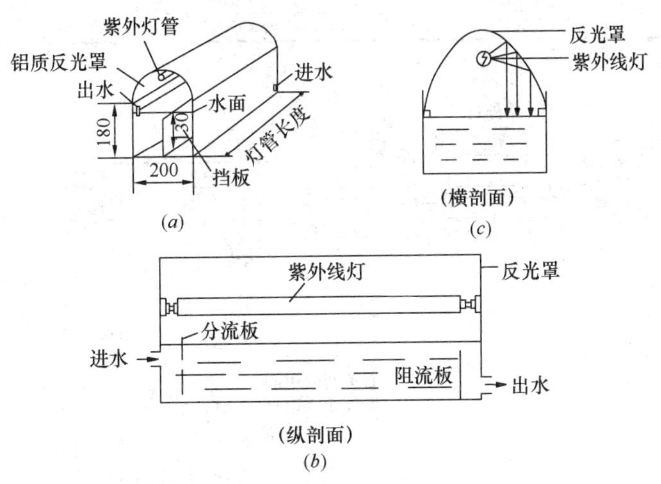


图 12-18 反射罩式紫外线消毒器示意

(a) 透视图；(b) 纵剖面；(c) 横剖面

2）低压紫外灯套管进水式紫外线消毒器，见图 12-19。

3）中压紫外灯紫外线消毒器

图 12-20 和图 12-21 显示的是加拿大特洁安公司的中压紫外灯紫外线消毒器的外观和内部结构。

4）强化照射剂量紫外线消毒器，见图 12-22。

5）并联紫外灯的反射罩式长槽消毒器，见图 2-23。

（2）紫外消毒器的配置

紫外消毒器的型号与数量的选择，需充分考虑处理峰值流量、水头损失与占地情况，表 12-5 的选型参数是加拿大特洁安公司提供的参数，可供配置设计参考。

紫外消毒器配置设计参数 表 12-5

| 序号 | 设计流量 ($m^3/d$) | 设计透光率 | 设备数量与口径 | 水头损失 (mm) | 总装机容量 (kVA) |
|---|---|---|---|---|---|
| 1 | 20000 | 90% | 2 台 *DN*300 | 116 | 27.6 |
| 2 | 50000 | 90% | 1 台 *DN*600 | 143 | 42 |
| 3 | 100000 | 90% | 1 台 *DN*800 | 355 | 103 |
| 4 | 100000 | 90% | 2 台 *DN*600 | 143 | 84 |

续表

| 序号 | 设计流量 (m³/d) | 设计透光率 | 设备数量与口径 | 水头损失 (mm) | 总装机容量 (kVA) |
|---|---|---|---|---|---|
| 5 | 150000 | 90% | 2 台 *DN*600 | 373 | 124 |
| 6 | 150000 | 90% | 3 台 *DN*600 | 208 | 186 |
| 7 | 200000 | 90% | 2 台 *DN*800 | 355 | 206 |
| 8 | 200000 | 90% | 3 台 *DN*800 | 155 | 234 |
| 9 | 300000 | 90% | 4 台 *DN*600 | 411 | 248 |
| 10 | 300000 | 90% | 3 台 *DN*800 | 377 | 309 |
| 11 | 400000 | 90% | 6 台 *DN*800 | 152 | 468 |
| 12 | 500000 | 90% | 8 台 *DN*800 | 134 | 624 |
| 13 | 500000 | 90% | 6 台 *DN*800 | 233 | 468 |

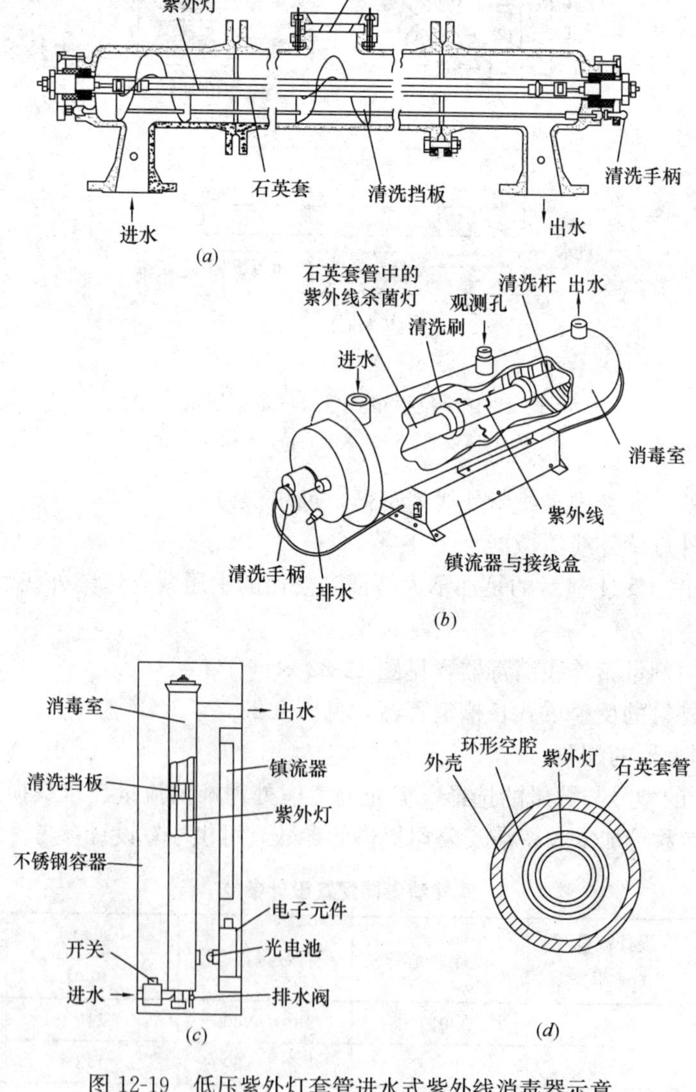


图 12-19 低压紫外灯套管进水式紫外线消毒器示意
(*a*)、(*b*)、(*c*) 及消毒器剖视图 (*d*)

图 12-20 中压紫外灯紫外线消毒器外观

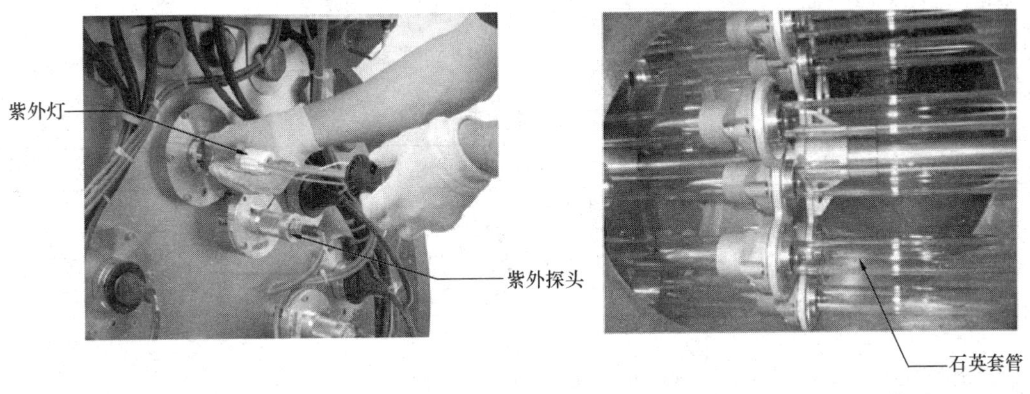


图 12-21 中压紫外灯等外线消毒器

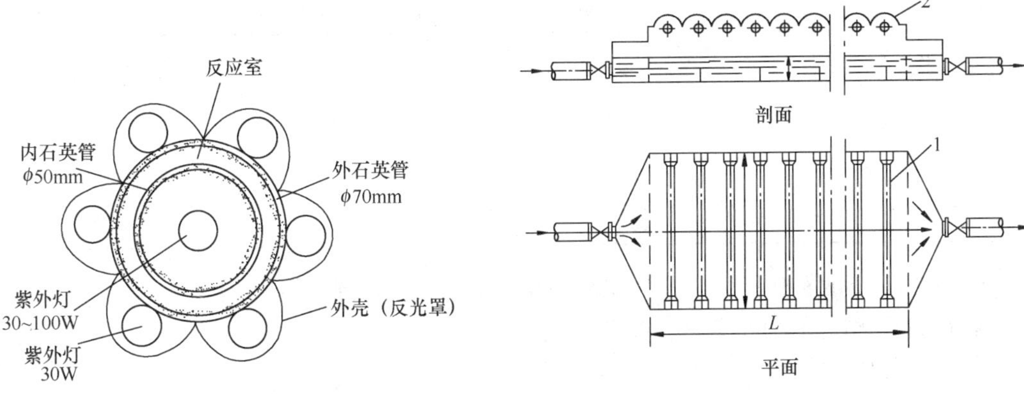


图 12-22 强化照射剂量的紫外线消毒器剖面图

图 12-23 并联紫外灯的反射罩式长槽消毒器

# 13 臭氧氧化处理

## 13.1 臭氧的主要理化性能

（1）臭氧是一种高活性的气体，通过对氧气的放电而形成，其分子式是 $O_3$，是氧的同素异形体。臭氧最显著的特性是具有强烈的气味。在常温常压下，臭氧是淡蓝色的具有强烈刺激性气味的气体，可自行分解为氧气。

（2）臭氧的主要物理特性见表 13-1。

**臭氧的主要物理性能** **表 13-1**

| 融点（℃） | −192.5±0.4 | 固体密度（g/cm$^3$，774°K） | 1.728 |
|---|---|---|---|
| 沸点（℃） | −111.9±0.3 | 自由能（$\Delta F$）（kg·kJ/mol，25℃） | 135.65 |
| 临界温度（℃） | −12.1 | 色：固体 | 暗紫色 |
| 临界压力（MPa） | 5.46 | 液体 | 蓝黑色 |
| 临界容积（cm$^3$/mol） | 111 | 气体 | 淡蓝色 |
| 气体密度（g/L，0℃，0.1MPa） | 2.144 | | |

（3）臭氧在水中的溶解度见表 13-2。

**臭氧在水中的溶解度** **表 13-2**

| 水温（℃） | 溶解度（$L_气/L_水$） | 水温（℃） | 溶解度（$L_气/L_水$） |
|---|---|---|---|
| 0 | 0.64 | 27 | 0.27 |
| 11.8 | 0.5 | 40 | 0.117 |
| 15 | 0.450 | 55 | 0.031 |
| 19 | 0.381 | 60 | 0 |

（4）臭氧 $O_3$ 的氧化能力很强，比氯和其他常用氧化剂强：

氟 F 的氧化还原电位 $E^v= -2.87V$

羟基自由基：$E^v=2.8V$

臭氧 $O_3$ 为 $E^v=-2.07V$；

氯 $Cl_2$ 为 $E^v=-1.36V$

二氧化氯：$E^v=1.27V$

氧：$E^v=1.23V$

（5）臭氧的衰减

含量为 1%以下的臭氧，在常温常态常压的空气中分解半衰期为 16h 左右。随着温度的升高，分解速度加快，温度超过 100℃时，分解非常剧烈，达到 270℃高温时，可立即转化为氧气。

臭氧在水中的分解速度比空气中快。在含有杂质的水溶液中臭氧迅速回复到形成它的氧气。如水中臭氧浓度为3mg/L时，其半衰期为5～30min，但在纯水中分解速度较慢，如在蒸馏水或自来水中的半衰期大约是20min（20℃），然而在二次蒸馏水中，经过85min后臭氧分解只有10%，若水温接近0℃时，臭氧会变得更加稳定。

（6）臭氧的毒性和腐蚀性

臭氧属于有害气体，浓度为$6.25\times10^{-6}$mol/L（0.3mg/$m^3$）时，对眼、鼻、喉有刺激的感觉；浓度（6.25～62.5）$\times10^{-5}$ mol/L（3～30mg/$m^3$）时，出现头疼及呼吸器官局部麻痹等症；臭氧浓度为$3.125\times10^{-4}$～$1.25\times10^{-3}$ mol/L（15～60mg/$m^3$）时，则对人体有危害。

臭氧毒性还和接触时间有关，例如长期接触4ppm以下的臭氧会引起永久性心脏障碍，但接触20ppm以下的臭氧不超过2h，对人体无永久性危害。因此，臭氧浓度的允许值定为0.1ppm 8h。由于臭氧的臭味很浓，浓度为0.1ppm时，人们就感觉到。

臭氧具有很强的氧化性，除了金和铂外，臭氧化空气几乎对所有的金属都有腐蚀作用。铝、锌、铅与臭氧接触会被强烈氧化，但含铬铁合金基本上不受臭氧腐蚀。基于这一点，生产上常使用含25% Cr的铬铁合金（不锈钢）来制造臭氧发生设备和加注设备中与臭氧直接接触的部件。

臭氧对非金属材料也有了强烈的腐蚀作用，如聚氯乙烯塑料滤板等，在臭氧加注设备中使用不久便见疏松、开裂和穿孔。在臭氧发生设备和计量设备中，不能用普通橡胶作密封材料，必须采用耐腐蚀能力强的聚四氟乙烯等。

## 13.2 臭氧氧化处理的作用与工艺

（1）臭氧氧化处理的作用：

1）去除水中可溶性铁、锰、氰化物、硫化物、亚硝酸盐等。

2）使原水中溶解有机物产生微凝聚作用，强化水的澄清、沉淀和过滤效果，提高出水水质并节省终端消毒剂用量。

3）去除水中的色、臭和味。

4）去除水中微量有机污染物。

5）提高水的溶解氧，为砂滤池去除氨氮和活性炭滤池对有机物进行生物降解创造条件。

6）将大分子有机物转化成小分子有机物，提高活性炭对有机物的吸附去除效能。

（2）臭氧氧化处理在净水工艺流程中的安排：

根据不同的处理目的，臭氧氧化处理在净水工艺流程中可以投加在混凝沉淀前、沉淀后、活性炭过滤前以及作为出厂水的最终消毒处理（见图13-1）。

不同的臭氧投加位置其各自的特点如下：

1）在混凝沉淀前投加臭氧又称为臭氧预氧化，其作用详见第7章的相关叙述。

2）在沉淀后投加臭氧，可以提高后续砂滤池或活性炭滤池对氨氮或有机物的去除，但对改善絮凝效果和避免沉淀池藻类生长不起作用。

3）活性炭过滤前投加臭氧的作用是杀死细菌、去除病毒、氧化水中有机物（如苯酚、

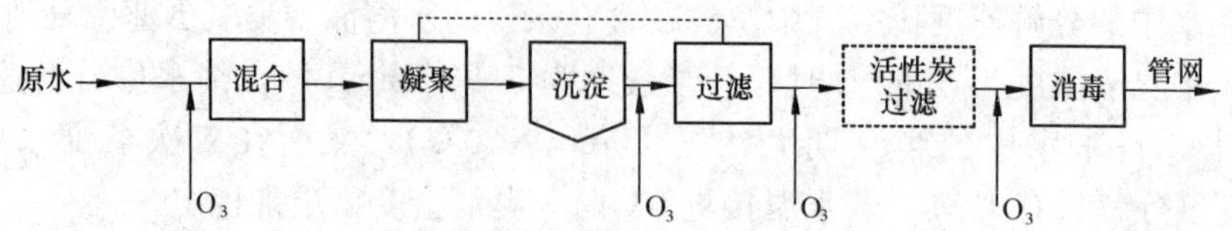


图 13-1　臭氧在净水工艺流程中投加点示意

洗涤剂、农药）和生物难降解有机物、将 COD 转化为 BOD、氧化分解螯合物等。与活性炭过滤联用，增加活性炭吸附的生物作用，延长活性炭再生周期。

4）以臭氧作为水厂的消毒剂，主要目的是杀死细菌和去除病毒，但由于与其他消毒剂相比，臭氧成本高且管网中无法维持剩余量臭氧，故城市水厂中很少采用。

（3）臭氧氧化处理工艺的系统组成

臭氧氧化处理工艺的系统组成如图 13-2 所示：

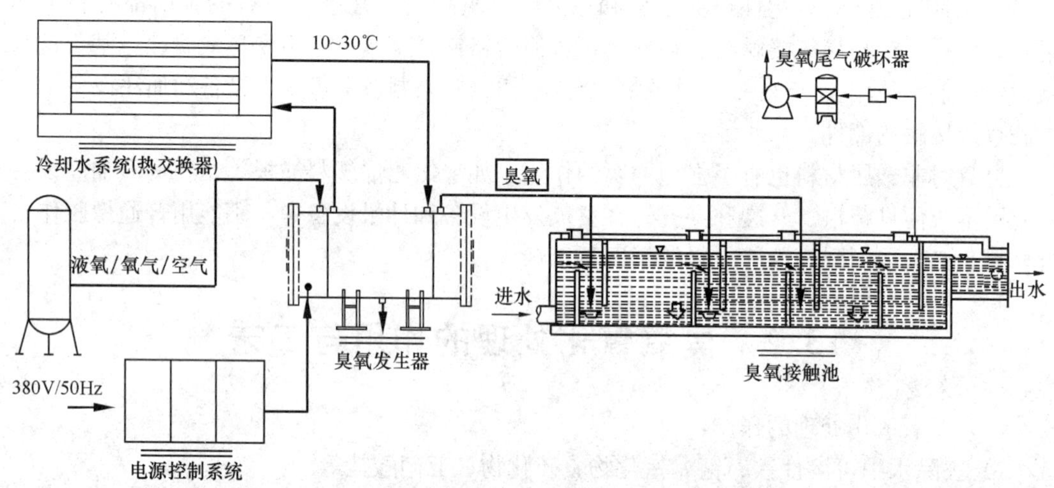


图 13-2　典型臭氧氧化处理系统示意

1）气源系统：气源制备一般可采用空气处理、液态纯氧蒸发或现场纯氧制备等方法。当用空气作气源时，包括无油空气压缩机，冷却器，冷冻、冷凝装置，过滤净化及稳压、减压装置，空气吸附、干燥及干燥剂再生装置等。

2）臭氧发生系统：制造臭氧化气，以供水处理使用，包括：臭氧发生器、供电设备（调压器、升压变压器、控制设备等）及发生器冷却设备（水泵、热交换器等）。

3）臭氧—水的接触反应系统：用于水的臭氧化处理，包括臭氧扩散装置和接触反应池。

4）尾气处理系统：用以处理接触反应池排放的残余臭氧，达到环境允许的浓度。

## 13.3　臭氧发生器气源系统

供臭氧发生器的气源可以是空气，也可以是纯氧。纯氧可以在现场制备，也可以购买液态氧通过蒸发取得。三种气源的特点：

(1) 干燥纯净压缩空气（CDA）：发生器的臭氧浓度（重量比）约为1%～2%，电耗约15～25kWh/kg$O_3$，效率较低，能耗较高，空气源易获得。适用于小型臭氧发生器，或水厂周边有公共压缩空气站的中型水厂。

(2) 液态纯氧（LOX）：发生器的臭氧浓度（重量比）约为6%～10%。电耗约8～10kWh/kg$O_3$，效率高，能耗低，管理维护工作量少，灵活方便。适用于各种规模水厂。

(3) 现场制氧气（V-GOX）：发生器的臭氧浓度（重量比）约为6%～10%。电耗约8～10kWh/kg$O_3$，效率高，能耗低，但制氧设备管理维护要求高。适应大中型水厂，或水厂附近城市无液氧供应条件的中型水厂。

## 13.3.1 压缩空气气源系统

### 13.3.1.1 臭氧化空气在水中的溶解性能

用空气为原料的臭氧发生器生产的臭氧化空气，臭氧只占0.6%～1.2%（体积比）。根据气态方程及道尔顿分压定律，臭氧的分压也只有臭氧化空气压力的0.6%～1.2%。当水温为25℃时，将这种臭氧化空气加入水中，臭氧的溶解度只有（0.625～1.458）×$10^{-4}$ mol/L（3～7mg/L），见表13-3。

**低浓度臭氧在水中的溶解度**（mg/L） **表13-3**

| 气体质量百分比含量（%） | 温度（℃） | | | | | | |
|---|---|---|---|---|---|---|---|
| | 0 | 5 | 10 | 15 | 20 | 25 | 30 |
| 1 | 8.31 | 7.39 | 6.5 | 5.6 | 4.29 | 3.53 | 2.7 |
| 1.5 | 12.47 | 11.09 | 9.75 | 8.4 | 6.43 | 5.09 | 4.04 |
| 2 | 16.64 | 17.79 | 13 | 11.19 | 8.57 | 7.05 | 5.39 |
| 3 | 24.92 | 22.18 | 19.5 | 16.79 | 12.86 | 10.58 | 8.09 |

### 13.3.1.2 压缩空气气源质量要求

空压机排出的压缩空气含有水（包括水蒸气、凝结水）、悬浮物、油（包括油雾、油蒸气）等，对臭氧发生器的运行能耗和产品的使用寿命有较大的负面影响，因此，需要对空压机排出的空气进行干燥净化处理。

通常臭氧发生器用压缩空气的粉尘颗粒尺寸1μm，最大浓度1μg/L，最大压力露点为−40℃时，最大含油浓度1μg/L。

### 13.3.1.3 压缩空气系统组成

典型的气源系统由下列几部分组成：空气压缩机、后部冷却器、缓冲罐、过滤器（包括油水分离器、预过滤器、除油过滤器、除臭过滤器、灭菌过滤器等）、干燥机（冷冻式或吸附式）、稳压储气罐、自动排水排污器及输气管道、管路阀件、仪表等。上述设备根据工艺流程的不同需要，组成完整的气源系统。

(1) 空压机系统

空压机按压力等级可分成：低压型（0.2～1.0MPa）、中压型（1.0～10.0MPa）、高压型（>10.0MPa）。

按工作原理可分为：容积型、速度型。

按结构形式可分为：活塞式、滑片式、螺杆式。

空压机输出压力 $P_c = P + \sum \Delta P$，其中 $P$—气动执行元件的最高使用压力（MPa），$\sum \Delta P$—气动系统总压力损失（0.15～0.2MPa）。

空压机安装地点要求：周围空气必须清洁，粉尘少，湿度少，温度低，通风好，以保证吸入空气质量。

(2) 后冷却器—风冷式，水冷式

大型空压机出口的压缩空气温度可达 120℃以上，此时空气中的水分完全呈气态。表 13-4 显示了空气温度与饱和含湿量的关系。

冷却器作用是将高温空气冷却至 40℃以下，将大量的水蒸气和油雾冷凝成液态水滴和油滴以便将它们清除掉。压缩空气出口温度≤100℃时可用风冷，温度＞100℃空气量很大时，用水冷式。

**不同温度下的空气饱和含湿量**　　**表 13-4**

| 空气温度（℃） | −15 | −10 | −5 | 0 | 5 | 10 | 15 | 20 | 25 | 30 | 35 | 40 | 45 | 50 | 60 |
|---|---|---|---|---|---|---|---|---|---|---|---|---|---|---|---|
| 饱和含湿量（$g/m^3$） | 1.52 | 2.27 | 3.34 | 4.84 | 6.91 | 9.73 | 13.4 | 18.5 | 25.15 | 33.7 | 44.65 | 50.5 | 76 | 97.9 | 158 |

(3) 气罐

作用：消除压力脉动；依靠绝热膨胀及自然冷却降温，进一步分离掉压缩空气中的水分和油分；储存一定量的压缩空气，一方面可解决短时间内用气量大于空压机输出量的矛盾，另一方面可在空压机出现故障或停电时，维持短时间的空气，以便采取措施，保证气动设备的安全。

(4) 过滤器

从入口流入的压缩空气，经导流的切线方向的缺口强烈旋转，液态油水及固杂质受离心力作用，被甩到水杯的内壁上，再流到底部，除去液态油水和杂质的压缩空气，通过滤芯进一步清除微小固态颗粒，然后从出口流出。

(5) 减压阀（调压阀）

按调节压力的方式分直动式减压阀（溢流式、恒量排气式、非溢流式）和先导式减压阀。

溢流式减压阀筏的工作原理：靠近气阀口的节流作用减压，靠膜片上的平衡作用稳定输出压力，调节旋钮可使输出压力在规定范围内任意改变。

先导式减压阀：当减压阀的输出压力较高或配管口径很大时用调压弹簧直接调压，则弹簧势必要过硬，流量变化时输出压力波动较大，阀的结构尺寸会很大，为了克服这些缺点可采用先导式减压阀。其工作原理与直动式减压阀基本相同，所用的调压空气是由小型的直动式减压阀供给。

**13.3.1.4　空气气量的计算：**

1) 干空气气量计算：

$$V_{干空气} = \frac{Q_{O_3计算} \times 1000}{C\alpha} (Nm^3/h) \tag{13-1}$$

式中　$V_{干空气}$——干空气气量（$Nm^3/h$）；

$Q_{O_3计算}$——根据水处理要求计算出来的臭氧产量（kg/h）；

$C$——单位体积空气产出的臭氧量，根据发生器而定（g/m³）；

$\alpha$——系数，可取 0.92。

2）总干空气量：

$$V_{总} = (1.2 \sim 1.5)V_{干空气}(Nm^3/h) \quad (13\text{-}2)$$

公式（13-2）中的系数 1.2～1.5，是考虑增加再生干燥吸附剂的用气量。一般硅胶、铝胶、分子筛无热再生空气量达干空气量的 20%～50%。采用铝胶、分子筛混合柱，柱厚为 600mm 时，需再生气量为 20%。采用集装式或组合式臭氧发生装置，则可根据产品样本确定再生用气量。

3）工作状况下的空气气量换算；

$$V_1 = \frac{V_{标}\ T_1 P_{标}}{T_{标}\ P_1}(m^3/h) \quad (13\text{-}3)$$

式中 $V_1$——不同工作状况（$P_1$，$T_1$）下的空气气量（m³/h）；

$V_{标}$——标准状况下的空气气量（Nm³/h）；

$T_1$——不同工作状况下的绝对温度（273+$t$℃）；

$T_{标}$——标准状况下的绝对温度 273°K；

$P_1$——不同工作压力条件下的空气压力（以绝对压力计 MPa）；

$P_{标}$——标准状况下的空气压力（以绝对压力计 MPa）。

**13.3.1.5 国产空气压缩、净化及干燥处理的设备：**

1）无油润滑压缩机：型号及性能详见《给水排水设计手册》第三版第 11 册《常用设备》。

2）空气干燥器：部分空气干燥器的产品系列及性能见表 13-5。

**部分空气干燥器产品系列及性能** **表 13-5**

<table>
<tr><th rowspan="2">干燥器类型</th><th rowspan="2">系列、型号</th><th rowspan="2">额定处理气量（m³/h）</th><th rowspan="2">再生气量（%）</th><th colspan="2">进气</th><th rowspan="2">再生方式</th><th rowspan="2">干燥器露点（℃）</th><th rowspan="2">干燥剂</th></tr>
<tr><th>压力（MPa）</th><th>温度（℃）</th></tr>
<tr><td rowspan="4">无热再生干燥</td><td>BWG-A-1<br>BWG-A-10<br>BWG-A-20<br>BWG-A-40<br>BWG-A-90<br>BWG-A-180</td><td>1<br>10<br>20<br>40<br>90<br>180</td><td rowspan="2">10～20</td><td rowspan="2">0.6～0.8</td><td rowspan="3">≤40</td><td rowspan="2">无热再生</td><td rowspan="2">≤−40<br>或<br>≤−60</td><td rowspan="4">细孔硅酸或铝胶</td></tr>
<tr><td>BWG-B-6<br>BWG-B-10<br>BWG-B-20<br>BWG-B-30<br>BWG-B-40</td><td>6<br>10<br>20<br>30<br>40</td></tr>
<tr><td>BY-30<br>BY-60<br>BY-90<br>BY-120<br>BY-180</td><td>30<br>60<br>90<br>120<br>180</td><td><20</td><td>0.6</td><td>无热再生</td><td rowspan="2">−40</td></tr>
<tr><td>GZ-1<br>GZ-2<br>GZ-3<br>GZ-5<br>GZ-10</td><td>1<br>2<br>3<br>5<br>10</td><td>10～15</td><td><0.6</td><td>≤40</td><td>无热再生</td></tr>
</table>

续表

| 干燥器类型 | 系列、型号 | 额定处理气量 ($m^3/h$) | 再生气量 (%) | 进气 | | 再生方式 | 干燥器露点（℃） | 干燥剂 |
|---|---|---|---|---|---|---|---|---|
| | | | | 压力 (MPa) | 温度 (℃) | | | |
| 加热再生干燥 | QZ-1.5/5<br>QZ-3/8<br>QZ-6/8<br>QZ-12/8<br>QZ-20/8<br>QZ-40/8 | 1.5<br>3<br>6<br>12<br>20<br>40 | | 0.5～0.8 | ≤40 | 外部电加热，加热温度为140℃ | ≤－40 | $d$=4～7mm 细孔硅胶 |

## 13.3.2 现场制氧气源系统

### 13.3.2.1 氧气气源质量要求

现场制氧设备提供的氧气质量通常以臭氧发生器的进气要求来确定。主要指标包括供气量、压力、纯氧含量、露点、碳氢化合物含量和杂质尺寸等。除供气量与压力按实际需求而定外，一般要求纯氧含量大于等于 90%，露点小于等于－60℃，碳氢化合物含量小于 60ppm v，杂质尺寸小于 0.1μm。

### 13.3.2.2 现场制氧的方法与基本布置形式

现场制取氧气的方法主要有低温精馏和吸附分离两种：

1）低温精馏是先将空气液化，通过改变压力将液化空气的氧和氮分离，通常采用精馏塔完成。每产生 1t 氧约耗电 260～340kWh，产出氧气纯度大于 99.5%。低温精馏设备可靠性高，运行成本低，但设备投资较大，适用于氧气用量大、纯度高的场合。

2）吸附分离方法是利用变压或变真空吸附（PSA/VSA）来分离空气的方法。空气通过具有高选择吸附性能的固体分子筛吸附剂的吸附床，以不同的压力对空气中氧和氮的不同吸附能力，氮气被优先吸附以实现氧气的富集。该方法不产生液态氧。

每产生 1$Nm^3$ 氧气约耗电 0.2～0.3kWh。该方法通常在常压下（100～150kPa）制取 90%～93%氧气，输出压力也接近常压，可通过增压泵增至所需要的压力。当分子筛吸附饱和后，以真空方式（25～50kPa）解析也被吸附的氮气进行再生，随后进行压力重建至吸附状态。整个工作周期约 75s。因此，单个吸附床无法连续产出氧气，通常情况下需要 2～3 个吸附床相互切换来保证连续供应。

3）由于现场制氧设备需要定期停役检修，故均需配备一定容量的满足停役供气要求的液氧储罐及其蒸发供气装置（详见 13.3.3）。

吸附法现场制氧的循环工作过程与采用吸附床和缓冲罐时流程示意，见图 13-3。

图 13-4 为某水厂采用吸附法现场制氧（单吸附床）并设有后备液氧储罐及蒸发设备的平面及高程布置示意。氧气产量为 5t/d。

图 13-5 号为某水厂采用双吸附床并设液态氧后备的现场氧站布置示意。氧气产量为 10～15t/d。

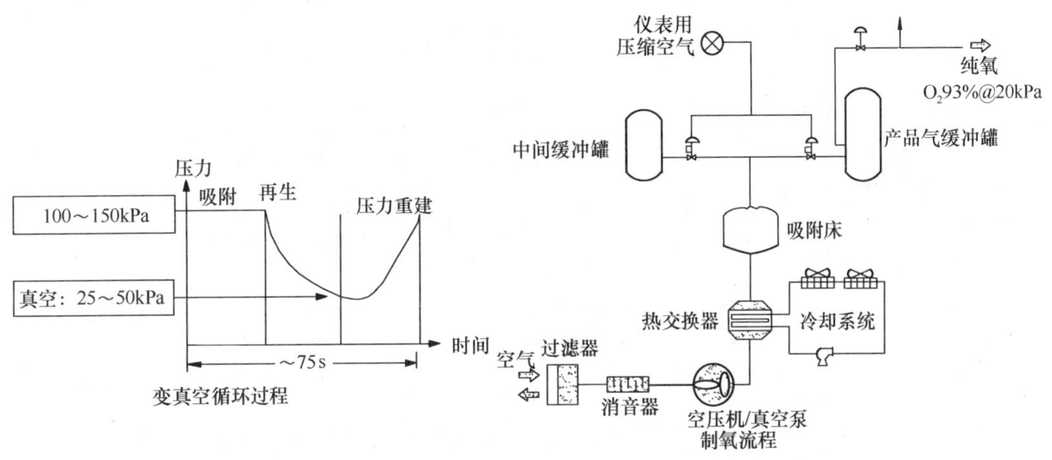

图 13-3 吸附法制氧过程示意

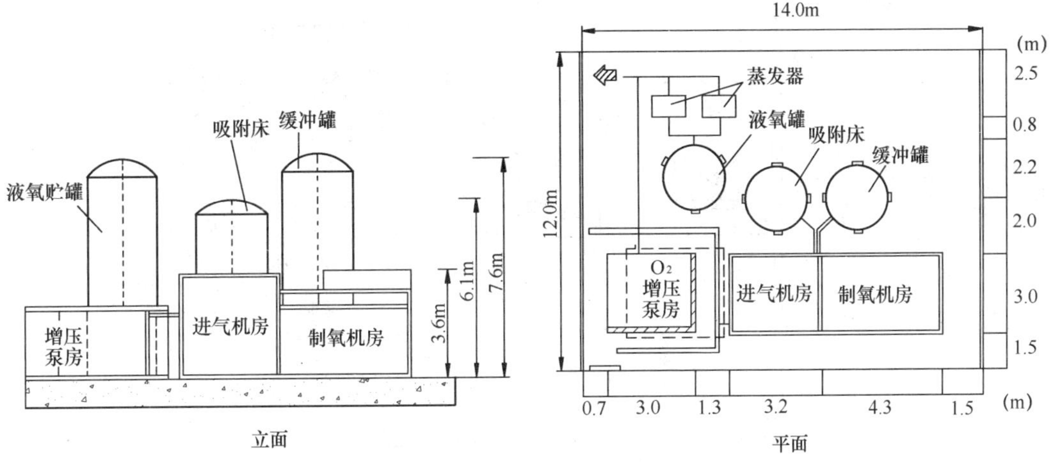

图 13-4 某制氧站（单床吸附）布置示意

## 13.3.3 液氧气化气源系统

### 13.3.3.1 气源质量要求

臭氧制备系统原料氧气部分转化成臭氧后，最终将被曝气入生活饮用水中，其技术指标既要满足国家有关规定要求，同时要满足后续臭氧发生器厂家提出的特殊进气要求。一般情况下，进入臭氧发生器前原料氧气技术指标见表 13-6。

液氧氧气气源技术指标 表 13-6

| 项目 | 指标 | 项目 | 指标 |
|---|---|---|---|
| 纯度 | 99.5%～99.9% | 氧气压力 | 2.5～5bar |
| 碳氢化合物 | ＜60ppm v | 最大的压力偏差 | ±50mbar |
| 露点 | ≤－70℃ | 杂质颗粒尺寸 | ＜0.1μm |
| 氮含量 | ＞1000ppm v（采用液氧时，需要补加空气充氮，补加装置由臭氧制备商提供） | | |

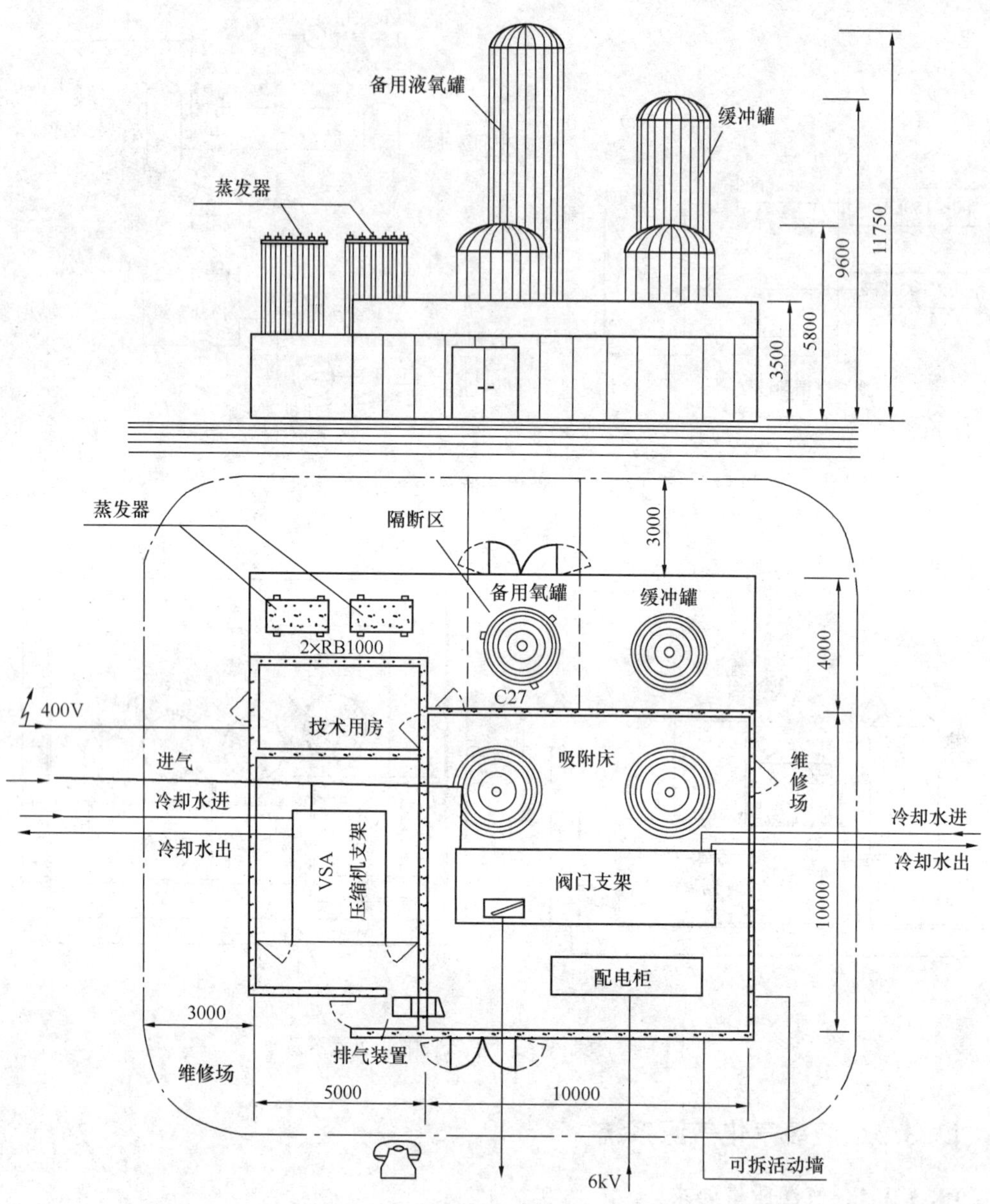


图 13-5 某制氧站（双床吸附）布置示意

#### 13.3.3.2 液氧气源装置的基本组成与要求

采用高纯度液态氧的气化站主要包括氧气储罐、蒸发器、压力调节系统、远程监控系统，流量计量仪等，见图 13-6。基本要求如下：

1）储存罐可采用卧式或立式。储存罐必须采用双壁保温形式，以减少液态氧的蒸发。

2）储存罐的压力等级：按系统压力要求可分为高、中、低三个等级。

3）蒸发器用于将液态氧蒸发成气态氧（GOX），有管式和板式两种。蒸发可通过水、电、蒸汽或环境空气等来完成。

4）液氧储罐供氧装置的液氧储存量应根据场地条件和当地的液氧供应条件综合考虑

确定，一般不宜少于最大日供氧量的3d用量。在沿海（东北）地区，应充分考虑台风（严重冰冻）等自然灾害可能带来交通中断等因素，适当增大液氧储罐容积，确保买方水厂的液氧使用不会因货物供货及装运中断而停产。

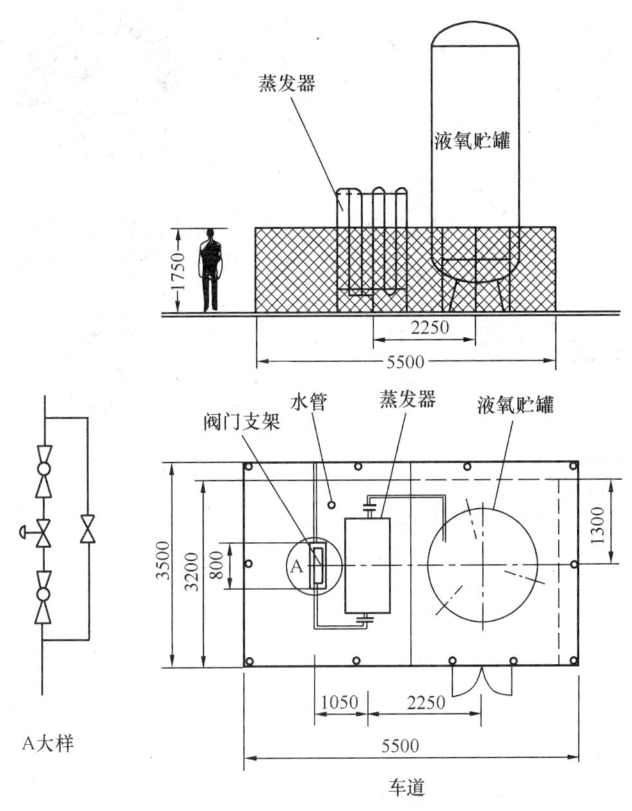


图13-6 液氧气源装置布置示意

### 13.3.3.3 液氧储罐布置要求

液氧储罐周围的范围内不应有可燃物和设置沥青路面，制氧站房灌氧站房或压氧站房气化站房宜设围墙或栅栏。液氧站储罐与水厂其他耐火等级为二、三、四级建筑的间距分别不得小于14、16、18m。一般情况下，液氧专用运输槽车长15m，宽2.5m，总重45t，因此厂区应提供专用液氧运输环形通道，车道宽度不宜小于6m，转弯半径不宜小于14m。

## 13.4 臭氧发生系统

臭氧发生装置包括臭氧发生器和其供电设备（调压器、升压变压器等）、电气控制和检测仪表等。

### 13.4.1 臭氧发生器及其工作特点

在水处理领域中，主要采用以高压无声放电法生产低浓度的臭氧化空气。

臭氧发生器分为管式（立管式、卧管式）和板式（立板式、卧板式）两种，见图13-7、图13-8。国内外目前生产的臭氧发生器（尤其是大型）以卧管式为主。

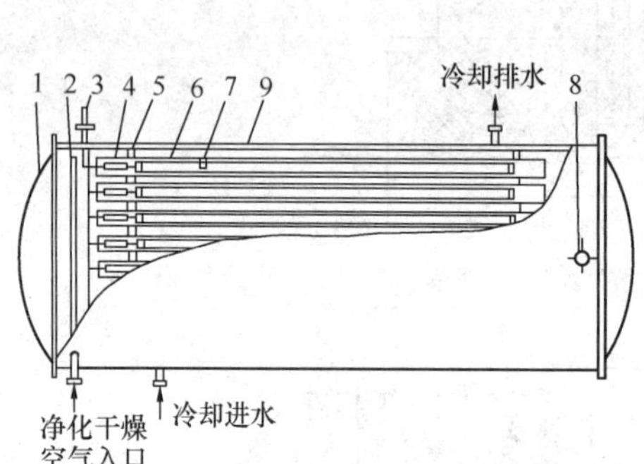


图13-7 管式臭氧发生器

1—封头；2—布气管；3—高压电极接线柱；4—高压熔丝；5—花板；6—玻璃介电管；7—不锈钢管高压电极；8—臭氧化气出口；9—筒壁

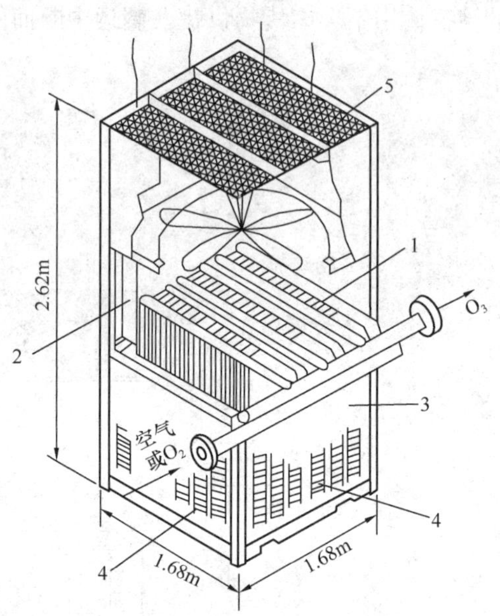


图13-8 板式臭氧发生器

1—臭氧发生器元件；2—挡板；3—百叶窗后固体电子设备；4—冷却空气进气口；5—冷却空气出口

（1）生产每千克臭氧的理论耗电量为0.82 kWh（或每千瓦小时的理论臭氧得率为1220g）；但工业化生产实践中臭氧的耗电量一般在10～12kWh/kg$O_3$以上，即95%以上的输入电能转变为其他形式的能量，主要为热能。因此，臭氧发生器需装设冷却水系统。

（2）臭氧发生器运转稳定时，生产出来的臭氧化空气的气量和所含臭氧的浓度也稳定不变。当采用空气为气源时，臭氧化空气中的最高含臭氧浓度可达1.02%～1.22%（体积比，气温为25℃时），相当于重量比为1.7%～2.1%，或相当于臭氧化空气中含臭氧浓度为20～25mg/L。

（3）采用富氧空气和纯氧，可提高臭氧化气中臭氧的浓度和单位电能的产率，此时臭氧重量浓度可达到6%～14%。

（4）臭氧化气的浓度和产率与输入电流的频率有关，频率增高则浓度和产率都增高。

臭氧发生器按供电频率一般分为低频（如50～60Hz）、中频（400～1000Hz）和高频（2000Hz以上）三类，我国发展趋势将采用中频的臭氧发生器。

（5）当输入的电流频率不变且发生器运转稳定时，发生器所生产的臭氧化气中的臭氧浓度和产率以及单位臭氧产量所需的电耗，与输入的气量、气压和电压有关。

## 13.4.2 臭氧发生器的运行特性及影响因素

（1）QD-500与OΠ-121型臭氧发生器运行特性曲线见表13-7，不同形式和不同构造的发生器可能有所不同，表 13-8 中所示供参考。

**臭氧发生器运行特性曲线** **表 13-7**

| 发生器特性 | 特性曲线图示 |
| --- | --- |
| 1. 变电压特性：发生器的工作气压和气量不变 时，产生的臭氧化气中的臭氧浓度、产量和比电耗 随发生器的工作电压的变化而改变 | 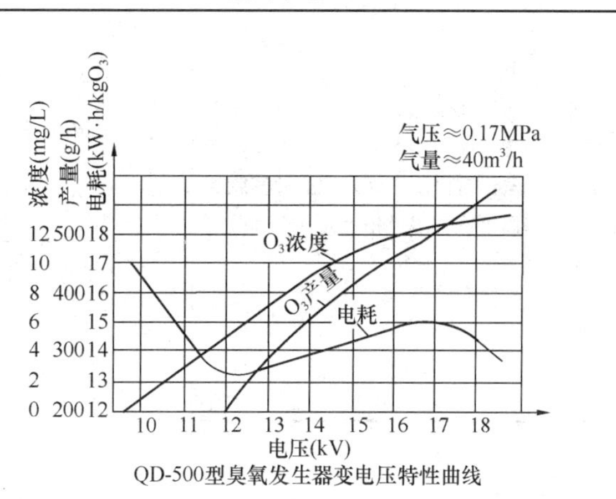<br>QD-500型臭氧发生器变电压特性曲线 |
| 2. 气压特性：工作电压和气量不变时，臭氧化气中的臭氧浓度、产量和比电耗随工作气压（绝对压力）的变化而改变 | 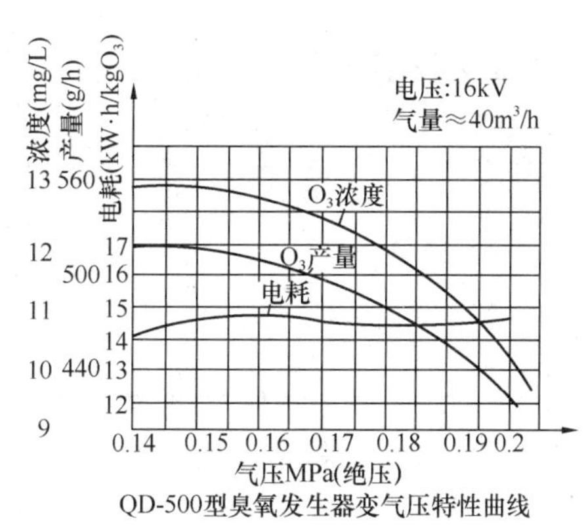<br>QD-500型臭氧发生器变气压特性曲线 |
| 3. 变气量特性：工作电压和气压不变时，臭氧化 气中的臭氧浓度、产量和比电耗随工作气量的变化而改变 | 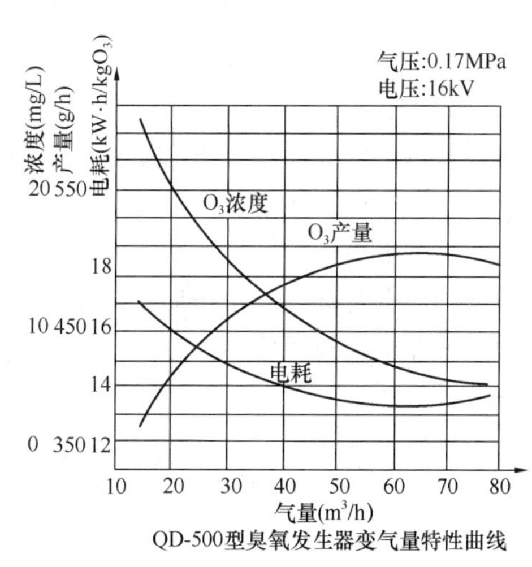<br>QD-500型臭氧发生器变气量特性曲线 |

续表

| 发生器特性 | 特性曲线图示 |
| --- | --- |
| 4. 产率与空气湿度关系：发生器的臭氧产率随着空气湿度的增大而下降。因此，要求对原料空气进行深度干燥处理，使其露点达到－50℃以下（含湿量相应为0.032g水/$m^3$气） | 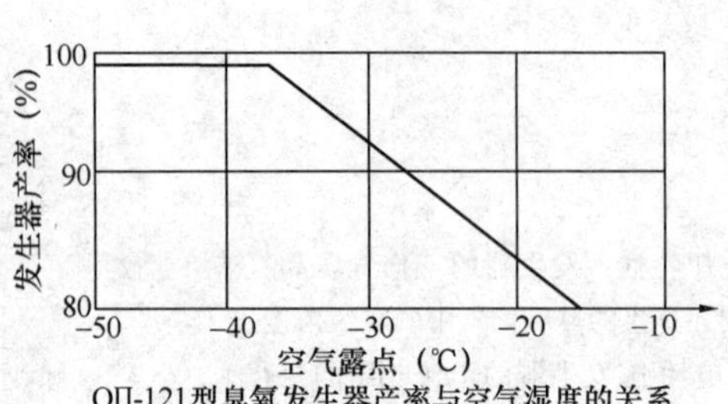<br><br>ОП-121型臭氧发生器产率与空气湿度的关系 |
| 5. 产率与冷却水温关系：发生器的臭氧产量与冷却水的出水温度有关。温度愈高，产率愈低 | 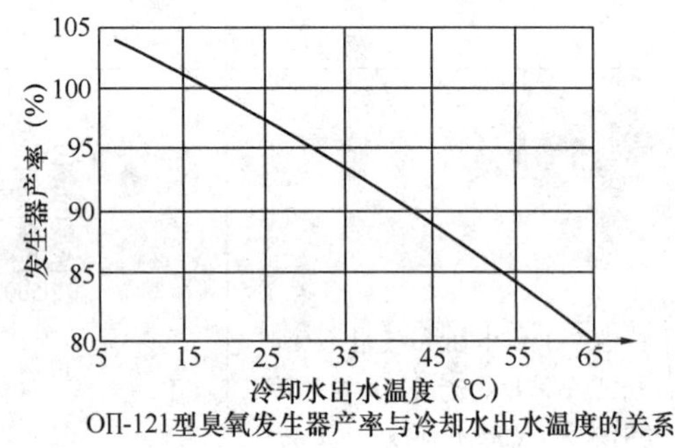<br><br>ОП-121型臭氧发生器产率与冷却水出水温度的关系 |

（2）臭氧产率与电极构造、供电参数的关系：臭氧发生器的臭氧产率与发生器的电极构造、供电参数及运行条件等因素有关。其关系可用式（13-4）～式（13-6）表示：

$$y/A \propto f\varepsilon \frac{V^2}{d} \tag{13-4}$$

$$V \propto Pg \tag{13-5}$$

$$y = qC \tag{13-6}$$

式中　$y/A$——单位电极面积臭氧产量；

$f$——供电电流频率；

$V$——供电电压；

$\varepsilon$——介电常数（与电极所用介电材料性质有关）；

$d$——介电电极厚度；

$P$——气压；

$q$——气量；

$C$——臭氧化气浓度；

$g$——电极间隙。

（3）影响发生器臭氧产率和比电耗的因素有：

1）外界因素（非构造因素）：

① 原料气的种类（空气或氧气等）。

② 原料气的湿度。

③ 气体的工作气压和气量。

④ 输送电流的电压和频率。

2）构造因素：

① 电极与介电体的冷却状况，可影响放电空间的冷却。冷却效果越好，发生器的臭氧产率越高，并可避免电极与介电体的损坏。

② 介电体升温时的自由膨胀度越高，越益于避免介电体的机械损伤。

③ 介电体的穿透性和厚度影响发生器的臭氧产率。升温越高，其吸收放电能量越多，用于臭氧生产的有效能量越低。介电体厚度越小，有效能量的利用率越高，但机械强度下降。

④ 放电间隙大小与电极有关，应与电极配合使放电空间得到最有效的利用。

### 13.4.3 臭氧发生系统的设计与计算

（1）发生器的设计与计算要点：发生量的确定与发生器的选择：

1）根据被处理原水水质的试验，确定臭氧投加率，然后计算所需要的臭氧发生量 $Q_{O_3}$。

2）实际需要的发生量尚需再乘以安全系数（间隙利用系统）1.06，即

$$Q_{O_3实际} = 1.06Q_{O_3计算} \quad (kgO_3/h) \tag{13-7}$$

3）按实际所需发生量查臭氧发生器产品样本，选择发生器型号和台数（包括备用台数）。

（2）变压器（调压器）功率的确定：一般臭氧发生装置包括电源设备，可直接选用；如需自行选择配套电气设备时，所需变压器的功率可采用式（13-8）计算：

1）先计算发生器的有效放电功率 $U$：

$$U=\frac{2}{\pi}V_{间隙}\omega[C_{电极}(V_{输入}-V_{间隙})-C_{输入}V_{间隙}] \quad (kW) \tag{13-8}$$

式中 $U$——发生器的有效放电功率（kW）；

$V_{间隙}$——间隙放电电压（V）；

$$V_{间隙}=V_{电压降}L_{间隙} \quad (V)$$

$L_{间隙}$——间隙尺寸（mm）；

$V_{电压降}$——放电间隙每毫米电压降（V/mm），取2000mm/V；

$C_{电极}$——电极电容（mF），一般取28.2mF；

$C_{间隙}$——放电间隙电容（mF），一般取0.4mF；

$\omega$——电流频率（Hz），一般为50Hz；

$V_{输入}$——发生器输入电压（V），根据试验确定，一般为12000～20000V。

2）发生器有效功率算出以后，可根据容积功率因数（一般取0.5左右）求出所需电源输入功率（VA功率）：

$$U_{电源输入}=U/\eta_e(kVA) \tag{13-9}$$

式中 $U_{电源输入}$——电源输入功率（kVA）；

$\eta_e$——容积功率因数，取 0.5。

3）考虑到臭氧发生器运行管理上的方便，一般每台发生器配备一台升压变压器及调压变压器，且变压器安装位置应尽量靠近发生器主机，以使高压电缆减至最短。

（3）发生器单产耗电量的计算：发生器单产电耗可利用经验公式或按放电单元（单管及单位放电面积）试验资料，或进行实测资料计算确定（一般标准系列产品在说明书中给出）。其经验公式为

$$E=\frac{C+35}{3}+\frac{65}{C} \tag{13-10}$$

式中 $E$——生产 1.0g 臭氧所需要消耗的电能（Wh）；

$C$——生产的臭氧化气浓度（$g/m^3$）。

### 13.4.4 臭氧产气设计浓度

氧气源臭氧发生系统出口臭氧浓度可以在较大范围内调节，但系统长期运行时额定臭氧浓度的选取则需要考虑如何使运行费用最优化。以氧气源臭氧发生系统为例，运行费用一般包括氧气费和臭氧发生器用电费用，增加臭氧浓度可以减少氧气的消耗量，但臭氧浓度升高会增加发生器生产每公斤臭氧的耗电量。通常臭氧产气设计浓度按重量百分比浓度为 8%～10%，也可按质量体积百分比浓度和体积比浓度计。

常用臭氧浓度单位如下，其换算关系见表 13-8：

重量百分比浓度：%wt；

质量体积百分比浓度：mg/L（$g/m^3$）；

体积比浓度：体积百万分之一（ppm v）。

**几种常用臭氧浓度换算关系** **表 13-8**

| 氧气源 | | |
|---|---|---|
| %Wt | $g/m^3$ | ppm v |
| 0.1% | 1 | 668 |
| 0.2% | 3 | 1337 |
| 0.3% | 4 | 2007 |
| 0.4% | 6 | 2676 |
| 0.5% | 7 | 3347 |
| 0.6% | 9 | 4017 |
| 0.7% | 10 | 4688 |
| 0.8% | 11 | 5360 |
| 0.9% | 13 | 6032 |
| 1% | 14 | 6704 |
| 2% | 29 | 13454 |
| 3% | 43 | 20248 |
| 4% | 58 | 27088 |

续表

| %Wt | g/m$^3$ | ppm v |
|---|---|---|
| 5% | 73 | 33975 |
| 6% | 88 | 40908 |
| 7% | 102 | 47888 |
| 8% | 118 | 54916 |
| 9% | 133 | 61991 |
| 10% | 148 | 69116 |
| 11% | 163 | 76289 |
| 12% | 179 | 83512 |
| 13% | 194 | 90785 |
| 14% | 210 | 98108 |
| 15% | 226 | 105483 |
| 16% | 242 | 112910 |
| 17% | 258 | 120388 |
| 18% | 274 | 127920 |
| 空气源 | | |
| %Wt | g/m$^3$ | ppm v |
| 0.1% | 1 | 603 |
| 0.2% | 3 | 1207 |
| 0.3% | 4 | 1811 |
| 0.4% | 5 | 2415 |
| 0.5% | 6 | 3020 |
| 0.6% | 8 | 3625 |
| 0.7% | 9 | 4231 |
| 0.8% | 10 | 4838 |
| 0.9% | 12 | 5445 |
| 1% | 13 | 6052 |
| 2% | 26 | 12153 |
| 3% | 39 | 18302 |
| 4% | 52 | 24501 |
| 5% | 66 | 30751 |
| 6% | 79 | 37051 |
| 7% | 93 | 43403 |
| 8% | 107 | 49807 |
| 9% | 120 | 56264 |
| 10% | 134 | 62774 |
| 11% | 148 | 69338 |
| 12% | 163 | 75957 |
| 13% | 177 | 82631 |
| 14% | 191 | 89362 |
| 15% | 206 | 96149 |
| 16% | 220 | 102994 |

### 13.4.5 臭氧发生器产品

（1）臭氧发生器的主要技术要求

我国开发制造臭氧发生器始于20世纪70年代末，经过近50年的设备制作与运用经验，已制定了行业标准《水处理用臭氧发生器》CJ/T 322—2010，对臭氧发生器的名词术语、产品分类以及性能试验等作出了规定。

（2）国产臭氧发生器

目前国产臭氧发生器已有多个生产厂商的多种形式和规格产品，其中以青岛国林和福州新大陆较为著名。

青岛国林公司成立于1994年，是国内臭氧行业的代表企业，对臭氧制造技术经历20余年的研究，具有臭氧发生室、整流逆变电源、臭氧专用高压变压器、臭氧放电管等自主知识产权的核心技术，产品经过了国家住房和城乡建设部的科技评估，性能达到国际先进水平。国林公司同时掌握玻璃和非玻璃两种放电介质技术，单机产量120kg/h臭氧发生器已成熟应用于水处理行业，目前在市政给水领域于上海、北京、济南、苏州等地已有数十个运行业绩。表13-9、表13-10分别为青岛国林空气源和氧气源臭氧发生器技术参数。

青岛国林空气源大型臭氧发生器参数 表13-9

| 型号 | 臭氧产量 | 气体流量 | 臭氧浓度 | 冷却水流量 | 额定功率 | 发生室及电源柜尺寸 | 大约质量 |
|---|---|---|---|---|---|---|---|
| | (kg/h) | ($Nm^3$/h) | (Wt%) | ($m^3$/h) | (kWh/$kgO_3$) | (mm)（长×宽×高） | (t) |
| CF-G-2-3KG | 3 | 92.8～116.1 | 2～2.5 | 9～12 | 14～16 | 3050×950×1950/2400×800×2100 | 2.7 |
| CF-G-2-4KG | 4 | 123.7～154.8 | 2～2.5 | 12～16 | 14～16 | 3200×1100×2050/ 2400×800×2100 | 3.5 |
| CF-G-2-5KG | 5 | 154.7～193.5 | 2～2.5 | 15～20 | 14～16 | 3300×1150×2100/ 3600×800×2120 | 4.6 |
| CF-G-2-6KG | 6 | 185.6～232.2 | 2～2.5 | 18～24 | 14～16 | 3300×1200×2150/ 3600×800×2120 | 5.4 |
| CF-G-2-8KG | 8 | 247.5～309.6 | 2～2.5 | 24～32 | 14～16 | 3400×1380×2250/ 3600×800×2120 | 7.8 |
| CF-G-2-10KG | 10 | 309.4～387 | 2～2.5 | 30～40 | 14～16 | 4400×1260×2200/ 4800×1000×2160 | 9.1 |
| CF-G-2-15KG | 15 | 464～580.5 | 2～2.5 | 45～60 | 1416 | 4600×1560×2480/ 5400×1200×2200 | 11.8 |
| CF-G-2-20KG | 20 | 618.7～774 | 2～2.5 | 60～80 | 14～16 | 4800×3600×2600/ 6000×1400×2400 | 14.5 |
| CF-G-2-30KG | 30 | 928.1～1161 | 2～2.5 | 90～120 | 14～16 | 6000×4000×2700/ 6000×1400×2400 | 21 |
| CF-G-2-40KG | 40 | 1237.4～1548 | 2～2.5 | 120～160 | 14～16 | 6000×4400×2800/ 7200×1400×2400 | 24 |
| CF-G-2-50KG | 50 | 1546.8～1935 | 2～2.5 | 150～200 | 14～16 | 7200×4800×2900/ 7200×1400×2400 | 28 |
| CF-G-2-60KG | 60 | 1856.1～2322 | 2～2.5 | 180～240 | 14～16 | 7200×5000×3400/ 7200×1400×2400 | 35 |

青岛国林空气源大型臭氧发生器参数 表13-10

| 型号 | 臭氧产量 | 气体流量 | 臭氧浓度 | 冷却水流量 | 额定功率 | 发生室及电源柜尺寸 | 大约质量 |
|---|---|---|---|---|---|---|---|
| | (kg/h) | ($Nm^3$/h) | (Wt%) | ($m^3$/h) | (kWh/$kgO_3$) | (mm)（长×宽×高） | (t) |
| CF-G-2-3KG | 3 | 20.2～25.5 | 10 | 5.1～6 | 6～8 | 2400×1700×1920 | 2 |
| CF-G-2-4KG | 4 | 27.1～39 | 10 | 6.8～8 | 6～8 | 2400×1700×1920 | 2.5 |

续表

| 型号 | 臭氧产量 | 气体流量 | 臭氧浓度 | 冷却水流量 | 额定功率 | 发生室及电源柜尺寸 | 大约质量 |
|---|---|---|---|---|---|---|---|
| | (kg/h) | ($Nm^3/h$) | (Wt%) | ($m^3/h$) | ($kWh/kgO_3$) | (mm)(长×宽×高) | (t) |
| CF-G-2-5KG | 5 | 33.8～42.5 | 10 | 8.5～10 | 6～8 | 2400×1700×1920 | 2.7 |
| CF-G-2-6KG | 6 | 40.6～51.1 | 10 | 10.2～12 | 6～8 | 2500×950×2000/ 2400×800×2100 | 3.1 |
| CF-G-2-8KG | 8 | 54.1～68.1 | 10 | 13.6～16 | 6～8 | 2600×1000×2000/ 2400×800×2100 | 4.2 |
| CF-G-2-10KG | 10 | 67.6～85.1 | 10 | 17～20 | 6～8 | 4000×900×1950/ 3600×800×2120 | 4.9 |
| CF-G-2-15KG | 15 | 101.5～127.7 | 10 | 25.5～30 | 6～8 | 4100×1000×2000/ 3600×800×2120 | 7.8 |
| CF-G-2-20KG | 20 | 135.5～170.2 | 10 | 34～40 | 6～8 | 4250×1150×2000/ 4800×1000×2160 | 9.4 |
| CF-G-2-30KG | 30 | 203.0～255.3 | 10 | 51～60 | 6～8 | 4300×1300×2250/ 5400×1200×2200 | 12.5 |
| CF-G-2-40KG | 40 | 270.6～340.4 | 10 | 68～80 | 6～8 | 4300×1500×2400/ 6000×1400×2400 | 16 |
| CF-G-2-50KG | 50 | 338.3～425.5 | 10 | 85～100 | 6～8 | 4300×1650×2600/ 6000×1400×2400 | 20 |
| CF-G-2-60KG | 60 | 405.9～510.6 | 10 | 102～120 | 6～8 | 4300×1750×2800/ 6000×1400×2400 | 23 |
| CF-G-2-80KG | 80 | 541.3～680.8 | 10 | 136～160 | 6～8 | 4400×1850×3000/ 7200×1400×2400 | 27 |
| CF-G-2-100KG | 100 | 676.6～851.1 | 10 | 170～200 | 6～8 | 4600×2100×3400/ 7200×1400×2400 | 31 |
| CF-G-2-120KG | 120 | 811.9～1021.3 | 10 | 204～240 | 6～8 | 4800×2200×3500/ 7200×1400×2400 | 35 |

新大陆 NLO 系列臭氧发生系统采用多项具有自主知识产权专利技术的微间隙介质阻挡放电设计，不仅使运行的效率大大提高，而且增加了系统连续运行的安全可靠性。臭氧系统的技术参数，如最高臭氧浓度是 270mg/L，额定臭氧浓度 150mg/L，单位臭氧耗电量是 8kWh，已经达到国际同类产品的先进水平。由于采用微间隙放电技术，使系统运行电压降低为 4kV，远低于玻璃管绝缘介质的耐压水平，有效地避免了介质击穿短路故障的发生，提高了运行可靠性。此外，由于采用高频放电技术，提高了臭氧发生器的工作效率并且使发生器的尺寸显著减小。表 13-11～表 13-14 分别为新大陆氧气源和空气源臭氧发生器技术参数。

**新大陆 NLO 氧气源臭氧发生系统系列产品　　表 13-11**

| 型号 | 额定产量 (g/h) | 氧气量 ($Nm^3/h$) | 冷却水量 ($m^3/h$) | 额定功率 (kW) | 发生器尺寸 $L×W×H$ (mm) | 质量 (kg) |
|---|---|---|---|---|---|---|
| NLO-10 | 10 | 0.1 | 0.1 | 0.2 | 500×350×200 | 35 |
| NLO-20 | 20 | 0.2 | 0.1 | 0.3 | 500×350×200 | 45 |
| NLO-30 | 30 | 0.3 | 0.1 | 0.5 | 500×400×500 | 55 |
| NLO-50 | 50 | 0.5 | 0.1 | 0.6 | 500×400×500 | 65 |
| NLO-100 | 100 | 1 | 0.2 | 1 | 600×800×1500 | 75 |
| NLO-200 | 200 | 2 | 0.4 | 2 | 600×800×1500 | 200 |
| NLO-400 | 400 | 4 | 0.8 | 4 | 600×800×1500 | 400 |

新大陆 NLO 氧气源臭氧发生系统系列产品 表 13-12

| 型号 | 额定产量（kg/h） | | 氧气量（Nm³/h） | | 冷却水量 | 额定功率 | 发生器尺寸 |
|---|---|---|---|---|---|---|---|
| | 100mg/I | 150mg/I | 100mg/I | 150mg/I | （m³/h） | （kW） | L×W×H（mm） |
| NLO-800 | 0.9 | 0.8 | 9 | 5.5 | 1.5 | 7 | 340×1500×2400 |
| NLO-1K | 1.2 | 1 | 12 | 7 | 2 | 9 | 400×1500×2400 |
| NLO-2K | 2.4 | 2 | 24 | 15 | 4 | 17 | 440×1600×2400 |
| NLO-5K | 6 | 5 | 60 | 35 | 9.5 | 43 | 770×1700×2400 |
| NLO-8K | 9.6 | 8 | 96 | 55 | 15 | 68 | 950×1800×2400 |
| NLO-10K | 12 | 10 | 120 | 70 | 19 | 85 | 1100×1900×2400 |
| NLO-14K | 16.8 | 14 | 168 | 95 | 26 | 120 | 1200×2000×2400 |
| NLO-15K | 18 | 15 | 180 | 100 | 28 | 128 | 1400×2000×2400 |
| NLO-20K | 24 | 20 | 240 | 135 | 37 | 170 | 1500×2100×2400 |
| NLO-30K | 36 | 30 | 360 | 200 | 55 | 255 | 1700×2200×2400 |
| NLO-40K | 48 | 40 | 480 | 270 | 73 | 340 | 1900×2300×2400 |
| NLO-55K | 66 | 55 | 660 | 370 | 100 | 470 | 2100×2400×2400 |
| NLO-75K | 90 | 75 | 900 | 500 | 138 | 640 | 2400×2500×2400 |
| NLO-95K | 114 | 95 | 1140 | 640 | 175 | 810 | 2700×2700×2400 |

新大陆 NLO-A 空气源臭氧发生系统系列产品 表 13-13

| 型号 | 额定产量（g/h） | 空气量（Nm³/h） | 冷却水量（m³/h） | 额定功率（kW） | 发生器尺寸 L×W×H（mm） | 质量（kg） |
|---|---|---|---|---|---|---|
| NLO-A-10 | 10 | 0.4 | 0.1 | 0.3 | 500×250×200 | 45 |
| NLO-A-20 | 20 | 0.8 | 0.1 | 0.5 | 500×600×500 | 60 |
| NLO-A-30 | 30 | 1.2 | 0.2 | 0.6 | 500×600×500 | 75 |
| NLO-A-50 | 50 | 2 | 0.2 | 0.9 | 600×800×1500 | 105 |
| NLO-A-100 | 100 | 4 | 0.4 | 1.8 | 600×800×1500 | 175 |
| NLO-A-200 | 200 | 8 | 0.8 | 3.6 | 600×800×1500 | 320 |
| NLO-A-400 | 400 | 15 | 1.5 | 7.2 | 1000×1200×1500 | 590 |

新大陆 NLO-A 空气源臭氧发生系统系列产品 表 13-14

| 型号 | 额定产量（kg/h） | 空气量（Nm³/h） | 冷却水量（m³/h） | 额定功率（kW） | 发生器尺寸 L×W×H（mm） |
|---|---|---|---|---|---|
| | 30mg/I | 30mg/I | | | |
| NLO-A-400 | 0.4 | 14 | 1.5 | 7 | 340×1500×2400 |
| NLO-A-500 | 0.5 | 17 | 2 | 8 | 400×1500×2400 |
| NLO-A-1K | 1 | 35 | 4 | 16 | 440×1600×2400 |
| NLO-A-2K | 2 | 70 | 7 | 32 | 770×1700×2400 |

续表

| 型号 | 额定产量 (kg/h) | 空气量 (Nm³/h) | 冷却水量 (m³/h) | 额定功率 (kW) | 发生器尺寸 $L\times W\times H$ (mm) |
|---|---|---|---|---|---|
| | 30mg/I | 30mg/I | | | |
| NLO-A-4K | 4 | 140 | 14 | 64 | 950×1800×2400 |
| NLO-A-5K | 5 | 170 | 18 | 80 | 1100×1900×2400 |
| NLO-A-7K | 7 | 240 | 24 | 112 | 1200×2000×2400 |
| NLO-A-8K | 8 | 270 | 28 | 128 | 1400×2000×2400 |
| NLO-A-10K | 10 | 340 | 35 | 160 | 1500×2100×2400 |
| NLO-A-15K | 15 | 500 | 52 | 240 | 1700×2200×2400 |
| NLO-A-20K | 20 | 670 | 70 | 320 | 1900×2300×2400 |
| NLO-A-30K | 30 | 1000 | 105 | 480 | 2100×2400×2400 |
| NLO-A-35K | 35 | 1170 | 120 | 560 | 2400×2500×2400 |
| NLO-A-45K | 45 | 1500 | 155 | 720 | 2700×2700×2400 |

（3）部分国外臭氧发生器设备：

随着绝缘材料、间隙宽度以及冷却散热方式的改进，工作电压和频率的提高，臭氧发生器性能有较大提升。目前国外臭氧发生器的最大产量已可达每台 240kg/h 甚至更大，单位臭氧电耗已降低至 8～12kWh/kg$O_3$，以空气为气源生产的臭氧浓度可达 3%～3.8%，用氧作气源的可达 14%～16%。

目前在国内水厂应用较广的国外品牌有瑞士 OZONIA、德国 WEDECO 以及日本的三菱、日立和富士。

### 13.4.6 冷却水系统

现代臭氧发生器的效率与传统产品相比已经明显提高，但运行中仍然有部分热量在放电间隙中转变成热量，如果这部分热量得不到有效的散失，臭氧发生器放电间隙的温度就会持续升高超过设计温度。高温不利于臭氧的产生，而且会加速臭氧的分解，导致臭氧浓度和产量下降。小型臭氧系统一般采用外循环直接冷却方式；而大型发生器多采用内循环水冷却的方式，通过板式换热器与工厂提供的外循环冷却水进行热交换。采用内循环方式可以保证进入臭氧发生器的冷却水质量，不易在放电管外壁上结垢降低换热效率或发生管壁腐蚀导致管泄露的故障。当冷却水温度超过系统设计温度或水量不足时，系统会自动发出报警信号。

## 13.5 臭氧接触反应系统

### 13.5.1 接触反应装置形式

常用的接触反应装置形式与比较见表 13-15。

**常用臭氧—水接触反应装置的形式和比较** 表 13-15

| 序号 | 类型 | | 图示 | 运行方式 | 传质能力 | 优缺点 | 适用反应方式 |
|---|---|---|---|---|---|---|---|
| 1 | 微气泡扩散器 | 接触池 | 尾气 进水 出水 $O_3$进气 | 1. 气水顺流、逆流或多室多级串联交迭逆顺流，连续运行或间断批量运行；<br>2. 是目前水厂中运行较多的类型，单室、单塔运行效果较差，接触池一般采用2～3室（塔）串联运行 | 传质效率与气泡扩散器的形式有关 | 优点：<br>1. 能耗较低；<br>2. 处理效果较好；<br>3. 能适应流量变动；<br>缺点：<br>1. 喷头堵塞时布气不均匀、混合差、易返混；<br>2. 接触时间长；<br>3. 价格高；<br>4. 安装要求高； | 反应速度控制的要求大液体容积的系统使用 |
| | | 鼓泡塔 | 尾气 进水 尾气 进水 填料 出水 出水 $O_3$进气 $O_3$进气 | | | | |
| 2 | 涡轮注入器 | | 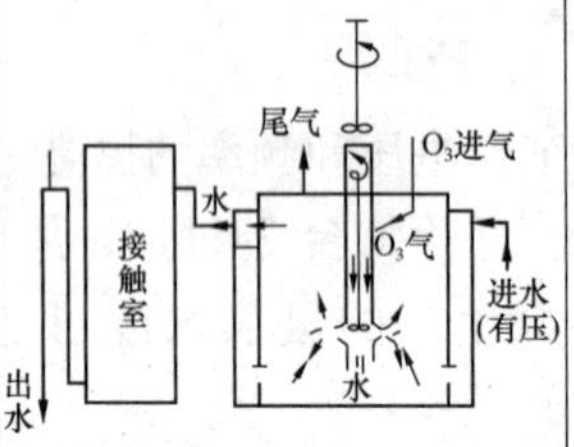 尾气 $O_3$进气 水 接触室 $O_3$气 进水（有压） 水 出水 | 气水强制混合，多用于部分投加，淹没深度＜2m | 传质能力强 | 优点：<br>1. 水头损失小，臭氧向水中转移压力大；<br>2. 混合效果好；<br>3. 接触时间较短；<br>4. 体积较小；<br>缺点：<br>1. 流量不能显著变化；<br>2. 耗能较多；<br>3. 有噪声 | |
| 3 | 固定混合器 | | 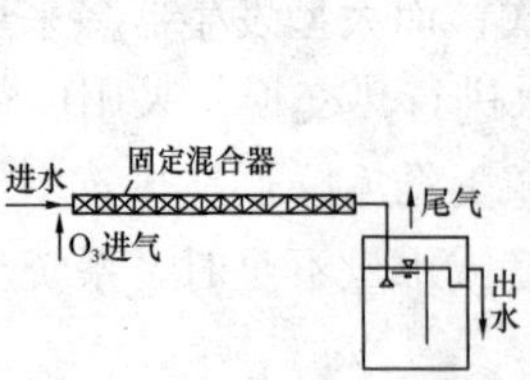 进水 固定混合器 $O_3$进气 尾气 出水 | 1. 强制混合，可顺流或逆流；<br>2. 连续运行，水量大，可部分投加 | 传质能力极强 | 优点：<br>1. 设备体积小，占地少；<br>2. 接触时间短；<br>3. 处理效果稳定；<br>4. 易操作，管理方便；<br>5. 无噪声，无泄漏；<br>6. 用材省，价格低；<br>缺点：<br>1. 流量不能显著变化；<br>2. 耗能较多； | 传质速度控制的水处理过程 |

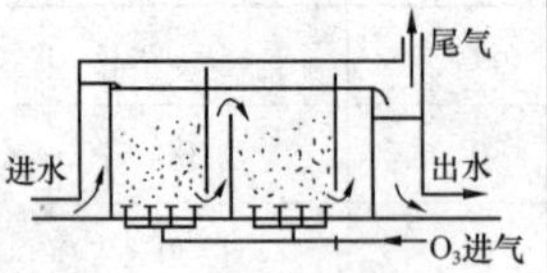

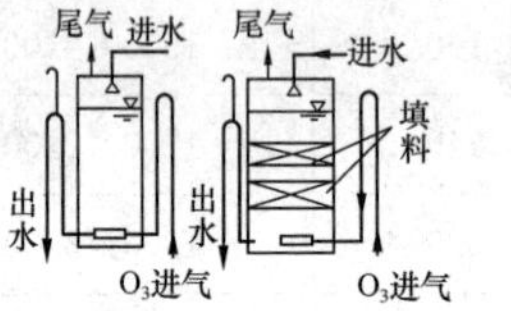

续表

| 序号 | 类型 | 图示 | 运行方式 | 传质能力 | 优缺点 | 适用反应方式 |
|---|---|---|---|---|---|---|
| 4 | 喷射器 | 进水 加压泵 $O_3$ 尾气 进水 出水 尾气 出水<br>全部水量喷射 部分水量喷射 | 气液强制或抽吸通过孔道，可部分投加或全部投加 | 传质能力较强及界面面积较高 | 优点：<br>1. 混合好；<br>2. 接触时间短；<br>3. 设备小<br>缺点：<br>1. 流量不能显著变化；<br>2. 耗能较多 | 传质速度控制的各种水处理过程 |

### 13.5.2 接触反应装置的选择

选择接触反应装置的原则：

(1) 确定需要去除物质（或污染物）在水中与臭氧接触反应的速度过程，是属于传质速度控制还是化学反应速度控制。

臭氧用于水处理过程必须经历臭氧从气相到液相的传质过程和溶解臭氧同水中污染物反应的反应过程。根据臭氧在水中同污染物的速度，臭氧水处理过程可分为：传质速度控制（快速或瞬时反应）和化学反应速度控制（慢速反应）的过程。其典型投加剂量一时间曲线见图 13-9。

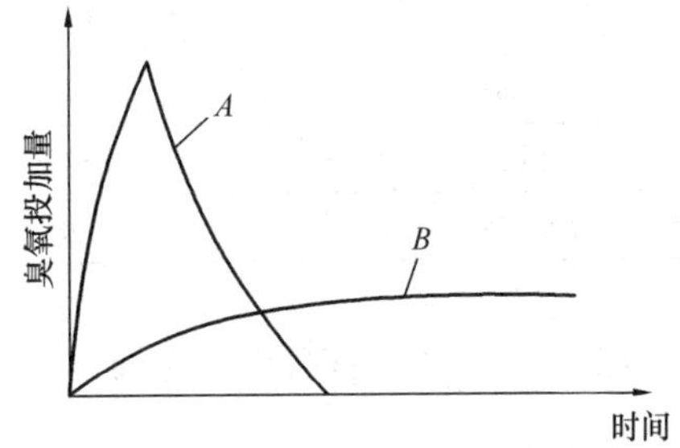


图 13-9 臭氧投加量一时间曲线

A—传质速度控制的反应；

B—化学反应速度控制的反应

常见水中污染物同臭氧反应的类型和给水处理中常用处理要求的反应类型，见表 13-16。

(2) 臭氧化法用于受传质速度控制的污染物去除时，应选用传质效率高的接触反应装置。如蜗轮注入器、固定螺旋混合器、喷射器等。

常见污染物和水处理要求与臭氧反应类型 表 13-16

| 臭氧反应类型 | 受传质速度控制 | 受化学反应速度控制 |
|---|---|---|
| 反应去除的污染物质 | 腐殖酸、铁、锰、氰、酚、硫化氢、亚硝酸盐、亲水性染料、不饱和有机化合物、细菌、病毒 | COD、$NH_3-N$、ABS、石油制品，合成表面活化剂、农药、氨 |
| 给水处理中常用的处理要求 | 1. 杀菌消毒及灭活病毒；<br>2. 铁、锰氧化去除；<br>3. 产生微凝聚效应的物质；<br>4. 生物活性炭臭氧预处理（传质控制）；<br>5. 产生 THMS 物质的去除 | 去除上列污染物质的给水处理要求 |
| | 1. 微量污染物氧化（传质或化学反应速度控制，依污染物种类及其化学性质而定）；<br>2. 嗅味去除（传质或化学反应速度控制，按具体产生臭味物质性质而定） | |

(3) 臭氧化法用于受化学反应速度控制的污染物去除时，宜选用具有较大的液相容积，可较长时间保持一定溶解臭氧浓度的接触反应装置，如微孔扩散接触池。

### 13.5.3　接触反应装置的设计参数

接触反应装置主要设计参数，可参见表13-17。

接触反应装置主要设计参数　　表13-17

| 处理要求 | 臭氧投加量（$mgO_3$/L 水） | 去除效率（%） | 接触时间（min） |
|---|---|---|---|
| 杀菌及灭活病毒 | 1～3 | >90～99 | 数秒至10～15min，依所用接触装置类型而异 |
| 除嗅、味 | 1～2.5 | 80 | >1 |
| 脱色 | 2.5～3.5 | 80～90 | >5 |
| 除铁除锰 | 0.5～2 | 90 | >1 |
| COD | 1～3 | 40 | >5 |
| $CN^-$ | 2～4 | 90 | >3 |
| ABS | 2～3 | 95 | >10 |
| 酚 | 1～3 | 95 | >10 |
| 除有机物等（$O_3$−C工艺） | 1.5～2.5 | 60～100 | >27 |

### 13.5.4　影响接触反应装置性能的因素

为使接触反应装置设计合理，在接触装置类型选定后，应进行必要的试验以取得可靠的设计参数。

影响接触反应装置性能的因素有：

(1) 水中污染物的种类、浓度及其在水中的可溶性。

(2) 气相臭氧的浓度和投加量。

(3) 接触方法与时间。

(4) 气泡大小。

(5) 水的压力与温度。

(6) 干扰物质的影响。

### 13.5.5　接触反应装置的设计计算

(1) 微气泡接触反应装置

1) 工作特点：目前臭氧化法在给水处理系统中大多采用微气泡接触反应。水量较小或受场地限制时，可采用塔式反应装置、接触氧化塔，习惯上称作鼓泡塔；水量较大时均建成微气泡接触反应池，见图13-10、图13-11。

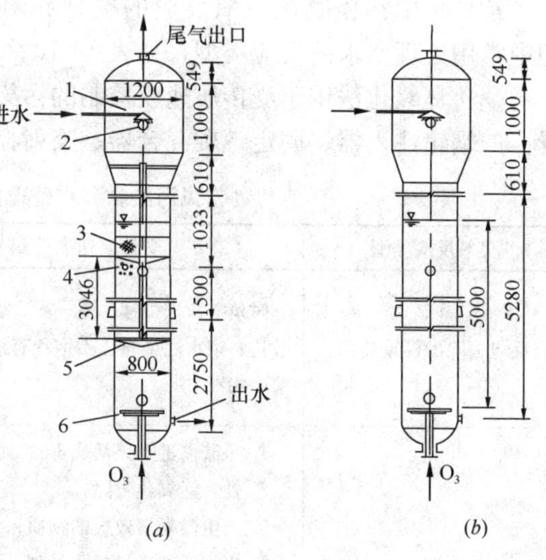


图13-10　鼓泡塔

(a) 加填料；(b) 无填料

1—进水喷淋器；2—观察窗；3—活性炭填料；4—环填料；5—筛板；6—布气板

① 鼓泡塔（接触氧化塔）一般为空塔无填料；有时为提高传质及反应效果，可适当加装填料。鼓泡塔中被处理水一般自塔顶进入，经喷淋装置下流，而臭氧化气体自设置在塔底部的微孔扩散设备（微孔扩散板、盘、头或微孔滤棒），扩散成微小气泡上升，气水逆流接触而完成处理过程。

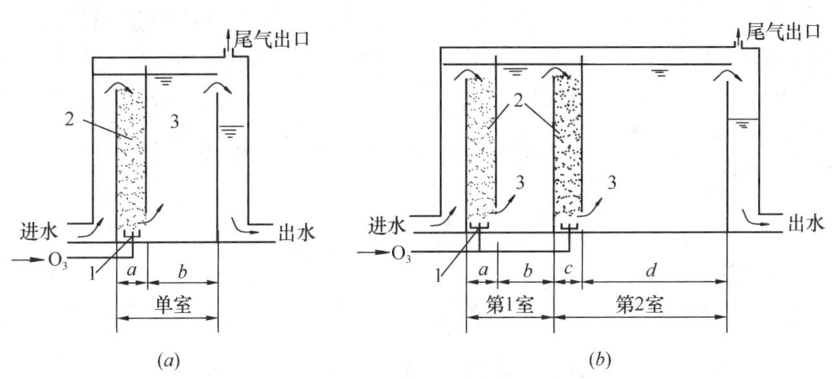


图 13-11 接触反应池

（a）单接触室；（b）双接触室

1—扩散布气；2—接触室；3—反应室

② 接触反应池如图 13-11 中所示，处理水流由池下部进入池内，呈向上升流和向下降流方向，折向流动，通常为 2～3 个接触反应室。$O_3$ 臭氧化气通过设在池底部的布气扩散板（头、管）等设备扩散成微气泡与进入的水流呈逆向流接触反应，进行氧化处理过程。

2）设计要点及数据

① 气水接触时间：主要由气泡上升速度及水柱高度决定。用于给水处理时，一般采用水力停留时间大于 5～10min。

② 臭氧吸收率可达 80%～90%以上。

③ 根据处理水水质要求，鼓泡塔可设计为一级、二级或多级串联运行。

④ 处理水量很大时，均设计成微气泡接触反应池。根据水质要求设计成单室、双室或多室串联运行。每室均可投加臭氧，且投加量可以不等。如双室时，前室可投加所需臭氧耗量的 60%，后室投加 40%。

⑤ 鼓泡塔塔体宜用不锈钢板制造，有时亦可采用碳钢制造，但内表面需加无毒防腐涂层。

接触池可采用钢筋混凝土结构，内涂防腐层。

⑥ 扩散设备国内常采用微孔钛板、陶瓷滤棒、刚玉微孔扩散板等，见图 13-12。

微孔孔径约 20～60μm 也可采用不锈钢或塑料穿孔板（管）。扩散出的气泡直径以≤1～2mm 为宜。

⑦ 塔（池）顶密封，塔（池）内气体只能经尾气管排出。塔进气管道应先上弯高于塔内最高水位，然后再向下折回至塔底进入塔内，以防塔中水倒灌至臭氧发生器内，或将发生器安装在塔内最高水位高度以上。

塔出水管也应上弯至塔最高水位高度，并在弯管处设大气连通管，以保持塔内设计水

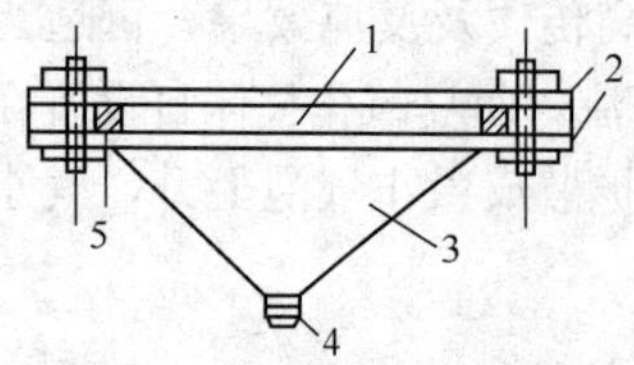


图 13-12　微孔扩散布气头
1—钛板；2—冲压不锈钢法兰；3—冲压不锈钢圆锥体；4—不锈钢管接头；5—硅橡胶垫圈

位稳定和平衡出水水压，参见表 13-15 中图示。

⑧ 塔径算出后，应根据所需布气元件数目和尺寸，布置元件并进行校核，应使空塔水流速度在 4～6m/s 范围内。

⑨ 根据运行经验，可在塔中加装适当厚度的填料，改善水—臭氧化气接触反应效果，避免塔内产生涡流使水“返混”。填料可采用颗粒活性炭、塑料或陶瓷鲍尔环及波纹板等；填料种类与厚度应根据具体设计情况或由试验决定。

3）设计计算

① 连续处理时：

接触氧化塔（鼓泡塔）或接触氧化池的设计公式及数据见表 13-18。

**接触氧化塔（鼓泡塔）或接触氧化池的设计公式**　　**表 13-18**

| 计算公式 | 符号说明及数据 |
|---|---|
| 1. 塔体或池体尺寸计算：<br>$V=\frac{tQ_水}{60}$<br>1）塔体：<br>$F_A=\frac{tQ_水}{60H_A}$<br>$D=\sqrt{\frac{4F_A}{\pi}}$<br>$K_A=\frac{D}{H_A}$<br>$H_塔=（1.25～1.35）H_A$<br>2）池体<br>$F_B=\frac{tQ_水}{60H_B}\quad L=\frac{F_B}{B}$<br>$t=t_1+t_2+t_3$<br>两个接触反应室：<br>$t=t_1+t_2\geqslant 4+t_3$<br>三个接触反应池<br>$t=t_1+t_2+\frac{t_2}{2}+t_3$<br>$l_i=t_i\times\frac{L}{t}$ | $V$——塔或池体体积（$m^3$）；<br>$t$——水力停留时间（min），（无试验资料时可参照表 13-17 中数据选用）；<br>$Q_水$——水流量（$m^3/h$）；<br>$F_A$——塔截面面积（$m^2$）；<br>$H_A$——塔内有效水深（m），一般可取 4～5.5m；<br>$D$——塔径（m）；<br>$K_A$——径高比，一般采用 1：（3～4）。如计算的 $D>$1.5m 时，为使塔不致过高，可将其适当分成几个直径较小的塔或设计成接触池；<br>$H_塔$——塔总高（m）；<br>$F_B$——池面积（$m^2$）；<br>$H_B$——扩散器以上水声（m），一般为 5～7m（Degremont 经验值）；<br>$L$——池长度（m）；<br>$B$——池宽度（m），一般按场地布置条件与扩散器均匀布置考虑；<br>$t_i$——各接触反应室停留时间（min）；<br>$t_2\geqslant$4min（Degremont 经验值）；<br>$l_i$——各反应室长度（m） |
| 2. 臭氧化气布气系统计算：<br>$C=\frac{Q_水 C_0}{1000}$<br>$Q_气=\frac{C1000}{Y_1}$<br>$Q'_气=\frac{Q_气\times(273+20)\times 0.103}{273\times 0.18}=0.614Q_气$<br>$n=\frac{Q_气}{\omega f}$<br>$\omega'=\frac{d_0-aR^{\frac{1}{3}}}{b}$ | $C$——每小时投配的总臭氧量（$kgO_3/h$）；<br>$C_0$——水中所需臭氧投加量（$gO_3/h$）；<br>$C_气$——水中所需投加的臭氧化气流量（标准 $Nm^3/h$）；<br>$Y_1$——发生器所产臭氧化气浓度（$gO_3/m^3$），一般在 10～20g/$m^3$ 范围内；<br>$Q'_气$——水中所需投加的发生器工作状态下（$t=20$℃，$P=0.08$MPa）的臭氧化气流量（$m^3/h$）；<br>$n$——微孔扩散元件数；<br>$f$——每只扩散元件的总表面积（$m^2$），陶瓷滤棒 $\pi dl$（$d$ 为棒直径，$l$ 为棒长）；微孔扩散板 $\frac{\pi d^2}{4}$（$d$ 为扩散板直径）；<br>$\omega$——气体扩散速度（m/h），依微孔材料及其微孔孔径和扩散气泡直径而定；<br>$\omega'$——使用微孔钛板时的气体扩散速度（m/h）；<br>$d_0$——气泡直径（1～2min）；<br>$R$——微孔孔径（20～40$\mu$m）；<br>$a$，$b$——系数，使用钛板时 $a=0.19$，$b=0.066$ |

续表

| 计算公式 | 符号说明及数据 |
|---|---|
| 3. 所需臭氧发生器工作压力计算：<br>$H>h_1+h_2+h_3$ | $H$——臭氧发生器工作压力（以 9.8kPa 计）；<br>$h_1$——塔内或池内水柱高度（以 9.8kPa 计）；<br>$h_2$——布气元件水头损失（以 9.8kPa 计）见表 13-19；<br>$h_3$——臭氧化气输送管道水头损失（以 9.8kPa 计） |

国内生产的几种微孔扩散材料的水头损失实测值列于表 13-19

**国产微孔扩散材料的水头损失实测值　　表 13-19**

| 材料型号及规格 | 不同过气流量下的水头损失（mmHg） | | | | | | | |
|---|---|---|---|---|---|---|---|---|
| | 0.2 | 0.45 | 0.93 | 1.65 | 2.74 | 3.8 | 4.7 | 5.4 |
| | [$L_{气}$/（$cm^2$·h）] | | | | | | | |
| WTDIS 型钛板①孔径<10μm，厚 4mm | 43.5 | 45 | 48 | 51 | 53 | 55 | 57 | 60 |
| WTD2 型钛板②孔径 10～20μm，厚 4mm | 49 | 53 | 57 | 62 | 66 | 67 | 70 | 72 |
| WTD3 型钛板①孔径 25～40μm，厚 4mm | 26 | 28 | 30 | 32 | 34 | 36 | 38 | 39 |
| 锡青铜微孔板孔径未测，厚 6mm | 5 | 7 | 9 | 13 | 17 | 23 | 30 | 35 |
| 刚玉石微孔板孔径未测，厚 20mm | 62 | 76 | 90 | 104 | 115 | 129 | 135 | 142 |

①WTDIS、WTD3 型微孔钛板原料为颗粒状。

② WTD2 型为树枝状，水头损失较高。

② 间断批量处理时：

鼓泡塔（或接触池）容积：

$$V=\frac{Q_{水}\,tk}{\varphi^{n}}\quad(m^3)\tag{13-11}$$

式中 $V$——批量处理所需鼓泡塔容积（$m^3$）；

$Q_{水}$——每批处理的水流量（$m^3/h$）；

$t$——每批处理所需接触反应时间（h 或 min），如无试验资料可参照表 13-18 选用；

$k$——安全系数，取 1.15；

$\varphi$——塔充满系数，取 0.75；

$n$——塔个数。

上述塔体积求出后，可按连续处理时的各公式计算塔直径、塔内阻力及布气设备等。当接触氧化池作间断批量处理时，可参考上述计算。

（2）蜗轮注入器臭氧接触装置：

1）工作特点：处理水重力（或有压）流入扩散室内，由电动机带动叶轮高速旋转，在水通过叶轮孔眼吸入，再由叶轮边缘喷出时，将臭氧抽吸到水中并与之混合，见图 13-13。因此，臭氧传递要比鼓泡塔快得多，能缩短接触时间，从而缩小接触池容积。

2）设计要点及数据：

① 一般的接触时间约为 6～10min。

② 耗能较大，耗能指标为 7～10Wh/g$O_3$。臭氧吸收率一般在 75%～85%。

③ 蜗轮注入器可连续或间断批量运行，并可多级串联或并联工作。

④ 应特别注意叶轮的淹没深度：

a. 在淹没深度小于 2m 时，蜗轮的扩散能力较强，可达 25～1000$Nm^3/h$。

b. 当淹没深度为 2m 时，扩散能力下降 50%，为 15～500$Nm^3/h$；当淹没深度达到 5m 时，扩散能力将下降 75%，只有 7～250 $Nm^3/h$。

因此，对水量小的浅水投加最为适用。如处理水量较大时，可采用部分流量（如总流量的 1/10）投加，然后再与主水流混合的方式。

⑤ 用于给水处理的注入器整个装置，宜选用不锈钢材料制造。

⑥ 蜗轮注入器设计时，可根据所需臭氧化气投加量（$Nm^3/h$）选择蜗轮定型设备。再根据处理水流量及接触时间计算所需扩散接触室的容积。最后结合选定的蜗轮注入设备进行整体设计和布置。

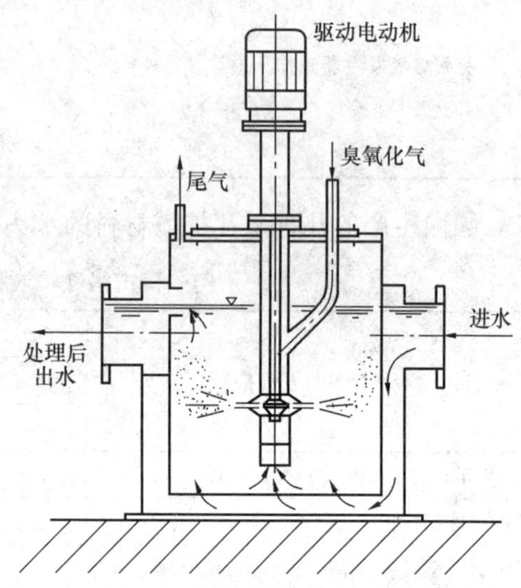


图 13-13 蜗轮注入器臭氧接触装置

3）蜗轮注入器产品与规格：

① 现已有设备厂定型产品。

② 美国 Tii 公司生产的 Kerag（凯拉格）型蜗轮注入器规格，见表 13-20。

**美国 Tii 公司生产的 Kerag（凯拉格）型蜗轮注入器规格　　表 13-20**

| 型号 | 功率（kW） | 最大投加气量（$Nm^3/h$） |
|---|---|---|
| RB-90-2000 | 0.75 | 25 |
| RB-110-280 | 2.2 | 55 |
| RB-130-300 | 4.0 | 90 |
| RB-260-600 | 11.0 | 300 |
| RB-350-700 | 37.0 | 1000 |

（3）固定螺旋混合器（管式静态混合器）

1）工作特点：固定螺旋混合器是一种直接在官道中装设固定螺旋形元件的强制性气水混合接触反应装置，也可称为管式静态混合器。

固定螺旋混合器元件及组合方式见图 13-14。

它的传质能力极强，单位设备容积的臭氧传质系数比鼓泡塔高数百倍，乃至千倍，一级臭氧吸收率达 90%以上。

2）设计要点及数据

① 混合能系由水流的压力降提供，须消耗能量，能耗介于鼓泡塔和蜗轮注入器之间，约为 4～5$Wh/gO_3$。

② 固定螺旋混合器可连续或间断运行，必要时可将部分或全部处理水回流多次，作

循环臭氧氧作处理，直至水质合乎要求。

③ 可将数台混合器串联或并联运行，并根据设计要求增减元件数以达到所需水质；一般每台元件数不多于50个。每个元件长度为$l$，一般$l=2d$。

每台直径$d$为100～300mm的混合器约可处理水量1000～10000$m^3$/d。

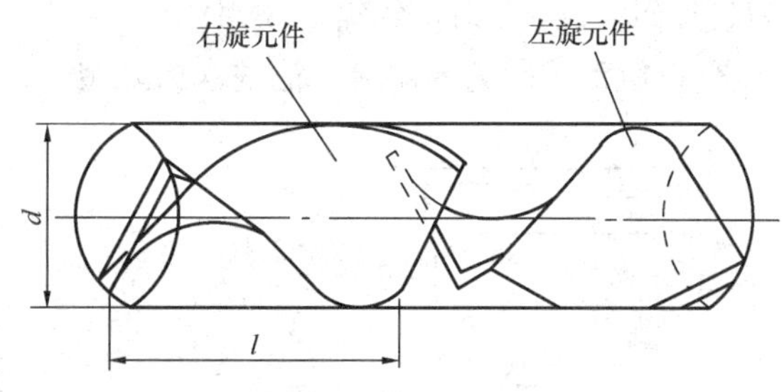


图13-14 固定螺旋混合器及其连接示意

④ 固定螺旋混合器的外管，宜采用不锈钢或合金铝等耐臭氧腐蚀材料；元件采用不锈钢或碳钢镀铬（镍）等材料。

⑤ 元件扭曲度180%相邻元件旋转方向相反，端缘90°垂直相接。

⑥ 混合器以水平安装较好，必要时也可垂直装设。

⑦ 混合器出口端需设气水分离设施，使臭氧化气尾气与处理过的水分离。

气水分离设施容积较小时（1～2$m^3$）可用圆形钢罐；容积较大时，可用类似于臭氧接触池布置形式的矩形钢筋混凝土池。为确保气水分离效果，便于尾气聚集排放，分离设施内应加设隔板，保持稳定水位，防止尾气随出水从出水管道泄出。罐顶或池顶要密封，池内空气或$O_3$尾气只能通过尾气排放装置（尾气再利用或分解）排出。

⑧ 气水分离设施内水停留时间，按3～5min计算。

⑨ 分离设施内水面高度，不宜超过总高度的3/4。

（4）喷射器

1）工作特点：根据文丘里原理制成的喷射器，是臭氧化法水处理过程中较早使用的臭氧投配装置。

喷射器是在处理水通过收缩喷嘴时所造成的负压下，将臭氧化空气吸入水中，适用于以 负压运行的臭氧发生器。

近些年来，为适合在压力下运行的臭氧发生器，制成了正压喷射器，臭氧化气体以高于大气压的压力下进喷射器，可以提高臭氧吸收率，使更多的臭氧溶入水中。

2）喷射器投加方式分为部分喷射和全部喷射。

① 图13-15为全部喷射接触装置示意。适用于水量较小时将全部水流加压，或虽水量较大但可利用重力水头将臭氧化气与水在喷射器中混合，然后进入接触池中接触反应。

喷射器出口管端伸至水面下数米深，因此，未吸收的臭氧化空气气泡尚可有上升至水面的补充接触时间，以改善臭氧向水中的传递，此型臭氧吸收率一般可达80%～95%。

② 图13-16为部分喷射接触装置示意。

部分喷射是全部喷射的一种改进方式，也可称作支流喷射。此时，只将处理水的一部分水（如5%～10%）给予加压，通过喷射器与全部所需投加的臭氧化气混合，再同其余的水混合，最后进入接触反应池。

3）设计要点及数据：

① 将处理水加压所需消耗的能量：全部喷射时为15～20Wh/g$O_3$；部分喷射时为4～10 Wh/g$O_3$。

② 喷射器进口水压与处理水流量及臭氧气投加量、喷嘴直径和喉管直径比等有关。

臭氧投加量<3g/m³时，约需0.3MPa。

③ 接触池一般为同向流，池内水深采用3～5m，接触时间3～5min。

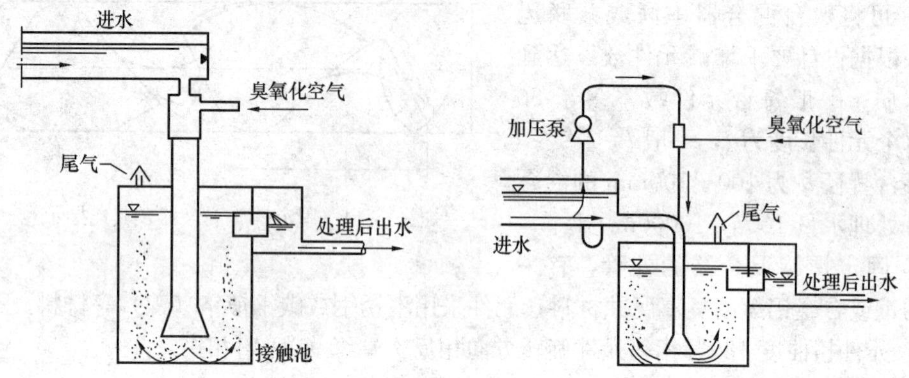


图13-15　臭氧化处理全部喷射接触装置示意　图13-16　臭氧化处理部分喷射接触装置示意

# 13.6　臭氧尾气处理

## 13.6.1　尾气的处理要求

臭氧除了对人类有益的一面外，同时它又是一种对环境污染的物质，我国《环境空气质量标准》GB 3095—2012中规定臭氧的浓度限值（1h平均）一级标准为0.12mg/m³，二级标准为0.16mg/m³，三级标准为0.20mg/m³。室内空气中臭氧的含量更为严格，不得超过0.10mg/m³。臭氧的工业卫生标准大多数国家最高限值为0.1ppm（0.20mg/m³）。

从水与臭氧接触装置排出的臭氧化空气的尾气中，仍含有一定数量的剩余臭氧。尾气中剩余臭氧量的大小随所处理水的水质及其吸收反应情况、臭氧投加量的大小、水—气接触时间、臭氧化气的浓度及水的温度、pH等因素而变化。当尾气直接排入大气并使大气中的臭氧浓度大于0.1mg/L时，即会对人们的眼、鼻、喉以及呼吸器官带来刺激性，造成大气环境的二次污染。因此必须消除这种污染，对尾气进行处理使其达标排放。

## 13.6.2　常用的尾气处理方法

尾气破坏器一般采用高温加热（380℃）或加热催化（40℃）的方式分解臭氧。高温加热方式电能消耗量大，但运行可靠。加热催化方式具有较好的经济性，使用前应考虑尾气中是否含有使催化剂中毒的成分，如氯、硫。采用加热催化方式的破坏器一般包括除雾器、加热器、催化剂床、风机和独立的电源控制柜。催化剂的质量决定了破坏器的性能和寿命。

(1) 高温加热分解法：

1) 臭氧在30℃时开始分解，230℃时、1min内即可分解92%～95%；在高温时（≥300℃），1～2s内可达到100%的分解；温度为330℃时，1.4s左右的时间就可以使臭氧浓度降到0.1mg/L以下。

热分解后的臭氧浓度基本上不受分解前臭氧浓度的影响。

2）可采用电加热或锅炉及燃烧炉的热源回收热等。此外，也可利用高温蒸汽与臭氧化气直接接触混合或经热交换器加热，使臭氧化气中的臭氧分解。

3）热分解法是当前用于消除臭氧处理厂尾气所含臭氧使用最广泛的技术，可采用的主要工艺有三种：单通道电阻加热、通过热交换加热、加热并过热燃烧。以上三项工艺的相应投资费用比分别为1：2.5：1.3。

（2）加热催化分解法

目前大多数催化剂都是同钯、氧化锰和氧化镍类化合物。催化法分解的效果与尾气湿度有关。目前已普遍采用更为有效的热催化方法分解尾气。如特立格公司DTC型热催化尾气破坏器为紧凑型、带滑动支座的装置；由预热器、催化反应器、控制盘、抽气机等组成。排出余气臭氧浓度小于0.1ppm；排出气温度较环境温度高15℃。

当气流量为（空气源）32～2200$m^3$/h或（氧气源）22～1540$m^3$/h时，催化剂体积为8～547L，功率为1.5～22.9kW，装置质量为100～650kg。

## 13.7 臭氧处理实例

案例一：东莞第六水厂深度处理工程预臭氧接触池

设计规模为50万$m^3$/d，与水厂总进水配水井在结构上合建，详见图13-17。主要工艺形式及设计参数如下：

采用水射器结合射流式扩散器进行臭氧投加和扩散；接触池采用两段式布置；臭氧投加率为1.0mg/L；停留时间3min；水深6m；每座接触池池顶设一个压力释放阀；两座接触池共用一套催化分解尾气处置装置，其中抽风风机和尾气分解催化接触罐一用一备。

案例二：上海临江水厂扩建改造工程中间臭氧接触池

上海临江水厂规模为60万$m^3$/d。共设置三座规模为20万$m^3$/d的中间臭氧接触池，详见图13-18所示。主要设计内容及参数为：采用管道混合器结合部分流量回流进行臭氧投加和扩散；气水分离由后续的接触池来实现；接触池采用竖向流往复隔板式布置；臭氧投加率为2.5mg/L；停留时间7.5min；水深6m；每座接触池池顶设一个压力释放阀；三座接触池与厂内的预臭氧接触池共用一套电加热分解尾气处置装置，其中抽风风机和尾气加热分解接触器各一用一备。

案例三：东莞第六水厂深度处理工程臭氧发生车间

整个臭氧发生车间土建按远期规模达到100万$m^3$/d时设计，本期设备配置规模为50万$m^3$/d；臭氧最大发生量为81kg/h；共设3台臭氧发生器，采用软备用方式；单台发生量27kg/h，产气浓度10%；气源采用液氧。详见图13-19所示。

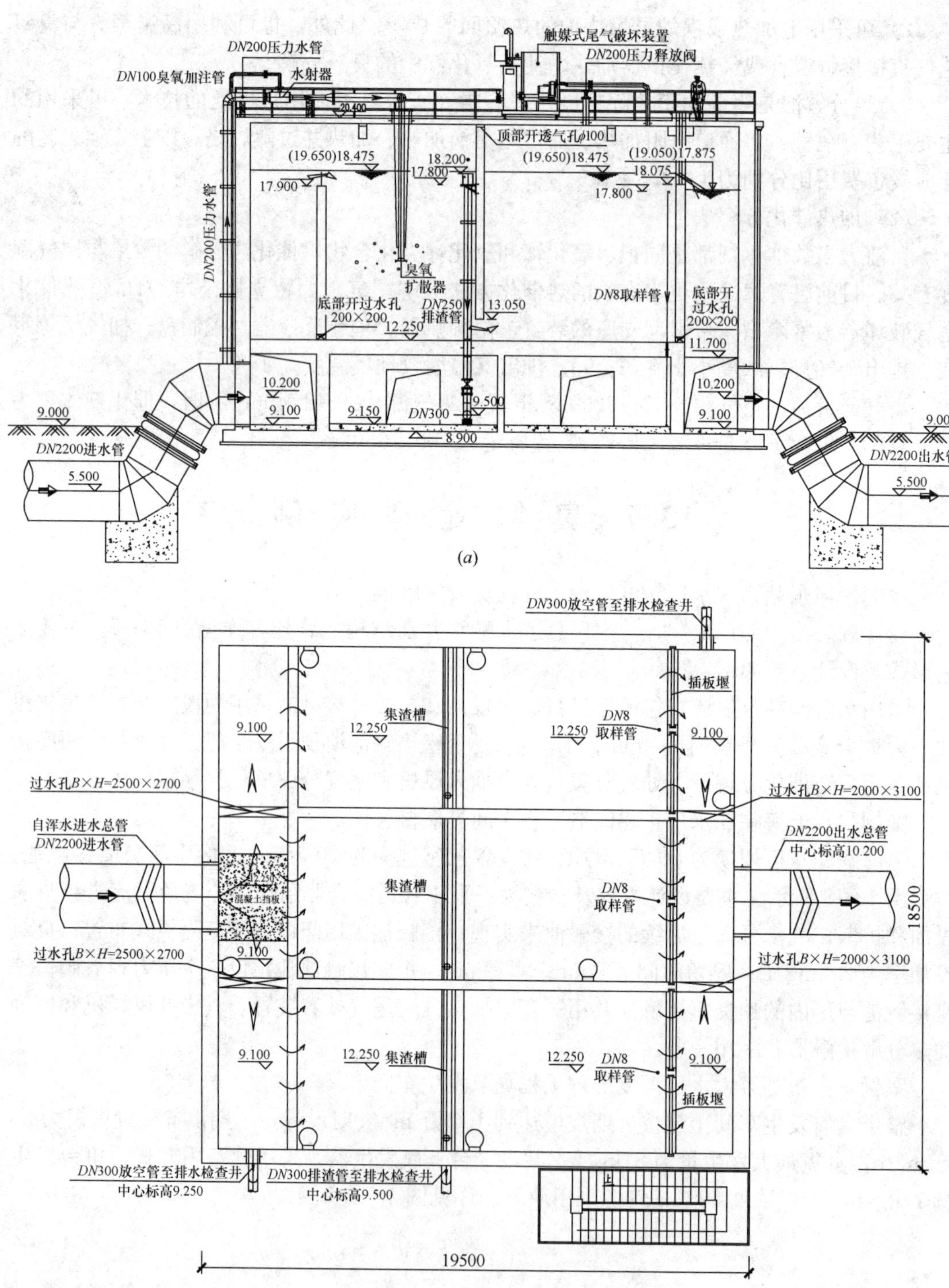


图 13-17　东莞第六水厂 50 万 $m^3$/d 预臭氧接触池布置

(a) 剖面图；(b) 平面图

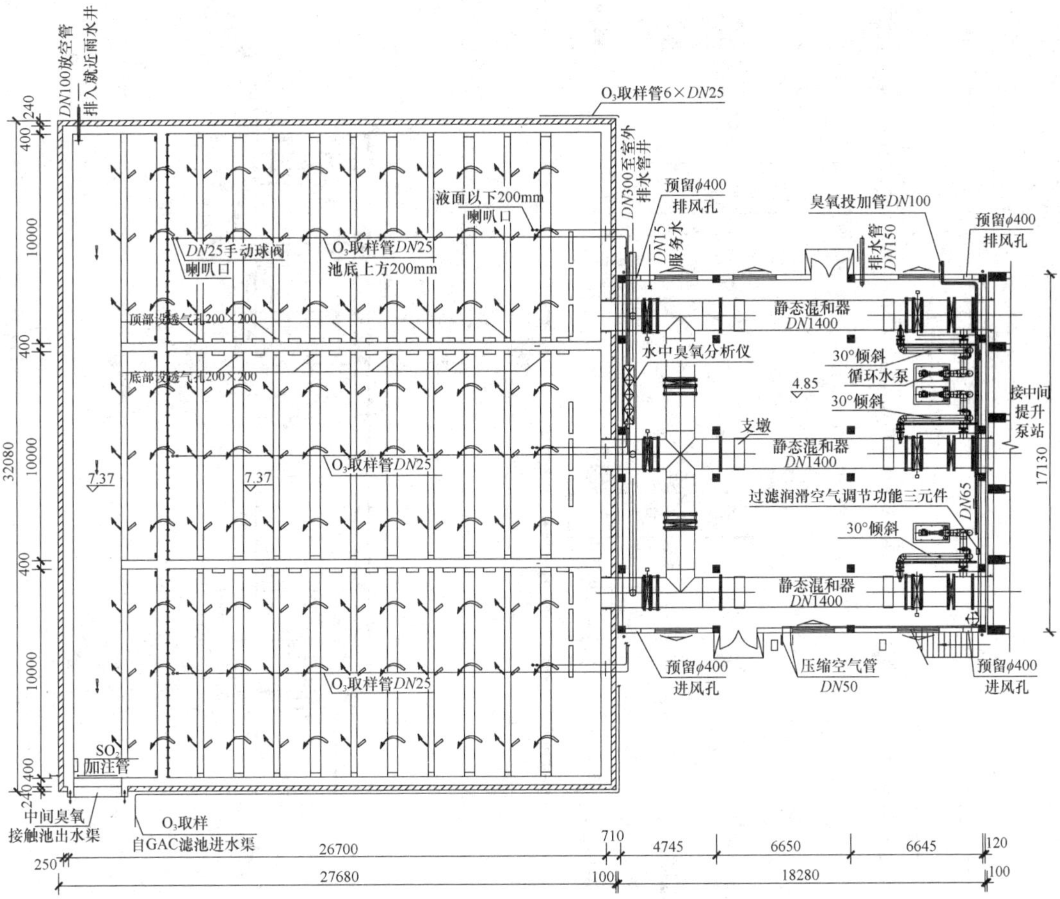

(a)

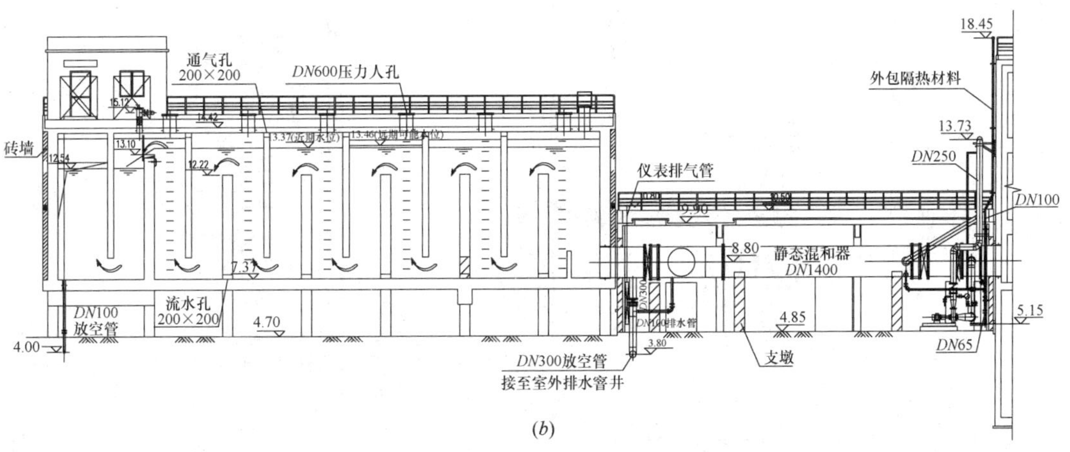


(b)

图 13-18 上海临江水厂 60 万 $m^3/d$ 中间臭氧接触池布置

(a) 平面图；(b) 剖面图

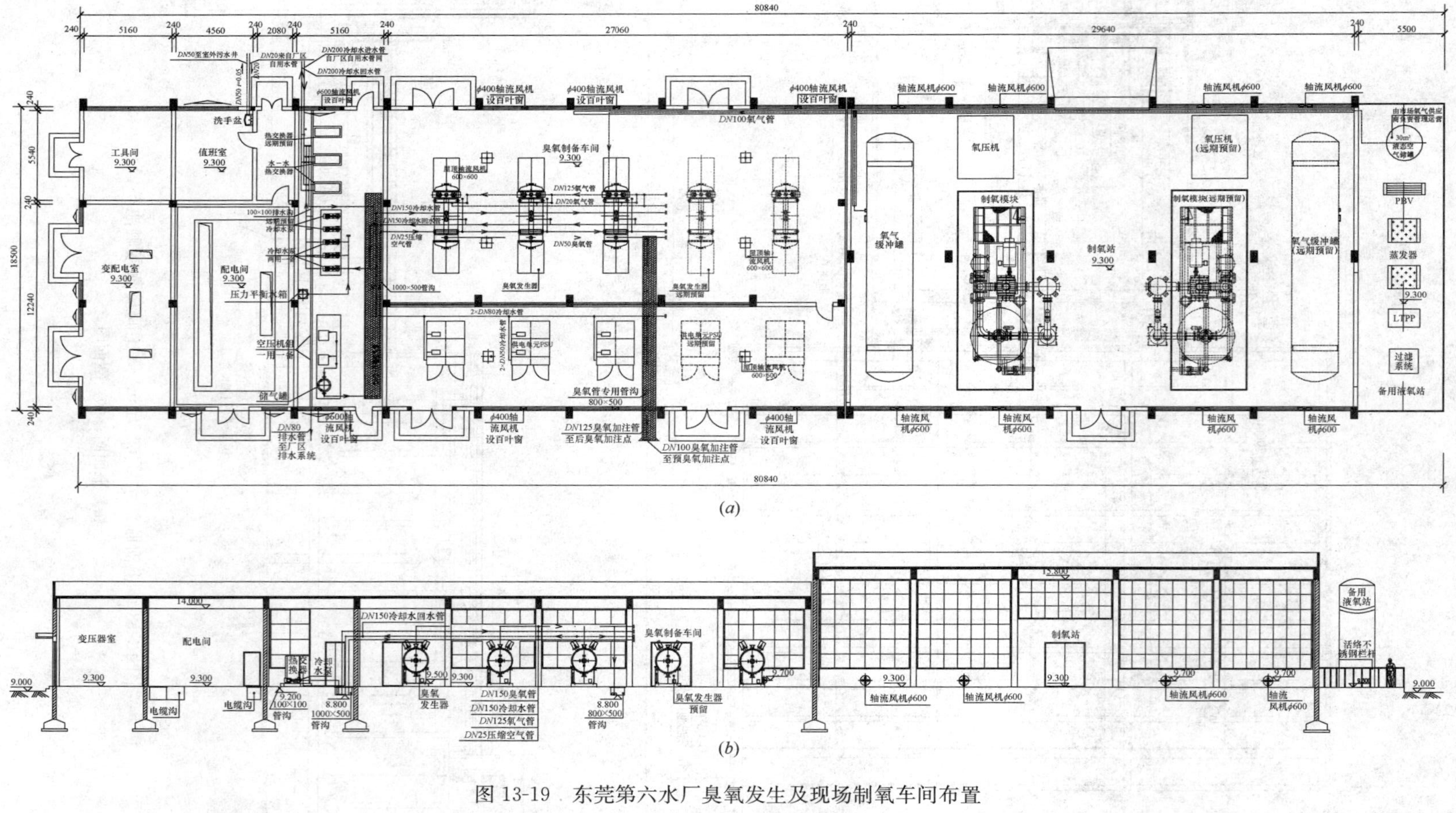


图 13-19　东莞第六水厂臭氧发生及现场制氧车间布置

(a) 平面图；(b) 剖面图

# 14 活性炭吸附处理

## 14.1 活性炭的吸附作用

### 14.1.1 吸附机理

（1）吸附作用：活性炭是一种经过气化（碳化、活化），造成发达孔隙的、以炭作骨架结构的黑色固体物质。活性炭的发达孔隙、导致其出现很大的表面积，活性炭的表面积一般可达 500～1700$m^2$/g 炭，从而具有良好的吸附特性。

活性炭的吸附作用是指水中污染物质在活性炭表面富集或浓缩的过程。

（2）产生吸附的原因是由于分子间和分子内键与键之间存在作用力（即吸附力）。这种力是物质聚集状态中分子间存在着的一种较弱的相互作用力，其结合能只有几十个 kJ 或更低，与化学键的几百个 kJ 相比，差 1～2 个数量级。这种吸附力即范德华（Vander-walls）力，它由三种力组成：静电力也称葛生（W. H. Keesom）力——极性分子间的作用力；诱导力也称德拜（P. Debye）力——极性分子与非极性分子间的作用力；色散力亦称伦敦（F. London）力——非极性分子间的作用力。因活性炭的微晶结构为稠环结构，基本上属于非极性分子，因此只有范德华力中的伦敦力才是最有效的。

而伦敦力又决定于物质极化率的大小，只有偶极矩小而极化率又大的物质才利于活性吸附。因此，活性炭吸附对不同物质存在明显差异，参见表 14-1。

几种物质的范德华力分配　　表 14-1

| 分子 | 偶极矩 | 极化率 ($10^{-30}m^3$) | 静电力 ($4.18\times10^3$ J/mol) | 诱导力 ($4.18\times10^3$ J/mol) | 色散力 ($4.18\times10^3$ J/mol) | 范德华力 ($4.18\times10^3$ J/mol) |
|---|---|---|---|---|---|---|
| CO | 0.12 | 1.99 | 0.0007 | 0.002 | 2.09 | 2.09 |
| HI | 0.38 | 5.40 | 0.006 | 0.027 | 6.18 | 6.21 |
| HBr | 0.78 | 3.58 | 0.164 | 0.120 | 5.24 | 5.52 |
| HCl | 1.03 | 2.63 | 0.79 | 0.24 | 4.02 | 5.05 |
| $NH_3$ | 1.50 | 2.21 | 3.18 | 0.37 | 3.57 | 7.07 |
| $H_2O$ | 1.84 | 1.48 | 8.69 | 0.46 | 2.15 | 11.30 |

### 14.1.2 影响吸附的因素

活性炭在水处理中的吸附是极为复杂的。参与吸附的固相（活性炭）、溶液（水）、溶质（污染物—微量、多成分）将产生相互影响。影响吸附的主要因素有：溶质在水中的溶解度、缔合、离子化；水对界面上配位的影响；活性炭对溶质的引力；活性炭对水的引力

(可忽略不计)；各溶质在界面上的竞争吸附；各溶质间的相互作用、共吸附；系统内各分子大小；活性炭孔径分布、活性炭的表面积及其表面化学组成等等。

水中有机物能否被活性炭吸附，决定于其化学位或偏摩尔自由能：如果有机物在活性炭中的化学位比其在水中的化学位低，则有机物由水相往活性炭的迁移是自发的；如果有机物在两相之间的化学位相等，说明有机物在两相中的分配已达平衡（即吸附平衡）；如果有机物在活性炭中的化学位高于在水中的化学位，则吸附不可能发生。

### 14.1.3 吸附特性

(1) 活性炭能去除原水中的部分有机微污染物，常见的去除有机物吸附性能如下：

1) 腐殖酸：腐殖酸是天然水中最常见的有机物，虽对人类的健康危害不大，但可与其他有机物一起在氯化消毒过程中产生氯仿、四氯化碳等有害的有机氯化物。活性炭能有效去除水中腐殖酸，水体 pH 对其吸附性能几乎无影响。

2) 异臭：活性炭对下列异臭的处理有效：植物性臭（藻臭和青草臭)、鱼腥臭、霉臭、土臭、芳香臭（苯酚臭和氨臭)。活性炭的除臭范围较广，几乎对各种发臭的原水都有很好的处理效果。

2-甲基异冰片和土臭是天然水中的两种主要发臭物质，当水中土臭含量为 0.1μg/L 时，1g 活性炭对其的吸附量为 0.54mg，约是 2－甲基异冰片的 2 倍。但当发臭物质与其他有机物同时存在时，活性炭对发臭物质的吸附性能会有所下降。

当用臭氧和活性炭工艺时，对异臭味的去除更为有效。

3) 色度：活性炭对由水生植物和藻类繁殖产生的色度具有良好的去除效果，根据已有资料，去除效果至少在 50%。

4) 农药：氯化的农药经混凝沉淀和过滤只能被极微量地去除，但它能被活性炭有效地去除。

5) 烃类有机物：活性炭对烃类等石油产品具有明显的吸附作用。

6) 有机氯化物：活性炭对氯化消毒过程中产生的有机氯化物的去除情况不尽相同，其中对四氯化碳的去除效果要比三氯甲烷好。

7) 洗涤剂：有资料报告，活性炭对水中洗涤剂的去除效果为：当滤速 17m/h 时，去除率为 50%；当滤速为 12m/h 时，去除率为 100%。

综上所述，活性炭容易吸附和难吸附的有机物，见表 14-2。

**活性炭容易吸附和难吸附的有机物** **表 14-2**

| 容易吸附的有机物 | 难吸附的有机物 |
|---|---|
| 芳香族溶剂类<br>苯、甲苯、硝基苯等<br>氯化芳香烃<br>多氯联苯、氯苯、氯萘<br>酚与氯酚类<br>多核芳香烃类<br>苊、苯比芘等<br>除虫剂和除莠剂等农药<br>DDT、艾氏剂、氯丹、六六六、七氯等<br>氯化非芳香烃类<br>四氯化碳、氯烷基醚、六氯丁二烯等<br>高分子量烃类<br>染料、汽油、胺类、腐殖质等 | 醇类<br>低分子量酮、酸和醛<br>糖类和淀粉<br>极高分子量或胶体有机物<br>低分子量脂肪类 |

8）由于活性炭具有对致突变物质及氯化致突变物质前体物具有良好的吸附能力，因而可进一步降低出水的致突变活性。

其中三卤甲烷（THM）对人体健康具有潜在危害。生产三卤甲烷的前体物质主要指天然腐殖质和污水处理中新陈代谢的高分子有机物。因而倾向于将 THM 的前体物质在加氯前除去，以避免 THM 的生成。需要注意的是：这些物质的分子量通常介于 1000～40000 之间。用活性炭处理时，活性炭的孔隙要大，否则很难进入（分子筛的作用）或者速度相当慢。

（2）活性炭也能去除水中部分无机污染物：

1）重金属：活性炭对某些重金属离子及其化合物有很强的吸附能力，如对锑（Sb）、铋（Bi）、六价铬（$Cr^{+6}$）、锡（Sn）、银（Ag）、汞（Hg）、钴（Co）、锆（Zr）、铅（Pb）、镍（Ni）、钛（Ti）、钒（V）、钼（Mo）等均有良好的去除效果。但活性炭吸附重金属的效果与它们的存在形式和水的 pH 有很大的关系。

2）余氯：活性炭可以脱除水处理中剩余的氯和氯胺。活性炭脱除氯和氯胺并不是单纯的吸附作用，而是在活性炭表面上的一种化学反应。

3）氰化物：若在炭床中通入空气，则炭可起催化作用，将有毒的氰化物氧化为无毒的氰酸盐。

4）放射性物质：某些地下水中含有放射性元素，如铀、钍、碘、钴等，浓度极低，危害很大，可用活性炭吸附去除。

5）氨氮：活性炭对 $NH_3$-N 几乎没有去除效果，但若与臭氧联合使用，当 $NH_3 : O_3 > 1$ 时效果很差，当 $NH_3 : O_3 < 1$ 时效果显著。

## 14.2 活性炭吸附工艺

（1）活性炭吸附工艺的作用及特点

活性炭吸附工艺按不同作用可分为粉末活性炭吸附和颗粒活性炭吸附两种方式。

1）粉末活性炭吸附

粉末活性炭吸附作为给水处理的预处理和应急处理的主要作用与特点详见第 7 章的相关叙述。此外，也有工程中将粉末活性炭附着于水中高浓度悬浮絮体——活性泥渣层中（如澄清池或带回流污泥的高效沉淀池）和高浓度固体载体（如聚苯乙烯发泡塑料球）表面的悬浮型粉末活性炭技术，以及粉末活性炭与硅藻土过滤、微滤和超滤等精密过滤联用的工艺，但目前国内外应用实例较少，尚需进一步完善成熟。

2）颗粒活性炭吸附

颗粒活性炭适用于水源长期受到微量有机污染，且污染量比较稳定，经过常规处理后仍不能满足现行《生活饮用水卫生标准》GB 5749—2006。

颗粒活性炭不仅有活性炭的吸附作用，当条件合适（不具余氯并有充足溶解氧）时，在炭床内还存在生物活动。

细菌容易依附在炭粒的不规则外表面上且难以冲洗掉，常以水中有机物为营养增殖形成生物膜，对于可生物降解有机物具有去除作用。

针对不同的污染源，颗粒活性炭常用的有两种工艺流程。颗粒活性炭吸附处理工艺流程见图 14-1、图 14-2。

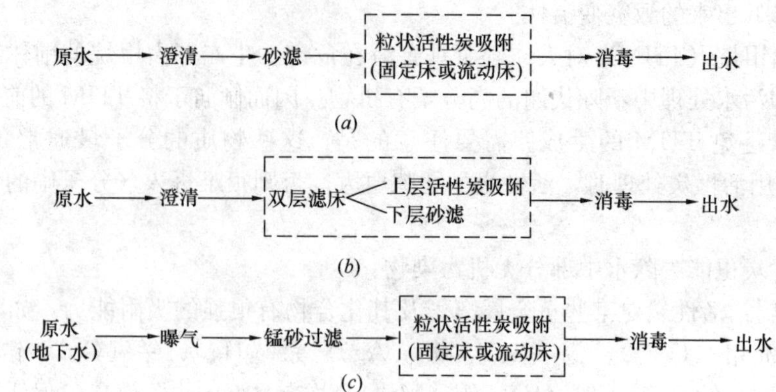


图 14-1　颗粒活性炭净水工艺流程

(a) 常规处理＋活性炭吸附；(b) 混凝澄清＋活性炭吸附和砂滤；

(c) 地下水曝气、锰砂过滤＋活性炭吸附

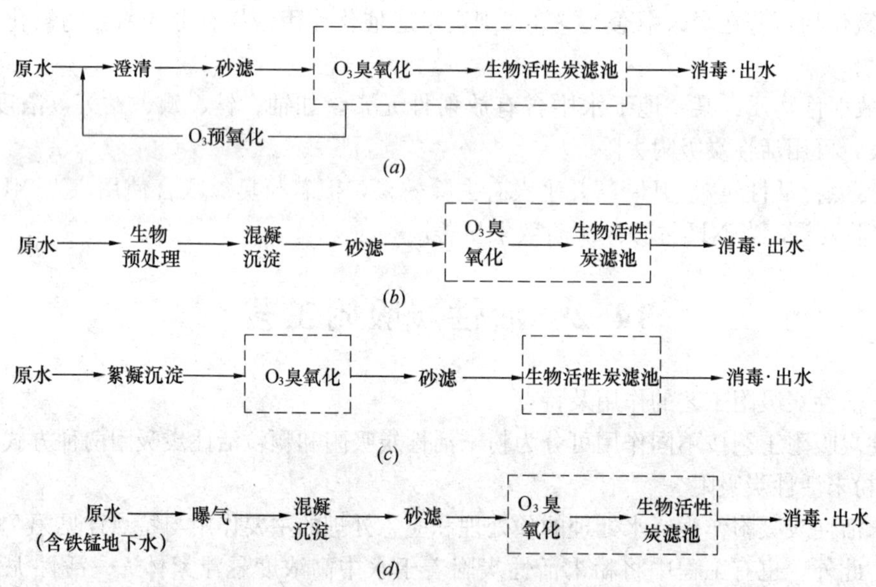


图 14-2　臭氧化生物活性炭净水工艺流程

(a) 预氧化＋常规处理＋臭氧化生物活性炭；(b) 生物预处理＋常规处理＋臭氧化生物活性炭；

(c) 絮凝沉淀＋臭氧化＋砂滤＋生物活性炭；(d) 地下水曝气＋常规处理＋臭氧化生物活性炭

① 为了除去有机污染物、THM 的前体物质和异味、异臭，在沉淀或过滤后增加颗粒活性炭吸附。

② 采用生物活性炭。即与臭氧联合应用，既利用活性炭的吸附作用，又利用活性炭外表面上附着的生物膜的降解作用，以承担除去范围广泛的污染物质，同时延长活性炭的再生周期。

臭氧活性炭工艺：是臭氧化处理和活性炭相结合而构成的工艺，也称臭氧化—生物活性炭法。该工艺中臭氧的作用是利用臭氧的强氧化作用改变大分子有机物的性质和结构，

以利于活性炭微孔的吸附，并保证滤床中细菌所需的溶解氧。

如果在流入滤床的水中提供充足的溶解氧，则可使细菌的浓度增加10～100倍，这种情况下，活性炭的使用寿命可以延长5倍以上。

微生物（细菌）的大小在1μm以上，不能进入作为活性炭主要吸附基础的微孔内，因此不是微生物直接分解并吸附的有机物，而是由于微生物分泌出来的胞外酶（10Å左右）进入微孔内，与孔内吸附位上的有机物反应形成酶—基质复合体进一步反应，加速了有机物的生物降解速度。因此臭氧—活性炭工艺是吸附物理化学过程、同以微生物所进行的生物分解相结合的过程。

（2）粉末活性炭和颗粒活性炭比较，见表14-3。

**粉末与颗粒活性炭的比较** 表14-3

| 项　目 | 粉　末　炭 | 粒　状　炭 |
| --- | --- | --- |
| 吸附量 | 较小，随投加量增大 | 较大而稳定 |
| 适用情况 | 1. 适于短期、季节性的应急措施；<br>2. 适用于建造粒状炭吸附装置有困难的场合或老水厂改造；<br>3. 适用于远期建设粒状炭滤池时的近期过渡措施 | 1. 适于长期；<br>2. 适用于有建设场地；<br>3. 适用于出水水质要求较高时 |
| 运行管理与安全 | 1. 使用较为简单；<br>2. 在滤池前投加时易出现穿透；<br>3. 粉末炭使用有防爆要求 | 运行管理复杂，尤其与臭氧联用时，还需增加臭氧和氧气系统设施的管理 |
| 作业环境与劳动强度 | 1. 手工拆包的作业环境较差，劳动强度较大；<br>2. 当采用负压和封闭系统输送，作业时较好 | 1. 好；<br>2. 炭滤池再生取炭与加炭时劳动强度大 |
| 工程造价 | 基建及设备投资较少 | 基建与设备投资大 |
| 占地面积 | 占地少，有时可利用原有加药间场地与设备 | 连同反冲洗设施占地多 |
| 运行费用 | 一次使用，用后废弃，一般不再生，所以处理费用较贵 | 定期再生，炭损耗少，处理费用较低 |
| 对环境影响 | 粉末炭对污染负荷变动的适应性差、吸附能力未被充分利用，污泥处置困难 | 定期反冲洗水须作处置 |

## 14.3 活性炭的性能指标

（1）活性炭的吸附能力

活性炭的吸附性能主要由其孔隙结构和表面化学性质决定。

活性炭的孔隙结构通常按孔径分为大孔、中孔和微孔。它们的容积及比表面积在炭中所占的比例，见表14-4。

活性炭的孔隙　表 14-4

| 孔隙名称 | 孔隙半径（nm） | 水蒸气活化活性炭 | | |
| --- | --- | --- | --- | --- |
| | | 孔容积（mL/g） | 比表面积（$m^2/g$） | 比表面积比率（%） |
| 微孔 | <2 | 0.25～0.6 | 700～1400 | 95 |
| 中孔（过渡孔） | 2～100 | 0.02～0.2 | 1～200 | 5 |
| 大孔 | 100～10000 | 0.2～0.5 | 0.5～2 | 甚微 |

注：比表面积比率$=\frac{孔隙的比表面积}{孔隙的全部比表面积}\times 100$。

在活性炭的吸附过程中，这三种孔隙有其各自的作用。一般情况如下：

大孔：主要起通道作用。

微孔：微孔对于活性炭是最重要的，因为吸附主要是 10nm 以下微孔的表面作用，所以微孔的容积及比表面积一般情况下表示活性炭吸附性能的优劣。

中孔：中孔除了使被吸附物质到达微孔，起到通道作用外，对于分子直径较大的吸附物也具有吸附作用。

由于水处理中被吸附物质的分子直径要比气相吸附过程中相同的被吸附物的分子直径大，所以用于水处理的活性炭，要求中孔有适当的比例。

（2）活性炭产品的分类

按用途分类，活性炭可分为汽相和气相吸附炭、液相吸附炭、水处理用炭；按表面氧化物分类，可分为酸性炭、碱性炭。活性炭产品详见《给水排水设计手册》第三版第 12 册《器材与装置》。

活性炭是含碳材料经过炭化、活化制成的具有发达孔隙结构的多孔性炭吸附剂，其主要成分炭 C，此外还含有极少量的 O、H、N 等元素和构成成分的无机杂质，是一种类石墨微晶结构，导电性质介于石墨和金刚石之间，为半导体。就其外观可分为粉状、颗粒状和纤维状三种。每克活性炭的表面积通常在 500～1500$m^2$ 左右，其空隙容积一般为 0.42～1.5$cm^2/g$，常用水处理炭的总孔容和约为 0.95$cm^2/g$，比表面积约为 1000$m^2/g$。

（3）水处理用活性炭的质量指标

活性炭的质量有多项物理与化学的指标，如：水分、灰分、酸溶物、各种金属和酸根的含量，以及它的吸附性能等。对于不同用途的活性炭，时常用不同的性能指标来评价活性炭是否适用。在活性炭选择之前，必须从活性炭生产厂商处取得完整的经法定检测单位检测的技术性能参数报告或说明书，作为选择活性炭的依据之一。由于各种活性炭生产过程不一样，活性炭产品的性能差别也很大，其碘值、亚甲蓝值、机械强度、比表面积、总孔容积、中孔容积、堆积密度等都是必须收集的活性炭性能技术指标。在饮用水处理中，影响活性炭处理效果和运行成本的主要性能指标为：吸附量、强度和摩擦系数、pH、灰分、粒径大小和粒度分布、水分和可溶物等。

1）吸附量

表征活性炭吸附量的指标很多，针对饮用水处理的自身特点，比较适用的吸附量指标主要有碘值、亚甲蓝值、丁烷值、四氯化碳值、糖蜜值、单宁酸值，这几项指标分别代表了活性炭对不同分子量有机物的吸附能力，其中以碘值和亚甲蓝值是最经常使用的。一般当碘值小于 600mg/g 或亚兰值小于 85mg/g 时，活性炭需要进行再生。

碘吸附量（mg/g炭即碘值）是指在一定浓度的碘溶液中，在规定的条件下，每克炭吸附碘的毫克数。碘值是用以鉴定活性炭对半径小于2nm吸附质分子的吸附能力，且由此值的降低来确定活性炭的再生周期。

碘值与活性炭对小分子物质的吸附能力密切相关。它可以用于估算活性炭的比表面积（$m^2$/g炭）和相对表征活性炭的孔隙结构。在实际应用中，对于以碘（分子量为254）为代表的分子量大约250左右、非极性和分子对称的物质来说，碘值可以表征活性炭对这部分物质的吸附能力。

亚甲蓝值是指在一定浓度的亚甲蓝溶液中，在规定的条件下，每克炭吸附亚甲蓝的毫克数。亚甲蓝值是用以鉴定活性炭对半径为2～100nm吸附质分子的吸附能力。亚甲蓝值越高，对中等分子的吸附能力越强，表明活性炭的中孔量越大。

亚甲蓝值在表示活性炭液相吸附性能时，主要反映活性炭的脱色能力，一般此值越高，表示活性炭吸附性能越好。相对应的，对以亚甲蓝分子（分子量为374）为代表的分子量大约370左右、极性和线性结构的显色物质来说，亚甲蓝值可以表征活性炭对此类物质的吸附能力。亚甲蓝值与碘值相类似，也反映了活性炭的孔隙结构，特别是微孔的数量。

糖蜜值是以大分子量的焦糖作为吸附质，活性炭作为吸附剂来测定的，它主要表征了活性炭对大分子有机物，特别是水源中的高分子量有机物的去除能力。由于焦糖分子量较大，因此难以进入活性炭的微孔结构中，只是被活性炭的大孔、中孔等吸附，因此可以反映出活性炭孔隙结构中大孔、中孔的比例。单宁酸（分子量为322）值表示吸附有机分子能力的指标，它是在浓度一定的单宁酸溶液中，加入活性炭的量使单宁酸溶液浓度低于某个确定值所需要活性炭的量，因此，此值越低表示活性炭吸附性能越好。单宁酸的性质与天然有机物（NOM）中的代表物质腐殖酸十分相近。糖蜜值和单宁酸值，两指标相互配合，能够很好地判断出活性炭孔隙结构中大孔、中孔的比例，较好地反映出活性炭对天然大分子有机物的去除能力。

2）强度和摩擦系数

在饮用水的深度处理中，对炭后出水浊度控制很严格，即要求在砂滤池出水浊度的基础上不再升高。因为在粒状活性炭实际应用中，要考虑其在运输、反冲洗和再生时活性炭的破损情况，主要有三种力可使活性炭机械破裂而形成粉尘，造成出水浊度升高，即冲击力、积压力和磨损力，强度和摩擦系数便分别代表了冲击积压力和磨损力，反映出活性炭的耐破损能力，因此强度和摩擦系数作为选择活性炭的首要控制指标，要尽量选取高强度和摩擦系数的活性炭。如果强度低，则炭的结构疏松，在反冲洗时，炭粒易脱落，炭的损耗较大。

3）pH

pH是活性炭表面化学性质的重要表征。活性炭的表面化学性质对其吸附性能起到重要作用，表面酸碱性被认为是控制吸附的重要因素。活性炭的表面酸性增加，或者说极性的氧分子增加，或含氧官能团的数量增加，使得活性炭的表面极性增加，从而有利于其对水分子的吸附，对水分子的吸附有可能因占据活性炭孔而降低了活性炭对疏水性化合物的吸附。对于NOM为代表的中性条件下带负电荷的有机物，如果活性炭的表面带有中性条件下可水解的强碱性基团的量，大于羧基等强酸性基团的量，也就是说pH大于7时，在中性的水体中活性炭表面就会带有正电荷，这将有利于它对NOM的吸附。一般来说，较高的 pH 有利于活性炭对 NOM 的吸附，但不是越高越好，pH 过高预示着活性炭表面存在较多的强碱性基团，从而导致活性炭表面亲水性增加，也不利于对疏水性有机物的吸附。

4）灰分

灰分表明了活性炭中无机矿物质的含量，灰分是活性炭中的杂质，含量越低越好。灰分的组成一般有 $SiO_2$、$Al_2O_3$、$Fe_2O_3$ 以及一些其他金属化合物，这些组成在用于饮用水处理时可能会影响活性炭的能力和某些安全性要求，一般来说不直接影响活性炭的吸附性能。有研究表明，活性炭除砷效果与其比表面积大小基本无关，而主要是与其灰分有关，即其中的金属矿物组成起着决定性作用。

5）经济性指标

粒径大小和粒度分布、水分、可溶物等指标，主要是对活性炭的购买和运行成本产生重要影响。粒径大小和粒度分布，可决定活性炭床的压降和床层膨胀，是关系活性炭设备大小和运行的重要参数，其中活性炭的有效尺寸和均匀系数，与活性炭的实际运行效果有着直接的关系，在同样的有效尺寸下，均匀系数越高，处理效果越好；水分和可溶物则关系着活性炭的购买成本，两指标越高，则购买成本越高。

（4）活性炭的标准

1）煤质颗粒活性炭的国家标准：《煤质颗粒活性炭　净化水用煤质颗粒活性炭》GB/T 7701.2—2008，具体技术指标见表 14-5：

**净化水用煤质颗粒活性炭技术指标　　表 14-5**

| 项　目 | | | 指　标 | |
|---|---|---|---|---|
| 漂浮率（%） | | | 柱状煤质颗粒吸附炭 | ≤2 |
| | | | 不规则状煤质颗粒吸附炭 | ≤10 |
| 水分（%） | | | ≤5.0 | |
| 强度（%） | | | ≥85 | |
| 装填密度（g/L） | | | ≥380 | |
| pH | | | 6～10 | |
| 碘吸附值（mg/g） | | | ≥800 | |
| 亚甲蓝吸附值（mg/g） | | | ≥120 | |
| 苯酚吸附值（mg/g） | | | ≥140 | |
| 水溶物（%） | | | ≤0.4 | |
| 粒度（%） | Φ1.5mm | ＞2.50mm | ≤2 | |
| | | 1.25～2.50mm | ≥83 | |
| | | 1.00～1.25mm | ≤14 | |
| | | ＜1.00mm | ≤1 | |
| | 8×30 | ＞2.50mm | ≤5 | |
| | | 0.6～2.50mm | ≥90 | |
| | | ＜0.6mm | ≤5 | |
| | 12×40 | ＞1.6mm | ≤5 | |
| | | 0.45～1.6mm | ≥90 | |
| | | ＜0.45mm | ≤5 | |

2）煤质活性炭的城镇建设行业标准是《生活饮用水净水厂用煤质活性炭》CJ/T 345—2010，具体技术指标见表 14-6：

**净水厂用煤质活性炭技术指标** **表 14-6**

<table>
<tr><th rowspan="2">序号</th><th colspan="3" rowspan="2">项　目</th><th colspan="2">指标要求</th><th rowspan="2">粉末活性炭</th></tr>
<tr><th colspan="2">颗粒活性炭</th></tr>
<tr><td>1</td><td colspan="3">孔容积（mL/g）</td><td colspan="2">≥0.65</td><td>≥0.65</td></tr>
<tr><td>2</td><td colspan="3">比表面积（m²/g）</td><td colspan="2">≥950</td><td>≥900</td></tr>
<tr><td rowspan="2">3</td><td colspan="3" rowspan="2">漂浮率（%）</td><td>柱状颗粒活性炭</td><td>≤2</td><td rowspan="2">—</td></tr>
<tr><td>不规则状颗粒活性炭</td><td>≤3</td></tr>
<tr><td>4</td><td colspan="3">水分（%）</td><td colspan="2">≤5</td><td>≤10</td></tr>
<tr><td>5</td><td colspan="3">强度（%）</td><td colspan="2">≥90</td><td>—</td></tr>
<tr><td>6</td><td colspan="3">装填密度（g/L）</td><td colspan="2">≥380</td><td>≥200</td></tr>
<tr><td>7</td><td colspan="3">pH</td><td colspan="2">6～10</td><td>6～10</td></tr>
<tr><td>8</td><td colspan="3">碘吸附值（mg/g）</td><td colspan="2">≥950</td><td>≥900</td></tr>
<tr><td>9</td><td colspan="3">亚甲蓝吸附值（mg/g）</td><td colspan="2">≥180</td><td>≥150</td></tr>
<tr><td>10</td><td colspan="3">酚值（mg/L）</td><td colspan="2">≤25</td><td>≤25</td></tr>
<tr><td>11</td><td colspan="3">二甲基异崁醇吸附值（μg/g）</td><td colspan="2">—</td><td>≥4.5</td></tr>
<tr><td>12</td><td colspan="3">水溶物（%）</td><td colspan="2">≤0.4</td><td>≤0.4</td></tr>
<tr><td rowspan="13">13</td><td rowspan="13">粒度（%）</td><td rowspan="4">Φ1.5mm</td><td>>2.50m</td><td colspan="2">≤2</td><td rowspan="13">≤200 目①</td></tr>
<tr><td>1.25～2.50mm</td><td colspan="2">≥83</td></tr>
<tr><td>1.00～1.25mm</td><td colspan="2">≤14</td></tr>
<tr><td><1.00mm</td><td colspan="2">≤1</td></tr>
<tr><td rowspan="3">8 目×30 目</td><td>>2.50m</td><td colspan="2">≤5</td></tr>
<tr><td>0.60～2.50mm</td><td colspan="2">≥90</td></tr>
<tr><td><0.60mm</td><td colspan="2">≤5</td></tr>
<tr><td rowspan="3">12 目×40 目</td><td>>1.60mm</td><td colspan="2">≤5</td></tr>
<tr><td>0.45～1.60mm</td><td colspan="2">≥90</td></tr>
<tr><td><0.45mm</td><td colspan="2">≤5</td></tr>
<tr><td rowspan="3">30 目×60 目</td><td>>0.60mm</td><td colspan="2">≤5</td></tr>
<tr><td>0.60～0.25mm</td><td colspan="2">≥90</td></tr>
<tr><td><0.25mm</td><td colspan="2">≤5</td></tr>
<tr><td>14</td><td colspan="3">有效粒径</td><td colspan="2">0.35～1.5②</td><td>—</td></tr>
<tr><td>15</td><td colspan="3">均匀系数</td><td colspan="2">≤2.1②</td><td>—</td></tr>
<tr><td>16</td><td colspan="3">锌（Zn）（μg/g）</td><td colspan="2"><500</td><td><500</td></tr>
<tr><td>17</td><td colspan="3">砷（As）（μg/g）</td><td colspan="2"><2</td><td><2</td></tr>
<tr><td>18</td><td colspan="3">镉（Cd）（μg/g）</td><td colspan="2"><1</td><td><1</td></tr>
<tr><td>19</td><td colspan="3">铅（Pb）（μg/g）</td><td colspan="2"><10</td><td><10</td></tr>
</table>

① 200 目对应尺寸为 75μm，通过筛网的产品大于或等于 90%。

② 适用于降流式固定床使用的不规则状颗粒活性炭。

3）《室外给水设计规范》GB 50013—2006，对煤质颗粒活性炭的基本要求见表14-7：

**煤质颗粒活性炭粒径组成、特性参数**　　表 14-7

| 组成 | | | | | |
|---|---|---|---|---|---|
| 粒径范围（mm） | ＞2.5 | 2.5～1.25 | 1.25～1.0 | ＜1.0 | |
| 粒径分布（%） | ≤2 | ≥83 | ≤14 | ≤1 | |
| 吸附、物理、化学特性 | | | | | |
| 碘吸附值（mg/g） | 亚甲蓝吸附值（mg/g） | 苯酚吸附值（mg/g） | pH | 强度（%） | 孔容积（$cm^3/g$） |
| ≥900 | ≥150 | ≥140 | 6～10 | ≥85 | ≥0.65 |
| 比表面积（$m^2/g$） | 装填密度（g/L） | 水分（%） | 灰分（%） | 漂浮率（%） | |
| ≥900 | 450～520 | ≤5 | 11～15 | ≤2 | |

注：1. 对粒径、吸附值、漂浮率等可以有特殊要求；
2. 不规则形颗粒活性炭的漂浮率应不大于10%。

4）木质颗粒活性炭的国家标准：《木质净水用活性炭》（GB/T 13803.2—1999），木质炭则分为一级品、二级品，具体见表14-8：

**木质颗粒活性炭技术指标**　　表 14-8

| 项目 | | 指标 | |
|---|---|---|---|
| | | 一级品 | 合格品 |
| 碘吸附值（mg/g） | ≥ | 1000 | 900 |
| 亚甲蓝吸附率①（mL/0.1g）<br>（mg/g） | ≥ | 9.0<br>（135） | 7.0<br>（105） |
| 强度（%） | ≥ | 94.0 | 85.0 |
| 表观密度（g/mL） | | 0.45～0.55 | 0.32～0.47 |
| 粒度② | | | |
| 2.00～0.63mm（%） | ≥ | 90 | 85 |
| 0.63mm以下（%） | ≤ | 5 | 5 |
| 水分（%） | ≤ | 10.0 | 10.0 |
| pH | ≥ | 5.5～6.5 | 5.5～6.5 |
| 灰分（%） | ≤ | 5.0 | 5.0 |

① $A=15V$，$A$为每克活性炭吸附亚甲基蓝毫克数（mg/g）；$V$为0.1g活性炭吸附亚甲基蓝毫升数（mL）。
② 粒度大小范围也可由供需双方商定。

## 14.4　选择活性炭时的注意事项

目前我国生产的饮用水净化处理用煤质活性炭主要有以下三种类型，在选择活性炭时除根据上节中的规定外，还要注意以下问题：

(1) $\Phi$1.5mm 的圆柱状活性炭：建议尽量不采用，因为这种活性炭的基本原料为无烟煤，因其外表面光滑，不利于微生物附着繁衍，同时其孔分布范围较窄，对水中较大分子污染物的去除不太有利。

(2) 原煤破碎：活化无烟煤和烟煤活性炭。

活化无烟煤：无烟煤经过破碎后，直接活化即得。为了将其和活性炭分开，特称其为活化无烟煤，这种产品吸附性能较低，碘值通常≤900mg/g，这种产品孔隙分布比柱状炭更狭窄，基本是原煤的结构。

烟煤活性炭：烟煤经破碎后，经炭化、活化而得。这种炭的吸附性能较高，碘值可达1000mg/g 以上，亚甲蓝脱色力也可达到约 200mg/g，但这种产品的孔隙分布仍有原煤结构的局限性。

此外，这两种产品还具有共同的缺点：水中的漂浮率较高，再生率较低。

(3) 压块（片）破碎炭及圆柱破碎炭：这两种类型产品的共同点是它不是单一煤种的制品，而是用配煤（将孔隙结构不同的煤种按一定比例混合，乃至加一些改变孔隙分布的药剂）经磨粉、成型、炭化、活化而成。这种产品的孔隙分布比较合理，更适宜于饮用水净化用。

## 14.5 粉末活性炭投加

粉末活性炭的粒度为 200～400 目，常投加于絮凝沉淀池或澄清前或絮凝过程中。依靠水泵、管道或接触装置充分地混合，进行接触吸附。经接触吸附水中微污染物后，依靠沉淀、澄清与过滤去除。亦可在沉淀、澄清后进行二次投加，提高吸附处理效果，但投加量过多时易增加滤池负担并造成穿透。

尽管粉末炭水处理的有效性在经济上受到一些限制，但有时能及时去除大量的有机物，有时具有助凝作用。粉末活性炭的用量根据试验调整，当操作管理良好时，一般投加5～30mg/L，可使常规处理后的有机物去除率提高 5%～10%。

### 14.5.1 粉末活性炭投加系统

粉末活性炭投加的劳动强度大，工作环境差，国外大多采用封闭系统，自动化程度较高，我国也有该类设备引进，此外，国内也已设计开发了较为简便可行的解决扬尘的投加系统。

(1) 投加方法：有干投与湿投。

将粉末炭直接投加到水中的干投方法，粉炭相对密度小，不易与水混合，常浮于水面，甚至扬尘。通常调制成浆液进行湿投。而将投加 5%～10%浓度的粉炭液称作湿投。

无论是干投或湿投，都可采用调节器实行自动计量投加，见图 14-3。

(2) 投料方式：有人工直接投料与贮仓投料。市场供应的粉末活性炭大都为每包 20～25kg，拆包投料时粉尘飞扬，工作环境差。由于粉炭易损耗，应设置吸尘回收装置。根据国内实践，并参照相关行业与国外资料，活性炭投加系统的主要方式及优缺点见表14-9，有关投加系统的布置参见 14.5.3 节工程示例。

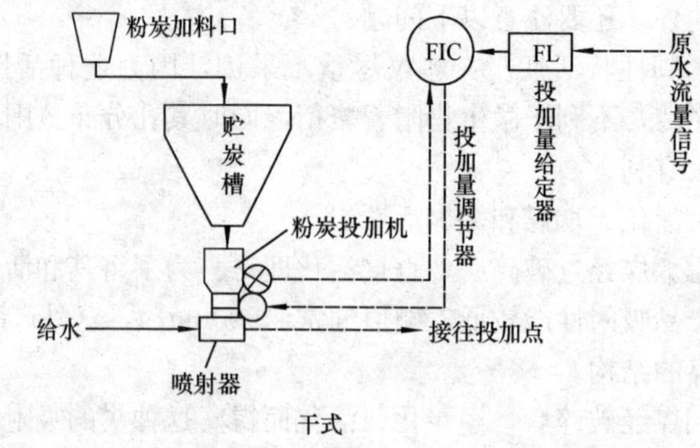


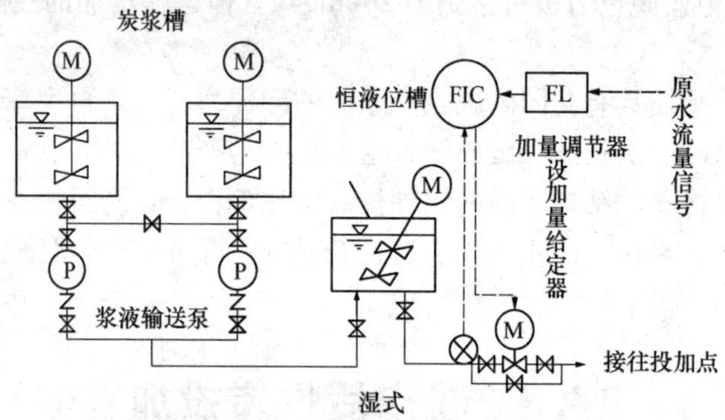


图 14-3　粉状活性炭投加系统示意

**粉末活性炭投加系统**　　**表 14-9**

| 拆包投料方式 | | 特点与优缺点 | 投加系统图示 | 适应情况（供参考） |
|---|---|---|---|---|
| 1. 人工拆包投料 | (*a*) | 1. 无吸尘装置，扬尘大，工作环境较差；<br>2. 设备少，投加系统简单，类似于一般的药剂搅拌、投加；<br>3. 劳动强度大 | 手工拆包加炭 c；压力水；1；5%～10%；5；炭浆 | 短时、应急性投加，目前较多水厂采用 |
| | (*b*) | 1. 拆包时有吸尘装置，采用吸入式粉尘投加器，卸料器投料；袋式过滤器回收炭粉，搅拌时有扬尘；<br>2. 设备较多，投加系统较复杂；<br>3. 劳动强度稍小 | c；8；9；10；11；手工拆包吸入式加炭；7；压缩空气；压力水；1；5%～10%；6；炭浆 | 未见水厂应用报道；为相关行业采用的粉尘投加 |

续表

| 拆包投料方式 | | 特点与优缺点 | 投加系统图示 | 适应情况（供参考） |
|---|---|---|---|---|
| 1. 人工拆包投料 | (*c*) | 1. 有吸尘装置及袋式过滤器回收炭粉；<br>2. 采用加料斗多次投料，搅拌炭液池可仅用一个，系统布置紧凑，占地较少；<br>3. 劳动强度较低 | 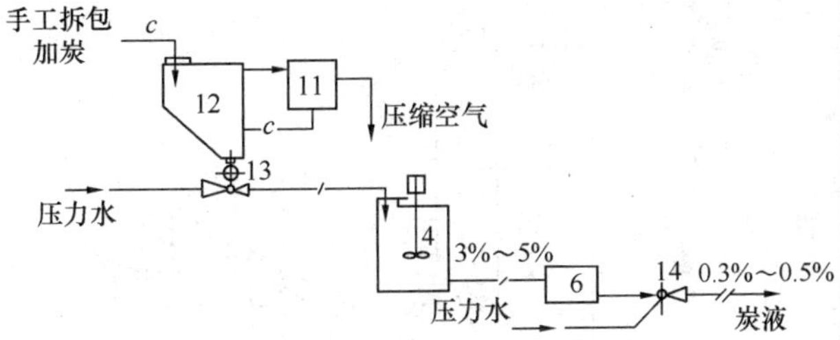  | 中、小型水厂，参见第14.5.3节工程示例（3）、图14-7 |
| 2. 机械起吊投放粉炭包，炭液池上部有割刀自行拆包投料 | | 1. 有吸尘装置，采用淋水过滤器等多次回收炭粉，不扬尘，工作环境良好；<br>2. 劳动强度较轻 | 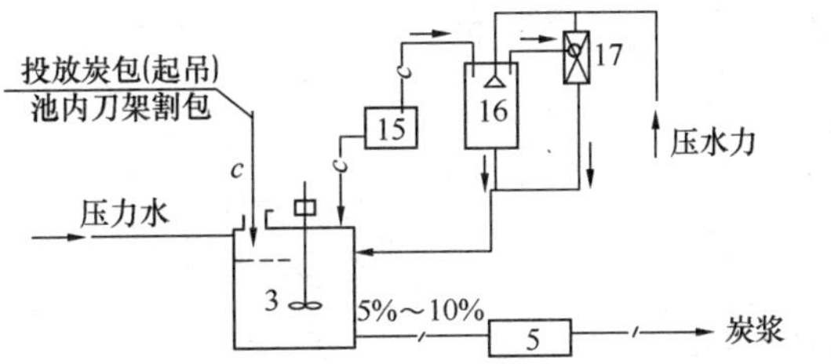  | 大、中型水厂，参见14.5.3节工程实例(1)、图14-4 |
| 3. 散装粉末活性炭由较大型炭仓（罐）储存、使用，定期进行补充 | | 1. 有吸尘、回收系统，为封闭式投料搅拌装置，工作环境好；<br>2. 由PLC控制投加过程，自动化程度高；<br>3. 粉末炭通过专用车输炭吸入贮炭仓，劳动强度小；<br>4. 设备目前需进口；<br>5. 需有特种粉炭输送车配套；<br>6. 贮存料仓一般考虑3～7d的粉炭贮存量，料仓较大，一般设置于室外 | 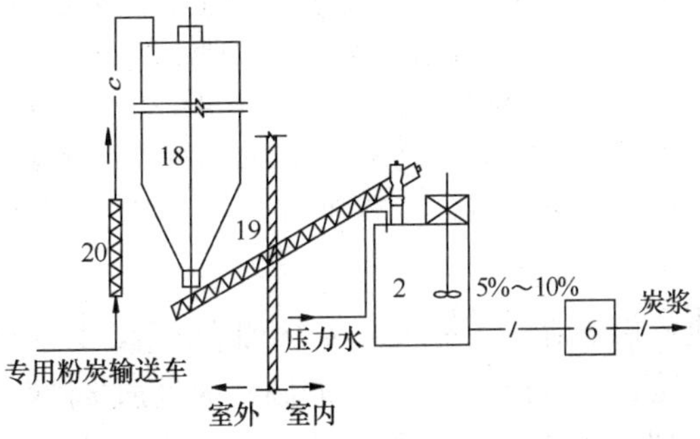  | 大型水厂，自动化要求较高，参见14.5.3节工程实例(2)、图14-6 |

续表

<table>
<tr><th colspan="2">拆包投料方式</th><th>特点与优缺点</th><th>投加系统图示</th><th>适应情况（供参考）</th></tr>
<tr><td rowspan="2">4. 人工拆包真空吸料</td><td>(a)</td><td>1. 粉炭为小包装，拆包后通过真空吸料进入粉炭投加系统；<br>2. 其投加系统同3，为湿投方式；<br>3. 料仓较小，可置于室内；<br>4. 室内需设置粉炭贮存场地；<br>5. 设备目前需进口</td><td> 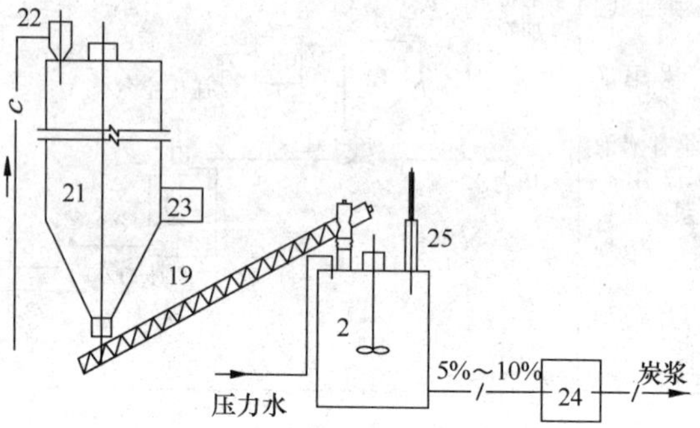</td><td>大、中型水厂</td></tr>
<tr><td>(b)</td><td>1. 粉炭为小包装，人工拆包后通过真空吸料吸入投加系统料仓；<br>2. 投加是通过高速射流混合器将炭粉与水混合投加入加注点管道中；<br>3. 不设置溶液池；<br>4. 一套系统对应一个加注点</td><td> 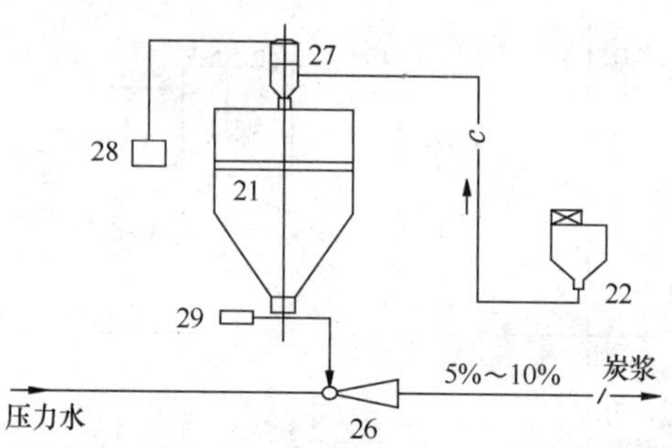</td><td>国内有应用实例</td></tr>
</table>

注：1—（炭浆）混合搅拌池；2—封闭式混合搅拌池（引进）；3—吸尘式混合搅拌池；4—搅拌池；5—压力或重力投加；6—压力投加；7—吸入式投料器；8—卸料器；9—加料斗；10—螺杆加料器；11—袋式过滤器；12—吸尘式加炭仓；13—震动加料混合器；14—喷射混合器；15—吸尘风机；16—淋水过滤器；17—喷射吸尘器；18—贮炭加炭仓（户外型）；19—螺旋输送器；20—输炭装置（引进）；21—贮炭加炭仓（户内型）；22—真空吸料机；23—空穴振打；24—投加泵；25—除尘器；；26—高速射流混合器；27—旋风分离器；28—风机；29 投加机

(3) 调制方式：粉末活性炭易从浆液中沉降析出，必须设搅拌机械连续搅拌调制。习惯称调制浓的炭浆装置为混合槽（池）；调制稀的投加炭液装置为炭液池。

1) 通常采用定期一次投料，搅拌调制粉末炭液，炭液池需设两只以上，交替使用。

2) 当采用加料斗时，可按设定的时间多次投料、混合，调制粉末炭液。此时炭液池容积除需满足安全吸液要求外，容积较小，可只设一座池子边补充，边出液。

(4) 加注方式：可采用重力或压力加注，以采用压力加注较多。压力加注时需采用耐磨损、不易堵塞的加注泵，如螺杆泵、膜片泵、水射泵等。

### 14.5.2　设计要点

（1）粉末活性炭的品种选择与投加量宜根据试验确定，详见第7章的相关叙述。

（2）粉末活性炭规格与设计加注量

1）粉末活性炭的规格理论上越细处理效果越好，但过细会穿透滤池，增加浊度，且实际试验效果证明也并非越细效果越好，因此，粉末活性炭常用粒径一般以250目左右为宜。

2）粉末活性炭设计加注量一般不宜超过40mg/L，如作为应急处理，短期内可达100mg/L。

（3）粉末活性炭的投加点

1）氯与活性炭能相互作用，粉末活性炭投加点必须尽可能远离氯的加注点，或在投粉炭时不进行预氯化处理。

2）混凝剂能吸附在活性炭表面，降低其吸附作用，不宜将混凝剂与粉末活性炭同时投加。

3）对于常规的混凝、沉淀、过滤水处理工艺，粉末活性炭的投加点常有以下几种选择：

① 加于原水吸水井或进水管：一般情况下，吸水井投加能较充分地发挥粉末活性炭的吸附作用，但存在与后续混凝工艺竞争去除有机物的问题。如吸附与混凝竞争严重，将降低粉末活性炭的作用，造成投加量增加，处理费用增加。通常只有在原水浊度低的情况下（如受有机物污染的井水等），在吸水井投加粉末活性炭的优势才能体现出来。

② 混凝前端投加：理论上分析认为投加混凝剂后，在絮凝池中形成的微小絮体尺度发展到与粉末活性炭颗粒尺度相近时的位置，应作为最佳投加点。在该点投加粉末活性炭，既可在一定程度上避免竞争吸附，又可使絮体对粉末活性炭颗粒包裹作用最小，可充分发挥粉末活性炭的吸附效率。根据这个原则，在工程设计中通过计算可确定投加点位置：

a. 采用无机盐类混凝剂时，当原水与混凝剂充分混合后大约经过30s左右，无机盐类混凝剂在水中的水解、缩聚过程可以完成。所以，微小絮体形成阶段应为混凝剂与原水充分混合后，经过40～50s流程长度的位置作为粉末活性炭投加点较为合适。

b. 采用高分子絮凝剂时，一般条件下，原水与高分子絮凝剂充分混合后，经过20～30s流程长度的位置可作为粉末活性炭的投加点。

c. 滤前投加：不存在吸附与混凝竞争问题，应该是粉末活性炭发挥作用的最佳位置。但应注意粉末活性炭进入滤池后，会堵塞滤料层使工作周期显著缩短；此外，粉末活性炭还常有穿透滤层现象。

d. 多点投加：粉末活性炭也可分别在两个不同的投加点投加，以减少粉炭用量，具有经济性。

4）通常粉末活性炭加入水中后，前30min吸附能力为最大。因此，经常使用粉末活性炭的水厂，可考虑单独设置接触池。接触时间30min。原有水厂，也可将粉末活性炭加在原水泵房的水泵吸水口处，利用原水输送管、沉砂池等设施，作为活性炭的吸附设施。

表14-10列出了部分国内外水厂粉末活性炭投加点的案例。

部分国内外水厂粉末活性炭投加点案例　　表 14-10

| 水厂及地点 | 水处理工艺流程及粉末活性炭（PAC）投加点 | 备注 |
|---|---|---|
| 林顿水厂（英国） | 原水 → 吸水井 →（PAC）→ 输水干管(12km) → 混凝 → 沉淀 → 快滤池 →（$Cl_2$）→ 清水池 → 出厂 | |
| Ohio 水厂（英国） | 原水 →（PAC）→ 澄清池 →（PAC）→ 快滤池 →（$Cl_2$）→ 清水池 → 出厂 | |
| 阿姆斯特丹（荷兰）Wesper Korspel 水厂 | 原水 → 混凝 → 水库(储存三个月) → 过滤 → 输水干管 →（PAC、$O_3$）→ 混凝 → 沉淀 → 快滤池 → 慢滤池 →（$Cl_2$）→ 清水池 → 出厂 | |
| 鹿特丹（荷兰）Berenplaut 水厂 | 原水 → 水库 →（$Cl_2$(1mg/L)）→ 输水干管 →（折点加氯）→（PAC）→ 混凝 → 悬浮澄清 → 快滤池 →（$Cl_2$）→ 清水池 → 出厂 | |
| Nwuilly Sur Mame 水厂（法国） | 原水 →（$ClO_2$）→（PAC）→ 四层沉淀池 → 快滤池 →（$Cl_2$）→ 清水池 → 出厂 | |
| Mary Sur Oise 水厂（法国） | 原水 →（$O_3$(1mg/L)）→ 水库 →（$ClO_2$）→（PAC）→ 混凝 → 沉淀 → 快滤池 →（$O_3$）→ 活性炭过滤 →（$Cl_3$）→ 清水池 → 出厂 | |
| 辛辛那提水厂（美国） | 原水 → 混凝 → 沉淀 →（PAC）→ 快滤池 →（$Cl_2$）→ 清水池 → 出厂 | |

续表

| 水厂及地点 | 水处理工艺流程及粉末活性炭（PAC）投加点 | 备注 |
| --- | --- | --- |
| 淮南第三水厂（中国） | 原水 →（一次絮凝剂）→ 网格絮凝池（二次絮凝剂、PAC）→ 隔板栅条絮凝池 → 沉淀 → 快滤池 →（$Cl_2$）→ 清水池 → 出厂 | |
| 合肥第四水厂（中国） | 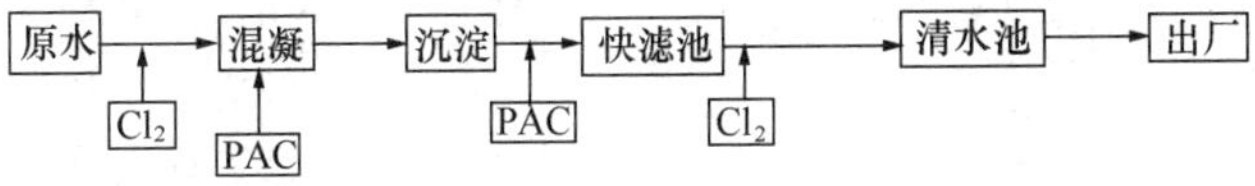 原水 →（$Cl_2$）→ 混凝（PAC）→ 沉淀 →（PAC）→ 快滤池 →（$Cl_2$）→ 清水池 → 出厂 | PAC有时穿透滤池 |

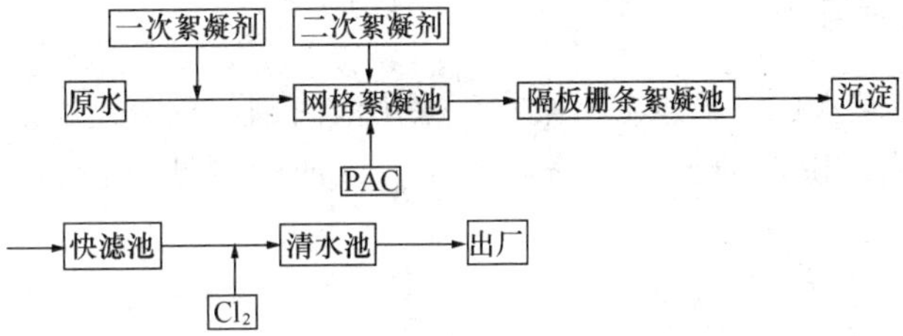

（4）投加浓度

1）调配浓度，一般为5%～20%，常用采用5%～10%。配制与混凝剂相似。

2）投加浓度：为使炭液快速扩散，与水体充分混合，可采用压力水稀释强制扩散，降低投加浓度。据运行实践表明降低投加浓度，可提高活性炭吸附净水效果。当投加浓度由3%降到0.3%时，水中COD去除率可提高3%～5%；按运行经验扩散水量倍数为6～10。

扩散方式可参照各种药剂的投加扩散，如穿孔扩散短管，扩散锥等。

（5）粉末炭仓库

1）活性炭是一种能导电的可燃物质，储藏仓库应采用耐火材料砌筑，设有防火消防措施。

2）粉末炭在搬运中会飞扬于空气中，因此，位于储藏室内的电器设备须加设防护罩，并采取防爆设施。

3）粉末炭易粘附在人的皮肤和衣物上，故要求设置淋浴室。

4）活性炭长期存放，效率会下降，购入炭要先到先用，做好标识，设计时应注意周转布置。

（6）粉炭投加及储存应有单独房间，不可与其他药剂合用。

（7）投加管路水力计算

由于炭浆浓度较高，其水头损失与一般混凝剂略有不同。

其水力计算的简化公式为：

$$J_m = 1.15\gamma_m J_0 \tag{14-1}$$

式中 $J_m$——液水力坡降；

$J_0$——清水水力坡降；

$\gamma_m$——浆液密度，浆液密度可按计算式为

$$\gamma_m = \frac{\gamma_c C + \gamma_o(1-C)}{100} \tag{14-2}$$

其中 $\gamma_c$——活性炭密度，约为2～2.2g/cm$^3$；

$\gamma_0$——水的密度，约为 $1g/cm^3$；

$C$——浆液浓度。

### 14.5.3　工程实例

(1) 哈尔滨市某水厂：哈尔滨市某水厂采用池内割包投料投加系统。该系统主要由带搅拌装置的炭液池，粉尘抽吸与洗涤回收装置、加注泵计量设备及管路系统等三部分组成。

1) 炭液的调配：

① 为防止拆包设加粉末活性炭时产生粉末飞扬，需采用负压投料。投料前先启动风机，使炭浆池内水面以上空间形成负压。从投料口投加粉炭时，扬起的活性炭粉尘经池内上沿被吸入粉尘洗涤装置。同时打开洗涤塔进水阀门，洗涤后的废气可再经喷射淋洗排放大气，洗涤后的炭液回到炭浆池中，将粉末炭回收。洗涤水水压 $P \geqslant 0.1MPa$，淋水密度 $30m^3/(m^2 \cdot h)$。

② 投料前先在炭浆池内灌水1/2～1/3。用人工搬运或起重设备起吊粉末活性炭袋包，从投料口投放入炭浆池内的刀架上，架上的割刀自行割包卸料。启动搅拌机械连续搅成均匀浓浆，然后加水稀释继续搅拌，达到要求投加浓度的炭液备用。炭浆浓度采用8%～10%。

③ 炭浆沉淀速度很快，所以投加炭浆同时，需要不间断搅拌。炭浆池设两座，供交替使用。

2) 投加系统与布置要点：投加系统的布置示意见图14-4。

① 投料口尺寸、风机型号和洗涤塔规格等均取决于编织袋大小，我国生产的粉末活性炭每袋均为25kg，故投料口尺寸为0.75m×0.6m，风机型号66-46-

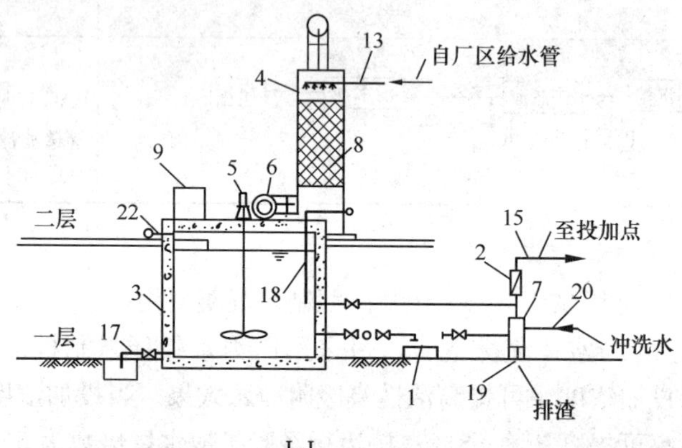


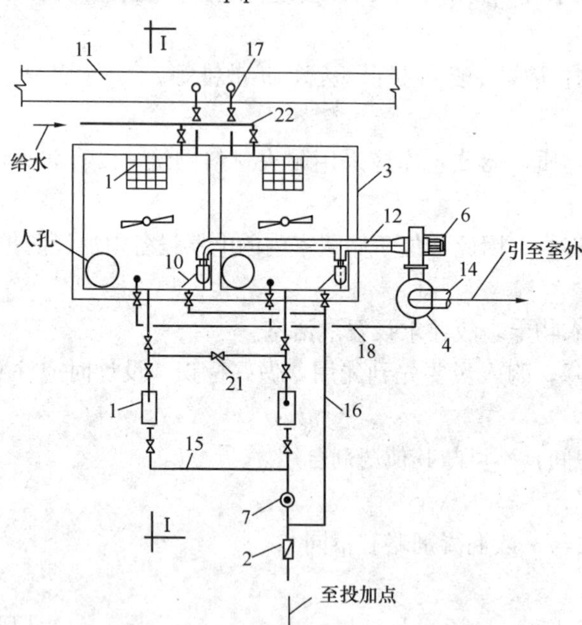


图14-4　某水厂粉末活性炭投加系统布置

1—螺杆泵；2—电磁流量计；3—炭浆池；4—粉尘洗涤塔；5—搅拌机；6—风机；7—过滤器；8—填料；9—投料口；10—挡风板；11—地沟；12—吸风管；13—洗涤水管；14—排风管；15—出液管；16—回流管；17—放空管；18—回水管；19—过滤器放空管；20—反冲洗水管；21—阀门；22—自来水管

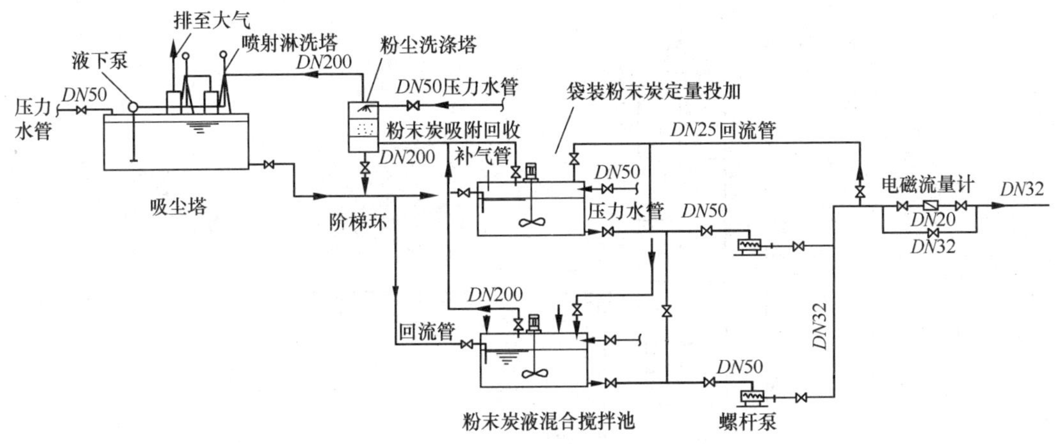


图 14-5 粉末活性炭投加系统

4C，洗涤塔直径 1m，型号为 FC-Ⅰ型粉尘吸附处理装置，填料层厚 2m。

② 防止编织袋碎片堵塞管道和仪表，在管道上设置过滤器，滤网为 10 目不锈钢网，过滤器上有压力水反冲洗管道和排污管道。

③ 为减少炭浆对设备的磨损，采用螺杆泵，出水口处设回流管，用控制回流管闸门的方法来控制炭浆投加流量，用电磁流量计测定流量，螺杆泵流量 $Q$ 为 0.3～1.13$m^3/h$，压力 $P$ 为 0.28MPa。

④ 为防止腐蚀，投料口、搅拌器、管道和闸门等，采用不锈钢、木材和塑料管材料。

图 14-5 为该投加粉炭的系统示意，此投加系统设备较多，但具有炭粉回收率高、排出气体含炭尘多、周围与工作环境良好的优点。

(2) 昆明市某水厂：图 14-6 所示为昆明某水厂引进的储仓式粉末投加系统加炭间布置。

主要设备和设计参数如下：

1）设备型号：ZCD400DDMVF80SCFABI＝6m

① 粉末活性炭设计输送能力：483～2392L/h。

② 粉末活性炭设计投加范围：0～30mg/L。

③ 粉末活性炭投加设备包括：

a. 3 组直径为 2.9m，高为 10m 的粉炭贮炭仓（罐），每组储藏量为 10t。

b. 3 组可计量螺旋输送装置。

c. 3 组粉炭调配罐（池），直径为 2.8m，高为 2.5m。

d. 3 组粉炭溶液投加计量泵，每组 8 台，共 24 台。

2）控制方式

① 人工设定粉炭的投加量和投加浓度。通过 PLC 控制可计量螺旋输送器，调节粉炭的输送量，同时控制水量，以便按照设定浓度进行溶液配置。配置好的粉炭溶液，经计量泵计量投加。螺旋输送器的转速可调，每一转速下对粉炭的输送量恒定。

② 粉末活性炭通过负压，吸入粉炭贮炭罐。

③ 投加点：投加于絮凝剂后，絮凝池入口处。

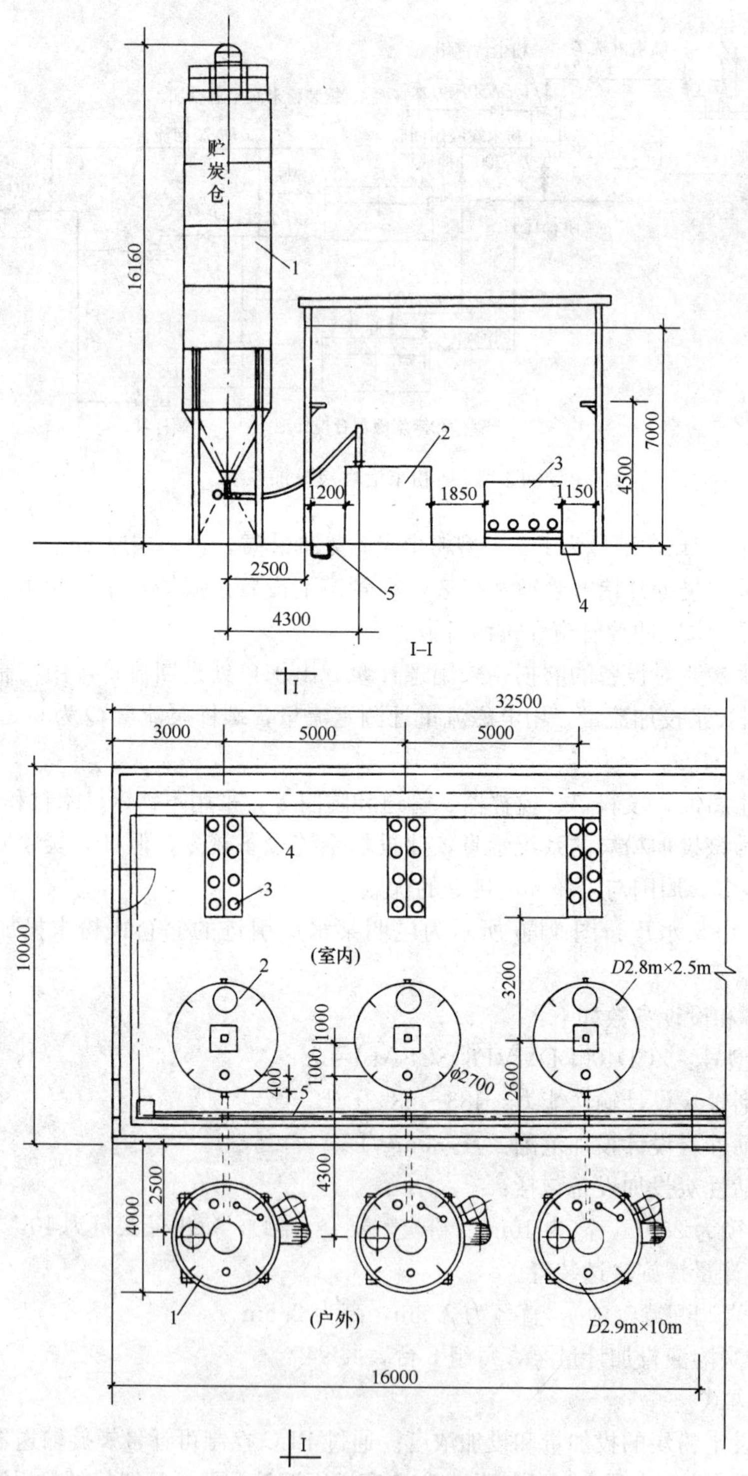


图 14-6　PAC 贮仓式加炭间布置

1—贮炭仓；2—PAC 炭液池；3—加注泵与切换阀门框架；
4—炭液管槽；5—排水管槽

(3) 上海市浦东某水厂：水厂规模为 35000m$^3$/d，粉末活性炭投加量按 20mg/L 设计，投加系统与主要设备布置见图 14-7。

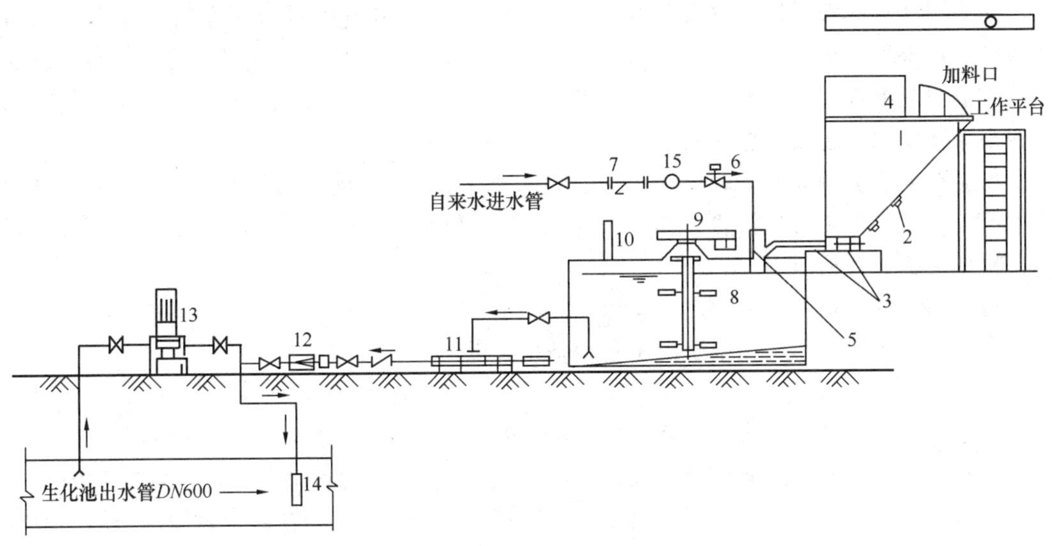


图 14-7 粉末活性炭投加装置布置

1—投料仓；2—粉位计；3—可调螺杆出料器；4—布袋脉冲过滤器及空压机；5—混合 T 管；6—电磁阀；7—Y 型过滤器；8—炭液调配搅拌池；9—搅拌机；10—液位计；11—螺杆加注泵；12—电磁流量计；13—加压水泵；14—强制扩散器；15—流量计

1) 投料与调节：在工作平台上人工拆包，向投料仓 1 的加料口倒入粉末炭，投料仓上部设有负压吸尘装置，免除了粉尘的扬起。被吸粉尘由袋式过滤器 4 及空压机吸入，扬尘定时回馈进入投料仓。投料仓下部设有粉位计，可测仓内炭粉高度，并设报警装置，及时通知补充。料仓底部为可调螺杆出料器 3，便于调节粉炭的投加量；螺杆上设有挡板，使炭粉的投加高度相对稳定；同时料仓外还设有振动器连续振动，使炭粉能连续重力地下落投加。由电磁阀 6 与流量计 15 定流量供给压力水，在混合 T 管 5 中初次定量混合，使达到浓度 3%，随后进入搅拌池 8。投料仓体积为每班的粉末炭用量，每班工人只需操作一次。

2) 搅拌调配炭液池：池内设搅拌机械、液位计。其特点是间隙、多次地调配补充，连续投加炭液。所以池容积较常规的小，且可不必另设池子交替使用，池体容积由调配次数定。

3) 加注：采用 1 台螺杆加注泵，以免堵塞，流量 $Q$ 为 0.5～1.5m$^3$/h，扬程 $H$ 为 0.4MPa。

4) 增压混合与扩散：因受水厂场地所限，加炭液管道较长，为达到最好的投加与扩散效果，设置了加压混合泵 13（流量 $Q$ 为 6.3m$^3$/h，扬程 $H$ 为 0.32MPa）。炭液经加压水再次扩散稀释后，达到 0.3%投加浓度。

投加点为水厂生物氧化预处理后的 $DN$600 出水总管上。加注点处还设有直径为 40mm，长为 400mm 的强制扩散器。

5) 监测与控制：针对小型水厂的应用特点，本投加系统采用人工适量储备、在线自动间歇定量配制、连续定量投加的自动控制方式；该自动控制方式通过 PLC 程序实现，主要通过调配水池的液位以及储料仓位的反馈，实现各设备之间的联锁控制，同时可以扩展为根据原水流量进行比例调节或有机物在线仪表进行复合环路的控制。

(4) 镇江某取水泵站：取水泵站设有两座 30 万 $m^3/d$ 规模的取水泵房，在泵站加药间内设置粉末活性炭加注间，粉末活性炭料仓设置于户外。粉末活性炭主要在水源突发水质污染的情况下投加，以确保净水厂出水水质的达标。投加点分别在两座取水泵房出水端的四根原水输水管起端，总共四个加注点。

粉炭最大投加量按 30mg/L 计，采用全套进口设备为自动干式制备，湿式投加，投加浓度 5%，采用散装粉末活性炭 250 目，设粉末活性炭户外料仓 1 座，储存量按 2～3d 计。投加设施布置见图 14-8。

1) 工艺流程控制描述如下：

全套活性炭制备和投加系统由 1 套制备系统以及 1 套投加系统组成。

① 粉末储存与输送

活性炭粉末的来料形式为散装，采用罐车来料，粉末由气力输入料仓内储存。

料仓配有空穴振打，避免粉末架桥。给料机内置空穴/无料料位计，当给料机内有空穴时，自动打开压缩空气电磁阀，启动空穴振打，消除空穴，当在设定时间内未能消除空穴，表面周围没有料下来，系统则显示无料报警。

料仓配有称重系统，能够连续在线显示料仓内料位，4～20mA 信号输出到现场控制柜，并提供低位及满位报警信号。

② 乳液的制备

粉末通过多螺旋给料机计量后，经螺旋推进器送入混合罐内。使用螺旋推进器可以避免混合罐内水汽直接进入给料机或储料仓。另外推进器配有取样口，方便标定。

粉末通过给料机精确计量后与水以一定比例同时投入混合罐，制备成需要浓度的乳液，浓度可以通过 PLC 设定。水控组件包括电磁流量计、电磁阀、调节阀等。混合罐内粉尘通过配套水控除尘装置收集回到罐内。

③ 乳液的投加

制备好的溶液通过投加泵输送至投加点。本套系统共配置 5 台投加泵，四用一备。混合罐上配有压力传感器，设置泵的干运行保护液位。

④ 过程控制描述

全套系统设计给料和制备 5%的活性炭乳液。

混合罐为低液位（LS－）时制备周期启动，开始进水和投加粉末。搅拌器连续运行防止乳液沉淀。

制备水电磁阀打开。

与此同时，单螺旋推进器和多螺旋给料机启动并开始向混合罐内投料。活性炭和水同时投加入混合罐制备乳液待用。

当混合罐指示高液位（LS＋）时，制备过程停止。这时单螺旋推进器和多螺旋给料机停止工作，电磁阀关闭，混合罐内停止进水，制备停止。当达到低液位（LS－）时，制备重新自动开始，周而复始循环工作。

浓度的控制：制备水的流量由电磁流量计测得，并将 4～20mA 信号传至 PLC。PLC 根据水量及用户提供的浓度设定自动计算出需要的干粉量，并转换为 4～20mA 信号，

PLC输出信号给给料机变频器，从而调节给料机到合适的能力。

在手动模式和自动模式上，单螺旋推进器连锁控制多螺旋给料机；为了检测投加能力，多螺旋给料机能和单螺旋推进器进行手动控制。

混合罐的满位保护联锁控制进水电磁阀和单螺旋推进器。

在手动模式和自动模式上，搅拌机连锁控制单螺旋推进器。

单螺旋推进器连锁控制多螺旋给料机。

⑤ 系统水、电、气要求

系统所需水压：0.3MPa；

系统所需水量：$18m^3/h$（制备水）$+10m^3/h$（冲洗水）；

系统总功率：28kW；

系统所需气源要求：

真空吸料机：$0.15Nm^3/min$，0.5～0.6MPa；

2）设备的组成（见表14-11）

**活性炭制备和投加系统设备表** **表14-11**

| 序号 | 名称 | 型号及规格 | 数量 | 材质 | 备 注 |
|---|---|---|---|---|---|
| 1 | 户外料仓 | $\geqslant 100m^3$ | 1套 | 碳钢 | $\phi$3500mm，壁厚不小于8mm，关键受力部分不小于10mm |
| 2 | 料位及空穴报警计 | | 4个 | | 浆板式 |
| 3 | 除尘器（料仓） | $\geqslant 28m^2$ | 1套 | 碳钢 | |
| 4 | 安全阀 | | 2只 | 碳钢 | 正负压 |
| 5 | 气动振打系统 | | 1套 | | 8个板式喷嘴 |
| 6 | 开关阀 | | 1个 | 碳钢 | 不锈钢AISI304阀板 |
| 7 | 多螺旋给料机 | 900kg/h | 1台 | 碳钢 | 变频 |
| 8 | 推进器 | $\phi$230 | 1台 | 碳钢 | |
| 9 | 溶解罐 | $8m^3$ | 1套 | 不锈钢AISI304 | 含压力变送器，溢流管，人孔 |
| 10 | 搅拌机 | 1.5kW | 1台 | 不锈钢AISI304 | |
| 11 | 溶解罐除尘器 | | 1台 | 不锈钢AISI304 | |
| 12 | 制备水系统 | $18m^3/h$ | 1套 | | 包括电磁流量计 |
| 13 | 投加泵组合 | $4m^3/h$，0.3MPa | 5台 | AISI316 | 变频调节，4用1备，包括密封冲洗及管路冲洗装置 |
| 14 | 隔膜压力表及开关 | | 4个 | | |
| 15 | 电磁流量计 | | 4台 | | |
| 16 | 管路及阀门 | | 1批 | AISI304 | 泵的配套管路 |
| 17 | 空压机 | $0.65m^3/min$，1.2MPa | | | 包括前后过滤器 |
| 18 | 控制柜 | | 1套 | | 溶液制备及投加的控制 |

活性炭制备及投加系统的布置见图14-8。

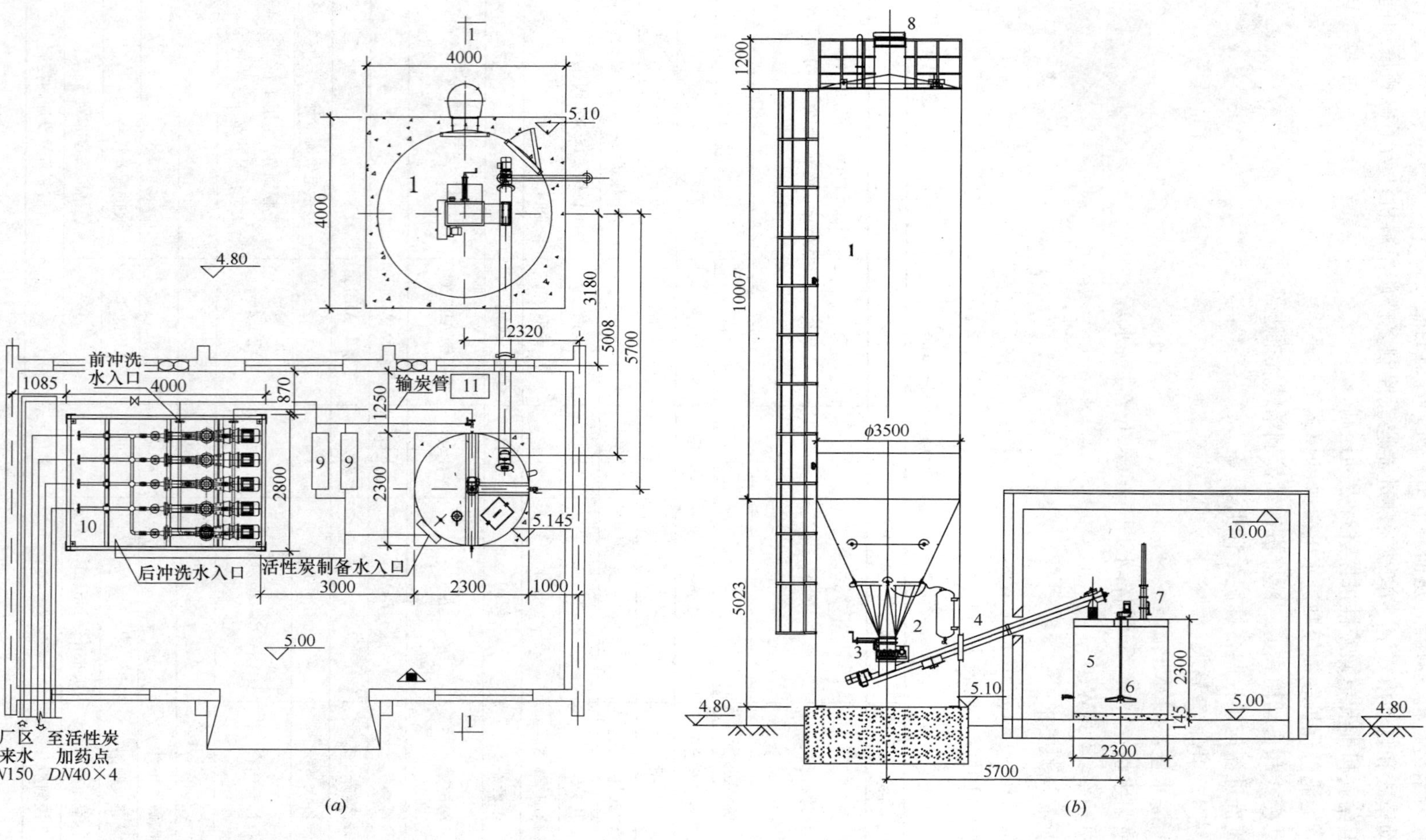


图 14-8 活性炭制备及投加系统

(*a*) 平面图；(*b*) 1-1 剖面图

1—户外料仓；2—气动空穴振打；3—给料机；4—螺旋输送器；5—制备罐；6—搅拌机；7—水控除尘；8—除尘器；9—增压泵；10—投加泵；11—空压机

# 14.6 颗粒活性炭滤池

## 14.6.1 滤床形式与比较

水处理的颗粒活性炭滤床可分为固定式、移动式和流动式，各种的特点见表 14-12。目前使用最为普遍的是固定床，即常称的活性炭滤池（根据活性炭的作用又称颗粒活性炭吸附池）。

颗粒活性炭滤床形式与比较　　表 14-12

| 方式 | 要　点 | 优缺点 | 图　示 |
|---|---|---|---|
| 固定床 | 1. 在需要长期作深度处理的情况下使用；<br>2. 通常在砂滤后以粒状活性炭填充的吸附塔或滤床过滤吸附；<br>3. 通水方式：升流式或降流式，压力式或重力式；<br>4. 当在普通滤池砂滤料上增加活性炭层时，需加高滤池池壁及减小反冲洗强度（此时应采用表面冲洗或空气冲洗以免黏泥成块堵塞滤层） | 1. 运作稳定，管理方便，出水水质良好；<br>2. 活性炭再生后可循环使用；<br>3. 活性炭在固定床中吸附容量的利用较低；<br>4. 需定期投炭、整池排炭；<br>5. 基建、设备投资较高 | 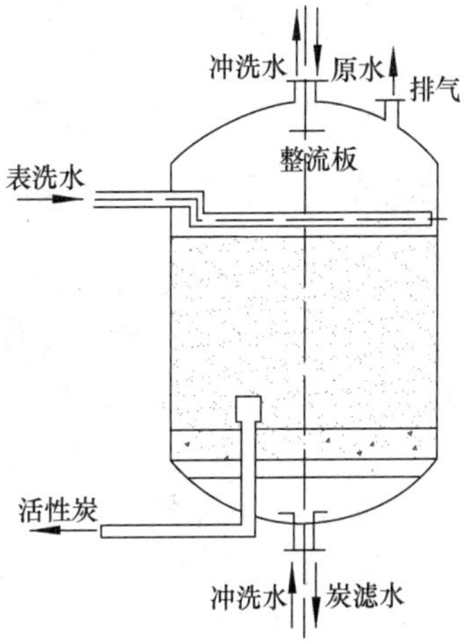 冲洗水 原水 排气 整流板 表洗水 活性炭 冲洗水 炭滤水 |
| 移动床 | 1. 长期运行的深度处理装置；<br>2. 水在加压状态下，由底部升流式通过炭层过滤吸附，冲洗废水及滤过水均由上部流出；<br>3. 新活性炭由上部间歇或连续投加，失效炭借重力由底部间歇或连续排出；<br>4. 直径较大的吸附塔进出水系统采用井筒式筛网，上部由集水管连续收集出水，防炭粒流失，下部由布水管连接，均匀进水；<br>5. 可以填充床或膨胀床二种方式运行 | 1. 运作稳定、管理方便、出水水质良好；<br>2. 底部排出的失效炭可以到完全饱和，最大限度利用了炭的吸附容量；<br>3. 间歇或连续投炭、排炭，减少再生设备容量；<br>4. 基建及设备投资较高；<br>5. 建筑面积较小；<br>6. 井筒式筛网破裂时将产生跑炭 | 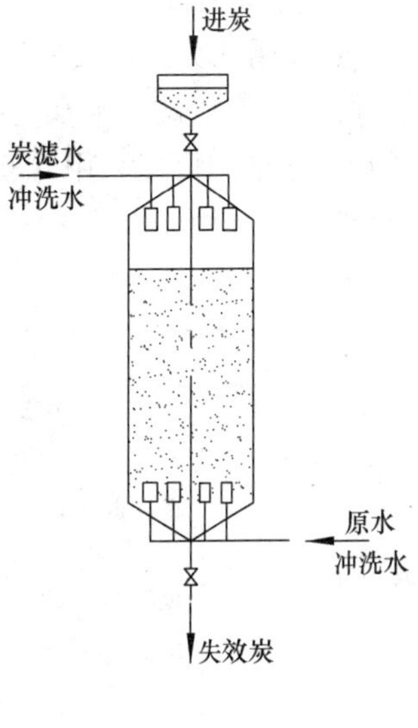 进炭 炭滤水 冲洗水 原水 冲洗水 失效炭 |

续表

| 方式 | 要 点 | 优缺点 | 图 示 |
|---|---|---|---|
| 流动床 | 1. 长期运行的深度净化装置；<br>2. 水由底部升流式通过炭床，炭由上部向下移动；<br>3. 水流与流化状态的活性炭在逆流接触吸附；<br>4. 可采用一级或多级床层 | 1. 炭床不需冲洗；<br>2. 最大限度利用了炭的吸附容量；<br>3. 间歇或连续投炭、排炭，减少再生设备容量；<br>4. 占地面积较小；<br>5. 要求炭粒均匀，否则易引起粒度分级 | 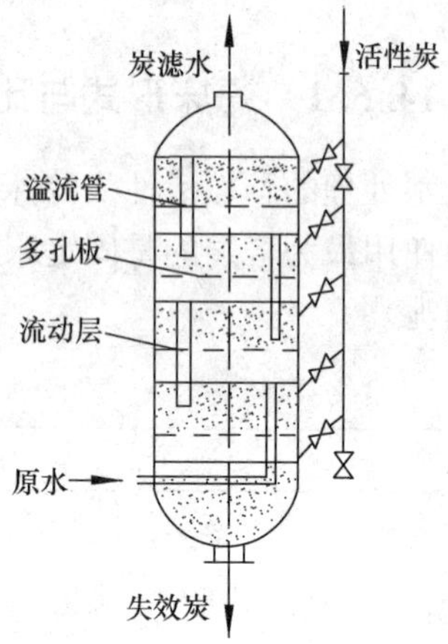 炭滤水<br>活性炭<br>溢流管<br>多孔板<br>流动层<br>原水<br>失效炭 |

## 14.6.2 固定床设计要点

(1) 炭滤池形式与设计：炭滤池形式的选择，应根据处理规模及水厂的运行条件，经技术经济比较后确定。一般有重力式和压力式，圆形或矩形等。一般当处理规模小时，可仿照普通压力滤池或无阀滤池；当处理规模大时，可仿造普通快滤池、虹吸滤池、双阀滤池等。

(2) 炭滤池的通水方式

1) 炭滤池的通水方式可为升流式，也可为降流式。在选取通水方式时应考虑原水水质、构筑物的衔接方式、排水要求、当地运行管理经验等因素，结合工程地形条件，通过技术经济比较后确定。

① 采用普通快滤池、双阀滤池形式的炭滤池通常均为降流式通水。

② 如原水中有机物含量多，有可能产生黏液堵塞炭层，升流式较为有利。采用升流式时，处理后水在池面，为防人为污染，需设防污染措施。

③ 如采用虹吸滤池及虹吸炭滤池，在工艺流程中可能重力排水无法实现时，改为升流式有可能提高冲洗排水水位，满足了系统中重力排水条件。

2) 各滤池间可以采用并联运行，也可采用串联运行。当一级炭滤池出水无法满足出水要求时，可采用二级或多级炭滤池串联运行，各种通水方式示意见表 14-13。

**固定床吸附装置通水方式分类** **表 14-13**

| 方式 | | 概 要 | 图 示 |
|---|---|---|---|
| 降流 | 串联 | 1. 单池或多池直列布置；<br>2. 单池适用于被吸附物浓度较低的场合；<br>3. 多池适用于被吸附物浓度较高的场合；<br>4. 为充分发挥活性炭吸附容量，可在运行一段时间后改变串联程序 | 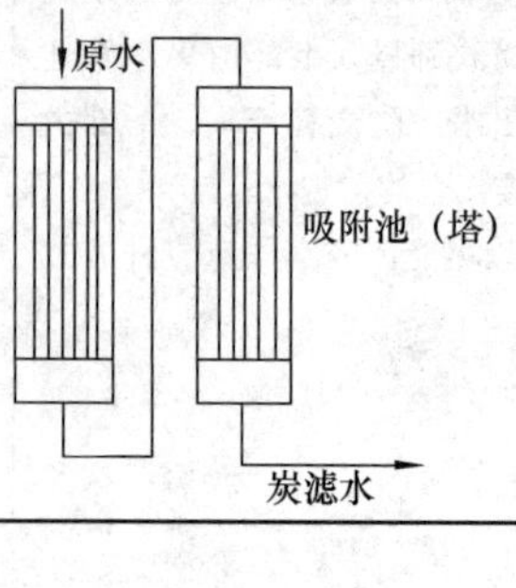 原水<br>吸附池（塔）<br>炭滤水 |

续表

| 方式 | | 概 要 | 图 示 |
|---|---|---|---|
| 降流 | 并联 | 用于被吸附物浓度较低而处理水量较大场合 | 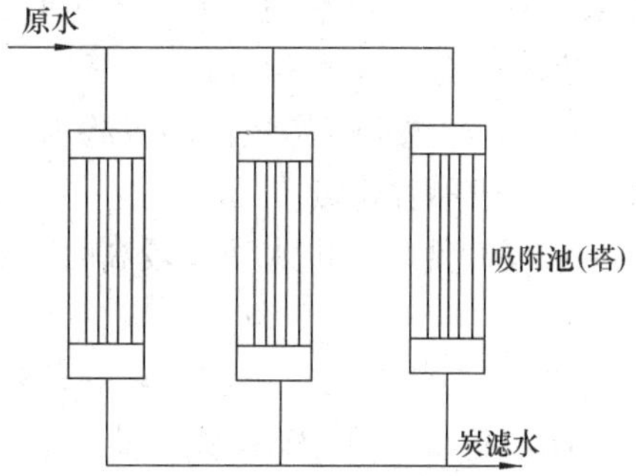  |
| 升流 | 串联或并联 | 1. 单池或多池，串联（*a*）或并联（*b*）布置，使用条件同降流式；<br>2. 运转中要注意流速的控制和防止活性炭流失 | 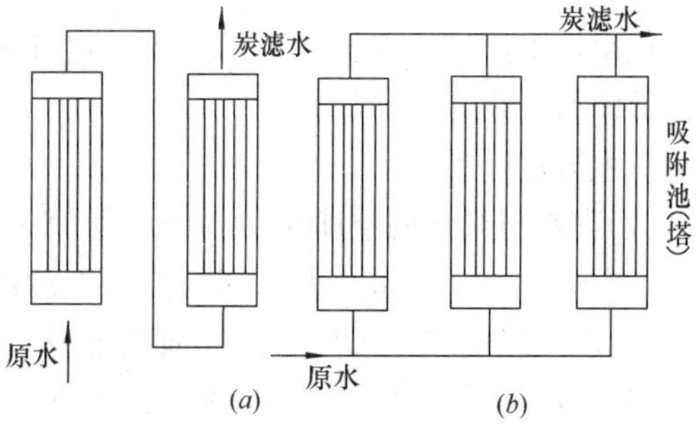  |

(3) 基本设计要点

1) 活性炭吸附或臭氧一生物活性炭处理工艺宜用于经混凝、沉淀、过滤处理后某些有机、有毒物质含量或色、嗅、味等感官指标仍不能满足出水水质要求时的净水处理。

2) 炭吸附池的进水浊度应小于 1NTU。

活性炭吸附池的设计参数应通过试验或参照相似条件下炭吸附池的运行经验确定。

3) 采用臭氧—生物活性炭处理工艺的活性炭吸附池宜根据当地情况，对炭吸附池池面采用隔离或防护措施。

4) 炭吸附池的钢筋混凝土池壁与炭接触部位应采取防电化学腐蚀措施。

5) 活性炭使用周期

① 当原水中有机物的主要成分是可吸附但非生物降解物质时，由于生物活动难以发挥作用，活性炭的使用周期根据有机物含量的不同，一般约为 4～6 个月，甚至更短。

② 当水中有机物是可生物降解或经臭氧化转化为可生物降解时，与臭氧联用的炭滤池中的活性炭使用周期，则可达2～3年，甚至更长。

6）根据运行经验，当活性炭碘值指标小于600mg/g或亚甲蓝指标小于85mg/g时，应进行再生。

当采用臭氧一生物活性炭处理工艺时，也可采用$COD_{Mn}$、$UV_{254}$的去除率作为判断活性炭运行是否失效的参考指标。

7）炭滤池冲洗水应尽量使用炭滤水，如冲洗水采用滤后水时，必须控制滤后水浊度<3NTU。一般不宜含氯。

除用水反冲洗外，进水浊度较高时还可增加表面冲洗，有条件的水厂亦可采用气水反冲洗。

8）炭池中失效炭的运出和新炭的补充，可采用水力输送，整池出炭，进炭总时间不宜小于24h，输炭一般采用水射器。管材及阀门应采用SS316不锈钢或硬聚氯乙烯(PVC-U）管，当管道采用焊接工艺时，需采用SS316L不锈钢。

9）炭池在采用人工加炭时，粉尘较大，宜加水喷淋，操作人员应配备防毒面具，保证人身安全。

10）炭吸附池个数及单池面积，应根据处理规模和运行管理条件经比较后确定。吸附池一般不少于4个。

11）炭再生周期应根据出水水质是否超过预定目标确定，并应考虑活性炭剩余吸附能力能否适应水质突变的情况。

（4）主要设计参数

1）处理水与炭床的空床接触时间一般宜采用6～20min，空床流速8～20m/h，炭层厚度1.0～2.5m。炭层最终水头损失应根据活性炭的粒径、炭层厚度和空床流速确定。

2）活性炭吸附池经常性的冲洗周期宜采用3～6d。

3）炭滤池冲洗强度、冲洗历时与膨胀率：

① 常温下经常性冲洗时，冲洗强度为11～13L/($m^2$·s)，历时8～12min，膨胀率为15%～20%；

② 定期大流量冲洗时，冲洗强度为15～25L/($m^2$·s)，历时8～12min，膨胀率为25%～40%；为增高冲洗效果，可采用气水联合冲洗或增加表面冲洗方式；

③ 反冲洗强度与水温有关：以水温13℃计，8～30目(粒径2.38～0.59mm)粒径，反冲洗强度为11.6L/($m^2$·s)；12～40目(粒径1.68～0.42mm)粒径，反冲洗强度为8.2L/($m^2$·s)。

冬季、夏季温差较大，反冲洗时炭的膨胀系数也相应变化。

④ 不同厂家的活性炭对反冲洗强度的要求也不同，建议按设计要求膨胀度由厂家提供反冲洗强度的数值。

⑤ 当采用气冲作为辅助冲洗时，气冲强度一般为15.3L/($m^2$·s)，但必须与水分开冲洗，不可气水同冲。

⑥ 当采用表面冲洗时，固定床表面冲洗的主要参数：

a. 表面冲洗压力：0.15～0.2MPa。

b. 表面冲洗强度：1.7～2.0L/($m^2$·s)。

c. 表面冲洗时间：2～3min。

4）炭吸附池宜采用中、小阻力配水（气）系统。承托层宜采用砾石分层级配，粒径2～16mm，厚度不小于250mm。

5）炭滤池面积及个数：计算方法同普通砂滤池。

6）炭滤池总高度：炭滤池总高度由式（14-3）求得：

$$H_{总}=h_1+h_2+H+h_3+h_4 \tag{14-3}$$

式中 $H_{总}$——吸附滤池的总高度（m）；

$h_1$——配水系统高度（m）；

$h_2$——承托层厚度（m），取决于配水方式；

$H$——炭滤层厚度（m）；

$h_3$——炭滤层上水深（m），一般取1.5～2m；

$h_4$——保护高度（m），取0.2～0.3m。

7）炭吸附池宜采用中小阻力配水系统，配水孔眼面积与炭吸附池面积之比可采用1%～1.5%。目前小阻力配水系统的单池面积已达180m$^2$。

8）冲洗排水槽高度

① 炭滤池排水槽顶面和活性炭层表面之间的距离 $h$（m）由式（14-4）来决定：

$$h=eH+0.5(\mathrm{m}) \tag{14-4}$$

式中 $H$——粒状炭层厚度（m）；

$e$——炭粒冲洗时的膨胀率（%）。

② 排水槽槽数与尺寸计算同普通快砂滤池。

③ 美国《水处理厂设计》（1997）对炭滤池排水槽顶面至活性炭层表面的距离建议为

$$h=(0.75\sim1.0)H+P \tag{14-5}$$

式中 $P$——排水槽高度（m）。

排水槽中心的间距采用1.5～2.0m。

9）支承系统

颗粒活性炭可以直接放置于砾石支承层上。底部集配水系统的布置与普通快滤池相同。根据采用的冲洗方式选择相应的集配水系统。当采用气水冲洗时，可采用长柄滤头或三角形内孔两次配水（气）滤砖。

10）炭吸附池的期终过滤水头：期终过滤水头与进水浊度、过滤速度和冲洗周期有关。一般可按1.0～1.5m设计。冲洗水宜采用滤池出水或炭吸附池出水。

### 14.6.3 工程实例

粒状活性炭滤池（吸附塔）的工程实例：目前国内大多数水厂的活性炭吸附池采用降流式固定床（包括虹吸滤池型、普通快滤池型和重力式无阀滤池型），个别也有采用升流式压力滤池和升流式移动床吸附塔形式。

国内部分活性炭滤池的实例汇总见表14-14。

国内部分活性炭滤池统计表

表 14-14

| 水厂名称 | 规模（万 $m^3$/d） | 活性炭的作用 | 处理工艺流程 | 是否为臭氧-生物活性炭工艺 | 活性炭吸附池的设计参数 | | | | | | | | | | | | 活性炭规格性能 | | | | 运行情况 |
|---|---|---|---|---|---|---|---|---|---|---|---|---|---|---|---|---|---|---|---|---|---|
| | | | | | 格数 | 单池面积（$m^2$） | 炭层厚度（m） | 接触时间（min） | 空床流速（m/h） | 承托层厚（m） | 水冲洗强度[（L/（$m^2$·s）] | 膨胀率（%） | 过滤水头（m） | 冲洗水源 | 气冲强度[（L/（$m^2$·s）] | 冲洗周期（d） | 种类 | 规格 | 碘吸附值（mg/g） | 亚甲蓝吸附值（mg/g） | |
| 北京市第九水厂一期 | 50 | 除味、除有机物 | 混合、机械搅拌澄清池、双层滤料过滤、炭吸附池 | 否 | 24 | 96 | 1.5 | 9.8 | 9.17 | | 15 | 20～30 | | | 无 | | 柱状 | 直径1.5mm，长2～3mm | >900 | >200， | 1987年投产 |
| 北京市第九水厂二、三期 | 100 | 除味、除有机物 | 快速混合、水力絮凝、侧向流波形斜板沉淀池、均质煤滤池、炭吸附池 | 否 | 48 | 97 | 1.5 | 9.85 | 9.13 | | 11～15 | | 2.25 | 滤后水 | 无 | | 柱状 | 直径1.5mm，长2～3mm | >900 | >200 | 1995、1999年分别投产 |
| 北京城子水厂 | 4.32 | 除味、除臭、除色、除有机物，除酚、汞 | 机械搅拌澄清池、虹吸滤池、炭吸附池 | 否 | 6 | 32 | 1.5 | 8 | 6.8 | | 13～15 | 20～40 | 1.3 | 滤后水 | 无 | 5～7 | 柱状 | 直径1.5mm，长2～3mm | >900 | >200 | 1990年投产 |
| 北京田村山水厂 | 17 | 除味、除色、除有机物 | 机械搅拌澄清池、虹吸滤池、炭吸附池 | 否 | 24 | 33 | 1.5 | 8 | 11 | | 13～15 | 20～40 | 1.3 | 滤后水 | 无 | 5～7 | 柱状 | 直径1.5mm，长2～3mm | >900 | >200 | 1985年投产 |
| 昆明第五水厂南分厂 | 10 | 除味、除色、除有机物 | 水力絮凝、气浮、V型滤池、臭氧接触、生物活性炭过滤 | 是 | 12 | 36.4 | 1.8 | 15 | 12 | 0.25 | 12 | 35 | | 滤后水 | 无 | 5～7 | 柱状 | 直径1.5mm，长2～3mm | | | 1998年投产 |

续表

| 水厂名称 | 规模(万$m^3$/d) | 活性炭的作用 | 处理工艺流程 | 是否为臭氧-生物活性炭工艺 | 活性炭吸附池的设计参数 | | | | | | | | | | | | 活性炭规格性能 | | | | 运行情况 |
|---|---|---|---|---|---|---|---|---|---|---|---|---|---|---|---|---|---|---|---|---|---|
| | | | | | 格数 | 单池面积($m^2$) | 炭层厚度(m) | 接触时间(min) | 空床流速(m/h) | 承托层厚(m) | 水冲洗强度[L/($m^2$·s)] | 膨胀率(%) | 过滤水头(m) | 冲洗水源 | 气冲强度[L/($m^2$·s)] | 冲洗周期(d) | 种类 | 规格 | 碘吸附值(mg/g) | 亚甲蓝吸附值(mg/g) | |
| 上海周家渡水厂 | 1 | 除味、除色、除有机物 | 前臭氧、混合絮凝沉淀过滤、后臭氧—活性炭滤池 | 是 | | 16 | 1.8 | 15 | 6.8 | | 6.9 | | | 滤后水 | 15.3 | 5～7 | 颗粒 | 0.5～0.7mm | | | 2001年投产 |
| 浙江桐乡水厂 | 8 | 除味、除臭、除色、除有机物 | 生物接触氧化、常规净化，后臭氧、生物活性炭 | 是 | 10 | 48 | 1.8 | | 7.5 | | | | | 滤后水 | | 5～7 | 柱状颗粒 | 7格采用柱状煤质炭，3格采用煤质破碎炭， | 1025/1067 | 205/256 | 2003年6月投产 |
| 深圳梅林水厂 | 60 | 除味、除有机物 | 前臭氧、混合絮凝沉淀过滤、后臭氧—活性炭滤池 | 是 | | 96 | 2 | 12 | 10 | | 6～8 | | | 滤后水 | 12～14 | 5～7 | 柱状 | 直径1.5mm，长2～3mm | >900 | >200 | 建设中 |
| 杭州南星桥水厂 | 20 | 除味、除色、除有机物 | 前臭氧、平流沉淀池、砂滤池、后臭氧—活性炭滤池 | 是 | 8 | 100 | 1.85 | 10.7 | 10.4 | 0.4 | 6.9 | 35～40 | 2.0 | 滤后水 | 15.3 | 5～7 | 破碎炭 | 有效粒径0.65～0.75mm | >1000 | >200 | 2004年投产 |
| 杨树浦水厂7#生产系统 | 36 | 除味、除有机物 | 前臭氧、高密度澄清池、砂滤池、后臭氧—活性炭滤池 | 是 | 10 | 158 | 2 | 12 | 10 | 0 | 6.7 | 35～40 | 2.0 | 滤后水 | 15.3 | 5～7 | 破碎炭 | 有效粒径0.65～0.75mm | >1000 | >150 | 2008年投产 |
| 南市水厂 | 50 | 除味、除有机物 | 前臭氧、高密度澄清池、砂滤池、后臭氧—活性炭滤池 | 是 | 12 | 144 | 2 | 12 | 10 | 0 | 6.7 | 35～40 | 2.0 | 滤后水 | 15.3 | 5～7 | 破碎炭 | 有效粒径0.65～0.75mm | >1000 | >150 | 2009年投产 |

续表

| 水厂名称 | 规模（万 $m^3$/d） | 活性炭的作用 | 处理工艺流程 | 是否为臭氧-生物活性炭工艺 | 活性炭吸附池的设计参数 | | | | | | | | | | | | 活性炭规格性能 | | | | 运行情况 |
|---|---|---|---|---|---|---|---|---|---|---|---|---|---|---|---|---|---|---|---|---|---|
| | | | | | 格数 | 单池面积（$m^2$） | 炭层厚度（m） | 接触时间（min） | 空床流速（m/h） | 承托层厚（m） | 水冲洗强度[（L/（$m^2$·s）] | 膨胀率（%） | 过滤水头（m） | 冲洗水源 | 气冲强度[（L/（$m^2$·s）] | 冲洗周期（d） | 种类 | 规格 | 碘吸附值（mg/g） | 亚甲蓝吸附值（mg/g） | |
| 东莞第六水厂 | 50 | 除味、除有机物 | 前臭氧、沉淀池、砂滤池、后臭氧—活性炭滤池 | 是 | 12 | 158.2 | 2.3 | 12.2 | 11.3 | 0.30 | 6.7 | 35～40 | 2.05 | 滤后水 | 15.3 | 5～7 | 破碎炭 | 12～40目 | >950 | >180 | 2009年投产 |
| 上海松江小昆山水厂 | 20 | 除味、除有机物 | 前臭氧、沉淀池、砂滤池、后臭氧—活性炭滤池 | 是 | 6 | 136 | 2 | 11.3 | 10.7 | 0.25 | 6.9 | 35～40 | 1.5 | 滤后水 | 15.3 | 5～7 | 破碎炭 | 有效粒径0.65～0.75mm | >1000 | >150 | 建设中 |
| 苏州横山水厂 | 30 | 除味、除有机物 | 前臭氧、沉淀池、砂滤池、后臭氧—活性炭滤池 | 是 | 8 | 140 | 2.25 | 10.5～12 | 11.5 | 0.25 | 6.9 | 35～40 | 2.0 | 滤后水 | 15.3 | 5～7 | 破碎炭 | 有效粒径0.80～1.20mm | >1000 | >150 | 建设中 |
| 苏州相城水厂 | 30 | 除味、除有机物 | 前臭氧、沉淀池、砂滤池、后臭氧—活性炭滤池 | 是 | 10 | 121 | 2.0 | 11.50 | 10.4 | 0.25 | 16.7 | 35～40 | 2.0 | 滤后水 | 15.3 | 5～7 | 破碎炭 | 有效粒径0.80～1.20mm | >1000 | >150 | 2008年投产 |
| 嘉兴石臼漾水厂 | 15 | 除味、除有机物 | 生物接触氧化池、中置式澄清池、砂滤池、后臭氧—活性炭滤池 | 是 | 9 | 60.4 | 2.0 | 13.30 | 9.0 | 0.75 | 16.7 | 35～40 | 1.42 | 滤后水 | 16.7 | 5～7 | 破碎炭 | 有效粒径0.85mm | >1000 | >150 | 2005年投产 |
| 嘉兴南郊水厂 | 15 | 除味、除有机物 | 生物接触氧化池、中置式澄清池、砂滤池、后臭氧—活性炭滤池 | 是 | 9 | 60.4 | 2.5 | 12.5 | 12.0 | 0.45 | 16.7 | 35～40 | 2.0 | 滤后水 | 16.7 | 5～7 | 破碎炭 | 有效粒径0.65mm | >1000 | >150 | 2006年投产 |

注：浙江桐乡水厂中7格吸附池采用柱状煤质炭直径1.5mm，长2～3mm，碘吸附值1025mg/g，亚甲蓝吸附值205mg/g。3格采用8×30目煤质破碎炭，碘吸附值1067mg/g，亚甲蓝吸附值256mg/g。

(1) 虹吸滤池型活性炭滤池

图 14-9 为北京市某水厂活性炭滤池，主要设计参数与要点如下：

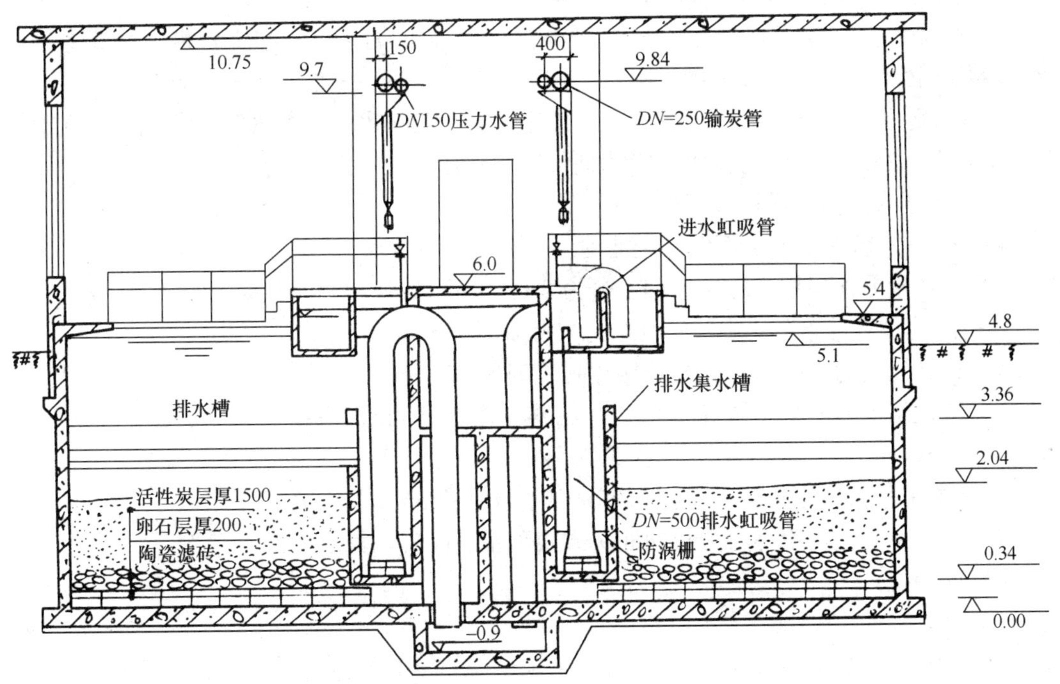


图 14-9 北京市某水厂活性炭滤池剖面

1）设计规模 $2m^3/s$，分为 4 组。每组处理水量为 $0.5m^3/s$。每组为 6 格，每格面积为 $33m^2$，池高为 5.4m（包括虹吸进水井总高 6.0m）。

2）原水经混凝、沉淀、砂滤处理后，进入活性炭滤池的进水浊度低于 2 度。炭滤池反冲洗周期为 7～10d。

单纯用活性炭吸附处理、炭滤池的再生周期为 4 个月，当与臭氧联用后，活性炭再生周期有所延长（由于水源改变，水质较好，现臭氧处理已停用）。

3）滤床：滤料采用太原新华化工厂生产的 ZJ15 型活性炭（8 号炭），厚度为 1500mm。

承托层：200mm 卵石层，粒度组成分为 4 层：自上而下 2～4mm、4～8mm、8～16mm、16～32mm，每层厚度 50mm。

4）滤速：10m/h，过滤、吸附时间：9min

5）过滤水头：0.7m（可在 0.6～1.15m 范围内调节）

6）反冲洗：

① 反冲洗强度：$11L/(m^2 \cdot s)$[按 $17L/(m^2 \cdot s)$校核]；

② 反冲水头：0.7m（调节范围：1.14～0.59m）；

③ 膨胀率：20%（按 40%校核）。

7）配水系统：采用双层陶瓷滤砖，其开孔比上层为 1.12%，下层为 1.68%，当冲洗强度为 $11L/(m^2 \cdot s)$时，包括滤料及承托层的水头损失为 0.7m，当冲洗强度为 $17L/(m^2 \cdot s)$

时，水头损失为1.08m。陶瓷滤砖属于小阻力配水系统，布水均匀，特别是具有能防止活性炭电化学腐蚀等优点。

滤砖安装时，滤砖应排列整齐，间隙均匀，表面平整。

8）虹吸系统：由于炭滤池的进水虹吸抽气管太短，无法形成虹吸，再则炭滤池冲洗周期较长，因此炭滤池只设强制虹吸系统，手动操作，不另考虑自动形成虹吸。

每组滤池设1套强制虹吸系统，每格的进水虹吸与排水虹吸抽气管后分别接在强制虹吸联络管上。在进水虹吸与排水虹吸的抽气管和破坏管上均设1个闸门。

（2）普通快滤池型活性炭滤池

图14-10为镇江市某水厂活性炭滤池，主要设计参数如下：

1）活性炭滤池规模30万$m^3/d$，分为8格，单格滤池过滤面积为136.74$m^2$。

8格滤池呈双排布置，中间管廊，总尺寸长55.4m×44.2m。

2）设计滤速为10.5m/h，炭床吸附停留时间11.4min。

3）活性炭滤料：采用颗粒活性炭，滤料厚度为2.0m，采用8×30粒度，堆积密度0.35～0.55$g/cm^3$，不均匀系数$k_{80}$为1.9～2.0。

支承层采用粗砂滤料，厚度为0.40m，效粒1～2mm。

4）配水系统：采用小阻力长柄滤头方式配水、配气，气水反冲洗。

5）反冲洗：

① 冲洗周期：5～7d；

② 采用单气冲结合单水冲，气冲强度为55$m^3/(m^2 \cdot h)$，水冲强度为25$m^3/(m^2 \cdot h)$；

③ 冲洗水采用活性炭滤池出水，冲洗泵选用4台卧式离心泵，3用1备，单泵流量1140$m^3/h$，扬程10m，配套电机功率45kW。冲洗空气由鼓风机直接供气，选用鼓风机4台，3用1备，单台风量2506$m^3/h$，分压40kPa。

6）每格滤池设6个阀门，进水、水冲、气冲、排水、排气等阀门采用电动蝶阀，清水出水阀门采用调节性电动蝶阀。

7）过滤方式采用恒水位过滤，由清水出水阀门自动控制。

8）期终水头损失为2.5m。

（3）V型滤池型活性炭滤池

图14-11为舟山市某水厂活性炭滤池，主要设计参数如下：

1）活性炭滤池规模4万$m^3/d$，分为6格，单格滤池过滤面积为26.7$m^2$。

8格滤池呈双排布置，中间管廊，总尺寸长35.90m×15.09m。

2）设计滤速为10.9m/h，炭床吸附停留时间11min。

3）活性炭滤料：采用颗粒活性炭，滤料厚度为2.0m，采用8×30粒度（相当于2.38×0.6mm），堆积密度0.35～0.55$g/cm^3$，不均匀系数$k_{80}$为1.9～2.0。

支承层采用粗砂滤料，厚度为0.40m，效粒2～4mm。

4）V型进水槽沿池长方向布置，槽底部开有水平布水孔，有利布水均匀。

5）配水系统：采用小阻力长柄滤头方式配水、配气，气水反冲洗。

6）反冲洗：

① 冲洗周期：5～7d。

② 采用单气冲结合单水冲，气冲强度为55$m^3/(m^2 \cdot h)$，水冲强度为25$m^3/(m^2 \cdot h)$。

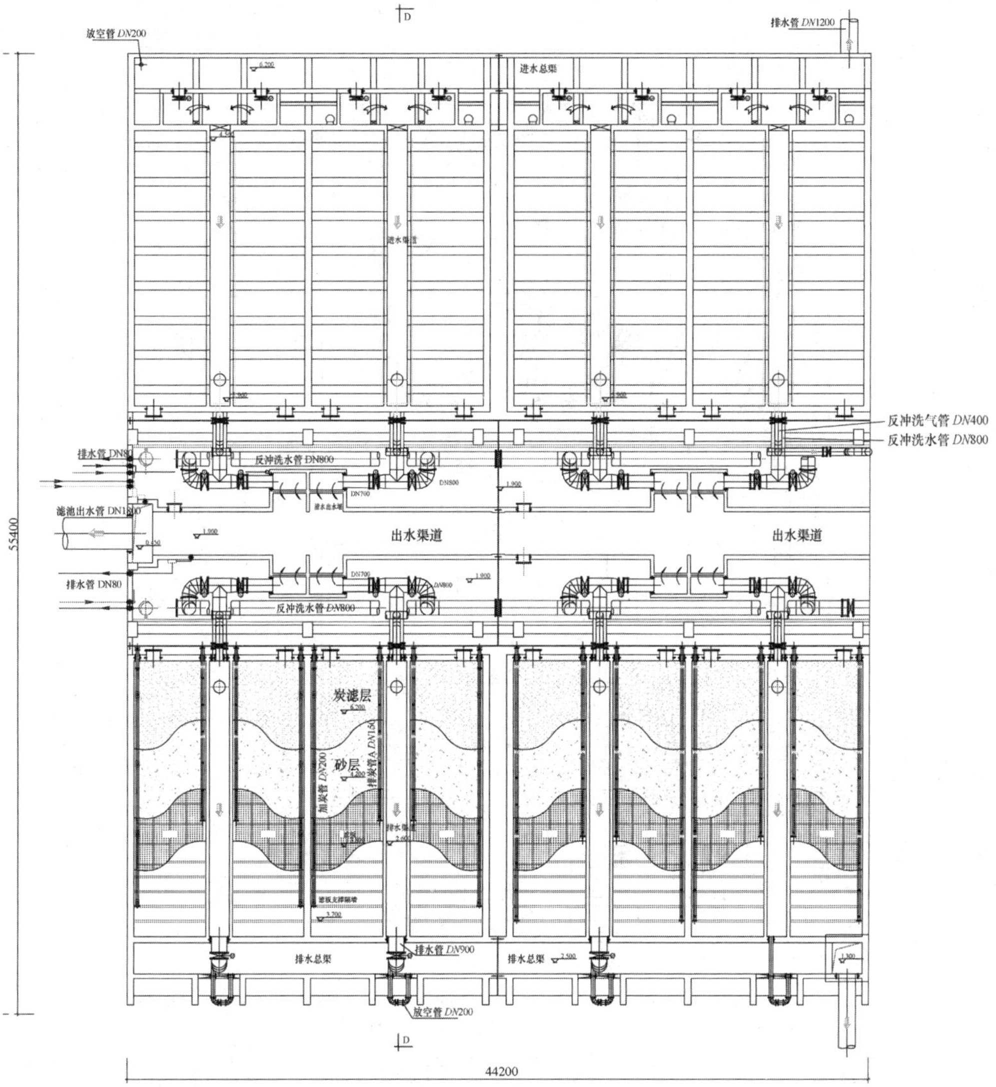

深度处理综合池下层平面布置图 1:150

(*a*)

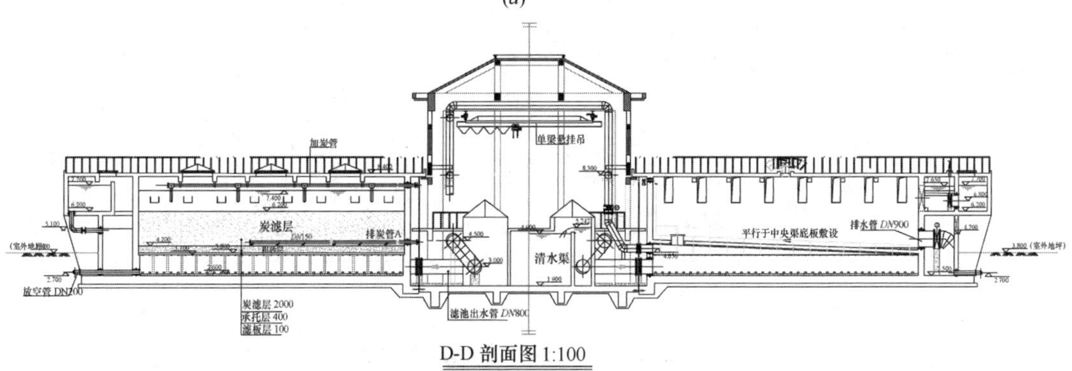


D-D 剖面图 1:100

(*b*)

图 14-10 镇江市某水厂活性炭滤池

(*a*) 平面图；(*b*) 剖面图

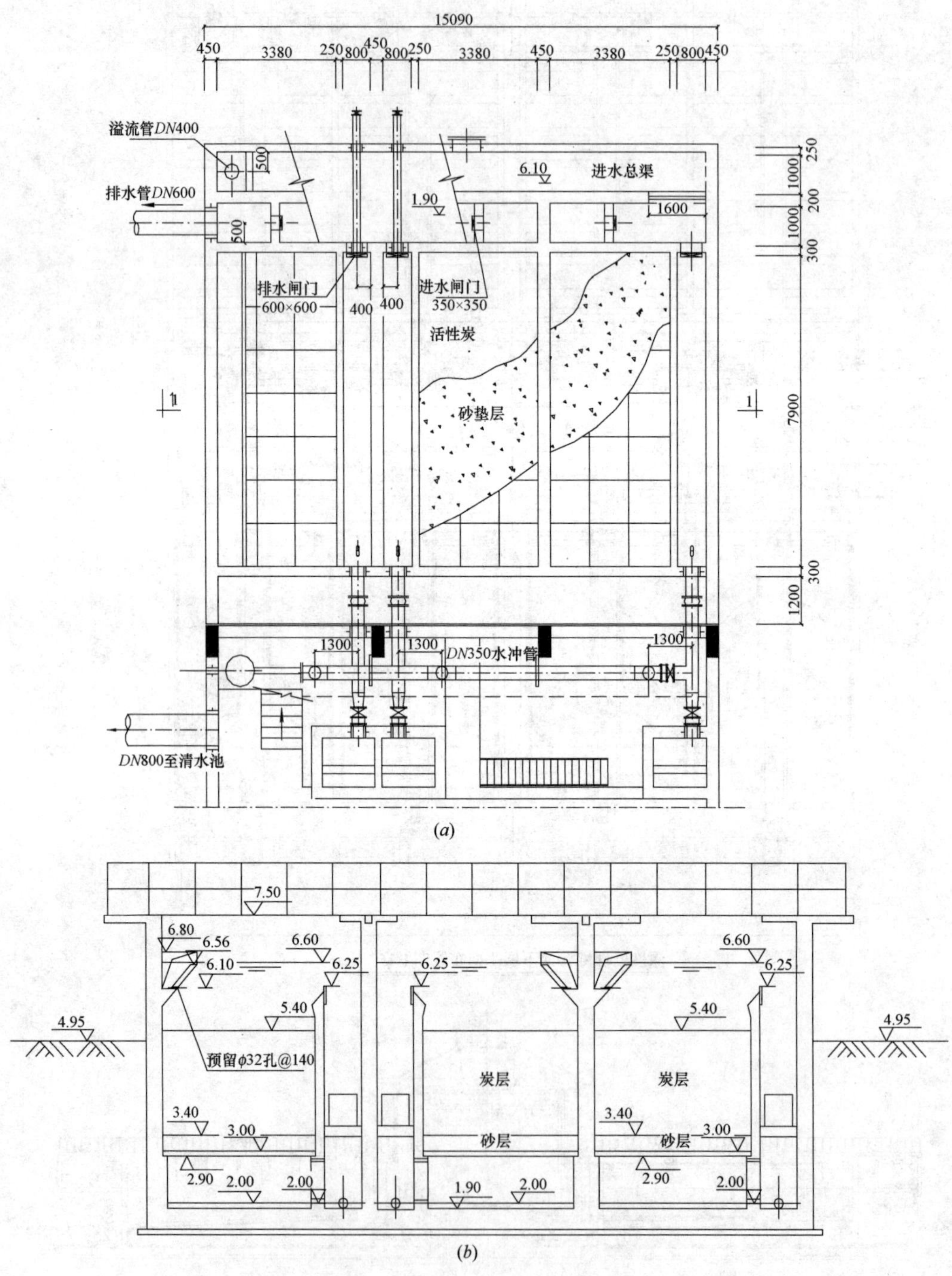


图 14-11　舟山市某水厂活性炭滤池

(a) 平面图；(b) 剖面图

③ 冲洗水采用活性炭滤池出水，冲洗泵选用 4 台卧式离心泵，3 用 1 备，单泵流量 240m$^3$/h，扬程 8m，配套电机功率 11kW。冲洗空气由鼓风机直接供气，选用鼓风机 3 台，2 用 1 备，单台风量 750m$^3$/h，分压 40kPa。

7）每格滤池设 6 个阀门，进水、水冲、气冲、排水、排气等阀门采用气动蝶阀，清水出水阀门采用调节性气动蝶阀。

8）过滤方式采用恒水位过滤，由清水出水阀门自动控制。

9）期终水头损失为 2.0m。

（4）上向流活性炭滤池：嘉兴南郊水厂一期工程，规模 15 万 m$^3$/d，其构造及尺寸见图 14-12，其主要设计参数与要点如下：

1）与砂滤池合建为一个构筑物，共用一个管廊；单排布置，设 9 个滤单元，每个过滤面积为 60.8m$^2$。

2）炭床厚度为 2.5m，采用 40×80 目细粒原煤破碎颗粒活性炭，炭层下设 0.45m 砾石承托层。

3）空床停留时间 12.5min，相应滤速为 12m/h。

4）采用先气冲、后水冲的冲洗方式，滤头配气配水，气冲强度为 55m/h，水冲强度同滤速，为 12m/h。

5）水源为滤前水；滤池进水分配采用滤头，出水和冲洗排水收集采用洗砂槽。

6）过滤过程采用恒流量、恒水位控制方式。

（5）移动床活性炭吸附塔：西北某工程采用颗粒活性炭移动床吸附处理，规模 3 万 m$^3$/d，其构造及尺寸见图 14-13。

1）主要设计参数与要点如下：

① 共设活性炭吸附塔 6 座，为升流式，每塔处理能力为 5000m$^3$/d，工作滤速为 13.4m/h，接触时间为 12.6min。

当其中 1 座冲洗或事故时，每塔产水为 6000m$^3$/d，滤速为 16.1m/h。

② 每塔装炭约 30t。

③ 反冲洗流速为 27～30m$^3$/(m$^2$ · h)。

④ 活性炭吸附塔的进水及反冲洗进水均由下部环形管通过 8 个直径为 150mm、长度为 500mm 的不锈钢滤头配水，出水及反冲洗排水由上部环形管通过相同规格的 8 个滤头排出，滤头外包不锈钢丝网，塔身锥角处设 $\Phi$50mm 环形边角冲洗管，并均匀设置 16 个 $\Phi$15mm 不锈钢喷嘴。

⑤ 塔下部设饱和炭排出口，排炭口下接水射器，由压力水将废炭送至废炭贮存脱水罐。

⑥ 塔顶设直径为 600mm、高为 500mm 进炭斗，补充炭由此加入，而输送炭的水可经斗内筛网由溢水管排除，进炭斗旁有 $\Phi$32 安全通气阀，以防炭塔内在排水时因真空而受到损坏，并及时排除在装炭时带入塔内的空气。

⑦ 在吸附塔中央装置仪表盘，随时反映各塔的压力、压差及流量情况。

2）运行情况：该装置运转多年，炭经十余次再生，情况良好。其优点在于进水与活性炭呈逆流状态吸附，炭的吸附潜力得以充分发挥。进入塔的炭粒由于连续吸附使其密度逐渐增大，密度大的饱和炭借助重力在反冲洗过程中下降。由此，塔内的炭粒分布按密度由重到轻、由下而上自然保持其相应位置，而不会导致新炭和废炭因反冲洗而混杂在一起。

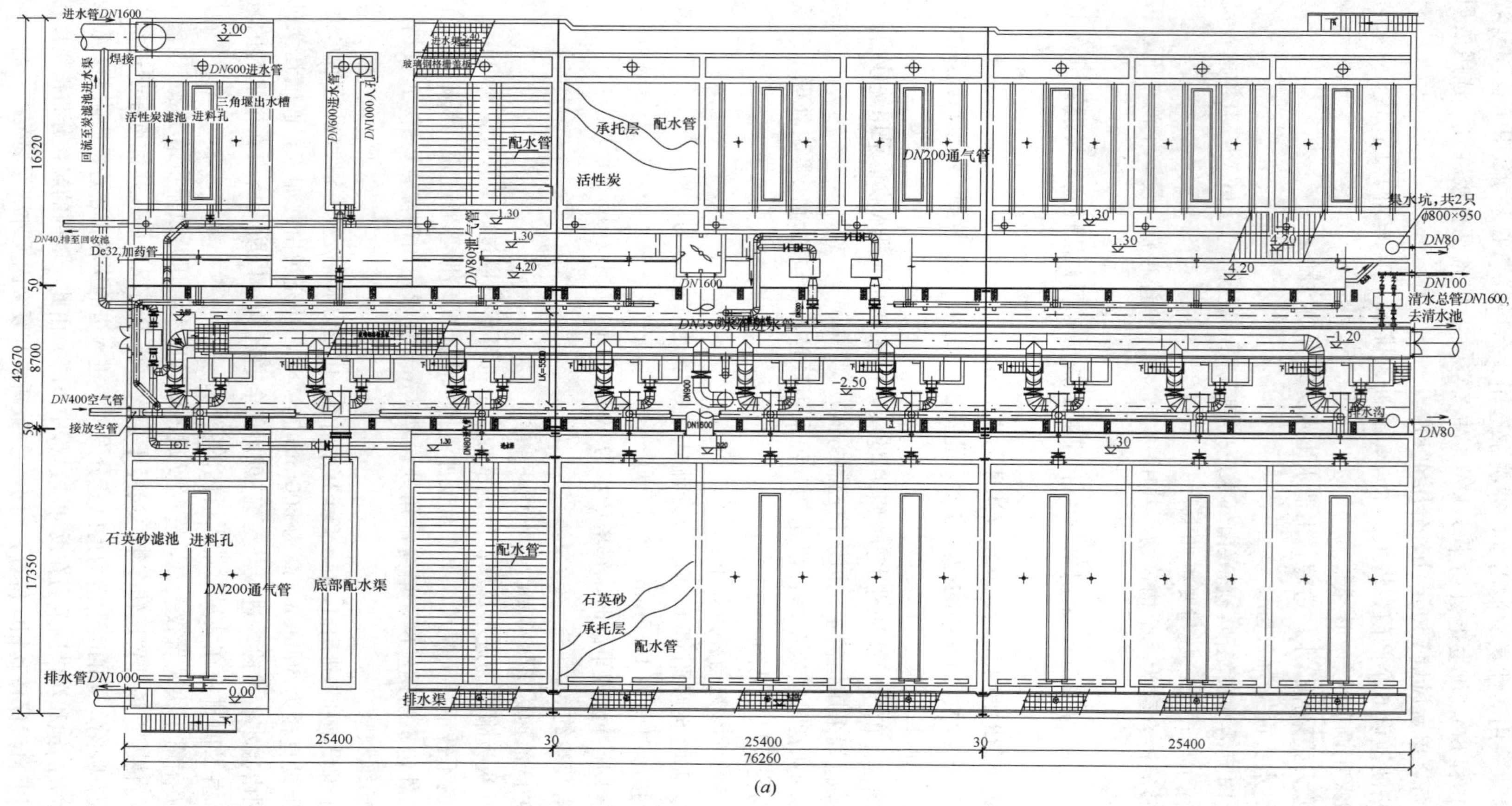


(a)

图 14-12 嘉兴南郊水厂 15 万 $m^3$/d 活性炭滤池布置

(a) 平面图

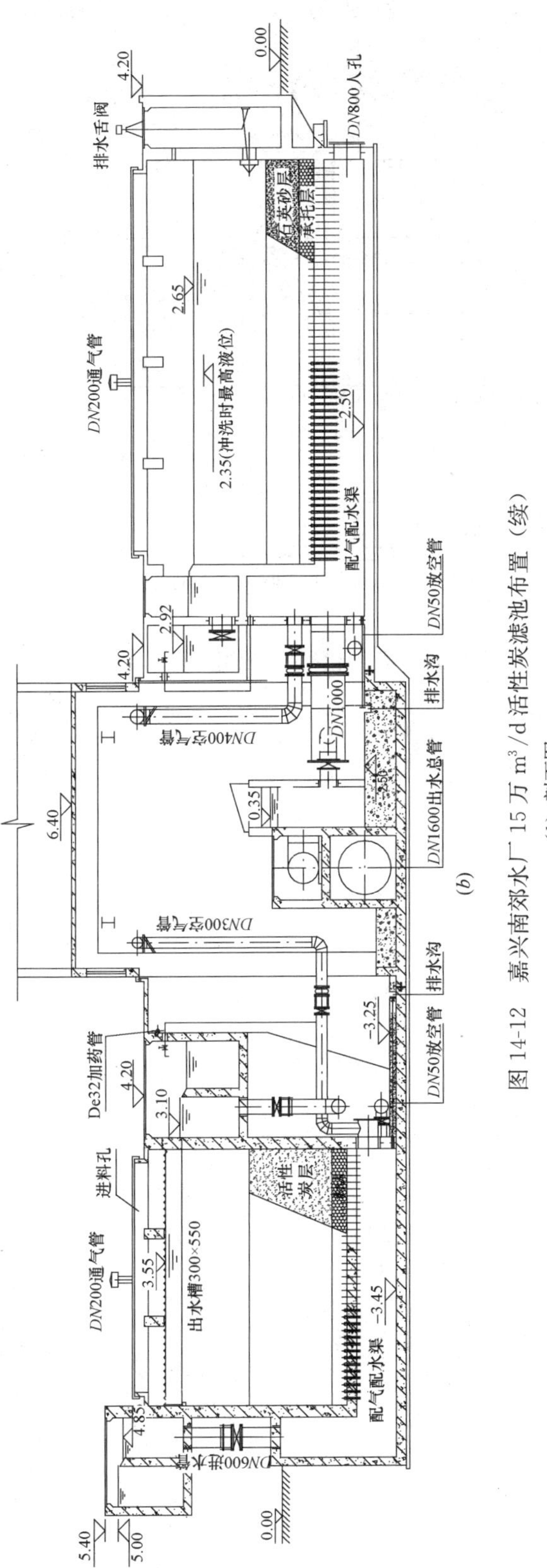


图 14-12 嘉兴南郊水厂 15 万 $m^3/d$ 活性炭滤池布置（续）

（b）剖面图

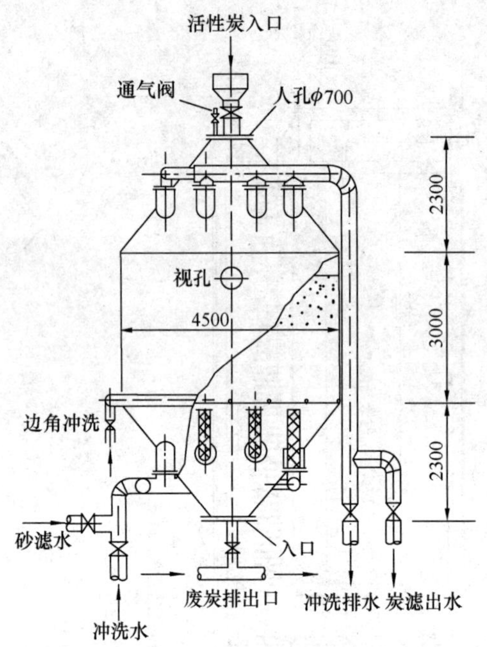


图 14-13　移动床活性炭吸附塔

# 15 除铁、除锰、除氟

## 15.1 地下水除铁和除锰

### 15.1.1 含铁含锰地下水的水质

我国多年平均地下水资源量为 $8837\times10^8 m^3/a$，约占全国水资源量 $28000\times10^8 m^3/a$ 的 1/3。地下水资源中近 30%约 $3000\times10^8 m^3/a$ 的地下水含有过量的 $Fe^{2+}$ 和 $Mn^{2+}$，分布于 18 个省市地区。

水中含有过量的铁和锰，将给生活饮用及工业用水带来很大危害。我国《生活饮用水卫生标准》GB 5749—2006 规定：铁＜0.3mg/L，锰＜0.1mg/L，当原水铁、锰含量超过上述标准时，就要进行处理。

**国内部分主要含铁含锰地下水水质** **表 15-1**

| 项目<br>地点 | Fe 总<br>(mg/L) | $Mn^{2+}$<br>(mg/L) | pH | $HCO_3^-$<br>(mmol/L) | $CO_2$<br>(mg/L) | $SiO_2$<br>(mg/L) | 硫化物<br>(mg/L) | 耗氧量<br>(mg/L) | 总硬<br>(德度) |
|---|---|---|---|---|---|---|---|---|---|
| 九台 | 14.0 | 9.33 | 6.5 | 6.95 | 78.58 | 33.33 | 1.7 | 1.68 | 21.08 |
| 伊通 | 20.0 | 1.0 | 6.0 | 1.47 | 70.00 | 14.0 | | 5.0 | 5.0 |
| 海龙 | 7.0 | 11.0 | 6.9 | 2.62 | 42.30 | 18.0 | 2.5 | 44.1 | 6.0 |
| 盘石 | 6.5 | 2.2 | 6.5 | 3.64 | 44.00 | 20.0 | 0.51 | | 17.7 |
| 敦化 | 5.0 | 2.8 | 6.0 | 1.50 | 21.21 | 12.8 | 0.34 | 2.9 | 4.99 |
| 石佛寺 | 8.0 | 0.5～0.8 | 6.3 | 1.40 | 32.0 | 15.0 | 0.5～0.9 | | 3.2 |
| 新民 | 5.0～9.0 | 1.0～1.5 | 6.6 | 8.94 | 96.14 | 16.0 | 2.0 | 1.93 | 23.62 |
| 哈尔滨 | 14 | 1.3 | 7.3 | 7.17 | 85.0 | 24.0 | | 2.5 | 20.10 |
| 德都 | 28.0 | 7.4 | 6.1 | 16.65 | 579.6 | 62.5 | | 0.56 | 34.52 |
| 佳木斯 | 15.0 | 1.4 | 6.5 | 2.15 | 42.2 | 18.0 | 痕量 | 2.05 | 4.5 |
| 齐齐哈尔 | 3～4 | 0.1～1.0 | 6.6 | 3.39～3.77 | 40～60 | 20.0 | 0.1～0.5 | 0.5～1.8 | 5～7 |
| 襄樊 | 2.0 | 2.4 | 7.0 | 8.60 | 52.16 | 8.0 | 0.0 | | |
| 武汉 | 8.0 | — | 7.0 | 8.8 | | 30 | | | 22.13 |
| 汉寿 | 8.4 | 1.2 | 6.0 | 1.6 | 18.3 | | | | 3.89 |
| 丹棱 | 14.0 | 0.4 | 6.7 | 4.40 | 63.36 | 80.0 | 1.53 | | 8.54 |
| 万县 | 4.0 | 1.0 | 7.0 | 2.70 | 40.0 | 24.0 | 1.09 | | 36.49 |
| 九江 | 10.0 | — | 7.0 | 10.16 | 125.40 | 30.0 | | | 25.76 |
| 南京 | 17.0 | — | 7.0 | 17.40 | 211.2 | 45.0 | | | 38.75 |
| 南宁 | 15.0 | 1.4 | 6.45 | 1.54 | 53.21 | 28.0 | 0.68 | | 4.48 |
| 湛江 | 5.0 | | 6.4 | 1.20 | 37.84 | 29.5 | | 1.23 | |
| 漳州 | 10.0 | 1.5 | 6.5 | 1.38 | 41.80 | 33.0 | | | 1.76 |

国内部分含铁、含锰地下水水源的水质（见表15-1）：其地下水含铁量一般多在5～15mg/L，有的达20～30mg/L，超过30mg/L的较为少见。含锰量多在0.5～2.0mg/L之间，但近年来发现，有些地方含锰量超过2.0mg/L，个别有高达5～10mg/L。

### 15.1.2　除铁除锰方法

#### 15.1.2.1　除铁方法

地下水除铁方法很多，例如空气直接氧化法、氯氧化法、接触过滤氧化法以及高锰酸钾氧化法等。实际应用以空气直接氧化法、氯氧化法和接触过滤氧化法为多。

（1）空气直接氧化法

1）空气直接氧化法是利用空气中的氧将二价铁氧化成三价铁使之析出，然后经沉淀、过滤予以去除。

2）除铁所需的溶解氧计算式为：

$$[O_2]=0.14a[Fe^{2+}] \tag{15-1}$$

式中　$[O_2]$——除铁所需溶解氧量（mg/L）；

$[Fe^{2+}]$——水中二价铁含量（mg/L）；

$a$——过剩溶氧系数，一般取$a=3\sim5$。

（2）氯氧化法

1）氯是比氧更强的氧化剂，可在广泛的pH范围内将二价铁氧化成三价铁，反应瞬间即可完成，氯与二价铁的反应式为：

$$2Fe^{2+}+Cl_2=2Fe^{3+}+2Cl^- \tag{15-2}$$

按此反应式，每1mg/L $Fe^{2+}$理论上需0.64mg/L Cl，但由于水中尚存在能与氯化合的其他还原性物质，所以实际所需投氯量要比理论值高。

2）含铁地下水经加氯氧化后，通过絮凝、沉淀和过滤以去除水中生成的$Fe(OH)_3$悬浮物。当原水含铁量少时，可省去沉淀池；当含铁量更少时，还可省去絮凝池，采用投氯后直接过滤。

（3）接触过滤氧化法

1）接触过滤氧化法是以溶解氧为氧化剂，以羟基氧化铁（FeOOH）为触媒的曝气—过滤除铁方法。

2）含铁地下水经曝气充氧后进入滤池，在披覆着FeOOH滤砂的表面$Fe^{2+}$被催化氧化为含水氧化铁（$Fe_2O_3\cdot nH_2O$，FeOOH）从而从水中除掉。反应生成物也是触媒物质（FeOOH），使滤砂活性表面不断更新，所以接触过滤除铁是自催化氧化反应。

3）为避免过滤前$Fe^{2+}$氧化为$Fe^{3+}$胶体颗粒穿越滤层，应尽量缩短充氧至进入滤层的流经时间。

#### 15.1.2.2　除锰方法

地下水中的锰一般以二价形态存在，是除锰的主要对象。锰不能被溶解氧氧化，也难于被氯直接氧化。工程实践中主要采用的除锰方法有：高锰酸钾氧化法、氯接触过滤法和生物固锰除锰法等。

（1）高锰酸钾氧化法：高锰酸钾是比氯更强的氧化剂，它可以在中性和微酸性条件下迅速将水中二价锰氧化为四价锰。

$$3Mn^{2+}+2KMnO_4+2H_2O=5MnO_2+2K^{+}+4H^{+} \quad (15\text{-}3)$$

按式（15-3）计算，每氧化 1mg/L 二价锰，理论上需要 1.9mg/L 高锰酸钾。

（2）氯接触过滤法

1）含 $Mn^{2+}$ 地下水投氯后，流经包覆着 $MnO(OH)_2$ 的滤层，$Mn^{2+}$ 首先被 $MnO(OH)_2$ 吸附，在 $MnO(OH)_2$ 的催化作用下被强氧化剂迅速氧化为 $Mn^{4+}$，并与滤料表面原有的 $MnO(OH)_2$ 形成某种化学结合物，新生的 $MnO(OH)_2$ 仍具有催化作用，继续催化氯对 $Mn^{2+}$ 的氧化反应。滤料表面的吸附反应与再生反应交替循环进行，从而完成除锰过程。

2）过滤的滤料可采用天然锰砂。天然锰砂对 $Mn^{2+}$ 有相当大的吸附能力。

3）氯氧化 $Mn^{2+}$ 的理论消耗量为 $Mn^{2+}:Cl=1:1.3$。生产装置的实际消耗量与此相近。

（3）生物固锰除锰法

1）中国市政工程东北设计研究总院有限公司、哈尔滨建筑大学与吉林大学经多年研究，发现了除锰的生物氧化机制，确定了以空气为氧化剂从锰氧化菌胞外酶为催化剂的生物固锰除锰技术。

2）在 pH 中性范围内，二价锰的空气氧化是以锰氧化菌为主的生物氧化过程。$Mn^{2+}$ 首先吸附于细菌表面，然后在细菌胞外酶的催化下氧化为 $Mn^{4+}$，从而由水中除去。

3）含锰地下水经曝气充氧后（pH 宜在 6.5 以上），进入生物除锰滤池后 $Fe^{2+}$ 和 $Mn^{2+}$ 分别在各自的化学接触氧化和生物化学氧化的机制下，同时被深度去除。但生物除锰滤池必须经除锰菌的接种、培养和驯化，运行中滤层每克湿砂的生物量保持在几十万个以上。曝气也可采用跌水曝气等简单的充氧方式。

4）对于大多数地区水质（$Fe^{2+}\leqslant 10$mg/L，$Mn^{2+}\leqslant 2$mg/L）都可以采取弱曝气一级过滤的简捷流程。

### 15.1.3 影响除铁除锰的主要因素

#### 15.1.3.1 铁和锰在处理过程中的相互干扰

铁与锰化学性质相近，往往同时存在于地下水中。$Fe^{2+}$ 与 $Mn^{2+}$ 离子争夺溶解氧和氧化空间；同时 $Fe^{2+}$ 与 $Mn^{4+}$ 还能发生氧化还原反应，将固态高价锰氧化物重新还原为 $Mn^{2+}$ 溶于水中，在 $Mn^{2+}$ 的生物氧化过程中也需要 $Fe^{2+}$ 的参与。因此在确立除铁除锰工艺流程时，必须据水质条件统筹考虑。

#### 15.1.3.2 水中溶解硅酸的影响

地下水中不同程度地含有溶解性硅酸。由表 15-1 可知，国内含铁含锰地下水中溶解性硅酸含量（以 $SiO_2$ 计），一般在 15～30mg/L 之间。有些水源含量可超过 30mg/L 甚至高达 60～80mg/L。

溶解性硅酸含量对空气直接氧化法除铁有明显影响。溶解性硅酸能与 $Fe(OH)_3$ 表面进行化学结合，形成趋于稳定的高分子，分子量在 1 万以上，Si/Fe 比为 0.4～0.7。所以溶解性硅酸含量越高，生成的 $Fe(OH)_3$ 粒径越小，凝聚越困难。工程实践表明，水的碱度较低和溶解性硅酸较高，特别是大于 40～50mg/L 时，就不能应用空气直接氧化法除铁。

采用氯氧化法除铁，由于 $Cl_2$ 和 $Fe^{2+}$ 瞬间完成氧化反应，故不受溶解性硅酸的影响。采用接触过滤氧化法除铁也不受溶解性硅酸的影响。原水中溶解性硅酸对于生物固锰除锰几乎没有什么影响。

#### 15.1.3.3　碱度、pH 的影响

从铁锰被去除的化学反应方程式得知，水的 pH 越高，越有利于反应向铁锰的氧化方向进行。接触氧化除铁，要求水的 pH 在 6.0 以上；当 pH 大于 8.5～9.5 时，水中的 $Mn^{2+}$ 可迅速地被溶解氧直接氧化而去除，称之为碱化除锰法。

调查及试验结果表明，碱度对除铁除锰的影响更甚于溶解硅酸，必要时应在设计前进行模型试验，以便合理选择曝气形式及其设计参数。

#### 15.1.3.4　有机物和其他还原物质的影响

当地下水受到地面人为污染时，往往含有有机物质。在除铁锰滤池中，作吸附剂、催化剂的熟砂滤料表面，吸附了大量难以被氧化的有机质铁锰络合物，它就降低了滤料的催化作用和氧化再生能力，从而使氧化过程和再吸附过程受到阻碍。

排除有机物影响的方法很多。其中以在滤前水中连续加氯的方式最为经济、有效。

由于地质构造和地层岩性的影响，地下水还常常受到 $NH_3$、$H_2S$ 等还原物质的原生污染。这些还原物质将与 $Fe^{2+}$、$Mn^{2+}$ 离子共享氧化空间，势必要求改变曝气充氧装置的形式和净化全流程。

除了上述影响因素外，尚有总硬度、硫化物、水温等对铁锰的去除均有不同程度的影响。

### 15.1.4　工艺流程

#### 15.1.4.1　除铁工艺流程

含铁原水的处理一般可采用图 15-1 工艺流程。

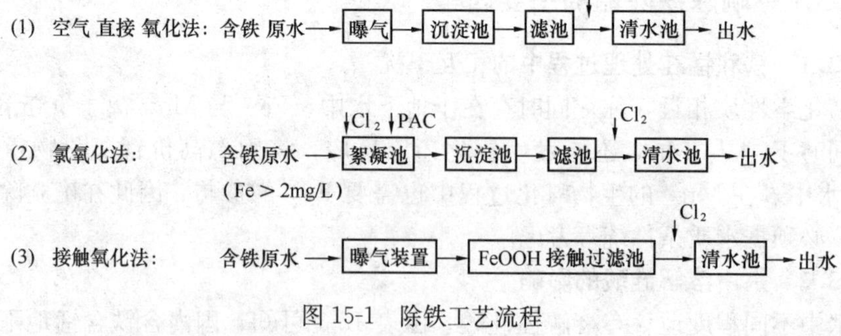


图 15-1　除铁工艺流程

空气直接氧化法不需投加药剂，滤池负荷低，运行稳定，原水含铁量高时仍可采用，但不适合用于溶解性硅酸含量较高及高色度地下水。

氯氧化适应能力强，几乎适用于一切地下水。当 $Fe^{2+}$ 量较低时，可取消沉淀池，甚至絮凝池。其缺点是形成的泥渣难以浓缩、脱水。

接触氧化不需投药、流程短，出水水质良好稳定，但不适合用于含还原物质多、氧化速度快以及高色度的原水。

#### 15.1.4.2 除锰工艺流程

常用的除锰工艺流程见图 15-2。

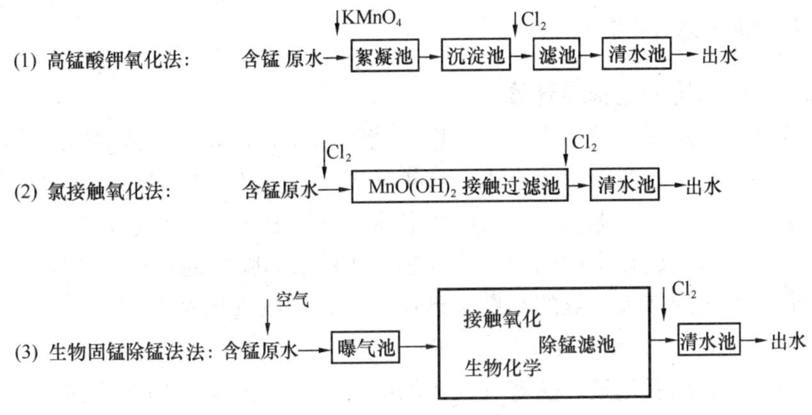


图 15-2 除锰工艺流程

#### 15.1.4.3 除铁、除锰工艺流程

由于 $Fe^{2+}$、$Mn^{2+}$ 离子共存于地下水中，含铁、锰水的净化，应按水质条件和各自的氧化机制组成统一的净化流程，如图 15-3 所示。

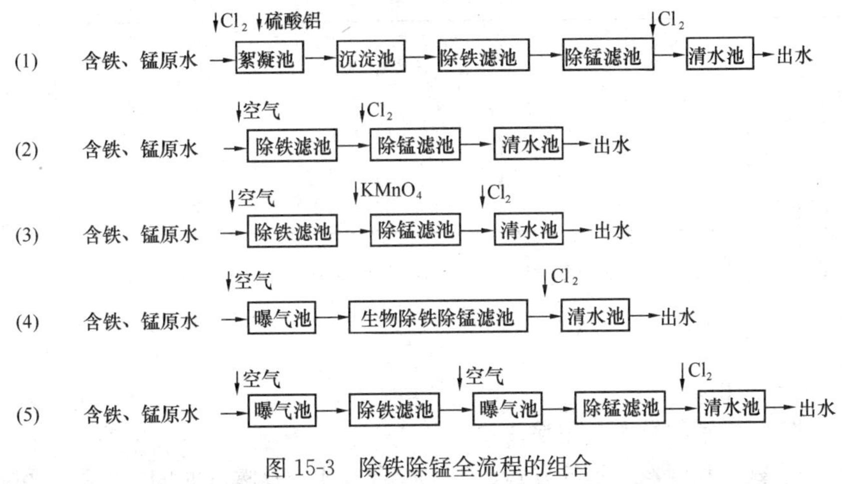


图 15-3 除铁除锰全流程的组合

流程（1）是以氯为氧化剂的化学氧化除铁除锰流程。本流程是根据 $Fe^{2+}$ 与 $Mn^{2+}$ 氧化还原电位的差异而采用的两级过滤流程，先用氯氧化除铁，然后再用氯接触过滤除锰。当原水含铁量低于 6.0mg/L、含锰低于 1.5mg/L 时，也可应用一级滤池除铁、除锰。

为节省投氯量，可采用流程（2），先以空气为氧化剂经接触过滤除铁，再投氯用氯接触过滤除锰。

流程（3）是先用空气解化接触过滤除铁，再用 $KMnO_4$ 除锰。当 $Mn^{2+}$ 含量大于 1.0mg/L 时需在除锰滤池前设沉淀池。

流程（4）是以空气为氧化剂的接触过滤除铁和生物固锰除锰相结合的流程。该滤池滤层为生物滤层，存在着以除锰菌为核心的微生物群系。除铁也在同一滤层完成，其氧化机制仍以接触氧化为主。

当含 $Fe^{2+}$ 量大于 10mg/L、含 $Mn^{2+}$ 量大于 1.0mg/L 时，可采用两级曝气两级过滤流程［流程（5）］。一级用作接触氧化除铁，二级用作生物除锰。

## 15.1.5　地下水的曝气

### 15.1.5.1　气水比的选择和计算

对含铁含锰地下水曝气的要求，因处理工艺不同而异，有的主要是为了向水中溶氧，有的除向水中溶氧外，还要求散除水中的二氧化碳，以提高水的 pH。

曝气时的气水比（参与曝气的空气体积和水体积之比），对曝气效果有重要影响。在曝气溶氧过程中，由于氧在水中的溶解度很小，所以参与曝气的空气中的氧不可能全部溶于水中，随着气水比的增大，氧的利用率迅速降低，所以选用过大的气水比是不必要的，一般不大于 0.1～0.2。在曝气散除二氧化碳过程中，由于参与曝气的空气量有限，所以只能散除水中一部分二氧化碳，随着气水比的增大，二氧化碳的去除率不断升高，所以只有选用较大的气水比，才能获得好的散失 $CO_2$ 效果，气水比一般不小于 3。氧和二氧化碳在水中的溶解度见表 15-2。

**空气、氧和二氧化碳在水中的溶解度**　　**表 15-2**

| 气体种类 | 水温（℃） | | | | | | |
|---|---|---|---|---|---|---|---|
| | 0 | 5 | 10 | 15 | 20 | 25 | 30 |
| 空气（mL/L） | 29.18 | 25.7 | 22.8 | 20.6 | 18.7 | 17.1 | 15.6 |
| （g/L） | 1.293 | 1.271 | 1.247 | 1.223 | 1.205 | 1.185 | 1.165 |
| $O_2$（mg/L） | 14.6 | 12.8 | 11.3 | 10.2 | 9.17 | 8.38 | 7.63 |
| $CO_2$（mg/L） | 3.35 | 2.77 | 2.32 | 1.37 | 1.69 | 1.45 | 1.25 |
| （mL/mL） | 171.3 | 142.4 | 119.4 | 101.9 | 87.8 | 75.9 | 66.5 |

当曝气主要是为了向水中溶氧时，可按下式计算除铁除锰所需气水比：

$$V\eta_{max}=3.6\times10^{-3}\frac{\alpha\{0.14[Fe^{2+}]+0.29[Mn^{2+}]\}}{\alpha} \tag{15-4}$$

式中　$V$——气水比；

$\eta_{max}$——空气中氧的最大利用率；

$\alpha$——溶氧饱和度，与曝气方式、气水混合方式以及曝气时间等有关，可按表 15-3 选用。

**曝气水中氧的饱和度**　　**表 15-3**

| 曝气方式 | 气水混合方法 | 气水混合时间（s） | 饱和度 $\alpha$（%） |
|---|---|---|---|
| 压缩空气 | 喷嘴式混合器 | 10～15 | 40 |
| 压缩空气 | 喷嘴式混合器 | 20～30 | 70 |
| 水、气射流泵 | 管道混合 | 15 | 70 |
| 水、气射流泵 | 水泵混合 | ～0 | ～100 |

$V\eta_{max}$ 与 $V$ 的关系曲线，见图 15-4。由式（15-4）求出积值（$V\eta_{max}$），即可按图 15-4 求得气水比 $V$ 值。图 15-4 是在水压 $P$＝0、1、2、3（0.1MPa 相对压力）和水温 10℃条

件下绘制的，当水温不是 10℃时，应作温度修正，化为 10℃时的 $V\eta_{max}$ 值。

$$(V\eta_{max})_{10°} = \lambda(V\eta_{max})_{t°} \quad (15\text{-}5)$$

式中 λ——温度修正系数，按表 15-4 选用。

温度修正系数 λ 值 表 15-4

| 水温 t（℃） | 0 | 5 | 10 | 15 | 20 | 25 | 30 |
|---|---|---|---|---|---|---|---|
| λ 值 | 0.86 | 0.93 | 1.00 | 1.08 | 1.15 | 1.23 | 1.30 |

地下水除铁除锰所需空气流量为

$$Q_a = VQ \quad (15\text{-}6)$$

式中 $Q_a$——除铁除锰所需空气流量；

$Q$——含铁含锰地下水的流量；

$V$——气水比。

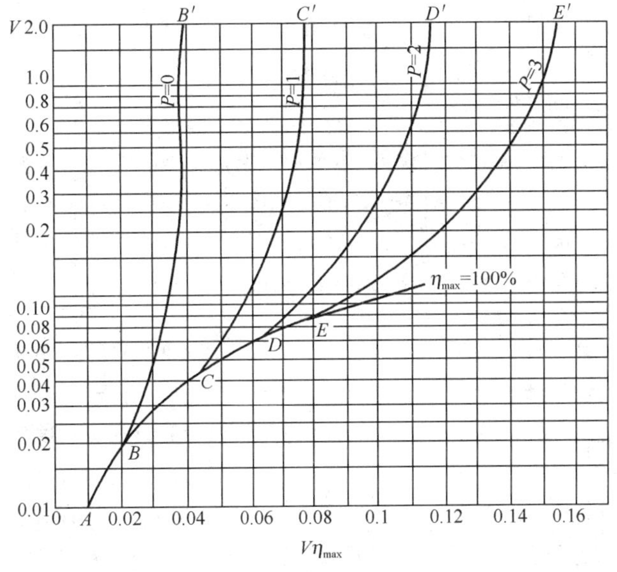


图 15-4 $V\eta_{max}$-$V$ 关系曲线（水温 10℃）

#### 15.1.5.2 曝气装置的形式及适用条件

提高曝气效果的方法是增大气与水的接触面积，方法为：

（1）将空气以气泡形式分散于水中，称为气泡式曝气装置。其主要形式有：

1）水气射流泵曝气装置。

2）压缩空气曝气装置。

3）叶轮表面曝气装置。

（2）将水以水滴或水膜形式分散于空气中，称喷淋式曝气装置。其主要形式有：

1）跌水曝气装置。

2）莲蓬头或穿孔管曝气装置。

3）喷嘴曝气装置。

4）板条式曝气塔。

5）接触曝气塔。

6）机械通风式曝气塔。

各种曝气装置的曝气效果和适用条件，见表 15-5。

**地下水曝气装置的曝气效果及适用条件**　　**表 15-5**

| 曝气装置 | 曝气效果 | | 适用条件 | | | 备注 |
|---|---|---|---|---|---|---|
| | 溶氧饱和度（%） | 二氧化碳去除率（%） | 功能 | 处理系统 | 含铁量（mg/L） | |
| 水—气射流泵加气 | | | | | | |
| 泵前加注 | ～100 | | 溶氧 | 压力式 | <10 | 泵壳及压水管易堵 |
| 滤池前加注 | 60～70 | | 溶氧 | 压力式、重力式 | 不限 | |
| 压缩空气曝气 | | | | | | 设备费高、管理复杂 |
| 喷嘴式混合器 | 30～70 | | 溶氧 | 压力式 | 不限 | 水头损失大 |
| 穿孔管混合器 | 30～70 | | 溶氧 | 压力式 | <10 | 孔眼易堵 |
| 跌水曝气 | 30～50 | | 溶氧 | 重力式 | <10 | |
| 叶轮表面曝气 | 80～90 | 50～70 | 溶氧、去除二氧化碳 | 重力式 | 不限 | 有机电设备、管理复杂 |
| 莲蓬头曝气 | 50～65 | 40～55 | 溶氧、去除二氧化碳 | 重力式 | <10 | 孔眼易堵 |
| 板条式曝气塔 | 60～80 | 30～60 | 溶氧、去除二氧化碳 | 重力式 | 不限 | |
| 接触式曝气塔 | 70～90 | 50～70 | 溶氧、去除二氧化碳 | 重力式 | <10 | 填料层易堵 |
| 机械通风式曝气塔（板条填料） | 90 | 80～90 | 溶氧、去除二氧化碳 | 重力式 | 不限 | 有机电设备、管理复杂 |

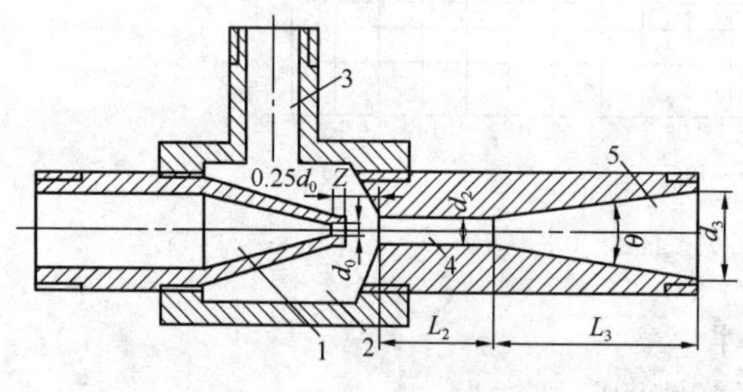


图 15-5　水—气射流泵构造
1—喷嘴；2—吸入室；3—空气吸入口；4—混合管；5—扩散管

### 15.1.5.3　曝气装置设计要点

（1）水—气射流泵曝气装置：图 15-5 为水—气射流泵曝气的构造。

1）设计要点：

① 喷嘴锥顶夹角可取 15°～25°；喷嘴前端应有长为 0.25$d_0$ 的圆柱段（$d_0$ 为喷嘴直径）。

② 混合管为圆柱形，管长 $L_2$ 为管径 $d_2$ 的 4～6 倍（$L_2$＝（4～6）$d_2$）。

③ 喷嘴距混合管入口的最佳距离 $Z$ 为喷嘴直径 $d_0$ 的 1～3 倍，即 $Z=(1\sim3)d_0$。当面积比 $m$ 较大时，取较大的 $Z$ 值。

④ 空气吸入口，应位于喷嘴之后。

⑤ 扩散管的锥顶夹角为 $\theta=8°\sim10°$。

⑥ 喷嘴内壁、混合管内圆面的加工光洁度应达到 5～6 级。喷嘴、混合管和扩散管的中心线要严格对准。

2）计算公式：

混合管的断面面积与喷嘴面积之比，称为面积比 $m$：

$$m=\frac{\frac{1}{4}\pi d_2^2}{\frac{1}{4}\pi d_0^2}=\left(\frac{d_2}{d_0}\right)^2 \tag{15-7}$$

扩散管出口压力 $P_3$ 和喷嘴前水压力 $P_1$ 与吸入室压力差之比，称为压力比 $p$，

$$p=\frac{P_3-P_2}{P_1-P_2} \tag{15-8}$$

式中 $P_2$——吸入室的空气压力，当吸入室与大气直接相通时：$P_2=0$，$p=\frac{p_3}{P_1}$。

吸入的空气体积流量 $Q_2$ 与压力水流量 $Q_1$ 之比，称为流量比 $q$，

$$q=\frac{Q_2}{Q_1} \tag{15-9}$$

水—气射流泵在下列条件下，可获得较高的效率，

$$p\approx\frac{1}{m} \tag{15-10}$$

$$q=\frac{k}{\sqrt{p}}-1 \tag{15-11}$$

式中 $k$——系数，可取 $k=0.77$。

此外，也有建议高效率的条件为

$$q=0.805p^{-0.578}-1 \tag{15-12}$$

$$m=10.42-35.77p+37.01p^2 \tag{15-13}$$

$$\frac{L_2}{d_2}=49.60-97.91p \tag{15-14}$$

水—气射流泵的压力比 $p$ 应不大于一极限值 $p_c$（$p<p_c$），否则不能抽气。极限压力比按式（15-15）计算：

$$p_c=\frac{1.77}{m}-\frac{1.12}{m^2} \tag{15-15}$$

3）水—气射流泵用于地下水除铁除锰中的曝气溶氧，主要有下列三种形式：

① 用水—气射流泵抽气注入深井泵的吸水管中，经水泵叶轮搅拌曝气。

② 用射流泵抽气注入重力式或压力式滤池前的水管中，经管道或气水混合器混合曝气。

③ 使全部地下水通过射流泵曝气。

4）已知所需空气流量 $Q_2$、工作水的压力 $P_1$ 和出口压力 $P_3$，可按下列步骤计算射流泵的构造尺寸：

① 按公式（15-8）计算压力比 $p$。

② 按公式（15-11）计算流量比 $q$。

③ 计算工作压力水的流量 $Q_1=Q_2/q$。

④ 按式（15-16）计算喷嘴面积：

$$f_0=\frac{Q_1}{\mu\sqrt{200gP_1}}\times10^3 \tag{15-16}$$

式中 $f_0$——喷嘴面积（$mm^2$）；

$Q_1$——工作压力水流量（L/s）；

$P_1$——工作水压力（MPa）；

$\mu$——喷嘴流量系数，$\mu=0.98$；

$g$——重力加速度，$g=9.8m/s^2$。

喷嘴直径按式（15-17）计算：

$$d_0=\sqrt{\frac{4f_0}{\pi}}\quad(\text{mm})\tag{15-17}$$

⑤ 按式（15-10）求面积比 $m=1/p$。

⑥ 按式（15-7）计算混合管管径 $d_2=d_0\sqrt{m}$。

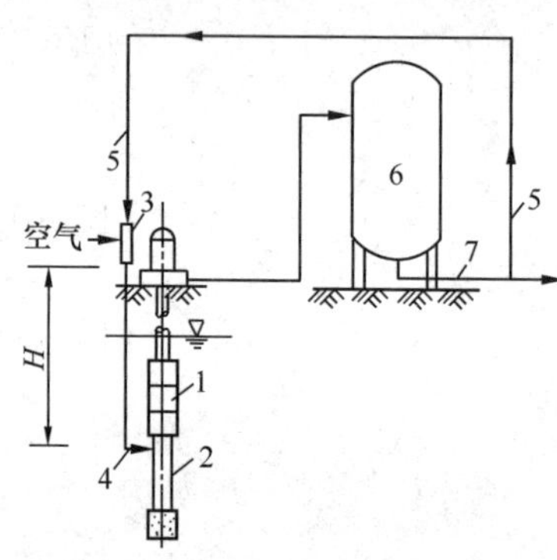


图 15-6 用水—气射流泵向深井泵吸水管中加注空气

1—深井泵；2—吸水管；3—水—气射流泵；4—气水乳浊液输送管；5—压力除铁水管；6—压力除铁滤池；7—除铁压力水送往用户

⑦ 按射流流泵的合理构造要求，选定喷嘴端小柱长度，喷嘴锥顶夹角、喷嘴长度、吸入口和吸入室的位置和尺寸、喷嘴到混合管的距离、混合管的长度、扩散管的夹角和长度等构造尺寸。

用射流泵向两级抽升处理系统的滤前管道中加气，常属这种计算情况。

5）已知 $Q_2$ 和 $P_3$，而 $P_1$ 未定。需要选一个专用高压水泵来向压力式滤池前的管道中加气，为了不使工作水的压力 $P_1$ 过高，宜选择较小的面积比 $m$，然后按式（15-10）计算压力比 $p=l/m$，再算出工作水压力 $P_1=P_3/p$。

6）已知 $Q_2$ 和 $P_1$，而 $P_3$ 未定时，例如用射流泵向深井泵吸水管中加气的情况，见图 15-6。

此时，$P_3$ 的选择，应满足下列条件：

$$f(P_3)=P_3+\frac{H+iL}{100(1+q_a)}=P_4\tag{15-18}$$

式中 $P_4$——深井泵吸水管空气注入处的压力（MPa）；

$H$——射流泵出口到吸水管空气注入处的高度（m）；

$l$——射流泵出口至空气注入处管段的长度（m）；

$i$——将水气乳浊液的体积流量当作水的流量，在射流泵后管段中流动时的水力坡度；

$q_a$——射流泵后管段中的平均气水比，按式（15-19）计算，

$$q_a=\frac{q}{2}\left(\frac{1}{1+10P_3}+\frac{1}{1+10P_4}\right)\tag{15-19}$$

$P_3$ 值可用试算法确定。先选择 $P_3$ 值，可求出压力比 $p=P_3/P_1$；再按公式（15-11）求流量比 $q$；按公式（15-19）求出 $q_a$；按式（15-20）求管段中气水乳浊液的平均体积流量：

$$Q_a=\frac{Q_2}{q}(1+q_a)\tag{15-20}$$

暂选择一个管段管径，以 $Q_a$ 由水力计算表中查出，代入公式（15-18）求出 $f$（$P_3$）值。若 $f$（$P_3$）恰与 $P_4$ 相等，则选择此 $P_3$ 和管径即为所要求之值。如果 $f$（$P_3$）与 $P_4$

不相等，则另选 $P_3$ 值，继续进行试算，直到两者相等为止。如选择 3～4 个 $P_3$ 值，求出相应的 $f$（$P_3$），可在 $f$（$P_3$）$-P_3$ 坐标图中做出关系曲线，曲线与直线 $f$（$P_3$）$=P_4$ 的交点对应的 $P_3$ 值，即为所求之值。作图法可使试算过程简化。

7）全部地下水通过水—气射流泵进行曝气时，射流泵的进水流量 $Q_1$ 和需抽入的空气流量 $Q_2$ 已定，此时计算步骤如下：

① 求流量比 $q=Q_2/Q_1$，此值一般甚小通常只有百分之几。

② 为了不使水在射流泵内的压力损失过大，宜选择小的面积比，一般可取 $m=1.5$ 左右。

③ 当全部水通过射流泵进行曝气时，一般射流泵都不在高效区工作，故不能用式（15-11）进行计算。这时，可选条件相似的射流泵性能曲线以求定压力比 $p$。

④ 由于 $q$ 很小，故可近似地按水的流量来进行射流泵后面管道的水头损失计算，从而可求得 $P_3$ 值。

⑤ 求射流泵前水的压力 $P_1=P_3/p$。实验表明，当 $P_1<0.05$MPa 时，射流泵抽气作用不大，故一般应使 $P_1>0.05$MPa。

（2）压缩空气曝气装置

1）在压力式系统中，向滤池前水中加入的压缩空气，一般由空气压缩机供给。曝气所需气水比，可按公式（15-4）计算。此外，也可采用式（15-21）计算：

$$V = K[Fe^{2+}] \tag{15-21}$$

式中 $[Fe^{2+}]$——地下水中二价铁的含量（mg/L）；

$K$——系数，可取 0.02～0.05（只考虑溶解氧）。

2）空气与水的混合，应设气水混合器。图 15-7 为常用的一种喷嘴式气水混合器，其容积可按气混合时间为 10～15s 计算；喷嘴直径取为来水管径的 1/2，即 $d_0=d/2$；水经喷嘴式气水混合器的水头损失，可按式（15-22）计算：

$$h = \xi\frac{V^2}{2g} \tag{15-22}$$

式中 $h$——混合器的水头损失（m）；

$V$——来水管中水的流速（m/s）；

$\xi$——混合器的局部阻力系数，可取 $\xi=50$。

（3）跌水曝气装置

1）水自高处自由下落，形成水幕，造成负压，卷入空气充分接触而溶氧，然后落入受水池中。见图 15-8。

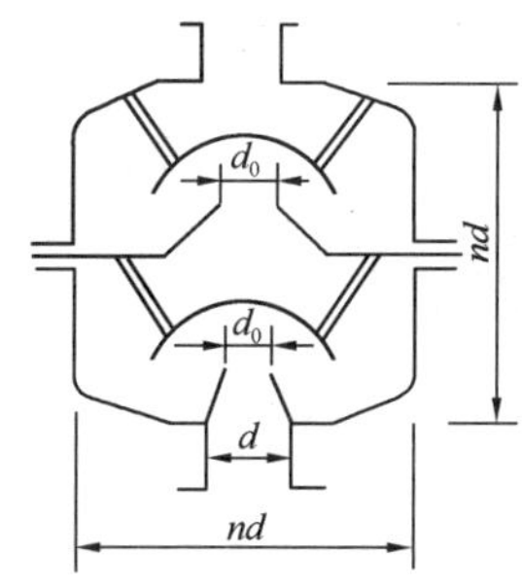


图 15-7 喷嘴式气水混合器

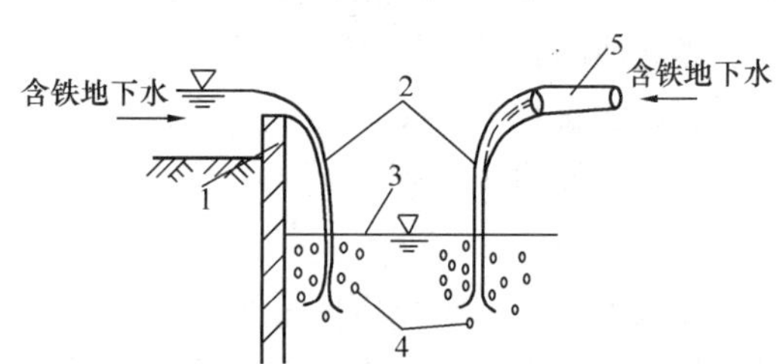


图 15-8 跌水曝气装置

1—溢流堰；2—下落水舌；3—受水池；4—气泡；5—来水管

2）跌水曝气的溶氧效率，与跌水的单宽流量、跌水高度以及跌水级数有关。一般，可采用跌水 1～3 级，每级跌水高度 0.5～1.0m，单宽流量 20～50$m^3$/(h・m)，也有的单宽流量达 400$m^3$/(h・m)。曝气后水中溶解氧含量可增 2～5mg/L。

3）受水池停留时间越短越好，工程上由曝气池构造需要确定。

(4) 叶轮表面曝气装置

1）图 15-9 为叶轮表面曝气装置。

2）图 15-10 为平板型和泵型两种叶轮形式，叶轮直径与池边长（圆池为直径）之比一般为 1∶6～1∶8；叶轮外缘线速度为 4～6m/s；曝气池容积可按水在其中停留 20～40min 计算。

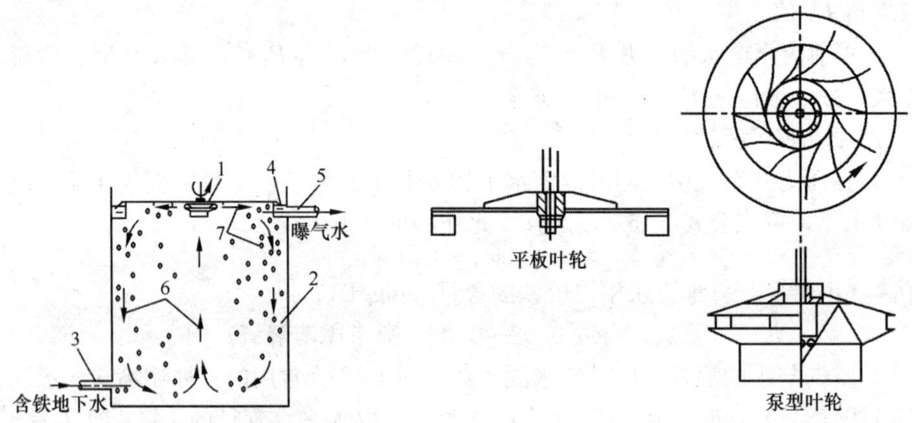


图 15-9　叶轮表面曝气装置

1—曝气叶轮；2—曝气池；3—进水管；4—溢流水槽；5—出水管；6—循环水流；7—空气泡

图 15-10　表面曝气叶轮

3）对于平板型叶轮，可根据对曝气后水中二氧化碳含量的要求，按式（15-23）计算水在池中的停留时间：

$$t=\left[\frac{\left(\dfrac{D}{d}\right)\lg\dfrac{C_0-C^*}{C-C^*}}{1.3\times1.75V\times1.019^{T-20}}\right]^{2.5} \tag{15-23}$$

式中　$t$——水在曝气池中的停留时间（min）；

$D$——曝气池的直径（m）；

$d$——叶轮的直径（m）；

$V$——叶轮的周边线速度（m/s）；

$T$——水的温度（℃）；

$C_0$——曝气前水中二氧化碳的浓度（mg/L）；

$C$——曝气后水中二氧化碳的浓度（mg/L）；

$C^*$——二氧化碳在空气和水之间达到传质平衡时在水中的浓度（mg/L）。

平板叶轮的主要设计参数，见表 15-6。

平板叶轮的主要设计参数 表 15-6

| 叶轮直径(mm) | 叶片数目 | 叶片高度(mm) | 叶片长度(mm) | 进气孔数 | 进气孔直径(mm) | 叶轮浸没深度(mm) |
|---|---|---|---|---|---|---|
| 300 | 16 | 58 | 58 | 16 | 20 | 45 |
| 400 | 18 | 68 | 68 | 18 | 24 | 50 |
| 500 | 20 | 76 | 76 | 20 | 27 | 55 |
| 600 | 20 | 84 | 84 | 20 | 30 | 60 |
| 700 | 24 | 92 | 92 | 24 | 33 | 65 |
| 800 | 24 | 100 | 100 | 24 | 36 | 70 |
| 1000 | 26 | 110 | 110 | 26 | 40 | 77 |

4）对于地下水除铁除锰，平板叶轮上进气孔数量较多，孔径较大，不易堵塞，工作比较可靠，宜优先采用。

5）叶轮表面曝气装置，在水停留时间为 20min 的情况下，水中溶氧饱和度可达 80%～90%，二氧化碳散除率可达 50%～70%。

（5）莲蓬头和穿孔管曝气装置

1）莲蓬头和穿孔管是一种喷淋式曝气装置、地下水通过莲蓬头和穿孔管上的小孔向下喷淋，把水分被成许多小水滴与空气接触，从而实现水的曝气。

2）图 15-11 为莲蓬头曝气装置。莲蓬头的锥顶夹角为45°～60°，锥底面为弧形，直径为150～250mm，孔眼直径 4～6mm，开孔率 10%～20%，在池内水面以上的安装高度为 1.5～2.5m。水在孔眼中的流速可取 2～3m/s，一个莲蓬头的出水流量为 4～8L/s。当将莲蓬头安装在滤池水面时，每个莲蓬头的服务面积为 1～3m²。

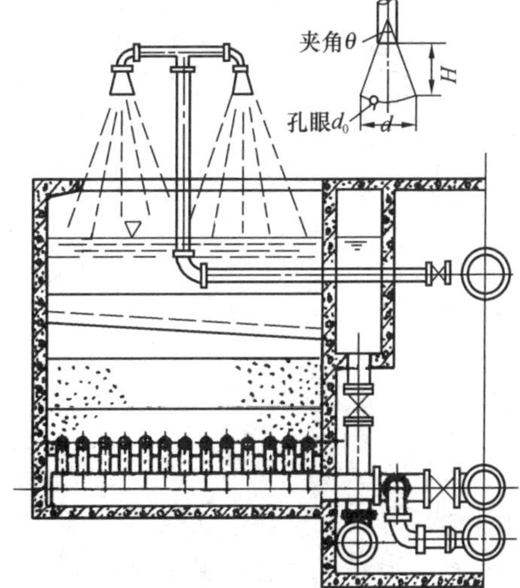


图 15-11 莲蓬头曝气装置

3）莲蓬头按曝气效果的计算方法如下：

① 由莲蓬头喷出的水滴需在空气中降落的时间，可按式（15-24）计算：

$$t = \frac{d_0(C_1 - C_2)}{6K'\Delta C_a} \times 10^{-3} \qquad (15\text{-}24)$$

式中 $t$——水滴在空气中降落的时间（s）；

$d_0$——莲蓬头上孔眼的直径（mm）；

$C_1$、$C_2$——曝气前、后水中气体的浓度（mg/L）；

$\Delta C_a$——曝气过程中气体在水中的平均浓度（mg/L）；对于曝气散除二氧化碳过程，可按式（15-25）计算：

$$\Delta C_a = \frac{C_1 - C_2}{2.3\lg\dfrac{C_1}{C_2}} \qquad (15\text{-}25)$$

对于曝气溶氧过程，可按式（15-26）计算：

$$\Delta C_a = \frac{\Delta C_1 - \Delta C_2}{2.3\lg\dfrac{\Delta C_1}{\Delta C_2}} \qquad (15\text{-}26)$$

式中　$\Delta C_1$——水中理论溶解氧与曝气前水中实际溶解氧的差值，$\Delta C_1 = C^* - C_1$；

$\Delta C_2$——水中理论溶解氧与曝气后水中实际溶解氧的差值，$\Delta C_1 = C^* - C_2$；

$C^*$——氧在水中的溶解度，其值与水温有关，按表 15-7 选定：

**空气中氧在纯水中的溶解度**（气压 0.1MPa）　　**表 15-7**

| 水温（℃） | 0 | 5 | 10 | 15 | 20 | 25 | 30 | 40 |
|---|---|---|---|---|---|---|---|---|
| 溶解度（mg/L） | 14.6 | 12.8 | 11.3 | 10.2 | 9.2 | 8.4 | 7.6 | 6.6 |

$K'$——折算传质系数（m/s）；若莲蓬头直径 $d$、孔眼流速 $v_0$ 已经选定，且已知水温，可由图 15-12 求出 $K'$ 值。图 15-12 是按 $d_0 = 4$mm 绘制的，当 $d_0 \neq 4$mm 时，可用表 15-8 的系数修正；

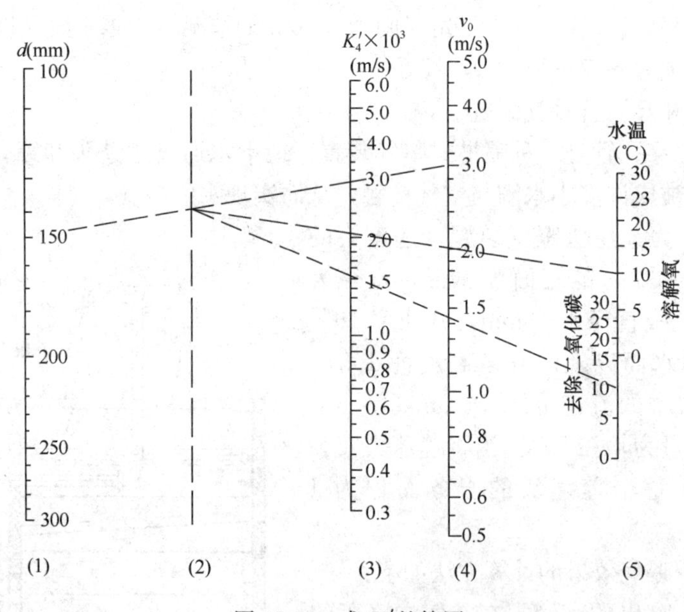


图 15-12　求 $K'$ 的算图

用法：（1）～（4）连线与（2）相交；（2）～（5）连线与（3）相交，得 $K_4'$ 值；$K' = \lambda K_4'$，$\lambda$ 为修正系数，见表 15-8。

**λ 修正系数**　　**表 15-8**

| 孔眼直径 $d_0$（mm） | 3 | 4 | 5 | 6 |
|---|---|---|---|---|
| $\lambda$ | 0.88 | 1.0 | 1.1 | 1.2 |

② 莲蓬头的安设高度，按式（15-27）计算：

$$H = v_0 t + \frac{1}{2} g t^2 \qquad (15\text{-}27)$$

式中　$H$——莲蓬头安装高度（m）；

$v_0$——孔眼流速（m/s）；

$t$——时间（s）。

莲蓬头曝气装置，能使水中溶氧饱和度达到50%～65%，二氧化碳散除率达40%～55%。

4）穿孔管曝气装置与莲蓬头相类似，管上孔眼直径5～10mm，孔眼倾斜向下与垂线夹角不大于45°。孔眼流速2～3m/s，安装高度1.5～2.5m。穿孔管曝气装置可单独设置，也可设于曝气塔上或跌水曝气池上，与其他曝气装置组合设置。

（6）喷嘴曝气装置

1）用特制的喷嘴将水由下向上喷洒，水在空气中分散成水滴，然后回落至下部池中。喷嘴口径为25～40mm，喷嘴前水头为5～7m，一个喷嘴服务面积为1.5～2.5$m^2$。淋水密度为5$m^3$/(h·$m^2$)，曝气后水中溶解氧饱和度可达80%～90%，二氧化碳散除率达70%～80%。

2）喷嘴曝气装置宜设于室外，并要求下部有较大面积的集水池。

（7）接触式曝气塔

1）图15-13为接触式曝气塔构造。塔中填料粒径为300～400mm，每层填料厚300～400mm，共设2～5层，填料层间的高度为0.3～1.5m。常以焦炭或矿渣作填料。将地下水送至塔顶，经穿孔管均匀分布后，经填料逐层淋下，汇集于下部集水池中。由于水中部分铁质沉积于填料表面，对水中二价铁的氧化有接触催化作用。

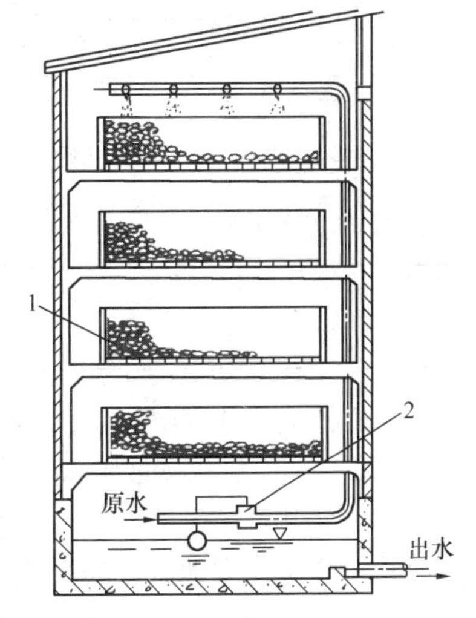


图15-13 接触式曝气塔

1—焦炭层为30～40mm；2—浮球阀

2）接触式曝气塔的淋水密度一般为5～15$m^3$/(h·$m^2$)。当采用2层填料，淋水密度<1$m^3$/(h·$m^2$)时，曝气后水中溶解氧饱和度可达75%～85%，二氧化碳散除率可达50%～60%。

3）当地下水含铁量为5～10mg/L时，填料因铁质堵塞每一年左右更换一次。更换填料，费工费时，所以接触气塔多用于含铁量不高于10mg/L的地下水的曝气。

（8）板条式曝气塔

1）图15-14所示为五层板条曝气塔。每层板条之间有空隙，使水由上而下逐层下落曝气。曝气塔的板条层数可采取4～10层，层间净距0.3～0.8m，淋水密度5～15$m^3$/(h·$m^2$)。曝气后水中溶氧饱和度可达80%，二氧化碳散除率可达40%～60%。

2）由于板条式曝气塔不易被铁质堵塞，所以可用于高含铁地下水的曝气。

（9）机械通风式曝气塔

1）图13-15为机械痛风式曝气塔构造。塔身为封闭柱体，地下水由塔上部送入，经塔中填料层淋下，空气用通风机自塔下部通入，自塔顶排出。填料多用木板条。设计气水比可采用10～15；淋水密度采用40$m^3$/(h·$m^2$)；填料层厚度，根据原水总碱度，按表15-9采用。

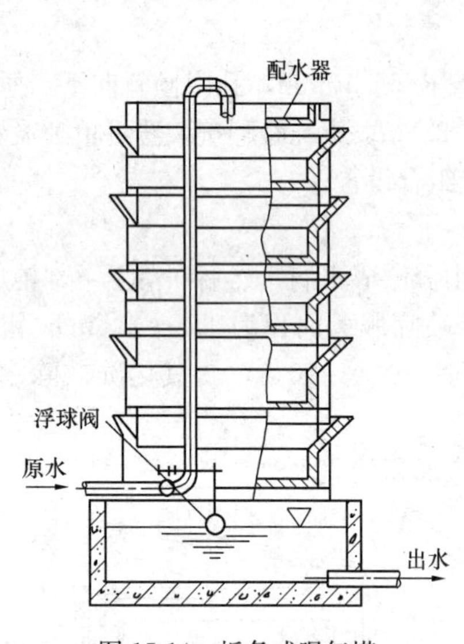


图 15-14　板条式曝气塔

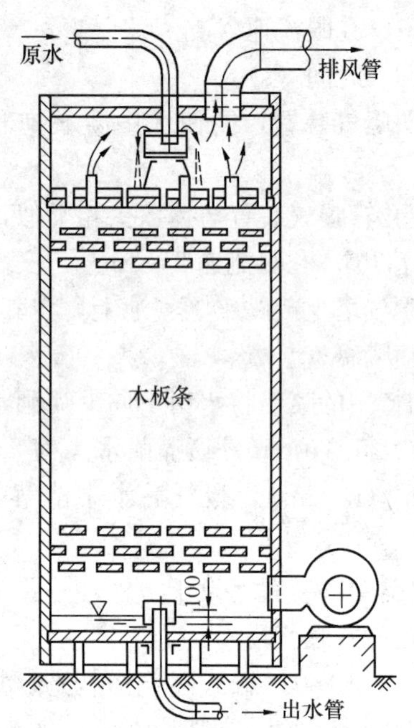


图 15-15　机械通风式曝气塔（板条填料）

**木板条填料厚度**　　**表 15-9**

| 总碱度（mmol/L） | 2 | 3 | 4 | 5 | 6 | 8 |
|---|---|---|---|---|---|---|
| 填料层厚度（m） | 2.0 | 2.5 | 3.0 | 3.5 | 4.0 | 5.0 |

2）机械通风式曝气塔，由于气水比很大，曝气效果好，曝气后水中溶解氧饱和度可达 90%以上。二氧化碳散除率可达 80%～90%。木板条填料不易被铁质堵塞，可用于高含铁地下水的曝气。

3）在我国北方地区，喷淋式曝气装置一般都设于室内，在冬季由于门窗关闭，室内通风不良，且因水滴飞溅，常使室内地面潮湿和空气湿度增大，并有硫化氢和铁腥气味。因此，设计时应考虑有强力的通风设施。

## 15.1.6　除铁除锰滤池

### 15.1.6.1　滤池形式的选择

普通快滤池和压力滤池工作性能稳定，滤层厚度及反冲洗强度的选择有较大的灵活性，是除铁除锰工艺中常采用的滤池形式。前者主要用于大、中型水厂，后者主要用于中、小型水厂。

无阀滤池构造简单、管理方便，也是除铁除锰工艺中常采用的滤池类型之一。由于它出水水位较高，在曝气、两级过滤处理工艺中，可作为第一级滤池与快滤池（作为第二及滤池）搭配，以减少提升次数。对于水质周期较压力周期为短的水处理而言，应注意监测滤后水中铁锰漏出浓度，以便及时进行强制冲洗。

双级压力滤池是新型除铁除锰构筑物。它使两级过滤一体化，造价低，管理方便。其上层主要除铁，下层主要除锰，工作性能稳定可靠、处理效果良好。适用于原水铁锰为中等含量的中、小型水厂。双级压力滤池构造，见图 15-16。

虹吸滤池也是除铁除锰池类型之一，适用于大、中型水厂。但目前国内采用者较少，可能是由于滤料常采用相对密度较大的天然锰砂，而它的反冲洗水头又较低之故。

总之，滤池类型应根据原水水质、工艺流程、处理水量等因素来选择。使其构筑物搭配合理、减少提升次数，占地少、布置紧凑、方便管理。

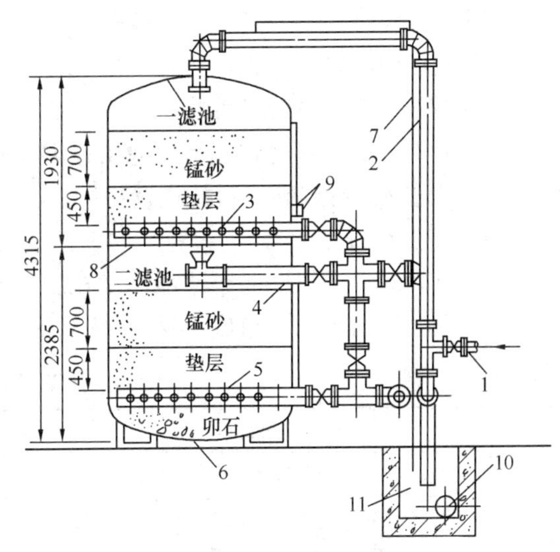


图 15-16 双级压力滤池

1—来水管；2—滤池进水管及反冲洗排水管；3—滤室配水管；4—二滤室进水管及反冲洗排水管；5—二滤室配水管；6—罐体；7—排水管；8—隔板；9—压力表；10—排水总管；11—排水井

#### 15.1.6.2 除铁除锰滤料

(1) 滤料要求：除铁除锰滤料除了应满足作为滤料的一般要求——有足够的机械强度、有足够的化学稳定性、不含毒质、对除铁水质无不良影响等以外，还应具对铁、锰有较大的吸附容量和较短的“成熟”期。

目前大量用于生产的滤料有：

1) 石英砂。

2) 无烟煤。

3) 天然锰砂，其性能见表 15-10。

天然锰砂性能 表 15-10

| 名　称 | $MnO_2$ 含量（%） | 相对密度 | 堆积密度（$kg/m^3$） | 孔隙度（%） |
|---|---|---|---|---|
| 锦西锰砂 | 32 | 3.2 | 1600 | 50 |
| 湘潭锰砂 | 42 | 3.4 | 1700 | 50 |
| 马山锰砂 | 53 | 3.6 | 1800 | 50 |
| 乐平锰砂 | 56 | 3.7 | 1850 | 50 |

在空气直接氧化法除铁工艺流程中，滤池滤料一般采用石英砂和无烟煤。

在接触氧化法除铁工艺流程中，上述各种滤料都可用作滤池滤料，但一般天然锰砂滤料对水中二价铁离子的吸附容量较大，故过滤出气出水水质较好。

在生物固锰除锰工艺中在接触氧化法除锰工艺流程中，上述各种滤料都可用作滤池滤料，但马山锰砂、乐平锰砂和湘潭锰砂对水中二价锰离子的吸附容量较大，过滤初期出水水质较好，且滤料的“成熟”期较短，宜优先选用。

(2) 滤料粒径

1) 在工程上，常用滤料的最大粒径 $d_{max}$ 和最小粒径 $d_{min}$ 作为除铁、除锰滤料的粒度特征指标向生产厂订货。但由于各地筛网孔目不统一、筛分操作的差异及运输过程中滤料磨损等缘故，购进的商品滤料在装入滤池之前，应再行筛分一次，将不合规格的颗粒，特别是细小颗粒淘汰出去。

2）天然锰砂滤料最大粒径可在1.2～2.0mm，最小粒径可在0.5～0.6mm之间选择。

3）石英砂滤料最大粒径可在1.0～1.5mm，最小粒径可在0.5～0.6mm之间选择。

4）当采用双层滤料时，无烟煤滤料最大粒径可在1.6～2.0mm，最小粒径可在0.8～1.2mm之间选择。石英砂滤料粒径选择同上。

（3）承托层组成：

1）石英砂滤料及双层滤料滤池的承托层组成，同一般快滤池。

2）锰砂滤池的承托层组成，见表15-11。

**锰砂滤池承托层的组成** **表15-11**

| 层次 | 承托层材料 | 粒径（mm） | 各层厚度（mm） |
|---|---|---|---|
| 1 | 锰矿石块 | 2～4 | 100 |
| 2 | 锰矿石块 | 4～8 | 100 |
| 3 | 卵石或砾石 | 8～16 | 100 |
| 4 | 卵石或砾石 | 16～32 | 由配水孔眼以上100mm起到池底 |

### 15.1.6.3 滤速和滤层厚度

（1）除铁滤池的滤速一般为5～10m/h，但有的高达10～20m/h，甚至有的天然锰砂除铁滤池高达20～30m/h。设计中应根据原水水质、特别是地下水的含铁量，来确定适宜的滤速。设计滤速以选用5～10m/h为宜，含铁量低可选用上限，含铁量高宜选用下限。

（2）除锰滤池及除铁锰滤池滤速，一般为5～8m/h。

（3）滤池滤层厚度：

1）重力式：700～1000mm。

2）压力式：1000～1500mm。

3）双级压力式：每级厚度为700～1000mm。

4）双层滤料：无烟煤层300～500mm，石英砂层400～600mm，总厚度700～1000mm。

### 15.1.6.4 滤池工作周期及反冲洗

（1）除铁滤池及除铁除锰滤池的工作周期，一般为8～24h。中南地区若干座石英砂滤池工作周期与原水含铁量、滤池滤速的关系见表15-12。

**除铁滤池工作周期与原水含铁量、滤池滤速的关系** **表15-12**

| 待滤水总Fe（mg/L） | 滤速（m/h） | 工作周期（h） |
|---|---|---|
| ＜5 | 6～12 | 12～24 |
| 5～15 | 5～10 | 8～15 |
| 20～30 | 3～6 | 4～8 |

在设计中，应保证滤池运转后工作周期不小于8h，因为周期过短，既浪费水量，管理又麻烦。因此，当含铁量较高时，应采取以下措施：

1）采用粒径较均匀的滤料。如南宁采用$d$=0.6～1.2mm天然锰砂，不均匀系数$K$

=1.44～1.63，孔隙率达 61.0%～63.9%。当原水含铁量高达 15mg/L 以上时，滤池工作周期仍可达 12h 以上。

2）采用双层滤料滤池，一般可延长工作周期约 1 倍左右。

3）降低滤速。

(2) 在曝气、两级过滤除铁除锰工艺中，第二级除锰滤池工作周期一般较长，可达 7～20d，最短也有 3～5d，但在运转中，不宜将周期延至过长，否则滤层有冲洗不均匀及逐渐板结之虞。

(3) 滤池的反冲洗，一般以期终水头损失为 1.5～2.5m 为度。亦可在掌握规律之后，定期反冲洗。

1）天然锰砂除铁滤池的反冲洗强度可按表 15-13 采用。

**天然锰砂除铁滤池反冲洗强度**　　**表 15-13**

| 序号 | 锰砂粒径 (mm) | 冲洗方式 | 冲洗强度 [L/(s·m²)] | 膨胀率 (%) | 冲洗时间 (min) |
|---|---|---|---|---|---|
| 1 | 0.6～1.2 | 无辅助冲洗 | 18 | 30 | 10～15 |
| 2 | 0.6～1.5 | | 20 | 25 | 10～15 |
| 3 | 0.6～2.0 | | 22 | 22 | 10～15 |
| 4 | 0.6～2.0 | 有辅助冲洗 | 19～20 | 15～20 | 10～15 |

2）石英砂除铁滤池反冲洗强度一般为 13～15L/(s·m²)，膨胀率为 30%～40%，冲洗时间不小于 7min。

3)天然锰砂和石英砂作为除锰滤池滤料，成熟后密度约减小 10%左右。所以其反冲洗强度应略低于除铁滤浊。天然锰砂除锰滤料反冲洗强度一般为 20～25L/(s·m²)，膨胀率为 15%～25%；石英砂除锰滤料反冲洗强度一般为 12～14L/(s·m²)，膨胀率为 25%～30%，冲洗历时也不宜过长，以免破坏锰质活性滤膜，一般为 5～10min。

#### 15.1.6.5　除铁滤池反冲洗废水的回收和利用

1）除铁滤池反冲洗废水中铁质浓度最高可达数百甚至数千 mg/L。反冲洗废水经 8～10h 静置沉淀，能将水中铁质浓度降至 30～50mg/L，可抽送回滤池再行过滤。

2）用聚丙烯酰胺混凝反冲洗废水，效果良好。对于铁质浓度为 30～1000mg/L 的反冲洗废水，投加 0.16mg/L（按纯质计）的聚丙烯酰胺，经 30s 混合、40min 沉淀，能将水中铁质浓度降至 10mg/L 以下。

3）由反冲洗废水中沉淀下来的铁泥，经水选，滤干、焙烧、球磨、炕干，可制成三级氧化铁红。成分不纯的铁泥，经风干、焙烧、球磨、风选后，可制成红土粉。

## 15.2　除　　氟

氟是人体生理所需要的微量元素之一。饮水中的氟离子对人体健康有利也有害，主要取决于其摄取量，它的生理作用主要影响牙齿和骨骼，当饮用水中含氟量低于 0.5mg/L 有可能引起儿童龋齿，高于 1.5mg/L 能够导致氟斑牙，当含量达到 3～6mg/L 时发生骨骼的氟中毒，是严重危害人类健康的地方病。适宜的浓度为 0.5～1.0mg/L。

我国《生活饮用水卫生标准》GB 5749—2006 规定，氟化物的含量不得超过 1.0mg/L，当地下水氟化物含量超标，又难以找到含氟量适宜的水源时，就需要进行除氟处理。

氟化物含量过高的原水往往呈偏碱性，pH 常大于 7.5。

### 15.2.1　除氟技术概况

除氟的方法大致可分为以下几种：

(1) 吸附过滤法

目前我国饮用水除氟方法中，应用最多的是吸附过滤法，含氟水通过滤层，氟离子被吸附在由吸附剂组成的滤层上，利用吸附剂的吸附和离子交换作用，是比较经济有效的除氟方法。当吸附剂的吸附能力降至一定极限值，出水含氟量达不到规定时，用再生剂再生，恢复吸附剂的除氟能力，以此循环以达到除氟的目的。作为滤料的吸附剂主要是活性氧化铝，其次是骨炭、活性炭和磷酸三钙等。

骨炭的主要成分是磷酸三钙和炭，因此骨炭过滤称为磷酸三钙吸附过滤法。除氟原理是依靠骨炭中的碳酸根离子取代水中的氟离子，使用后的骨炭需用氢氧化钠做再生剂，去除吸附的氟离子。使用动物骨头除氟是有效的，但是处理后的水存在异味，骨炭是由兽骨碳化后去掉有机物制成的，也有用磷酸与石灰反应制成的人工合成的，因此处理水中的异味大大减少。

(2) 化学絮凝沉淀法：在含氟水中投加絮凝剂，使之生成絮体而吸附氟离子，经沉淀和过滤将其去除。主要的絮凝剂为铝盐，包括硫酸铝、三氯化铝、碱式氯化铝、铝酸钠、明矾、磷酸铝等。电凝聚法除氟原理与絮凝沉淀法类似，在电解槽中通过铝离子的溶解生成絮体以吸附去除氟离子。

投药量和除氟效果与水的 pH 有关，最佳 pH 约 6.5，由于投药量大，常用 $Ca(OH)_2$ 调整，造成水中大量增加 $Al^{3+}$、$SO_4^{2+}$、$Cl^-$ 等的含量。处理设备虽然简单，但是增加大量的污泥，需要静沉 6～8h 以上，不能连续产水，投药量为除氟的 100～200 倍。

(3) 电凝聚法

电凝聚法是一种电解方法，采用铝板作为电极，通直流电后，铝板电解得到铝离子，水解成矾花，吸附氟离子，从而达到除氟的目的，由于矾花轻，使工艺路线长，以沧州市化肥厂为例，处理工艺见图 15-17：

原水→蓄水池→盐酸调节pH→铝板电解槽→斜板沉淀池→快滤池→处理水

图 15-17　沧州市化肥厂含氟水处理工艺

主要技术数据：制水量 2.5m$^3$/h，电流 200A，pH 6.5；铝氟比（$Al^{3+}/F^-$）为 6～10；电耗 0.6kWh/m$^3$；由于构筑物多，基建投资高，占地面积较大。

(4) 电渗析法

电渗析法是制取纯水的一种常用方法，在直流电场的作用下，原水中可溶解性离子迁移，通过离子交换膜得到分离，浓缩室的水排放，稀释室的水就是去除大部分离子的处理水。

利用电渗析法除氟效果良好，不用投加药剂，除氟的同时可降低高氟水的总含盐量，这是其他除氟方法难以做到的。电渗析装置运行中产生极化现象，采用频繁倒极工艺可以达到稳定运行，简化操作管理。电耗一般在 0.5～1.0kWh/$m^3$，高盐高氟水电耗要略高些。该法水回收率约 50%，微量元素含量低，但设备费投资高。

（5）膜法：利用半透膜分离水中氟化物，包括电渗析及反渗透两种方法。膜法处理的特点是在除氟的同时，也去除水中的其他离子，尤其适合于含氟苦咸水的淡化。

（6）离子交换法：利用离子交换树脂的交换能力，将水中的氟离子去除。普通阴离子交换树脂对氟离子的选择性过低，螯合有铝离子的胺基磷酸树脂对氟离子有极好的吸附效果。

选择除氟方法应根据水质、规模、设备和材料来源经过技术经济比较后确定。目前常用的方法有活性氧化铝法、电渗析法和絮凝沉淀法。这三种方法的特点和比较，参见表 15-14。

**除氟方法的特点和比较** **表 15-14**

| 方法 | 处理水量 | 原水含盐量 | 出水含盐量 | pH | 水利用率 |
|---|---|---|---|---|---|
| 活性氧化铝法 | 大 | 无要求 | 不变 | 6.0～7.0 | 高 |
| 电渗析法 | 小 | 500～10000mg/L | >200mg/L | 无要求 | 低 |
| 絮凝沉淀法 | 小 | 含量低 | 增高 | 6.5～7.5 | 高 |

当处理水量较大时，宜选用活性氧化铝法；当除氟的同时要求去除水中氯离子和硫酸根离子时，宜选用电渗析法。絮凝沉淀法适合于含氟量偏低的除氟处理，这是由于除氟所需的絮凝剂投加量远大于除浊要求的投加量，容易造成氯离子或硫酸根离子超过《生活饮用水卫生标准》GB 5749—2006 的规定。

## 15.2.2 活性氧化铝法

活性氧化铝是一种白色颗粒状多孔吸附剂，除氟应用的活性氧化铝属于低温态，由氧化铝的水化物在约 400℃下焙烧产生。其特征是具有很大的表面积，耐酸性强。活性氧化铝是两性物质，等电点约在 9.5，当水的 pH 小于 9.5 时可吸附阴离子，大于 9.5 时可去除阳离子，因此，在酸性溶液中活性氧化铝为阴离子交换剂，对氟有极大的选择性。

活性氧化铝使用前可用硫酸铝溶液活化，使转化成为硫酸盐型，反应如下：

$$(Al_2O_3)_n \cdot 2H_2O + SO_4^{2-} \longrightarrow (Al_2O_3)_n \cdot H_2SO_4 + 2OH^- \tag{15-28}$$

除氟时的反应为：

$$(Al_2O_3)_n \cdot H_2SO_4 + 2F^- \longrightarrow (Al_2O_3)_n \cdot 2HF + SO_4^{2-} \tag{15-29}$$

活性氧化铝失去除氟能力后，可用 1%～2%浓度的硫酸铝溶液再生：

$$(Al_2O_3)_n \cdot 2HF + SO_4^{2-} \longrightarrow (Al_2O_3)_n \cdot H_2SO_4 + 2F^- \tag{15-30}$$

活性氧化铝除氟有下列特性：

(1)pH 影响

原水含氟量为 $C_0$=20mg/L，取不同 pH 的水样进行试验的结果见图 15-18，可以看出，在 pH=5～8 范围内时，除氟效果较好，而在 pH=5.5 时，吸附量最大，因此如将原水的 pH 调节到 5.5 左右，可以增加活性氧化铝的吸氟效率。

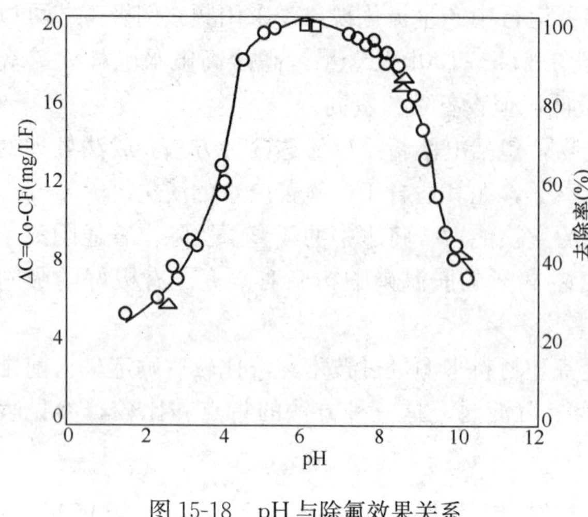


图 15-18　pH 与除氟效果关系

(2)吸氟容量

吸氟容量是指每 1g 活性氧化铝所能吸附氟的质量，一般为 1.2～4.5mg$F^-$/g($Al_2O_3$)。它取决于原水的氟浓度、pH、活性氧化铝的颗粒大小等。在原水含氟量为 10mg/L 和 20mg/L 的平行对比试验中，如保持出水 $F^-$ 在 1mg/L 以下时，所能处理的水量大致相同，说明原水含氟量增加时，吸氟容量可相应增大。进水 pH＝5 时为最佳值。

颗粒大小和吸氟容量呈线性关系，颗粒小则吸氟容量大，但小颗粒会在反冲洗时流失，并且容易被再生剂 NaOH 溶解。国内常用的粒径是 1～3mm，但已有粒径为 0.5～1mm 的产品。

由上可见，加酸或加 $CO_2$ 调节原水的 pH 到 5.5～6.5 之间，并采用小粒径活性氧化铝，是提高除氟效果和降低制水成本的途径。

活性氧化铝除氟工艺可分成原水调节 pH 和不调节 pH 两类，调节 pH 是为减少酸的消耗和降低成本，我国多将 pH 控制在 6.5～7.0 之间，除氟装置的接触时间应在 15min 以上。

除氟装置有固定床和流动床。固定床的水流一般为升流式，滤层厚度 1.1～1.5m，滤速为 3～6m/h。移动床滤层厚度为 1.8～2.4m，滤速 10～12m/h。

除氟方式分为集中式和分散式两种：分散式是以户为单位，优点是一次性投资少，易于推广，再生方式采用定期集中到再生站统一再生，缺点是出水水质难以保障，滤料利用率低；集中式适用于工矿企业、村镇、机关团体和部队，产水量大、便于管理，水质容易控制。

表 15-15 列举一些除氟用氧化铝产品的规格型号和主要技术指标。

**活性氧化铝产品技术参数**　　**表 15-15**

| 型号 | 晶相 | 粒径 (mm) | 堆密度 ($g/cm^2$) | 比表面积 ($m^2/g$) | 孔容积 (mL/g) | 耐压强度 (N/个) |
|---|---|---|---|---|---|---|
| WHA104 | $x-\varphi$ | 1～2.5 | ≥0.72 | ≥320 | ≥0.38 | 35 |
| WHA104 | $x-\varphi$ | 0.5～1.8 | ≥0.72 | ≥320 | ≥0.4 | 10 |
| WHA104 | $x-\varphi$ | 扁粒 | ≥0.72 | ≥350 | ≥0.4 | — |

注：该产品为温州氧化铝厂生产。

活性氧化铝对阴离子的吸附交换顺序如下：

$OH^- > PO_4{}^{2-} > F^- > SO_3{}^- > Fe(CN)_6{}^{4-} > CrO_4{}^{2-} > SO_4{}^{2-} > Fe(CN)_6{}^{3-} > Cr_2O_7{}^{2-} > I^- > Br^- > Cl^- > NO_3{}^- > MnO_4{}^- > ClO_4{}^- > S^{2-}$

它与离子交换树脂相比，对氟离子（$F^-$）有较高的吸附选择性，而对水体中常有的离子（例如$SO_4^{2-}$、$Cl^-$）选择性低。

#### 15.2.2.1 影响活性氧化铝吸附能力的主要因素

（1）颗粒粒径：活性氧化铝的颗粒粒径对其吸附氟离子能力有明显影响，粒径越小，吸附容量越高，但粒径越小，颗粒的强度越低，将会影响其使用寿命。

（2）原水的pH：对活性氧化铝吸附除氟能力有明显影响。当pH大于5时，pH越低，活性氧化铝的吸附容量越高。

（3）原水的初始氟浓度：也是影响活性氧化铝吸附容量的因素之一。初始氟浓度越高，吸附容量较大。

（4）原水的碱度：原水中重碳酸根浓度是影响活性氧化铝吸附容量的一个重要因素。重碳酸根浓度高，活性氧化铝的吸附容量将降低。

（5）氯离子和硫酸根离子：对于一般水源，氯离子和硫酸根离子浓度对活性氧化铝的除氟能力没有影响。活性氧化铝对氯离子和硫酸根离子没有明显的去除能力。

（6）砷的影响：活性氧化铝对水中的砷有吸附作用，对$As^{5+}$的吸附能力大于$As^{3+}$。砷在活性氧化铝上的积聚将造成对氟离子吸附容量的下降，且使再生时洗脱砷离子比较困难。

#### 15.2.2.2 处理流程

活性氧化铝除氟处理工艺流程见图15-19。

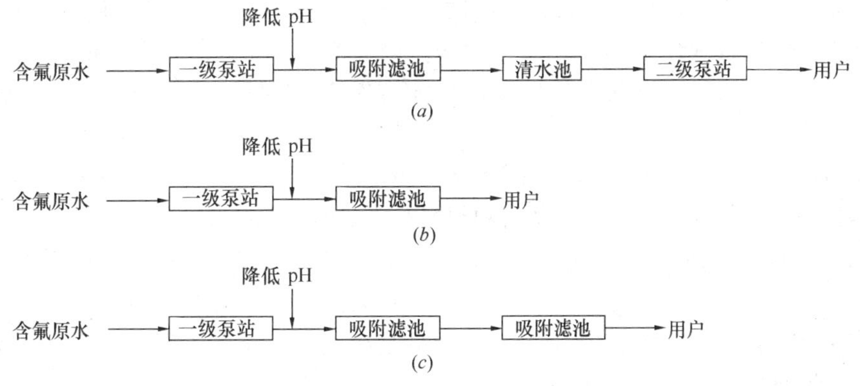


图15-19　活性氧化铝除氟工艺流程

（a）敞开式吸附滤池方式；（b）压力式吸附滤池方式；（c）串联吸附滤池方式

当原水浊度大于5NTU或含砂量较高时，应在吸附滤池前设置预处理。消毒工艺应设在除氟处理工艺之后。

#### 15.2.2.3 工艺设计

（1）吸附滤池

1）滤料：吸附滤池的滤料是作为吸附剂的活性氧化铝。其粒径不宜大于2.5mm，一般采用0.4～1.5mm。滤料应有足够的机械强度，耐压强度大于10N/个，使用中不易磨损和破碎。

2）原水pH的调整：活性氧化铝每个吸附周期的吸附容量随原水pH的不同而不同，可相差数倍。天然含氟量高的水，往往pH较高，从而降低了吸附容量。为此，可以采取人为措施，在进入滤池前降低原水pH。降低的值应通过技术经济比较确定，一般宜调整到6.0～7.0之间。

pH调整可采用投加硫酸、盐酸、醋酸等溶液或投加二氧化碳气体。投加量可根据原水碱度和pH计算或通过试验来确定。

3）滤速：

①当原水不调整pH时，滤速只能达到2～3m/h，连续运行时间4～6h，间断运行4～6h。

②当原水降低pH至小于7.0时，可采用连续运行方式，滤速6～10m/h。

4）流向：原水通过滤层的流向可采用自下而上或自上而下方式。当采用硫酸溶液调整pH时，宜采用自上而下方式；当采用二氧化碳气体调整pH时，为防止气体挥发，增加溶解量，宜采用自下而上的方式。

5）周期工作吸附容量：滤料工作吸附容量受许多因素影响，主要因素有原水含氟量、pH、滤池滤速、滤层厚度，终点出水含氟量及滤料自身的性能等。

① 当采用硫酸调整pH至6.0～6.5时，吸附容量一般可为4～5g(F)/kg($Al_2O_3$)。

② 当采用二氧化碳调整pH到6.5～7.0时，吸附容量一般可为3～4g(F)/kg($Al_2O_3$)。

③ 当原水不调整pH时，吸附容量一般可为0.8～1.2g(F)/kg($Al_2O_3$)。

6）终点出水含氟量：当采用多个吸附滤池时，其中任一单个滤池的终点出水含氟量可考虑稍高于1mg/L。这是由于再生后活性氧化铝滤池的出水，在较长时间内小于1mg/L，为延长除氟周期，增加每个周期处理水量，降低制水成本，故单个滤池出水含氟量可稍高于1mg/L。设计时应根据混合调节能力确定终点含氟量值，保证混合后出水含氟量不大于1mg/L。

7）滤层厚度：滤池滤料厚度可按下列规定选用：

① 当原水含氟量小于4mg/L时，滤层厚度宜大于1.5m。

② 当原水含氟量在4～10mg/L时，滤层厚度宜大于1.8m，也可采用两个滤池串联运行。

③ 当采用硫酸调整pH至6.0～6.5，处理规模小于$5m^3/h$、滤速小于6m/h时，滤层厚度可降低到0.8～1.2m。

8）滤池高度：滤池总高度包括滤层厚度、承托层厚度、滤料反冲洗膨胀高度和保护高度。

当采用滤头布水方式时，应在吸附层下铺一层厚度为50～150mm、粒径为2～4mm的石英砂作为承托层。

滤层表面至池顶高度采用1.5～2.0m，该高度包括了滤料反冲洗膨胀高度和保护高度。

9）滤池构造

① 滤池可采用敞开式或压力方式。敞开式适用于处理规模较大的场合，管理方便，但需设置调节构筑物和二次提升。压力式适用于处理规模较小的场合，不需设置调节构筑物和二次提升。

② 滤池结构材料应满足下列条件：

a. 符合生活饮用水水质的卫生要求。

b. 适应环境温度。

c. 适应 pH 2～13。

d. 易于维修和配件的更换。

10）管径：反冲洗进出水管必须按首次反冲洗强度来选择管径。敞开式滤池反冲洗出水管可不安装阀门。

11）pH 调整剂投加方式：浓酸应稀释至 0.5%～1%后投加。酸液应加入到原水进水管的中心。氧化碳气体的投加应通过微孔扩散器来完成。

12）附属设施：滤池应配置以下附属设施：

①进、出水取样管。

②进水流量指示仪表。

③观察滤层的视窗，常设置两个：一个位置在滤层表面，观察滤层高度的变化；另一个设于滤料反冲洗膨胀高度处，用以观察滤层是否膨胀到位。

（2）再生：当滤池出水含氟最达到终点含氟量值时，滤池停止工作，滤料应进行再生处理。

1）再生剂：再生剂宜采用氢氧化钠溶液，也可采用硫酸铝溶液。从水质考虑，氢氧化钠溶液较为适宜，因为无论是硫酸根离子还是铝离子都会对水质有影响。

氢氧化钠再生剂的溶液浓度采用 0.75%～1%。氢氧化钠消耗量可按每去除 lg 氟化物需 8～10g 固体氢氧化钠计算，再生液用量为滤料体积的 3～6 倍。

硫酸铝再生剂的溶液浓度采用 2%～3%。硫酸铝的消耗量可按每去除 lg 氟化物需 60～80g 固体硫酸铝（$A1_2(SO_4)_3 \cdot 18H_2O$）计算。

2）再生操作方法：当采用氢氧化钠再生时，再生过程可分为首次冲洗、再生、二次冲洗（或淋洗）及中和四个阶段。图 15-20 为再生的工艺程序。当采用硫酸铝再生时，上述中和阶段可省略。

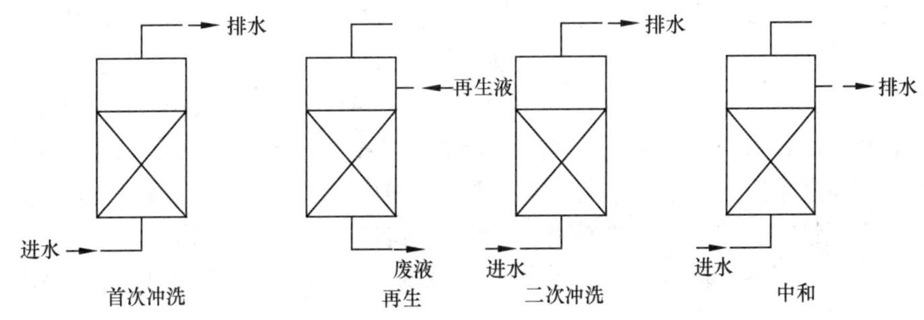


图 15-20　再生操作工艺程序

① 首次冲洗滤层膨胀率可采用 30%～50%，反冲时间可采用 10～15min，冲洗强度滤料粒径大小，一般可采用 12～16L/($m^2 \cdot s$)。首次冲洗十分重要，其主要作用是去除吸附期间在滤料间截留的悬浮物和松动滤层，防止滤料板结。滤料板结是活性氧化铝法使用中存在的主要问题，它将严重降低除氟能力，缩短使用寿命。因此，要确保首次反冲洗达到要求强度，反冲洗进出水管管径按此进行选择。

② 再生溶液自上而下通过滤层，当再生剂采用氢氧化钠溶液时，再生时间为 1～2h，再生液流速为 3～10m/h。当再生剂采用硫酸铝溶液时，再生时间可采用 2～3h，流速可

为1～2.5m/h。再生后滤池的再生溶液必须排空。为节省再生剂，再生初期允许使用前次再生使用过的再生剂，后期使用新配制的再生剂。滤料的再生也可采用浸泡的方式或再生剂循环的方式。

③ 二次反冲洗强度可采用3～5L/($m^2$ · s)，流向自下而上通过滤层，反冲时间为1～3h。也可用淋洗的方法，淋洗采用原水以1/2正常过滤流量，从上部淋下，淋洗时间0.5h。采用硫酸铝作再生剂，二次反冲洗或淋洗终点出水pH应大于6.5，含氟量应小于1mg/L。

④ 中和可采用1%硫酸溶液调节进水pH降至3左右，进水流速与正常除氟过程相同，中和时间为1～2h，直至出水pH降至8～9为止。

⑤ 首次反冲洗、二次反冲洗、淋洗以及配制再生溶液均可利用原水。

3）再生池有效容积按单个最大吸附滤池一次再生所需再生溶液的用量来计算，一般情况下再生溶液的用量为滤料体积的3～6倍，再生溶液循环使用取低值，一次性使用取高值。再生池需设置再生泵，再生泵应有良好的防腐性能，流量按单个滤池要求设计。

（3）酸稀释池有效容积可按每回调节进水pH所需酸用量进行计算。硫酸的稀释倍数按使用浓度0.5%～1%计算。酸稀释池设酸投加泵，投加泵应有良好的抗腐性能，流量为调整原水pH值的酸溶液投加量。

（4）二氧化碳发生器

1）采用以白云石等为原料的电热式二氧化碳发生器。二氧化碳投加量根据原水碱度和pH进行计算或实际测定。发生器至少应有2台。在有二氧化碳气源的地方，也可外购气体，用钢瓶作为输送、储存的手段。

2）投加二氧化碳调节pH，具有安全、水质口感好等优点。

#### 15.2.2.4 除氟站设计

除氟站设计要点如下：

（1）除氟工艺可按连续运行设计。当站内有调节构筑物时，可按最高日平均时供水量设计；当无调节构筑物时，应按最高日最高时供水量设计。

（2）为了保证供水安全，宜设置2个以上滤池。当原水含氟量小于4mg/L时，可采用多个滤池并联运行；当含氟量大于4mg/L时，宜采用每两个滤池为一组串联运行，以提高滤料的工作吸附容量。串联运行的第一周期，前滤池的出水进入后滤池，当后滤池出水达到终点含氟量时，该除氟周期结束。待再生前滤池后，将它改为后滤池，原后滤池则改为前滤池，进入下一个周期运行，如此反复循环。多个滤池的运行周期应互相错开，处理水在管道内混合，也可在清水池混合。

（3）除氟站内必须为操作人员设置淋浴和洗眼设备。必须配备中和酸碱的化学品（例如碳酸氢钠和硼酸溶液），以便处置漏溢。

（4）除氟站的管道一般有原水管、处理水出水管、废水排放管、酸液管或二氧化碳气体管、再生液（碱液或硫酸铝液）管以及取样管等。酸、碱液管道、阀门等的材质应采用塑料（如聚氯乙烯）或不锈钢。

（5）可采用化学沉淀或蒸发的方法处理废水。浓缩的废水或沉淀物可进行填埋或者回收氟化物。废液的处理可采用氯化钙或石灰沉淀池、自然蒸发法、闪蒸法等方法。氯化钙法处理氢氧化钠再生废液具有投药量省、上清液含氟量低、泥量少等优点。废液处理池容积同再生池，内设耐磨蚀泵，用以排入或排出液体。具体操作如下：

1）废水中投加硫酸中和至 pH 为 8 左右。

2）投加工业氯化钙沉淀废水中氟化物，氯化钙投加量为 2～4kg/$m^3$。注意先用少量废水溶解氯化钙成溶液，投加时应充分搅拌，使之混合反应。

3）静置沉淀数小时后，上清液与下一周期首次冲洗水一起排入下水道。

#### 15.2.2.5 新型活性氧化铝除氟工艺示例

（1）工艺流程

除氟的基本操作，可以分为除氟和再生两个工艺过程，再生过程可以分为首次冲洗、再生、二次冲洗和中和四个阶段，图 15-21 为除氟过程的一例。

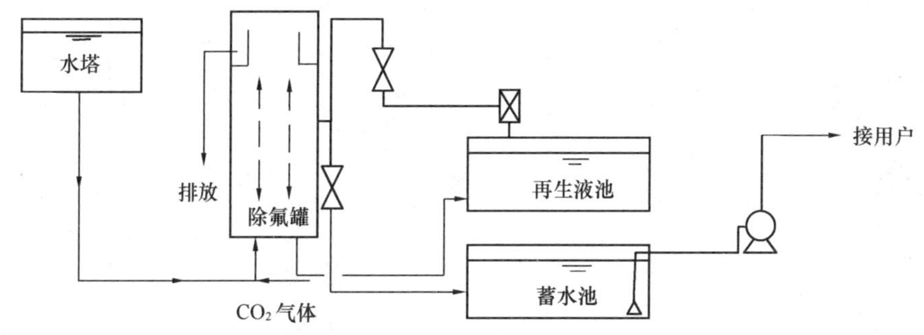


图 15-21 除氟工艺流程

投加二氧化碳的位置在进水管上，二氧化碳的来源，可以用二氧化碳钢瓶，也可以用二氧化碳发生器。进水管道上设有取样口，根据进水 pH 控制 $CO_2$ 气体的投加量。

但处理水含氟量超过规定的浓度时，滤料就需要再生，再生液用 1％的氢氧化钠溶液，可重复使用。首次冲洗，二次冲洗和中和均使用高氟的原水，再生废液用氯化钙溶液处理。

（2）主要的技术参数

1）设计过滤滤速 7m/h，可连续或间歇的运行，滤料层的停留时间 13.3min。

2）处理水平均含氟量小于 1.0mg/L，设计吸附量 3～4gF/kg $Al_2O_3$。

3）活性氧化铝粒径 0.4～1.24mm，填装高度 1.5m。

4）首次冲洗膨胀高度 30％，冲洗时间 10min。

5）再生液为 1％的 NaOH，再生液重复使用，再生时间为 1h。

6）吸附除氟过程采用二氧化碳气体或硫酸溶液降低原水的 pH，进水 pH 为 6.5～7.0。

7）再生中和阶段用硫酸溶液降低原水的 pH，进水的 pH 为 3～4，中和时间为 2h。

（3）主要设备和构筑物

除氟罐为主体设备，除氟和再生过程均在罐中进行。根据用水量和产水量的变化，可设置高氟或者低氟蓄水池，提水或供水泵。除氟罐的配套设备和装置如下：

1）再生液池和再生泵；

2）$CO_2$ 气体钢瓶或 $CO_2$ 气体发生器；

3）再生液处理和排液泵；

4）水质分析化验仪器，主要是测量水中氟浓度的氟度计。工艺使用的药剂有 NaOH、$H_2SO_4$、$CO_2$ 气体和 $CaCl_2$。

（4）工程实例一孙庄子饮用水除氟站

孙庄子饮用水除氟站，设计水量 5m³/h，该村地下水含氟量 3mg/L，pH 为 8.0，$HCO_3^-$ 浓度为 432mg/L。第 3 周期采用硫酸调整 pH。主要设备为直径 1m 的除氟罐，装置活性氯化铝 850kg。表 15-16 为除氟站 3 个周期的主要运行数据。

**除氟站 3 个周期的主要运行数据**　　**表 15-16**

| 项目 | 单位 | 第一周期 | 第二周期 | 第三周期 |
|---|---|---|---|---|
| 处理水量 | m³ | 1420 | 1292 | 1350 |
| 总用电量 | kWh | 297 | 252 | 243 |
| 总 $CO_2$ 用气量 | kg | 85.53 | 92.6 | |
| 氟吸附量 | g | 3456 | 2844 | 3034 |
| 吸附容量 | g·F/kg·$Al_2O_3$ | 4.07 | 3.35 | 3.57 |
| 平均处理水氟浓度 | mg/L | 0.566 | 0.80 | 0.75 |
| NaOH 用量 | kg | 30 | 18 | 20 |
| 消耗水量 | m³ | 35 | 33.5 | 30.5 |
| 再生剂用量/除氟量 | — | 8.66 | 6.33 | 6.59 |
| $H_2SO_4$ 用量 | kg | 8.24 | 10.98 | |

以第二周期为例，吸附过程主要离子的变化见表 15-17。从表中可以看出 $SO_4^{2-}$ 是降低的，$Cl^-$ 基本没有变化。硬度值略有降低，投加 $CO_2$ 气体碱度是增加的。进入除氟站后出水的碱度也是增加的。

**第二周期吸附过程主要离子的变化**　　**表 15-17**

| 取样顺序 | | 1 | 2 | 3 | 4 | 5 |
|---|---|---|---|---|---|---|
| $SO_4^{2-}$（mg/L） | 进水 | 16.68 | 10.68 | 14.68 | 14.67 | 10.68 |
| | 出水 | 12.75 | 8.68 | 9.08 | 8.68 | 8.68 |
| $Cl^-$（mg/L） | 进水 | 378 | 386 | 392 | 388 | 385 |
| | 出水 | 378 | 392 | 289 | 386 | 383 |
| 硬度（mg/L）以 $CaSO_4$ 计 | 进水 | 45.5 | 43.5 | 41.5 | 41.5 | 41.5 |
| | 出水 | 43.5 | 41.5 | 37.5 | 37.5 | 41.5 |
| 总碱度（mgN/L） | 进水 | 7.91 | 8.01 | 7.08 | 7.56 | 7.54 |
| | 出水 | 7.73 | 8.19 | 7.73 | 7.62 | 7.68 |

该周期再生过程的操作条件和 F、pH、总碱度的变化见图 15-22，再生后再生液的成分见表 15-18，可以看出 F、Al、As 的含量是较高的。

**再生后的再生液成分**　　**表 15-18**

| 测定项目 | F(mg/L) | Al(mg/L) | As(mg/L) | Fe(mg/L) | 总碱度(mgN/L) |
|---|---|---|---|---|---|
| 测定值 | 273 | 484 | 0.20 | 0.3 | 134 |

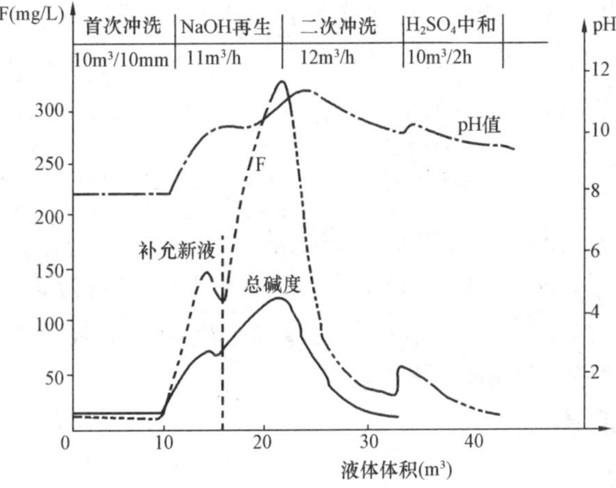


图 15-22　再生过程出水 F、pH 和总碱度变化曲线

（5）再生废液处理

活性氧化铝的再生废液中氟离子浓度很高，可达数百 mg/L，直接排放显然不符合环境保护的要求，经实验研究，采用投加氯化钙的方法进行处理。每升再生废液投加 6g 氯化钙处理后，可去除大部分有害元素；废液中的氟离子浓度，由再生前的 130～140mg/L 降至 30mg/L 左右。然后再与首次冲洗水混合稀释到排放标准（三级水体 15mg/L）以下。也可以使其作为配置碱液的补充水，实现水的回用。污泥可每年清理一次，干化后进行卫生填埋处置。再生废液处理前、后的有害元素组成的对比，见表 15-19。

再生液处理前后的元素组成　　表 15-19

| 测定项目 | | 总碱度（mgN/L） | F（mg/L） | As（mg/L） | Al（mg/L） | Fe（mg/L） | pH |
|---|---|---|---|---|---|---|---|
| 处理前 | 第二周期废液 | 63.77 | 134 | 0.125 | 170 | 0.20 | 10.25 |
| | 第三周期废液 | 35.86 | 140 | — | — | — | 9.91 |
| 处理后 | 第二周期废液 | 8.56 | 29.4 | 0.01 | 0.196 | 0.05 | 8.40 |
| | 第三周期废液 | — | 36.8 | 0.012 | — | — | — |

从表 15-19 中可以看出，第二周期总碱度下降了 86%，F 去除率达到 78%，As 去除 92%，Al 去除率 99.9%，Fe 去除率 75%，本设计每次再生废液量为 1.5$m^3$，若按每升废液投加 6～9g $CaCl_2$ 计算，需投加 9～13kg。

### 15.2.3　骨炭法

骨炭法或称磷酸三钙法，是仅次于活性氧化铝而在我国应用较多的除氟方法。骨炭的主要成分是羟基磷酸钙，其分子式可以是 $Ca_3(PO_4)_2 \cdot CaCO_3$，也可以是 $Ca_{10}(PO_4)_6 \cdot (OH)_2$，交换反应如下：

$$Ca_{10}(PO_4)_6 \cdot (OH)_2 + 2F^- \Leftrightarrow Ca_{10}(PO_4)_6 \cdot F_2 + 2OH^- \quad (15\text{-}31)$$

当水的含氟量高时，反应向右进行，氟被骨炭吸收而去除。

骨炭再生一般用1%NaOH溶液浸泡，然后再用0.5%的硫酸溶液中和。再生时水中的$OH^-$浓度升高，反应向左进行，使滤层得到再生又成为羟基磷酸钙。

骨炭法除氟较活性氧化铝法的接触时间短，只需5min左右，且价格比较便宜，但是机械强度较差，吸附性能衰减较快。

### 15.2.4　电渗析法

应用电渗析器除氟运行管理简单，不需化学药剂，只需调节直流电压即可。电渗析法不仅可去除水中氟离子，还能同时去除其他离子，特别是除盐效果明显。

有关电渗析的设计，可参见《给水排水设计手册》第三版第4册《工业给水处理》，本节主要叙述应用于除氟目的的特殊要求。

#### 15.2.4.1　适用范围

（1）原水要求

1）电渗析器膜上的活性基因，对细菌、藻类、有机物、铁、锰等离子敏感，在膜上形成不可逆反应，因此进入电渗析器的原水应符合下列条件：

① 含盐量大于500mg/L，小于10000mg/L。

② 浊度5NTU以下。

③ $COD_{Cr}$小于3mg/L。

④ 铁小于0.3mg/L。

⑤ 锰小于0.3mg/L。

⑥ 游离余氯小于1mg/L。

⑦ 细菌总数不宜大于1000个/mL。

⑧ 水温5～40℃。

2）当原水水质超出上述范围，应进行相应预处理或改变电渗析的工艺设计。

（2）出水水质：经处理后出水含盐量不宜小于200mg/L，否则一些离子迁出，含盐量过低同样会影响健康。当出水中含碘量小于10μg/L时，应采取加碘措施，尤其在地方性甲状腺肿症多发地区，一般可加碘化钾。

#### 15.2.4.2　工艺设计

（1）工艺流程：电渗析除氟一般可采用下列工艺流程（图15-23）：

含氟原水→预处理→电渗析器→消毒→清水池

图15-23　电渗析除氟工艺流程

（2）主要设备：电渗析除氟的主要设备包括：电渗析器、倒极器、精密过滤器、原水箱或原水加压泵、淡水箱、酸洗槽、酸洗泵、浓水循环箱、供水泵、压力表、流量计、配电柜、硅整流器、变压器、操作控制台、大修洗膜池等。

（3）电渗析器：

1）电渗析的淡水、浓水、极水流量可按下述要求设计：

① 淡水流量可根据处理水量确定。

② 浓水流量可略低于淡水流量，但不得低于淡水流量的2/3。

③ 极水流量一般可为1/3～1/4的淡水流量。

2）电渗析器进水水压不应大于0.3MPa。

3）工作电压可根据原水含盐量、含氟量及相应去除率或通过极限电流试验确定。膜对电压可按表15-20选用。

电渗析器的膜对电压　表15-20

| 用途 | 原水含盐量（溶解性总固体）(mg/L) | 原水含氟量 (mg/L) | 不同厚度隔板的膜对电压（V/对） | |
|---|---|---|---|---|
| | | | 0.5～1.0mm | 1～2mm |
| 除氟、除盐 | 500～10000 | 1.0～12 | 0.3～1.0 | 0.6～2.0 |

4）工作电流可根据原水含盐量、含氟量及相应去除率或通过极限电流试验确定。电流密度可按表15-21选用。

电渗析器的电流密度　表15-21

| 原水含盐量（mg/L） | <500 | 500～2000 | 2000～10000 |
|---|---|---|---|
| 电流密度（$mA/cm^2$） | 0.5～1.0 | 1～5 | 5～20 |

5）浓、淡水进、出连接孔流速一般可采用0.5～1m/s。

6）电渗析流程长度、级、段数应按脱盐率确定。脱盐率可按式（15-32）计算，该式表明除氟和脱盐是不同步的。

$$Z=\frac{100Y-C}{100-C} \tag{15-32}$$

式中　$Z$——脱盐率（%）；

$Y$——除氟率（%）；

$C$——系数，重碳酸盐水型C为−45，氯化物水型C为−65，硫酸盐水型C为0。

7）离子交换膜常采用选择透过率大于90%的硬质聚乙烯异相膜，厚度0.5～0.8mm，阳离子迁移数和阴离子迁移数均应大于0.9。

8）电极一般采用高纯石墨电极、钛涂钌电极，不得采用铅电极。

（4）倒极器

1）倒极器可采用手动或气动、电动、机械等自动控制倒极方式。

2）自动倒极装置应同时具有切换电极极性和改变浓、淡水流动方向的作用。

3）倒极周期应根据原水水质及工作电流密度确定。一般频繁倒极周期采用0.5～1h；定期倒极周期不应超过4h。

（5）原水水箱容积应按大于小时供水量的2倍来计算。

（6）浓水水箱有效容积除满足浓水系统用水外，还应留有1～2$m^3$储存量。

（7）酸洗槽

1）酸洗周期可根据原水硬度、含盐量确定，当除盐率下降5%时，应停机进行动态酸洗。

2）采用频繁倒极方式时，周期为1～4周，酸洗时间为2h。

3）酸洗液为1.0%～1.5%的工业盐酸，不得大于2%。

4）酸洗槽的有效容积应略大于充满单台电渗析器的用量。

（8）变压器：变压器容量应根据原水含盐量、含氟量及倒换电极时最高冲击电流等因素确定，一般应为正常工作电流的2倍。

(9) 电源：电渗析器必须采用可调的直流电源。

(10) 操作控制台应满足整流、调整、倒极操作及电极指示等要求。

(11) 其他

1) 处理站内应设排水设施，可以采用明渠或地漏。

2) 电渗析系统内的阀门、管道、储水设施、泵等应采用非金属材料，常用聚乙烯或聚丙烯、混凝土等材料，不得采用钢铁材质。

### 15.2.5 絮凝沉淀法

絮凝沉淀池适用于原水含氟量小于 4mg/L，处理水量小于 30m$^3$/d 的小型除氟工程。当原水含氟量大于 4mg/L 时，由于投药量大，水中增加的硫酸根离子和氯离子将影响处理水水质。絮凝沉淀除氟处理工艺流程见图 15-24。

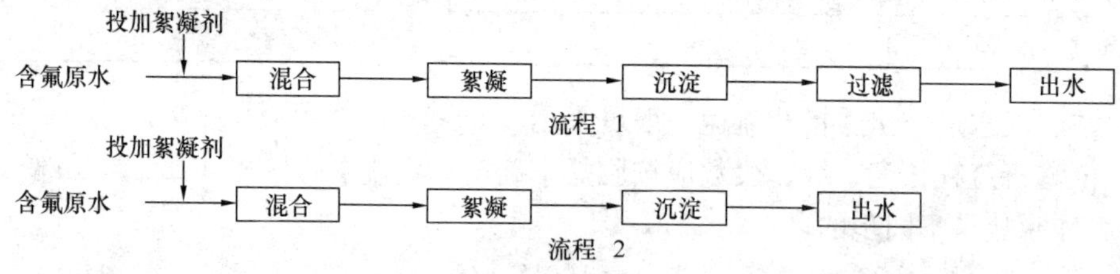


图 15-24 絮凝沉淀除氟工艺流程

(1) 絮凝剂与净水药剂相同，一般可采用铝盐，效果较好，如氯化铝、硫酸铝和碱式氯化铝等。

1) 絮凝剂投加量与原水含氟量、温度、pH 有关，应通过试验确定，一般投加量（以 $Al^{3+}$ 计）应为原水含氟量的 10～15 倍（质量比）。

2) 温度对除氟效果有影响。在投药量相同的情况下，水温越高需要沉淀时间越长，一般适宜温度范围在 7～32℃。

3) 投加絮凝剂将引起 pH 的变化，而 pH 将影响沉淀效果。投加药剂后水中 pH 处于 6.5～7.5 之间时，可获得较佳的沉淀效果，对于硫酸铝的最佳 pH 范围为 5.8～6.5；氯化铝为 6.2～7.0；碱式氯化铝为 6.4～7.2。烧杯试验表明，达到相同去除率时，碱式氯化铝的投加量最小，pH 变化也最小，沉淀时间最短约 1h，而其他两种药剂的沉淀时间约需 2h。

(2) 混合可采用泵前加药混合或采用管道混合器等方式。

(3) 絮凝可采用底部切线进水的旋流絮凝方式或采用机械絮凝方式。

(4) 沉淀采用静止沉淀方式，沉淀时间 4～8h，排泥间隔时间小于 72h，沉渣放置时间过长会使水质下降。

(5) 过滤可采用常规普通快滤池。

# 16 排 泥 水 处 理

## 16.1 净水厂排泥水来源和特性

### 16.1.1 排泥水来源

净水厂在水质净化过程中必定会产生一定量的排放废水。图 16-1 为不同净水工艺在各净水阶段所产生排放废水的示意图。

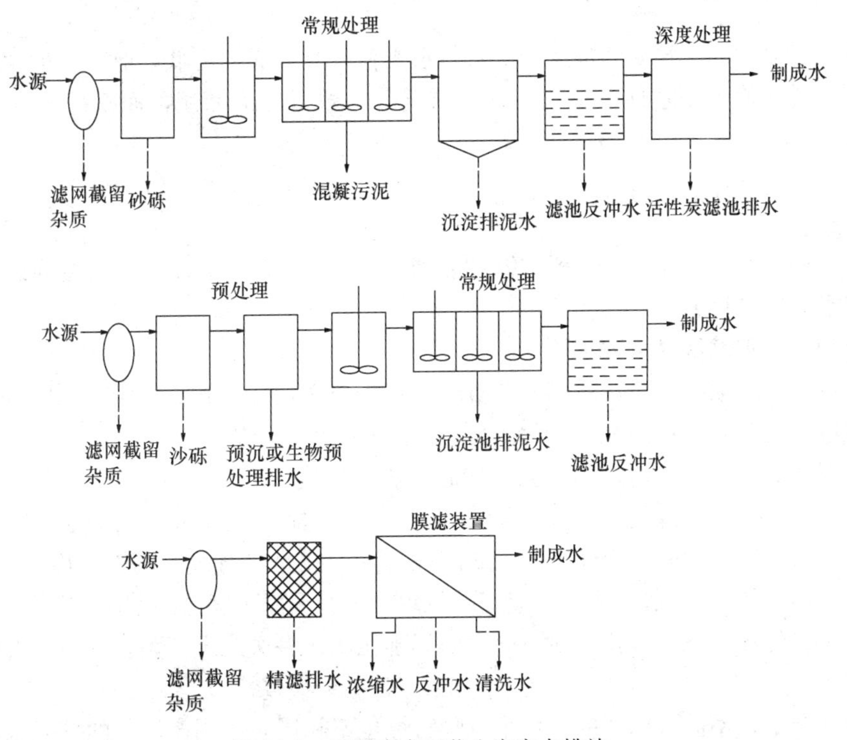


图 16-1 不同净水工艺生产废水排放

净水厂的排泥水大部分产生于常规处理工艺中的沉淀（澄清）和过滤环节，原水中的杂质加入了混凝剂后形成了絮凝颗粒，这些絮凝颗粒在沉淀（澄清）池中沉淀、在滤池中被截留，组成了排泥水的主要成分。此外，预处理、深度处理过程中也会有排泥水产生。

净水厂排泥水量的大小，与水源水质、净水工艺、排泥方法和水厂操作管理水平等因素有关，一般排泥水占水厂生产水量的 3%～7%。

### 16.1.2 排泥水特性

净水厂排泥水中的杂质主要包括原水中的悬浮物、有机杂质、藻类以及处理过程中形成的化学沉析物，各阶段排泥水的特性与净水工艺处理的特点有关。

沉淀排泥水主要由混凝剂形成的金属氧氢化合物和泥沙、淤泥以及无机、有机物等组成。其特点是随原水水质变化而有较大的变化。原水水质的季节变化可能对污泥的量和浓缩、脱水性能产生很大的影响。高浊度原水产生的污泥具有较好的浓缩和脱水性能；低浊度原水产生的污泥，其浓缩和脱水较困难。一般铁盐混凝形成的污泥较铝盐更容易浓缩，投加聚合物或石灰可提高浓缩性能。沉淀污泥的生物活性不强，pH 接近中性。铝盐或铁盐形成的污泥，当含固率为 0～5%时呈流态；含固率为 8%～12%时呈海绵状；含固率为 18%～25%时呈软泥状；含固率为 40%～50%时为密实状。

滤池反冲洗水的特点是含泥浓度低，含固率小。由于进入滤池的浊度相对稳定，因此其废水排放量的变化较小。滤池反冲洗水形成污泥的特性基本上与沉淀污泥类同。

生物预处理（生物接触氧化池或生物滤池）也需定期排放一定量排泥水，其性质与沉淀池排泥水相近，但其中含有大量的生物絮体、藻类和原生动物，一般可与沉淀池排泥水一起处理。

活性炭滤池反冲洗水与滤池反冲洗水特点类似，其含固率更低，但可能包含部分从活性炭颗粒上脱落的生物絮体。根据其水质情况，一般可考虑回用，而不进入排泥水处理系统。

### 16.1.3 排泥水性质试验

为了掌握净水厂排泥水的沉降浓缩性能和污泥脱水性能，要求进行必要的试验，试验宜在不同季节内进行。

#### 16.1.3.1 自然沉降浓缩试验

通常自然沉降浓缩试验在玻璃或有机玻璃圆筒内进行。圆筒直径 100～200mm（为减少直径效应影响最好采用 200mm），有效水深至少要在 1m 以上。

将排泥水装满圆筒摇匀，测定泥水的起始固体浓度 $C_0$，并记录其水位高度。从大量试验资料得知，污泥沉降具有成层沉降特性，在沉降过程中上清液与污泥层之间有一明显的界面。界面沉降开始时，等速下沉，此阶段沉降曲线是一直线；随着界面的继续下沉，沉降速度减慢（压缩下沉）。测定时应记录不同时间的泥面高度并绘成曲线。

排泥水自然沉降浓缩试验可对不同含固率排泥水作多次沉降试验，并综合绘成沉降曲线（见图 16-2）。

一般情况下，不同含固率的排泥水沉降特性也不相同，含固率较低的排泥水在起始阶段污泥界面沉降速度很快，较早到达压密点，且在压密点附近沉降曲线明显转折沉速变缓。含固率越高的排泥水，污泥界面沉降速度越慢，压密点亦不明显。

在进行污泥沉降测定的同时，还应测定不同沉降时间（例如 3h、6h、24h）时沉降底泥（浓缩污泥）的含固率，并列表表示。

一般情况下，底泥的含固率与排泥水起始的含固率有关，在相同沉降时间条件下起始含固率越高的排泥水，其底泥含固率也越高，但其上清液的浓度也较高。

对于含固率很低的排泥水（例如＜0.1%），即使经 24h 沉降，底泥含固率仍小于 1.0%，则需考虑二次浓缩或加药浓缩。

自然沉降浓缩试验基本能够反映出污泥的沉降特性。

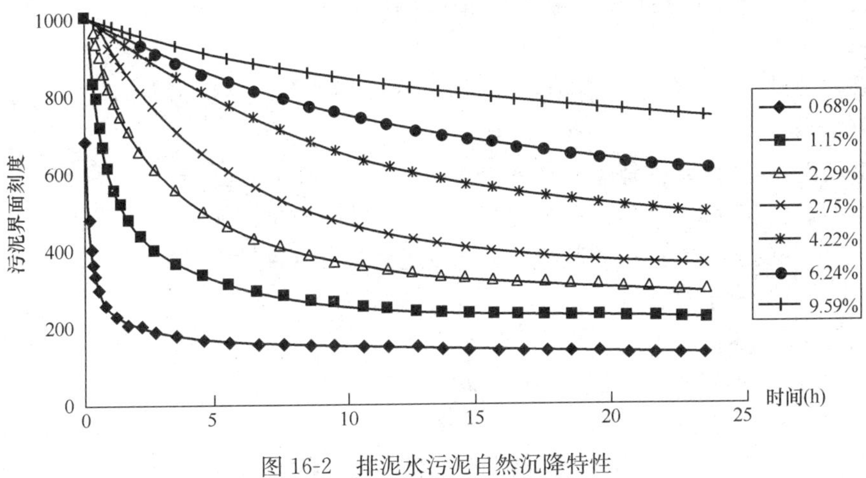


图 16-2 排泥水污泥自然沉降特性

#### 16.1.3.2 投加药剂的沉降浓缩试验

为了提高污泥的浓缩效果，改善排泥水的沉降性能，可以采用投加药剂的方法，因此需测定投加药剂的排泥水沉降性能。排泥水处理中投加的药剂一般采用聚丙烯酰胺（PAM）以及石灰等。投加药剂的沉降试验方法与自然沉降试验相同。在进行沉降试验时，同时应检测沉降底泥的浓度。

图 16-3 所示为投加 PAM 后的排泥水沉降特性。试验时可对不同的投加量进行比较，以确定合适的投加量。

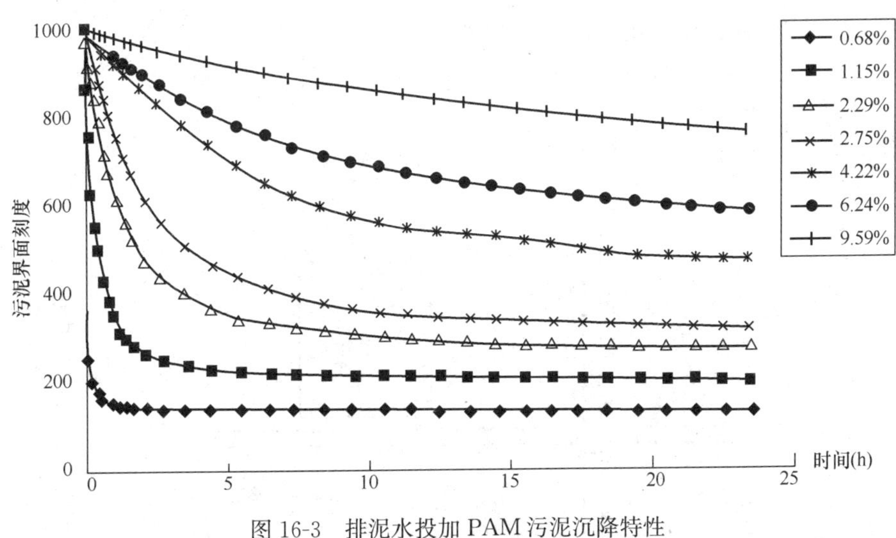


图 16-3 排泥水投加 PAM 污泥沉降特性

根据实测资料表明：

1）排泥水投加 PAM 后能提高污泥沉降速率，反映在前 3h 浓缩效率比自然沉降大，即达到同样含固率的底泥，沉降时间可以缩短。

2）排泥水投加 PAM 后，能增加底泥浓度，但在常规排泥水浓度范围内增加量并不十分明显。

3）排泥水投加石灰乳液虽然改善了污泥脱水性能，同时也增加了污泥量，提高了底泥及分离液 pH（北京自来水集团试验数据 pH 达到 11.5），相应要求管道和设备的材质能耐高碱。

4）缓慢搅动对污泥的浓缩有利，有助于污泥颗粒之间凝聚和污泥颗粒间空隙水逸出，浓缩效果约可提高 20%左右。

**16.1.3.3 污泥脱水性能**

污泥脱水过程实际上就是污泥过滤过程，其过滤介质是污泥颗粒堆积而成的泥饼，依靠过滤介质两侧的压力差进行固液分离。造成压力差可有多种方法：

(1) 负压（如真空过滤）；

(2) 正压（如压滤）；

(3) 依靠污泥本身厚度的自重（如污泥干化床的渗滤）；

(4) 以离心力为推动力（如离心脱水）等。

污泥比阻（$r$）是代表污泥脱水难易的一个重要参数，其含义为在单位过滤面积上，截留 1kg 干泥所需克服的阻力（单位 m/kg）。

$$r = \frac{2PA^2 b}{\eta C} \tag{16-1}$$

式中 $r$——在压力差为 $P$（定压）时的比阻（m/kg）；

$P$——压力差（MPa），一般采用 0.05～0.1MPa；

$A$——过滤面积（$m^2$）；

$\eta$——滤液的动力黏度，（$N \cdot s/m^2$）或（$Pa \cdot s$）；

$C$——浓缩污泥的干固体浓度（$kg/m^3$）；

$b$——（$t/V-V$）试验曲线中直线段的斜率。

试验装置可采用图 16-4，以负压作为动力的过滤装置。

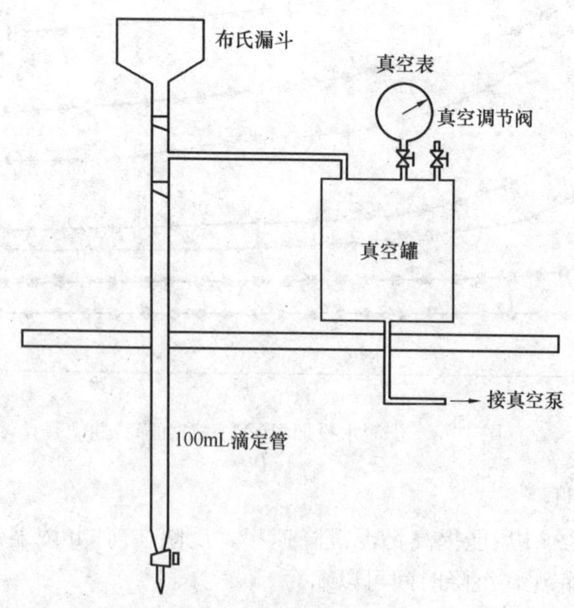


图 16-4 污泥比阻力测定装置试验

在定压下，通过测定一系列 $t-V$ 值（经 $t$ 时间后获得的滤液体积），然而在坐标纸上

作 $t/V-V$ 曲线，见图 16-5，求出曲线起始直线段的斜率 $b$，则可求得 $r$ 值。

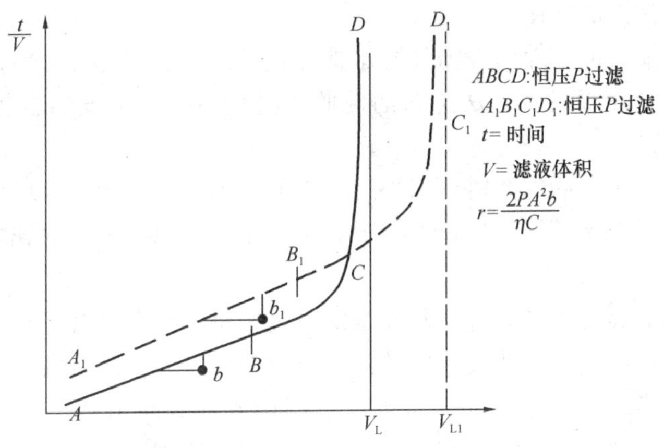


图 16-5 不同压力下 $t/V-V$ 曲线

一般认为比阻低于 $10\times10^{10}$m/kg 的污泥易于脱水，比阻高于 $100\times10^{10}$m/kg 的污泥脱水性能就差。

也可利用比阻试验来进行 PAM 药剂品种的筛选和最佳加药量的确定。

# 16.2 排泥水处理系统组成和工艺选择

## 16.2.1 排泥水处理系统组成

水厂排泥水处理系统一般由调节、浓缩、脱水及泥饼处置四道工序或其中部分工序组成。

(1) 调节：为了保证排泥水处理构筑物均衡运行以及水质的相对稳定，一般需在浓缩前设置排泥水调节设施；当水厂排泥水送往厂外处理时，水厂内也应设调节设施，将排泥水匀质、匀量送出。由于净水厂沉淀池排泥和滤池冲洗废水都是间歇性排放的，水质和水量都不稳定，设置调节池可以获得较为稳定的排泥水含固率，有利于后续设施的正常运行。通常把接纳滤池冲洗废水的调节池称为排水池，接纳沉淀池排泥水的调节池称为排泥池。排水池和排泥池宜采用分建；但当排泥水送往厂外处理，且不考虑废水回用或排泥水处理系统规模较小时，可采用合建。

(2) 浓缩：净水厂排泥水的含固率一般很低，仅在 0.05%～0.5%左右，因此需进行浓缩处理。浓缩的目的是提高污泥浓度，减小排泥水体积，以减少后续处理设备的能力，如缩小脱水机的处理规模等。当采用泥水自然干化时也可缩短污泥干化时间，节约用地面积。当采用机械脱水时，对供给的污泥浓度有一定要求，也需要对排泥水进行浓缩处理。含水率高的排泥水浓缩较为困难，为了提高泥水的浓缩性，可投加絮凝剂、酸或设置二级浓缩。当沉淀池排泥水平均含固率大于 3%时，经调节后可直接进入脱水而不设浓缩工序。

(3) 平衡：当原水浊度及处理水量变化时，净水厂排泥量和含固率也会有相应变化。为保证浓缩池排泥与脱水设备运行间的有序衔接以及保持污泥脱水设备间的正常运行，因此需在浓缩池后设置一定容量的平衡池。设置平衡池还可以满足原水浊度大于设计值时起到缓冲和储存浓缩污泥的作用。

(4) 脱水：浓缩后的浓缩污泥需经脱水处理，以进一步降低含水率，减小容积，便于运输和最后处置。当采用机械方法进行污泥脱水处理时，还可投加石灰或高分子絮凝剂（如聚丙烯酰胺）等。

(5) 泥饼处置：脱水后的泥饼可以外运作为低洼地的填埋土、垃圾场的覆盖土或作为建筑材料的原料或掺加料等。泥饼的成分应满足相应的环境质量标准以及污染物控制标准。

(6) 上清液及分离液处置：排泥水在浓缩过程中将产生上清液，在脱水过程中将产生分离液。一般来说，浓缩池上清液水质较好。当上清液符合排放水域的排放标准时，可直接排放；如不影响净水厂出水水质，也可考虑回用或部分回用。分离液中悬浮物浓度较高，一般不能符合排放标准，故不宜直接排放，可回至浓缩池。

### 16.2.2　工艺流程选择

排泥水处理工艺的选择主要取决于水厂净水工艺和运行方式，以及水源水质和泥饼的最终处置方式。工艺选择的主要内容是确定浓缩方式和脱水方式。选择时应综合考虑建设费用、日常运行费用、维护费用、管理难易、处理效果以及占地大小等多方面的因素。

图 16-6 是目前国内采用机械脱水的排泥水处理系统的常见工艺流程。

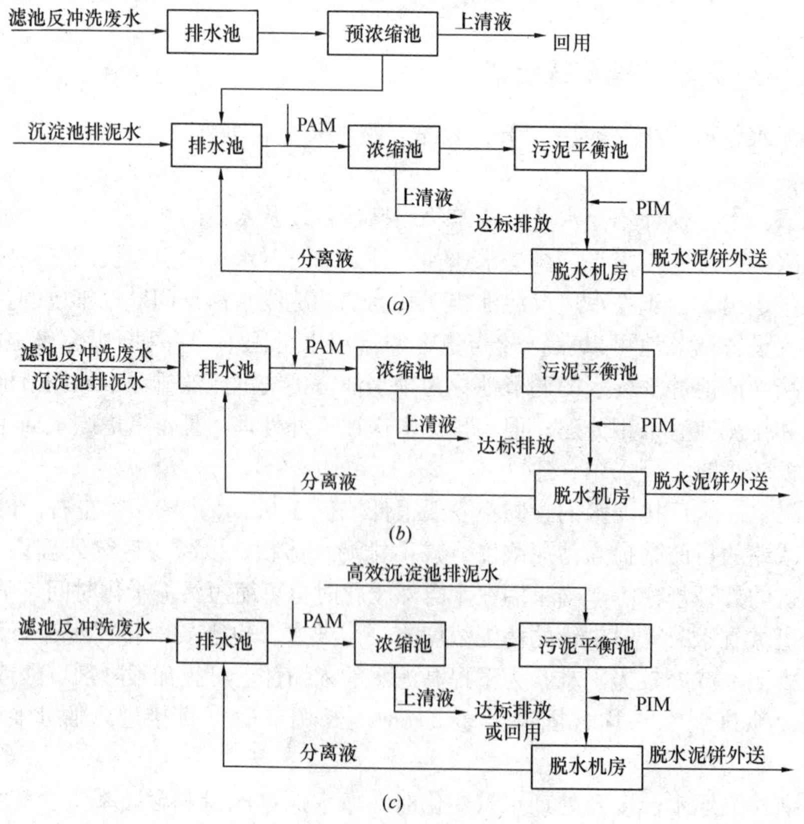


图 16-6　常见排泥水处理系统工艺流程

图 16-6（*a*）为沉淀池排泥水和滤池反冲洗废水分开收集处理的流程。滤池反冲洗废水由排水池收集后，先经预浓缩池浓缩后，再排至排泥池，与沉淀池排泥水一起浓缩、脱水。反冲洗水浓缩上清液水质较好，作回用处理；沉淀池排泥水浓缩上清液达标排放；脱水机分离液则排至排泥池。

图 16-6（*b*）为沉淀池排泥水和滤池反冲洗废水合并收集处理的流程。滤池反冲洗废水与沉淀池排泥水一起由排泥池收集，统一进行浓缩、脱水处理。浓缩上清液达标排放，脱水机分离液回流至排泥池。

图 16-6（*c*）中，水厂净水工艺采用了高效沉淀池，其排泥水含固率达到了 3%以上，可以直接进行污泥机械脱水，因此沉淀池排泥水直接进入污泥平衡池，仅反冲洗废水收集后浓缩处理。此外，如有些水厂采用底部刮泥机或者其他排泥方式，沉淀（澄清）池排泥水含固率达到脱水机进泥含固率的要求，也可以采用该流程。

# 16.3 排泥水处理系统计算

## 16.3.1 干泥量的确定

### 16.3.1.1 干泥量计算公式

在水厂排泥水处理工程中，干泥量是确定工程规模、设备配置和工程造价的重要依据。水厂排泥水中所产生的干泥量受多种因素的影响，如原水浊度、色度、投加的混凝剂品种和加药量等，原水水质的变化、加药量及其品种的变化将产生不同干泥量。

干泥量的计算公式有几种：

（1）我国《室外给水设计规范》GB 50013—2006 中，采用式（16-2）进行计算：

$$S=(K_1C_0+K_2D)Q\times10^{-6} \tag{16-2}$$

式中 $S$——总干泥量（t/d）；

$C_0$——原水浊度设计取值（NTU）；

$K_1$——滤池与 SS 的换算系数；

$D$——药剂投加量（mg/L）；

$K_2$——药剂转化为干泥量系数（采用 $Al_2O_3$ 时为 1.53）

$Q$——设计水量（$m^3$/d）。

该公式与日本水道协会《水道设施计算指针》（2000）中的计算公式基本相同。

（2）英国《供水》手册（2000）采用式（16-3）计算干泥量：

$$\text{TDS}=Q(X+S+H+C+\text{Fe}+\text{Mn}+P+L+Y)\times10^{-6} \tag{16-3}$$

式中 $X$——混凝剂形成的悬浮固体$=f\times$混凝剂加注量（以 Al 或 Fe mg/L 计），对于 Al，$f=2.9$；对于 Fe，$f=1.9$；

$S$——悬浮固体（mg/L），当缺乏悬浮固体数据时，可近似取 2 倍浊度（NTU）值；

$H$——0.2×色度；

$C$——0.2×叶绿素 a（μg/L）；

Fe——1.9×水中含铁量（mg/LFe）；

Mn——1.6×水中含锰量（mg/LMn）；

$P$——粉末活性炭（PAC）投加率（mg/L）；

$L$——石灰加注量（mg/L）；

$Y$——聚合电解质加注量（mg/L）。

(3) 美国 Cornwell 推荐公式（1981）为：

1）用铝盐作混凝剂时计算公式为

$$\mathrm{TDS}=Q\ (0.44\mathrm{Al}+\mathrm{SS}+B)\ \times 10^{-6} \tag{16-4}$$

2）用铁盐作混凝剂时计算公式为

$$\mathrm{TDS}=Q\ (1.9\mathrm{Fe}+\mathrm{SS}+B)\ \times 10^{-6} \tag{16-5}$$

式中　SS——原水中总悬浮固体（mg/L）；

Al——硫酸铝投加率(以 $Al_2(SO_4)_3 \cdot 14H_2O$ 计)(mg/L)；

$B$——水净化处理过程中投加的其他添加剂，如黏土或粉末活性炭等（mg/L）；

其他符号意义同前。

综合上述公式，对于以除浊、除色为主的净水厂，其干泥量可按式（16-6）、式（16-7）计算：

用铝盐时：　$$\mathrm{TDS}=Q\ (TE_1+0.2C+1.53A+B)\ \times 10^{-6} \tag{16-6}$$

用铁盐时：　$$\mathrm{TDS}=Q\ (TE_1+0.2C+1.9F+B)\ \times 10^{-6} \tag{16-7}$$

式（16-6）、式（16-7）中的 $A$、$F$ 分别以 $Al_2O_3$ 和 Fe 计，当采用商品硫酸铝或三氯化铁等时，应换算成 $Al_2O_3$ 和 Fe。

#### 16.3.1.2　浊度、加药量的设计取值

由于不同的水源在不同年份、不同季节浊度、加药量等数据变化很大，而干泥量的变化直接影响到排泥水处理的规模，因此对原水水质和水厂加药量的统计分析，尤其是原水浊度进行资料的统计分析十分重要，是确定合理的处置工艺和工程规模的依据。

按照《室外给水设计规范》GB 50013—2006 中规定，净水厂排泥水处理系统的规模应满足全年 75％～95％日数的完全处理要求确定。因此在设计前期，需要收集该水厂的近 2～3 年（尽可能长）的原水浊度、色度、加药量的数据资料来进行频率统计，然后根据概率统计结果进行取值。在此基础上，可以在设计中考虑利用调节构筑物储存部分泥量、延长脱水机工作时间、强化浓缩处理等措施，应对原水浊度大于设计值时的情况。

#### 16.3.1.3　浊度（NTU）与悬浮固体（SS）的换算

一般净水厂以浊度（NTU）为常规测定项目，而对悬浮物含量（SS）一般不测定。因此在干泥量计算中，需要将浊度值换算为悬浮固体值。根据国内外相关资料，NTU 与 SS 比值的取值范围在 0.7～2.2 之间。

从目前国内一些水厂的资料来看，不同的水源、不同的浊度范围，其 NTU 与 SS 比值相差也较大，因此各水厂可根据自身水源进行测定，以取得实际的换算值。测试的时间应尽可能长，数据尽量多些。

### 16.3.2　排泥水处理系统泥水平衡计算

为了确定排泥水处理系统各单元的设计规模，需要进行系统的水量和泥量的平衡计算。尽管排泥水处理系统中污泥浊度和水量不断变化，但其总量仍应保持不变。

系统平衡计算步骤如下：

(1) 确定设计干固体总量 $DS$：根据水厂设计水量 $Q$（包括自用水）及设计采用的原水悬浮固体 SS、色度、混凝剂投加量等计算水厂干固体总量（见式 (16-2)）。

(2) 确定沉淀池排泥水总量 $Q_1$：可根据每日沉淀池排泥次数和每次排泥历时及排泥时流量进行计算（应包括沉淀和絮凝部分的排泥），也可根据处理水量和沉淀池进出水固体总量及平均排泥水含固率计算。

(3) 确定滤池冲洗排水量 $Q_2$：根据滤池格数、冲洗周期及每次冲洗耗水量计算。

(4) 根据选定的工艺流程，进行泥水平衡计算，其中：

1) 滤池反冲洗水干泥量可根据实测数据确定，也可按沉淀池出水浊度用式 (16-2) 进行计算。

2) 如分离液回流，分离液干泥量不另行计入计算。

3) 上清液如排放，则其干泥量，可按实测数据确定，也可按 SS 排放指标假定；上清液如回用，则其干泥量不另行计入计算。

图 16-7 是某 15 万 $m^3/d$ 水厂泥、水平衡计算示例。

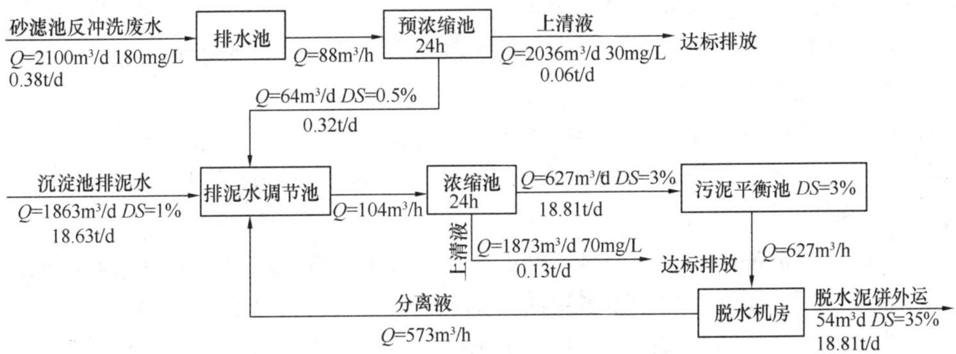


图 16-7 某 15 万 $m^3/d$ 水厂泥水平衡计算

其中已知数据如下：

(1) 水厂设计干泥量 19t/d；

(2) 滤池反冲洗水量 2100$m^3/d$，反冲洗水含固率由已建水厂实测数据确定；沉淀池排泥水量 1863$m^3/d$，含固率 1%由水厂排泥控制确定；

(3) 预浓缩池上清液 SS 为 30mg/L，浓缩池上清液 SS 为 70mg/L，由沉降试验得到；

(4) 泥饼含固率 35%，由最终处置方式要求确定。

# 16.4 排泥水处理设施

## 16.4.1 调节设施

排泥水处理系统中，调节设施主要有排水池、排泥池和污泥平衡池。

### 16.4.1.1 设计要点

(1) 考虑调节池的清扫和维修，调节池的个数或分格数不宜少于 2 个，按同时工作设计，并能单独运行，分别泄空。

（2）排水池、排泥池出流流量应尽可能均匀、连续。

（3）当调节池对入流流量进行匀质、匀量时，池内应设扰流设施；当只进行量的调节时，池内应分别设沉泥和上清液取出设施。

（4）沉淀池排泥水和滤池反冲洗废水宜采用重力流入排水池、排泥池。

**16.4.1.2 排水池**

排水池主要收集滤池反冲洗废水，如浓缩池上清液回用，也可能回流至排水池。排水池的设计要点如下：

（1）排水池收集的主要是滤池的反冲洗废水，因而排水池设计需与滤池冲洗方式相适应。

（2）滤池最大一次反冲洗水量一般是最大一格滤池的反冲洗水量。但是当滤池格数较多时，可能发生多格滤池在同一时序同时冲洗或连续冲洗，最大一次反冲洗水量应按多格滤池冲洗计算。

排水池除调节反冲洗废水外，还存在浓缩池上清液流入排水池的工况。因此，当存在这种工况时，还应考虑对这部分水量的调节。

（3）排水池有效水深一般为2～4m，当排水池不考虑作为预浓缩时，池内宜设水下搅拌机，以防止污泥沉积。

（4）排水池底部应设计有一定的坡度，以便洗清排空。

（5）当考虑排水池兼作预浓缩池时，排水池应设有上清液的引出装置及沉泥的排出装置。

（6）当考虑滤池冲洗废水回用时，排水泵容量的选择应注意对净水构筑物的冲击负荷不宜过大，一般宜控制在不大于净水规模的4%。

（7）当滤池冲洗废水直接排放时，排水泵的容量要考虑一格滤池冲洗的废水量在下一格滤池冲洗前排完。如两格滤池冲洗间隔很短时，也可考虑在反冲洗水流入排水池后即开泵排水，以延长水泵运行时间，减小水泵流量。

**16.4.1.3 排泥池**

排泥池间断地接受沉淀池的排泥或排水池的底泥，同时还包括来自脱水机的分离液和设备冲洗水量。排泥池的设计要点如下：

（1）排泥池的容量不能小于沉淀池最大一次排泥量或不小于全天的排泥总量，同时应包括来自脱水分离液和设备冲洗水量。

（2）排泥池的有效水深一般为2～4m。

（3）排泥池内应设液下搅拌装置，以防止污泥沉积。

（4）排泥池进水管和污泥引出管管径应大于*DN*150，以免管道堵塞。

**16.4.1.4 污泥平衡池**

污泥平衡池为平衡浓缩池连续运行和脱水机间断运行而设置，同时可储存高浊度时的污泥。

平衡池的设计要点如下：

（1）池容积根据脱水机房工作情况和高浊度时增加的污泥储存量而定。

（2）池有效深度一般为2～4m。

(3) 池内应设液下搅拌机，以防止污泥沉积和平衡污泥浓度。

(4) 污泥提升泵容量和所需压力，应根据采用脱水机类型和工况决定。

(5) 污泥平衡池进泥管和出泥管管径应大于 *DN*150，以免管道堵塞。

### 16.4.2 排泥水浓缩

浓缩池是污泥处理系统中的关键性构筑物之一。浓缩效果的优劣直接影响到后续脱水效果。一般衡量浓缩池运行效果的指标为：

(1) 浓缩池上清液含固率能达到排放水域规定的排放标准；

(2) 浓缩池底部浓缩污泥含固率能达到设计要求（视脱水机型不同约为 2%～4%）；

(3) 干泥回收率（浓缩污泥中干泥重量与进入浓缩池上清液中干泥重量的比值）能达到 95%以上。

#### 16.4.2.1 浓缩方式及浓缩池构造

(1) 浓缩方式

1) 重力浓缩法：重力浓缩有沉淀浓缩和气浮浓缩法两种。

沉淀浓缩法是净水厂污泥处理中最常用的方法，耗能少，在高浊度时有一定的缓冲能力。气浮浓缩法一般用于高有机质活性污泥，以及用于密度低的亲水性无机污泥，但能耗大，浓缩后泥渣浓度较低（2～3g/L）。

2) 机械浓缩法：有离心法和螺压式浓缩等方法。

机械浓缩法的优点是设备紧凑、用地省，但能耗大，并需投加一定的高分子聚合物，在国内净水厂中很少采用。

(2) 浓缩池构造：常用的池型有圆形辐流式浓缩池、上向流斜板或斜管浓缩池、泥渣接触型高效浓缩池等。

1) 辐流式浓缩池：辐流式浓缩池构造见图 16-8。

排泥水从浓缩池中央进入，经导流筒沿径向以逐渐变慢的速度流向周边，完成固液分离的过程。在池底部设置刮泥机和集泥装置，分离后的上清液通过周边溢流堰引出。在刮泥机上装置若干竖向“栅条”，随刮泥机旋臂一起旋转，以破坏污泥间架桥现象，帮助排出夹在污泥中的间隙水和气体，促进浓缩。

这种池型的平面尺寸一般取决于表面负荷（m/h）和污泥固通量[$kgDs/(m^2 \cdot d)$]。池深度则由两部分组成，一部分相当于澄清区，是絮凝体沉降过程的区域，在这区内水的上向流速度应低于悬浮固体的沉降速度，这部分高度一般为 1～2m；另一部分为压密区，高度一般在 3.5m 以上，以便获得有效的污泥压密效果。

2) 斜板或斜管浓缩池：图 16-9 为某水厂采用的 Lamella（兰美拉）斜板浓缩池构造示意。

Lamella 斜板浓缩池分两个工作区，上部为斜板浓缩区，下部为污泥压密区。在斜板区内安装许多插入式不锈钢斜板，板长 2.5m，宽 1m，板间距 80mm，板倾角为 53°，池总深为 5.4m。污泥压密区内设搅动栅以提高污泥的压密效果。此种池型压密区基本不受浓缩池进泥影响，污泥层处于相对静止的压密环境，斜板区表面负荷为 5.48m/h。

图 16-10 为另一上向流斜板浓缩池构造示意。池型为矩形，斜板斜长 1m，板间距 80mm，板倾角 60°，池总深 6.5m。

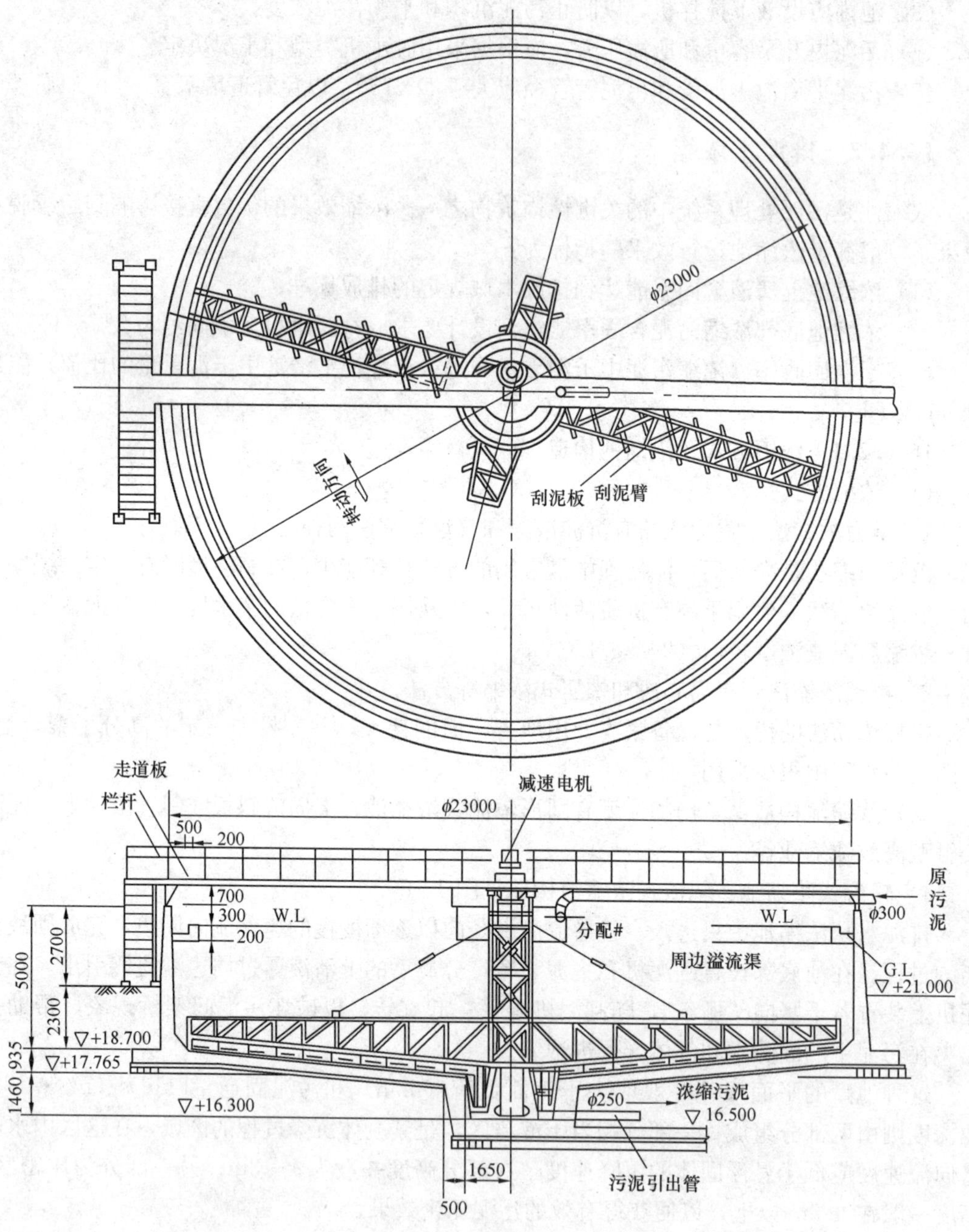


图 16-8　辐流式浓缩池

3）泥渣型高效浓缩池：图 16-11 为法国德利满公司 Densadeg 浓缩池构造示意。该池的主要特点是将沉泥回流与来水接触，增加絮凝效果，并增稠底泥浓度。这种池型也应用于水处理过程中的混凝沉淀。当采用 Densadeg 作为沉淀池时，其排泥浓度可达 3%～12%，沉淀池排泥可直接进行机械脱水，不需另设浓缩池。

该池也可用作净水厂排泥水处理系统中滤池冲洗废水和沉淀池排泥水的浓缩。斜管区的水力负荷可达 $20m^3/(m^2 \cdot h)$。

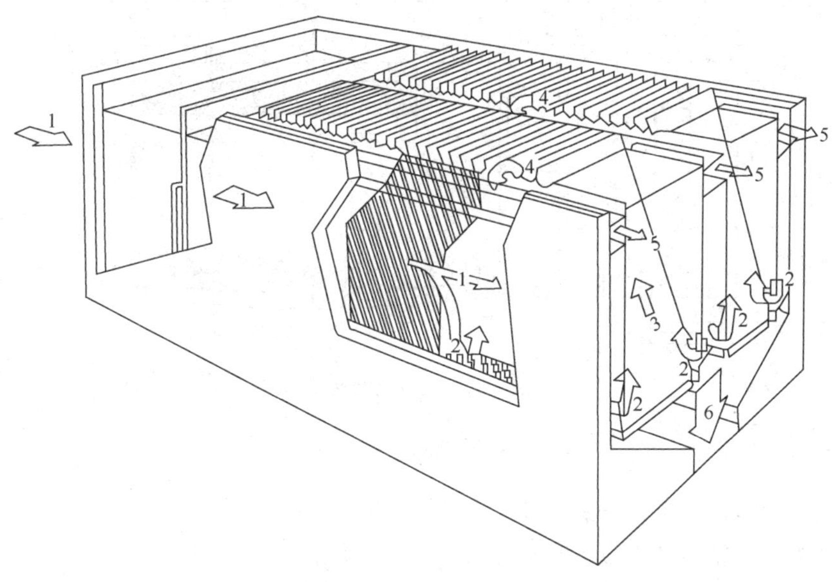


图 16-9 兰美拉斜板浓缩池

1—排泥水进水；2—排泥水进水布水；3—斜板浓缩；
4—浓缩池上清液；5—上清液收集槽；6—浓缩污泥

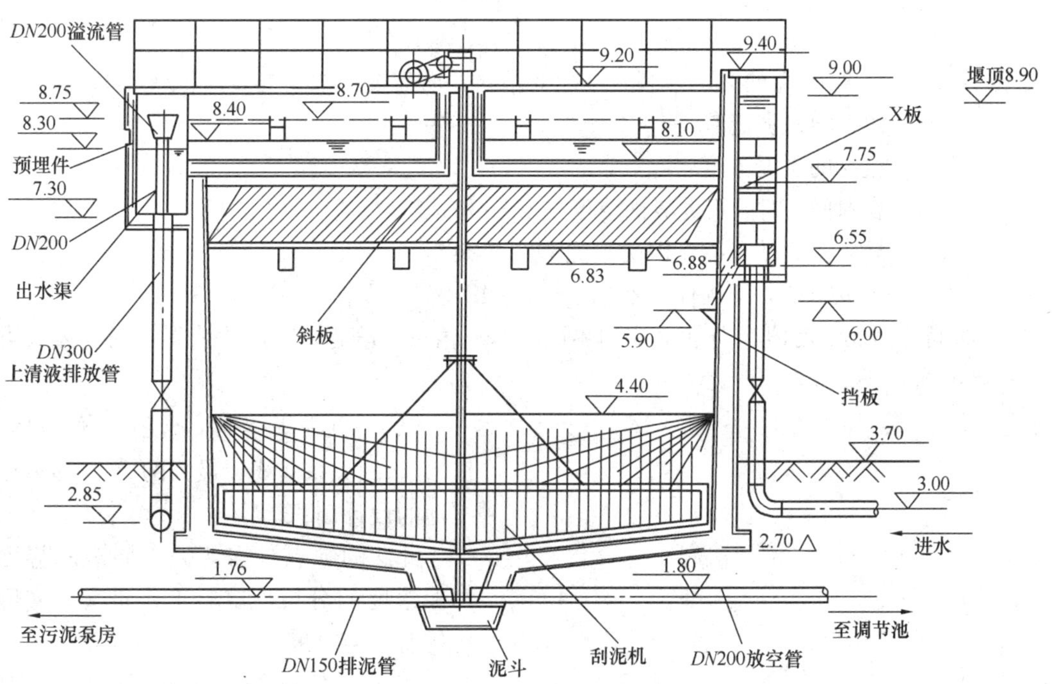


图 16-10 上向流斜板浓缩池

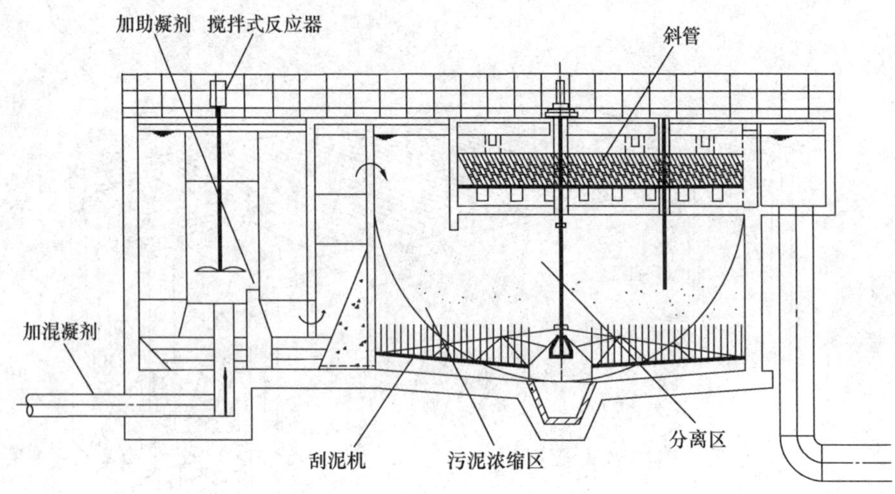


图 16-11　Densadeg 浓缩池

#### 16.4.2.2　浓缩池设计计算方法

浓缩计算方法常用的有以下几种：

（1）柯依—克里文法（Coe-Clevenger）：基于在连续运行浓缩池达到稳定时，池中任何一个 $C_i$ 层的位置与静态试验相似，保持相对稳定。根据进入浓缩池干泥量与出流干泥量应平衡的关系推导出：

$$A_i = \frac{Q_0 C_0}{G_i} = \frac{Q_0 C_0}{v_i}\left(\frac{i}{c_i} - \frac{1}{C_u}\right) \tag{16-8}$$

式中　$A_i$——浓度为 $C_i$ 的泥水，满足浓缩要求时，所需要的浓缩池表面积（$m^2$）；

$Q_0$——浓缩池进泥流量（$m^3/h$）；

$C_0$——进泥的干泥浓度（$kg/m^3$）；

$C_i$——在时间 $t_i$ 时的污泥界面浓度（$kg/m^3$）；

$C_u$——要求达到的浓缩污泥法干泥浓度（$kg/m^3$）；

$G_i$——干泥负荷，即固体通量[$kg/(m^2 \cdot h)$]。

$t_i$ 时间的污泥浓度值 $C_i$ 与相对应的界面沉速 $v_i$ 值可由静态沉降试验获得，根据公式可计算出不同 $t_i$ 时的 $A_i$ 值。

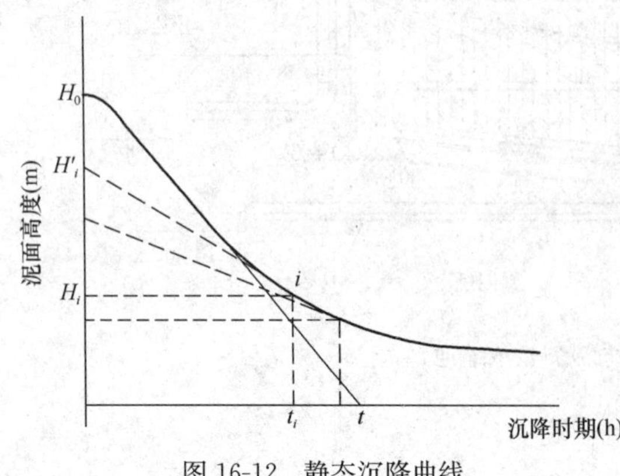


图 16-12　静态沉降曲线

以 $A_i$ 值为纵坐标，$v_i$ 值为横坐标，作 $A_i$-$v_i$ 的关系曲线，最大的 $A_i$ 值即为浓缩池的设计面积。

此法的缺点是需要做不同沉降界面污泥浓度的分析，试验工作量大，实际应用有一定难度。

（2）肯奇法（kynch）：肯奇通过静止沉降曲线（图 16-12），分析得出 $C_i$ 与 $v_i$ 的关系式：

$t_i$ 时的界面沉速：

$$v_i = \frac{H'_i - H_i}{\Delta t_i} \quad (\text{m/h}) \tag{16-9}$$

$t_i$时的界面污泥浓度：

$$C_i = \frac{C_0 H_0}{H'_i} C \quad (\text{kg/m}^3) \tag{16-10}$$

式中 $H'_i$——$i$点切线在纵坐标上的截距（m）；

$v_i$——浓度为$C_i$时的污泥沉降速度（m/h）。

运用肯奇$C_i$的计算公式和柯依—克里文法，即可求得重力式连续流浓缩池的面积。但以上两种方法在推导计算公式时，均忽略了污泥颗粒因自重而引起的压缩性。

（3）固体通量法

固体通量即浓缩池在单位时间内每单位面积所通过的干固体质量，单位为 kg/(m$^2$·d)或 kg/(m$^2$·h)。

迪克（Dick）认为运行正常的连续流重力式浓缩池，池中固体量一直处于平衡状态，单位时间内进入浓缩池的固体量应等于排出池外的固体量（随上清液带走的固体量因很小忽略不计）。在浓缩池任一断面通过的固体量由两部分组成，一是浓缩池连续排泥所形成的向下流固通量，二是由污泥自重压密所形成的固体通量。

向下流固体通量

$$G_e = UC_i = \frac{Q_e}{A} C_i \tag{16-11}$$

自重压密固通量

$$G_i = U_i C_i \tag{16-12}$$

任一断面的总固通量

$$G = G_e + G_i = UC_i + U_i C_i \tag{16-13}$$

式中 $U$——向下流流速（m/h），

$$U = \frac{Q_e}{A} \tag{16-14}$$

式中 $Q_e$——底部排泥流量（m$^3$/h）；

$A$——浓缩池面积（m$^2$）。

自重压密固体通量可通过静态沉降试验数据求得，即采用一组同一性质，不同浓度的污泥作沉降试验，得出沉降时间与污泥界面高度的关系曲线，然后求得每条曲线等速直线段的沉降速度（把直线延长，使与横坐标相交，截距为$t$，等速段污泥界面沉降速度$U_i = H_0/t_i$），即可得一组$G_i$值（$G_i = V_i C_i$）。点绘$G_i$与$C_i$曲线，见图16-13中Ⅱ线。

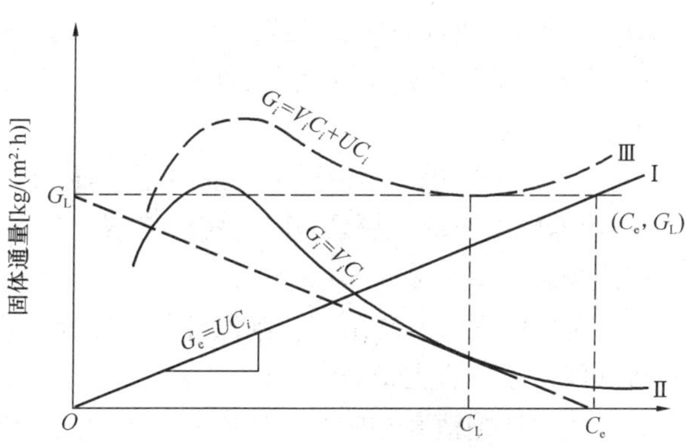

图16-13 静态沉降曲线

由式（16-11）可知，当$U$为定

值时，向下流固体通量$G_e$与$C_i$成直线关系，$U$为其斜率，见图16-13中Ⅰ线。

曲线Ⅲ为Ⅰ、Ⅱ两条线的叠加，表示浓缩池每单位面积通过的干固体量与进泥固体浓度的关系曲线。通过Ⅲ线的最低点画一条平行于横坐标的切线，切线在纵坐标上的截距$G_L$即为极限固体通量，切线与Ⅰ线交点坐标为（$G_L$，$C_e$），$C_e$即为浓缩池排出的浓缩污泥浓度（此时排泥量为$Q_e$，向下流速$U=Q_e/A$）。

根据所得$G_L$值，即可确定浓缩池面积：

$$A=\frac{Q_0C_0}{G_L}\quad(\mathrm{m}^2) \tag{16-15}$$

从图16-13中也可看出，$G_L$值只需借助Ⅱ线用作图法求得，步骤如下：

① 在横坐标上找到要求的排泥浓度$C_e$。

② 通过$C_e$作Ⅱ线的切线，其在纵坐标上的截距即为极限固体通量$G_L$，切点的横坐标$C_L$为进入浓缩池排泥水的极限固体浓度。

以上所有计算方法都是按理想状态得出的大致数值，实际影响因素很多（如面积大小、池深、温度），有条件时最好进行小型试验（面积3m²以上，池深大于3.5m），以求得较为确切的固体通量。

#### 16.4.2.3 浓缩池设计要点

浓缩池的设计要点如下：

1）排泥水浓缩宜采用重力浓缩，当采用气浮浓缩和离心浓缩时，应通过技术经济比较确定。浓缩后污泥的含固率应满足选用脱水机械的进机浓度要求，且不低于2％。

2）重力浓缩池宜采用圆形或方形辐流式浓缩池，当占地面积受限制时，通过技术经济比较，可采用斜板（管）浓缩池。

3）重力浓缩池面积可按固体通量计算，并按液面负荷校核。固体通量、液面负荷宜通过沉降浓缩试验或按相似排泥水浓缩数据确定。当无试验数据和资料时，辐流式浓缩池固体通量可取0.5～1.0kg干固体/(m²·h)，液面负荷不大于1.0m³/(m²·h)。

4）重力浓缩池为间歇进水和间歇出泥时，可采用浮动槽收集上清液提高浓缩效果。

5）浓缩池处理的泥量除沉淀池排泥量外还需考虑清洗沉淀池、排水池、排泥池所排出的水量以及脱水机的分离液量等。

6）浓缩池池数宜采用2个或2个以上。

7）重力浓缩池池边水深宜为3.5～4.5m，当考虑泥水在浓缩池作临时储存时，池边水深可适当增大。

8）进流部分应尽量不使进水扰乱污泥界面和浓缩区域。

9）浓缩池上清液一般采用固定式溢流堰，为了不使沉降污泥随上清液带出，溢流堰负荷率应控制在150m³/(m·d)以下。

10）为使污泥进一步浓缩，刮泥机上宜设置浓缩栅条提高浓缩效果。为避免污泥再上浮，外缘线速度不宜大于2m/min。

11）重力浓缩池底部应有一定坡度以便刮泥和将泥集中刮到池中央集泥斗，池底坡度为8％～10％。

12）污泥引出管管径不应小于$DN$200。

#### 16.4.2.4 浓缩池主要设计参数

表 16-1 所列为国内部分净水厂排泥水处理中浓缩池的主要设计参数，同时列出了法国德利满公司及日本水道协会的推荐值。由于各地排泥水性质（决定于原水水质、混凝剂品种）、排泥浓度（决定于排泥方式）各不相同，表 16-1 中的设计参数仅供参考。

浓缩池主要设计参数 表 16-1

| 项　目 | 北　京<br>水源九厂 | 上　海<br>闵行水厂 | 石家庄<br>润石水厂 | 深　圳<br>梅林水厂 | 上　海<br>月浦水厂 | 法　国<br>《水处理手册》<br>（1991 年版） | 日本《水道设施设计指南》<br>（2000 年版） |
|---|---|---|---|---|---|---|---|
| 表面负荷<br>[$m^3/(m^2 \cdot h)$] | | | 2 | 0.4 | 1.8 | | |
| 固通量<br>[$kgDS/(m^2 \cdot d)$] | 24 | 35(按斜板面积计) | | 4 | 70～80 | 15～25 | 10～20 |
| 浓缩池停留时间(h) | | | 2 | 12 | 5 | | 24～28h |
| 保护高度(m) | | | | 1 | | 1～2 | >0.3 |
| 有效水深(m) | 4.5 | 池深 5.4<br>斜板区高 2 | 池深 4.8 | 有效深度 5<br>总深度 6 | 有效深度 5.0 | >3.5 | 3.5～4.0 |
| 池底坡度 | | | | 5‰<br>（无刮泥机） | 1∶10 | 底与水平成 50°～70°<br>10°～20° | >1/10 |
| 上清液溢流堰溢流率<br>[$m^2/(m \cdot d)$] | | | | 62.5 | | | 150 |
| 刮泥机周边线速度(m/min) | | 底部设刮泥机 | 底部设刮泥机 | | | | <0.6 |
| 刮泥出口直径(mm) | | | | | Φ1700 | | |
| 池型 | 圆形辐流式浓缩池 | 斜板浓缩池<br>（兰美拉） | 泥渣接触浓缩池 | 正方形重力浓缩池 | 斜板浓缩池 | | |
| 进入排泥水浓度(%DS) | | ≤1 | 0.1 | 0.5 | 0.6 | | |
| 排出浓缩污泥浓度(%DS) | | ≥5 | 2 | 1.5 | ≥2～3 | | |

### 16.4.3 污泥预处理

排泥水经浓缩后其底泥（以下称为污泥）含水率仍很高，需经干化或脱水处理，以进一步缩小体积便于装运和处置。为了改善污泥脱水性能，需在进脱水机前需采用物理或化学方法进行处理，以破坏胶体颗粒稳定性（脱稳）和改变颗粒含水结构，使脱水设备能更好运行。

污泥预处理方法包括物理方法和化学方法，物理预处理方式中有加热法和冻结溶解法等。化学预处理方法中有酸处理、碱处理、投加无机药剂、投加高分子絮凝剂等。常用方法的优缺点和适用范围见表16-2。化学预处理的药剂种类及投加量宜由试验或按相同机型、相似排泥水性质的运行经验确定。

各种污泥预处理方法及特点分析 表16-2

| 预处理方法 | 酸处理 | 碱处理 | 热处理 | 冰冻处理 | 石灰处理 | 高分子絮凝剂 |
|---|---|---|---|---|---|---|
| 使用药品 | 硫酸 | 氢氧化钠 | — | — | 生石灰、消石灰 | 高分子絮凝剂 |
| 污泥脱水性质改善程度 | 较小 | 较小 | 中（污泥中有机物含量较大时） | 大 | 大 | 大 |
| 可使用的脱水机种类 | 离心脱水机 | 离心脱水机 | 真空过滤机、离心脱水机 | 真空过滤机、离心脱水机、压滤机 | 真空过滤机、压滤机、压榨压滤机 | 离心脱水机、造粒脱水机 |
| 脱水时分离（滤出）液性质 | 基本透明，pH很低 | 基本透明，pH很低 | 浑浊 | 透明 | 透明，pH较高 | 透明，内中有残留的高分子絮凝剂 |
| 对分离液的处理方法 | 再生硫酸铝作为混凝剂使用 | 作碱剂使用或调整pH后排入水体 | 放入排水池作浓缩脱水处理 | 作原水再利用或排入水体 | 作碱剂使用或调整pH后排入水体 | 排入浓缩池中 |
| 泥饼的力学性能 | 不良 | 不良 | 一般 | 良好 | 良好 | 良好 |
| 污泥中固体物增减情况 | 减少 | 减少 | 不变 | 不变 | 增加10%～50% | 不变 |
| 泥饼处置上存在的问题 | pH低 | pH高 | — | — | pH高 | 含有高分子絮凝剂 |

#### 16.4.3.1 物理预处理法

(1) 热处理：热预处理一般适用于以有机物为主的污泥（城市污水污泥），加热温度为150～200℃，保持时间为30～60min。由于热处理过程中要消耗大量热能，处理成本高，因此在给水厂污泥处理中很少使用。

(2) 冻结溶化：将污泥冻结适当时间，污泥絮凝体中结合水和空隙水随结冰过程而析出，污泥固体则相互粘合、紧缩，这种集聚作用导致污泥在冰溶化后形成相对稳定的污泥层，污泥的可滤性获得改善，而且排水也较容易。

在北方寒冷地区，有足够面积可利用时，可考虑采用此法预处理。在此法中冻结的温度速度、溶解的温度速率等运行条件，需进行试验，以确定其最佳组合。

#### 16.4.3.2 化学预处理法

常用的化学预处理方法主要是投加无机盐调理和有机高分子絮凝剂进行调理。

(1) 投加无机盐

1) 三价铁盐是最有效的无机调理剂，常被用在有机污泥的调理，且和石灰结合使用，即在加入铁盐溶液后加入石灰乳液（5%～10%石灰乳），投加量按干泥重量比例投加，一般情况下 $FeCl_3$ 为 3%～12%、CaO 为 6%～30%。

2) 对水厂的氢氧化物污泥而言，单独投加石灰就足以改善污泥的可滤性。石灰投加量以 CaO 计，为干泥量的 15%～50%，石灰先需调制成 10%～20%浓度乳液后投加。

用石灰调理污泥方法会带来污泥量的增加、脱水过程中分离液 pH 提高达 12 以及泥饼 pH 增加。同时，石灰储存、搬运、溶解、环境中粉尘、水池、设备、管道耐碱等问题都应给予足够重视。

(2) 投加有机高分子絮凝剂（聚合电解质）：有机高分子絮凝剂是目前水厂污泥调理中最常用药剂，其效果比无机盐好，加注量少，但价格较贵。

应用最广的有机高分子絮凝剂为聚丙烯酰胺，按照其所带电荷，可分为阳离子型、阴离子型和非离子型三大类。就其分子量来说，阳离子型分子量比阴离子型、非离子型小，但阳离子型絮凝剂的电荷密度接近 100%。有资料认为，用于污泥调理的有机高分子絮凝剂，分子量大小较所带电荷类型及其密度更为重要。一般阳离子型用于有机物含量高的污泥调理，对净水厂的无机污泥，阳离子型、阴离子型都能适用，但阳离子型絮凝剂价贵，约比阴离子型贵一倍，所以目前净水厂污泥调理多采用阴离子型。

即使都是阴离子型，但由于分子量、丙烯酰胺含量、水解度等存在的差异，对污泥的调理效果亦不一致，应对处理对象（污泥）进行絮凝剂等实验室筛选试验和最佳投药量研究。从调理效果（上清液清浊、絮凝体沉降速度、固液分离程度）、加注量、价格等各种因素进行综合评价，从中选出适合的最佳品牌。

絮凝剂投加量对净水厂的无机污泥约为 0.3～2kg/t 干泥（最大加注量为 3～4kg/t 干泥）。絮凝剂调制浓度为 0.3%～0.5%，在加注泵后再加水稀释至 0.1%至投加点。

污泥与高分子絮凝剂一经混合，会立即发生絮凝，絮凝体体积增大，但也易破碎，因而加注点位置应予以足够重视，尽量靠近脱水机。

对于离心脱水机，絮凝剂可直接加在离心机进料管内，不需外加混合；对于带式压缩机，在紧靠重力脱水区前，设置一个小型搅拌箱，絮凝剂在此箱内与污泥混合后直接进入重力脱水区；对于板框压滤机，絮凝剂加注点应设在脱水机高压给泥泵之后的进泥管上，并通过管道静态混合器与污泥混合后进入脱水机。

### 16.4.4 污泥脱水

污泥脱水是排泥水处理的最后环节，通常为了脱水后污泥便于运输及泥饼的最终处置，脱水后的污泥含固率应该在 20%以上。

污泥脱水可分为自然干化和机械脱水两大类。由于机械脱水不受自然条件影响，脱水效率高，运行管理方便，自动化程度高，故应用日趋增多。

#### 16.4.4.1 自然干化

利用露天干化场使污泥自然干化，是污泥脱水最经济的方法，但由于自然干化脱水受场地、环境等条件的限制，仅适用于气候干燥，相对地域面积较大且用地方便、环境条件许可及处理规模较小的地区。

自然干化是将污泥排放到砂场上，利用太阳的热能和风的作用使污泥中的水分得到自然蒸发，同时部分水通过砂层排走。

(1) 污泥干化床构造

污泥干化床构造见图 16-14，由排水层、过滤层、泥层三部分组成。

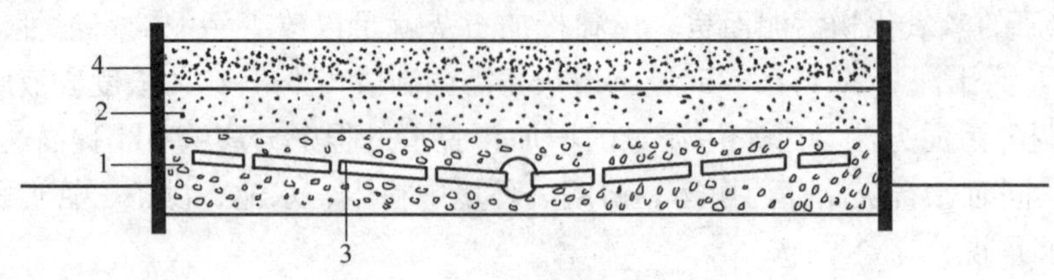


图 16-14　人工清泥干化床

1—砾石；2—砂；3—排泥管；4—污泥

排水层内放置砾石，粒径 15～20mm，埋设在砾石层内的排水管为不打接头的水泥管、陶土管或塑料穿孔管，管上砾石层厚度不小于 0.2m。

砾石层以上为过滤层，采用粗砂，粒径为 0.5～2.0mm，厚 0.1～0.15m。

砂层以上为泥层，覆盖的泥层厚度约 0.3～0.4m。

小型污泥干化床一般采用人工清泥，大型污泥干化床可设置机械清泥设备，采用机械清泥。

(2) 污泥干化床设计

1) 干化场面积计算：

$$A = \frac{ST}{G} \tag{16-16}$$

式中 $A$——干化场面积 ($m^2$)；

$S$——日平均干泥量 (kg 干固体/d)；

$G$——干泥负荷 (kg 干固体/$m^2$)；

$T$——干化周期 (d)。

干化周期 $T$、干泥负荷 $G$ 宜根据小型试验或根据泥渣性质、年平均气温、年平均降雨量、年平均蒸发量等因素，参照相似地区经验确定。

2) 布置要点：

① 污泥干化场与居民点之间距离应符合当地环保部门要求。

② 污泥干化场单床面积一般宜为 500～1000$m^2$，数量应不少于三块，一块进泥，一块干泥，一块清泥。

③ 污泥干化场宽度和长度：当用人工清泥时，场地宽度≤8m，当一点进泥时长度不超过 20m，超过时可考虑多点进泥。当采用机械清泥时，场地宽度可达 20m，长度可达 1km（因刮泥设备可使液体污泥均布于整个床上）。

④ 进泥口的个数及分布应根据单床面积、布泥均匀性综合确定。当干化场面积较大时，宜采用桥式移动进泥口。

⑤ 干化场排泥深度宜采用 0.5～0.8m，超高 0.3m。

⑥ 干化场宜设人工排水层，人工排水层下设不透水层。不透水层坡向排水设施，坡度宜为 1%～2%。

⑦ 干化场应在四周设上清液排出装置。上清液应确保达标排放。

### 16.4.4.2 机械脱水设施及比选

用于水厂的污泥机械脱水设备主要有板框压滤机、带式压滤机和离心脱水机等，几种脱水机的性能综合比较见表16-3。

常用脱水机和性能比较　　表16-3

| 项目＼机型 | 板框压滤机 | 带式压滤机 | 离心脱水机 |
|---|---|---|---|
| 脱水原理 | 加压过滤 | 重力过滤和加压过滤 | 由离心力产生固液分离 |
| 工作状态 | 批式 | 连续式 | 连续式 |
| 脱水设备部分配置 | 进泥泵、板框压滤机、冲洗水泵、空压系统、卸料系统、控制系统 | 进泥泵、带式压滤机、滤带清洗系统（包括泵）、卸料系统、控制系统 | 进泥螺杆泵、离心脱水机、卸料系统、控制系统 |
| 进泥含固率要求 | 1.5%～3% | 3%～5% | 2%～3% |
| 脱水污泥含固浓度 | 30%以上 | 20% | 25%以上 |
| 操作环境 | 开放式 | 开放式 | 封闭式 |
| 冲洗水量 | 大 | 大 | 很小 |
| 调节方法 | 调节加压时间和压力大小 | 调节滤布张力，行进速度，进入压力区的泥层厚度 | 调节转筒与螺旋输送器转速差、调节液环深度 |
| 管理难易 | 较复杂（滤布需定期更换） | 较方便（滤带需定期更换） | 方便（螺旋输送器叶片易磨损） |
| 噪声 | 相对较大但不连续 | 小 | 大（连续噪声） |
| 占地面积及土建要求 | 由于本身体积大，且辅助设备多，占地面积大，土建要求高 | 与板框压滤机相比占地面积稍小 | 设备紧凑，占地面积小 |
| 滤液含固率 | 少（仅0.02%左右） | 高（>0.05%） | 较高（0.05%左右） |
| 泥饼稳定性 | 好 | 较差 | 较好 |
| 能耗（kWh/tDS） | 20～40 | 10～25 | 30～60较高 |
| 絮凝剂用量 | 20%～30%CaO/SS | 聚合电介质3～4kg/tDS | 聚合电介质2～4kg/tDS |

在选择脱水机时，需注意以下要点：

（1）脱水机械的选型应根据浓缩后泥水的性质、脱水泥饼的最终处置要求，经技术经济比较后选用，一般可采用板框压滤机、离心脱水机，对于易于脱水的污泥也可采用带式压滤机。

（2）脱水机的产率及对进泥含固率的要求宜通过试验或按相同机型、相似排泥水性质的运行经验确定，并应考虑低温对脱水机产生的不利影响。

（3）脱水机的性能随供给污泥性状和浓度的不同而有很大变化，因而其他水源的运行参数和供货商提供的参数只能作为参考，宜通过实际采用机种的试验以取得较确切的数据。污泥性状不仅随不同水源而变化，即使为同一水源也存在着季节性变化，决定设备容量时可按90%～95%概率的浊度作为设计依据，但在高浊度和低温低浊（脱水性差）时，也需有相应措施。

(4) 脱水机的台数应根据所处理的干泥量、脱水机的产率及设定的运行时间确定，但不宜少于2台。脱水机一般不设备用，在高浊度时可考虑延长设备运行时间，在处理量小时定期安排检修。

(5) 在排泥水处理设施费用中，脱水机械所占比例很大，在选择机种时，要进行综合比较后选择。

#### 16.4.4.3 板框压滤机

(1) 板框压滤机构造和工作原理

板框压滤机脱水的工作原理是对密闭板框内污泥进行加压、挤压，使滤液通过滤布排出，固态颗粒被截留下来，以达到满意的固、液分离效果。

板框压滤机由滤板、滤布、框架组成，滤板固定在框架上，滤布夹在滤板和框架之间，由于滤板两侧工作面均为中间凹进，当两块滤板闭合时，板与板之间即形成一个容留污泥的腔室——滤框。当排泥水在滤框内受压脱水形成泥饼后，分开滤板，泥饼就与滤布分离落入下部输送带运走。由于泥水在密闭状态下受压脱水，固态颗粒不易漏出，故比较适合给水污泥亲水性强、固液分离困难的特点，即使进泥含水率相对较高，也能达到出泥含水率较低的效果。板框压滤机结构原理见图16-15。

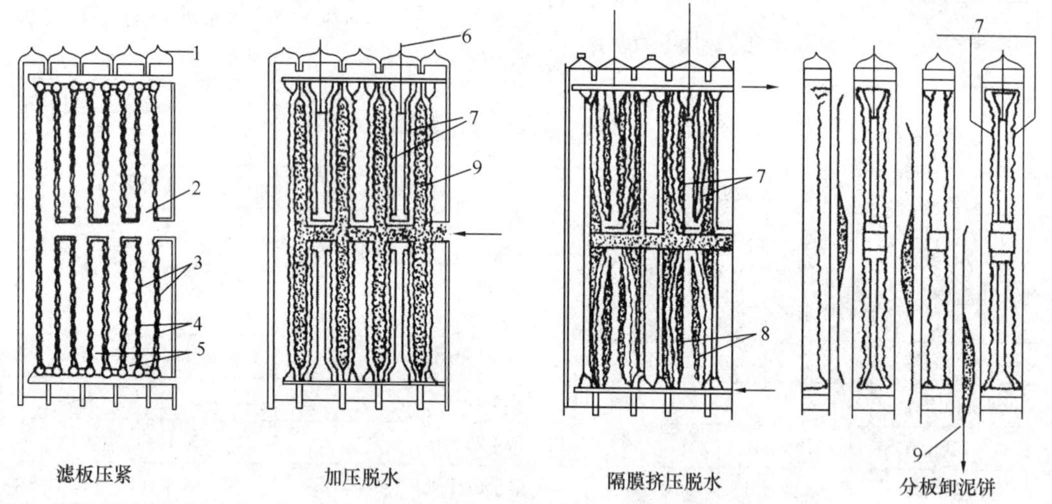


图16-15 板框压滤机结构原理

1—滤布结合处；2—滤框（板框腔）；3—滤液通道；4—滤布；5—滤板；
6—挤压进气管；7—隔膜；8—压缩空气室；9—泥饼

(2) 板框压滤机脱水过程

常用的隔膜挤压板框压滤机的脱水过程如下：

1) 压紧滤板：由压紧机构启动油压系统闭合滤板，使相邻滤板之间形成密闭的滤室。

2) 压滤脱水：投料泵启动，输送泥浆进入脱水机内，滤框空气管路上的排气阀打开排出气体，滤液经滤布排出。滤室充满后，投料泵停，排气阀关闭，通入压缩空气或压力泵进行挤压，使泥饼进一步脱水。

3) 开板卸料：吹气结束，利用拉开装置依次分板卸泥饼，有些板框压滤机配有空气吹洗和滤布抖动设备，协助泥饼的脱落。

4）滤布清洗：压滤机运行多个周期后，需启动高压冲洗水泵对滤板、滤布逐一冲洗，使压滤机的泥水分离能力得到恢复。

目前水厂使用的板框压滤机，由于各自控制参数和脱水要求的差异，一个工作周期可在 2～4h 之间变化，在设计过程中，可按每日运行多个班次进行考虑，板框压滤机及投料泵一般不设备用，停机检修。

（3）板框压滤机脱水系统

板框压滤机脱水系统由板框压滤机和辅助系统组成，见图 16-16。辅助系统主要包括投料、压缩空气、高压冲洗水系统。

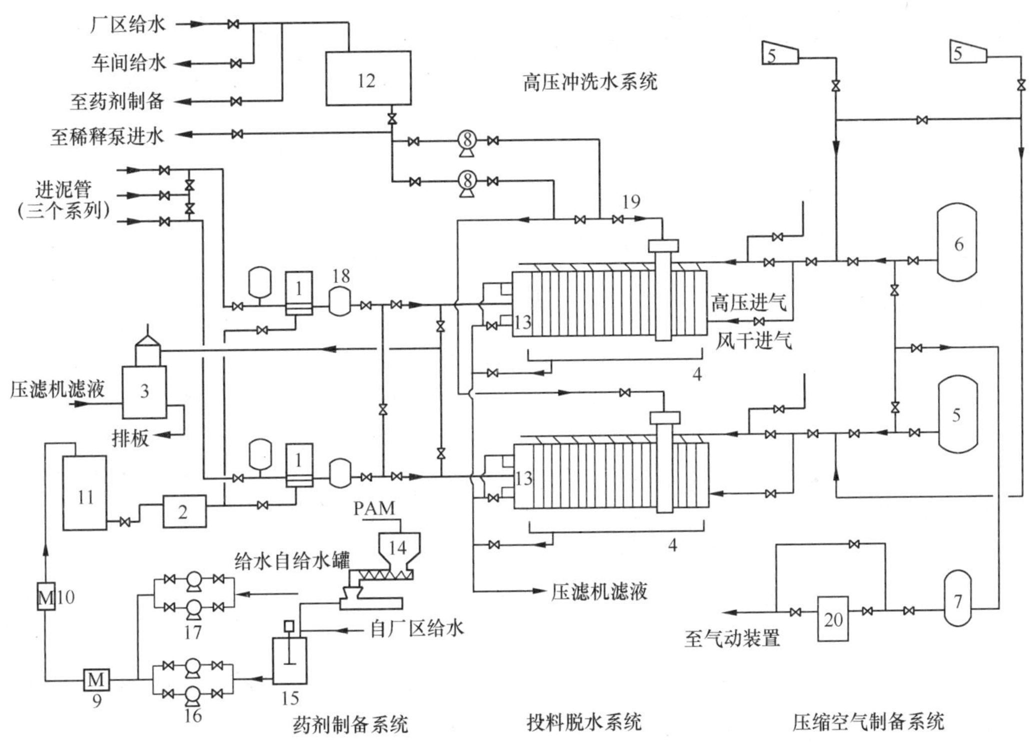


图 16-16 板框脱水机系统

1—投料泵；2—恒液位药箱；3—气水分离器及废液灌；4—滴水盘；5—空气压缩机；6—压滤机气压罐；7—气动装置气压罐；8—高压冲洗水泵；9—静态混合器；10—电磁流量计；11—储药罐；12—水箱；13—板框压滤机；14—干药箱；15—药剂混合桶；16—输药泵；17—稀释泵；18—均流器；19—阀门；20—空气干燥箱

1）投料系统：投料可采用往复式泵、污泥螺杆泵或离心泵。每一台脱水机对应一台投料泵。根据日处理干泥总量、每日工作时间、进泥含水率以及脱水机规格确定泵流量。往复式泵进出口管路上应装有消除流量脉动的均流装置。

2）压缩空气系统：空压机提供的压缩空气一部分供板框压滤机挤压泥饼及用来吹出板框内存留的污泥，另一部分作为仪表、气动阀门气源之用。压缩空气管路上应设置 1～2 台压力罐，用于调节气量。供给压滤机和气动装置的压缩空气因所需工作压力不同，须分别设调压阀调节管路压力。

3）高压冲洗水系统：滤布定期清洗，约每 15～30 个压滤周期冲洗一次。为冲洗滤布，设高压冲洗水泵 2 台，可采用离心泵，1 用 1 备，进水取自储水罐，出水至压滤机滤布喷淋装置。

目前国外产品中较大的装置为板框尺寸 2m×2m，板框总数 150 块，总过滤面积约 $1000m^2$，滤腔深 30mm，总体积为 15000L。

（4）影响板框式压滤机运行的主要因素：

1）调理后污泥性质，比阻抗、可压缩系数及干固体浓度等。

2）过滤压力。

3）泥厚度及要求泥饼的含固率等。

（5）板框压滤机设备选用：板框压滤机设备选用的计算见表 16-4。

**板框压滤机过滤面积计算** **表 16-4**

| 计算内容 | 公　式 | 符 号 说 明 |
|---|---|---|
| 过滤总面积 | $A=\frac{Q_f C_f}{Vt}$ （$m^2$） | $A$——过滤面积（$m^2$）；<br>$Q_f$——给泥量（$m^3/d$）；<br>$C_f$——进入污泥的含固率（$kg/m^3$）；<br>$V$——过滤能力[kgDS/（$m^2$·h）]，根据污泥特性及设备性能试验确定，给水污泥一般可采用 3kg DS/（$m^2$·h）左右；<br>$t$——实际操作时间（h/d） |
| 单台压滤机过滤面积 | $A=L^2\times2\times(n-1)$（$m^2$） | $L$——按正方形计滤板的边长（m）；<br>$n$——滤板数量 |
| 压滤机数量 | $N=A/a$（台） | |

（6）设计要点

1）污泥进入板框压滤机前的含固率不宜小于 2%，脱水后的泥饼含固率一般不应小于 30%。

2）板框压滤机宜解体后吊装，起重量可按板框压滤机解体后部件的最大重量确定。如脱水机不考虑吊装，则宜结合更换滤布需要设置单轨吊车。

3）滤布的选型宜通过试验确定。

4）板框压滤机投料泵宜采用容积式泵，自灌式启动。

### 16.4.4.4 带式压滤机

（1）带式压滤机构造和工作原理

带式压榨过滤是借助于两条环绕在按顺序排列的一系列辊筒上的滤带实现挤压脱水的设备。设备系统主要包括：给料混凝系统、重力排水区、过滤压榨脱水系统、卸料装置、冲洗装置、接水装置、张紧装置、纠偏装置等。待脱水的污泥首先由泵送入混凝反应器中，与化学絮凝剂进行充分絮凝反应，形成絮团后流入重力排水段，在重力作用下脱去大部分自由水；而后污泥进入楔形预压段，污泥受到轻度挤压，逐渐受压脱水；最后污泥进入压榨脱水段，在此段污泥被夹在上下两层滤网中间，经过若干由大到小辊筒的反复压榨和剪切脱水，使污泥形成滤饼状，通过卸料装置将滤饼卸料。卸完滤饼的滤带经过自动清洗装置清洗后，再参加新的工作循环，即完成了污泥脱水工作。带式压滤机结构示意见图16-17。

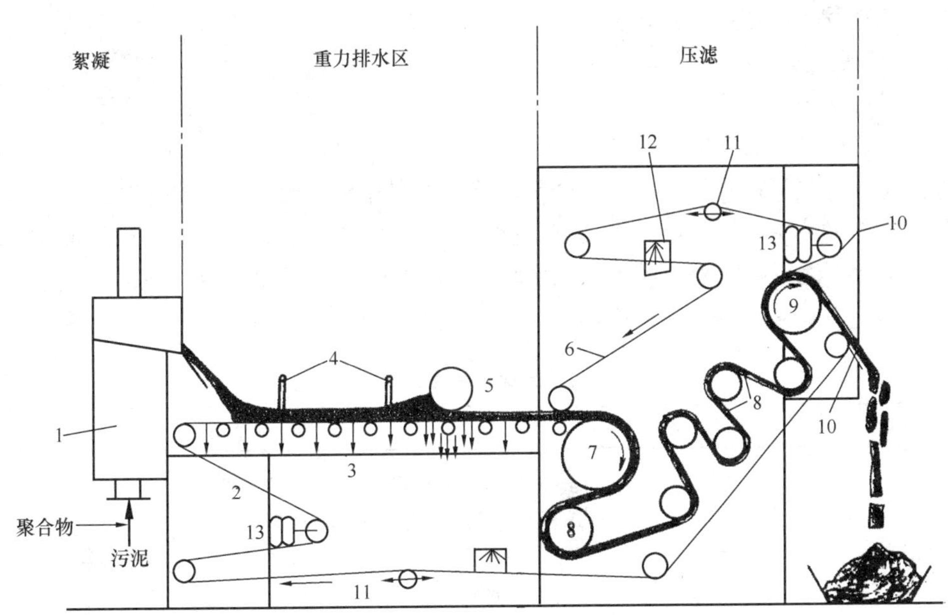


图 16-17 带式压滤机构造示意

1—混合器；2—下层带；3—排水区；4—梳泥栅；5—排水辊；6—上层带；7—有孔的滚筒；8—转向辊；9—传动辊；10—刮板；11—导向辊；12—冲洗段；13—气动千斤顶

（2）脱水过程

带式压滤机的脱水过程一般分为三个区段进行。第一区段为重力脱水区，经混凝后的料浆落到移动的滤带上，污泥或料浆在重力作用下，自由水大部分穿过滤带流走。第二阶段为楔形挤压区，两条滤带迭合前，滤带之间的空间逐渐减小形成一个楔形区段，此时滤带开始对料浆施加挤压剪切作用，随着压力的逐渐增加，料浆中的自由水和部分游离水被挤压脱掉，但是此区段一般较短，只能起到减少料浆流动性的目的。第三区段为挤压压榨区，重叠的滤带夹持着初步脱水滤饼沿设计辊筒路线作连续环绕运动，使迭合滤带的两个面都能受到多次反复挤压与剪切作用，压榨区段是带压机的主要脱水区，滤料通过压榨区段完成最后脱水，形成滤饼。滤饼在重叠滤带分开处卸落，卸料后滤带经清洗进入下一循环。

（3）辅助系统

辅助系统由投料系统、压缩空气系统、压力水冲洗等组成。

1）投料系统：进泥多采用污泥螺杆泵，每台泵对应一台脱水机，不设备用，流量、扬程与脱水机对应。

2）压缩空气系统：空压机提供的压缩空气主要供带式压滤机低压段缠绕辊与高压段挤压辊调整和张紧用，当自控系统采用气动阀门时，也用于气动装置的供气。空气压缩机采用一用一备设置。

3）压力水冲洗：压力水冲洗可采用离心泵，一用一备设置。

（4）设备调节

通过对设备的简单调节，可获得适合各种性质污泥的最佳运行工艺：

1）通过气动千斤顶调节滤布张力。

2）调节滤布进行速度，一般在 1～5m/min 之间。

3）调节污泥调理搅拌器速度。

4）调节进入压力区泥层厚度。

（5）设计参数

带式压滤机设备的选用计算见表 16-5。表 16-5 中，滤布过滤能力 $V$ 受污泥特性影响出入很大，据有关资料介绍：当原水 SS 很低，泥量中混凝剂形成的泥量占 40%～50% SS，且进泥含固率为 2%～3%时，滤布过滤能力约为 100kgDS/(m$^2$·h)；当原水 SS 在 50～100mg/L，泥量中混凝剂形成的泥量约占 20%SS，且进泥含固率≥5%时，滤布过滤能力就可高达 300～450kgDS/(m$^2$·h)。

**带式压滤机带宽计算**　　**表 16-5**

| 计算内容 | 公　式 | 符 号 说 明 |
|---|---|---|
| 所需总带宽 | $B=\frac{Q_f C_f}{V}$ | $Q_f$——进泥量（m$^3$/d）；<br>$C_f$——浓缩污泥的含固率（kg/m$^3$）；<br>$V$——滤布过滤能力[kgDS/(m$^2$·h)]，根据污泥特性及设备性能由试验确定；<br>$B$——所需带宽（m） |
| 设备台数 | $N=B/b$ | $N$——设备台数，一般不少于 2 台；<br>$b$——每台带式压滤机带宽，从 0.75～3.0m 不等 |

### 16.4.4.5　离心脱水机

（1）离心脱水机构造和工作原理

离心脱水机主要由高速旋转的水平轴向圆柱一圆锥形转筒和设置在转筒内部、转速与筒体有差异的螺旋输送器组成。污泥从筒体起端到中心孔加入，在转筒高速旋转下，污泥中相对密度大的固体颗粒在离心力作用下迅速沉降并聚集在筒体内壁。由于螺旋输送器与筒体两者之间存在转速差，聚集在筒体内壁的泥被螺旋输送器推到转筒锥体部分压密并排出筒体外。分离出来的液体在筒内形成环状水环，连续排出筒体外。离心脱水机工作是连续的，连续进泥，连续排出泥饼和分离液。其构造示意见图 16-18、图 16-19。同向流离心机适用于亲水胶体污泥的脱水，逆向流适用于稠密的污泥。

（2）影响离心机脱水效果的因素：

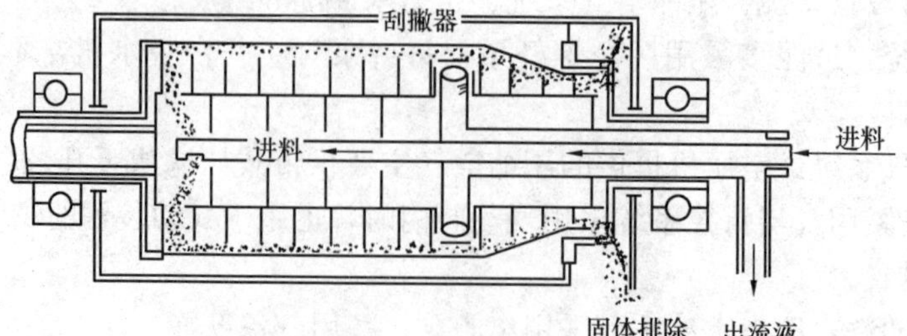


图 16-18　连续单向流离心脱水机（进泥和出泥方向相同）

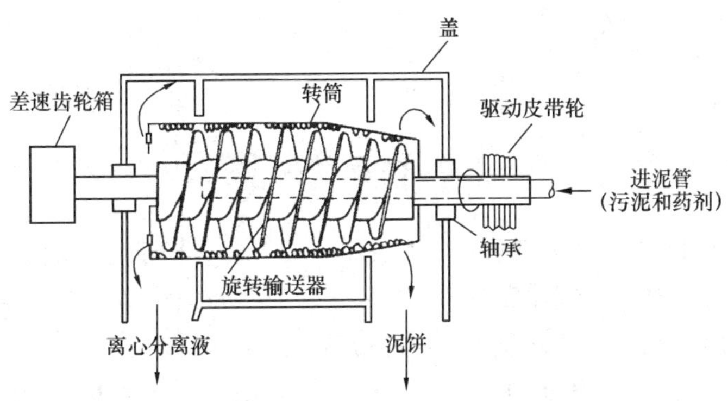


图 16-19 离心逆向流离心脱水机（进泥和出泥方向相反）

1）相对速度（筒体与螺旋输送转差）：相对速度 $v_R$ 一般采用 2～20r/min。相对速度的大小对泥饼含固率、设备的扭矩、污泥回收率等的影响，见图 16-20。

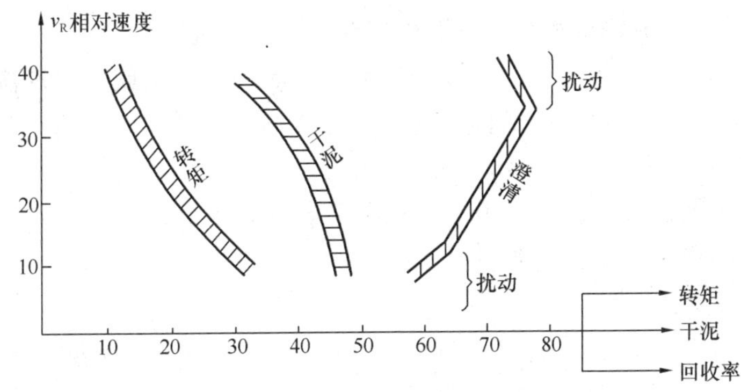


图 16-20 相对速度与运行条件的影响

2）液环深度：筒体内液环深度可通过挡板予以调节。液环深度低时，干燥区面积大，可促进干燥，但当沉淀物太松散时，需调高液环高度。液环深度的影响见图 16-21。

3）运行工艺参数：当污泥性质已经确定时，改变进料投配速率，减少投配量可以使固液分离效果提高；增加絮凝剂加注率，可以加速固液分离速度，并使分离效果好。

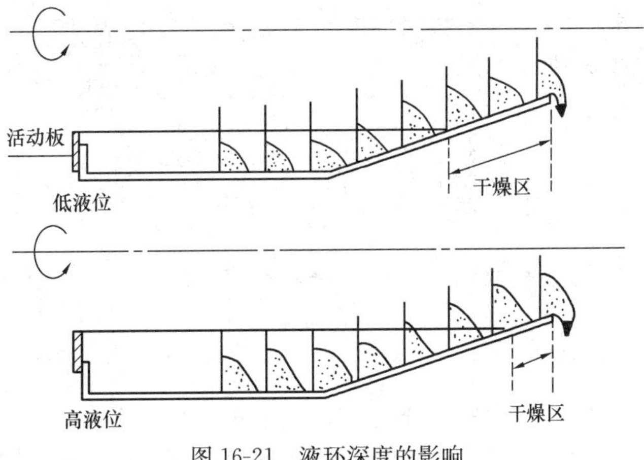


图 16-21 液环深度的影响

总之，要使水厂排泥水处理达到理想的分离效果，可以从可调节机械因素和工艺因素两方面来考虑。

(3) 设计要点

1) 离心脱水机选型应根据浓缩泥水性状、泥量多少、运行方式确定，宜选用卧式离心沉降脱水机。

2) 离心脱水机进机污泥含固率一般不宜小于3%，脱水后泥饼含固率不应小于20%。

3) 离心脱水机的产率、固体回收率与转速、转差率及堰板高度的关系宜通过拟选用机型和拟脱水的排泥水的试验或按相似机型、相近泥水运行数据确定。在缺乏上述试验和数据时，离心机的分离因数可采用1500～3000，转差率2～5r/min，转速宜采用无级可调。

#### 16.4.4.6 脱水机房布置

(1) 脱水机房的布置要点

1) 脱水机房的布置除考虑脱水机械及附属设备外，还应考虑泥饼运输设施和通道。

2) 脱水间内泥饼的运输方式及泥饼堆置场的容积，应根据所处理的泥量多少、泥饼出路及运输条件确定，泥饼堆积容积一般可按3～7d泥饼量确定。

3) 脱水机间和泥饼堆置间地面应设排水系统，能完全排出脱水机冲洗和地面清洗时的地面积水。排水管应能方便清通管内沉积泥沙。

4) 机械脱水间应考虑通风和噪声消除设施。

5) 脱水机间宜设置分离液收集井，经调节后，均匀排出。

6) 脱水机房应尽可能靠近平衡池。

(2) 脱水机房布置示例

1) 上海闵行水厂离心脱水机房：水厂采用离心脱水机3台（远期预留3台），处理污泥量为37t/d，其机房配置见图16-22。

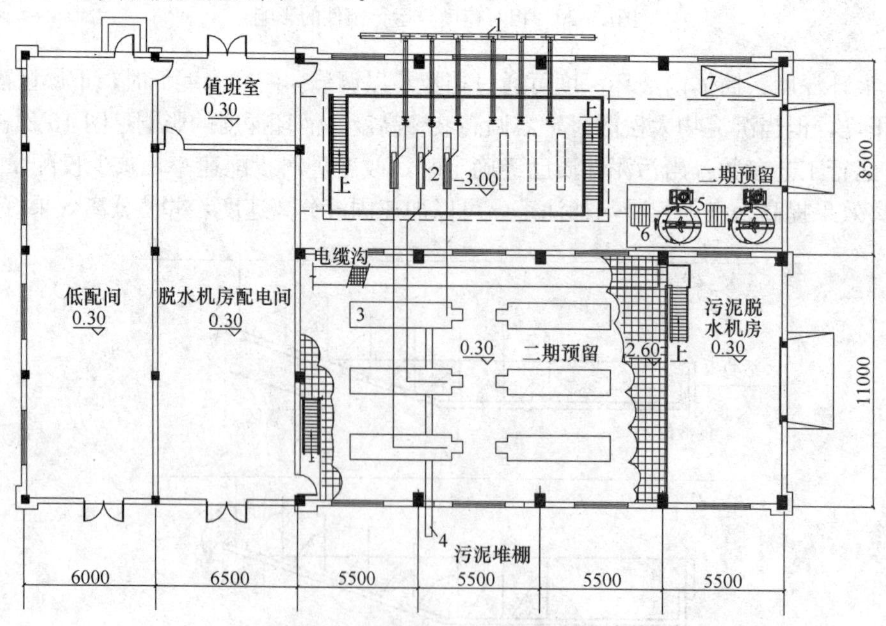


图16-22　闵行水厂离心脱水机房布置

1—进泥管；2—投料泵；3—离心脱水机；4—螺旋输送机；5—PAM制备装置；6—PAM加注泵；7—PAM存放

2）北京第九水厂脱水机房：北京第九水厂采用隔膜挤压全自动板框压滤机 2 台，处理污泥量为 26t/d，其机房配置见图 16-23。

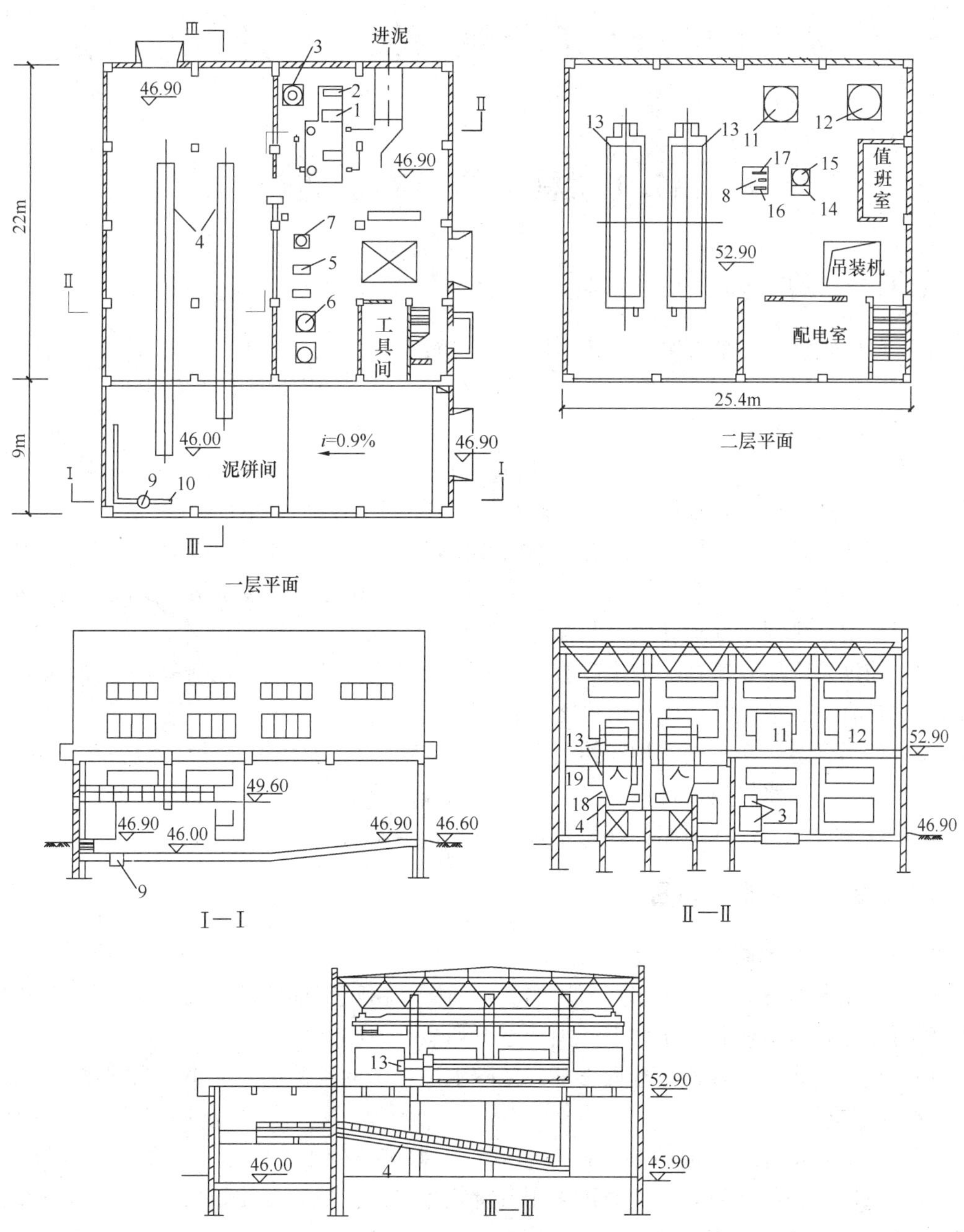


图 16-23 北京第九水厂脱水机房布置

1—投料泵；2—恒液位药箱；3—气水分离器及废液罐；4—皮带输送机；5—空气压缩机；6—压滤机气压罐；7—气动装置气压罐；8—高压冲洗水泵；9—集水坑；10—排水沟；11—储药罐；12—储水罐；13—板框压滤机；14—干药箱；15—药剂混合桶；16—输药泵；17—稀释泵；18—污泥溜槽；19—翻板

# 17 水厂总体设计

## 17.1 总体布置

### 17.1.1 水厂组成

水厂总体布置主要是将水厂内各项构筑物进行合理的组合和布置，以满足工艺流程、操作管理和物料运输等方面的要求。水厂总体布置应以节约用地为原则，根据水厂各建筑物和构筑物的功能和工艺要求，结合厂址地形，气象和地质条件等因素，做到流程经济合理、节约能源、并应便于施工、维护和管理。地下水厂由于厂内无大量生产构筑物，较为简单，本章着重介绍地表水厂布置。地表水厂通常由下列四个基本部分组成。

(1) 生产构筑物：直接与生产有关的构筑物，如预处理设施、絮凝池、沉淀池、澄清池、滤池、臭氧接触池、活性炭吸附池、清水池、冲洗设施、二级泵房、变配电室、加药间、排污泵房、排泥水处理和供电及配电设施等。

(2) 辅助及附属建筑物：为生产服务所需要的建筑物，如生产控制室、化验室、检修车间、材料仓库、危险品仓库、值班宿舍、办公室、食堂、锅炉房、车库及浴室等。

(3) 各类管道：净水构筑物间的生产管道（或渠道）、加药管道（管沟）、水厂自用水管、排污管道、雨水管道、排洪沟（或渠）及电缆沟槽等。

(4) 其他设施：厂区道路、绿化布置、照明、围墙及大门等。

### 17.1.2 工艺流程布置

#### 17.1.2.1 布置原则

水厂的工艺流程布置，是水厂布置的基本内容，由于厂址地形和进出水管方向等的不同，流程布置可以有各种方案，但必须考虑下列主要原则：

(1) 流程力求简短，避免迂回重复，使净水过程中的水头损失最小。构筑物应尽量靠近，便于操作管理。

(2) 尽量适应地形，因地制宜地考虑流程，力求减少土石方量。地形自然坡度较大时，应尽量顺等高线布置，必要时可采用台阶式布置。在地质变化较大的厂址中，构筑物应结合工程地质情况布置。

(3) 注意构筑物朝向：净水构筑物一般无朝向要求，但如滤池的操作廊、二级泵房、加药间、化验室、检修间、办公室则有朝向要求，尤其散发大量热量的二级泵房对朝向和通风的要求更应注意。实践表明，水厂建筑物以接近南北向布置较为理想。

(4) 考虑近远期的协调：当水厂明确分期进行建设时，流程布置应统筹兼顾，既要有近期的完整性，又要有分期的协调性，布置时应避免近期占地过早过大。一般分期实施的水厂，各系列净水构筑物系统应尽量采用平行布置。

#### 17.1.2.2 工艺流程布置类型

水厂流程布置，通常有三种基本类型：直线型、折角型、回转型，见图 17-1。

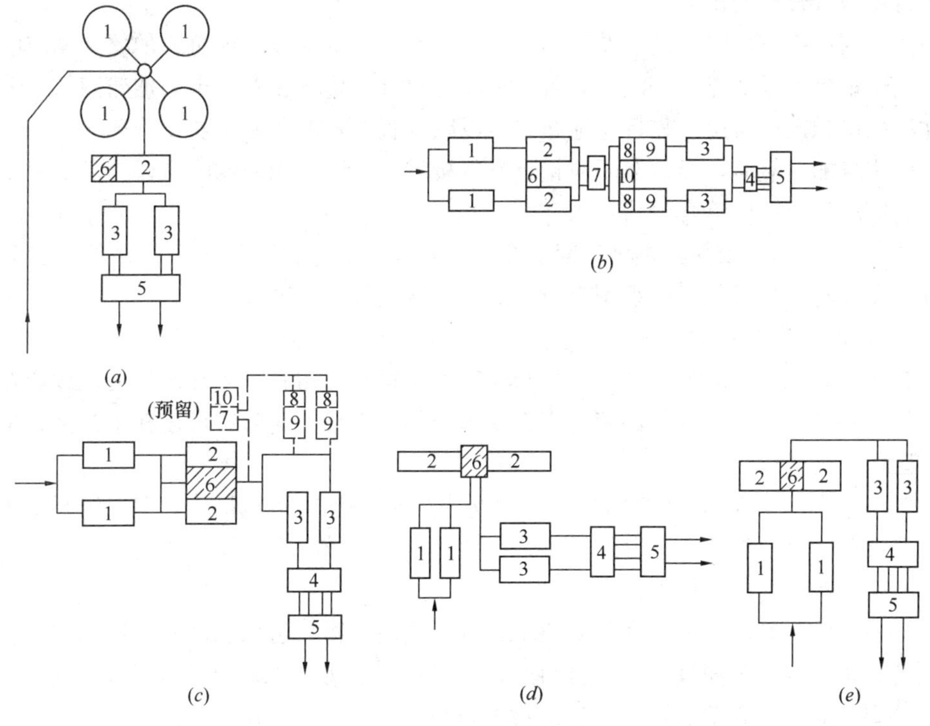


图 17-1 水厂流程布置

(a)、(b) 直线型；(c)、(d) 折角型；(e) 回转型

1—沉淀（澄清）池；2—滤池；3—清水池；4—吸水井；5—二级泵房；6—冲洗泵房；7—提升泵房；8—臭氧接触池；9—活性炭吸附池预浓缩池；10—臭氧发生器间

(1) 直线型：最常见的布置方式，从进水到出水流程呈直线，见图 17-1 (a)、(b)，这种布置，生产联络管线短，管理方便，有利于日后逐组扩建，特别适用于大型水厂的布置。

(2) 折角型：当进出水管受地形条件限制，可将流程布置为折角型。折角型的转折点一般选在清水池或吸水井，见图 17-1 (c)、(d)。由于沉淀（澄清）池和滤池间工作联系较为密切，因此布置时应尽可能靠近，成为一个组合体。采用折角型流程时，应注意日后水厂进一步扩建时的衔接。

(3) 回转型：回转型流程布置，见图 17-1 (e)，适用于进出水管在一个方向的水厂。回转型可以有多种方式，但布置时近远期结合较为困难。

## 17.2 平 面 布 置

当水厂的主要构筑物的流程布置确定以后，即可进行整个水厂的总平面设计，将各项生产和辅助设施进行组合布置，布置时应注意下列要求：

(1) 按照功能，分区集中：将工作上有直接联系的辅助设施尽量靠近，以利管理。一般水厂可分为：

1）生产区：生产区是水厂布置的核心，除按系统流程布置要求外，尚需对有关辅助生产构筑物进行合理安排。

加药间（包括投加混凝剂、助凝剂、粉末活性炭、碱剂以及加氯、加氨和相应的药剂仓库）应尽量靠近投加点，一般可设置在沉淀池附近，形成相对完整的加药间。

冲洗泵房和鼓风机房宜靠近滤池布置，以减少管线长度和便于操作管理。

当采用投加臭氧时，臭氧车间应接近臭氧接触池。当采用外购纯氧作为臭氧发生气源时，纯氧储罐位置还应符合消防要求。

2）附属生产建筑物区：维修车间、仓库等组合为一个区，这一区占用场地较大，堆放配件杂物较乱，最好与生产系统有所分隔，而独立为一个区块。

3）生活区，生产管理建筑物和生活设施（办公楼、值班宿舍、食堂厨房、锅炉房等）宜集中布置，力求位置和朝向合理，并与生产构筑物分开布置。生活区尽可能放置在进门附近，便于外来人员的联系，而使生产系统少受外来干扰。化验室可设在生产区，也可设在生活区的办公楼内。

（2）注意净水构筑物扩建时的衔接：净水构筑物一般可逐组扩建，但二级泵房、加药间，以及某些辅助设施，不宜分组过多，一般宜一次建成。在布置平面时，应慎重考虑远期净水构筑物扩建后的整体性。

（3）考虑物料运输、施工和消防要求：日常交通、物料运输和消防通道是水厂设计的主要内容，也是水厂平面设计的主要组成。一般在主要构筑物附近必须有道路到达，为了满足消防要求和避免施工的影响，建筑物之间必须留有一定间距。

水厂道路可按下列要求设计：

1）水厂宜设置环形道路，大型水厂可设双车道，中、小型水厂可设单车道。

2）主要道路宽度：单车道为 3.5m，双车道为 6m，支道和车间引道不小于 3m，人行步道 1.5～2.0m。

3）车行道路转弯半径 6～10m，其中消防通道转弯半径应不小于 9m。

4）车行道尽头处和材料装卸处应根据需要设置回车道。

（4）因地制宜和节约用地：水厂布置应避免点状分散，以致增加道路，多用土地。

为了节约用地，水厂布置应根据地形，尽量注意构筑物或辅助建筑物采用组合或合并的方式，以便于操作联系，节约造价。

不同规模水厂的占地面积，由于具体条件不一，差别较大。根据《城市给水工程项目建设标准》规定，净（配）水厂、泵站建设用地不应超过如表 17-1 和表 17-2 的规定：

**净（配）水厂建设用地指标（$hm^2$）** **表 17-1**

| 规模 / 面积 / 水厂类型 | Ⅰ类（30 万～50 万 $m^3/d$） | Ⅱ类（10 万～30 万 $m^3/d$） | Ⅲ类（5 万～10 万 $m^3/d$） |
|---|---|---|---|
| 常规处理水厂 | 8.40～11.00 | 3.50～8.40 | 2.05～3.50 |
| 配水厂 | 4.50～5.00 | 2.00～4.50 | 1.50～2.00 |
| 预处理＋常规处理水厂 | 9.30～12.50 | 3.90～9.30 | 2.30～3.90 |

续表

| 面积 规模 水厂类型 | Ⅰ类（30万～50万 $m^3/d$） | Ⅱ类（10万～30万 $m^3/d$） | Ⅲ类（5万～10万 $m^3/d$） |
|---|---|---|---|
| 常规处理＋深度处理水厂 | 9.90～13.00 | 4.20～9.90 | 2.50～4.20 |
| 预处理＋常规处理＋深度处理水厂 | 10.80～14.50 | 4.50～10.80 | 2.70～4.50 |

注：1. 表中的用地面积为水厂围墙内所有设施的用地面积，包括绿化、道路等用地，但未包括高浊度水预沉淀用地；
2. 建设规模大的取上限，规模小的取下限，中间规模应采用内插法确定；
3. 建设用地面积为控制的上限，实际使用中不应大于表中的限值；
4. 预处理采用生物预处理形式控制用地面积，其他工艺形式宜适当降低；
5. 深度处理采用臭氧生物活性炭工艺控制用地面积，其他工艺形式宜适当降低；
6. 表中除配水厂外，净水厂的控制用地面积均包括生产废水及排泥水处理的用地。

**泵站建设用地指标（$m^2$）** **表 17-2**

| 规模 | Ⅰ类（30万～50万 $m^3/d$） | Ⅱ类（10万～30万 $m^3/d$） | Ⅲ类（5万～10万 $m^3/d$） |
|---|---|---|---|
| 面积 | 5500～8000 | 3500～5500 | 2500～3500 |

注：1. 表中面积为泵站围墙以内，包括整个流程中的构筑物和附属建筑物、附属设施等的用地面积；
2. 小于Ⅲ类规模的泵站，用地面积参照Ⅲ类规模的用地面积控制；
3. 泵站有水量调节池时，可按实际增加建设用地。

# 17.3 高 程 布 置

水厂的高程布置应根据确定的净水工艺的水力流程、厂址地形、地质条件、周围环境以及进厂水位标高确定。

由于净水构筑物高程受流程限制，各构筑物之间的高差应按流程计算决定。辅助建筑物以及生活设施可根据具体场地条件作灵活布置，但应保持总体的协调。

水厂的高程布置应充分利用原有地形条件，在满足生产流程的前提下，降低水头损失，节约能耗；减少土方挖填方量，节约工程造价。

## 17.3.1 水力流程计算

为了确定水厂各净水构筑物及泵房、清水池的流程标高，应作整个水厂的流程计算。以常规处理水厂为例，主要计算内容如下：

（1）原水最低水位确定。

（2）一级泵房在最低水位，额定供水量时的吸水管路水头损失。

（3）水泵轴心标高的确定。

（4）出水管路的水头损失。

（5）一级泵房出水管至沉淀池（澄清池）的水头损失。

（6）沉淀池内的水头损失。

（7）沉淀池至滤池间管道的水头损失。

（8）滤池本身的工作水头损失。

（9）滤池至清水池的水头损失。

（10）由清水池最低水位计算至二级泵房的轴心标高。

#### 17.3.1.1 净水构筑物水头损失

水厂净水构筑物的水头损失量见表 17-3。

**净水构筑物水头损失** **表 17-3**

| 构筑物名称 | 水头损失（m） | 构筑物名称 | 水头损失（m） |
|---|---|---|---|
| 进水井格栅 | 0.15～0.3 | 快滤池（普通） | 2.0～2.5 |
| 生物接触氧化池 | 0.2～0.4 | V 型滤池 | 2.0～2.5 |
| 生物滤池 | 0.5～1.0 | 接触滤池 | 2.5～3.0 |
| 水力絮凝池 | 0.4～0.6 | 无阀滤池/虹吸滤池 | 1.5～2.0 |
| 机械絮凝池 | 0.05～0.1 | 翻板滤池 | 2.0～2.5 |
| 沉淀池 | 0.15～0.3 | 臭氧接触池 | 0.7～1.0 |
| 澄清池 | 0.6～0.8 | 活性炭吸附池 | 1.5～2.0 |

注：无阀滤池用作接触过滤时水头损失为 2.0～2.5m。

#### 17.3.1.2 连接管线的水头损失

管线水头损失的计算可参见《给水排水设计手册》第 1 册《常用资料》。由于连接管道局部阻力占较大比例，计算中必须加以重视。

计算常用的公式为

$$h = h_1 + h_2 = \Sigma il + \Sigma \xi \frac{v^2}{2g}(\mathrm{m}) \tag{17-1}$$

式中 $h_1$——沿程水头损失（m）；

$h_2$——局部水头损失（m）；

$i$——单位管长的水头损失，根据管径和流速 $v$ 查《给水排水设计手册》第 1 册《常用资料》；

$l$——连通管段长度（m）；

$\xi$——局部阻力系数，查《给水排水设计手册》第 1 册《常用资料》；

$v$——连通管中流速（m/s）。

连接管道设计流速应通过经济比较决定，当有地形高差可以利用时可采用较大流速。一般情况下采用的连接管道设计流速参见表 17-4。

**连接管中设计流速** **表 17-4**

| 连接管道 | 设计流速（m/s） | 备注 |
|---|---|---|
| 一级泵房至混合池 | 1.0～1.2 | |
| 混合池至絮凝池 | 1.0～1.5 | |
| 絮凝池至沉淀池 | 0.10～0.15 | 防止絮粒破坏 |
| 混合池至澄清池 | 1.0～1.5 | |
| 沉淀池或澄清池至滤池 | 0.6～1.0 | 流速宜取下限以留有余地 |
| 滤池至清水池 | 0.8～1.2 | 流速宜取下限以留有余地 |
| 滤池冲洗水的压力管道 | 2.0～2.5 | 因间隙运用，流速可大些 |
| 排水管道（排除冲洗水） | 1.0～1.2 | |

在水厂流程中，装有计量设备时，应计算其水头损失，当装有文氏管或孔板时，其计

算如下：

（1）通过文氏管的水头损失：

$$h = 0.14H\left[1-\left(\frac{d_2}{d_1}\right)^2\right](\text{m}) \tag{17-2}$$

式中 $d_1$——管道直径（m）；

$d_2$——喉管直径（m）；

$H$——文氏管进口与喉管处的压力差（9.8kPa）。

（2）通过孔板的水头损失：

$$h = H'_e\left[1-\left(\frac{d_2}{d_1}\right)^2\right](9.8\text{kPa}) \tag{17-3}$$

式中 $H'_e$——流量记录仪表以水柱为单位的临界压力差（9.8kPa），

$$H'_e = (\rho'-1)H_e$$

其中 $H_e$——流量记录仪表的临界压力差（133.3Pa）；

$\rho'$——汞密度（13.6t/m$^3$）。

### 17.3.1.3 计算实例

**【例 17-1】**某水厂的流程布置见图 17-2。

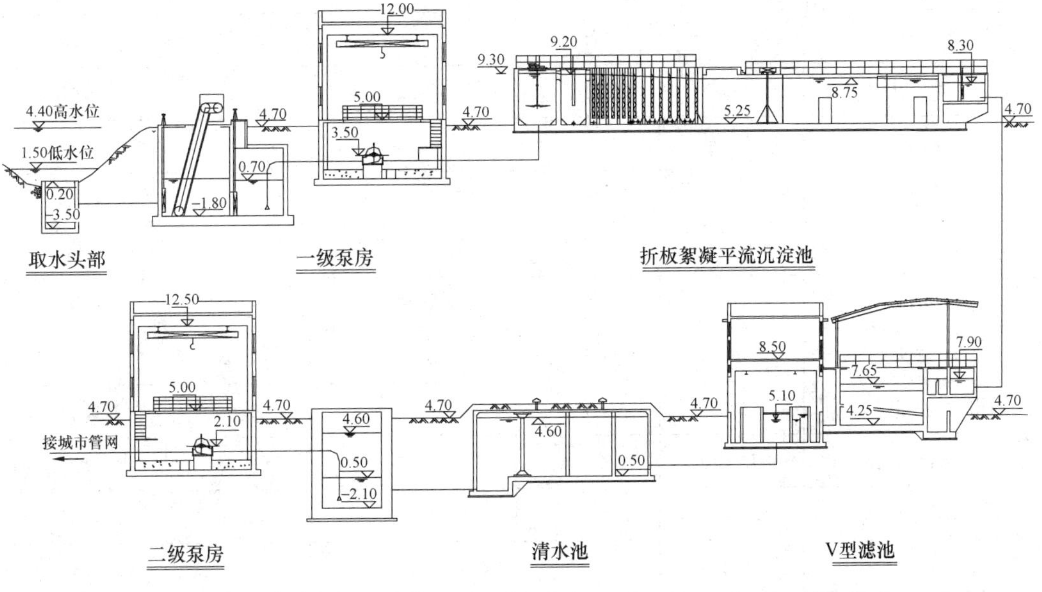


图 17-2 水厂流程布置

已知：设计水量 $Q$=100000×1.05=105000m$^3$/d，其中考虑 5％水厂自用水量。

**【解】**（1）取水泵房标高计算

1）一泵吸水井自流管水头损失 $h_1$ 计算：

共设置 2 根自流管，每根管道设计水量：$q=Q/2$=105000/(2×24)=2187.5m$^3$/h

采用管径：$D$=900mm；管长 $l$=200m。

查《给水排水设计手册》第 1 册《常用资料》水力计算表得 $i$=0.00115

浑水管沿程损失：$H_L=\sum il$=0.00115×200=0.23m

管路局部水头损失见表 17-5，$H_w=0.57$m。

总计水头损失：$h_1=0.23+0.57=0.80$m

根据河流的最低水位 1.50m 计算，则一级泵房吸水井最低水位：1.50－0.80＝0.70m。

2）吸水管路水头损失 $h_2$ 计算：

设计采用 5 台水泵，4 用 1 备，每台水泵吸水管设计水量：

$$q=Q/4=105000/(4\times24)=1094\text{m}^3/\text{h}$$

采用吸水管管径：$D=600$mm；管长 $l=20$m。

查《给水排水设计手册》第 1 册《常用资料》水力计算表得 $i=0.00227$

浑水管长 20m 算得沿程损失：$H_L=\sum il=0.00227\times20=0.05$m

管路局部水头损失见表 17-5，$H_w=0.46$m。

总计水头损失：$h_2=0.05+0.46=0.51$m。

**管路局部水头损失** **表 17-5**

| 名　称 | 管径（mm） | 数量（个） | 局部阻力系数 $\xi$ | 流速（m/s） | 局部阻力（m） |
|---|---|---|---|---|---|
| *DN*1000 自流管 | | | | | |
| 粗格栅 | | 1 | | | 0.20 |
| 自流管进出口 | 900 | 1 | 1.5 | 0.95 | 0.07 |
| 细格栅 | | 1 | | | 0.30 |
| 合计 | | | | | 0.57 |
| *DN*600 吸水管 | | | | | |
| 喇叭口进口 | 600 | 1 | 0.50 | 1.04 | 0.03 |
| 90°弯头 | 600 | 1 | 1.01 | 1.04 | 0.06 |
| 阀门及伸缩接头 | 600 | 1 | 0.51 | 1.04 | 0.03 |
| 偏心渐缩管 | 600～400 | 1 | 0.20 | 2.36 | 0.06 |
| 水泵进口 | 400 | 1 | 1.00 | 2.36 | 0.28 |
| 合计 | | | | | 0.46 |

3）水泵轴心标高 $h_3$ 计算：

$$h_3=Z_1+0.85H_s-h_2\ (\text{m})$$

式中　$Z_1$——吸水井最低水位；

$H_s$——水泵最大允许真空吸水高度 4.5m；

$$h_3=0.70+0.85\times4.5-0.51=4.01\text{m}$$

考虑到吸水安全留有余地，采用水泵轴中心标高为 3.50m。

4）取水水泵扬程计算：

$$H=(9.30-0.70)+h_2+h_5+h_6$$

式中 $H$——水泵全扬程（m）；

$h_2$——一级泵吸水管路总水头损失（m），为0.51m；

$h_5$——一级泵至配水井管路损失（m），为1.85m（计算方式同$h_2$，略）；

$h_6$——富余水头（m），考虑为1.0m。

$H=(9.30-0.70)+0.51+1.85+1.0=11.96$m，选取水泵扬程为12m。

(2)各构筑物水位标高计算从略，列于表17-6；流程示意见图17-2。

**构筑物水位标高计算** **表17-6**

| 名称 | | 水头损失(m) | | 水位标高(m) |
|---|---|---|---|---|
| 连接管段 | 构筑物 | 沿程及局部 | 构筑物 | |
| 混合池进水 | | | | 9.30 |
| | 混合池 | | 0.10 | 9.20 |
| | 絮凝池 | | 0.45 | 8.75 |
| | 沉淀池 | | 0.45 | 8.30 |
| 沉淀池至滤池 | | 0.40 | | |
| | 滤池 | 0.45 | 2.35 | 5.10 |
| 滤池至清水池 | | 0.50 | | |
| | 清水池 | | | 4.60 |

## 17.3.2 高程布置方式

净水构筑物的高程布置一般有如图17-3所示的四种类型：

(1)高架式[图17-3(*a*)]：主要净水构筑物池底埋设地面下较浅，构筑物大部分高出地面。高架式适用于厂区原地形较为平坦时，是目前采用最多的一种布置形式。

(2)低架式[图17-3(*b*)]：净水构筑物大部分埋设地面以下，池顶离地面约1m左右。这种布置操作管理较为方便，厂区视野开阔，但构筑物埋深较大，增加造价和带来排水困难。当厂区采用高填土或上层土质较差时可考虑采用。

(3)斜坡式[图17-3(*c*)]：当厂区原地形高差较大，坡度又较平缓时，可采用斜坡式布置。设计地面高程从进水端坡向出水端，以减少土石方工程量。

(4)台阶式[图17-3(*d*)]：当厂区原

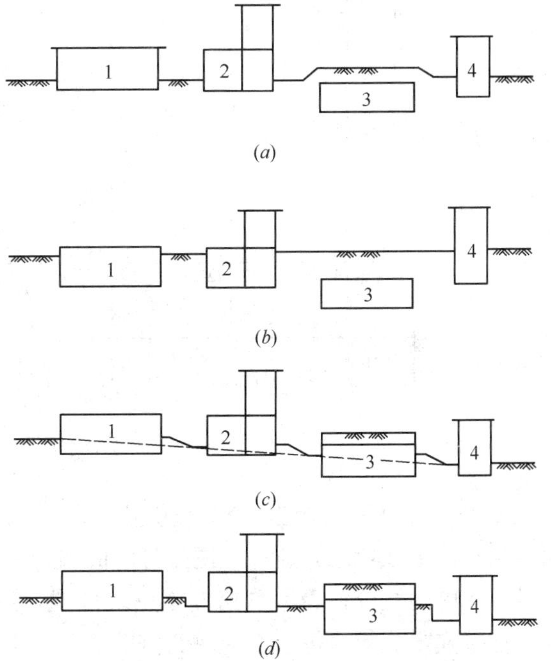


图17-3 净水构筑物高程布置

(*a*)高架式；(*b*)低架式；(*c*)斜坡式；(*d*)台阶式

1—沉淀池；2—滤池；3—清水池；4—二级泵房

地形高差较大，而其落差又呈台阶时，可采用台阶式布置。台阶式布置要注意道路交通的畅通。

### 17.3.3 土方平衡计算

水厂的高程布置，应力求节约土方工程量以缩短工期，减少基建投资。在山区建厂，除结合地形采用阶梯式场地布置减少土方外，还要考虑少挖石方，因开挖石方需进行爆破作业，工期长、费用贵。大型水厂的土方工厂宜按期分区，在挖、填平衡的基础上考虑全厂的总平衡。在考虑平衡时，应将基础、地下管沟等施工时挖出来的土方量和填方的土壤松散系数估计在内，见表 17-9。

在计算前可以先进行土方估算：先定出各平面的设计标高，然后粗略估算土方工程量，是否接近挖填平衡，如发现相差较大，就要调整标高或平面位置，重新估算。

土方量计算方法一般有方格网法和横断面法两种。其中以方格网法采用最为普通。当水厂场地纵、横向坡度变化均匀或较有规律时，也可采用横断面法。在阶梯式布置中各台阶可分别用方格网法计算，台阶间边坡可采用横断面法计算，然后汇总。

(1)方格网法：一般全厂厂区采用统一尺寸方格进行计算。方格尺寸视场地起伏情况可采用 10m×10m、20m×20m、30m×30m 或 40m×40m。方格网的一边宜于厂区轴线相平行。

方格网法的计算步骤可用下列进行说明：

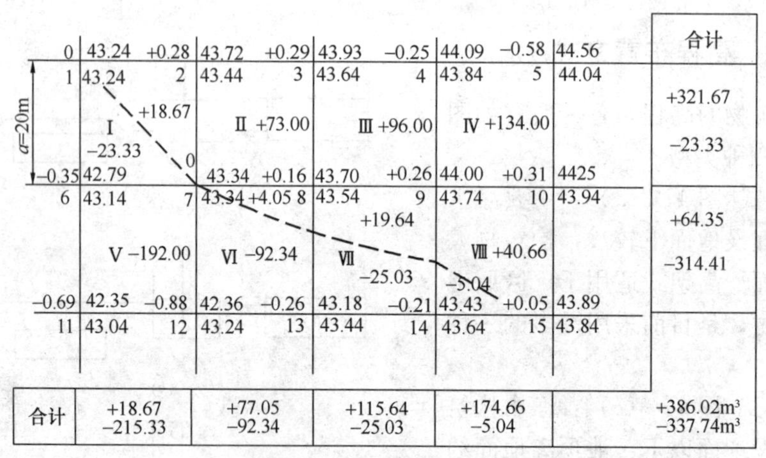


图 17-4 方格网土方量计算

图 17-4 是采用 20m×20m 的方格网。在各个方格角处右上注设计标高；右下注原地面标高；左上注填挖方高度，填方时前面加(＋)号。挖方时前面加(－)号；左下注角点的编号。图中虚线位置表示填挖方零点线位置，用零点线计算公式求得各有关边线上的零点，连接成零点线。每个方格网的填挖情况和土方量，根据不同图示的相应计算公式见表 17-7：

根据表中计算公式，计算各区域的挖、填方量，填入各区域，并汇总计算，结果见图 17-4。为了简化计算和提高工作效率，可编制不同的电算程序以替代手工计算。

土方计算公式 表 17-7

| 填挖情况及图示 | 计算公式 | 符号说明 |
|---|---|---|
| 零点线计算（图示：$+h_1$、$+h_2$、$b_1$、$c_1$、零点线、$b_2$、$c_2$、$-h_3$、$-h_4$、$a$） | $b_1=a\frac{h_1}{h_1+h_3}$ $c_1=a\frac{h_2}{h_2+h_4}$<br>$b_2=a\frac{h_3}{h_1+h_3}$ $c_2=a\frac{h_4}{h_2+h_4}$ | $a$——方格边长(m)；<br>$b$、$c$——表示零点到一角的边长(m)；<br>$V$——填方或挖方的体积($m^3$)；<br>$h_1$，$h_2$，$h_3$，$h_4$——表示各点角点的填挖方高度(m)用绝对值代入；<br>$\sum h$——表示填方或挖方高度总和，用绝对值代入 |
| 正方形四点填方或挖方（图示：$h_1$、$h_2$、$h_3$、$h_4$、$a$） | $V=\frac{a^2}{4}(h_1+h_2+h_3+h_4)$ | |
| 梯形二点填方或挖方（图示：$h_1$、$h_2$、$b$、$c$、$-h_3$、$-h_4$、零点线、$a$） | $V=\frac{b+c}{2}a\frac{\sum h}{4}=\frac{(b+c)a\sum h}{8}$ | |
| 五角形三点填方或挖方（图示：$-h_1$、$c$、$h_2$、$b$、$h_3$、$h_4$、$a$） | $V=\left[a^2-\frac{(a-b)(a-c)}{2}\right]\frac{\sum h}{5}$ | |
| 三角形一点填方或挖方（图示：$h_1$、$c$、$-h_2$、$b$、$-h_3$、$-h_4$、$a$） | $V=\frac{1}{2}bc\frac{\sum h}{3}=\frac{bc\sum h}{6}$ | |

(2) 横断面法：一般选择在厂区地形和布置上有特征的地方取断面进行计算。横断面法土方量按式 (17-4) 计算：

$$Q_n=1/2(F_n+F_{n+1})L \tag{17-4}$$

式中 $Q_n$——第 $n$ 个与 $n+1$ 个横断面之间的挖方或填方量（$m^3$）；

$F_n$、$F_{n+1}$——在第 $n$ 个与 $n+1$ 个横断面上的挖方或填方面积（$m^2$）；

$L$——两相邻横断面之间的距离（m）。

横断面的做法有两种：水厂集中或成片布置时，做全厂横断面；水厂沿山傍山布置时，一般不做全厂横断面。

横断面间距，主要视厂区地形、厂区平面和竖向布置的情况而定。对于比较平坦的地方，间距为 40～100m；丘陵或山区较复杂的地形，可减至 20m。

横断面近似计算法步骤：

① 根据厂区的地形特征，将要计算的场地划分为若干横断面Ⅰ—Ⅰ′，Ⅱ—Ⅱ′，Ⅲ—Ⅲ′……，划分的原则是垂直于等高线或垂直于主要车间的长边。横断面之间的间距可不等见图 17-5。

② 绘制每个横断面的自然地面轮廓线和设计地面轮廓线见图 17-5。

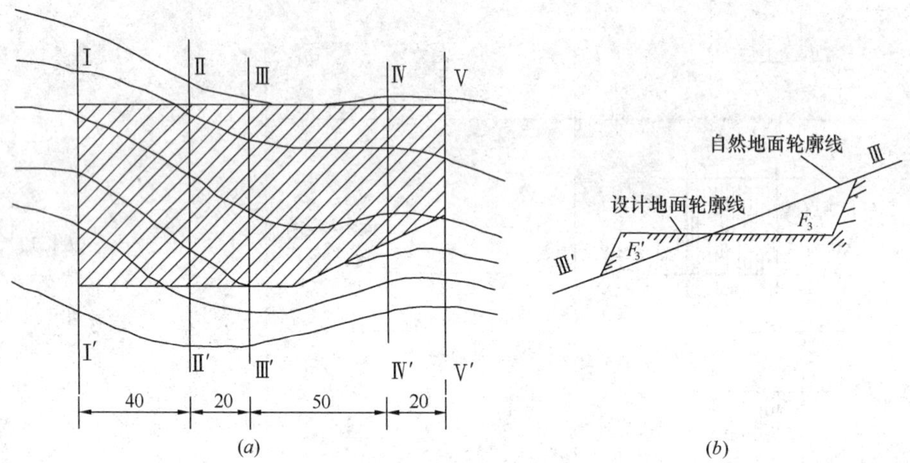


图 17-5　横断面计算法

③ 计算每个横断面的填方、挖方的断面面积和土方量。列于表 17-8。

**横断面法计算**　　表 17-8

| 断　面 | 填方面积（$m^2$） | 挖方面积（$m^2$） | 断面间距（m） | 填方体积（$m^3$） | 挖方体积（$m^3$） |
|---|---|---|---|---|---|
| Ⅰ-Ⅰ′ | $+F_1=+28$ | $-F_1=-10$ | 40 | +960 | −500 |
| Ⅱ-Ⅱ′ | $+F_2=+20$ | $-F_2=-15$ | 20 | +300 | −400 |
| Ⅲ-Ⅲ′ | $+F_3=+10$ | $-F_3=-25$ | 50 | +250 | −1375 |
| Ⅳ-Ⅳ′ | $+F_4=0$ | $-F_4=-30$ | 20 | 0 | −640 |
| Ⅴ-Ⅴ′ | $+F_5=0$ | $-F_5=-34$ | | | |
| 合　计 | | | 130 | +1510 | −2915 |

④ 合计全部土方工程量。计算得到的土方量乘以土壤松散系数后，即为计算的实际土方量。土壤松散系数见表 17-9。

**土壤松散系数**　　表 17-9

| 土的分类 | 土的级别 | 土壤的名称 | 最初松散系数 | 最终松散系数 |
|---|---|---|---|---|
| 一类土（松散土） | Ⅰ | 略有黏性的砂土，粉土腐殖土及疏松的种植土；泥炭（淤泥）（种植土、泥炭除外） | 1.08～1.17 | 1.01～1.03 |
| | | 植物性土、泥炭 | 1.20～1.30 | 1.03～1.04 |
| 二类土（普通土） | Ⅱ | 潮湿的黏性土和黄土；软的盐土和碱土；含有建筑材料碎屑，碎石、卵石的堆积土和种植土 | 1.14～1.28 | 1.02～1.05 |
| 三类土（坚土） | Ⅲ | 中等密实的黏性土或黄土；含有碎石、卵石或建筑材料碎屑的潮湿的黏性土或黄土 | 1.24～1.30 | 1.04～1.07 |

续表

<table>
<tr><th>土的分类</th><th>土的级别</th><th>土壤的名称</th><th>最初松散系数</th><th>最终松散系数</th></tr>
<tr><td rowspan="2">四类土<br>（砂砾坚土）</td><td rowspan="2">Ⅳ</td><td>坚硬密实的黏性土或黄土；含有碎石、砾石（体积在10%～30%质量在25kg以下的石块）的中等密实黏性土或黄土；硬化的重盐土；软泥灰岩（泥灰岩、蛋白石除外）</td><td>1.26～1.32</td><td>1.06～1.09</td></tr>
<tr><td>泥灰岩、蛋白石</td><td>1.33～1.37</td><td>1.11～1.15</td></tr>
<tr><td>五类土<br>（软土）</td><td>Ⅴ～Ⅵ</td><td>硬的石炭纪黏土；胶结不紧的砾岩；软的、节理多的石灰岩及贝壳石灰岩；坚实的白垩；中等坚实的页岩、泥灰岩</td><td rowspan="2">1.30～1.45</td><td rowspan="2">1.10～1.20</td></tr>
<tr><td>六类土<br>（次坚土）</td><td>Ⅶ～Ⅸ</td><td>坚硬的泥质页岩；坚实的泥灰岩；角砾状花岗岩；泥灰质石灰岩；黏土质砂岩；云母页岩及砂质页岩；风化的花岗岩、片麻岩及正常岩；滑石质的蛇纹岩；密实的石灰岩；硅质胶结的砾岩；砂岩；砂质石灰质页岩</td></tr>
<tr><td>七类土<br>（坚岩）</td><td>Ⅹ～Ⅻ</td><td>白云岩；大理石；坚实的石灰岩、石灰质及石英质的砂岩；坚硬的砂质页岩；蛇纹岩；粗粒正长岩；有风化痕迹的安山岩及玄武岩；片麻岩；粗面岩；中粗花岗岩；坚实的片麻岩，粗面岩；辉绿岩；玢岩；中粗正常岩</td><td>1.30～1.45</td><td>1.10～1.20</td></tr>
<tr><td>八类土<br>（特坚石）</td><td>ⅩⅣ～ⅩⅥ</td><td>坚实的细粒花岗岩；花岗片麻岩；闪长岩；坚实的玢岩、角闪岩、辉长岩、石英岩；安山岩；玄武岩；最坚实的辉绿岩、石英岩及闪长岩；橄榄石质玄武岩；特别坚实的辉长岩；石英岩及玢岩</td><td>1.45～1.50</td><td>1.20～1.30</td></tr>
</table>

注：1. 土的级别为相当于一般16级土石分类级别；
2. 一至八类土壤，挖方转化为虚方时，乘以最初松散系数；挖方转化为填方时，乘以最终松散系数。

## 17.4　水厂管线设计

水厂的生产过程主要是水体的传送，因此水厂生产构筑物需由各类管道、渠道连通。在构筑物定位之后，均应对厂区管道作平面和高程的综合布置。厂区管线一般包括：给水、排水（泥）管线，加药和厂内自用水管线，动力电缆、控制电缆等。

（1）给水管线

包括从进厂的浑水管开始至出厂的清水管为止的所有工艺流程中的主要管道以及各构筑物间相应的联络管道。以常规处理水厂为例，主要管道包括：

1）浑水管线：指进入沉淀（澄清）池或配水井之前的管线，一般为2根，接入方式应考虑与远期的接口。由于阀门、管配件等较多，浑水管线一般采用钢管或球墨铸铁管，管线上要设置必要的阀门，以保证任一设施维修时仍能满足供水的要求；浑水管线管径的确定应考虑运行中可能出现的超负荷因素，适当留有余地，管线布置还应考虑设置计量仪表的要求。

2）沉淀水管线：由沉淀池（澄清池）至滤池的沉淀水管线，有两种布置方式：一种为架空管道或混凝土渠道，优点是水头损失小，渠道可作人行通道，也有利于操作人员的巡检；另一种是埋地式，可不影响池子间的通道。沉淀水管线的通过流量应考虑沉淀池超负荷运转的可能（如一部分沉淀池维修而加重其他沉淀池的荷载）。

3）清水管线：指滤池至清水池、清水池至二级泵房的管线，一般采用管道，大型水厂也可采用混凝土渠道，以减少水头损失，但需注意雨污水的渗入。二级泵房应尽可能采用吸水井，以减少清水池与泵房之间的联络管道。清水池至吸水井的管径确定应考虑时变化系数。清水出厂管道常为2根，管线按要求设置计量仪表，管径的确定应考虑远期或超负荷的因素，适当留有余地。

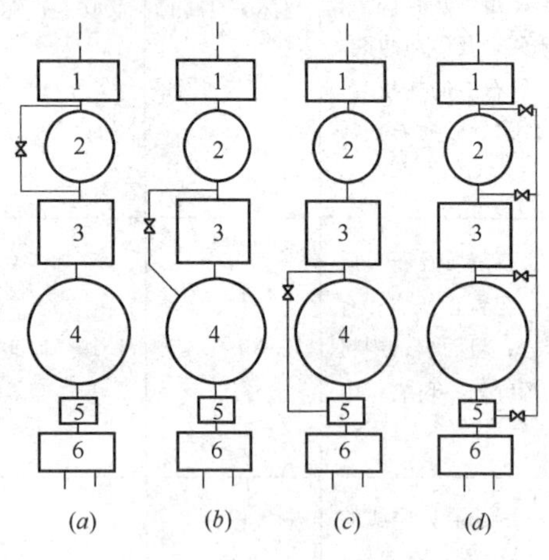


图 17-6 超越管布置方式

(a) 超越澄清（沉淀）池；(b) 超越滤池；(c) 超越清水池；(d) 可超越各部分

1—一级泵房；2—澄清（沉淀）池；3—滤池；4—清水池；5—吸水井；6—二级泵房

4）超越管线

管线设计时，应设有超越措施，以便水厂某一环节事故检修或停用时，水厂仍能正常运行，图 17-6 所示为各种超越管的布置方式。

如水厂设有预处理设施或深度处理设施，亦应考虑预处理设施或深度处理设施的超越管道。

（2）排水管线

水厂的排水管线包括三部分内容：厂区雨水排放、生活污水排放以及水厂生产废水排放。

水厂的雨水系统应按当地的暴雨强度及重现期要求进行设计。当厂区附近有城市雨水系统时，应尽量考虑将厂区雨水接入城市雨水系统；当厂区雨水排入河道时，应了解河道的水位变化情况，如不能满足厂区雨水自流排放时，应设置雨水池和提升泵房。在丘陵地区或山区建设水厂时，还必须按照百年一遇的重现期进行水厂的防洪设计，一般防洪沟宜布置在水厂周围，避免在水厂内通过。

在厂区附近有城市污水系统时，水厂的生活污水可直接接入；若无城市污水系统，则可设置小型污水处理装置集中处理后排入厂区雨水管道。

水厂生产废水的管线布置与排泥水处理工艺有关，可以与排泥水系统的设计一并考虑。

（3）加药管线

根据净水工艺，水厂内可有各种加药管道，例如加矾管、加氯管、加氨管、加酸加碱管等，这些管道均需从药剂制备间敷设到投加点。由于不同药剂可能造成不同的腐蚀影响，因此在管材选用上要注意防腐的要求，一般多选用塑料管，臭氧用管线可采用不锈钢或耐腐蚀的聚氟乙烯管。为便于维修，加药管一般均敷设于管槽内。

（4）厂内自用水管线

厂内自用水管线主要提供厂内生活用水、药剂制备、水池清洗以及消防等用水，一般由二级泵房出水管上接出。管材一般采用球墨铸铁管、PE管等。

厂用水管口径应满足自用水和消防水量要求，在需要地点设置室外消火栓。为保证用水的安全并满足消防要求，干管应尽量布置成环网。

(5) 电缆

水厂内的电缆包括动力电缆、控制电缆及照明电缆等，数量较多，因此，在水厂平面布置时应进行综合考虑。水厂的电缆敷设可采用直埋，也可设置电缆沟，电缆沟断面可根据埋设电缆数量确定，沟底应设一定坡度，每隔50～100m设排水管排除积水。

## 17.5 附属建筑

水厂的附属建筑一般包括：生产管理及行政办公用房、化验室、维修车间（机修、电修、仪表修理、泥木工厂等）、车库、仓库、食堂、浴室及锅炉房、传达室、值班宿舍、露天堆场等。

水厂的附属建筑标准应根据建设规模、城市性质、功能等区别对待，符合经济实用、有利生产的原则，建筑物造型应简洁，并应使建筑物和构筑物的建筑效果与周围环境相协调。在满足使用功能和安全生产的条件下，宜集中布置。

生产建筑物应与附属建筑物的建筑风格相协调，生产构筑物不宜进行特殊的装修。

在住房和城乡建设部和发改委2009年颁布的《城市给水工程项目建设标准》中，提出了不同规模水厂和泵站附属建筑面积的参考值，见表17-10。

**净（配）水厂、泵站建筑面积　　表17-10**

| 规模 | | Ⅰ类<br>(30万～50万 $m^3/d$) | Ⅱ类<br>(10万～30万 $m^3/d$) | Ⅲ类<br>(5万～10万 $m^3/d$) |
|---|---|---|---|---|
| 常规处理水厂 | 辅助生产用房 | 1100～1725 | 920～1100 | 665～920 |
| | 管理用房 | 770～1090 | 645～770 | 470～560 |
| | 生活设施用房 | 425～630 | 345～425 | 250～345 |
| | 合计 | 2305～3445 | 1910～2305 | 1385～1910 |
| 配水厂 | 辅助生产用房 | 900～1200 | 640～900 | 520～640 |
| | 管理用房 | 320～400 | 245～320 | 215～245 |
| | 生活设施用房 | 280～300 | 215～280 | 185～215 |
| | 合计 | 1500～1900 | 1100～1500 | 920～1100 |

注：1. 建设规模大的取上限，建设规模小的取下限，中间规模可采用内插法确定；
2. 建设规模大于50万 $m^3/d$ 的项目参照Ⅰ类规模上限并宜适当降低单位水量附属设施建筑面积指标确定；
3. 辅助生产用房主要包括：维修、仓库、车库、化验、控制室等；
4. 管理用房主要包括生产管理、行政管理、传达室等；
5. 生活设施用房主要包括食堂、锅炉房、值班宿舍等；
6. 其他类型的水厂，原则上不再增加附属设施的建筑面积，特殊条件时，可适当增加，但增加的建筑面积不得超过表中指标的5%～10%。

# 17.6 水厂的仪表和自控设计

净水厂实施自动控制的主要目的在于促进水厂的技术进步，提高管理水平，以取得降低能耗、药耗，节省人力，安全优质供水的效果。

水厂的自动控制系统是随着控制技术、通信技术、仪表检测技术的发展以及工艺与相关设备的发展而不断演进。从初期的简单手工操作（对自动化基本无要求），到净水处理工艺越来越复杂及处理负荷的不断加大，生产过程对处理稳定性以及节能降耗等要求的提高，对控制及自动化水平的要求也随之增高。

特别是目前整个供水行业处于原水水质持续下降、原水供给不足，但供水需求持续增长，出水水质要求不断提高的现状条件下，自动控制系统作为现代化水厂重要组成部分，是提高供水水质、保证供水安全、降低能耗、降低漏耗、降低药耗、进行科学管理的重要手段，其作用及地位也越来越重要。

根据水厂生产运行对人民群众的生活及社会经济活动的重要影响，应全面考虑设置相关的安全防护及管理系统，用于保障水厂正常运行所需的安全环境。

## 17.6.1 自动控制系统基本要求

### 17.6.1.1 设计原则

1）实用性——选择性价比高、实用性强的自动控制系统及设备。

2）先进性——系统设计要有一定的超前意识。硬件的选择要符合技术发展趋势，选择主流产品。

3）可扩展性——针对净水厂工程一次规划、分期实施的特点，自动控制系统设计需充分考虑可扩展性，满足净水厂工程规模分期扩建时对自动控制系统的需求。

4）经济性——在满足技术和功能的前提下，系统应简单实用并具有良好性能价格比。

5）易用性——系统操作简便、直观，利于各个层次的工作人员使用。

6）可靠性——根据水厂的重要程度，停产或局部停产所会造成的影响程度，以及出现故障时应采取的措施进行设计。应采取必要的保全和备用措施，必要时对控制系统关键设备进行冗余设计。

7）可管理性——系统从设计、器件、设备等的选型应重视可管理性和可维护性。

8）开放性——应采用符合国际标准和国家标准的方案，保证系统具有开放性特点。

### 17.6.1.2 系统结构

水厂的自控系统结构根据处理规模的大小、处理工艺的复杂程度、管理需求、投资规模大小的不同要求，大致可分为大中型控制系统和小型控制系统两大类。自控系统按分散控制、集中管理的原则设置，采用分层递阶结构的分布式集散型控制系统。

大中型系统一般适用于常规处理规模在 10 万 $m^3/d$ 以上或处理工艺复杂，同时存在预处理、深度处理、污泥处理等新工艺的水厂。

自控系统一般按功能分为四个层次，由上到下依次为：管理信息层、中央控制层、现场层、设备层。信息自下向上逐渐集中，同时控制程度又自上而下逐渐分散。监控系统的各层通过通信网络连接起来，通信网络分为三级：管理级、监控级、数据传输级。

中小型系统适用于常规处理规模在 10 万 $m^3$/d 以下的中小型水厂。其控制结构基本同大型系统，一般由于考虑投资、管理等原因，常将全厂信息层与中央控制层合并或设备配置相对简化。

水厂受控设备的控制模式一般分为三级，即中央控制级、就地（车间）控制级和基本（机旁）控制级，三级控制选择可通过设于设备现场控制箱或 MCC 上手动/自动转换开关实现。上、下控制级之间，下级控制的优先权高于上级。

**17.6.1.3 功能要求**

（1）信息层

信息层一般由分布在水厂各职能部门的管理计算机、数据服务器以及管理局域网组成，通常设置在水厂中心控制室的设备机房内。水厂所需的主要功能服务器的配置结构见图 17-7。

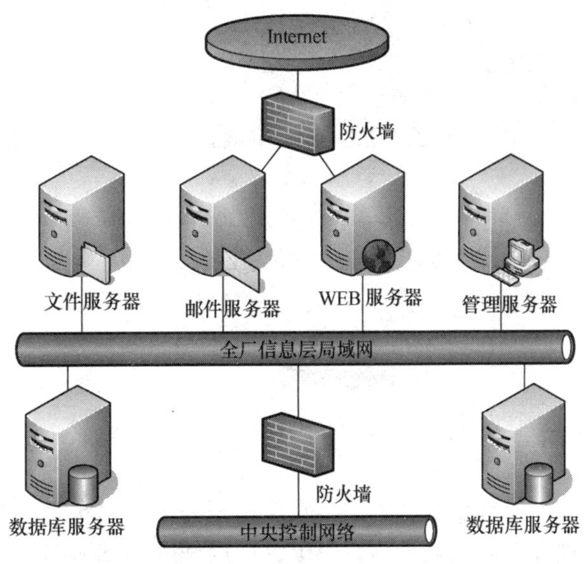


图 17-7 服务器配置结构

中小型系统中，数据服务器在满足最大数据负荷的范围内，适当减少数量，将几种功能合并设置。

管理局域网一般布置在水厂的办公楼内，一般采用商用局域网就能够满足要求。局域网络的拓扑结构常用树型或星型。这两种网络拓扑结构如图 17-8 所示。

软件上应能实现水厂实时控制系统的远程客户监视功能；具有完善的运行、财务、物流、工程、人事行政管理等信息的存储、计算、分析、归类的功能；以及厂内公文处理、信息流转、对外信息发布等功能。

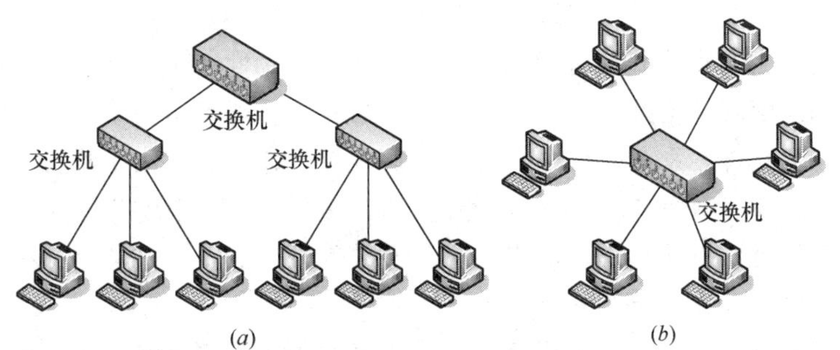


图 17-8 常见网络拓扑结构

（a）树型；（b）星型

（2）中央控制层

主要由位于水厂监控中心的工程师站、操作站等直接用于水厂实时运行控制的设备以及通信设备、大屏幕显示设备等监控操作装置及中央控制层专用控制局域网组成。一般考虑设置在水厂综合管理楼的中央控制室内。监控中心内根据设备布置及管理需要设置设备机房、中心控制室及相关辅助用房。房间面积根据系统规模确定，并需满足相关建筑消防、电磁屏蔽、环境控制、设备人体工程等多方面的国家规范要求。

中央控制层的配置形式根据系统规模、网络形式等因素，常采用网段隔离方案和透明网络方案两种方式（图 17-9、图 17-10）：

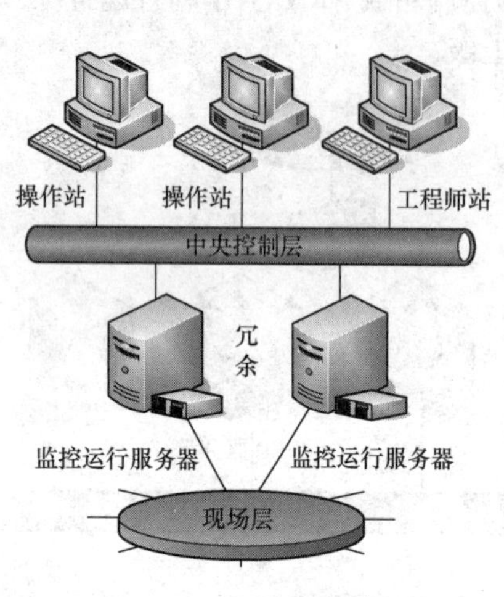


图 17-9 网段隔离方案

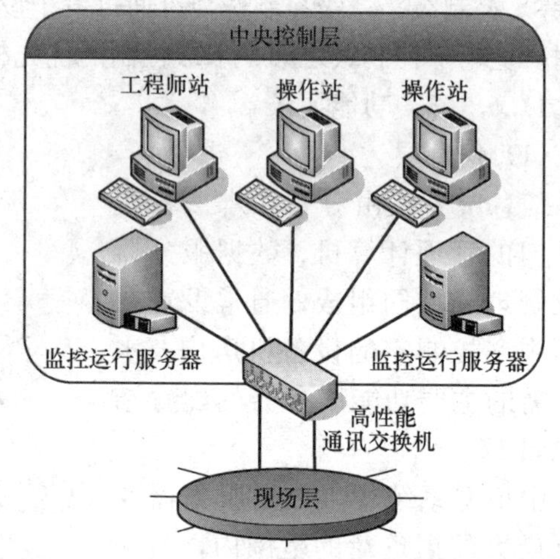


图 17-10 透明网络方案

运行数据服务器作为水厂控制的核心，实时采集全厂监控数据和工况，并进行存储、处理和生成各种表格，以供管理局域网和其他网上授权的计算机进行调用、查询、检索和打印。服务器中保存了污水厂自动控制系统公用的数据和应用程序。

操作员站为操作人员提供动态的工艺监控图形及友好的人机界面。以实现工艺过程控制、调节等功能。操作员站通常配置 2 台以上，互为备用。

工程师站除能实现操作员站功能外，还具有对 PLC 和计算机应用软件，管理软件等进行编辑、调试等工程功能。

中央控制层设备配置在满足功能需求的条件下，尽可能实用简化。

中央控制层选用的软件应具有通用性、灵活性、易用性、扩展性、人性化等特点，并且软件配置需和系统硬件构架密切配合，在设计过程中要通盘考虑。软件一般分为系统通用软件和应用开发软件，系统软件由硬件供应商配置，应用软件由工程公司根据工艺控制和管理要求进行开发。其基本要具有管理、控制、通信、工艺控制显示、事件驱动和报警、操作窗口、实时数据库管理、历史数据管理、事件处理、工艺参数设定、报表输出、出错处理、故障处理专家系统等功能。

中控室大屏显示系统可根据工程特点与投资情况等诸多因素在正投幕显示设备、模拟屏、DLP 屏、等离子屏、液晶屏等不同类型中选用。

一般设置 UPS 设备以保证系统断电的情况下维持系统供电。其供电时间一般要求2～8h。特别重要的系统可考虑冗余设置。

(3) 现场控制层

现场控制层：由分散在各主要构筑物内的现场控制主站，子站、专用通信网络组成。

目前，PLC 是水厂最常用的现场控制设备，具有高可靠性、强抗干扰性、易维护性、高经济性等优点，非常适合水厂水处理的要求。

净水厂一般主要流程包括常规处理、预处理、深度处理、污泥处理四大部分，通常根据原水水质及出厂水水质的要求在这几种流程种选择搭配。

水厂 PLC 站点设置应根据水厂的工艺流程要求、厂平面内工艺及配电系统布局进行布置。优先考虑以相对独立完整的工艺环节作为一个控制主站的范围，比如泵房部分、加药部分等；零星设备或系统并入临近现场控制站，或在设备相对集中的场所设置现场控制站。

根据现场控制层网络拓扑结构上的上下层或前后层的关联性、作用和控制点数，现场控制站可分别采用主站与子站形式，一般以起主要协调作用的环节作为主站，其他附属辅助环节作为子站。当主站与子站性能要求上存在较大的差异时，可采用不同档次的产品以及子站采用远程 I/O 等形式。

在现场控制站布置上，一般可在工艺构筑物内单独设置控制室用于设备的安放。需要时，控制室可兼作现场值班室。当现场控制站按无人值守的管理模式设置时，可不设置专用控制室以减少构筑物的建筑面积。设备可与配电设备或设备控制柜（MCC）并列布置，但需采取工业型产品及抗电磁屏蔽等防护措施。

为保证在系统断电的情况下维持正常运行，现场控制站需设置 UPS 设备。其供电时间一般要求不小于 2h，具体容量根据实际需要确定。

现场控制站根据维护人员需要，配置现场人机接口用于正常巡检及维护。无人值守模式时，可选择触摸屏（平板电脑）等内置人机接口；当控制站有人值守时，也可采用外置接口（操作计算机）。

（4）现场设备层

现场设备由现场运行设备、检测仪表、高低压电气柜上智能单元、专用工艺设备附带的智能控制器以及现场总线网络等组成。现场总线连接可由有线方式或无线方式两种，必要时需进行相关的协议转换。

目前，电气系统的电量参数检测、保护单元及变频器、软启动器等电气设备一般带有现场总线的通信接口。因此在设计中可应用现场总线传送信息，但应注意通信速率及通信协议对系统响应时间的影响。特别是在应用一些较早开发的总线协议时，比如 MODBUS-RTU 协议，如果总线内接有受控设备的情况下，需计算通信时间及控制同一条总线下的通信节点的数量，避免过大的时延或信息阻塞等故障产生。

### 17.6.2 检测仪表基本要求

#### 17.6.2.1 常用仪表的分类

检测仪表直接关系到水处理系统自动化的效果，相同或类似的仪表，由于制造工艺、生产管理等不同，在精度、稳定性等方面也可能存在着较大的差别。因此在工程设计过程中，必须从仪表的性能、质量、价格、维护工作量、备件情况、售后服务、工程应用情况等进行多方比较。水厂及泵站在线检测仪表一般可分为 2 大类：热工量仪表、物性及成分量仪表。

热工量仪表主要包括：流量仪表、压力仪表、液位仪表、温度仪表。

（1）流量仪表

根据被测参数的要求流量仪表可分为容积式流量仪和质量流量仪两种。质量流量仪除测量容积流量外还能检测相关介质的密度、浓度等参数。

容积式流量仪根据管路特性分为明渠流量仪及管道流量仪。明渠流量仪一般采用堰式或文丘里槽流量仪。

管道式流量仪根据测量原理又可分为电磁流量仪、超声波流量仪、涡街流量仪、差压式流量仪、热式流量仪等不同形式；根据安装方式分为管段式、插入式、外夹式等多种形式。

(2) 压力仪表

常用压力仪表有机械式压力表和电动式压力（差压）变送器。机械式压力表主要有弹簧管式、波纹管式、膜片式共三种；电动式压力（差压）变送器主要有电容式、扩散硅式等。

(3) 液位仪表

常用液位仪表根据仪表结构、测量原理可分为超声波式、浮筒（球）式、差压式、投入式、静电电容式等几种主要形式。

(4) 温度仪表

温度仪表由测温元件和温度变送器组成。温度元件根据金属丝自身电阻随温度改变的特性常分为铜热电阻 Cu50 和铂热电阻 Pt100。温度变送器与不同特性的温度元件配合将电阻变化转换为 4～20mA 标准信号。

物性及成分量仪表主要包括：水质分析仪表、气体分析仪表。

水质分析仪表主要种类有：pH/ORP（氧化还原电位）、电导率、溶解氧、固体悬浮物/污泥浓度（MLSS/SS）、浊度、COD（化学需氧量）、$NH_4$-N（氨氮）、$NO_3$（硝氮）、TP（总磷）、锰、余氯等。

气体分析仪表主要种类有：$H_2S$（硫化氢）、$Cl_2$（氯气）、$NH_3$（氨气）等，$H_2S$、$NH_3$、$Cl_2$ 测量仪采用电化学测量原理。

**17.6.2.2　基本性能指标**

(1) 精确度

精确度是指在正常使用条件下，仪表测量值与实际值之间的差值（即误差）。一般以差值与实际值百分比表示。误差越小，精确度越高。

一般来说，生产过程的热工量仪表的一般精确度为不大于±1%。物性及成分量仪表根据测量原理的不同，一般精确度为±2%～±5%。

(2) 响应时间

响应时间是指仪表指示时间与检测时间之间的差值，其反映了仪表能否快速反映参数变化的性能。

常用热工量仪表的响应时间一般要求为毫秒级，物性及成分量仪表的响应时间根据被测变量的测量原理、数据变化频度及控制需求等条件提出要求。除特殊仪表外，一般响应时间考虑控制在 3～10min 范围内。

(3) 灵敏度

灵敏度是表示测量仪表对被测参数变化的敏感程度，常以仪表输出变化量与被测参数变化量之比表示。有时也采用分辨率表示仪表的灵敏程度，分辨率指仪表感受并发生动作的输入量的最小值。一般情况下仪表选用时要求仪表的灵敏度大于控制精度的要求。

(4) 重复性

重复性指同一仪表在外界条件不变的条件下，对被测参数进行反复测量所产生的最大差值与测量范围之比。重复性数值越小，仪表的输出重现性和稳定性越好，对仪表的校验和维护工作量越少。

(5) 防护等级

防护等级指按标准规定的检验方法，外壳对接近危险部件、防止固体异物进入或水进入所提供的保护程度。

传感器不直接接触水的防护等级不应低于 IP67；长期浸水的防护等级不应低于 IP68。

室外现场变送器的防护等级不应低于 IP65；室内变送器的防护等级不应低于 IP54。

#### 17.6.2.3 功能要求

检测仪表功能要求如下：

(1) 输出信号：常规仪表的模拟量输出应是 4～20mADC 信号，负载能力不小于 600Ω。当水厂监控系统有现场总线通信要求时，可根据实际的系统需要确定总线形式。

(2) 仪表的防护等级：仪表的外壳防护等级应满足所在环境的要求。室外一般应不低于 IP65；安装在井内有积水可能的应选用不小于 IP67 的防护等级。室内一般不低于 IP54，用于药剂投加等系统的检测仪表要求能耐腐蚀。有防爆要求的场所，需根据需要选用本安、隔爆等对应防护功能。

(3) 仪表电源：四线制的仪表电源多为 220VAC、50Hz，两线制的仪表电源为 24VDC。仪表的工作电源应独立可靠，一般由控制柜专线配出。

(4) 显示设备：现场设置的监测仪表宜选用配套的现场显示设备，并根据安装场所及检修的方便程度选用一体型或分体型。

### 17.6.3 安防系统基本要求

水厂应根据国家、地方及有关部门的规定，设置全厂安防系统，及时发现并制止异常情况的发生，以保证水厂的正常运行及安全供水。

水厂安防监控系统包括视频安防监控系统、周界防范系统、门禁控制系统及电子巡查系统等。

视频监视系统应符合国家和各地区地方性法规要求，采用全数字方案，或数字一模拟混合方案。

厂区周边的围墙可按管理要求设置周界防卫系统，发生报警时应与视频监控系统联动。

周界防卫系统应采用电子围栏或红外线监测系统，除非当地公安部门有特别要求。

根据消防要求设置火灾报警系统，控制器宜设在水厂监控中心。

根据运行管理要求设置电子巡更系统，主机宜设在水厂安保管理部门。

根据管理要求，在水厂重要的出入口通道设置门禁系统。

### 17.6.4 水厂等级划分

水厂的建设规模应根据设计近期处理量或处理程度划分等级，其级别应符合表 17-11

的规定：

水厂等级划分指标　　表 17-11

| 建设规模 | 分级指标 |
|---|---|
| | 处理量 $Q$（万 $m^3/d$） |
| Ⅰ类 | 30～50 |
| Ⅱ类 | 10～30 |
| Ⅲ类 | 5～10 |
| 中型（Ⅳ） | $5 \leqslant Q < 10$ |
| 小型（Ⅴ） | $1 \leqslant Q < 5$ |
| 超小型（Ⅵ） | $Q < 1$ |

注：1. 本表参考《城市给水工程项目建设标准》建标［2009］120 号；
2. 项目分类含下限值，不含上限值；
3. 规模大于 50 万 $m^3/d$ 参照Ⅰ类规模执行，小于 5 万 $m^3/d$ 参照Ⅲ类规模执行。

## 17.6.5 配置标准

### 17.6.5.1 检测仪表

各类检测仪表见表 17-12。

检 测 仪 表　　表 17-12

| 构筑物 | 设 备 | 净水厂分级 | | | | | | 备 注 |
|---|---|---|---|---|---|---|---|---|
| | | Ⅰ | Ⅱ | Ⅲ | Ⅳ | Ⅴ | Ⅵ | |
| 原水水源 | 河流（湖泊水库）液位；流量 | ■ | ■ | ■ | ■ | ■ | ■ | |
| | 原水水质：浊度、温度、pH、溶解氧 | ■ | ■ | ■ | ■ | ■ | ■ | |
| | 原水水质：氨氮、COD、总磷、总锰 | ■ | ■ | ■ | □ | □ | □ | |
| 取水泵房 | 吸水井水位 | ■ | ■ | ■ | ■ | ■ | ■ | |
| | 滤网/隔栅液位差 | ■ | ■ | ■ | ■ | ■ | ■ | |
| | 水泵泵后压力 | ■ | ■ | ■ | ■ | □ | □ | |
| | 出水总管压力、流量 | ■ | ■ | ■ | ■ | ■ | ■ | |
| | 水泵电机、泵轴温度 | ■ | ■ | ■ | ■ | ■ | ■ | |
| | 水泵泵前压力 | □ | □ | □ | □ | □ | □ | |
| | 单泵流量 | □ | □ | □ | □ | — | — | |
| | 水泵及电机振动 | □ | □ | □ | □ | — | — | |
| 沉淀池 | 进水流量 | ■ | ■ | ■ | ■ | ■ | ■ | |
| | 液位 | ■ | ■ | ■ | ■ | ■ | ■ | |
| | 出水浊度 | ■ | ■ | ■ | ■ | ■ | ■ | |
| | 进水水质：浊度、温度、电导率等 | ■ | ■ | ■ | ■ | □ | □ | |
| | 沉淀池中间过程浊度 | □ | □ | □ | □ | □ | □ | |
| | 污泥浓度或泥味 | □ | □ | □ | □ | □ | □ | |
| | FCD 检测 | □ | □ | □ | □ | □ | □ | |

续表

| 构筑物 | 设　备 | 净水厂分级 | | | | | | 备　注 |
|---|---|---|---|---|---|---|---|---|
| | | Ⅰ | Ⅱ | Ⅲ | Ⅳ | Ⅴ | Ⅵ | |
| 反冲洗泵房 | 水箱液位 | ■ | ■ | ■ | ■ | ■ | ■ | 仅限水箱冲洗 |
| | 冲洗水泵泵后压力 | ■ | ■ | ■ | ■ | □ | □ | |
| | 鼓风机出口压力 | ■ | ■ | ■ | ■ | □ | □ | |
| | 冲洗总管压力，流量 | ■ | ■ | ■ | ■ | ■ | ■ | |
| | 气冲总管压力、流量 | ■ | ■ | ■ | ■ | ■ | ■ | |
| | 吸水井液位 | ■ | ■ | ■ | ■ | □ | □ | |
| 滤池 | 滤池水位 | ■ | ■ | ■ | ■ | ■ | ■ | |
| | 水头损失 | ■ | ■ | ■ | ■ | ■ | ■ | |
| | 出水总管流量 | ■ | ■ | ■ | ■ | □ | □ | |
| | 出水总管浊度 | ■ | ■ | ■ | ■ | ■ | ■ | |
| | 单格滤池出水浊度 | ■ | ■ | ■ | ■ | □ | □ | |
| 清水池 | 液位 | ■ | ■ | ■ | ■ | ■ | ■ | |
| 接触池 | 余氯 | ■ | ■ | ■ | ■ | ■ | ■ | |
| | pH | □ | □ | □ | □ | □ | □ | |
| 二级泵房 | 吸水井水位 | ■ | ■ | ■ | ■ | ■ | ■ | |
| | 水泵泵后压力 | ■ | ■ | ■ | ■ | ■ | ■ | |
| | 水泵电机、泵轴温度 | ■ | ■ | ■ | ■ | ■ | ■ | |
| | 水泵泵前压力 | ■ | ■ | ■ | ■ | □ | □ | |
| | 单泵流量 | ■ | ■ | ■ | ■ | □ | □ | |
| | 水泵及电机振动 | ■ | ■ | □ | □ | □ | □ | 中大型水泵诊断选用 |
| 出厂水 | 总管压力 | ■ | ■ | ■ | ■ | ■ | ■ | |
| | 总管流量 | ■ | ■ | ■ | ■ | ■ | ■ | |
| | 出厂水水质：浊度、pH、余氯 | ■ | ■ | ■ | ■ | ■ | ■ | |
| | 出厂水水质：氨氮、COD 等 | □ | □ | □ | □ | □ | □ | |
| 加药间 | 溶液池、储液池、溶解池液位 | ■ | ■ | ■ | ■ | ■ | ■ | |
| | 加注药剂流量 | ■ | ■ | ■ | ■ | ■ | ■ | |
| | 加注药剂浓度 | ■ | ■ | ■ | ■ | □ | □ | |
| 加氯(氨)间 | 氯瓶称重、压力 | ■ | ■ | ■ | ■ | ■ | ■ | 仅限加氯气消毒工艺 |
| | 加氯流量 | ■ | ■ | ■ | ■ | ■ | ■ | 仅限加氯气消毒工艺 |
| | 蒸发器温度、压力 | ■ | ■ | ■ | ■ | ■ | ■ | 仅限加氯气消毒工艺 |
| | 漏氯报警 | ■ | ■ | ■ | ■ | ■ | ■ | 仅限加氯气消毒工艺 |
| | 氨瓶称重、压力 | ■ | ■ | ■ | ■ | ■ | ■ | 仅限氯氨消毒工艺 |
| | 加氨流量 | ■ | ■ | ■ | ■ | ■ | ■ | 仅限氯氨消毒工艺 |
| | 漏氨报警 | ■ | ■ | ■ | ■ | ■ | ■ | 仅限氯氨消毒工艺 |

续表

| 构筑物 | 设　备 | 净水厂分级 | | | | | | 备　注 |
|---|---|---|---|---|---|---|---|---|
| | | Ⅰ | Ⅱ | Ⅲ | Ⅳ | Ⅴ | Ⅵ | |
| 污泥池、废水池、回用池等 | 水池液位 | ■ | ■ | ■ | ■ | ■ | ■ | |
| | 泵后压力 | □ | □ | □ | □ | □ | □ | |
| | 总管流量 | □ | □ | □ | □ | □ | □ | |
| | 回流流量 | ■ | ■ | ■ | ■ | ■ | ■ | 仅限回流池工艺 |
| | 总管压力 | ■ | ■ | ■ | ■ | ■ | ■ | |
| 生物预处理池 | 液位 | ■ | ■ | ■ | ■ | ■ | ■ | |
| | 进水流量 | ■ | ■ | ■ | ■ | ■ | ■ | |
| | 进水水质：温度、溶解氧、氨氮 | ■ | ■ | ■ | ■ | □ | □ | |
| | 原水水质：COD、总磷、总锰 | □ | □ | □ | □ | □ | □ | |
| | 中间过程溶解氧 | □ | □ | □ | □ | □ | □ | |
| | 出水溶解氧、氨氮 | ■ | ■ | ■ | ■ | ■ | ■ | |
| | 出水总管压力、流量 | □ | □ | □ | □ | □ | □ | |
| | 曝气支管气体流量，压力 | □ | □ | □ | □ | □ | □ | |
| 鼓风机房 | 鼓风机出口压力 | ■ | ■ | ■ | ■ | □ | □ | |
| | 曝气总管压力、流量 | ■ | ■ | ■ | ■ | ■ | ■ | |
| 臭氧接触池 | 液位 | ■ | ■ | ■ | ■ | ■ | ■ | |
| | 进水流量 | ■ | ■ | ■ | ■ | ■ | ■ | |
| | 余臭氧 | ■ | ■ | ■ | ■ | ■ | ■ | |
| 臭氧发生器间 | 总管压力 | ■ | ■ | ■ | ■ | ■ | ■ | |
| | 总管流量 | ■ | ■ | ■ | ■ | ■ | ■ | |
| 提升泵房 | 提升泵进出水液位 | ■ | ■ | ■ | ■ | ■ | ■ | |
| | 进水（出水）流量 | ■ | ■ | ■ | ■ | ■ | ■ | 根据工艺流程选用 |
| | 水泵泵后压力 | ■ | ■ | ■ | ■ | ■ | ■ | 根据水泵的选型选用 |
| 活性炭吸附池 | 水位 | ■ | ■ | ■ | ■ | ■ | ■ | |
| | 水头损失 | ■ | ■ | ■ | ■ | ■ | ■ | |
| | 出水总管流量 | ■ | ■ | ■ | ■ | ■ | ■ | |
| | 出水总管浊度 | ■ | ■ | ■ | ■ | ■ | ■ | |
| | 单格出水浊度 | ■ | ■ | ■ | ■ | □ | □ | |
| 紫外线接触池 | 液位 | ■ | ■ | ■ | ■ | ■ | ■ | 仅限紫外线消毒工艺 |
| | 进水流量 | ■ | ■ | ■ | ■ | ■ | ■ | 仅限紫外线消毒工艺 |
| 调节池 | 液位 | ■ | ■ | ■ | ■ | ■ | ■ | |
| | 泵后压力 | □ | □ | □ | □ | □ | □ | |
| | 总管流量 | □ | □ | □ | □ | □ | □ | |
| | 总管压力 | ■ | ■ | ■ | ■ | ■ | ■ | |

续表

| 构筑物 | 设 备 | 净水厂分级 | | | | | | 备 注 |
|---|---|---|---|---|---|---|---|---|
| | | Ⅰ | Ⅱ | Ⅲ | Ⅳ | Ⅴ | Ⅵ | |
| 浓缩池 | 液位 | □ | □ | □ | □ | □ | □ | 根据池型选用 |
| | 泥位 | ■ | ■ | ■ | ■ | ■ | ■ | |
| | 污泥浓度 | ■ | ■ | ■ | ■ | ■ | ■ | |
| | 悬浮固体 SS | ■ | ■ | ■ | ■ | □ | □ | |
| 平衡池 | 水位 | ■ | ■ | ■ | ■ | ■ | ■ | |
| | 污泥浓度 | ■ | ■ | ■ | ■ | ■ | ■ | |
| 进泥泵房 | 流量 | ■ | ■ | ■ | ■ | ■ | ■ | |
| | 污泥浓度 | □ | □ | □ | □ | □ | □ | 根据脱水机的选型选用 |
| | 泵后压力 | □ | □ | □ | □ | □ | □ | 根据泵的选型选用 |
| 脱水机房 | 分离水悬浮固体 SS | ■ | ■ | ■ | ■ | ■ | ■ | |
| | 配套的液位、压力、流量等 | □ | □ | □ | □ | □ | □ | 根据脱水机的选型选用 |

说明：1. "■"必须；"□"可选；"—"不作要求。

2. 由于各地区业主要求不同，上述配置要求可根据当地情况作适当调整。

#### 17.6.5.2 自动控制系统

自动控制系统设备见表 17-13。

**自动控制系统设备** **表 17-13**

| 构筑物 | 设 备 | 净水厂分级 | | | | | | 备 注 |
|---|---|---|---|---|---|---|---|---|
| | | Ⅰ | Ⅱ | Ⅲ | Ⅳ | Ⅴ | Ⅵ | |
| 2.1 中控室设备 | | | | | | | | |
| 中控室 | 操作员站计算机★ | ■ | ■ | ■ | ■ | ■ | ■ | |
| | 工程师站计算机 | ■ | ■ | ■ | ■ | □ | □ | |
| | 网络服务器 | ■ | ■ | □ | □ | — | — | |
| | 数据库服务器 | ■ | ■ | ■ | ■ | □ | — | |
| | 通讯服务器 | □* | □* | □* | □* | □* | — | *用于与其他系统通讯 |
| | WEB 服务器 | ■ | ■ | □ | □ | — | — | |
| | 打印机 | ■ | ■ | ■ | ■ | ■ | ■ | |
| | 以太网光端交换机 | ■ | ■ | ■ | ■ | ■ | ■ | |
| | 大屏幕显示系统 | ■ | ■ | ■ | □ | □ | — | |
| | UPS★ | ■ | ■ | ■ | ■ | ■ | ■ | |
| | 水厂控制系统软件★ | ■ | ■ | ■ | ■ | ■ | ■ | |
| | 水厂综合管理信息系统 | ■ | ■ | ■ | □ | □ | — | |
| | 笔记本电脑 | ■ | ■ | □ | — | — | — | |

续表

| 构筑物 | 设 备 | 净水厂分级 | | | | | | 备 注 |
|---|---|---|---|---|---|---|---|---|
| | | Ⅰ | Ⅱ | Ⅲ | Ⅳ | Ⅴ | Ⅵ | |
| 2.2 现场控制站设备 | | | | | | | | |
| 现场站 | PLC★ | ■ | ■ | ■ | ■ | ■ | ■ | |
| | 触摸屏/现场操作站计算机 | ■ | ■ | ■ | ■ | □ | □ | |
| | UPS★ | ■ | ■ | ■ | ■ | ■ | ■ | |
| | 以太网光端交换机 | ■ | ■ | ■ | ■ | ■ | ■ | |
| | 防雷装置★ | ■ | ■ | ■ | ■ | ■ | ■ | |
| 2.3 其他 | | | | | | | | |
| | 办公自动化系统 | ■ | ■ | ■ | □ | — | — | |
| | 电气系统综合信息系统 | ■ | ■ | ■ | ■ | □ | □ | |

说明："★"表示国家规范规定、地方性法律法规有明确要求（指"必须"、"应"，不包括"宜"、"可"）。

#### 17.6.5.3 安防系统

安防系统设备见表 17-14。

**安防系统设备** **表 17-14**

| 设 备 | 净水厂分级 | | | | | | 备 注 |
|---|---|---|---|---|---|---|---|
| | Ⅰ | Ⅱ | Ⅲ | Ⅳ | Ⅴ | Ⅵ | |
| 视频系统★ | ■ | ■ | ■ | ■ | ■ | ■ | |
| 周界报警系统 | ■ | ■ | ■ | ■ | ■ | ■ | |
| 门禁系统 | ■ | ■ | ■ | ■ | ■ | ■ | |
| 巡检系统 | ■ | ■ | ■ | ■ | □ | □ | |
| 火灾报警系统 | □ | □ | □ | □ | □ | □ | 仅限建筑防火规定范围 |
| 汽车库停车系统 | □ | □ | □ | — | — | — | |

## 17.7 水厂制水成本计算

给水项目的总成本费用采用生产要素估算法估算，具体内容包括水资源费、原水费、原材料费、动力费、职工薪酬、固定资产折旧费、修理费、管理费用、销售费用、其他费用和财务费用的估算。

(1) 水资源费或原水费 $E_1$：指供水企业利用水资源或获取原水的费用，一般按各地有关部门的规定计算。其计算式为

$$E_1(\text{或 }E_2) = 365Qk_1e/k_2 \tag{17-5}$$

式中 $Q$——最高日供水量（$m^3/d$）；

$k_1$——考虑水厂自用水的水量增加系数；

$k_2$——日变化系数；

$e$——水资源费费率或原水单价（元/$m^3$）。

（2）动力费 $E_2$：可根据设备功率和设备运行时间计算，或近似按总扬程计算。动力费计算式为：

$$E_2 = 1.05\frac{QHD}{\eta k_2} \tag{17-6}$$

式中 $H$——工作全扬程，包括一级泵房、二级泵房及增压泵房的全部扬程（m）；

$D$——电费单价[元/(kWh)]；

$\eta$——水泵和电动机的效率，一般采用70%～80%；

（3）药剂材料费 $E_3$：指制水过程中所耗用的各种药剂费用，包括净水材料（如活性炭）、混凝剂、助凝剂和消毒剂等，其计算公式为：

$$E_3 = \frac{365Qk_1}{k_2 \times 10^6}(a_1b_1 + a_2b_2 + a_3b_3 + \cdots) \tag{17-7}$$

式中 $a_1$、$a_2$、$a_3$——各种药剂（包括混凝剂、助凝剂、消毒剂等）的平均投加量（mg/L）；

$b_1$、$b_2$、$b_3$——各种药剂的相应单价（元/t）。

（4）职工薪酬 $E_4$：指企业在一定时间内，支付给职工的劳动报酬总额，包括工资、奖金、津贴和福利等，计算公式为：

$$E_4 = \text{职工每人每年的平均职工薪酬} \times \text{职工定员} \tag{17-8}$$

（5）固定资产折旧费 $E_5$，计算公式为：

$$E_5 = \text{固定资产原值} \times \text{综合折旧率} \tag{17-9}$$

（6）修理费 $E_6$：修理费包括大修理费用和日常维护费用，计算公式为：

$$E_6 = \text{固定资产原值(不含建设期利息)} \times \text{修理费率} \tag{17-10}$$

（7）无形资产和其他资产摊销费 $E_7$，计算公式为：

$$E_7 = \text{无形资产和其他资产值} \times \text{年摊销率} \tag{17-11}$$

（8）其他费用 $E_8$：包括管理和销售部门的办公费、取暖费、租赁费、保险费、差旅费、研究试验费、会议费、成本中列支的税金（如房产税、车船使用税等），以及其他不属于以上项目的支出等。根据有关资料，其他费用可按以上各项总和的10%～15%计算：

$$E_8 = (E_1 + E_2 + E_3 + E_4 + E_5 + E_6 + E_7) \times (10\% \sim 15\%) \tag{17-12}$$

（9）财务费用 $E_9$：指为筹集与占用资金而发生的各项费用，包括在生产经营期应归还的长期借款利息、短期借款利息和流动资金借款利息、汇兑净损失以及相关的手续费等。

（10）年总成本 $YC$ 的计算公式为：

$$YC = \sum_{j=1}^{9} E_j \tag{17-13}$$

（11）年经营成本 $E_c$ 的计算公式为：

$$E_c = E_1 + E_2 + E_3 + E_4 + E_6 + E_8 + E_9 \tag{17-14}$$

（12）单位制水成本 $AC$ 的计算公式为：

$$AC=\frac{YC}{\Sigma Q} \tag{17-15}$$

式中　$\Sigma Q$——全年制水量。

（13）固定成本和可变成本的计算公式为：

可变成本 $=E_1+E_2+E_3$　　(17-16)

固定成本 $=E_4+E_5+E_6+E_7+E_8+E_9$　　(17-17)

## 17.8　水厂布置示例

（1）图 17-11 所示是某 8 万 $m^3/d$ 水厂平面布置。水厂采用折板絮凝平流沉淀池－V型滤池常规处理工艺，并预留预处理和深度处理用地。水厂一侧设排泥水处理设施。

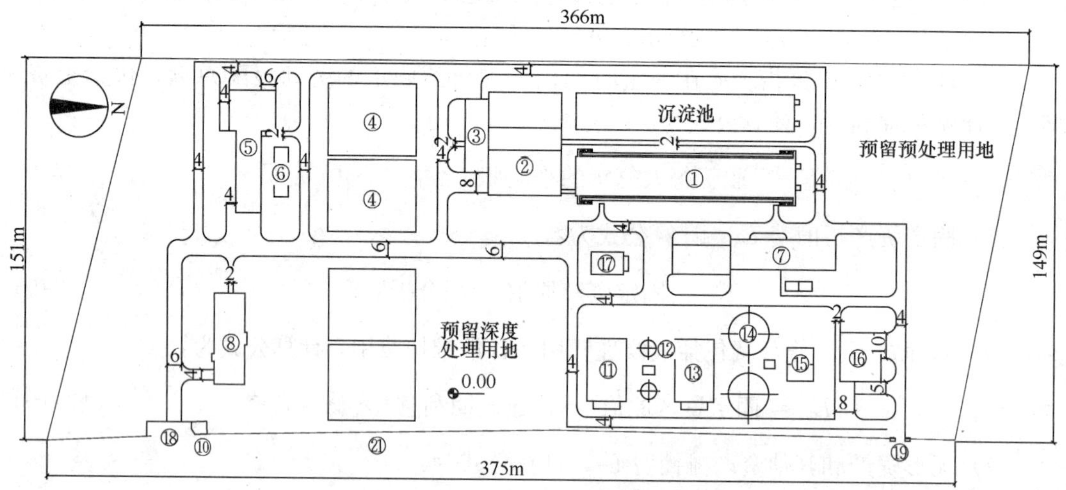


图 17-11　某 8 万 $m^3/d$ 水厂平面布置

1—絮凝沉淀池；2—滤池；3—冲洗泵房；4—清水池；5—吸水井和二级泵房；6—加药加氯间；7—初滤水回用池；8—排水池；9—预浓缩池；10—排泥池；11—浓缩池；12—平衡池；13—脱水机房；14—机修间；15—办公楼

（2）图 17-12 为东北地区某水厂，取用松花江原水，生产能力 20 万 $m^3/d$。生产构筑物采用隔板絮凝斜管沉淀池和普通快滤池。考虑水厂保温要求，生产构筑物合建于室内净化车间，布置紧凑。

（3）图 17-13 所示为 1997 年建成的 22.7 万 $m^3/d$ 香港马鞍山水厂布置。水厂建在山坡上，受地形限制采用组合式布置。净水工艺为投加粉末活性炭和混凝剂，经接触池后流入机械混合池、机械絮凝池至三层平流沉淀池，然后进行双层滤池过滤后加氯消毒，水厂污泥采用浓缩后机械脱水。水厂将混凝沉淀池和滤池合并在一起，然后在两侧分别布置送水泵房、办公楼、维修车间、加药间和污泥脱水车间。所有建筑连成一个整体。

（4）图 17-14 所示为某 50 万 $m^3/d$ 水厂布置。水厂采用预臭氧—高效沉淀池—砂滤池—臭氧活性炭的常规处理＋深度处理工艺。主要生产构筑物南北向布置，将冲洗泵房、提升泵房整合在滤池中间，形成一个整体。排泥水处理设施集中在水厂的东南角，便于管

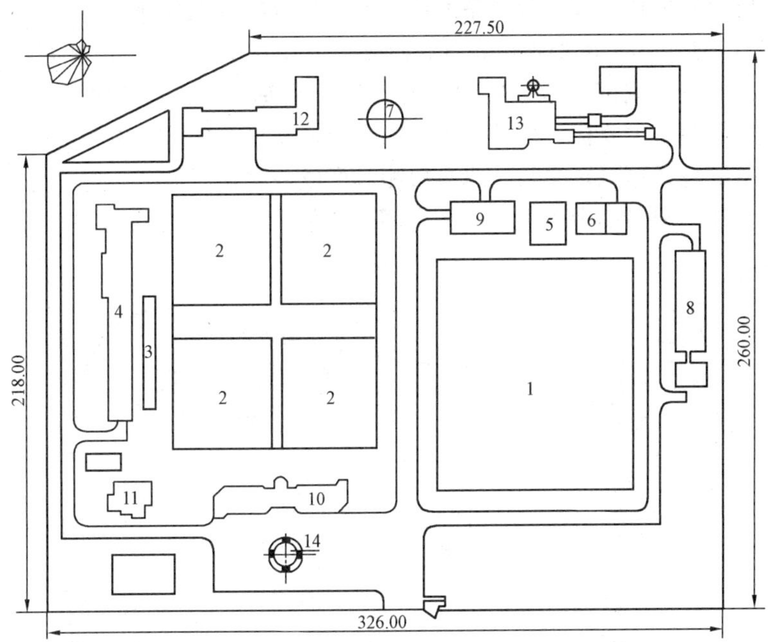


图 17-12 某 20 万 $m^3$/d 水厂平面布置

1—净化间（隔板絮凝斜板沉淀，普通快滤池）；2—清水池；3—吸水井；4—综合泵房；5—滤料堆场；6—回收水泵房；7—冲洗水塔；8—加药间；9—加氯间；10—综合楼；11—食堂；12—辅助建筑；13—锅炉房；14—叠形喷水池

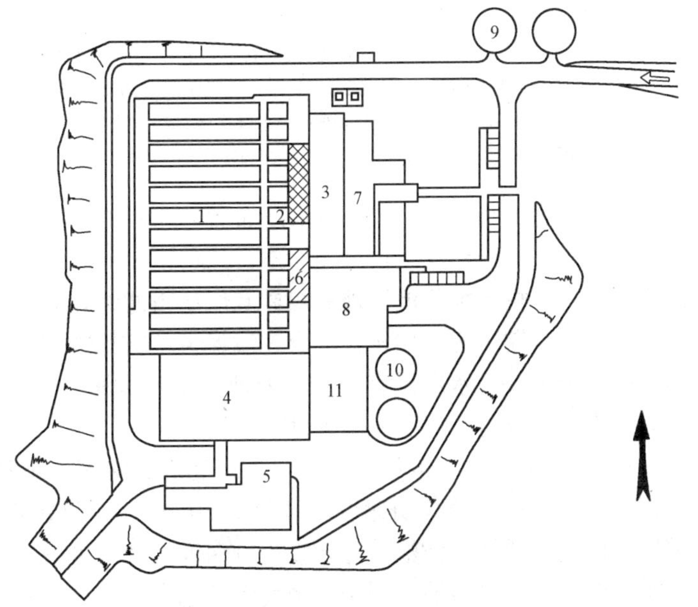


图 17-13 香港马鞍山水厂平面布置（规模 22.7 万 $m^3$/d）

1—沉淀池；2—快滤池；3—出水泵房；4—加药间；5—加氯间；6—控制室；7—办公大楼；8—维修车间；9—反冲洗回收池；10—污泥浓缩池；11—污泥脱水车间

理，办公和水质中心单独布置在西北角的厂前区，与生产设施分开。

(5) 图 17-15 所示为某大型水厂布置，总规模 100 万 $m^3/d$，一期 50 万 $m^3/d$，分两期建设。采用折板絮凝平流沉淀池、V 型滤池的常规处理工艺。其平面布置特点是：功能区分明确，流程简短，主要构、建筑物南北向布置，办公、化验、中控、值班宿舍等用廊道连接组合成一庭院式建筑，并与二级泵房相对形成一完整厂前区；将冲洗泵房、鼓风机房、排水泵房、加药间等集中布置于厂区中间，方便管理。排泥水处理系统预留在北侧，相对独立布置。

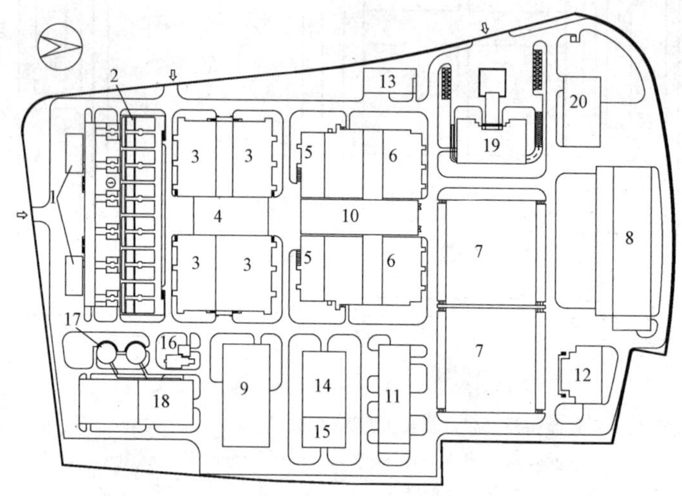


图 17-14 某 50 万 $m^3/d$ 水厂平面布置

1—预臭氧接触池；2—高效沉淀池；3—砂滤池（下叠消毒接触池）；4—提升、冲洗泵房；5—后臭氧接触池；6—活性炭滤池；7—清水池；8—二级泵房；9—加药间；10—冲洗泵房；11—臭氧车间；12—配电间；平衡池；13—排水池；14—回用水池；15—废水池；16—浓缩池；17—污泥平衡池；18—脱水机房；19—综合楼；20—水质中心

(6) 图 17-16 所示为规模 150 万 $m^3/d$ 大型水厂布置，水厂分三期建设，每期 50 万 $m^3/d$。

一期工程采用机械混合、机械搅拌澄清池和煤砂双层滤料滤池，并设置活性炭吸附池深度处理以提高水质。二、三期工程采用机械混合、波形板填料絮凝和波形板侧向流斜板沉淀池、砂滤池和活性炭吸附池。水厂设有排泥水处理系统，排泥水经排泥井进排泥池，然后提升至浓缩池和脱水机房进行浓缩、脱水处理。

(7) 图 17-17、图 17-18 为某具有生物预处理、常规处理、深度处理和排泥水处理的水厂布置，水厂规模 45 万 $m^3/d$，分三期建设，每期 15 万 $m^3/d$。预处理采用生物滤池，常规处理采用高密度沉淀池，活性炭滤池前置，先进行深度处理后再进入砂滤池，以减少生物穿透对最终出水的影响。活性炭滤池利用高密度沉淀池水头采用上向流方式，减少了一级提升泵房。

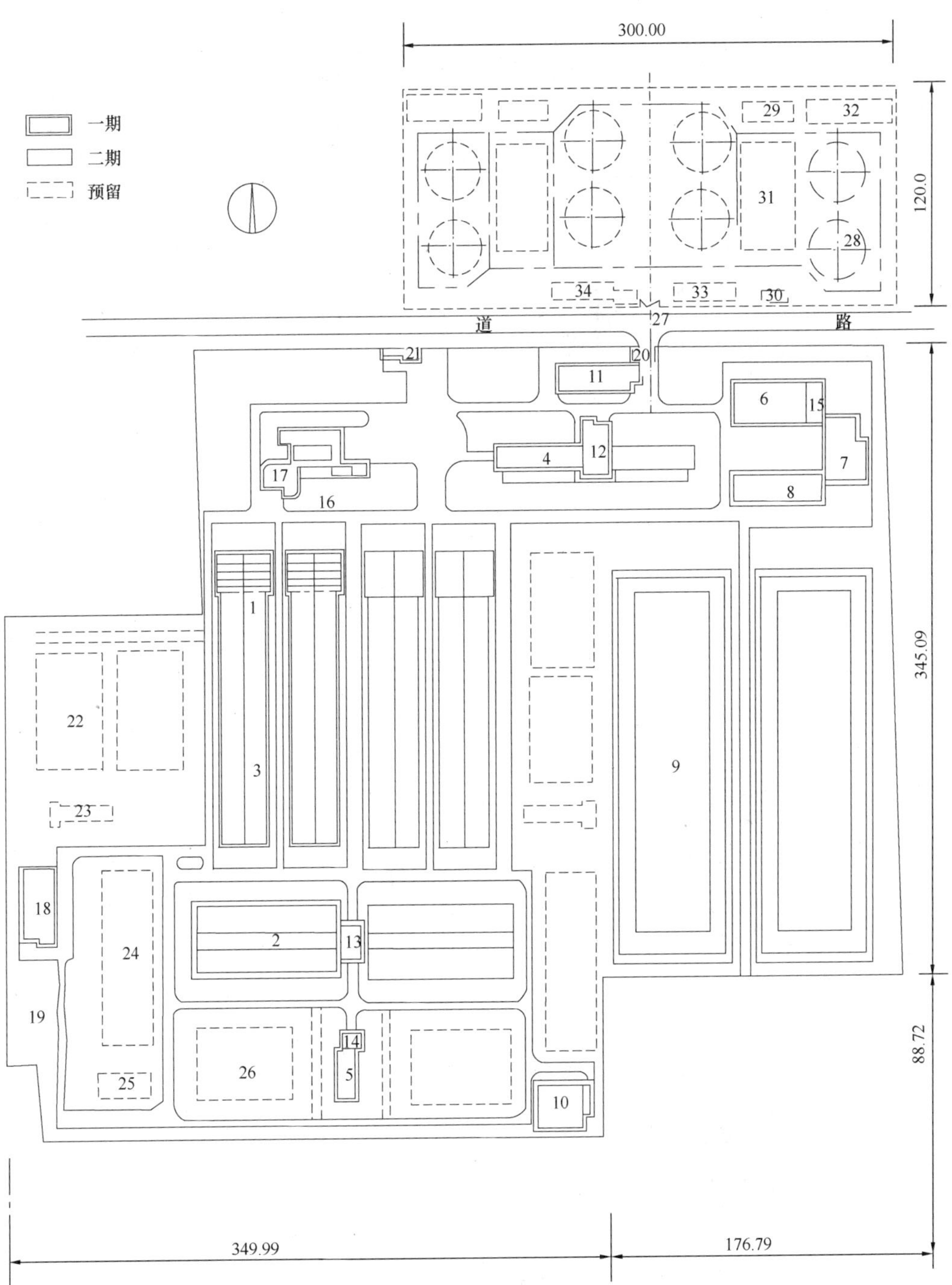


图 17-15 某 100 万 $m^3/d$ 水厂平面布置图（尺寸单位为 m）

1—机械絮凝平流沉淀池；2—表冲快滤池；3—沉淀池下叠清水池；4—吸水井和二级泵房；5—滤池冲洗泵房；6—加矾间及库房；7—加泥间及库房；8—加粉炭、加氯间；9—排泥水预沉池；10—排水池、排水泵房；11—35/6.3kV 变电所；12—高配间、控制室 PLC4；13—控制室 PLC3；14—低配中心 1 及控制室；15—低配中心 2 及控制室 PLC2；16—低配室；17—综合楼；18—机修及仓库；19—滤料场；20—大门及门卫；21—车棚及停车场；（以下为预留）22—生物预处理池；23—风机及冲洗泵房；24—臭氧接触池与车间；25—提升泵房；26—活性炭滤池；27—门卫；28—浓缩池；29—加药间；30—回流泵房；31—脱水机房；32—干泥棚；33—变配电间；34—综合楼

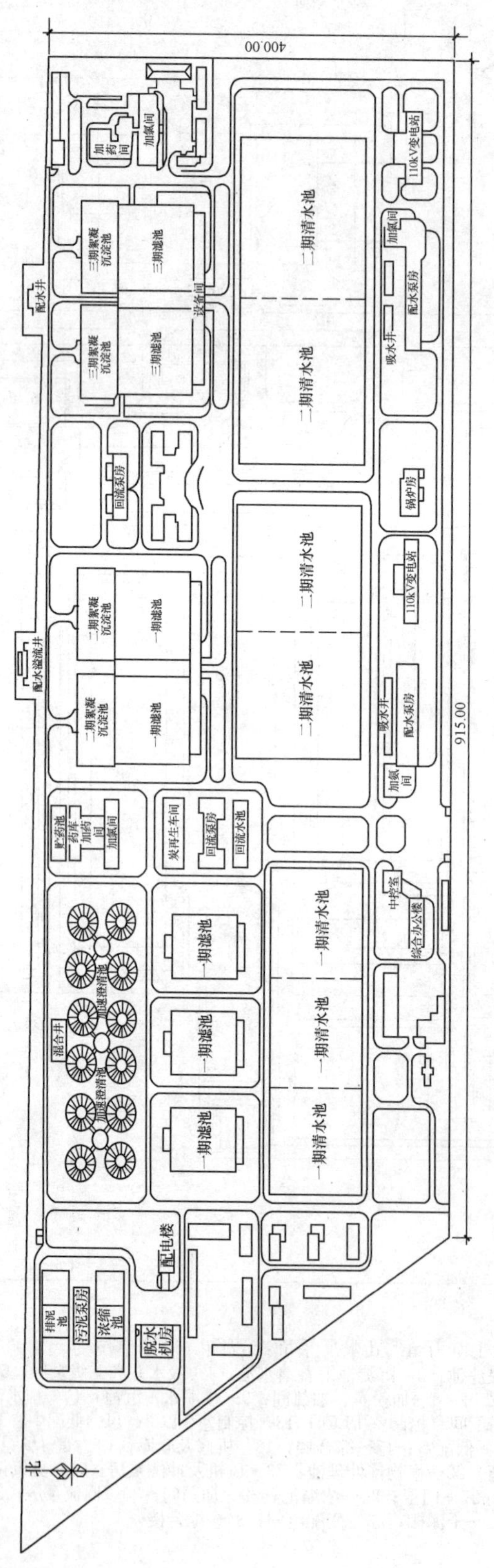


图 17-16 某大型水厂规模（150万 $m^3/d$）平面布置（尺寸单位为 m）

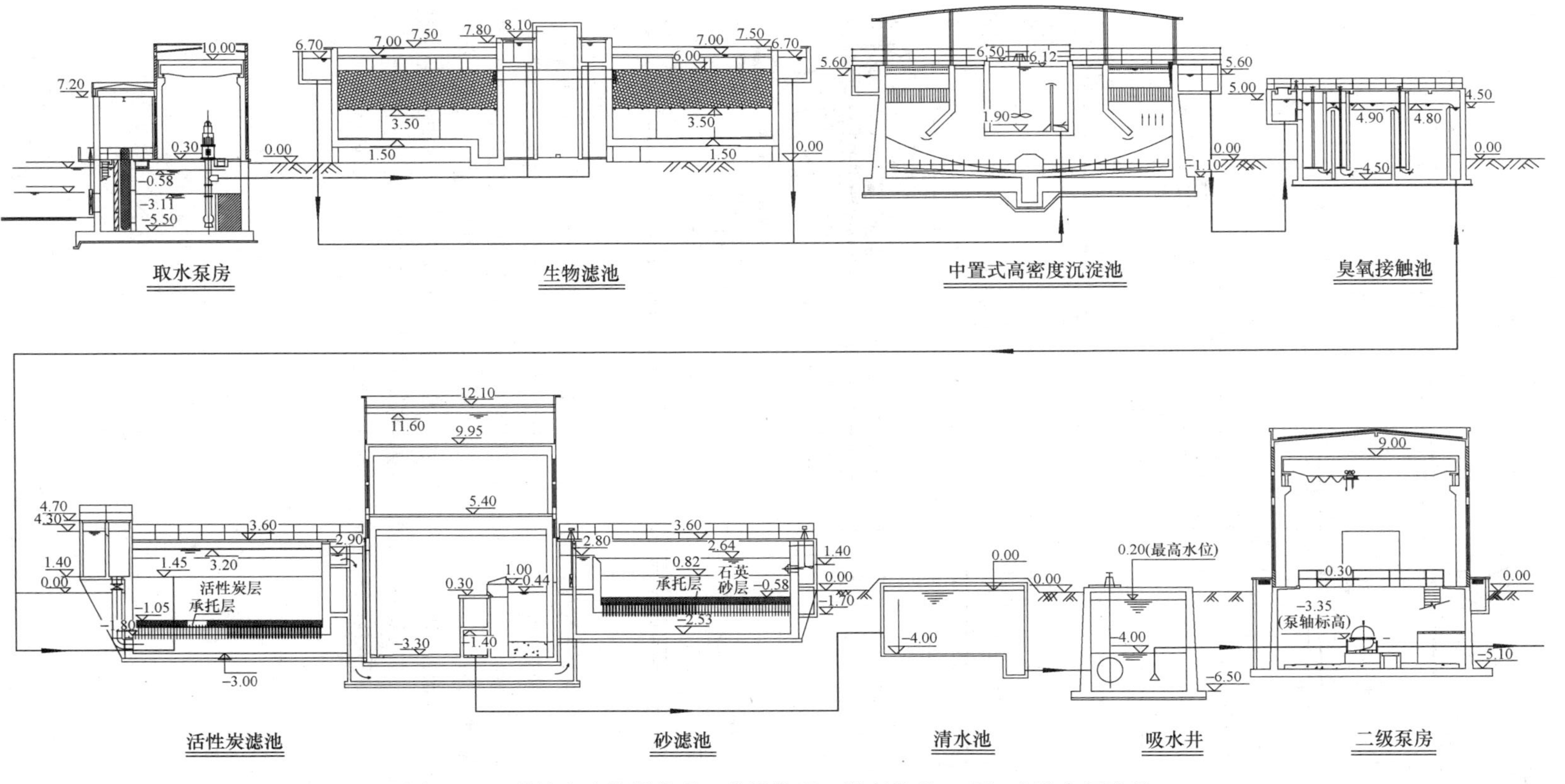


图 17-17 某具有生物预处理、常规处理、深度处理 45 万 m³/d 水厂流程

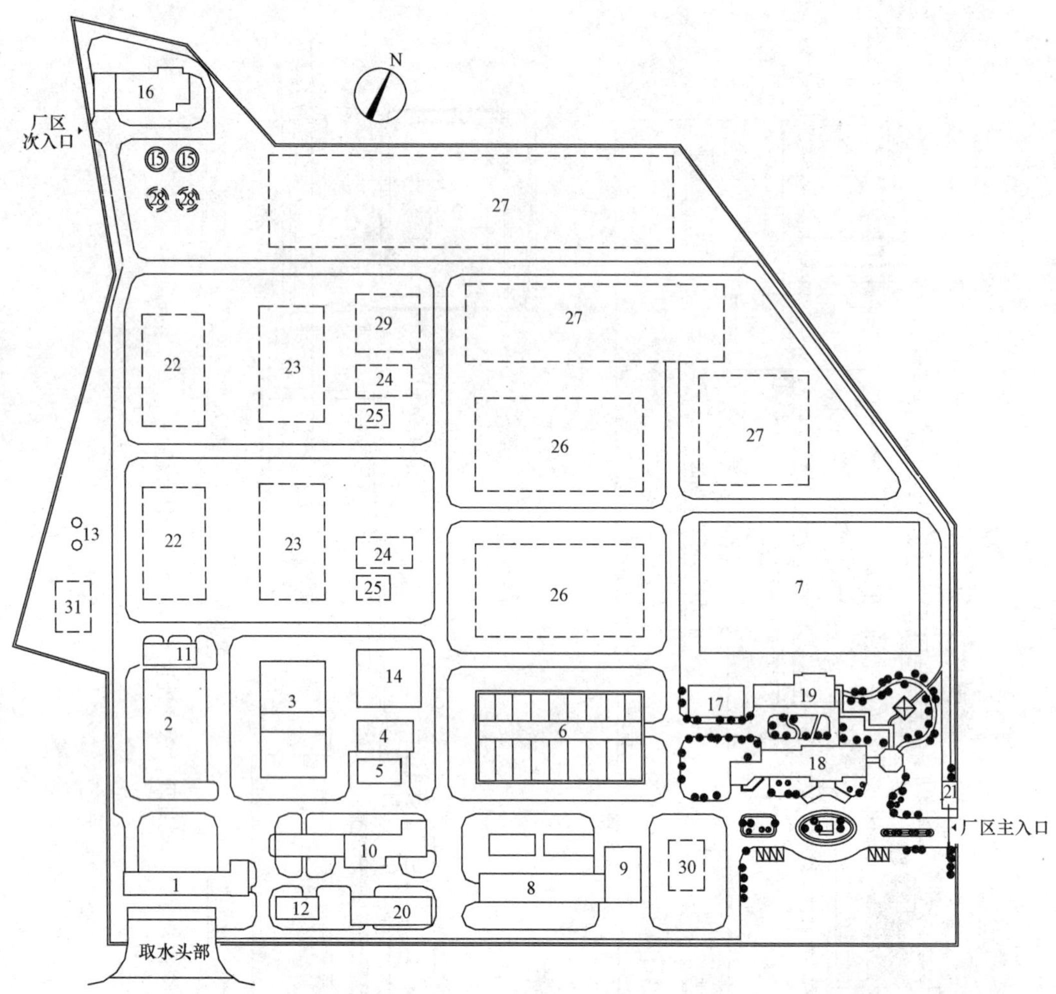


图 17-18 某具有生物预处理、常规处理、深度处理 45 万 $m^3$/d 水厂平面布置

1—取水泵房；2—一期生物预处理池；3—一期高密度沉淀池；4—一期臭氧接触池；5—一期臭氧车间；6—一期组合滤池；7—一期清水池；8—二级泵房；9—配电间；10—加药加氯间；11—加炭间；12—加高锰酸钾间；13—氧气储罐；14—一期废水池；15—一期污泥平衡池；16—脱水机房；17—翻砂场；18—办公楼；19—宿舍；20—机修间；21—门卫；22—远期生物预处理池；23—远期高密度沉淀池；24—远期臭氧接触池；25—远期臭氧车间；26—远期组合滤池；27—远期清水池；28—远期污泥平衡池；29—远期废水池；30—远期 35kV 高配间；31—远期氧气站